在整个世界上，没有比中国人更好的造桥工匠。

——伯来拉（Galeote Pereira）

约 1577 年

中国人对每件事物都有他们自己的发明创造。

——闵明我（Domingo de Navarrete）

1676 年

这是世界上人口最多、最有教养的国家；几条大江大河灌溉着它，数不清的运河交织如网——那是人们为了方便贸易开凿的。其中最引人注目的一条贯穿整个中国，被称之为“皇家运河”。

——德尼·狄德罗（Denis Diderot）

1752 年

治水者，茨防决塞，九州四海相似如一，学之于水，不学之于禹也。

——《慎子》

约 4 世纪

善舟者师舟不师奡，善心者师心不师圣。

——《关尹子》

8 世纪

Joseph Needham

SCIENCE AND CIVILISATION IN CHINA

Volume 4

PHYSICS AND PHYSICAL TECHNOLOGY

Part 3

CIVIL ENGINEERING AND NAUTICS

Cambridge University Press, 1971

国家自然科学基金委员会资助出版

李　约　瑟

中国科学技术史

第四卷　物理学及相关技术

第三分册　土木工程与航海技术

李约瑟　著
王　铃
鲁桂珍　协助

科学出版社
上海古籍出版社
北京

图字：01-2000-0024

内 容 简 介

著名英籍科学史家李约瑟花费近50年心血撰著的多卷本《中国科学技术史》，通过丰富的史料、深入的分析和大量的东西方比较研究，全面、系统地论述了中国古代科学技术的辉煌成就及其对世界文明的伟大贡献，内容涉及哲学、历史、科学思想、数、理、化、天、地、生、农、医及工程技术等诸多领域。本书是这部巨著的第四卷第三分册，主要论述中国古代土木工程及航海技术的发展历史和主要成就。

本书适于科学史工作者、技术史工作者和相关专业的大学师生阅读。

审图号：GS（2022）1767号

图书在版编目(CIP)数据

李约瑟中国科学技术史．第4卷，物理学及相关技术．第3分册．土木工程与航海技术/（英）李约瑟著；汪受琪等译．—北京：科学出版社，2008

ISBN 978-7-03-022422-4

Ⅰ．李… Ⅱ．①李…②汪… Ⅲ．①自然科学史－中国②土木工程－技术史－中国③航海－技术史－中国 Ⅳ．N092

中国版本图书馆CIP数据核字(2008)第153788号

责任编辑：孔国平 李俊峰／责任校对：钟 洋
责任印制：赵 博／封面设计：张 放

科学出版社
上海古籍出版社 出版
北京东黄城根北街16号
邮政编码：100717
http://www.sciencep.com
北京虎彩文化传播有限公司印刷
科学出版社发行 各地新华书店经销
*
2008年10月第 一 版 开本：787×1092 1/16
2024年 3 月第八次印刷 印张：67 1/4 插页：3
字数：1 530 000

定价：485.00元

（如有印装质量问题，我社负责调换）

中國科學技術史

李約瑟著

冀朝鼎

第四卷　物理学及相关技术

第三分册　土木工程与航海技术

翻　译　汪受琪　张景泰　肖季和　李　方　林平一
孙增蕃　孙辅世　曾志云　孙玉镁　翁万通
梁　兵　吴德懋　吴　岘　张淑霞　孔庆炎
陈　琏　李　东　蔡厘丽　张　昱　王佐任
于鸣镝

校　订　孔庆炎　蒋　菁　卜绪宗　李万权　吕飞前
张柄中　鲍国宝　邱长清　卢　谦　王华彬
胡维佳

审　定　覃修典　袁随善　张驭寰

志　谢　何绍庚　刘　钝　李天生　金恒敦　陆　岭
胡晓菁　吴　敏　郭晓奕　鹿　通　周魁一

谨以本书献给

中国水运与水利史学家

冀朝鼎

一位嘉陵江畔的挚友
复兴土地上的经济与财政领导人

并献给

唐山工业专门学校工程学教授
及
开浚黄浦河道局总工程师

赫伯特·查特利

一位热爱中国人民的“中国通”
大江南北匠师历史的研究者

凡　　例

1. 本书悉按原著逐译，一般不加译注。第一卷卷首有本书翻译出版委员会主任卢嘉锡博士所作中译本序言、李约瑟博士为新中译本所作序言和鲁桂珍博士的一篇短文。

2. 本书各页边白处的数字系原著页码，页码以下为该页译文。正文中在援引（或参见）本书其他地方的内容时，使用的都是原著页码。由于中文版的篇幅与原文不一致，中文版中图表的安排不可能与原书一一对应，因此，在少数地方出现图表的边码与正文的边码颠倒的现象，请读者查阅时注意。

3. 为准确反映作者本意，原著中的中国古籍引文，除简短词语外，一律按作者引用原貌译成语体文，另附古籍原文，以备参阅。所附古籍原文，一般选自通行本，如中华书局出版的校点本二十四史、影印本《十三经注疏》等。原著标明的古籍卷次与通行本不同之处，如出于算法不同，本书一般不加改动；如系讹误，则直接予以更正。作者所使用的中文古籍版本情况，依原著附于本书第四卷第三分册。

4. 外国人名，一般依原著取舍按通行译法译出，并在第一次出现时括注原文或拉丁字母对音。日本、朝鲜和越南等国人名，复原为汉字原文；个别取译音者，则在文中注明。有汉名的西方人，一般取其汉名。

5. 外国的地名、民族名称、机构名称，外文书刊名称，名词术语等专名，一般按标准译法或通行译法译出，必要时括注原文。根据内容或行文需要，有些专名采用惯称和音译两种译法，如“Tokharestan”译作“吐火罗”或“托克哈里斯坦”，“Bactria”译作“大夏”或“巴克特里亚”。

6. 原著各卷册所附参考文献分 A（一般为公元 1800 年以前的中文书籍），B（一般为公元 1800 年以后的中文和日文书籍和论文），C（西文书籍和论文）三部分。对于参考文献 A 和 B，本书分别按书名和作者姓名的汉语拼音字母顺序重排，其中收录的文献均附有原著列出的英文译名，以供参考。参考文献 C 则按原著排印。文献作者姓名后面圆括号内的数字，是该作者论著的序号，在参考文献 B 中为斜体阿拉伯数码，在参考文献 C 中为正体阿拉伯数码。

7. 本书索引系据原著索引译出，按汉语拼音字母顺序重排。条目所列数字为原著页码。如该条目见于脚注，则以页码加 * 号表示。

8. 在本书个别部分中（如某些中国人姓名、中文文献的英文译名和缩略语表等），有些汉字的拉丁拼音，属于原著采用的汉语拼音系统。关于其具体拼写方法，请参阅本书第一卷第二章和附于第五卷第一分册的拉丁拼音对照表。

9. p. 或 pp. 之后的数字，表示原著或外文文献页码；如再加有 ff.，则表示指原著或外文文献中可供参考部分的起始页码。

目　　录

插图目录

列 表 目 录

缩略语表

以下为正文和脚注中使用的缩略语。参考文献中使用的杂志及类似出版物的缩略语，见第765页起。

B	Bretschneider, E., *Botanicon Sinicum*（贝勒，《中国植物学》）
BCFA	Britain-China Friendship Association（英中友好协会）
CCL	《哲匠录》。1至6见朱启钤和梁启雄（*1—6*）；7见朱启钤、梁启雄和刘儒林（1）；8、9见朱启钤和刘儒林（*1*）
CFC	赵汝适，《诸藩志》，1225年
CKHW	《中国新闻》
CLPT	唐慎微等撰，《证类本草》，1249年编
CPCRA	中国人民对外文化友好协会
CSHK	严可均辑，《全上古三代秦汉三国六朝文》，1836年
CTS	刘昫，《旧唐书》，945年
EB	*Encyclopedia Britannica*（《大英百科全书》）
EBR	*Encyclopedia of Religion and Ethics*（ed. Hastings）（《宗教伦理百科全书》，黑斯廷斯编）
G	Giles, H. A., *Chinese Biographical Dictionary*（翟理斯，《古今姓氏族谱》）
HCCC	严杰辑，《皇清经解》
HTCKM	商辂撰，《续通鉴纲目》=《通鉴纲目续编》，1476年，1500年后刊行
K	Karlgren. B., *Grammata Serica*（高本汉，《汉文典》）
KCCY	陈元龙，《格致镜原》，1735年的类书
KHTT	张玉书纂，《康熙字典》，1716年
LCCCC	李昭祥，《龙江船厂志》，1553年
MCPT	沈括，《梦溪笔谈》，1089年
N	Nanjio, B., *A Catalogue of the Chinese Translations of the Buddhist Tripitaka*, with index by Ross（3）（南条文雄，《英译大明三藏圣教目录》）
NCCS	徐光启，《农政全书》，1639年
NCNA	*New China News Agency Bulletin*（《新华社通讯》）
PWYF	张玉书纂，《佩文韵府》，1711年
R	Read, Bernard E, *et al.*,（1—7）李时珍《本草纲目》某些卷的索引、译文和摘要。如查阅植物类，见Read（1）；哺乳动物类，见Read（2）；鸟类见Read（3）；爬行动物类，见Read（4或5）；软体动物

	类，见 Read（5）；鱼类，见 Read（6）；昆虫类，见 Read（7）
SCTS	《钦定书经图说》，1905 年
SKCS	《四库全书》，1782 年；这里系指从七部钦定抄本中选定一部印行的“丛书”
SKCS/TMTY	《四库全书总目提要》，1782 年；1772 年乾隆帝敕命汇集的钦定抄本的大型书目
STTH	王圻，《三才图会》，1609 年
T	敦煌文物研究所的千佛洞石窟编号。如果一个编号是根据谢稚柳在其《敦煌艺术叙录》（上海，1955 年）中的系统给出的，则一并给出敦煌文物研究所的编号和伯希和（Pelliot）的编号；如果给出单个编号，则是敦煌文物研究所的编号。一个有价值的三个系统编号的对照表已经在谢稚柳的书中给出，更完备的对照表见于 Chhen Tsu-Lung（1）
TCKM	朱熹等撰，《通鉴纲目》；《资治通鉴》的节略本，系一部中国通史，1189 年；后世有续编
TCTC	司马光，《资治通鉴》，1804 年
TH	Wieger，L.（1），*Textes Historiques*（戴遂良，《历史文献》）
TKKW	宋应星，《天工开物》，1637 年
TPYC	李筌，《太白阴经》，有关陆军和水军的论著，759 年
TPYL	李昉纂，《太平御览》，983 年
TSSC	陈梦雷等编，《图书集成》。索引见 Giles，L.（2）
TSFY	顾禹祖，《读史方舆纪要》，1666 年前始编，1692 年前编成；但至 18 世纪末（1796—1821 年）才印行
TTN	杜佑，《通典》，一种政治和社会史的原始资料汇编，约 812 年
TW	Takakusu，J. & Watanabe，K.，*Tables du Taishō Issaikyō*（*nouvelle édition*（*Japonaise*）*du Canon bouddhique chioise*）（高楠顺次郎和渡边海旭，《大正一切经目录》）
WCTY/CC	曾公亮撰，《武经总要》（前集），军事百科全书，1044 年
WHTK	马端临，《文献通考》，1319 年
WPC	茅元仪，《武备志》，1628 年
YHSF	马国翰辑，《玉函山房辑佚书》，1853 年
YTFS	李诫，《营造法式》，1097 年，1103 年印行，1145 年再刊

志　　谢

承蒙热心审阅本书部分原稿的学者姓名录

这份名录仅适用于本册，其中包括第一卷 pp. 15 ff. 、第二卷第 xxi—xxii 页，第三卷 pp. xxxix ff. 、第四卷第一分册第 xii—xiii 页和第四卷第二分册第 xxi 页所列与本册有关的学者。

安德森（R. C. Anderson）先生（格林尼治）	航海技术（造船）
博若安（Guy Beaujouan）教授（蒙鲁日）	航海技术（导航和航海）
比斯瓦斯（Asit K. Biswas）博士（渥太华）	水利工程
已故的博伊德（Andrew Boyd）先生（伦敦）	建筑技术、桥梁
已故的查特利（Herbert Chatley）博士（巴斯）	水利工程
科茨（Wells Coates）先生（伦敦）	航海技术（帆）
考埃尔（F. R. Cowell）先生（肯辛）	透视画法
戴维森（Basil Davidson）先生（伦敦）	航海技术（航海）
戴维斯（R. D. Davies）博士（剑桥）	桥梁
多兰（Edwin Doran）教授（科利奇，得克萨斯）	航海技术
叶利谢耶夫（V. Elisséeff）教授（巴黎）	本册的两章
菲奇（James M. Fitch）教授（纽约）	建筑技术
弗莱塞尔（Klaus Flessel）先生（蒂宾根）	水利工程
顾迩素（Else Glahn）夫人（哥本哈根）	建筑技术
格里尔森（Philp Grierson）先生（剑桥）	航海技术（航海）
霍奇（Trevor Hodge）博士（剑桥）	建筑技术
黄仁宇教授（纽约）	水利工程
赫德森（Bryan J. Hudson）先生（香港）	水利工程
亨特（John Hunter）先生（萨克斯特德）	建筑技术
凯利（David H. Kelley）先生（拉伯克，得克萨斯）	航海技术（哥伦布以前的交往）
柯克曼（James Kirkman）先生（蒙巴萨）	航海技术（航海）
李，N. E.（N. E. Lee）先生（维多利亚，新南威尔士）	航海技术
利伯（Alfred Lieber）先生（耶路撒冷）	航海技术（航海）
罗荣邦教授（戴维斯，加利福尼亚）	道路、城墙、桥梁、水利工程
麦克弗森（Ian McPherson）博士（剑桥）	航海技术（航海）
马丁（Leslie Martin）爵士（剑桥）	建筑技术
米尔斯（J. V. Mills）先生（拉图尔-德佩尔，沃州）	航海技术（导航术和航海）
莫里森（J. S. Morrison）先生（剑桥）	航海技术（造船）

奈什（Ceorge Naish）少校（格林尼治）	航海技术（造船）
皮尔逊（Anthhony Pearson）博士（剑桥）	水利工程
佩泰克（Luciano Petech）教授（罗马）	本册的两章
已故的珀塞尔（Victo Purcell）博士（剑桥）	航海技术（航海）
金塔尼利亚（Francisco Quintanilha）先生（剑桥）	航海技术（航海）
西尔弗（Nathan Silver）先生（剑桥）	建筑技术
斯肯普顿（A. W. Skempton）教授（伦敦）	道路、城墙、建筑、桥梁、水利工程
斯特兰（E. G. Sterland）先生（布里斯托尔）	道路、城墙、桥梁
华德英（Barbara E. Ward）小姐（比迪福德）	航海（造船）
沃特斯（D. W. Waters）少校（格林尼治）	航海技术
韦尔特菲什（Gene Weltfish）教授（纽约）	航海技术（哥伦布以前的交往）
威廉斯－埃利斯（Clough Williams-Ellis）先生（彭林代德赖斯）	建筑技术
已故的夏士德（G. R. G. Worcester）先生（温特尔舍姆）	航海技术（造船）

作 者 的 话

我们正在探索的中国科学史几乎是一个无底的洞穴，其中有那么多的情况从未为其他国家所了解和认识。我们现在已接近到物理学及相关技术这两条光芒闪烁的矿脉；这个主题作为一个整体，构成本书第四卷，虽然它被分成三册出版。首先讲述物理科学本身（第四卷第一分册），其次是物理学在机械工程各个分支中的应用（第四卷第二分册），以及物理学在土木与水利工程及航海技术中的各种应用（第四卷第三分册）。

由于力学和动力学是近代科学最先取得的成就，所以开头的一章是我们目前研究的焦点。力学之所以成为起点是因为人在其所处环境中得到的直接的物理经验主要是力学的，而把数学应用到力学上去又是比较简单的。但是，上古和中古的中国却属于这样一个世界，在其中假说的数学化尚未导致近代科学诞生，而欧洲文艺复兴以前中国具有科学头脑的人所忽略的东西，可能与那些引起他们兴趣并由他们加以研究的东西几乎同样有启迪性。物理学有三个分支在中国是发展得很好的，这就是光学［第二十六章（g）］、声学［第二十六章（h）］和磁学［第二十六章（i）］；但力学没有得到深入的研究和系统的阐述，动力学则几乎就没有。我们曾试图对这一情况提出某种解释，但并没有多大的说服力。这种不平衡的情况还有待于进一步的研究，才能更好地了解。无论如何，中国与欧洲的对比是很明显的，因为欧洲存在着另一种片面性，拜占庭时期和中世纪后期在力学和动力学方面比较进步，而对磁学现象则几乎一无所知。

在光学方面，就经验而论，中古时期的中国人和阿拉伯人可以说不相上下，虽然由于缺少希腊的演绎几何学而大大地妨碍了理论的发展，而阿拉伯人却是这种几何学的继承者。另外，中国人从未接受过希腊文化所特有的古怪的看法，根据这种看法，视觉涉及从眼睛射出的而不是射入的光线。在声学方面，由于中国古代音乐的独特性质，中国人沿着自己的路线前进，并提出了一整套非常有趣但难以和别的文明相比较的理论。中国人是钟以及多种西方所不知道的打击乐器的发明者，他们十分注意音色的理论和实践，发展了基于他们独特的十二音音阶而不是八音音阶的作曲理论。16世纪末，中国的数理声学成功地解决了平均律的问题，这要比西方早几十年［第二十六章（h），10］。最后，中国对磁学现象的研究及其实际应用，构成了一首真正的史诗。在西方人知道磁针的指向性之前，中国人已在讨论磁偏角的原因并把磁针实际应用于航海了。

时间紧迫的读者们，无疑会欢迎这里再多提几点建议。在本卷的各章中，有可能了解到中国物理学思想和实践的一些显著的传统。正如中国数学无可辩驳地是代数的而不是几何学的，中国物理学也墨守一种雏形的波动说而长久地和原子的概念无缘，总在设想一种差不多是斯多葛派的连续性；这可从第二十六章（b），以及此后关于张力和断裂的章节［（c），3］和关于声振动的章节［（h），9］中见到。中国人的另一种经久不变的倾向是根据气的观念进行思考，忠实地发展了古代关于“气”（= *pneuma*，*prāṇa*）的概念①。自然，这一点中国人在声学方面表现得最突出［第二十六章（h），3、7等］，但这也和技术方面的光辉成就有关，如双作用活塞风箱和旋转风车的发明［第二十七章（b），8］，以及水力冶炼鼓风机的发明［第二十七章（h），3、4；这是蒸汽机本身的直接祖先］。它与航空学史前史中的一些卓见和预言也有关系［第二十七章（m），4］。同欧洲一样强烈但完全相反的传统，也出现在纯技术领域。例如，中国人总喜欢尽量在水平方向而不在竖直方向装置轮盘和各种机械，如第二十七章（h、k、l、m）中所述。

除此之外，由于各人的注意点五花八门，要进一步对读者有所引导是不切实际的。假如读者对陆路运输史感兴趣，可参看对车辆和挽具的讨论［第二十七章（e，f）］；假如读者像海中怪兽利维坦（Leviathan）那样以深水为乐，那么整个第二十九章都是叙说中国船只及其建造者的。航海者则可从指南针本身［第二十六章（i），5］再转到它在找寻避风港方面的更为充分的应用［第二十九章（f）］；至于那些对超过“埃及金字塔”的宏大的水利工程有兴趣的土木工程师们，则会在第二十八章（f）中找到这方面的论述。研究民俗学和人种志的学者会提高对历史上那个所谓“蒙昧面”的评价，因为我们推测指南针这个构成近代科学所有指针读数仪器中最古老的仪器在“蒙昧面”中，最初只不过是投到占卜盘上的一枚棋子［第二十六章（i），8］。社会学家也会很感兴趣，因为除讨论工匠和工程师在封建官僚社会中的地位［第二十七章（a），1、2、3］外，我们还冒昧地提出了一些有关节省劳力的发明中所涉及的问题，如人力及奴隶地位等，特别是关于牲畜的挽具［第二十七章（f），2］、巨大的石建筑［第二十八章（d），1］、用桨来推进［第二十九章（g），2］，以及水力磨粉机和纺织机［第二十七章（h）］。

这几册在很多方面是和前几卷有关联的。我们将听任读者以慧眼来追索中国的“亘久常青的哲学”（*philosophia perennis*）是怎样通过在这里所提到的发现和发明表现出来的。然而，我们或许可以指出，数学、计量学和天文学上的内容在下列诸方面都有大量的体现，如米制的起源［第二十六章（c），6］、透镜的发展［（g），5］、律管容积的估计［（h），8］——或天文钟的兴起［第二十七章（j）］、透视的各种概念［第二十八章（d），5］，以及水利工程设计［（f），9］。同样，从本卷中的很多地方还可展望到此后各卷中的章节。金属在中古时期中国工程技术中的各种用途，都预示了我们今后在冶炼成就方面所必须要讲到的内容；同时，可参考以专著形式发表的《中国钢铁技术的发展》（*The Development of Iron and Steel Technology in China*）②，这是1958年发表的纽科门讲座（Newcomen Lecture）的讲稿。在所有提到采矿和制盐工业的地方，必须了解这些主题以后还要全面讨论。一切扬水技术都使我们想到它们的基本农业用途——作物种植。

xlvii

至于那些在人类生活上留下过永久标志的发现和发明，在此对中国人所做的贡献即

① 参见萨顿［Sarton（1），vol. 3，p. 905］书中翔实的脚注。

② Needham（32），参见Needham（31）。

便作一概述也是不可能的。也许最新和最使人惊奇的一点（就连我们自己也没料到，因此必须取消本书第一卷中的一段有关的陈述），是14世纪欧洲时钟发明之前默默无闻达600年之久的中国机械钟装置。第二十七章（j）是关于这个主题的一段崭新而扼要的论述，其中收入了一些新而陌生的资料，这些资料在1957年我们和我们的朋友普赖斯（Derek J. de Solla Price）教授（现在耶鲁大学）合写《天文钟》（*Heavenly Clockwork*）①这本专著时还没有到手。至今看来仍然令人惊奇的是，擒纵机构这项重要发明竟然出现于一个工业出现以前的农业文明中，而且居然会是被忙乱的19世纪西方人视为话柄的不重视时间的中国人做出的②。中国人还有许多其他同等重要的对世界的贡献，如磁罗盘的发展［第二十六章（i），4，6］、第一台控制论的机器的发明［第二十七章（e），5］、两种类型的高效马挽具［第二十七章（f），1］、运河的闸门［第二十八章（f），9，（v）］③和铁索桥［第二十八章（e），4］。还有第一个真正的曲柄［第二十七章（b），4］、船尾舵［第二十九章（h）］和带人起飞的风筝［第二十七章（m）］——我们无法在此一一列举。

在这些情况下，似乎很难使人相信工艺学的写作者居然还会到处寻找为什么中国对理论科学和应用科学毫无贡献的原因。在一部不久前十分流行的技术史著作节编本的开头，人们便可发现一段出自8世纪道家著作《关尹子》的引文，被作为一个例子来说明“东方的出世和厌弃世俗活动”。这句引语摘自一篇论述宗教和进步观念的有趣的文章，文章在20世纪30年代颇为人知，至今仍有激励作用。它的作者却被戴遂良（Wieger）神甫对《关尹子》的旧译文引入歧途而写道：“这种信念显然不能为社会活动提供依据，也不能鼓励物质进步。”自然，这位作者是一心想把基督教承认物质世界这一点与“东方的”出世思想对比，而道家恰好被认为与出世思想有关。然而我们这里所提到的几乎每一项发明和发现，却偏偏都与道家和墨家有密切联系［参见第二十六章（c，g，h，i）、第二十七章（a，c，h，j）、第二十八章（e）和第二十九章（f，h）等］。碰巧，我们自己也研究过《关尹子》的这些章节，并且已在本书的前一卷发表了它的一部分译文④；由此可以看出，戴遂良的译文⑤不过是一种严重曲解了的意译而已。《关尹子》绝不能列入蒙昧主义者的著作，它毫不否认自然法则的存在（这是原作者完全没有听到过的一种概念）⑥，也绝不混淆空想与现实；它是一首诗，对存在于宇宙万物之中的“道”——亦即由空间和时间而起的自然秩序及物质借之以各种常新的形式分散和复聚的永恒模式——加以赞美；它充满了道家的相对主义思想，它是神秘的，但绝不是反科学的或反技术的；恰恰相反，它预示了道家对大自然所加的一种近乎神秘又近乎理性的支配，而这种对大自然的支配，只有确切知道和了解“道”的人才能做到。因此，仔细考察一下就会发现这条旨在表明“东方思想”在哲学上无力的论据，不过是

xlviii

① Needham，Wang & Price（1），参见Needham（38）。

② 参见Needham（55，56）。

③ 参见Needham（57）。

④ 本书第二卷pp. 449，444。

⑤ 最早见于Wieger（4），p. 548。

⑥ 参见本书第二卷第十八章。

西方人想像中的虚构而已。

另一种办法是承认中国作出过某些贡献，但却找出令人满意的理由对它们只字不提。比如新近在巴黎出版的一本纲要式的科学史著作就认为，古代和中古时期中国和印度的科学与其特有的文化紧紧联系在一起，以致抛开它们的文化就无法了解它们的科学。而古代希腊世界的科学却是名副其实的科学，完全不受制于其文化母体，而能提供各种主题，以纯抽象的方式从头记述人类所作出的各种努力。这样说也许更真诚些：虽然我们从学生时期就熟悉希腊化世界科学技术的社会背景，并早已视此为不言而喻的事，但是我们对中国和印度科学的社会背景却仍知道得不多，正应该努力去了解它们。当然，事实上古代和中世纪的科学和技术无不带有种族烙印①，而且虽然文艺复兴时期以后的科学和技术确实是世界性的，但从历史观点来说，如果不知道它们产生的环境，也就不可能更好地了解它们。

最后，许多人都很想了解一下各种文化之间的接触、传播和影响问题。这里，我们只能举出一些至今依然令人困惑的那些几乎同时发生在旧大陆两端的发明的例子，如旋转磨［第二十七章（d），2］和水磨［（h），2］。在中国和古代亚历山大里亚之间经常出现相互类似的发明［如第二十七章（b）中所记述的］，而中国的技术对文艺复兴前的欧洲又一再产生强大的影响［第二十六章（c，h，i）、第二十七章（b，d，e，f，g，j，m）、第二十八章（e，f）、第二十九章（j）］。水利工程中的一些重要发明向西方传播过；而且尽管海员们具有想像中的守旧倾向，但在过去的20个世纪中，几乎没有一个世纪不见到西方对一些出自东方的航海技术的采用。

哈特纳（Willy Hartner）教授在1959年巴塞罗那第九届国际科学史会议上一篇精彩的报告里提出过一个难题，即一个人能领先于另一个人到什么程度？先驱或前辈又究竟是什么意思？对不同文化之间的传播有兴趣的人会认为这是一个关键问题。在欧洲历史上，自从迪昂（Duhem）学派把奥雷姆（Nicholas d'Oresme）和其他中世纪学者誉为哥白尼（Copernicus）、布鲁诺（Bruno）、培根（Francis Bacon）、伽利略（Galileo）、费马（Fermat）和黑格尔（Hegel）的先驱以来，这个问题就变得尖锐了。这里的困难在于，每个有才智的人必然是他那个时代整个有组织的知识环境中的一分子，那些可能看上去很相像的命题，在不同时代的有才智的人看来，绝不会具有相同的意义。各种发现与发明，无疑是与产生它们的环境密切相关的。发明和发现的相似，也许纯属偶然。然而，在肯定伽利略和他同时代人的真正的独创性的同时，只要不把先驱理解为绝对的居先或领先，就并不非得要否定先驱者的存在；从这个意义上看来，就有不少曾经为后来得到承认的科学原理勾画出了轮廓的中国的先驱或前辈——在这些科学原理中，人们会立即想到赫顿（Hutton）的地质学（参见本书第三卷，p. 604）、彗尾指向的规律（参见第三卷 p. 432）或磁偏角［参见本卷第二十六章（i）］。对于多少是理论性的科学，就说这么多；至于在应用科学方面，我们就不必犹豫了。例如，靠水流和水的落差来转动水轮获得动力，其最初的实现总只能有一次。在此后的一段时间内，这项发明在别处可能又独立地出现过一两次，但这种事总不能一再发明。因而一切后来的成就必定导源于某个

xlix

① 参见本书第三卷 p. 448。

类似的事件。在所有这些情况下，不论理论科学还是应用科学，如果可能的话，均有待于历史学家去阐明先驱者与后来的伟大人物之间究竟有多少渊源关系。后来者是否知道某些确凿的文字记载？他们是否只是根据传闻？他们是否先独自有了某种想法而后才在无意中得到了证实？正如哈特纳所说，答案由完全肯定起至完全否定都有可能[①]。传说往往能引出一种新的不同的解决办法［参见第二十七章（j，1）］。在这本著作中，读者将会看到我们常常不能确定渊源关系［例如，丁缓的常平架和卡丹（Jerome Cardan）的平衡环之间的关系，见第二十七章；马钧与达·芬奇（Leonardo）在回转式弩炮发明上的关系，见第二十七章（a），2 及第三十章（i），4］。但一般来说，我们认为，当两个发明之间的时间间隔达若干世纪之久而解决办法又很接近时，那些坚持后来的发明是独立思考或创造的结果的人就必须担负提出证据的责任。另外，渊源关系有时可以根据极大的可能性而予以确定［例如，平均律的问题，见第二十六章（h），10；帆车的问题，见第二十七章（e），3；以及风筝、降落伞和直升旋翼机的问题，见第二十七章（m）］。在其他方面，则多有存疑，如水轮擒纵钟［第二十七章（j），6］[②]。

虽然我们曾尽一切努力把这里所涉及的一些领域中最近的研究考虑进去，但遗憾的是，1968 年 5 月以后的论著一般都没有能够包括进去。

1 我们没有印出一份从第一卷开始的全部计划的目录，现在感到有必要以简介的方式把它修订一下[③]。目前对以后各卷已经做了许多准备工作，因此有可能把它们的目录大纲列出来，内容比七年前能做到的要精确得多。也许，更重要的是如何分卷。为了前后参照，我们不变更原来的章节编号。原计划第四卷包括物理学、工程学的各个分支，军事和纺织技术，以及造纸术和印刷术。可以看到，现在第四卷的标题是“物理学及相关技术”，第五卷是“化学及相关技术”，第六卷是“生物学及相关技术”。这是一种合乎逻辑的划分，而第四卷结束于航海技术（第二十九章）也是合理的，因为在古代和中古时期，航运技术几乎完全以物理学为内容。与此类似，第五卷以军事技术开始（第三十章），因为当时在这方面情况恰恰相反，化学因素是主要的。我们不但发现需要把钢铁冶炼术包括在内（因此对标题作了不大但很重要的变动），而且还发现如果不包括火药应用的史诗、最早的炸药的重大发现过程以及火药在传至西方前的 5 个世纪中的发展，对中国的军事技术史便会无从写起。在纺织技术（第三十一章）和其他技术（第三十二章）方面，同样的论点也是适用的，因为有许多过程（浸解、浆洗、染色、制墨）都是与化学而不是与物理学有关的。当然，我们也不能总拘泥这个原则。例如，讨论透镜不可能没有一些玻璃工艺知识，因而这在本卷的开头部分就需要提到［第二十六章（g），5，ii］。至于其他如采矿（第三十六章）、采盐（第三十七章）和陶瓷工艺（第三十五章）则都列入第五卷，这是完全自然的。唯一不对称的是，在第四卷和第六

① 仍然有许多使我们吃惊的事情。塔塔维（Al-Ṭaṭāwī）于 1924 年发现伊本·奈菲斯（Ibn al-Nafīs，1210—1288 年）已经清楚地描述了肺循环［参见 Meyerhof（1，2）；Haddad & Khairallah（1）］，其后的很长一段时期内大家都认为，此事绝不可能会对文艺复兴时期发现同一现象的塞尔韦图斯（Miguel Servetus）有任何提示作用［参见 Temkin（2）］。但是，现在奥马利［O'Malley（1）］发现了 1547 年出版的伊本·奈菲斯一些著作的拉丁文译本。

② 有关科学和技术史中发展上渊源关系的判据的一般性讨论，见 Needham（45）。

③ 与本卷有关的目录摘要，见本册 pp. 929—931。

卷中，我们把基础科学放在第一部分的开头，而在第五卷中，化学这门基础科学及其前身炼丹术则放在第二部分。这一点也许比较起来不那么重要，因为曾有人提出批评，认为第三卷的分量太重、篇幅太大，不适于晚上舒舒服服地沉思阅读，因而剑桥大学出版社慨然接受了意见，决定把本卷分为三个分册，而每分册照例仍是独立完整的。

在本书第一卷（pp. 18ff. ）中，我们介绍了本书的计划细节（惯例、书目、索引等），这是我们一向严格执行的，并且还答应在最后一卷列出所用的中文书籍的版本。现在看来等候那么久是不恰当的，于是为了便于通晓中文的读者的方便，我们在本册附加了一个起过渡作用的迄今已用中文书籍的版本表。我们感谢堪培拉（Canberra）的莱奥尼·卡拉汉（Léonie Callaghan）小姐完成了其中的大部分工作。再有两个相关的问题不妨在这里提一下。第一，在本册和最近出版的几册中，我们把所参考的某些中国古籍的页码放在圆括号中而不标明其正面和反面；这表示我们所用的现代版本而非古代版本。第二，我们提请读者注意，在这些卷、册中，如两种版本的表述有不一致之处，我们更倾向采用本书新近出版的几册中所用的表述。经一事长一智。

li 对欧洲人来说，中国像月球似的总是显露同样的一面——无数的农民、零星分散的艺术家和隐士、住在城市中的少数学者、官吏和商人。各种文明之间彼此获得的“印象”就是这样形成的。现在，乘上语言知识的空间飞船和技术理解的火箭（用一个阿拉伯的比喻），我们就要去看这轮明月的另一面了，去会一会中国三千年古老文化中的物理学家、工程师、船匠和冶炼师们。

在第三卷开头的作者的话中，我们曾乘便谈到古老科学著作以及其中专门术语的翻译原则①。由于本卷是大部分谈到应用科学的头一卷，我们想在这里插入对技术史目前地位的一些想法。由于通晓的人和写作的人，亦即实践者和记录者之间存在着可怕的分歧，技术史也许甚至比科学史本身受害更多。假如受过科学训练的人，尽管有他们的局限，但比专业史学家对科学史和医学史的贡献要大的话（事实也确乎如此），那么整个说来，工艺学家在语言、鉴定原始资料以及运用文献等方面的史学素养就逊色多了。然而，如果一个史学家对于他笔下的工艺和技术并没有真正的了解，则将彻底徒劳无功。和亲身操作的人相比，任何文人都难以获得对实物和材料有那样亲切的体会，对可能性和或然率有那样敏锐的感受，对大自然的现象有那样清晰的了解。事实上，也只有每个在实验点前或工厂车间内用自己双手操作的人才能或多或少得到这种体会、感受和了解。我永远记得，我曾一度研读有关透光鉴的中古时期中国典籍，透光鉴也就是具有从磨光面反射显示镜背后浮雕般花纹的性能的青铜镜。一位不懂科学的朋友听了别人的话，确信宋代的工匠们发现了使金属透光的方法，但我则认为一定有别的解释，后来果然找到了［参见第二十六章（g），3］。昔日的伟大的人文学者们对本身在这些方面和局限都很有自知之明，总是尽可能去熟悉一下我的朋友和老师哈隆（Gustav Haloun）以半沉思半讽刺的口吻所说的“实际事物”（*realia*）。在一段我们已经引用过的文字中（第一卷 p. 7）。另一位著名汉学家夏德（Friedrich Hirth）竭力主张，西方人翻译中国古籍时，不仅要翻译，还必须鉴定；不仅要懂得语言，还必须搜集那种语言所谈到的实

① 参见 Needham（34）。

物。这种信念是正确的，但如果说收集和研究瓷器或景泰蓝还是比较容易的话（无论如何在当时是这样），那么一个从未使用过车床、选配过齿轮或进行过蒸馏的人，要对机器、制革或烟火制造有所了解，就更困难得多了。

以上所说对西方当今人文学者适用的话，同样适用于中国古代的学者，后者的著作常常是我们研究古代工艺仅有的依据。工匠和技工们很了解自己的工作，但他们往往是文盲，或者词不达意［参见我们在第二十七章（a，2）译出的冗长而富有启发的那一大段］。同时，官僚学者们很有表达能力，但过于看不起粗笨的技工，出于这个或那个原因，这些粗笨的技工的活动，却又偏偏是学者们不断从事写作的题材。因此，即使现在看来是很珍贵的著作的作者们，他们也是对自己文体的关注胜过对所述机械和操作细节的关注。这种高人一等的态度，在官衙雇用的艺术家、科学专家（像数学家）身上也有不少体现，因此当受命绘画时，他们时常对作成一幅美丽的画比表现机械装置的细节更感兴趣，我们现在有时只能把一幅图与另一幅图进行比较，才能确定技术的内容。另外，中国历史上曾经有许多伟大的身为官吏的学者，从汉代的张衡起直到宋代的沈括及清代的戴震，他们既精通古典文献又完全掌握当时的科学及其在工匠实践中的应用。 lii

由于这些原因，我们在技术发展方面的知识仍然处于可怜的落后状态，但是这种知识对经济史这块广阔而欣欣向荣的思索园地来说是至关重要的。怀特（Lynn White）教授在这方面做了不比任何人少的工作，他在最近一封信中写了一段我们完全赞同并令人难忘的话，他说："整个技术史是如此地幼稚，以致一个人所能做的唯有刻苦工作并乐于看到别人纠正自己的错误。"① 真是处处有陷阱。在最近的一篇最有权威和最值得称赞的合著的论文中，我们最好的技术史家中的一位在同一页上居然可以先假定希罗（Heron）的玩具风车是阿拉伯人的增窜，虽然《气体学》（*Pneumatica*）这本书从来没有通过阿拉伯文字流传到我们手中，稍后则又主张中国旅行家于公元400年在中亚见到过风动转经轮，这种说法却又是根据距今仅仅125年的误译而产生的。这篇权威论文又说，公元前1世纪时克尔特人（Celts）的运货车在轮毂内已装有滚柱轴承，我们最初也接受了这种意见。可是我们及时得知，对哥本哈根所保存的实际遗物的检验表明这是极不可能的，丹麦文写的原始报告也证实了这种情况——轮毂出土时从中取出的木片是平条而根本不是滚柱。我们只是由于侥幸，才免于犯许多这类错误。我们这样说不是为了提出批评，而是要说明工作中的困难，以期引起注意。

某些防止犯错误的办法总是可以试着去找一下的。没有什么可以代替到全球各大博物馆和重要考古遗址去亲眼目睹；也没有什么可以代替同有实践经验的技工当面交谈。的确，任何特定工作的学术标准都必须视研究所涉及的范围而定。只有使用深入细致方法的专家——像搞清眼球晶状体中缠结根的罗森（Rosen）或研究罗马榨油机的德拉克曼（Drachmann）之类的人——才腾得出时间来实际深入问题并从深井中把真相完全发掘出来。我们只在少数几个领域内作了这样的尝试，如在中古时期中国的时钟机构方 liii

① 其实，本卷的所有结论都应当看做是暂时性的。准确地说，虽然我们试图运用比较的方法，我们的最后评价常常仍只是在从淡雾中隐现出的相隔甚远且不牢固的桥墩上架的一座桥。一个新的和判决性的事实，会不时地改变样子上看似十分可靠的结论的全部细节。我们的后继者们无疑会看得更清楚些——但究竟如何只有真主最知道。

面，因为我们的目的主要是使研究的领域既广泛又力图创新。对许多事情必须信其为真，这是不可避免的。如果我们对西方考古学研究的事物的知识不足，那是因为我们以就地研究中国文化区的事物为首要的职责。假如我们那时能到哥本哈根藏有代比约（Dejbjerg）车的博物馆去访问，我们就会在接受有关它们的论述时更为谨慎，但是——*ὁ βίος βραχὺς ἡ δὲ τέχνη μακρή*（技艺流长而生命短暂）。差堪自慰的是，1958 年我同鲁桂珍博士能在中国访问或重访了许多大博物馆和考古遗址，这要深深地感谢中国科学院院长和学部所给予我们的便利。

但人们不能只同考古学家打交道，应该仿效基兹学院（Caius College）的小哈维（Harvey）博士。在 17 世纪，约翰·奥布里（John Aubrey）谈到他同一位阉母猪的人的谈话，这是位乡下人，没有什么学问，但有实际经验和智慧。这人对奥布里说，他见过威廉·哈维（William Harvey）博士，和他交谈了大约两三小时，并说道，“如果他像某些古板而拘谨的医生一样固执，他知道得就不会比他们多”。[①] 一位甘肃的马车夫不只给我们说明了现代的挽具，也间接说明了汉唐时代的挽具；四川的铁匠能很好地帮助我们了解公元 545 年綦毋怀文是怎样制得灌钢的；而一位北京的风筝制作者能用简单的材料揭示出近代航空科学的关键——翘曲翼和螺旋桨的秘密。同时也不可忽视属于自己文明的技师，一位萨里郡（Surrey）的传统轮匠能够解释 2000 多年前齐国的工匠是怎样把车轮“做成盘形”的。一位从事锌工业的朋友能告诉我们，现在世界各地大家熟知的旅馆餐具，主要是由中古时期的中国合金“白铜”制成的。一位格林尼治的航海学者说明了中国在纵帆航行中领先的意义，而只有专职水利工程师才能对汉代河水含沙量测量方法给予应有的评价。正如孔子说过的，“三人行，必有我师”[②]。

科学和技术的可以得到证明的连续性与普遍性，启示我们提出最后的一点看法。前些时候，我们前几卷的一位并非完全不友好的评论家事实上写过这样的话：由于以下的理由，这部书基本上是不健全的。作者们相信：①人类的社会进化使人关于自然界的知识和对外界的控制逐渐增加；②这种科学有它自己的终极价值，并连同它的应用形成一个整体，（并非作为不能相容和相互不能理解的有机体而彼此孤立存在的）不同文明的可相比拟的贡献过去和现在都像江河流入大海那样融入这个整体；③随着这一进程，人类社会向着更加统一、更加复杂和更有组织的形式发展。我们承认，这些不可信的论点确是我们自己的，假如我们早有一扇像维滕贝格（Wittenberg）那样的门，我们会毫不踌躇地把这些论点钉在门上。没有一位评论家曾对我们的信念作过比这更加尖锐的分析，然而这恰好使我们想起了利玛窦（Matteo Ricci）于 1595 年写的一封家信，信中描述了中国人关于宇宙论问题所持的各种荒谬观念[③]：（其一）他说，中国人不相信固体水晶天球；（再者）他们说天是空的；（再有）他们以五行代替被普遍认为是与真实和理智相符的四元素，等等。可是我们却证明了自己的论点。

liv

当 1957 年初王铃（王静宁）博士离开剑桥去堪培拉澳大利亚国立大学时（他现任

---

① 见 Keynes（2），pp. 422，436，437。

② 《论语·述而第七》第二十一章。

③ 参见本书第三卷 p. 438。

该校高级研究所汉学教授级研究员），一段10年来富有成果的合作便宣告结束。我们永远都不会忘记早期的筹划年代，当时我们的组织刚刚站稳了脚，并且一迈步就碰到无数有待解决的问题（所用设备也比现在的差得多）。在本册中，王铃博士与我们在第二十八章（f）和第二十九章（h）中的合作是特别有价值和有成效的。在他离开时，由于一位相识更早的朋友鲁桂珍博士于1956年末的到来，我们与中国学者的不间断的合作幸而赖以保持。鲁博士除其他职务外，曾任上海雷士德医学研究所副研究员、南京金陵女子文理学院营养学教授，后来主持巴黎联合国教科文组织科学部实地协作处的工作。她以营养生物化学和临床研究方面的广博经验为基础，现正担任我们计划中的生物和医学部分（第六卷）的创始工作。在我们的规划中，也许没有一个专题要比中国医学史更加困难的了。文献卷帙的浩繁，概念（与西方的很不相同）的体系化，普通词汇和哲学词汇在特定含义上的用法，这种用法以构成一套巧妙而准确的技术术语，再加上某些重要疗法的奇异性——这一切都要费很大气力，才能得出结果，才能描绘出至今尚未描绘出的中国医学的真实图景。幸运的是，时间允许用我们的探究来勾画出真相。同时，鲁博士参与了本册出版的大量校订工作，这项工作已将她引入水利技术和航运这两个截然不同的与水相关的领域。

lv

一年之后（1958年初），何丙郁博士加入了我们的工作，当时他在新加坡马来亚大学任物理学高级讲师。他受到的基本训练是天体物理学，他也是《晋书》天文志的译者，很愿意从事炼丹术和古代化学的研究，以拓宽他在科学史方面的经验，这样便帮助我们写好相关的一卷（第五卷）打下了基础。我们的另一位朋友曹天钦博士早几年已开始了这项工作，当时他是基兹学院的研究员，这是在他回到中国科学院上海生物化学研究所之前所做的工作。曹博士是我的战时伙伴之一，他在剑桥时曾对《道藏》中论及炼丹术的书籍进行过有价值的研究[①]。何丙郁博士成功地在许多方面扩展了这项工作。虽然何博士现在吉隆坡马来亚大学任中文教授职，但他能再度与我们在剑桥合作一个时期，并为化学及相关技术那一卷作进一步的准备。

值得一提的是，第五卷和第六卷中的一些重要章节已经写成。有些已以初稿的形式发表，以便得到各个领域中专家们的批评和帮助。

最后，与我们同时出现在本卷第一分册扉页上的一位西方合作者是肯尼思·鲁滨孙（Kenneth Robinson）先生，他把汉学和音乐知识非常出色地结合起来。从职业上说，他是一位教育家，在马来亚受过师资训练，他曾时常以沙捞越（Sarawak）教育主任的身份出入达雅克人（Dayaks）和其他民族的村庄和长屋，他们奇特的管弦乐似乎使他联想到周代和汉代的音乐。我们深感幸运的是，肯尼思·鲁滨孙先生愿意承担起草论述深奥而引人入胜的物理声学问题那一章节，这部分是不可缺少的，因为它是中国中古时期有科学头脑的人的主要兴趣之一。所以，他是迄今唯一既提供现成的著述又助力研究活动的参与者。我们的另一位欧洲伙伴是邮政总局工程部的约翰·康布里奇（John Combridge）先生，特别是他用运转的模型所做的若干实验，大大地增加了我们对中古时期中国时钟机构的理解。

---

① 参见本书第一卷 p. 12。

我们乐于再一次向那些以各种方式帮助过我们的人公开致谢。首先要感谢的是：我们所不熟悉的语言与文化方面的顾问，特别是阿拉伯语方面的邓洛普（D. M. Dunlop）教授、梵语方面的贝利（Shackleton Bailey）博士、日语方面的谢尔登（Charles Sheldon）博士和朝鲜语方面的莱迪亚德（G. Ledyard）教授。再就是，在专题方面给予我们帮助和忠告的各位：机械工程方面是斯特兰（E. G. Sterland）先生、运输史方面是罗荣邦教授、水利工程方面是斯肯普顿（A. W. Skempton）教授及后来的查特利（Herbert Chatley）博士、导航方面是米尔斯（J. V. Mills）先生、航海方面则是海军中校奈什（George Naish）和沃特斯（D. W. Waters）。还有，看过我们的原稿和校样的读者和善意的批评者，他们的姓名都列在本书前的致谢表中。但是，只有皇家学会会员李大斐（Dorothy Needham）博士对本书各卷都逐字推敲过，我们对她的感谢是无法用语言表达的。

lvi　我们再次最诚挚地感谢玛格丽特·安德森（Margaret Anderson）夫人对印刷工作必不可少和细致入微的帮助，感谢柯温（Charles Curwen）先生和麦克马斯特（Ian McMaster）先生在收集、购置不断增加着的有关科学技术的新出中文历史和考古学文献方面充当我们的总代理人。最近，谢林姆（Walter Sheringham）先生为我们的计划作了特别慷慨的服务工作，他在不收报酬的情况下对我们用于工作的图书室进行了专门的评估。缪里尔·莫伊尔（Muriel Moyle）女士继续做了非常详细的索引，其质量之优曾受到许多书评者的赞赏。在工作过程中，打字和秘书工作的工作量增加到我们始料不及的程度，这使我们一再体会到一位好的抄写员就像圣经中所说的配偶一样，比红宝石还可贵。因此，我们衷心地感谢他们的帮助，他们是：已故的贝蒂·梅（Betty May）夫人、玛格丽特·韦布（Margaret Webb）女士、珍妮·普兰特（Jennie Plant）女士、伊夫林·毕比（Evelyn Beebe）夫人、琼·刘易斯（June Lewis）女士、弗兰克·布兰德（Frank Brand）先生、米切尔（W. M. Mitchell）夫人、弗朗西丝·鲍顿（Frances Boughton）女士、吉利恩·里凯森（Gillian Rickaysen）夫人和安妮·斯科特·麦肯齐（Anne Scott McKenzie）夫人。

出版者和印刷者在本书这样一部著作中所起的作用，不论是从财力或从技巧的角度考虑，其重要性并不次于研究、组织及写作本身。没有几个作者对他们的作品实现人及其管理者伙伴的了解能超过我们对剑桥大学出版社的理事会和职员们的了解。在职员中，以前也有我们的朋友弗兰克·肯登（Frank Kendon），他做了许多年助理秘书，在本书第三卷出版后去世了。他在许多文化圈子里以成就很高的诗人和文学家而为人所知，他善于洞察经由剑桥大学出版社出版的一些书中所蕴涵的诗情画意，并把他的理解化为无尽的心血得到了与内容最为相称的装帧。我会永远记得，在《中国科学技术史》蕴酿成现在这种形式的过程中，他是怎样与以不同风格和色彩制成的试验性卷本“相伴”达数星期之久，最后才作出了令作者和合作者都感到最满意的决定——也许更为重要的是，这一决定也令全世界成千上万的读者感到同样的满意。我们也要向现任剑桥大学出版社出版经理的伯比奇(Peter Burbidge)先生致以无限的谢意，他从我们的写作计划一开始就作为编辑，以由衷的赞赏和热情关注着本书后续各卷册繁杂的劳作。为了这项计划，任何麻烦事也在所不辞。

对我最亲近的同事们，亦即报喜堂——通常称做冈维尔和基兹学院——的院长和评议员们，我只能献上几句意犹未尽的谢辞。我真不知道还有什么别的地方能找到像这样的、对于进行一项事业来说是如此完美的环境了：一幢幽静的工作室，坐落在大学及其所有图书馆的地形中心，介于校长的苹果树和荣誉门之间。在这里，我们对中国船舶的研究有了一个特别适宜的气氛，因为这些房屋就像它们先前的主人、我自己的导师、皇家学会会员哈迪（William Bate Hardy）爵士那样知情；我们的研究成果已汇集在本册中。哈迪作为一位发现者和组织者，是现代细胞学、生物物理学及食品保藏技术的奠基人之一，现在他自己早已成为科学史中的一部分——但他也是驰名当时的一位海上行家。他会乐于得知，海洋的气息仍旧透入基兹（Caius）博士为接受它而特意打开的殿堂。还有那位年代要早得多的“数学医师”爱德华·赖特（Edward Wright）也会乐于得知这些，他是1587—1596年的特别会员（Fellow），《导航中不可避免的误差》（*Certaine Errors in Navigation*）一书的作者、伊丽莎白时代最伟大的科学技术专家之一。同时，学会中的各位会员日常对我们的赞美和鼓励帮助我们克服了工作中的各种困难。我也不会忘记应该向生物化学系的系主任及教职员致谢，感谢他们对一个调出去仿佛在另一世界工作的同事所表示的宽容和理解。 lvii

以上这节是在我升任院长前写的，工作虽然保持不变，而我对我同事们的感激之情却与日俱增。

为我们这项计划的研究工作筹措资金一直是一个困难的问题，现在仍然存在着很大的困难。然而我们深深感谢韦尔科姆财团（Wellcome Turst），它的格外慷慨的支持使我们消除了对于生物学和医学一卷的一切忧虑。为此，我们不能不深深感谢该财团已故的科学顾问戴尔（Henry Dale）爵士，他以前长期担任该财团的主席，他还是勋章获得者和皇家学会会员。博林根基金会（Bollingen Foundeation）的一笔充裕的捐款（已另致谢）保证了相继问世的各卷册都有足够的插图。对于新加坡的李光前先生（Dato Lee Kong Chian），我们感谢他为化学卷的研究提供了一大笔捐款，而且何丙郁教授离开马来亚大学来此休假也已使这项研究工作成为可能。在此，我们想献辞纪念一位大医学家和中国的忠诚公仆伍连德博士，他毕业于伊曼纽尔学院（Emmanuel College），早在清末就已是中国陆军医护队的少校，若干年前还是东三省防疫服务队的创始人，以及中国公共卫生工作的最早组织者。在他去世的那年，伍博士竭力帮助我们为研究工作筹措经费，他的这种恩善我们会永远铭刻在心。另一些希望我们事业成功的好心人，前些时候组成了一个“写作计划之友”委员会，其目的是为了日后获得必需的资金支持，而且我们已故的老朋友珀塞尔（Victor Purcell）博士还慨允担任这个委员会的名誉秘书，我们谨对这一切表示衷心的感谢。我们还要深深地感谢浦立本（E. Pulleyblank）教授、阿什比（Eric Ashby）爵士和卡尔（E. H. Carr）博士，他们一直不间断地关照着这一研究活动。在本书这些卷册的研究工作现出曙光的各个时期，我们也从中国大学委员会（Universities' China Committee）和作为霍尔特（Holt）家族成员遗赠基金托管人的海洋轮船公司管理会（Managers of the Ocean Steamship Company）得到了资助，最近又从美国哲学学会（American Philosophical Society）获得了资助。对这一切，我们都致以最诚挚的谢意。

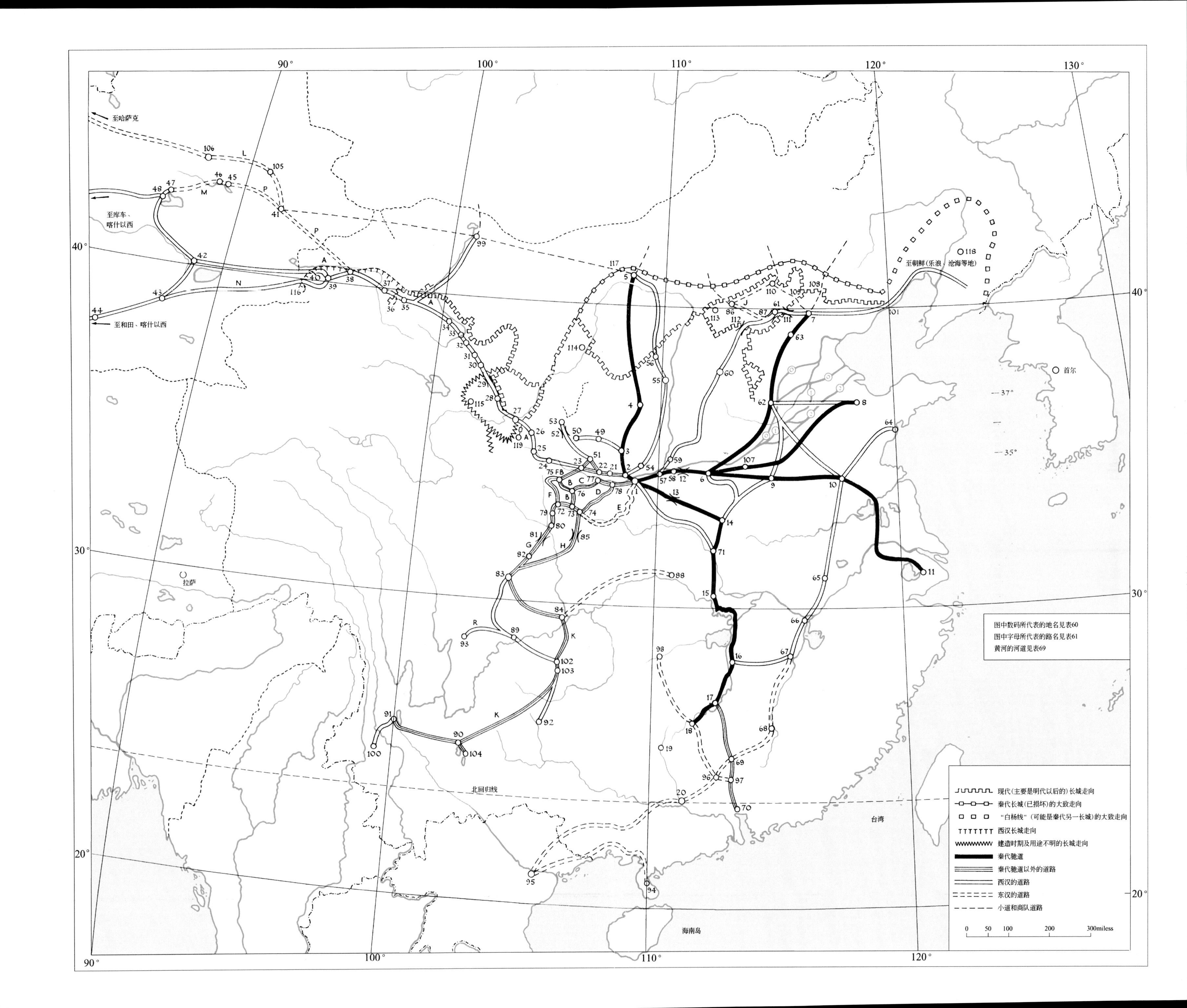

至哈萨克
至库车、喀什以西
至和田、喀什以西
拉萨
北回归线
至朝鲜（乐浪、沧海等地）
首尔
台湾
海南岛
90°
100°
110°
120°
130°
40°
30°
20°
图中数码所代表的地名见表60
图中字母所代表的路名见表61
黄河的河道见表69
现代（主要是明代以后的）长城走向
秦代长城（已损坏）的大致走向
“白杨线”（可能是秦代另一长城）的大致走向
西汉长城走向
建造时期及用途不明的长城走向
秦代驰道
秦代驰道以外的道路
西汉的道路
东汉的道路
小道和商队道路
0 50 100 200 300miless

第二十八章　土木工程

1

(a) 引　　言

世界上没有哪一个古老的国家比中国在规模上和技术上对土木工程作出过更多的贡献，然而却很少有人介绍它的历史。也许这并不太使人感到诧异，如果我们考虑到土木（尤其是水利）工程方面的本领很少与汉学知识和熟悉中国历史文献的程度相结合的，并且往往也不大有机会周游全国去研究以往的伟大工程遗迹。无论如何，现在总算是有了一个开端，在这一章里我们将概述土木工程的一些最主要的特点，从道路和围墙开始，接下去讲到桥梁，然后把我们的大部分篇幅奉献给中国人擅长的水利工程中的大型公共工程。

在中国似乎没有本国文字的有关土木工程的通史，甚至用作对照的关于这项科学在西方发展的真实报道，也不大容易找到①。中国的文献确实包括大量关于水的利用和控制的杰出著作，但是其中用现代方式论述有关技术的历史作品却为数极少，作者们宁愿讨论那些伟大工程的地理和经济方面。此外，关于桥梁建筑几乎没有系统的论述，直到近三十年来，中国建筑史学会才着手这项工作，并在它的学报里发表了许多重要论文。我们将在下面随时提供一切有用的资料来源。

(b) 道　　路

亚当·斯密（Adam Smith）在1776年写道："好的道路、运河和通航河流降低运输的费用，把一个国家的边远地区提高到接近于城镇近区的水平。因此它是一切改革中最大的改革。"② 即使我们不可避免地会看到，古代和中古时期最大规模的公路系统都是根据战略意图规划和修建的，他的意见仍不失其为正确的。对于著名的古罗马道路的工程技术以及地理布局，很多都为人们所熟悉，因为除了有许多发掘的遗迹以外，还有理论和实践的详细文字论述③。我们知道修建道路时最大块的石头放在底部形成基础　2

---

① 关于古代的发展情况，见 Merckel (1)，最好是见 Leger (1)；关于文艺复兴时代的，见 Parsons (2)。唯一的现代的概括论述是施特劳布［Straub (1)］的著作，可惜太简短了。潘内尔［Pannell (1)］的图解土木工程史，限于西方的资料，出现得太晚未赶上对我们有所帮助。默丁格［Merdinger (1)］的论文集也是这样。

② Adam Smith (1)，p. 62。关于一般的道路工程史，见 Schreiber (1)。

③ 有关罗马道路系统的经典论述，并且还是最完整的，是伯杰尔［Bergier (1)］的著作，但是早已由于现代考古学的成就而过时了。例如，见 Leger (1)，特别是 p. 157 和 pl. 111；Gregory (1)；Forbes (6)，(11)，pp. 126ff.，(22)；Merckel (1)；Birk (1)。在专题论文中可以提到 Birk (2) 和 Hertwig (1)。新绘的该系统的部分地图，见 van der Heyden，Scullard (1)，charts 53，60，参见 figs. 289，290，291，293，294，443；Bengtson，Milojčić (1)，charts 30，31。

(*statumen*)，大小毛石和碎片放在石头上作为铺垫（*ruderatio*），然后用砂和砾石，或碎碎的陶器和砖用石灰黏合起来作为核心①，整个路面覆盖着片石板形成最上层路面（*summa crusta*）或"脊背"（*summum dorsum*）。往往还砌有路边石。罗马道路的主干因此占据一个开挖的深达5或6英尺槽，这大约3倍于现代道路所需的深度。有时下层伸展到远超过实际道路本身的宽度，两侧各有一条沟；有时有一条相当大的排水沟伴随着道路并行，有时排水沟在垫起来的堤坝上或穿过挖凿出来的地方，而在另外地方它可能沿着两侧的陡坡还有护坡墙。这样的是加强的路（*viae munitae*），但是除了这些完全铺筑的道路之外，罗马人还使用有坡度的土路（*viae terrenae*）和砾石路面的小路（*viae glareatae*）。

人们往往会看到，罗马式的道路在某种程度上像横卧着的一面墙。工程师所采用的方法长期以来是考古学家大为欣赏的对象，但是正如德诺埃特［des Noëttes（1，9）］所指出②，这些方法实际上很原始并且不符合对它们的要求。完全没有考虑由于温度变化、霜冻开裂和不均衡的排水所引起的膨胀和收缩，它们依靠的是厚度和刚度③；而更成功的现代方法，以麦克亚当（McAdam）的碾压碎石及铺沥青④和其他等为最高的发展，都是依靠薄而有弹性的结构。这些方法似乎起源于中世纪⑤，但是我们将会看到，中国的轻而有弹性的道路远在它们之前就已经出现了。

我们可以把公路的起源追溯到史前的小道、铜器时代的山梁路等⑥，可是给人以深刻印象的复杂的道路修筑系统直到强大的中央集权政府建立以后才发展起来。因而公元前5世纪初有波斯御道从苏萨（Susa；巴士拉北部山区的首府）到萨迪斯［Sardis；伊朗王国最西面的城市，靠近小亚细亚的以弗所（Ephesus）港］，距离约1400英里；另一条路向东，距离与波斯御道约同样远，最后到粟特（Sogdiana）⑦。以后又有印加帝国（Inca State）及其祖先们在地形更困难的安第斯（Andes）山修建的卓越的道路系统⑧。3 根据《政事论》（*Arthaśāstra*）所述，类似的筑路工程印度孔雀王朝也曾进行过，规模也许没有这样大⑨。

---

① 参见本书第四卷第二分册 p. 219。

② 后来为福布斯［Forbes（6）］和其他人所支持。

③ 当一段铺设的道路破碎的时候，石片将向各个方向竖立起来，那将比根本没有道路还要坏。格雷戈里［Gregory（1），Fig. 12］的书中有一幅引人注目的照片展示了靠近怒江的一则中国实例。铺设的道路的保养费当然也是比较高的。

④ 见 Gregory（1），pp. 220 ff.。麦克亚当的成就是指出了道路的基底不一定要石头，可以是底土层，如果它上面的底板由品种对路、大小适宜的石块构成，上面有自行黏结的覆盖的话。关于现代的实践，可见 Spielmann & Elford（1）。

⑤ 关于中世纪欧洲的陆路交通，见 Lopez（2）；Forbes（22）。

⑥ 关于史前穿越欧洲的南北琥珀贸易之路，参见 de Navarro（1）；Gregory（1），pp. 28 ff.。

⑦ 参见 Calder（1）；Forbes（11），pp. 130 ff.。见 Van der Heyden & Scullard（1），chart 23 和 Bengtson & Milojčić（1），charts 11b，12c，17。

⑧ 参见 von Hagen（2，3）；Saville（1）。

⑨ Shamasastry（1）（译本），pp. 46，48，194，334 和本册 p. 5。根据斯特拉波［Strabo，*Geogr.*，xv，1，xi］的记述，一条10 000斯塔德（stadium）长的道路从西北边疆通向首都。1斯塔德的长度按0.11英里计算，这就约等于1100英里。参见 Anon.（82）。

(1) 道路网的性质和扩展

在公元前后的几个世纪里，某位造物主俯首注视旧大陆，可能会像在慢动作影片中那样看到，两个树枝状驿道交通系统出现在两个不同的中心并向外辐射。一个驿道交通系统在意大利半岛中部靠西岸，另一个靠近黄河绕过山西的山脉向东流入黄海的大转弯处。这个情景有点像卵中雏鸟的血管辐射形成整个蛋黄贮仓的营养分布网路——而生物社会学的比拟并非毫无意义，因为进口的商品将和出征的军队在路上相错而过。罗马人如果能成功地征服帕提亚人（Parthian）和波斯人，两个道路系统可能相遇，也许会在新疆以西某处接网，但这并未实现。章鱼状的手臂独立地扩展，各有其自己的天下，修路人也只是偶尔被关于另一系统的十分模糊的谣传所困扰，因太远而对另一系统并不关心。

罗马和中国的系统有一个稀奇的共同点，这就是两者在3世纪以后都陷入长时期的衰退，欧洲分割成若干封建王国和领地，交通不便仅靠海路；而中国的驿道则把任务转给了一个巨大的通航河流和人工运河系统，只留下山区道路仍继续其悠久的作用。关于古代中国道路网及其发展的主要资料来源首先是各朝代史，以及中国知识界中人数众多的史地学家们的大量遗著①。并且像在封建官僚社会里可以料到的，中央政府总是亲自关注交通干线的修建和维护。

> ［亚当·斯密写道］在中国和亚洲其他几个政府中，驿道的保养和通航运河的维护都由执政当权者亲自掌管。在给各省省长的指示里，据说还经常提醒他这些任务，并且朝廷考核他的品行如何，在很大程度上以他对这些指示所表现的重视程度来判断。所以，在那些国家里，据说这部分公众设施管理得很好，而特别在中国，据称驿道，尤其是通航运河都远远超过了欧洲的已知道的一切同样事物②。

4

流传至今的中华文化圈在筑路方面的某些最古老的记载可以说明这些特征。《诗经》里面有一首诗表示了对周朝京都附近道路的称颂③：

> 周朝的道路平滑得像磨刀石，
> 像箭的射道一样直；
> 这是王公们行走的道路，

① 关于交通史有价值的现代专题论文并不缺乏：例如，劳榦（*2*）；白寿彝（*1*）和 Lo Jung-Pang（6）。古代旅游的历史曾由江绍原［（*1*）；Chiang Shao-Yuan（1）］论述过，而我们将在下面进一步专门谈论的驿站制度曾由楼祖诒在许多篇文章［特别是楼祖诒（*1*）］里谈论过。可惜还没有人研究古代中国的道路工程，尤其是从技术的观点出发。

② Adam Smith（1），p. 305。他接着就贬低中国的土木工程，把有关的报道看做是“懦弱和惊异的旅行者”或“愚蠢和欺骗的传教士”的言过其实之辞，他对中国工艺的这种反应指引他走向错误。以后我们将引用实际上是诚实的某些传教士的论述（见本册 pp. 22，33，135，142，205，208，211，363，379）。

③《毛诗》第203首，由作者译成英文，借助于 Legge（8），vol. 2，p. 353；Waley（1），p. 318；Karlgren（14），p. 154。这首诗曾被孟子引用［《孟子·万章章句下》第七章，译文见 Legge（3），p. 267］。另一首民歌也讲的是周朝的道路，但究竟是“曲折而艰难的”还是“平坦而均匀的”，从所使用的古文还看不清楚；参见《毛诗》第162首，译文见 Legge（8），vol. 2，p. 247；Waley（1），p. 151；Karlgren（14），p. 105。

是庶民们只能看望的道路。

〈周道如砥，其直如矢；君子所履，小人所视。〉

这首民歌被认为是相当古老的，大概是公元前9世纪西周时期的，它所指的可能是渭河流域，后来称为关中，也可能是天子的东都和京畿，靠近后来洛阳的位置①。长安（1）和洛阳（6）之间的道路应当肯定是中国最古老的小道之一②。当读到《周礼》（该书是公元前2世纪有关封建官僚主义国家理想结构的汇编）时，我们就可得到更多关于道路的技术名词的详细资料，不过这样的资料看来是把两种不同的习惯用法编在一起，这两种习惯用法可能来自更早期的不同的封建国家。在《周礼》中写"司险"（交通总监）的一段里我们读到③：

他研究九省的地图以便掌握关于山、林、湖、河和沼泽的全面知识，并了解（天然的）交通道路。

[注：当山和林成为障碍，他开伐过去。当河和湖阻挡去路，他架桥过去。]

他设置五种河沟和五种道路，沿线植树编篱以作防护。一切（特殊据点、关口和枢纽点）都有岗哨，而且他掌握通往它们的小道和大路。

[注：五种河沟（"沟"）是"遂"（水沟）、"沟"（水道）、"洫"（小河沟），"浍"（中河沟）和"川"（大河沟）。五种道路（"涂"）是"径"（人走小道）、"畛"（较大的、铺设的小道）、"涂"（一车宽的路）、"道"（两车宽的路）和"路"（三车宽的路）。]

如若国中告警，他加强道路和重要据点的防御，盘查行人，并布置他的队伍坚守岗位，只允许持有皇家证件的人通过。

〈司险，掌九州之图，以周知其山林川泽之阻，而达其道路。

[注：山林之阻，则开凿之；川泽之阻，则桥梁之。]

设国之五沟五涂，而树之林以为阻固。皆有守禁，而达其道路。

[注：五沟，遂沟洫浍川也；五涂，径畛涂道路也。]

国有故，则藩塞阻路，而止行者，以其属守之，唯有节者达之。〉

5 路涂和河沟容量大小的系统化，当然主要是纲领性的，出现在写"遂人"（大开拓者，或农业部长）的一段里④：

这是他怎样组织农村的：每一个农庄有一条小沟（"遂"）及旁边的小走道（"径"）。经过每十个农庄流过一条水道（"沟"）及沿沟的一条小道（"畛"）。经过每百个农庄流过一条小河沟（"洫"）和伴随的一车宽的路（"涂"）。经过每千个农庄流过一条中河沟（"浍"）和沿岸的两车宽的路（"道"）。经过每万个农庄流过一条大河沟（"川"）和并行的三车宽的路（"路"）。这就是王国领土上的交通。

---

① 参见 Yetts（17）。

② 这里圆括号内的数字对应图711的地图及其附表中的编号。

③《周礼》卷七，第二十六页，由作者译成英文，借助于 Biot（1），vol. 2，pp. 198 ff.。

④《周礼》卷四，第二十四页、第二十五页，由作者译成英文，借助于 Biot（1），vol. 1，p. 341。注意本书第三卷，pp. 82 ff.，89 关于10进位的内容。

［注：道路的五种等级都是为了将农村连接到都城，通行车辆与行人。（除人以外）小走道仅容纳马和牛，较宽的（铺设的）小道可容纳大的手推车，一车宽的路可容纳一辆战车，二车宽的路可容纳两辆战车并行，而三车宽的路可容纳三辆战车并行。农村的道路可以筑成与城市环路一样宽。］

〈凡治野，夫间有遂，遂上有径；十夫有沟，沟上有畛；百夫有洫，洫上有涂；千夫有浍，浍上有道；万夫有川，川上有路，以达于畿。

［注：径畛涂道路，皆所以通车徒于国都也。径容马牛，畛容大车，涂容乘车一轨，道容二轨，路容三轨。都之野涂与环涂同，可也。］〉

现在我们懂得了“二车宽路”是什么意思①。但是该书中的另一段文字则有更宽泛的意思。在“匠人”（营造师）的标题下②，我们看到京都的大街（“经涂”）要能容纳九辆车并行，环行的路（“环涂”）能容七辆，而乡间的路（可能指驰道，“野涂”）能容五辆（图712）。此外，各封建诸侯的都城应当是大街为七车宽的等级，环行路五车宽，而它们的引路三车宽。其他城镇应当是最宽的大街不超过五车宽的等级，而所有其他路都在三车宽的水平。如果在此第二段文字中只是指的周朝（或汉朝）京都的宏伟壮观，或许就没有什么矛盾之处了。

在战国时期，有很多的筑路活动，目的既有军事的也有商业的，但详情还不清楚。然而我们将会看到，秦国曾经特别地忙于筑路，而且所完成的工程很可能是它统一天下的一个重大的因素。公元前221年，秦始皇第一次统一了全国，他马上就开始推行他那著名的度量衡标准化政策，并且统一车轮轨距及其他等③。公元前220年他在甘肃和陕西

---

① 几个世纪以后，印度有一个类似的情况出现在《政事论》［Shamasastry（1）（译本）p.53］中。通往军事重地的道路宽为48英尺，乡村的王家车道24英尺，森林里的象路12英尺，一般马车路7 $\frac{1}{2}$英尺，牲口走的路6英尺和人行路3英尺。来自秘鲁印加帝国的数据从75英尺（列队行进用）一直到45英尺以及24英尺（规定的）到15英尺（相当常见的）。12英尺和6英尺的宽度只使用于文化落后地区的交通［von Hagen（3）］。

② 《周礼》卷十二，第十七页、第十八页、第二十页，译文见Biot（1），vol.2，pp.564 ff.。

③ 《史记》卷六，第十二页、第十三页，译文见Chavannes（1），vol.2，pp.130，135。这段文字说，秦朝的双步定为六尺，而且车辆的轨距已在全国统一。轨距一直被认为是一个双步，并且确实《周礼·考工记》里讲“车轮之间的距离为六尺”［卷十二，第二十四页，译文见Biot（1），vol.2，p.580］。但是用现代的术语怎么解释还有点不明确。如果秦和西汉的尺采用吴承洛的数值（27.65厘米），那就相当于5.44英尺；如果采用秦国，随后新莽和东汉的尺（23.1厘米），那就是4.54英尺。《周礼·考工记》在另一处还讲“道路的宽度是用车轮轮距为单位衡量的”［卷十二，第十七页，译文见Biot（1），vol.2，p.562］，并且后来的注释者们讲，设想《周礼》的数值是周代的，那么轮距就是8尺。但是由于周代的双步有8尺，不是6尺，周代的尺是那样小（19.9厘米），按它量出的轮距和我们前面的两个数字中的第一个相差很小，为5.22英尺。

我们可以从考古发掘出的车辆上得到更多的验证（参见本书第四卷第二分册，pp.77ff.，246ff.）。商代的车轮轮距宽达7.07英尺，在西周时期平均大约6.55英尺，东周5.71英尺，而在战国时期5.41英尺，最低到4.59英尺。可见轮距在不断地减小。最近发掘出土的汉代京都长安的城门显出在19.7英尺宽的道路上有4条并行车道，也就是每条4.92英尺宽。所以文字的和考古的证据之间有很好的一致性；它引导我们顺便得出一个有趣的结论，即秦和汉的车轮轮距相当接近现代的标准铁道轨距，4.71英尺（4英尺8 $\frac{1}{2}$英寸）。跟着还有《周礼》的三车宽的路大致是15英尺宽，并且九车宽的路是45—50英尺。至于西方的类似情况，似乎曾有一个相反的趋势，轮距逐渐地加宽，从早期罗马车辆的3.77英尺到罗马-不列颠特有的车辙距离（自4.50变化到4.83英尺）［Lee（1）］——又接近“标准”轨距。我很感激罗荣邦博士在通信讨论中帮助我写出了这个脚注。参见本书第二卷pp.210，214，553，第四卷第二分册pp.250，253。

6 出巡视察一次，回来就下令修筑一个庞大的驿路干线系统，从京都长安（现西安附近）辐射出“驰道”或“直道”，特别是面向北方、东北、东方和东南①。

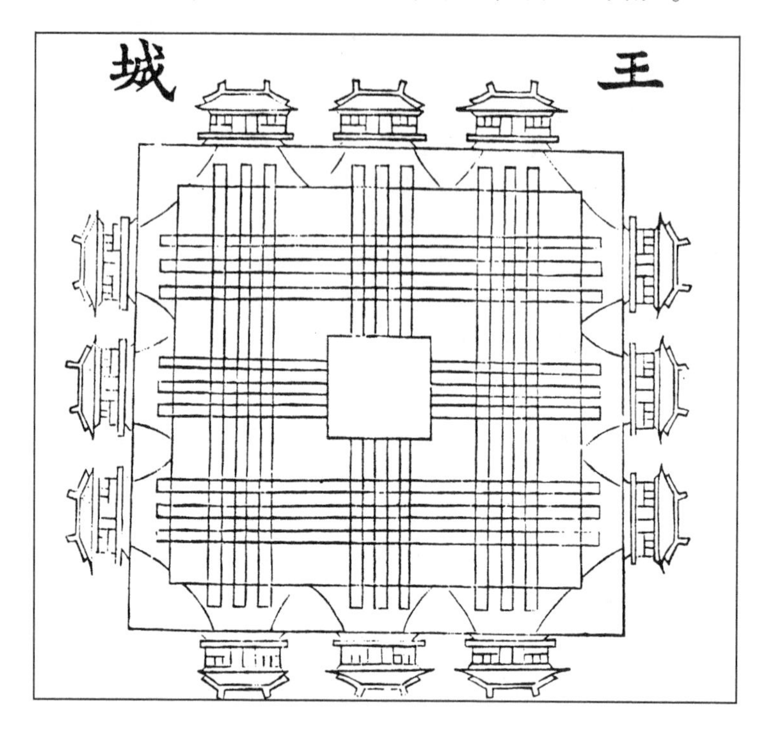

图 712 一张理想化的帝王或诸侯的都城及其通衢大道的简图，显示出传统的主要干线平面。［采自《三礼图》卷四，第二页（参见本书 pp. 73，80ff.）］。

7 虽然找不到当时的叙述，但提出一件仅几年以后的事也是有意义的。约在公元前 178 年，汉文帝的一个顾问贾山呈递了一篇题为《至言》的说帖，其中他分析了好的统治和民间骚乱的根源，特别对秦始皇提出了批评。在极力贬低修建在咸阳的豪华宫殿以后，他继续说道②：

他还下令修筑全国的驿路，东到齐和燕国的最远边界，南达吴和楚国的极端尽头，绕过湖泊河流沿着海滨，使到处都能通达。这些公路宽 50 步，沿途每 30 尺植树一株。路筑得很厚，且边缘坚固，并用铁锤（“金椎”）夯实。种植青松树③使道路美观。然而所有这些都（只）是为了让（秦始皇的）继位人不至于走迂回的道路。

〈为驰道于天下，东穷燕齐，南极吴楚，江湖之上，濒海之观毕至。道广五十步，三丈而树，厚筑其外，隐以金椎，树以青松，为驰道之丽至于此，使其后世曾不得邪径而讬足焉。〉

后来的注释者们对道路结构的说法（“厚筑其外”）有些迷惑不解，有人认为在路的两

---

① 《史记》卷六，第十四页，参见 Chavannes（1），vol. 2，p. 139 和 *TH*，p. 211。应当记得，在统一的帝国里，京都偏在西面。通往南方和西南方的交通存在极大的天然困难，这些我们将回头再讲（本书 pp. 15，19）。

② 《前汉书》卷五十一，第二页，由作者译成英文，借助于 Lo Jung-Pang（6）。又见曲守约（*1*）。

③ 参见陈嵘（*1*），第 21 页、第 25 页。

侧筑有护墙，就像升高了的甬道[①]，另外有人认为夯实不过是指加固路边，特别是有护堤的时候[②]。这些道路的遗迹很少在以后的朝代里能保留下来，大概是由于它们修筑得不像罗马道路那样厚重[③]。可是，如果它们主要是像夯土墙那样把碎石和瓦砾夯实（见本册 p. 38），道路就比较有弹性并且因此在概念上比较更为现代化。这种“水拌碎石”实际上历来是中国驿道的传统材料[④]。

关于宽度，人们一致同意《前汉书》里的“五十步”是“五十尺”的抄写错误[⑤]，因此这帝国的驿道就会是大约九车宽的道路，相当于《周礼》中所述最宽的一种。它们比大多数罗马道路还宽些[⑥]。这些九行车道的通衢大道靠里边几行显然是保留给皇帝本人和统治家族的当权者们用的；使者们、官员们和商人等使用靠外边的几行[⑦]。

让我们看一下地图（图 711）中里标出的驰道的走向[⑧]。 8

作为系统的中枢，选择了一个比较靠东方的中心点，现在的洛阳附近的三川（6），从长安（1）来的大路像现在的陇海铁路一样通过函谷关（12）[⑨]，并且穿过黄河流域的较小的中心点，华阴（57）和弘农（58）[⑩]。从那里起始东路直接通往山东的临菑（8），即以前齐国的首都，并沿济水经过一些现在已经不能确切辨认出来的地方。从三川分支出去的东北路斜插上去经过河北到达靠近现在北京的蓟（7）（即以前燕国的首都），沿途可能经过邯郸（62）和中山（63）等战国时期的名城。这条路在离洛阳不远的地方越过黄河以后，沿着它的旧道走很长一段（参见本册 pp. 240 ff.），这很可能证实了用水运来输送铺路碎石是有益的。最远的路是向东南通往长江口的那一条。这条路开始沿着广大淮河流域的北部边缘到达陈留（9）再到沛（10），然后转而向南在现在的南京［54］[⑪] 附近渡过长江，并穿过江苏的各湖泊到达在苏州或其附近的以前吴国的首都会稽（11）。同东南路差不多一样长的是南路。这条路不经过三川，但是经由武关（13）越过熊耳山直接从长安到宛（14）[⑫]，然后向南在襄阳（71）附近越过汉水并到

---

① 符虔（2 世纪）。

② 颜师古（7 世纪）。

③ 可是一些有趣的遗迹还是有记载的。湖南零陵（18）附近发掘出来的秦帝国的驰道既宽又平，像一条干河床（《湖南通志》卷三十三，第九页）。

④ 参见 Tan Dei-Ying（1）。这全靠选择石料作为碎石和黏合材料。

⑤ 如果按周尺算那就是我们的 32.7 英尺，如果按西汉和东汉的标准算那就相应是 45.8 和 37.8 英尺。考古的发现表示宽度大约为 40 英尺。中国的“步”总是双步；直到隋朝末年一直是 6 尺，从唐朝开始改为 5 尺。

⑥ 对这些有不同的估计；莱热［Leger（1）］认为很少有宽过 25 英尺的，但偶然有较宽的一段的证据。

⑦ 《前汉书》卷十，第一页［参见 Dubs（2），vol. 2，p. 374］，讲到公元前 47 年的一个事件，证实了这类的论述。还可以找到其他论述段落，但有些很难使人相信中间的御用车道就那样神圣，老百姓从来无法穿过，除非越过天桥。全国都作这种安排未免花钱过多。我们猜想这种禁律在离京都远了会放松。但是胆敢在中间的御用车道上行走就是行为极不端的人，曾有一个侯爵因这样做而被处死。

⑧ 为了进一步的解释，读者可能愿意翻回本书第一卷 pp. 55 ff. 里面的地理概述及其地图。在本册接下来的部分中，圆括号中的数字对应附表内所给的地名，而方括号中的那些则对应第一卷表 4 和图 35 中的地图。

⑨ 参见 Anon.（57）。

⑩ 参见本书第二卷，p. 367。

⑪ 摆渡当然包含在内；直到我们自己这个时期，才在长江的峡谷以下的地方架设了桥梁。

⑫ 这是战国时期和汉代著名的冶金中心；参见本书第五卷，第三十章（d）。

达南郡（15）[①]，即郢，以前楚国的国都）。秦始皇的南征并没有停留在那里，因为道路随着江水的蜿蜒曲折走到靠近洞庭湖出口的某处越过长江，并就此来到长沙（16）。以后它继续走到湘江流域，经过衡阳（17）到达它的终点零陵（18）。虽然它现在又向东行，这也并非错误，因为我们将在后面看到（本册 pp. 299 ff.）湘江的上游在秦朝时期有很好的运河同广东西江的上游连接在一起，这就可以输送武器和给养去征服广东的南越国[②]。用这种方式将命令发布出去，把古代的齐和燕、吴和楚，与秦帝国的首都联系起来。

14 接下来谈一谈大北路，这是唯一一条我们掌握了一些有关它的修建的详细情况的道路。蒙恬，秦始皇最重要的将军之一，他的名字总是和长城联系在一起，在公元前212年他受命修建一条路，这条路从渭河上长安正对岸的秦朝都城咸阳（2）起始，通过甘泉地区（3，4），并穿过长城，跨过鄂尔多斯沙漠到达黄河的最北线。这里，离现在的钢城包头西边不远，有一个设防的前哨叫九原（5），大概是一个观察匈奴和其他游牧民族事态的有利地点[③]，并且毫无疑问这也是他们的生产品贸易中心[④]。书文明确地讲这条路被修成为一条直线，开凿通过高山和筑堤越过河谷（“堑山堙谷直通

① 后来称江陵，参见本书第二卷，p. 367。

② 参见本册 p. 441。

③ 这段上下文提出了一个（与交通并非完全无关的）问题，在中国文化里什么时候知道了使用雪鞋和滑雪板。通俗的杂志时常从中国和朝鲜的丛书里复制一些图画，表现猎人使用滑雪板（“木马”）；当然将它们归于一般传奇所说的年代［如 Mathys（1）］。其中的一幅由我的同事鲍登（F. P. Bowden）博士在1955年热情地拿出并引起我们的注意。原文首先由劳弗［Laufer（39）］作了研究，费了一番推敲，但是最终结论表示［参见 Needham（49）］中国人对滑雪板和雪鞋的认识来自7世纪早期和北方突厥人的接触。有关这方面的更早的参考资料还没有找到。在公元629年，拔野古（Bayirku）［铁勒族（Tölös）的一个部落，参见本书第三卷，p. 612，第四卷第一分册，p. 49 和 Beer, Needham *et al.*（1）］，“皆着木脚，冰上逐鹿”，先对朝廷纳了贡［《通典》卷一九九（第一〇八一·一页）；《新唐书》卷二一七下，第七页；《唐会要》卷九十八（第一七五四页）等］。到公元640年，贝加尔湖以北的突厥游牧人的流鬼部落派使者来朝；“地蚤寒，多霜雪，以木广六寸长七尺系其上，以践冰，逐走兽”［《通典》卷二〇〇（第一〇八四·二页）；《新唐书》卷二二〇，第十二页］。据了解，拔悉弥部落从公元649年起也使用“木马”打猎［《通典》卷二〇〇（第一〇八四·二页）；《新唐书》卷二一七下，第九页］。与此同时，在维吾尔族的外侧有结骨族人（或黠戛斯，Kirghiz），“皆乘木马，升降山磴，追赴若飞”［《通典》卷二〇〇（第一〇八四·三，一〇八五·一页）；《新唐书》卷二一七下，第十页；《唐会要》卷一〇〇（第一七八四页）］。在他们以东，有三个“木马突厥”部落。这些人“俗乘木马驰冰上，以板藉足，屈木支腋，蹴辄百步，势迅激”（《新唐书》卷二一七下，第十页）。最后，在契丹人的室韦部落也记载有同样的技巧［《通典》卷二〇〇（第一〇八三·三页）；《唐会要》卷九十六（第一七二一页）］。

中国的证据因此支持公认的考古学观点，即雪鞋早在公元前三千年起源于新石器时代东北方的西伯利亚，并向西扩散到斯堪的纳维亚，向南到朝鲜和日本，又向东到北美洲，可是只在旧大陆出现了滑雪板；参见 Davidson（1，2），Dresbeck（1）。一幅朝鲜的木制雪鞋画，画中的雪鞋很可能是滑雪板的前身，见于 Buschan et al.（1），vol. 2，pt. 1，p. 656，fig. 1。对于日本，最早的参考资料似乎是912年藤原利仁的军队装备了雪鞋。但是传统中国文明的气候条件从来没有导致滑雪板或雪鞋的采用。

欧洲人确切地认识滑雪板［见 Luther（1）］比中国晚四个多世纪。但是卢瑟（Luther）根据18世纪的启示，极力主张古人使用滑雪板和雪鞋是东西方传奇里有蹄人（人身马腿和人身牛腿）的物质依据。《山海经》（卷二、三、十八等）有很多这种人物，像在西方书里一样，多半住在极北地区。卢瑟用传统记述来解释神话的方法所做的解释并非不合理，但其他的解释也还有（参见本书第三卷 pp. 504 ff.）。

④ 见 Yü Ying-Shih（1）。

之")①。

9

表 60　中国古代道路交通地图（图 711）和土木工程分布地图（图 859）中的地名

附注：(1) 安西以西的路大部分列为商队小路，不作详细标志。

(2) 在中国历史的过程中一个地方往往有多达 6 个的不同名称。在表内最老的名称排在前面，一般说来，现代的名称排在最后。

(3) 不同王朝时期新老城的位置往往不完全一致，彼此可能相距几英里。这里为了简便把它们看做是同样的。

(4) 方括号中的数字是与本书第一卷中表 4 和图 35 地图内的数字相互对应的。

1　长安 [9] = 西安
　参见第一卷 pp. 58，103，124，181
2　咸阳 = 渭城
　参见第一卷 p. 100
　　第四卷第二分册 p. 130
3　甘泉山 = 甘泉宫（少翁所建）= 淳化 = 云阳
　参见第一卷 p. 108
　　第四卷第一分册 pp. 122，315
　　第五卷，第三十三章
4　甘泉
5　九原 = 五原
6　三川 = 洛阳 [8]
7　燕（燕国故都）= 蓟（今易县附近）= 北京 [50]
　参见本册 pp. 75ff.
　　第一卷 pp. 139ff.
8　临淄 = 齐（齐国故都）
9　陈留 = 大梁 = 汴京 = 开封
10　沛 = 沛县（徐州的北面）
11　吴（吴国故都）= 会稽 = 苏州
12　函谷关
13　武关
14　南阳 = 宛
　参见第五卷，第三十、三十六章
15　南 = 南郡 = 郢（楚国故都）= 江陵 = 临江 = 荆州
　参见第二卷 pp. 191，197，198
16　长沙 [56]
17　衡阳 = 衡山 [53]
18　零陵
19　桂林 [61]
20　象 = 苍梧 = 梧州
21　武功
22　扶风
　参见第四卷第二分册 p. 39
23　宝鸡 = 陈仓
24　天水
25　陇西
26　定西
27　金城 = 皋兰 = 兰州 [7]
28　永登
29　乌鞘岭
30　武威 = 凉州 = Sera Metropolis（曾被误指长安）

10

31　永昌（甘肃）
　参见第一卷 p. 237
32　山丹
　参见第四卷第二分册 p. 402
33　张掖 = 甘州
34　高台
35　酒泉 = 肃州
36　嘉峪关（长城西端的城门）
　参见第一卷，图 14
37　玉门
38　安西 = 瓜州
39　敦煌 [45] = 沙州
40　玉门关
41　伊吾 = 哈密 = Qomul
42　楼兰
43　窳匿 = 鄯善 = 　羌 = Issedon Serica = Charkliq
44　且末 = Cherchen
45　高昌 = 鄯善 = Karakhoja（Qarākhoja）= Turfan
46　交河 = Piala = Yarkhoto
47　焉耆 = Karashahr（Qarāshahr）
48　尉犁 = Kalgaman = Kurla
49　北地 = 宁县

① 《史记》卷六，第二十四页 [参见 Chavannes (1)，vol. 2，p. 174]；卷八十八，第二页 [参见 Bodde (15)，p. 55]。另见 *TH*，p. 218。

续表

50 安定 = 平凉
51 雍（秦国故都）= 凤翔
52 萧关
53 回中宫 = 固原
54 栎阳
55 上郡
56 榆林［11］
57 华阴（潼关［5］附近）
58 弘（或宏）农 = 虢略
参见第一卷 p. 94
第二卷 p. 367
59 河东
60 晋阳 = 太原
61 代 = 代郡
62 邯郸
63 中山
参见第五卷，第三十章
64 琅邪 = 琅琊（观台）
参见 Chavannes（I），vol. 2，p. 144
65 庐江
66 九江
67 清江
68 赣（县）
69 曲江 = 韶关 = 韶州
70 南海 = 广州［28］
71 襄阳
参见第五卷，第二十章、三十四章
72 沔县
73 褒城
74 汉中［18］= 南郑
75 凤县 = 双石铺
11
76 留坝
77 鄠县
78 周至
79 宁强（或宁羌）
80 昭化
81 剑门关
82 绵阳
83 蜀［59］（蜀国故都）= 成都
84 巴［58］（巴国故都）= 重庆
85 巴峪关
86 平城 = 大同
87 飞狐口
88 秭归
89 僰道 = 宜宾
90 滇（滇国都城）= 滇池 = 昆明［25］
91 叶榆（或楪榆）= 大理［62］
92 牂（或牂）牁（或牱，或柯）
93 越嶲 = 邛都
94 合浦 = 雷州 = 海康
参见本册 p. 669
95 交州 = 河内 = Kattigara
参见第一卷 pp. 178，183
96 浛光（或洸）= 含洭
97 英德 = 浈阳
98 （古）桂阳 = 沅陵
99 居延 = Edsin（或 Etsin）Gol
100 永昌（云南）= 保山
101 山海关（长城东端的城门）
102 夜郎 = 桐梓
103 郎州 = 遵义
104 益州 = 澄江
105 且弥 = 镇西 = 巴理坤 = Barköl
106 移支 = 迪化 = 乌鲁木齐
107 荥阳 = 郑州
108 古北口
109 南口 = 居庸关
110 张家口 = 万全 = Kalgan
111 紫荆关
112 平型关
113 雁门 = 右玉
114 宁夏 = 银川
115 西宁
116 阳关
117 高阙
118 沈阳 = Mukden
119 临洮 = 岷州
120 宿州
121 叶县
122 寿州
123 大名
124 临清

12

地名索引
(按汉语拼音排序)

续表

续表

13

沛 10	宛 14	益州 104
沛县 10	万全 110	银川 114
平城 86	渭城 2	英德 97
平凉 50	尉犁 48	荥阳 107
平型关 112	乌鲁木齐 106	雍 51
	乌鞘岭 29	永登 28
齐 8	梧州 20	永昌（甘肃） 31
清江 67	吴 11	永昌（云南） 100
邛都 93	五原 5	右玉 113
曲江 69	武功 21	榆林 56
	武关 13	窳匿 43
婼羌 43	武威 30	玉门 37
		玉门关 40
三川 6	西安 1	沅陵 98
沙州 39	西宁 115	越嶲 93
山丹 32	咸阳 2	栎阳 54
山海关 101	襄阳 71	云阳 3
鄯善 43，45	象 20	
上郡 55	萧关 52	牂柯 92
韶关 69		张家口 110
韶州 69	焉耆 47	张掖 33
沈阳 118	雁门 113	昭化 80
寿州 122	燕 7	浈阳 97
蜀 83	阳关 116	镇西 105
双石铺 75	叶县 121	郑州 107
苏州 11	叶榆 91	中山 63
肃州 35	夜郎 102	周厔 78
宿州 120	伊吾 41	秭归 88
太原 60	宜宾 89	紫荆关 111
天水 24	移支 106	遵义 103
桐梓 102		

表 61 中国古代道路交通地图（图 711）内的驿道名称

A 古丝绸之路	G 金牛道
B 连云道	=石牛道
C 褒斜道	H 米仓道
=北栈路	J 飞狐道
=新路	K 五尺道
D 傥骆道	L 天山北路
=骆谷道	M 天山南路
E 子午道	N 南山北路
F 陈仓道	P 柳中路
=旧路	R 灵山道

估算出在公元前3世纪从关中京都地区通向各方的驰道的总长度是有意思的。表62列出了大致的数字[1]。

15

表62　秦帝国驰道的长度

	秦和西汉的里
咸阳（长安）至洛阳	950
洛阳向东北至蓟（燕国）	2 000
洛阳向东至临淄（齐国）	1 800
洛阳向东南至会稽（吴国）	3 800
咸阳向南至零陵（楚国）	3 300
咸阳向北至九原	1 910
共计	13 760

取秦和汉初的里相当于0.309英里，总长就等于4250英里左右——与吉本（Gibbon）估计的从苏格兰安东尼墙（Antonine Wall）直达耶路撒冷的一级罗马道路的长度3740英里相差不大[2]。进一步的比较将在下面陆续提出。

驰道系统显然只是秦王朝筑路活动的一部分，这是有据可查的。秦的故都雍（51），肯定与咸阳和长安有一条路连通，走在渭河的北岸经扶风（22）和武功（21），建在比现在陇海铁路线的路基略高一些的地方。在公元前209年秦王朝灭亡的时候，曾有路连接着衡阳（17）和南海（70，广州），经过曲江（69）和英德（97），正像今天的粤汉铁路。这条路必定穿过南岭［35］山脉的峡谷，在以后各世纪里它成为广州和北京之间一条很重要的南北大道，虽然很长时间大宗的运输量都绕道走零陵附近的运河。但是对古代筑路英雄的真正考验是征服在西南方封闭长安和渭河流域的大山脉秦岭山［3］。我们等一下再谈这个问题，因为秦和汉的工程不能轻易地分开；这里只要回想起秦国早在公元前316年就征服了四川的蜀国和巴国，它的佚名工程师们的工作肯定是取得胜利的首要因素[3]。在该世纪末，秦国的统治者正向云南未开化的山区拓展其殖民地。司马迁曾简练地说[4]："秦时常頞略通五尺道"，起始于长江对岸的巴（84，今重庆），与蜀（83）已有路连通，它穿过贵州的山地，经过夜郎（102）和郎州（103），到达滇（90）和益州（104）的昆明湖[5]和叶榆（91）的洱海。这是一段很像现在昆明和重庆之间的公路，连接着滇缅公路，滇缅公路在第二次世界大战中承担大量的交通运输量。注释者还说五尺道（K）由很多的路段都不超过五尺宽而得名[6]，它时常沿着峭

16

① 据 Lo Jung-Pang（6）。

② Gregory（1），p. 59，摘自《罗马帝国衰亡史》（*Decline and Fall*，vol. 1，p. 81）。

③ 穿过秦岭山的第一条军用道路的修筑时间，恰巧和罗马的阿比亚（Appia）路的修筑同时，即在公元前312年。

④ 《史记》卷一一六，第二页。

⑤ 滇池或昆明湖和抚仙湖。

⑥ 道路的名称和字母标志汇总在表61中。

壁走并且包括很多悬挂的走廊（“栈道”），也就是从峭壁上伸出的木眺台承托着路面①。这里我们第一次遇见一种筑路的方法，今后还要更多地谈到它。

如果说秦朝都城有五条主要的驰道放射出去，同样这个京都在结合得更紧密的次大陆国家的统治者（西汉的皇帝们）的统治下道路就有了七条。我们最好不从罗盘的方位去考虑它，而是要考虑这些道路不断上升的重要性和技术意义。在西北方面曾进一步开拓了渭河以北的甘肃和陕西的山乡地区，有去安定（50）和回中宫（53）的新路，后者在公元前108年建成。在东南方面去长沙和南方各处的距离缩短了，一条路从首都经过流岭和新开岭以南直接通往襄阳（71）。在北面，都城由一条经过上郡（55）的路重新连接到九原［（5），今五原］，虽然比较绕道，可能比蒙恬修筑的大北路更容易通行，也走过更多的人烟地区。比这些都更重要的是利用漫长的山西汾河河谷，筑一条走向东北经过晋阳［（60），今太原］到燕［（7），今北京］的路，比原先的一条短很多，虽然还需要在潼关（57）附近越过黄河。大约在公元前129年又把交通从燕推进到了朝鲜，就是在西汉的远征将军彭吴征服那个国家的时候②，彭吴所选择的路一定是在山海关（101）附近穿过长城的。

在东部地区，汉代的筑路者们特别活跃，驿道网布满了华北平原。邯郸（62）向东连接到临菑（8），向东南到沛（10），向南到陈留（9），在这里有一条继续通往南阳（14）的路和洛阳（6）来的一条相衔接。另有一条新路从沛伸向南方到九江（66），然后下到清江（67）并在西面连接到长沙（16），正像今天的南浔线（今为向九线）铁路所起的作用。沛也通海滨到琅邪（64），这是一个从秦始皇时期起就出名的地方。我们将会看到，东汉的工程师们曾做了进一步的发展，但是在古代福建的阵地从来没有被突破过，那里路途艰险，人未开化。

通向遥远西方的情况则很不相同。沙漠绿洲对于交通的阻碍比森林山地少得多，并且到了考查古丝绸之路（A）中国一端这一经久浪漫的主题的时候了。我们在这里不必重复前一阶段已经讲过的关于东西方的交通③，但是必须看出中国的驿道系统怎样在新疆，与绕过塔克拉玛干沙漠的骆驼商队小道相衔接。去西域的路在宝鸡（23）离开渭河流域的古道群，经天水（24）④ 穿过上游的峡谷，而后攀登上去越过华家岭隘口，再下到黄河大转弯处的金城［（27），今兰州］，这是2000年来西藏道路的中枢。然后越过乌鞘岭隘口（29）到达武威（30），古时武威被误认是长安，被称为丝都。过了武威

① 从这条路（以及中国古代其他路）所用的木材数量的记录来看，它一定是有一部分“木排路”。直径三寸的小树，像轨枕一样铺下去并紧紧地捆在一起，形成很好的但寿命不长的路，浮游在稀泥上，当然消耗很多木材。这是古代中国砍伐森林的又一个因素［参见本书第五卷，第三十章（d）］。木排路是中古时期俄国技术的一个突出的特点［参见 Mongait（1），pp. 299，300，306，fig. 16］。

② 《史记》卷三十，第三页［参见 Chavannes（1），vol. 3，p. 549；Watson（1），vol. 2，p. 82］；《前汉书》卷二十四下，第十六页［参见 Swann（1），p. 243］。筑路将军的名字可能是彭吴贾（古书的内容有差别）。

③ 本书第一卷，pp. 181ff. 和图32。我不禁要再说一遍，中国没有哪里比她的“西部荒原”更有趣和更美丽，在那里中国文化和游牧民族的文化相遇，在南山或天山上雪光远照之下，沙荒里每个地方的名字都是守卫在真正伟大文化前哨的古代中国士兵和官吏的英雄事迹的见证。

④ 稍南为麦积山，后来佛教石窟寺的地址。

来到永昌（31），约在公元前30年被俘的罗马军团就住在此地①，然后跨过从左边高耸的南山［13］（祁连山）［14］流下来而又在右边戈壁沙漠里消失的许多河流和冲积滩，就到达酒泉［（35），今肃州］。这条路始终在右手侧受到汉代修建的长城延伸部分的保护，同时有一条路伸向东北到嘎顺诺尔湖畔的故城居延（99），它肯定又是一个对部落的监视哨。道路就此离开长城的保护，伸入荒芜的沙漠地带到达安西［（38），古瓜州］，这是一个设防的哨所，古丝绸之路第一个分叉的标志。整个“甘肃走廊”在公元前121年征服匈奴之后就稳定下来了。

从那里起，我们要想到在塔里木盆地环绕塔克拉玛干沙漠的两条主要道路。南边有南山北路，南山即雄伟的西藏昆仑山［10］，道路（N）经过敦煌［（39），古沙州］②然后再分叉，一条继续沿山麓经过窳匿（43）和且末（44）到达喀什，另一条经过厄运的罗布泊湖畔现已消失的楼兰（42）③城。敦煌和玉门关（40）以西的路是骆驼商队小道而并非修筑的路，但是在公元前107年与楼兰国作战的时候，在这些点上一路都设了障塞、烽火台和驿站④。到公元前101年障塞和烽火台继续修到楼兰当地，也许还到了窳匿。在公元前77—前59年这是古丝绸之路唯一开放通行的一段。 18

塔克拉玛干沙漠以北有天山南路（M），沿山麓通往喀什。第一次到达是在公元前101年经过楼兰到尉犁［（48），库尔勒］，但在刚才讲到的时期里敌对的楼兰人向北转移封闭了它。甘延寿和陈汤的军队在公元前36年去征服粟特的匈奴首领（单于）走过的就是这条路。到西汉末年有另一条路完全（P）通到天山南路，它从安西（38）分岔向西北，大胆地跨过戈壁到伊吾［（41），今哈密的西北］⑤。然后它向西到高昌［（45），吐鲁番］，与旧楼兰路在尉犁衔接。这条路以后称为柳中路，直到公元5年左右才筑成，并且到公元73年汉人占领伊吾地区的时候才实际投入使用⑥。此后它完全代替了经过楼兰的老路，罗布泊逐渐干涸，楼兰城本身不久被埋在沙中，直到现代考古学家们的到来。再以后出现了更北边的一条路，天山北路，从哈密（41）起始伸进山脉的东端，走到巴理坤湖畔的且弥［（105），巴理坤］，由此向西到达迪化［（106），乌鲁木齐］，再去到哈萨克。最后，特别在帝国普遍太平的时候，大量的贸易和移民都走这条路，甚至直到战时物资经土库曼—西伯利亚（Turk-Sib）铁路沿松噶尔平原的南部边缘运往中国的时期。但是有理由认为这条北路是大黄经过里海北沿各部族转手运往罗马的古道⑦，因此在这里提一下汉代五朝外围的社会联系渠道是理所应该的。

---

① 参见本书第一卷，p. 237。

② 稍南为千佛洞（莫高窟），后来佛教石窟寺中最著名的地址，本书时常提到。

③ 斯坦因［Stein（10）］曾提供探索这个地区古路的图解报道。关于保护敦煌的汉代长城，见本册 p. 49。

④ 张骞在公元前138—前126年出使的途中勘查了全部地区，已在本书第一卷，p. 173 讲到过。鲁桂珍博士和我很荣幸于1958年再一次在肃州—敦煌公路上对汉代的烽火台和障塞遗迹作了调查。参见本册图721。

⑤ 这些地名发人深思。这个地区的某些铭文是使人难忘的。在酒泉（肃州）的中心鼓楼上有这样的字：“声振华夷。”在北门上：“北通沙漠”。在南门上：“南望祈连”。在东门上：“东通华岳”。在西门上：“西建伊吾”。这是我和艾黎（R. Alley）、孙光君、王万圣等先生和其他朋友在1943年第一次看到的。

⑥ 最初的占领实际上是在公元前58年。

⑦ 参见 Hudson（1），p. 94　Laufer（1），p. 548；Yule（2），vol. 1，pp. 290，292，vol. 2，p. 247。亦参见本书第一卷 p. 183 和图 32。

19 在北和西北边境附近沿大路都设置了防御工事是十分肯定的，并且同样的系统也可能采用在云南和大西南的其他部分。但除此以外，在交通线的防御似乎特别重要的关中及其周围还有距离较短的设防的甬道；也许有点像希腊的比雷埃夫斯（Piraeus）长墙。一项这样的工程把一个重要的据点敖仓与荥阳（107）附近的黄河码头连接起来[①]。

然而，西汉筑路者的最大工程是加固穿过高耸的秦岭的隘口［3］，那些路是早在公元前4世纪由秦人开拓的[②]。为了讲明这些，我们必须退回到当时从头谈这件事。问题在于要寻找道路越过这座把北面的陕西（关中）（即秦国首都所在地），与四川盆地隔离开的大山；半开化的蜀国和巴国在这个基本经济区占据着富饶的农耕土地[③]，吸引着正在扩张的秦国去吞并。夹在中间的汉水流域使勘探人员在找到越过嘉陵江上游进入四川的道路以前可以歇一口气。首先，秦岭山脉的太白山及其积雪从渭河流域北坡的每个高处都能看到，而以后则有不那么无情的米仓山和大巴山山脉。即使在今天，四川和陕西之间的现代汽车路所经过之处都是壮丽的景色，但在古时则一定是十分荒凉而很艰险的地区。这个地区曾出现过秦和汉的工程师们的最壮观的工程。

在汉水上游商品集散的小埠有三个小城镇，即沔县（72）、褒城（73）和汉中（74）。所有经过这些小城的路在公元前221年当秦始皇登基的时候就已经存在了。但是在汉代又根据需要使这些小城的路得到全面修建。最老的路（F）从陈仓［古时的宝鸡（23）］开始[④]，过了渭水，沿着一条小支流向上越过大散关，来到凤县（75）[⑤]小镇。20 然后它转向西到嘉陵江上游，再折回进山找到去沔县的路。秦朝的第一次改进（B）是缩短向西的迂回，直接从凤县插进山去，经留坝（76）到褒城；这就是所谓的连云道。这条路线上的隘口不超过7000英尺，但全长430里至少有$\frac{1}{3}$是修在急流轰鸣的河床上面的高架木栈桥，或者说实际上架在高悬的峭壁上用木梁打进石面上的孔内作支撑[⑥]。西方的一个类似的栈道系统[⑦]是提比略（Tiberius，公元14—37年在位）和图拉真（Trajan，公元98—117年在位）的山路建筑[⑧]，但在比较上有相当的局限性，并且这两位皇帝我们可以看做都是东汉人。陈仓道的南段现在一般不使用了。有趣的是直到今天，现代的汽车路大体上是顺着连云道走的[⑨]，自从宋代以来它一直是穿过这座山的主

① 参见本册 p. 270。另一条这样设防的路在公元139年当羌族进犯扶风（22）周围地区时确实起了作用。

② 林超［Lin Chao（1）］、威恩斯［Wiens（1，2）］、久村因（*1*）和罗荣邦［Lo Jung-Pang（6）］曾对这个道路系统作了详细探讨。这里表示感谢的是，罗博士给了我们在他的论文发表以前的引用特权。

③ 参见本书第一卷 pp. 114 ff. 和其他很多处。

④ 因此得到“陈仓道”的名字，但它也叫“故道”。

⑤ 在本章最初起草时（1953年），宝成铁路正在沿着近似的路线紧张地施工，在宝鸡同陇海铁路的延伸线连接，经过兰州通往古丝绸之路。1958年我曾畅游陇海线。参见 Lan Tien（1）；Chang Ching-Chin（1）；Wang Yu-Chi（1）；Anon.（54，55，56）。

⑥ 华金栋［Kingdon Ward（13）］的书采用了正在西藏边境巴颜喀拉山口修建的这种高架路的照片作为卷首插图。

⑦ “栈”字的原意是床的托架［Kelling（1），p. 100］。1773年钱伯斯［Wm. Chambers（2）］爵士曲解为中国的“仙道”。

⑧ 参见 Merckel（1），p. 252。在现在的维也纳艺术历史博物馆里有一幅老勃鲁盖尔（Pieter Breughel the Elder）的画，《圣保罗的改建》(1567年)，背景的左侧可以看到一段“栈道”。

⑨ 但是铁路比较靠西，走嘉陵江河谷。

要交通线。[①]

秦代的第二次改进（C）选择了更靠东的路线。从郿县（77）开始走，从长安沿渭水南岸而不是北岸来的路，盘上陡峭的斜水支流的峡谷，越过斜峪关，从环绕太白山西侧的高山区出来。从这里它遇到褒水或太白河的面向南的峡谷，那里有一处现在还保留着“同车坝”的名字，顺流而下经过留坝附近到达褒城。这样就缩短了连云道的北段，并且好像是切去了陈仓道的南段[②]。最初在公元前 4 世纪用无数段的支架和走廊修建起来，大约在公元前 260 年、公元前 120 年和公元 66 年都曾对它进行过广泛的扩建和翻修[③]。地理上这条路线的名字叫褒斜道，但是由于它的工程作业，所以也以“北栈路”著称。早在 3 世纪，诸葛亮曾描述过支撑道路越过沟壑山谷使用的粗壮梁柱。关于公元前 120 年发生的事我们知道得很多。司马迁说：[④]　21

以后，有人向皇帝上条陈，推荐利用褒斜道配合水路运粮。这件事交给了御史大夫张汤，他经过调查提出报告如下：“为了到达蜀（四川），往来要经过故道[⑤]的路线，有很多陡石坡并绕道很远；如果现在我们在褒水和斜水之间开辟一条（更好的）路，坡度将缓和得多并且距离将缩短400 里。由于褒水流入沔水[⑥]，同时斜水注入渭河，我们应当能够利用它们用船只运输粮食。粮食将可从南阳运上来，沿汉水、沔水和褒水，到褒水变得太浅的地方，就把粮食换用大车运送一百里或多些，到斜水的上游，然后另用船放下渭河（至京都）。这样，汉中的粮食就可以得到了，而且从大山以东还可以运来无限的数量，比经过砥柱[⑦]容易得多。最后，在褒水和斜水流域里有丰富的大小木材和竹材可供建筑使用，能和巴蜀当地相比。”皇帝批准了这个计划。

张汤的儿子，张卬（于是）被派为汉中太守，他招募了几万人翻修了褒斜道长达五百余里。这条路果真方便和（较其他路）更短，但是河水却被证实湍流过急和过多地为滩石所阻，不允许如想像那样通航运粮[⑧]。

〈其后人有上书欲通褒斜道及漕事，下御史大夫张汤。汤问其事，因言：“抵蜀从故道，故道多阪，回远。今穿褒斜道，少阪，近四百里；而褒水通沔，斜水通渭，皆可以行船漕。漕从南阳上沔入褒，褒之绝水至斜，间百余里，以车转，从斜下下渭。如此，汉中之谷可

① 蒙古军队在征服宋朝的时候，曾利用它入侵四川。威恩斯［Wiens（2），p. 146］描述了清朝时期的维修工作。

② 然而在公元前 206 年以后一段时期里，当褒斜道的支架在军事行动中被张良奉刘邦的命令破坏了以后，交通必须重新利用陈仓道；参见本书第一卷，p. 102。故事记载在《史记》卷五十五，第五页［参见 Watson（1），vol. 1，p. 139］；《前汉书》卷四十，第四页及别处。

③ 在唐代（8—10 世纪）它仍然维护保养得很好，并且成为最重要的南北交通线。北魏时期，曾于公元 507 年在宝鸡（23）和褒斜道上郿县（77）南面某处之间修筑过一条路，但始终是不重要的。它叫做石门阁道。

④ 《史记》卷二十九，第五页，由作者译成英文，借助于 Chavannes（1），vol. 3，pp. 529 ff.；Watson（1），vol. 2，pp. 74 ff.；同样的段落见于《前汉书》卷二十九，第四页、第五页。

⑤ 旧陈仓道北段经过的地区的另一名称，故有此名。

⑥ 沔县附近汉水上游的另一名称。

⑦ 黄河中游山西省南面边界上的一处不利于航运的急流险滩。又名三门峡，是现在正在施工的一座宏伟的水坝的坝址；参见 Teng Tse-Hui（1）；Li Fu-Tu（1）。见本册 pp. 274 ff.。

⑧ 计划在公元前 116 年被放弃了，但是道路的加固在当时还是十分值得的。参见 Lo Jung-Pang（6），pp. 52，56。

致，山东从沔无限，便于砥柱之漕。且褒斜材木竹箭之饶，拟于巴蜀。”天子以为然，拜汤子卬为汉中守，发数万人作褒斜道五百余里。道果便近，而水湍石，不可漕。〉

这一段很有意义，因为它表明了2000多年以来水陆运输之间的紧密配合是中国规划的特点。

在提比略和图拉真时期，褒斜道结合旧连云道的南段，在连续使用了三个世纪之后，又进行了维修，其工程规模之大可以从流传下来的几个数据估计出来——2690个囚犯劳工做了766 800个人日的工①。现存的一些碑文中有很多有关汉代这些路的记载，劳榦（2）作了综述。② 例如，那里面讲到了公元57年和公元63年的测量人员③以及徭役劳力。除了多少里的栈道和走廊之外，还有623座小桥和5座大桥，同时在258里（约86英里）的一段路程中配备了64处邮驿客栈。陈仓、连云和褒斜等道路系统原设计人的名字都已消逝在过去的朦胧之中，但是我们知道范雎是公元前260年左右的维修负责人，并且在碑文记载的名字中有王弘、荀茂、张宇和韩岑，这些都是东汉的土木工程师。他们确实有受国家奖励之功。

22

除了已经讲过的道路以外，还有两条从更东边越过秦岭的路。其中一条（D）从周至（78）起始，这是在渭河南岸的路上比郿县更靠近长安的一个镇。它顺着一条支流留业水从太白山高山地带以东而不是以西出来，越过7000—9000英尺高的山口，经过骆谷到达汉中，因此称为傥骆道。在以后的年代里，大概除唐代以外，人们很少使用它。

更靠东边的一条路线是子午道，它直接进入都城之南的山区④，并越过一个称为子午河谷的高原，由此从汉水两岸到达汉中。这条路（E）是在王莽时期（5年）开拓的，但是它并未能解除其他路的困难，因为它最高的隘口同傥骆道的那些同样险峻，而最低的路段又穿过沼泽地带。此外，子午道的全长660里（约220英里）都经过困难的地带。因此在公元126年以后人们一般就不用它了，虽然在公元107年当褒斜道的木架栈桥和走廊被羌族在叛乱中破坏以后，证明它还是有用的。同时，直到唐代（8世纪）子午道始终是信使经常走的一条路线；在现代的邮政地图上确实还这样标记着它。

不仅在秦岭，而且在全中国这样一个多山的国家里，栈道的木架结构和走廊⑤是若干世纪以来筑路工程的一个主要特征⑥。在17世纪，李明⑦曾写道：

中国人的地方政府不仅管理城镇，而且还扩展到公众道路，他们办得既美观又通畅……

---

① 王昶（*1*），第5卷，第3页起；《褒城县志》卷八，第二页；Yang Lien-Sheng（11），p.5。

② 参见黄盛璋（*1*）。

③ 其中很多显然是“官府奴隶”，参见本书第四卷第二分册 pp.35 ff.。

④ 子午镇是可以证明这条路在该处通过的佐证。

⑤ 图是不易找到的；格雷戈里［Gregory（1），fig.（13）］提供了一幅很不像样的图。我们在图713（图版）里提供了一幅很好的照片，采自Anon.（*26*），图283。麦积山峭壁上的石窟寺就是用这种传统形式的走廊接通的。参见本书第二卷，图40。

⑥ 在以后的年代里它们始终在整修，其工程负责人为6世纪的贾三德和17世纪的高第或贾汉复。

⑦ Lecomte（1），p.304。参见Martini，*Atlas Sinensis*，p.48（1655年）。

图版　二八二

图 713　秦岭山脉中的一条栈道［采自 Anon.（*26*）］。

从西安府到汉中的路是世界上最奇妙的作品之一。人家说（因为我自己还没有看到过），有些山是垂直的没有斜坡，他们在侧面上装了粗壮的梁架，并在上面铺成一种没有栏杆的阳台，以这种方式连通几座大山；那些不习惯这种走廊的人走在上面很感苦恼，生怕发生什么危险的事故。但是当地人很冒险；他们有习惯走这种路的骡子，走在这些陡峭而可怕的悬崖上并不在乎或害怕，如同走在最好最平坦的草原上一样。

23

还有在一千年以前，伟大的诗人李白，曾不止一次走过秦岭山路，并且写过一首著名的诗，题为《蜀道难》。

……西面从太白山开始，传说
有鸟道可以抄近路通过去四川的大山；
但是高山上的土地崩溃[①]而英雄们死去[②]。
因此以后他们造天梯和吊桥——
上有高大的石标驱回太阳的战车，
下有回转的漩涡遇奔腾的洪流则拨开它；
……攀上天去比走蜀道还容易些。[③]

〈……西当太白有鸟道，可以横绝峨嵋巅。
地崩山摧壮士死，然后天梯石栈相钩连。
上有六龙回日之高标，下有冲波逆折之回川。
……蜀道之难，难于上青天。〉

崖壁廊道的修建当然也会在西藏采用[④]。慧超和尚于726年前后为了执行虔诚的宗教任务往返印度的旅行中[⑤]，我们听到过“悬路”。中国人还使用半隧道，也就是在峭壁的面上开挖出道路截面的一半并带有挑出的石顶（“孔道”或“穴径”），正像罗马人在提比略和图拉真时期所做的那样。有时候几乎整个截面全由岩石中开挖出来；可以从船只通过长江的某些峡谷时纤夫所走的小道上，看到一些在长度上惊人的实例（图880，图版）。在三门峡及其附近就有这样的纤道，岩石上有很多古时的铭刻；所有这些都是最近一篇很有价值的专题论文的题材[⑥]。但是在现代的汽车路上也使用了很多这种技术，如在广元以北昭化（80）附近的秦岭山中的川陕公路上可以看到的[⑦]。中国人的阳台式道路很可能有时是用索链悬吊的，因为我们将看到，他们很早就发明了铁索吊桥（参见下文 p. 193）；果真如此，那就走在了欧洲使用这种办法的前面，那是在大约1236年第一次开辟通过阿尔卑斯山的戈特哈德（Gotthard）隘口的时候[⑧]。这肯定是在道教

① 曾在中国西部山区旅行过的人都对滑坡（“开山”）有亲身的体会，并且会知道它的厉害。参见 p. 33。
② 指古代蜀王派遣使者5人去接回秦王的5个女儿；据估计都在归途中死去。
③ 译文见 Waley（13），pp. 38 ff.；另一译文见 Alley（3），p. 48。
④ Mason（1），p. 576；Edgar（2）。
⑤ 参见 Fuchs（4）。
⑥ Anon.（*33*）；我们还将要回头来讨论关于在这里开挖石方渠道的情况；见下文 pp. 277 ff.。
⑦ 在第二次世界大战期间我对这地方很熟悉。在这里的悬崖上有佛教的石窟佛龛，史岩（*1*）最近曾作过论述。
⑧ 参见 Straub（1），p. 54；Imberdis（1）。

的悬阁建造者保护神、鹿皮公的能力之内①。

在中国的历史上，越过秦岭的道路的重要性是不大会估计过高的②。至少有两次这些穿山的道路成为皇帝逃亡之路，去寻找四川群山环抱的庇护。但是更重要得多的是，秦在公元前4世纪吞并了巴和蜀，从此四川丰富的天然资源就控制在渭河流域的统治者手中，这些和他们已经完成的宏伟的灌溉工程一起，必定是全中国第一次政治统一的一个主要因素。此后，古丝绸之路是由连云栈道供应的，因为很多向罗马出口的丝绸来源于四川。 24

我们现在可以来看一下在四水之乡和彩云南乡的那些蜿蜒悠长的道路，可以说这些道路都是以秦岭的跨越处为起点的。在汉水上游或沔水流域停顿了一下，然后很快地通过阳平关到达嘉陵江的上游，或者采取略为平缓的路线从宁强（79）镇通过风景优美的七盘关，去蜀［成都（83）］的主要路线就是从昭化（80）直接指向西南。越过惊险的剑门关（81）以后，道路很清晰地沿大盆地的边缘直达首府。这条路（G）从秦代起就称为“金牛道”或“石牛道”③。

还有一条代替它的路，也许在时间上略迟一点，不是从沔县（72）动身而是直接从汉中（74）向南起步，越过米仓山脉（因而名为“米仓道”），并在更靠下游的地方跨过嘉陵江，从东面而不是北面进入四川盆地。这条路（H）曾很少使用，因为它包括一些险峻的峡道，如巴峪关。

这两条路都有些路段如同越过秦岭那样修筑在木架或走廊上，所以传说从蜀到关中的栈道总长达1000里④。

在公元前2世纪，更广阔得多的眼界被打开了。汉武帝开始策划吞并广州的南越国和从福建到安南的其他南方各小国。他在公元前135年派往广州的使者唐蒙观察到四川的出产沿西江而下，因此论证在这种情况下水师和陆军的队伍也同样可以下来。但是为了做到这些，必须修一条路到流入西江的盘江北支上的一个支叉牂牁河（92）⑤。于是在公元前130年，这条路修起来了。《前汉书》中讲道⑥： 25

> 唐蒙和（四川人）司马相如首先开发了西南夷民族。开山凿洞，他们修筑了一千里以上的大路，以便扩展巴和蜀（的领土）。为此巴蜀人民乏困不堪。（与此同时还有）彭吴开辟了（去东北方的）交通直达秽貊和朝鲜族的地区，并（在不

---

① 《列仙传》卷四十八，译文见 Kaltenmark（2），p. 151。

② 参见刘松年的画《蜀道》，约作于1190年［刘海粟（*1*），第2卷，图版三九］；Fessler（1），p. 68上的图版。

③ 始终可以看到，汽车路仍然有很多英里走的是这条路的路线，而铁路在绵阳（82）以北走的是海拔较高的路线。金牛道像很多的中国西部古道一样是用大石板铺砌的，但是（在1943年）这些都大部分破碎并翘起，路面很难行走。在梓潼和剑门关（81）之间，路的两旁有高大的杉树，据当地人说是诸葛亮亲自（或张飞）种植的（参见上文p. 20）。

④ 关于这些路的修筑者，我们几乎全部不知道，但是据传说在公元前202年有名叫章文的人曾在秦岭以南忙于战略道路的事情。参见朱启钤和梁启雄（*5*）。

⑤ 事载《史记》卷一一六，第二页起［译文见 Watson（1），vol. 2，pp. 291 ff.］，并被节略在 Cordier（1），vol. 1，p. 235。

⑥ 《前汉书》卷二十四下，第六页，译文见 Swann（1），pp. 242，246，经修改。同样的记载见《史记》卷三十，第三页［译文见 Chavannes（1），vol. 3，p. 549；Watson（1），vol. 2，p. 82］。参见 Hervouet（1）。

久以后）建立了沧海郡①。……

修路的人员是几万个（征集来的）人，他们的（每日）给养由伕役肩扛约一千里。所运送的给养，平均每十余钟才有一石到达（目的地）。

〈唐蒙、司马相如始开西南夷，凿山通道千余里，以广巴蜀，巴蜀之民罢焉。彭吴穿秽貊、朝鲜，置沧海郡，……作者数万人，千里负担馈饟，率十余钟致一石。〉

因此这条南下的新路是为了向东南运送军队和给养，从四川的僰道［（89），宜宾］经过贵州的夜郎（102）到广西和广东，但也有开发云南的作用。施工既长久又困难，并且由于当地诸侯的反对，最初阻碍了它的使用，但在不到二十年以后，楼船或其部件都由这条路运去支援征服南方人的队伍。② 第二条是已经谈过的那条路（p. 16），开拓了朝鲜的各郡，其中乐浪是后来的一个。大约2%的给养到达其目的地这个消息是有意思的，但并不是说所有这些损失都是由于沿途的贪污腐化所致，因为运送的伕役和养路队伍也都需要给养。同时，秦朝的驰道还在维修保养着，我们知道在《前汉书》③ 的同一卷里就有几段都讲到修理和维护（“缮道”）。西南方面的系统是稳步进展的，一条路推向长江上游的重山叠岭［32，33］到达越嶲（93），靠近通过西昌的南北狭长河谷道路，在第二次世界大战期间是大后方的一条交通支线。大约在同时还有，滇缅公路延伸到了怒江和澜沧江之间的永昌［保山（100）］。

剩下只略谈一点东汉时期的主要发展情况。在公元27年，一位曾修筑过很多障塞、烽火台和驿站的军事工程师杜茂在北面边境修筑了一条战略要道。这条道路起于山西至北京途中的古城代（61），向上穿过飞狐关，因而得其名（“飞狐道”），经过（后来以大寺庙著名的）五台山以北的高地，到达保卫长城的一个据点，大同附近的平城（86）④。这条路（J）三百多里远，途经险恶地区。公元1世纪东汉在北方的其他活动我们已经讨论过了——在新疆开辟新路和从最东面越过秦岭（见上文 pp. 18，22）。

26

在这个区域里也还有另一位著名工程师虞诩（鼎盛于110—136年）的事迹。当他驻扎在益州时，约在嘉陵江上游流过汉水流域处的略阳和昭化（80）之间，他看到：

承担运输的道路（在那个地区）很难走并危险。船或车都不能通过（峡谷），因而使用驴和驮马，以致费用五倍于所运物品的价值。于是虞诩亲自率领军官和职员进行从沮到下辩之间各峡谷的实地调查，他使人架火烧礁石并砍伐树木几十里，以便这条路可以通船。⑤

〈先是运道艰险，舟车不通，驴马负载，僦五致一，诩乃自将吏士，案行川谷，由沮至下辩数十里中，皆烧石翦木，开漕船道。〉

他这样修了一条可能是沿通航河流的纤夫小道，也可以用小车运输。⑥ 一位注释者解

① 在公元前128年。

② 见下文 p. 441 的进一步阐述。

③ 《前汉书》卷二十四下，第十六页，译文见 Swann（1），pp. 305，308。

④ 《后汉书》卷五十二，第六页，进一步见劳榦（2）。

⑤ 《后汉书》卷八十八，第四页，由作者译成英文。沮＝兴州，下辩＝成县。

⑥ 在公元844年一个叫道遇的僧人曾在洛阳附近的龙门峡进行了一项类似的工程，见 Yang Lien-Shêng（11），pp. 15 ff.。这个险滩截至当时还不能通航。

说道①：

下辩以东三十余里有一峡谷，其中礁石成为春汛流通的很大障碍。这就引起春夏季的洪水，损害庄稼并破坏村庄。因此虞诩使架（大）火烧礁石并引水浇注，致使大石裂开，可用撬棍移去。从此不再有水淹之患。

〈下辩东三十余里许有峡，中当水泉生大石，障塞水流，每至春夏辄溢没秋稼，坏败营郭，诩乃使人烧石，以水灌之，石皆坼裂，因镌去石，遂无泛溺之患也。〉

在汉代的书文里提到用火烧的办法远不止这一处。② 古代筑路工程师们的装备如此简陋，可是从公元160年左右李翕指导用火烧裂礁石的描述中可以推测出他们的决心③。

但是东汉筑路最大量的工程可能是在南方。公元35年曾开了一条从巴［(84)，重庆］到秭归(88)沿扬子江北岸的山路，以便绕过险恶的巫山峡［21］。更大得多的一个道路网在江西、湖南、广东和广西构成一个交叉的十字道。从西北到东南的一支，开始于水路与洞庭湖的交通很方便的沅陵［古桂阳(98)］，下到零陵(18)并转到浛光(96)，然后在浈阳［(97)，英德］连接去南海［(70)，广州］的老路。从东北到西南的一股从前汉去吴国的路上的清江(67)开始，向南沿赣江到赣县(68)，并由此到曲江(69)，就像一条现代的汽车公路所走的路线一样，在这里接上去南海的老路，但也继续走到浛光。整个系统在公元31年建成。以后的发展多半是从军事方面考虑的。第二支在公元83年一直延伸到交州(95)，即印度支那的河内，古代的卡蒂加拉(Kattigara)，路过从桂林(19)附近的灵渠④下来的一个水运码头苍梧(20)。公元41年还开辟了另一条水陆联运的路线，当时马援将军为平定一次安南叛乱⑤，修筑一条1000里长，从雷州半岛的合浦(94)⑥ 到交州的道路。值得注意的是，1世纪的这个南方道路网同早先在甘肃、四川、云南和贵州的筑路情况所不同之处，在于人民的牺牲和痛苦比在那荒原地区似乎少很多，并且新建交通的收益也更快地为当地居民所感受。

27

我们现在可以对秦汉时期筑路的规模作一个极为粗略的评价。用制图测距仪可以量出图711上的概略距离并列在表63内。其总数略低于65 000里。

用适当的比值换算成英里⑦，总英里数约等于19 500，但用此方法低估路线迂回的误差必然很大，因此如果承认汉代末年存在的主要道路最终估计为20 000—25 000英里，误差将不会太大。罗马道路最大规模的估计出入很大，但是波伊廷格道里图(Peutinger Table)和安东尼道里表(Antonine Itinerary)似乎都表示在48 500英里左右，其中2400英里在不列颠，约9000英里在意大利。

---

① 即萧常，见于其《续后汉书》，由作者译成英文。参见 Lo Jung-Pang (6), p. 60。

② 以后很久都使用同样的技术。《昭化县志》里记载有，1739年专对此地区下达的施工技术指示中讲利用醋及水来产生蒸汽爆破力［译文见 Wiens (2), p. 147］。参见下文 p. 278 及 Sandström (1), p. 29。

③ 朱启钤和梁启雄 (*5*)。

④ 见本册 p. 299。

⑤ 见本册 p. 442。

⑥ 见本册 p. 669。

⑦ 秦和西汉的里是0.309英里，东汉的是0.258英里［参见吴承洛 (*1*)］。当后来的道路修建时，某些早期路段的毁坏在总数中忽略未计。

这就使人想把中国和罗马帝国的道路建筑按每1000平方英里国土的英里数试作比较。虽然我们可以合情合理地把黄河、扬子江和西江的流域作为中国文化发展的地方，并接受3个盆地的1 532 000平方英里作为全帝国的估计数，但是要为罗马帝国文化发展地区的规模取得一个满意的数字却困难得多①。最大的规模在靠近图拉真统治的末期（117年），差不多有200万平方英里，但是这个最高数字没有持续很久，在他的继承人哈德良（Hadrian）把亚美尼亚和美索不达米亚放弃给帕提亚人以后，罗马统治的面积就降到大约1 763 000平方英里。有趣的是，吉本很早就敢提出哈德良时期为“1 600 000以上平方英里”②。表64因此说明这两个道路系统是完全可比的。

28

表63　秦汉时期筑路的规模

	秦或汉“里”	
秦朝的帝国道路（里数取自表62）		13 760
秦朝的一般道路		
秦岭山路	3 100	
金牛道和米仓道	2 000	
蜀至巴	750	
五尺道	2 950	
衡阳至南海	1 150	9 950
西汉的道路		
古丝绸之路（长安至安西包括居延）	5 200	
南山北路（仅至楼兰及窳匿）	4 200	
新九原路	2 600	
陕西的短途路线	1 000	
经山西去燕的路	2 800	
朝鲜路	2 550	
华北平原的道路系统	7 300	
襄阳近路	1 300	
四川—贵州路	2 600	
缅甸路延伸段	350	29 900

① 一般参考书很少有帮助，但我很感谢我的同事英国学术院院士格里菲斯（Guy Griffith）先生为我们研究出可以在上述计算中应用的估计数字。

② Gibbon（1），vol. 1，p. 44。他实际是以明显的不信任引用一位18世纪初期的作家之言，但估计数很接近一个现代研究的结果；因为贝洛赫［Beloch（1），p. 507］提出奥古斯都统治末期（14年）面积相当于1 310 000平方英里，加上以后永久并入的几省305 000平方英里，使哈德良时期的面积总计达1 615 000平方英里的水平。格里菲斯先生认为他的估计可能高10%，要看包括多少像埃及和北非沙漠之类地区。不过，我们还保留它作比较，因为如果为中华帝国的大片领土采用最大的数字，那就对罗马的疆土也必须用最大数字；中国的法令在亚热带的云南森林中和朝鲜边界上的沼泽地带执行得如何也同样是很难确定的。

续表

	秦或汉“里”	
东汉的道路		
子午道	700	
柳中路（仅至伊吾）	1 000	
飞狐道	400	
巫山旁路	1 400	
湖南—江西—广西—广东的道路系统（包括重建去广州的老路）	7 750	11 250 64 860

然而，那些罗马的相应数字非常可能是过大的，因为必须考虑到在帝国外围，特别在整个北非和近东的大部分，罗马人铺设的军用道路可能在末梢变成骆驼商队小道，像在新疆和其他“西域地区”那样，这些我们都曾注意从中国里程的估计数字中去除。这种因素非常难估计，但是运用了它们就会把罗马的相应数字拉低至每千平方英里20英里甚至更少些①。这个问题的全面研究要涉及两个帝国人口估计的比较。这可能离题太远了，但至少十分肯定罗马帝国领域的很大部分和今天的同一地区相比，人口是稀疏的②；并且远离人烟的政治和防卫中心需要联系起来，当然也会延伸联络道路的里程。在一定程度上中国必定也是这样。如果我们对具体某省的人口知道得较为详细，我们就能较好地推测出道路的某些区段的确实性。 29

表64　中华和罗马两帝国的道路修筑

	面积/平方英里	道路/英里数	每千平方英里道路英里数
罗马帝国			
图拉真时期（117年以前）	1 963 000	48 500	24.7
哈德良时期（117年以后）	1 763 000	48 500	27.5
吉本的估计	1 600 000	48 500	30.3
中华帝国			
东汉（约190年）	1 532 000	22 000	14.35

然而概括地讲，可以说直到3世纪，中国的系统只达到罗马的规模的55%—75%。在这个差别中，地理政治条件可能是重要的。中国道路网的相对里程数较小，必定是与中国比欧洲内河通航程度较大和较多地使用人工水路有关。必须反转来想到罗马帝国的道路系统可能是一幅外骨骼，因为帝国的心脏是一大片（而且蕴藏着风暴的）水——地中海，这当然便于海运，罗马人似乎觉得必须在周围铺设很长的道路。此外，中国的道路系统是从一个具体的中心——长安——向无边的大地辐射出去，形成帝国的内骨骼。无论如何，我们有充分的理由钦佩中国古代道路的规划和修筑，其坚固程度，“对

① 如果取用康熙地图（见本书第三卷p.585）所估计的面积，略少于1.3百万平方英里，中国的数字同样会升到16.9［参见Barrow（1），p.575］。另见本册p.35。

② 虽然贝洛赫［Beloch（1）］的数字现在普遍认为过低。

15 个世纪的折磨没有完全屈服”（借用吉本的话）。

30 这里只能对中国的驿道系统以后的发展情况作极为简短的论述。现在已经概述了在它形成的五个世纪里的迅速增长，而概括地讲，在以后十个世纪里与水路相比，其重要性降低了。不过，官办的形式仍然持续着。在汉朝所有主要道路的规划、审查和修筑都由御史大夫掌管，但是修建驿站、障塞、客栈和桥梁都在将作大匠的管辖之下。由于道路如同所有大型公共工程一样，都配备服徭役的劳力，并以囚犯或“官府奴隶”① 以及军队为辅助，于是人事和劳动力的问题最初是由司隶校尉负责，但后者的任务逐渐地仅限于刑事调查和公安工作，以致被司空（劳工部长）和徒司空（劳犯总监）接管。我们前面已经看到些涉及的后勤问题，但是对于修筑费用作出估计是有意义的。在这方面，罗荣邦［Lo Jung-Pang（6）］讲到②公元前 130 年的川贵路估计大约每英里 55 000 英镑，而公元65 年越过秦岭的褒斜道的修复工程至少每英里 109 000 英镑。这些估计同某些罗马道路的估计数出奇地相似。36 英尺的阿皮亚大道（Via Appia）如果今天修建，估计将花费每英里 105 000 英镑，而较窄的 12 英尺道路大约每英里41 000 英镑③。

道路事业在汉代以后出现缓慢和普遍的衰退几乎是肯定的。最后一次提到官方联运马车的使用是在公元 186 年，对于公务出差则用驿马制代替，车辆仅用于货物的运输和较高级人员的家眷搬迁。同时东汉缺少马匹，洛阳仅有一个马厩，不像两个世纪以前的都城长安曾有六个（据说养牲口一万头）④。牛、骡或驴⑤拉的运货车逐渐广泛使用，在

31 支路和小道上中国南方人习惯坐的用人肩抬的轿子流传很广⑥。确实，有人猜测独轮车的发明在东汉是不无理由的⑦。以后曾有一个总的趋势，随着时代的推移，军队的控制代替了文官的控制，并且虽然徭役和囚犯劳工的使用仍旧继续，至少从隋和唐开始，但驿道的管理以及驿站系统都划归兵部。⑧

在南北朝（约 380—580 年）分裂期间，虽然道路网衰退了，但不能认为驿道就被忽视了。在 5 世纪里曾有些著名的道路修筑者，如安难，原本是来自辽东的少数民族，如同以前蒙恬一样，为北魏朝修筑了很多道路，包括挖方和堆方。这个王朝如此地欣赏它的驿道，我们可以从 493 年颁布的官阶制度里看出，太学院在天文和医药以外第一次提到地理交通的钦定学官（“方驿博士”）。隋朝在筑路方面也是活跃的。除了中央各省的几条新建道路之外，炀帝在大约 607 年修筑了一条长 3000 里、宽 100 尺的军用道路

---

① 参见本书第四卷第二分册，pp. 23 ff. 。

② 据他自己说要作一切适当的保留，因这种估计必须包括物价、币值、购买力等的一些假设。

③ Rose（1，2）。

④ 或许由于和匈奴及其他游牧民族的密切但有时是敌对的接触，西汉时汉人有大量的马。北部边境有 36 个草场，放有不下 300 000 匹马。私人轻便马车数以千计。著名医师楼护的母亲死于公元 4 年，送葬行列中有 2000—3000 辆马车。

⑤ 骡或驴都不是中国土产的，但在古丝绸之路通行不久就从中亚和西亚引进了。

⑥ 直到第二次世界大战，我本人曾多次用这种方法作过长途旅行，在多山的各省里一定还多少保留着它。

⑦ Lo Jung-Pang（6）。发明的详情及其推广本书已有叙述，见第四卷第二分册 pp. 258 ff. 。

⑧ 《魏书》卷一一三，第二十一页。

（“御道”），与长城平行，同时他还深入地整修了从榆林（56）至北京（7）的长城[①]。唐代的道路网组织得很细致[②]，但是我们如果用陆运驿站的数目（1297）各相距30里来判断，总计38 900里左右，并且取唐代的大里等于0.348英里[③]，总里程不超过13 550英里，较东汉的数字有明显的降低。以唐代的主要路线地图与图711的相比较是有意思的。除了从越嶲（93）向南的一条新路进入云南以外，该省连同贵州和广西差不多返回了自然，但是另一方面，长江流域的上下游地区有一条完全绕过峡谷的连通道路，同时江西—湖南—广东的道路网保养得很好。我们还头一次看到一条驿道从浙江的吴（11）通往福建沿海的各大港口，这些港口到宋代都成为了著名的国际贸易中心。在纬度32度线以北没有重大的变化，古丝绸之路、秦岭山隘道、金牛道、去长城和去北京（7）的北方驿道、去南阳（14）和去山东的路，都从不朽的长安城辐射出去，保持着它们在中华帝国初期的原样。

32

亚当·斯密所勉强接受的李明和其他早期的西方观察家的评论，即关于封建官僚的中国中央政府直接负责道路的修筑和保养以及一切其他形式的公共交通，是很正确的，并且我们看得出这适合于第一次统一后的时期；但是有些时候至少政府感兴趣的主要是，甚至只是那些对于漕粮运输和公文传递有重要意义的道路和航道。大批的地方道路和铺筑的小路都因此移交给老百姓自己去保养，在农村老人和乡镇士绅的合力下发挥作用[④]。在这方面宗教团体起了很重要的作用，如大约公元180年时的后来在政治上发挥很重要作用的道教的黄巾军[⑤]，或以后的佛教僧侣。行善（“填塞道路”）完全是一种虔诚的义务（“义举”、“善举”）[⑥]。于是随着时代的转移，除了古代和中古时期的驰道之外，中国的大地还穿插着成百万英里的铺筑得很好的小道，主要适用于行人、挑夫[⑦]、推独轮车的人[⑧]和抬轿子的人。崎岖不平、未经铺筑的大车路仅在东部平原。像作者那样的人们回想起那些穿过森林和稻田而铺筑的道路，不能不带有深深的留恋心情[⑨]。

---

① 关于道路见《资治通鉴》卷一八〇（第五六三一页）；《通鉴纲目》卷三十六，第一二九页。关于长城见《资治通鉴》卷一八〇（第五六三二页），卷一八一（第五六三八、五六四一页）；《通鉴纲目》，卷三十六，第一三〇页，卷三十七，第二页、第四页；Cordier（1），vol. 1，p. 395；*TH*，p. 1278。

② 楼祖贻（*1*）提供了大量的细节。参见Schafer（13），pp. 13 ff.，16 ff.；（16），pp. 20 ff.。

③ 如果我们采用唐代的小里相当于0.274英里，其结果将降低到10 650英里。人们总是犹豫，不知该用哪一个；大制适用于一般目的，小制则用于天文、医药和朝廷用品［参见Beer Needham *et al.*（1）和常被引用的吴承洛（*1*）］。

④ 见有关此事的一篇陈述文章，文章收入Needham（43）。

⑤ 参见*TH*，p. 773。

⑥ 一个明显的欧洲类似情况是，1189年成立的称为大祭司兄弟（Fratres Pontifces）的慈善家们，以及阿维尼翁（Avignon）大桥的修筑者们（*ERE*，vol. 2，p. 856）。这样的宗教工程师仿效着墨家（参见本书第二卷p. 165）。崇奉道教-佛教的书，如《功过格》，一向强调修桥补路的精神价值［参见Yang Lien-Sheng（11），pp. 13 ff.］。

⑦ 参见本书第四卷第一分册，p. 21。

⑧ 参见本书第四卷第二分册，pp. 258 ff.。

⑨ 参见Needham（44）。我们用照片来示出以下几条老路：在福建福州郊区的鼓山（图714），在四川重庆郊区的歌乐山（图715）和在北京郊区的八大处（图716）。图717所示的是在四川南部的李庄从扬子江岸边进山的道路。一个更为可观的例子，是山东的登上泰山的一段朝圣之路，见Mullikin（1），p. 711。

图版　二八三

图 714　福建省福州市附近鼓山上的古路。

图 715　四川省重庆市附近的歌乐山的一条典型的农村小道（原照，摄于 1943 年）。

图版　二八四

图 716　北京附近八大处的一条古路（原照，摄于 1958 年）。

图 717　从川南长江畔的李庄通往山区的道路（原照，摄于 1943 年）。

图版　二八五

图 718　1793 年的一个驿站卫队［采自 Staunton（1）］。

还有几位负责测量和修筑这些路的工程师的名字流传了下来——可以提到的有唐代的路旻、宋代的李虞卿和清代的胡绍箕[①]。最值得注意的是一位道姑，我们只知道她自称夹谷山寿，1315 年曾在福建领导并修筑了一条山路。这种私人兴资筑路已有悠久的传统，可以追溯到汉代或更早些，随着时间的流逝，它的总里程远超过了政府的大道。

外国人通常对中国的陆路交通系统印象很深。日本高僧圆仁曾在 838—847 年周游唐朝各地，对很多事情他都抱怨，但是从来没有贬低过道路及其里程碑、路标、瞭望台、摆渡和桥梁[②]。虽然 19 世纪的旅行者们抱怨中国的驿道[③]，因为这些驿道在清朝统治下走了下坡路，而欧洲的道路却在稳步地改善，但在 17 世纪时它却受到西方人的羡慕。听过商人和传教士令人沮丧的叙说以后，读到李明 1696 年的话便使人感到有些惊讶：

33

> 人们想像不出他们（中国人）怎样使公共的道路便于通行。它们八十尺左右宽，土质轻松，雨后不久即干[④]。在某些省里还有左右两侧的人行道，两旁树木排列成行，并且时常两侧筑有八尺或十尺的墙，防止行人踏进田里。可是墙在道路交叉之处留有缺口，并且道路全都通往大城镇。[⑤]

接着他讲到牌楼[⑥]、里程碑，以及靠近士兵或乡村民团营房“挂皇帝旗帜的小塔楼”——总之，就是我们马上要讲的驿站和岗楼[⑦]。

在 20 世纪里，一个广大的适合汽车运输的现代公路系统在中国建设起来了[⑧]。在古丝绸之路上往来奔跑着卡车和越野车。道路网一直扩展到拉萨，并深入到西藏[⑨]和新疆

---

① 他们的传记可在朱启钤等人（*1—9*）的《哲匠录》中找到。

② 参见 Reischauer（2），pp. 175 ff.，（3），pp. 142 ff.。

③ 一般地讲是如此［参见 Monnier（1）］，但有例外。例如，巴罗（John Barrow），1793 年随马戛尔尼（Macartney）专使旅行——绝非一个任性的观察者——对两条山路印象很深。他告诉我们［Barrow（1），p. 530］，在钱塘江上游的江山和信江上游的玉山之间有“一条很好的堤道，合适地穿过山谷”。更南边，在赣县和南雄之间穿过南岭山脉，巴罗欣赏（p. 543）“一条铺筑很好的路，蜿蜒盘旋越过最高点，在花岗石上深深地刻出路来；显然不是一般劳力或费用所能做到的”。参见马戛尔尼本人的叙述［载 Cranmer-Byng（2），p. 193］。必须永远记住比较的标准。斯迈尔斯［Smiles（1），vol. 1，pp. 162 ff.］关于大约 1730 年曼彻斯特外围道路的状况的描述值得一读。

④ 这个说法联系到我们估计的秦和汉代道路轻而有弹力的性质是有意思的（上文 p. 7）。可是甚至在今天，印度洋季风气候的连绵阴雨季节仍然对现代的汽车路是一种灾难，我是有亲身经验的，往往是不无代价的。滇缅公路的滑坡，如谭伯英［Tan Pei-Ying（1）］很好地描述过的那样，在所有多山的省份都类似；而中国大部分是多山的。

⑤ Lecomte（1），p. 302。他继续抱怨华北的风沙，这是事实。闵明我（de Navarrete，1661 年）有同感［Cummins（1），pp. 182 ff.］。

⑥ 进一步见下文 pp. 142ff.。

⑦ 用一幅版画来说明可能最合适（图 718），采自 G. L. Staunton（1），pl. 17。一个相应的描述见 Barrow（1），p. 408。

⑧ 背景可以从下列报道中看到：Alley（1）；Anon.（*36*）和 Phan Kuang-Chhiung（1）。较近期的一篇简述载于 Chang Po-Chun（1）。四页的 1∶2 000 000 的由美国政府出的亚洲交通图是第二次世界大战期间的详细位置图。谭伯英［Tan Pei-Ying（1）］在一本很值得读的书中描述了滇缅公路的修建，而安德斯［Anders（1）］则描述了利多公路（Ledo Road）的修建情况。目前正在应用拓扑学的方法来解决现代中国公路交通的合理化问题；参见 Hua Lo-Keng（1）。

⑨ 参见 Beba（1）；Chang Po-Chun（2）。

的田野，在以前没人到过的柴达木盆地也形成了一个分支网路①。这些公路也预示了今天连接印度支那和朝鲜边界的漫长铁路系统，不久将从广州延伸到哈萨克②。只有那些有机会亲眼看到一条公路干线或一条铁路线对于一个至今几乎是中古时期的几百万人口的省，意味着什么样的启发和利益的人，才能真正体会现代的中国公路和铁路工程师们的成就③。2000多年以来，他们的祖先在他们之前就是为同一个文化使命服务的。

(2) 驿站制度

筑路工程师的工作一旦完成，就要结成一个巨大的社会结构，沿整个帝国纵深的交通线建立并配备一个完整的信使、赶车人和站长的队伍。这样的制度在发展中的社会里，当它达到帝国一级的组织水平时，就会自然地出现。我们头一次看到的也许是（p. 2）已经提到的使波斯阿契美尼德（Achaemenid）王朝连成一体的大驿道，据权威人士说，它有111个接替站而且军队可以在90天内走完全程④。希罗多德（Herodotus）说，“世上的凡人没有谁能像波斯信使走得那样快”⑤。它的组织机构在公元前5世纪初期已经展开全面的服务，传给了埃及托勒密王朝并从奥古斯都（Augustus，公元前31年）起达到西方的最高点⑥。罗马帝国的公共道路遍及各地，从最远的不列颠到最高的埃及并从西班牙西端的菲尼斯特雷角（Finisterre）到巴士拉（Basra），每隔10英里左右有马厩（*mutationes*），每隔30英里左右有客栈（*mansiones*）。站长们（*mancipes*）提供马匹或马车（*rhedae*）给信使（*tabellarii*）或持有授权使用公共交通工具的证件（*diplomata*）的出差人。中国是知道罗马的这个制度的，因为鱼豢在264年前后描写古罗马的叙利亚（大秦）时曾提到过：

> 他们升旗击鼓，使用白篷小马车，并有邮亭、骑马的信使、乡亭和驿站，如同我们在中国一样……每十里有一个乡亭，每三十里有一个驿站⑦。
>
> 〈旌旗击鼓，白盖小车，邮驿亭置如中国……十里一亭，三十里一置。〉

所以高卢人的世界，从远处看，似乎是相当的文明和组织得很好。

中国人确实从无法追忆的时候起，就可以说拥有一个行政的“神经血管”感受器和效应器系统。商朝在公元前14世纪的记载，可以同巴比伦和古埃及的那些相比，讲

---

① 参见 Ku Lei (1)。

② 关于第二次世界大战以后中国铁路的报道，见 Anon. (*58*)；同时，除了已提到过的专题文章之外，丁万正［译音，Ting Wan-Chêng (1)］写了关于新的横穿蒙古到乌兰巴托的铁路。我们看到，铁路定线时常是沿着最古老的路线走的。

③ 这里应当公正地提到现代的中国第一位铁路工程师詹天佑（1860—1919年），他修建了京包铁路（北京经张家口到包头）。他的传记见 Hsü Chi-Hêng (1)。

④ Herodotus, v, 52 ff.。

⑤ Herodotus, viii, 98。

⑥ 人们总是有些惊奇地看到必须把罗马帝国看做是一个较晚的、东汉类型的社会结构。关于罗马驿站制度的最好的论文或许仍是 Hudemann (1)；但是更简略的论文可见 Friedländer (1)。

⑦ 《魏略》，此引自《三国志》卷三十，第三十二页、第三十三页；由作者译成英文，借助于 Hirth (1), p. 70。

到了从边疆地区来的系统的报告[1]，这一事实给《说文》中“邮”字的解说添了色彩，它是“边疆上传递消息的一个站”[2]。在周朝封建分裂割据的时候，各诸侯都有自己的道路系统，但在周天子全盛时期，则完全集中掌握；如孔子的最大弟子阐述他的一句话，“德行的照射比（皇帝的）命令由驿站和信使（“置邮”）传递更快”[3]。这句话使人好奇地注意到，孔子的最大弟子恰巧是在波斯御道通行（约公元前495年）的同时讲的。到《周礼》在公元前2世纪编写的时候，这个驿站制度已经具体成形，并且以后持续了两千年。讲到施赈长官（“遗人”），《周礼》写道[4]：

35

> 大体上，沿帝国的和诸侯的所有道路，每十里有一个客栈（“庐”）可以得到饮食。每三十里有一个过夜的休息所（“宿”）备有夜铺（“路室”）和（官办）粮店。每五十里有一个集市（“市”）和一个站（“候馆”），供应齐全。
>
> [注：“庐”如同我们的野候徒及马棚，而“宿”如同我们的亭。“候馆”包括一个瞭望塔。每两个“市”之间有三个“庐”和一个“宿”。]
>
> 〈凡国野之道，十里有庐，庐有饮食；三十里有宿，宿有路室，路室有委；五十里有市，市有候馆，候馆有积。
>
> [注：庐若今野候，徒有庌也。宿可止宿，若今亭有室矣。候馆，楼可以观望者也。一市之间，有三庐一宿。]〉

汉代的注释者这样介绍的专用名词多少世纪以来都未改变。大体上讲，从汉代到宋代，主要干路都配备有每五里一处邮亭（“邮”）、每十里一处乡亭（“亭”）、每三十里一处驿站（“置”）[5]。采取这样短距离必定是使旗鼓信号或烽火台的火与烟能够随时收发信息。邮务员（“丞邮吏”）记录下来传递的一切文件——汉代这些檄文写在一尺长的木片上，装在竹管里并用弹簧锁关闭——乡官员（“亭长”）及其卫士警戒着道路及其附近地区。在驿站（“厩置”、“传舍”）上有马厩和信使，在站长（“传吏”、“置长”）的领导下准备着传递服务（“驿”、“驲”）[6]。在道路网的战略点上有真正的分拣站（“邮头”、“邮聚”），这是邮件的收集和分发中心。到公元前77年，驿站系统向西扩展到了楼兰（42）和保山（100）[7]。到公元89年，热带水果靠传递的办法从南海（70）运到

36

① 参见郭沫若（2）。

② 《说文》卷五，第八十页。

③ 《孟子·公孙丑章句上》第一章；译文见 Legge（3），p. 60。

④ 《周礼》卷四，第五页、第六页（注疏本卷十三）；译文见 Biot（1），vol. 1，p. 288；Lo Jung-Pang（6），p. 101。

⑤ 一地有时有两个或更多的办事处所（故有“邮亭”、“邮置”）。

⑥ 这些字具有相当广泛的含义，适用于骑马人以及马，还有传递制度本身；也还可以用做动词，解释为传递，或携带官府文件。

⑦ 根据罗荣邦［Lo Jung-Pang（6）］核对的资料，西汉有29 635个乡亭，而东汉有12 445个。假如全按沿途每十里一处，则西汉的总里程将为296 350里，东汉124 450里；也就是前面表63里提供的西汉里程的7.45倍，和东汉的1.93倍。这样，表64中的中华帝国的道路里程就会升到42 500英里，每千平方英里的相对数字升到27.7英里，完全与罗马帝国的估计数字相等。但是差别这样大，我们不愿意采用乡亭为尺度作为道路总里程的最好指标。完全有可能：很多这种乡亭有些像警察或宪兵的派出所，设在远离大道的偏僻地点；同时，至少很大部分是设置在表63没有计算在内的次级道路上的。如果是这样，我们就不便像罗荣邦［Lo Jung-Pang（6）］那样假设，驿站的数目两倍于乡亭，因为前者肯定位于主要的交通线上。此外，很高的乡县所和站的数目可能提醒我们，表63和表64中对中国的估计数字显然太低了。最大的困难，也许是在两个帝国里对主要和次要的道路作出区分。

京城。驿站的客栈为官员和持有证件的旅客提供盥洗和睡眠的便利，另有酒店，甚至给押解的犯人备有牢房。往往中途站有私营的客店或旅店（“客舍”或“逆旅”）专为那些无权使用官家设备的人服务。在本书的这几卷里会常把我们的足迹不经意地引到中国古代和中古时期的客栈里；汉朝的创始人刘邦原先是沛县（10）附近泗水的一个亭长[①]，公元前 2 世纪的一篇活泼尖刻的故事就是司马相如在这种背景下写的[②]；宋朝的创始人赵匡胤不就是在陈桥的客栈里被黄袍加身的吗[③]？

虽然驿站制度在唐朝达到了特别高的发展，沿路配备了 21 500 名官员，由 100 名高级官员在首都管理，专门名称却没有变[④]。可是，驿站服务在宋朝变成了“急脚递”，并且把驿站改称“马递”或“马铺”[⑤]。随着先前提到过的军事化的增长，元朝的信使以“铺兵”的名称出现，在“站赤”（蒙语*jamči*）服务，受管理员（“脱脱禾孙”，又一蒙语译音）管[⑥]。尽管贪污腐化遍及上下，14 世纪的服务实际上还是试图按时刻表井然有序地进行的。此后很少有变化，直至 19 世纪带来了电报和现代公路建设。

无论如何，我们可以看一下另外几个关于古时候的有趣问题。罗荣邦［Lo Jung-Pang（6）］详细研究了信使达到的速度，他的结论是 24 小时的合理平均值约为 120 英里[⑦]，虽然一个人骑马以每小时 11 英里的速度从清晨到傍晚奔驰 12 小时可以达到较此更远一些的距离。文献记载中有辽和清代的一些例外的记录，达每日 260 英里，只能解释为在条件许可时夜间继续行路的情况。单纯用烽火台作信号传递[⑧]得到更快的效果。公元前 74 年昭帝死去的消息就是用这种办法以每小时约 27 英里的速度传递的。

37

在西汉时期，道路的通行处于最佳状态，还实行了一种官家的轻便马车、二轮马车和四轮马车的联运业务[⑨]。除了贵族特权阶层（如“公乘”和“驷车庶长”）之外[⑩]，道路上尽是些坐轻便马车的官员，持有皇帝的御旨，前往巡回视察，走马上任或告老还乡，或去检查官办专营或其他企业，其中也包括道路和运河本身。官僚主义对于交通设

---

① 参见本书第一卷，p. 102。

② 参见本书第四卷第二分册，p. 234。

③ 参见本书第一卷，p. 131。

④ 关于唐朝的制度，主要见楼祖诒（*1*）。日本人曾仿效它。最著名的日本道路当然是东海道，沿海岸从大阪到东京；它的 53 个站是安藤广重［参见 Satchell（1）］的一组版画的题材。今天的最快速和最现代化的铁路之一就沿着这条路线。

⑤ 沈括对他那时候的服务情况写过一篇有趣的报道［《梦溪笔谈》卷十一，第十五段；参见胡道静（*1*），上册，第 416 页起］。另见小岩井弘光（*1*）。

⑥ 元朝的制度或许是最出名的，因为《永乐大典》的卷一九四一六至一九四二六残存了下来，并由东洋文库影印复制，同时羽田亨（*1*）还发表了有关的专题论文。另外还有奥尔布里希特［Olbricht（1）］的重要研究和潘念慈（*1*）的有价值的论文。虽然“站”是一个蒙语的译音字，意思是停留地点，在现代的汉语中一直作为铁路车站用。

⑦ 这个时速，约每小时 5 英里，差不多同估计的罗马驿邮信使的速度平均值一样［Ramsay（1）］。

⑧ 参见本书第五卷，第三十章（j）。

⑨ 关于汉代车辆的丰富多彩，我们已经在本书第四卷第二分册［第二十七章（e，f）］里看到了一些，还可以进一步在画册里看到一些，如 Anon.（*22*）和刘志远（*1*）。

⑩ 参见 Loewe（2）。

施的滥用总是敏感的，公元前111年杨仆①将军被指控的罪责就是请求了一辆驿传四轮马车去边疆，但实际上乘车回了家。使用公共交通等于皇帝恩赐的一种标志，我们早就注意到②公元5年时的一次科学技术会议，当时官方为医师提供了轿车。大约在此之前8年，哀帝召集天下贤达，杰出的学者龚胜第一个到达，他建议应当派官车去接他们，因为朝廷已经给了医生和医巫这样的待遇。皇帝问："先生，你是乘自己的私车来的吗?"龚胜回答他是的，皇帝立即下令给其他人都派官车③。关于驿传马车系统中达到的速度我们知道得很少是实在的，但是从公元前74年昌邑王的一次急行旅程判断，可以高达每小时9英里。每30里在驿站换马。

在汉朝，马车和乘马都由太仆（侍从总管）掌握，但是另一个机构规章部门（"法曹"），掌管邮驿制度；还有另一个指挥部门（"尉曹"），负责公共车辆。各郡或军区都有它的邮政总监（"督邮"）并划分为若干邮区。各郡政府还有文官道桥椽吏（大道与桥梁助理秘书）、津椽（水运官），以及军事的关都尉（隘口与关卡的指挥官）。最后者还必须检查旅行者和货物的证件、征收关税、查禁走私，以及保障一般安全。这提醒了我们，工部的一个想不到的职责是掌管证件和符节（"符节令"）。一切通行证（"传"）必须盖有这位部长的大印④。徭役和赋税制度总是根据邮务的需要征收的，当地人必须付马匹的特殊税（"马口钱"），并且付什一税供给旅行人的食物。这项业务因此受到来自两方面的麻烦。一方面是受到中国黎民百姓的长期怨恨，他们不喜欢证件、徭役和直接税，因而普遍表现对道路的主管及其一切工作消极抵抗。另一方面是异族人的武装反抗，他们很清楚地看到道路网是中华帝国扩张的主要因素，因此遇有可能即切断道路捣毁驿站。这就是羌人公元前41年在甘肃所做的，并且公元93年西南方的部落也学了他们的榜样。但是无论如何，中国的驿道网和与它不可分割的驿站制度是东亚文明进展的主要因素。那些懂得了我们这里反复讲述的事实的人，会知道怎样对待那种一般接受的观点："中国人作为道路的修筑者是没有多大成绩的"⑤。

38

(c) 墙和城墙

中国最古的墙体形式无疑是夯土墙（"填泥"），既用于房屋墙壁又用于各式围墙⑥。所使用的是一种可移动的没有底和盖的长模（"版"或"干"），随着墙体的不断升高而在长模中把土逐步捣实（图719；图720，图版）。

① 进一步见下文 p. 441。

② 本书第一卷 p. 110；参见本书第六卷，第三十八章。

③ 《前汉书》卷七十二，第十九页。

④ 参见本书第一卷 pp. 97，104。虽然通行证在公元前168年被废除了，在公元前153年又重新实行，并且若干世纪以来一般继续实行，使自由在比较和平的时期也受限制。这就引起了很大的普遍愤恨，而不限于受教育的学者。

⑤ 1964年6月27日的《泰晤士报》（*The Times*）头版文章。

⑥ 详见 Hommel（1），pp. 293 ff.；Boehling（1）。这种方法曾为邻国所惊叹。例如，1307年拉施特（Rashīd al-Dīn al-Hamadānī）在他所著的《史集》（*Jāmi'al-Tawārīkh*）［译文见 Klaproth（3），p. 345］中精确地叙述了夯土墙的施工方法。

图 719 施工中的夯土墙；采自《尔雅》卷中，第六页。图题是“大版谓之业”。

这种长模很像现在用来浇捣混凝土以待其凝固的那种模板①。捣实泥土这一工序是如此基本，以致表达这个过程的“筑”字，后来就成了标准术语“建筑”这个总称中的一个字②。古代建筑的台基同样也是夯土（“打硪”）的。中国的习惯做法是用干砌乱石作为墙基，然后在每层筑土之间铺一层薄竹片，使之加速干透。在中国文化中，夯土墙的普遍使用肯定与两个特点有关：首先墙体通常是不承重的；其次是建筑物都有宽长的挑檐。后面（pp. 65，103）我们将发现这两点乃是中国建筑的特色。

39

现代的欧洲旅游者在中国看到的夯土墙比在欧洲大陆上看到的多得多，以致他们把它看做是一项中国的发明。但是对于在移动的模板中压紧土壤，一步步升高到墙体的足够高度的方法，对普利尼（Pliny）来说是很熟悉的。他曾写道：③

> 而且，在非洲和西班牙不是就有称为“板架墙”（framed walls）的土墙吗？因为它们是用两块木板组成的模架造出来的，所以，与其说是构筑起来的，还不如说是填紧或捣实而成的；而且，这样的土墙不是也经历了这么多年代，不怕风吹雨打和火烧，比水泥还结实吗？在西班牙仍然可看到汉尼拔（Hannibal）④ 的瞭望塔和坐落在山脊上用土墙筑成的堡垒。

---

① 这想法值得考虑一下。有些事要注意（虽然可能被忽视了），就是当弗朗索瓦·勒布伦［François Lebrun，伟大的路易·维卡（Louis Vicat）的弟子］于 1835 年继罗马人用混凝土作墙填料之后，又采用这一古老方法第一次将混凝土用于地面之上，并开始在建筑结构中只用素混凝土［Skempton（6）］。如前所述（本书第四卷第二分册 p. 219 有关把陶瓦碎片用做水凝水泥），关于中国人使用灰浆、水泥和混凝土的历史至今还未有足够的研究［参见 Lea（1），Davey（1），pp. 97ff.］；虽然这对土木工程的各方面来说，都是基本问题。另一个有趣的论点是，钢筋混凝土的出现，乃是早已运用天然材料竹子的原理的一个新例证（参见本书第四卷第二分册 p. 61），即两相分力的原理。现在是钢筋受拉，混凝土受压，如威尔金森（W. B. Wilkinson）于 1854 年首先发现的［Skempton（6）］。最后，我们将在本册后面（p. 178）看到中国匠师如何在 7 世纪就首先建造了弓形拱石桥，而这种设计经罗贝尔·马亚尔（Robert Maillart）在本世纪初用钢筋混凝土做到这样完美的程度。

② 我们从“築”这个字上可以看出有竹子夯头、木制模板，还有工匠（用口来表示），以及所完成的工程（参见 K1019）。

③ *Hist. Nat.* xxxv，xlviii，由作者译成英文，借助于 Rackham（2），vol. 9，p. 385 及 J. St Loe Strachey（1）。

④ 公元前 221—前 219 年，他在那里准备进军罗马，这是一个重大事件，但很少有人想到，它和秦始皇较成功地建立另一帝国是同时发生的。

图版 二八六

图 720 西安附近建造中的夯土墙；木杆用做长模（原照，摄于 1964 年）。

图 721 古代边防线上的一座汉代瞭望塔，夯土墙芯，砖贴面；位于甘肃西北部安西与千佛洞之间的荒漠路旁的甜水井（原照，摄于 1958 年）。

图 722 在千佛洞绿洲的一幢建造中的现代房屋（原照，摄于 1958 年）。墙体用土坯立砌在砖石基壁上。

确实，在英国和法国的乡村中，这种技术从未失传①。在英国的许多郡，至今可以看到40有以黏土瓦或茅草为顶的围墙，看起来活像中国建筑，德文郡有一句关于土墙的老话："给它戴上一顶好帽子，加上一双好靴子，它就永远管用了。"——这话好像直接引自《鲁班经》②。

周代后期的砖大部分是土坯，也就是太阳晒干的泥土（"泥坯"、"土坯"），正如在中国仍可经常看到的那样③；但到汉代，焙烧过的砖已经变得很普遍了（图721、图722，图版）。灰泥（"圬"）在那时已经得到应用，并且时常在灰泥上面画上壁画④。千百年来曾经流行过各种不同尺寸的砖。现在各地的砖，样式都不同样。例如，在东北为12英寸×9英寸×6英寸；在西南为6英寸×5英寸×1英寸；在长城中还可以看到后一种式样的片形砖$\left(15\text{英寸}\times7\frac{1}{2}\text{英寸}\times1\frac{1}{2}\text{英寸}\right)$⑤。除了我们在西方所熟知的砌法之外，中国人早已应用一种"空斗墙"砌法，即每隔一层卧砖就立砌一块走砖，在空斗内填以泥土或瓦砾。图723（图版）是一所四川的宗祠，从图中可以看到这种砌砖法。有时每隔两层卧砖砌一层立砖（图724）。常常也用大小相似而厚度不同的两种砖。此外还有一种三顺一丁的交叉砌法⑥。

除了战国时期和汉代有了一般焙烧砖⑦之外，中国工匠还最早掌握了饰有复杂景物和花纹的大型空心砖的制坯技术和焙烧技术（图725，图版）⑧。这种砖大部分是用来砌墓墙的，如郑州附近二里岗的战国墓的墓墙就是用这种砖砌成的⑨。汉墓的画像砖是很

---

① 见 Davey（1），pp. 20ff.，特别是 Williams-Ellis，Eastwick-Field & Eastwick-Field（1）。夯土墙是法国莱昂奈（Lyonnais）和西班牙加泰罗尼亚（Catalonia）两地所特有的。英国德文郡（Devonshire）、南威尔士（South Wales）和威尔特郡（Wiltshire）一直延用了一种类似的方法，即不用模板而水分较多的所谓"土墙"和"白垩泥"。有不少18世纪和19世纪初的文献论述夯土墙。如在中国的波斯人那样，苏格兰人有时对他们在英国乡村的所见大感惊奇，我们可以从格拉斯哥的林赛（Lindsay of Glasgow）小姐1802年所写的日记中看到。

② 从这种地理分布上看，人们似乎面临这样一种从古代美索不达米亚同时向东西两方传播的技术，但这种技术是否在那里存在仍难以断言。劳埃德［Lloyd（1），pp. 456，460］首先谈到从公元前4000年以后用"黏土夯成的墙体，即夯土墙"，后来又谈到夯土墙是在"上下开口的矩形木模中制造"的。然而那是土坯，而不是夯土墙。自从读了此文后，西顿·劳埃德教授通过芒恩-兰金（Munn-Rankin）小姐告诉我说：据他所知，在美索不达米亚没有在木板间夯土成墙的例子。所以，这肯定是指太阳晒干的土坯而根本不是夯土墙。因此，奇怪的是，在中国和欧洲却都有过这种技术。

③ 直到今天，在英国的东英格兰（East Anglia），土坯仍在"土块"建筑物上应用。

④ Kelling & Schlindler（1）；Fischer（2）。

⑤ Mirams（1）；Spencer（1）。

⑥ 进一步见 Hommel（1），pp. 279ff. 及 Arnaiz（1）；特别是刘致平（*1*）。

⑦ 焙烧过的砖曾经在美索不达米亚和印度河流域广泛应用，古代埃及也用过这种砖，但不普遍［Davey（1），pp. 22ff.，64ff.，76ff.；Petrie（2）；Capart（1）；Lloyd（1）；Briggs（2），p. 41］。烧砖在古罗马似乎是维特鲁威（Vitruvius）时期（公元前1世纪晚期）的一项革新，他的大部分工程是使用太阳晒干的砖块。这样，焙烧过的砖就像其他许多东西一样，向东、西方传播开来。参见本书第四卷第二分册 p. 219 引自方以智的《通雅》的文字。

⑧ 参见 Davey（1），p. 89，pl. xxx1x。

⑨ Anon.（*23*），第50页起，图版三〇，图1。砖的尺寸平均为$3\frac{1}{2}$英尺×1英尺×6英寸。砖孔有圆的，也有方的。

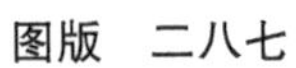

图版　二八七

图 723　四川成渝公路旁旧罗氏宗祠的空斗墙（原照，摄于 1943 年）。

图 725　汉代墓室中的模造空心砖［现存不列颠博物馆，据 Davey (1)］。其中有两个人站在重檐门廊下。

41

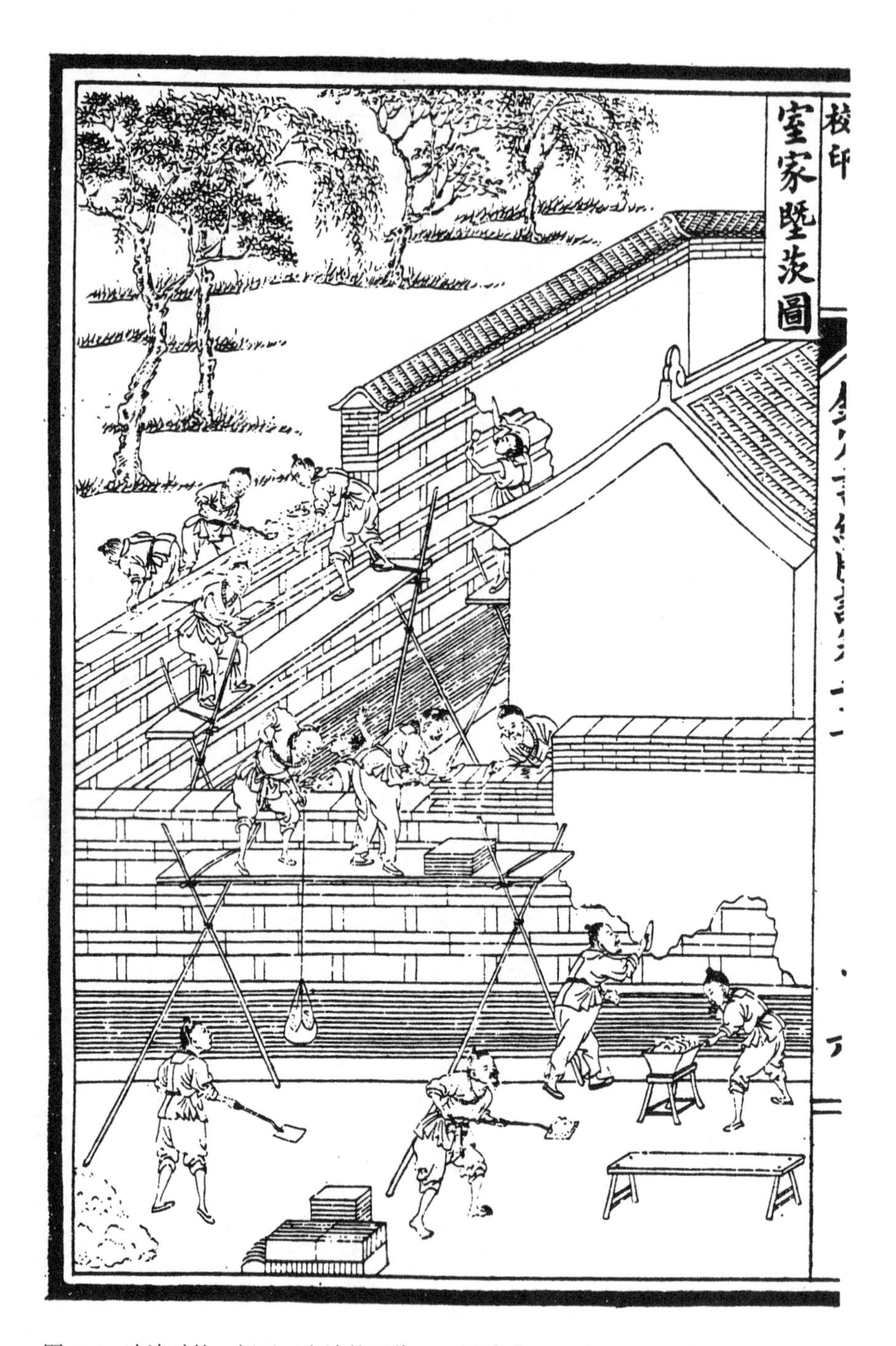

图 724 晚清时的一幅瓦工砌墙的画像。两层卧砖、五层顶砖压顶的空斗墙。图中还可看到粉刷工。采自《钦定书经图说·梓材》[Medhurst (1), p. 240; Karlgren (12), p. 48]。

有名的，从刻画在一些砖上的景色和人物可以瞥见当时的许多生活情况①。在这里也许值得援引《晋书》中的一段奇妙文章，它描述了一个短暂而又边远的蛮夷王朝即西夏(407—431年)用焙烧的砖在都城砌筑城寨的事。西夏的匈奴统治者曾统辖甘肃和陕西的一部分，后被拓跋魏所灭②。其文如下③：

42

在这一年(412年)改元为凤翔。(皇帝)赫连勃勃挑选了叱干阿利作总工程师("将作大匠")，并动员山北的夷夏工匠十万人。他们被派到朔方河之北、黑水河之南的一个地点去建都。勃勃自己说："我刚统一了天下，成为万邦之君，我将命名它为'统万'。"

(叱干)阿利极为聪明能干，但也残忍凶暴。他命令工匠烧砖("蒸土")来建造城墙。(他每每试验砖块)如果用锤打砖，陷入达一英寸时，他就把(应负责任的)工匠杀了并把他埋在墙内④。勃勃认为这是阿利非常忠诚的表现，就将一切建造和修缮的任务都交给了他。

〈改元为凤翔。以叱干阿利领将作大匠，发岭北夷夏十万人，于朔方水北、黑水之南营起都城。勃勃自言："朕方统一天下，君临万邦，可以统万为名。"阿利性尤工巧，然残忍刻薄，乃蒸土筑城，锥入一寸，即杀作者而并筑之。勃勃以为忠，故委以营缮之任。〉

我们将在武器冶炼术的章节里再次谈到这位残忍的匈奴技术家，因为他不仅是个营造家，而且还是一个兵器制造家和炼铁匠。

中国文献中曾经有过带插图的关于制造砖瓦的专门论述，如约在16世纪上半叶后期张问之所著的《造砖图说》。张问之是工部官吏，当时负责营造某些官窑。他写这本书的目的，一方面是为了补救当时工匠所处的不良生产条件，另一方面是为了扭转组织工作上的混乱情况，这种混乱当时已经造成一些私营承包商的自杀。但是，在他的改革大部分尚未实现之前，明朝就已经衰落了。

在中国，各种不同形式的墙是用不同的字来表示的。例如，院子周围的高墙称为"墙"或"墉"，屋墙或隔墙称为"壁"，园林的矮墙称为"垣"，从这一事实，我们就可以看出墙在中国古代的重要意义。喜龙士［Sirén (5)］曾对中国的传统墙作了图解说明，凡是了解中国的人，都会认为他所做的说明是正确的。他写道：

墙，墙，还是墙，它们形成了每个中国城市的构架。它们围绕着城市，把城市划分成地区和院落，它们比任何其他构筑物都更能显示出中国社会的基本特征。在中国，没有哪一个真正的城市是不用城墙围起来的，这一点的确可以从中文中全都用同一个"城"字来表示的这一事实中表现出来，不论是一个城市或者一座城墙；压根就没有不带城墙的城。一座不带城墙的城市，就像一幢不带屋顶的房屋那样，同样是不可思议的。不仅省城或其他大城市有城墙，每个市镇，甚至小镇和村庄也都有墙。在华北几乎任何一个村庄，不论其大小或年代远近，都至少有一座土墙或

43

① 参见本册 pp. 112，150，187。

② 参见 Eberhard (9)，pp. 149ff.。

③ 《晋书》卷一三〇，第三页，由作者译成英文。

④ 这个故事是和与长城有关的孟姜女民谣的素材相同的(参见本册 p. 53)。这里提到它，因为在记载这类活动时，这是惯用的说法。参见 Eberhard (20)。在半干状态下砌砖是美索不达米亚人古老的砌法。

土墙的残壁围绕着房屋和马厩。不论这个地方是多么贫穷和不引人注意，不论那些泥屋是如何简陋，庙宇是多么残破，塌陷的道路是多么肮脏和坑坑洼洼，墙仍然竖立在那里，并且总是比任何其他构筑物保存得好。在中国西北的许多已部分毁于战争、饥荒和火灾的城市里，房屋虽然已荡然无存，人烟绝迹，但是还保留着有城门和望楼的带雉堞的城墙。这些光秃秃的砖墙有时矗立在护城河的一边，有时简直就立在毫无房屋遮挡视线的一片旷野里，往往比房屋和庙宇更能体现出该城市以往的宏伟。即使这种城墙并不太古老（现存的城墙中很少有明朝以前的）①，它们的收分的砖面②和曲折的雉堞也仍然显示出古意盎然的气氛，后来的修理和重建很少改变它们的风格和比例。

这段话是喜龙士在几十年前写的，事实上由于现代生活的需要，部分城墙和村寨已经被拆除了③。但是要在很长时间之后，旅游者才会看不到这些遗迹，才会不至于对它们的规模和普遍性而感到惊讶。

即使古代的亚洲游牧民族，也用土壁垒来围绕他们的帐篷④。基本上是定居的中国农业社会，无疑在它最早期的城市外围就已经筑起了城墙。正如顾立雅［Creel（2）］曾经说过的：表示国都（“京”）的最古的象形文字（K755）就是以一座岗亭立在城门上面来加以表示的。已经发现的最早的城墙是公元前 15 世纪的。例如，这个时期的一座商朝城市——隞，位于现在的郑州正北面，它的城墙底宽约 65 英尺，包围着约 2100 平方码的面积⑤。此外，人们对周朝诸侯国的一些都城也作了类似的发掘和研究，例如，公元前 386 年建于河北邯郸（62）的赵国都城，其主要的长方形城墙，外围每边长约 1530 码，城墙原高达 50 英尺，底宽也是 65 英尺⑥。所有这些城墙实际上都由平均厚度为 3—4 英寸的夯土层相叠而成。今天由于现代交通的发展而拆除一段城墙时，仍能看到这些墙心的夯土层⑦。商朝和周朝的城墙是否总是用晒干的（土坯）砖复面，我们无法确定。

K755

45 到了公元前 3 世纪末，筑城技术已有巨大的进步⑧，而帝国的统一又提供了如此丰富的人力和物力，因而西汉都城长安的城墙规模远为庞大，现在还可以在西安西北五英里许看到它的痕迹⑨。城墙周长约 16 英里多，高约 50 英尺，顶部宽约 40 英尺，虽然没有马面，但城墙不是孤立的；它的后面有一个宽 200 多英尺、高出附近地面约 20 英尺

① 这里当然只是指面层；许多城墙的墙心是非常古老的。此外，万里长城也并不是这样。

② 即向内倾斜。

③ 1958 年在中国西北，我发现城墙的拆除大受欢迎，它象征着地方的现代化和安定。这个地方 2000 多年来不断有叛乱、民族冲突和盗匪。

④ 参见内田吟风（2）。

⑤ Chêng Tê-Khun（9），vol. 2，pp. 17，27ff.，39ff.；Watson（2），pp. 61ff.。安阳在公元前 1400 年后才建立。

⑥ Watson（2），pp. 121ff.；参见本书第一卷 p. 94。又见 Chêng Tê-Khun（9），vol. 3，pp. 18ff.。

⑦ 李济［Li Chi（2）］认为，建于公元前 722 年以前的 163 座城墙中至少有十座城墙一直用到 1928 年；建于公元前 722 年和公元前 207 年之间的 585 座城墙中一直保留到现在的达 74 座。

⑧ 参见本书第二卷 p. 165 页。

⑨ 例如，参见毕安祺［Bishop（6）］和大岛利一（*1*）所做的有趣研究。地图见 Anon.（*43*），第 80 页。唐长安城在现代西安以南，城周 26 英里，目前中国考古学家正在研究；参见 1961 年 12 月 28 日出版的《中国新闻》及其中相关的评述。

44

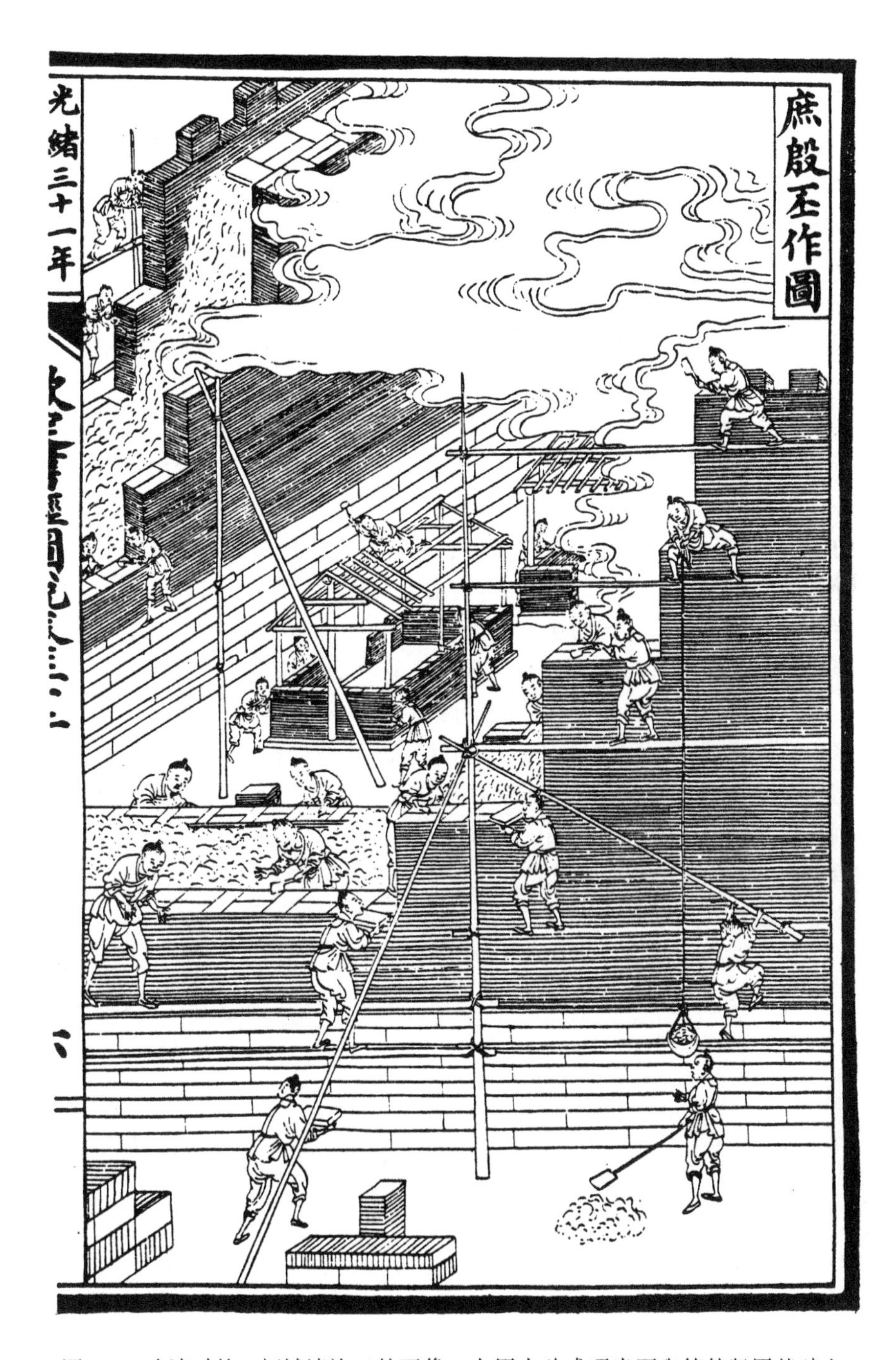

图 726　晚清时的一幅城墙施工的画像。在用大砖或琢光石砌筑的坚固基础上，外砌一丁一顺的小薄砖包着夯土的城墙高耸入云。采自《钦定书经图说 · 召诰》〔Medhurst（1），p. 242；Karlgren（12），p. 48〕。这些墙是周朝京城的城墙。标题引一段话说：这些工作是由被征服的商朝的工匠和庶民来做的。

的城台，并有一条深约15英尺、宽150英尺的护城河加以保护。城台上曾一度建有城楼，也许是守卫部队的营房。还可以看出城墙的内壁、城墙和护城河间的狭道以及护城河的内外护岸。从护城河的外岸边缘到城台底边的内侧，在整个周长各处全部工事的总宽度足有480英尺。[①] 所有这些都是对战国时期已发展的攻城技术，如在矿井坑道中的火烤法采掘使城墙崩溃，或改变河道以冲垮城墙基础的一种有效防御。公元前200年左右长安城的这些防御工事，传说是阳成延建造的。

中国城墙的墙心总是用土或碎石做的（"城"——城墙或城的"土"字偏旁，可能由此而来）[②]，但在以后的世纪中，城墙的外壁常用大块灰色烧干的砖和石灰浆砌成，内壁也常如此。在盛产石料的地区，如四川，城墙偶尔也用琢光的、厚度相同的块复护石砌成整齐的分层[③]。图726所表示的是中国城墙的基础和护壁的传统做法，从图中可以看到这些墙也是用乱石填充的[④]。图727（图版）所示的是现在西安城墙的一部分，东西长约3英里[⑤]，当我乘火车从宝鸡出发在清晨抵达西安、初次见到它时，我曾感觉到它似乎是无限长的[⑥]。

46 典型的中国城墙一般都筑有岗楼和城楼，它们常是二层或三层的独立建筑物，具有中国建筑特有的起翘屋角，而且修建在城门洞之上。有时城门洞有一段弧形的瓮城保护着，这就使它成为双重城门。城市中心的鼓楼也用同一形式建造，因为它也是造在一个坚实的城台上，有二层或三层的楼，城台有宽广的、垂直相交的十字形巷道。城门的另一种形式，也许是较早的一种，是在城门的两侧各造一座这类的阁楼。但不论其平面形式如何，墙和马面顶部显著向内收分，这和常见的西方中世纪堡垒的垂直城墙完全不同。下列几图说明中国防御建筑的风格[⑦]：图728（图版）是敦煌的唐代壁画；图729和图730（图版）是明代嘉峪关城堡的不同景色，古丝绸之路即由此通过长城；图731（图版）是四川一个小县城的典型城墙[⑧]。

厚实的中国城墙并不总是直接从地面上或充满水的护城河岸上盖起来的。如同其他建筑物一样，它常有一个用做支承的台基或基座（见下文p. 91）。由于许多台基都有凹角的线脚，因此建造在它上面的厚实城墙常给人以十分优美而轻快的效果。正如米拉

---

① 汉朝都城西面宏大的未央宫的基础现在也仍可看到。共有五层像城台般的一系列长方形平台，底部尺寸为450码×145码，其长轴为南北向，布置成将朝见甬道引向北面又高出四周地面50英尺的一个小长方形平台。我还清楚地记得当1945年我和李大斐博士与曹天钦博士一同去参观这一浪漫而荒凉的遗址时，雨点正打着仍然散在树丛中的大量汉代铺地砖上。

② 好像罗马的砌条石建筑（*opus incertum* 及 *opus reticulatum*）一样［参见 Vitruvius，Ⅱ，viii，1；Blake（1）］，再做外粉刷。

③ 好像罗马的用整块石端砌的建筑（*opus isodomum*；参见 Vitruvius，Ⅱ，viii，5）。

④ 许多朝代中都有和英国皇家工程兵类似的组织，如军队中的"壮城兵"，他们是"军匠"的常备部队，是筑城学方面或其他军事技术方面的熟练工匠。进一步见 Yang Lien-Shêng（11），pp. 30 ff.。

⑤ 这是从内部拍摄的，可用一幅极好的空中照片［可能是冯·卡斯泰尔（von Castel）拍摄的］作为补充，其中可以看出一连串外堡，复制的照片见于 Gutkind（1），pl. 9。

⑥ 参见上文 p. 17。

⑦ 我们在此不可预计到本书后面第三十章（h）的讨论。

⑧ 参见 Schmitthenner（1），p. 272.

图版 二八八

图 727 1938 年的西安城墙［采自 Bishop (6)］。前景中有一条马道通往城墙顶上。同许多其他城市一样，由于人口减少，城内增添了许多耕田。

图版 二八九

图728 在千佛洞（第268窟；T217，P70）唐代壁画中见到的中国防御建筑的形式。此画在洞中的大体位置，可见 Vincent（1），pl. 29。人们注意到向内斜的墙面以及建在角楼和城楼上的带有回廊的岗亭。当时（约660年）的服装和军服也值得注意。关于图画的内容还存在着一些疑问。韦利［Waley（19），p. 124，pl. 17］认为是拘尸那迦（Kusinagara）和摩揭陀（Magadha）双方的军队为争夺佛陀的遗骨而战斗。但后来看到图内战斗的一方只有盾，而另一方只有矛，他［在 Gray & Vincent（1），pp. 13，58，col. pl. 44］提出这是年轻的释迦族人（Śākyas）在迦毗罗卫（Kapilavastu）城外作军事演习，受到佛陀的监督，佛陀当时还是青年的王子释迦牟尼（罗季梅摄于1943年）。

图版　二九〇

图 729　嘉峪关明代防御城墙的部分，守卫着长城的西端（原照，摄于 1943 年）。参见本书第一卷，图 14。

图 730　嘉峪关的城堡；一条马道通向城墙上的城楼（原照，摄于 1943 年）。

图版　二九一

图 731　一座小城市的典型城墙；四川西部嘉定（乐山）防御工事的一部分（原照，摄于 1943 年）。

姆斯①所指出的，上部构造的倾斜线条，不像西方的那样常从基部的边上升起，而是从台基顶部升起的。因而完全避免了西方古典设计所产生的大片呆板效果。

长城（中国称为万里长城）② 通过前几段中的叙述一定早已深深印记在读者的脑海中了。它显然激发过18世纪欧洲人的想像。在1778年，约翰逊（Johnson）博士

> 以异常激动的心情谈到远地旅行可以开阔心胸，并且取得高贵的性格。关于游览中国长城他表示出特殊的热情。我当时就领会到这一点，并说如果我没有孩子的话，我真的相信我应去看看长城，而抚养孩子是我的责任。"先生（约翰逊说），去看看长城吧，这对提高你的孩子们的地位是很重要的，因为你的精神和好奇心将在他们身上反映出光彩。他们将永远会被人看做是一位曾去看过中国长城的人的孩子。先生，我讲的是真话。"③

47

写下上面这段话的博斯韦尔（Boswell）虽然从来没有见过山西的群山或黄河，但他的朋友约翰逊的信心并不是没有根据的。万里长城从中国新疆到太平洋，直线距离超过了2000英里（近于地球周长的1/10），它曾被认为是火星上的天文学家唯一能辨别出的人造物。在欧洲要想像出一个和它相当的东西，就必须设想从伦敦到列宁格勒或从巴黎到布加勒斯特的一个连续不断的结构物。罗马帝国曾在河流和其他天然边界之间建立起一道边墙或边界堡垒，但从来没有达到这样一种长度。最长的是上日尔曼-雷蒂安边墙（Limes Germaniae et Rhaetiae）④，它横跨德国南部从莱茵河一直到多瑙河，但也不超过350英里。其防御工事仅限于土方工程和木制堡垒⑤。至于横越不列颠地峡的城墙，最长的也不过是上日尔曼-雷蒂安边墙的1/5⑥；而叙利亚边墙（Limes Syriae）虽然长达625英里，但全然没有连续的防线⑦。

我们不乏旅行家对长城的描述⑧，但建立在现代史学基础上的研究，不论是用中文的或西文的都极少⑨。图732和图733（图版）展示了长城在河北与陕西群山间蜿蜒前

---

① Mirams (1), p. 48。

② 长城在文学上别名"紫塞"，在西方是较少有人知道的。《古今注》卷二中说，这样叫的原因是因为山西山脉的土看起来是紫色的；另一种传说是由于雁门（113）的草是紫色的。

③ Boswell (1), vol. 3, p. 292.

④ 公元74年韦斯巴芗（Vespasian）开始建造，公元89年图密善（Domitian）增建土堡。公元260年法兰克人（Frank）大量越过之后，前线退到莱茵河和多瑙河。

⑤ 公元122年哈德良（Hadrian）增建了一些石筑岗楼，约在公元215年卡拉卡拉（Caracalla）造了一小段石城墙。

⑥ 公元81年（184年撤出）的安东尼尼·庇垒墙（Vallum Antonini Pii）仅为长37英里的土方工程。公元126年（383年撤出）的哈德良垒墙（Vallum Hadriani）有石料面层，但不超过73英里。关于现在遗迹的图，参见Mothersole (1)。

⑦ 这是约在公元100年时，图拉真建造以防御安息王朝的帕提亚人（Arsacid Parthians）的。但每隔12英里才有一哨兵站，每隔28英里才有一堡垒，有路相连，但无壁垒。

⑧ 参见卡明斯［Cummins (1), vol. 2, p. 219］书中闵明我（de Navarrete, 1665年）的描述。

⑨ 我们确实没有幸运地找到一篇好文章。马栋臣［Clapp (1)］的著作和其中极好的地图也许是最好的了，但它纯粹是地理性质的。此外就是盖尔［Geil (3)］的著作，书中图绘得很好，但这是他所有的书中最带有轶事性且混乱的一本；海斯［Hayes (2)］的著作较有条理，但篇幅小；还有最近卢姆［Lum (1)］完全根据翻译来源写的传奇史。西尔弗伯格［Silverberg (1)］的著作我们没有见过。中国科学院应写一部标准的著作。王国良（*1*）的专题研究虽然很简短，但在历史方面是极其优良的，可惜我们见到得太迟，因而未能充分地利用它。在我的经历中，更使人可望而不可及的是1961年出版的寿鹏飞（*1*）写的较新的研究著作。1964年我在西安付了书款，可是在我能享用它之前，它已停售了，因而不能交货，什么原因仍是个谜。我只看到它有很好的地图。

进的景观，而图734（图版）则展示了沿着甘肃西面边界的一段，这一段并不那么壮观。这里的城墙已失去了它的石料表层（假如确曾有过的话），成了一条有无数缺口的夯紧的黄土脊。有些地方差不多被沙漠埋没了（图735，图版）。我们不知道长城沿线的城楼和独立的岗楼的准确数字，但据某些曾沿着这条线作过长途跋涉的人们估计，约有二万座城楼和一万个岗楼仍然矗立着，而在长城发挥其最大作用的时期，每种类型至少还要多五千座①。

简略地考察一下图711地图中长城的各个组成部分将是值得的。它目前的主要部分，概而言之，是明代的。但我们从下文可以看出，它的各不同部分是时代很不相同的早期城墙联结起来的。让我们从东端开始，山海关（101）② 是到东北和朝鲜的道路上的关口之一，上面铭刻“天下第一关”。在这里，长城沿着陡坡而上，在俯视河北平原的群峰上蜿蜒向前，并且只在古北口（108）这一重要城门处断开，通往热河的路经过这城门，热河由于是清朝的避暑山庄而著名。然后，它在北京（7）几乎正北的一个称为东分叉点处分成两条：外长城或称北长城沿山西省边界而行；内长城则在群山中向下延伸到南面的约125英里处，接着又在黄河以东约30英里的地方和主防线重新会合。在这一菱形圈中的主要城市有张家口（110）和大同（86），从这两城都可通往内蒙古，并且都通往内长城上的一个著名检查关卡——南口（109）的居庸关云台③（图736，图版）。这里有一条通往库伦（Urga）的故道；通向现在蒙古人民共和国首都乌兰巴托的新铁路就是沿着这条故道修筑的。这条铁路自大同北面的外长城开始，横越戈壁荒漠。沿内长城继续向南是古塞紫荆关的所在地，前已述及（p.26）的从代（61）来的道路无疑从它旁边通过。类似地，从南来的经山西的大路在更西面的平型关（112）穿过内长城。除上述两座城市以外，菱形圈中还有汉代要塞雁门（113）。

外长城或北长城无疑是根据从5世纪和6世纪起的定线建造的。在北魏进行了尝试性的修筑以后，东魏于543年进行了第一次建造④，但在552与563年之间，北齐更加坚决地致力于长城的建设⑤，特别是在556年，它以极大的努力建造了3000里⑥，花费了大量的人力和物力，几乎使国家破产⑦。内长城的修筑时期尚难确定⑧，它有一段非常奇怪的分支，这条分支向南延伸约230英里，沿着俯视着河北平原的山西高原的边缘。这一线段肯定是在封建的中山国⑨于公元前5世纪时所建城墙的附近。然而它极有可能是在晚得多的时期建造的，可能是西燕的山西人约在390年抵御河北和山东的后

48

---

① 参见Geil（3），p.327。

② 圆括号中的数字系本册表60中的地名编号。方括号内的数字系本书第一卷表4及图35中的地名编号。

③ 1343年重修了这座云台，由于是通往喇嘛教区域的门户，因此门券顶上有三座喇嘛塔，券门和券面上布满了佛教雕刻及六种文字的铭文，即梵文、藏文、八思巴蒙古文、维吾尔文、西夏文和汉文。感谢村田治郎和藤枝晃［（*1*），Murata & Fujieda（1）］为我们提供了关于这座“过街塔”的精心研究的论文。今天南口是北京游客所喜爱的一个风景点［参见Chin Shou-Shen（1）；Schulthess（1），pl.64］。

④ 《通鉴纲目》卷三十二，第五十九页。

⑤ 《通鉴纲目》卷三十三，第九十一页；卷三十四，第六十三、六十四页。

⑥ 《北齐书》卷四，第二十六页；《通鉴纲目》卷三十四，第二十页。

⑦ 《通鉴纲目》卷三十四，第三十六页。

⑧ 王国良（*1*）认为它也是北齐时期的。

⑨ 参见本书第一卷，图12。

图版 二九二

图732 北京北面的南口附近的长城［1962年摄，Chin Shou-Shen（1）］。注意右下角墙上有设置梯级的开口。参见本书第一卷，图13。

图版 二九三

图 733 更西的长城，陕西西北部莲花池附近，与宁夏的交界处。一行行的山脉直下鄂尔多斯沙漠，沿着其中一条山脊可望见城墙由堡垒明显地标志着［1909 年摄，Geil（3）］。

图 734 长城捍卫着甘肃走廊中的古丝绸之路（参见本书第一卷 p. 59）；现在只剩有一段段断开的坚硬的黄土背（原照，摄于 1943 年）。

图版　二九四

图 735　榆林城附近长乐堡所见，沿着陕西北部和内蒙古交界线的“第一条边墙”（长城）上的楼台［1920 年摄，Clapp（1）］。参见图 15（本书第一卷中）和图 721。这里的城墙几乎已被鄂尔多斯沙漠埋没。

图 736　内长城的一个检查关卡，南口的居庸关云台（原照，摄于 1964 年）。

燕而建造的，后来后燕很快吞并了他们[1]；也可能这是五代时期（907—960年）两个短命郡国的疆界遗址[2]。

49 长城跨过黄河以后，就向着西南横越鄂尔多斯沙漠，而在这里它为黄沙所堵塞所淹没，然后向西北方向前进，并在宁夏（114）附近高地上升起并再接上黄河。这一段长城的第一部分是很古老的，因为这基本上是[3]魏国在公元前353年建造的边城的路线，它穿过前哨城榆林（56）和秦汉驰道上已经不复存在的城门，这驰道是通往黄河河套以北的（上文 pp. 14，16）[4]。在兰州（27）附近布局又变得复杂起来。从宁夏起，内长城遗迹有很长一段沿着黄河右岸建造，从兰州向西北有一段保存得较好的长城紧密地保护着古丝绸之路，但除此之外，还有一条外长城直接横过沙漠在凉州（30）附近和前者相连。这些改建的日期目前还不清楚。在凉州西北一条用黄土建造而间有石砌望楼的长城继续向前延伸，把白亭河流域包括在内（这个流域的尽端是在长城外的大戈壁中的湖泊），而把引向居延（99）[5] 的弱水排除在外，接着它又向内弯到达嘉峪关（36）[6]，并再向祁连山前伸几英里而止。虽然在明代及明代以前的许多世纪中，嘉峪关曾是“天下最后一关”，但在汉代（公元前2世纪）却并非如此。那时还有一条黄土城墙，其间和季候风向相垂直的那一段已完全看不出来了，不然的话，这部分城墙至少有12英尺高并且还包括有点缀着许多30英尺高的堡垒。沿着疏勒河，经安西（38）包围并保卫着敦煌（39）[7]。通西域之路（参见上文 pp. 17，18）分别经过玉门关（40）[8] 和阳关（116）。

在兰州附近，长城有一段令人感到非常奇怪的延伸部分，它以“青海环线”的形式而出现[9]。这一部分长城从兰州环行线和外长城的西接合处开始，向西南方向以一个弧形将除了青海湖本身以外的西宁（115）和塔尔寺（Kumbum）包围在里面，跨过黄河然后又转回兰州附近。这段长城至少还向南伸出一条主要分支。这似乎是4世纪的定

50 线，因为它所包围的这一部分土地是前凉和后赵（314—376年）争夺的地方，以后在385—431年独立为西秦[10]。这时吐谷浑族是西面西藏山区中的一大威胁，西秦建造这一

---

① 参见 Herrmann（1），map 29（iii）。

② 参见 Herrmann（1），map 41（i，iv）。王国良（*1*）也将它归于北齐，但当时的目的不明确；参见 Herrmann（1），map 33。

③ 但不太确切，因为最古的长城更为南北向，更为接近河套处的东支。

④ 这一段名为陕北边墙，是隋朝的主要重建工事。585年，完成了连接黄河东路和宁夏之间的700里长城和十座城堡（《通鉴纲目》卷三十六，第九页；参见 *TH*，p. 1250）。607和608年，榆林与大同区域间的一线检修完毕（《通鉴纲目》卷三十六，第一三一页；卷三十七，第二页、第四页；参见 *TH*，p. 1278），因而连接了汉和北齐的长城。不过隋长城可能更东西向一些。

⑤ 除了接近金塔外的一小段分支以外，无疑是为了保卫到居延（99）的通道而建造的，参见上文 p. 17。

⑥ 参见本书第一卷，图14。

⑦ 长城的汉代部分首先是由奥里尔·斯坦因（Aurel Stein）测量的；见他的经典研究：Stein（1，2，3，4），特别是（9）。我们已在本书第一卷图16中示出。

⑧ 这一关城于公元前111年以前就已经存在了［夏鼐（*2*），第76页、第168页］。关于这两处的正确位置见日比野丈夫（*1*）。

⑨ 最初是盖尔〔Geil（3）〕测量的。

⑩ 参见 Herrmann（1），map 29（i，iii）。

段支线无疑部分是为了抵御他们①。

总之，长城有其兴衰时期。秦汉以后（公元前 3 世纪—公元 3 世纪）很少维修。魏、齐与隋完成了主要重建部分（6—7 世纪），但在唐、宋的 7 个世纪中长城既得不到维修也没有新的建造。元、清时期长城已失去其全部意义，这也就是为什么现存的长城主要是明朝时期建筑的原因②。

詹姆斯·博斯韦尔（James Boswell）由于子女之累而未能登临长城一饱眼福，但在 1793 年，英国皇家炮兵上尉帕里什（Parish）作为马戛尔尼（Lord Macartney）的武官，随外交使团去热河拜会乾隆皇帝时路过古北口的途中饱览了长城③。帕里什尽他所能地度量了附近的城墙和堡垒④，他对长城大小的估计成为他的同事约翰·巴罗（John Barrow，马戛尔尼的私人秘书）所写著名叙述的基础。巴罗⑤写道：

> 长城，是如此的巨大，使我相信下列事实是不能否定的。它的长度达 1500 英里⑥，而它的高、宽到处几乎和英国使团所经地点的长城高、宽一样⑦。假定英格兰和苏格兰所有住宅的总数为 1 800 000 所，平均每所住宅用 2000 立方英尺砖石材料的话，那么这些砖石材料仅足以和中国长城的体积或实料相当。这一估计还不包括凸出的、体量巨大的砖石城堡，假定沿着整个长城每隔一箭之地就有一座这样的城堡的话，仅是这些城堡就和整个伦敦所用的石料和砖头一样多。……

沿河北和山西省界的长城东段的城墙和城堡其大致尺寸见附图（图 737），这图是以帕里什以及他以后的许多旅行家提供的资料作为依据的⑧。花岗石基础的尺寸多半是14 英尺 ×3 英尺或4 英尺，乱石心外面的石表层尺寸约为 5 英尺 ×2 英尺 ×1 $\frac{1}{2}$英尺；假如表层是砖造的（一般有 5 英尺左右的厚度），就有七八层砖厚（参见上文 p. 45）⑨。每一英里有 8—12 座城堡，每座相距 100—200 码。将过去的施工方法和现在对同一工程所用的方法相比较，会使我们作出多种猜测；一定曾用大量的劳动力在滑道上搬运石块并用适当的滑车把它们安装就位。⑩ 51

---

① 参见《通典》卷一九〇（第一〇二一·一页起）。王国良（*1*）似乎认为它的北段是隋代的建设，罗哲文（*2*）认为南段是秦代的建设。

② 我们对长城的知识由于缺乏考古学家和历史学家之间的紧密结合而受到损失。像斯坦因或克拉普这样的人确实曾为他的地图而考察和测量过长城遗迹，而像王国良这样的人遍览了历史文献，但这两个班子似乎从来没有靠拢过。

③ 关于帕里什的小传，见 Cranmer-Byng（2），p. 313。马戛尔尼［Macartney（1），pp. 110ff.］的书中载有该特使自己的见闻。

④ 他的报告载于 G. L. Staunton（1），vol. 2，pp. 186 ff.。

⑤ Barrow（1），p. 334。巴罗自己和登维德（Dinwiddie）博士都曾留在北京（参见本书第四卷第二分册 p. 475）。

⑥ 我们将看到他大约低估了 25%。

⑦ 这当然是估计过高了。

⑧ Geil（3），及其他已述及的参考资料。最近的有 Gower（1），p. 142。

⑨ 通常尺寸为 15 英寸 ×7 $\frac{1}{2}$英寸 ×3 $\frac{1}{2}$英寸。有关的分析，见 Brazier（1）。

⑩ 这段长城的施工大约是从每边分段修筑到顶，因而城台可用来安置更多的材料。关于起重方法见本书第四卷第二分册 pp. 95ff.。造价的比较（参见上文 p. 30）也是有意义的。参见下文 p. 409。

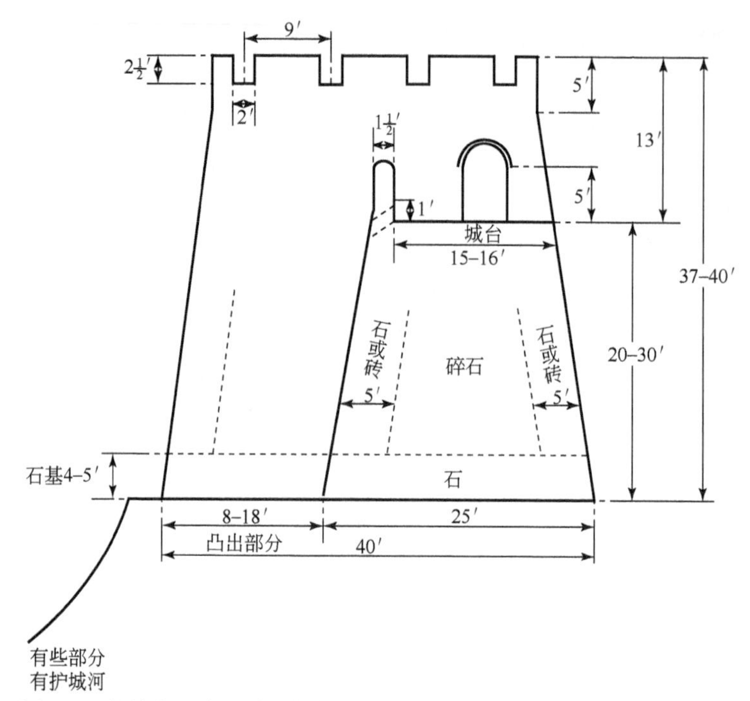

图 737 长城东段墙和城堡的大概尺寸（根据帕里什和其他人的资料）。

在长城的某些部分，有时似乎还采用木料芯至铁件来加固。在大约著于 1298 年的《癸辛杂识（续集）》中说：长城附近的居民，往往在被暴雨冲坏的城墙中找到几世纪前筑城匠人所用的极硬木料（“干”）①，这些木料可用来制造矛柄。由书中的用词可知（参见上文 p. 38），这些木料很可能曾是模板中的一部分木板，但也不能排斥是专起加固作用的材料，因为斯坦因［Stein（10）］曾发现塔里木盆地的汉代城堡的墙多半用一层成束的灌木及白杨树干和一层夯实了的黏土交替筑成。上述书中所指木料也许兼具双重作用。此外，也可能用做桩木②。方以智在其 17 世纪的技术百科全书中写道：“夯下‘千年木’桩可节省许多人力；松柏能延用几百年而不致腐烂。”③

52 有充分的证据说明，秦始皇最初修筑的长城路线和现存的主线很不相同。我们虽然不知道这条线从兰州西北多远开始，但可以肯定它一定经过宁夏（114），然后一直沿河套以北前进，包括五原（5）在内，在高阙（117）曾有一个城门，高阙所在的地点今已不明④。根据推测，这条线接着可能沿现有长城较北的一条线向东经内蒙古南部大草原，直达离山海关不远的海滨。还有证据说明，秦代的防御工事可能以土垒的形式，沿一个把东北辽河流域的下游地区包括在内并以今沈阳（118）为焦点的大椭圆形凸弧向东延伸，一直到中朝两国边境鸭绿江口附近，并到达海边⑤。这条定线以“柳条边”闻名，因为历代

① 《癸辛杂识（续集）》卷一，第四十一页。

② 参见本书第四卷第二分册 p. 52。

③ 《物理小识》卷八，第三十八页。

④ 某些作者，如王国良（*1*）认为高阙在黄河以南。

⑤ 这无疑是《通典》中说秦长城始于后来成为汉代乐浪郡的地方的原因。因此王国良（*1*）指出它延伸于朝鲜平壤之南。

直到清初，此线都种植着密集的柳林以防御游牧骑兵。虽然远处于西北的汉代城墙和城堡还有遗迹可寻，可是秦代遗物除了某些基础为后代利用以外，其他都已荡然无存。

可能意味深长的是在《史记》中长城并未像人们所期望的那样具有显著的地位①，我们被简略地告知，秦始皇沿黄河以北修筑了长城，并命令蒙恬建造一系列堡垒②。这是公元前214年的事。"蒙恬传"中有稍多的记述，其中有这样一段话③：

> 在秦统一了天下（公元前221年）之后，蒙恬被派率领三十万人去把戎狄（蛮人）赶出北方（边界）。他夺回了（黄）河以南的土地④，并建了长城，按照地形轮廓设置关隘，从临洮⑤起到辽东⑥，包括一万多里的距离⑦。它跨过（黄）河后，向北折，到了阳山⑧。
>
> 〈秦已并天下，乃使蒙恬将三十万众北逐戎狄，收河南，筑长城，因地形，用制险塞，起临洮至辽东，延袤万余里。于是渡河，据阳山，逶蛇而北。〉

但是有关这项工程必须具备的庞大组织，如后勤、给养、勘查、筹划等都无只字记载。 53

规模如此巨大的这样一个工程当时似乎曾经引起一种由于害怕对自然界固有的面貌作过度的干扰而引起的恐慌⑨。在兴建长城的过程中，秦始皇正好巡视浙江、山东沿海，并死于途中。公元前209年，蒙恬成为宦官赵高和秦始皇的懦弱继承人所搞阴谋的受害者。《史记》⑩ 记述了蒙恬受命自尽时所说的一段很长的话。最后他说：

> 我确实有罪该死。从临洮起，直达辽东，我建了一万多里的城堡和沟渠，在这样的距离内，我不可能不切断了地脉。这是我的罪。⑪
>
> 〈恬罪固当死矣。起临洮属之辽东，城堑万余里，此其中不能无绝地脉哉？此乃恬之罪也。〉

然后蒙恬服毒自尽。

目前虽有理由相信这段传记是司马迁认为他有必要重复前人的传说而写下的一篇文学创作，但作为一则有关风水的最早文献之一，它却具有值得注意的地方⑫。在这篇传记的结语中，这位伟大的史学家曾尽力否定风水的说法，把蒙恬之死归咎于对人民缺乏

---

① 有关这项伟大工程的社会和政治情况在别处阐述［本书第一卷第六章（a）及后面第四十七章］。

② 《史记》卷六，第二十二页［Chavannes（1），vol. 2，p. 168］。

③ 《史记》卷八十八，第一页；译文见 Bodde（15），p. 54。

④ 即在河套内的鄂尔多斯地区。

⑤ 今岷州，在甘肃（119）兰州南面不远。

⑥ 即辽东半岛。

⑦ 按秦和西汉的里和公里之比为2.01：1，如果按字面上来讲就差不多是3080英里。现在的长城从兰州到鸭绿江口，包括柳条边，将近1700英里，但秦长城在河套之北有一大段迂回。

⑧ 离五原（5）西面不远，在黄河之北的低山脉中的一座山。这山脉现称阴山［34］。

⑨ 著名的长城多少世纪以来一直是中国民歌和传说的题材。（至少）一个匠人被埋在墙中的故事引起著名的"孟姜女歌谣"［译文见 Wymsatt（1），Needham & Liao（1）］，有关研究见 Ku Chieh-Kang（1）；Hsiao Yü（1）；特别是路工（*1*）。在城墙埋东西仅是中国匠人巫术的一部分。对此，艾伯华［Eberhard（20）］曾根据《鲁班经》（参见本书第四卷第二分册 p. 44）有所述及。

⑩ 《史记》卷八十八，第四页起。

⑪ 译文见 Bodde（15），p. 61。

⑫ 见本书第二卷 pp. 359ff.，第四卷第一分册 pp. 239ff.。汉代对于选择房屋和城堡地点的记载中，往往有占卜的字句，如《后汉书》卷八十四第四页提到的"占相地势"。不敢"动土"的迷信导致以后若干世纪中采矿和工程常常受到阻碍［参见 Yang Lien-Shêng（11），pp. 68ff.］。

仁慈，而与地脉毫无关系[1]。然而这传记有其本身的意义，并可能涉及古代对工程中有关正确处理水流的方法[2]的争论。关于这一点在本书后面还会谈到[3]。

长城的建造只能从其正确的历史背景中去了解，即秦代所做的事情只是把战国时期各国已建的若干城墙加以延伸并连接起来，而并非是全新的连续的构筑。目的在于粉碎游牧民族的骑兵袭击战术或采用同类战术的郡国的袭击。这一看法可能是明代学者董说在《七国考》[4] 中首先提出的，并为许多现代作者所援引[5]。

我们在本书第一卷（图 12）中已草绘了一幅秦以前长城的略图，此图是以拉铁摩尔[6]所做地图为蓝本的。城墙始筑于公元前 4 世纪晚期，是用以防御草原游牧民族的一些工程。约于公元前 300 年，秦国建造了一座从甘肃洮河[7]向东北延伸到陕西北部某一处的城墙（现今的长城是从这里再向北延伸），从而连接了公元 353 年魏国早期的城墙。这段魏国的城墙是沿鄂尔多斯沙漠边缘更向东北直达黄河河套向南下行的转折处；隋长城也大致沿着这条线（如前已述）。赵国在武灵王时，也约在公元前 300 年，修筑了另一条自黄河以北的高阙（117）向东到今张家口和北京之间某处为止的长城[8]。燕国约于公元前 290 年建造了第三段长城，这段长城从赵国长城东端附近开始到东北辽河下游为止，这是柳条边的前身。这两段即使不是与半个多世纪以后修筑的长城完全重合的话，也都离它的位置不远。这些城墙不仅用于抵御野蛮民族，或用于阻止边界居民和野蛮民族联系，因为有些是建在各诸侯国的边界上。公元前 353 年，魏国又在陕西修建了一条南北向的长城用以保护它的西疆以御秦[9]，后来，当事实证明这段城墙并没有起到这一作用时，又修筑了一段长城，这段长城在靠近洛阳的某处横过黄河流域。同样，位于山东北部的齐国早已（约公元前 450 年）在鲁国北面建立一条东西向的长城，以抵御南面日益强盛的楚国的入侵。公元前 3 世纪初，楚国为了抵御秦国，也在南阳（14）北面修建了一段城墙以保护汉水流域北部。拉铁摩尔曾经指出："这些各有其居民和城墙的城市，宛如细胞一样，聚集成为细胞团，每一细胞团各有城墙把许多小单元组合起来而成为一个大单元。"不能设想这些较小的"单细胞原生物"的社会实体能有资源建造比连续沟堤更强的防御工事；或许这些古城墙不过像我们所熟悉的在东英吉利古代沼泽和森林之间的罗马时期不列颠的"土方工事"（Devil's Dykes）。这些墙不会像以后的大部分长城那样用砖石包砌。

关于长城长度的最确切的估计，如把所有的支线都算在内，有 3930 英里；如果只

---

① 《史记》卷八十八，第六页。

② 即最自然，因而也最不渎神的方法。

③ 本书第二十八章（f），见下文 pp. 249ff.。

④ 特别参见《七国考》卷三，第八页、第十八页。

⑤ 如徐珺清（*1*）；王国良（*1*）；慕寿祺（*1*）；Lattimore（1，2）；Puini（1）。

⑥ Lattimore（1），pp. 336，389，403，414，430，434。资料主要来源之一是《史记》卷一一〇有关匈奴部分。长城其他地图见 Herrmann（1），map 16；童世亨（*1*），第 3 页。

⑦ 起点和后来的秦长城略同。

⑧ 这一向西延伸的地岬肯定是为了要把黄河和戈壁荒漠之间的肥沃土地包括在内，自古以来这里就是灌溉之区。参见本册 p. 272。

⑨ 这项土建工程的主持人相传为龙贾。

算干线，则有2150英里[①]。表65说明长城的各段长度（由东而西）。考虑到秦汉时运输条件相对落后的状况，这些长度确实是惊人的。西方技术史家如霍维茨［Horwitz (6)］是同意这点的[②]。

55

表65　长城的分段长度

		英里
主线：	山海关至东分叉口	300
	东分叉口至黄河（外长城）	500
	陕北边墙	350
	宁夏至凉州（直线）	250
	甘肃，沿古丝绸之路至嘉峪关	450
	嘉峪关至玉门关与阳关	300
		2 150
环线：	东北延长段（柳条边）	400
	东分叉口至黄河（内长城）	400
	南支段城墙（山西边界）	230
	兰州环线	250
	青海环线	400
	其他分支段	100
		1 780
	共计	3 930

至于长城在防御游牧骑兵入侵方面的效果，或许还是相当大的[③]。任何破坏城墙或修建斜坡攀登城墙的企图，都将有足够的时间使中国派来援军。本书前面[④]曾经论证过长城的不可侵入性是引起各部族之间一系列冲突的因素，而这种部族关系本身，如同连锁反应一样引起了西欧边疆上游牧部落的骚动和侵犯。因此，中国的工程技巧以及当时中国人对劳工工程的组织天才可以说胜过了罗马帝国的防御能力。因为在哈德良时期，罗马人虽然完全有能力在横跨北英格兰地峡建造城墙和一系列堡垒，但他们从来没有尝试建造一座能够真正和秦始皇的长城媲美的城墙，具体说来，即建筑一条从莱茵河口到多瑙河口的城墙[⑤]。在五百年的时间中，长城达到了它的目的，而只有在3世纪末以后，即当罗马帝国变得更"野蛮化"的那个时候，中国中央政权的削弱，才使大批突厥人和匈奴人在长城以南和长江以北建立了许多诸侯国[⑥]。

① 支段和环线的细部最好查阅Clapp（1）。

② 今天中国正式的估计数字相当于3720英里，见Chin Shou-Shen（1）。

③ 与吉本［Gibbon（1），vol. 2，p. 82］的意见相反。

④ 第一卷p. 185。

⑤ 有趣的是约在公元370年有一位无名氏恰正提出了建造这样一座墙的建议［*De Rebus Bellicis*，xx，译文见Thompson & Flower（1），pp. 72，122］。

⑥ 我承认在提出这一论点时是有些犹豫的。公元300年前确实有大量日耳曼人曾作为个人自愿地加入罗马帝国，但集体突破却紧接在阿拉里克（Alaric）之后，阿拉里克于公元410年洗劫了罗马城。然而从公元前200—公元300年的五百年中，中国的防御工程像一堵防波堤一样，使塞北游牧民族只能向西方扩张而无其他出路，这也很可能是确实的。

56 中世纪的欧洲人（还有阿拉伯人）一直以为长城是由他们的祖先建造的，这是关于长城的最有讽刺意义的事了。根据《亚历山大故事》（Alexander Romance）的许多版本[①]，圣经人物歌革（Gog）和玛各（Magog）[②] 曾被亚历山大大帝（Alexander the Great）驱逐到东方去，并且连同22个国家的罪人一起被禁锢在一座由于天助而建成的铁城里[③]。到世界末日时，他们将打破大门而蹂躏全世界（图738）[④]。德胡耶［de Goeje（1）］很久以前就曾认为[⑤]，这个传说中的这座铁城（常出现在西方中世纪的地图中）几乎无疑是对真正的长城的一种模仿。在《古兰经》[⑥] 中，联系到“带角的人”（Him of the Horns；Dhū al Qarnain）——也就是亚历山大大帝[⑦]——时也记载了这个故事，所以这个故事应该来源于叙利亚。某些阿拉伯的旅游者曾说过他们看到过歌革和玛各的城墙，值得注意的是萨拉姆·塔尔贾曼（Sallām al-Tarjamān，译员）[⑧]，他后来曾写过一份报告给一位地理学家伊本·胡尔达兹比赫（Ibn Khurdādhbih，约卒于912年），并给伊本·胡尔达兹比赫念了他给哈里发[⑨]的报告。萨拉姆曾见过墙上有一扇“铁门”，而其他人则断言铁门是红色与黑色相交替，是用青铜和铁或铅做成的。有人曾力图把这铁门（“铁门”终于成了在世界各地较通用的一个地名）证实为乌拉尔（Ural）地区的关口。但托甘［Togan（2）］较为合理地指出它是天山山脉中的塔尔卡（Talka）关口[⑩]。无论如何，法兰克人和萨拉森人（Saracen）都知道长城，虽然他们的认识含糊不清。在整个中世纪时期，他们将其起源归于马其顿的世界征服者[⑪]，但当沙皇派往中华帝国的特使雅布兰（Ysbrants Ides）[⑫] 率领他的骑兵队于1693年10月通过南口时，欧洲人已很清楚到底是谁的功绩了。

---

① 参见本书第四卷第二分册 p. 572；及本册下文 p. 674。

② 他们敌视以色列人；见 Ezekiel xxxviii，1—6 及 Apocalypse xx，7，8。参见 Josephus，*Archaeologia*，1，123。我们也已在本书第一卷 p. 168 中谈到了这些。

③ 例如，见 Lloyd Brown（1），p. 99；Cary（1），pp. 18，130ff.，295ff.；Baltrušaitis（1），pp. 184ff. 和专题论文 A. R. Anderson（1）。西方人对于东亚人的恐惧很使人回忆起东亚人对于西方人的恐惧——当我第一次住在千佛洞时，见到敦煌壁画上描绘的无数碧眼红发的妖魔，使我有很深的印象。

④ 采自伪墨托狄乌斯（Pseudo-Methodius）的《启示录》［*Revelationes*，1499年菲尔特（Michael Furter）刊行于巴塞尔（Basel）］。参见 Sackur（1）。

⑤ 还有马奈特［Marquart（1），p. 86］。威尔逊［C. E. Wilson（1）］表示异议，但其论据不足。

⑥ *Holy Qu'rān*，Surah xviii，verses 82ff.；R. Bell 刊本，p. 281。

⑦ 和摩西（Moses）相混淆了。

⑧ 他可能是喀扎里亚（Khazaria）的一个犹太人（见本书第三卷 p. 681），并肯定是阿拔斯王朝哈里发（Abbasid Caliphs）中的一位的翻译，这位哈里发可能就是穆塔瓦基勒（al-Mutawakkil）的先辈瓦西格［al-Wāthiq，842—847年，即贝克福德（Beckford，1）所说的瓦西克（Vathek）］。萨拉姆约在公元843年被他的主人派遣去调查关于亚历山大城墙已被攻破的谣传。

⑨ 伊本·胡尔达兹比赫在846年所著的《道里邦国志》（*Kitāb al-Masālik w'al-Mamālik*）中有些令人难以相信的一段已被译出，见 Barbier de Meynard（2），pp. 190ff.。

⑩ 这隘路把伊犁河上的伊宁城和新疆东部各处连起来，并穿过河谷以北的大山而延伸到中原。

⑪ 感谢邓洛普（D. M. Dunlop）教授，他在所写关于哈扎尔人（Khazars）的书出版之前，就向我们提供了本段中的一些内容［D. M. Dunlop（1），pp. 190ff.］。

⑫ 他本人的叙述［Ides（1），p. 60］。

图738 歌革和玛各在世界末日时突破亚历山大的大门去蹂躏全世界。此图是伪墨托狄乌斯的《启示录》（菲尔特刊行本）中的一页，该书是中世纪《亚历山大故事》的多种版本中的一种。据 Cary（1）。图上的标题是：“歌革和玛各从里海群山间冲出来，将占领以色列土地。”图下的说明是：“根据先知以西结（Ezekiel）预言，到了真正的末日，世界历史终了的时候，歌革和玛各将出来，进入以色列土地，因为这些人正是亚历山大大帝赶到北方和东方遥远地区去的民族和君王；歌革和玛各、米设（Meschech）和土巴（Thubal）、安诺（Anog）和阿格（Ageg）及……”。参见 Ezekiel xxxviii 和 xxxix，当然其中没有说到墙的问题。

58

(d) 建筑技术

(1) 引　　言

虽然建筑学是如此接近艺术的一门学科以致很难属于本书的范围，但它具有我们所不能加以省略的技术基础。如在论述制陶术时一样，我们将再次遇到上述问题。在制陶术中，一些主要的发明，如瓷器的发明，虽然和本书有紧密的关系，但我们并不去研究陶工的艺术杰作的风格和细节。在所有这些情况下，读者必须求助于论述中国文明中美学方面的大量现有文献；由于这个题目离题较远，所以我们只能一瞥而过。

对16、17世纪第一批欧洲游客来说，他们一定会觉得中国的建筑是非常新奇的。在18世纪的“中国热”时期，中国的建筑引起了他们更多的兴趣和更细致的研究，亲眼见过中国建筑的钱伯斯（Sir William Chambers）于1757年所著的《中国建筑风格》（*Designs of Chinese Buildings*）等一类书籍就是一个例证，但在该书中他对建筑构造原则却一知半解①。到了19世纪，一位陆军军医约翰·兰普里（John Lamprey）曾于1866年写了一份有价值的报告；稍后，又有一位传教士兼汉学家艾约瑟［Joseph Edkins（15）］写了一份不很令人注目的文章，但是总的来说，他对我们还是很有帮助的。

然而近来的研究已部分地弥补了从前的疏忽。这时出现了喜龙士［Sirén（1）］和伯尔施曼［Boerschmann（1，8）］关于一般中国建筑物的动人图集，这些图集主要是针对重要工程、庙宇、宫殿等一类建筑的。在寺庙建筑方面，孔巴［Combaz（4）］关于北京帝王坛庙的早期著述，后来曾由伯尔施曼［Boerschmann（2）］和艾术华［Prip-Møller（1）］加以扩展，进而谈到中国各地的佛寺和道观。孔巴［Combaz（3）］、喜龙士［Sirén（3）］、小川一真［Ogawa（1）］与奥山恒五郎、伊东忠大、土屋纯一和小川一真（*1*）等人都曾经以图文并茂的形式介绍过北京的宫殿建筑。喜龙士［Sirén（4）］曾对北京城的城墙和城门做了专门研究；朱启钤和叶恭绰［Chu Chhi-Chhien & Yeh Kung-Chao（1）］，还有拉斯穆森［Rasmussen（1）］及其他人则对北京城的平面布局作了研究。另一类建筑群是皇帝的陵墓，这是有围有城垛的巨大宝顶，有群山围绕的祭堂以及前面带石像的长墓道。首先是孔巴［Combaz（2）］、普意雅和沃德斯卡尔［Bouillard & Vaudescal（1）］、格兰瑟姆［Grantham（1）］及其他人都先后对这类建筑作了描述。对于分布全国的塔，伯尔施曼［Boerschmann（4，7）］所做的叙述可算是一部标准著作。而孔巴［Combaz（5）］则考察了塔的来源，并认为它们起源于印度的“窣堵波”（*stūpa*）。

然而过了一段时期，读者开始对饱览美丽照片以及对书中过于偏重考古和作宗教的对比而感到不满足，从而希望得到有关建筑结构的功能基础的精确报道。同时，读者也认为应该多研究些常规的、普通的具有地方特点和吸引力的城市住宅和农村住宅，而少谈些中国建筑的最高成就。此外，读者看厌了这么多优美的曲面屋顶，而希望对于产生

59

① 马戛尔尼关于中国建筑的深刻议论和赞赏［见于Cranmer-Byng（2），p. 272］值得一读。

这种独特风格的历史有较明确的概念。这些要求至今虽然还没有完全得到满足，但已经在西方引起了某些反应。

第一个对中国佛寺进行研究的是60多年前的希尔德布兰德［Hildebrand（1）］，他虽然为这些寺庙的木结构和屋顶支撑等提供了精美的图画，但未提供汉语的技术术语。克林［Kelling（1）］曾经研究了宋代建筑巨著《营造法式》（见下文 p. 84）的1920年石印本，为这部巨著写了一篇专论，从而或多或少地填补了这个空白。他的专论可能有不足之处，但还没有其他同类书籍可以代替[①]，而且它的功绩之一还在于特别注意到居住建筑。年代更晚一些的斯潘塞［Spencer（1）］和斯金纳［Skinner（2）］的卓越论文也是如此[②]。在建筑学史方面，布林［Bulling（2）］的专著（原系一篇学位论文）几乎可以说是独一无二的。除此之外，克林和沈德勒［Kelling & Schindler（1）］曾从文献考证出发，钻研了中国古代的建筑技术。在日文中则有伊藤清造（*1*）的颇有价值的论著。

米拉姆斯［Mirams（1）］的著作是多年来有关中国建筑的西文综合性书刊中最好的一本，书中的插图虽少，但都是经过仔细选择的，文字虽然简短，但写得很明白精练[③]。西克曼和索珀［Sickman & Soper（1）］较为广泛的论述可以作为上述著作的补充，但并不能取代这一著作[④]。从未到过中国的人，可以从伯尔施曼［Boerschmann（3）］著作的照片中很好地了解到中国匠师们是如何选择建筑的地址，以便使建筑物能最好地同地形环境相协调。 60

自然，对那些懂得中文的人来说，则有更多的文献可供参阅，虽然这些文献在利用

---

① 多少与此相似的关于日本建筑的著作是：Baltzer（1，2）和Yoshida（1）。天沼俊一（*1*）的六卷本图录在这方面贡献最大，而村田治郎（*1*）则提供了最完整的书目。

② 关于中国住宅和园林的最佳例子，可查阅阮勉初［Juan Mien-Chhu（Henry Inn）& Li Shao-Chhang（1）］的摄影集《园庭画萃》，该书是由李绍昌汇集其他学者的文章编辑成的。它着重地说明了中国传统住宅和园林的不可分割。

③ 博伊德［Boyd（2）］的提要式佳作以及徐敬直［Hsü Ching-Chih（1）］和斯派泽［Speiser（1）］的画册可惜出版太晚而未能有助于本书这部分的写作。当研究中国建筑时，为了进行比较，自然希望手头上具备所有主要文化的建筑形式的一般说明。遗憾的是看来没有任何书籍能充分满足这一需要，而且那些称为描述全世界各民族的建筑的书中，有关中国的部分一般都写得很糟，即使著名的弗莱彻［Fletcher（1）］的著作也不例外。舒瓦西［Choisy（1）］的《建筑史》缺陷最少，且有精美和清晰的插图，但又是半世纪以前的作品。因此最好还是求助于专门论著。弗格森［Fergusson（1）］的著作有助于和印度建筑相比较，可惜稍嫌过时，并且显然对中国建筑缺乏理解。他虽然是欧洲人中研究亚洲建筑的先驱，却会对中国建筑作出这样的描述："世界上可能再也没有比他们勤劳，而直到最近战争之前更愉快的人，但无论在政治上或艺术上，他们在各个方面都非常缺乏伟大性。"关于印度建筑，现在合用的著作有Fabri（1）和Wu No-Sun（1）。对古埃及建筑可选读Choisy（2）；Capart（1）；和Flinders Petrie（2）。有关古希腊的成就可查阅Perrot & Chipiez（1），vol. 7，或Dinsmoor（1）。至于罗马建筑则有Choisy（3）；Blake（1）；Neuburger（1）。

对拜占庭和罗马式建筑的分析研究著作有：Choisy（4）和Jackson（1）。关于穆斯林建筑，有用的著作是Briggs（1）和Cresswell（2，3）。关于西欧中世纪哥特式建筑，有着众所周知的丰富书刊，如Jackson（2）。但就与本文有关的古代和中世纪建筑材料和技术而言，有关的研究材料较少。我们现有戴维［Davey（1）］的广博而透彻的调查材料。读者也应知道萨尔兹曼［Salzman（1）］和伊诺桑［Innocent（1）］的，以及涉及了该论题各个方面的布里格斯［Briggs（2，3）］的有价值的论著。莫莱斯［Moles（1）］曾对中世纪建筑木工写过专文。墨菲［Murphy（1）］的论文虽然对中国古建筑成就极为赞赏，但大部分是涉及使中国古建筑中某些具有特殊风格的要素得以在现代的钢和混凝土建筑上保存下去。他本人是这方面的先驱。

④ 可看同一部丛书中关于日本建筑的著作，Paine & Soper（1）。这方面还有Sadler（1）；Alex（1）；With（1）；Kirby（1）和Engel（1）。关于日本的寺庙建筑，见Tange & Kawazoe（1）和Soper（2）。

插图来说明一些问题方面不及西方刊物。资格最老的中国建筑史家梁思成［(*3*)，Liang Ssu-Chhêng (1)］曾写过些很有用的概述，在《中国营造学社汇刊》上也载有大量资料，这些资料对任何希望透过表面而深入研究的人来说是不可少的①。该学社也刊行过一些建筑设计参考图集，如梁思成和刘致平(*1*)所著《建筑设计参考图集》，在此图可以集中看到中国建筑构造方面最典型的特征②。在1957年，刘致平(*1*)又写了一本有关中国建筑及其发展的有价值的系统论著③。近几年来还出版了大量关于居住建筑④和建筑细部⑤等方面的有价值的著作；对于这些著作在下面必要的场合将再提到。最后，在罗列有关现代中国建筑学方面的文献时，也不应漏掉一些已出版的精美画册［如 Anon. (*37*)］。此外，中华文化圈中的邻国最近也开展了对中国建筑技术历史的研究⑥。

(2) 中国建筑的精神

中国人在一切其他表达思想的领域中，从没有像在建筑中这样忠实地体现他们的伟大原则，即人不可被看做是和自然界分离的，人不能从社会的人中隔离出来。自古以来，不仅在宏伟的庙宇和宫殿的构造中，而且在疏落的农村或集中的城镇居住建筑中，都体现出一种对宇宙格局的感受和对方位、季节、风向和星辰的象征手法⑦。并且，由于喜欢用不太耐久的材料（如木、瓦、竹和灰泥）来建筑各种住宅，中国人使水平空间的利用成为他们的建筑和设计的基调⑧；虽然有些建筑有二三层高，但高度严格从属于

61

① 营造学社总是非常关心古代建筑的修复和保护，把它们当做国家文化遗产，过去12年间，在这领域中成功地作了巨大努力，如我曾于1952年和1958年所目睹的。正在讨论中的问题可以梁思成(*11*)论文为例。争论有时是十分激烈的。如传统主义与实际要求的抵触、崇拜故旧和排斥遗产的矛盾等。这些争论中的一些情况，在英文著作方面，可在徐敬直［Hsü Ching-Chih (1)］的（不只是形式有些古怪的）书中找到。他是以南京博物院（1935年）的设计人之一而著名的建筑师，该博物院是一座辽式的巨大建筑，直到料栱都是用钢筋混凝土建造的。他承认这不是解决现代中国建筑问题的做法，比如在钢筋混凝土盒子上安放宛如一顶华冠的传统屋顶，他老实承认这个难题还没有解决。作为对中国建筑技术的一种介绍，他的书很少具有刚才提到的一些著作的优点。但对国民党时期的中国和现在的中国台湾那种讨厌的建筑构造有兴趣的人来说却十分有用，那些建筑比人民中国任何一个马克思主义的建筑师的作品更彻底地忽视文化传统。

② 见 Hummel (21)。

③ 我们十分遗憾，当写作本章时，手中无此资料。姚承祖、张至刚和刘敦桢(*1*)合著的一部类似的书，我们也未得到。这本书附有宝贵的技术术语。

④ 刘敦桢(*4*)；张仲一等(*1*)。

⑤ Anon. (*16*，*38*，*39*)。

⑥ 例如，见1955年出版的朝鲜建筑史词汇［Anon. (*40*)］。

⑦ 参见本书第二卷第十三章(d)和第四卷第一分册第二十六章(h)中的讨论。我们在下文(pp. 73，76，112，121，143)中将再涉及这些问题。

⑧ 记得有一次与一位中国朋友在欧洲最漂亮的教堂之一沙特尔(Chartres)大教堂周围的广场中，长时间同坐在一条凳子上。我们两人以亨利·亚当斯(Henry Adams)的精神，沉思着中国水平线条和欧洲垂直高耸之间的强烈对比的含义。当然，欧洲传统中也有水平成分，如巴洛克式宫苑中的对景。有人说西方中世纪教堂，像现代西方摩天楼一样，是设防城市受束缚的境况和都市生活的一般向心倾向所带来的不可避免的结果。但是这种解释不够全面。中国城市虽然始终是设防的，但从不十分狭隘，并为世俗的和宗教的华贵建筑留有许多空地。人们不禁怀疑高耸的哥特式尖券和尖塔是否标志着强调超尘出世的宗教思想，但对中国的三教（儒教、道教、佛教）来说，神明主要是内在于现实的。为什么建筑物要谋求高耸入云脱离现实呢？

大规模的水平景色，使这些建筑成为整体的一个部分。颇有意义的是典型的中国式的垂直尖塔，这样的塔最初是从外国传进来的，但却始终保持着自己的独特风格，它总是耸立在城外的孤山上使郊野生辉，它虽然远离有特征的建筑造型整体，但仍和整个规划的景观有联系，因为在中国不会有和整体无联系的东西。中国建筑总是和大自然相结合而不是和它相抵触；不像欧洲的“哥特式”建筑[①]那样突然从地面升起而耸入云霄，也不像文艺复兴时期的建筑风格那样硬把树木做成直线、菱形和三角形。中国建筑尽量利用环境、树木和山丘的自然美；不仅北京颐和园（图739，图版）[②] 等一类艺术杰作是如此，就连四川的普通农舍也是如此，它们总是建在做成梯田的溪谷顶上，围绕着打谷场，背后用竹林衬托着（图740，图版）。

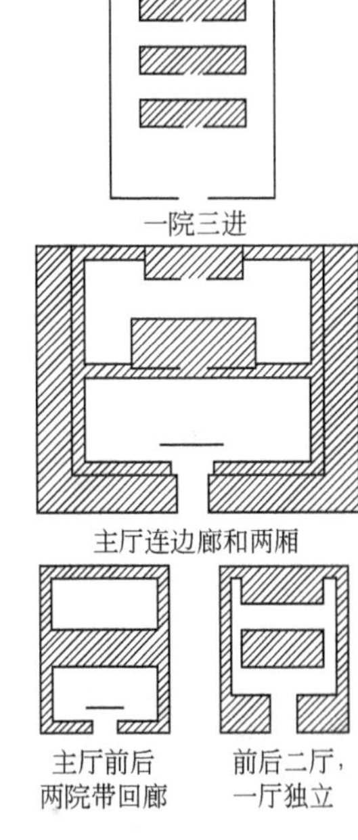

图741　中国建筑的标准底层平面图。

62

中国建筑的基本概念是把一个或几个庭院组成一个统一的、周围有墙的四合院[③]（参见图741），有时形式很复杂。总的纵轴线总是（或最理想的是）南北向，而主要建筑物（“正厅”、“正房”）或大殿总是和纵轴线垂直安排。于是就布置成一进又一进，而每座建筑物的主要入口总是位于南向长边的中央[④]。这些长方形的建筑有的则用各种敞廊连接起来。较小的建筑（“配厅”、“厢房”）分别在庭院两边。这种体系在扩建时从不增加层数，而只是在横向上，或者更理想的是在纵向上重复已有的单元。大型建筑群的入口多半是通过一座像城门一样的台，底下是筒形穹隆的门洞，上面是门楼（图742，图版）；或仅在平行的几个门洞上盖一座沉重的屋顶[⑤]。厅有时是两层的阁，有时为了使整体布局多样化，往往在主轴线之外放一些小亭子，或二层以上的楼（图743，图版）。住宅中的庭院体系，正如梁思成（*3*）所指出，具有一个很大优点，即使院落和花园都成为建筑的一部分，而不

① 甚至古代文化中为人所喜爱的金字塔、塔庙、山顶神庙等主题在中国都变成为缓和的圆丘、土阜；轻盈的尖塔（参见 p. 137）；或者扁平的祭天圜丘（参见本书第三卷 p. 257）；以至简朴地变为一种科学仪器（参见本书第三卷 p. 296）。

② 由雷礼（鼎盛于1520—1565年）传下来的北京著名“样式雷”家族长期与这项工程有关。最早是1751—1761年由乾隆建于北京西郊万寿山的清漪园开始［参见 Malone（2），pp. 111ff.］。雷声澄（1729—1792年）在这些年中必定是主要建筑师，后为他的儿子雷家玺（1764—1825年）所继承。慈禧太后于1886—1891年建造现在的颐和园时，可能仍然在召用一名雷家成员，即雷礼的第十代后裔雷廷昌。有关这个特殊家族的详情，见朱启钤和梁思成（*3*），第107页起；（*4*）第84页起。参见下文 pp. 75，80。

③ 自然，对这种粗略的概括有许多例外。在南方城市中房屋建造在狭长的地段上，门前路面上有凉廊［有点像瑞士伯尔尼（Berne）或法国阿讷西（Annecy）］。在19世纪中，庭院及其组合大有变动，甚至农村也是如此。关于平面组合的多样变化，可进一步见下文 pp. 121，133。

④ 最前一座房屋面北，因此称为“倒座”。

⑤ 参见 Mirams（1），pp. 70，71 的对面及 Fig. 754（pl.）。入口也可能采用厅堂形式，大门居中［Mirams（1），p. 69 的对面］，也可以是有顶或无顶的牌楼（见本册 p. 142）。

图版　二九五

图 739　北京颐和园 [Anon. (*37*)，图版一二三]。现在的颐和园格局始于 1888 年，但大部分的宫殿 - 寺宇 - 园林组合体是乾隆帝 1751 年修建、1761 年扩建的清漪园的一部分。

图版　二九六

图 740　湖南韶山附近的一座典型的农舍（原照，摄于 1964 年）。

图版　二九七

图 742　辽宁沈阳清太祖陵墓的入口（原照，摄于 1952 年）。

图 743　四川成都青羊宫主轴线上的中心八角亭（原照，摄于 1943 年）。青羊这一道教的象征，曾被认为来源于景教徒的带有灵光圈的羊的图像（Paschal Lamb）（参见本书第二卷 p. 160）。

是附加的或单独的东西。矮屋之间的空间提供了充足的空气[①]，所有的窗户都内向庭院，可以望见花木[②]，这样就使人不至于和大自然隔绝开来[③]。正如安文思（Magalhaens）在三个世纪前所写的[④]： 63

> 可以观察到两件事：首先，所有城市和宫殿……都是按这样一种格局建造的：大门和主要宫室都朝南；其次，我们是把一层住房造在另一层之上，而中国人却在同一水平面上把一群房屋造在另一群之内——因此我们占了天，而他们占了地。

长长的后墙几乎总是不开门窗的，事实上形成了平面布局的终点，但是它不是布局的高潮，因为最大的厅堂位于中心点以北，在它后面（即北面）的建筑物就逐渐减弱。为了具体说明是怎样把这一体系表现出来的，我们可以看一看《圣贤道统图赞》[⑤] 中一座儒庙的平面图（图744）。从图中可以看到牌楼（见下文 p. 142），位于中轴线上的一连串厅堂和大路，两条平行的辅助轴线的布局，围墙和特殊用途的各种亭子[⑥]。此外，即使是居住建筑也带有一种非正式的庙宇风格，它反映了社会礼仪书籍（如《礼记》）中的古老传统。图745是一座北京传统住宅的鸟瞰图[⑦]，可以很好地说明这个问题。

中国住宅的另一特点是，只要它的级别比简陋的草房高，它总是造在台基之上的。可以假定，这最初是出于实用目的以便将居住部分和其间的道路建造在高出农田和客店的泥泞道路的地方。但随着时间的推移，这一设施，和其他的一些因素如十分看重屋顶以及毫无例外地利用坡地等结合在一起[⑧]，就发展成为整个中国建筑风格的最庄严的因素。在一些最重要的建筑物里，台基往往高达6英尺，并用白色大理石建造，有两条中央踏步通向平台，中间夹着一块倾斜的、刻着凸雕的“陛”石，院子的侧面还另有踏步。喜龙士［Sirén (1)］说：“这些木柱好像小山和土坡上的高树一样从支承它们的平台上升起，平台常常达到可观的高度。突出很厉害的曲面屋顶线往往会使人想起波状的细长的杉树枝。假如在那里有墙的话，它们常会由于宽广的出檐、明廊[⑨]、木棂窗和栏杆等所产生的光影作用而几乎消失了。”这一点是很重要的，因为在中国建筑物中的确 64 65

---

① 我们学院的第二创办人约翰·基兹（John Caius）博士指定，为便于新鲜空气畅通，教室院落的一面应该开敞，不建房屋（1573年）。如果他得知中国建筑，他就会十分赞赏。我们有时猜想他大概通过葡萄牙的来源而确实对中国建筑有所了解，因为他在建设新校舍时把一系列牌楼式大门称为“谦恭门”、“有德门”和“光荣门”。

② 因此可以说，中国人在家庭之内比欧洲人较少隐蔽，有更多的机会看到世界。

③ 我第一次从中国回到欧洲的一段时期中，最主要的印象之一是感觉到失去和气候的密切接触。在中国，纸糊的木棂窗（时常纸是撕去的），薄的粉刷墙，每间房外的明廊，雨水滴在院子或天井中的响声，使人温暖的皮袍和炭火——每一事物都使人意识到自然界的情趣：雨露、风雪和阳光，而在欧洲住宅中，人是完全和这些隔绝的。

④ Magalhaens (1), p. 271。

⑤ 这是由黄同樊（一个地方官）在1629年所编纂的关于孔子的小册子。

⑥ 在山西荣河一座庙内的石碑上可以看到一个特别好的这种透视平面图［王世仁 (*1*)］。

⑦ Rasmussen (1), p. 6；刘敦桢 (*4*)，图版九〇—九二。

⑧ 在一些大的建筑组合中，大门设在最低点，因此访游的人漫步穿过一系列庭院和厅堂时，是一直上升的。这一特点已在（第二卷 p. 164）谈到昆明附近的一所道观时述及，这也常在孔庙中看到，如云南呈贡的孔庙（第二卷，图37）。我在1942年第一次开始去考察时，当时中国无人有闲为外国人导游，这使我对这些美丽的地方的记忆加深了。因此我孤步进入了由优雅的古代建筑组成的令人陶醉的世界，能在寂静中充分感受到体现于木石之中的中国文化价值的真谛。

⑨ 在中文中有一个特殊的字，即“壼”（㘣，𡇵），可以象征在同一建筑群中，各建筑物之间的无数露天通道。虽然似乎未见于甲骨文和金文，它有力地表示出一位古代建筑师所绘的平面。可进一步见下文 p. 143 的平面图。

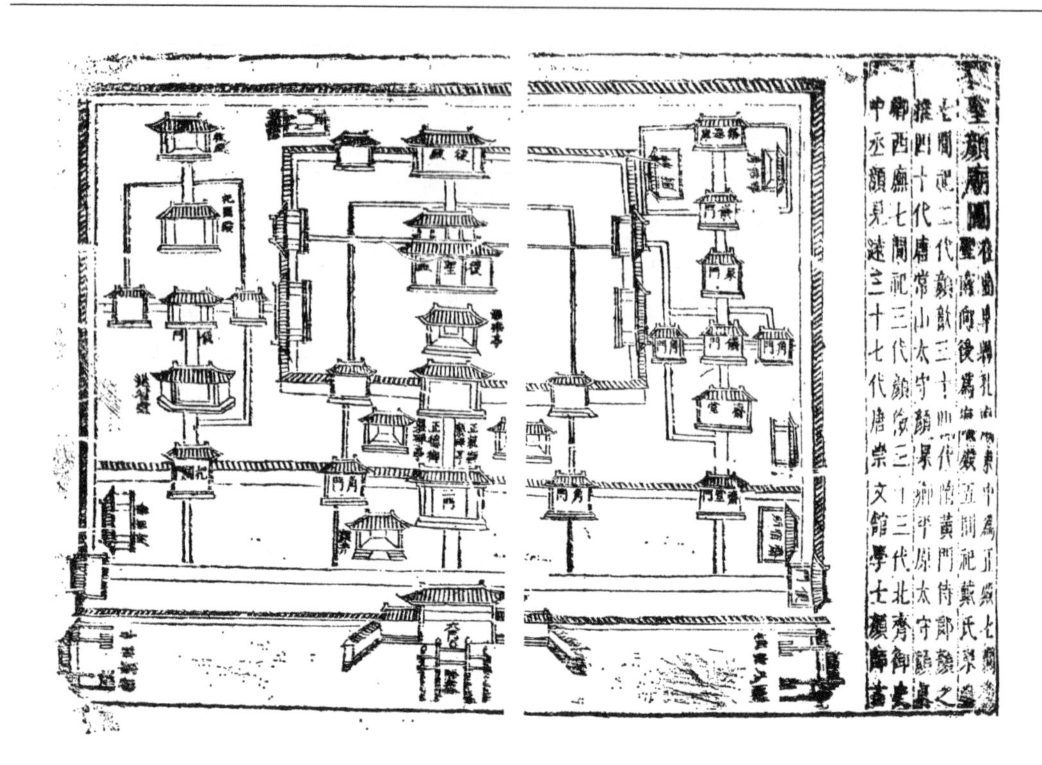

图 744 一座儒庙的平面图，采自一部印刷粗糙的普及本《圣贤道统图赞》。这是孔子的四大弟子之一颜回的庙［参见 Watters（2），pp. 2ff.］，地点在曲阜孔庙之东。次要的斋堂和颜回的显要后裔的祭堂，布置成明显的对称形式。入口在底部牌楼处。右文略述在院内设有较小奉祀坛的人物——如东面祀隋代《颜氏家训》的著名作者——颜之推（第三十四代），以及两个唐朝太守（第四十代）；西面祀唐朝著名的崇文馆学士颜师古（第三十七代）。

是次要的；只有平台和挑出的层檐才是决定全部外观的因素。我们不久将更全面地看到中国建筑物的墙总是幕墙，不起支承结构的承重墙的作用①。喜龙士接着说，与希腊建筑相反，山墙除了作为长形厅堂两边的终端以外，并无其他作用；山墙不作为建筑上的重点，在许多情况下甚至不打算让人见到。这是由于选择了房屋的长边作为主要面，而将房屋横放在构图的轴线上所致。

中国建筑物的主要特征因此可以归纳②如下：①把屋顶及其带曲线的结构作为着重点而加以突出；②围绕着长形庭院规则地布置建筑群，并且十分重视轴线；③结构朴实，可以清楚地看到支承着沉重屋顶的木柱，有时即使部分藏在墙内仍是如此；④大量使用色彩，不但在瓦上，而且在柱、过梁、大梁和华丽的檐部枓栱上都用彩色油漆，甚至大片的粉墙也是如此③。这里，上述第③项特别引起我们的注意。确如一位西方建筑师所说的，中国传统建筑最令人注意的特性也许就是它在功能上和结构上的直率和

① 在一个世纪之前，兰普里［Lamprey（1）］已有了很好的说明。他还充分体会到，在中国的设计中，建筑物覆盖面积的大小比高度更为重要。

② 引自 Murphy（1）。

③ 这里特别见 Anon.（*38*）；Anon.（*16*）。

图745　北京的中国传统住宅图［据 Rasmussen（1）］。

真实[1]。结构部件都是明显和外露的，一切装饰都是以这些部件为根据。平面、剖面和立面上都表现了清晰的理性，三者之间有高度的和谐。“中国建筑物，由于是以巧妙的美学来控制着它的每一部分，因而看起来具有工艺大师或建筑匠师所建造的格调，而事实上也确实是由他们建造成的。”

所有这一切都在五行中“木”（元素）的庇护之下。虽然我们以后还将仔细考虑这一问题[2]，但在这里我们也不能不提一笔。尽管中国人早已有了拱和穹隆的知识，但砖石工程却仅限于建造台基、防御工程、墙、墓和塔。一座中国建筑如果不是由木和瓦建造的，它就不成为一座一般的住宅或庙宇。这就带来了无数的后果。木构架和幕墙为中国建筑提供了大跨度、坚实的支承、最大的无障碍空间、设计的标准化以及使用上的灵活性。木构架发展成精致的屋顶，成为建筑的主要特征；即使需要相当的高度和建筑雄伟的建筑物时，木构架也是起了它的作用的。以后我们将更仔细地看到，最典型的中国

① 博伊德［Boyd（1）］在一篇精练的序文中如是说，该序在接下去的段落中还有引用。

② 参见下文 pp. 90，167。

建筑物是造在台基之上的长方形厅堂，由复杂的梁柱系统联系起来的木柱构成。沉重而出挑的屋顶不是用三角桁架支承而是由逐层缩短的梁所构成的网状结构来支承的，这些梁以柁墩、蜀柱彼此分隔着并上下叠置而成为长方形。由于桁条直接搁在屋架上，就可 66 使屋面有任意的曲线。在建筑物四周的梁、椽都向外挑出用以形成外突的出檐。而且随着时间的推移，发展了一种极为精致的、层层出挑的枓栱，使出檐的伸出度在唐、宋时期达到了最大限度，并体现了最巧妙的木作技术。基本底层平面图可向各方向展开——纵向可以加建重复单元，横向可加外廊或抱厦，[竖向则可增加各种形式的楼层，如用低外廊和高内厅] 或几层走廊围着内部的一个高空间。此外，装饰匠则在这些木构件上加上一些奇妙多彩的装饰①。

“设计标准化”这个词可能已经在前面一段中吸引了读者的注意，而且还可能已经 67 引起了一种有待满足的好奇心。现代建筑学受到中国（和日本）方面的影响确实比人们通常所想像的要大。中国建筑的一个基本特征通常是可以任意加建若干根据人的高度和比例来设计的重复单元——房屋中柱间或架间的间隔（“间”）② 以及庭院中的空间。这种“模数”（modules）也见于诸加勒科比西耶 [le Corbusier (1)]③ 等一些现代建筑师的理论和实践中，其中有些人 [如弗兰克·劳埃德·赖特（Frank Lloya Wright）] 本身就曾在日本工作过，又如墨菲则曾在中国工作过④。勒科比西耶的“模度”（modulor）是一系列用以作为建筑物量度的预定长度；这些长度是把黄金分割（0.618）应用到人体高度（定为6英尺）上而得出来的⑤。黄金分割率创始于毕达哥拉斯（Pythagoras），再经过斐波那契（Fibonacci）和丢勒（Dürer）的发挥⑥。但是把各种适合于人体高度的单元都和谐地组合起来，在中国则有更深远的根源，因为它在中国文化中已被普遍地而不是偶然地加以应用着，这是一种操作标准，而不是一种美学原理。这种能灵活适应各种不同用途的重复单元，现在在西方也同样惯用于其他方面，如在现代科学试验室的建筑中，它已被证明是很有价值的。在中国，忠实于人体尺度的这种传统无疑是和不用人字形桁架的木结构所受的天然限制有关。但是当代全世界的建筑家们，虽然在建造和人体高度完全不成比例的建筑方面的能力远远胜过中世纪的欧洲人，而却愈来愈欣赏中国建筑的这种以人为主的风格，而这种风格当然并不是仅由材料决定的。在水平方向上把相对说来比较小的空间加以扩展，在许多方面比企图架成愈来愈大和愈来愈高的空间更为令人满意，后者只会使居住的人们显得矮小。

在这一点上，重要的是传统的中国匠师和匠人们深刻地意识到标准尺寸和正确比例。索珀曾顺便提到在约1100年的宋代典籍《营造法式》（这部书我们以后还将详细研究，见下文 p. 84）中，就已采用了一种特殊的比例作为模数，那就是华栱（参见

---

① 只要见到过的人，谁还能忘却那高踞于北京紫禁城灰砖墙上的角楼（图746，图版），它的御用黄瓦和淡紫红格子的门窗。

② 唐朝和其他朝代都有禁止非分铺张的法令，对庶民和不同等级的官员的住房定出建筑物的规模。

③ 最初是奥托·范德斯普伦克尔（Otto van der Sprenkel）博士使我们注意到这一点的。

④ 参见下文 p. 76。日本人的房间大小是由标准的长方形席“畳”（榻榻米）的数目来决定的。这种体系已经被西方所广泛了解。参见 Maraini (1), p. 337。这本来源于中国（见下文 p. 89）。

⑤ 参见 Entwistle (1)。

⑥ 参见 d'Arcy Thompson (2), pp. 511, 643, 649。

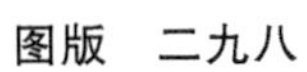

图版 二九八

图 746 北京紫禁城上的角楼（瓦黄色，门窗暗红色，城墙本身灰色）。

pp. 93, 95）尽端的高度（“广”）[①]。实际上，梁思成（9）在调查辽代建筑蓟县独乐寺
68 （10世纪晚期）时就已经发现了[②]。这种模数叫“材”，“材”在清代是以2×1“斗口”那样大的一个面积，斗口是一个相对的尺寸，从6英寸递减到1英寸，共有十一个不同的等级 $\left(6、5\frac{1}{2}、5、4\frac{1}{2}等\right)$。一个“栱”的高度，加上放在每端上面那个“枓”的高度，一共是2斗口，而栱的厚度是1斗口；这样叫做一“材”。栱本身的高度是1.4斗口，叫做“单材”[③]。建筑所有其他部分的尺寸都是由这些尺度的倍数发展而来的。

在宋代，模数制稍有不同。一“材”的大小是10×15“分”，而“分”[④]是一个相对的大小，从0.6英寸递减到0.1英寸。栱的高度加上枓的高度（10分×21分）叫“足材”，栱本身的高度（10分×15分）叫“单材”，而“枓”本身的高度（10分×6分）叫“絜”。

虽然“材”这个词有着这种特殊的技术意义，它的应用当然也和这个事实有关，即做梁枋的木材有各种事先规定的尺寸，而这种尺寸也叫“材”。“枓栱的高和厚总是必须与（那些）标准木材相适应的。”[⑤]《营造法式》中说[⑥]：

> 关于房屋厅堂的屋顶构造，一切都以所选材料的标准尺寸为依据（“皆以材为祖”）[⑦]。（木材的高度和厚度）有八种标准尺寸，依建筑的大小来使用［以下是尺寸，从9英寸×6英寸到4.5英寸×3英寸。附注内规定了适用每一等断面的建筑类别，有一部分是用间数来表示的］。
>
> 在单材的顶上加“絜”这个高6个、厚4个标准份（“分”）的尺度时，整个就叫做“足材”。[⑧]
>
> 每一根标准梁的高度（“广”）分为15个标准份，而厚度（“厚”）（总是）10个标准份。
>
> 因此，屋顶的高度和深度，构件的长度、曲线和确切程度，柱子高度和短柱高度（“举折”）（对于某一特殊平面所采用的结构断面），以及规尺、锤线、墨斗的正确使用——一切比例和规则都依靠这种标准木材尺度和由此划分的标准份的制度来定。
>
> 〈凡构屋之制，皆以材为祖。材有八等，度屋之大小，因而用之。
>
> 絜广六分，厚四分。材上加絜者谓之“足材”。
>
> 各以其材之广分为十五分，以十分为其厚。凡屋宇之高深，名物之短长，曲直举折之势，规矩绳墨之宜，皆以所用材之分，以为制度焉。〉

---

① Sickman & Soper (1), p. 252。实际上，他说的是“深”度，但这有点含混不清。面对一系列矩形断面的木梁（就如下面的引文中叙述的），我们倾向于把长边叫宽，而短边叫高，因为这就是在地上堆放木料的情况。但在建筑的技术方面，由于明显的材料力学的原因，梁是用它的长边垂直架设的。所以，我们应该把长边叫高，短边叫厚。工程师和建筑师总是称已就位的梁的垂直尺寸为深度。

② 参见下文p. 131。徐敬直［Hsü Ching-Chih (1), pp. 215ff.］关于中国标准模数问题有些趣谈，但他没有足够的解释。

③ 字面上的意思是“单独的或单位木材”。见《营造法式》卷三十，第十一、十九页（vol. 3, pp. 183, 198）。

④ 这个技术名词不能和通常十分为寸的“分”字相混淆；注释说它的读音也有区别。

⑤ 《营造法式》卷四，第四页（vol. 1, p. 78）。

⑥ 《营造法式》卷四，第一页起（vol. 1, pp. 73ff.），由作者和顾迩素（Else Glahn）博士译成英文。

⑦ 参见《营造法式》卷一第八页上的相似说法（vol. 1, p. 15 有校改）。

⑧ 字面上的意思是“充足的木材”。

这种制度无疑是继承唐代的，也许即使在唐代已不是什么新东西。因此，整个中国建筑都是依照标准模数和各种绝对尺寸的模数而设计的，从来不会与人本身不成比例。不论建筑物的大小如何，都能保证有正确的比例，同时保持着互相之间的和谐①。

要弄清由于社会各阶层在不同阶段的实际需要而形成中国的各种建筑类型，这个问题本身就是一项专门而主要的任务。这在研究中国建筑的西方历史学家中很奇怪地被忽略了，而直到现在中国人自己才正在开始这项工作，如刘敦桢（*4*）的论文。举例来说，几代同堂的大家庭，儿子结了婚并不离开祖传的宅地，这必然强烈地引起在同一个围墙之内划分成许多有厅堂和庭院的组合。又如汉代大家族在他们的大住宅中设置近似于工厂的生产组织的倾向②，也就必然要作同样的努力。在唐朝以后，富裕人家不常是商品生产的中心了，但是，当时工匠家庭生产对于都市建筑的影响，必然能在长安和杭州③以及随后的大城市中考察出来。农村建筑总是要以田地为中心作为一个农业生产单位，同时居住建筑的盛衰必然会随着农村的繁荣和各种特殊社会阶层（贫农、富农、士绅等）的情况而有所不同。至于封建官僚社会对中国公共建筑造型形成的影响，很明显地有可能从一开始就作出大规模的计划④，而建成的华丽房屋实质上总是具有世俗的精神。内在的、伦理的、等级制的、礼仪的、轴线的、对称的——这些都是儒家建筑观的特性。道教的影响当然也属于内在的一方面，但是它倾向较温和而不那么严格的程式。在幽美的环境和浪漫的组合中追求建筑表现，发展了花园和人工园林。佛教在这些方面是和道教相同的，但是增加了塔和牌楼，前者起源于印度的 *stūpa*（“窣堵波”，墓塔墓），而3间或5间的牌楼则起源于印度的 *toraṇa*（石门甬道），由桑吉(Sānchī)的建筑而为人熟知⑤。典型的例子是，院落的围墙变成了面向内院的长回廊，大门放在主要的南北轴线上，塔起初是放在中央的，后来改为对称的两座，或者移到一边或北边，最后就迁到外面去了；在塔的原始中间位置以北出现了大殿，再北面是讲经堂，更北面就是僧舍和生活区⑥。

69 70

① 参见下文 p. 82 上的引文。以后，我们将在解剖学、生理学、医学中遇到类似的基本单位（本书第四十三章、第四十四章）。例如，生物学上的长度单位对于任何年龄的人都是按照某块手骨长度来确定的。这种相对量度的练达应用使得由于通常的比例性所引起的混乱迎刃而解，而有助于在解剖结构上确定所要求的部位。无论在建筑或生物学中，这些思想和实践都是充满着有机宇宙观的文化所独有的显著特征！

② 参见本书第四卷第二分册 p. 26。

③ 有一个特殊的例子，马可·波罗（Marco Polo）曾看到过“用石头建造的大楼”，很坚固，周围有壕沟。事实上，这些建筑物是防火的“塌房”，是有一千多房间的大货栈，根据需要按月出租给商人堆放货物。在《都城纪胜》卷十二（第一〇〇页）和《梦粱录》卷十九（第二九九页）中的描述已在下列书中译出并讨论了：Moule（11），(15)，pp. 24ff.；Gernet（2），p. 38。至于一个目击者 1903 年对广州塔楼的叙述，见 R. D. Thomas（1），p. 3。参见下文 p. 90。

④ 参见本书第四卷第一分册 p. 53 关于早在 8 世纪时组织的子午线弧长的测量。

⑤ 有关这些的叙述，见下文 pp. 142ff.。

⑥ 见 Soper（2），pp. 23ff.，关于“百济式平面”，所以这样称呼是因为这种式样是日本人大约在 590 年从朝鲜得来的。它广泛地代表比较古老的中国寺庙的平面，如建于 380 年的青州河东寺以及洛阳的永宁寺（516 年）。许多有关这种式样的建筑能够从道宣和尚（596—667 年）的著作中得知，在他的《中天竺舍卫国祇洹寺图经》中描述了一种想像的印度寺庙，而在他的《律相感通传》和《关中创立戒坛图经》中所记的为中国实有的寺庙。他自己采用了较早的记载，特别是灵裕的《圣迹记》，大约为 585 年所著。中国最早的佛寺建筑只能从笮融于 189—193 年所建的寺庙中得到模糊的想像［《后汉书》卷一〇三第十三页，《三国志》卷四十九（吴志卷四）第二页］。这一定是一个有回廊的庭院，并且明显地把塔和大殿组合在中央。参见 Soper（2），p. 39。

正如索珀［Soper（2）］在他关于中国和日本寺庙布置的明智讨论中所强调的，在东亚建筑中，世俗性建筑和宗教性建筑之间从来没有任何区分和界线。人们总是把寺庙建筑和宫殿相比拟，宫殿建筑时常被改做寺庙使用，而寺庙又再还俗用做学校、医院或政府机关。“寺”这个字本身，在汉代是政府机关的意思，后来才成为佛教寺庙的名称[①]。从这种含糊语中，难道我们不应该看出这是一种外在的、明显的标记，说明中国人的思想感情的性格基本上是有机的和统一的吗[②]？

至于寺庙本身，专用的树丛（常常是广阔的森林）一般起了充分的保护作用，但是老百姓有时感到需要更多的防御，因而安全的因素在中国建筑上也有它的影响。在中国西北旅行过的人，没有人能忘记由破碎的黄土墙围绕起来的设防的村庄（“堡”），从远处看，这些村庄和周围的山很难辨别得清楚[③]。在别处，如遥远的东南，由于人们在动乱年代里的移居，导致真正设防的公寓式住宅的出现，有些采用相当普通的矩形布置，但另一些则具有很强的创造性，采用了巨大的圆形建筑物，向内开敞着多层住所（参见下文 p. 134）。到现在为止，不论在东方或西方，无限变化的中国建筑式样所具有的社会意义一直没有得到足够的研究。虽然科技史家未能做这项工作，但他无论如何能对他的需要作出呼吁。

不论形成中国建筑行业的动力是什么，而它的成就的确是卓越的。它通过生硬的建筑材料反映出了这个民族把理性和浪漫相结合的卓越才能。通过智慧和感情的融合，它把建造的科学和建筑物的处理如此地结合到园林艺术中，使得大自然仍占着主要地位，不纯属于强加的建筑格局，而是与人的作品结合为一个更大的综合体。

71

（3）城镇规划

如果个体住宅、庙宇和宫殿是经过精心设计，确实创立了一种高度完整的有机形式[④]，自然可以想像，城市规划也会表现出相当程度的组织性。但问题并非如此简单，因为在中国，自然形成的村庄和农村居民点与经过上级规划的城市相比，有十分显著的差别。这里不宜预计在后文中关于中国城市的社会和经济情况将要谈些什么[⑤]，但对这一问题也不能不说几句。

在我们仅有的关于中国城镇平面布置的评论中[⑥]，古特金德（Gutkind）曾指出，中国村镇的成长倾向，如同世界各地一样，是沿大小道路和其他交通线按照一种“带形发展”的[⑦]。村镇在十字交叉点或三条道路的会合点出现，始终保持着很大程度的非正式的自治政权，并组成完整的村社群，由一个或几个纯一的家族统治着。村庄的意义是极

① 参见本书第二卷 p. 56。

② 参见本书第二卷 pp. 154，302ff.，498 等。

③ 另外一个特殊例子，在西康山中藏族地区边境，有附属于居住建筑的高耸的石塔［参见 Stein（3，4）］。这些塔和古爱尔兰的围塔有同样的目的，当居民受到袭击和抢劫时起防御作用。

④ 参见本书上文关于中国哲学普遍倾向于有机的而反对机械的所有论述（特别是第二卷）。

⑤ 本书下文第四十七章。

⑥ 也可参见 Haverfield（1）；宫崎市定（2），Miyazaki（1）。

⑦ 典型平面见 Gutkind（1），fig. 27，原图是卜凯（J. L. Buck）所制。

为名副其实的，尤其是当人们为了便于被山地或森林包围起来的农田里耕作，而在远离交通线的某处发展村庄。

另外，中国城市不是自发的人口聚集点，也不是为了资本或生产设施，又不是一个仅有的或主要的市场中心。它更重要的是一个政治核心、行政管理网的交点和取代了旧日地主的官僚所在地。原来，在公元前第一千纪年前，最初的封建主侵占了人民交换商品和进行季节性节日活动的集会中心。所以在中国整个历史上，城市和封建城堡是没有区别的；城市就是城堡，并建造成为周围乡村的行政中心、防御及避难地。中国的城镇并不是市民创建的，也从来没有从国家取得任何程度的自治权。它们为了国家而存在，而不是相反；它们是在经过仔细挑选的一部分土地上，按照上级的意图利用它规划成合理的、设防的形式。因此城镇没有成长的必要。的确，它们时而收缩，时而扩充，在这个情况下，外围的城墙往往持续存在，也许到下一朝代才能再住满人。城镇的人口仅是个体的总和，每个人同他原籍的村庄紧紧联系着，在那里仍矗立着他祖先的祠堂。欧洲的城市或自治市是由内向外发展的，以广场、会场、教堂、集市和市政及行会大厅为中心。而中国的城市却以外围的防御工事——城墙作为其实质（“城”这个字意味着两者）[①]，而重点是城中心的鼓楼和行政与军事统治者的衙门[②]。 72

从周朝开始，可能所有中国城市都规划成矩形布局，很像罗马的城堡（*castra*）[③]。东西向的大道相当于城堡的主干道（*via principalis*），和它直角相交的南北大道相当于城堡的中轴路（*via decumana*）[④]。有人确实曾想到过[⑤]用某些古体字表示一种更古的圆形城墙。这是从“邑”字（部首163号）（K683）的讨论引起的，它解释为“县”城[⑥]，

K683 K774 K1184 K1006 K76 K1197*e*

见于甲骨文和青铜器上，形状如一人跪在一座圆城下；“郭”字（后来含郊外的意思）也是如此，（K774）表示一座明显是圆形的外墙，上面有两座画得很好的门楼。后来被加上了上述“邑”的简化形式“阝”作为偏旁，这个偏旁是在字形组合上常用的。带有这个偏旁的不少现用字，其字义是和城市有关的，如意为城壕的“邕”的古体字（K1184）是其与“水”字相结合。但这些议论是假定商周的书法家真能在难以处理的

① 由语音字“成”加部首“土”组成。

② 特雷弗·霍奇（Trevor Hodge）博士指出这和迈锡尼时期的希腊卫城类似，山顶城堡有王宫和主要神庙，战时也可作保卫附近农民的堡垒；市场则完全不同，它位于卫城之外，和民主生活体制有关。

③ 伊特拉斯坎人（Etruscan）的“史前居民点”外观上也是如此；参见 Piganiol（1）；Säflund（1）；Barocelli（1）。古印度的一些孔雀王朝时的城市；参见 F. W. Thomas（2），p. 476。中世纪西方偶尔也依照罗马体系建城，例如，圣路易（St Louis，1226—1270年）所建的艾格莫尔特（Aigues-mortes）城堡。

④ 我们没有遇到过有关这方面的城市规划专门技术名词，但田间的小路、堤埂或畦头有类似的名字，如“阡”一般为南北向，而“陌”为东西向。这在后面的讨论中将显得较为重要（下文 pp. 258，261，267）。

⑤ 如 Herrmann（12）。

⑥ 这个词表示自秦以来设有官吏的最低级城市，可联系同源字“悬”，意即“悬挂”，如建筑的铅垂线，隐喻“正直”。中国古代也有在城市的官衙大门外悬挂木板写明告示的习惯［参见《周礼》卷一第十六页（卷二）；译文见 Biot（1），p. 34］。地方官在周围若干里之内的唯一建筑物廊下执法，这就是公元前第二千纪中国县官的形象。

甲骨和青铜材料上清楚地区别圆和方，这也许是令人怀疑的。但是，作建造解释（K843*f*）的“營”字（它的原义为野营的边界，因此字形上部为“火”），与宫殿的“宫”字有关，“宫”字的古体（K1006）清楚地表示屋顶下的二间方形房间，这是确实的。现在写的“吕”字，最初是从顶端来看二支圆律管的图形（K76）。另外，解释为国家的“邦”字，现在带有表示城市的“阝”偏旁，它的一种古体表示方形城市的典型平面，连同可能是从城门引出去的道路（K1197*e*）①。

73

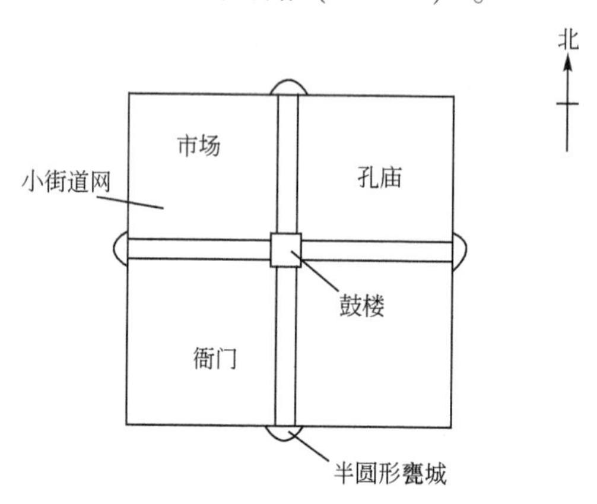

图 747　典型的城市平面。

总之，中国城市的最典型的形式如图 747 所示②。封建主的宫殿以及以后民政官吏的衙门，通常布置在前部即南部，而市场的位置更向北一些。从以十字交叉为主的平面中，形成了长方格网的道路系统③，将城市划分为若干方块，每块叫做“里”或“坊”。这些“里”和“坊”也常用墙和门来分隔；构成由邑守的副手来管理的区域。后来到隋唐时期，发展为一系列城包城的形式，最内是宫殿所在的宫城；其次是衙署所在的皇城，最外是庶民居住的都城④。“都”字在最早的一种写法中，除上述的“阝”偏旁外，还有“口”字和街上行人的脚印（K45*g′*）。长安城每个方向至少有九条大街⑤。

74

① 已故的古特金德教授和我讨论过中国城市几乎总是方形或矩形而不是圆、圆角或不规则的形状的含义。我们一致认为，传统中的这种强烈的宇宙哲学因素，无疑是与古代普遍流传的天圆地方的思想有联系［参见本书第三卷 pp. 211ff.，220，498；第四卷第一分册 pp. 262ff.；Forke（6），pp. 52ff.；Granet（5），pp. 90ff.，154，345 及其他各处］。周初不成熟的宇宙观一定想像天是圆的，因为看到的满天星斗犹如中空的圆穹顶在不停地旋转。同样，地是方的这一想法一定是将方位角简单划分为四个方位而得出的。因此，不但井田制理论及其象征性的表意文字如此（参见下文 p. 256），一些矩形的文明区域也是如此（下文 p. 76）——再加上长期的传统把城市的正确布局也规定为或多或少是正方形的。关于欧洲或其他文化的城市起源与宇宙观的类似情况，见 Rykwert（1）。

② 从许多中国画中可以看出这种形式的实际情况；如见《钦定书经图说》卷十六，第三十八页。关于中国城市规划史的最好研究之一是何炳棣［Ho Ping-Ti（3）］所做关于 6 世纪时的洛阳一文。他注意到中古时期中国某些城市面积很大，和其他城市相比较所得结果如下（单位平方英里）：罗马帝国时期和中世纪的伦敦 0.52；洛阳（300 年）3.9；拜占庭（447 年）4.63；罗马（300 年）5.28；巴格达（800 年）11.6（有城墙的部分仅 1.75）；长安（750 年）30.0——“人类建造的最大的有城墙的城市”；北京（1410 年）约 24.0。

③ 有关欧洲古代相似的例子，参见 Neuburger（1），pp. 270ff.。和中国工业的手工业生产特性相符合，店面和作坊之间并无明显区别，各行业趋向于集中在专业性的街道上，在今天的成都仍可见到这种街道。

④ 参见图 751（图版）和图 752 中的北京。

⑤ 参见上文 p. 5 及图 712。关于现代城市的鸟瞰，见 Gutkind（1），pl. 62。

直至今日，中国城市的主要城墙还是形成一个方形或长方形（参见图751，图版），但也有许多例外。南京很长的城墙是结合地形建造的，其他一些大城市如福州有很不规则的轮廓线。偶尔也有圆形或椭圆形的，如宋代的上海[1]。几乎所有城市的城墙内仍剩下宽阔的空地作为菜园甚至农田。有时由于城市沿着城门外重要道路作带形发展，后来使得那里也变成城内干道，形成了一个延伸的突出部分，如兰州东关区。另一个甘肃城市天水，是由五座有城墙的城市串联成一排而构成的[2]。

K45g′

在中国的城市中，大量人口有时集中在一块有限的面积内。建造者一般不采用多层的办法，而经常采用隔墙来分隔不同家庭的住房，甚至富人所占的地面也有限。但每个庭院，不管多么小，都用盆栽的花草矮树布置成有些像一个小花园，虽然不具备种花草的“土地”，这表明人口密度可能达到很高，但仍保持着宁静之感。在北京，住宅区的人口密度达到每平方英里55 000人，而非居住区则达到85 000人。但由于树木很多，城市仍保持着花园气氛。令人难以置信的是城内的树木反而比城外的多。今天的北京，从某些制高点去看，仍然像一片森林，在树顶上只能看到最主要的建筑的屋顶（图748，图版）[3]。

中国园林本来是一个值得讨论和很有教益的好课题[4]。虽然从古到今它的动机当然主要是美学方面的要求，但从我们的角度还是留待在下文中联系到植物和动物的品种方面时来探讨[5]。似乎从汉代宫殿和皇家别墅开始的规则式布置，到了六朝时期在中国南方发展成了一种新型的自然式风格，这一定和道教的兴起有关[6]。它在唐代达到了高峰，后来又恢复了规则的形式，在水池和建筑物之间配置了奇花异木和山石[7]。到了明初，中国园林布置的特有风格得到了充分发展，关于它的丰富的美，我们能看到当时[8]和现代[9]的记载（图749，图750；图版）。一些伟大的建筑匠师兼造园家如张然和张连的生平和作品的许多细节被保存下来了。关于造园设计和园艺方面最主要的著作，

75

① 平面图见 Gutkind（1），fig. 41，出自 Oberhummer（2）。还有一处宋或元代的团城，在北京北海附近；参见下文 p. 79。

② 许多中国城市的小的平面草图，见于 Herrmann（1）。

③ 这一说法迟至1952年大体上尚属事实，但在近十年中，由于作为一个伟大的现代国家首都的需要，也许还有多半是有意识地要表明中国能建造和别人一样高的钢框架结构的愿望，导致建造了一些摩天楼之类的建筑物，这有破坏北京完美形象的危险。希望这一倾向会受到制止，因为除了和中国建筑的伟大准则背道而驰以外，也全然不是由于受建筑基地不足的限制。然而公平地说，北京的许多新建筑物，虽然雄伟而有纪念性，但和老建筑物的水平线条仍很调和。有关这一问题及其背景的考察，见 Skinner（1）。

④ 见喜龙士［Sirén（8）］的巨著，此外还有一些较短的文章（11）。威尔逊［Wilson（1）］的著作也很有价值，还有阮勉初和李昭昌［Juan Mien-Chhu & Li Shao-Chhang（1）］的精美图册。在欧洲人的心目中，中国园林也许因日本庭园［参见 Harada（1）］而有些相形逊色，但这是不公正的。参见杉村勇造（*1*）。关于中国创始的盆景及其象征意义，见 Stein（2）。

⑤ 本书第三十八、第三十九章。

⑥ 村上嘉实（*1*）。在中国要找到汉代花园的遗迹是不容易的，但5世纪的一个花园平面图仍然刻在斯里兰卡的锡吉里耶（Sigiriya）的巨石之下，它上面还有宫殿式庙宇。

⑦ 村上嘉实（2）。关于唐代的异国情调，参见 Schafer（13）。

⑧ 1533年文人画家文徵明作《拙政园图》，这个著名园林由较早时的王槐雨开始修建。该图的复制品和译文见于 Kerby & Chung Mo-Tsung（1）。

⑨ 例如，在山东曲阜著名的衍圣公府花园近来已经由杨鸿勋和王世仁（*1*）作了叙述。

图版　二九九

图 748　北京的空中轮廓；向西北眺望故宫各殿的黄瓦屋顶（原照，摄于 1952 年）。

图 749　一座道观的内园［Boerschmann（2），pl. 1，（3a），pl. 105］；奉祀张良（黄石公，参见本书第二卷 p. 155）的祠堂，坐落在陕西南部穿过秦岭的路上的庙台子。

图版 三〇〇

图750 苏州的私家园林之一，现已对公众开放（原照，摄于1964年）。
此园名为“留园”，系徐时泰1522年所建；图为人工湖的一角。

是计成的《园冶》。这三个人都生活在17世纪。从那时以后，中国造园技术便对欧洲产生了深远的影响，浪漫风格代替了几何形式①。“追求画意”（sharawadgi）的风格作为一种审美原则终于扎下根来，② 而“能人布朗”（Capability Brown）则是一个不自觉的道教徒③。

我们现在所看到的北京城主要是元、明、清三代的创造④。它的规划达到了中国城市在一切方面所可能达到的最完善的水平（图751，图版）⑤。以紫禁城为中心⑥，有纵横交叉的极宽大道贯穿全城，并且用宏伟的轴线从中心引向靠近最南面城门⑦的天坛和先农坛，它曾激起了现代建筑师和作家们的高度赞扬，如墨菲、戈泰因（Gothein）和拉斯穆森（Rasmussen）⑧。墨菲说，这条轴线在今天世界上是最伟大的。它从钟楼向南，经过景山上的中心（万春亭），穿过紫禁城中一些覆盖着庄严黄瓦顶的主要横向建筑物，再经过高耸的前门楼，止于五英里以外介于先农坛和天坛之间的南面城门永定门（图752）。墨菲说，这个建筑群的布局整齐的组合并不是用生硬的对称来标志的，而是采用标准的平衡感，这正是所有中国艺术的特征。由于避免了轴线两侧呆板的重复，就可以有丰富的变化来避免单调。例如，这可以从对那些用来恰到好处地装点北京的美丽人工湖的处理中看到⑨。从现在城市的西北角引进了一条河，然后扩展成为一连串湖面（北海、中海、南海），好像是对于主要轴线的一条平行而弯曲的西部辅助轴线，而主要轴线则是南北向通过紫禁城的中心，确实是经过了皇帝的宝座。这三个湖都在原先

76

① 关于这段历史的叙述，见 Lovejoy（3）。其他研究中国园林对于欧洲的影响的著作还有 Bald（1）；Chhen Shou-Yi（2）；Baltrušaitis（2）和 Laske（1）。我们将在本书第六卷（第三十八章）中再论述这个问题。

② 见本书第二卷 p. 361。

③ 兰斯洛特·布朗（Lancelot Brown，1715—1783年），自然风景园林设计——如英国的邱园（Kew）和布莱尼姆宫（Blenheim）的花园设计——的首创者

④ 关于历史说明见 Chu Chhi-Chhien & Yeh Kung-Chao（1），关于一般的说明，见 Bretschneider（5）；Favier（1）；Fabre（1）等。许多参加过规划工作的匠师名字都为人所知。这个沿革可以上溯到孔彦舟，大约于1120年在辽朝灭亡以后，他为金朝重建了宏伟的中都。关于他的事迹，见范成大1170年所著的《揽辔录》（第七页）。在蒙古人的统治时期，外国专家显著增多，如阿拉伯营造家也黑迭儿、尼泊尔的金属铸造家与装饰家阿尼哥，但据我们所知，他们建造的是纯中国式样，一定有过中国顾问和职员。明代初期的著名营造家是陈珪（鼎盛于1406年），在明代晚期的活动中，则有秦梁和著名的北京“样式雷”家族中的第一代——雷礼。

⑤ 关于城市规划的文献，下文即将提出一个简要的书目（p. 87）。人们熟知，中国都城被邻近的文明地区仿造为行政中心，尤其是在日本［参见 Sansom（1），p. 108，（2），vol. 1，p. 82］，这是事实。奈良，规划于710年，是仿唐长安的，但其平城京的皇宫深受北京附近隋代都城大兴城的影响，大兴城是宇文恺在6世纪末完成的（参见本书第四卷第二分册索引）。这个问题饭田须贺斯（2）已有研究。长安的唐代宫殿有些已在发掘中；Lanciotti（3）；Anon.（*63*）。另一方面，我们现在有一本关于内蒙古传统建筑的图录［Anon.（*41*）］。

⑥ 见 sirén（3）；关于象征主义，见 Ayscough（2）。从空中拍摄的照片载于 Mirams（1），pp. 35，38，39 的对面。

⑦ 参见 Hu Chai（1）。用图解的方法，把它比成一水平面上的古巴比伦庙塔（*ziggurat*）的说法，见于 Wu No-Sun（1）。

⑧ 像赞美北京建筑的那些人一样，耶稣会士宋君荣（Antoine Gaubil）也是把北京当做第二故乡的名人之一（参见本书第三卷索引），他的著作《北京揽胜》［Gaubil（11）］1758年刊于英国《皇家学会哲学汇刊》。

⑨ 当想到城市布置的才干时，有另一方面是不应该被忘记的，那就是排水系统。大约在16世纪中叶，北京城里24平方英里范围内部分布有砖砌的地下阴沟网，总长度不小于195英里（摘自和梁思成博士的通信）。伊丽莎白女王时代的伦敦是不能与之相比的。这个主要的排水系统后来渐渐淤塞，而在1951年全部重新修复使用。

图版 三〇一

图 751 首都北京的轴线平面布局鸟瞰［采自 Gutkind (1), pl. 60，摄于 1925 年左右］。我们是从景山公园稍北的一点上向南看，景山公园左面是北京大学的老建筑物。护城河的轮廓清楚地显示出了故宫，在故宫的前面可以看到左边的太庙和右边的社稷坛。照片顶端的远方，左面是茂密树丛中的天坛，右面是先农坛。内城和外城的城墙横穿图面。参见 p. 78 上的图 752。

有墙围着的旧皇城范围之内。在构成整个京城①的同心的三圈长方形城墙中，这是其中的次大者。紫禁城的护城河水是从北海的一条支流引来的，而护城河又供水给金水河（见图752中第9），河上跨有五座汉白玉桥（图753，图版），位于午门（第8）和太和门（第10）之间。同样，南海供水给跨有汉白玉桥的天安门前的金水河，这些桥就成为从南面走向天安门宏伟入口的通道。最后河水向城的东南角流出。为了说明当游览者向北经过天安门时所看到景色的壮丽，我们可以引用墨菲极好的描述（参见图754，图版）。

77

78

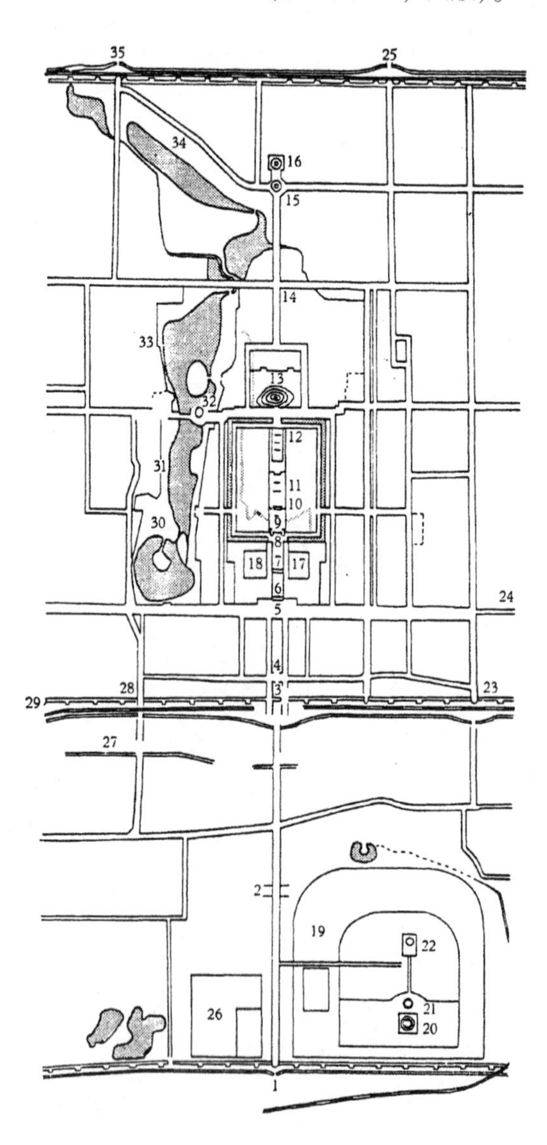

图752 北京城的平面图，图中显示了它的轴线格局；图面上北下南［据 Hu Chia（1）］。

① 读者将会想到古代的图说，以一系列相套的长方块来描绘中国文化的扩散；参见本书第三卷 p. 502 上的图204。这里应该赞扬中华人民共和国成立后中国共产党英明的政策。本来可能把紫禁城做成像克里姆林宫那样，但没有这样做而把它当做最大的国家博物馆对人民开放，而政府的位置就设在它的外面在旧皇城西南。在最高的道教传统中，这是谦虚的象征。参见 Thang Lan（1）。

图 752 的说明

1. 永定门，外城的南城门
2. 天桥市场，民间游乐的传统中心
3. 前门，内城的南城门
4. 中华门
5. 天安门广场，由五座玉石桥进出
6. 天安门，旧皇城的入口处
7. 端门
8. 午门，紫禁城的南入口
9. 五座跨越金水河的玉石桥
10. 太和门；左为西华门；右为东华门
11. 太和殿，上朝的殿，背后为中和殿和保和殿
12. 内廷（故宫），北端为钦安殿，再后有神武门作为全境的终点。现为故宫博物院
13. 景山，园及亭
14. 地安门的位置
15. 鼓楼
16. 钟楼
17. 太庙，现为劳动人民文化宫
18. 社稷坛，现为中山公园
19. 天坛
20. 圜丘坛；参见本书第三卷 p. 257
21. 皇穹宇
22. 祈年殿，蓝色琉璃瓦屋顶的圆形建筑物，建于 1420 年，重建于 1530 年和 1751 年，俗称天坛
23. 崇文门
24. 通向在内城东面城墙边的观象台的路；参见本书第三卷 p. 451 及其他有关部分
25. 安定门，内城的东北城门
26. 先农坛
27. 琉璃厂，著名的书籍、字画、古董商店中心
28. 和平门
29. 宣武门、与前门、崇文门、和平门同为内外城之间的出入口
30. 南海
31. 中海
32. 团城，也许是忽必烈的皇城，矗立在它北面岛上的白塔建于 1651 年
33. 北海
34. 后海
35. 德胜门，内城的西北城门

注：平面图只包含南北狭长的一条地带，它的宽度足够包括这个都城的最内两个套着的矩形。居中为紫禁城，四周有护城河。在紫禁城之外，北至地安门（第 14），南至天安门（第 6）前东西向的大道——长安街，并包括一串湖泊在内（南海、中海、北海）是旧皇城。旧皇城几乎成方形，只是西南面缺了一只角。旧皇城外的三道东西向的城墙只能见到一部分，其中中央一道以北是内城，以南是外城。

图版 三〇二

图 753 午门（图 752 中第 8）和太和门（第 10）之间金水河（第 9）上的五座白玉石桥。

图 754 紫禁城前的午门［韦尔加索夫（Vergassov）摄于 1936 年左右，见于 Mirams（1）］。

> 在紫禁城南墙的中部有国内最美好的建筑，就是雄伟的午门，当中一座楼大约有200英尺长，位于带有栏杆的高台之上，两侧有一对60英尺见方的楼阁。400英尺的建筑组合都放在一个50英尺高的台基上，墙面粉以土红色，并有5个券洞门穿过。台基的两个侧翼向南伸出300英尺；在其外端是和主建筑的楼阁相同的第二对楼阁，其效果有一种天上尊严和惊人的美感。①

总之，我们发现（同一个当代英国建筑师的话）②，一系列被划分的空间，一个通向另一个，但又时时被高墙、宫门和架空的建筑物所隔断和挡住，并在精心选择的地方遇到某些高潮，使观者心情紧张。例如，使人意料不到的弓形河水，边上围以汉白玉栏杆，上面架起五座平行的汉白玉桥。在各组成部分之间，有着明显的平衡和相互依赖。这与文艺复兴时期的宫殿的对比是鲜明的，因为在那里，开敞的对景，例如，凡尔赛宫，是集中在一个孤立的中心建筑物上，宫殿好像是同城市分离着的。而中国的构思则要宏伟得多，而且比较复杂，因为在一个建筑群中，有几百座建筑物，而宫殿本身仅是更大的有机体的一部分，这个有机体就是带有城墙和街道的整个城市。虽然轴线如此强烈，却没有单独的突出的中心或高峰，而是一系列的建筑境界。因此，在这种布局中没有突然从高潮降落下来的现象。甚至太和殿都不是高峰，因为布局到此继续向北流动并到了它的后面。中国的构思也更微妙更有变化，并且引人入胜。整个轴线的长度不是立刻暴露出来的，而是一连串的对景，这些对景中没有一个是在尺度上特别突出的，有时在走近最后的建筑物时，游览者会被引过去回顾刚走过来时的一段路程——如南京明孝陵③的情况那样。正是如此，中国式的大建筑群，早在15世纪初的北京天坛（图755，图版）④ 中就已经达到了最高的水平，它和大自然合拍而不凌驾于其上，与诗意的雄伟结合起来，从而构成任何其他文化所未曾超越的有机形式。

80

(4) 中国文献中的建筑科学

大概是由于儒家们认为从事建筑工作不是一个很适合儒生的职业这一事实，所以在中国文献中这方面的著作比较贫乏⑤。然而，中国最早的字典，周和西汉的《尔雅》中就有专门叙述有关建筑的事物的一篇⑥（“释宫”），其中许多技术术语的含义嗣后一直保持下来，很少改变或没有改变⑦。以后出版的各种辞典经常有类似的章节。清代一些

---

① Murphy (1), 11.365 ff.。

② 安德鲁·博伊德（Andrew Boyd）先生和我个人的一次通信［参见 Boyd (1)］，本段第一部分就是以此为根据的。第二部分是根据弗朗西斯·斯金纳（Francis Skinner）先生的印象。

③ 主要建筑物的基座贯穿着一条筒形拱顶的地道，里面的踏步把人引到离山较远的平台，再从平台绕过建筑物的两端沿着踏步登上顶层平台，它反过来面对着主要入口轴线。最后，正殿是由三个券门进入的。类似的处理也见于坐落在北京北面的永乐皇帝（成祖）的长陵。参见下文 p.144。

④ 参见 Mirams (1), p.40 对面。

⑤ 戴密微［Demiéville (4)］的评论也许是最好的叙述，此外有颜慈［Yetts (10)］的评论。

⑥ 《尔雅》第五篇。

⑦ 见下文 pp.92ff.。

图版　三〇三

图 755　从南面鸟瞰天坛祭祀建筑群全貌［Anon.（*37*），图版一〇四］。参见 p. 78 上的图 752。前景是圜丘，后面是皇穹宇（较小的圆形建筑），海墁大道的北面是建筑在方台基上圆基座的祈年殿。图右上方的建筑群是历代皇帝准备和储存祭祀用品的附属建筑。

图 756　工匠和建筑师的祖师公输般（鲁班）的塑像（参见本书第四卷第二分册 p. 44 及图 354），甘肃南部麦积山庙宇中的神像之一（原照，摄于 1958 年）。

学者进行了有益的研究来解释古建筑名词和辞句的含义[①]。

主要文学传统中载有实际建筑方案的是《三礼图》。在东汉（2世纪）有两本同名的书，一本是著名的注释家郑玄著的，另一本是与他同时代的阮谌著的。以后可能是由梁正把这两本书编在一起。大约于公元600年夏侯伏郎增加了一套重要的插图，于是隋代的书目里就认为他是该书的作者。在公元770年前后张镒再做了校定。这些版本以后都失传了，但在失传以前聂崇义在公元956年所编写的最后确定本中曾引用了该书的一部分，这工作是由窦俨主持的，并写了序[②]。过了一个多世纪，沈括曾提到聂崇义的著作并怀疑留存下来的图是否可信[③]。聂崇义的原文1676年经清代名家纳兰成德最后重编，一直保存至今。

为什么这些材料，即使如此不完整，还能保留下来，其原因应归之于学者们对于解说古代仪礼经文的教义的要求[④]。宋代及其后许多书中对这些的解释全是作者们凭他们的理解所写，没有任何传统的依据。有关建筑平面图可在《三礼图》第四卷中找到，包括明堂[⑤]、宫寝制和王城（图712）[⑥]。各个时代仪礼的作者们继续凭空想像进一步说明这些建筑物，如1193年李如圭的《仪礼释宫》和18世纪早期任启运的《宫室考》。太庙的规划是与上述有关的研究[⑦]。 81

然而，所有这些都停留在纯学术上，只涉及建筑的一般布局，而未涉及建造技术，有些脱离匠师和匠人们的实践[⑧]。不过匠人中许多名字一直流传到现在，也很有可能学术和实践这两股传统曾有所接触。在8世纪，张镒可能知道像康訔素这样的人。在10世纪和聂崇义同时代的人物中有许多是杰出的匠师，如宫殿的建造者孟德预[⑨]、铁匠兼门楼及寝宫的设计者李怀义、画家兼建筑制图员胡翼和郭忠恕。清代满人纳兰成德一定了解“样式雷”家族，包括像雷发达和他的儿子——圆明园最早部分的建造者雷金玉。

从事实践的匠师们[⑩]同样也有写作的传统。在宫廷作坊（“尚方”）[⑪]中或在它主办下进行的各类工种，一定很早就有了操作规程。梁代元帝曾讲过，在曹操（3世纪，三国时期魏国的创立者）时代就有建造各种类型建筑物的详细规则[⑫]。但是在官订书目中，甚至连这些书册的名称也没有。如果不是某些宋代作者提到过，那么甚至

---

① 值得一提的是焦循在他的《群经宫室图》中所做的研究。该书是迟至18世纪的作品，可在《皇清经解续编》卷三五九、卷三六〇中看到。类似的著作还有程徵君著的《释宫小记》（《皇清经解续编》卷五三五）。

② 古代原文的片断曾由马国翰整理，见《玉函山房辑佚书》卷二十八第四十四页起。

③ 《梦溪笔谈》卷十九，第一段。

④ 这种材料的现代解说见 Kelling & Schindler（1），p. 102，引自 Couvreur（3）。

⑤ 参见 Granet（5），pp. 178ff.；Soothill（5）。又可见本书第三卷 p. 189。

⑥ 还有封建诸侯封地的简略图（“九服”，参见本书第三卷 p. 502），井田制度（见下文 pp. 256ff.）和理论上的灌溉系统（“沟洫”，本册 pp. 4，254 有讨论）。

⑦ 例如，见著名学者万斯同约于1685年所著的《庙制图考》。

⑧ 读者会记得匠人们的祖师公输般（鲁班）的传说，本书第四卷第二分册 pp. 43ff. 有较长的描述。他的塑像（图756，图版）适合作为这段叙述的开场白。

⑨ 参见何光远（几乎是孟德预的同时代人）所著《鉴诫录》卷一第一页起。

⑩ 有趣的是，在词源学里“匠师”和“大匠”相同，正像“长老”和佛教的“方丈”相同一样。

⑪ 参见本书第四卷第二分册 pp. 18ff.。

⑫ 《金楼子》卷一第十二页。

连其中最重要的《木经》一书的名称也不会流传下来。许多人认为这本著作是著名的匠师喻皓（或预浩）所著。他的鼎盛时期在965—995年，即宋代初期。他在开封建造了开宝塔，开宝塔普遍地被认为是技艺的奇迹，但约在1040年被雷击毁[①]。喻皓的这本书没有载入官订书目这件事，有力地说明了建筑技术被认为是太“枯燥的”技艺而不列入学术性的书籍[②]。这里也许还有社会壁垒的问题，因为喻皓是一位都料匠，而在喻皓著作的基础上写出了中国历史上最杰出的建筑书籍的是一位官吏，名衔是将作监丞。

沈括，是宋代对科学和技术有兴趣的伟大学者，为我们所熟知。他写了关于喻皓的一段，值得全部引出[③]。他写道：

> 造屋法的说明见于《木经》，该书据有人讲是喻皓撰写的。
>
> （按照该书的说法），房屋有三种基本的比例数（“分”）[④]；梁以上的部分依照上分，房屋地面以上的部分依照中分，地面以下的部分（阶基、房基、铺的路面等）依照下分。
>
> 梁的长度自然制约着上梁以及椽等的长度。例如，一根长八英尺的（主）梁，则需有长度为$3\frac{1}{2}$英尺的上梁。大小厅堂（均应保持这种比例）。这个比例（2.28）便是上分。
>
> 同样地，房基的尺寸必须与所用立柱的尺寸相配，以及与（边）椽等的尺寸也相配。例如，高11英尺的立柱，则需要高$4\frac{1}{2}$英尺的阶基。一切其他部分，如枓栱（“栱”）、凸椽（“榱”）、其他椽子（“桷”），无不有其一定的比例。所有这些比例为中分（2.44）。
>
> 坡道（和台阶）有三等，即峻道、平道和慢道。在宫中，其斜度则以御辇为标准。凡由低处到高处，抬前竿和抬后竿的需分别将臂垂尽和往上伸直者为峻道（比例为3.35）。[⑤] 若前竿与肘平、后竿与肩平（比例为1.38），则为慢道。倘若抬前竿的需将臂垂尽，抬后竿的臂与肩平（比例为2.18），则为平道。这些比例为

---

① 《归田录》卷一第一页起；王铚（11世纪）著的《默记》第四十八页；《梦溪笔谈》卷十八，第15段。

② 这是令人难以置信的（也许是重要的），从理学哲学先驱之一李翱（约775—844年）的笔下流传至今的有一本书名非常相似的小册子《五木经》。它被列入《寓简》（约1135年）卷七第四页的技术书目中，但是事实上它是一本关于赌博的书，书名可译为“掷五次木骰子”。尽管如此，喻皓还是被一些宋代初期的著名学者如欧阳修所钦佩。

③ 《梦溪笔谈》卷十八，第二段；由作者译成英文。参见胡道静（*1*），下册，第570页，（*2*），第177页。

④ 在这里，“分”即等于“份”。参见上文 p.68。

⑤ 很明显“上分”、“中分”这两种比例是用简单的除法得来的。现在讲的三个“道”，同样说明了在上坡时从地面到皇轿杠棒两端的两个高度间的关系。人体的比例是从《黄帝内经太素》（678年）卷十三第八十七·二页和《医宗金鉴》（1742年）卷七十一第十四页所载的标准人体中得出的，比例如下：上身和腿6.2英尺，上臂1.7英尺，下臂1.65英尺。这种尺寸唐代以前很早就有，以后很少变动或没有变动。要确定确切的坡度就需要知道标准杠棒长度，但是我们没有深入下去。有趣的是，我们却发现了另一个建立在人体比例上的模度单位（参见上文 pp.68，69）。

图 757 “作邑东国图”；晚清时的一幅描绘事件的画图，事件记载在《钦定书经图说》卷三十三“洛诰” [Medhurst (1), pp. 248ff., Karlgren (12), pp. 51ff.]，即在距今洛阳 2 英里的洛邑建造周的东都（王城）。此图说明工程术语“上”和“下”（见正文）。图中周公正在督促工匠进行施工。

下分①。

（喻皓的）书共分三卷。近年来，由于土木工的技艺益发精湛，旧的《木经》已乏人问津。但是，可惜没有人能去重写一部。若能做到这一点，本身就是杰作！

〈营舍之法，谓之《木经》，或云喻皓所撰。凡屋有三分；自梁以上为上分，地以上为中分，阶为下分。凡梁长几何则配极几何，以为榱等。如梁长八尺，配极三尺五寸，则厅法堂也。此谓之上分。楹若干尺，则配堂基若干尺，以为榱等。若榱一丈一尺，则阶基四尺五寸之类。以至承栱榱桷，皆有定法，谓之中分。阶级有峻、平、慢三等。宫中则以御辇为法，凡自下而登，前竿垂尽臂，后竿展尽臂，为峻道；前竿平肘，后竿平肩，为慢道；前竿垂手，后竿平肩，为平道。此之为下分。其书三卷。近岁土木之工益为严善，旧《木经》多不用，未有人重为之，亦良工之一业也。〉

以上这段可能写于1080年左右。不到20年，能够胜任这项沈括认为是必要的工作的人出现了并完成了这项工作。此人就是李诫，他的书名是《营造法式》②。

李诫的生年已无法确定，但当沈括正要出版他的《梦溪笔谈》时，李诫已是太常寺的小官吏。1092年他从太常寺转到将作监时，必定已经显示出他不久就能成为一位有远大前途的匠师，因为在1097年他就被指定修改老的法式手册，到1100年时已完成，并于三年后出版。他不但是一位著作家，同时又是一位卓越的建筑实践者，他曾建造衙署、寝宫、门楼和城楼、宋代的太庙以及佛教的寺院。李诫在序言中说他曾长期和细致地研究过木工匠师及其他负责工匠们的做法和口传规范③。

有趣的是李诫从来没能把学术和技术两方面的传统成功地结合起来。他的方法是在头几卷中很郑重地引用了许多上古和中古的著作原文，然后描写了他当时的实践，最后阐述了条例（“条”），这些条例通常是建立在实践基础上的，而与前面所引的著作原文关系极少或毫无关系。序言（包括“看详”）④ 考证了古代建筑名词术语的含意；其后是“制度”，这是书中的主要部分，系统地依次涉及了各工种，包括：

85

壕寨	竹作
石作	瓦作
大木作	泥作
小木作	彩画作
雕作	砖作
旋作	窑作
锯作	

① “上”和“下”部分的完工情况见于图757。

② 沈括所说的并不完全符合颜慈［Yetts（8）］曾提到过的另一个传说，即李诫的书是根据以前一本同名的书做了最后的改编，原书约在1070年指定编写，而在1090年完成的。我们已经在本书第四卷第二分册 p. 37 详细考虑过李诫传略。参见陈仲篪（*1*）。

③ 1919年出版了一部李诫著作手抄本的缩小影印本，1920年出版了原大影印本。但它完全没有考虑其他抄本和版本片断中的不同之处，因此1925年重版时有了许多改变，并用了色彩。关于较早的几版，见 Demiéville（4）；关于较后的一个版本见谢国桢（*1*）和 Yetts（8，9）。李诫的著作与喻皓及其他前辈的著作有密切的关系，这可以从宋朝官订书目中没有后来所用的《营造法式》的书名，而以《新集木书》为书名这一事实中看出。当然，《新集木书》可能是1070年左右奉令编写的较早的手册的书名，或是当时预定的书名。1126年开封沦陷时，李诫的《营造法式》书本大量被毁，但有少量流传到南方，在1145年以新版重印。

④ 其后为“总释”和“总例”。

最后几卷是关于“功限”、“料例”，包括一些有趣的彩画构图及“诸作等第”。本书最初的版本就有很好的插图（见图759，图762，图763，图773，图774），1925年版的第一版用精致的彩色版印了图案，这些图案中的色彩和深浅在以前版本中只注有名称。在该版本的卷三十和卷三十一里增加了简图的附录，这些附录是由老匠师贺新赓整理的，从而可以看出李诫时代以后各工种术语的改变情况①。贺新赓多年在北京修缮皇宫和官署。《营造法式》对于木作的基本构造和做法的重视是很显著的，而这是欧洲建造手册中直至18世纪末还很缺乏的②。

仅存的另一本宋代建筑文献是关于中国东南部一些佛教庙宇中建筑物及装置的有插图的文稿，名为《五山十刹图》，日本僧人义介于1259年所著，但书中有关技术的细节不够深刻。另一本更能代表匠师技术传统的著作是明代的《营造正式》，它明显地与本书第四卷第二分册 pp. 44ff. 探讨过的《鲁班经》很接近。

从来没有其他个人著作能替代《营造法式》，但以后各朝代都曾经颁发过一些官订的工程技术汇编。在元代曾有一本《元内府宫殿制作》③，但已佚。明代也存在着类似的材料，早在18世纪有一本《钦定工部工程做法》④。恒慕义［Hammel（20）］和麻伦［Malone（1）］曾叙述过有一本很厚的无标题文稿，包括1727—1750年（从稿内材料证明）关于宫殿建筑和陈设的规则，主要篇幅是关于圆明园的（1709年开始建造，1860年被外国军队毁坏），但有关经济方面的多而有关施工技术方面的少⑤。 86

有关的另一种很不同的文学传统是流传至今描写城市、宫殿及寺庙的散文或诗。东汉以后关于历代都城的忆旧颂新赋成为典型的文学形式。以后梁代昭明太子在公元530年编选的《文选》巨著中，名为京都的文类荣居最前几卷⑥。关于长安和洛阳的《西都赋》和《东都赋》两篇文章是著名历史学家班固于公元87年前所写的⑦；紧接着（107年）另有两篇赋是著名的天文学家及数学家张衡所写的《西京赋》和《东京赋》⑧。因为这两京分别象征着西汉和东汉的精神，这些赋引起了现代思想史家和文化史家［特别

① 他的注解是用红色印的。李诫本人很愿意向有经验的工匠和手艺人学习，这是值得进一步强调的。这种态度在道教中有很久的传统。轮匠扁的故事（本书第二卷 p. 122）和柳宗元的老园丁故事（本书第二卷 p. 577）可以为证。在唐代，尽管韩愈是位大儒家，但他也写过一篇著名的文章谈他从石匠王承福那里学到的东西［《古文析义》卷十二，第二十九页起；译文见 Margouliés（1）p. 195，（3），p. 178］。参见下文 p. 315 及图905（图版）。

② Briggs（2），p. 141。然而把马蒂兰·茹斯（Mathurin Jousse）所著《木工技艺讲堂》（*Le Théâtre de l' Art de Carpentier*，1627年）这样一本书和早五百年的中国著作相比较是很有趣的。但正式的比较当然应该是与奥恩库尔（Villard de Honnecourt，1237年）比较，而中国的著作再次显著地超过了他们。《营造法式》在工程画历史中的地位，下文（p. 107）将作更多的叙述。

③ 参见 des Rotours（1），pp. 253，461。

④ 1726年和1734年出版。梁思成［（9）第9页］称它为《工程做法则例》。舒瓦西［Choisy（1）］和伯尔施曼［Boerschmann（1）］提到一份他们曾研究过的文稿《工程做法》，但没有进一步地详细说明。

⑤ 现在必定存在关于这方面的大量材料，因为1952年夏，我在北京东安市场书摊里见过类似的文稿。我曾向中国专家朋友们提起过，但不知以后是否被某个图书馆收去了。

⑥ 在当时，所有这些赋都曾由名画家加在卷轴画上，但未留存下来。沙利文［Sullivan（3）］曾把所知的情况加以收集。

⑦ 《文选》卷一；译文见 Margouliés（2）；Hughes（9）。

⑧ 《文选》卷二，卷三。前者早已被赞克［von Zach（2）］译成德文，被引用于 Bulling（2），p. 51，又被译成英文，见 Gutkind（1），p. 318。两篇赋的译文都载于 von Zach（6）和 Hughes（9）。

是修中诚（Hughes，9）］的密切注意，主要的兴趣是在它们之间的差异。但是诗意的词句都很难理解，技术术语是含糊的，关于建筑及布局的叙述当然也是不够清楚的，然而对于研究中国建筑技术史的学者，这些赋还是值得仔细研究的。张衡又写了第三篇赋《南都赋》，这篇赋是关于他出生地的古城“宛”（南阳）的，是在公元 110 年张衡暂时隐退时所写；“宛”长期以来是钢铁业的中心[①]。以后几世纪这种传统曾延续下去。大约在公元 270 年，左思写了一组有关描写蜀、吴、魏都城的赋[②]。有关汉宫的颂词也存在，如王文考的《鲁灵光殿赋》，写于公元 140 年，是一篇精巧的记载，但描述建筑装饰多而描述建筑本身少[③]。《营造法式》在开始几卷中审慎地引用了这些史料。这一切对于尚未充分开展的建筑历史来说是一个宝藏。

87

《三辅皇图》被认为是苗昌言的作品，可能就撰于这个时期，但更可能是 3 世纪；原本中有图和图表，它被认为是叙述东汉京都——长安的细节的尚为可靠的资料[④]。接着，6 世纪出现了著名的《洛阳伽蓝记》。[⑤] 宋时此城仍然美好，故有另一篇专论《洛阳名园记》，是李格非于 1080 年写的。不久以后，北方部族的入侵强烈地激起了对这些城市和建筑被毁前的回忆录的写作。因此在开封被毁二十年后就写出了关于该城的著作《东京梦华录》。两个世纪后蒙古人又步金人的后尘，于是至少又出现了四本描写宋都杭州的书籍。这里我们只需要提到其中的两本，即 1235 年的《都城纪胜》及 1275 年的《梦粱录》[⑥]。最后，还有描写元代和明代宫殿及官署的文章。萧洵描写元宫殿的《故宫遗录》，本书已经提到过几次[⑦]，类似的书还有《宛署杂记》，这是沈榜 1593 年写北京情况的书，最近已用保存在日本的孤本重新刊行[⑧]。其后不久，大约在 1620 年又出现了一本刘若愚的《明宫史》，也是关于北京的[⑨]。从这些大城市的面貌和生活情况的生动描述中肯定能使人找到有关建筑和城市规划的资料，但要把它们解释清楚还需要进行尚未完成的专门研究，因此，这里我们只能提出来引起对这方面的注意而已。

第三种大量的文学形式为复原中古时期中国城市和官署的建筑和布局提供了更多的机会，这就是考古学家和地方文物研究者辛勤研究的成果[⑩]。几乎每个城市都有“方志”，这种关于当地的历史及地形的著作通常不断地修订，总是包括建筑及建筑布局的

---

① 参见本书第五卷中的第三十章（d）。

② 《蜀都赋》、《吴都赋》和《魏都赋》，见于《文选》卷四、卷五、卷六；译文见 von Zach（6）。这三座都城分别是成都、苏州、邺（相州）。

③ 《文选》卷十一；全卷译文见 v. Zach（3），部分译文见 Waley（11）。我们已在本书第四卷第二分册 p. 131 中提到了这一点。

④ 还有一本肯定是晚得多的《三辅旧事》。

⑤ 参见劳榦（*3*）根据该书的描述而复原的城市平面图。

⑥ 这两书中的有些部分已由慕阿德［Moule（5，15）］和谢和耐［Gernet（2）］翻译及探讨过。马可·波罗对这个城市和其他城市的描述是令人难忘的，并易于找到。

⑦ 如本书第四卷第二分册 pp. 133，508。

⑧ 宛平是卢沟桥的旧名（参见下文 p. 183。）

⑨ 参见 Hirth（17）。

⑩ 或许该提醒读者注意一下本书第二卷 pp. 390ff.，393ff. 所述关于中国文化中批判的人文研究所具有的特质。

传统[①]。凡是历代建都的城市，当然最为受到重视。这个方面可能从韦述的《两京新记》开始，这部书撰于8世纪的前半叶[②]。虽然这部著作只有一卷留存至今，却成为后来约1075年宋敏求写作《长安志》的基础。大约与此同时，刘景阳、吕大防奉命绘制长安的历史地图，他们用两英寸等于一英里的比例绘制，并确定和标志了古建筑的位置[③]。这个《长安图记》又成为1330年左右李好文绘制得更为精致的《长安志图》[④]的基础。李好文的职务是太傅。中国传统的考古学不断地持续努力直至近代，1810年徐松的《唐两京城坊考》可以说明这一点[⑤] 88

然而，近来的研究工作表明，要仅从文字史料中去考据和复原上古和中古的建筑是极为困难的。为了正确解释原文，凡是能得到的形象的依据都是不可缺少的。幸而我们并非完全没有。战国时期、汉代及晋代的雕刻器皿、画像砖、随葬明器都有主要贡献；稍后（pp. 126ff.）我们将利用它们来说明几点。关于唐代，我们就好多了，因为我们有敦煌石窟寺壁画形象性的财富，其中许多带有丰富的建筑细部（图356，图728，图758；图版）。很长一段时间以来，这些壁画已经指导着中国的建筑史家们［参见梁思成（*6*）的优秀论文］，而布林［Bulling（2，9）］则在一系列有价值的论文中，开创了试图根据敦煌壁画中描绘的建筑物复原成建筑平面图的研究方法。这些壁画可以分为两类：一类是当时实有的城市和寺庙，另一类是佛教极乐世界的情景。例如，第61窟绘满了五台山的全景，这是六朝以后许多寺庙的所在地[⑥]，其中的建筑物至少有一幢已被认明与现存的9世纪的实物相符[⑦]［参见下文 p. 130 及图789（图版）］。从一个或另一个壁画中已有可能复原出十多个有意思的建筑式样，其中常包括点缀着小型亭楼的回廊。有关极乐世界的画中，作为佛陀与菩萨聚在那里观看由乐队伴奏[⑧]的神圣的舞蹈、技艺和从荷花中诞生的新灵魂等的背景，必定包括亭、堂、楼、阁、回廊、前院、池塘、台基、桥等丰富的组合。画中每样建筑都能改绘成准确的平面图及清楚的正视图[⑨]。图758（图版）是第172窟中的阿弥陀佛的西天极乐世界图画，绘于公元700年左右。 89

---

① 更广泛的讨论见本书第三卷 pp. 517ff.。

② 在本书第四卷第二分册 p. 471 中我们已提到过韦述。

③ 参见《云麓漫钞》卷二第十一页，其他内容见本书第三卷 p. 547。

④ 现存的这些地图和平面图中的大多数已收集在 Anon.（*9*）中。

⑤ 关于徐松，参见本书第三卷 p. 525。除这里提到的有系统的学术性著作以外，我们不能忘记中国历代的著作家们在杂记中关于建筑物的零星记录，如文震亨1595年左右所写的《长物志》中的记录。

⑥ 关于这个全景，见日比野丈夫（*2*）的专题论文。

⑦ 参见梁思成（*4*）。

⑧ 这类乐队的图已在本书第四卷第一分册图313、图314中给出。

⑨ 这项已开始的工作还需要有系统的发展。只有这样才有可能证明布林的一些论点，例如，唐以前和初唐时期的寺庙平面是并不强调轴线的。这可能有些道理，但我们仍然难于接受她的这个观点：她认为在极乐世界画中所描绘的人群是定期寺庙节日里由真人扮演的佛陀与菩萨。

图版　三〇四

图 758　敦煌（千佛洞）石窟寺内描绘佛教极乐世界之一的壁画［有关的讨论可参见 Waley（19），pp. 126 ff.］。这是一幅唐代的阿弥陀佛的西天的画图，绘于公元 700 年左右［第 172 窟；采自 Anon.（*10*），图版三七］。这类画中都有很多值得仔细研究的建筑细部的描绘，而且通常包含多种透视法，画面中既有直观透视，又有轴测透视，至少可以找到五个分开的消灭点。见 pp. 112ff. 关于透视的讨论。

研究建筑科学在不同时代中地位的另一种资料来源是有关官吏们的官衔和权力范围。《周礼》在其有关“匠人”的叙述中，谈到他们的任务是建造都城（“营国”）和房屋（“营室”）[1]。其中包括标准城市平面的一些概貌、城市每边三门、九条纵向主要道路[2]、中心的宫殿、北部的市场等。它也指明建筑物用“九尺之筵”来衡量，[3] 街道用六尺宽的马车标准轮距来衡量[4]。宋代的《事物纪原》告诉我们[5]，在秦和汉有叫做“将作”[6] 的官吏，但他们没有专门的官府。北齐时（550—557 年）出现了建筑管理机构，叫“将作寺”，隋及唐[7]时改成“将作监”。在隋以前，仅仅在需要建造宫殿或官署时才委派建筑官吏，其余的时候这些职位是虚设的。以后，这些官名的意义也逐渐改变了。元代“将作院”就显然不是一个营造部门，而成了制作贵重金属品和纺织品的宫廷作坊的一部分。这里再一次证明关于宫廷作坊的专著是多么有用[8]。

(5) 构造的原则

90

从前面所谈到的，我们已经能够瞥见中国建筑的一些主要原则，例如，墙纯粹是幕墙和隔断而不荷重，全靠梁柱构成稳固的几何网架，特别强调屋顶，应用升高的台基在美学上与屋顶取得均衡；建筑物入口几乎都是在长边而不是在端部。现在是深入研究的时候了。我们会看到关于某些明显的问题可能会启发出答案，但对另外一些问题还没有令人满意的解答。

属于第二类的是关于基本材料问题。为什么中国人在他们整个历史上系统地用木材、砖瓦、竹和灰泥建造房屋，都从不使用石料，而石料在其他文化中如希腊、印度和埃及都留下了那样持久的纪念物呢？我常觉得如果这问题能够得到全面的解答，那么就可说明许多更多方面的文化差异[9]。肯定不能说中国没有合适的石料来建造与欧洲及西亚相类似的伟大建筑物，可是中国只用石料来建造陵墓、石碑及纪念物（其中往往用石头模仿木构造的典型细部）[10] 和用在路面、庭园和小路上[11]。也许对社会和经济情况的

---

① 《周礼》卷十二第十五页起（卷四十三）（《考工记》）；译文见 Biot (1), vol. 2, pp. 555ff.。

② 参见上文 pp. 6，73。

③ 这里是模数制或标准累进单位制的另一个来源。这种制度不断地为接触过日本居住建筑实践的现代西方建筑师们所赞叹［如 J. M. Richards (1), 1962 年］。他们看到在用工业生产标准构件以前，如此早就出现了这种模数制而感到十分惊奇。参见上文 p. 67。

④ 参见上文 pp. 5ff.。

⑤ 《事物纪原》卷六，第四十二页。

⑥ 后来也称“将作大匠”和“大匠卿”。

⑦ Des Rotours (1), pp. 476ff.。

⑧ 参见本书第四卷第二分册，pp. 18ff.。

⑨ 例如，石造建筑的崇高的纪念性看来肯定是和神秘的宗教影响有些关系。但中国人的精神世界基本上是现世的，喜爱生活和大自然。因此，神们不得不顺从人间，坐在像家庭厅堂和宫殿一样形式的建筑物中受礼拜，或根本受不到礼拜。

⑩ 参照在尤卡坦（Yucatan）的玛雅（Maya）建筑中十分常见的用石料所做对一捆捆芦苇的率直的模仿。

⑪ 例外的还有用石料建造堡垒。另一个特别有趣的（已在上文 p. 69 提到过的）例外，是 13 世纪的书籍中描述过的杭州的“塌房”（石造的防火库房）。这些商栈是城堡式的石楼，周围有水道。有关讨论，见 Moule (11) 及 (5，15)。

进一步了解，可以阐明这个问题，因为在中国各个时代中已知的奴隶制度形式似乎从来就与那些西方的方式不一样，西方奴隶制可以在一个时期派遣成千上万的劳动力开山采石①。在中国文明中，绝对没有类似亚述或埃及的巨大的带有雕刻的条石②，这种条石说明在搬运为雕刻和建造用的巨大石块时动用了大量劳动力。看来确实没有任何统治者会比第一次长城的建造者秦始皇那样的统治更专制了。毫无疑问，在上古和中古时期，中国能够通过徭役调动极大量的劳动力③，但要紧的是最初决定中国建筑特殊形式时的社会情况，而且在木构造形式和缺乏集体奴隶制两者之间很可能存在着某种联系④。从另一个不同的方面看，与古代象征的相互联系哲学⑤可能也有关系。因为如果石料被认为是属于元素土，那么只有把它用在地面和地下是适当的，而木本身就是一种元素，处于土和天的火"气"之间，所以是适合于用以建筑的唯一物质。这种哲学或许不过是中国文化特征中的宁静风格和明智地厌恶奢侈的表现。何必企图支配后代呢？中国最杰出的园林著作家计无否（1634 年）曾说："人确实是可以造就某种会延续千年的事物，但没有人能说他会活到百年之后。它足以带来一点快乐和闲逸，它还用和谐宁静庇护着住宅。"⑥（固作"千年事，宁知百岁人，足矣乐闲，悠然护宅。"）最后，我们不能不看到一个事实，即几乎全中国是经常受到地震的威胁的，所以经验可能表明木材的灵活性及弹性是优于坚实但易于震塌的沉重石料。可是这些见解都是推测，问题仍然存在⑦。

91

另外一个问题的解答成熟得多，即许多在中国的外国人一定会自问：作为中国建筑最美特征的起翘屋顶的性质和来源何在？有种说法认为这是源于古代的模仿帐篷和草棚的悬链状曲线的意图，这是几世纪以来游客们的陈词滥调⑧。但对此从来没有人能从文献上或考古上找到任何权威性的证据，而且这是一种不正确的答案。我们实在需要首先知道的是中国屋顶的曲线是怎样（即采取什么构造方法）做成功的。查看图 759 和图 760 即可明了。图 759 是一个厅的剖面示意，是根据《营造法式》中的图制出的⑨。

---

① 上古中国奴隶制的整个问题，将在本书结尾部分加以探讨。其间，可见本书第四卷第二分册 pp. 23ff. 。

② 参见威尔金森［Wilkinson（1）］的著作第二卷的卷首插图，图为埃尔拜尔舍（al-Bersheh）的著名壁画，其中可以看到从石矿搬运巨大石块的情景。或见 Klebs（2），flg. 40，p. 61。也可参见本书第四卷第二分册 pp. 74，92。

③ 参见本书第四卷第二分册 pp. 22，330 及本册上文 pp. 21，30，38。

④ 至于在深远的文化特质和形成中国文明的环境之间的另一种联系，参见本书第五卷中的第三十章。换一种说明这问题的方法自然就是和中国的特殊农业方式联系起来，这种农业方式要花费如此大量的劳力和时间，以致统治者如果进行干涉就要危及其统治地位。当然用石头建造笨重的建筑并不是一定要用奴隶的劳力；希腊的庙宇几乎完全是由自由民建造的。

⑤ 参见本书第二卷 pp. 261ff. 。

⑥《园冶》卷一第六页。

⑦ 我感谢伊丽莎白·维拉科特（Elizabeth Vellacott）女士对于这段所提供的建议。

⑧ 兰普里［Lamprey（1）］、弗里斯［von Fries（1）］和艾约瑟 Edkins（15）都在很早以前不厌其烦地为此辩护。参见 Arlington & Lewisohn（1），p. 325。至少好像同样有理的是把这种曲线归源于中国书法。任何人都可以看到书法家所写的"仓"和"伞"两字上部的笔画而沉思由此而来的美学标准。

⑨ 关于所有具体细部，读者可参考上文 p. 59 的"引言"中所提到的书籍。这里只能涉及抽象的骨架。下面一段中涉及的中国的技术术语，见图 759，参见 p. 100。

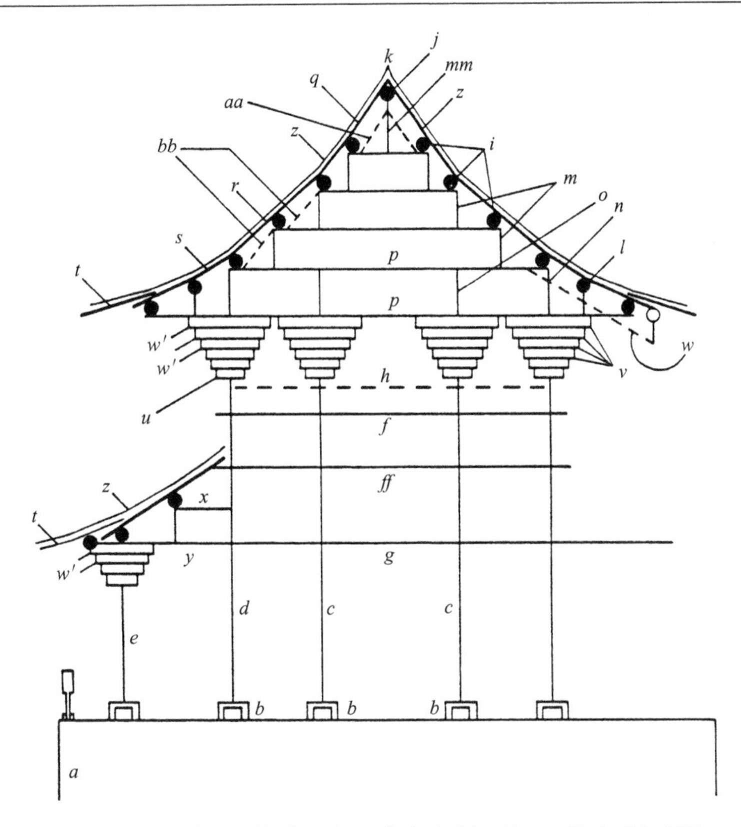

图 759 一座殿堂的木结构（据《营造法式》卷三十第八页起图示）

例 解

a 台，阶基（及钩阑）	*b* 柱础①	*c* 柱、楹柱、金柱②
d 老檐柱、檐柱②	*e* 小檐柱②	*f* 大额枋③
ff 枋	*g* 跨空枋	*h* 平板枋
i 桁、檩、檩条子	*j* 脊桁、栋、桴	*k* 正脊
e 正心桁	*m* 柁墩	*mm* 侏儒柱（棁、棳这两个有诗意的名称通指木屋架上所有的小柱）、山柱
n 瓜柱、童柱	*o* 衬科木	*p* 架梁（第一、第二等），又称梁④
q 脑椽；所有的椽子都可称为“椽”，或“桷”	*r* 花架椽	*s* 檐椽
t 飞檐椽⑤，榱	*u* 头翘枓栱	*v* 枓栱⑥
w 昂（见 p. 95）	*w′* 假昂（见 p. 97）	*x* 单步梁，乳栿
y 桃尖抱头梁，乳栿	*z* 望板	*aa* 叉手（仅用于宋及宋以前建筑上）（来源于古代人字栱）
bb 叉手，托脚（仅用于宋和宋以前的建筑上）		

① 注意没有像欧洲中世纪骨架结构建筑物中那样的地槛或地面上的联系梁。然而在中国建筑中地槛也是突出的，如主要门扇和大门都有地槛。但这只用于幕墙旁的木作下面。

② 在房屋纵向上，这些柱是用枋连接的。

③ 相当于欧洲中世纪的“过梁”（bressumers）。严格地讲，大额枋应直接放在最下层枓拱下面。

④ 相当于欧洲中世纪的“弦”（somers）。最上一根称为“风梁”。

⑤ 相当于欧洲中世纪木结构中的“板条”（firrings）。

⑥ 横向的枓栱称为“华栱”。在《营造法式》中，所选华栱的标准高度是作为全部建筑的模数（参见上文 pp. 67ff.）。示意图所无法表示的纵向的枓栱有好几种名称，如“瓜子栱”是位于墙和檐檩之间的纵向栱。在“瓜子栱”之上，作为放宽支承点的是较长的“慢栱”。“令栱”是支承檐檩的纵向栱。纵向联系梁，在示意图中也看不见，都称为“枋”，“枋”前加字区别。

注：这份草图纯粹是示意性的，不考虑各种木构件的尺寸和强度。示意图房屋的比例不很雅观，只是为在书中便于说明问题而这样画的。同时，中国的庄严建筑物确实总是趋向于长度比宽度大得多，而这里所画的断面也并非不像著名的日本法隆寺金堂（建于 670 年）的断面。

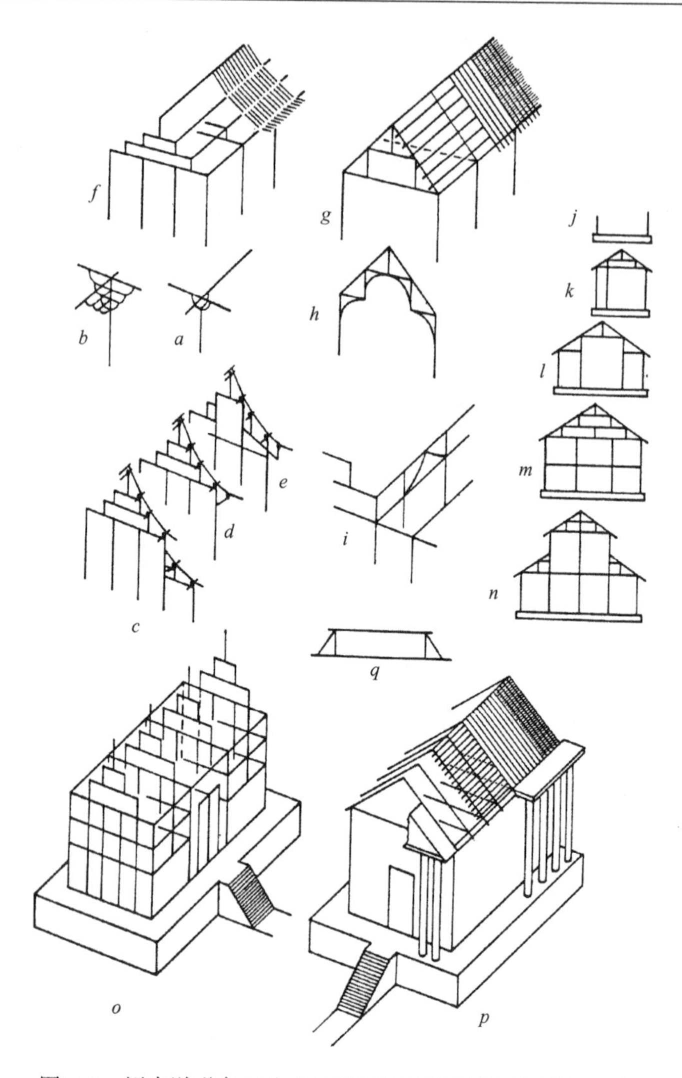

图 760　用来说明中国及西方房屋构造的草图（解释见正文）。

a　枓栱的原理　　*b*　较复杂的例子

c　中国房屋中的屋顶与走廊附属屋顶的典型配置，没有主椽；纵向的檩条被支在任一事先选定的剖面中的横向构架上　　*d*　枓栱支承的檩条上的檐椽和飞檐椽

e　由昂的端部支承的檐口檩条　　*f*　中国房屋的典型结构

g　欧洲房屋的典型结构　　*h*　英格兰的托臂梁屋顶的半突拱

i　中世纪早期中国房屋的人字栱　　*j*，*k*，*l*，*m*，*n*　以柱、枋和梁组成的典型的中国式横向构架

o，*p*　主要的中国式房屋与希腊和哥特式房屋的比较（见 pp. 62，65，102）。希腊的山墙通常盖在周围的柱廊上。

“叉手”支柱成为一种梯形构架（见 p. 101）。

巨大的承重柱立在柱础上，柱础是属于台基的部分。柱与柱之间的固定是用从地面不同高度的几根巨大联系梁。柱上依次架设几层横梁，以支承屋顶；这些横梁由一系列布置在适当位置的矮柱支承，在屋脊下往往只用一根矮柱①。纵向的梁或檩条可摆在这些横梁两端事先定好的点上，椽钉在檩条上。极其相似的布置用在走廊、回廊、游廊上，建成披屋的形式。所以，基本单元是能做无限变化和适应的"两度的"构架②，这被称为"骨架结构法"。考古发现表明，以"筑土为台"作基础的这种骨架结构，实质上可以远溯到商代（公元前第 2 千纪）③。在上古仅使用架梁，但嗣后发现这样柱和梁的节点受着过大的拉力，破坏容易在这里产生。因此改进的办法是在柱顶和架梁间加上一些枓栱。其所以称"枓"是因为它是一块像一种计量容器（"斗"）的形状的木块，"栱"是像双肘形的臂，每边支撑着一个斗。一个比一个长的枓栱在柱头上叠置起来，组成了基本上是一种木突拱的构件，用来支撑架梁。不但向一个方向伸展，而是向纵横两个方向伸展，即与建筑物的长轴既相平行又成正交，因而能支撑纵、横两向的梁（图 760 中 *a*，*b* 及图 761，图版）。其原名为"栌"或"栾"，嗣后屋脊下的侏儒柱有时也用这两个名字④。《营造法式》有很多这些构件的插图（图 762）表示榫卯、杆、栓来连接这些构件（图 763）。有时它们被平板所遮着。

93

95

屋顶与走廊或游廊的附属屋顶的典型配置见图 760 中 *c*。在唐代和唐以前，一般用檩条来支承檐椽及飞檐椽，檩条搁在枓栱上（图 760 中 *d*）。嗣后发展出另外一种体系，即把檐口檩条摆在昂上（图 764，图版），昂的一端固定在内部构架上，另一端从枓栱铺作中穿出悬臂来支承檐口檩条，昂的走向与上面屋顶斜面接近平行（图 760 中 *e* 以及图 765）⑤。这个体系在元代时消失⑥，但在枓栱中还留有"昂嘴"形状的遗迹（图 759 中 *w′*），这些昂可称为"假昂"⑦。大多数地区习惯于把屋顶四角升起超过屋檐线（参见 p. 128 及图 766，图版）。在南方屋脊本身有时向两端往上翘，成为一条优美的曲线，

97

---

① 两个横梁的装配，在装入前对横梁作修饰的情况，见《钦定书经图说》卷三十一第七页。

② 斯潘塞［J. E. Spencer (1)］摘绘的各种剖面图列于图 760 中 *j*—*n*。

③ 梁思成 (*3*)。进一步见下文 p. 122。

④ 注意在《周礼》卷十一（第二十三页）中，"栾"字是指椭圆形钟的曲翘边——不知哪种用法较古。参见本书第四卷第一分册 p. 196。

⑤ 大多数现存自 7 世纪以后的庙宇是有昂的，在中国和日本都是如此（参见 pp. 100，109，130）。其他图见 Mirams (1)，p. 58 对面。

⑥ 这只在中国是如此；在日本"昂"一直传到如今。1964 年我在去中国和日本的旅行中能够对两国庙宇屋顶的构造从近处逐个作了比较和摄影。在中国，昂的突出的部分给我以深刻的印象，最初是在佛光寺的 9 世纪的木结构中（参见 p. 130）；后来是在 1030—1180 年所建的六个寺庙殿堂［山西大同的善化寺和上、下华严寺，山西太原附近的晋祠，江苏苏州的玄妙观（该观刘敦桢 (*5*) 有详细叙述），以及北京附近的戒台寺］中。当然，在北京或其他地方的明清两朝庄严建筑物中找不到昂的痕迹。后来在日本奈良附近 7 世纪的法隆寺中，我欣赏到了所期望的昂，在宇治小湖旁精巧美丽的平寺院（11 世纪所建）中也是如此。然而，在日本镰仓圆觉寺小门（不早于 14 或 15 世纪）上，昂仍得到充分使用，以后我在京都的真如堂和百万遍知恩寺（重建于 18 世纪或甚至 19 世纪）的大殿堂里又找到双重昂。最后承山崎照雄法师的厚情，我得以详细观察了镰仓光明寺山门的回廊和内部结构（重建于 19 世纪早期），并看到双重昂的上昂仍保持原来的结构作用，而下昂是虚假的，纯粹作为装饰。中、日建筑中的昂还有一个固定的区别，即中国昂的尽端是棱柱形的，而日本的昂是方头的，面上漆了对比的色彩。我对我的朋友中山茂博士在日本给我以研究上的协助深表感谢。

⑦ 参见 Sirén (5)；Mirams (1)，p. 59 对面；Sickman & Soper (1)，p. 265。

图版 三〇五

图 761 枓栱结构的最简单形式之一，山西五台山下 8 世纪的寺庙南禅寺中的部分木构件（原照，摄于 1964 年）。参见 p. 95 及图 760、图 762、图 773、图 774。

图 764 山西五台山下另一座佛寺佛光寺的木构件。建于公元 857 年。屋顶的细部显示出穿过枓栱的昂（原照，摄于 1964 年）。参见 pp. 95，100 及图 760、图 765。

96

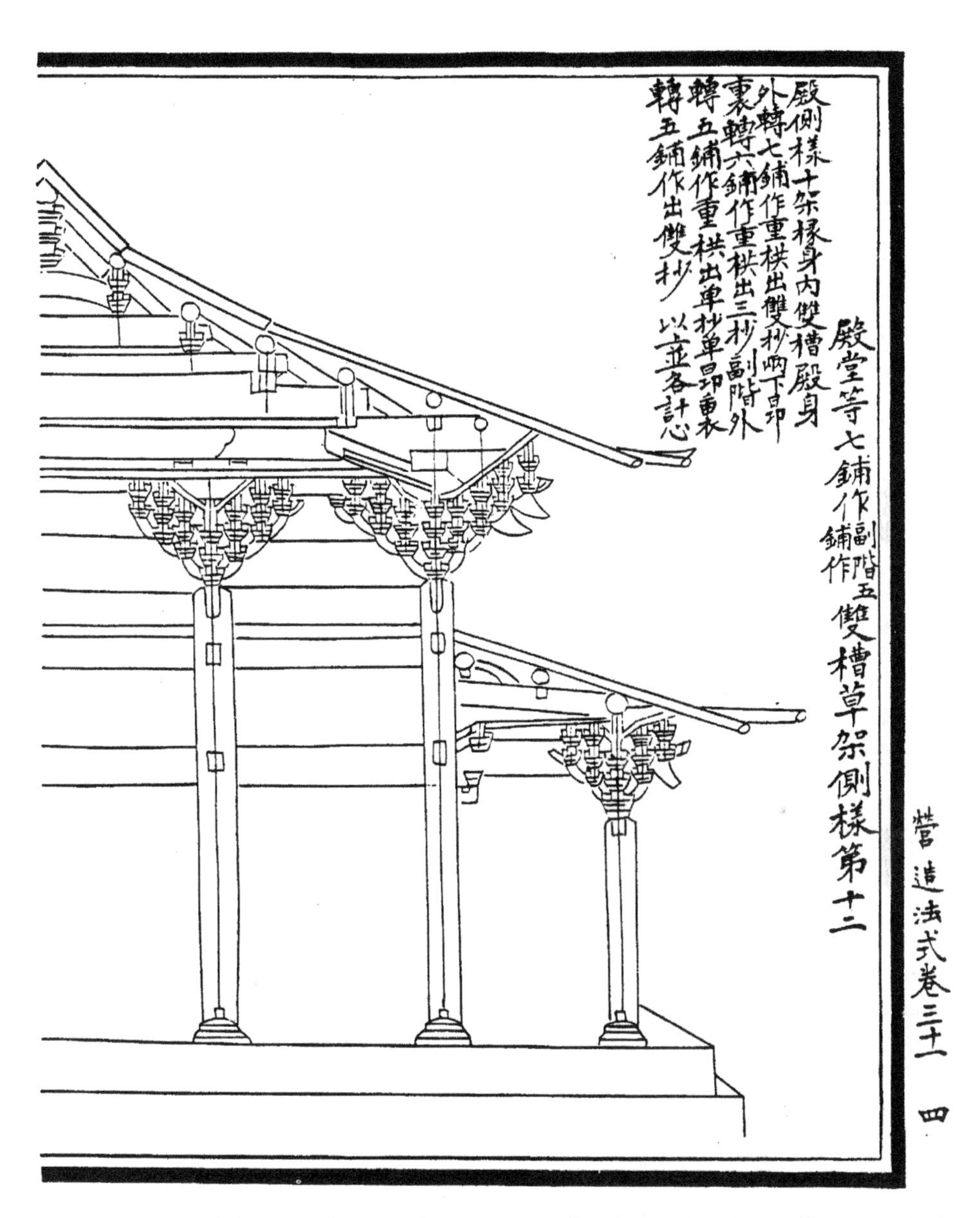

營造法式卷三十一 四
殿堂等七鋪作副階五鋪作雙槽草架側様第十二
殿側様十架椽身内雙槽殿身
外轉七鋪作重栱出雙杪兩下昂
裏轉六鋪作重栱出三杪副階外
轉五鋪作重栱出單杪單昂裏
轉五鋪作出雙杪
以上並各計心

图 762 从一座殿堂断面看去的三组枓栱的示图（《营造法式》卷三十一，第四页）。能清楚看到檩条的变形轮廓和它所形成的屋顶曲线。还可见到昂（见 pp. 95，99）。

（“垂脊”、“兽脊”）[①] 主要屋顶的形式是四面坡的或有山墙的。但是在重要的建筑里，山墙很少不重列檐口；它们在其一半或不到一半的高度上被切断，屋顶的斜坡接在其下并围绕它们[②]。如一位博学之士所正确指出的，这种组合是最庄严而又最和谐的。[③]

不管屋顶支承系统的细部是怎样的，重要的是应当记住，作为整体的房屋骨架能独自站立，而不需要依靠台基、墙和屋顶。包括梁架和材的两度梁架结构，在纵向方面，下面由联系梁连接，而上面由其他的联系梁[④]和檩条连接，这样就形成了一个连续的三度架，几乎像一个晶体方格网。如我们将要见到的（p. 103），这是现代建筑技术中钢框网架结构的真正来源（如果不是直接的话，也是间接的）。它与古代中世纪欧洲的实心墙结构相差很远[⑤]。

到此我们已具备条件能体会到中国与西方建筑的另一个根本差别。屋顶起翘和它所包含的一切在西方是不可能的，因为西方脱离不了用笔直难曲和向下斜的主椽，也就是说以横向倾斜的构件为主。相反的，中国最重要的构件是纵向檩条，其位置可以由构架本身的调整而组合成任何需要的侧面[⑥]。某些欧洲式的主要椽子，事实上成为三角屋架的两条边，虽然这些屋架内还有中柱和内柱，但仅在表面与中国的横向梁架相似（图760中*f*、*g*）[⑦]。英国的托臂梁屋顶的半突拱（图760中*h*）在某种程度上和中国枓栱结构相似，但没有使西方从依靠斜向主椽中解放出来。既然如此，檩条的位置除了形成一条直线以外，永远不可能形成任何其他关系，因此它们所承托的普通椽子也必须是直的，一般是通长的。另外，中国所用椽子虽然本身也是直的，但不是通长的而分为几段，每段长度常常只跨越三根或四根檩条，这样瓦片就能顺着和缓的曲线往下铺[⑧]。奇怪的是，欧洲屋顶也有曲线的，但它总是往上凸的，而不是往下凹的，例如，芒萨尔（Mansard）式屋顶，其中屋架的内柱是紧靠房屋两边摆的[⑨]。中国屋顶根本没有像西方

99

---

① 参见 Mirams (1), pp. 56, 74 对面。

② 各类屋顶的技术术语见于 Anon. (*37*), p. 6，简化后的术语见于 Hsü Ching-Chih (1), pp. 38, 220。两端有平山墙的屋顶叫“硬山”，檩条挑檐五到八椽深的屋顶叫“悬山”。四坡顶盖在“廡殿”上，而正文中所描述的有山墙的四面坡屋顶则叫“歇山”。正方形亭子的锥形屋顶叫“攒尖”。所有这些屋顶都是单檐，但常常在一排窄窗下增添另一层檐；这种情况称为“重檐”。

③ Sirén (1), vol. 4, p. 22。

④ 名叫“平槫”，而在脊桁下最高的叫“脊槫”［参见刘致平（*1*），图 219］。

⑤ 中世纪欧洲的“露明木架的”建筑［参见 Briggs (2), pp. 131 ff.; Davey (1), pp. 40 ff.］在某种程度上是一种具有固有的稳定性的结构，即使有挑出的上层，如经常看到的那样，也同样牢固。但所用木料和整幢房屋比较起来，总是那样小以致不能开宽的门窗洞，而且墙仍然是承重的，房屋的一半使用易燃材料。

⑥ 这可以从 1958 年我在千佛洞拍摄的一座小门房的屋顶装配照片中清楚地看到（图 767，图版）。单一的架梁通过不同长度的中柱和内柱支承了屋脊梁和四根檀条。图 768（图版）表示较大房屋的骨架，是江西省东北部乐平附近河塘的一栋公社办公新房的构架。从图中可以明显地看到柱、枋、架梁、承檩的矮柱（1964 年）。

⑦ 见霍奇［Hodge (1)］关于希腊屋顶的杰出论文及其他有关论文［如 Hodge (2)］。公元前 462 年之前，希腊人有时在他们庙宇的某些部分中是不用主椽的［如在加杰拉（Gaggera）的得墨忒耳神殿大厅（Megaron of Demeter）］，直接用檩条放在两横向墙之间，但是从来脱离不了架在内殿上的三角形屋架所形成的直线。有时瓦片也直接放在檩条上。

⑧ 有几种不同的比例法来求曲线，如宋代的“举折”法及清代的“举架”法。

⑨ 是否凸屋面对应于一种“阳”文化，而凹屋面对应于一种“阴”文化？另见下文 p. 249。

98

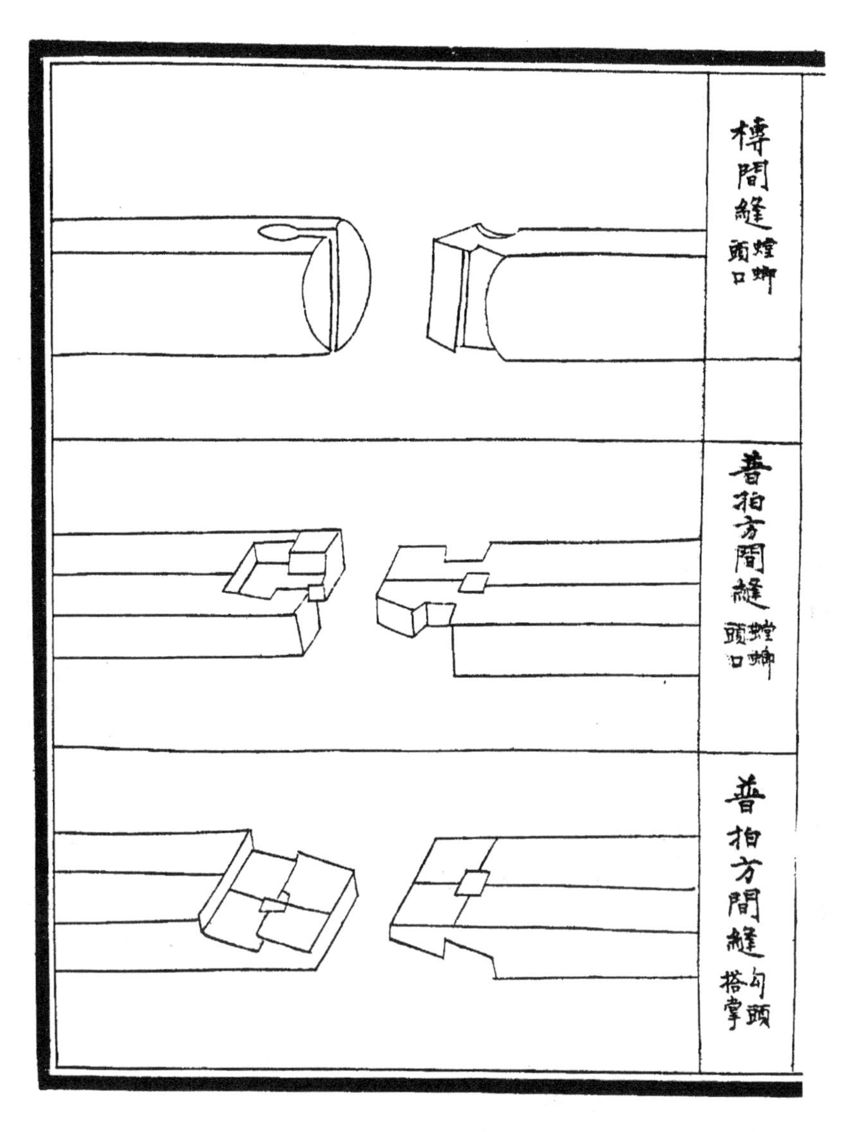

图 763 榫卯、枋或梁的接头方式（《营造法式》卷三十第十七页）。对摹绘中等角图形的失真应予原谅。

的主椽。最明显地与主椽类似的只有前面（图 760 中 *e*）讲到过的昂，虽然确实在檩条之下，但它只做支承檐口檩条之用，而檐口檩条可以在断面的曲线中得到它应有的位置。这种昂在断面中从来不占主要的地位，而且实际上经过一段时间已抛弃不用，只在斜拱中留存着向下指的昂嘴，就像一种退化了的器官那样。在明、清两代甚至枓栱本身逐渐趋向装饰化，功能上的必要性减少，这是由于多用了从柱中挑出的横梁以及主梁的尺寸和强度也加大了很多①。原来枓栱仅仅在柱头上，结果成为沿着檐下外梁的一种装饰带。

① Sirén (1), vol. 4, p. 72; (5); Sickman & Soper (1), p. 284; Chang Fo-Kuei (1)。

100

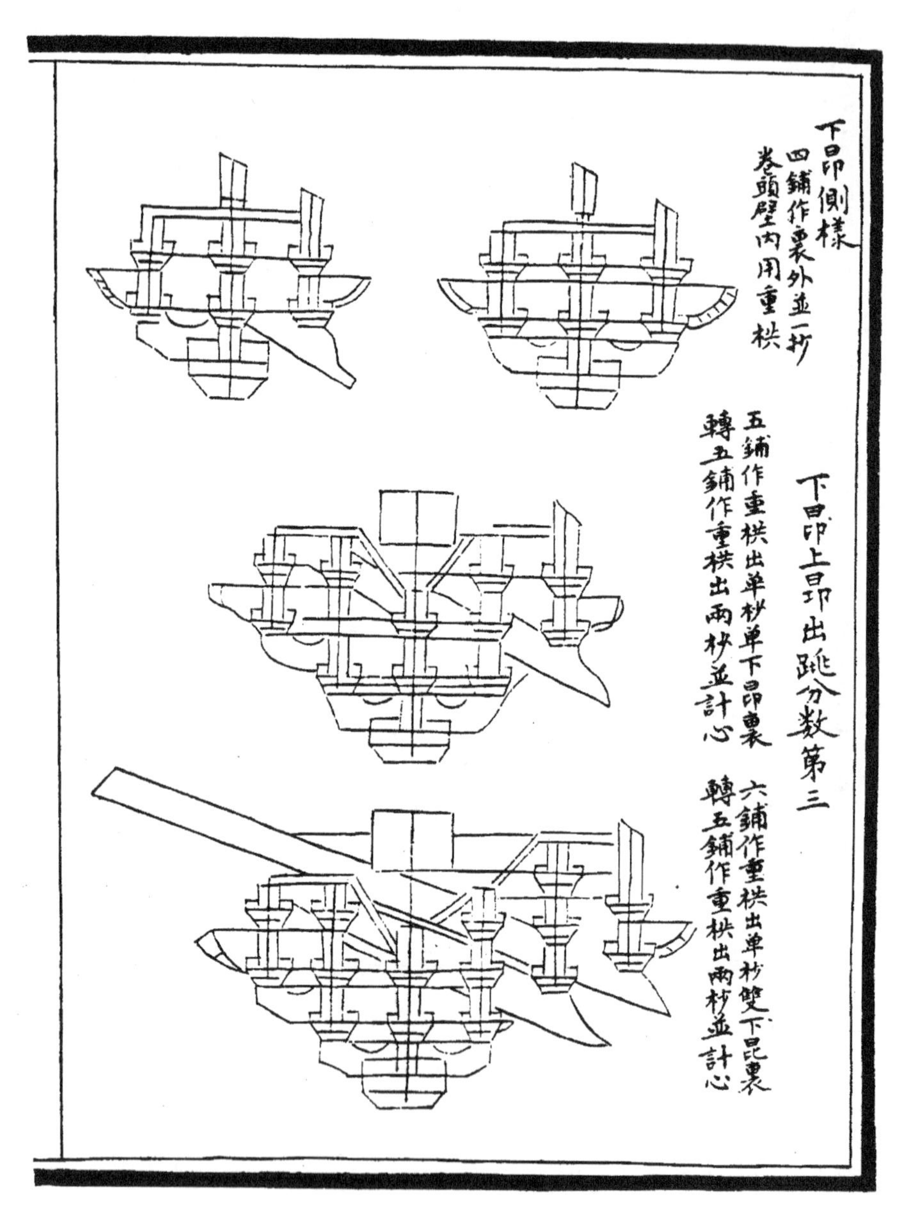

图 765 带昂的枓栱铺作；图样采自《营造法式》(卷三十第六页)。

"昂"的来源何在呢？昂是一种斜放的构件，它在典型的中国式横向构架①的高大平直当中（图 760 中 *j—n*），好像是个闯入的三角成分。回答这个问题，要回顾历史②。古代中国建筑技术已经相当多地应用了像欧洲屋架那样交叉于一点的双斜梁（图 760 中 *i*）。但是这些人字拱或叉手开始时很少有结构上的重要意义；它们主要用于两根纵向联系梁之间作为装饰点缀，使建筑物外貌从正面看起来有所变化。早在公元 1 世纪它们必定就被运用了，因为《释名》一书中就已在"斜柱"条下作了解释③。这些构件在云冈石窟（460—535 年）中描绘的北魏建筑物里常常出现④，在西安大雁塔门楣上公元 652 年左右（或公元 700 年）时的著名石刻图案中也有⑤。与在中国的情况一样，其他相近时间的例子也存在于朝鲜的陵墓及石窟寺中⑥。然而在有一种用法中，叉手也对结构的稳定性起了重要作用，那就是有时用在最高横梁之脊桁之间来代替侏儒柱。在建于 7 世纪的日本法隆寺的四面回廊⑦，及建于 9 世纪的五台山上的佛光寺（图 769，图版）⑧中，现在还能看到这些叉手（在后者中，叉手是作为远为复杂的屋顶构造的一部分）。屋顶的曲线当然不会受到下面叉手的影响。在中国现存的建筑中这种形式是非常稀罕的，如果不是唯一的，因为在唐代末期侏儒柱已经普遍地代替了叉手。虽然如此，不等于说叉手是完全消失了；叉手还继续存在着一个时期，作为加固侏儒柱的构件⑨。不仅如此，它又用在较下的梁的两端来连接枋与枋，或枋与檩条⑩，这样就形成一种真正的梯形屋架（图 760 中 *q*）⑪；但是叉手的各种形式对屋顶曲线没有任何影响，屋顶曲线的形式仍然完全由梁和檩条的位置来决定⑫。我们现在就能知道"昂"的来源是如何容易引 101 102

① 这种构架的术语叫"梁架"；这个词不能和指横梁的"架梁"相混淆，参见上文 p. 93。这是中国技术术语中形容词型的名词可以交换的例子。

② 关于这构件的最初出现曾有过争论。这名词肯定在《景福殿赋》（3 世纪中叶）中出现过。但一些注释家给予它不同的含义。然而李诫在《营造法式》中同意了常用的意思［参见 Soper（2），pp. 99 ff.］。

③ 参见 Kelling（1），p. 125。《鲁灵光殿赋》称它为"枝掌"。

④ Grousset（1），vol. 1，p. 321；Bulling（2），fig. 73/75，73/76；Sickman & Soper（1），pl. 160；Forman & Forman（1），pl. 33。麦积山第 4 窟北周（6 世纪晚期）的壁画中也有（作者本人 1958 年见到）。

⑤ Bulling（2），p. 24，fig. 77/78；Sickman & Soper（1），p. 244，fig. 17；刘致平（*1*），图 315。参见下文 p. 139。

⑥ 参见 Bulling（2），pl. c，figs. 8，9，11；pl. E，figs. 1，2；fig. 134/156。关于朝鲜陵墓，见刘致平（*1*），图 315；Bulling（2），fig. 133/156/154。

⑦ Sickman & Soper（1），p. 234，fig. 15。

⑧ 梁思成（*4*），Liang Ssu-Chhêng（2），刘致平（*1*），图 220；Sickman & Soper（1），p. 248，fig. 20。

⑨ 在刘致平（*1*）所绘的立面图：图 197，图 198，图 199，图 299，图 502 中可以清楚地看到叉手。在日本，叉手保持着原来的功能，直到德川时代末，如在日光市。

⑩ 又在刘致平（*1*）所绘的立面图中，图 197 表示从上到下都使用了这种构件，图 299 及图 502 表示叉手在四种可能的高度上用了三处，图 198，图 199 表示叉手仅用在脊桁下的最高处。在 1925 年版的《营造法式》中的插图是有教益的。出现在每一种高度上的叉手，可见该书卷三十（第一八〇页），卷三十附录（第二一六页）和卷三十一（第五至十五页）。在卷三十附录（第二一七页）和卷三十一附录（第三十一至五十二页）的立面里，完全没有叉手，这清楚地表明，到清代叉手已经消失，也很可能明代前很早就没有了。实际上叉手是一个古老的特征，到中国建筑技术发展成熟时期已经不存在了。

⑪ 这点是值得注意的，因为有时有人说在中国传统技术中是没有屋架形式的（参见下文 pp. 141，145）。舒瓦西［Choisy（1），vol. 1，p. 185］谈得太简单化了，他写道："我们木屋架的稳定性是依靠不变形的三角形，而中国人是用固定的长方形。"但总的来说是用准确精细的榫接代替了斜撑。

⑫ 即使在某些非常特殊的情况下还是严格如此，例如，匠人使用了一种昂称"上昂"，它是放在檩条下几乎从檐口一直延伸到脊桁下矮柱处。这种结构可以在日本奈良 12 世纪晚期的东大寺大南门中，以及在建于 1319 年的山西赵城广胜寺中见到［见林徽音和梁思成（*1*），第 44 页起。］参见 Sickman & Soper（1），pp. 267，282；Soper（2），pp. 155 ff.，286。

图版　三〇六

图 766　长城西端嘉峪关明代塞堡中供新年及其他演出用的戏台（参见图 729、图 730 及本书第一卷中的图 14）。歇山屋顶四角优美地向上起翘（原照，摄于 1943 年）。

图 767　千佛洞绿洲树荫下一个典型的中国式屋架正在装配。用在一座小门房上的梁、棁和桁（原照，摄于 1958 年）。

图版 三〇七

图 768 一座较大的工程，江西东北部乐平附近河塘的一栋公社办公新房的构架，可以看到柱、枋、架梁和为了架桁的童柱（原照，摄于 1964 年）。

图版　三〇八

图 769　建于公元 857 年的唐代建筑物佛光寺中的承重人字拱（叉手）［照片采自 Liang Ssu-Chhêng (1)］。

图 770　甘肃兰州 1943 年正在建造中的工人住宅。虽然初看有些像西方式样，但墙体并不承重，整个木构架是传统形式的（原照）。

起的，它仅仅是叉手原理的引申，用来解决大挑檐的问题①。

曲翘屋顶很可能最终归因于中国建筑从最古的时代起就用长边做“正面”，而不是（像埃及、希腊及中世纪的欧洲）用短边做正面（参见图 760 中 *o* 及 *p*）。因此中国建筑就很自然地用复杂的横向构架做隔断②。从正面观看建筑时，如果看到横向隔断，也仅仅是它的尽端，这样就不会破坏透视感。另外，如果要从房屋的纵轴线上透视，就必须用遮板来遮住枋和屋架，这样才能使视线没有阻挡。哥特式拱圈中关于对景的追求表现得极为充分，自然的趋向是把面椽子，跟着山墙所形成的几何形状，从两边墙顶铺向屋脊。在西方建筑中山墙的重要意义当然是很明显的；人们只要想起希腊庙宇的山形墙及哥特式教堂的西立面。欧洲建筑即使从长边入口，还是认为需要设置山形墙和列柱，如在帕拉第奥式的（Palladian）别墅③；或者在荷兰和丹麦的城镇住宅里的老虎窗，使人回忆起山形墙④。此外，中国建筑由于没有从纵向去看的景向，就可以任意处理横向的木结构网架和它上部的轮廓线⑤。

不管现在怎样对待“帐篷”理论，中国的起翘屋檐能采纳最大限度的冬季斜射阳光和最少限度的夏季直射阳光，这就很清楚地说明中国起翘屋檐的实际作用。由于屋顶上部保持陡坡而在檐部伸展很广，也降低了屋顶的高度，因而减低了侧向风压。这种性能对于减少柱脚处的运动必定是很重要的，因为柱是很简单地立在柱础上而一般不埋入地下。凹形曲线屋顶的另一个实际作用是可以把雪和雨水从檐口远冲到庭院中去，离开台基边沿⑥。当然最后一个因素是曲翘屋顶总要满足最高度的美学要求，兰普里［Lamprey（1）］的意见可能错不到哪里，他认为中国的曲翘屋顶是一种特殊的鉴赏力和天才在建筑上的反映，而这种建筑在本质上具备这种反映的可能⑦。 103

当我们检阅前面的示意图时，已经一再地看到中国的墙体不承受任何屋顶或结构梁的重量。墙仅仅是包围着精巧的骨架的一层表皮。所以门窗的位置及其精巧的木作和花格的构造都可以完全自由地安排⑧。房屋可以任意改造而不会有倒塌的危险，墙上开洞大小不受限制。在南方闷热的气候里，厅堂的整个一面可以做成敞开式的，事实上也是

---

① 它形成的过程可以从刘致平［（*1*），图 315，图 316］的草图中见到。叉手和昂的关系可以从图中领会到，如《营造法式》卷三十附录（第二一六页、第二一八页、第二二〇页、第二二一页）中的那些图。参见梁思成（*9*），图版四。

② 这里可以注意到中国房屋构造和中国造船工程之间有明显的相似。正像房子和厅堂依靠一系列的横向梁架来支撑屋顶一样，帆船是依靠一系列的横向舱壁，而没有龙骨、船头柱、船尾柱。这将在下文 pp. 390 ff. 有详细解释。

③ 参见 Rasmussen（1），p. 73。

④ 参见 Rasmussen（1），p. 124。

⑤ 参见喜龙士［Sirén（1），vol. 4，p. 19］书中所写：“中国殿堂屋顶的明显发展是因为入口不在山墙的两端，而是在南面的中央。这样不但由于柱廊使入口更为突出，而且宽曲的屋面也加强了入口的重要性。”

⑥ 欧洲中世纪的建造者们的一个问题是如何避免雨水从屋顶滴下而损坏基础［Briggs（2），p. 210］。因此增加了女儿墙的天沟、喷水口、滴水嘴等。

⑦ 从图 770（图版）中可以看出在现代的中国建筑中是如何不断地使用横向梁架和排成曲线的檩条，该图是 1943 年在兰州拍摄的照片。虽然这些正在建造中的工人住宅初看时有些像西方式样，但墙体并不承重，基本骨架完全是传统形式的。

⑧ 棂窗。关于多种窗格子设计，见 Dye（1）和本书第三卷 pp. 95，112。窗格子的空隙部分过去和现在都是用薄纸糊的。不久以前才使用玻璃。在这点上，欧洲从 1 世纪起就已领先。关于中国一切木构件的装饰，见 Anon.（*16*）及 Anon.（*38*）。

经常开着的。梁思成（*3*）和其他人曾指出，这种建筑形式和现代钢筋混凝土结构形式是依据完全同样的原则而形成的；骨架是基本的东西，墙和它的洞口仅仅是围护着骨架。中世纪的欧洲建筑有扶垛及拱扶垛[①]，与中国骨架有类似的作用。不过，还没有看到中国的构造方法对欧洲摆脱承重墙结构的束缚有过任何直接的影响。这很可能是一个缓慢的内在发展，首先产生的原因是因为要把建筑造得越来越高，使内部有更充足的日光照射［如剑桥大学国王学院礼拜堂（King's College Chapel）和其他垂直式建筑物］；较晚的一个原因是由于金属材料在建筑上的应用，形成防火结构[②]。

铁柱和铁梁的应用，在历史上要比一般想像得早得多；在中国桥梁上我们会看到一些意想不到的例子（参见 p. 151）[③]。以后［在本书第三十章（d）中］，我们会阅悉公元950年左右在广州建造的一个厅堂，它有十二根铸铁柱，每根长十二英尺[④]。铁拉杆常用在中世纪末和文艺复兴时代的筒拱上以使拱更加安全[⑤]。在17世纪的英国铸铁梁被用做壁炉的横梁；而在法国自1667年起，为了加强庄严建筑物的强度，则普遍地应用熟铁做腰箍嵌在建筑结构内的方法（“加筋砖石结构”）[⑥]。法国革命前，曾在某些房屋上装置巨大的熟铁屋架[⑦]。但是真正的突破是查尔斯·贝奇（Charles Bage，1752—1822年）于1797年在什鲁斯伯里（Shrewsbury）完成的一幢五层楼的亚麻厂，现在依然完整[⑧]。铸铁柱支承着铸铁梁，并用砖砌的弓形拱相联结，这样就形成了第一座多层铁架房屋。它的侧向稳定还是用厚重的外墙来承担，而经过40年后才出现一种门架，一个能独立的三度铁网架，堪与中国沿用已久的木结构相比拟。这是建造水晶宫（Crystal Palace）和希尔内斯船库（Sheerness Boat Store）的时代[⑨]。在第一批“摩天楼”式的建筑中，例如，1884年在芝加哥建造的十层楼的家庭保险公司大厦（Home Insurance Building），铸铁、熟铁和钢都用上了，但是不久以后就使用了全钢骨架[⑩]。这种发展的意图之一是要把房屋上的墙体材料能够差不多全部改用透明玻璃。在考文垂（Coventry）重建的教堂今天看来效果是多么动人。但参与这种伟大运动的建筑师和工程师们，大概很少有人意识到这种对于承重墙的明确摆脱，中国的前辈已经实行了两三千年了。

104

① 把“昂”和“拱扶垛”来作比较是恰当的。宋代匠师所喜用的方法，即把昂完全暴露出来形成惊人的向上翘的线条，“给予人们视觉上的刺激，和中世纪哥特式的拱扶垛类似，它们是同样地既在形象上又在结构上具有生命力”［Sickman & Soper（1），p. 262］。

② 关于一般性的情况，见 Gloag & Bridgwater（1）；Watterson（1）；Giedion（2），pp. 101 ff.。

③ 参见 Hamilton（4）。

④ 参见《羊城古钞》卷八第四十一页。关于铁塔，见下文 p. 141。

⑤⑥Skempton（6）。

⑦ 见 Bannister（1）；参见 Skempton（6）。

⑧ 关于亚麻厂和它的前后过程的叙述，见 Johnson & Skempton（1）；Skompton & Johnson（1）；Skempton（2）；Hamilton（3）。就在贝奇建造亚麻厂的前几年里，已由威廉·斯特拉特（William Strutt，1756—1830年）建造了一些同样的建筑，但是梁还是用木料的。

⑨ 见 Skempton（1）。

⑩ 这是詹尼（W. le B. Jenney）所造；见 Hamilton（5）；Skempton（3）。一些辅助的发明很可能是在钢筋混凝土建筑的发展中起限制作用的因素：例如，1820年以后的电梯，但电梯的安全措施到1852年才有（奥蒂斯；Otis）；电灯，中央发电机和地下电缆（爱迪生；Edison，1879年）；通过管道连接的蒸汽供暖系统（特雷德戈尔德；Tredgold，1836年）等。

(i) 建筑图画、模型及计算

任何中国建筑技术史，不管如何简短，应该对于有关古代匠人和匠师们准备工作的现存记载加以注意。现在我们从遗留下来的图文材料中只能举少数例子。

5世纪的《世说新语》谈到魏文帝（220—226年）所造的建筑群时说[①]：

> 陵云台有精巧地建成的楼台和庙宇。所有的木料构件都先被称过，所以（建筑的各边之间）达到完全平衡。这就是虽然有些楼层很高，并在强风中摇晃和摆动，但高高的建筑并没有任何倾覆或倒塌迹象的道理。明帝（227—239年）在登其中的一些楼台时，被（他认为的）危险的情景所吓，因此他叫人用一根粗柱来支撑其中的一处楼台。（此后不久）该楼台倒塌并被毁坏。人们在谈论这种后果时说，这是由于使重量失去了平衡（“轻重力偏故也”）。
>
> 〈陵云台楼观精巧，先称平众木轻重，然后造构，乃无锱铢相负揭。台虽高峻，常随风摇动，而终无倾倒之理。魏明帝登台，惧其势危，别以大材扶持之，楼即颓坏。论者谓轻重力偏故也。〉

梁代的注释，从《洛阳宫殿簿》中引用了对这些建筑物的补充细节，但该书已失传，其中谈到古代匠人的一些准备性实验，但被高职位的门外汉干涉而搞糟了，这在历史上不是第一次，也不是最后一次[②]。 105

小规模试验性的工程曾用来求算造价。1197年左右，理学家黄幹自力承办重建安庆的城墙，他是安庆的知府。他开始先造一段作为试验，这样就得到较为正确的人力和材料的预算[③]。然后就尽快地进行施工，终于在女真族金兵进攻该城之前成功地完成了该项工程。水利工程中也一定用过类似的方法（参见下文p.333）。

在六朝时期建筑图及模型已出现了。大约公元491年（据《南史》）[④]：

> 崔元祖对皇帝说，他的外甥崔少游就要到京城来了，崔少游特别擅长彩绘建筑图画（“班倕”）。崔元祖建议皇帝命令他制作一个（新的?）宫殿建筑的模型（“模”），并留用他。但皇帝并不觉得可以遵从这一建议，所以，在绘制了宫殿的图画之后，崔少游就回去了。
>
> 〈（永明九年，魏使李道固及蒋少游至，）元祖言臣甥少游有班、倕之功，今来必令摹写宫掖，未可令反。上不从。少游果图画而归。〉

现在为得到这些5世纪晚期的图和模型，人们会不惜代价，这就使我们能看到在战国和汉代明器中所见到的简单设计有了多大的发展（参见图783、图784、图786；图版）。

---

① 《世说新语》卷三上，第三十二页，由作者译成英文。

② 在中国文学里有很多故事是关于由楼和塔在风中摇动所引起的惊慌的。在下文里我们可以看到匠师喻皓对这种情况所提的建议（p.141）。关于工程技术专家所遇到的困难，读者会记得有关为高阳应建造房屋时的那段有趣的故事（本书第二卷p.72）。

③ 《宋史》卷四三〇，第三页；参见Yang Lien-Shêng（11），p.81。

④ 《南史》卷四十七，第六页；由作者译成英文。《清异录》卷下，第二十三页；由作者译成英文。

缩尺法显然已开始应用。在宋代，模型常常被提起。例如①：

一些匠人为孙承祐（10世纪的一个将军）造了一个骊山的小模型，模型很完整，有溪、桥、房屋、亭子和山路，它是用一种硬泥块和樟脑合拌在一起做成的。其后制作了一个蜡质的模型。

〈吴越外戚孙承祐奢僭异常，用龙脑煎酥制小样骊山，山水、屋室、人畜、林木、桥道，纤悉备具。近者毕工，承祐大喜，赠蜡装龙脑山子一座。〉

这应该是园林设计的一种，我们今天还能游览的颐和园，在建造以前必定制备了这样的模型。同一个来源②也讲到差不多同时期的另一位建筑模型（"样"）制造者，他曾为郭从义制作了一个某种窟楼的模型。

正是在这个时代，模型式建筑被广泛地用来作为一种内部装饰③。当日本僧人成寻在1072年访问都城开封时，他曾注意到禅宗主要寺院的大禅堂内有一个"全用宝殿（模型）装饰"的顶棚。特别是藏书楼是这样处理的，书橱顶上都冠以完整的微型庙宇。对成寻所看到的这些，我们今天也能得到明确的概念，因为在北方大同建于1038年的辽代下华严寺内还存在着辉煌的教藏殿。在教藏殿内沿着85英尺长的建筑物的端墙和后墙围有两列双层右簷的藏经壁橱，其中穿插着一些较高的阁。一座华丽的楼阁模型建在飞越中门的悬臂式虹桥之上，把左右壁橱连接起来（图771，图版）④。美丽的模型式建筑也常用做遗物盒。

106

17世纪姜绍书写过一段关于专门绘建筑图的画家的有趣笔记⑤。虽然这些图并不是建筑方案，但毫无疑问能对业主和建筑者都有所帮助。这种画法叫"界画"，以区别于朦胧的山水画那种较为模糊的形象⑥。

宫殿与房屋是很难画的。它要求极度精确才能令人满意。李将军⑦被普遍认为是这方面的专家，但人们不知道还有许多其他专家。在唐代有尹继昭，五代时有胡翼及卫贤。没有其他人可与他们相比。以后的郭恕先有杰出的人品；虽然他对圆规、木工矩尺，水准和铅垂线的用处十分熟悉，但他绝不受这些器具的束缚。我曾见过他的《避暑宫图》，此图有几千个榱和桷，一个不漏。另一位专家王孤云在已亡的（明）王朝晚期很为活跃，也是一位很成功的画家，但比不上郭恕先。后者的精品是《仙山楼阁图》及《端阳竞渡图》。这些图的构图很秀丽，每一笔都很细致，恰如其分。……

〈画家宫室，最难为工，须位置无差乃称合作。世传界画之工致者，咸目之为李将军。殊不知唐之尹继昭，五代之胡翼、卫贤皆擅国能。至郭恕先，而人品既高，构思精密，游于规、矩、准、绳中而不为所窘。余曾见其《避暑宫图》，千榱万桷，纤毫不遗，诚行家绝艺也。胜国王孤

① 《清异录》卷下，第二十三页；由作者译成英文。

② 《清异录》卷下，第四页。

③ 参见 Sickman & Soper（1），pp. 257，278 ff.。

④ 见 Sickman & Soper（1），p. 279，pls. 180，181 a；Forman & Forman（1），pl. 39。我很幸运在1964年参观了该寺。参见本书第四卷第二分册 pp. 547 ff. 有关轮藏的叙述。

⑤ 《韵石斋笔谈》卷下，第十一页，由作者译成英文。

⑥ 见 Waley（19），pp. 184 ff.。

⑦ 李将军一定是指李思训（651—720年），或指他的儿子李昭道，他们两位都是将军又都是名画家。

图版 三〇九

图 771 用做内部装饰的模型式建筑；山西大同下华严寺薄伽教藏殿的飞桥楼阁（原照，摄于1964年）。模型中极丰富的枓栱（造于1038年）是值得注意的，还有屋顶下的两层昂也同样值得注意。

云能接武恕先，而更加细润；其《仙山楼阁（图）》及《端阳竞渡图》，结构邃密，笔若悬丝，刻画精整，几无剩义。……〉

评述中还说，有志于这个专业的美术家，一般也会变得熟谙建筑计算（“木经算法”）①。郭恕先和王孤云的画显然完全专心于建筑物及其细部，而没有任何多余的人物和山水。

107 建筑图在中国所受到的重视，可以从这样的事实看到，在约1120年编写的宋徽宗藏画目录《宣和画谱》② 中，此类画被编为十类画种之一。现在我们谈一下，哪种透视是用在中国建筑画中的。

我们已经在前文几次讲到过中国城市地图及平面图③，也许在这里把最著名的苏州城市平面图（图772，图版）刊印出来是适当的，此图在1229年刻于石板上并一直保存在那儿④。现在在西安碑林博物馆还可以看到的刻在石板上的唐宫平面图也是宋代的，但稍早一些（10世纪或11世纪）。当1934年在西安发掘兴庆宫及大明宫的遗址时，发现刻有平面图的石碑（“图石”），图中有用尺按比例精心画出的建筑物的位置及立面⑤。既然这些图肯定是从唐代的原物重画出来的，所以它们完全可以与欧洲最古的建筑平面图圣加尔隐修院（Abbey of St Gall）平面图相比，该图是在公元820年左右用红墨水画在羊皮纸上的，至今还珍藏在瑞士圣加伦（St Gallen）的教会图书馆（Stiftsbibliothek）内⑥。更宝贵的是日本奈良的东大寺图，公元756年画于大麻布上⑦。建筑图及模型的年代的确定也是比较有意思的，因为萨尔兹曼［Salzman（1）］和其他历史学家曾注意到在是欧洲早期它们竟奇特地缺失。奥恩库尔（Villard de Honnecourt，约1240年）时代以前的建筑图留存至今的如果有也是极少的⑧，也找不到任何1390年前的模型。

这就是为什么说1103年的《营造法式》是伟大的里程碑。《营造法式》的构造图是如此卓越，这就提出了一个相当重要的问题。还没有什么我们在以上讨论中提到过的东西成为（或曾可能成为）我们现在所谓的“施工图”。但是李诫的绘图员们如此清楚地画出构架的各种构件的形状（参见图773、图774），以致我们终于差不多可以

① 有关劳动力、材料和时间的这种计算的例子和图表，可在秦九韶（1247年）所著的《数书九章》中找到，特别是卷十三和卷十四。

② 这也是另一位著名的建筑画家赵伯驹活跃的时代，特鲁兹代尔［Trousdale（1）］曾写过他的事迹。他又曾译过郭若虚在1074年后不久所著《图画见闻志》中的一段有趣文字，描写要在这方面取得成功所必需的令人望而生畏的专业技术知识。1180年有了日本的卷轴画《信贵山缘起绘卷》，这张建筑图被安布鲁斯特［Armbruster（1）］详细叙述过。

③ 上文pp. 63，80，87，88及本书第三卷p. 547。

④ 见Chavannes（8）；Moule（15），pp. 51 ff.；钱镛（*1*）；刘敦桢（*5*），及本书第三卷pp. 278，551。碑是吕挺、张允成、张允迪所刻。慕阿德（Moule）曾讲过杭州的城市地图也是特别准确，它至少在1274年就有了（p. 12）。1964年我很幸运地在苏州原文庙学宫（现在是所中学）对这幅苏州地图的原碑进行了研究，和我一起研究的还有李大斐博士和鲁桂珍博士。

⑤ 1958年我曾和鲁桂珍博士参观并拍摄了石碑。参见卫聚贤（*1*），第211页。关于唐代的长安，可见Schafer（14）。

⑥ 1956年和鲁桂珍博士一起看到的。参见Reinhardt（1）。我把哈德良时代耶路撒冷的马代巴（Madeba）马赛克镶嵌图除外［参见Perowne（1）］，那是一个透视图而不是一个平面图。

⑦ 石田茂作和和田军一（*1*），图版161。

⑧ 另参见下文p. 296及本书第四卷第二分册pp. 229，404。

图版 三一〇

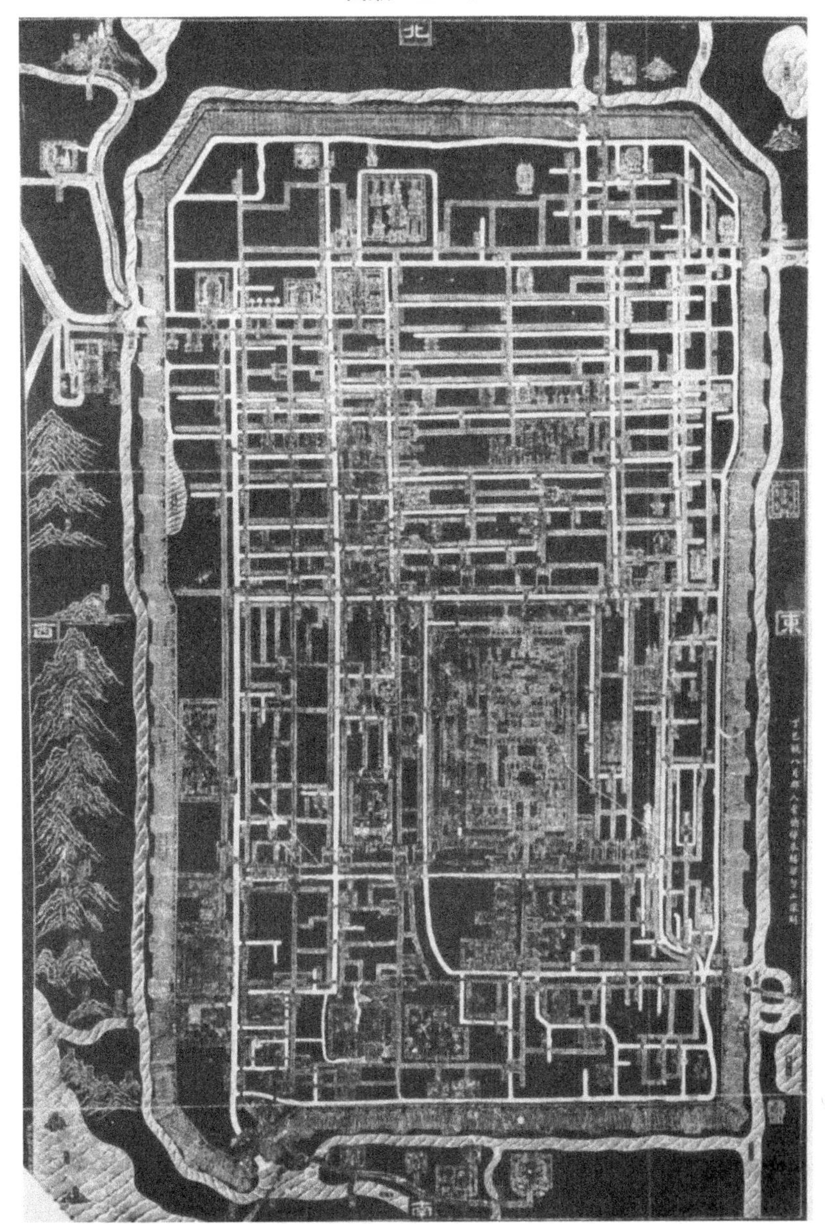

图772 1229年由吕挺和另外两位当地的制图者刻在石碑上的苏州城市平面图［采自刘敦桢（5）和Chavannes（8），pl.9］。上端为北。这块石碑至今保存在属于文庙的学宫（现在是所中学）内，学宫位于图中左下，城的西南地区。图中从左上角向下数第三条河是流入的大运河，沿着西城墙而下，至图底边“南”字旁流出。其他的水道围绕着城，在城内构成多如街巷的运河，并用272座桥横跨。马可·波罗很可能见过此石碑，并称有6000座桥，也许是他夸大了二十倍。关于东亚城市规划中运河的作用见p.309。在图左最下的角上可以看到太湖的一部分；在湖上面是挡住湖水保护城市的丘陵，左上角是著名的虎丘山。在城中最北面可看见佛教的报恩寺的圈地，而靠近中心，在围有子城墙的平江府（苏州旧名）衙署建筑群的上方是规模宏大的道教庙宇玄妙观。

108

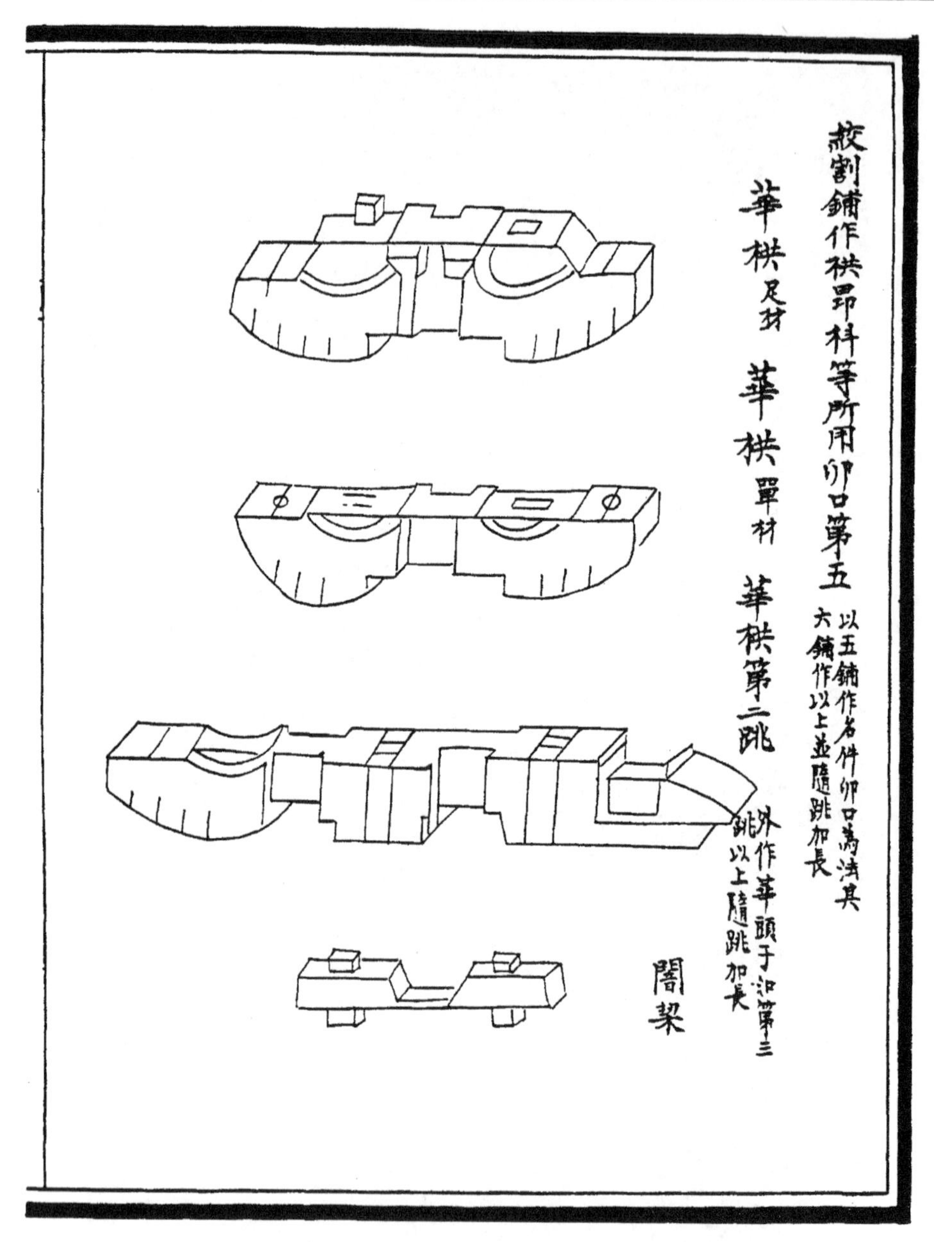

图 773 《营造法式》中的施工图；三个华栱。卷三十第十一页。

谈到现代意义上的施工图了——这在所有文明中或许也是第一次①。我们当代的工程师们常常会疑惑不解为什么上古及中古的技术图会如此糟糕②。希腊时代留存下的图是那

① 原插图可能比现代的好得多，因为一些细部是不正确的，有理由说清代的描图者不是一个“内行”。我们期待着顾迩素博士的研究，他一定能更清楚地阐明这个问题。

② 大概是社会学上的原因对此起了很重要的作用。我们已经谈到过在中国情况下某些有关的因素（上文 p. 82 和本书第四卷第二册 pp. 1，2，37）。

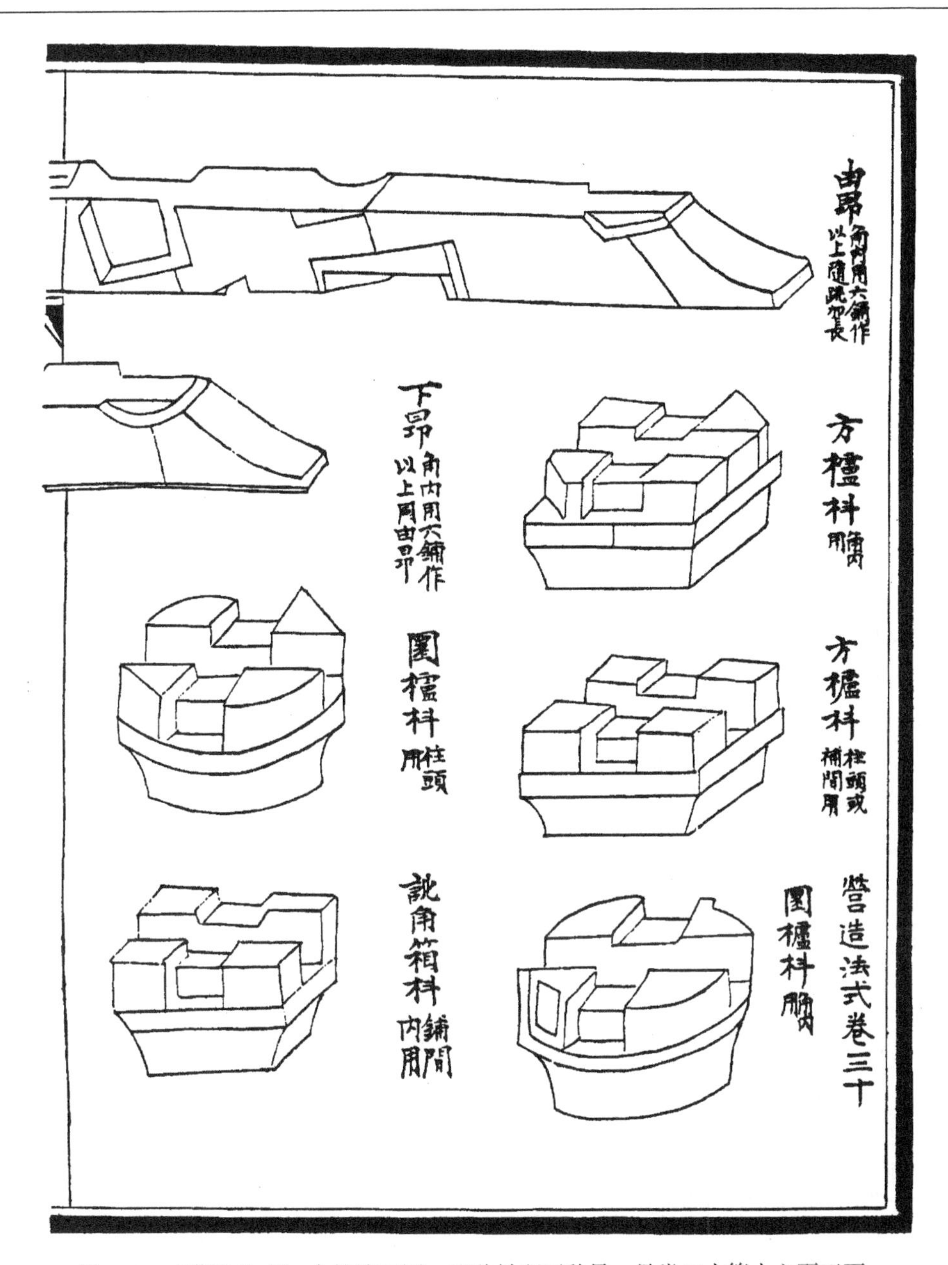

图 774 《营造法式》中的施工图；五种枓和两种昂。见卷三十第十六页正面。

么的走样，以致需要大量的解释①，阿拉伯人的机械图也是出名的模糊。中世纪欧洲教堂的建造者也不是较好的绘图员，15 世纪的日耳曼人，甚至达·芬奇（Leonardo）本人所画的图比草图清楚些的就很少，即使这些草图有时是漂亮的②。既然西方没有什么可

① 例如，可参考 Drachmann（7，9）。

② 关于西方工程画的历史有两本标准性的书，一是 Felahaus（24），另一是 Neduloha（1）；前者比后者多注重于工具和材料，但是两者都主要地着重于文艺复兴后的发展。进一步见 Heymann（1）；Booker（1）。

110　与《营造法式》相比拟的，那么我们必须面对这样的事实，那就是，（欧洲有而中国没有的）欧几里得几何虽然对文艺复兴时期的直观透视的发展一定起过很重要的作用[①]，同时也给现代实验科学的发展打下了基础[②]，可是它没有能力使欧洲在出现好的施工图上比中国领先——至少在房屋构造方面是如此[③]。事实确是颠倒的[④]。

任何房屋在开始建造前所必需的计算工作，在李诫的著作中有许多探索。但是我们在离开房屋计算问题之前，必须注意到在前文中已经出现过的一点[⑤]，即大多数中国立体几何术语可能源自于建筑匠人的首先使用。这种例子既多而又有趣[⑥]。有两个正方形面的平行六面体称为"方堡壔"，而"堡"的意思曾经是（现在也是）有防御工事的村镇，"壔"是夯土而成的壁垒，这个图形当然就是模板里的每个夯土块的形状。依此引申，圆柱体就叫"圆保壔"。没有正方形面的平行六面体的名称"仓"是直接从谷仓来的。有时名称好像是从工具来的，如"方锥"、"圆锥"，"锥"本身是木工的钻孔工具：锥子或手钻。一个方锥体的下角[⑦]称"阳马"，"阳马"在《营造法式》[⑧]中是檐角的技术名称；也许原来的含意是象征阴茎的[⑨]。它的出现肯定不迟于3世纪[⑩]。"亭"这个字出现在"方亭"、"圆亭"中，而"方亭"是指截头的方锥体，"圆亭"指截头的圆锥体。截头的矩形的锥体叫"刍童"，实际上应该是这个"蒭"，"蒭"指草屋顶的稻草，"童"指剃光头的儿童似的平的顶。同样地，底为矩形的楔形叫"刍甍"，两字都和屋顶有关，"甍"的意思是屋脊。"羡除"这两个怪字指底为梯形的楔形，毫无疑问来源

111　于去陵墓的地下甬道或者是皇宫的壁龛[⑪]。稜柱的名称"堑堵"是由护城河及矮墙意思的两个字合成的。一个截了头的楔形叫"城"、"垣"和"堑"，这里明显用了代表墙的字。

几何形体的名称这样来源于建筑实践，又一次反映了中国人民的实践和实验的天赋。

（ii）透　视

谈建筑绘画术引起了关于中国人对透视的看法问题[⑫]。文艺复兴时期后期的欧洲绘

---

① 直接参见下文 pp. 113 ff.。

② 参见 Needham（45）及所附文献。

③ 中国的机械图和机械零件图达不到李诫的标准，但即使欧洲人在16世纪和17世纪以前也画不出这样好的图。

④ 在本书第三十八章和第四十五章中，我们将看到一个明显类似的例子。在中国，准确的植物形状图比16世纪欧洲药用植物学家的著作领先了约四百多年。但这是比较容易理解的，因为在这方面较少需要几何学。这一段所述是我与纽科门学会（Newcomen Society）的同事休·克劳森（Htugh Clausen）先生和雷克斯·韦尔斯（Rex Wailes）先生在谈话中发现的，他们两位有布里克瑟（Brixham）的造船工的经历。

⑤ 参见本书第三卷 p. 97 关于数学的一章。

⑥ 这些解释中有一些是宋代算书注释家李藉在他所著《九章算术音义》中确认的。

⑦ 所以有时候被引申为整个锥体。

⑧ 《营造法式》卷五，第六页。

⑨ 参照在现代电子技术上的"阳极"和"阴极"。

⑩ 可以从何晏的《景福殿赋》（《全上古三代秦汉三国六朝文·全三国文》卷三十九，第五页）中找到。

⑪ 如在秦始皇的宫殿阿房宫里（《史记》卷六第二十五页）。

⑫ 这个问题本可放在物理学部分里来谈，但是考虑到和实际绘图有这样密切的关系，所以放在这里更好。

画都严格沿用根据光学的直观透视原理，即在观者左右的线和面，虽然实际上平行，但看起来相交于地平线的消灭点。一般认为这是一种唯一可能的透视法，并且认为直到17世纪初经有科学知识的耶稣会传教士传入中国之前，中国人原先不知道也不用这种方法。这种说法的后一段无疑是对的，但是如果我们从透视这个词的广义而言，则前一段肯定是错的；因为中国人有必要在画中引入距离感，并且成功地用一些不同于欧洲的习惯手法做到了这一点。

关于会聚透视即直观透视传入中国的问题，已由伯希和［Pelliot (27, 28)］、夏德［Hirth (9)］、劳弗［Laufer (28)］等人作过详细的考察。利类思（Louis Buglio, S. J.；1606—1682年）曾经给中国皇帝三幅完全遵循这种规则的画，因而把西方画法传入了中国，这是没有疑问的。以后逐渐出现了混合的风格：欧洲传教士画家[①]开始用半欧洲式画法画中国景物，或他们自己也学习中国式画法；中国画家也开始用欧洲式画法。在开始时，由于中国人认为西方透视画似乎是错的[②]；所以西方人在画法上作了些改变来适合中国人在这方面的趣味，如图775（图版）所示[③]。中国画家中最早用西方画法作画的是董其昌（1555—1636年）与吴历（1632—1718年），但是会聚透视法并没有完全结合到中国传统画法中去，直到1696年在画家焦秉贞的著名画册《耕织图》[④]中才完全结合起来。在1629年毕方济（Francisco Sambiasi）已编了一本关于透视画法的小册子[⑤]。嗣后（1729年）年希尧写成《视学》一书[⑥]。 112

从汉代以来，中国画家对画中的距离就已深有体会，这是很清楚的。他们已觉察到投影问题和如何在平面上表示三度空间。“高远”、“深远”和“平远”这些术语，已被中国画家沿用了若干世纪，这些并不能轻率地与背景、中景和前景等同起来［March (3)］。5世纪的绘画理论大家谢赫的画法之一是“经营位置”[⑦]，这必定意指某种透视［Hirth (12)］。某些宋代画家，如李成，在处理距离上是很著名的，以后元代画家指出初学者的大错之一在于“远近不分”。

总的来说，在中国画中距离总是用高来表现，所以在一物后面的另一物就画在上方，不一定要画得小一些[⑧]。结果许多中国画带有鸟瞰的性质。所画的景物都好像是从

---

① 最著名的是王致诚（Jean-Denis Attiret；1702—1768年）和郎世宁（Joseph Castiglione；1688—1766年）。关于后者的新的传记研究，见 Ichida Mikinosuke (2)。

② 参见 Gombrich (1), p. 227。

③ Laufer (28)。

④ 见本书第四卷第二分册 pp. 166 ff. 中的详细讨论，这里特别见 Hirth (9)。

⑤ 奇怪地命名为《睡画二答》。

⑥ 年希尧是一位文人画家，是耶稣会传教士美术家郎世宁的学生；但更为出名的是他作为景德镇瓷窑的监窑官之一，因此“年窑”这个名号意味着在他的指导下生产的某些优美瓷器。

⑦ 参见 Waley (18)。他著有《古画品录》，公元550年左右继以《续画品录》。见王伯敏 (*1*)。

⑧ 拉斯穆森［Rasmussen (1), p. 30］将这种方法和中国书写或印刷字体自上而下的顺序作了比较。他对于中国画中在空间上由近而远的事物作由下而上的排列，明显表示欣赏。但是他所认为它们并不给人以一种第三度的印象的说法，是无法证实的。他的假定，说中国人并不把风景画中远处的景物细部画得小一些和淡一些，也是错误的。唐代的王维对这些原理说得很清楚［Elisséev (1)］。

图版　三一一

图 775　一幅 18 世纪的圣母像卷轴画。这是应用混合透视原理的一例，半欧半中的风格；可能是耶稣会传教士郎世宁或王致诚的作品。他们是乾隆的宫廷画家；也可能是受到他们影响的一个中国画家的作品［Laufer（28），pl. 9］。画中的柱廊有一个明显的消灭点，但室内用的是轴测透视。参见本书第四卷第二分册中的图 642。关于郎世宁（1688—1766 年）和王致诚（1702—1768 年），见 Pfister（1），pp. 635 ff.，787 ff.。关于中西透视的一般情况，见本册 pp. 111 ff.。

高处往下看的[1]。这种方式在现存的最古的中国风景画中（公元前1世纪）业已存在[2]。这岂不是可以作为一条理由来解释为什么“图”这个字的含义总是含糊的[3]，既适用于地图和图表，又同样适用于素描和彩绘呢？韦尔斯[4]曾指出过中国画法中这种奇妙的结果。在欧洲画幅中，观者觉得他控制着全景。“他向景物看，一切景物都是在他前面，即使从一个很高处看，也是像站在悬崖顶上向前看一样。中国的画法则是将地平面从远处开始，穿过观者的脚下，到一个无限远的终点，就是说到他的下面也可能到他的后面。在某些情况下，这就会产生不固定的感觉，观者进入了景中去的感觉。”有时也像巴赫霍费尔［Bachhofer（1）］在他关于中国艺术中的透视的精细研究中所指出的那样，好像有一连串的地平面，各有其消灭点；如敦煌壁画中作为佛和菩萨集合的背景的台基那样[5]。但这是颇不常见的。

113

那么可以认为，中国画里总的说来是没有真正的消灭点的，近大远小也无严格的准则。地平面的界限并不被认为重要；观者没有被迫把他本人身体的位置参加到画面中去[6]。那么中国人用什么方法来勾勒出房屋的“界画”特质呢？他们用的是平行透视法[7]，即实际上平行的线条在画里也平行这样一种体系。本书许多插图已表明了这种画法[8]，还能容易地加上更多的例子[9]。这种惯用的画法，归结到最简化的要素时，可以把它与用直观透视画法的同一内容相比较，如图778所示。马尔智［March（1）］注意到这样的矛盾，即欧洲画法默认了非欧氏几何的假设前提，即两条平行线相交于无限远。而中国人虽然很少或根本没有接触过欧氏几何，却信守两条平行线永远不相交的假定，即使在画中也是如此。在一个平行六面体中，中国画不能表示出内部三个以上的面，但在文艺复兴时期后期的画法中能表示出五个面，这是很清楚的。在中国的画论中常常述及三个面，如清代笪重光在他的《画筌》里述及“石看三面”[10]。中国画家从未试图去解决五个面的问题，

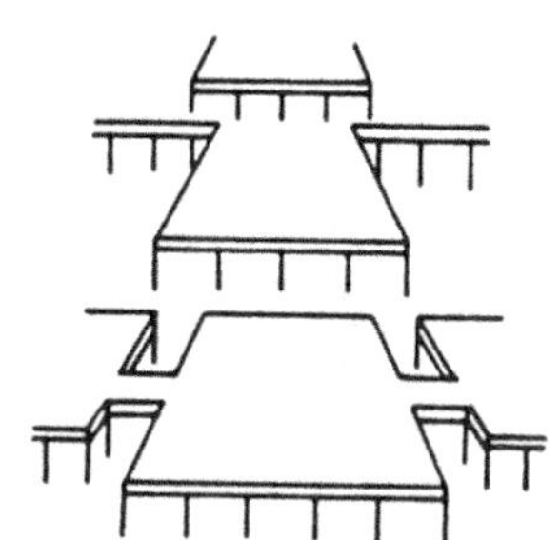

图776 一种透视方式，见于千佛洞壁画——一连串重叠的消灭点。参见图758（图版）。

① 即所谓“等角透视”，有时称为“天顶透视”。

② 布林［Bulling（11）］讨论了郑州附近发掘出的年代约公元前60年的两扇空心砖墓门（图777，图版）和山西一个约公元10年的墓室的彩绘券顶。在前者中，景深的连续后退是由道路和围墙的折线来表现的。图像是在黏土未干时重复使用标准模子压制出来的。在后者中，云雾散开了，露出下面一座曲尺形的农舍和远处的山。关于她的叙述的来源，见王与刚（*1*）及杨陌公和解希恭（*1*）。关于已发现的最古的中国壁画（约公元前50年），见李京华等（*1*）和郭沫若（*7*）。

③ 例如，见本书第三卷 p.536 关于地理学的部分。

④ Wells（1），p.35。

⑤ 参见上文 p.89 和图758，及本书第一卷图23。

⑥ 有一个好的概述，见 Jenyns（1），p.130。

⑦ 有时不甚确切地称为“直线透视”［March（2）］。

⑧ 如图724、图728（图版）、图860。

⑨ 例如，见《芥子园画传》第一集（重印本，第286页），Combaz（6），p.113。

⑩ 《画筌》第五页。另一处（第七页）他谈到距离的表现问题时说，如果画树时“树无表里”，则这个画家还不懂得“隐见之方”。

图版　三一二

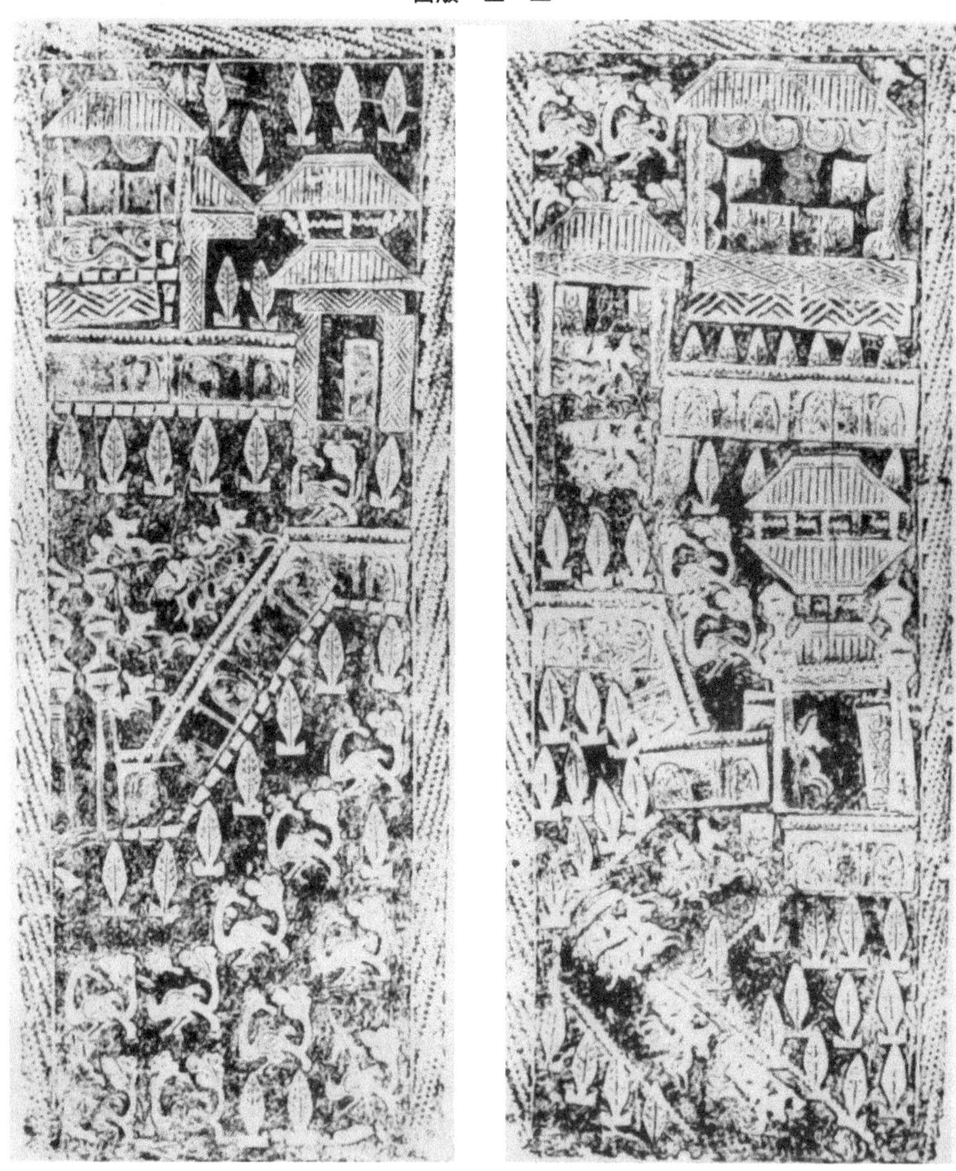

图 777　现存最古的中国风景画之一；郑州附近发掘出的约公元前 60 年的汉墓的一对空心砖门。路和院墙的“之”字形折线表达出层次感，使人感到是从山顶上俯视。画面是当黏土尚未干时用标准印模重复压制出来的。采自 Bulling（11）。

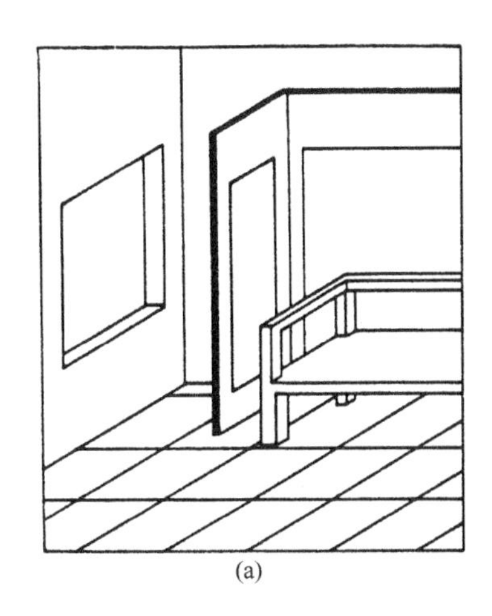
(a)

(b)

图778 （a）中国的“平行透视”或轴测图与（b）会聚透视或直观透视图的比较图。据March（1）重绘。

这只是由于他们缺少几何光学知识的结果之一①。另一个矛盾是他们所用的投影同目前建筑师和工程师们在机械或结构“施工图”上所用的很相似②。因此，可以说中国虽然没有直观透视法，但在机械发明的原始技术阶段里，任何时候这都不像是一种束缚。

114

在汉墓石祠（朱鲔、武梁等）里已可见到刻有平行透视的浮雕③。从图的前面一条线上引出斜线，沿着这些斜线画着人物或房屋。这也可以在鲁道夫和闻郁［Rudolph & Wên（1）］刊印的许多四川汉代浮雕上看到。4世纪的名画家顾恺之④的作品中继承了这种画法，但作了细微的变更。嗣后这种画法从未被摒弃。有人曾经正确地指出⑤，在早期的中国画中没有一个单一的视点作为观者的立足点，从那里转向左右看。而是在所有情况下都假定观者就是在被表现景物的部分画面前边，而没有一定的立足点。因此对于中国习惯画法可以重新得到这样一种印象，就是它是带有“最少的主观性”的⑥。它

① 参见本书第三卷pp. 91 ff.，第四卷第一分册pp. 78 ff.，86，98等。当雅科［Jacot（1）］这样一位作家说“在艺术领域里希腊－罗马的文化较东方文化为优越是因为多年的科学研究”时，他并没有贬低中国的习惯画法，而不过说欧洲习惯画法，特别是文艺复兴时期以后的欧洲习惯画法，深受推理几何学的影响，而中国人则没有受到。

② 在现代工艺中，平行透视画极有用处；因为图中的几个面，虽然假定是向后的但并不缩小。这种图表达出一个物体的足够形象，而且可以在三个主要方向上用比例尺量出尺寸。这种图一般称为“轴测”（axonometric）投影。当图中的高、宽、深用同一比例尺时称“等距”（isometric）投影；用两种不同比例尺时称“正方”（dimetric）投影；用三种不同比例尺时称“正三测”（trimetric）投影。当两根主轴线之间的角度为90°时（其他两角可从270°中作任意划分），所画直线体的一面可以直接投影到平面或立面上去，这样就有利于表达和快速绘图。同时在那个面上，不但距离而且角度和曲线都是“真实”的。这种三视图有时称斜平行投影，为中国传统画法所沿用，图的正立面总是选用做“真实”面的。

③ 参见本书第三卷图125，第四卷第一分册图301等。进一步见Fischer（2）；Fairbank（1）；Wells（1，2）；March（1，2）等。

④ 他的传记的译文见Chheng Shih-Hsiang（2）。

⑤ Wells（1），p. 18。

⑥ Wells（1），p. 21。

115 是多视点的或者宁可说是一个"翱翔的或生动的视野",而根本不是一个视点[①]。因此很自然地会把直观透视中个人视点所起的主导作用同欧洲文艺复兴时期如此突出地对于个人的强调联系起来。这里只能在很短的叙述中涉及各个时代的中国画法是令人遗憾的,但是也许可以说,翱翔的视野、平行透视和用高来表示景深等都同时显示出对自然界的态度问题,即中国人比西方人更为谦逊而不强调个人[②]。中国平行透视也是表达距离的,但不是从观者自我所处的位置来看哪些景物离我远而哪些离我近。

我们幸而有一篇宋代的有力维护散射视域原理的文章,这是我们常常引述的政治家兼科学家沈括用反论方式写的。前已述及的李成(约卒于985年)曾试画过一种直观透视画;嗣后张择端也试画过,这是他的《清明上河图》(约绘于1120年,参见 pp. 165,359,463,648)对现代人立即具有如此的吸引力的原因之一。沈括约在1080年写道[③]:

> 那时有位李成,当他画山中的亭、馆,以及楼、塔之类时,总是习惯于把檐口画成从下方看上去的样子。他的想法是,"从下向上看,就像一个站在平地上向上观望塔檐的人那样,能看到塔的榱和桷"。这是完全错误的。一般说来,画风景的正确方法是从大的东西的角度来看小的东西("以大观小"),正像一个人(当他漫步)在花园中看假山那样。如果应用(李成的画法)于画真实的山,从下面向上看山,一个人一次只能看到一个侧面,而不是山的许许多多的斜坡和侧面,更谈不上正在山溪峡谷和在小巷、庭院及其屋舍中进行着的事情。如果我们站在山的东面,山西面的部分就在远处弥散着的境界上,反之亦然。这能不能确实地称之为一幅成功的画呢?李君不了解"从大的东西的角度来看小的东西"的原理。他肯定惊奇于精确地折减高度和距离,但该把这样重要的事情系附在房屋角上吗?
>
> 〈又李成画山上亭馆及楼塔之类,皆仰画飞檐。其说以谓,自下望上,如人平地望塔檐间,见其榱桷。此论非也。大都山水之法,盖以大观小,如人观假山耳。若同真山之法,以下望上,只合见一重山,岂可重重悉见,兼不应见其溪谷间事。又如屋舍,亦不应见其中庭及后巷中事。若人在东立,则山西便合之远境;人在西立,则山东却合是远境。似此如何成画?李君盖不知以大观小之法,其间折高折远,自有妙理,岂在掀屋角也?〉

116 这样就指责了静止的个人小视点而赞许大而细察的视野,画家本人体现了一整群观众的洞察力,就有可能在这种视野里表达出景物的整体。山景和它的细部只不过是小的,而

---

① March (2); Wells (2), p. 219。沙利文[Sullivan (1), p. 144]谈到了"移动透视"。

② 我们这里说"西方人"是因为直观透视的开始可追溯到公元前5世纪的希腊人,当时有萨摩斯的阿伽塔科斯(Agatharchos of Samos)和他的景物画[Sarton (1), vol. 1, p. 95; Frankfort (3); Schäfer (1), chs. 4, 5, 特别是 pp. 54 ff.]。在锡耶纳的安布罗焦·洛伦泽蒂(Ambrogio Lorenzetti of Siena,鼎盛于1344年)的画中,确实看到西欧人开始成熟地应用直观透视。但这是因为[Sarton (1), vol. 3, p. 111]他非但熟悉欧氏几何而且具有阿拉伯人如海赛姆(al-Haitham)所发现的光学知识。也许是别人掌握了而传授给他的。直观透视法发展较慢;如林堡的保罗(Paul of Limbourg)(1416年)的画上就没有。阿尔布雷希特·丢勒(Albrecht Dürer, 1471—1528年)在他的画中应用这种透视法是出名的[参见 Rasmussen (1), p. 30]。重要的是应注重到中世纪早期的欧洲作品似乎没有按照任何体系;例如,他们并不是发展了平行透视法而后弃置不用的。关于西方透视画法的历史见 Poudra (1); Wolff (2)。

③ 《梦溪笔谈》卷十七第六段,参见胡道静(*1*),上册第546页起;由作者译成英文,借助于 Tsung Pai-Hua (1), p. 27, 此文系施瓦茨(E. J. Schwarz)英译,并为沙利文(Sullivan)所转录[(1), p. 143]和节略[(2), p. 195]。

远的大的是画家的思想和视力。这是整个中国美学的正统观念。

另外，非常有趣的一点是中国人非但发展了“描写性的”透视画，而且还发展了一种“教益性的”透视画。韦尔斯［Wells (1)］用上述观点分析了顾恺之画卷中的两个部分：寝室场面[①]和皇辇场面[②]。初看起来好像很古怪；某些应该会聚的线条反而发散了，因此可以称为一种“颠倒的或发散的透视”。经过研究，看出其手法是将床和轿的正面或侧面转过来，使它们看起来近一些，从而给观众说明某些不然就无从表达的细节。类似的手法可以在汉代浮雕中找到，但没有这样明显[③]。这种画的动机可以说与儿童所画的人像相仿，总是把手臂和手指张得很开，虽然很少见到人们有这样的姿势［Wells (2)］[④]。但是鉴于近代版画和雕塑艺术的创造性发现，聪明人不宜急于指责上古和中古时期中国艺术家在对待无掩盖的现实中所采取的自由。另外，在从北魏到宋代的敦煌石窑寺[⑤]壁画中，我们也可以在某些几何形的带状装饰图案[⑥]中找到明显的发散透视画法。最后，有趣的是平行透视和发散透视都从中国传播到亚洲的许多其他地区，特别是传播到西藏以及一些南海国家，如爪哇和泰国[⑦]。

117

汉学和比较艺术史的研究还没有超出上述的分析。但是实验心理学有可能从很不相同的另一角度来说明这个问题，因为目前的调查发现不同的民族对距离的知觉可能有心理上的差别。对于深度和透视的领会可能不是所有人都完全一样的。虽然我们不能希望对上述研究作出公正的评论，但忽视它们则是和一部科学史著作的精神不相一致的[⑧]。

假定把一张6英寸见方的白卡片放在观者前面8英尺的地方，并把若干张较小的卡片横排在观者前面仅4英尺的地方，请观者凭视觉去挑选哪一张近的卡片与那张远的尺寸恰好相等。事实证明没有一个被试验者会挑选那张3英寸的卡片，虽然事实上这张卡

---

① 被转载于，例如，Binyon (1)，pl. Ⅰ；Waley (19)，pl. Ⅴ。

② Waley (19)，pl. Ⅳ。

③ 在汉代以后的许多画中也很明显，如约9世纪的敦煌绢画（“药师净土变”），见 Waley (19)，pl. XX。参见本书第四卷第一分册中的图302，本册图757。

④ 法兰克福［Frankfort (3)，pp. 36ff.］在为舍费尔［Schäfer (1)，pp. 332 ff］关于古代埃及艺术中缺乏直观透视的观点辩护时说，“在画一张比一个人的视觉印象更为真实的画”。他说希腊人发明的这种画法是和两种尖锐对立的哲学思想有关的，即形态的世界和思想的世界——或者说“自然造型”和“表意造型”。这可能是有些道理的。

⑤ 第288、第431、第435窟（北魏）；第303、第390、第402、第404、第417、第420、第424窟（隋）；第307、第328窟（宋）。这类饰带中有一些见于 Anon. (*10*)，图版11、图版12、图版13、图版24；常书鸿 (*3*)，图33、图34、图41、图54、图207。以上所列当然是不完全的。

⑥ 在我所谓的“方块饰带”中，画家们习惯于在他们的作品下面画一条不同颜色和图案的若干方块（可能有代表梁端的意图），看起来有凸出的，有凹进的，好像离观者近些或远些。这种画法给人一种不确定的感觉，因为当观众的眼睛看到这些如此五彩缤纷的方块时，会使人疑惑所看到的究竟是下面的踏板，还是上面的天花。在一个例子中［第303窟，隋代；Anon. (*10*)，图版24］，这些方块上带着栏杆，好像有部分城墙的幻觉，而方块内的图案使观者的眼光剧烈跳动，一会见到从下往上看而指向右边的梁端，一会见到从上往下看而指向左边的梁端。但是如果将整个图画颠倒过来，这种迷惑的现象就消失了。我在1958年参观时，特别注意了这种饰带。它们很好地说明了这一事实，就是一切视错觉都是和对景深的知觉有关的（我们不久就要在下文看到），但是在所产生的效果中，有多少是故意的，就很难说了。

⑦ 见 Auboyer (1)。

⑧ 对以下几段有益的讨论应感谢佩德勒（F. J. Pedler）先生、格雷戈里（Richard Gregory）博士和肖普兰（Charmian Shopland）女士。

片与那张较远的卡片产生大小完全相同的视网膜影像。观众总是会挑选一张在上述两种尺寸之间的一张。换句话说，任何（无论属于哪种文化的）人，都不会选择按照直观透视[1]的法则来说是正确的那张卡片，而总是选择较大些的。所以一般认为“数学上”的透视似嫌太严格。这种倾向称做“对‘实’物的现象回归”，即由它的最初发现人之一索利斯［Thouless（1）］所定义的一种效应：“知觉上的一般倾向是现象上的（或外观上的）特征介于视网膜的刺激所表明的特征和所看事物的‘实际’特征之间”；这不仅对尺寸而言有效，就像在刚才所举的例子中所表现的，而且对形状而言也是如此[2]。”换句话说，在对于事物的知觉上，每一个被试验者看到的（即直接体验的）不是由神经末梢的刺激所表明的感觉上的特征（如视网膜上的影像），而是在这些感觉上的特征与有形物体本身的“实际”特征之间的一种折中，只要他对这些“实际”特征是什么有足够的知觉上的暗示[3]。

118　表示这种情况的一个方便的量度是所谓“现象回归指数”：

$$\frac{\log p - \log s}{\log r - \log s}$$

其中，p 代表现象上的或外观上的特征的数字计量（在上述例子中即选定的卡片的尺寸）；s 代表所提供的刺激特征的计量（例子中 3 英寸的卡片）；r 代表物体的“实际”特征的计量（例子中 6 英寸的卡片）。在指数的值为零时，表示“实际”特征对透视知觉并无影响，也就是说，大脑的理智对景象的说明严格遵循光学原理；当指数为 1 时，表示一种“实际”特征占支配地位的影响，也就是说，完全缺乏透视感觉。索利斯［Thouless（2）］本人首先指出，对欧洲的（英国的）被试验者而言，指数差距很大（在 0.2 到近乎 1 之间），但是可根据年龄、性别、智力、艺术训练等得出统计上有意义的关系来[4]。他后来接着指出［Thouless（3）］，在印度学生和英国学生的典型组之间有

---

① 像通过一个无透镜的针孔照相机所观察到的那样，远的物体似乎非常小而近的特别大。

② 尽管对色彩或亮度而言不总是如此。

③ “大小不变”是“现象回归”的一种普遍的伴随现象，即这样的事实：如果我们在一个相当幅度内的不同距离中去看一件小物件，比如一只手表或一颗石印，它的大小好像都是一样的，虽然它在视网膜上形成的影像远者要比近者小得多。事实上，大脑的理智在起着补偿作用；使较远物体的影像得到知觉上的放大。这是引导贝克莱主教（Bishop Berkeley）去写他的《视觉新论》（*New Theory of Vision*，1709 年）的效应之一；参见 Wolf（2），pp. 668 ff.。

还有一个值得注意的事实，就是我们平常和景深知觉相联系的特点成为一切视错觉的共同性质［参见 Gregory（1）］。有名的蓬佐（Ponzo）图形和米勒－吕尔（Muller-Lyer）线段是一些例子。也可参考 Baltrušaitis（3）；Escher（1）；Gombrich（1）；Campbell（1）。

同样地，对于两个貌似的物体的大小，虽然可以证明它们所产生的视网膜影像完全等大，我们可能觉得不同，把我们认为较远的那个物体放大得太多。在靠近地平线的地方看到的日、月明显地大了很多的情况就是这样的——这是中国古代讨论过的一个现象（如我们在本书第三卷 pp. 225 ff. 孔子和项橐的有趣的故事中所见到的那样），在当时就已被张衡，还有托勒密（Ptolemy）认为是主观的。近地平线处的月亮所以看起来比在头顶上时为大就是因为看起来较远——这又是大脑的理智补偿在起扩大距离的作用。关于这种视错觉，见 Dember & Uibe（1）；Kaufman & Rock（1）。

现在我们认为，距离的知觉和“大小不变”的知觉系统可能是两种平行而半独立的感觉调整机构，它们能发出相互矛盾的信息。当然，在感觉上认为很远的物体看起来比近的小，但“大小不变”的现象在一个格外宽的距离范围内起作用。这个转换范围将根据不同情况而变化很大。

④ 他的试验不限于这里所说的简单的透视试验。

显著的差别，前者的指数是0.76，而后者的是0.61。后来这个问题在非洲引起了很大的注意，因为已发现非洲人一般不理解近似直观的透视图[1]。贝弗里奇［Beveridge (1)］发现西非绘图者的指数较苏格兰学生的要高。后来布什和克尔威克［Bush & Culwick (1)］又报告了采自东非的指数值：哈伊阿的（Haia；即坦噶尼喀的，Tanganyikan）非洲人为0.82，有非洲人血统的阿拉伯人降为0.58，而欧洲人则为0.54。他们未能找出指数与文化程度之间的任何联系。

现在很清楚的一点是现象回归指数大于零的任何人，在比较远近两物体时，远的物体看起来要比理论上的尺寸偏大些；指数愈高效应愈大。索利斯［Thouless (3)］本人立即意识到这种情况对于理解亚洲美术可能是有意义的，他用一幅16世纪的蒙古画作为一个平行透视的例子来说明。按照他的看法，欧洲和亚洲的美术家及建筑绘画者之间在绘画技巧上的显著差别并不那么一方面归于几何学和光学的影响，或另一方面归于哲学上的偏爱，而是更多地归于可以证明的不同人种在知觉上的“固有的”差别，这类似于体质人类学所研究的材料。在回归指数高的情况下，产生会聚的视网膜影像的一个物体自然会被看成平行边的。这种惊人的结论还缺少一方面的实验并使人产生根本的怀疑。据我们所知，对于中国文化区内的任何民族还没有定量的数据可用；即使证明了他们的指数是普遍高的，如果要把中国画中距离表现和“平行透视”的一切传统都输入到这种同欧洲人的差别中，差别就不胜重负了[2]。不过似乎可以这样说，西方直观透视的发展得助于欧洲人的低回归指数并不亚于欧几里得（Euclid）的毕生贡献[3]。 119

索利斯［Thouless (3)］补充了两点。他认为亚洲美术家是非常杰出的、极为“逼真的”，就是说，富有生动精细的想像力，当他们对卷挥毫的时候，已“胸有成竹”。中国画家确实很少写生，而是作宁静的回忆。这自然会导致对尺寸的放大，因为一个回归指数高的人会把极为逼真的影像看得比实物近一些。索利斯说，既然如此，甚至前面所述的“发散透视”也成为完全可以理解的。实际上当我们在望远镜里看到向远处消失的两条平行线时，如在铁路线上和长廊里，就恰好产生这种效果。假如顾恺之有这样一种实物示例，他会感到无比兴奋的。

(6) 房屋建筑发展史摘记

(i) 文字和传统

正如自然会意料到的那样，房屋建筑的技术在历史上可追溯到这样远，以致值得我

---

① 参见Pedler (1)。菲奇（J. M. Fitch）教授（在私人通信中）曾注意到类似的困难。

② 这种差别可能是美术表现方法的不同传统的结果，而不是其原因。这里，非洲的结果可能只是一个试验的例子，因为那儿没有那类背景情况。

③ 在传统风格的现代中国画中当然继承了古代的惯例，博闻广识的人可以学会欣赏中国画，正像中国人也已经习惯对自己的和西方的风格都能欣赏。欧洲人从17世纪开始知道中国画。冯·桑德拉特（Joachim von Sandrart）似乎是第一个对中国画有所论述的人（1675年），但是他的见解在某种程度上被篡改了［Sullivan (4)］。

们去看一下象形文字本身的结构中包含着一些什么[①]。和居住建筑有关的部首主要有三个："广"（第53）原先必然是描绘靠山崖的单坡蔽所，"穴"（第116）原是描绘岩石或黄土中的窑洞或穴居，而"宀"（第40）显然是一个屋顶。虽然几乎所有建筑构件的技术术语都是从"木"这个偏旁而来，但更多的表示房屋或其组成部分的字是从这三个字源演变而来。从山崖蔽所"广"字演变而来的有"庭"（庭院）、"序"（边屋）、"庌"（檐下空间）、"庑"（廊或游廊）和"库"（车棚、钱库、武器库）等字。这些仅是几个例子。"穴"的变化并不多，有"窗"（窗户）和"窦"（水沟）。然而从"宀"

部首第53　部首第116　部首第40　K413的晚期字形　K725

得出许多熟悉的字，如"宫"（宫殿，上文 p. 72 已作过分析，K1006）、"室"（私人房屋，K413）、"家"（家庭）、"堂"（客厅）[②]、"寝"（卧室）和"牢"（马厩）等。

120 "宫"和"室"是两个相对的字；"宫"字可能原先是指群居用房；而"室"是指独居住房，并且这两个字一直保留着这种群居和独居寓所的含义。由部首"宀"派生出来的字后来发展到比房屋更广的范围。例如，"家"，明显地表示（K32）所有住宅原先都是农舍，因为屋顶下有一头猪。"安"（K146*b*）表示屋顶下有一妇女。"寒"字（K143*b*）表示屋顶下有一个人、一块席和柴火。"宿"（休息处）字（K1029）也表示房屋中有一个人和一块席，这字是中国天文学中一个十分重要的术语（参见本书第三卷 pp. 231 ff.）。"宗"（祖先）字（K1003）是中国文化中一个具有极其深远的意义的字，代表房屋中所设置的征兆或预兆的符号；因此它主要是指祖先的祠堂或庙宇。可是常用的"廟"字却来自单坡的蔽所"广"的部首，但最初的形状（K1160）其中所描绘的物体的意义还不知道。它似乎和"朝"（早晨）这个字，以及早晨的宫廷仪式有紧密的联系，因此可能是指清晨朝拜。"寝"（卧室）字似乎表示屋顶下有一把刷帚，可能是由于起初的卧室兼做储藏室（store-rooms）[③]（K661*h*）。

K32　K146*b*　K143*b*　K1029　K1003　K1160　K661*h*

中国人有关最早的住所的古代传说是相当精确的。《礼记》中有一段著名的话[④]：

从前，古代的君王没有厅堂和住房（"宫室"）。冬天，他们居住在他们掘出的洞（"营窟"）中，而夏天，他们则居住在他们构架的巢（"橧巢"）里。

〈昔者先王未有宫室，冬则居营窟，夏则居橧巢。〉

毫无疑问这些冬季住所实际上是地穴，因为考古学家在调查龙山黑陶文化时，曾发现了

---

① 比这里更充分的讨论，见 Kelling & Schindler (1)。
② 该字源于"尚"（高尚）字，"尚"字在屋顶下有（主人的）口，甚至可看到背桁（K725 *b*, *c*, *h*）。
③ 参照"storey"（层）一词的词源。
④ 《礼运》卷九，第五十页，译文见 Legge (7), vol. 1, p. 369。

121

一些深约3—4英尺，直径9—15英尺的圆坑①。有些穴比这还大得多②，上面都盖有草顶。通常用做储物的地穴是蜂窝形的（深6英尺，底部直径6英尺，上部直径仅2—3英尺）。料想这类古老形式曾在地面上建造作为最贫苦的普通人的住所一直延续到唐代，因为从敦煌壁画③中可以看到许多用芦苇或草搭成的蜂窝形矮茅舍，画得栩栩如生。发掘得最全面的是在陕西西安附近的新石器时代晚期的一个遗址半坡村④。它的细部和规模给人留下了深刻的印象，表明当时该村的人口密度远远超过了同时代（约公元前2500年）的欧洲，而较接近于埃及或美索不达米亚，现在已在大部分遗址的上方建有屋顶，并辟为国家博物馆。房屋地面的轮廓大多是圆形（直径约16英尺），但也有长方形的，深入地面下约3英尺多（图780，图版），周围有约1 $\frac{1}{2}$英尺高的矮墙，正中还有一个炉灶。炉灶每边有竖竿支撑其上的屋顶，屋顶中间肯定曾有一孔，在围墙之外另有一排竖竿支撑草或灰泥顶的边缘。居住用的地穴曾经在其他许多省中发现过，如云南，这些村落中除了住所外，还有许多储物地窖。

图779 敦煌千佛洞（第236窟）唐代壁画中的蜂窝形茅舍。

斯坦因［Stein (3, 4)］在一次“地平线上的旅行”（*tour d'horizon*）中，曾从人类学和象征的宇宙学方面对这类古代住所作过查考。上部为阳，有一洞口用做出烟、采光和雨水落入，同时作为居住者攀登出入通道；下部为阴，设有炉子和蓄水池（*impluvium*）⑤。此后较晚时期的五家神（*lares*）之一，“中霤”的名字即来自这种“中央滴水”，这名词后来用做称呼天井（*patio*）中的水池。所以后来把天花中间圆穹隆式的顶也称为“天井”或“天窗”，“窗”字本义为窗户，而“囱”意即通风口或烟道⑥。

关于不同类型的住房，虽然有由于季节原因而交替使用的假说，但也可能是起源于 122

① 见 Eberhard (24)；Anon. (*43*)，第15页，Chêng Tê-Khun (9)，vol. 1 及补编。参见本书第一卷 p. 83。

② 当条件许可时，如在黄土地带，挖掘宽敞的住所是容易的，如西北地区仍在使用的窑洞，我本人常看到一些。参见本书第一卷中的图7。王国栋和马栋臣［Fuller & Clapp (1)］曾对这种窑洞作过叙述；又见 Creel (2)，p. 56；Franck (1)；特别是龙非了 (*1*)。

③ 例如，第108、150、197、199窟。

④ 见 Anon. (*25*)；Chêng Tê-Khun (9)，vol. 1，pp. 59，75 ff.，132 ff.；Watson (2)，p. 39；刘敦桢 (*4*)，图版1-5；Anon. (*43*)，图版1、图版2；Hsi Nai (5)。这是一个仰韶文化中期的遗址，参见本书第一卷 pp. 81 ff.。1964年我曾参观过这个遗址，大有收获。

⑤ 斯坦因在某些民族现在的住所中找到许多和中国古代住所类似的例子，如堪察加（Kamchatka）的科里亚克人（Koryaks）和阿拉斯加（Alaska）的爱斯基摩人（Eskimos）所住的。他把住宅这个概念放到大宇宙和小宇宙思想的领域内去探讨，指出了一些事物间的联系，如把地穴中央的柱子或梯子和宇宙的中央山脉（昆仑山，Mt Meru；参见本书第三卷 pp. 565 ff.）联系起来，或者和人死时灵魂的上下通道联系起来（参见本书第二卷 p. 490）等，再多引述就要离题太远了。我们只须限于指出探索古代建筑思想史的同行的著作，莱瑟比［Lethaby (1)］和韩慈［Hentze (6)］的著作。参见上文 p. 73。

⑥ 很自然地会令人想到商代庞大的十字形王陵的象征意义，它是它的前身半地下穴居的一种极度扩大（这种穴居曾一度是所有生活着的男女人们赖以度冬的场所），再联系到后代，代表王权的、祭祀天地的明堂，也是用某种十字形的平面。商陵的顶棚深在地面下20英尺，甬道的斜坡长达65英尺，它们的确是惊人的建筑（图781，图版）。关于它们的已知情况的评述，见 Chêng Tê-Khun (9)，vol. 2，pp. 60 ff.；Watson (2)，pp. 69 ff.。

图版 三一三

图 780 正在发掘中的陕西西安附近半坡村新石器时代晚期大村落的一个长方形建筑物，可以看到内部构成和柱洞、储藏窖和炉灶（1954 年）。仰韶文化中期（约公元前 2500 年）的某些建筑物的规模之大给人深刻的印象［参见本书第一卷 pp. 81 ff. 及 Chêng Tê-Khun（9），vol. 1，pp. 75 ff.］。由 CPCRA 和 BCFA 提供照片。

图 781 安阳地区侯家庄发掘出的商代陵墓；约公元前 1350 年［Chêng Tê-Khun（9），vol. 2，pl. 3a］。中央研究院摄。

对中国文化发展的分别的贡献，如通古斯人的半地下穴或地穴和傣族的“巢居”①。当然“巢居”本身未留下任何永久的遗迹，但可能是利用丛林树木为支柱，而在其上建造的一种简陋的蔽所或房屋。如果确实如此，则可看出它们是如何有可能发展成为中国建筑中传统的梁柱式木结构。每年适当季节时在中国西部的景色中通常出现的一个特征，即在田头间搭起了看守者或收割者所使用的棚屋“庐”，这可能也是自从远古以来几乎一直没有改变过②。毫无疑问，这类后来在中国很普遍的房屋（即在夯土台基上设置石础，其上立木柱，构架四周筑夯土墙）早在商代（公元前第二千纪）已到了一个高度发展的阶段。这从安阳的发掘中已得到证实③。图782，表示其中一幢有30个柱础的这类长形房屋的平面图和复原图，其中多数柱础的石块还保存着④。典型的是，正门似乎曾经是设在一条80英尺长边的中间，可是房屋主轴线是南北向而不同于后来惯用的东西向⑤。

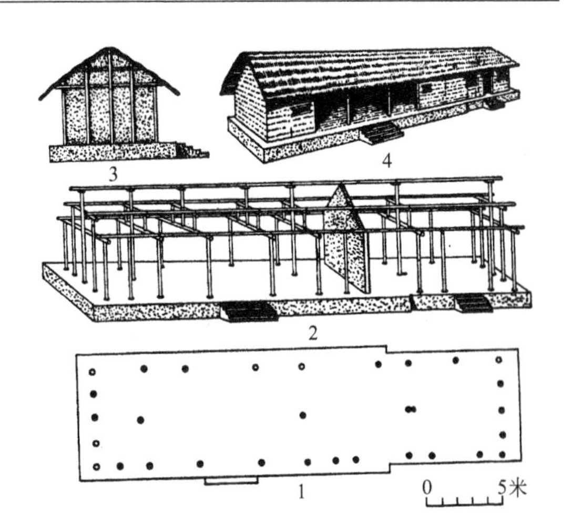

图782 商朝都城安阳地区小屯村宗庙（A4）基础；约公元前1250年［Chêng Tê-Khun (9)，vol. 2，fig. 11，出自石璋如］。

1. 夯土基础，一旁台阶和所有柱础仍遗留原位；长80英尺，宽26英尺，台基高3英尺。2. 木结构骨架的复原。3. 房屋一端的大概形状。4. 房屋总体的大概形状，可能是一所祭祖的祠堂。

123

至少远在公元前8世纪的《诗经》中的民歌有几段涉及建筑方面的活动，虽然提供资料不多，但还值得援引。例如⑥：

---

① Eberhard (2，3)。这里圆形和方形的对比引起了对在后来的中国建筑中这两种基本形式的影响的思考——这是由泽西（Jersey）的已故的斯特普尔顿（H. E. Stapleton）博士和我们一起在通信中提出的一个问题。在开始时，或者圆形平面对于地穴较为自然，而矩形平面则对于建筑在木桩上的茅屋较为自然。但是虽然后者肯定在整个中国历史中占主要地位，前者也从未被遗忘过。关于明堂，曾经建造过圆形的非常显著的纪念物和建筑物，如唐后武则天所建的［参见本书第三十章（d）］，而这种传统仍可在北京的天坛中见到。此外，我们不久可以看到在中国的某些地方由于一个氏族在防御集体住宅的需要是怎样导致一种特殊的圆形城堡式建筑的（下文 p. 134）。最后还有游牧民族的圆形帐篷、蒙古人的毡包，而这些形式在现代的内蒙古也已定形成现行的圆形住宅［参见刘敦桢(*4*)，图版36—41；Anon. (*41*)，图版107］。参见上文 p. 73。

② 此外，不应忘记以前中国边缘地区的许多部族，如苗族，直到现在还是住在干阑式住宅中［参见刘敦桢(*4*)，图版43、图版48］。

③ 见李济(*1*)和后来中国科学院的出版物，摘译见 Eberhard (24)；Chêng Tê-Khun (9)，vol. 2，pp. 20ff.，27 ff.，41，44，50ff.，247；Watson (2)，pp. 62ff.。参见刘敦桢(*4*)，图版6—8。在安阳和其他商代遗址中，许多较小的建筑是地穴式的住所，常为椭圆形、圆形或方形。

④ Chêng Tê-Khun (9)，vol. 2，p. 52；Creel (2)，p. 59。

⑤ 像这里的80英尺×26英尺这样大的商代台基基础，是很普通的。迄今为止，所发现的最大尺寸约为280英尺×48英尺。有意思的是，在商代城市中没有发现庭院式房屋规划的迹象。

⑥ “绵绵”（《毛诗》第二三七首）；译文见 Legge (8)，Ⅲ，i，3 (p. 437)；Karlgren (14)，p. 189；Waley (1)，p. 248。

古公亶父[①]
制作陶窑式的有顶的居住地穴[②]，
因为（人民）尚未有居室[③]。

古父亶公
清晨驱马快跑，
沿河岸西行
直至来到岐山脚下，
带着他的妃子姜氏
来寻觅一处住所。
周地的平原肥美，
堇荼都甜如饴糖，
“我们要从这儿开始；在这谋议，
在这儿刻灼我们的龟甲”[④]。
它说“停”，它说“留下，
把居室就建在这儿”。

124

因此他留下，因此他停住。
有的在左边有的靠右边，
他划出大块和小块土地的边界线，
他挖出沟洫，计算田亩
从西到东；
他处处把事操持。

然后他召来了司空[⑤]
召来了司徒
命令他们建筑居室。
拉直的绳子是标准线，
绑好模板来装（土）；
他们建起的宗庙好庄严。
盛土之声嚓嚓，
夯土之声轰轰，
捶墙之声登登；
削凿墙来冯冯；

---

① 亶父是半传说中的古周部族的首领之一，年代据传在公元前14和公元前13世纪。

② 有关情况见 Stein（3）。我们现在所知关于新石器时代和商代陶窑的情况，完全证实了对这一句的解释，而这一句曾给注释家们带来一些困难。参见 Anon.（*43*），第16页。

③ 韦利［Waley（1）］说，这并不是由于他们不能建造，而是由于在新城还未计划和施工以前，还要住在旧的住所里。另一方面，我们相信商代亡后许多年，老百姓还是继续住在半地穴中，至少在某些地区如此。

④ 用甲骨占卜，参见本书第二卷 pp. 347 ff.。

⑤ 注意这些称号有多么古老。

三百杆长[1]都筑起，
鼓手们都不能坚持住[2]。

他们立起了外城门；
外城门高耸入云。
他们立起了内城门；
内城门十分坚固。
他们立起了大土丘[3]
军旅即从此处出征。……

〈古公亶父，陶复陶穴，未有家室。古公亶父，来朝走马，率西水浒，至于岐下。爰及姜女，聿来胥宇。周原朊朊，堇荼如饴。爰始爰谋，爰契我龟；曰止曰时，筑室于兹。乃慰乃止，乃左乃右，乃疆乃理，乃宣乃亩。自西徂东，周爰执事。乃召司空，乃召司徒，俾立室家。其绳则直，缩版以载，作庙翼翼。捄之陾陾，度之薨薨，筑之登登，削屡冯冯。百堵皆兴，鼛鼓弗胜。乃立皋门，皋门有伉。乃立应门，应门将将。乃立冢土，戎丑攸行。〉

这里，主要的技术方面令人感兴趣的事是把土夯实以构筑庙宇的基础和墙身。另一首诗歌描写一幢封建宫殿的建造[4]。

（君子）长得像并继承了他的祖先，
他建造了一座一百腕尺[5]宽的居室，
它的门有的朝西，有的朝南，
他这里居来这里住，这里笑来这里语。

他们一块高一块地绑好（模板），
他们捣实（模中的土，声响）"橐橐"；
这就把风雨、鸟雀老鼠全都挡在外，
君子就此有了屋檐遮[6]……
庭院平平正正，柱子（"楹"）又高又直[7]
令人愉快的厅堂
宽阔的内室，君子住了很安宁。……

125

〈似续妣祖，筑室百堵，西南其户。爰居爰处，爰笑爰语。约之阁阁，椓之橐橐。风雨攸除，鸟鼠攸去，君子攸芋……殖殖其庭，有觉其楹。哙哙其正，哕哕其冥。君子攸宁……〉

这里再次提到夯土模和屋檐。

---

① 原文字面意思是100"堵"。五丈为堵，堵是专用做丈量墙身的单位，堵亦指墙。参见上文 p. 111。

② 工人工作积极，以致胜过在敲出节奏的鼓手。

③ 祭地之坛。

④ "斯干"（《毛诗》第一八九首）；译文见 Legge（8），Ⅱ，iv，5（p. 303）；Waley（1），p. 282；Karlgren（14），p. 130。

⑤ 原文字面意思是100"堵"。

⑥ 参见《孟子·尽心章句下》第三十四章。孟子说，他不喜欢屋檐（"榱"）奢华阔大。

⑦ 我们在上文（本书第四卷第二分册 p. 189）已经遇到过一个和石柱础有关的材料，在时代上比这晚不了多少，即《国语》中有关石磨的一段。

其他经典中有关建筑[①]及其传统可供引证的有两处：一处在《易经》中，另一处在墨子著作中。在《易经》的《系辞》(可能是战国时期的作品，当然也可能是西汉的) 中述及[②]：

远古时，人民居住在洞穴中，生活在森林里。后世的圣人使之改变为房屋（“宫室”)。顶上是栋木，从栋木下来的斜坡是屋顶（“宇”)，用来挡风雨。

〈上古穴居而野处，后世圣人易之以宫室，上栋下宇，以待风雨。〉

在它关于社会发展的描述中接着又提到“卦”(部首第34) 名，贤人们被认为是从卦中得到灵感的。墨翟，和往常一样，对他认为过分的奢侈和费工提出了批评[③]：

墨子说：“在建造宫室的技术还没有被掌握以前，人们在山边留滞，在洞穴中居住，那里潮湿伤身。以后圣王建造了宫室。建造的指导原则是：（房屋应该造得）够高以能避潮湿，(墙应该）够厚以能御风寒，(屋顶）够坚固以能经受雪霜雨露；最后，宫中的隔墙应该够高以能遵守男女（分别居处）的礼仪。这些就够了，任何并不增加功能而多费的钱财或劳力都是不允许的。”

〈子墨子曰：古之民未知为宫室时，就陵阜而居，穴而处，下润湿伤民，故圣王作为宫室。为宫室之法，曰：室高足以辟润湿，边足以圉风寒，上足以待雪霜雨露，宫墙之高足以别男女之礼。谨此则止，凡费财劳力，不加利者，不为也。〉

总之，这些引证并未提供太多古代技术资料。但是翻阅最古的词典《尔雅》(前已提及) 中专门关于房屋的一篇“释宫”，立即就可看到约有20个现在熟悉的技术术语(如“桴”和“棳”)；这些术语书中都作了恰当的解释。当然也还有其他一些早已少用或废弃的字[④]。然而，从这里可以清楚地看到，我们现在所熟悉的房屋建筑词汇的主要部分已是秦和西汉（公元前3世纪）匠师所习用的[⑤]。

126

(ii) 时代和风格

因此我们可以认为，夯土台基，由许多木柱立在石础上构成的厅堂和适当的简易屋顶至少从公元前13世纪开始已经广泛运用。枓栱的创始必定在周代末年，因为它是所有汉代建筑的特征[⑥]。当然，这类建筑本身已不存在，幸而汉代人在陶制明器[⑦]以及墓室和墓阙的石块上模仿了木作的形式。墓阙不是仅有铭刻的石板而是像楼的模型，高约

---

① 李诫在12世纪初他的伟大著作的开头，引用了这类文字。

② 《易经·系辞下》第二章，译文见 Wihelm (2)，英译本，vol. 1，p. 359。参见本书第二卷 p. 307。

③ 《墨子·辞过第六》第十三页，译文见 Mei Yi-Pao (1)，p. 22，经作者修改。

④ 如“栭”字，意为屋架中的一种立柱。

⑤ 我们无法在这里讨论后来的许多技术术语，如1126年的《书叙指南》(卷十六第一页起)，或明代的书，如《表异录》卷四。所有的百科全书都有有关的部分可供查阅。另一种有趣的研究是把各种建筑方法或构件归因于传说中的发明者（参见本书第一卷 pp. 51ff.），如宋代的《事物纪原》卷八。

⑥ 本书第四卷第一分册图299［刘敦桢 (*4*)，图版10、图版11］所示辉县出土的铜鉴上，枓栱的形状约略可辨，这可能是我们的最古的中国建筑图案。参见图300。这是属于公元前4世纪的，但已可清楚地看出一座二层楼的图样，楼的下层有带顶的廊庑和边亭。周代晚期的陶制明器［见 Anon. (*43*)，图版51］展示出像是人形的枓栱。关于晚周和汉代建筑的一般情况，见 Watson (2)，pp. 122ff.；但是关于汉代建筑风格的最好的讨论，无疑仍是鲍鼎等人 (*1*) 的文章。参见陈明达 (*1*)。

⑦ 参见 Anon. (*42*)。

12英尺，它上面的精细屋顶用石料忠实地模仿了木结构。色伽兰、德·瓦赞和拉蒂格［Segalen，de Voisins & Lartigue（1）］曾在四川乡村发现许多这种阙，如在保宁附近的渠县为纪念赵家坪所建的阙（约公元前1世纪与公元1世纪）①。使人感到兴趣的是其中有两种枓栱形式：一种是直线形，另一种是S曲线形。另一个好例子是为高颐而立的阙，他是卒于公元209年的一个官吏，他的墓在西藏山脉旁的四川省雅安②。除此之外还有墓室。王莽手下将领之一朱鲔，卒于公元45年左右，他的墓前石祠中刻有巨大的枓栱③。另在孝堂山墓地的画像石上有二层楼的厅堂④（图783，图版），其中柱头的画法显示了柱顶上有一系列依次加长的枓栱（约125年）。有时仅能看到枓栱的端部，例如，在四川出土的一种画像砖上，其中有两旁带阙的大门⑤。在另一块画像砖上（图784，图版）⑥，在一幢表现得极为精彩的汉代贵族庄园的阙顶上也可看到枓栱，该庄园的几个院子由带顶的夯土墙分隔。另一块画像砖上可以看到绅士们正在行礼的近景，其中夯土台基的特征是明显的⑦。 127

但是从孝堂山石刻引出一个新要点，即在汉代屋面上找不到任何曲线。要到汉代以后很长时期，可能一直到6世纪才发现横向梁架的直线已可任意改变形状⑧。这种生硬造型也可在其他表现房屋建筑的画像石中看到，如在武梁祠（约147年）的著名画像石中⑨。放着这些石刻的现存石祠本身⑩以及许多陶制明器⑪中也可看到这类造型。近年来在广州及其附近发掘出许多这类文物。我们在这里刊载了一个奇特的原物标明为公元76年的设防的贵族住宅模型（图786，图版）⑫，来说明一种和上文已叙述过的任何房

① Segalen，de Voisins & Lartigue，pl. 30；转载于Bulling（2），fig. 6/4。我们刊载了冯焕墓（121年）的照片［图785，图版；采自Sickman & Soper（1），pl. 156A］。

② Segalen *et al*（1），pls. 47，48；转载于Bulling（2），fig. 5/3。参见Mirams（1），p. 19对面。我们在前文中有关独轮车的讨论中所提到的沈府君阙（本书第四卷第二分册，图508）上也可看出枓栱。

③ 见W. Fairbank（1）。此墓在山东金乡，石刻中的人物描绘，比后来的2世纪的那些石祠中的生动得多，并用平行透视。（W. Fairbank）提出，这是因为在前者中美术家们是将我们所知汉代已有壁画移植到石刻中去［参见Fischer（2）；Watson（1），pls. 100—105］，而在后者中他们是模仿那种用机械性重复的方式来装饰汉代建筑和坟墓的画像砖和瓦当。朱鲔的墓已埋没了五个世纪，但是沈括知道这事，并在1085年记述了这件事（《梦溪笔谈》卷十九第八段）。

④ 《金石索》石索一（第八十九至九十二页）；参见Chavannes（9），fig. 45；Bulling（2），figs. 67/67，67/68；Kelling & Schindler（1），p. 110。主要是郭巨的墓，郭巨是一个以孝著称的官吏。

⑤ 刘志远（*1*），图63；Anon.（*22*），图80、图81；Rudolph & Wên（1），pl. 86；Hsü Ching-Chih（1），pl. 19。其他关于大门的好的描绘见刘志远（*1*）；Anon.（*22*），图16、图17。

⑥ 刘志远（*1*），图64；Anon.（*22*），图18、图19；刘敦桢（*4*），图版18，参见图版12；Anon.（*43*），图版85B。

⑦ Anon.（*22*），图24、图25。

⑧ 檐角起翘以增加轻巧优雅的感觉这种进一步的发展直到很晚以后，五代及宋初（10世纪）才出现，而这是和喻皓本人的名字联系在一起的（p. 18）。参见Siokman & Soper（1），p. 256。

⑨ 《金石索》石索三（第六十六页、第六十七页）；容庚（*1*），第四十六至四十八页；Chavannes（9）；Bulling（2），figs. 12/69/70，12/69/71，69/71A；Kelling & Schindler（1），p. 110。

⑩ Fairbank（1）。主要的道路是通向南面的长边，如一般料想的那样。

⑪ 参见Laufer（3），pp. 40，42；Maspero（17）；Bulling（2），fig. 105/109；Kelling & Schindler（1），p. 90。

⑫ Anon.（*42*），图40，第51页起；Anon.（*43*），图版89。

图版　三一四

图 783　孝堂山画像石上所刻画的二层楼厅（约 125 年）；拓本由冯氏兄弟于 1822 年刊在《金石索》（石索一，第九十页、第九十一页）中。在此东汉厅堂建筑里，值得注意的是每个柱顶上的枓栱和没有任何曲率的屋顶轮廓。在图 725 中也可看到同样的形式。

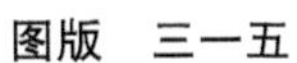
图版 三一五

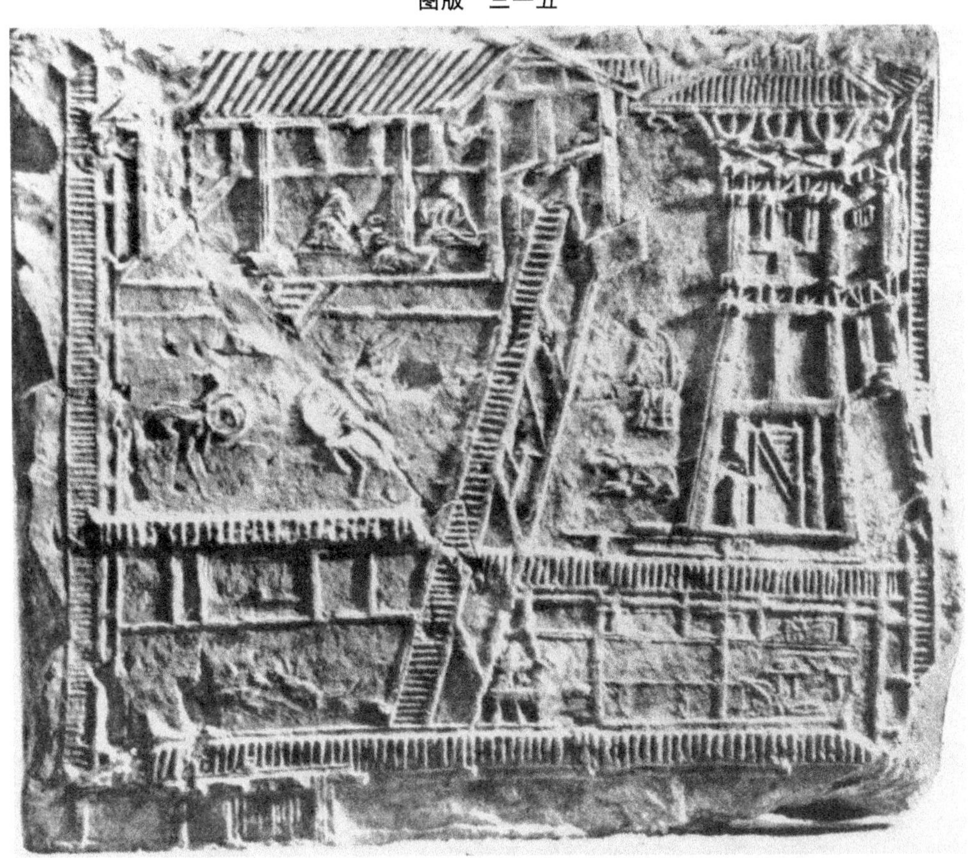

图 784 四川模制砖上所刻画的汉代贵族庄园，可能用做墓前祠堂里的装饰品 [Anon. (22)]。大门在左下方，门内右侧为灶间，有井和灶。后面是一个有楼梯的望楼。在庭院里有一条狗和拿扫帚的仆人；在左上方厅堂里主人正在会客，花园里有两只舞鹤。注意望楼顶上的枓栱和厅堂的横向梁架。带顶的夯土墙也是富有特色的。

图版　三一六

图 785　四川冯焕墓（121 年）前的阙，顶部作建筑形式。在仿木屋盖下的枓栱十分粗大明显［照片采自 Sickman & Soper（1）］。参见本书第四卷第二分册中图 507 所展示的沈府君阙。这些式样都是对门侧岗楼（“阙”）的模仿。

图 786　在广东发现的一个汉代（76 年）明器，明器为设防的贵族住宅［Anon.（*43*）］。四周转角上的岗楼和中轴线上的两个楼阁围住两座各有两个房间的模型房屋；把这些拆开时，可以看到室内有从事各种农业和家务活动的人像。

屋很不相同的类型[①]。当模型拆开时，可看到圈栏中的牲畜以及许多农作和家务活动[②]。对汉代宫殿建筑的有趣的复原工作正在尝试进行[③]。

用女像作柱子是汉代的一个特征。在《金石索》所载关于武梁祠及其他遗址的拓本中颇为常见，但后来，除在重要房屋的柱子上曾（并仍）有时刻有高浮雕外，很少发现这类遗迹，如在福建长汀和其他地方的孔庙里用雕龙缠柱[④]。我们以山西晋祠主殿（圣母殿）的缠龙柱（图787，图版）为例。

汉、隋两代之间，有一种逐渐趋向复杂的发展，枓栱愈来愈精致，而屋面则表现出愈来愈凹的趋势[⑤]。唐代初年这种趋向已完全定型，因为我们不仅可以从中国现在尚存的最古的木建筑[⑥]中，而且也可从日本保存至今的更古的建筑[⑦]中得到证实。它的起源和传播问题引起一种与前面（pp. 91，97，102）已提到过的任何见解都不相同的见解，并且有些学者倾向于认为这是受东南亚屋顶形式影响的一个例子[⑧]。在印度尼西亚、印度支那、泰国、柬埔寨和菲律宾的传统建筑中确实不难找到屋面弯曲的所有三种形式（凹坡、曲脊和翘角）的实例。但是从考古学上还未能证明它们在六朝和隋代以前就已在那里。还需进一步研究才能排除相反的可能性，即这种形式是中古时期沿着通商路线受到中国所传播的影响。 128

六朝时期的主要新发展是塔的构造。以后盛行的宝塔，是早期汉代多层楼台（见于陶制明器，如图788；图版）[⑨] 和来自印度的窣堵波（*stūpa*）的结合，最后在结构上形成各种曲状轮廓的造型。下文对此还要续谈，目前先谈谈古代中国人向高处建造的倾

① 除上文 p. 70 提到的以外。

② 汉墓石刻和汉明器中，在柱子之间的墙上和檐下所画的斜方格形，有时看起来好像是要画出复杂的屋架，但这几乎可以肯定是错觉。它们断然无疑的是装饰。不过人字形叉手是有的，见上文 p. 101。

③ 见王世仁（2）。在西安（旧长安）西郊曾发掘出一个“辟雍”遗址；见唐金裕（*1*）。

④ 其中有些使马可 · 波罗深有印象，参见第75章［Moule & Pelliot（1）（译注本）］。

⑤ 敦煌壁画中多少可以看出这种发展过程。例如，北魏（4世纪晚期以后）的第257窟［Anon.（*10*），图版4、图版5］，西魏（6世纪）的第285窟［Anon.（*10*），图版18和中浅予（*1*），图5］，隋代（581—618年）的第290窟［Anon.（*10*），图版25—31］。在这些时代中，曲率虽微，但已可辨认或甚至很明显。此后，从6世纪晚期画家展子虔的建筑画中可看到它的充分发展［参见 Waley（19），pp. 109，134，140］，这些画保存在北京故宫博物院［见刘敦桢（*4*），图版22、图版23］。

⑥ 山西五台山的南禅寺（8世纪）和佛光寺（9世纪）；见下文。西安大雁塔门楣石刻（652—701年）中所描绘的殿堂也明显地表示出弯曲的屋面；参见 Sickman & Soper（1），fig. 17。

⑦ 奈良附近的法隆寺中的金堂及五重塔是大约公元712年根据大约公元623年的原样重建的；还有保存在那里的可移动的玉虫厨子神龛模型不会晚于7世纪中叶。参见 p. 95。

⑧ 特别是 Sullivan（1），pp. 119，137，（2），p. 228。我认为，在这里把宋代的伟大匠师喻皓列进去是错误的。根据陈师道（约1090年）写的《后山谈丛》，当喻皓从杭州北上到开封时，他对相国寺的门楼（唐代建筑）印象极深。他长期观察以后说“（当时）他们真是有才干的；不过他们还不懂得（在角上）把檐口翘起来”。括号内的“在角上”三个字是译者索珀［Soper（1）］加的，而且肯定是正确的——喻皓所带到北方去的是屋角起翘，而不是北方早就有的屋顶剖面的曲斜线。这事可能发生在公元970年左右。

⑨ Maspero（17）；Anon.（*37*），图版5；Anon.（*43*），图版88；Sickman & Soper（1），pl. 156 B；Bulling（2），fig. 31/22，22/23，32/24；敖承隆等（*1*），图版66—69，望都的一座公元182年的墓中的一些例子，附有局部立面图。

图版　三一七

图 787　山西太原南郊大道观晋祠中主殿（圣母殿）的缠龙柱（原照，摄于 1964 年）。这个华丽的大殿有许多引人注目的东西。该殿原建于 1030 年左右，1102 年重建成目前的形式。前廊柱向内倾斜，正立面的中间往下弯，或许是故意这样的。在带有细致彩画的木结构中，真昂和带嘴的假昂交替设置在柱上；在图中可以清楚地分别出每样三个。这是假昂即水平的带嘴的昂最早出现的地方之一（见上文 pp. 95ff. 的讨论）。在殿里约有 30 个木雕和泥塑的精美的宋代仕女像，其大小和人体相近。关于这些和其他寺庙及其内容的许多说明，可见 Anon.（*66*，*67*）。

图版 三一八

图 788 塔的由来；汉代陶制楼台明器 [Anon. (*37*)]。在楼的每一层都可看到支承露台和屋盖的枓栱木构件。该明器出自河北省望都的一座 1 世纪或 2 世纪的墓。见 pp. 128，137ff.。

129 向[①]。周代和汉代的楼台建筑在后代由于佛教“尖塔”的优势而有些湮没了，但是如果塔大部分起源于窣堵波，那么高台和建在其上的楼阁也和美索不达米亚的庙塔（*ziggurat*）不无亲缘联系[②]。周代的台是用夯土做成的高台基，表面铺有砖或石块，其上有时建有房屋[③]。在《左传》中多次提到封建诸侯国的台，用做邦交上的谒见，统治者之间的会谈、宴会，监禁、抵御敌人的最后防线，看守瞭望以及最末的但不是最小的观察天文和气象的场所[④]。在本书关于天文学的第二十章[⑤]中提到的术语“灵台”成为观象台的标准名称。有一个很早的引证出自《诗经》，其中颂扬了民众为文王建造一个灵台的愿望[⑥]。平坦广阔而同样是献给神的天坛，曾经是而现在也是，一个“台”[⑦]。修中诚（Hughes）曾注意到有些汉代诗赋中着重提到的极高的楼台，著名的有班固的《西都赋》[⑧]，其中谈到汉武帝受道教影响为了保证和天神联系所建的一座井干楼，楼的令人眩晕的高度估计约375英尺。这可能是建立在用石块贴面的高台基上的一座木塔[⑨]。虽然这类建筑已不存在，但在中国大城市城门上给人深刻印象的岗楼（“阙”）（参见图742，图版），证明这种构造格式至今还具有令人望而生畏的性质[⑩]。六朝时期一种奇异的表现是在高桩构成的基座上面建立楼阁，看上去很像19世纪早期设计的铁灯塔[⑪]。这些好像首先出现于北魏的佛教壁画中，而奇怪的是使人联想起前面提到的古代的干阑式住宅，但在唐代以后的中国建筑上并未留下持久的印记。到了六朝末期，曲状屋顶和塔的基本发展都已告完成。

130 唐代似乎是建筑上的一个实验时期[⑫]。现存最古的中国木建筑正是从唐代遗存下来

---

① 这种倾向是有的，但是这和以前所说的中国建筑布局中突出横线条并不矛盾，首先是因为大的楼阁少，其次是因为它们几乎总是在整个总体布置中离开得比较远。在以后的佛塔中，情况继续如此。

② 参见 Sickman & Soper (1), pp. 210, 219 ff.; Hughes (9), pp. 115ff.。克里斯蒂安［Christian (1)］特别论述了美索不达米亚的影响，他的论点是从讨论西安大雁塔引起的，关于大雁塔的情况见下文 p. 139。参见 Ling Shun-Shêng (2, 3) 和下文 p. 543。

③ 参照《道德经》等六十四章：“一棵人难拥抱的大树开始时只是一根细小的枝条；一座高9层的台开始时只是一堆土。”（“合抱之木，生于毫末；九层之台，起于累土。”）

④ 近来在成都做过这类“台”的发掘［杨有润 (*1*)］，有护台壁的三级台基，约300英尺见方，可能建于蜀国初期，约公元前660年。

⑤ 本书第三卷 pp. 189，第207页、第284页及其他页。

⑥ 《毛诗》第二四二首；译文见 Legge (8), Ⅲ, i, 8, (p. 456); Karlgren (14), p. 197; Waley (1), p. 259。

⑦ 见新近出版的石桥丑雄 (*1*) 的详尽的史述。

⑧ 《文选》卷一第八页及第九页，译文见 Hughes (9), pp. 32ff.。又见杨雄的《甘泉赋》，译文见 von Zach (6)。

⑨ 汉代这些楼阁的建造者的名字，有的留传至今，如陶谦。

⑩ 参见本书第一卷图14及 Lin Yü-Thang (7), pl. 19。像那么多的其他古代遗物一样，这种建筑形式留存至今，而大概在日本得到最大的发展，那里典型的封建城堡（其中许多实例仍然存在）大致是在很高的石头台基上建造的一组屋顶复杂的建筑群，这些建筑以凹面轮廓为特征。参见 Paine & Soper (1); Murasawa Fumio (1); Kirby (1); Guillan (1)。

⑪ Bulling (2), figs. 28/19, 28/19A, 24/16, 24/16A, 26/17, 26/18, 26/18A, 等; Anon. (*37*), 图版35。

⑫ 见梁思成 (*6*)。

的[①]。第二个最古老的建筑是山西五台山麓豆村镇附近的佛光寺大殿，第二次世界大战期间经梁思成（*2*，*3*，*4*）发现并对它进行了充分的研究[②]。该殿坐落在倚山坡的高台基上（图789，图版），自公元857年以来，殿中巨大的柱子、梁、昂和枓栱经受住了年代的一切侵蚀[③]。河北正定文庙大殿可能也是在同一个世纪的末期前兴建的[④]。从这个世纪遗存下来的仅有的其他中国木建筑可能是敦煌石窟寺的窟檐[⑤]。对于唐代京都长安的大宫殿，现正在进行大规模的复原工作[⑥]。

131

仅次于现存唐代建筑的古迹是山西平遥镇国寺大殿，建于短暂的五代北汉时期（963年）[⑦]；继此之后就是更为著名的河北蓟县独乐寺[⑧]。寺的大门和观音阁建于辽代（984年）。观音阁是一座宏伟的三层建筑，其中有60多英尺高的观音像（图791，图版）[⑨]。为了设置这个像，匠师在阁的正中留出了贯通三层楼的一个井。为了配合阁中

---

① 这就是南禅寺大殿，在五台山麓北大兴村谷向上的李家庄。现存铭刻记载的最后修复时期为公元782年。该寺在1953年发现之后，很少有著述论到，只由刘致平［（*1*），图211、图212］描述过。寺不大，结构简单，有两点说明它的年代古老：其一是叉手（参见p.101）用在侏儒柱的两旁并用做其他瓜柱的支撑，其二是昂（参见p.95）的使用并没有妨碍枓栱的对称。1964年我幸运地有机会参观了这寺和邻近的佛光寺；我的朋友太原的侯存玺先生和沈承书博士组织了这次参观，我要对他们致以衷心的感谢。然而南禅寺并不是中华文化圈中最古的木建筑。前一个世纪的寺庙和塔在日本被保存下来，逐次的修缮都忠实于原样。我们刚提到过（p.128）奈良附近的法隆寺，其中的金堂和五重塔可能早至公元680年，肯定不会晚于公元714年。法起寺的三重塔兴建于公元685年，药师寺的塔约兴建于公元698年或公元720年。这些都是有昂的，与佛光寺一样。由于设计的集体性，使任何一本中国建筑技术史不能不把它们包括在内，何况我们知道建造某些最古的日本佛寺的匠师是中国僧人。

关于这点，下文就要谈到有关8世纪末的鉴真和如宝的一个经典例子。但是早在公元541年就有匠人和匠师从中国南梁到朝鲜的百济去，并在公元552年转到日本。公元577年一个“造寺工”于公元577年到了日本，青铜铸匠（“炉盘博士”）和瓦匠（“瓦博士”）也于公元588年抵达。六个世纪以后，俊乘坊重源在1168—1195年对奈良的东大寺做历史性的重建工作中，得到了两位著名中国匠师陈和卿和他的兄弟陈铸佛以及日本青铜铸匠草部是助的协助。关于这个寺的工程细节，可以在1452年的《东大寺造立供养记》中见到。中、日两个传统是无法加以区分的。

② 又见Ecke（4）；刘致平（*1*），图205—210、图219、图220；Sirén（1），vol.4，p.68，pl.115；Anon.（*37*），第8页，图版37—40；Anon.（*26*），第460页；Sickman & Soper（1），pp.246 ff.。北京故宫博物院有一个极好的木制模型。有趣的是英国最古的木建筑——埃塞克斯（Essex）的格林斯特德（Greensted）教堂——也正巧约在同时。但是它和佛光寺比起来是微不足道的，因为它所剩下的比一排开裂的圆木多不了多少，而屋顶梁架早已无存了。关于五台山，参见E. S. Fischer（1）。

③ 在日本现存的建筑中还有一座很接近佛光寺的，那就是奈良西郊的唐招提寺金堂。它的年代必定是在公元760年（著名的中国僧人鉴真去世的那年）和公元815年（他的建筑弟子如宝去世的那年）之间。关于鉴真，见周一良（*2*）；安藤更生（*1*）。

④ 见梁思成（*8*）；Sickman & Soper（1），p.254。

⑤ 我本人在1943年和1958年的观察。第224窟和第305窟前的窟檐似乎属于唐代（图790，图版）；第202窟和第232窟的似乎是宋的。在某些例子中，原来带有年代的铭刻仍可辨认；我并没有把它们抄下来，但是后来找到了由梁思成（*7*）发表的伯希和（Pelliot）和中国建筑史家之间关于这个问题的通信。据此，第431窟的木构窟檐是由敦煌的节度使曹延禄于980年建造并题献的，而第443窟和第444窟的窟檐则是他的前任曹延恭在四年前所建。前者复原前和复原后的照片，见常书鸿（*1*），图12、图13。

⑥ 以文献和形象考证以及现场发掘为根据；见郭义孚（*1*）；刘致平和傅熹年（*1*）；Hsü Ming（1）。

⑦ 见Anon.（*37*），图版43。

⑧ 详细叙述见梁思成（*9*）。

⑨ Anon.（*37*），第8页，图版46—48；Anon.（*26*），第492页；Bulling（2），p.25，fig.82/83；刘致平（*1*），图197；Sickman & Soper（1），pp.275 ff.，pl.177。北京故宫博物院内有该寺的精致模型。

不同部位，采用了十多种不同的枓栱。其他几座建筑也兴建于宋初①；此后不到一个世纪，山西应县建了一座九层高的八角形木塔（1056 年）②。塔总高近 200 英尺。在这一杰作中可以看到将近 60 种不同的枓栱（图 792，图版）。

如此，从 10 世纪遗存下来的只有六座建筑③。可是属于 14 世纪之前而也经过细致考察的，至少有五十座④。15 世纪的明代建筑比较普通。当然，某些遗址有从汉代以来的连续历史。四川成都有一座著名的大成殿。约在 1190 年费衮认定当时直立着的那座建筑建于汉代末期。费衮所著《梁溪漫志》中这样叙述⑤：

132

> 成都大成殿是初平年间（190—193 年）建的。它确实宏大雄伟。建造的年月仍记载在东面的铭文中，由汉代人用隶书写的。由此看来，这殿已历经千年，而仍巍然屹立。它可以和鲁（山东）的灵光殿相比⑥。在绍兴年间的丙辰年（1136 年）在省学馆馆长范仲殳的请求下，高宗皇帝亲自为该殿写了“大成之殿”四个字。以后，胡世将作为川陕特使来时，参观了这殿，对梁柱做了考察。他决定把一些已腐朽的部分换新，加了几千块瓦，但他未敢对古代的结构作任何改动。
>
> 〈成都大成殿，建于东汉初平中，气象雄浑，汉人以大隶记其修筑岁月，刻于东楹，至今千余年，岿然独存，殆犹鲁灵光也。绍兴丙辰，高宗因府学教授范仲殳有请，亲御翰墨，书“大成之殿”四字赐之。其后，胡承公（世将）宣抚川陕，治成都，诣殿周视，栋梁但为易其太腐者，增瓦数千，而不敢改其旧云。〉

这样的长期遗存并不是不可能的，从现有的最古的建筑来看这是显而易见的，但我们当然不知道费衮在鉴别一座真正的汉代建筑时究竟熟练到什么程度。现存的结构似乎属于晚得多的年代，甚至可能没有任何一部分是属于费衮本人那个时期的。

我们很自然地将注意力集中到最古老的和最辉煌的中国建筑，这部分是因为这样最有利于展示出中国建筑的基本结构和它的发展历史，但是如果不提一下中国的居住建筑，那是不可原谅的。这种分布在 35 个纬度和 60 个经度范围内的住宅，以上千种的优美造型满足了居住的功能。有些贡献确要归功于那位多年来一直从他在将近二十个省的村镇所逗留过的住宅、农舍、客栈或庙宇中感到极大乐趣的人。现有刘敦桢（*4*）的著

---

① 记述见于 Sickman & Soper（1），pp. 261 ff.。

② 在佛宫寺内。记述见于 Sickman & Soper（1），p. 274。参见刘致平（*1*），图 126—128；Boerschmann（4）；Anon.（*37*），图版 54、图版 55；Anon.（*26*），p. 491。

③ 这个时期的居住建筑只能举出很少的例子。由于艾黎（Rewi Alley）先生和艾启赫（Courtney Archen）先生的热心帮助，我才能刊载甘肃山丹的陈家楼照片（图 793，图版），这是一座双曲尺形带院落的住宅，墙和骨架都很明显地内倾。尽管时代久远，木料腐朽，但它成功地抵御住了 1954 年的地震，可能就是由于这种内倾。那次地震几乎毁坏了这个城市的其余部分。它的年代很可能晚到 13 世纪。

④ 洪焕春［（*1*），第 41 页］把现存的（和不存的）公元 970—1252 年的宋、辽、金建筑列了一个有用的名单。辽、金时期的建筑已成为研究的专题，见关野贞和竹岛（*1*）。祁英涛（*1*）近来描述了一座新近被人注意的殿堂（可能是 11 世纪初期的），杜仙州（*1*）和李竹君等（*1*）对两座金代殿堂（12 世纪）做了叙述。1964 年我有机会参观了七座宋、辽、金的殿堂并拍摄了细部。我特别回忆到两座道观：太原附近的晋祠圣母殿，约建于 1030 年，殿中真假昂交替并用［见林徽因和梁思成（*1*）；Sickmann & Soper（1），p. 263］；江苏苏州的玄妙观，约建于 1179 年［见刘敦桢（*5*）］。

⑤ 《梁溪漫志》卷六第一页，由作者译成英文。

⑥ 参见上文 p. 86。

图版 三一九

图 789 坐落在五台山朦胧山色之中的佛光寺正面概观，它是中国现存第二个最古的木结构建筑，建于公元 857 年（原照，摄于 1964 年）。在枓栱铺作中有明显的双抄和三下昂的组合。见 pp. 95，100 及图 760、图 764、图 765。

图 790 敦煌唐代木结构；第 305 窟（T196，P63）前的窟檐，大概和壁画属同一年代，因此按图中铭记为公元 892 年（原照，摄于 1943 年）。此后一直保存下来并经修复。

图版　三二〇

图 791　10 世纪的木结构；河北蓟县独乐寺中的观音阁，建于辽统治时期（984 年）[照片采自 Anon.（*26*）]。用了十几种不同的枓栱来满足不同位置上的要求，使高达 60 英尺的观音像能穿过三层楼面。图中可以看到几个对角的枓栱。

图版 三二一

图 792 八角形木塔，约 200 英尺高，坐落在山西应县佛宫寺内，建于 1056 年［照片采自 Anon.（*26*）］。塔上用了近 60 种不同的枓栱。参见 p. 131，137ff.。

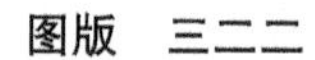

图版　三二二

图 793　砖木居住建筑，可能建于 10 世纪；甘肃省山丹县的陈家住宅，图示正屋的东端和东翼的一部分（艾黎摄）。也许由于在横向梁架上用了内倾的外柱，这座建筑物抵抗住了多次破坏性的地震，但它在年代上可能不早于 13 世纪。

作可供参照，该书能把这种乐趣传给任何读者，因为它专门阐述了中国不同地区住宅的各种变化①。我们得到1954年来过中国的一位英国建筑师的允许，将他未发表的几页速写刊登在这里，以便从另一方面说明中国住宅的一些风格（图794、图795；图版）②。从图中可以看到北方地区从甘肃到河北的一些住宅，带有外廊和格子窗，用泥土和麦秸做的平屋顶③；湖南、江西和贵州的阶梯式或其他形式的山墙；湖北的土地庙的翘角山墙；以及广东农村房屋，脊端和脊中带有装饰，凹入的斗门上面有装饰雕刻。在辽宁出现类似火车车厢的筒形屋顶④，而在甘肃，这种原则引申到以土坯砖砌成真正的筒拱，有如成排的活动营房（Nissen huts），可能对有名的活动性地震区有一种难得的适应性⑤。筒拱也被发现于陕北黄土山边挖掘出来的窑洞中⑥，以及人们在其附近仿照窑洞的形式筑成的石头住所中⑦。如在河南所做的速写中所示，当一个村庄是以庭院式房屋作为单元成批地组成时，产生了特别引人注目的效果⑧。又如在湖南所做的速写中，空白的实墙和凹进的开间互相间隔构成一个美好的邻里总体。在西南省份四川和云南，市景几乎带有西班牙-墨西哥的特点，即连续的白色或灰色空白墙面，仅以彩色瓦片压顶，和装饰丰富、色彩鲜明的大门及门廊相交替⑨。在四川乡村中，地主住宅的露明木构架和白粉墙突出在竹林前（图796，图版）⑩。另外，安徽引以自豪的是有一批庭院式的农村大住宅，在内部的梁和阳台上都有精致的雕刻⑪。庭院体系是历代富农和学究绅士所沿用的；图797（图版）是明代明器中两套有趣的农舍⑫。

133

中国乡村住宅中最特别的类型是福建客家人所住的那些住宅⑬，直到近来刘敦桢对此研究⑭之前，即使在中国人中也很少有人知道。为在原先颇有敌意的土著居民中保障

---

① 另可参见 Spencer (1)；Arnaiz (1)；Boyd (2)；Penn (1) 及其他。

② 参见 Skinner (2)。

③ 参见刘敦桢 (*4*)，图版50、图版52、图版93，以及图2中的平屋顶构造图。

④ 刘敦桢 (*4*)，图版53。在明、清的点缀性建筑中有一种倾向，把尖锐的屋脊变成柔和的曲线，成了一个圆形的凸面；这是在最上面用两根等高的瓜柱代替一根侏儒柱做成，叫做“卷棚”。参见刘致平 (*1*)，图301、图302。

⑤ 作者本人1958年在陇海铁路沿线的观察；参见刘致平 (*1*)，图37。

⑥ 参见本书第一卷中的图7和 Rudofsky (1)，figs. 15—18。

⑦ 虽然我们应当对洞和住宅加以区别，在中国洞和窑洞式住宅都叫做“洞”。这种情况使外宾在延安及其附近参观革命领导人的住宅时和翻译人员之间产生了一些混淆。一位建造两种住宅的农民匠人的有趣传记，载于 Myrdal & Kessle (1)，pp. 12ff.。因此，“房”的含义必须是有柱梁网架和屋顶的结构。

⑧ 参见刘敦桢 (*4*)，图版76。

⑨ Worcester (14)，p. 123。

⑩ Anon. (*37*)，pl. 143；刘敦桢 (*4*)，图版112、图版113；参见 Dye (2)。南溪的实例和我在其附近的李庄所熟悉的房屋极为相像，那就是中央研究院历史语言研究所的战时所址。这是1943年王铃教授和我第一次相遇的地方。

⑪ 这在徽州附近，已由张仲一等 (*1*) 著有专题论文。参见刘敦桢 (*4*)，图版30、图版31、图版74、图版75、图版104、图版131。

⑫ White (2)；Bulling (3)。

⑬ 客家人是河南和其他更北省份的居民的后裔，这些居民是在动乱年代移居到南方并定居下来的。移居的年代不详，有4世纪、9世纪、12世纪和13世纪几种不同的说法。

⑭ 刘敦桢 (*4*)，第44页、第47页起，图8—10，图版105（又见图版125）、图版114、图版115、图版116、图版117（又见图版126）、图版118、图版119、图版120。

图版　三二三

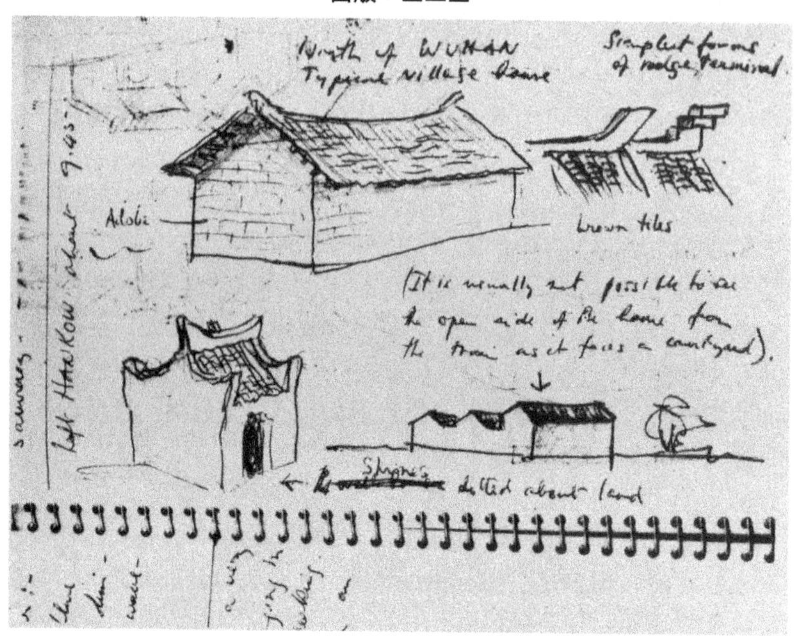

(a)

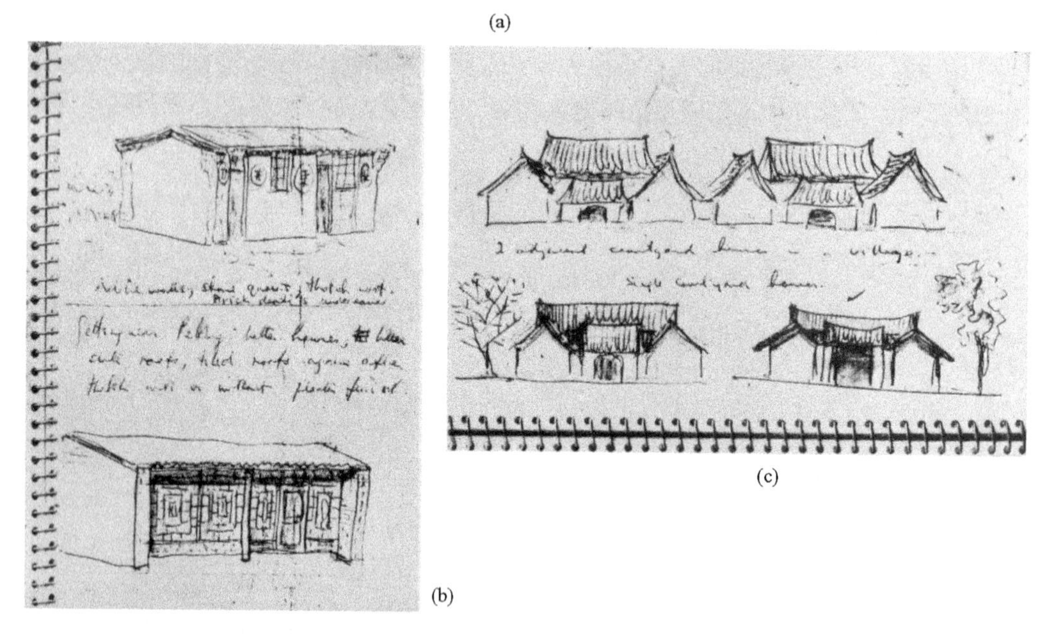

(b)

(c)

图 794　一位英国建筑师在中国的速写本中的几页；斯金纳（Francis Skinner）所做的各省居住建筑速写（1955 年）。

（a）河南与湖北；上左，一座有土坯砖墙和褐色瓦屋面住房或谷仓；上右，屋脊端部；下左，一座土地庙；下右，一座有庭院的农村房屋。

（b）河北；上，有隅石的土坯砖房屋，平坦的茅草屋顶及砖砌齿形檐口；下，砖墙房屋，带有瓦檐抹灰屋顶，在凹廊里有显著的格子窗。

（c）河南与湖北；上，成排的有院子的农村房屋形成了一个乡村的外貌；下，独立的有院子的农村房屋，厢房的山墙往往明显地向内倾斜，如右边的所示。

图版 三二四

(a)

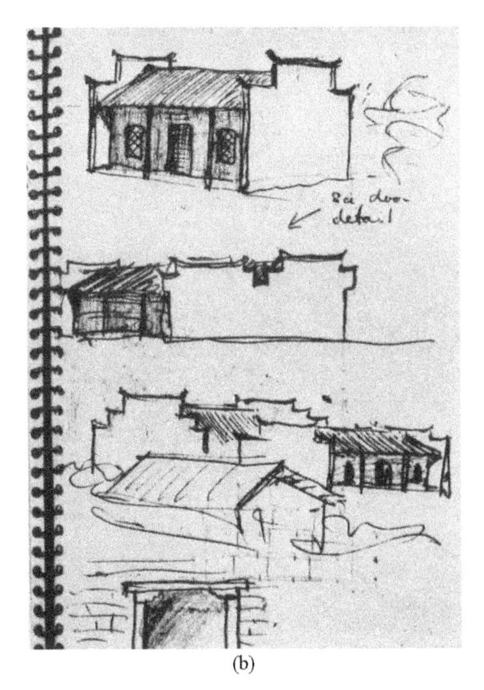

(b)

(c)

图 795 斯金纳速写本中的另外几页。见 pp. 132ff. 。

(a) 广东；独宅农村房屋，浅赤土色土坯砖墙，瓦屋面、屋脊的中部和端部都有装饰，前面当中一间凹入，有带装饰的门，门框以上还有装饰雕刻。

(b) 湖南；上和中，住宅正面有廊，显著的阶梯形山墙；下，典型的有半截门的入口，门过梁两端有花式托座。

(c) 湖南；上，一排连立房屋的一部分，凹入开间和空白实墙开间交替，凹入开间用柱支撑，在拱形入口的两边设置透空隔板；主要横隔墙都做成各种形式的出顶山墙。中，房屋的凹入开间形成外廊。下，有装饰的阶梯形式山墙，沿阶梯粉出一条白边；这也是四川和云南所具有的特色。

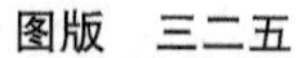

图版　三二五

图 796　四川的一座典型的地主住宅。瓦屋面和脊端装饰，露明木构架和白粉墙，实砌大石块基础。这所房屋在第二次世界大战期间用做中央研究院历史语言研究所办公处多年（原照，摄于 1943 年）。站在它前面的是我当年的合作者黄兴宗。

(a)　　　　　　(b)

图 797　两套明代明器，表现 15 世纪的农庄房屋（照片采自 ILN）。

（a）黏土烧成的七件一套，组成一个庭院。小门以及大门和照壁都应向前移。厅堂构造和图 784 所示相似，但它的充分发展的曲屋面是汉代图中所没有的。现存不列颠博物馆（British Museum）。

（b）更精致的一套，有围墙和许多雇农、家畜的模型，包括该场景前部的小马和马夫的模型。现存多伦多（Toronto）的安大略博物馆（Ontario Museum）。

安全的需要，导致发展成一种设防的氏族集体的“公寓式住宅”。这类住宅有时采用常规的矩形平面，最北面是一幢最高且体大的三四层祠堂。东西两面是长的侧翼（“横”），高度逐层降低，正中是聚会厅。但其他处的平面是圆形的（图 798，图版）。134 面朝向内而每户设有阳台的三四层公寓连成一圈，俯视中央的圆形庭院，在庭院的周围设有客房、洗涤处和养猪及家禽的栏。在院内正对大门是聚会厅和祠堂，而也是用砖砌的厕所、磨粉和舂米房则位于内圈房屋的外侧。

这里略提一下不同时代中建筑的其他方面的情况。最早的一种屋面材料[①]无疑是沿纵向劈成两半的完全成熟的空心竹竿，将其截成长度适合，然后凹面交替向上、向下铺置成排[②]。这种波浪形屋面后来就发展为用半烧制的灰瓦铺成，瓦片在长期的雨露日晒之后褪出悦目的色彩[③]。大多数汉代明器都像是这种屋面[④]。后来这种瓦的制作技术发展到了顶峰，在用陶土制成的瓦坯上再涂以一层明亮的釉彩。例如，北京故宫的橘黄色屋面，庙宇的绿色屋面和天坛及其附属建筑的深蓝色屋面[⑤]。在可就地取石板的地方则用石板做屋面材料，而在北方和西北地区有许多平屋顶房屋（前面已提到），屋面盖料是用树枝和芦苇，上面再抹泥捣实。汉代墓前石祠是用石板做顶的。但是在房屋中，除柱础外的其他部分也用石料的例子仅见于藏文化区以及沿太行山区（山西与河北之间）的一个狭长地带。

古代，室内地面仅是夯土地基，泥土地面在中国许多乡村中沿用至今。然而，在南方喜欢用石灰混合土地面而在北方则砖或石块地面较为普遍；这两种地面都已习用了许多世纪。在大的或重要的房屋中，无论是公共的或私人的，若干世纪以来常用宽的木板做地板。

许多有关中国北方的游记使西方人熟知在那里的住宅中有广泛采用的一种简单集中供暖系统，那就是“炕”，它是用晒干的坯砖或常常简单地用夯土沿室内一边筑起来的长榻，其下可以从室外用任何燃料烧火。全家人都睡在其上[⑥]。一般不为人所知的是汉代已普遍采用这种供暖装置，因为房屋明器中已表现出这种装置［Laufer（3）］。这就 135 引起了一个问题，即可能和罗马人所精心发展的建筑物中的集中供暖系统有联系[⑦]。而最早提到它的像是在较晚的时期（1 世纪）[⑧]，虽然维特鲁威（Vitruvius）在叙述有关浴室的供暖时提到过这种装置的要点[⑨]。目前无法确定究竟是一种文化影响了另一种，还是这两种文化在大约同时期有各自的独创。

---

① 作为比较研究，见 Eastwood（1）；较一般的研究，见 Briggs（2）和 Davey（1）。

② 竹席和苇席必定也是远古就已使用，现代还常用做棚顶和船顶。见本书第二卷 p. 488。

③ 那种瓦屋顶是我第一次到中国的那天（1942 年秋）当飞机在昆明上空降落时给我的第一个美丽的强烈印象。

④ 檐口瓦的顶端做成圆盘形的“遮挡”（“瓦当”），上有各种纹饰。

⑤ 这种瓦和它们的应用已有专门论著 Boerschmann（5）。也可参见 Yetts（6），但现在可特别参见刘致平（*1*），第 132 页起及图 504、图 525。中国的彩色琉璃瓦，激起了一位 17 世纪的耶稣会士安文思［Gabriel de Magalhaens（1），p. 352，英译本 p. 326］笔下诗般的描写。

⑥ 对于炕，作者有亲身的体会；虽然硬，在冰冷的气候里它们还是很舒适的，但是在土砖中的稻草容易着火，使整个炕冒烟，作者有一次碰到这样的事。

⑦ 作为比较研究，见 Vetter（1），Garrison（2）。芬兰的蒸汽浴（*sauna*）会是这两者之间的共同来源吗？这个问题是勒蒂希（E. Röttig）博士在通信中提出的。

⑧ 斯塔提乌斯（Statius；生于公元 45 年），《诗草集》（*Silvae*，i，5，59）；见 Neuburger（1），pp. 258 ff.。

⑨ *Silvae*，v，10。

图版　三二六

图 798　福建客家人的四层的公寓式住宅内观，中国乡村住宅中最特殊的形式之一。据认为，为在原先颇有敌意的土著居民中保障安全的需要，导致发展成这种集体居住的大型环形房屋，房屋的外墙无窗洞，入口便于防御，而公用设施则设在环的中央。

无论如何，这种土法集中供暖系统并非没有给耶稣会士留下印象。安文思约在1660年的著作中作了以下的叙述[1]：

这种煤[2]是从城市（北京）6英里外的某山区运来的，虽然四千多年以来，不仅这个这么大而人口这么多的城市，而且还连该省的大部分地区，曾经消耗了简直惊人数量的煤，但奇怪的是这个煤矿从未竭尽，没有一家没有一个烧这种煤的火炉(stove)，尽管并非这么贫穷，这种煤的火力比木炭旺盛得多而且经烧。火炉是用砖砌的，好像一张床，高是三四个手宽，宽窄则按家庭人口的多少而定；他们卧睡在席子或毯子上；白天则坐在一起，如果没有这种火炉就不能忍受非常冷的气候。火炉旁有一个小灶，其中烧煤，灶中的火焰、烟和热气自行扩散到火炉的四周，再沿专门设置的管道向一个小洞口排出，灶口内可烘烤食物、烫酒和煮茶，因为他们总是要喝热的。……贵族和官吏的炊事员，以及用火的工匠如铁匠、糕饼师傅、染坊师傅等，一年四季都用这种煤；它的热气和浓烟是如此强烈以致令人窒息；有时火炉偶然失火，熟睡在上面的人都被烧死。……

每一种发明都有不便之处。

所有房屋都须安置家具。在家具制造方面，中国沿着唯一的、特殊的方向发展[3]，在18世纪对欧洲产生了极大的影响[4]。本书中只能叙述必要的木作技术，有关这方面的材料读者可参看一批有用的书籍和论文[5]。考古学方面的证据也已得到研究[6]。然而不能认为中国人在书本上讨论家具之前是在等待着西方学者的活动。早在1090年左右黄伯思就曾著有关于北京制的特种桌子的一书（《燕几图》），接着在1617年戈汕著有《蝶几谱》，而与我们同时的则有朱启钤（*3*）的著作。这只是从一篇专家们必须对其进行更充分探讨的文献中随意摘出的几个书名。至于古代的各种家具及其专名的资料可从马伯乐［Maspero (17)］及克林和沈德勒［Kelling & Schindler (1)］的论著中查到。最初的单件家具可认为是低平台或座（“榻”，后称“匠”），有各种式样和尺寸，可跪坐或卧在上面，或用做桌子或靠手。部首“爿”（构架，床）和“片”（片，条）可能原先是这种家具的象形文字。近年来从远至公元前4世纪楚国的奢华坟墓中已经发现了这类家具以及涂漆的桌子、凳子、床等[7]。 136

在这里有必要对椅子的来历作一番探讨。现代的许多敏感的游历者一定会感到奇怪，虽然椅子是整个中国文明中如此普遍的一个特征，重复着它在古代埃及、希腊和罗马文明

---

① Gabriel de Magalhaens (1), p.10。参见 Trigault (1)［译文见 Gallagher (1), p.311］，其中也谈到了煤；在接下来的一个世纪的文献中，可参见 van Braam-Houckgeest (1)，法文版 vol.1, p.266，英文版 vol.2, p.65。

② 关于煤，见本书第三十章（d）、第三十六章（d）。

③ “除非绝对需要，一般不用木针；如可避免则不用胶；无论何处都不把木料弯曲——这是中国家具制造的三条基本规则”［Ecke (6)］。

④ 参见 Reichwein (1)。

⑤ Roche (1)；Dupont (1)；Kates (1)；Stone (1)；Ecke (2, 6)；Cescinsky (1)；Yetts (11)；Lo Wu-Yi (1)。

⑥ 例如，麦积山的北周（6世纪晚期）壁画中画了家具，宋代的实物也已从墓中掘出。

⑦ 见 Anon. (*24*)；Anon. (*43*)，图版67、图版71B。鲁桂珍博士和我1958年在郑州参观河南省文化局文物工作队时获得特许在报告发表前见到了这些家具。

中的那种无所不在[1]，但是在插入其间的整个长阔的亚洲地区（包括在日本），人们仍然踞坐、跪坐或躺在有垫子或无垫子的地板上。到目前为止好像还没有椅子的比较史，但是劳弗[2]约在半个世纪前所下的结论看来仍然是对的，即中国在西汉以前不知道也未曾用过椅子，直到东汉末期才开始普遍采用。现在断定的年代更晚；折凳或折叠椅的习用不会早于3世纪初，唐代末期（9世纪）以前还没有广泛采用木框椅。发展可能是从两方面来的：木座是在本地发展成为有扶手和靠背的椅子[3]，而以布或皮革作为垫座的折叠椅则来自中亚某处。灵帝时期（168—187年）这被称为“胡床”，第一个大批生产“胡床”的人的名字（景师）流传至今[4]。由于年代相符，使艾克［Ecke（2）］等人认为框架椅是和佛教同时通过相同的途径传入的，但是这种联系只是似乎有些道理，更合情理的推测还是由于张骞或者他的一些后继者出使的原因。至少可以肯定在犍陀罗（Gandhāra）艺术[5]中已有折凳的表现，并且可以确信古埃及拉神（Ra）和古希腊宙斯神（Zeus）的宝座形式是从大夏（Bactria）地区传到中国的每个农舍的。以后拜占庭的影响可能也起过一部分作用。真正的问题在于中国的生活方式和地中海国家的生活方式之间究竟有什么相似之处保证了直坐的习惯在整个中华文化圈内稳步流行[6]。

137

（7）塔、牌楼和陵墓

塔是中国风景的一个重要特征。风景这个词是经过考虑而选用的，因为（如前面已提到过的）塔是来源于印度佛教的半外国式建筑，一般不得建造在城墙以内来和象征着天授御权的鼓楼和城门楼相争嵘。塔的先驱，窣堵波（*stūpa*）或舍利塔（*dagoba*），是一个人造的半球形土丘，也含有宇宙或小宇宙的意义，因为它是整个世界，或至少是中央圣山的模型[7]；它的中心藏有佛教徒的遗骨[8]，而罩在顶上代表恩荣的伞可能最后导致出塔的层级形式[9]。塔的位置原来在城镇以外的佛寺里或它的旁边，后来渐渐和道教的“风水”（堪舆）[10] 相结合，甚至发展到几乎每个县城必定要有一座屹立在附近最理想的孤山上的塔来和地舆的影响相协调。在中国居住过的人都会有他自己喜爱的塔，从

---

① 关于古代的西方家具，参见 Ritcher（1）。

② Laufer（3），p. 235。

③ 一件汉代铜器证明了它的存在，见 Stone（1），p. 4。这种发展过程可能是导致原来是梓木意思的“椅”字后来发展成为坐椅的意思。参见藤田豐八（*1*）。

④ 参见《三才图会》器用部卷十二，第十四页。

⑤ 因此，敦煌石窟寺壁画中的椅子，如第285窟（538年）和第196窟、第200窟、第202窟，无疑都属于唐代。

⑥ 我们感谢费子智（C. P. Fitzgerald）博士提醒我们注意这个文化交流的例子。他本人关于这个问题所写的书（10），由于出版得太晚，未能在这次考察中作为我们的指导。

⑦ 参见本书第三卷 pp. 565ff.，第四卷第二分册 pp. 529ff.。

⑧ 这可以在斯里兰卡的德底伽摩（Dedigama）清楚地看到，在那里，从波罗迦罗摩巴忽一世（Parākrama Báhu I，1153—1186年在位）所建苏蒂伽罗（Sutighara）舍利塔（*cetiya* 或 *dagoba*）的宝匣中发掘出的舍利子被保存在邻近的博物馆里。我有幸在1958年参观过。

⑨ 关于中国塔从窣堵波或舍利塔而来的发展，见，如 Combaz（5）；Bulling（2）。在这里认识一下印度和中国的两种截然相反的宇宙论是有意思的。

⑩ 参见本书第二卷 pp. 359 ff. 及第四卷第一分册 pp. 239ff.。

我个人来说，我喜欢回忆的美丽的塔，一是四川绵阳城南俯视着河流会合的那座[①]，另一是监察着甘肃兰州东门的那座。有时三座塔建造在一起（“群塔”），如云南大理的三座大塔和浙江嘉兴位于大运河旁的三座小塔。这些独立的塔从来不做钟楼之用，虽然中国很古已有铸钟——但这不等于说它们不常用无数小铃（“铁马”；有些像瑞士的牛铃）来装饰，这些小铃至今仍从檐口挂下并随风动荡发出音乐般的声音[②]。塔有多达十多层（“级”）的，有的带外廊，有的不带，形式有时是方的，有时是多角形的，但很少是圆形的；它们可以是木构的，更常见的是砖砌的，但很少是石筑的[③]。塔实质上成了叠置的佛事场所，并从不用做住所，即使是和尚也不住在里边。北京附近有名的天宁寺[④]里的塔具有一种特别形式，称天宁式，它从地面到其高度的1/3左右处是一个大致平整的塔身，往上才是重密的塔檐。

138

河南中岳嵩山嵩岳寺中现存的中国最古的塔近于这种类型。该塔是砖砌的，建于公元523年的北魏时期（图800，图版）[⑤]。塔高十五级，为十二边形。这种造型证实了《后汉书》“陶谦传”中的论述：要做塔（“浮屠”、“浮图”）[⑥]，就在下面建一个（中国式的）“重楼”，并在其上装上（印度式的）“金盘”[⑦]。但是嵩山上这座美丽的尖塔已代表着一个很复杂的发展阶段，我们必须假定早期的塔要简单得多。论据是，早期的塔的平面都是方形的，所有上层都是基层的重复，每层有层檐，全塔由下向上逐缩收小，塔顶冠以刹柱和相轮。4世纪的塔看来一般只有三层高，但在公元467年北魏皇帝拓跋弘在大同建造了一座有名的七层塔。它可能有些像在斯里兰卡的波隆纳鲁沃（Polonnaruwa）地方还能看到的六层沙特摩诃尔·普罗沙陀塔（Satmahal-prāsādaya）（图801，图版）。具有类似形式的岩刻塔，尽管缩小了尺寸，但也存在于云冈石窟（约500年）中[⑧]。公元513年在洛阳建了一座雄伟的九层木塔，但在公元534年被火烧毁[⑨]。许多砖塔用砖砌出枓栱作为装饰，而这种枓栱在木建筑中是有功用的[⑩]，例如，西安南面的兴教寺塔，建于公元669年，公元838年重修[⑪]。唐代早期建成的许多美丽的古迹

---

① 参见 Needham & Needham (1), p. 250。

② 敦煌石窟寺前面所挂的风铃，在夜间寂静的沙漠中所发出的响声，是那些听到过的人永远忘不了的。参见图799（图版）。

③ 关于塔的经典著作有 Boerschmann (4) 及常盤大定和関野貞 (*1*)。参见美魏茶 [W. C. Milne (1)] 的论文，该文虽然是一个世纪前的，但仍引人入胜。另见 Alley (5)。

④ 北京天宁寺建于辽代，该寺的塔建于11世纪或12世纪初 [Sickmann & Soper (1), pp. 272 ff., pl. 173A; Anon. (*37*), 图版63]。

⑤ Sirén (1), pl. 105; Sickmann & Soper (1), pl. 158A, p. 230; Anon. (*26*), 第449页; Anon (*37*), 图版16、图版17; Bulling (2), fig. 40/32。

⑥ “浮屠”是塔的旧名；按照朱骏声在《说文通训定声》中的注释，“塔”字初见于公元536年的一个铭文中。“浮屠”大概是 *buddha*（佛陀）的音译。

⑦ 《后汉书》卷一〇三，第十三页。

⑧ Anon (*37*), 图版15; Sickman & Soper (1), pl. 157A。

⑨ 《洛阳伽蓝记》卷一（第十页起），译文见 Sickman & Soper (1), p. 229; 年代系根据 Sirén (5)。

⑩ 《入蜀记》的作者在1170年特别提到这一点并加以赞赏。

⑪ Bulling (2), figs. 46/39, 46/40; Sickman & Soper (1), pl. 162B 及 p. 242。该塔是为纪念玄奘而建的。另外一座显示同样特点的是开封的铁色琉璃塔，建于1041年 [见龙非了 (2); Sickman & Soper (1), pl. 166A; Anon (*37*), 图版52、图版53]。另一种不同的例子是苏州的无梁殿，用砖砌成筒拱 [见 Sirén (1), vol. 4, p. 37]。

至今还遗留着，如西安慈恩寺的大雁塔。这里是唐玄奘的驻寺，塔建于公元652年（他于645年从印度回到中国），后来于公元704年重修。它是一座方形而矮胖的砖结构，
139 高七层，现仍屹立在今西安城南（图802，图版）[①]；较瘦而高的小雁塔也是如此，塔高十三层，建于公元708年[②]。塔的方形平面的最自然的发展当然是八角形，嗣后所建大部分的塔都采用八角形。因为对塔的风格和美观作更多的详述会离题太远，作为结束我们只想指出，南方也有楼台建筑的伟大传统，例如，福建泉州（刺桐）的双塔（建于1150—1250年），塔心用砖砌，面层用块石，并按照"印度风格"模仿木作做出精巧的枓栱，檐角明显地向上反翘[③]。

中国文化完全忠实于重复单元或模数的建筑原则（参见p.67），包含着许多小的方形单层建筑，这些建筑仿佛代表塔的基座或孤立出的层，即脱离整体的单个细胞[④]。正如我们马上就要在关于桥梁的部分（p.167）更充分地了解的那样，筒拱形券可能在周代而肯定在汉代已为人所知并被应用。但带有拱顶石的真拱不大用于建塔；较常用的构造是叠涩穹隆。这种构造在有些单层小祠堂上可以看得更清楚，其中最著名的是山东神通寺四门塔[⑤]，建于公元544年。它有一个由中心柱支承的叠涩穹隆。已知的同类型建筑很多，有的设中心柱，有的不设，但总是作为祠堂[⑥]。在千佛洞附近的沙漠中也有这种单间的方形庙堂，内有一尊唐代修行者的像，永远向西凝视着带洞的崖壁。在西安西南周至附近有座相似的小房子建造在大道观"楼观台"后面（即南面）长满树木的小山丘上[⑦]。它叫"炼丹楼"，是单间的砖砌房屋，只有一个进口，屋顶是叠涩穹隆，从
140 屋角上升起的砖层叠涩成一系列突角拱。突角拱相交处形成八角栱，随着砖层的叠涩成圆形，最后再成方形[⑧]。砖是烧制的红砖，和现在通常在附近所见到的不同。外面用砖砌成错齿形线脚，和7世纪的兴教寺塔极为相似。这座小屋，因与原始科学有关而十分引人入胜，小屋也可能是唐代建造的，但是由于它的檐角往上翘的缘故，看来建于五代或宋初的可能性居多。在那个时期，它无疑是炼丹的场所。

不能认为古印度的窣堵波被完全吸收到中国的塔中并耸入云霄。在中国广阔的地域里有上千种不同形式的塔仍然保持在地面上，主要用做坟墓和恭敬神的神龛。这里，它仍继承着最初的功用之一。因此，在千佛洞附近的沙漠地区密布着用来纪念宋、元时期

---

① Bulling（2），fig. 44/37；Sickman & Soper（1），pl. 162A及p. 241；Anon.（*37*），图版29；Forman & Forman（1），p. 229。

② Bulling（2），fig. 42/35；Anon（*37*），图版31。这种方形而向上收小的塔在整个中华文化圈中都可发现，如在朝鲜，那里的芬皇寺中现存有一座著名的塔，用模制砖砌，建于公元634年新罗国善德女王时期（参见本书第三卷p. 297）。原为九层，现仅存三层。参见Bulling（2），fig. 56/46及李承范（*1*）。

③ 关于泉州双塔的描述，有一部经典专著：Ecke & Demiéville（1）。另可参见Mirams（1），pp. 82ff.；Sickman & Soper（1），pp. 260，267；Anon.（*37*），图版66。现在还有一本关于江苏的塔的专著［Anon.（*47*）］。

④ 艾克［Ecke（7）］有专文讨论这些问题。

⑤ Boerschmann（4），p. 366；Sirén（5）；Anon.（*37*），图版20；Forman & Forman（1），pp. 93，95；刘致平（*1*），图137、图138；Sickman & Soper（1），pl. 157B。

⑥ 参见刘致平（*1*），图139—141；Sickman & Soper（1），p. 240。

⑦ 我于1945年幸运地和李大斐博士、曹天钦博士及邱琼云博士一起到那里参观并做了速写。见图803。

⑧ 这种几何形天花在中国建筑中是非常古老的，在山东约公元193年的沂南墓的石平顶上可以看到［曾昭燏等（*1*），图版18，图4；Watson（1），pl. 114］。

图版 三二七

图 799 一种典型的风铃装挂，敦煌千佛洞第 96 窟的九层立面（原照，摄于 1958 年）。它所保护的高 102 英尺的佛像置于高 130 英尺、深 29 英尺、宽 55 英尺的窟内。

图版　三二八

图 800　河南嵩岳寺的十五层砖塔，建于北魏时期（523 年）［照片采自 Anon.（*26*）］。塔是有十二边的优美的多边形，它验证了这句话：要做一个塔，就必须在中国式重楼顶上装上印度式金盘。

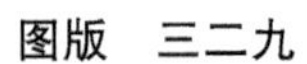

图版 三二九

图 801 斯里兰卡波隆纳鲁沃的六层的沙特摩诃尔·普罗沙陀塔；这是一座约建于 1185 年的古代建筑，现在被作为舍利塔的一种特殊形式（Thomas 摄）。中国早期最简单的塔可能有些与此相似，并且这种形式保存到了后世（见图 802）。

图 802 西安慈恩寺的大雁塔；建于玄奘从印度求法回来到该寺后的公元652 年，并于公元704 年重修（原照，摄于 1958 年）。

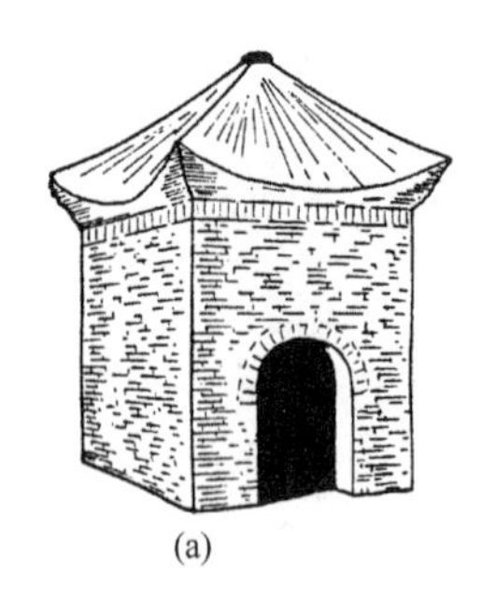

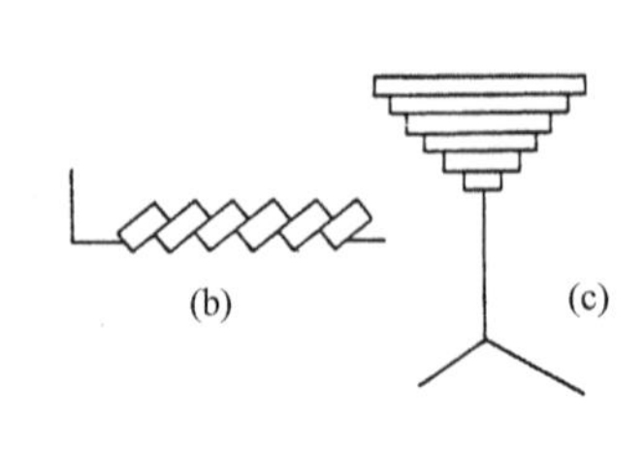

图 803　陕西西安西南周至附近的道观“楼观台”内的“炼丹楼”。
(a) 概观。
(b) 外面的砖砌错齿形线脚（平面图）。
(c) 内部的突角拱式叠涩穹窿，支承一个八角形，逐渐过渡到圆形，最后成小方形。
年代大概在五代或宋初。

僧人的造型优美的小塔（图 804、图 805；图版），它们表面的彩色粉饰已被上千年的风沙所侵蚀磨光。在地点和外形上都与此相反，另一些石莲花饰却像突然长出来的蘑菇似的在山东的一处林间空地的阳光下睡着（图 806，图版）。在古丝绸之路旁边可以看到其他的形式，而在三危山不毛的山丘中一座相当规模的唐代坟墓则显示出许多可能差不多介于窣堵波和塔之间的构筑件。

至于建造塔的技术原则，运用时随木构架和砖石的砌筑而定，它们实际上只不过是把全部建筑技术引申到一个特别指定的领域而已。不过可以设想由斜杆（“斜柱”、“叉手”，参见上文 p. 100）所代表的简单桁架形式后来表明对于高的木塔是特别有用的。141 对于这一点，有关喻皓的一个故事是很有意义的。读者会记起上文 p. 81 的叙述，喻皓是一个建筑匠师，他于公元 989 年建造了开封的开宝塔[1]以及其他一些有名的建筑，而且是《木经》的作者。沈括在《梦溪笔谈》中叙述了一个有关喻皓约在十年后给另外一个建筑匠师指导的有趣故事[2]。

> 在钱（惟演）先生当两浙统治者的时候，他批准在杭州梵天寺建造一座双三层木塔。在建造中，钱帅登到顶上，因塔稍有动荡而感到忧虑。匠师解释说，因为还未铺瓦，上部仍较轻，所以如此。于是他们把瓦全部铺上，但是依然动荡如故。他不知怎么办好，暗自叫他的妻子带着一付金簪作礼物去看喻皓的妻子，询问塔动的缘故。（喻）皓笑着说：“那容易，只要铺上木板将它固定，再钉上（铁）钉，它就不会再动了。”匠师照他的劝告做了，塔就十分稳固了。这是因为钉起来的木板起了填实作用，并（把所有构件）从上到下连接起来，以致六面（上下、前后、左右）互相牵连，像胸甲的构架一样。虽然人们可能在木板上行走，六面相互咬住

① 该塔是开封城最伟大的光荣事迹之一。它是一座细长的八角形十一级木结构塔，高约 360 英尺，可能每级檐角都向上翘，这在当时是较新的形式。1037 年塔被烧毁，但随即重建，尽管新塔仅有九级，这是我们从 1072 年登过这座塔的日本增人成寻热情的记述中得知的。嗣后这塔存在了多久，我们尚不知晓。

② 《梦溪笔谈》卷十八第十五段，由作者译成英文。参见胡道静 (*1*)，下册第 613 页；(*2*)，第 186 页。

图版 三三〇

图 804 在千佛洞石窟寺附近，干涸的河床对面的沙漠中，有许多残破的“窣堵波”塔墓，在远山的斜坡上也可以看到其中的一些。图的左面可以看见沙漠中绿洲的北端，发现敦煌藏经洞的王道士的墓就在附近。这些“窣堵波”塔墓是纪念唐、宋、元各代僧人的。由于气候干燥，塔墓的侵蚀极慢，但它们表面的有色粉刷已被历代风沙磨光。塔墓在沙漠中蜿蜒数英里，一直到三危山的山脚边。塔墓的设计各不相同，并且都很美观（原照，摄于 1943 年的一个清晨）。

图 805 这些窣堵波或舍利塔模型是从千佛洞附近沙漠中一个崩溃的大的窣堵波塔墓中掉出来的。这样一个塔墓可能藏有上百个模型，全都是用已故僧人的骨灰和某种适宜的黏土相混合，并在模中压实后像土坯砖一样地晒干而成。13 世纪或 14 世纪的制作者的指印还能在模型底上看到，如果把它们打开，其中可能藏有一句陀罗尼经（“真言”）或咒语。原照，摄于 1943 年。

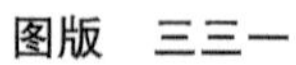

图 806 在山东一个佛寺墓地上，有明、清时期的窣堵波塔墓（“幢”）［照片采自 Forman & Forman (1)，p. 101］。叠在上面的部分有圆形、方形、八角形、莲瓣形等，据说是象征五行的。

和支承，自然就不会再动了。人们都佩服他的精练。

〈钱氏据江浙时，于杭州梵天寺建一木塔，方两三级，钱帅登之，患其塔动。匠师云："未布瓦，上轻，故如此。"乃以瓦布之，而动如初。无可奈何，密使其妻见喻皓之妻，赂以金钗，问塔动之因。皓笑曰："此易耳，但逐层布板讫，便实钉之，则不动矣。"匠师如其言，塔遂定。盖钉板上下弥束，六幕相联如胠箧，人履其板，六幕相持，自不能动。人皆伏其精练。〉

当然，我们在这里必须涉及嵌在一个纯粹长方形的网架中的斜杆——对角抗风斜撑。

值得注意的一种塔的门类是用铸铁或更常用青铜制成的塔[①]。这些杰出的作品曾经使外国游览者从9世纪的圆仁[②]到19世纪的伯纳德[③]都感到惊奇和赞赏。现存最古的铁塔[④]在湖北当阳玉泉寺，建于1061年，具有相当大的规模，高70英尺，共十三级[⑤]。142 塔重差不多53吨[⑥]。另外一座较小的（九级）塔在江苏镇江甘露寺[⑦]。据当地传说追溯到建寺的地理学家和大臣李德裕（787—849年）的年代[⑧]，但更可能是裴璩在1078—1086年所建的[⑨]。另有些塔的塔心是用砖砌，表面包以铸铁板，例如，西安西北方向的北斗镇上的那座明代（15世纪）所建的这样的塔，塔有九级，高74英尺[⑩]。全部用青铜制造的较小的塔是相当多的[⑪]。

印度人给中国建筑形式的另一种赠品是凯旋门，即"牌楼"，它是个独立的用木料或石料做成的门，上有过梁，作为纪念或胜利的标志，竖立在坟墓、寺庙或宫殿的入口处[⑫]，也有竖立在道路或村镇山道上的。牌楼的名称含有高挂着的指示的意思，通常上面有题词。在四川石砌街道上行走的旅行者会时时遇见比较简单地表扬着节妇或有名望

---

① 详细情况见于 Boerschmann (4), pp. 336ff.; 参见 Needham (32), pls. 34, 35。它们当然不是一整块，而是由互相连接的金属板构成。

② 我们经常引证的这位日本僧人在公元840年游览过五台山，并提到山的台地上有八座铁塔或者确切地说是八座窣堵波，都是女皇武则天在公元695年前后所建。圆仁在山东莱州附近见到的另一座铁塔，是海军司令王行则于公元665年为许愿而建的；塔高10英尺，共七级。见 Reischauer (2), pp. 190, 237, 240, 243, 245; (3), p. 205。

③ W. D. Bernard (1), vol. 2, p. 431。

④ 如果公元961年建的宁波铸铁塔至今还存在着的话，它就不能算是现存最古的铁塔了。

⑤ 该寺是6世纪时晋广王为高僧智𫖮建造的，智𫖮是佛教天台宗的创始人（参见本书第二卷 p. 407）。这位高僧的精神传人115位僧人和57位信徒的名字铸在金属塔壁上。

⑥ 塔的照片见于 Boerschmann (4), 转载于 Needham (32), fig. 34。

⑦ 该塔被外国人称为郭施拉塔（*Gutzlaff's Pagoda*），是曾给伯纳德以深的印象的一座塔。在核心部分损坏后，该塔于1583年由性成和功琪两位僧人主持重建。鸦片战争中，英国人想把它搬走，但又中止了这种想法；1868年塔又倾倒，现仅存两级。

⑧ 参见本书第三卷 p. 544; Reischauer (3), pp. 212 ff.。

⑨ 还有另一座塔在山东济宁崇学寺，塔有九级。塔建于1105年，是由一位妇女，徐永安的妻子常氏，出资或监造。1582年前后又增加两级，升高到74英尺；现仍屹立如旧。就在当时，当地官员王梓记录了有关修理和装饰的情况，这些记载仍保存在方志中并可和我们在本册其他地方（pp. 173, 203）要讨论的更早的有技术意义的纪念性文献媲美。

⑩ 塔的照片见于 Boerschmann (4), 转载于 Needham (32), pl. 35。

⑪ 有些地方也有全部用青铜铸件构成的小殿。其中（作者常去）的一座在云南昆明附近一个道观里，另一座在北京颐和园里；优美的照片见于 J. Thomson (1); 参见 Geil (2), p. 152。

⑫ 牌楼的原型一般总认为是石门甬道（*toraṇa*），有四个这样的石门甬道围着公元前1世纪建在印度桑吉（Sānchī）的舍利塔（*dagoba*）或座佛状圆顶塔（*tope*）的四面，向着世界的四方。参见 Combaz (1); Bruhl & Lévi (1), pl. 11; Kramrisch (1), pls. 10, 22, 24。

的地方长官姓名的牌楼。更重大的事件则要求一排连设三间、五间或七间的牌楼（图807，图版）。李明在17世纪写道[①]：

> （宁波）镇上还有许多纪念门，中国人称作“牌坊”或“牌楼”，我们则称为“凯旋门”，这种门在中国到处都有[②]。
>
> 它们是由三个拱门相并组成，用长条大理石构筑。中间的拱门比两旁的高出很多。四根支柱通常是方的，有时也有圆的，用一整块条石做成，放在不规整的基础上。有些看不见基础，可能原来就不设基础或在因年久而沉入地下。如果我们要给143柱子上方的构形命名的话，那么它们没有柱头，柱身直接和上面的额枋相接。额枋较为突出，但按比例位置偏高；他们用铭刻、美丽的图案和浮雕来装饰额枋，刻出互相环套着的绳结、精细的花卉和呼之欲出的飞鸟，这些据我看都是杰作。

当我第一次见到这些庄严的建筑物时，我自己也同样对它们存有敬意，虽然我在昆明城里看到的是油漆的木牌楼。它们通常所带的顶是用枓栱和横梁做成的，同房屋屋顶的构造完全一样，而且整个牌楼若是用木料做成的，则其前后两面常用斜撑来固定（图808，图版）。朱启钤（2）对“牌楼”有篇杰出的专题论文[③]。

在本章开始时曾提到帝王陵墓是中国建筑成就中的大类型之一。现在我们还以它作为结束，并不是因为对帝制本身的任何特别的尊重，而是因为它们所构成的整个布局或许是把广阔的风景区作为一个部分吸收到构造整体中的最伟大的例子[④]。今天的中国人比以前更加重视这些成就，意识到陵墓建筑在作为那些命令建造并被埋葬在里面的皇帝的纪念物的同时，至少同样是担任设计和营造的匠师和工人的纪念物。从汉到隋代遗留下来的只有（尚未发掘的）土冢，上面没有其他东西，而唐代及以后也仅有土冢和一些破损不全的石像（图809，图版）[⑤]。在有些地方，如东北的沈阳，尚完整地保存着清初皇帝的陵墓（图742，图版）。但是最伟大的杰作肯定要算位于北京北面山中称做“十三陵”的明代陵墓群[⑥]。它们分布在广阔的山谷里，每个有城垛围墙的陵墓往往建在突出于两个巨大的山谷之间的支脉斜坡上，陵前开辟出一个满植林木的广大围场，其中有成组的殿堂。游览者沿从首都来的路前进，首先可以看到一个壮观的五间牌楼（1540年），往前是一座有三个筒拱门洞的颂功门楼（“大红门”）。从这门楼上游览者可以远眺围着宽阔的山谷口上的朦胧的群山。再往前他就到了一座透过四面的大拱门而144开敞的巨大的“碑亭”，里面的碑是中国最大的，立在一只石龟上（1420年）。亭前设

---

① Lecomte（1），pp. 88。

② 实际上它们从来不是严格意义上的拱门。

③ 也可参见 Volpert（2）。

④ 杭州西郊的一处约4—5英里见方的区域，也提供了这种情况的一个极好例子。西湖区三面环山，有堤、岛、寺庙和塔。

⑤ 见 Combaz（2）；陈仲篪（*1*）。

⑥ 有关的描述见 Bouillard（1）；Bouillard & Vaudescal（1）；Grantham（1）。参见 Favier（1），p. 310；Fabre（1），pp. 225 ff.；Arlington & Lewisohn（1），pp. 317 ff.。在1935年修复永乐帝的长陵时，北京出版了极好的附有许多比例图的建筑报告［Anon.（*3*）］。明朝共有16个皇帝，第1个葬在南京，第2个不知葬在何处，第7个不葬在十三陵，因为他的统治被认为是摄政。

图版 三三二

图 807 山东曲阜街上众多石牌楼中的一个，曲阜是孔子的墓和庙的所在地［照片采自 Forman & Forman（1），p. 103］。形式比较简单的石牌楼各地都能见到，顶盖和枓栱都模仿木结构的做法。

图 808 一座木牌楼，位于陕西西安文庙的南大门，文庙现在用做省博物馆，内有其著名的“碑林”。图上远处是城墙的内侧，牌楼前是一个半圆形的池子（“泮池”），这是孔庙的正规设施，上有大理石栏杆和拱桥（“圆桥”）。牌楼内外都设置斜撑，冠以重顶，多至七重的枓栱支承（原照，摄于 1958 年）。

图版　三三三

图 809　唐代女皇武则天（即武后，684—704 年在位）的墓，乾陵，位于陕西西安西北乾县。墓是在一个天然的峻峭小丘内，而不是由人工堆成的墓冢，由一条长约 200 英尺的水平墓道通达，但尚未被发掘作考古学研究。下面是由大臣、官员、佛僧等石像，以及近百个较小的代表各国向唐朝进贡的使节人像组成的长长的甬道（原照，摄于 1964 年）。

图 810　北京北面的明陵；守在神道两侧成对的石像长队中的一对骆驼，远处是一个大碑亭（原照，摄于 1952 年）。

有四根"天柱华表"，上刻传统的云纹。然后，当神道穿过农田渐向右弯时，可以看到一长列立在神道两边的石像，有骆驼和象、马和神兽、文武官员等（图810，图版）；神道终止于另一个牌楼（"龙凤门"）。游览者现在再过两座桥（或者更准确地说，从前是如此，因为它们现已有部分被冲走）①，山谷两边各殿的庄严屋顶和殿后的墓冢就隐约可见了。沿着铺砌大石板的曲折道路向前，他最后便来到了永乐皇帝的陵墓（1424年），这是朱氏皇族中最大的墓，墓四周有围墙和门楼（即长陵）。进入第一个庭院后向右，有一个碑亭，碑上记载着清朝第一个皇帝给地方官的谕旨，命令他们永久维护先朝文物（图811、图812；图版）。再往前就是主殿（"积恩殿"），现在空着，但仍由它那二十四根巨大楠木圆柱支承，柱围12英尺，柱高40英尺②。穿过这殿进入另一个院子，经过由林木隐蔽着的祭坛，最后到达"灵台"，台上有一个楼（"明楼"），内立另一块碑（图813，图版）。游览者绕着墓冢围墙（"宝城"）走一圈足足要花半小时。在灵台上游览者可以看到整个山谷的宏伟景象，并沉思那把风景和建筑物的整个形势考虑在内的有机的设计③，以及通过建筑师和匠人的技巧而表现出来的一个民族的才能。

145

(e) 桥　梁

当建筑师弗朗蒂努斯（Frontinus）描述1世纪罗马的渡槽时，最后他说："如果你愿意，可以把这不可缺少的、输送大量用水的建筑物，和没有实用的金字塔或希腊人的虽然有名但没有实用价值的建筑物比较一下④。"他的中国同行们对这个评论所暗示的心情会感到同情。中国文化的特色在不小程度上是合理与浪漫的巧妙结合，这一点在建筑工程上也产生了效果。中国的桥梁没有一座是不美观的，而且不少是非常美观的⑤。

---

① 这个叙述是1952年与艾黎先生一道做的一次难忘的游览后所写，现仍保留原状未做修改。当时在第二次世界大战的年代后，这些大陵庙失于修整，游览长陵时我们必须在坛庙间的荆棘长草中推进。即使如此，景色也还是很美的，在随后的十年中情形完全改变了，当我八年后和叶企孙教授、鲁桂珍博士及艾黎先生重游故地时，所有房屋、庭院和花园都已做了工程浩大的修复并维护得很好。人们可在大门外饮茶，有公共汽车从北京载人们到此游览来欣赏他们的所有，正如西班牙的格拉纳达人惯于欣赏阿兰布拉宫（Alhambra）和赫内拉利费花园（Generalife）一样。明陵还在另外两个可能是更基本的方面有了改观［参见Needham（46）］。系统的发掘已经开始，从第一个开掘的万历皇帝的定陵中，发掘出大批非同寻常的珍宝；参见Anon.（*12*）；Hsia Nai（4）。我们在它对公众开放前，获特许得以一观。在一系列殿堂后面的土丘下约60英尺的深处有三大间宫殿，设有皇帝和后妃的宝座以及停放他们棺柩的坛座。特别惊人的是地下宫殿的白玉石大门，高约12英尺，门上用相当于一人粗的巨大青铜过梁来固定门的位置。其次，山谷的地面（在1952年时我们还不得不把我们的汽车从那儿的泥中挖出来）现在其上已是水深若干英尺，因为1958年在山谷口上建了一个坝，这大部分是北京人民义务劳动的成果（图814，图版）。虽然这主要是为了电力和灌溉干旱的华北平原，但水库也为整个地区的风景增加了美观，因为在水库的水面上反映出10—12个陵庙及其山谷背景的倒影。关于建造这个水库的史诗，见图877（图版）及Yen Yao-Ching *et al.*（1）；Tan Ai-Ching（1）；Chao Yung-Shen（1）。

② 这些圆柱可能是郑和多次航海的一种产物（参见下文pp. 487 ff.）。

③ 大家都对山东的王显和江西的廖琼静这两位堪舆大师表示敬意，他俩似曾在他们的吉幸工程中督察营造工人。

④ *De Aquis Urbis Romae*，I，16。弗朗蒂努斯（35—104年）是王充的同时代人。关于他这个题目的近代论述见Ashby（1）。参见本书第四卷第二分册，p. 128。

⑤ 最近有些最重要的桥梁已经作为国家文物很好地恢复和保护起来；参见茅以升（*2*）。

图版　三三四

图 811　明陵：永乐皇帝（1403—1424 年在位）的陵墓［参见 Arlington & Lewisohn（1），pp. 316 ff. ］称为长陵。图中所示亭子是在大门里庭院的右边。原照，摄于 1952 年；此后长陵经过全部整修，现已是北京人民游览的公园。

图 812　明陵；图 811 中的亭子里的碑刻。该碑是由清朝第一个皇帝所立，上面刻着谕旨：先朝统治者之墓，应永远妥为保存（原照，摄于 1952 年）。

图版　三三五

图 813　明陵：长陵中永乐帝的陵庙。它位于大殿之后和带有围墙的墓冢之前，名为“明楼”，陵庙里有一块大石碑立在石龟上。从墙顶上游人的大小可以看出陵庙的规模（原照，摄于 1952 年）。陵庙前中央是一个露天祭坛。

图 814　一幅 1958 年在十三陵水库坝上陈列的彩色全景图（参见 p. 144），图中显示出天寿山山谷里的十三个陵庙的位置和现在复原主要山谷的人工湖（原照）。

为了记述中国桥梁建筑的成就，就有必要采用合理的分类法①。最简单的桥梁形式是一个木质或任何刚性物质的板梁横过需要跨越的河流或其他障碍物。这样就要遇到限制的条件，即在达到一定的跨度时，材料将不足以负载筑桥者所需要运送过去的东西的重量。我们将看到中国人在一系列很突出的大石构成的桥梁中，探索了可能的简单方法来尽量利用可能得到的最坚固的天然材料的最大强度。只有在发展了桁架后才使桥梁从载重范围有限的简支板梁中解放出来。桁架是由许多杆件构成而每一杆件仅受拉力或压力，这些杆件联结在一起构成网状的几何体系。这在欧洲仅于文艺复兴时期得到全面的发展②。正如柏生士③指出的，这或许最初是研究了若干世纪未曾用于拱形建筑中的木拱架的一个经验性的发现（在中国也是如此）。文艺复兴时期的工程师们从几何学中知道，三角形是唯一的一种图形，只有变更它一边长度才能使它变形或扭曲，所以把若干三角形精确地联结起来就成为桁架④。活动桥也必须置于板梁桥的标题下，同时也必须说到一些关于桥梁超过一孔时所用的各种桥墩。这些桥墩可能是用木桩、砌石的各种不同设计，间或是三脚木架，最后但不是不重要的是在历史上很早就出现的用船只组成的浮桥。

146

其次一类的是利用悬臂梁的桥。这种梁是一端牢固地固定，而另一端自由的梁⑤，所以依其挠性可以稍稍移动。在悬臂桥中，一系列的这种梁从河谷的两岸伸出，而以板梁或桁架在中间把它们连接起来。这种桥梁似乎起源于喜马拉雅山地区，而早就为中国所熟悉并加以利用。

拱可能是最经常和广泛利用的桥梁型式。它们开始是半圆形并且长期保持这种形状。在欧洲，人们曾经坚信必须使用罗曼（Roman）式和诺曼（Norman）式的半圆拱，

---

① 在这里说一下可以得到的文献将是恰当的。关于桥梁的书籍着重于民间传说［如 Robins（2）］，或者如果是艺术性的，则在技术上易于误导［Brangwyn & Sparrow（1）］。一些人认为的最好的桥梁工程史［Tyrrell（1）］我们未能见到，但是施特劳布［Straub（1）］和乌切利［Uccelli（1）］的著作则很有一些有价值的内容。雪莉-史密斯［Shirley-Smith（1）］的著作是权威性的。照例还可以从现在书架上所没有的旧书中得到帮助，如詹金［Jenkin（1）］和菲德勒［Fidler（1）］的著作。近代流行的桥梁建筑的记载不能提供多大的帮助，如布莱克［A. Black（1）］的或斯坦曼和沃森［Steinman & Watson（1）］合著的著作，但作为开始，可以读一下斯坦曼［Steinman（2）］的一些“环顾性”（*tour d'horizon*）的文章。弗洛朗热［Florange（1）］有一篇关于刻铸在钱币上的欧洲中世纪的桥梁的有趣分析——但是为篇幅所限，欧洲的专家巨著不能更多地叙述。许多论述中国建筑的书，如《中国建筑》［Anon.（*37*）］，喜龙士［Sirén（1）］、米拉姆斯［Mirams（1）］的著作等，都涉及些桥梁。富尔-梅耶［Fugl-Meyer（1）］有一篇专门著述，虽然初看不觉得如何，但还是很有教益的。与此极相似的，在中文中有罗英（*1*）的篇幅较大和很专门化的著作，在其后二十多年才出版。唐寰澄（*1*）有一本杰出的照片集，收集了各个时代的中国桥梁的照片并加以很好地说明。刘敦桢（*1*）的早期工作也涉及这方面，不过特别着重于板梁和悬臂桥。不列颠博物馆东方古代部有中国桥梁照片的“鹰徽收藏”（Engle Collection），由威利茨（William Willetts）先生编制了目录，但主要是关于拱形建筑物并且还不是一般读者都能看到的。罗英（*2*）的著作则专门谈论这种类型。

② 特别是由安德烈亚·帕拉第奥（Andrea Palladio，约 1570 年）所做的发展；参见 Davison（11）；Uccelli（1），p. 682。但是达·芬奇曾是熟悉这个原理的。如同我们已经（在上文 pp. 101，141）看到的，桁架也不是中国过去所完全缺乏的建筑技术，因为三角形和梯形已经在重型的悬伸屋顶的支架系统中用了许多世纪。但他们在进入更复杂的形式之前，由于需要笨重的木工活而消失了。这可不可能是中国缺乏演绎几何学的又一个结果呢？关于希腊的三角形屋架，见 Hodge（1）。

③ Parsons（2），p. 486。

④ 参见 Uccelli（1），p. 295。

⑤ 在逻辑上它相当于建筑上的牛腿。

因为它的两侧推力是垂直向下传到桥墩或桥台[①]，而且这种理论并没有因为中世纪的尖拱而受到影响，尖拱有两条比较大的圆弧线或两条其他曲线相交于拱冠。最大的变化发生在 14 世纪，当半圆的底边直径被容许深没到河水水面以下时，桥梁就变成弓形，从艺术上看桥好像有从它的桥台上跃出飞奔的特色[②]。本章里将谈到这种基本的先进技术被一个中国的天才工程师所占先，时间早于欧洲约 7 个世纪。其他各种弧线，如椭圆形，当然是可以用的，实际上也已经用了。

最后一类重要的桥梁是吊桥。它们的支持来自上面，具体由绳索或链子形成悬链线。在所有较为原始的型式中，行人和牲畜是沿着曲线过桥的，或许从栏杆短间隔地连接到桥面逐渐发展成为真正平面桥板的吊桥。吊桥存在于世界上许多地方。但仅是在其中一个地区，由富于才能的工程师们把绳索改进为铁链。这很早就出现于邻近阿萨姆（Assam）和缅甸的中国西南及中国西藏的丛山地区，而此后欧洲的吊桥就由这些出色的铁索桥派生出来。

147

现在我们可以归纳一下分类，并按照中国传统技术的各种筑桥方法注明桥梁跨度的一些数字。

				最大跨度（英尺）
板梁	铁			10
	木			20
	石			70
悬臂梁	木			130
拱桥	石	半圆		90
		尖拱或两中心拱（“哥特式”）		70
		弓形		200
吊桥	垂曲	单绳索		450
		V 形断面的绳索桥		
		管状绳网		
		铺板的	竹缆	
			铁链	
	平板桥面		竹缆	
			铁链	

有兴趣的是不同桥梁形式的存在似乎从某些字体的结构表现出来。金璋［Hopkings（14）］认为，最早的作为“梁”的这个字是画一块厚板横跨过一条河，意思是一座板梁或一座桥（见插图）。现在这个字的早期形体没有见到，但同源字的字形中包含水和

① Parsons（2），p. 485。事实上半圆拱的最大缺点是要求最大负荷在拱腋而最小负荷在拱中心。因而诺曼式的塔楼后来消失了。

② 参见本书第一卷 pp. 166 ff.。这种桥梁的桥台必须做得更牢固。

梁

K1138*b*

K1138*f*

米的成分，以及第三部分好像原来是一个在做某些工作的一幅画（K738）。或许他是在修筑一条灌溉堤坝以便人的通行。在《诗经》① 里这个字通常的含义是一个固定的鱼笱，它可以极自然地成为一座桥②。最普通用做桥梁的名词是桥，加木字傍于乔而成，意义是高而拱起，正如古代图所清楚地显示的那样（K1138*a*，*b*，*f*，*g*）。后面将简单地讲到有关拱和穹隆的起源；虽然它们在周朝是毫不显著的，而在秦汉时期的广泛应用说明中国在公元前第1千纪的大部分时期已经知道并利用了它们，不过可能仅是为了特殊用途。进一步地从古代字形中进行探索可能会发现关于悬臂和吊桥型式的参考资料（见p. 186）。

148 中国桥梁的国外赞扬者，几乎可以在中国的每一个世纪被得到引证。在公元838和公元847年之间，圆仁从来没有发现过一座桥不起作用，当他从山东去长安的途中，对黄河一条支流的一座浮桥的有效作用感到惊奇。这座浮桥长330码，与之相接的是一座多孔的拱桥③。在13世纪的最后几十年中，马可·波罗反映了相同的情况，他详细地讲述了中国的桥梁，但从来没有提起世界上其他任何地方的一座桥④。杭州有12 000座桥的说法，作为“马可百万”（Marco Millione）的一项夸大而出名，可能是由于原稿遗漏了一行注解造成了城门与桥梁之间的混淆；事实上在他那时候的确是347座。其中117座在城内，至少有46座是在1170年以前的一个世纪内建造的。在1268年有一个特别文告要求增建和修缮首都的桥梁，在郡守潜说友的领导下，在一年内一半以上的桥梁拆了重建，低的抬高以便河中船只通过，狭窄的放宽。这样另一个里亚尔托（Rialto）* 在等候来自西方的旅行者⑤。

文艺复兴时期第一批到中国的旅行者对在中国看到的桥梁也表示极度的赞扬。其中较早的一个是加莱奥特·佩雷拉（Galeote Pereira），约在1577年以下文描述了福建的大石桥（关于大石桥我们在后面将更详细地述及）：

> 当你来到这些（福建晋江附近的）城市中的任何一个⑥，在那里都有一座桥耸立着，它是那么巨大，我在葡萄牙或其他地方从来没有见到过相类似的。我听到我的同伴之一说，他断定一座桥有40个拱。这些桥所以有必要造那么

---

① 《毛诗》第三十五首、第六十三首、第一〇四首等；Legge（8），vol. 1，pp. 56，106，159；Karlgren（14），pp. 22，43，67；Waley（1），pp. 100，46，79。

② 这种建筑仍为中国人所普遍采用，如同在很多其他人民中一样［参见 Thomazi（1），p. 120；Korrigan（1），p. 109］。这种永久性鱼笱，当人们飞过东北地区西北部的一些湖泊时可以从空中明显地看到。

③ 见 Reischauer（2），pp. 280，282，283；（3），p. 120。

④ Marco Polo，Ch. 157（Moule & Pelliot 编）。不幸的是马可·波罗没有以一个工程师的目光和笔法来观察和描述它们。

* 意大利威尼斯的一个岛，也是连通这个岛的桥名。——译者

⑤ 关于马可·波罗记载中的矛盾和他的中国同时代人的桥梁建筑活动，慕阿德［Moule（9），（15），pp. 23，27］曾有评论；参见 Gernet（2），p. 45。

⑥ 泉州或漳州；见 Boxer（1），p. 313。

> 大，因为这地区到海边很平坦低洼，每当海水入侵就要被淹没。桥的宽度和长度的比例既相配称，建筑更是适当，桥的中央并不高出两端，这样你可以从桥的一端直接看到它的另一端；桥两侧的雕刻出奇精美，与罗马人的工艺形式相仿。但是最使我们惊叹的是石料的巨大。当我们进入城内，也有同样的大石。我们看到许多大石安放在无人居住的路旁，虽花费不小，但用途不大，因此除非来到近旁，就不为人所注意。这些桥拱和我们所建的形式不一样，它们是用各种各样的石料铺砌成穹隆形，好像是整块的那样，这些石料从一个桥柱伸到另一个桥柱。这样，它们既作为拱石并且也作为公路之用。我看到上述的石料之大感到惊奇，其中有些长达十二步以上，最小的足有十一步半①。

同样的章节在门多萨（Gonzales de Mendoza）和16世纪及17世纪的大多数作家的文字中经常出现。威廉·钱伯斯爵士以他的最浪漫的笔调叙述了中国的桥梁，直到1796年范罢览（van Braam Houckgeest）在描述100座拱桥中特殊的一座以及另15座中的一座时，表示了同样程度的赞扬②。确实，当彼得大帝在1675年5月派一个使团到中国时，由使者尼古拉·米列斯库·斯帕塔鲁（Nikolaie Milescu Spatarul）向中国人提出的请求之一，是派桥梁建筑专家去西方把他们的技术传授给俄罗斯人③。 149

令人感兴趣的是，早期去中国的葡萄牙访问者在16世纪发现有关桥梁最特殊的事实之一是沿路的一些桥梁常常远离居民村落。多明我会士加斯帕·达克鲁斯（Gaspar da Cruz）于1556年在中国时曾写道："在中国令人惊奇的是有许多桥梁在全国无人居住的地方，而且这些桥梁的建筑较之靠近城市的桥梁，质量不是较差造价也不是较小，而是造价昂贵和施工质量很高的。"④ 一个充满官僚的政府的工作能够做到这样，给这些来自一个主要是城邦文明的来访者以深刻的印象。

(1) 板　梁　桥

简支木板梁桥连同木架桥墩（"架木桥"）在中国的大部分地区都可以见到⑤。有趣的是它们似乎从上古时期以来始终没有变化⑥。约作于公元150年的武梁祠石刻中的著

---

① Eden (1)（编），p. 238；Boxer (1)，p. 7. 从佩雷拉的记载中不容易判断他的心目中是哪两座桥，泉州附近的洛阳（万安）桥可能是其中之一。1659年路过此桥，闵明我（Domingo de Navarrete）对此的同样生动的描述，见于 Cummins (1)，vol. 1，pp. 143ff.。见表66。

② Houckgeest (1)，pp. 138，147。马戛尔尼也有类似的描述［Cranmer-Byng (2)，pp. 92，108，175，194］。

③ 这件事是由潘尼迦（H. E. Sardar K. M. Panikkar）引起我们注意的。参见 Ysbrants Ides，pp. 63，65；Panikkar (1)，p. 235；Baddeley (2)，vol. 2，pp. 351，385。关于米列斯库使团的背景，见 Cahen (1)；关于他本人的记述见 Milescu (2)。一般人所知道的是斯帕萨里（Spathary）使团，是这个罗马尼亚学者在为沙皇供职时的俄国式官衔。

④ Boxer (1)，p. 105。

⑤ 参见 Fugl-Meyer (1)，fig. 19。

⑥ 事实是中国人从来没有从用简支板梁进入复式网状的木框架，用后者就可以建筑很大的桁架桥，如同已经说过的，这只能归诸于他们缺乏理论性的演绎几何学。但是他们同欧洲人一样用木拱架来造拱形建筑（图883f），而且他们的格构设计和其他修饰是极符合几何学的（见本书第三卷，pp. 95，112）。至于其他材料，有很少的例子是用铁杆做桥梁［Hutson (1)；Fugl-Meyer (1)，p. 81］，但铁杆梁本来就不是发展的方向，除非它真正导向铁杆环接的吊桥的思想（参见下文 pp. 151，196）。

名史画"桥上之战"，清楚地显示着带有斜坡的桥堍和桥的中孔[①]。这种桥可能就是孟子在公元前4世纪时说到[②]季节性修理的行人桥（"徒杠"）[③] 和行车桥（"舆梁"）。桥孔跨度在木架桥墩之间不超过15—20英尺[④]，但在浅水河道上桥孔可能很多。

当需在很宽的河上建桥时，这种多孔的桥梁就成为一种必然的形式，因为中国人很早就很成功了。在关中地区成为中国文明的中心后，横渡渭河就特别重要，秦昭襄王[⑤]在公元前305年接位后立即建筑了一座多孔的板梁桥名曰"横桥"。这座桥使首都咸阳和南岸的地区和道路连接起来，汉朝时期南岸的长安成了首都，仍保持着它所有的重要性[⑥]。从史料上见到[⑦]，桥全长2000英尺左右，68个桥孔，这样它们的跨度肯定约有29英尺。桥上所有的梁都是木制，桥面宽55英尺[⑧]，其北段采用砌石桥墩，因此名曰"石柱桥"。我们可以从两方面来看这座简单但是高贵的桥梁，首先是研究现在还保存在四川博物馆的汉砖上的桥梁图像（图815，图版）[⑨]，它们同武祠梁浮雕同样古老，或甚至更古些；其次看一下至今还存在的同样类型的桥。有三条河在长安附近流入渭河，东面是灞河和浐河，西面是沣河，这些河流上的汉代型式的古桥，桥孔多达67个[⑩]，圆仁于公元840年走过时看到它们还存在着（图816、图817；图版）。唐寰澄曾画了一张图说明它们的简单结构[⑪]。所有这些桥都保持靠近水面，在洪水季节就被淹没而不见了。

150

① 《金石索》石索三（第一〇七页起）。参见 Bulling（13）。

② 《孟子·离娄章句下》第二章［Legge（3），p. 193］。

③ 行人桥后来名为"榷"。

④ 但是供轻便的行人和驮畜用的木板梁桥的跨度可以达到35英尺左右，如莫克［Mock（1），p. 30］书中所举的有一个木箱桥墩的例子。

⑤ 就是这个秦王于公元前257年建造了第一座跨过黄河的桥，肯定是座浮桥［《史记》卷五，第三十四页；Chavannes（1），vol. 2，p. 94］。

⑥ 当时又造了两座桥都在横桥之东；见足立喜六（*1*）；罗英（*1*），第56页。卫匡国（Martini）于1655年在他的《中国地图集》（*Atlas Sinensis*，p. 45）中有相当详细的说明，但他说的是高拱。

⑦ 《三辅皇图》卷三十四和《三辅旧事》。

⑧ 这样就有一条九车宽的驿道；参见上文 pp. 5ff.。值得作为一个王国（即使还不是一个帝国）首都的桥。我们的尺寸是从秦和西汉的度量换算来的。

⑨ 刘志远（*1*），图58；Anon.（*22*），1图版34、35；唐寰澄（*1*），图6。图景已被复制在现在的一张邮票上。

⑩ 唐寰澄（*1*），图11、图12，参见图14；罗英（*1*），第28页起、第276页起；Geil（3），p. 172。刘敦桢（*1*）的回忆录主要记载了这些。我们知道灞桥被维修过多次，如在公元22年，再次在公元582年；我于1958年曾短暂地去访问一下，和圆仁所见一样，但在1964年见到已完全用混凝土包镶起来。有一个宽阔的桥面以便行驶重型汽车。但是在西安的西北有同样型式的不过较小的26孔的沣桥，仍可以详细地予以研究［唐寰澄（*1*），图13；罗英（*1*），第29页；Fugl-Meyer（1），p. 70］。每个桥墩的建筑方法是，基础用柏木桩支撑着横排的三个石碾盘，每个碾盘上竖立两个石圆柱。每个圆柱由四个高2英尺、直径稍小于2英尺的石辘轴重叠地组成，并把次于最底层的每对辘轴用熟铁环箍起来。这样每个桥墩有六根柱子。在这个地区的场上量了碾滚的尺寸，说明正如所想像的，这些辘轴是标准尺寸的碾滚。每对圆柱上安放着长方形的石梁，上面再架上两根横木梁，然后安放九根纵梁，铺上横木板和盖上泥土。能够仔细地观察一个这样简单、坚固和精巧的建筑物是一大乐趣，并且自公元以来毋须有重要的改动。

⑪ 唐寰澄（*1*），p. 14。

图版　三三六

图 815　双轮马拉战车和骑士经过一座有栏杆的带桩的板梁桥；出自四川成都的汉代画像砖上的景象［采自 Anon.（22)］。

图版　三三七

图 816　西安西北近郊的沣桥，一座汉代型式的墩和梁的桥（原照，摄于 1964 年）。每个桥墩由三对柱子组成，柱子用类似打谷滚子的石辘轴建造，并被放在三个碾盘上（后来包上了混凝土，在图上看不到），后者支在柏木桩上。

图 817　沣桥的细部（原照，摄于 1964 年）。每对圆柱上面以一个长方石板做柱头，放上两根横木梁，上面架上桥面的九根纵梁。

在整个中国的历史中，这类型式被保留下来了。我们听说张中彦在1158年曾建造一座长达十里的木架建筑物。在宋代画家们的画中，如夏珪的画中，我们见到优美的木板梁桥，中间桥孔还盖有楼阁（图818，图版）[①]。在1221年邱长春道人去撒马尔罕（Samarqand）见成吉思汗的途中，他和他的同伴们在喀什以东沿一条穿过天山山脉的峡谷道中发现有“不少于48座木桥，它们的宽度可以两辆马车并肩通过”。这是数年前张荣和察合台的其他工程师们所建造的[②]。公元前3世纪起中国的一些桥梁木架无疑是与推想是公元前55年凯撒（Caesar）用于横跨莱茵河的[③]，或是达·芬奇画中的[④]，或是在非洲所见到的那些桥相类似的。但是在13世纪的欧洲能够在什么地方找到相仿于张荣所建的两车宽的驿道呢？

151

除了木架、木桩或砌石桥墩外，板梁桥的其他各种支柱在中国都经常被使用。我们刚才已注意到木笼用做桥墩的例子[⑤]，而在川西雅州（雅安）附近，长期以来人们就习惯于把木板梁桥架于填石竹笼上[⑥]，用以跨过青衣江及其支流，这种填石竹笼同样也用于河道控制工程[⑦]。还可以见到以铁柱做桥墩的一些例子。在宋代某一时候，一个名叫臧洪的江西人在江西浮梁县造了一座十二个铁柱桥墩的桥[⑧]，但到了宋末换成了砌石[⑨]。这个记载我们得自当地的方志；同样的桥还有五座之多，分别在不同的省份，也在这个方志文献中找到[⑩]。有一座在四川峨眉山，约于1470年同一个地方官李祯所建；另一座在云南，有七孔，平均跨度45英尺，架在40英尺高的柱子上，估计是混合式的。六个桥墩中有四个被明确说明是铸铁的，也可能全部都是用铸铁的[⑪]。我们还可以从中国古代的手抄文献中找到这种建筑物的参考资料，因为汉斯［Hance（1）］在1868年记述过他和他的一个朋友在浙江和福建看到的两个铁柱桥墩的残迹。就我们所知，这些事实没有被那些论述建筑和桥梁建造中应用铸铁的历史的作者们提到[⑫]。

---

① 参见Anon.（*32*），第38幅画，图版9。参见杨仁凯和董彦明（*1*）第一册，图版59、图版67。

② 《长春真人西游记》卷一，第十八页［Waley（10），p. 85］。

③ *De Bello Gallico*, IV, 16—19；Neuburger（1），p. 463；Davison（11）。

④ Uccelli（1），p. 279。

⑤ 在某些情况下可以达到很高，如唐寰澄［（*1*），图21］书中所示的拉萨的桥。

⑥ 透孔的竹编笼子内装以石块——详见下文pp. 295，339。

⑦ 见刘敦桢（*1*），图版2a及唐寰澄（*1*），图3中的照片。又见罗英（*1*），第23页。

⑧ 这个地方更以景德镇之名而著称于世，多少世纪以来是中国陶瓷工业的最大中心。陶瓷窑和高炉之间的联系可能是重要的。

⑨ 刘敦桢（*1*），第36页。

⑩ 罗英（*1*）第28页。

⑪ 关于这个问题可参见Needlham（31，32）。臧洪可能在旱季时仔细地油漆他的铁桥墩的可及部分——也许他忽略了这一措施，所以他的桥没有被保留下来。各种铸铁对于受锈蚀影响的不同程度在中国冶铁史上是一个有一定重要性的复杂问题，我们将在本书第三十章（d）中回到这个问题上来。我们已提到用铸铁建造一个宫殿的一些柱子的例子（p. 103）。

⑫ 如Gloag & Bridgwater（1）；Watterson（1）；Skempton（1）；skempton & Johnson（1）；Giedion（2），pp. 101 ff. 西方最古老的铸铁桥是在什罗普郡（Shropshire）的什鲁斯伯里（Shrewsbury）和布里奇诺斯（Bridgnorth）之间跨过塞文河（Severn）的那座。是1779年由亚伯拉罕·达比第三（third Abraham Darby）所建造的，跨度100英尺，它有一系列半圆形肋梁，每个肋梁由两块铸铁组成，用横撑拴结于一些较大的同心肋梁，后者用以支持稍微隆起的桥面板并提高刚性。这座桥至今仍作为行人便桥。参见Shirley-Smith（1），p. 64.

图版 三三八

图 818 一座木板梁桥，中间一跨上面盖有一个亭子。这种中孔稍为隆起以便船只通过的建筑形式是中国长期以来所保持的；现在这个例子引自南宋杰出的艺术家夏珪（1180—1230 年）的一幅画。采自 Anon.（*32*）。

图版 三三九

图 819 杭州附近的一座石板梁桥［照片采自 Mirams（1）］。

即使是这种最简单型式的桥梁，已经要求有效地打桩。直到最近，中国人还在继续用一种好像维特鲁威的夯槌（*fistuca*）的工具[1]，这种工具是用桩槌吊于一根缆索上转而分系于若干拉绳，分由若干人合力把槌提升到其行程的最高点[2]。图360（在本书第四卷第二分册）示出了一个1943年在抢筑古丝绸之路上一处溃口时用的桩槌[3]。在较小的工程中，四至八人用一个夯或碓（一个带有竹柄的圆柱形的石块）[4]，而他们自己则站在靠近桩顶的一个小平台上使他们的体重来加重夯打。

152

因为英国西部有"柏板"（clapper）小桥，石板梁桥是英国人所熟悉的[5]。但是在中国，这个原理的使用具有更大的规模。即使是标准的小石板梁桥（图819，图版）[6]也较"柏板"桥大得多。当跨度小于16英尺，桥面高出洪水位6—10英尺时，这是最通常用的型式。这些桥都是利用围堰在干的环境内施工。围堰的做法是竖立两排竹竿，把它们绑扎起来并用芦席围上，其间填以泥土。然后用龙骨车把水戽出（参见本书第四卷第二分册，pp. 339 ff.）直至河底涸出能施工为止。围堰做成凸形以承受主流的压力。有三种主要型式的桥墩用于这些桥梁。第一种也是最简单的是把长而扁平好像木板一样的条石用榫眼竖立在下面一块长的基石上，方向与水流平行。在上面再榫接上另一块长的水平条石，它的长度较长于桥的宽度。这种方式对水流的阻力很小并且能很好地承受船只的碰撞震动。桥台看起来很大，但是造得很经济，不过是薄的挡土墙回填泥土和石屑。第二种桥墩型式是用块石砌筑成角锥形，它的短轴挡住水流的方向。第三种是上两种的结合，用于当需要把桥抬到水面以上很高的场合。

偶尔这种桥梁也做成多孔型的。虽然它们不适用于20英尺以上的宽度，但是在内地河流上包括大运河上仍常常可以见到，不过在这种情况下桥台就远远地伸入河身。富尔－梅耶（Fugl-Meyer）认为其目的是作为一种框架用以减弱水流。中国第一座完全用石砌的桥建于公元135年，它横跨在洛阳的一条运河上，很可能就是这种类型的，虽然或许有一个或几个拱[7]。在存留在东部各省一些城市的众多桥梁中，绍兴有两座确属建于宋代，其中之一的"八字桥"，造于1256年，桥的两岸各有一个斜坡的桥堍并附有栏杆[8]。

153

所有这些在工程上的意义是比较小的，但是在宋代有一个惊人的发展，造了一系列的巨大板梁桥，特别是在福建省。在中国其他部分或国外任何地方都找不到能和它们相比的。这些建筑物过去（和现在）都是很长的，其中有些超过4000英尺，桥孔跨度特

---

① Vitruvius，Ⅲ，4；有关细节参见 Frémont（13），pp. 37 ff.。

② 后面将看到同样的方法用于手动抛石机，这是中国中古时期的炮兵所常用的（本书第三十章）。

③ 中世纪的欧洲人使用同样的方法，见 Salzman（1），pp. 86，328。

④ 参见上文 pp. 38ff.。

⑤ 见 Robins（2），pp. 63. ff.。

⑥ Fugl-Meyer（1），fig. 24；Mirams（1），p. 103；唐寰澄（*1*），图5、图36；Boerschmann（3a），p. 115；刘敦桢（*1*），图版2b；Forman & Forman（1），pp. 131，221。

⑦ 见下文 p. 172。

⑧ 有关描述见于陈从周（*1*）。我于1964年在离绍兴不远的古大运河的延长段上见到另一座同样类型的桥，名叫"太平桥"，并照了相，该桥的一端有双排石级，另一端是一系列板梁（见图820，图版）

图版　三四〇

图 820　九间石板梁和一拱的结合；这是在浙江绍兴附近大运河延长段上的太平桥（原照，摄于 1964 年）。这座拱桥有一个特别优美的 T 形双梯级以接近纤道。

(a)

(b)

图 821　中国东南部的大石板梁桥；江东桥或虔渡桥［照片采自 Ecke（3）］，在福建厦门九龙江上游。建于 1214—1237 年；长 1100 英尺。参见本册 pp. 153ff. 和表 66。

（a）自东北看架在第六桥墩上的石板梁。

（b）自上游（西北）看另一桥墩。

别大，达到70英尺，为此必须搬运重达200吨的大石料[①]。建筑这些桥梁的技艺随后已经失传，对于供应石料的采石场以及用什么技巧把它们运到工地并安放在应有位置，都没有保存下来的记录[②]。

负责建造这些大石桥的工程师的姓名不很清楚。一些碑文上仅记载着地方官吏的名字，在他们的赞助下建造和修理了这些桥梁。人们可以意识到曾有过某些造桥能手，他们创立了学派并奠定了传统。根据当地资料，泉州的万安（洛阳）桥是在蔡襄（1012—1067年）的监督下建筑的，蔡襄是一个曾在福建做了一段时间地方官的学者[③]，并以其写有关于荔枝和茶的著作而闻名[④]。

关于万安桥，有一个有名的民间故事不能不加以引述： 154

洛阳桥建造以前，渡河都是用船。在宋神宗时（998—1022年），有一个从福清来的孕妇渡河去泉州；当渡船划到河中心时，凶恶的龟蛇神怪突然掀起了狂风恶浪企图打翻和沉没渡船。天空中立即有一个声音大叫："蔡状元在船上，神怪必须尊重他。"话音刚发，顿时风平浪静。所有乘客们都准确地听到说的是什么，但船上除了这个福清妇女外没有其他一个姓蔡的。因此大家祝贺她，她说："如果我真的生一个儿子成为状元，我要他在洛阳河上造一座桥。"

几个月后，她果然生了一个儿子名叫蔡襄。此后（约1035年）蔡襄确实成为一个状元。他的母亲告诉他在河上的经过并要他能履行她所许下的愿。蔡襄是一个孝子，所以立即承应下来，但是那时候有一条法令，禁止任何人在本省担任官职，蔡襄是福建人，所以他不可能任福建省的泉州郡守。幸而他有一个朋友是皇宫里宦官的头子，想出了一个奇妙的计策。有一天当宣告皇帝将游园，他就用糖水在芭蕉叶上写道"蔡襄必须派为泉州的郡守"，蚂蚁立即嗅到甜味，成群地聚集在字迹上，走过这棵芭蕉树的皇帝惊愕地看见这群蚂蚁组成这些字的样子。这个宦官头子注意到他看完了，就起草了一个派遣令由皇帝签了字。

最后桥在许多神祇的帮助下终于建成了。[⑤]

福建省的大石桥、海塘和其他公共建筑物特别和佛僧的名字有密切的联系，对他们

---

① 这些肯定是巨石做的，但并不比其他文明国家所用的建筑材料更大。在叙利亚的巴勒贝克（Baalbek）大寺院的西墙有三块非常大的石头，每块重850吨，这肯定是3世纪前后安放在这个位置上的。

② 罗英［(*1*)，第382页起］提出很合理的意见，认为是利用了潮位差，按照怀丙（约1067年。参见本书第四卷第一分册，p. 40）的技巧也是用浮力来处理的。

③ 关于他和造桥的关系的起因的当地传说，见于 Dukes（2），转载于 Boxer（1），pp. 334 ff.。见下页。

④ 他的塑像装饰在桥的西南端［照片见于 Ecke（5）］。经常给出的建桥年代1023年是错误的。1041年李宽和陈宠"建造了整齐的石桥堍和一座浮桥。接着在1053年王实、卢锡和僧人宗已着手修建一座大石板梁桥但没有能完成，于是蔡襄以更大的才略担负起来，于1059年胜利完成。我们从他的亲笔所写的《万安桥记》中得到了有关这件事的记载。可能正是他或他的助手许忠及僧人义波和宗善中的一位，增添了过去缺掉的某些值得注意的必不可少的工程因素。我们了解到，1078年一个后任地方官王祖道接到一道命令，禁止居民从"蛎壳"或"蛎房"上取走石块（参见 R216 和本书第四卷第一分册 p. 88）。这些石块不是别的而是在河床上大大超过桥墩面积的平坦石基，桥墩建于该石基之上，同现代的混凝土筏基的原理是相仿的。这些排筏在《读史方舆纪要》（卷九十九，第四十二页）的有关章节中没有提到，但记载在《福建通志》和罗英［(*1*)，第252页起］引用的其他一些文献上。

⑤ 译文见 Eberhard（5），no. 28，经作者修改。

说来造桥①是赐福的工作（*puṇyakṣetra*），同时他们自己可能就是工程师。法超是蔡襄的同时代人，在泉州造了其中的一座桥，另一个同时代人可遵方丈是这些工程的一个大的财力赞助者。1178 年前后，另一个僧人守静在南安造了一座 1000 英尺长的板梁桥。但这些人中最著名的是道询（卒于 1278 年），他在福建造了各种大小的桥超过 200 座，并且据说他完成了蔡襄所创始的工程。他的最大的成就是泉州附近的盘光桥，同时他也修了些堤坝和海堤。在下一世纪，伯福（卒于 1330 年）做了同样的工作，而且有趣的是，据说他习惯于当工人们工作时睡觉，当然是在很差的条件下睡的②。广泛地考察当地的历史和山川地形将会发现这些出家的工艺家更多的事迹③。

155

这些桥梁的外观可从图 821（图版）和图 822 中得到一些概念，这些图采自艾克［Ecke（3，5）］的著作④。它们是广东到泉州的译道上的江东桥和泉州城东北的万安（洛

图 822 大石板梁桥；横跨福建泉州东北的洛阳江的万安桥（洛阳桥）。建于 1053—1059 年；长 3 600英尺。这是在吴英所著《吴将军图说》（约 1690 年）中的一幅中国画，采自 Ecke（5）。吴英是清朝一个陆海军总兵，在 17 世纪的 60 年代和 70 年代同郑成功和他的继承者们所率领的明朝部队作战。在这些战役中，桥梁具有很大的战略重要性。画中前景是混战的一幕，描绘 1678 年吴英同明郑将军中最能战的刘国轩作战的情景。画的背景示出了正在借助人字起重架修理桥梁。

① “修桥补路”是成语。

② 在西北地区而不是在福建曾流传著名禅僧福登（1540—1613 年）的事迹。他擅长于长的连续拱桥（且不说砖作的庙宇和铸铁的宝塔）。至少其中之一（1599 年）名为“增强”，它用了不少金属，虽然我们现在不知道它是怎么建成的。较此早 30 年前福登曾去过东南，可能从那里学到些技艺。我们必须感谢顾迩素博士，从她所写的关于福登的传记中我们得到了进一步的知识。

③ 竺沙雅章（*1*）曾全面地研究了在这个时代的福建佛教在经济和技术上所起的作用。这些桥都大量地用窣堵波、表示吉祥的密宗的“种子”（*bīja*）字的字符（参见本书第四卷，第二分册 p. 231）以及其他宗教信仰的标志装饰着。

④ 亦见 Sirén（1），vol. 4，pl. 99A，B，C。

表 66 福建的一些大石板梁桥

桥名	地名	河流	建桥年代	总长（英尺）	宽度（英尺）	桥孔数	最长桥孔长度（英尺）	最大梁的重量（吨）	建 者	参考文献
1. 万寿桥或文昌桥	福州 闽侯	闽江	1297—1322	2 050	$14\frac{1}{2}$	36	45	约 80	王法助	P3;FM,p. 79;L,72,264ff.;B,pp. 333,338[①]
				（包括南台岛以南一小段）						
				2 620	$14\frac{1}{2}$	46	—	—		
2. 洪山桥	稍上游	闽江	1476	—	—	28	—	—	—	P3;1577 年 de Mendoza 述及
3. 福清桥	福清	当地潮汐河口	宋末明初	约 800	—	17	约 27	—	—	E5,pl. 21,fig. 3[②]
4. 洛阳桥或万安桥[③]	泉州东北	洛阳江	1023 或 更可能 1053—1059	3 600	15	47 （现 121）	约 65	约 150	蔡襄	FM, p. 77; P3; E5, pl. 21, fig. 1; THC, p. 18, fig. 17; D; B,pp. 333ff.;L,74,249ff.
5. 盘光桥或五里桥	泉州东北	洛阳江	约 1255	>4 000	16	—	—	—	道询	THC, p. 19,fig. 18
6. 顺治桥	泉州西南	晋江	1190—1211 （1341,1472 和约 1650 重修）	1 500	—	—	—	—	—	P3, B, pp. 253, 332; 1575 年 Rada 述及
7. 浮桥	泉州西南	晋江	约 1050 浮桥， 1160 改石桥 （现已加固作为 公路干线桥）	800	17	130	约 27	—	法超	ED,p. 94;THC,p. 19,figs. 19, 20
8. 安平桥或五里桥	安海	当地潮汐河口	12 世纪	5 000	—	360	15	—	—	E5,p. 272
9. 同安桥	同安	当地潮汐河口	1094,1294 重修	1 000	—	18	60	—	—	P3
10. 江东桥或虎渡桥[④]［= 波澜桥（谐言）］	厦门上游 20 英里 漳州之东	九龙江	1190 浮桥， 1214 加石墩 1237 加梁	1 100	18	19	>70	>200	李韶	FM, p. 75; P3; E3; E5; ED, pl. 71b;L,35,75,382

157

续表

桥名	地名	河流	建桥年代	总长（英尺）	宽度（英尺）	桥孔数	最长桥孔长度（英尺）	最大梁的重量（吨）	建　者	参考文献
11. 通津桥或老桥头	漳州南	龙江	12 世纪末	900	—	28	40	—	—	P3；E5，pl. 21，fig. 2；ED，pl. 72a
12. 广济桥或湘子桥（有一段长 270 英尺的浮桥，以便大船通过）	广东潮州	韩江	宋代，1170—1192	1,630	20	21	—	—	丁久元，沈宗禹等	姚友直⑤，THC，fig. 16；L，255

人名在表中的简写

B	Boxer(1)
D	Dukes(1)
E3	Ecke(3)
E5	Ecke(5)
ED	Ecke & Demiéville(1)
FM	Fugl-Meyer(1)
P3	Phillips(3)
L	罗英(*1*)
THC	唐寰澄(*1*)

①我个人有责任赞扬元代的建筑者造了这座给人以最深刻印象的桥，这是我亲自见到的这一组桥中唯一的一座。回忆在 1944 年一个阳光照耀的 5 月的早晨，那是我和黄兴宗博士乘人力车经过花岗石铺砌的大街，去度过在福州城的书店里和温泉中度过的几个愉快的日子中的第一天。我们收集的大部分数学古典书籍就是在这里买的。

②早期的一些葡萄牙旅行者曾描述一座很大的桥在兴化（今名莆田）以北，福清和洛阳桥之间[参见 Boxer(1)，p. 333]，但现在看来已不存在了。

③这里的名字是根据米尔斯[Mills(7,8)]所叙述的 18 世纪海岸图原稿的注释，这和本书第三卷图 210 所复制的相仿；但更普通的现代名称是“洛阳桥”。

④“虎渡”这个名字虽然为艾克(Ecke)和其他人所同意，但看来是错误的。古典成语，一个“虔敬者渡河到达彼岸”是更加适合于佛僧修建的桥[参见 Fêng Yu-Lan(2)，p. 129]。

⑤文在《图书集成·职方典》卷一三四〇，艺文一，第八页；参阅卷一三三五，潮州汇考三。

阳）桥，它们的以及在这个地区的其他一些桥梁的细节列在附表中[①]。马可·波罗和孟高维诺（John of Monte Corvino）一定曾经过这些桥[②]。福建桥梁的孔数联系到它们的总长度是变化很大的，因为桥面的大石板损坏后，后代就无法予以恢复，必须求助于在老桥墩之间加入新桥墩。在许多情况下，从桥墩基座上伸出撑架或悬臂以增加桁架的支持，桥墩本身经常明显地是船形。最大的梁（佩雷拉对此极为赞扬）重量超过 200 吨，它的断面是 5 英尺高 6 英尺宽。这种型式的桥的最大困难是基础，它的承载能力在许多情况下证明是不够的，所以在福建不同地方可以找到损坏的巨大石梁的残迹。谁应当对这些负责是清楚的，它们的主要建筑时期是 11—13 世纪。 158

富尔－梅耶曾对这些大石梁做过一次有意义的实验考古学试验。他利用开浚黄浦河道局的场地设备，把一些和中古时期建筑者们曾用的类似条石进行强度试验。按照一般弯曲理论进行计算，证明最大拉应力从红色花岗岩的 437 磅每平方英寸至灰色花岗岩的 1010 磅每平方英寸[③]。假定条石的重量是 160 磅每立方英尺，桥面上最大荷载是 80 磅每平方英尺，用上面所得的最大数值（1010 磅每平方英寸）就可以计算出单孔石梁跨度的上限。结果是 74 英尺，恰好与福建式桥的最大跨度相符合[④]。因此宋代的建筑者们已经达到实际的极限。如果石梁超过这个长度，就要由于它的自重而折断。存在着一个有趣的历史性问题，他们是怎样找到这个数据的；是通过辛苦的实际失败经验，或者可能在采石场进行过预备性的实际材料强度试验。

福建式的桥梁建筑给人的印象是出奇的坚实和建造者的巨大决心，并异常费料，如同不计造价的最大的罗马石料建筑一样。不过这纯粹是福建省的型式，因为，正如后面将要提到的，华北的拱桥建筑者们在 6 世纪或 7 个世纪以前已经做到材料节约，设计优美，而在欧洲直到文艺复兴开始才能接近这个程度。但是对巨大的板梁桥也不可以轻视，迄至今日它还能保持某些作用。在印度北方邦（Uttar Pradesh）的松桥（Sone Bridge），有 22 个予应力混凝土桥孔，每孔跨度 150 英尺，确实是中国中古时期花岗岩桥的继承者。

在结束板梁桥之前，应当稍提一下活动桥和浮桥。活动桥在清代军事防御工事上表现不突出，城河上的桥仅是做到必要时容易拆掉。但在更早的时代，机械的活动桥曾大量应用。米格尔·德洛阿卡（Miguel de Loarca）于 1575 年在他的西班牙使团从厦门至福州的陆路旅程的“真诚联系”（Verdadera Relación）中，描述了在泉州城外的一座多孔大桥，可能是顺治桥，在桥头有一孔活动桥，这些西班牙人看到该桥时一定对这种方 159

① 我们的表当然还不完全。更多的桥梁可以在陈伦炯的 18 世纪海岸图上看到（见本书第三卷 p. 517）。还可以从江大鲲于 1553 年所著《福建运司志》的附图中数出 33 座之多。此外在若干不同记载中有些不相符合之处，只有在本省进行彻底的实地调查才能搞清楚。每一个地点和桥梁往往有不止一个名称，经常的困难是由于作者仅给以罗马字母拼写的名称。但是我们所需要的一般事实是没有争议的。详见罗英（*1*），第 74 页起。

② 1659 年闵明我对蔡襄有生动的叙述，包括他的传奇，见 Cummins（1），vol. 1，pp. 143 ff.。钱伯斯［Sir Wm. Chambers（2）］另于 1773 年对福建的大石板梁桥有所叙述。

③ 试验的跨度自 5—10 英尺，石梁断面尺寸自 6 英寸左右至 1 英尺 6 英寸。

④ 其中有几个可以算出最大拉应力在有负荷时达每平方英寸 900 磅，无负荷时每平方英寸 670 磅，假定断面是 5 英尺高、6 英尺宽。

法是有所认识的[①]。约在一千年前，公元759年的道教军事全书《太白阴经》在城市防守一卷中曾涉及这个题目。李筌写道：

转门桥（“转关桥”）。这种桥用平板做桥面。桥的（一）端有一个水平的插梢（“横栝”），当把它抽去，（全）桥就转离插梢处落下，因此兵马就不能通过而跌入城壕。（过去）秦（王）用这种桥（企图）杀害燕太子丹。[②]

〈转关桥，一梁为桥，梁端着横栝。拔去栝，桥转关，人马不得渡，皆倾水中。秦用此桥以杀燕丹。〉

太子丹的故事见于古代编写的《燕丹子》传记，约作于2世纪末。太子丹作为人质在秦国受到虐待，于公元前232年逃脱了秦国的统治者[③]，在途中必须经过一座设有某种释放机关的桥（“机发之桥”），秦王企图用它杀害他。但他在机关动作之前就过了桥（“丹过之桥为不发”）[④]。不幸的是李筌的叙述对这些古代活动桥的机械构造交代得不十分清楚。明显地它们既不像欧洲中世纪向上升起的活动桥，也不像达·芬奇的旋开桥和马丁尼（Martini）的伸缩梯级桥[⑤]。看来这是清楚的，或者它们侧向反转（这样或许较为有效），不然就是围绕铰链旋转以便落入护城河，下落的可能是靠近城门和城墙一端。后面（p. 190）我们将提到5世纪的一座潜入水下的吊桥，它起着活动桥的作用。

浮桥在欧洲是很古老的，可以远溯到古希腊萨摩斯的曼德罗克勒斯（Mandrocles of Samos），据可靠的报道，他在公元前514年为了大流士一世（Darius Ⅰ）一次远征斯基泰人（Scyths），曾造一座桥跨过博斯普鲁斯海峡（Bosphorus）。[⑥] 但这个日子［对不起萨顿（Sarton）］可能被第一次提到浮桥的中国资料远远超前，它使我们回溯到一本公元前8世纪的书。让我们听一下宋代高承对此事的论述[⑦]。

160

《春秋后传》[⑧] 记载周赧王五十八年（公元前257年）秦国创造渡河的浮桥。《诗经》[⑨] 中的“大明”诗说，（文王）他“把船连接起来成为一座桥”（“造舟为梁”）跨过渭河。孙炎[⑩]注释说，这说明船排成一行如（房屋的）板梁，（横）铺木板于其上，恰与今日的浮桥相同。杜预[⑪]也这样想……郑康成[⑫]说这是周朝人所发明，并且有机会就利用它，但传到秦国人，才首先把它紧紧地扎结在一起（作永

① 见 Boxer（1），p. 332。

② 《太白阴经》第三十六篇，第三页，由作者译成英文。在《续事始》第四十三页也可以找到这一节，但有些文字窜乱并确有谬误。

③ 嬴政，此后是统一中国的第一个皇帝，秦始皇。参见本书第一卷 pp. 97ff.，pp. 100ff. 和本册 pp. 551ff.。

④ 《燕丹子》第一页，译文见 Chêng Lin（1）；Franke（11）。

⑤ 参见 Uccelli（1），p. 280。一个近期中国的例子见下文 p. 347。

⑥ Sarton（1），vol. 1，p. 76；Diels（1）；Herodotus，Ⅳ，87，88。亦见希罗多德关于薛西斯一世（Xerxes Ⅰ）和他的工程师哈尔帕卢斯（Harpalus，约公元前480年）的叙述（Ⅶ，25，33—36）；关于该两项事迹的背景见 Huart & Detaporte（1），pp. 251 ff.，pp. 263 ff.。

⑦ 《事物纪原》卷七，第十一页，由作者译成英文。

⑧ 宋代陈傅良撰。

⑨ 《诗经·大雅·文王之什·大明》；《毛诗》第二三六首；Legge（8），vol. 2，p. 435；Karlgren（14），p. 188；Waley（1），p. 262。

⑩ 3世纪的语文学家。

⑪ 与水车有关的著名工程师（参见本书第四卷第二分册，pp. 370，393）、天文学家、历史地理学家等。

⑫ 郑玄，2世纪的注释家。

久使用)。

〈《春秋后传》曰，周赧王五十八年，秦始作浮桥于河上。按《诗·大明》云："造舟为梁"。孙炎曰：造舟，比舟为梁也。比舟于水，加板于上，今浮桥也。故杜预云，造舟为梁，则浮桥之谓矣……郑康成以为周制，《后传》以为秦始。疑周有事则造舟，而秦乃系之也。〉

关于秦国的横跨黄河的舟桥，有人比陈傅良更有权威，因为我们前面（p. 150）已经提及司马迁记载了秦昭襄王建桥于上述时期①。这座蒲津桥由于它的地理位置在陕西边境黄河大转弯处的潼关之北而得名，经过周期性的整修，保存了许多世纪，成为跨过黄河三大浮桥中最老的和最著名的一座②。公元700年的《初学记》③曾提到它，而恰好现在我们又发现在公元840年日本僧人圆仁曾赞扬过它④。他估计桥长1 000英尺。我们对这座桥久已熟悉，因为在本书第四卷第一分册里我们提到在公元724年为了固定桥的缆索，铸制了形如牛状的铁锚，以及僧人怀丙于1065年在这些铁块被洪水冲掉以后如何聪明地找回它们⑤。自从8世纪以来我们也有不少关于保养这些重要桥梁的记录，特别是在唐朝水部法令的原稿残篇的记载中（737年）⑥。从这里我们知道桥的管理者（"守桥"）、水手和养护工匠（"竹木匠"）是不许离开职守的，并可豁免军役或其他劳役，在洪水季节积极防止漂木的危害，当严寒冰坚就注意解脱所有拴系的扣结。备用的浮筒（"浮桥脚船"）是在专门的船坞中制造的，并且保有数达到总数的一半。还对制造、储存并定期试验所必需的竹编大缆做了安排⑦。蒲津桥始终是一个重要战略渡口。例如，1049年在一次契丹辽国抗击西夏国的战役中，辽的将军肖蒲奴成功地保卫了作为主要交通线的这座桥，使他国家的部队得以通过它而退却⑧。在所有其他文明国家也是这样，浮桥经常在战争中居于显要地位，因为它既容易修建又可迅速拆除。因此于公元33年和公元36年在长江上曾两次用这个方法架桥。

161

在上面引用的一段中提到晋代著名工程师杜预（222—284年）是有意思的，因为他在公元274年于洛阳东北造了第二座跨过黄河的有名浮桥河阳桥。根据《晋书》中的记述，许多皇帝的顾问劝告说这项计划是不可能的，自从圣贤以来没有这样做过（"历圣贤而不作者必不可"），但杜预得到皇帝的信任，终于胜利地完成了这项工程⑨。史书记载当皇帝前往视察桥工并当着全体朝臣向杜预敬酒时，他作了谦虚的回答⑩。

---

① 《史记》卷五，第三十四页［参见 Chavannes（1），vol. 2，p. 94］。《初学记》（卷七，第二十三页）指出，实际建筑者的姓名是针奔晋，他是秦王的一个儿子。

② 其他两座是陕州的大阳桥，为丘行恭于公元637年建在北周的一个控制点，以及靠近孟县的河阳桥，为杜预于公元274年所造。连同在洛阳下游跨过洛河的孝义桥共四座有名的舟桥。它们被列举在唐代的资料中，如综合在《日知录》（1673年）卷十二，第十九页中的《唐六典》。见罗英（*1*），第280页起和第301页起。

③ 《初学记》卷七，第二十三页。在公元721年曾大加修理。

④ Reischauer（2），p. 280；和上文 p. 148。

⑤ 本书第四卷第一分册，pp. 40ff.。

⑥ 对其的研究和翻译见 Twitchett（2）。有关桥梁的各节是20，24，26，29，30，31，32，33。

⑦ 参见本书第四卷第二分册，p. 64 和下文 p. 191。

⑧ 《辽史》卷八十七，第四页、第五页，译文见 Wittfogel & Feng（1），p. 166。

⑨ 《晋书》卷三十四，第九页。

⑩ 联系到这座桥，有一件事可以说明历代官僚统治中所采取的一般原则。公元512年前后，北魏王子之一元苌任河内太守，命令所有空马车离开首都洛阳时必须捎运石块到桥的两端作桥台或堤道之用。征用性运输，特别这样做并不干扰正常活动，其本身是徭役的一项重要补充。这段内容记载在《魏书》卷十四，第八页。

关于唐代和其他时代浮桥的参考资料经常见于一些百科全书[①]。例如，1158 年张中彦的女真金浮桥，以及唐中友在 1180 年曾用铁链来固定浮桥，另一座用皮筏组成的浮桥是由元代契丹工程师石抹按只制作的。有许多浮桥记载在道人邱长春 1221 年前后的旅游记中[②]。跨过阿姆河（Amu Darya）的有名的一座浮桥系成吉思汗的第二个儿子察合台的总工程师张荣在一个月内所建成[③]。在 15 世纪另有一座在兰州，它给沙哈鲁（Timurid Shāh Rukh）派来的一个使节以很深刻的印象[④]。一个世纪以后，葡萄牙旅行者加莱奥特·佩雷拉从相反的方向进入这个国家，谈到一些有关江西赣县的舟桥"用两条大铁链把它们整个联结在一起"。[⑤] 还用了巨型铸铁系船柱[⑥]。

162

第二次世界大战期间我在中国旅行时，经过几座浮桥，大多在江西和广东[⑦]。有一座特殊型式的浮桥在四川西面边境雅州附近，在一年中的一定季节用竹筏从一岸锚定到另一岸，横过它的是一条跳板，至少足以通过行人[⑧]。桥的浮筒见于明代一些专门书籍[⑨]。

但是，所有这些不能说明最早利用这种方法是在什么时候。虽然《诗经》里的诗歌肯定指出公元前 11 世纪时的周文王是创始者，不过坚持那时候是开始有浮桥的时期将是最不明智的，而以公元前 8 世纪或公元前 7 世纪来考虑已经够恰当了。反映桥梁的文章贯穿整个汉代，如在班固公元 87 年前后写的《东都赋》内，甚至更晚些也还有[⑩]。浮桥在中国是一种极为古老的建筑物是无疑义的，因为《诗经》就可以远溯到公元前第一千纪的前半期，看来，不论文王的工匠是什么人，总是早于希腊萨摩斯的曼德罗克勒斯。但是如果发现巴比伦人的技巧早于两者将是完全不足为奇的。

（2）悬 臂 桥

在中国的所有西部和南部，尤其是喜马拉雅山附近和西藏，居民为了应付宽达 150 英尺的峡谷和湍急河流的挑战，建筑了悬臂桥（"肱木桥"）。两条悬臂是用层叠的木料以不同的方式从两岸架出去（见图 823），然后在桥孔的中间用长木板梁连接起来。至于

---

① 如《图书集成·考工典》卷三十一。卷三十二第四页引述唐代学者张仲素（鼎盛于 813 年）关于浮桥竹缆的一篇文学-哲学笔记——细小物件的单一强度不高，如竹片，就得把许多片编在一起。与工艺有关的类似的见解，参见本书第四卷第二分册 p. 313 及下文 p. 641。

② 译文见 Waley（10），pp. 90，112，120。

③ 《元史》卷一五一，第十九页。在蒙古人的思想上，充气的兽皮包和桥梁有很密切的关系，拉铁摩尔（O. Lattimore）教授告诉我们，同样这个字"*khur*"用于上述两种含义。

④ Yule（2），vol. 1，p. 278。这是镇远桥，由 24 个浮筒组成，用铁链把它们紧连在一起。兰州博物馆里有一个模型。

⑤ 博克瑟［Boxer（1），p. 33］提供了其他有关的参考资料。关于朝鲜汉城的桥，见 Underwood（1），p. 64。

⑥ 在桂林附近有一座浮桥，建于 1507 年，有铁链 1 000 英尺长，有铁锚和每个 18 英尺长的铁系船柱；见《图书集成·考工典》（卷三十二，第十五页）中包裕的随笔。同样在广西梧州也有，见 R. D. Thomas（1），p. 43。

⑦ 仍在应用的一些例子的照片可在唐寰澄（*1*），图 110、图 112、图 113、图 114、图 115 和图 116 中见到。我于 1964 年曾经过一座，在景德镇附近。

⑧ 描述见 Hosie（4），p. 93 和 Upcraft（1）；照片见唐寰澄（*1*），图 111。

⑨ 如《龙江船厂志》（1553 年）卷二，第二十二页。

⑩ 《文选》卷一，第十九页；译文见 Hughes（9），p. 57。

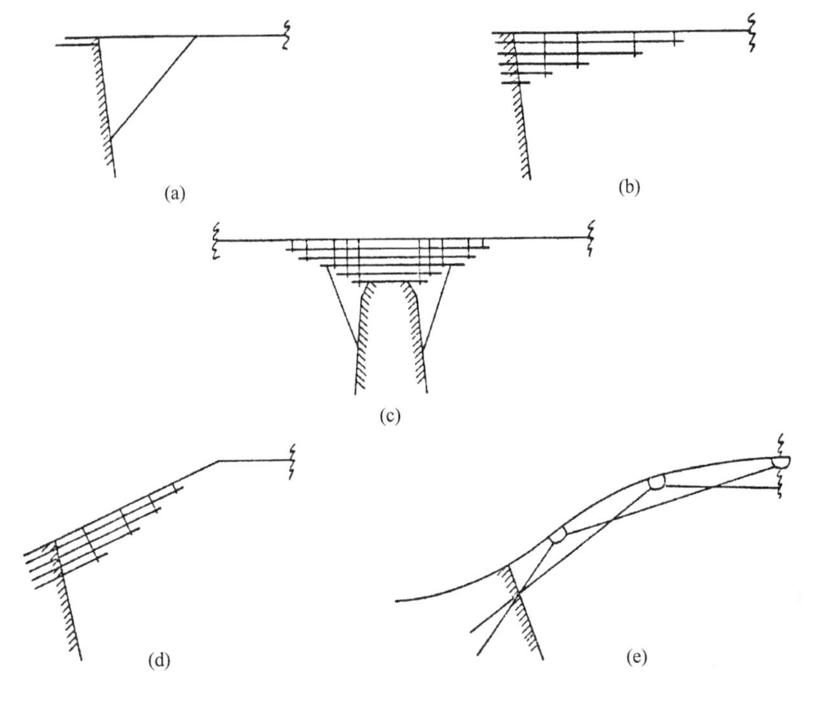

图 823　悬臂桥的型式。

(a) 最简单的加撑梁架（“八字撑架”），用于一些小桥，如在福建龙岩［唐寰澄（1），图 30］。
(b) 水平悬臂，用于跨过峡谷河道，如在西藏波密地区横过雅鲁藏布江［唐寰澄（1），图 24］。另一座在甘肃—青海路上，见刘敦桢（1），图版 6b。同样类型的多孔桥的一个很好的例子，是在湖南新宁的桥屋［Anon.（37），图 149；唐寰澄（1），图 41、图 42］；更为壮丽的一座是程阳桥（图 825，图版），在广西北部三江之北与桥同名的地方。此桥虽不著名，但已恰当地包括在 1962 年中国政府发行的一套邮票中。
(c) 水平悬臂和加撑梁架的结合，经常见于湖南的多孔桥，如在长沙东南醴陵渌水上的桥（图 824，图版）［Boerschmann（3a），fig. 198；Parsons（1），p. 211；唐寰澄（1），图 22，另可参见图 34、图 35］；还有在墨江上的以及在云南西南的其他地方的桥［唐寰澄（1），图 25；Mock（1），p. 33；Fugl-Meyer（2），fig. 53］；又如在江西东南的赣县［Beaton（1），p. 14］，有一座桥我是很熟悉的。
(d) 耸立的悬臂是用于跨过峡谷或通航河道，如在甘肃兰州城有名的屋桥［Geil（2），p. 319；唐寰澄（1），图 26、图 27］和在四川西南木里自治县的伸臂桥［唐寰澄（1），图 23；Fugl-Meyer（1），fig. 54］。这种型式也见于西藏，如拉萨桥就建在高木笼桥墩上［唐寰澄（1），图 21］。
(e) 多角耸立悬臂的主梁是以两个或更多个角度从桥台伸出去，这主要是由于张择端（约 1120 年）画的宋朝京城开封的一座大桥而著名［郑振铎（3）；Anon.（37），图 58；唐寰澄（1），图 28、图 29］。见图 826（图版）。

于附加撑柱（加撑梁）则可有可无。两岸桥台经常是用木料再以石块填上以增加其重量①，也有把悬臂埋放在沉重的石料建筑中②。此外这种原理也用于一些多桥墩的长桥，悬臂从每个墩台上伸出去（图 824，图版）。大胆的单孔建筑物在整个中国西部从甘肃到云南和在西藏一般都可见到。桥臂有时水平，但常常从两岸桥台约以 25°向上耸起然后与水平桥面连接梁相接。水平的多孔悬臂桥特别见于湖南。这些桥本身已给人以很深刻的印象，但是当结合了每个桥墩上建有的楼阁，如在湖南西南和广西边境上的一些　164

① 如见唐寰澄（1），图 21、图 23、图 24。

② 如见唐寰澄（1），图 22、图 26、图 27、图 35；罗英（1），第 35 页，第 58 页起，及第 62 页起。马戛尔尼在旅行中曾遇到这些型式的桥各一座；参见 Cranmer-Byng（2），pp. 108，194。另有一张西宁附近天堂寺的大通河上桥的照片，见 Farrer（2），p. 112 对面。

桥，它们就成为传统的中国桥梁建筑中某些最优秀的建筑物（图825，图版）①。

虽然事实上通常装有护板以保护悬臂避免风雨侵蚀，不过木建筑物的腐朽是必然的，因此所有这些桥都不很古老。但在11世纪后期王辟之所做的《渑水燕谈录》可以为悬臂桥的建筑提供一个清楚的参考资料②。

> 青州城③的西南，其地山陵重叠，长久以来洋水穿城而过把城分为两部分。河中本有木墩，桥架于其上，但当秋水暴涨，土墩常被冲毁，因而危及桥梁。历任知州常为此担忧。在明道年间（1032—1033年）夏英公知青州，极想克服这个困难，（并给以鼓励于）某退休监狱看守，后者因其才能知名。他用巨石堆砌坚固的桥台，于是把数10根大梁连接在一起，不用桥墩而以“飞桥”④越过河上。该桥虽已用了50余年，但从未受到损坏。其后在庆历年间（1041—1048年）当陈希亮知宿（州）⑤时，注意到汴河⑥上的一些桥经常失修倒坏，毁坏官船并伤害行人。他于是命令（必须）仿照青州的飞桥型式（重新修建）。现在所有汾河⑦和汴河之间的桥都是这种型式，对交通大有裨益。一般人叫它们“虹桥”。
>
> 〈青州城西南皆山，中贯洋水，限为二城。先时，跨水植柱为桥，每至六七月间，山水暴涨，水与柱斗，率常坏桥，州以为患。明道中，夏英公守青，思有以捍之，会得牢城废卒，有智思，叠巨石固其岸，取大木数十相贯，架为飞桥，无柱。至今五十余年，桥不坏。庆历中，陈希亮守宿，以汴桥屡坏，率尝损官舟害人，乃命法青州所作飞桥。至今沿汴皆飞桥，为往来之利，俗曰虹桥。〉

悬臂原理之所以最为受人欢迎，是因为它可以不需河中心的桥墩，这些障碍物特别容易受到洪水的破坏和妨碍航运。对北宋京都开封城外大桥的描绘构成了本节的一则实例图解。这幅画是张择端在1120年前后，即在金人侵占的前夕，画于卷轴上的。这幅《清明上河图》上的日常生活的细致描绘，在以前已给我们以帮助，现在将再一次帮助我们⑧。这座桥（图826，图版）是多角耸立悬臂型式，不仅有约以40°从两端桥台挑出的约十根大梁以此负载一系列中央水平构件，而且也和另一排约以55°挑出的梁相交叉，以支撑相应的成对的倾斜构件，它们在拱的冠顶相连接；整个建筑物是用杆件和圈件构成桁架，与用于更普通的成束平行悬臂梁的结构相仿⑨。桥面上是拥挤着忙碌的生活活动，桥下是大船来来往往⑩。

165

---

① 这是程阳桥，在广西壮族自治区的林溪河上。桥孔跨度75英尺，每个桥墩上都建有四至五层的楼阁，桥面上有高而宽敞的有盖顶的廊道。见唐寰澄（*1*），第35页，图39；罗英（*1*），第27页；Anon.（*37*），图173。

② 《渑水燕谈录》卷八，第六页，由作者译成英文。参见《哲匠录》之九，第一七一页和《宋史》卷二九八，第二十二页。

③ 大概是现在山东的益都（同渑水一样），在泰山山脉东北坡。

④ 这个名词不确切并且不是专门的，因为这也肯定是被用于高驼峰的拱桥和越过峡谷的弓形拱桥。

⑤ 在安徽省靠近山东边境的地方。

⑥ 见下文 pp. 307ff.。

⑦ 在山西省，流经太原。因此如王辟之所说，从山西经过河南和安徽至江苏大家都开始修建这种大跨度的木桥。

⑧ 参见本书第四卷第二分册 pp. 273，318 和下面的图923、图976（图版）。参见本册 pp. 115，359，463，648。

⑨ 唐寰澄［（*1*），图29］图示了一个有趣的近代模式。

⑩ 这座桥的画现在屡被复制，如见 Anon.（*37*），图58。罗英［（*1*），第45页起、第67页起］把这种型式的桥当做一个木拱，还说在福建和浙江仍存在着一些小型的例子。他的一些半十边形的石悬臂拱就好像是哥特式拱的先驱。见下文 p. 171。

图版　三四一

图 824　六孔水平悬臂和加撑梁桥，在湖南醴陵渌水上［照片采自 Boerschmann (3a)］。参见 p. 163 上的图 823。

图版　三四二

图 825　广西北部三江之北的林溪河上的四孔水平悬臂桥［Anon. (*37*)］。程阳桥这个建筑所以有名，是因为它的精巧的外表，其他地方也有用的。桥墩上冠以多层的楼阁，桥面上设有宽敞的廊道。

图版 三四三

图826 张择端的卷轴画《清明上河图》上的开封大桥，绘于1125年前后。照片采自郑振铎（3）。就所知道的来说，现在在中国没有这种多角耸立悬臂建筑存在的例子，但在明代以前似乎曾有许多个。沿对面桥台的桥下有一条拉纤走廊，这一边桥下的河中可看到一只刚刚驶过的大驳船的船尾长桨。参见图823。

对桥梁建筑的这些美妙形式的更进一步历史性说明是不容易的。在4世纪或5世纪段国写的《沙州记》中清楚地描述了一座有石桥台的木悬臂桥；这是指一座由吐谷浑人（鲜卑族）所造、跨过敦煌绿洲河上的桥。这似乎是最古老的文字记载。根据兰州当地的传说，西郊的悬臂桥（西津桥）建于唐代[①]。到明代时（16世纪），开封桥的建造技术似乎已失传（或至少已不为京城的学者所了解），因为张择端的画的明代摹本已用单一大跨度的拱代替悬臂建筑物[②]。但可能在这个时候，它的简单格架形已流传到欧洲，因为达·芬奇（约1480年）曾建议建造一座设计几乎完全相同的军用桥[③]。追寻中国文献中的记载，主要依靠对引自王辟之的文字结尾所提到的“虹桥”这个名称的理解程度，与其说它是一个普通描写名词不如说是技术性的名词。例如，3世纪后期，周处在他的《风土记》中写道：“阳羡[④]城前有座大桥，南北七十二丈，中间很高，看上去像一道虹。桥是袁君所建。”[⑤] 不难想像这是和湖南型式相类似的一系列小跨度平行悬臂的式样，在中间有一孔耸起，它也许是多角的悬臂桥孔以便船只挂帆通过。但它同样也可能是一系列的拱，其中孔是一个高拱。 166

有一个事实可能与中国悬臂桥的起源有关，那就是在汉代有时用支撑托架如同悬臂梁一样把楼阁挑出在湖面上。这种建筑物名叫“梯桥”。沙畹在许多年前复制了一个表现这个形象的浮雕[⑥]，而我1958年则在山东曲阜孔庙拍摄了一个极为相似的建筑物（图827，图版）。余鸣谦（*1*）曾描述了越南河内延佑寺中还存在着的一座有点类似的楼阁。这个建筑物建于1049年（1105年重修），它架在竖立于池塘内的一根圆石柱上并用木悬臂撑架和加强梁支撑着。总之，中国建筑中的枓栱屋顶承载系统整个说来（参见上文 pp. 92ff.），除了屋顶以外，还提供了发展中国悬臂桥的背景。

至少在分析研究的意义上，采用对比的方法并不能使我们的认识深化。正如我们已经见到的那样，这种桥梁的应用区域遍及喜马拉雅山地区而远达中国国境之外。罗宾斯从克什米尔（Kashmir）的斯利那加（Srinagar）举出一个好的例子[⑦]，乌切利举出了不丹的一座[⑧]。除了达·芬奇以外，奥恩库尔也画了几种型式的悬臂桥[⑨]；假如图拉真在公元104年建在多瑙河上，而描绘在他公元113年的著名柱子上的是（似乎曾经是）一座架在石墩上的多孔悬臂桥，其每孔170英尺的计算跨度也许不是不可能的[⑩]。它和湖

① 杨春和（*1*），被转引于罗英（*1*），第59页。我在1943年曾了解并赞扬过这座握桥［参见唐寰澄（*1*），图26、图27］，但此后它被拆除。有一个模型在省博物馆。茅以升［Mao I-Shêng（1）］提到另有一座悬臂桥在甘肃，但没有引证。

② 如在普里斯特［Priest（1）］完整复制的明代的图中所见到的。

③ 见 Uccelli（1），p. 281，引自 Cod. Atl.

④ 今宜兴，江苏太湖边上的一个内地城镇。

⑤ 引自《初学记》卷七，第二十五页，由作者译成英文。

⑥ Chavannes（9），no. 1246；转载于 Bulling（2），p. 28 和 fig. 98/104。石料采自两城山。其他例子在鲍鼎等人（*1*）的著作中可以找到。这一点是艾启赫先生首先提醒我们注意的。

⑦ Robins（2），p. 94。参见 Gill（1），pp. 116，273；关于西藏见 Kingdon Ward（4），（16），p. 192；Tyrrell（1），p. 71；H. S. Smith（1），fig. 2。我感谢伊夫林·豪厄尔爵士（Sir Evelyn Howell）给了我一张另一座桥的照片。

⑧ Uccelli（1），p. 278。参见 Mock（1），p. 31（一张古老的画）。

⑨ Hahnloser（1）；Davison（11）；Uccelli（1），p. 278。

⑩ Davison（11）；Jenkin（1）；Neuburger（1），p. 468。

图 827 汉代的一个楼阁的石浮雕，它挑出在湖面之上并以悬臂原理的支撑托架来支持它（“梯桥”）。保存在山东曲阜孔庙（原照，摄于 1958 年）。

南型式相类似，但似乎是西欧古代的独立创造。在 1755 年和 1758 年之间格鲁本曼（Grubenmann）兄弟在德国所造的一些巨大的木桥，是悬臂和拱的网形桁架原理的一种结合；最长的跨度据说达到 390 英尺①。不过简单的悬臂桥在整个中古时期曾建于萨伏依地方的阿尔卑斯山（Savoy Alps）。了解基本设计的发源地和发展的过程，这将是有意味的，但是这个创造似乎发生的那样早，现在要通过历史追溯它的经过是有困难的。假如喜马拉雅丛山是悬臂桥和吊桥的创始地区，那我们或许可以希望遇到它们两者的结合，事实上偶尔确实可以遇到②。用石料建造悬臂桥，虽在中国不常见，但这也是可能的③。这就把我们引向了拱。 167

(3) 拱　　桥

一般可以接受的意见以为，拱或许是公元前 5 世纪伊特拉斯坎人（Etruscan）的一项创造。至于说拱来源于意大利乃是由于这样的事实，即罗马人大规模地利用它而希腊人则几乎完全没有用过。希腊的建筑师们在公元前 300 年左右以前没有用过拱，并且以后也不曾多用④，对印度是否利用过拱也曾有过争论，如弗格森（Fergusson）相信在穆斯林时代以前是很少的，那时该国仅和佛教有联系。后来有些作者［如哈弗尔（Havell）］认为这是一个夸大⑤。所有这些讨论⑥现在进入了一个不同的阶段，因为新近确立了这样的事实，即拱、穹隆和圆屋顶是苏美尔的美索不达米亚人（Sumerian Mesopotamia）同样熟悉的⑦。这就使人易于了解到拱和穹隆普遍地出现于秦陵和汉陵⑧，并推想周朝人

---

① Jenkin (1)；Uccelli (1)，p. 683；Brangwyn & Sparrow (1)，p. 141（他们把它们和吊桥混淆起来）。但是，是否有任何桥孔确实超过 200 英尺是有怀疑的［参见 Mock (1)，p. 87］。

② 有一张没有栏竿令人眩晕的驮马桥的照片，至少有一个悬吊点在悬臂的末端，见 Bonatz & Leonhardt (1)，p. 9；桥在吉德拉尔（Chitral）跨过耶尔洪河（Yarkhun）。

③ 唐寰澄［(*1*)，图 47］给出了一个浙江的例子；刘敦桢（*1*），图版 7b。进一步见罗英（*1*），第 38 页起。

④ 参见 Robertson (1)。

⑤ 事实上问题是复杂的。被保存下来最古老的砖或石的穹隆结构可追溯到 4 世纪和 6 世纪之间［泰尔（Ter），切泽尔拉（Chezarla），皮德尔冈（Bhitargaon），菩提伽耶（Bodh Gaya）］。但在石窟中有远溯到公元前 3 世纪的许多木制艺术品“拱”［卡尔莱（Karle）、巴贾（Bhaja）、巴拉巴尔（Barabar）］以及公元前 1 世纪的浮雕［帕鲁德（Bharhut）、马图拉（Mathura）、阿默拉沃蒂（Amaravati）］。这就是“制多拱”（*caitya*-arch）。或许近年最满意的参考资料是 Coomaraswamy (6)，p. 73。我们感谢奥尔欣（F. R. Allchin）博士对这个题目所提供的意见。

⑥ 直到最近一般认为在美洲印第安人的文化中没有真的拱，他们广泛地用撑架穹隆以避免拱。但别府春海和埃克霍尔姆［Befu & Ekholm (1)］现已提出，曾由鲁珀特和丹尼森［Ruppert & Denison (1)］叙述过的坎佩切（Campeche）的一座近古时期的玛雅建筑物中有一个真正的筒形穹隆。

⑦ 参见 Woolley (2)。

⑧ 森修和内藤宽（*1*）俩人首先在辽宁大连附近营城子的公元前 1 世纪与公元 1 世纪之间的一个汉墓壁画中发现了砖砌的高的半卵形或蜂窝形断面（但是没有形成拱心石的布置）的筒形穹隆式真拱。现在知道了更多完整的例子，著名的是在河北望都公元 182 年古墓壁上的汉画［参见敖承隆等（*1*）；Watson (1)，Pl，98 和 pp. 28 ff. 。郑振铎（*4*）报道并描绘了北京附近的一个古墓上的筒形穹隆顶盖；在《洛阳烧沟汉墓》［Anon. (*62*)］一书中系统地叙述了许多在洛阳的这种建筑物。另一个东汉古墓的模型陈列在广州博物馆内，这是在较常见的撑架穹隆上安放一个平的真圆顶（参见上文 p. 140）。直到最近时期一些筒拱还继续用在陵墓中；例如，在热河大营子（在今内蒙古自治区——译者），一位卒于公元 959 年的辽国王子的墓中有一个精巧的穹隆［Watson & Willetts (1)，site 37］。某些宋墓中（如 1056 年的一个）有蜂窝式的圆屋顶［安金槐（*1*）］。

(即使不肯定是商朝人)就已很懂得用拱来修筑城门和桥梁①。

168 在古代,东方和西方的拱总是半圆形的②。这种型式的桥的最大跨度不宜超过150英尺③,罗马的半圆形桥的平均跨度[如公元前109年的米尔维乌斯桥(Pons Milvius)和公元前62年的法布里西乌斯桥(Pons Fabricius)]在60—80英尺,而渡槽的拱的跨度一般要小得多,约20英尺④。现存的最长的罗马拱是奥斯塔(Aosta)附近的圣马丁桥(Pont St Martin),跨度为117英尺⑤。

拱本身的主要部分,用成形的拱石砌成拱圈一直砌到拱冠的拱心石,这在罗马和中国的做法上自然是相同的。但是富尔-梅耶作为一个桥梁工程师,在研究了中国方法之后发现两种建筑物是如此的不相同,使他确信罗马和中国的桥梁建筑者们从来没有过任何接触。他说,罗马的桥拱是极其巨大的石料建筑,它是这样的笨重,在某些情况下建筑物内的灰浆还保持塑性,在暴露于空气中后才再凝固。体积也是过分的大,造成材料的不必要的浪费。另外中国桥拱的特点是一个薄的石壳上面复以疏松的填料,两侧拦以石边墙,架上石板,形成桥面和桥堍⑥。这样一种方法用料最经济但也易于因基础上升或沉陷而引起变形。因而中国人不得不创造若干辅助方法,用砌石使外壳联锁在一起,插入贯穿建筑物的剪力墙以抵抗变形应力。富尔-梅耶写道,"由于中国桥梁建筑耗费最少的材料,所以这是一种理想的工程产品,同时满足技术和工程的要求"。

在研究中国一些大拱桥之前,更仔细地看一下结构细节是有价值的。

把拱石安放在木拱架上,有几种不同砌筑成拱的型式("券")(图828)。横排法("并列")是把一些主要是单独分开的拱券栉比排列,直至达到桥的全部宽度(I)。拱券石常常做成长形,同圆的弧形相似,相邻的拱券砌成交错接缝。这是用于大型弓形拱

169 桥的方法,对它们我们即将加以讨论;它的优点是一两个个别拱券损坏不至于使桥失去作用,而修筑每一个拱券仅需要一个狭窄的拱架,在完成每一个拱券后即将拱架向前移动,这样可以节省大量木材。纵排法("纵联")是不同的(II);拱石从拱的两端桥台一行一行地砌,而每一行由露头的和露侧的砖相互变换地砌,两行之间错缝,直至全桥宽度。第三种方法(III)是以上两种的合并("联锁");这个方式是以按照拱的半径凿成的长弯弧形石和锁石交替砌筑作为拱衬的一部分,并延伸至整个拱的宽度。这对小桥

① 饭田须贺斯(*1*)在一篇专门论文中研究拱在中国建筑技术中的起源和发展。他的讨论集中在"闺"和"闺窦"或"圭宝"几个字,它们在汉以前的古典文字中常常遇到。"闺"的意义是一个顶部成圆形的小门,像一个圭"笏"或权位的标志,而"窦"是一个孔洞,因而它们可能表示拱形孔洞的意思。在中国建筑技术中拱的相对不被重视当然要联系到在建筑物上宁用木、砖、灰泥和瓦而不用石料(参见上文p.90);当然建造陵墓及城墙、宫殿和庙宇的主要门户时除外。我们可以从现代中国工程师谭伯英[Tan Pei-Ting(1),p.124]的记录中找到关于这个问题的反映,认为半圆拱从来不用在居民房屋建筑,因为人们认为这是不吉祥的。

② 拱有一个条件是固定地立着(见下文p.179)。

③ 除非应用近代的理论和方法。世界上最大砌石桥孔之一,华盛顿特区的卡宾·约翰渡槽桥(Cabin John Aqueduct Bridge)延伸至218英尺。钢筋混凝土建筑物不算在内。

④ 见Robertson(1);Jenkin(1);Neuburger(1);Gauthey(1)。最古老而还存在着的罗马桥是在一条古伊特拉斯坎人的路上,即阿墨里那路(Via Amerina),它比米尔维乌斯桥要早20年,但它的跨度很小[Perkins(1)]。

⑤ 见Robertson(1);此后的权威们提出,纳尔尼(Narni)的奥古斯托桥(Ponte d'Augusto)有一个拱跨度为105英尺[Goodchild & Forbes(1)]或142英尺[Tyrrell(1)]。这要看哪个还存在着。但范围是清楚的。

⑥ 我们看到关于道路的一个极相似的对比,参见上文pp.2,7。

更为合适[①]。古老的中国桥梁拱券似乎证明比现代拱的应力计算能够单独负担更大的荷重，这是因为拱腹和桥台（“堍”）的边墙和填土对拱施加被动压力而增加了它的强度和刚度。此外木拱架习惯于向上凸出一些，当拆除拱架后拱石将由于它本身的重量而下沉，从而使拱压得更为紧密[②]。

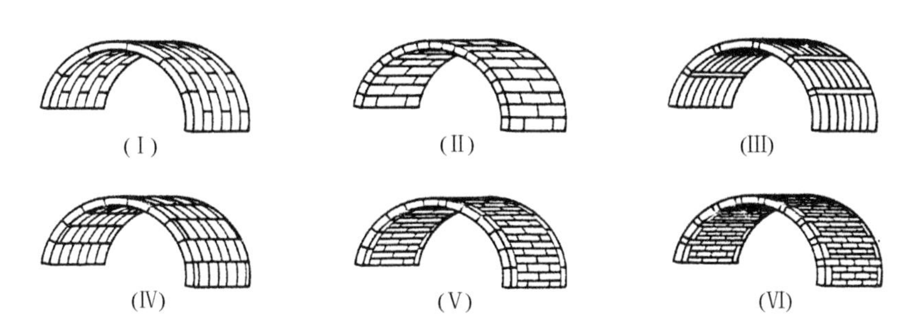

图 828　拱桥中拱石的各种砌筑方法
(根据茅以升和罗英)。说明在文中。

灰浆很少用在砌筑拱或边墙，更从来不用于基础，因为当时对水硬灰浆的成分还不了解[③]。拱石在过去和现在都是用榫头互相连接或以双重楔形榫头的铁锭埋在同样眼孔的相邻拱石中从而把它们结合在一起[④]。在连续拱两拱之间的边墙中，经常有条石的方头露在外面；这是贯穿的联结石（“长石梁”）或者是长条石把两侧的边墙联结起来以防止它们向外鼓出去[⑤]。因为在中国很多地区如长江三角洲，地基土质不好，中国工程师们不可能做到基础不沉陷，所以设计了插入剪力墙的方法（“间壁”），也就是在拱的两端各筑一道直立的石墙与桥的轴线成直角并埋在填土之中。这可以清楚地从图 829（图版）中看到，这是江苏昆山的一座桥，采自米拉姆斯的著作[⑥]。剪力墙是用长条石并排竖立着，下端插入基石，上端集中嵌入一条长水平石，它再一次把两侧边墙拉结在一起[⑦]。因此它们与简支排列的直立石板属于同一类型，如同在上文（p. 152）所看到的，是组成小石板梁桥的桥墩形式的一种；但是它们与拱结合起来是一个出色的想法。因为拱本身是一条松弛的链索，不能承受任何弯矩，使拱变形的力通过泥石填料传到两

170

① 此种桥梁的一个例子已见于图 820（图版）；另一个见图 830（图版）。

② 参见唐寰澄（*1*），第 62 页；Mao I-Shêng（1）。罗英［（*1*），第 42 页起］叙述了另三种方法。“分节并列”（IV）把图中的 II 结合到 I，在这里拱石做成长弧形如第一种但横向错开如第二种。“外并列内纵联”（V）以不同的方式把 I 和 II 结合起来，用长弧石砌在两边，但背面以内全用横向砌筑。“框式纵联”（VI）是 II 与 III 的结合，用弧石和锁石砌在两侧但内部是横向砌筑。

③ 罗马人可以做到，因为他们有一种混合水泥（火山灰）的供给；参见 Briggs（3），p. 407。在中国缺乏这样的原料，他们把石料适当地磨光后干砌，这样避免灰浆缝因周期性的浸水而造成涨缩的危害影响。关于水泥和混凝土，参见本书第四卷第二分册，p. 219 和上文 p. 38。

④ 在西方这也是一种老方法。参见下文 p. 174。

⑤ 有些类似罗马人用来加强他们填以碎石和灰浆的城墙的由平砖砌筑的花边层。伦敦的罗马墙是这样子，我亲自见到现在的拜占庭（伊斯坦布尔）的墙也是如此。

⑥ Mirams（1），p. 104 对面的图；参见 Boerschmann（3a），fig. 282；唐寰澄（*1*）图 54；Little（1），p. 362；Schulthess（1），pls. 10，13。

⑦ 典型的立面、平面和纵断面见于 Fugl-Meyer（1），fig. 44。

个剪力墙。有时边墙和拱的回填部分就到剪力墙为止，因此仅填了桥的中心部分而用两个石板梁桥孔把两岸连接起来。图 830（图版）引自喜龙士的著作[①]，是在苏州的另一座桥，用图说明这些建筑物仍能维持站立不倒的最大变形程度[②]。这个拱差不多已变成椭圆形，但它们继续起作用。富尔 - 梅耶发现这些拱券薄到非常大胆的程度；在一座平常的小桥是 1/30 桥的跨度，但在较大的一些桥则不到 1/60。挡土边墙石块的砌筑稍微有点不同，经常总是横的和竖的石板交错排列，但总有一些条石的排列方式是长轴向内，如同插入填土内的很多长钉，这样便增强了填土和墙之间的联结作用[③]。

中国桥梁工程师们的另一个非常的创造乃是完整的圆形构造，水面上的拱和水下一个反拱从同一桥台伸出去。当没有岩石或黏土基础时，这样的石拱券可以获得很大的稳定性，这是特别有价值的[④]。中国的第一座这种桥于 1465 年和 1487 年之间建在江苏吴县附近的角直镇[⑤]，名叫东美桥，现在仍在使用。

171

为了提示一些中国桥梁的概念，这里举出几个例子。很多人是熟悉北京颐和园的一些优美桥梁的，玉带桥[⑥]是一个单孔建筑物，如同起伏的浪花；十七孔桥[⑦]，是由一系列不同大小的拱形成柔和而优美的曲线，逐渐上升并逐渐下降。这里不再说这些，我们将提出一些更粗陋的、更平凡的，但是更典型的例子，如在川陕公路[⑧]上的梓潼桥，或广西桂林的嘉熙桥[⑨]，后者建于 1453 年左右。图 831（图版）是有名的拱桥，名叫三星桥，在万县跨过长江的一条支流[⑩]。虽然大多数中国的桥拱是半圆形并且经常有一点抬起（即从此桥墩高一点的地方开始起拱），但对哥特式尖拱的应用并不是完全不知道。这可能来自希腊 - 印度（犍陀罗）的莲花壁龛[⑪]。我于 1943 年曾拍摄一座在川陕交界处的剑门关以北路旁一条山溪上的尖拱桥（图 832，图版）[⑫]。在中国的旅游者们总是注意

---

① Sirén（1），vol. 4，pl. 98B。

② 另一个视图见于 Fugl-Meyer（1）fig. 45。还有一些很特殊的例子见于 Fugl-Meyer（1）fig. 46；刘敦桢（*1*）图版 9A。

③ 图样见于 Fugl-Meyer（1）fig. 27。王璧文（*1*）有一篇论述清代政府桥梁建筑的管理方法的重要文章。

④ 这种做法在现今的钢筋混凝土弓形拱中是很平常的。我们有一个剑桥的例子，即芬路（Fen Causeway）跨过剑河（Cam）的公路桥。

⑤ 罗英（*1*），第 45 页。

⑥ Mao I-Shêng（1）；唐寰澄（*1*），图 69；Anon.（*37*），图 130。

⑦ 唐寰澄（*1*），图 82；Anon（*37*），图 123、图 128。

⑧ 即金牛道，参见上文 p. 24。参见 Wiens（2）。

⑨ 潘恩霖（*1*），第 34 页；唐寰澄（*1*），图 84；Forman & Forman（1），pp. 161，163。

⑩ Fugl-Meyer（1），fig. 8；唐寰澄（*1*），图 50；两文都说跨度约 94 英尺。艾约瑟和格雷戈里［Edkins & Gregory（1）］给出的尺寸是：跨度 78 英尺，高 40 英尺，宽 22 英尺。参见 Carey（2）；Little（1）；p. 255。

⑪ 见本书第一卷图 20 关于北魏（约 5 世纪）敦煌石窟的尖拱装饰的例子。巴尔特鲁沙伊蒂斯［Baltrušaitis（1，2）］强调了欧洲哥特式建筑中的尖顶式尖拱（乐谱上连音号的括弧）来源于亚洲。他从印度的纳西克（Nasik，公元前 3 世纪）和阿旃陀（Ajanta，5 世纪）找到了它的根据，然后追踪它的传播，它向东传播到敦煌和龙门，随即向西传播经过伊斯兰国家（10 世纪），在 13 世纪末期到达西欧，恰巧在"早期英国式"和"盛饰式"（Decorated）形式之间的过渡时期。在"火焰式"（Flamboyant）建筑中，它变得特别流行。但是罗英［（*1*），第 40 页、第 42 页、第 395 页起］并没有想为中国的"哥特式"桥拱寻找国外的来源，而认为这是中国固有的从两端向中间伸展相接成为一个人字形的石悬臂型式（参见上文 p. 165）。这是在人字拱建筑中"人"字结构的一个自然推论（参见上文 p. 99）。罗英认为所有圆顶拱是更进一步的发展阶段的论点是缺乏说服力的，相反，这些似乎是最原始和古老的形式（参见上文 p. 167）。

⑫ 参见上文 p. 24。在河北、陕西和云南的其他例子见于唐寰澄（*1*），图 71、图 72 和图 87、图 88。

图版　三四五

图 829　江苏昆山的一座拱桥，显示桥墩内剪力墙的末端［照片采自 Mirams (1)］。

图 830　江苏苏州的一座小拱桥，这是一个表明建筑物和剪力墙能够保持不倒塌的变形程度的例子［照片采自 Sirén (1)］。

图版　三四六

图 831　川东万县的三星桥，一个高拱跨过一条季节性的洪水河流，顶上盖有一个屋廊［史密斯（F. T. Smith）摄，刊于 Carey（2）］。可以隐约看到拱的尖顶。

图 832　在四川陕西间的剑门关北的三尖拱桥关（原照，摄于 1943 年）。

到很多驼峰式的桥面和桥堍，但在一个依靠大量的搬运工人和驮兽的文明国家，这是一种自然的现象。在中世纪欧洲人的桥梁建筑显然也是如此[①]。一个明白的理由是为了便利船只通过时不需落桅杆和篷帆；马可·波罗特别提到这一点。

汉和三国时期的拱桥即使有些保存下来，也是很少的；成都南门外的万理桥据说是其中之一[②]。马宪（鼎盛于135年）所建的洛阳阳渠桥总被认为是中国最古老的全部用石料的桥，但不能肯定是板梁的或是拱的；从《水经注》[③] 记载的碑文中看来前者的解释似乎更可能。数年以后，拥立国君的梁冀（卒于159年）在他的洛阳大花园中的一条河上造了桥[④]，这一点是确实的。但《水经注》所保存关于洛阳一座大石桥的记载，清楚的是一座高拱；这是接近3世纪末期建造的。郦道元说[⑤]： 172

> （洛阳的）许多桥都是用（整齐的）石块堆砌成的高大壮丽建筑物。虽然时过境迁，有些损坏，但从来没有失去作用。朱超石（在他的军队出征）的旅途中写信给他的哥哥说："在洛阳的王宫外六七里处有一座全用大石块造成的桥，下面成圆形，不仅可以过水，也可通大船。其上有碑文说，桥筑于太康三年（282年）。施工所用劳力每日超过75 000人，经过五个月完成。"若干年后这座桥渐渐失修，此后又全部修复，但碑文不再见到。
>
> 〈凡是数桥，皆累石为之，亦高壮矣。制作甚佳，虽以时往损功，而不废行旅。朱超石《与兄书》云："桥去洛阳宫六七里，悉用大石，下圆以通水，可受大舫过也。题其上云，太康三年十一月初就功，日用七万五千人，至四月末止。"此桥经破落，复更修补，今无复文字。〉

这就是"旅人桥"。中国的工程史学者们还没有找到更早于此的有关拱桥的文字记载，如果所叙述的桥的跨度有80英尺左右，如同法布里西乌斯桥那样，似乎正如所说的乃是为了水道航运，这不可能是这一类桥中的第一座，而我们有理由可以断定小型拱桥第一次兴建一定是在东汉时期，如果不是在此以前的话。

洛阳天津桥在7世纪末由李昭德用流线型的桥墩加以重建。李昭德是一个有名的工程师，在洛阳造了许多桥[⑥]。这个世纪确实有转折点的意味，因为任何存留的建筑物都难于可靠地认为更早于这个时期，中国的一些最壮丽和最重要的桥梁无疑地来自这个世纪的头几十年[⑦]。因此我们可以无疑地认为在马宪和李春之间对拱桥建筑是有强有力的传统的，虽然可以证明而还保存着的例子不多或者没有，但在全国各地都有他们各自传 173

---

① 参见 Uccelli（1），pp. 291 ff.。

② 或许不太有说服力。在第二次世界大战期间，我常常路过此桥，并在桥旁的有名餐馆吃饭，但是我没有感觉对它的兴趣并且从没有仔细地察看它。杜甫的一首著名的诗中提到它［译文见 Alley（6），p. 99］。

③ 郦道元著，约公元500年；《水经注》卷十六，第十一页。参见《读史方舆纪要》，卷四十八，第四十五页。

④ 《后汉书》（卷六十四，第十三页）说："一座飞桥带有石级（或墩），越过一个缺口横过一条水道"（"飞梁石磴陵跨水道"）。在这里可能有悬臂结构的想法，但肯定这是一座板梁桥，高出水面之上有一些高度。

⑤ 《水经注》卷十六，第二十、二十一页，由作者译成英文。朱超石是效力于刘宋第一代统治者的一个将军，公元423年左右为赫连勃勃所杀（参见上文 p. 42）。他的信也见于《全上古三代秦汉三国六朝文》（全晋文）卷一四一，第八页。

⑥ 《旧唐书》卷八十七，第七页；《读史方舆纪要》卷四十八，第四十七页。

⑦ 接见下文 p. 175。

说的有名桥梁建筑者们，如四川的鹏荣、毛凤彩和僧人祖印，或者贵州的葛镜和黄攀龙，不过大多数传下来的名字是宋代或宋以后的人。

中国拱桥建筑中的主要成就当然是那些建有多孔的拱桥。三或四个拱的美丽的桥梁几乎在每个城市都有[①]，在长联拱中较优秀的是在江西南城的万年桥[②]，部分原因是有一本专著论述它[③]。谢甘棠在 1896 年写的《万年桥志》就是这座桥的全部历史，它具体述及当地的一切历史和地形（参见本书第三卷 p. 517）[④]。桥有 24 个拱，1803 英尺长，横跨汝水，在谢甘棠居住的城市以东 6 里，这历来是江西福建间的一个重要交通纽带，从文字资料中我们知道在 1271 年和 1633 年间由一座浮桥横接。但是在最后一年中淹死 30 人的事件促使这个省的按察使吴麟瑞负起修筑一座长石拱桥的责任，并于 1647 年建成。此桥在 1724 年遭到洪水的严重破坏，并由当时的知县李朝柱进行了修理。最后在 1887 年，3 个拱再次被冲毁，其他的也受到损坏，这时谢甘棠接受了修理的任务，这样引出了他的著作。关于著作中述及的社会公益的善举这里不是叙述的地方，例如，谢甘棠和一些朋友如何担任工程监理人员而不要报酬，一切经费如何依靠捐助而没有当地或省政府的资助，佛教徒的虔诚如何推动了许多人自愿地参加工程工作，迷信风水[⑤]的人们如何反对采石和砍树等。使我们有兴趣的事实是，虽然谢甘棠的书写在这么晚的时代，但一切似乎还是按照传统的古老经验而没有现代影响的痕迹。对这些技艺的应用，刘敦桢（*3*）曾有专门著作加以论述，他从那本书上复制了许多工程图。例如，图 833a 是挖泥机（“爬沙”）的图片，图 833b 是填石竹笼（“沙囊”）[⑥]，图 833c是清基用的围堰（“水柜”）[⑦]，图 833d 是用暗筒和铁锭把石头桥墩镶合在一起（“镶石”），图 833 e 是桥墩本身（“砌墩”）以及鸟啄形的分水尖（“分水”）和它们的上部所形成的拱腹（“山花墩”）；最后图 833f 是木半拱架（“骈甃”）[⑧]。

174

在这里应当稍为说明一下关于中国石工中所用的暗筒和铁锭[⑨]。“相互镶嵌”是唐宋以来通常使用的方法，如石筑道路在 1487 年给朝鲜旅行家崔溥以深刻的印象[⑩]；河南的天津桥于 10 世纪由向拱用这种方法予以加强。如同我们将看到，铁锭已用在建于 7

---

① 参见昆山和江苏其他地方的桥梁照片和图画，这些照片和图画转载于 Bonatz & Leonhardt（1），figs. 55，56；H. S. Smith（1），fig. 8；Fugl-Meyer（1），figs. 5，28 和唐寰澄（*1*），图 52、图 53。其中有些清楚地显示用第三种方法砌的拱衬（上文 p. 169）。还有一些值得注意的半圆拱桥的例子见于 Forman & Forman（1）pp. 115，211。

② 唐寰澄（*1*），图92 和第70 页。它很像上文 p. 171 提到的梓潼的桥。我在 1944 年有幸亲见此桥，但是当时不知道它的优点在哪里。不要和在同一省份的分宜的另一座同名桥相混淆，这是许从龙于 1556 年左右所建的十一拱桥，用以代替原有的浮桥。关于这座桥见陈柏泉（*1*）。

③ 再往下游在抚州，即今临川，另有一座重要的桥，名为文昌桥，对此刘敦桢（2）有一篇专文述及。不要和在福建福州的另一座同名桥相混（见表66）。参见罗英（*1*），第 72 页及第 385 页起。

④ 我们感谢恒慕义［Hummel（16）］对此的分析，因为这是难得的。参见罗英（*1*），第 79 页起。

⑤ 参见本书第二卷，p. 359 和第四卷第一分册，p. 239 关于这种堪舆体系的叙述。

⑥ 关于护岸；见下文 p. 339。

⑦ 每一个围堰用八架龙骨车戽抽（参见本书第四卷第二分册，p. 339）。关于“水柜”这个名词的其他用法，参见下文 p. 315.

⑧ 值得注意的是所有接头都做成直角，和中国的屋顶的柱和梁没有斜接头一样。

⑨ 关于这个一般性的问题见 Briggs（2），pp. 78 ff.。暗筒和铁锭在古典的古代庙宇建筑中使用很多，我记得在巴尔米拉（Palmyra）为近代搜寻金属时期的“挖掘”所造成的庙宇墙壁的奇异外表而吸引。参见 p. 178。

⑩ 译文见 Meskill（1），p. 104。

世纪早期的一座特别重要的拱桥，但在此以前就更难查到这种技艺。在汉代的石墓祠中很难找到它，因为它们不承受任何大的应力，同时那个时代的石桥已没有留存下来的。

另一座桥有68个拱，1000英尺长，在长安（西安）附近跨过渭河，但在隋代以前已被破坏。巴罗（Barrow）于1793年的南行途中对一座91孔半圆拱的桥留下极深刻的印象，这座桥似乎和他的旅行团所经过的大运河相平行，在苏州以南跨过太湖的一条约有半英里宽的汊港[①]。这可能是宝带桥，原建于公元806年，恰如巴罗所叙述的那样中间有些拱高出于其余的拱[②]（图834，图版）。江苏确实富于这种多孔建筑物，因为离此不远的吴江有另一座同样的桥，名叫垂虹桥，也横跨过太湖的一个汊港[③]。我们知道[④]，它自1047年以来本是一座木桥，此后在1324年前后蒙古人统治的时代张显祖重新改建为石桥[⑤]。当时有62个拱建在桩基上，每个桩基用13英尺长的钢拉条予以绑紧[⑥]。 175

为了节约材料以提高工程价值和为了提高美观感，拱桥建筑的最大创造是建筑者们敢于放弃为了安全而要求半圆拱的拱券以切线接近桥墩线从而“引导负荷垂直向下”的概念。当理解到拱的曲线可以更加平坦，如果它是一个更大的半圆的一部分，这样桥就可以做成从两岸桥台以趋向水平的角度飞出，从而产生弓形桥[⑦]。这个创造在欧洲可能和同时发展的飞扶壁拱架有某些联系，但似乎欧洲人迟至13世纪才这样做，因为在这个时期有几顶桥，例如，罗讷（Rhône）河上长长的圣埃斯普里桥（Pont St Esprit）和东英格兰的贝里圣埃德蒙兹（Bury St Edmunds）的小的修道院桥（Abbot's Bridge）说明了这个情况，但是应用还不够大胆和广泛，直到14世纪的初期才得到较快的发展，这可以从乌切利的有插画的记载中了解到。继佛罗伦萨（Florence）的韦基奥桥（Ponte Vecchio）（1345年）之后有帕维亚（Pavia）的廊桥（1351年），维罗纳（Verona）的卡斯泰尔韦基奥（Castelvecchio）桥（1354年），最大的但寿命最短的是在特雷佐（Trezzo）的桥（1375年）[⑧]。它是这些桥中跨度最大的，达到243英尺。16世纪的一些

---

① Barrow（1），p. 520。参见本人的叙述，载于Cranmer-Byng（2），pp. 175，373。这个湖的汊港实际是吴淞江的泄水口，与大运河相交于此。

② 他指出有一孔的跨度约40英尺。但宝带桥只有53个拱，而最大的跨度不超过$22\frac{1}{2}$英尺。这里崔溥提出的数字55个拱是接近正确的。照片见于唐寰澄（*1*），图81；参见Fugl-Meyer（1），pp. 44，ff.。虽然中国的一些桥经常把他们的一些中孔升到最高，但桥面总是平滑地倾斜；不像博纳茨和莱昂哈特［Bonatz & Leonhart（1），fig. 44. 45］所画的一些土耳其建筑，它们的桥面根据拱的高度顺着一条真正的转向路线而升高。宝带桥出现在1962年的一张中国邮票上；我于两年后有幸去访问了一次。“宝带”的名称来自唐朝郡守王仲舒捐了宝带资助建桥。最全面的叙述见罗英（*1*），第242页起。

③ 事实上是吴淞江的另一口子。

④ 据同时期人钱公辅的著作《垂虹桥记》，引自罗英（*1*），第246页。

⑤ 据另一本元代袁桷所著的同名的随笔，我们知道实际负责的工程师是姚行满。

⑥ 现在是72个拱，中孔大于其他各孔以利通航。这可能是1799年重建的结果。《苏州府志》（卷三十四，第六页起）说是85个拱；而1487年经过该桥的朝鲜旅行家崔溥（参见p. 360）则激动地说它“至少有四百个”［译文见Meskill（1），p. 91］。也许他把其他桥的拱数算在一起了。

⑦ Pippard & Baker（1），p. 243。

⑧ 布拉格的美丽的查尔斯桥（Charles Bridge）于1357年开工，1370年左右建成，有时也包括在弓形建筑类内，但事实上它的外观有些令人迷惑，因为它的几乎是半圆拱的腰部被桥墩伸出的分水尖所掩盖。见Gauthey（1），vol. 1，p. 32和pl. Ⅲ，fig. 40；Tyrrell（1），p. 50，Uccelli（1），p. 290，fig. 69。诺沃特尼、波赫和埃姆［Novotny，Poche & Ehm（1）］的专题论文重点在于桥梁的艺术，而不在其工程方面。

176

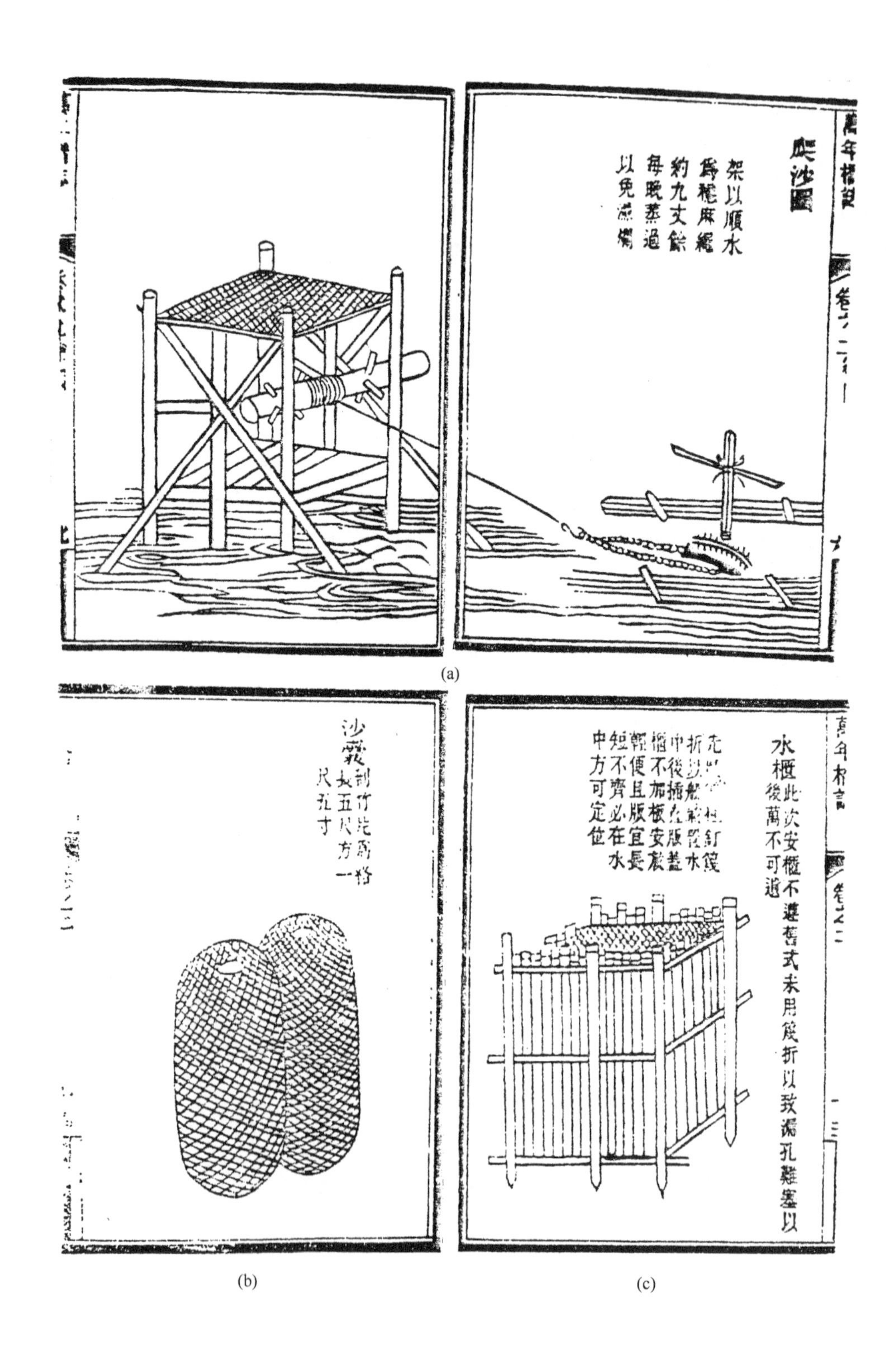

(a)

(b)

(c)

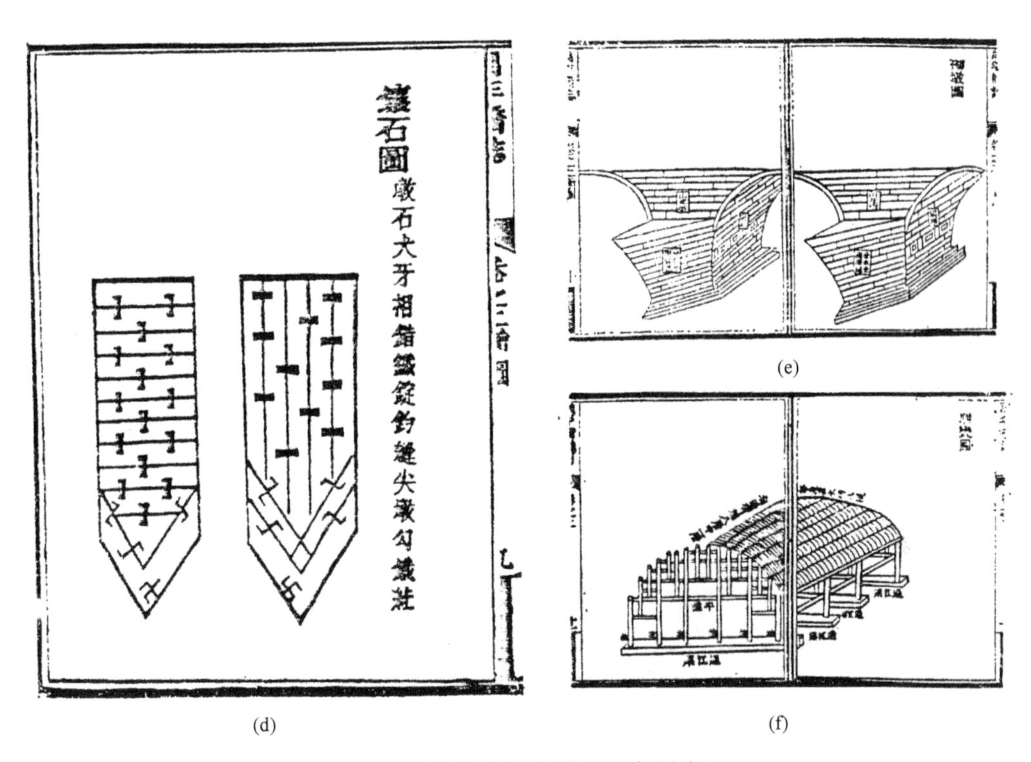

(e)

(d)　　(f)

图 833　图例摘自谢甘棠的《万年桥志》。

(a) 挖泥机（“爬沙”）。“绞车架应顺着水流安放。长 9 丈多的麻绳应每晚热干，以免潮湿腐烂。”（“架以顺水为稳，麻绳约九丈余，每晚蒸过，以免湿烂。”）

(b) 填石竹笼石筐（“沙囊”）。“用竹片编制成长 5 尺、方 1.5 尺的透空竹笼。”（“剖竹片为格，长五尺，方一尺五寸。”）

(c) 围堰（“水柜”）。“这与老法有所不同；我们不（单独）用竹席，因为这样防漏很困难，这是不应当忘记的一点。首先把主要骨架搭起，再钉上竹席；这样就轻便而容易掌握，用船把它运到安放的位置上。此后（戽干后）把不同长度的木板插入骨架内；只有在定位之后木板的长度才能确定（以配合高低不平的河底）。”（“此次安柜，不遵旧式，未用篾折，以致漏孔难塞，以后万不可遗。先门柜柱，钉篾折，以船载置水中，后插直版。盖柜不加版，安放轻便。且版宜长短不齐，必在水中方可定位。”）

(d) 用榫和扣钉、镶夹墩石（“镶石”）。“墩石砌筑用铁锭交错镶嵌如同犬牙，用铁锭（榫）把石缝勾结在一起。在墩尖（上游）处的石块用勾铁（扣钉）固定。”（“墩石犬牙相错，铁锭钤缝，尖墩勾铁纴。”）

(e) 墩（“砌墩”）。见正文。

(f) 半木架（“骈甕”）。“每边有八根‘椽子’，曲线的变化经过八个步骤”。注意在这里用柱、大梁、拉梁和屋顶桁梁中柱及屋顶框架柱，同中国房屋中的横构架完全一样，但桁条排列的断面布置成凸出而非凹入。

最后两个图和 a 一样是完整的两页对开，不过比例缩小一半。

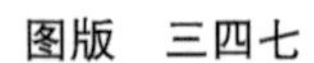
图版　三四七

图 834　江苏苏州南面大运河旁的宝带桥（原照，摄于 1964 年）。它跨过太湖的一个汊港，博得自马可 · 波罗以来许多外国旅游者的赞扬。

桥如威尼斯的里亚尔托（Rialto）桥和在佛罗伦萨的圣特里尼塔（Santa Trinità）桥仅是在原有的传统上加上美观。其拱弦的高度从一个完全的半径减到不到一半（表67）。

虽然所有这些桥可以恰当地认为是不小的成就，但还有一个卓绝的事实，即有特殊才能的中国工程师李春约于公元610年建了具有更先进特征的桥梁，包括一些较小的桥梁。他和他的学生们的活动——因为这是清楚的，他建立了一个学派和建筑型式，长期地流传下来——留下来的遗迹大都在河北和山西，他的最佳作品是在赵县附近的大石桥，又名安济桥。这个地区是在华北平原的边缘太行山麓，李春所造的桥跨过的河名为洨水。这个建筑见图835（图版）。中国工程师们恰当地把它作为他们前辈的最大成就之一。这是一座单拱桥（单孔券桥），跨度123英尺，拱矢高23.7英尺[①]。它甚至超过刚提到的欧洲14世纪的一些壮丽的桥梁，因为它的拱腹的每一侧插进两个拱[②]。这种现代风格的设计只有把一张一座14世纪文艺复兴时期桥的照片（如图836，图版；卡斯泰尔韦基奥桥）和一张20世纪桥的照片［如图837，图版；萨尔卡诺（Salcano）的桥］相比较才能体会到。这个建筑不仅可以减少对洪水水流的阻力，也可以减少拱上的负荷和节约材料。 178

李春的桥上至今还有唐朝官吏以及此后访问者们记述的铭文，赞赏它“靠近两岸的四孔的安排”（“两涯穿四穴”）。例如，张嘉贞（鼎盛于675年）说[③]：

> 洨河上的石桥是隋工程师李春的成就。它的结构确实不寻常，没有人知道他建造的理论。但让我们观察一下他的石工的奇妙用法。它的凸出部分（“楞”）是如此光滑，拱石（“砧”）砌合得如此完美。……飞拱是多么高呀！桥孔是多么大呀，但没有桥墩！……石块间的交错砌合和砌缝确是精细，石块巧妙地互相锁连如同磨轮，或如井壁；成百种形式（组成）如一。除了灰浆砌缝外还用细长铁箍捆住石块（“腰铁栓蹙”）。插入四个小拱，每侧两个，以灭杀汹涌的洪水并有力地保障桥的安全。这样的杰作若不是这个人把他的才智用于这项久远之计的建筑工程的话，是永远不可能取得的……
>
> 〈赵州洨河石桥，隋匠李春之迹也。制造奇特，人不知其所以为。试观乎用石之妙，楞平砧斫，方版促郁，缄穹隆崇，豁然无楹……又插骈坒，磨礲致密，甃百象一，仍糊灰莹，腰铁栓蹙。两涯嵌四穴，盖以杀怒水之荡突，虽怀山而固护焉。非夫深智远虑，莫能创是。……〉

明代的《表异录》的作者说这座桥看起来好像新月升出云上，或是一条长虹悬在山间瀑布之上[④]。外国使者和其他重要旅行者惯于绕道前来以求一睹此桥[⑤]。确实，他们至今还这样做。在李春之后，敞肩拱被应用于许多12世纪的中国桥中[⑥]，但欧洲直到14世纪才出现敞肩拱，我们在佩皮尼昂（Perpignan）附近跨过泰什河（Tech）的塞雷桥 179

---

① 拱衬由二十五个单独的拱按照第一种或纵联法组成（上文 p.169）。

② 注意较大的外拱，每一个都自成弓形。

③ 《图书集成·职方典》卷九十五，汇考三，第二页；《考工典》卷三十二，艺文一，第一页；转录在唐寰澄（*1*），第45页；作者译。不同著作的解释稍有出入。

④ 《表异录》卷二，第二页。围绕此桥有不少传奇，参见 Anon.（*73*），vol. 5，p. 125。

⑤ 如见《北行日录》（楼钥撰于1169年）卷一，第二十六页。

⑥ 例如，表67内的第14、16、19、20。第18是一座小桥，腹拱并不对穿，成为一个装饰品。

图版　三四八

图835　世界上最古老的弓形拱桥；冀南赵县洨水上的安济桥，李春公元610年前后所建［照片采自Maol-Shêng(1)］。跨度123英尺。见pp. 175 ff. 及表67。

图版　三四九

图 836　欧洲文艺复兴时期的弓形拱桥之一；维罗纳的卡斯泰尔韦基奥桥，建于 1354—1357 年。最大的跨度 160 英尺。采自 Uccelli（1），p. 288，fig. 65。

图 837　一座现代的铁路桥，如同李春的桥那样在拱腹上有拱。该桥在意大利萨尔卡诺（Salcano，今南斯拉夫的斯洛文尼亚），的里雅斯特（Trieste）北面的戈里齐亚（Gorizia）附近，约建于 1900 年；跨度 280 英尺不到一点。采自 Uccelli（1），p. 694，fig. 92。这座优美的弓形拱毁于第一次世界大战，但此后重建。在 20 世纪 20 年代和 30 年代期间有许多具有同样设计的各种美丽的钢筋混凝土桥建于全世界。

(Pont de Céret)中见到了它们①。这是一个跨度148英尺的大半圆拱，在每一个拱腹有一个小半圆拱和在桥堍三个相似的小拱，两个在一端，一个在另一端②。李春的敞肩拱桥结构是现代许多钢筋混凝土桥的祖先，它们废除拱券和桥面之间所有填料而仅以一些直柱或一个网状的混凝土杆件结构联结起来。在我们的时代此桥已经过一次全面的重建足以使它继续保存更多世纪③。人们不禁会将李春和特拉勒斯的安特米乌斯(Anthemius of Tralles)相比较，后者建在君士坦丁堡的圣智大教堂(Cathedral of the Holy Wisdom)的直径100英尺的穹隆完成于公元537年，它稍早于前者不到一个世纪。虽然他的成就是大的④，不过这是较古老的圆顶会堂的一个自然发展，而李春的成就则确实具有很多的独创性。

为了评价李春工作的完全独创性质，我们必须更仔细地看一下刚才提出的说法，即弓形拱的创始在欧洲不早于14世纪。假设我们指的只是弓形桥梁，则这是正确的。至于房屋内的弓形拱就要追溯到希腊化时期。建于托勒密(Ptolemy)时代(公元前2世纪初)的埃及的代尔万迪奈(Deir al-Medineh)寺院，在石弓形拱上面砌以砖墙用做屋顶，这些可能是小教堂⑤；但它们几乎可以肯定是科普特人(Copt)的，因为这个寺院此后改为一个基督教堂，所以不能更早于4世纪或5世纪⑥。但是在罗马港口奥斯蒂亚(Ostia)，在一些房屋上可见到用大而薄的砖砌的弓形拱，它们属于公元前1世纪或公元前2世纪，特别是被称为“特摩波利乌姆”(Thermopolium)的古代意大利饮食店，虽然其中至少部分可能是真半圆拱，但它们的腰部是掩盖在圆拱升出处的砖墩中的⑦。无论如何，在奥斯蒂亚可以见到许多真的弓形拱埋在砖砌建筑中或用做门楣，所有这些也都是其他地方的罗马式建筑的特点。令人惊奇的是，中山简王刘焉(卒于公元88年或90年)的陵墓⑧，以及营城子同时代或更早的更大的圆顶陵墓⑨中，显露出来的两个合成的弓形拱或穹窿的痕迹，可能原本也是古代中国砖砌建筑的特点。但是在房屋中能做到的应用在桥梁建筑中就不那么容易，因为后者必须伸向空间⑩。

180

---

① 阿维尼翁桥的两个拱腹内有不穿透的圆顶洞室。放一个小拱在两个主拱之间的桥墩上部以减轻建筑物重量的方法则早得多就已开始应用；见于法布里西乌斯桥和列在表67的两座中世纪欧洲的桥。这也见于中国桥梁中，同表第15。

② 参见Gauthey(1)，vol. 1，p. 57和pl. Ⅳ，fig. 64。关于建桥的时期在作者们之间有很多不同意见；戈泰(Gauthey)和乌切利认为是1336年，蒂勒尔说是1494年，茅以升说是1321年。

③ 见梁思成(*5*)；余哲德(*1*)；李全庆(*1*)；Mao I-Shêng(1)；罗英(*1*)，第224页起。收集了散落在河底的石块以使雕刻的栏杆得以重修。在北京故宫博物院有精良的模型。这座桥光荣地印在1962年的中国邮票上。

④ 关于它的背景，见Diehl(1)，pp. 166 ff.。

⑤ 见Choisy(2)，pp. 46，47 and pl. ⅩⅢ*a*。埃及建筑也有一个伪装的弓形拱，由一个或更多的撑架圆顶石凿成类似它的形状，如在阿拜多斯(Abydos)的建筑(参见p. 67和pl. ⅩⅢ*b*)，但这和我们无关。

⑥ 我们很感谢普拉姆利(J. M. Plumley)教授根据他最近亲自访问了这个地区后形成的专家性意见。

⑦ 见Calza(1)，p. 24和figs. 8，10，24，31，38，40，49。我有幸在1957年夏季的空闲时间和李大斐博士一同研究过奥斯蒂亚。

⑧ 见敖承隆等(2)，第130页。

⑨ 森修和内藤宽(*1*)，封面和图19、图22、图38，图版22(ii)。参见叶小燕(*1*)关于河南陕县汉墓的文章。

⑩ 一些被认为是罗马时代的小弓形拱桥曾由里塔托雷[Rittatore(1)]予以叙述并画有图形；它们曾一度作为铺有路面的桥梁在蓬蒂奇诺(Ponticino)阿尔诺河(Arno)的上游和它的支流上，还有在阿雷佐(Arezzo)附近的罗米托桥(Ponte Romito)。但它们的时代需要考证。

有一种企图想表明许多欧洲中世纪的拱桥是弓形的[1]，同时也想表明14世纪的转折也不是很突出的。幸而这问题可以用定量的概念来说明。拱形的"平坦度"可以简单地从拱矢高和跨度之半的比 $s/\frac{1}{2}l$ 来计称。其中 s 是拱矢（拱矢的最大值是半圆拱时的半经），l 是拱弦（其极限值是直径）。它的另一个特性可用施潘根贝格（Spangenberg）的"大胆系数"（Audacity Factor）来表示，即弓弦或跨度（l）的平方除以拱矢（s），后者是拱弦至拱冠的高度，拱冠是拱心石下表面的名称[2]。这是每一单位拱券长度在某一负荷下作用于桥台和在拱券内的水平推力的尺度[3]。在不同时期东西方的一些桥梁的资料和推算的特性数值见表67和图838。

这样看来西方在罗马时代以前很少使用弓形，虽然通常只有通过仔细观察和测量才能被发现。图838基线的上升表示半圆拱的尺寸增大时施潘根贝格系数也递增，而弓的度数可以从量这个点高于这条线的高度来求得。欧洲在14世纪以前只有一座重要的桥（第4号）有点真正弓的性质；而它的平坦度比值仅为0.51，这和1340年以后一些平坦度比值为0.38和0.36的佛罗伦萨的桥很不相同。所有这些不仅很早被7世纪隋代的桥梁，包括李春的杰作（第13号，平坦度比值是0.38）所超过，也被此后的12世纪的宋代桥梁所超过，其中之一（第14号）的平坦度比值在表中最小。这样就表明中国7世纪的弓形拱桥可以毫不犹豫地和欧洲14世纪这类最好的建筑物相媲美；如果我们把辅助的弓形敞肩拱也一起考虑在内，李春的型式确实优先达千年以上，因为直到铁路时代（19世纪70年代）西方才出现了一些可以与之相比的、规模较大的桥梁，这是工程师们如保尔·塞茹尔内（Paul Séjourné）和罗贝尔·马亚尔的成就[4]。我们不常能够以年代为坐标画一条成就的曲线，但弓形拱则是具有条件来作这样的说明，图839是以桥的平坦度比值和建筑年代的纵横坐标画出的结果。中国领先的辉煌情景在这里表现得很明显。 182

李春的大桥全然不是孤立的现象，因为还有接近20座其他桥梁分布在中国的不同地区，它们主要在北方各省，但也有例外[5]。列在表67内的那些桥差别很大，有些（如第21号）几乎是半圆拱，但其他的，如永通桥（第14号；图840，图版）和凌空桥

① 例如，斯肯普顿（A. W. Skempton）教授在对查特利［Chatley（36）］的论文讨论中以及在此后的书信中所做的评注。

② Straub（1），p. 11。

③ 这在某种意义上也是一个经济地使用材料的尺度，因为拱越平坦，拱腹所需的石料越少；但是如果两岸没有好的支承条件，所节约的材料将由必要的更坚固的桥台抵消。

④ 参见 Uccelli（1），pp. 693 ff.；Giedion（2），pp. 371 ff.。托马斯·特尔福德（Thomas Telford）时代的许多精美的弓形拱桥［参见 Wilson（1）］在拱腹上没有敞肩拱；由于同一原因，达·芬奇把此荣誉让与了李春［参见 Ucelli di Nemi（3），no. 35］。

⑤ 值得特别提出的是表67中的第16号，这是一座7世纪早期的桥，在河北井陉跨过一条深沟，上面有一个两层的楼厅。它的旁边还有另一座年代不详的弓形拱桥，但拱腹上无拱。似乎是在明或清的某个时期，弓形拱的式样流传到贵州和广西（参照第22号）。格罗夫和劳［Groff & Lau（1）］提到了一个不包括在表67中的例子，它是这些省份中的某一个，但未提供细节。

表 67 东方和西方的弓形拱桥

编号	建筑年代	省份	地点	桥梁	l(英尺)	s(英尺)	$s/\frac{1}{2}l$	l^2/s	参考文献
	—	—	—	半圆拱	20	10	1.0	40	—
	—	—	—	半圆拱	50	25	1.0	100	—
	—	—	—	半圆拱	100	50	1.0	200	
1	公元前 62 年	—	罗马	法布里西乌斯桥	81.5	33.8	0.83	204	G, I, fig. 2; B & L, fig. 34; S, fig. 5
2	1187 年	—	阿维尼翁	阿维尼翁桥	110.5	46.1	0.83	264	G, V, fig. 90; M, p. 14; B & L, fig. 50; U, p. 285. fig. 53
3	14 世纪(主要部分,1245 年)	—	里昂	吉约蒂埃桥(Pont de la Guillotière)	109.0	38.0	0.70	314	G, V, fig. 72, 参见本书第四卷第二分册, 图 628
4	1285 年(1305 年完工)	—	博莱讷(Bollène)附近	圣埃斯普里桥	111.5	28.4	0.51	438	G, V, fig. 71; U, p. 286, fig. 55
5	1345 年	—	佛罗伦萨	韦基奥桥	98.0	18.4	0.38	526	G, I, fig. 1; U, p. 288, fig. 64
6	1351 年	—	帕维亚	科佩尔托桥(Ponte Coperto)	约 100	约 20	0.40	500	U. p. 261, fig. 1
7	1354 年	—	维罗纳	卡斯泰尔韦基奥桥	159	45	0.57	580	G, I, fig. 20; B & L, fig. 39; U. p. 289, fig. 65
8	1375 年(1417 年破坏)	—	特雷佐	维斯孔蒂桥(Visconti Bridge)	243	68	0.56	875	U, pp. 288ff., figs. 67, 68
9	1404 年	—	锡斯特龙(Sisteron)	卡斯特拉的桥(Pont de Castellane)	92	23.4	0.51	363	G, Ⅷ fig. 149
10	约 1525 年	—	佛罗伦萨	米开朗琪罗(Michael Angelo)的单孔桥	139	28.2	0.41	688	G, I, Fig. 17
11	1569 年	—	佛罗伦萨	圣特里尼塔桥	106	19.0	0.36	600	G, I, fig. 5; M, p. 18; B&L, fig. 49; U, pp. 688ff., fig. 78
12	1591 年	—	威尼斯	里亚尔托桥	94	22.6	0.48	397	G, I, fig. 25; U, P. 687, fig. 74

续表

编号	建筑年代	省份	地点	桥梁	l(英尺)	s(英尺)	$s/\frac{1}{2}l$	l^2/s	参考文献
13	公元610年	河北	赵县	安济桥	123	23.7	0.38	640	梁(2,3,5);李;余;Mao;Mir,pp. 101,107;E;唐,图55、56;Anon.(26),第458页;Anon.(37),图26;M,p. 26
14	1130年	河北	赵县	永通桥	85	9.85	0.23	734	梁(2);唐,图61;Mir,p. 102
15	可能是12世纪	河北	赵县	济美桥(两个拱)	约27	约5.5	0.41	135	梁(2);唐,图64
16	隋,约公元615年	河北	井陉	楼殿桥①	约60	约11	0.37	327	唐,图67
17	女真金,约1175年	河北	栾城	凌空桥	约65	约10	0.31	422	唐,图66
18	可能是12世纪	河北	栾城	古丁桥	约22	约6.5	0.59	75	唐,图65
19	可能是12世纪	山西	崞县	普济桥	31	12	0.77	80	唐,图58
20	可能是12世纪	山西	晋城	景德桥	约60	约13.8	0.46	261	唐,图59
21	可能是12世纪	山西	晋城	周村桥	约28	约13	0.93	60	唐,图60
22	清,18世纪	贵州	兴义	木卡桥	约67	约18.7	0.56	240	唐,图68
23	1191年	河北	北京附近	卢沟桥(11拱)	36	约12.5	0.69	104	Mao;唐,图91

表中人名缩写

B & L　Bonatz & Leonhardt(1)
E　Ecke(4)
G　Gauthey(1), vol. 1,图版号和附图号
M　Mock(1)
Mao　Mao I-Shêng(1)
Mir　Mirams(1)
S　H. S. Smith(1)
U　Uccelli(1)
梁　梁思成(*2,3,5*)
李　李全庆(*1*)
唐　唐寰澄(*1*)
余　余哲德(*1*)

注:

(1)s,拱矢(拱高,半径);l,跨度长(直径或弦)。

(2)表中数字不很精确,因为有许多来自公开刊行的有比例尺的图。可靠的作者们所提供的数字有些小差异就采取平均数。但概貌性的轮廓是不可能错的。

① 此桥的尺寸可能估计过低,因为有两个部分掩藏在两侧石壁内的敞肩拱可以在照片上看出来。

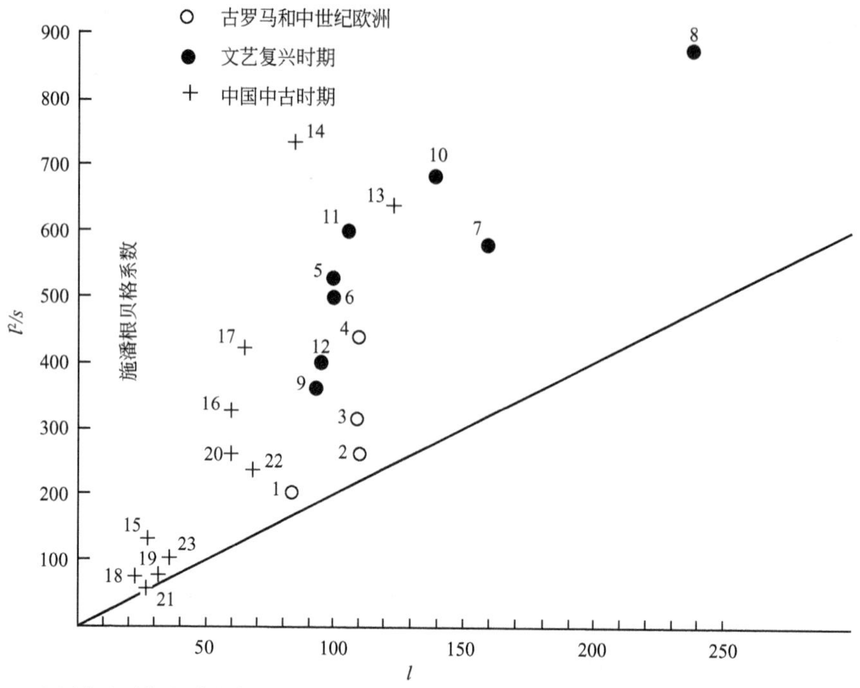

图 838　中国中古时期和欧洲中世纪及文艺复兴时期一些弓形拱桥的比较，以施潘根贝格系数为纵坐标，跨度（英尺）为横坐标。上升的实践表示半圆拱逐渐增大时系数的变化，弓形拱的所有的点必须在该线的上侧。点旁的数字就是表 67 中的编号。进一步的说明和分析见正文。

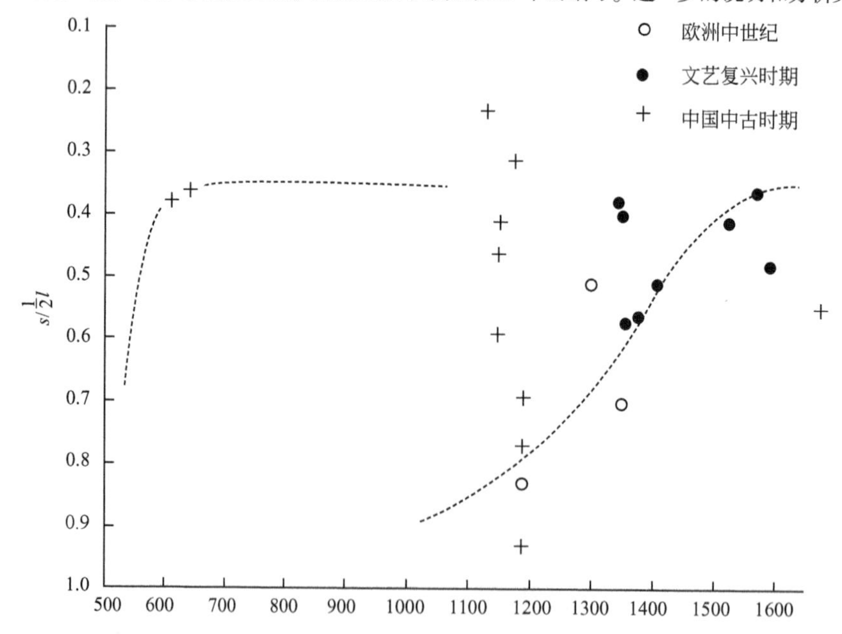

图 839　中国和欧洲的弓形拱桥形式的比较，以平坦度比值为纵坐标，年代为横坐标。这样可以看到欧洲文艺复兴时期（14—16 世纪）的“飞桥”的平坦程度完全被中国早期和中古时期晚期（7 世纪和 12 世纪）的桥梁所占先。进一步的细节见正文和表 67。

图版 三五〇

图 840　一座 12 世纪的中国弓形拱桥，河北赵县附近的永通桥，建于 1130 年女真人统治下的金朝。跨度 85 英尺。采自 Mirams (1)。

图 841　永定河上的卢沟桥，因位于北京以西不远的卢沟小镇而得名。约 700 英尺长，有 11 个弓形拱，平均每孔跨度 62 英尺 [照片采自 Sirén (1)]。就是这座桥，马可·波罗认为是世界上最精美的，部分原因是它的宽和它的石栏杆的精细雕刻；现在，在中国的外国人即称此桥为马可·波罗桥。1937 年中日战争在这里爆发，揭开了第二次世界大战的序幕。虽然该桥建于 1189 年女真人统治下的金朝，但作为首都城区改造的一部分，这座桥迄今仍是一般交通的要道。

183 （第17号）则是高度弓形的。两者都是12世纪的建筑，建于女真人统治的金王朝，前者流传下来的建筑者的姓名是裒钱而*。有些大的跨度达70英尺左右，其他则不大于涵洞，但都是相同的弓形式样。特别精美的是第15号，即济美桥，一座四孔的低桥，两孔很平，两孔半圆，中墩穿透着一个它本身的拱*。它将我们引向中国最长的多孔弓形拱桥。著名的跨过永定河的卢沟桥，它的名称来自北京附近一个小镇，建于1189年，约自1280年以来就是现在的形式，如同马可·波罗详细描述的那样②。现代的外国人将它称为马可·波罗桥。这里是军事要冲，由于它是1937年中日战争爆发的地点而增加了它的名声。马可·波罗认为世界上可能没有任何其他桥梁可与之比拟（图841，图版）。它长约700英尺，有11个弓形拱，每孔跨度平均62英尺③，拱支承在顺逆水流都
184 是尖形的桥墩上；使这位威尼斯访问者受到深刻印象的是桥面可以容许10个骑士并驰而不显得拥挤。雕刻的大理石栏杆上的283个不同姿态的石狮子也使他感到兴趣④。原建筑者的姓名没有流传下来，仅知道杨麒（鼎盛于1510—1525年）的名字，他是修理这座桥的一位工程师。该桥现在仍是一条通过大量的重型卡车和公共汽车的要道⑤。

在本书的其他地方几次举例说明弓形拱桥是从中国传到欧洲的发明之一。虽然对传播经过的详细情况几乎提不出什么来，但是我们不怀疑上述影响的事实。欧洲14世纪在这个特定方面的技术发展高潮，很清晰地指向马可·波罗时代的旅行者们，虽然他们所传递的情报可能仅是提到亚洲人造了飞拱并且它们是安全的。除此以外，从这里的粗略分析中得出的推论是，可以相信在12世纪（指南针和船尾舵的传播时代）传来了一个类似的情报，所以圣埃斯普里桥和韦基奥桥可能实际上源出于赵县。我们十分希望将来的研究使我们能够正确地肯定弓形拱桥的传播方式是属于何种类型的。

加莱奥特·佩雷拉如能看到河北的弓形拱桥以及福建的大石板梁桥，他就会加倍地肯定他的意见："这使我们想到，在全世界没有比中国人更好的建筑匠人。"⑥ 人们不知道他对西部省份的铁索吊桥是怎样想的，这些吊桥是东部拱桥的一种合乎逻辑的"反题"。这样，我们现在就从受压缩力的领域转向属于受拉伸力领域的吊桥。

（4）吊　　桥

用吊索横跨一条山区河谷代替刚性的桥梁的想法在人类技术历史上一定是很早就有

---

* 《河朔访古记》"王革重修永通桥碑"云："此则金明昌间赵人裒钱而建桥。"裒：募集。是说赵郡人募捐钱款，建造此桥。参见王之翰《重修永通桥记》。——译者

① 实际上它是一个圆柱形空洞。

② *Marco Polo*, Ch. 105 [Moule & Pelliot (1)（译注）]。参见 Fugl-Meyer (1), p. 24；罗英 (*1*)，第260页起。

③ 跨度自靠近两岸的52.5英尺变化至中间的71英尺。

④ 此外，马可·波罗还引起了人们对四川和中国西部其他地区常见的一些廊桥的注意。

⑤ 我在1952年夏季曾愉快地和艾黎先生、马小弥小姐（译音）以及其他朋友访问了这座精美的建筑物。照片见于唐寰澄 (*1*)，图91；茅以升 (*2*)，图版2；Mao I-Shêng (1)；Sirén (1), vol. 4, pl. 92*a*。

⑥ Boxer (1) p. 8。

的；它肯定被广泛应用着①。住在新大陆南部的许多美洲印第安人（如秘鲁人）② 把这种想法付诸实用，他们以葛藤为索。人们自然地倾向于假定这是独创，但是此后要提出的事实说明对此必须慎重③。在古老的旧大陆的高度发展的文化中，这样的索桥在东喜马拉雅山区特别常见，很多作者对它们已有叙述④。罗克（Rock）在云南西部古纳西王国见到的还在使用的是属于最原始的性质；它们由两根竹缆组成，每根紧系在峡谷一岸的高处，以悬链曲线倾斜下来使它们到达对岸时远低于出发点（图 842，图版）。人畜过河用各种不同的篮筐从以牛油润滑的竹管上悬挂着滑下，仅于某些时候在过河的最后阶段才需对岸的帮助。在某种情况下这种方法接近于创造缆车铁道⑤。在云南北部东川以北，有一座桥横跨牛栏江，我们被告知，通常是以木筒（可能是栎木）作为滑套用它把篮子挂在吊索上⑥。吉尔（Gill）约于 1880 年在理番附近见到其中之一⑦。相似的方法流传到日本，并被大美术家安藤广重画在他的一套“六十名胜地”画集之中，因而被流传下来⑧。我们可以用最近中国的西藏边区科学考察队拍摄的几张照片来说明这种技术；其中之一（图 843，图版）显示一个队员用这样的一个溜筒渡河⑨。吉尔在打箭炉见到一种双索桥，其中一根缆索挂有一组“吊圈”，渡河者可以拉着它们把自己移向对岸⑩。西藏东部丛林山区肯定是旧大陆吊桥的原始中心，不仅是由于它们总的数量而且因为它们有那么多的型式，从最简单的到现代以前的最先进的式样，在那里都可以看到。 185

吊桥发展的第二步是把缆索的两端以或多或少同样的高度固定在河的两岸，同时增 186

---

① 作为后面分节的辅助，读者可能愿意利用有关这个题目的专家的最近论述［Pugsley（1）］作为吊桥理论的入门。对中国吊桥历史有专门研究并作出最杰出的贡献的是富路德［Goodrich（16）］，他的著作出现在本节写出以后很久，但是我们高兴地发现几乎不需要对本节作修改。

② 参见 Mason（2）；Robins（2）；尤其是 von Hagen（3），pp. 106 ff.，113 ff.，131，141 ff.，157 ff.。哈根［Von Hagen（3）］研究的最古老的印加吊桥的桥址是 1290 年的。有关的古典著作是写于 1610 年左右的维加［Garcilasso de la Vega el Inca（1），pp. 573 ff.］的著作。

③ 见下文 pp. 542 ff.。

④ 例如，Hutson（3）；Kingdon Ward（2，3，4，7）；Little（1）；Gill（1）；尤其是 Rock（1），vol. 2，pp. 314 ff.，325，pls. 162，164，166。

⑤ 见 Feldhaus（5），该文把它归因于 19 世纪的欧洲；又见 Kingdon Ward（12），p. 145 对面。假如以每端的动力作为判断标准，18 世纪的中国是合格的。1774 年四川昭化代理知县谢泰奉为了确保文件的快速传递，用绞盘紧拉一根 160 英尺长的缆索越过一条山溪（夏季洪水时不能通过），在缆索上挂一铁环，下挂一个铁笼其内放一木匣。用和缆索一样长的麻绳把它和两岸连起来，这样把这条或那条麻绳卷拉就可以把信件很快地从峡谷的这一边传递到另一边。一个声光信号系统和准备着的驿马骑士完成了这些安排。这个方法记录在《昭化县志》，罗英［（*1*），第 85 页］引用了这段文字。后来真正的索缆铁道或缆道于 19 世纪就在长江峡谷沿岸用来运煤到江边，有时分两级。满载的重车下去，一条平行的缆索将空的拉上来，制动器装设在上端的轮子上。有关叙述见 Blakiston（1），p. 265（有雕刻图版），转引于 Williams（1），vol. 1，p. 305。

⑥ 《图书集成·考工典》卷三十一，“汇考”，第十二页。

⑦ Gill（1），p. 120。

⑧ Horwitz（12）。吊索也可以用来挂带滑套牵引渡船往返；作为日本的一个例子，见丰田利忠（*1*），第 4 卷，第 15 和第 16 页。

⑨ 唐寰澄［（*1*），第 73 页起］的著作详细讨论了单索缆车铁道；附有当地的地形图和一张照片（图 96）。华金栋［Kingdon Ward（4，7）］引了上缅甸怒族人用的一座相似的桥为例。

⑩ Gill（1），p. 169。

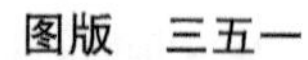

图 842　吊桥的最早形式：一座在纳西地区（滇北）澜沧江上的双索桥，采自 Rock（1），pl. 162。每根绳索的装设方式是使到达点较它们的出发点低得多，渡河时把人或牲畜挂于涂有奶油或其他油类的竹或木的溜管上。然后用另一根绳子把溜管拉回来。

图版　三五二

图 843　在西藏边界一个渡口的近似于缆车铁道的吊桥。竹索的两端在河两岸的高度约略相等，溜管带一种绳篮以载旅客，在两岸用绳子把它拉来拉去。照片摄于 1947 年左右由曾昭抡博士所率领的中国科学考察队去边区的途中。植物学家裴立群（译音）博士在一个当地部族成员的指导下开始渡河。

图 844　具有云南和缅甸边境特色的一座蔓或藤的桥。两根竹索组成栏杆而第三根作为桥面或踩绳，然后用蔓藤密编成为 V 或 U 形断面的人行通道。

加装置使旅行者不需要吊在篮里或走绷索的技巧。最简单的方法之一是增加一些缆索作为扶手栏杆，这样三组缆索组成V形，扶手索每隔一个短距离就联挂在走索上；这种类型存在于中国①，同样地在印度、缅甸、吉尔吉特（Gilgit）、西里伯斯岛（Celebes），婆罗洲（Borneo）和苏门答腊（Sumatra）也如此②。进一步的改进由在手扶栏杆之上加一根头顶上绳索，并整个编织在一起组成一个直径为3—5英尺的连续管形结构。这种桥是阿博尔人（Abor）所建，在阿萨姆与西藏交界的迪布鲁格尔（Dibrugarh）以上数百英里处，据可靠的叙述其跨度长达800英尺，向两侧摆动达50英尺③。那加人（Nagas）也建造用绳索组成各种给人深刻印象的吊桥。

当我们考虑到为了建设这种桥所需要的技术时，即会联想到用带绳的箭，从而使箭同猎获物都可以收回。金璋［Hopkins（5，25）］提到逐渐作为指称西南蛮族的“夷”字，本来是一支箭带上一根绳的图形（K551）。这种打鸟的方法（图845）名曰“弋射”，这不仅见于《周礼》④且见于更古的文献如《诗经》、《论语》和《孟子》，甚至可能在公元前11世纪商朝后期的青铜器铭刻上见到⑤。这也的确常常描画在周和汉的青铜器⑥和画像砖⑦上。关于这种箭有一个专门名词叫“矰矢”。另一个名词作为系在箭上的绳名叫“缴”（K1258*e*）。徐中舒（*4*）对这个题目有专门论文，我们将在本书第三十

187

图845 用箭射鸟，箭上系长绳和重物，以便能将箭收回。这种技巧隐约地显示在远溯至商朝的青铜铭刻上，这可能对于解决如何把吊桥的缆索送过几乎无法通过的峡谷是重要的。上图是颜慈［Yetts（15）］从一张照片上描绘下来的，它又是从保存在华盛顿弗里尔美术馆（Freer Gallery）的一个周代镶嵌的铜鉴上照下来的。另一个同样的图形已经附带地在图300中给出了。

① 在滇缅交界处是常见的（图844，图版），在那里名叫“藤桥”。

② Horwitz（12）；豪厄尔（Howell；私人通信）提供的照片；von Plessen（1）；Kingdon Ward（11），p. 80对面，（12），p. 172对面；van Hasselt（1）。

③ Anon.（7）；Bower（1），pp. 153，205；唐寰澄（*1*），图103；Kingdon Ward（4），（6），p. 28对面，（15），p. 177对面。

④ 《周礼》卷八，第四页（卷三十二），译文见Biot（1），vol. 2，p. 242。

⑤ 见Yetts（15）。

⑥ 参见杨宗荣（*1*），图20；这个“燕乐渔猎图壶”（约公元前4世纪）转载于本书图300（第四卷第一分册p. 144）。

⑦ Rudolph & Wên（1），fig. 8和pl. 76。

章（d）中写到关于军事技术时回到这个问题。由于认为这和风筝的起源有些关系[1]，在此以前我们也曾涉及此问题。但它的真正的技术效用一定是在吊桥上，即如祖先传下来的技术那样，利用一根导绳把它射过河，然后将一根比一根粗的绳依次拉过河去并将其固定住。赵汝适告诉我们，13 世纪台湾南部土人系在他们标枪上的绳超过 100 英尺长[2]。当然这可能是有意义的，因为夷是西南蛮族，他们生活在旧大陆吊桥的故乡，同时与这样的事实相符，即在四川成都以西西藏边界上的有名的竹缆桥之一仍叫夷星索桥。

从宋代初期作者杜光庭所著《录异记》中，我们知道桥索的专门名词为“笮”。他说到一个名叫毛意欢的道人能够从松索（“絙笮”）的吊桥（“笮绳桥”、“竹索桥”）上横渡溪涧，由于它们的危险状况，没有其他人能够做到[3]。但是在这里提到的这种桥（也叫“藤桥”）已经不再是 V 形或管形；在宋代以前很久已经发展到把多达六根的竹缆以一定间隔的方式水平地排列着，然后用横的木板或竹竿在它们上面铺成一个正规的桥面。在两侧再各拉上缆索组成栏杆，只要不是太多的人兽同时过桥，而风也不将桥吹得过分摇摆时，这种桥对于行人和驮兽是同样适用的。

我们可以从一本约写于公元 90 年的书中找到关于这种桥梁的中国最早的记载，在《前汉书》中有一节谈到兴都库什山脉（Hindu Kush）（“县度者石山也”；都是悬崖峭壁）[4]。“在那里峡谷和山涧无路可通，仅赖缆索从一岸拉到另一岸，借此作为通道”（“溪谷不通以绳索相引而度云”）。这句话写在有关中亚细亚的外国一卷中，指的是乌秅，就是沙畹［Chavannes（6）］所证明的塔什库尔干（Tashkurgan）[5]。“兴都库什”（县度；县度 = 悬度）那个名称的意思是“悬吊的渡口或通道”，由此可见该创造的古老。　188

刚才所引证的一节还不是我们所能找到的最早的，因为就在《前汉书》同一卷几页以后引用[6]杜钦在公元前 25 年的一段讲话，他反对中国派外交使节去罽宾（犍陀罗，今阿富汗）[7]，因为穿越喜马拉雅山的路途是极端困难的。或许由于对高山病的描述，读者可能还记得在本书第一卷 p. 194 的这段话的译文，但我们在这里将用另一种并且几乎一定是更好的方式重复它的一小部分。

> 于是来到通过三池盘峡谷的道路，长 30 里，而路仅宽 16 寸或 17 寸，且在深渊峭壁的边上。旅行者们在此一步一步互相（为了安全）扶携着走，索吊（桥）从两边拉过（峡谷）（“绳索相引”）。经过 20 里到达县度（隘口）。……

---

① 本书第四卷第二分册，p. 576。

② 《诸蕃志》卷上，第三十九页［译文见 Hirth & Rockhill（1），p. 165］。

③ 我们怀疑一个道人和吊桥的关系不像所说的那么奇特；他们总是和技术有某些关联（参见本书第二卷 pp. 34 ff.）。

④ 《前汉书》卷九十六上，第九页；译文见 Wylie（10），p. 31。伟烈亚力（Wylie）译为“chains”，但这些字不代表这个意义。

⑤ 赫尔曼［Herrmann（8）］证实了这个说法，他说在莎车（Yarkand）以南萨雷阔勒（Sarikol）一带。这些地方控制通过帕米尔高原到吉尔吉特、印度河谷和阿富汗通道的东面入口。

⑥ 《前汉书》卷九十六上，第十二页。

⑦ 此后罽宾包括了克什米尔，关于这个地区和它的名称见佩泰克［Petech（1），pp. 63 ff.］书中有趣的附注。

路途的困难和危险确是难以形容的[①]。

〈又有三池、盘石阪，道陋者尺六七寸，长者径三十里。临峥嵘不测之深，行者骑步相持，绳索相引，二千余里乃到县度。……险阻危害，不可胜言。〉

大多数地理学家同意这条路（假如可以叫做“路”）是莎车和吉尔吉特间的主要路线。在公元399年一个伟大而可爱的人法显作为中国参拜圣地的第一个佛教徒经过这条路前往印度，他没有遗漏将他旅程的工程方面进行叙述[②]。

继续穿过葱岭山脉（帕米尔，兴都库什山的东部）（的峡谷和隘口），我们向西南走了15天。途中悬崖峭壁，道路艰难险阻。山侧石壁直立高达8000英尺。向下看望令人头目晕眩，前进几无立足之处。其下为新头河（印度河）。前人凿石筑路，崖傍设梯，行人必须经过七百个这样的险阻[③]。然后惊险地通过吊索（桥）以渡河（“蹑悬絙过河”），在这里两岸相距少于80步（约480英尺）。（到达这个地方）“需要九次更换译员”（即路程遥远），这是为什么汉朝的张骞和甘英[④]从未到达这个地方。

〈于此顺岭西南行十五日。其道险阻，崖岸险绝，其山唯石，壁立千仞，临之目眩，欲进则投足无所。下有水，名新头河。昔人凿石通路设傍梯者，凡度七百。度梯已，蹑悬絙过河，河两岸相去减八十步。九译所记，汉之张骞、甘英皆不至。〉

189 更多的情况早于4世纪由郭义恭收集在他的《广志》中[⑤]。所有过去的资料，约于公元500年由郦道元引用在他所著的《水经注》[⑥] 首卷中。在此后的二十年中更多勇敢的僧侣们去了喜马拉雅山地区冒险尝试吊桥，由于将要述及的一个理由，他们的说法将留待几页以后再介绍[⑦]。两个半世纪后唐朝的高丽大将军高仙芝在他远征新疆西部和邻近地区时重点地描述了这种桥梁[⑧]。

有一种恰当的说法，吊桥几乎是历史上中国人和西藏、阿富汗、克什米尔、尼泊尔、印度、阿萨姆、缅甸与泰国交通所必不可少的[⑨]。

17世纪李心衡在他所著的《金川琐记》中有所叙述，他说[⑩]：

在这个地区（章谷，今丹巴，在四川省）有三座吊桥。成百上千根桩子打在河的两岸并用石块堆上。长竹缆悬吊于两者之间，上面铺以木板，两侧系以粗绳使行人得以扶持。人行其上，觉得倾斜和沉陷，如在泥沼中。但这种桥

---

① 由作者译成英文；我们在这里与我们以前所沿用戴遂良（Wieger）关于绳索爬山者的解释（*TH*, p.556）有分歧，与佩泰克［Petech（1），p.16］的解释也不同，他没有注意到（《前汉书》卷九十六上）第九页上的字句。这一段也见于《通鉴纲目》卷六，第一一五页和《水经注》卷一，第四页（经过节删）。

② 《佛国记》第七节；由作者译成英文，借助于Beal（1），p.21，（2），pp. xxix. ff.；H. A. Giles（3），p.10；Legge（4），p.26；Remusat（1），p.35；Petech（1），pp.15 ff.。关于法显和他的旅行参见本书第一卷pp.207ff.。

③ 高峻的栈道（上文pp.20 ff.）在帕米尔高原叫它“奥夫岭”（*ovrìng*）［参见Polovtsov（1），pp.135 ff.］。

④ 关于这两个有名的旅行家，见本书第一卷pp. 173，196。

⑤ 见《玉函山房辑佚书》卷七十四，第三十五页。他同意这些山是从这些桥得到它们的中国名称的。

⑥ 《水经注》卷一，第四页，译文见Franke（12），p.58；译文和注释见Petech（1），pp.15 ff.。

⑦ 参见下文p.197。

⑧ 参见Chavannes（14）；Stein（7）。

⑨ Goodrich（16）。

⑩ 由作者译成英文。

可以建在不能造石桥的地方。

〈今惟章谷屯有三所……其制两岸植桩千百，镇巨石于其上。絙以长绳，络以板片，两旁用巨索约身，如栏楯。人行其上，随足倾陷，如履泥淖中。〉

约与此同时耶稣会士科学家基歇尔（Athanasius Kircher）在他的《中国纪念物图说》（*China Monumenta Illustrata*，1667年）中说到，“陕西一座飞桥仅一孔，达四百腕尺长”[①]，但他用铜版说明这是一个巨大的半圆拱。来源是他的同事卫匡国，卫匡国在1655年的《中国新地图集》（*Novus Atlas Sinensis*）中说到在宁夏附近黄河上有一座桥，“全长40中国坡尺（perches）”（400英尺）[②]。确实在那里有一座索桥的遗址，恰在长城从宁夏的西南跨过黄河转向西北穿过戈壁以保护古丝绸之路的地方（参见上文p. 49）。竹缆吊桥至今在云南、四川、锡金、西藏[③]和尼泊尔[④]的山区极为普遍。但是它们的分布还包括缅甸和印度尼西亚[⑤]。最值得注意的事实是，如我们所见，在南美洲有完全一样的发展，罗宾斯［Robins（2）］示出了一张印加吊桥的照片，在秘鲁万卡约河谷（Huancayo Valley），它的吊索是用龙舌兰纤维和兽皮制成的，跨度150英尺，包括两端的入口和桥台，这和图852（图版）的中国桥的类型很相似[⑥]。 190

在此阶段我们必须注意到所谓“悬链状”桥和所知道的从缆索或铁链上有铺平整桥面板的吊桥的区别。在第一种情况下不论纵线绷得怎么紧，渡河者是沿着曲线行走的；在第二种情况下则行动在平面上。似乎后者是前者的扶手栏杆的发展。即使是竹索桥，我们看到这样的倾向，即这些扶手栏杆在两岸的起点对倾斜的桥面来说是更高出于它们在河中心的位置。这可以从在尼泊尔靠近西藏边界的陶利河（Dhauli River）上的一座桥的照片[⑦]，或者在上缅甸的怒族人所建的另一座桥的照片[⑧]上见到。

缆索吊桥在中国有时用于军事上，且不说由于它们是决战的中心而产生的战略上的重要性[⑨]。《魏书》记载了[⑩]一座巧妙地潜入水下的吊桥，它也可以作为一个拦河水栅。

---

① Kircher（1），p. 215，“Pons volans ex monte ad montem unico arcu exstructus 400 cubit. altitud. 500 cubit... in Xensi prope Chogan ad ripam Fi.” 参见Nieuhoff（1），p. 247。

② Martini（2），p. 52，靠近宁夏附近的Hiaikeu hills（可能是黑山峡?）；“at quod magis mirare，prope Chegan ad ripam，Fi pons est de monte ad montem unico exstructus arcu，cujus longitudo 40 est sinensium perticarum，hoc est 40 cubitorum，altitudo vero seu impensum referunt，sinae pontem rolantem haud incongruo dixere nomine”。“Fi pons”肯定在这里表示“飞桥”，但基歇尔对此有误解；他对“*unico arcu*”的用法也有错误。我们不能确定“Chegan”的地点。由于没有提到铁链，我们把这位欧洲人的反映放在这里。

③ 在西藏宗教画上当然也可以看到；参见Highet（1）中所附的一张莲花生净土变画像的复制件。

④ Horwitz（12）；Sarat Chandra Das（1）；Hooker（1）；Kingdon Ward（7），p. 257对面；Daniel & Daniel（1）；唐寰澄（*1*），图97、图100、图102。我还要感谢外交官吉勒特（M. C. Gillett）先生的第一手资料。他的许多照相底片保存在皇家地理学会（Royal Geographical Society）。

⑤ Robins（2）。

⑥ 关于危地马拉的情形，参见Brigham（1）；关于科尔卡河谷（Colca Valley）的情形，参见Shippee（1）。这种吊桥和美洲印第安人特有的装备——吊床之间的关系不容忽视。

⑦ Smythe（1）。

⑧ Anon.（7）。

⑨ 例如，朝鲜和中国联军于1593年为了抗击日本侵略者在临津江上建的索桥；参见Hulbert（1），vol. 2，pp. 8，9。这并不如赫尔伯特（Hulbert）所认为的是“历史记录上的第一座吊桥”。参见上文pp. 188，199。

⑩ 《魏书》卷七十三，第十一页。我们感谢阿瑟·韦利（Arthur Waley）博士提醒我们对这一节的注意。

这是魏将崔延伯所建，他是公元494年前后和萧衍（此后的梁武帝）作战时的统帅之一。崔延伯当时防守淮河上的某些地方①，他的目标是不让敌人利用水道和河岸。因此，

> 他把一些车轮去其轮圈，削短其轮辐（做成嵌齿轮），这样它们互相啮合。用篾片绞合成竹缆，由十根以上竹缆平行地联结在一起组成一座桥（加以横板）。两端安有大辘轳，因而桥可以任意下沉②，而不至于被烧毁或砍断。用这样的方法祖悦以及其余的人们（萧衍的将军们）退路就被切断，并且船只也不能通过。这样（萧）衍的部队不能去救援，最后祖悦全军被俘获③。
>
> 〈延伯遂取车轮，去辋，削锐其辐，两两接对，揉竹为絚，贯连相属，并十余道，横水为桥，两头施大辘轳，出没任情，不可烧斫。既断祖悦等走路，又令舟舸不通，由是衍军不能赴救，祖悦合军咸见俘虏。〉

191 为此崔延伯获得了一个恰如其分的头衔④。此后联系到铁链还要再谈一些有关军事方面的吊桥和水栅⑤。

对中国西部的垂曲吊桥最有研究的是富尔－梅耶，我们在这里没有比引用他的研究结果更为合适的了。关于编起来的竹片的显著特性已经说到一些（本书第四卷第二分册，p. 64），这个题目在联系到船的索具时将还要再次提到（下文pp. 597，644）。桥用竹缆的编法是和在急流中拉船上水所用的编法相同，仅是尺寸更大。取自竹子内肉的竹片作为缆索的芯子，围绕它编一厚层的竹片，它们取自含有二氧化硅的竹子外皮。外层竹片挤压芯层越紧，抗拉能力越大。这种缆（“索”）一般约2英寸粗，三条或更多的拧在一起成一根桥缆（“笮”）⑥。当放在拉力机内试验时，内部直的芯子首先断掉而编织起来的竹片表现出很大的强度，直到26 000磅/平方英寸才破坏⑦，而一根普通的2英寸的麻绳，仅能承受约8000磅/平方英寸的拉力。此外含有二氧化硅的外皮是很能抗磨损的，如在岩石上的摩擦，这在拉纤和吊桥缆索上自然都是重要的。

---

① 这个地区是完全在经常有吊桥分布的区域之外。在中国东部仅偶尔提到它们——例如，在1632年，在高邮南门外大运河上（参见p. 314）有一座“吊桥闸”[参见Gandar（1），p. 30]。

② 当然可能加了重的东西，但是有些中国硬木，如云南栗木，能沉入水下如石头一样，就像第二次世界大战中敌机轰炸时滇缅公路的桥梁工程师们所找到的那种木料[Tan Pei-Ying（1），p. 114]。

③ 由作者译成英文。

④ 不十分清楚假如大绞盘之一是在敌人一岸，为什么桥不会被烧掉或砍掉。或许桥在该岸是坚固地系在水下，而两个绞盘都在此岸。我们对于嵌齿轮的假设是含有用某种较小的齿轮来提高机械效益的意思，这可以从书本中看到不少。用砍下的车轮作为人力转动的手轮再辅以棘轮的说法可能也是适当的。但事实上两种解释可能都是对的，人力是用在长辐车轮作为绞盘而通过短辐轮在直角方向同辘轳相衔接。无论如何，这是一件值得注意的实际工程。

⑤ 下文pp. 202，687。

⑥ 托兰斯[Torrance（2）]指出这个技术名词的汉字已成为生活在四川西部边界少数民族中的一个名称，如同我们已经在《华阳国志》（4世纪）中所见到的。参见《史记》卷一一六，第二页[译文见Watson（1），vol. 2，p. 291]。

⑦ 施特劳布[Straub（1），p. 196]所提供的这些数字说明中国原始技术所用的竹缆的抗拉强度差不多达到软钢制成的缆索的抗拉强度56 000磅/平方英寸的一半。我们现在知道如用含有镍和铬等合金成分的钢材，再用现代的冷拉方法做成的缆索能够承受256 000磅/平方英寸的拉力，如同在哈得孙（Hudson）河上的乔治·华盛顿桥和金门吊桥所用的缆索。

中国西部的大多数吊桥[1]只有一孔。在桥的两端各有一座坚固的桥屋建在岩石基础上（参见图846，图版），屋顶架在木柱或石墙上。在屋内或门廊内竖立两排粗大的木柱，每排木柱系一根桥的边索（图847，图版），这些立柱起着转紧桥索的绞盘的作用。立柱插入下面的基础和嵌进上面的木梁，整个建筑物依靠装在屋顶下面庞大的石笼的重量把它固定起来[2]。桥索用木棍绞紧，整个程序像用旋塞调整小提琴的弦一样。桥面板下的主索系在最靠近桥孔的绞柱或在地板下的横绞梁上，并在桥屋前穿过硬木导架以便将它们保持在适当的位置。当桥面索开始腐朽即换以新索，同时把旧索在一段时间内用为扶手索。缆索的数量在六根至十二根之间变化，而跨度在130—250英尺。 192

最著名的竹缆吊桥是灌县的竹索桥，著名的公元前3世纪的灌溉工程就在灌县，我们将在下一章对这个肥沃了四川成都平原的工程加以叙述。这座安澜索桥（或是常说的珠浦索桥）[3] 有不少于八个主要桥孔，最长的一孔是200英尺，总长约稍稍超过1050英尺。它的好照片不多，或许是由于这个地区的云雾，但图848—851（图版）给这座壮丽[4]的桥以相当好的形象。桥宽9英尺，架在十根$6\frac{1}{2}$英寸直径的竹缆上。栏杆异常精巧，由五根同样的缆索组成一条栏杆。桥墩之一是用花岗石砌筑的，其上装有一个经过修饰的门和木屋顶，其他都是硬木木架，有盖顶，四周植木樁以防冲刷。幸而在图850中有人形可见，从而给人以尺寸概念，事实上在桥墩那里桥约高出岷江水面或干卵石滩面50英尺。如富尔－梅耶所说，在整个建筑物上没有一片金属。进一步的细节见于刘敦桢（*1*）、梁思成（*3*）和其他作者的著作[5]；他们都表示了对灌县桥的赞扬，这是容易理解的[6]。

范成大，一个大学者和旅行者，于1177年有一篇著作记录过桥的情景。他在从四川去东南的旅程日记中写道[7]：

> 在这里我经过巨大的吊桥（“绳桥”）。共有五孔，每孔120尺长，12尺宽。所有桥面板都用绳索捆扎在一起。两边装有竹子做的栅栏，桥由竖立在河中的数十根大木柱支撑，并堆大石块予以加固。桥就是这样悬于其间，吊在半空中。若有大风，桥就上下振荡。如同渔民晒网或如染坊晾彩绸。我只得舍轿疾走而过，神气似乎从容不迫，但我实在震慄到几乎不能站立。所有同伴皆失色。…… 193

① 由于它们数量多，我们在这里不企图罗列，简单的叙述可以在所有的历史地理志上找到。例如，《读史方舆纪要》说到仅在云南龙川江上就有三座索桥（卷一一八，第四十七页）。不仅有关吊桥而且涉及各种桥梁的大量的资料，载于《图书集成·考工典》卷三十一至三十四，其中有不少值得翻译。

② 参见Fugl-Meyet（1），fig. 56，可惜文中没有指出桥址。

③ 在宋代，另有一个名称为“评事索桥”。

④ 我建议用这个形容词，是根据本人在1943年和1958年对它的认识。其他照片见潘恩霖（*1*），第156页、第157页。

⑤ 例如，罗英（*1*），第273页起；Lene（1）；Stevenson（1）；唐寰澄（*1*），第75页起；Mock（1），p. 32。关于桥孔的跨度记载有所不同，这是因为近年来增加了些木架墩，如果把两端桥堍两小段也称在内，现在共是10孔。

⑥ 自然这也包括1962年中国邮局发行的图画系列邮票在内。

⑦ 《吴船录》卷上，第二页，由作者译成英文。

图版　三五三

图 846　四川灌县岷江上的竹索吊桥（参见图 884）的桥头屋之一（西岸），可以见到栏杆索从屋的右侧伸出来［照片采自 Boerschmann（3a）］。参见 pp. 192 ff. 及 p. 290 上的图 884。

图 847　东岸桥头屋内（原照，摄于 1958 年）栏杆索绞盘中的四个。桥面索用位于地板下的绞车收紧。

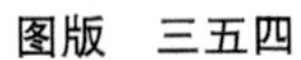
图版 三五四

图 848 灌县安澜索桥的全景。它有八个主要桥孔，总长稍长于 1050 英尺（最大跨度 200 英尺），从山顶向东俯视拍摄（原照，摄于 1958 年）。

图版 三五五

图 849 从靠近水面看的一个近景，显示桥面和有盖顶的木架墩（原照，摄于 1958 年）。

图 850 沿最东的桥跨向东看去的灌县安澜索桥的景观（原照，摄于 1958 年）。栏杆索的固定情况和桥面面板都清晰可见。

图版　三五六

图 851　安澜索桥的底面；东起第四跨，摄自岛上（原照，摄于 1958 年）。

图 852　澜沧江的一个峡谷中的霁虹铁桥（照片采自 Popper，FZ287）；桥头锚屋耸立于漩涡的水流之上，在左面可以看到绷紧的垂曲索的桥面和当地的护神庙，它再次为传统的中国桥梁建筑的美提供了一个例子。参见 pp. 193 ff. 和表 68。

〈再度绳桥，每桥长百二十丈，分为五架，桥之广十二绳排连之，上布竹笆，攒立大木数十于江沙中，辇石固其根，每数十木作一架，挂桥于半空，大风过之，掀举幡然，大略如渔人晒网，染家晾彩帛之状。又须舍舆疾步，从容则震掉不可立。同行皆失色。〉

在该书的其他地方，还提到其他较小的竹桥。建筑灌县桥的最初的年代尚不清楚，考虑到建桥原理的民间特色及李冰和他公元前3世纪的工程师们的工程才能①，似乎没有什么理由不应当追溯到这个时代。建于宋代以前乃是肯定的。

为了维修灌县桥，每年要停止使用两个月以上。所有较小的桥要适当地养护也必须停止使用，尽管是一个短暂的时间②，这就自然地要寻找某些更耐久的材料。毫无疑问，用熟铁链来完善吊桥是具有决定性的一步；正如即将看到的，这个创造看来好像是开始于中国的西南部，时间不晚于6世纪末，而很可能在1世纪。它的主要前提是那里有传统的悬链状索桥和先进的冶金技术③。为了有助于继续讨论，我们把中国一些省份较重要的铁索桥的资料再列成一个初步的表（表68）。称为初步的，是因为材料不能仅从文字记载方面来汇集；必须通过广泛的旅行来评价这些事实，虽然进一步具体地研究文件无疑地将带来更多的情况。这里不是要通读百科全书的有关章节，虽然在那里收集了那么多的资料；这个工作应当留给别人去做④。为了形象地介绍铁索桥，并指出它们的特殊的美观，图852（图版）示出了去缅甸的故道上横跨澜沧江的霁虹铁桥，它的拉紧着的形态与周围的重山很相融合。具有类似崇高形象的还有花江上的古桥，它在盘县将从贵州北部来的公路连接到现今的贵阳昆明公路。为了提供这种桥在幽静的农村环境中的形态，图853（图版）示出了云南大理和金沙江之间的宾川的“渔夫桥”⑤。

铁索桥一般没有绞紧的设备⑥，涉及的问题仅是锚固。为此要建造埋固铁链末端的巨大石桥台，如在澜沧江和金沙江上的桥梁照片中（图852、图854；图版）所示。泸定桥的铁链深埋在两岸的石墩中达40英尺。这个问题也同样存在于最现代化的吊桥[参见Steinman（1）]。在中国还没有铁链跨越一个以上桥孔的例子。在澜沧江上的一座桥，有一个造在天然岛上的桥墩，但桥墩两边的两座铁链桥是不连贯的。铁链总是用人力锻锤的，用直径2—3英寸的铁杆焊成铁环。由于峡谷中的风吹得铁链经常作横向摆动，以致靠近桥台的铁环易于磨损，在古代更换是不容易的，因为即使有足够的经费，这个地方的交通也是那样的十分困难的。用于悬链型吊桥的不仅是铁链，我们知道至少有三座桥（可能有更多，有些还存在着）是用带环的铁条建成的。富尔-梅耶述

---

① 见下文 pp. 288 ff.。

② 在中国西部有吊桥建筑和修理工人的专门行会[据吉勒特先生的私人通信]。

③ 见本书第三十章（d），同时可见 Needham（31，32）。

④ 例如，《佩文韵府》和《图书集成·考工典》。罗英[（*1*），第82页起]提到了30座以上，臧吉牟（音译，Tsang Chi-Mou）先生（私人通信，1949年4月）有48座铁索桥的详细资料。富路德[Goodrich（16）]统计了118座各种吊桥。没有人提出过接近完全的详表。

⑤ 参见 Kingdon Ward（14），p. 66对面；Farrer（1），p. 140对面。

⑥ 但是铁链可以用强大的绞盘来拉紧定位，如同我们在《绥定府志》关于建造达州桥（表68中第10号）的记载中所读到的那样[唐寰澄（*1*），第78页]。

表 68　一些铁索桥

编号	省	位置	桥名	河名	宽（英尺）	最大跨度（英尺）	铁链数	年代	参考文献
1	云南	景东西南 100 里	兰津铁桥	澜沧江	—	约 250	20	传说为公元 65 年，也可能在隋代，1410 年重修	*TSCC*；Sa，208；Go；L，57
2	云南	元江	元江铁桥	元江（红河）	—	约 300	—	明代重修	THC，80，图 104
3	云南	丽江西北 350 里	塔城关铁桥	金沙江（长江）	—	—	—	隋，约公元 595 年，公元 794 年被短期破坏，1252 年被占领	*TSCC*；Ro；Sa，193；Go
4	云南	丽江西 85 里	石门关铁桥	金沙江（长江）	—	—	—	隋或唐初，公元 794 年被短期破坏，1382 年被占领	Ro；Go
5	云南	丽江东	井里铁桥＝梓里铁桥＝金龙铁桥	金沙江（长江）	约 10	328	18	晚清	Ro，246，pls. 110，111；Gu
6	云南	东川北	军民（铁）桥	牛栏江	—	—	—[①]	—	*TSCC*
7	云南	永平、保山之间	霁虹铁桥＝功果铁桥（？）[②]	澜沧江	—	225	12（＋2 栏杆）3/4 英寸的链环，1 英尺长	归属三国时期[③]；1470 年换上铁链	Hor；Gi，265；Go；Da，75
8	云南	宝山、腾越之间	惠人铁桥	怒江	—	219（＋156）[④]	14（＋2 栏杆）3/4 英寸的链环，1 英尺长	—	Hor；Gi，276；Ha；334；Da，55
9	云南	下关附近	—	漾濞江	—	120	9	—	Gi，259；Ke
9a	云南	宾川	钓铁桥	—	约 6	约 65	2－4	—	THC，图 101
10	四川	达州附近（绥定）	—	通江	—	180	6（＋4 栏杆）[⑤]	—	THC，图 78
11	四川	环绕峨眉山	数座较小的桥		—	—	有些桥用环接铁杆	—	Hos；Lit；Phelps（2）
12	四川	三峡（嘉定北）	三峡铁桥	岷江？	—	—	—	1360 年以前	*TSCC*
13	四川	荣经（雅安南）	—	荣经河	—	—	4（铁杆）	—	Hor；Ri，3/71
14	四川	芦山（雅安北）	芦山铁桥	青衣江	—	约 430（＋？）[④]	—	—	THC，图 108，109
15	四川	小河场	—	涪江	—	—	7（平桥面）	—	Gi 136
16	四川	“夹竹场”[⑥]（音译，Kiai-tsu-chang）	—	岷江支流，流向松潘[⑦]	—	75（＋3×75）[⑧]	（铁杆）	—	FM，122；THC，78，81，图 107
17	四川	怀远镇（重庆附近）[⑨]	古铁桥	—	—	—	—	唐或唐以前	Go；THC，81

195

续表

编号	省	位置	桥名	河名	宽（英尺）	最大跨度（英尺）	铁链数	年代	参考文献
18	西康[10]	泸定	泸定铁桥	大渡河	$9\frac{1}{2}$	328（过去361）	9（+4栏杆）7/8英寸的链环，10英寸长	1701—1706年	Up；Gi，165；Lit；Hor；Go；THC，图106；LTC，图版3*a* Ha，76；L，269
19	西康[10]	雅安、打箭炉之间（康定）[11]	—	—	—	—	（铁杆）	—	Hor；Ha，57
20	西康[10]	昌都	吊铁桥	吉曲河	10	132	4	—	THC，80，图105
21	贵州	安顺、安南之间	关岭铁桥	北盘江	36	165	30或36	1629年[12]	Hu；THC，78；L，20
21a	贵州	水城、盘县之间	—	花江	—	200	4（+6栏杆）	—	GL
22	贵州	重安（贵阳东）	重安铁桥	重安江	—	—	—	—	PEL，图20
22a	贵州	遵义、贵阳之间	—	乌江	—	约200	—	—	Bo
23	陕西	马道驿（白城北）	马道驿铁桥	白河	—	50	6	—	Ri，2/574；Hor；L，57；W，53
24	山西	普济（大同附近）	普济铁桥	—	—	—	8	1541年	Gr

表中缩略语

Bo	Bourne（1）	Ke	Kemp（1）
Da	Davies（1）	L	罗英（*1*）
FM	Fugl-Meyer（1）	Lit	Little（1）
Gi	Gill（1）	LTC	刘敦桢（*1*）
GL	Groff & Lau（1）	PEL	潘恩霖（*1*）
Go	Goodrich（16）	Ri	von Richthofen（2）
Gr	Grootaers（1）	Ro	Rock（1）
Gu	Goullart（1）	Sa	Sainson（1）
Ha	Hackmann（4）	THC	唐寰澄（*1*）
Hor	Horwitz（12）	*TSCC*	《图书集成》
Hos	Hosie（4）	Up	Upcraft（1）
Hu	Hummel（17）	W	Wiens（2）

注：参考文献栏中的数字是页数，在von Richthofen（2）后的分数，其前一个数字是指卷数。

①可能仅是一座竹索桥。
②在现在地图上功果铁桥的名称可能仅是指在这条公路上的现代吊桥。较老的地图上在更上游有一座飞龙（铁）桥，作为霁虹铁桥的同名者可能相距太远；如果是这样，此桥可能是座竹索桥。
③这是和诸葛亮的传统联系。
④两孔。
⑤《绥定府志》对这座桥的记载曾被唐寰澄［（*1*），第78页］引用，描述了桥面板用雌雄接缝互相联锁并以"铁纽"加固的方法，以及两旁坚实的木栏杆设备，还提到用绞盘把铁链拉紧到适当程度，并用"石柱"把它们系住。这座桥设计并实际用于车辆交通。
⑥地名不能确证，唐寰澄［（*1*），图107］书中有名老君溪的或许是同类型的另一座桥。
⑦在这地区的这些桥，据《绥定府志》认为在这种桥中是最古老的。
⑧四孔。
⑨名字不能肯定；广西有一个地方是这个地名。富路德［Goodrich（16）］仅给出四川地名的罗马拼音。
⑩这个过去在西藏边缘的南方省份改为昌都地区（这个地区现已划入四川省——译者），其中东部的1/3划入四川。
⑪在这地区的另一座铁索桥，叶长青［Edgar（2）］对它有所叙述。
⑫据说以前为一座浮桥，是从罗浮山来的道人所建。见本册 p. 203。

图版　三五七

图 853　金沙江一条支流上的一座小单孔铁索桥，位于云南宾川附近的鸡足山。扶手栏杆都是木制。

图 854　清代的一座传统的铁索桥，金龙桥或梓里桥，在云南跨越金沙江连接丽江和永北[采自 Rock (1), pl. 111]。十八根铁链使这条桥以一个 328 英尺长的单孔跨过海拔为 4600 英尺的金沙江。可以看到堆砌成桥头的石筑工程能容许 60—70 英尺或更多的水位涨落。

及[1]在四川—西康边境的深山中有这样的一座桥，300 英尺长，把直径 2.25 英寸，长 18 英尺的圆铁条，用销钉把它们铰接起来。这座桥在灌县岷江出山口以上的一条支流上，在这个例子中，中间有三个石墩，铁条平滑地架在凸出的圆弧形墩顶的导槽内，因而桥就表现为一条缓和的波浪式曲线[2]。

所有这些桥梁中，云南景东附近的兰津铁桥或许是最著名的，尽管它在技术方面不是最重要的。当地的方志说[3]：

> (澜) 沧江西岸峭壁直插云霄，反映于江中，近旁有瀑布，自美而险的悬崖上倾泻而下，景色奇异。铁链横贯南北成为一桥。当地传说是汉明帝时 (约 65 年) 所建。永乐年间 (约 1410 年) 重修。
>
> 〈西岸峭壁竦立，仰插霄汉，俯映沧江，飞泉急峡，复磴危峰，信奇观也。以铁索南北为桥，相传汉明帝时造，永乐间重修。〉

这就引起铁链桥最早产生在什么时期的重要问题。后代深信这座桥追溯到汉代，例如，张佳胤作了一首关于汉代兵士的歌声在峡谷中回响的诗 (约 1545 年)[4]。但是现代历史学家不太愿意相信那么早的可能性。他们指出在唐以前的书籍仅提到在这里跨过澜沧江，但没有具体叙述任何桥梁[5]。有人认为，归功于汉明帝好像是从当地佛教寺院里传出来的一个故事。因为传统地认为在中国他是第一个提倡佛教的皇帝，而造桥是一个宗教的任务，因此他的名字也许正好和一座重要的桥发生了联系[6]。无论如何，没有任何理由怀疑它在 15 世纪初期是修理过的，而仅是这个事件就早于欧洲的任何铁索桥。此外，我们将看到有证据证明在隋代造了其他一些有名的铁索桥，而这或许可能也是景东桥的建筑年代。但是这座桥之享有盛名是由于几个早期在中国的旅行者们对它的叙述，这项知识通过耶稣会传教士的渠道传到西方，被公认为是所有 18 世纪和 19 世纪成功的铁索桥的先驱者。这个故事将更好地见于我们这一节记事的末尾。

197

或许我们过分怀疑了汉代工程师们把一座铁索桥架在澜沧江上的能力[7]。由于对归功于某人的传说的鉴定，了解到了许多关于汉代钢铁技术的新知识[8]。如果有可能在早于欧洲一千年的汉代制造出铸铁件，那就绝非不可能生产出熟铁的环以形成 250 英尺长

---

① Fugl-Meyer (1), p. 122；参见 Hutson (3)。我们不能证明它的确实地点，因为富尔 - 梅耶仅给出不正规的罗马拼音名字，这是另一个略去汉字来表达中国地名的可悲习惯的例子。这可能是也可能不是唐寰澄 [(*1*)，第 81 页] 所指的老君溪。

② 参见唐寰澄 (*1*)，图 107。

③ 《图书集成 · 职方典》卷一四九〇，第三页，由作者译成英文。引自《南诏野史》(1550 年) 卷二十六，译文见 Sainson (1), p. 208。

④ 《图书集成 · 考工典》卷三十三，“艺文”，第六页，该书提到的是“引”。

⑤ 富路德 [Goodrich (16)] 举《后汉书》卷一一六，第十八页的例子；《华阳国志》卷四；《水经注》卷三十六，第六页。根据富路德的说法，此桥在哀牢族的地方 (参阅本书第四卷第一分册，p. 100)。

⑥ 这个意思是已故的哈隆 (Haloun) 教授提出的。归功于汉明帝的说法载在欧洲的文献中，并可查到，如在 Feldhaus (1), col. 152。

⑦ 兰津铁桥和汉明帝时代的关系的传说是十分有力的。在永平和兰津铁桥之间的博南山上有一个古寺名叫永国寺。在这个寺内保存着一些石碑，证实《丽江府志》(卷二，第六十九页) 所说的通过这山岭的一条路最先开辟于汉明帝时代。从这个时期流传下来关于横渡澜沧江的一首歌曲，其大意如下：“到达这样遥远的地方是汉朝的功德，道路甚至越过兰津进入荒野地区，在这里渡过澜沧江。”详见 Rock (1), vol. 1, pp. 167 ff.。

⑧ 参见 Needham (31, 32)，更完整的叙述见本书第三十章 (d) 和第三十六章 (c)。

的铁链。既然先进炼铁技术的中心是中国而不是西藏或犍陀罗，我们必须用新的见解来看，即无疑地在6世纪初期去印度的路上就已存在着一些铁索桥。法显没有发现它们，但宋云和惠生在公元519年途经这条路时就见到了。在他们旅途的叙记中说[①]：

从钵卢勒国（Bolor，今吉尔吉特）至乌场国［Udyāna，今斯瓦特（Swat）、吉德拉尔（Chitral）等地］，用铁链为桥。它们悬在空中，以便行人（越过山谷）。向下看望，见不到底，如有失足，无从抓住。人将立即堕入万吁深渊。因此旅行者遇风就不渡。

〈从钵卢勒国向乌场国，铁锁为桥，悬虚而度，下不见底，旁无挽捉，倏忽之间，投躯万仞，是以行者望风谢路耳。〉

此后，当然看到这些桥在玄奘时代还在使用。约在公元646年，玄奘在叙述乌场国时说[②]： 198

再沿信度河（Sindhu，印度河）而上，道路崎岖险陡；山谷昏暗。有时通过索（桥），有时在拉紧的铁索上（从此岸至彼岸）渡过山谷。栈道[③]下临深渊，通过飞桥，攀爬木梯或石级而上，令人晕眩。……[④]

〈逆上信度河，途路危险，山谷杳冥。或履絙索，或牵铁锁。栈道虚临，飞梁危构，椓栈蹑蹬。……〉

似乎最合理的假设是铁索桥建筑的发展起源于具有最先进炼铁技术的地区，因此很可能景东桥确实是印度河上游犍陀罗和新疆间的这类桥梁的先驱者[⑤]。

这些肯定而有力的证据证明，早期建造铁索桥的时代在宋云和玄奘之间。这牵涉到在云南西北部丽江地区的一批这类桥梁，丽江城位于突入云南约60英里长的舌形山岬的底部，这是由于长江（在这里称为金沙江）向北迂回到四川边界而形成[⑥]。在这急弯以上，河道开始转折之处，江上有两座著名的铁索桥。第一座在其宗和巨甸之间，邻近塔城关山口，过去是南诏国纳西族和西藏人的交界处，有一个铁桥城，现在是塔城村[⑦]。无疑这是在一条经过中甸去西藏的交通要道上[⑧]，显然有一时期派有一个专责官员（“铁桥节度”）驻此管理。现在的丛书保存着元代的木公的一段话，他是这个地方的纳西族人，他说[⑨]：

---

① 《洛阳伽蓝记》卷五（校释本，第102页）；参见本书第一卷 p. 207；时代为公元530年。由作者译成英文，借助于 Beal（1），p. 187，（2），p. xciii。

② 《大唐西域记》卷三，第六页；参见本书第一卷，pp. 207 ff. 。由作者译成英文，借助于 Beal（2），p. 133；中文本同一页进一步提到飞桥和栈道的部分的译文，可见次页 p. 134。

③ 参见上文 ppl. 20 ff. 。

④ 我们从这里注意到较短跨度的竹索桥和较强的铁索桥是并存的。

⑤ 一件同时发生的事情是，公元前2世纪从一个中国使团“逃出的”工匠传授大宛（费尔干那，Ferghana）和安息（帕提亚，Parthia）人以铸造铁器的方法（《史记》卷一二三，第十五页；《前汉书》卷九十六上，第十八页，译文见本书第一卷，pp. 234 ff. ）。

⑥ 除了罗克［Rock（1）］对这个地区有详尽的记载和精美的图外，顾彼得［Goullartg（1）］有一个极生动的叙述，他在第二次世界大战期间是丽江中国工业合作社的仓库主任。

⑦ Rock（1），vol. 2，pp. 292 ff. ，pls. 155，156。

⑧ 参见 Liebenthal（8）。

⑨ 《图书集成·职方典》卷一五〇五，“艺文二”，第二页，由作者译成英文。

华马国。这个（民族地区）过去称为巨津洲。元朝（皇帝）世祖（忽必烈）出巡至此，（此后于1253年）封（段兴智为云南南诏世袭总管）[1]。继续他的旅程向西到华马国，……（经过）铁桥南到石门关。这座桥跨过金沙江，根据《隋史》[2]是（史）万岁和苏荣所建。（自江）北行来到黑水，此水与巴和蜀（四川）相连向东流去，最后到三危（山）（靠近敦煌）——山脉总长万里。

199

〈华马国。巨津州名，昔元世祖驻跸于此而封。政暇西巡华马国，铁桥南度石门关。北来黑水通巴蜀，东注三危万里山。〉

忽必烈可汗确实到过这些地方，但那不是一次宁静的巡视，而是作为1252年在他的哥哥蒙哥汗统治下一个远征云南的蒙古部队的将领，他带领三个纵队之一进攻大理[3]。可能在这个时候，这座桥为协助蒙古作战的一个纳西族首领阿琮阿良所占领[4]。但是忽必烈时代桥已经陈旧，一定长期没有修理，因为我们知道在公元794年曾被南诏王异牟寻与唐朝联合进攻西藏人时破坏[5]。这样，他断了敌军退路因而获得大胜，至于桥的最早建造者们，似乎没有理由怀疑应当归功于隋朝的一个将军和一个军事工程师。其他来源说建筑时期是在隋文帝统治时期（581—600年）[6]。我们知道，从公元594—597年史万岁统率一支远征军去西南征服云南的孟族，因此他有一切理由改善交通，如同韦德将军（General Wade）在另一个山区一样[7]。史书中确实特别提到这次战役中他的渡河情况。苏荣可能是他的军事工程师，而这座桥约建于这个世纪的末期。石上固定铁链的孔洞还可以看到，但桥本身则久已不存了。

200

再向下游至巨甸和向北急弯处的石鼓之间，在石门关附近另有一座巨大的铁链吊桥越过金沙江。假如它不是史万岁和苏荣所建，也一定建于此后不久[8]，因为就是在公元794年的同一次西藏战事中，唐朝将军韦皋在异牟寻的同盟者当地纳西王普蒙普王的向导下对它进行了破坏[9]。但不久又重新造了起来，因为在1382年另一个纳西首领阿甲阿得在参与明朝反对蒙古人时占领了它。为此他得到明太祖的奖赏，赐姓木，并为丽江的

---

① 见《南诏野史》卷二十二，译文见Sainson（1），pp. 110 ff.，113 ff.。他是后理国最后的南诏王。

② 这不是正史《隋书》，而是另一本书，为吴兢（713—755年）所著，似已不存。

③ 《南诏野史》卷二十一，译文见Sainson（1），pp. 108 ff.；参见Rocher（1），vol. 1，pp. 170 ff.。杨慎说的是坐羊皮筏子过河，但如果是军队过河则很自然地需要筏子以补桥梁之不足。

④ Rock（1），vol. 2，p. 95。

⑤ 《文献通考》卷三二九，第十四页、第十七页（第2585.1页）；译文见Hervey de St Denis（1），vol. 2，pp. 190，206；《丽江府志略》（1743年）卷上，第四册，第二十七页，参见Rock（1），vol. 2，pp. 292 ff.；Rocher（1），vol. 1，p. 162；Bushell（3），pp. 507，533。异牟寻是南诏第六代王（778—808年在位），参见《南诏野史》卷十五，译文见Sainson（1），pp. 48 ff.，53，55，及p. 272。他在国内仿照中国形式组织许多学校并雇用中国制图家，是唐的忠诚同盟者。

⑥ 《南诏野史》卷二十六，译文见Sainson（1），p. 193；建造者们的姓名见《丽江府志略》卷上，第四册，第二十七页。

⑦ 《隋书》卷二，第十一页；卷五十三，第五页、第六页；《北史》卷七十三，第十页、第十二页；《南诏野史》卷十四，译文见Sainson（1），pp. 30 ff.。

⑧ 另一种传说，归于《大清一统志》（卷三八二，第三页）所引的《唐书》，把这两座桥中某一座说成是一个南诏王于公元751年为了改善同西藏的交通而造；参见Chavannes（20），pp. 603 ff.。

⑨ Rock（1），vol. 1，pp. 25，57，62，89，275，285及pl. 153。

世袭长官，因而木得不可能是别人而就是那个我们刚才提到他作品的木公①。但是这座桥也已经不存在了。最后，另一座铁索桥即金龙铁桥（图854，图版），架于丽江和东面的永北之间正向南流的江水之上，至今还被广泛使用。永北是一个山镇，在13 000英尺高的光茅山山麓②。

人们如果和作者同样地熟悉第二次世界大战期间的滇缅公路③，就会知道在保山两侧跨过怒江和澜沧江的惠通桥和功果桥这两座现代化的吊桥④。但不是所有人都知道，后者至少自古以来就有桥并且约自1470年就用了铁链，因而有“霁虹铁桥”（“青天上的一条彩虹”）这个名称⑤。地方志说系缆索或铁链的岩石上的孔洞是三国时期蜀大丞相诸葛亮在公元225—227年征伐云南时所凿⑥。虽然缺乏明确的证据，这个传说也不是完全不可能的⑦。约于1540年，霁虹铁桥激发出了杨慎的一首诗：　201

攀登飞梯令人步履皆惊，
铁织成线孤独直上去霄，
云龙翱翔于瘴雾之上，
孔雀饮泉于深渊之下；
南自兰津桥道通哀牢国⑧，
西自蒲寨界链接诸葛营——
远呀，远呀，中原相隔逾万里，

---

① Rock (1), vol. 1, pp. 99 ff., 101, 154 ff.。关于明朝征服云南，见《南诏野史》卷二十二，译文见 Sainson (1), pp. 146 ff.。我们采用这个论证是因为《图书集成》在此引证说，授予称号的木公是元代人。否则似乎更为合理的假设是，作者是后来另一个姓木名公的人，即阿秋阿公。他是第十四代纳西世袭首领（1494—1553年），在他族中最有文才和修养，是“纳西族首领传记”原稿的主编者，是一个著名诗人和杨慎的私人亲密朋友，关于他，见 Rock (1), vol. 1, pp. 74, 115 ff., 156。虽然叙述的时期较晚，但是由于阿秋阿公的学识和广博的当地知识，他的权威性是不容否认的。

② 这是在井里或梓里的桥，见 Rock (1), vol. pp. 171, 174, 177, 246, 及 pls. 110, 111。顾彼得［Goullart (1), pp. 199, 202］有关于1949年国民党已撤退而共产党尚未占领期间，永北方面发生叛乱威胁纳西丽江城时，桥被临时拆掉的情况的生动记载。同样的中断曾发生于二十年以前。另一座清代后期的铁索桥是在贵州的贵阳和遵义之间的乌江之上［参见 Bourne (1), p. 77］。我清楚地记得第二次世界大战期间路过这个阴暗而传奇的峡谷的情景。

③ 见 Anon. (*81*)。

④ 见 Tan Pei-Ying (1), pp. 105 ff., 144 ff. 和 pp. 73, 168 及 185 的对面。在这条路上最长的单孔吊桥是410英尺；都是在极大的困难条件下由徐以枋和钱昌淦在1937—1940年建造的。

⑤ 《云南通志》卷五十，第五十二页起。我们不能肯定老桥的准确位置；在某些地图上远在现在公路过河地点上游注有一座飞龙桥。

⑥ 参见 Rocher (1), vol. 1, pp. 156 ff.。

⑦ 为了纪念他的功绩，诸葛亮立了一块刻有碑文的碑。故事说，当史万岁前往看这个碑时，见碑后写着：“此后万岁将征服云南，但不如我那样辉煌”。因此他命令他的士兵把它推倒。但在碑下面另有一句话，说“史万岁不得推倒我的碑”；因而他重新把碑恢复，祭供之后迅速离开。在这里和我们更有关系的是诸葛亮还竖立了铸铁的纪念柱。我们在以后的云南的记载中看到许多有关这些铁柱的资料，例如，有一个是为早期的南诏王张乐进求于公元649年所建，此后为蒙世隆重新浇铸加大。另一个铁柱于公元632年竖立在大理三塔寺，以纪念王室建筑师迟敬德建筑了这个寺院。还有另一个是于公元872年由第十一代南诏王世隆浇铸以代替已经失掉的诸葛亮的柱子。这些事实对中古时期云南铁业的状况和桥梁建筑的关系不是没有意义的［参见 Sainson (1), pp. 30 ff., 62, 74, 210; Rock (1), vol. 1, p. 54］。对这个省的传统冶金技术作了很有价值的记载的弥乐石［Rocher (1), vol. 2, pp. 195 ff.］说，“铁在云南是这样的普遍，我们几乎不知道什么地方没有铁的矿床”。

⑧ 参见本书第四卷 第一分册 p. 100。水晶是它的矿产之一。

怀念既往，怎能不令人情思满怀[①]。

〈织铁悬梯飞步惊，
独立缥缈青霄平，
螣蛇游雾瘴氛恶，
孔雀饮江烟濑清；
兰津南渡哀牢国，
蒲寨西连诸葛营，
中原回首逾万里，
怀古思归何限情。〉

有关换成铁链的工程师的姓名幸被保存下来。顾祖禹在记述这座桥时说："是王槐开始（在这儿）把铁链连在一起，加上横板，人们走在上面就像走在平地上。"[②]（"王槐始贯以铁绳，构屋其上，行者若履平地。"）可以推测在进行改造时，建了一座缆系的浮桥，因为他继续说：

按照《志》书，澜沧江上的霁虹桥本是竹索，后来在明初，当（云南被）平定，华岳铸铁（系）柱竖立于两岸，从而使船只可以联结在一起（成为一座桥）。[③]

〈志云，跨澜沧江者为霁虹桥，旧以竹索渡，后废。明初镇抚华岳铸铁柱立两岸以维舟。〉

这是一个进行过多次这类改造的时代，因为我们知道还有另一个工程师，名叫赵炯，他约在王槐的同一时期，至少把云南北部龙川江上的索桥中的一座改建成铁索桥[④]。

202

更多地缕述中国的铁链吊桥将会令人生厌，再说几句也就够了。在重庆附近怀远镇[⑤]的古铁桥曾被唐代的一个佛教僧人智猛在诗词中加以赞扬，但是由于他管它叫"绳桥，"于是就推测它是竹索，虽然也未必如此。三峡铁桥也在四川，它一定至少是元代所建，因为揭傒斯在13世纪结束前为它写了一首诗[⑥]。在陕西[⑦]和山西的这类桥之所以令人感兴趣（表66），是因为它们位于建筑吊桥区域的地理边缘。在四川西部山区横跨

---

① 杨慎，《南诏野史》的作者，他是充军去云南的。他的诗两次见于《图书集成》，一首在《职方典》卷一五〇五，"艺文二"，第二页（在那里使人误解地放在丽江一节）。另一首在《考工典》卷三十三，"艺文二"，第六页。他的传记和在昆明附近有关他的还愿寺院的有趣记载见于 Rock（1），vol. 1，pp. 162 ff. 和 pls. 47，48，49。杨慎在这个省的文化方面有极大的影响，他创立一个书院，他对许多学科如植物学、动物学、药学和炼丹术都有兴趣，我们将有机会在其他地方经常提到他。由作者译成英文。

② 《读史方舆纪要》卷一一八，第四页（1667年）。他提出这件事稍晚于《云南通志》，在1488—1505年的弘治年间。

③ 《读史方舆纪要》卷一一八，第五页；参见第十六页。由作者译成英文。

④ 《读史方舆纪要》卷一一八，第十页。

⑤ 除了在广西的一个村子外，在我能见到的地图上找不到怀远镇，但《重庆府志》（卷一，第二十七页）的记载是不可否认的，遗憾的是当我长期逗留重庆时未能见到这座桥。

⑥ 《图书集成·考工典》卷三十三，"艺文二"，第五页。

⑦ 当我于1943年和1944年途经马道驿时没有见到吊桥，推测李希霍芬（von Richthofen）所见的已为钢桥所代替或已废弃。

大渡河的泸定铁桥[1]，曾由熊泰和僧人一番于1705年使之最后定型，但该地在此之前可能曾有过更早类型的吊桥。在18世纪的各种文字记载之后[2]，这座桥在近代史上曾因一次英勇的军事业绩而获得了很大的名声。1935年红军在长征的路线上沿这条河谷勇猛地迂回着进军陕北延安。在绝大部分桥面板被拆和面对敌人的猛烈火力的情况下，红军在桥上发动了强攻，并获得了胜利。就是这样打开了北上的道路[3]。

军事行动的记述显示出吊桥、浮桥缆索和防御性的横江铁索间的密切关系；所有这些形成一个单一的技术综合体。使用铁链的重要例子，在上面（p.190）所述的5世纪后期的水下竹索桥栅之外，现在还可以再说一些。除了夺取眼前的桥梁或阻止敌军利用它们以外，利用铁链的方法还有很多。下面的叙述录自《五代史记》[4]，述及公元928年的战争，当时南汉的第二代国王刘龑打败了敌人。

> 白龙四年，楚军以大批船只攻打封州（沿今广东西部边界的西江，在贺江江面上击败了守军。（刘）龑惊恐不已。他以《易经》占卜[5]，碰上“大有”卦，于是将其年号改为“大有”，并宣告在他的境内实行大赦。接着，他派遣他的将军苏章，率领三千神弩军[6]，为封州解围。苏章把两截铁索沉入贺江，另用两部大绞车（或绞盘，字面上为“轮”），将铁索绷紧在两大岸，岸上均有用夯实土所筑的多面堡，用以隐蔽（绞车和操作人员）。然后，他以轻舟迎战，佯作打败逃窜，楚军则紧追不舍。时机一到，他启动巨轮，拖起横江铁索，切断了楚舟的退路，使之暴露在两岸强弩炮的交叉火力中，以致楚方全军覆没，而能逃脱来叙述事情经过的楚兵，几乎一个也没有。
>
> 〈四年，楚人以舟师攻封州，封州兵败于贺江，龑惧，以周易筮之，遇大有，遂赦境内，改元曰大有。遣将苏章，以神弩军三千救封州。章以两铁索沉贺江中，为巨轮，于岸上筑堤以隐之。因轻舟迎战，阳败而奔，楚人逐之。章举巨轮挽索锁楚舟，以强弩夹江射之，尽杀楚人。〉

203

中国的军事工程师们一定已在若干世纪中多次求助于些技术。如再一次在1371年，当明朝军队为了重新在四川建立皇朝统治而向西进军时，蜀匠大胆地在长江最大峡谷之一建造了三座吊索桥，控制着三根横江铁索，同时装备了抛石机和各种火器以阻止敌人。在后面（p.687）我们将从另一角度全面地叙述这个故事[7]。

---

① 参见唐寰澄（*1*），图106；刘敦桢（*1*）图版3*a*。许多西方旅行者对此桥都有叙述；参考资料见Goodrich（16）。

② 例如，18世纪后期由王昶作序的《秦云撷英小谱》，所叙述的不幸的年轻妓女赵三寿的故事。正如经常重复的小说主题，穷书生曹仁虎虽然钟情于她，却无力为她赎身。根据地方志的叙述，可同样证明泸定桥这个地理环境是她生命中一个重大事件的发生地。

③ 这个故事曾由斯诺［Snow（1），pp.185 ff.］叙述过，但有些不准确；杨成武［Yang Cheng-Wu（1）］也叙述过。最近中国政府印行了一枚邮票，以纪念这一历史场面。

④ 《五代史记》卷六十五，第五页，由作者译成英文，借助于Schafer（4）。

⑤ 参见本书第二卷，pp.347 ff.。

⑥ 该词最可能是指我们所说的炮兵，这个形容词在明代火药武器普遍使用以前用于强弩。参见本书第四卷，第二分册，p.425。

⑦ 见本书第三十章（i）。中国文献中另一个（13世纪）关于拦江铁链的例子，见《诸蕃志》卷一，第七页［译文见Hirth & Rockhill（1），p.62］。

恰如谢甘棠的拱桥受到博斯韦尔的赞赏一样，铁索桥也有一次引起了一本书的推崇。这便是贵州西南关岭北盘江上的桥，恒慕义［Hummel（17）］对此曾有记述。由朱燮元撰述并于1665年刊印的《铁桥志书》涉及这座桥的建造经过，虽然该桥在1629年就已建成。朱燮元的父亲朱家民曾是这里的地方官，桥是在他的主持下修造起来的，所以朱燮元本人有机会接触到所有的官方文件。他的书附有建筑物的全景图，包括桥前导区，其中的一部分见图855。这可以同著名探险家和旅行家徐霞客的叙述相参照（参见本书第三卷p. 524）。他于1638年桥建成后不久到过这里。他的日记有如下的一段记载[①]：

> 盘江桥由铁索支撑，铁索连接北盘江东西两岸的悬崖，江宽150尺。铁索为经，铺在上面的木板为纬。崖高约300尺，两崖之间，江水奔腾不息，深不可测[②]。开始时，用的是渡船，常有翻船的危险，因此人们试着用石块砌桥，但未获成功。崇正四年，现任地方官朱家民，那时是法官，要求李芳先修造（一座吊桥）。于是，如今两岸（塔状建筑上）各悬挂着数十根粗铁索，上面铺有两层八寸厚、八尺多长的木板。这座桥看着单薄，不甚牢固，但当人们踩上去时，它却稳如山巅；每天有成百牛马在桥上负重通过。桥两旁均装着用以防护的高铁栏，栏由细铁链编就。两岸蹲着两头石狮，狮口紧紧咬住栏链[③]。
>
> 〈桥以铁索，东西属两崖上为经，以木板横铺之为纬。东西两崖相距不十五丈，而高且三十丈，水奔腾于下，其深又不可测。初以舟渡，多漂溺之患；垒石为桥，亦多不能成。崇祯四年，今布政朱时为廉宪，命普安游击李芳先以大铁链维两岸，链数十条，铺板两重，其厚仅八寸，阔八尺余，望之缥渺，然践之则屹然不动，日过牛马千百群，皆负重而趋者。桥两旁又高维铁链为栏，复以细链经纬为绞。两岸之端各有石狮二座，高三四尺，栏链俱自狮口出。〉

204

205

在这里徐霞客注意到在技术上值得注意的一点，即栏杆也由铁链组成，因此负担一部分重量，从而导致了把一个平桥面完全吊在悬链上的过渡。从其他资料我们了解到李芳先的桥在1644年于明末战乱中遭到局部破坏，但于1660年修复，此后又多次维修。1939年，一座现代化的钢结构桥取代了旧桥，但一年后即为日本人所毁坏。1943年，一座390英尺长的钢悬索桥建于下游约半英里处，但当我于此后几年往返经过这座桥时，对于这地点有什么特色缺乏印象，也没有尝试去找旧桥台[④]。

贵州桥梁建筑者们的工作，可能仅在徐霞客的著作发表一二十年后就引起了欧洲人的注意。因为在布劳（Blaeu）的大《地图集》［全名为《中国新地图集》（*Novus Atlas*

① 《徐霞客游记》卷八，第三十二页，译文见Hummel（17），经作者修改。

② 当地百姓把这件事情告诉人们时，一定感到自豪，因为图中的文字也是这样说的。

③ 这些也可以在画中看到。徐霞客接着对桥两端的碑文加以论述。徐霞客对桥梁有很大兴趣，因而他有关桥梁的叙述值得仔细研究。同我们一样，他对于吊桥的建筑年代以及它们从竹改为铁的过程感到难以肯定；例如，见他的关于滇北龙川江桥的说明（《徐霞客游记》卷十六，第三十三页、第三十五页）。

④ 臧吉牟（音译）先生告诉我，朱燮元的著作认为铁索桥的设想应归功于诸葛亮。实际上，徐霞客注意到了在盘江铁桥的一个碑上，其中有一段碑文用大字写着“小葛桥”。徐霞客说：“题曰小葛桥，谓诸葛武侯以铁为澜沧桥，数千百载……澜沧无铁桥，铁桥故址在丽江，亦非诸葛以成者。”朱燮元的书中也明确指出为了拉铁索过河，先用弓箭把导绳射过去。现代抛绳还用同样的方法。在布朗温和斯帕罗［Brangwyn & Sparrow（1）］合著的书中，盘县误为安县。

Sinensis)] 第六卷中的这个省的地图上，卫匡国 1655 年注明在“普安”(Puon) 河上有一座铁索桥，它在一个至今还无法证明的地方的西面，可能是关岭附近名为“毕节”(Picie) 的某一地点。在叙述贵州的一些纪念物时，他写道：

> Ad Picie occidentalem partem supra profundissimam vallem，per quam torrens ingenti aquarum in praeceps ruentium lapsu，atque impetu volvitur，ut viam sternerent Sinae，crassissimis ferreis catenis annulos aliquos ita hamis，uncisque ex utraque montium parte firmarunt，ut superimpositis asseribus pontem efformarint①。

虽然卫匡国在中国旅行的途中可能没有亲自见到这座桥，但是通过他的耶稣会同事们的通信，他是容易得到这个信息的。我们随后将提出这项记载对欧洲工程师们产生的影响。

图 855 绝不能代表中国最古老的铁索桥。王振鹏在一幅作于 1312—1320 年的画上绘了一座桥，这幅画表现他想像中的一座名叫大明宫的唐朝皇宫。这里有一座铁索横吊在一个大洞窟的入口，在它上面一个龙头喷出一道巨大瀑布。到达那里要通过一条栈道(参见上文 pp. 20 ff.)，加上一个华丽的喷泉亭，提供宫廷夏季纳凉散步的场所②。 206

图 855　朱燮元著《铁桥志书》上的一幅画。所示的是在贵州西南部的安顺和安南间北盘江峡谷上的关岭桥。三十至三十六根铁链横跨桥孔，孔长约 165 英尺。桥建于 1629 年，于 1943 年在下游半英里河面较宽但施工较易的地方，重建了一座钢链吊桥，以取代旧桥。朱燮元的画有许多有趣的特点。在桥下写道：“水深无底。”在右后方有些庙宇，包括一座观音塔和一座藏经阁。在左面有石砌堤岸以抗御“百尺涛”，在右前方有一佛像，在左方有“堕泪碑”，作为建桥以前渡河淹死者的纪念碑。

① 拉丁文版 p. 154，法文版 p. 146。译文为：“从毕节向西在山谷中渡过一条汹涌急流的深河，中国人为了通过它，在深谷的两岸固定一些铁圈和铁钩，系上大铁链，上面放置木板和踏步，这样就做成一座桥。”

② 这幅画收藏于顾洛阜收藏部 (Crawford Collection)，于 1965 年在伦敦展出；见 Sickman et al. (1), p. 36, no. 44。关于喷泉见本书第四卷第二分册，pp. 132 ff.。

从传统的悬链吊桥进步到平板桥面型的问题需要进一步的考察。吉尔（Gill）在川北涪江上游平武上方的小河场见过这样的一座桥①。富尔－梅耶的意见是，在西藏和喜马拉雅的桥梁一般荷重是负载在两根松弛的绳索上，下面吊挂着平桥板②，但是他本人对这个地区并不熟悉，而且缺乏图证。他仅有的参考是达斯（Sarat Chandra Das）的游记［柔克义（Rockhill）编］，这本书提到几座竹索桥③和至少三座铁索桥④，但没有涉及平板桥面的类型。不过沃德尔⑤曾叙述过这样的一座桥。它在加桑曲沃日（Chak-sam-ch'ö-ri）跨过雅鲁藏布江，跨度450英尺，从一张草图上知道1878年时有平板桥面，但于1903年拆去。桥的两端各有一桥头堡，桥面宽仅容行人通过。据说此桥的建筑年代在1420年前后，推测工程师是汤东杰布（Thaṅ-ston-rgyal-po），他是（据传说）1361—1485年的人⑥。人们把他和喇嘛教的密宗及修行方式联系在一起，他在教门中的重要地位（在积极意义上）表现在他的藏语称号“甲桑巴”（意即“铁桥师”）⑦。许多其他西藏和不丹的铁索桥曾为一些旅行者所报道⑧，但可惜没有对它们加以系统的研究。这种工作由藏学家来承担是有价值的，即使仅是出于对在这样的神权政治文化中能有如此先进技术的社会兴趣出发也是值得一做的。这也可以使我们明了青藏高原（蕃域；Bod-Yul）铁索桥的最初来源。我们现在什么资料也没有，除了在敦煌发现的西藏编年史料中关于公元762年的记载。其文如下：

207

> 冬末中国皇帝去世（即肃宗），新帝（即代宗）即位。由于中国政府崩溃，这不是进贡丝绸和献地图的适当时候。（相反的）尚结息和尚息东赞在凤林（Bum-lin）越过铁桥，率军包围许多中国城市……后者都沦入他们手中……⑨

但是这不过是黑暗中的一线微光，因为我们既不知道当时这座桥已经存在了多少年⑩，也不知道是藏人还是汉人所造，甚至不知道它的确切地点。从上下文的关系看，可能是在黄河上游西宁之南的党项或唐古地区，无疑这是控制进入甘肃的道路。

最后我们来看一下欧洲的吊桥历史。不是6世纪，而是16世纪产生了第一个西方的吊桥设计。浮斯图斯·威冉提乌斯（Faustus Verantius）在1595年建议由两个桥头

---

① Gill（1），p.136。

② Fugl-Meyer（1），pp.7，8，115。

③ 如有一座在兰吉德（Rungit），这座桥令人回想起灌县的桥。

④ Fugl-Meyer（1），pp.143，204，228。

⑤ Waddell（1），p.312。见图856（图版）。

⑥ 关于这些年代，我们感谢李安宅博士。图奇［Tucci（3），vol.1，p.163］提出更可能的范围，即1385—1464年。

⑦ 见Tucci（3），pp.163，550。这个大喇嘛的传记（*Mtshuṅs-med grub-pai Dbaṅ-phyug Lcags-zam-pair Nam-thar*）曾由那给旺秋（Ṅag-gi-dbaṅ-phyug）撰于1588年，但内容主要是传说和奇闻；它代替了一部更老的传记，后者可能较好些。汤东杰布是一个行遍西藏的不休息的漫游者，他得到统治家族的关怀，为了他的一些桥他们帮他收集铁并组织劳力进行修建。

⑧ 例如，Hooker（1）；Teichman（2），p.112；Holdich（1），p.116，其中提到一座1450年的平面板桥；Markham（1），pp.20 ff.，其中提到博格尔（Bogle）在不丹楚卡（Chuka）的报道；Markham（1），p.cxi，其中提到1865年印度学者的报道；Huc（1），vol.2.p.301等。

⑨ 译文见Bacot，Thomas & Toussaint（1），p.65，经作者修改；参见Goodrich（16）。

⑩ 从文中看这不像是一件新东西；参见本书第一卷，p.124所作的估计。

图版　三五八

(a)

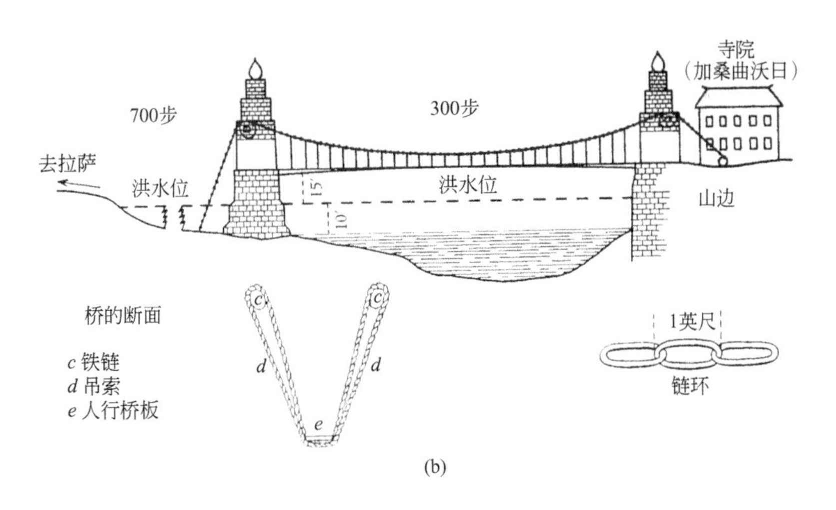

(b)

图 856　悬链上吊挂平面板的发明；这座吊桥在西藏加桑曲沃日喇嘛寺处跨过雅鲁藏布江，始建于 1420 年前后。

(a) 照片从南面摄，约 1900 年。洪水淹没了岛那边的滩地，桥已不起作用，桥面板已撤除。

(b) 图作于 1878 年，当时桥正被充分利用。

两图均采自 Waddell (1)。

图 857 铁吊桥的构思流传到欧洲；这是 1595 年浮斯图斯·威冉提乌斯设计的一座铁环杆桥。但在这个或下一个世纪内欧洲没有建筑过这种类型的桥。

208 堡（参见图 857），一个平桥面和一系列链杆组成有孔眼的拉杆链。① 铁杆桥早已在中国西南部使用这一事实是值得注意的。我们没有证据说明威冉提乌斯曾从这个世纪前期葡萄牙旅行者们带回去的大批事迹、经历和奇闻中收集到任何资料。我们对这个纪录可能持有的怀疑，在目前只是在时间的衔接方面。不过无论如何，威冉提乌斯确实没有造过这样一座桥。② 同时卫匡国于 1655 年在阿姆斯特丹刊行的布劳《地图集》第六部分也提到景东的铁索桥并如此描述③，指出汉代——“该桥为汉明帝所建，约在公元 65 年前后（hunc pontem mingus Hanae familiae Imperator condidit, circa annum a Christo nato quintum supra Sexagesimum）”。阿塔纳修斯·基歇尔在他 1667 年的《中国纪念物图说》中非常强调这个工程的奇异④。在 18 世纪它曾几次被绘成插图，尤其在菲舍尔·冯·埃拉赫（J. B. Fischer v. Erlach）的《建筑史》（*Historia Architectur*, 1725 年）中，本书将其复制在图 858（图版）；施拉姆⑤（1735 年）说得更是奇异。根据罗伯特·史蒂文森（Robert Stevenson）所说，欧洲最古老的铁索桥是蒂斯（Tees）河上的温奇

---

① 他的图版 XXXIV；参见 Beck（1）；p. 524；Parsons（2），p. 506fig. 171；Davison（11）。还有一座索桥在威冉提乌斯的图版 XXXV 中。

② 达姆施泰特（Darmstädter）说，第一座吊桥是在 1550 年由安德烈亚·帕拉第奥建于奇斯蒙河（River Cismone）上，但这是一个错误；它是一座复式桁架桥［Uccelli（1），p. 681］。

③ “Catenae ejusmodi viginti sunt, duodecim perticarum longitudine singulea”［有二十条同样的铁链，每条十二杆（约 200 英尺）长］。

④ Kircher（1），p. 215。参见 Nieuhoff（1），p. 283。

⑤ Schramm（1），p. 59，fig. 13。在钱伯斯爵士 1773 年的“关于东方园艺的论说”（Dissertation on Oriental Gardening）中对此有引人入胜的描述。此后，托马斯·特尔福德研究了中国桥梁［Hague（1）］。

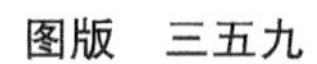

图 858　一幅多少是想像的兰津桥画，桥在云南景东附近澜沧江上（实际上跨度约 250 英尺），布置在高山景色之中，见于欧洲 18 世纪的建筑著作，菲舍尔·冯·埃拉赫的《建筑史》(1725 年)，pl. 15。欧洲最古老的吊桥产生于此后 20 年。

209

图 859 的图例

水库和坝

1 芍陂（孙叔敖）
2 叶公陂（沈诸梁）
3 钳卢陂（邵信臣）
4 新丰湖（张凯）
5 莲湖（陈敏）
6 木兰陂（钱四娘）
钱塘海堤（华信、钱镠和张夏）

堰和引水工程

1 漳河灌溉系统（西门豹和史起）
2 汾河灌溉系统（番系）[未成功]
3 寿县渠系（陈登）[现仍存在]
4 郿县渠系（孔天监）
5 宁夏渠系（蒙恬）
6 郑国渠和渭北灌溉系统（郑国）
7 灌县渠系（李冰和李二郎）
8 昆明渠系（赡思丁）
9 山丹渠系

运河

1 鸿沟 = 汴（= 汳）[周—南北朝末]
2 浪荡渠
3 汴河 = 通济渠（宇文恺）[隋—元]
4 广济渠（齐桓）
5 邗沟（夫差）
6 洮渠（夫差）
7 漕渠 = 广通渠（郑当时、徐伯）
8 楚渠
9 9a 滹沱河和汾河渠 [未成功，用车路盘运代替]
10 阳渠（王梁和张纯）
11 开元新河（李齐物）[完成时间不久就废弃]
12 白沟等（曹操）
13 山阳运道 = 山阳渎 = 里运河（陈敏）[并入大运河]
14 东阿渠 = 清济渎（荀羡）[并入大运河]
15 灵渠（史禄）
16 湛渠
17 江南河（宇文恺）
18 永济渠（宇文恺）
19 通惠河（郭守敬）[大运河一部分]
20 白河 [永济渠一部分，后来成为大运河一部分]
21 御河 [永济渠一部分，后来成为大运河一部分]
22 惠通河（张孔孙和乐师）[大运河一部分]
23 济州河（郭守敬和奥鲁齐）[大运河的过岭段]
24 桓公沟（桓温）[并入大运河，包括延长部分]
25 运盐河 [河网]

黄河故道

（全部细节见 p. 242 上的表 69）

0 远古—公元前 602 年
1 公元前 602—公元 11 年
2 11—1048 年
2a 11—70 年
2b 70—1048 年
3 893—1099 年
3a 1060—1099 年
4 1048—1194 年
5 1194—1288 年（有些流至 1495 年）
6 1288—1324 年
7 1324—1855 年（1495 以后全部流通）
8 1855—现在
8a 1887—1889 年和 1938—1947 年

注：表明城镇的数字和前面表 60 相同，可依据该表说明识别各该城镇。

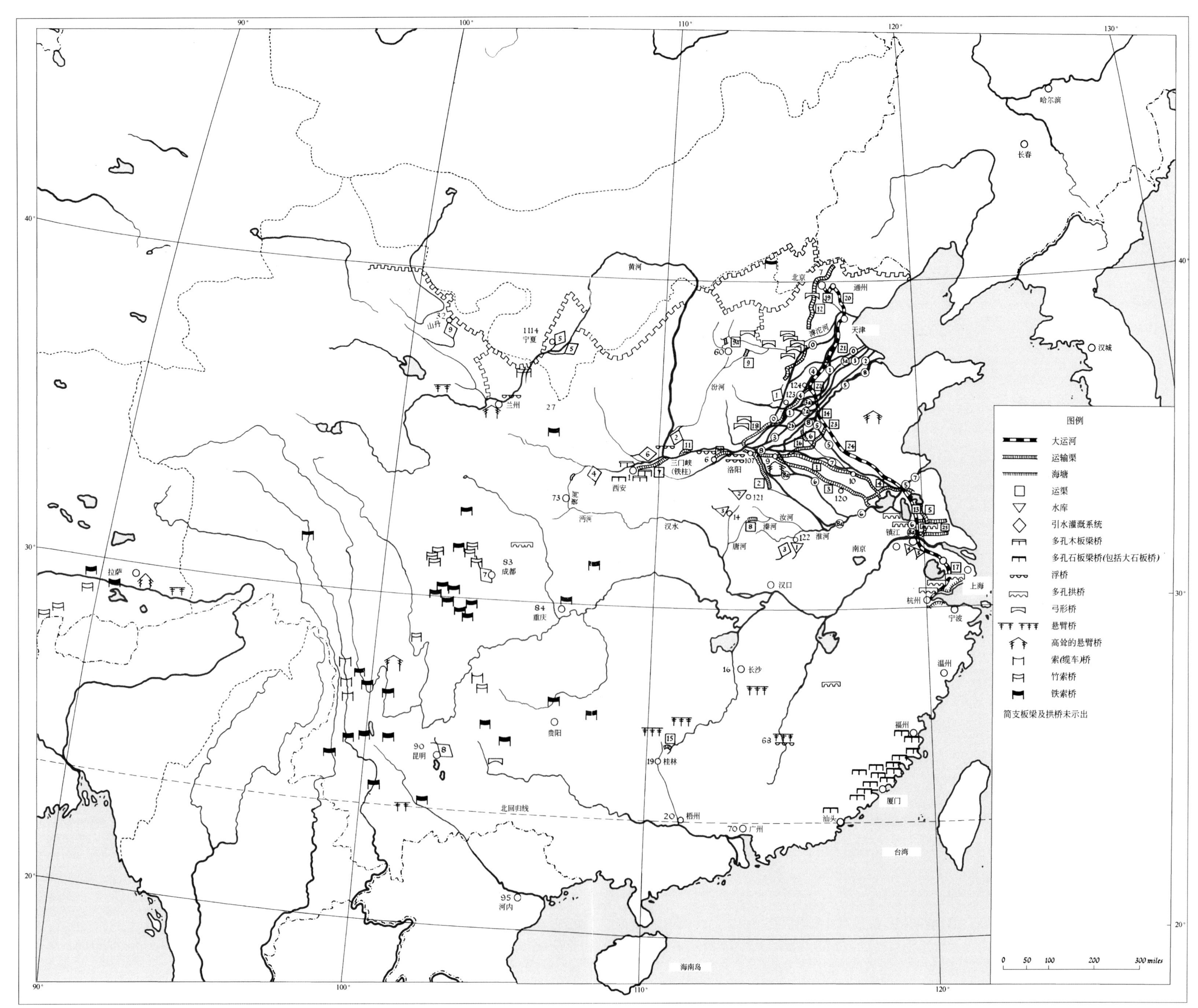

图859 上古和中古时期中国土木工程的分布地图——各类桥、水库、坝、海塘、堰引水工程、灌溉和运渠的分布。详见对页的说明。
比例尺 1：5,000,000

(Winch) 桥 (1741 年)，或许重要的是，它是悬链式的而不是平面板式的[1]。约在同时萨克森军队造了些临时军用桥 (1734 年)[2]。但是令人惊讶的是第一座可以通行车辆的吊桥直到 1809 年才在美国马萨诸塞州 (Massachusetts) 的梅里马克河 (Merrimac R.) 上建造起来，它是单孔，跨度 244 英尺[3]。其次是 1819—1826 年特尔福德的梅奈海峡 (Menai Straits) 桥 (580 英尺)，此后吊桥就不足为奇了[4]。人们觉得有这样的结论，就是在整个事情的发展过程中，一定有一系列的影响是从中国的铁索桥流传到文艺复兴时期和近期欧洲的工程师们那里，虽然我们还不可能阐明发展的全部过程。[5] 的确，阿塔纳修斯·基歇尔在他的长篇的，但也是现实的叙述中几乎承认了这一结论，他在讲了景东桥的结构和尺寸之后接着说：

> Quem cum plures simul transeunt, pons titubat ac hinc inde movetur, non absque transeuntium metu ruinae perculsorum, horrore et vertigine; ut proinde satis mirari non possim Sinensium archiectorum dexteriatem, qua ad itinerantium commoditatem tot ac tam ardua opera attentare sint ausi. [6]

210

基歇尔赞扬了这座桥，同时他的写作是早于欧洲人建造即使是跨度 70—80 英尺这样不大的、可用的吊桥的 75 年以前。作为一个科学复兴者，即使是一个非常乐观主义者，他也难以梦想到此后应用了科学原理可以允许跨度达到 4200 英尺的金门吊桥。假如他当时能想像得到，则作为一个耶稣会士，他是不会反对对南诏国的创始表示敬意的。

(5) 各种桥梁类型的地区分布

如果我们看一下注明本文提到过的许多桥梁的位置的地图 (图 859)，我们可以见到富尔·梅耶从桥梁工程的观点将中国分为三部分是很正确的[7]。在北部地区延伸到浙江、江西和湖南的北部，拱形建筑占优势，板梁桥是次要的或是装饰性的建筑[8]。这是

---

① 参见 Uccelli (1), p. 709, fig. 139; pugsley (1), p. 2。鲁瓦 [Roy (2)] 约在同时报告在北美洲的阿巴拉契亚 (Appalachian Mts.) 山脉有类似的悬链桥。少数在欧洲仍在使用，例如，在阿尔斯特 (Ulster) 的卡里克·阿·里德 (Carrick-a-rede) [照片见 Deane (1)]。史蒂文森于 1821 年曾写道，他知道中国早就有铁索桥，但没有关于它们的详细资料。温奇桥在 1802 年倒塌。

② Feldhaus (1), col. 152。

③ 建造者是詹姆斯·芬利 (James Finley)，桥还存在，但已经过重建。

④ 参见 Pugsley (1); Straub (1), pp. 170, 191。

⑤ 传说在哈扎尔人 (Khazars) 的奇异的土耳其-犹太王国有一些吊桥，这个王国直到 10 世纪的中叶还占领着高加索以北的顿河与伏尔加河之间的地方 (参见本书第三卷 p. 681)。来自阿拉伯的传说似乎是说，哈扎尔人的王陵是挂在横跨流水的铁链上的 [波利亚克 (A. N. Poliak) 博士的私人通信]，但更可能它们是从吊桥下被挖出来的 [Dunlop (1), pp. 111, 115]。

⑥ "当几个人同时过桥，则上下振荡摇摆使他们头昏眼花，害怕倾跌失足；然而我觉得不能不对中国工程师们的技巧予以高度的赞扬，他们为旅客们的极大方便做了那么多的艰苦工作。"

⑦ 1488 年崔溥在他的《漂海录》(参见下文 p. 360) 中提出了各种桥梁的分布 [译文见 Meskill (1), p. 152]。他将石桥划归淮河以南地区，以北是浮桥或悬臂木桥。但是他从杭州回高丽的路上没有离开运河有多远。

⑧ 除了古代陕西的长而多孔的建筑物外，有些还是保存着。还必须记住，浮桥是许多世纪以来黄河的基本渡河方法。

弓形拱桥[1]和长联拱桥的区域[2]。另外，在西部地区，除了云南、四川和贵州以外，还有靠近西藏边界的两个省份（新疆和青海），以及甘肃和陕西的一部分，所有重要桥梁都是悬臂建筑[3]或是吊桥。在那里很少板梁桥。在南部地区，以福建为中心，包括两广，板梁桥最普遍，其最高形式是福建沿海以巨石砌成的大石桥。在这里，拱桥仅是次要的或是为了装饰目的，而悬臂桥和吊桥则完全没有。明显的理由似乎是自然地形条件形成这样分布，但也不是没有这样的可能，即它与中国社会的得以存在的这些地方文化的融合有原始的联系（参见本书第一卷 p. 89）。不过自然地形和可利用的材料是一个关键，至少与创造发明和它最后在各个民族与社会集团内形成的类型有同等的重要性。

211

(f) 水利工程（Ⅱ），水道的治理、施工和养护

如果说中国有一特点，曾经给予近代欧洲旅行家以很深刻的印象，那就是为数甚多的水利工程和运河。1696年李明写道：

> 即使中国原来不像我所描述的那么富饶，但是由于开挖了许多条贯通全国各地的运河，仅这一点就足以使其成为富饶的国家。这些运河，除了在这方面有重大的作用之外，同时还可航行、通商，并为这个国家增添了无限的风光。运河的水通常都是清澈、渊深而流动的，水流徐缓，难以觉察到。各省往往都有一条运河代替公路，水流两岸用大理条石铺砌成堤岸，条石互相穿插，如嵌牢的木箱角那样。
>
> 由于战争年代[4]很少注意保护公共工程，这类公共工程虽然是这个帝国的伟大成就之一，但有些地方已遭到破坏，这是很不幸的。因为这些条石堤岸作为渠道保水和作为纤道，都很有用处。除了纤道之外，为便利两岸交通，还修建了许多桥梁；有三拱的，有五拱的，有七拱的，中间桥孔经常特别高，航行的船只不用放下桅杆就可通过。这些拱用大块条石或大理石修建，骨架良好，支撑得当，桥墩很细，远看犹如悬挂在空中。这类拱桥经常遇到，彼此相距不远，同时运河河道一般是狭窄的，构成了壮丽而幽雅的景色。
>
> 大运河流入两侧较小的运河，这些运河又分成许多小溪，其终点为大的城镇或村庄。有时流入湖泊，供水给邻近各乡。如此清澈而密集的河流，有许多美丽的桥梁装饰着，两岸整洁而且便利。这些河流均匀分布在这样广阔的平原上，河里布满了无数的小船和大船，沿岸点缀着（如果我可以这样表达的话）许多大城镇，那里的沟渠充满了水，形成许多条通道，这一切使中国成为世界上最富饶和最美丽的国家。
>
> 我作为欧洲人，感到意外和惊奇，对如此壮丽的景象私下里对中国怀着妒忌的心情，那就是欧洲在这方面没有什么值得夸耀的地方可与中国相比拟。如果把能在最荒野和最不像样的地方建立起宫殿、花园和果林的那种技艺用到这块富饶而为大

---

① 特别是在河北和山西，但后来传入贵州。

② 特别是在长江下游。

③ 但在下列地区还有悬臂桥的次要地区：东北，历史上在山东和河南，现在也有在华中和西南，特别在湖南和江西有多孔的，云南也有。加强的梁的结构还进入到福建。

④ 指1696年前半世纪清兵的征服。

自然赋予了最珍贵的礼物的土地上，那将会怎么样呢？

李明因此充满了对中国水利工程师们的敬慕心情。他了解到他们的工作具有悠久的历史，甚至可以回溯到传说的时代。为此他继续写道：

中国人说他们整个国家过去都遭受过洪水泛滥，主要由于劳动，开掘了运河以疏通水道，才排除了积水。如果这是真的，我不能不极端佩服中国人民的勤劳勇敢，这些劳动人民开出了巨大的人工河流，犹如某种海洋，像传说的那样创造了世界上最肥沃的平原。

李明还十分了解水道对于灌溉和运输的双重效用，因此他说：大运河是 212

从南方各省运输谷物和物资到北京所必需的。如果我们相信中国人所说，有上千条船，每只载重八十至一百大桶，每年来往航行一次，所有这些都专为皇帝运送，无数特殊人物的还不计算在内。这大批船出发时，人们会想到他们携带的是东方各王国的贡礼，仅一次航行就能供给所有鞑靼统治者维持几年生活的费用。可是所有这些都由北京单独受益；而如外省不向这个大城市的居民提供给养及其他供应品，它就什么好处也没有了。

中国人不但为了旅行者方便开挖了河道，而且还开挖了许多沟渠储存雨水供干旱时灌溉田地之用，北方各省尤其需要。整个夏季你都能看到这个国家的人民忙于把水戽送到许多小沟里，并设法使这些小沟通过田地。在别的地方，他们在高出地面的地方设法用草根土做成蓄水池，以备不时之需。除此之外，陕西和山西省缺雨的地方，挖些二十英尺至一百英尺的深坑，以令人难以置信的艰苦劳动从中汲取水。如果遇到泉水，值得注意的是他们如何巧妙地节约它；他们在最高的地方筑塘堰保存它；想尽各种办法让水迂回地流向各处，使整个乡村都能受益；根据每个人的情况，分着用水，逐步取用，因而哪怕是一条小河如果管理得好，有时候能使全省土地都会肥沃起来[①]。

尽管有些出于热诚，但李明是完全正确的，中国人民在用水和治水方面，在世界各国中很突出[②]。本章的目的是为了更进一步考察他们的许多成就以及工程技术方面的进展情况。作为开始，我们必须概略地观察一下他们所遇到的许多问题以及所采取的解决的办法。还有气候及其降雨特点[③]，以及地形和形成人类事业骨干的各大河流的特点，这就联系到居于各大需要首位的防洪。第二大需要是灌溉系统，之所以需要，一方面是由于黄河上游地区的黄土性质，另一方面是由于广泛采取水稻耕种方式（图 860）。中国约占世界人口 1/5，可是他们的灌溉土地占世界灌溉土地总数的 1/3，即差不多是 3 亿英亩中的 1 亿英亩[④]。第三，封建官僚主义国家的中央集权越大，为漕粮运输的水道 214

---

① Lecomte (1), pp. 104, 108; 2nd ed. pp. 101 ff.。

② 关于中国人民在这方面的成就，现代的一般报道有安德森［Anderson (1)］或金［King (1)］附有图片的文章，可作为概论使用，此外还有薛培元［Hsüeh Pei-Yuan (1)］的一篇短的历史文章。伯尔施曼［Boerschmann (10)］作过一次人文地理的调查。我们将要进一步讨论这些文献（见 p. 216）。

③ 参见本书第三卷第二十一章（pp. 462 ff.）和本册下文 p. 219。

④ 这 1 亿英亩占中国耕地总面积的 30%，其产量约占农业总产量的 50%。有 6200 万英亩在北纬 32°以南，有 1200 万英亩在其北部、西北部和东北部，还有 2400 万英亩在西部。稻田占 6400 万英亩，棉花占 150 万英亩。每个各自灌溉 2000 英亩以上的灌溉渠构成了 550 万英亩左右的土地的灌溉系统。中华人民共和国成立以来，灌溉面积增加了 4000 万英亩，计划增到 2.2 亿英亩，已有 100 万英亩是电力灌溉。这些数据采自柯夫达［Kovda (1)］1959 年的著作。

213

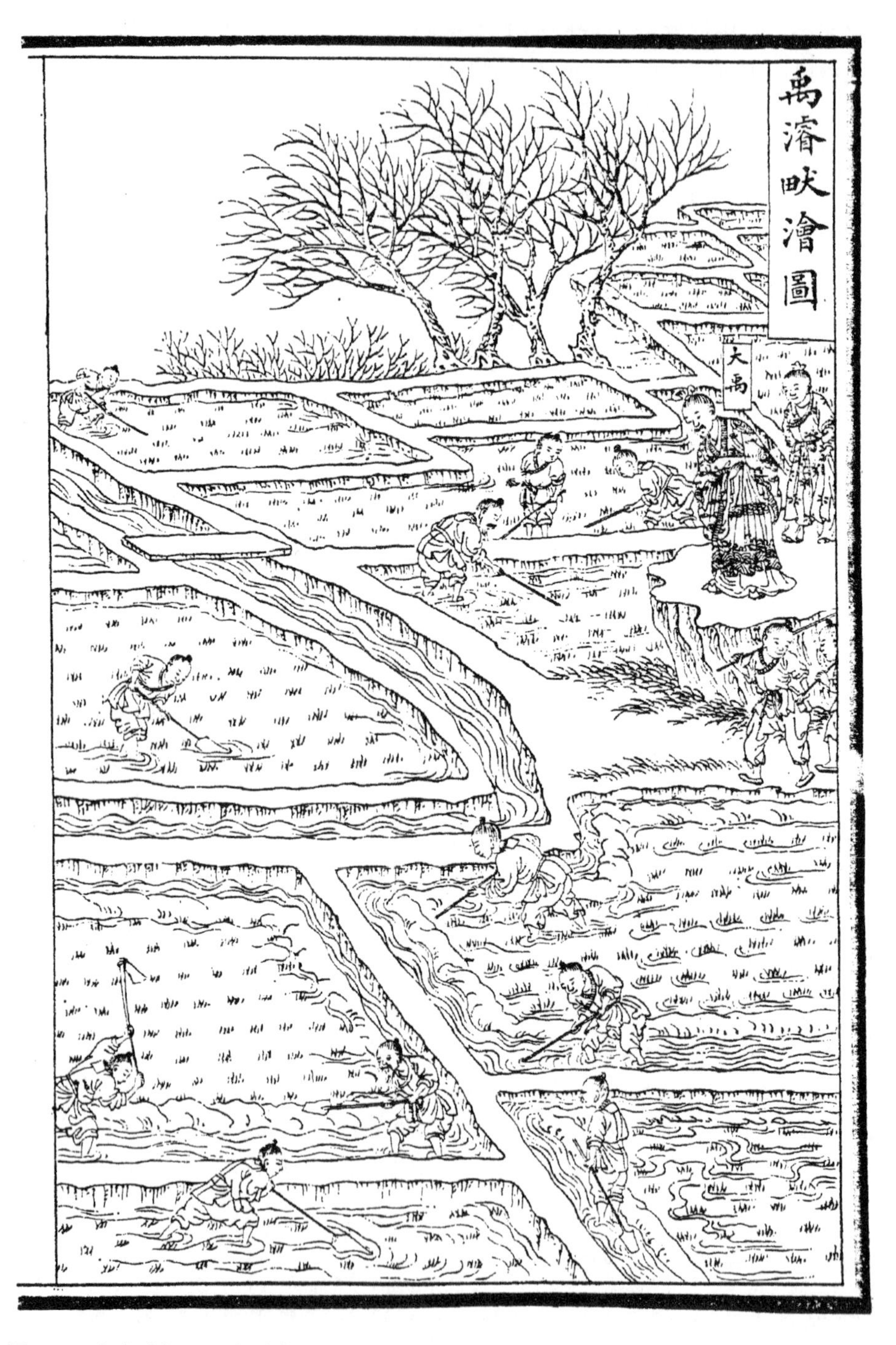

图 860 晚清时的一幅大禹鼓励劳动人民从事灌溉的图画，采自《钦定书经图说·益稷》。标题是："我组织开挖并浚深渠道和运河……" [参见 Medhurst (1), p. 66; Karlgren (12), p. 9]。

建设越为重要①，并且自然而然地引起第四个因素，即军事防御。集中的谷仓和武器库能在紧急时供给军用物资，而且对于游牧民族文化向中国农业文明地区的渗入，运河是一重大的障碍，这一切都包含在古代中国水利工程这个名词之中，至今仍然沿用“水利”二字。当人们过分强调扩大它的一般的和社会的意义时②，历史学家们可能过分满足于把技术原理和实践限制在相当狭小的专业工程圈子内——如运河规划和河道整治、淤积和冲刷、疏浚和堤防、石笼、节水闸及泄水闸。这些当然是我们的科学技术史的合法的材料，但在其他领域内，如政治经济史，如不真正了解一些有关科技史的情况，则一定会停留在肤浅的表面③。假如对于“东方的专制政治的水利基础”少做些主观的揣测，而比较客观地研究水利工程的发展情况，我们现在就可以更好地搞清楚封建官僚主义社会的真正的起源④。

为了结束这段引言，必须补充几句话，搞清楚在若干世纪中，水利工程师们打算怎样治水。基本的地文学单位自然是河谷，无论下降缓急，射流急湍，或者扩大成为若干里的湖泊和沼泽。驯服河流可以采用下列方法中的一种或几种：

（1）横过山谷筑坝，修建水库或贮水池，用一个或几个溢洪道排泄洪水，并分出灌渠来引水灌溉。这种方法遍及亚洲，是一种很古老的方法，特别适合各种季节性的河流。把春秋季的洪水用此法存储起来，慢慢地并有效地处理，而不至于使水从地面很快地流失。这个方法改变泛滥的洪水为常年水，直到现在还很重要，用于现代大城市供水，用于统一治理下游河段遭受洪水灾害的大河流水系，同时自然还用于水力发电。

215

（2）滞洪区的布置。由于这种布置，汛期洪水泛滥的河流的上游来水，在短时间内使其淹没耕地或其他土地，淤泥沉积而恢复肥沃。这是古代埃及的特点。干流不用坝拦阻，但在滞洪区的边缘修筑低的堤防，常常建有闸门防止水继续前流，直到下游河流能够将水泄放出去。滞洪区还可用于其他目的，即在洪峰期间减轻沿大河流下游段的堤防的压力。所有各种形式的堤坝都有助于灌溉和蓄水，而不是为了航行；不过在某种情况下它们也有助于交通，或者因为船可利用灌渠航行；或者由于筑坝后消除了河道水位极端变化的不便。

---

① 因此，从起源的观点来说，灌溉是北方各国（齐国、郑国和秦国）的贡献，而运渠是南方各国（吴国和楚国）的贡献。这是徐中舒（*3*）所作的讨论。

② 例如，见布里顿［Brittain (1)］和佩恩［Payne (1)］的文献论述，这两本书易读但无助于深入研究。

③ 过去未多加注意本节题材的人，可能想通过阅读某些书来了解它的背景情况。劳斯和英斯［Rouse & Ince (1)］写的水利工程史，集中于流体动力学的基本原理，但它没有斯肯普顿［Skempton (4)］、皮尔金顿［Pilkington (1)］和哈德菲尔德［Hadfield (1)］的文章有用。关于特殊地区，如伦巴地或者锡兰有许多专门的论文，我们在谈到他们的地方即将指出。大多数古代的工程可参考比斯瓦斯［Biswas (1)］的综述。

在技术文献中，旧教科书如弗农·哈考特［Vernon-Harcourt (1)］的著作比现今的课本如巴罗斯［Barrows (1)］或林斯雷寇乐和保罗赫斯［Linsley, Kohler & Paulhus (1)］有关早期水利土木工程史的内容更多。但莱利亚夫斯基［Leliavsky (1, 2)］的著作提供了这里将要描述的许多工程上理想的当代的科学方向。

关于大坝的书籍很多，德罗斯［de Roos (1)］的著作可作为一个例子，描述很早以前在中东、中国、印度和锡兰最惊人的发展是从何时开始的。关于坝的历史见 Schnitter (1)，关于拱坝的历史见 Goblot (2)。

④ 在这个基本的社会学领域内的当前发展情况，可从亚当斯［Adams (2)］和克雷芬纳［Crevenna (1)］的论著中得到一些概念。参见利奇［Leach (1)］关于斯里兰卡的水利工程及有关这种文化的社会史的有兴趣的评论研究。在下文（pp. 368 ff.）中，我们将对中国人和僧伽罗人的成就作些比较。

（3）干流的渠化。首先，每个河段由于修筑溢流堰（潜水的堤堰经常与河道的主轴斜交）而成为水平，这有利于引出两边的灌溉支渠。我们可以看到古代锡兰人在这方面的技巧。如同时需要利用河道通航，必须每道堰都配有双滑船道或一道单闸门[①]（冲船闸门，*stanch*；或冲水船闸，*flash-lock*）[②]。这些船道 不一定与堤堰有关，但有可能沿着河道每隔一英里左右设置一道。后来，中国发明了厢闸[③]，保证平稳而有效地使船从一个水位过渡到另一水位，两个闸门靠得很近，可以交替启闭。

（4）在另一种情况下，如河床或河岸不适于航行，开挖一条运输支渠，水位同干流一样高或者稍高。虽然同样最后到达终点，有同样的平均坡度，但渠道被冲水船闸分成许多水平河段，后来改用厢闸。这样的好处是经常可利用其他支流供水给渠道[④]。

（5）沿着常年河道的上游河谷引出灌溉支渠，然后比干流更缓慢地下降，随着较高的等高线，不断分支。它的绕弯的长河段几乎是水平的，像（4）一样，可以截河道支流的水入渠。渠中水流以及分配给支渠的水，都用适当的调节口（泄水闸门）控制。这种方法在亚洲也很古老，曾经大量地推广。中古时期，东方和西方都用同样的原理供水给水磨，现今在设计某几种水电站时，它发挥了很大的作用。

216

（6）从一条河道分出来的支渠，其末端流入另一条河道的，叫做等高线渠。从河道上游来的水，环绕较高的等高线，并在山中越过垭口流入第二河谷，把两条河连接起来。假如两条航道都可航行，这样一条渠将成为两条河流系统间的运输通道。这在纪元开始前首先就由中国完成了（参见 pp. 299 ff.）。同样，等高线渠不仅能够灌溉它开始端的河谷以外原来不能利用的土地，还可以送水到其他河谷的水库中，这样就把常年河流和泛滥河系连接起来，像亚述和古老的锡兰那样。

（7）最后，连接两条河流水系，利用过岭渠直接爬过山岭到两边的等高线。如果分水岭很低，一条双滑船道就可满足运输的要求，但是山坡陡的不能用，除非修建了冲船闸门或者冲水船闸；并且，这样的线路只是到发明了厢闸，才完全变成现实，这种闸能一次使一条或两条船升降 10—20 英尺，而避免牵引过斜坡或迎着汹涌的逆流。当然，要保证对顶峰水位充分供水，常常会有困难，这种困难有时候用很巧妙的办法克服了。正如我们将要看到的（pp. 314, 359），这又是在中国首先成功的。

公元前 500 年，中国的统治者和工程师们已经认识到水运所具有的高机械效率。在蒸汽机车和内燃机发明之前，从一处运载重荷到他处，没有其他任何令人满意的方法。

---

① 最古老的形式或许是叠梁闸门（参见下文 p. 347），在边墩上有两个垂直槽，把许多根横叠梁放下去或拉上来。后来这种方法与转动人字闸门结合起来，如 18 世纪贝利多（de Bélidor）所做。

② 冲水（flash）＝冲洗（flush）＝冲刷（scour）。航行向上游用绞盘逆水拖过，同时下行船随着“冲”水，“飞过急流”。

③ 所以叫做厢闸，是因为在短的闸池内，或长的河段内的两道闸门之间蓄水，见下文 pp. 350 ff.。

④ 这可能是数量最多的一类运渠；参见 Skempton (4), figs. 280, 286, 288, 289; Pilkington (1), p. 351; Hadfield (1), fig. 309。其中许多是 14—18 世纪在欧洲修建的，正如在前十二个世纪中中国修建的一样。重要的是人们想到布里奇沃特（Bridgewater）公爵运河，它与默西河（Mersey）平行，于 1767 年由布林德利（James Brindley）建成[见 Smiles (1), vol. 1, pp. 153 ff.]，是英国式的运河的典型实例——但在中国有长安渠（参见下文 p. 273）与渭河平行，那是公元前 130 年由徐伯建成的。

把一条马驮或马拉的载重数据进行比较，就可看出①：

	吨数
驮马载重	0.125
拉车的马——“软路”	0.625
——铺碎石路	2.0
——铁轨	8.0
拉货船的马——河道	30.0
——渠道	50.0

下面我们将追溯中国运输渠道雄伟的发展状况，有时为军事供应所需要，更经常的是具有被财政系统促进的性质，即为了要找出一个巨大帝国集中人民的劳动产品到官僚统治系统中枢的途径。

再提一下对本章题材有用的一些书籍和评论。著名的用欧洲语言写的中国水利工程史著作是冀朝鼎［Chi Chhao-Ting（1）］的著作，而中文著作则是郑肇经（*1*）的，不过冀朝鼎更多地了解各项工程的成就在社会经济方面的问题，确实它对于社会的和技术的历史是一项卓越的贡献②。没有这两本书作为蓝本，本章就写不出来③。一篇短的德文报道是李协［Li Hsieh（1），即李仪祉］写的，它对于工程方面很有价值，但没有突出中国的特点。李仪祉是现代中国最伟大的工程师之一，关于中国较早期的水利科学的某些概念，可以从为纪念他而出版的著作中找到④。最近在两篇俄文写的论文中，涅斯捷鲁克［Nesteruk（1，2）］追溯了公元前12世纪到现在水力发电时代的中国水利工程史。中文方面，现在也有一篇很好的简单报道，附有许多张主要的工程地图，是方楫（2）写的；还有杰出的专家如张含英（*2*）等的不同程度的普及性著作。还有许多在特殊历史时期研究水利的著作；关于战国时期，杨宽（*10*）已作出了贡献，罗荣邦［Lo Jung-Pang（6）］曾对汉代作过通盘研究，同时全汉昇（*1*）和青山定雄（*7*）曾讨论过唐宋两代的水利。其他关于中国水利工程问题一般情况的许多书可能也含有有趣味的历史介绍，如李书田等（*1*）的著作。自从解放以来，已大量出版了关于新建土木工程方面的书，大部分是在本书写作期间陆续完成的——我们将在那些用到它们的章节中提到，这里只作一般的介绍，如傅作义［Fu Tso-Yi（1）］、邓子恢［Teng Tse-Hui（1）］、张含英［Chang Han-Ying（1）］和孙立等［Sun Li *et al.*（1）］的论著⑤。 217

(1) 问题和解答

治理水道的人必须了解中国的气候，这是最基本的要素。关于气象学那一章里，已经简单地概述过，本书结尾时，还要讲到中国和欧洲气候的比较，联系到地理的因素，

① 这些数据是斯肯普顿［Skempton（4，5）］从权威们如斯米顿（Smeaton）和特尔福德处收集得来的。

② 参见 Bielenstein（2），p. 93。

③ 宋希尚（*2*）最近的专著是一本很好的书，但出版太晚，对我们帮助不大。

④ Anon.（*49*，*50*）。李仪祉的侄子李赋都［Li Fu-Tu（1）］提供给我们一篇有意义的当代的多目标“黄河治理方案”。

⑤ 关于灌溉工程特别见 Anon.（*53*）。1956年水利部发表的一本相片册即 Anon.（*72*）。

如大陆和群岛的对比、中华文化圈的“隔绝”等。这里我们只涉及降雨量决定自然河流的大小及特性。

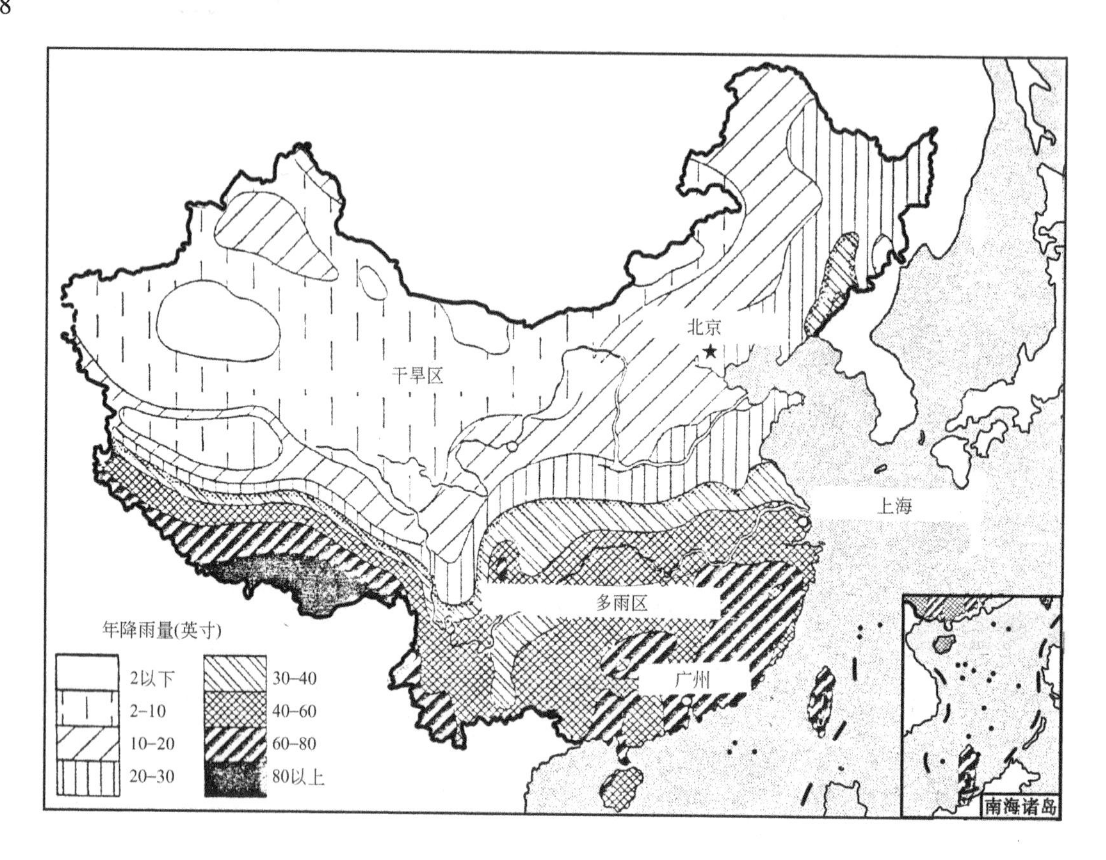

图 861 中国降雨分布图［根据 Lo Kai-Fu (1)，经锡德里克·多弗 (Cedric Dover) 修正］。将降雨量分成两大区域的画点的边界很近似地表明水稻种植的北面界限，这是习惯的分法，因为中国各部分都能生长水稻。西边的西藏对于种植水稻地势太高，这地方的雨量呈两极端，每年在 50—2000 毫米。

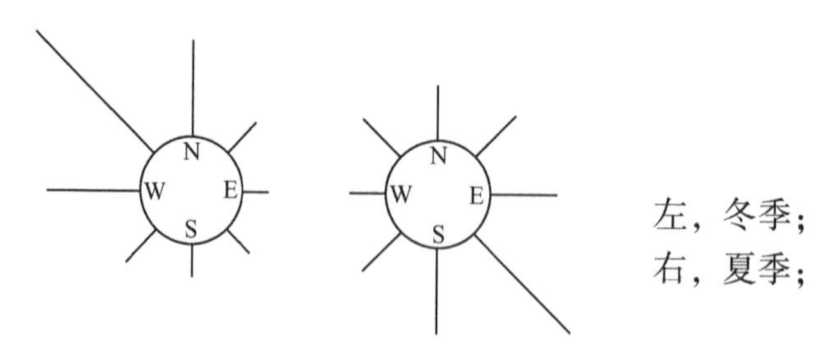

图 862 风向玫瑰图表明中国北部按季节风向频率的百分比。数据采自 Kendrew (1) 和 Chi Chhao-Ting (1)。

降雨量（图 861）的季节性变化很大，约 80% 的雨量出现在夏季三个月里。同时风向转变很快。这就是季风现象。冬季亚洲内部的气团因寒冷而下降，从中国把潮湿的海洋性空气赶出去,刮起干燥寒冷的西北风。夏季则相反,中心气团温暖上升,因此产生对流,带来东南海洋的潮湿空气和东南风。这个过程的规律性,可从图862见到,其中表明按季节划分的中国北部的风向频率的百分比。图863根据驻沙塘的广西农业试验场的记录,给出了月平均降雨量的实例;这地方夏季四个月比别的时候潮湿得多。大半年中河道几乎经常是干涸的,而且洪水来得突然;因此,需要修建工程抵御比冬季水流大得多的洪流。虽然中国比欧洲的总降雨量大些①,但中国雨水的季节性强产生了一个重大的问题——需要修建足够多的水库,防止水未加利用地流失。 219

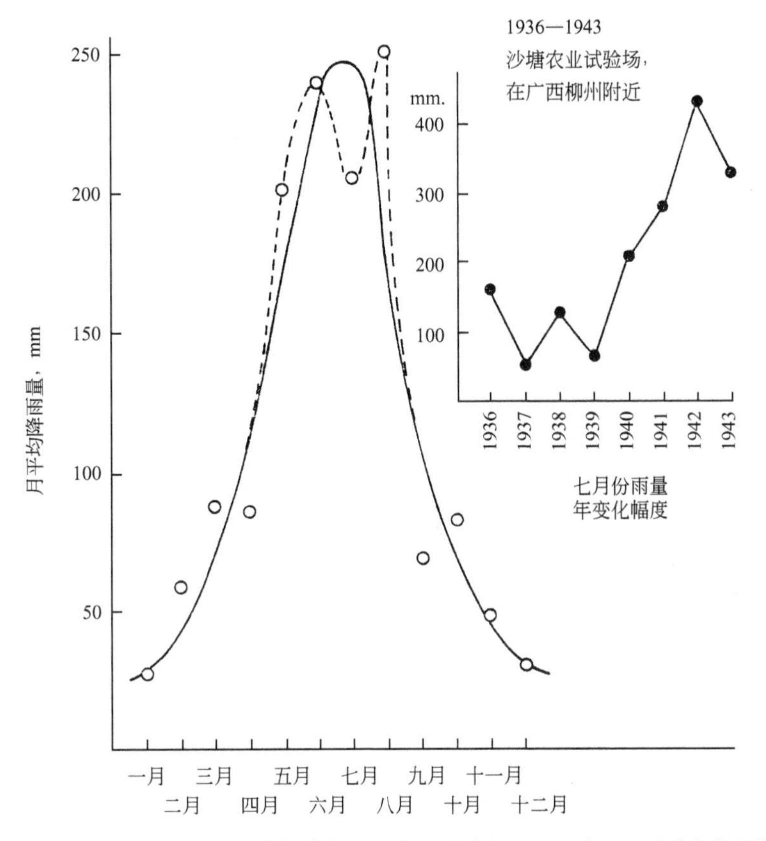

图863 广西沙塘平均月降雨量(数据采自广西农业试验场,1944年)。夏季高峰实际上可以是双峰[参见Sion(1),p.13]。插图:沙塘八年期间七月份降雨量的变化。

还有更为重大的困难,是由季风气候造成的,季风气候引起了比世界上其他地方变化都大的年降雨量变化②。因此必须修建大量的工程,以应付甚至是最为异常的年份,自然那要很长一段时间才能完成。在欧洲任何地方,极湿的年份和极干的年份之比,几乎不超过2;上海50年期间之比为2.24. 对于个别月份的比值可能高得多,例如,1866年7月只有3毫米,1903年7月达到306毫米。图863表明在最近的一个八年时期中沙 220

① 甘肃和宁夏黄河以北每年降雨量不到300毫米,而广东省每年为1800毫米[参见cressey(1),p.61;胡焕庸、侯德封和张含英(*1*),第1卷,第14页]。

② 参见Sion(1)。

塘7月份降雨量的变化；两个极端值是51.4毫米和430.6毫米。假如全年各个时期对农民都一样重要，雨量波动的影响就不那么重要，可是正当播种水稻或插秧的时候，有十天干旱就会危及全年收成。因此，堤防及许多类似的工程，必须随时准备着迎接重大的和突如其来的压力。过去许多朝代利用徭役劳力对堤防的养护经常不及时。中国大多数地区最湿/最干之比不超过3（虽然印度可达到9），但由于雨季到来的时间同总降雨量差不多同样重要，中国历史上有过许多次严重饥荒都未能防止。

雨水是通过中国的各大河流下泄的，其物理特性自然地决定了人民的生活条件，以及必需修建的最大的防护工程和治理工程①。四条河系中，黄河在中国历史上，从最古时期就非常重要，最难制服。淮河和长江都有严重的问题，最后是珠江流域。虽然中部和南部的河流经过肥沃的水稻生长地区，并用一套用心经营的运河系统连接起来，然而中国的水利工程是在黄河流域的艰难的大学校里锻炼出来的，所触及的问题即使应用现代技术也还是不能解决②。

黄河发源于西藏东北部相当干旱的高原，向东奔流直下，通过由易受冲蚀的黄土覆盖的广大地区（参见本书第一卷 pp. 55 ff.）。黄河约在一半流程的地方，对着山西省的丛山区，转而向东南，一直沿着这个方向往南流，直到潼关，突然转而向东，此后出了峡谷，流向开封，进入华北冲积平原。看一下地图上黄土的分布情况③，就可明了整个黄河上游流域即中国文化的摇篮，都是黄土覆盖的地方。例外的是鄂尔多斯沙漠，通过它，黄河流过大河弯（河套）的顶部。同样，群山以东的低平原都是冲积黄土层。由于一种巧合，黄河从群山中流出来的出口，恰好对准另一个丛山区，就是山东半岛，因而它只能从该山区的北面或者南面流入海洋。事实是在不同时期，这两条路线它都流过。

221 黄河从发源地到入海口，全长约2890英里④，流域面积约为297 000平方英里。但是这流域面积现在不包括出峡谷后的冲积平原，这一段长为435英里；约有60 000平方英里的土地未包括在该流域的数据里面⑤，因为黄河这一段高出周围的平原，两边用堤防⑥把它同平原隔开了。确实，这是一条“抬高的河流”的突出例子，它的河床现在形成一条山脊，把平原分为两个区域。但在早期，这条河流想必曾蜿蜒地流过平原，接受从两侧来的径流。由于降雨量的变化很大，流量的变化就非常大；干旱季节，这条河的流量不比泰晤士河下游大，但它的最大流量每秒可达到1 000 000立方英尺左右⑦。这数据只相当于长江的平均流量，不过发生的问题极为严重，因为长江（当然也有洪水灾

---

① 中国近代最好的河川地理学专著是宋希尚（*1*）的著作。

② 关于这条河流水文地理学最好的短篇报告是查特利［Chatley（25）］的，我这里沿用了该报告的观点。任美锷（*1*）对最近的研究结果作了综述。

③ 如 Cressey（1），p. 168（本书第一卷图6）。

④ 只有下游500英里可以通航。

⑤ 黄河最下游435英里的流域只有1140平方英里，加上从山东来的大汶河4600平方英里，这是这段河道的唯一支流。由于蒸发及渗漏损失，因此中牟站秒流量只有陕县站的44%［任美锷（*1*）］。

⑥ 北面堤防全长435英里；南面堤防355英里。堤顶平均宽度为50英尺。

⑦ 约28 300立方米每秒。由于堤防经常决口，最大流量难以估计。黄河总流量为扬子江的1/20。

害)[①] 从上到下都有较高的土地围着,形成一条较狭窄的河槽。黄河在世界上最突出的是挟带了大量的泥沙,每年有10亿吨之多[②]。这可能是随着整个历史时期逐渐增长的,其原因留待下面讨论。从这些数据中,人们可以了解到这个问题的重要性。自从秦、汉王朝以来,土木工程师们就面临着这个难题,由于中央集权统治,有可能集中大量人力修建防洪工程。困难在于要准确知道怎样治理最好。

长江是一条比黄河更长的河流,全长约3450英里,流域面积大得多,约1 220 000平方英里[③]。虽然从重庆到下游河口水通常呈咖啡色,但它所挟带的泥沙比黄河少得多[④],实际不超过0.2%。而黄河干流通常为10%—11%[⑤],黄土区域的支流超过30%,相差悬殊。长江从西藏高原发源,流经四川省红土盆地,通过著名的峡谷,这一段平均坡度每英里约为1英尺。由于正长岩脉形成的急滩,造成浅水航行的危险。同一断面高低水位相差200英尺之多。重庆平均水位差超过100英尺;峡谷内有些深潭深达200英尺,其流速每小时10英里或者稍多[⑥]。出峡谷后就到宜昌,与几个大支流会合: 222

(a) 自湖南西南来的湘江,会合处为洞庭湖上的岳阳;

(b) 自汉口西北来的汉江;

(c) 自江西南部来的赣江,会合处为鄱阳湖口的九江;

(d) 从北方来的淮河,会合处在南京以下镇江附近。

宜昌和南京之间,长江两岸有很宽广的地区,易遭洪水淹没;同时从镇江以下,入海以前,没有比较平安的高地,不过河流泛滥的总面积比黄河要小些。这是一件好事,因为长江流域是世界上人口最多的地方,有2.5亿人口,占中国人口总数1/3强,生产的水稻约占全国70%。

淮河流域面积(约106 000平方英里)包括在长江流域的面积数字之内,因为许多世纪以来,淮河在山东省南部入海的出路被淤塞之后改流入长江。由此形成的这段南北交通线,成为大运河的一部分[⑦]。淮河及广东省的西江(1220英里长,流域面积为269 000平方英里),同长江、黄河两条大流域比较起来,都不那么重要,可是淮河还是给水利专家们提出了许多难以解决的问题[⑧]。只是在我们的时代里,治淮的问题才牢靠

---

① 参见 Chatley (33)。

② 任美锷报告 (*1*) 为18.9亿公吨。参见 Kovda (1), p.469。

③ 参见 Chatley (24)。另见 Carles (1);长江是世界上第三条最长的和第四条流量最大的河流,通航至少远至叙府(宜宾),距入海口约1580英里。

④ 见 Chatley (29), (31)。

⑤ 胡焕庸、侯德封和张含英 [(*1*),第3卷,第26页] 提供了一个数据,在陕西省内黄河每秒挟带泥沙为27—52吨。

⑥ 这帮助了我们理解唐诗中李白的《早发白帝城》,诗中他说"千里江陵一日还"。白帝城在四川峡谷中,约在江陵之上1200里或400英里。因此他的意思如果指一天24小时,在水流最有利的情况下,平均速度约为16.5海里。但他的意思可能指一天是从天亮到半夜,约18个小时,这种情况航行用帆或桨帮助,平均速度每小时超过20海里。

杜甫的一首诗中也有同样的叙述 [译文见 Alley (6), p.140],而且也常见于别处,例如,8世纪的另一部作品《唐国史补》的卷三,第二十一页。这可能是很早以前的谚语。

⑦ 为了进行比较,注意大运河完全建成后总长度为1290英里。

⑧ 澜沧江和怒江,每条河差不多有1250英里在中国境内,不在本文叙述范围内,这两条河都有很深的峡谷,不通航运,只能用于有限的灌溉。

地掌握住了，在上游河谷修建了大坝，这是当代政府最著名的成就之一。[①]

洪水及防洪的最重要的社会意义，《管子》中的第五十七篇有很精辟的论述，这篇文字不是它的较早的部分之一，但可能属于公元前3世纪晚期或公元前2世纪初期。齐桓公问管仲有关国都最好的地点的问题，管仲提出“五害”：洪水、干旱、不合时令的风、雾雹和冰霜，还有时疫和虫害——而洪水为害最大。

223

> 桓公说：“我愿意听听关于水的害处。”……
>
> 管仲回答说：“……[②]流水的本性是，当它流到（河槽）拐弯的时候就慢了，拐弯的地方（水）满了，后边的就推前边的。地势向下倾斜的地方水流平缓，地势升高的地方，（水）受到阻碍。（有的地方）河岸曲折，（水）冲击它并使堤岸崩溃，（另外的地方）（水）变得扰动并且跳跃。当它跳跃时就流向一边去。流向一边去时就形成环流，形成环流以后就回到河道中心。回到河道中心就（慢慢地）沉积淤泥，当发生淤泥沉积时，（河槽）就受到阻塞。阻塞就引起河道改变。河道改变带来新的堵塞。堵塞了，（水）就乱流。乱流，就伤害人。伤害人，就引起大的灾难。有灾害就轻法律。轻法律就难以维持好秩序。好的秩序丧失，就不讲孝道。人民失去孝道时，他们不再顺服。……”[③]
>
> 〈桓公曰：“愿闻水害。”……
>
> 管仲对曰：“……水之性行至曲，必留退，满则后推前。地下则平行，地高即控。杜曲则捣毁，杜曲激则跃。跃则倚，倚则环，环则中，中则涵，涵则塞，塞则移，移则控，控则水妄行，水妄行则伤人，伤人则困，困则轻法，轻法则难治，难治则不孝，不孝则不臣矣。……”〉

这样，一种独特的连锁法论证[④]，从水利讲到社会关系，最终曲拐到古代封建君主的观点。但有一条出路，人们必须一致行动。管仲继续说[⑤]：

> 我请求你建立水利部门（“水官”），（每个地方）都要设干部，都要有熟习水性的一个大夫及一个大夫佐。有足够的劳动力队伍（“率部”）、组长（“校长”）以及行政助手（“官佐”）（以适合需要）。
>
> 每条河左右两岸都设一人作为总水利工程师（“都匠水工”）。命令这些人视察水道、城墙和城郊、堤防和河道、渠道和水池、官署房屋及寺庙农会；并且供给他们足够的人，使他们在这些地区进行治理。
>
> 〈请为置水官，令习水者为吏。大夫、大夫佐各一人，率部校长官佐各财足。乃取水左右各一人，使为都匠水工。令之行水道，城郭、堤川、沟池、官府、寺舍及州中当缮治者，给卒财足。〉

一会儿再多谈一些各个不同时期水利工程师们的官衔和地位（p. 267）；这里武职名称的细微差别是值得注意的。本章其余部分将述及这些官员如何与村中长老（“三老”）

---

① 关于总平面图和润河集控制枢纽，见 Fu Tso-Yi（1）；Kao Fan（2）；Sun Li et al.（1）；Chang Han-Ying（1）；和胡焕庸（*1*）。关于佛子岭坝和水库，见 Hsimên Lu-Sha（1）。关于洪泽湖附近的三河闸和自洪泽湖直通大海的苏北灌溉总渠，见 Anon.（*68*）。关于安徽省淮北的横贯等高渠和排水网系统见 Chhen Han-Seng（1）。

② 这里插有关于管道供水的倒虹吸原理的讨论，本书第四卷第二分册 p. 128 中已经提到过。

③ 《管子·度地第五十七》第七页、第八页，译文见 Rickett（1），经作者修改。

④ 参见本书第四卷第一分册 p. 205 和第四十九章。

⑤ 《管子·度地第五十七》第八页，译文见 Rickett（1），经作者修改。

在一起劳动，不仅召集能劳动的男女徭役劳力，而且召集适当数量的武装士兵（“甲士”）来整治及养护堤防①。每个部门都规定了铲、篮、夯、板以及货车的数目。夏秋之际是耕耨和收获的季节，从来不做公共工程，但冬季适于检查和备料，如柳条和柴草。大多数工作必须在春耕前做好，因为这时水位低。这都是为了最需要的防洪。不过中国古代的水利工程，还有其他两个迫切的动机。 224

中国农业社会自始就奠定了强大的农业基础，为了取得成就，古代文化中需要的大小灌溉工程，正如旧石器时代的采煤和冶金一样（图 864，图版）。冀朝鼎说②，西北黄土地区的问题，主要是从许多天然河道引出等高线渠，使渠道沿着缓坡下降，把水分布到田间③。长江流域和珠江流域的问题是肥沃而沼泽化的冲积土地的排水问题，为达到这个目的而需要保持它的渠系④。淮河和黄河流域主要是需要修建强大的工程来防御或者滞蓄最大的洪水，同时筑坝修水库，为在雨季蓄水，并逐渐把水放出去⑤。

近代对黄土的研究［如 Barbour（1，2，3）］表明这种海绵状土壤具有高度的孔隙率，毛细管含水量大，便于植物的根从底土中吸收矿物质。其中磷、钾、石灰很丰富，只需要大量的水，加上有机肥料，就肥沃得很。原生黄土的肥沃特性，同流向海洋的大河流挟带的泥沙特性一样。很早以前，在公元前第 1 千纪中，中国的农民和官员就意识到了这种泥沙作为肥料的重要性，并且自觉地对付许多有关泥沙治理方面的复杂问题，如如何防止泥沙堵塞河道和不断需要加高堤防、如何用闸门配水或蓄水等。很早就认识到这种泥流同山中滥伐森林有关系。可是所有这类问题与社会困难问题纠缠在一起。很难说服北方农民不去开垦大堤以内的富饶土地，这些土地偶然会被淹没。南方的地主和富农侵占了涸出的沼泽地和湖底（即名义上属于政府而任何个人无权占有的土地），其结果，使洪水时期可以利用的水库面积大为减少。

虽然如此，多少世纪以来，灌溉以及淤泥的肥沃性质给予中国农业取得成功的保证，保持住所谓“永久性的农业”。沃尔凡杰（Wolfanger）说，虽然周期性洪水的淹没是个悲剧，但是洪水过去以后，土壤清新可耕种，又变好了。甚至丘陵地带的梯田，由于高处带来冲蚀的残余，也恢复了土壤的青春。西姆霍维奇（Simkhovitch）曾对比了中国和欧洲的农业，中国的历史表明，由于她的具有生产力的未被冲洗的土壤恢复了青春，可以无 225

① 中国人民解放军在修建大型公共工程中表现出强有力的帮助的现代实践是很古以来的传统。1958 年我在北京北面十三陵水库大坝上碰见军队工程师的情景仍保留在我的记忆中。

② Chi Chhao-Ting（1），p. 12。

③ 这可从现代已完成的许多工程中看出，如引洮上山工程［Anon.（60）］和引聂上山的东梁渠［Kan Chi-Chai（1）］，两者都在甘肃省；还有许多等高线渠是从湖北省西北的渡槽河引出来的［Yu Chêng（1）］。

④ 现代许多例子中也可看到，著名的如天津附近、河北省东部低地的排水区［Li His-Fan（1）］和安徽省北部有趣的渠道［Chhen Han-Sêng（1）］。参见下文 p. 284。

⑤ 这在新近联结成整体的治淮工程中可以清楚看出，见 Fu Tso-Yi（1）；Kao Fan（2）；Hsimên Lu-Sha（1）；Anon.（68）；在治黄工程中也可以清楚看出，见 Kao Fan（1）；Têng Tsê-Hui（1）；Anon.（67）；Shang Kai（1）。河北省北部的两个工程：官厅水库［Anon.（69）］和密云水库［Huangfu Wên（1）］都是同样原理的例子。对它们在海河流域的治理中作为一个整体的作用的讨论，见 Hsiang Wên-Hua（1）。

图 864　彭山汉墓黑陶灌溉田地明器（杭州浙江省博物馆收藏；原照，摄于 1964 年）。左边是水库，因黏土上刻着两条鱼（这里看不清）；堆着稻草的四块田间，有一条渠道向右边流。渠从低的土堤下两个涵洞处引出，可能是泄水闸。

限地获得好收成，而不需要依赖矿物质肥料①。不过缺少有效的灌溉水系，就不能发挥这些效益，在任何地区它自然依赖于社会的、朝代的和战略的各种因素；常常一个地区被统治者所重视，就维持住并发展了——其他的地方或者终于被轻视而放弃了。

在中国，水利工程有双重的需要。北方由于黄土的性质，需要修建灌溉工程，虽然主要是旱作物、小麦、小米等，中部和南部的丰富的水量，对于种植水稻是不可或缺的。所有有关农业的论文（参见本书第四卷第二分册 pp. 166，ff.）都强调农民在对其稻田的洪水中会获得好处。1313 年王祯在《农书》中写道②：

> 种稻者（当需要时）修建贮水池和水库以蓄水，筑堤防和水闸以截住水流。……把土地分为若干小畦、耕耙以后，灌水入田播种。长到五六寸高时，拔出来插秧。江南所有农民现在都用这种方法。苗长到七八寸高，锄草，锄毕放水，晒田③。开始扬花吐穗时，又灌水浸田。
>
> 〈治稻者，蓄陂塘以潴之，置堤闸以止之。……又有作为畦埂，耕耙既熟，放水匀停，掷种于内，候苗生五六寸，拔而秧之，今江南皆用此法；苗高七八寸则耘之，耘毕放水熇之，欲秀，复用水浸之。……〉

灌溉用水的管理确实是水稻耕作的必要条件，许多中国的图画都有在堤防和河槽上劳动的内容，这是农闲季节农民的经常工作④。

中国历代统一王朝的税收主要是征收实物，其中大半是谷物。这种谷物贡赋，是皇室、中央官僚机构以及京城的军队总部供应的基本来源。整个封建官僚统治时期，皇室通常认为谷物运输的重要性超过灌溉和防洪。人们从大运河的情况特别可以看得清楚，大运河与淮河垂直相交，经常干扰淮河水的合理管理。正如冀朝鼎所提出的，漕运主要是一种专利私有的行为，关系着统治阶级享受果实以及维持军队权力的需要。灌溉和防洪是有关农民生活幸福的问题，所以同专利私有和统治权力的关系较为疏远，但是更重要。司马迁在描述修建运河的早期成就后，接着说⑤：　226

> 这些渠都可通船，如果水量充足，就用来灌溉。农村人民可以享受这种效益。无论渠道从那里通过，农民都可引水灌溉田地，千千万万个小渠，简直不可数计。
>
> 〈此渠皆可行舟，有余则用溉浸，百姓飨其利。至于所过，往往引其水益用溉田畴之渠，以万亿计，然莫足数也。〉

水道运输的重要性，不仅限于和平时期，在战争动乱年代，无论是国内打仗或者外来侵略，水道运输作为供应路线的重要性是难以估计的。秦朝灭亡以后，汉朝的奠基人刘邦，多次打败了强大的敌人项羽，这要归功于刘邦控制了“关中”，即渭河流域。从这个基地，萧何能陆续供应粮食给汉朝军队，抵抗河南楚军的攻势。汉朝开国之初，萧

---

① 当然，代价是：(*a*) 周期性的洪水泛滥；(*b*) 大量的劳动力；(*c*) 使用人粪（未发酵）对于人类健康的危害；(*d*) 延缓对于改良谷物品种的积极性。

② 《农书》卷七，第五页，译文见 Chi Chhao-Ting (1), p. 27，经作者修改。

③ 可能需要经常把水抽出抽进，人们能懂得本书第四卷第二分册第二十七章 (g) 中所描述过的各种形式的扬水机的重要性。

④ 参见《钦定书经图说 · 梓材》(卷三十一，第六页) [Karlgren (12), p. 48]。

⑤ 《史记》卷二十九，第二页，译文见 Chavannes (1), vol. 3, p. 523；Chi Chhao-Ting (1), p. 66；Watson (1), vol. 2, p. 71。

何得到了最高的报酬，为此鄂千秋说[1]：

> 楚汉两军彼此在河南荥阳对峙了几年之久，汉朝军队没有粮食准备，萧何从关中水运谷物供应，因而防止了粮食缺乏。陛下有几次丢了山东，可是萧何一直守住关中供陛下遣用。这是传续子孙万代的功绩。
>
> 〈夫汉与楚相守荥阳数年，军无见粮。萧何转漕关中，给食不乏。陛下虽数亡山东，萧何常全关中待陛下，此万世功也。〉

两个世纪之后，刘秀建立东汉王朝时，这类事又重演了。不同的是水道运输供应的方向不同了，不再是群山西部拥有京城长安的关中，而是山之东部拥有京城洛阳的河内[2]，即黄河下游流域。在那里，寇恂受任发挥同过去萧何一样的作用[3]。

在前面（本书第一卷 pp. 114 ff.）谈到了冀朝鼎曾用以精辟地说明中国历史的“基本经济区”的概念。各个不同时代的中国统治王朝，以不同的地区为中心。这些地区构成了其农业生产和战略交通在当时远优于所有其他地区的经济区，以致无论是谁控制了基本经济区，谁就控制了全中国。公元前 3 世纪秦国在渭河流域修建了很多大规模的灌溉工程（参见下文 pp. 285 ff.），秦和西汉王朝都奠基于黄河上游的关中地区。但东汉则在黄河下游和淮河建立势力，中心转移向东部的山东；同时四川和扬子江下游以及淮河流域出现了大的发展。结果是在 3 世纪时，这三个地区（西部、北部和中东部）都平均发展，因此形成了三国时期。虽然是暂时的统一（如晋朝），离心的倾向又延续了三个世纪，当时西部和北部经常是在“半中华”的匈奴或突厥“游牧”王朝的控制之下。隋朝和唐朝的大统一在 7 世纪初年，事实上与之有关的是长江下游的生产力和运输系统大大地胜过其他一切地区，因此形成了一个具有新的水平的经济区。最初在隋朝定形的大运河的全部历史主要是从国家的经济中心到政治中心修建了一条漕运干线。这种模式是非常清楚的，因为在宋和辽、金对峙，中东部地区和北部地区之间又相分裂的几个世纪之后，元朝（蒙古人）再次统一，使大运河发挥了更高水平的效益，不过河道改变为为北京服务，而不是为洛阳服务。此后再未中断。

修建运河的军事重要性并不限于供应的问题。水道和沟渠网形成一种纵深的防御，使游牧民族的主要为骑兵的军队极难逾越。这点在辽（契丹）和宋的战争中表现得特别出色[4]。填沟或架桥，或造驳船过渡时，辽经常失去时机，同时中国有城墙的城市都修筑城壕，连接着好的运河与坏的道路，构成了理想的连串的据点，分散在全国，使来犯者难以攻陷。这同适合骑兵作战的草原地区大不相同。

（2）淤积和冲刷

现在让我们转入一些细节问题。淤泥对盐碱地的增肥效益，早在公元前 246 年就已

---

① 《前汉书》卷三十九，第四页，译文见 Chi Chhao-Ting (1), p. 79。参见《前汉书》卷四十，第八页。

② 因此，中国历史学家称前汉王朝为西汉，后汉王朝为东汉。

③ 《后汉书》卷四十六，第十九页。

④ 参见 Wittfogel & Fêng (1), pp. 532, 535。

经知道了[①]。当时郑国渠已经建成,是渭河流域的一系列灌溉工程中的第一项(参见下文 p. 285 上的引文)[②]。第二项是白渠(公元前 95 年),渠成之后,乡民作诗一首,载于《前汉书》中[③]流传至今: 228

田在何处?池阳谷口。
郑国所树榜样,白公照着办。
锄铲无异云。
凿渠带来雨。
石水含泥数斗。[④]
它既能用以灌溉,又可充当肥料。
它使作物长势旺盛,
京师数百万人(衣)食不愁。

〈田于何所?池阳谷口。
郑国在前,白渠起后。
举臿为云,决渠为雨。
泾水一石,其泥数斗。
且溉且粪,长我禾黍!
衣食京师,亿万之口。〉

在当时,一般认为淤泥全部是有益的,随着时间的推移,才认识到淤泥太多可能造成灾害。如果淤泥来源于表土,而沉积又不太厚,它就有好处。但如果它来源于受侵蚀的底土,它就会严重地毁坏土地[Lowdermilk & Wickes (1)]。淤泥的危害,从许多官方报告中可以看到,如 10 世纪后期的报告[⑤]。

在王莽时代(公元前 1 年—公元 22 年),有些文件明白地提出了淤泥问题。张戎第一个做了黄土水流中挟带沙量的定量估计,并且指出泥沙淤积的速度与流速成比例。下面报道所指的是大约公元前 1 年发生的事情[⑥]。长安大司马张戎说:

"水的性质是往下流的,如果流得快,就会自己冲刷河床("自刮除"),冲击很深的坑。现在河水挟带大量泥沙("浊");一石水甚至含六斗泥。京城东西各处,人们都引用流向黄河和渭河的山川水灌溉田地。春夏之交,河水干涸,这是缺水季节,所以水流缓慢,(并使更多的泥沙沉积,这些泥沙)堵塞("贮淤")了所有的出口,河水很浅。但当降暴雨时,就有洪水并决堤。于是政府和人民不断筑堤("堤塞"),直到(河流)水位比周围地方稍高为止。就像筑(高)坝("筑垣")蓄水一样。要顺着水性,不要灌溉(太多);使成百条河流自由地流,水道通畅("水道自利"),这比让洪水决堤为害,危险较少。"御史(皇帝秘书)监淮韩牧

---

① 根据柯夫达[Kovda (1), p. 469]的说法,每吨冲蚀黄土泥沙含有 3.3 磅氮、3.3 磅磷和 44 磅钾。

② 《史记》卷二十九,第三页;《前汉书》卷二十九,第三页。

③ 《前汉书》卷二十九,第八页,译文见 Chi Chhao-Ting (1) p. 88,经作者修改。

④ 汉代一石约为现代 60 磅,有 10 斗至 20 斗,根据谷物或液体而定。英译作夸特(quart)更恰当些。这里我们采用前一数字。

⑤ 如《宋史》卷九十四。

⑥ 《前汉书》卷二十九,第十六页,由作者译成英文,借助于 Pokora (9), p. 49。

229 认为可以这样做。虽然人们不能修那么深的河渠（来疏水），如大禹治“九河”那样，但是有四五条河也是好的①。

〈“水性就下，行疾则自刮除成空而稍深。河水重浊，号为一石水而六斗泥。今西方诸郡，以至京师东行，民皆引河渭山川水溉田。春夏干燥，少水时也，故使河流迟，贮淤而稍浅；雨多水暴至，则溢决。而国家数堤塞之，稍益高于平地，犹筑垣而居水也。可各顺从其性，毋复灌溉，则百川流行，水道自利，无溢决之害矣。”御史临淮韩牧，以为“可略于《禹贡》九河处穿之，纵不能为九，但为四、五，宜有益。”〉

这段话告诉我们很多的事情。张戎估计的含沙量（60%）乍看起来似乎不可能这么高，通常以为是文字上的夸大。但他的话已被现代的测定所证实，例如，任美锷（*1*）的记录；陕县站黄河干流的最高含沙量是46.14%，支流为67.5%②。此外，具体数据都清晰地表明汉代已经作过许多努力以定量地测定水中含沙量，每个人对此都感兴趣。他继续叙述水流速度及其有关的疏浚问题，就是说，尽可能保持河床低，而不要修筑日益加高的堤坝，以蓄洪水。随着我们论题的深入，我们将会看出，这种是选择高的堤防还是深的河床的决定在中国水利工程的最早阶段引起了什么样的忧虑。张戎所争论的是应该利用洪水急流冲刷河槽，同时人们可以看出防洪效益与灌溉效益的矛盾。从季节上可以找出折中的办法。自身冲刷的意见也是一个关键——例如，《周礼》说③：

修渠必须根据水流的特性；修堤必须根据地形和土质的强度特性。好的渠道利用自身的水力冲刷；好的堤防被挟带的泥沙所加固。

〈凡沟必因水埶，防必因地埶。善沟者水漱之，善防者水淫之。〉

这些看法和张戎的观点，启发了后来中国历史上许多伟大的水利工程师，如公元1世纪的王景④、元代的贾鲁、明代的潘季驯和清代的靳辅。

关于河渠的泥沙淤积和水流的论争⑤，这里没有篇幅更多地引证。虽然中国的技术文献中未曾全面总结过，但在各朝代的历史记载中到处都可找到 。例如，孟简在唐朝

230 任常州刺史时⑥，清理过孟渎淤塞的河床，很成功，同时还安排了几千英亩的农田灌溉。这自然同发明和修建泄水闸门及堰堤有密切的关系，因为泄水闸门和堰堤能够调节干流季节性的水位，不过这些发展，还有两个目的，灌溉引水以及应用冲水船闸便于货船运输。这些发明的详细发展情况以及同世界上其他地方发生的事情的比较，我们留待后文（pp. 344ff.）再说；调节水闸（“水门”）如果再古以前没有，可以认为至少早在秦和西汉时就有了。11世纪下半世纪关于“淤田法”的问题有过争论。约在1060年，诗人苏东坡在他的《东坡志林》中写道⑦：

几年前，朝廷为实施淤田法，修建了泄水闸门（“斗门”），虽然许多人不同意

---

① 该篇继续叙述了另一著名工程师王横的观点。约在公元2年桓谭做工部尚书时，他准备疏浚修堤，但在王莽统治下，不可能做成什么事。关于桓谭，参见本书第二卷 p. 367，第四卷第二分册 p. 392；以及 Pokora（9，13）。

② 关于泾河的现代测量结果，参见下文 p. 287。一般比较见下文 p. 366。

③ 《周礼·考工记》卷十二，第二十页（注疏本第四十三卷），由作者译成英文，借助于 Biot（1），vol. 2，p. 570。

④ “王景传”（《后汉书》卷一〇六，第六页）讲到他的“堨流法”的成就，其中包括修建闸门。

⑤ 至于现代工程师们对这类问题的处理，可参见 Griffith（1）；Chatley（27，28，30，32，34，35）。

⑥ 其传记见《旧唐书》卷一六三，《新唐书》卷一六〇。

⑦ 《东坡志林》卷七，第四页，由作者译成英文。

这个规划，极力反对，还是修建了，但很少成功。当樊山上的洪水大时，闸门紧闭，造成田地、墓地及房屋都（被洪水）毁坏。当秋深水退时，把闸门打开，农田用带有淤泥的水灌溉，不过泥沙淤积不像农民叫的“蒸饼淤”那样厚（因而他们不满意）。后来朝廷厌烦不管就停止了。与这件事有关的，我记得念过（诗人）白居易的《甲乙判》，其中讲到他在担任转运使时，因汴河水浅，船行不通，他建议把沿河的泄水闸关闭，但军事长官指出河道两旁都是供应军粮的农田，假如这些农田由于关闭了泄水闸门而停止灌溉，那就会使军粮缺乏供应。从而我认识到唐朝对河道两旁有朝廷的农田和泄水闸门，如汴渠水多，灌溉仍要连续进行。假如过去能这样做，为什么现在不能这样做呢？我应当进而请教知道的人。

〈数年前，朝廷作汴河斗门以淤田，识者皆以为不可，竟为之，然卒亦无功。方樊山水盛时放斗门，则河田、坟墓、庐舍皆被害，及秋深水退而放，则淤不能厚，谓之“蒸饼淤”，朝廷亦厌之而罢。偶读白居易《甲乙判》，有云：“得转运使以汴河水浅不通运，请筑塞两河斗门，节度使以当管营田悉在河次，在斗门筑塞，无以供军。”乃知唐时汴河两岸皆有营田斗门，若运水不乏，即可沃溉。古有之而今不能，何也？当更问知者。〉

诗人的语言清楚地表明农业利益与运输利益之间的冲突，虽然苏东坡本人并不十分了解白居易语中的含义。为了进一步说明，可从沈括的《梦溪笔谈》中引出一段，是在差不多二十年后写的①。

熙宁年间（1068—1077年），“淤田法”得到高度重视。学者们讨论《史记》中的记载②：泾水一斛③含几斗淤泥，淤泥给谷物施肥，并使之长得高。我记得出差经过宿州时，看到过一块石碑，上面刻着记录说，唐朝曾修建了六个泄水闸门④，从汴河引出含淤泥的水，使下游附近的居民都受益，可见淤田法已经有很久的历史。 231

〈熙宁中，初行“淤田法”，论者以谓：《史记》所载：“泾水一斛，其泥数斗。且粪且溉，长我禾黍。”所谓粪，即淤也。予出使至宿州，得一石碑，乃唐人凿六陡门，发汴水以淤下泽，民获其利，刻石以颂刺史之功。则淤田之法，其来盖久矣。〉

还有同时代的记录，例如，农民邢晏到权势者那里，要求把含淤泥的水放到他们的农田里去⑤。

从近代河川水力学同泥沙输送的研究中⑥，很容易使人们感到惊讶，中国古代的工程师们对此的认识水平已经达到了如此的高度（许多实例留待后面再叙）；同时，认真

---

① 《梦溪笔谈》卷二十四，第十节，由作者译成英文。参见胡道静（*1*），下册，第755页。

② 应为《前汉书》，诗歌已在 p. 228 引用过。

③ 这是郑国渠系利用的河流；关于郑国渠系，见下文 p. 285。“斛”在宋代是一种相当于宋石半石即五斗的容量单位，约为现代79磅。

④ “渠首闸”或者“陡门”；原指空间突然降落，如用十尺水头表示，但后来用来表示时间的突然。所以不能肯定它应用于泄水闸门的意义，也不能告诉我们关于闸门实际结构的线索。参见下文 p. 349。

⑤ 在一切文化中可以发现各种社会现象，并且可以发现一种结构异常发达而别的却发育不全的现象。法国在1559年的小型灌溉渠道，正是中国型式的追记，当时亚当·德克拉波纳（Adam de Craponne）工程师修建了一条40英里的灌渠，把迪朗斯河（Durance）挟带的泥沙从卡德内（Cadenet）送到阿尔勒（Arles）。亚当·德克拉波纳懂得淤泥的价值，并且他所修建的地方工程至今仍然存在，都是完全成功的。

⑥ 如 Leliavsky（1）；Brown（1）。

地了解到，尽管在文艺复兴后的三个世纪里发展了理论流体动力学①，经验的观察和公式化仍然起着显著的作用。例如，他们已经知道某些法尔格（Fargue）定律，深水河槽（河流的深泓线）靠近凹岸，对面形成浅滩；水深与弯道曲率成正比——他们还知道通常淤积的出现与流速成反比。他们并未分析作用于个别淤泥颗粒的力（冲击力、紊动、拖曳力、摩擦力和浮托力），如我们现在所做的那样，但他们自觉地找出一些条件，使泥沙达到“冲淤平衡”，使水道既不淤塞，也不冲蚀，而成为一种输移的状态。他们并没有建立螺旋状水流的原理和离心的旋转理论，为河流平面弯曲的波浪形状找根据，也不在模型试验中模拟自然现象，但是他们（如我们将在下文 p. 249 所见）懂得堤防不如疏浚有效，整治工程可以帮助浅滩自然冲刷。确实，即使他们能区分推移质（沿河底较大沙粒的牵引）和悬移质（悬浮在水中的较小沙粒），但仍无法防止黄河河床升高，这几乎是一种地质过程，至今还难以扭转。在我们下文将提到的河床收束法（束水攻沙法，本册 p. 235）的中国倡议者和反对者之间的争论中，我们可以发现现今公认的肯尼迪（Kennedy）原理的进一步的反响，那就是浅水断面挟带泥沙最多，可能由于其中产生较大的漩涡、紊流和横向环流所致。

232

（3）河流和森林

最困难的一点，就是华北平原上黄河的处理，对此的矛盾观点达到了尖锐的状态。历史上治理黄河的最早尝试，是在齐桓公领导之下沿下游河段修筑堤堰，齐桓公经常在哲学家的书如《庄子》、《列子》及《管子》中出现②。这是公元前 7 世纪上半世纪的情况③。虽然是根据汉代的地方传说④，而不是文书记载，却十分可信。齐桓公把从前三角洲的九条河流并为一条，这些河道的遗迹，汉代时还在⑤。

自从秦汉以来，为了防止洪峰期间河水泛滥冲积平原，尽了最大的努力。人们必定已经注意到，在不受控制的情况下，河流在冬季枯水河槽的两边，有淤积成为低的滩岸的趋势，因而两千年来，沿着黄河总是修建堤防，使之封闭，并要经常加大尺度（图 865）。每隔几年，河流水位升高，有漫顶的危险，或者就是低水河槽弯曲，使河流冲击堤坝，造成溃决。有五十次或者更多的次数，黄河失去控制溢流出来，在平原上形成一条新的河槽，在这个过程中损坏了大片的耕地和村落，并在泥沙淤积过多的地方埋没了一些土地。关于这些灾害的最早的记载大约是《史记》卷二十九，其中司马迁的叙述如下⑥：

---

① 奠基人是卡斯泰利（Castelli，1628 年）、梅森（Mersenne，1644 年）、托里拆利（Torricelli，1644 年）及马里奥特（Mariotte，1686 年）。进一步见 Rouse & Ince（1）；Leliavsky（3）。

② 一个已为我们熟悉的例子见本书第二卷 p. 122。

③ 值得注意的是，这种类型的公共工程似乎在最早的大型水库坝出现以前就已经有了（参见下文 p. 271 关于孙叔敖的部分）。

④ 记载在《水经注》卷五，第十五页。

⑤ 参见 Maspero（28），p. 342。

⑥ 《史记》卷二十九，第三页，译文见 Chavannes（1），vol. 3，p. 525，由作者译成英文；参见 Watson（1），vol. 2，p. 72。

汉朝统治了三十九年，正当孝文帝时，黄河在酸枣决口，冲破了“金堤”[1]（公元前168年）。于是东郡大量征兵，修堵决口。

四十多年后，在当今皇帝统治的元光年间（公元前132年），黄河又在瓠子决口，流到东南的钜野沼泽地，与淮河、泗水相通。因此天子命令汲黯和郑当时招募许多人去堵决口，但决口突然又开了。

〈汉兴三十九年，孝文时河决酸枣，东溃金堤，于是东郡大兴卒塞之。

其后四十有余年，今天子元光之中，而河决于瓠子，东南注钜野，通于淮、泗。于是天子使汲黯、郑当时兴人徒塞之，辄复坏。〉

司马迁继续讲到武安侯田蚡，他的封地就在河的北面，极力主张这样大的洪水是出自天意，干扰它是不聪明的，因此有二十年什么事也不做[2]。但是，终于使各省情况变得很坏，汉武帝亲自出巡视察。司马迁作了生动的描述：为填补决口[3]，汲仁和郭昌征集了无数的勇士，用一匹白马和一只玉环献祭，高级官员和普通百姓一样抱着成捆的柳条和木柴去堵口。最后成功地建成了宣房堤（公元前109年），并在当地建立起庆功亭。这是一个注定要持续不停地修补的胜利。 234

很显然，汉朝的官僚政治虽然是中央集权制，对于这样大的工程规划和管理水平，仍然不能满足需要。大约150年后，汉朝的一位大工程师贾让，在给皇上的一篇著名的建议书（公元前6年）中，揭露了黄河堤防位置混乱之类的问题[4]。

现在靠近河流的堤岸离水只几百步，最远也不过几里，黎阳以南的古老的“大金堤”，从黄河西岸向西北方向到西山的南头，它向东连到东山。人民在堤的东边修建农舍。他们在那里住过十几年之后，又修了一道堤，从东山向南与大堤连接。另外，内黄县有一块周围几十里的沼泽地，修筑了一道堤环绕它，同时进行排水，这个地区的长官在人民搬到那里住了十几年之后，就把堤内这块地给了他们。现在人们在那里修建了农舍，这是我亲眼看见的。东郡和白马辖区内古老的“大堤岸”同其他几道（外）堤平行，人民住在其中。从黎阳北至（以前的）魏（国）的边界，古老的“大堤岸”位于距河几十里的地方，但它里边还有几道堤，是前几代修建的。所以当黄河从河内往北流至黎阳时，有一道石堤使其向东流。当黄河流至东郡和平刚，另有一道石堤使其向西北流。当黄河流至黎阳和观下，又遇着第三道石堤，使之又流向东北。在东郡和津北，又有石堤使之转向西北，在魏郡和昭阳，又有石堤使之转向东北，距离只有一百多里[5]，两次转向西，三次转向东。……

---

① 已佚的7世纪的《括地志》说它是“千里堤”的别名。

② 历史学家还说，田蚡为用气象现象和象数来占卜的人（“望气用数者”）及道家所支持，他们的格言是“无为”。

③ 《史记》卷二十九，第六页，译文见 Chavannes (1), vol. 3, pp. 532ff.; Watson (1), vol. 2, pp. 75ff.。参见下文 p. 378。

④ 《前汉书》卷二十九，第十三页起，由作者译成英文，借助于 Chi Chhao-Ting (1), p. 91。参见 *TH*, pp. 584 ff.，其中有不公正的评论。

⑤ 中国历史上关于不同时期的“里”的确切长度，是个有些复杂的问题；它是根据足的长度，一个朝代接着一个朝代不断建立起来的。最有助于研究的是吴承洛 (2) 的著作，该著作现在有修订本。从秦代到晋代，“里”的长度的变化为0.415—0.498公里；南北朝以后，即从隋代到明代，在0.531—0.560公里变化。所以大略估计为半公里或者1645英尺，是比较可靠的数据；不过清代的“里”比以前任何时期都长，为0.575公里或1894英尺。参见本书第四卷第一分册，p. 52。

233

图 865　晚清时的一幅水利工程图画。正在加强堤防和清除淤沙；图中可见使用了篮子和硪。这幅图（采自《钦定书经图说·禹贡》）是为了解释“（大禹）导出黑水河经过三危（三座危险的山），流入南海”，“导黑水，至于三危，入于南海”［参见 Medhurst（1），p. 110］，但现在想来这几段的意义应当是“他旅行沿着……”［参见 Karlgren（12），p. 17］。《钦定书经图说》的编辑者把黑水解释为怒江，但更可能是甘肃省南部的一条河流。

〈今堤防陿者去水数百步，远者数里，近黎阳南故大金堤，从河西西北行，至西山南头，乃折东，与东山相属。民居金堤东，为庐舍，往十余岁，更起堤，从东山南头直南与故大堤会。又内黄界中有泽，方数十里，环之有堤，往十余岁，太守以赋民，民今起庐舍其中，此臣亲所见者也。东郡白马故大堤亦复数重，民皆居其间。从黎阳北尽魏界，故大堤去河远者数十里，内亦数重，此皆前世所排也。河从河内北至黎阳为石堤，激使东抵东郡平刚；又为石堤，使西北抵黎阳、观下，又为石堤；使东北抵东郡津北；又为石堤，使西北抵魏郡昭阳；又为石堤，激使东北。百余里间，河再西三东。……〉

贾让是河道扩展理论提倡者，水利学方面的一位道家人物，他认为应当给予大河流河道所需要的充分余地[①]。他说，河流就像几个月的婴儿的口，如果人们试着去堵住它，只会吵得更响，否则就要闷死。“无为”是最好的口号[②]：“那些会治水的人，给最好的机会让水流出去，那些会管人民的人，给人民说话的机会。”[③] 战国时期，修建最古老的堤防时，允许人民在堤内耕种淤积覆盖的土地，而不允许在那里居住；因为许多村庄盖起来之后，常有一种自然的倾向要建造新堤，而且使新堤越来越靠近低水河道。贾让建议让河旁各县的居民迁移。如果皇帝不准备这样做，他的第二方案是修建一个大灌渠网，以减轻洪水压力，不过都必须用有石护坡的泄水闸门（“水门”）加以控制，比荥阳灌区用木头和捣实的土做的结实得多[④]。三个可能方案中最后而且最坏的是继续维修防护堤坝。贾让的建议书不相信只顾加高堤防工程，而不试图降低河床的办法，但假如要这样做，就迫切需要更好协调和有效的中央领导[⑤]。年轻的哀帝（刘欣），比一个孩子大不多少，他的朝廷所能使用的资源是否能够按照需要来重新调整方针并加强必要的措施，是很让人怀疑的；无论如何，有限数量的移民，不是解决问题的办法；因此到了公元 11 年，终于发生了历史性的决口。 235

如果有具有道家倾向的水利工程师，也就会有具有儒家倾向的水利工程师。那些主要相信离低堤远些的人，被那些相信靠高且强的堤近些的人反对[⑥]。同样，那些相信给予河流下游段最大限度自由的人，被那些相信束窄河道使河流冲深自身河槽的人反对。前者的论点是，当夏季水涨时，宽河槽有足够大的蓄水空间[⑦]。后者则坚持束窄河槽，使水流加快，水会自己冲刷出深水溪线，这是前者所希望的[⑧]。一般束窄论者比扩张论者有优点，因为他们的规划虽然费用大，但没有人口迁移这类困难的社会问题。正如我们将要看到的，为了控制黄河，至今还需要修建和排空干流沿岸的广大滞洪区。从现代技术观点来看，扩张论者并不是完全没有理由的。在二十个世纪中，这两派一直争论不休，可是不能证明哪一派完全成功。深河槽可以在河湾处接近和淘刷堤底，而水位升高会 236

---

① 岑仲勉［(2)，第 262 页起］对他的观点有充分讨论。

② 参见本书第二卷，在“无为”条下。

③ “善为川者，决之使道；善为民者，宣之使言。”

④ 参照明代的一位著名的工程师徐贞明的说法：“北方人不熟知水的好处，而被水的害处所烦恼；他们不知道，消除不掉水的害处正是由于没有发挥水的好处。水积聚起来则带来害处；水分散开来则带来好处”（“北人未习水利，惟苦水害；不知水害未除，正由水利未兴也。盖水聚之则为害，散之则为利。”）（《明史》卷二二三，第十九页）。

⑤ 他的建议书变成了以后几个世纪的经典；参见《治河方略》卷二，第三十三页起及卷八，第一页起。

⑥ 儒家著作在社会学方面同样有明显的见解（见本书第二卷 p. 544，参见下文 p. 256）。

⑦ 这常同贾让（鼎盛于公元前 50—公元 10 年）的名字联在一起。

⑧ 这常同王景（卒于 83 年）的名字联在一起，参见 p. 346。

图 866　弯道冲蚀（采自《农政全书》）。这幅图画题为“阴沟”，因为它图示了与灌溉用的地下引水或排水隧洞（参见 p. 333）有关的一个断面。

产生危险的流速。中国人很了解坐弯冲蚀，在地质学一章中，我们注意到淘刷出来的弯道（“㲹”）① 这一技术名词，图 866 是一幅表示这种结果的图画②。另外，把堤距留得较宽③，将使大量泥沙淤积，很快地减少蓄水容量；人们占有了这些新长出的土地，修建较小的平行的堤防，以防止平常的洪水，因而使原来整治的目的化为乌有。现代关于河道的争论，虽然没有作出最后的结论④，但可以在工程师们的技术论文中找到，如费礼门 [Freeman (1)] 同托德和埃利亚森 [Todd & Eliassen (1)]，或查特利 [Chatley (33)]⑤ 等的论文，还有更一般性的报道如马栋臣 [Clapp (2, 3)] 的文章；或者最好

237

① 本书第三卷 p. 604。

② 《农政全书》卷十七，第三十二页，复制在《图书集成·艺术典》卷五“汇考三”中。

③ 最大 15.6 英里 [任美锷 (*1*)]。

④ 小说《老残游记》中可以找到旧时代有趣的争论，该书是刘鹗于 1904 年写的，现由谢迪克 [Shadick (1)] 译成英文。刘鹗是一位工程师，工业化计划方面的促进者，同样还是一位伟大的人道主义者和一位考古学家（首先认识到甲骨文的重要性）。水利工程的许多问题是这部小说组成的一部分，这本著作在强烈评论旧官僚的文学中取得永久的地位。

⑤ 还有一个奇特的意见汇编，大多数是西方顾问的意见，见 Cross & Freeman (1)。

是看中国的书[如张含英(*1*)及胡焕庸、侯德封和张含英(*1*)合编的《黄河志》]。大力提倡河道束窄的,大概是明代的潘季驯(1521—1595年)①,其理论还未由现代模型试验完全证实,而是一面在修建滞洪区和堤坝,一面在进行研究。

然而,一般承认黄河河床每一百年约升高3英尺。有些地方每年必须把长约20或30英里的堤防段加高6英尺,同大量淤积的泥沙作斗争②。目前河床只低于平地几英尺,有些地方与平原一样平,或甚至高出12英尺③,不过从横断面来说,比起两边淤积多少英里的泥沙,中间河槽的断面还是很小的。例如,郑州的铁路桥,河床底与平原一样平,平均淤积的泥沙高出平原24英尺,两边堤顶高出30英尺,然后陡降到外围平原的高程④。因此洪水高涨时,河水溃堤逸出,原来河道中的残余水流,则将河道填满了泥沙,把河道堵塞住,因而决口以后,使河流恢复故道非常困难。

238

为了说明这种情况,图869表示出黄河在郑州和新乡之间的铁路桥上游一点的横断面,河床底与周围平原大致一样平,两侧堆着大量淤积的泥沙,边上耸立着堤防。对于这样一种情况,哪一种古老的方法都不适用,因为堤防不能无限地加高,移动25英尺深的泥沙、1000英里长、5英里宽的体积这项工程,即使用现代最新的开挖机械也不是容易或经济上可行的。费礼门已经写过,最好的解决办法似乎是修建滞洪洼地,就是使长条形的"漫滩地"与河流平行,外边用堤防护,堤要足够高大,使与任何可能发生的瞬间洪水容量相适应。根据最近的资料(图870),这个工程现在进展良好⑤。河流的外堤(北金堤)与河流北面的堤(临黄堤)封闭了一块91.65英里(150公里)长的低地,平均宽度30.5英里(49公里)⑥。这个滞洪洼地向东北方向流经一个新的省份叫平原省⑦,终点在东平湖,靠近大运河过去的穿黄处,以前洪峰经过这段距离只要三天,但现在需要八天;因此流速大为减小,坍堤的危险几乎完全排除⑧。距河口更近的地方,修建了另外一个较小的滞洪洼地⑨。这种控制泥沙淤积的原理并不是新的[参见图867、868(图版)中的一行行平行的堤防],但是自从秦始皇以来,大概就没有过这

① 虽然他预料会决堤,用外围平行的堤作后备防护。

② 各个时期黄河堤防的许多图表都还保存着,其复制件见Chi Chhao-Ting(1),pls. 5,6。这里复制(图867、图868;图版)的明末清初的两幅画卷,是一度曾由艾黎先生收藏的,分别表明黄河下游济南附近以及三门峡(通过开封)和夏邑县城之间较早朝的黄河河道。我们对艾黎先生允许复制表示感谢。更老一些的图表是西安的碑林刻石,我有幸在1958年和1964年对其进行了研究。这些黄河图中有一张是1535年为纪念杰出的工程师刘天和作的。

③ 任美锷(*1*)。

④ 胡焕庸、侯德封和张含英(*1*),第3卷,第32页对面。在岸边淤积的地方,一边约延伸5英里,一边延伸1英里。

⑤ 参见Kao Fan(1);Li Fu-Tu(1);Têng Tsê-Hui(1);Nesteruk(1),fig. 30。同样原理应用于汉口附近的长江。参见Anon.(67);Su Ming(1)。

⑥ 这个数据似乎是从河的南边堤到北边新堤的总距离,但真正滞洪区最宽的地方不会少于25公里。

⑦ 平原省位于山东、山西、河北和河南之间。以后撤消了。

⑧ 正常年份有四次汛期,四月融雪流量为1500立方米每秒(参见p. 221),七月和十月降雨季洪峰为7000立方米每秒左右,一月融雪洪峰较小,约800立方米每秒。枯水流量为60—80立方米每秒。数据采自Kovda(1),p. 172。

⑨ 现在(1965年)总滞洪量估计可能是500亿立方米,足够容纳1954年的洪水。加之,电站水库正修建在许多支流的上游。蕴藏能量总数为2.3亿瓩。

图版 三六一

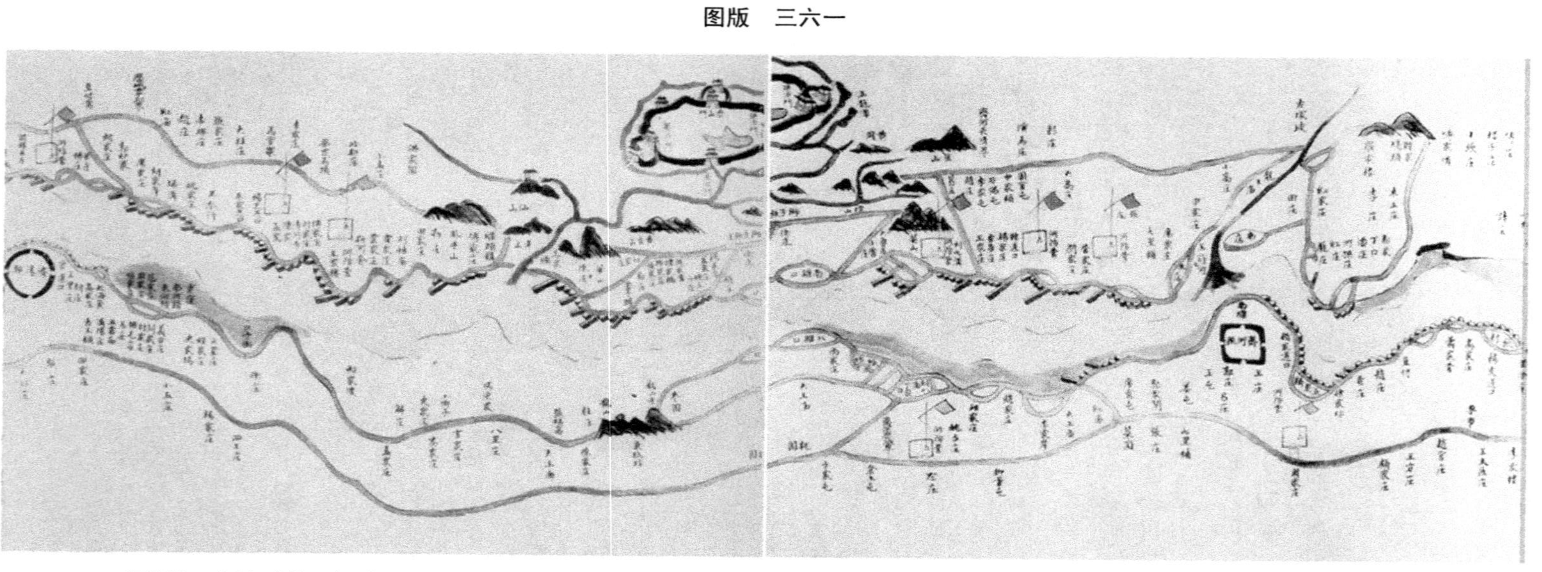

图867 晚清时的一幅黄河下游水利地图画卷的一部分，是以前由艾黎先生收藏的。图中示出的是黄河北河道，流经山东省的河道⑧，我们是从西北方向看它的，远岸为大城市济南，近岸有两个小城市，右边为齐河，下游左边是济阳。堤防和坝常常多至三条平行，图中用黑带条表示；特别是沿对岸（东南岸），该处修了很多圬工丁坝，有长有短，这是为防止河岸冲蚀设计的。与齐河相对的一条支流流入黄河，名王符河（现名泺水）。水利局的河防营用四方围墙表示，前面有一个象征性的牌楼，旗杆上有旗子，在这一河段的沿岸可看出不少于八个河防营，大半都在远岸。照片是艾黎拍摄的，承蒙盛情提供。见pp.220,230 ff.。

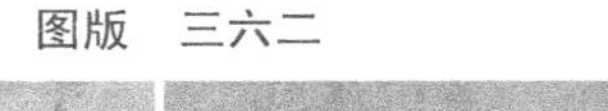

图版 三六二

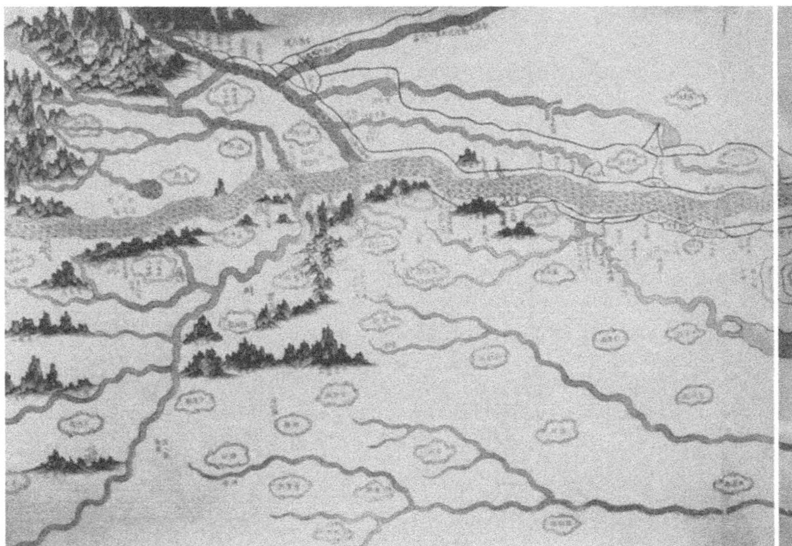

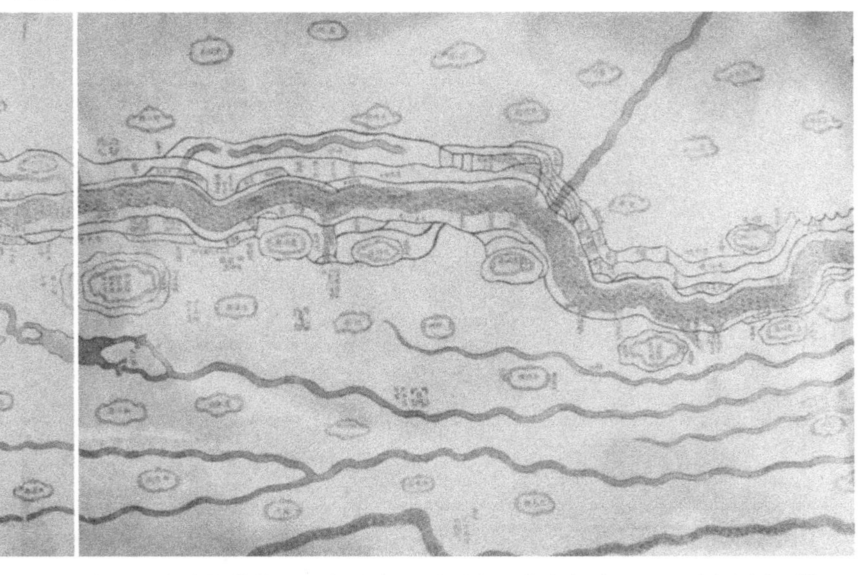

图868 清或明末的一幅黄河中游水利地图画卷的一部分，是以前由艾黎先生收藏的。我们从南面看到大河流向右边，还可看见河南西部和山西南部的许多山脉。著名的三门峡（参见p.274和图879、图881）刚好在左边视界以外。在图的左半部，洛河及其支流从南面流入黄河，古代京城洛阳在两条河中间。再往右边，在黄河以南，人们可以看到古汴渠（参见pp. 269, 307）的起点，很清楚，有三座桥跨过它。古代谷仓中心荥阳（参见p.270）位于洛阳和汴河的半路上。黄河以上北面为复杂的沁卫运河（见p.310）的遗迹，有附注说明使人记起从山西山中流来的沁河水，由人工河道经由天津流入黄海；这就是隋朝大运河的北段。在两张图结合处，有着最大的城市宋朝京城开封。画的右半边，我们看见南面有许多几乎是平行的河流，流过河南和安徽省，进入淮河；值得注意的是，黄河伴随着它们，就是说，黄河流经南河道⑦，通过禹城、夏邑等地。沿对角线指向东北的是北河道⑧，小些，绘图的时候几乎干涸，缺口用六条连续的堤坝堵塞着；或者至少是控制着；可是现在又是主河槽了（表69）。如图867中的情形，黄河全长几乎都是关进并限制在许多强大的堤防中间，有的地方多至平行的八道。堤防用细黑线表示，有时沿河边用梯子样的细线加宽，表示土堤，与石堤不同，如东北两河道汇合处的右方所标志的。所有城市都用城墙和城门表示，图中还示出了一些堡垒、关口和古迹（特别是儒家的）。照片是艾黎拍摄的，承蒙盛情提供。参见pp.220, 232 ff.。

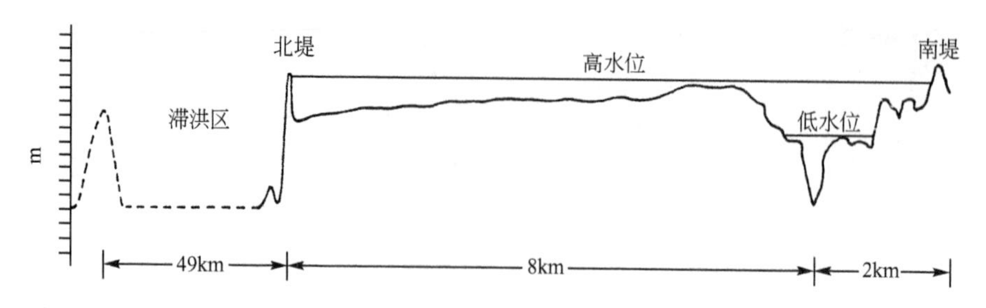

图 869 现代连接郑州到新乡的铁路桥上游的黄河河床的横断面；即正在古汴渠河口的西面。

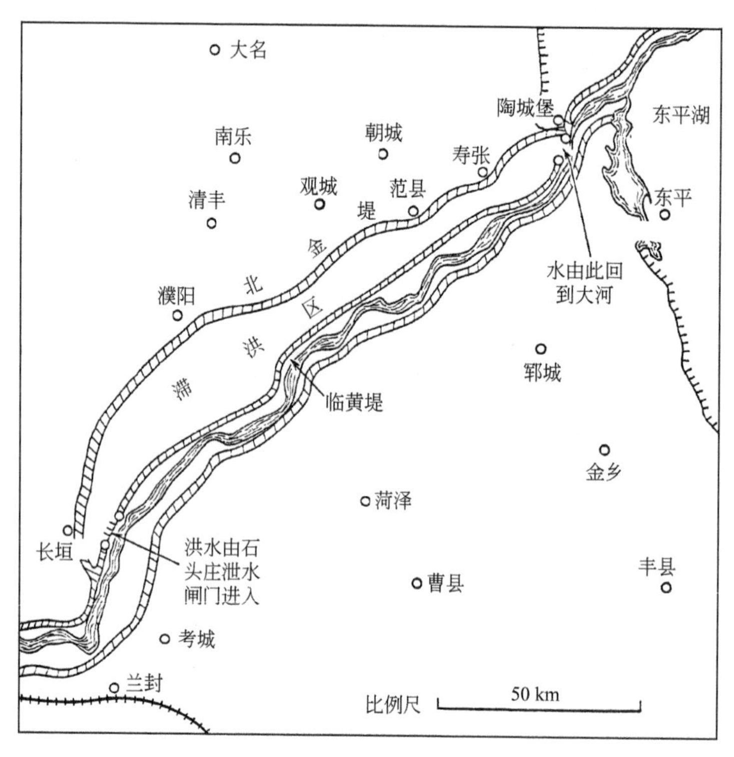

图 870 近代治理泥沙淤积的方法，使滞洪洼地与黄河平行，因而洪峰降低、迟滞。这张图［据 Kao Fan (1)］表示在开封以东黄河突然转弯处和东平以北，现代大运河南北线的交叉点之间沿河左岸（西北）建成的滞洪区。图 869 中表示的是设计中的一个滞洪区。

样强有力的中央集权政府，并且从来也没有这样为人民所拥护，按照需要组织迁移城镇和村庄，而不引起过多的社会压力①。现代化的泄水闸门也是一个因素。

239 构成这些泥沙大山的来源是什么呢？黄河流域面积上的黄土覆盖层延伸约150 000平方英里，平均深度为 100 英尺，其变化从 1000 英尺至几英寸。只要有树林、灌木林和野草覆盖着，就会保护松软的土壤，使其在暴风雨季，免受冲蚀。可是人口增加的压力，不断出现滥伐森林，破坏覆盖，造成冲蚀，现今在陕西省和甘肃省高原上，只看得见极少的树木。陕西省北部有许多冲刷沟，占土地总面积不下于 50%，人行道经常沿

① 可能有 25 个大村庄和至少一个城市。

着冲蚀的黄土山脊走，狭窄得只有三四英尺宽。我在甘肃省曾多次看见液态棕色泥流，像稀粥似的，一阵暴雨之后，泥流从高山流下沟壑，并且冲过公路。图 871（图版）是从空中看到原野冲蚀过的景象①。假如把它看做均匀的一层，整个流域全年平均泥沙流失估计为 1.78 毫米。罗德民在他写的一些论文中认为在治理黄河的许多困难问题中②，这种冲蚀是主要的因素，随着西部各省宏伟的再植林计划的实现，泥沙将大为减少。峡谷的斜坡上利用适当的土生树木如柳树、黑刺槐和梓木，重新绿化起来。在森林长期遭受破坏之后，如能及时造林，像马可·波罗在西安附近所通过的森林那样，把森林重新繁殖起来，河流治理就会简单得多③。 240

罗德民［Lowdermilk（3）］相信某些原因造成黄河河床越来越不稳定，上游河槽的下切不足以说明这个原因。滥伐森林所造成的土壤侵蚀，无论如何应该是最主要的因素之一。游荡的下游段，可用来量测河流的不稳定，有时从山东半岛地块的北面，有时从它的南面流入海里。这些无法控制的变化，列在表 69 中，可与图 859 进行比较④。简短的研究表明：黄河从山中流出以后，多么缓慢地找到它现在的路线；它一步一步地发生变化，经过四五个小的阶段，每个阶段都有异于它最后的定线。罗德民的河槽越来越不稳定的信念的主要弱点，似乎是我们对公元前 602 年第一次改道以前的河道变迁情况知道得很少；他所说的初期稳定刚好超过 1600 年⑤，是根据传统的半传说的年代，这不是现代可以接受的。但在那以后，肯定有两个长的稳定期，这就到了 9 世纪末⑥。宋代是黄河经常变迁的时期，从元代到清代末年，500 多年（至少 300 年）间，没有多大的变化，此期间的河道流向为⑦。这时期朝廷的中央集权很强盛，并且土木工程技术方面有很大的改进⑦。可是黄河在 1852—1855 年改道之后，1887—1889 年有一次很大的灾害性的泛滥，流向东南方。1938 年为了军事目的，黄河再次决堤，造成灾害。所以一般 241

---

① 采自 Fisher（1）；另有些照片见于 Koester（1）。

② 有关的一些详细报告，一方面是泥沙淤积的过程，而另一方面是滥伐森林、耕种坡地、过度放牧和冲蚀之间的关系，都可在罗德民［Lowdermilk（1）］的及其和史密斯［Lowdermilk & Smith（1）］合写的论文中找到。关于山西省的野外调查报告见 Lowdermilk（4）及 Lowdermilk & Wickes（2）；关于淮河流域的野外调查报告见 Lowdermilk, Li Te-I & C. T. Ren（1）；以及关于五台山地区的野外调查报告 Lowdermilk & Wickes（3）。在最后一项调查中作者将野外观测同更详细的地方志资料（参见本书第三卷 p. 517）作了比较。这些美丽山岳中滥伐森林的第一次浪潮发生在 16 世纪，那里的佛教寺庙，圆仁曾徘徊过。1580 年由两位有远见的官员胡来贡和高文荐曾制止过滥伐森林。但是 17 世纪和 18 世纪又重新被破坏，因此 19 世纪末就完全荒芜了。罗德民和李德毅［Lowdermilk & Li Tê-I（1）］曾讨论过有关森林侵蚀的特殊问题，罗德民［Lowdermilk（5，6）］还曾对森林地区的降雨量和径流的测量提出过报告。中国通常只在著名的寺庙周围保护森林；我特别记得道观楼观台（参见本书第二卷，p. 164）的庄严环境。但扩大了的绿化已根本改变了这种情况。1945 年我与李大斐博士和曹天钦博士访问过甘肃省天水的土壤保护试验站，那是中国专家与罗德民博士合作成立的。

③ 黄土高原水土保持现代进展的情况，可从一些论文中了解到，比如 Fang Hua-Yung（1）和 Chhen Hsüeh-Nung（1）。

④ 资料来源于岑仲勉（2）；郑肇经（*1*）；Li Hsieh（1）；以及郭惠林和涅斯捷鲁克［Nesteruk（1）］的地图。亦可参见 Lowdermilk（3）. 毕瓯［Biot（21）］的探索性著作迄今还值得一读。

⑤ 涅斯捷鲁克［Nesteruk（1）］也同意这一数字。

⑥ 从春秋到西汉末年的河道为①，从东汉到唐末的河道为②。河道都用这方法来标示。

⑦ 清代堤防决口的历史，曾由粟宗嵩、薛履坦和骆腾（*1*）从工程观点进行研究。当时的黄河管理已成为胡昌图［Hu Chhang-Tu（1）］的一篇有趣的论文的题目，他相信可以把 1855 年的灾害，直接追踪到官僚主义的无能。侯仁之（*1*，*2*）曾记述了较早期杰出的工程师靳辅（卒于 1692 年）和陈潢（卒于 1688 年）。

图 871 中国西北黄土地区冲蚀的情况。兰州东面黄河北岸的航拍照片［照片采自 Fisher (1)］。

认为,河流变迁似乎是一连串波浪式的发生,而不是量的渐次增大。

毕汉思[Bielenstein (2)]提出一个有理由且令人信服的例子表明他的观点,即公元11年的河道变迁是王莽失败的基本原因,使新的王朝建立不起来。黄河灾害,造成人口迁移、普遍饥荒,以及各种骚扰,包括“赤眉”起义[①],使汉朝的支持者们再次获得统治[②]。这个结论与这时期的社会经济史有重要的关系。如篇幅允许,人们可从中国的政治和文学的反映来说明每次河道的大变迁。例如,明代戏剧《白蛇传》里,金山寺和尚法海抵住了女神白蛇精召来淹没他的庙宇的浪涛——当时是1194年,确实水势很大,在分为南北两支之前,冲决了梁山[③]。

242

表69 黄河河道的变迁(见图859)

稳定期及突然变化期	各时期年数	水流线路	地图上的标号	关于某一时期的突变事件的参考文献
远古—公元前602年	?	在现代河道⑧以北很远与大运河近期线路在离现代天津之南有一段距离的青县会合,然后从海河河口流出。一支分向东。经过东光和德州之间与大运河交叉,在靠近(3a)线的海口附近流入海,即大约沿现在的四女寺河	⓪	郑肇经(*1*),第4页;岑仲勉(*2*),第127页起;*TH*, p.129; Maspero (28), p.342中关于《水经注》卷五,第十六页的讨论
公元前602—公元11年*	613	仍在现在河床⑧以北,但较◎线向东,在滑县附近与◎分开,在靠近临清的河湾之南,穿过近期大运河线路,然后大约在◎线分支穿过的地方又回到原来的线路,即东光之南。 此时期包括公元前168年和前132年大决口,见p.232,当时有溢流流入淮河流域(见河道⑤,⑥,⑦)	①	郑肇经(*1*),第9页;岑仲勉(*2*),第256页,*TH*, p.620; Bielenstein (2) 岑仲勉(*2*),第244页起
公元11—1048年	1037	差不多沿现代河道⑧,但在其北部与之平行,于大名和濮阳附近从①分出。其故道为现代徒骇河	②	岑仲勉(*2*),第344页
公元11—70年	59	从①下游分出,在大名附近	(2a)	
公元70—1048年	978	从①较上游分出,流经濮阳附近	(2b)	
公元893—1099年	206	与现代河道⑧在郑州之东分支,以下为一条新河道,直流入海,与现代河道⑧在开封之东分离,大致与②平行,但在它北面一段距离。可能现在的马颊河为其故道	③	郑肇经(*1*),第25页;岑仲勉(*2*),第321页;*TH*, p.1607

① 参见本书第一卷p.109,第二卷p.138。

② 特别见Bielenstein (1), pp.145 ff., pp.153 ff., 162, 165。王莽由于一半人口遭受洪水和饥荒的影响而于公元23年被人杀害。

③ 张新政[译音,Chang Hsin-Chêng (2)]告诉我们金山的历史有事实的根据,金山在镇江西北二英里处长江的岛上。公元713年和1539年激烈的暴风雨(可能有地震扰动)使长江的河道改变了几天。这现象是郎瑛在他的《七修类稿》卷二(第四十四页)中记载的,因而很可能是传说的补充素材。

续表

稳定时期及突然变化期	各时期年数	水流线路	地图上的标号	关于某一时期的突变事件的参考文献
1060—1099 年	39	形成③的另一个长的三角洲河槽，在旧河槽①之西，流经一段距离，在③的北面入海。可能现在的四女寺河是它的故道。一条新的水道在大名附近上游排出河道①内的剩余流量	(3a)	郑肇经（*1*），第 25 页；岑仲勉（*2*），第 353 页；*TH*，p. 1607
1048—1194 年	146	反转流向西北（在 1099 年后完全如此），流入大运河近期线路，新河道在濮阳西南和大名与临清之间	④	郑肇经（*1*），第 19 页、第 28 页；岑仲勉（*2*），第 396 页；*TH*，p. 1607
1194—1288 年	94	一条新的岔道偏离现河道⑧，从③和④原点出发，经过一段短距离后，流向现河道的北面，跨过它，直接指向山东的群山。与梁山相遇（寿张和张秋之南）分为两股几乎相等的河道，分向南北流出山东省。北面一股经由近期大运河之西，与现在河道⑧会合。南面一股在淮阴东北入海。	⑤	郑肇经（*1*），第 30 页；岑仲勉（*2*），第 426 页；*TH*，p. 1607
		自 1077 年大决口开始，河分为两股，但用人工堵塞南面一股后被引回河道③和④		《通鉴纲目续编》卷七，第五十页起；*TH*，p. 1603
1288—1324 年	36	从河道⑤原点开始，改道流向现河道⑧，然后在开封河湾上游，有一次大的泛滥向东南，大部分水流向南入淮，经洪泽湖进入长江。这条线的一部分是新汴渠线（参见 p. 307）。其余河水继续经河道⑤，直到 1495 年		郑肇经（*1*），第 42 页、第 91 页；岑仲勉（*2*），第 478 页
1324—1855 年	531	从开封河湾流向东南，1495 年后完全如此；切断以梁山为顶点的大环流段，在徐州附近（大致顺着陇海铁路线）与旧南面一股河漕⑤会合，如以前一样，流向淮阴东北入海。这条路线与古代鸿沟渠接近（参见 p. 269）	⑦	郑肇经（*1*），第 42 页、第 91 页；岑仲勉（*2*），第 574 页；*TH*，pp. 1607，1728，1818
1855 年到现在	110	完全向北，流经现在的河道，开封上下游都如此，例外的是有两段时期决口入淮	⑧	郑肇经（*1*），第 91 页；岑仲勉（*2*），第 574 页；*TH*，pp. 1607，1818
1887—1889 年	2	沿淮河大部分支流向东南流，通过洪泽湖流入长江	(8a)	郑肇经（*1*），第 95 页；岑仲勉（*2*），第 584 页
1938—1947 年	9	同样，但由于军事上的理由，在中牟（开封正西面）用人工决堤。第二次世界大战后，恢复北流，同时大量治淮，而免于水灾（参见 pp. 222，224）	(8a)	Anon.（9）；Rivière（1）；Peck（1）；Belden（1）；Hsüeh Tu-Pi（1），p. 543；Tung Hsien-Kuang（1），p. 5

243

* 有理由可以设想，公元 11 年的河道变迁要稍早，而真正开始于公元 2—6 年，如同公元前 168 年和前 132 年那样，暂时流入淮河；参见 Bielenstein（2），p. 150；郑肇经（*1*），第 10、193 页；岑仲勉（*2*），第 257 页，其中对《后汉书》（卷二，第十五页起）中公元 70 年诏书作的解释，有毕汉思的译文。

古代中国人对于滥伐森林（图 872）的危害性认识到什么程度，是一个疑问，难于回答，因为人们必须小心，不要把我们自己的意见掺进他们的语言里①。尽管如此，不容怀疑传统上归于孟子格言对水土保持重要意义的认识②：

如果耕作时节不受妨碍，谷物会多得吃不完。如果池湖禁止密网打捞，鱼鳖会多得吃不完。如果大小斧子只在适当的时候在山林中使用，木材会多得用不完。

〈不违农时，谷不可胜食也；数罟不入洿池，鱼鳖不可胜食也；斧斤以时入山林，材木不可胜用也。〉

图 872 山中伐森林，是 1590 年前后刊行的《王公忠勤录》中的一幅插图［采自郑振铎（5）］。美术家李文是一位最早的木版画家。关于采集木材，见 Yang Lien-Sheng（11），pp. 38ff.。

另外，孟子还有一段话把破坏森林与人之性善的强迫放纵相比③。他说： 244

牛山上的树木是美的，它位于大国的边境附近，他们用斧头砍下来，树木怎能还保持美呢？经过日夜不停的（植物生长）活动，受雨露滋润的影响，又生长出幼芽来，于是牛羊来吃它。这是（山上）光秃的原因，人们看见了，认为它从来没有长过好林木，但这是山的本性吗？（同样）人也是如此，任何人能没有仁爱和正义么？人失去了良心，就好像山上砍去了树木一样。天天地砍伐，（心中）还怎

① 现有一篇关于中国水土保持的历史的有用的评论，见辛树帜（2）。另见 Schafer（2）。
② 《孟子·梁惠王章句上》第三章；译文见 Legge（3），p. 6，经作者修改。
③ 《孟子·告子章句上》第八章；译文见 Legge（3），p. 283，经作者修改。

能保留它的美呢？

〈牛山之木尝美矣，以其郊于大国也，斧刀伐之，可以为美乎？是其日夜之所息，雨露之所润，非无萌蘖之生焉，牛羊又从而牧之，是以若彼濯濯也。人见其濯濯也，以为未尝有材焉，此岂山之性也哉？虽存乎人者，岂无仁义之心哉？其所以放其良心者，亦犹斧斤之于木也，旦旦而伐之，可以为美乎？〉

245 这表明孟子认为山林裸露是人为的和不祥的，并把过度放牧的因素也加上去。古代在种植以前要把树烧光［“麦尔帕农作制”（*milpa* agriculture），参见本书第四十一章］，因此森林必定破坏得很厉害。对此，《淮南子》一书反对同原始公社黄金时代相反的封建主义的奢侈颓废，把为需要冶金燃料而滥伐森林也看做是一项邪恶[1]。

为了打猎把整个森林烧光了，大的树干烧焦并且炭化了。风箱猛烈地拉着，把风送进熔铁炉里，为的是熔化青铜和铁；为了淬火和锻造而使金属白白地流着——这种工作一天都不停止[2]。山上没有高的树留着，柘树[3]、梓树[4]都从树林里消失不见了。大量的木料都烧成了木炭，大量的植物都用篝火烧成白灰。因而莽草[5]和白素[6]永远不能完好地成长，上面的烟遮住了明亮的天空，而下面土地的资源消耗殆尽。由于过度的用火烧，一切都被破坏完了。

〈焚林而猎，烧燎大木，鼓橐吹埵，以销铜铁，靡流坚锻，无厌足目。山无峻干，林无柘梓，燎木以为炭，燔草而为灰，野莽白素，不得其时，上掩天光，下殄地财，此遁于火也。〉

但是，到了16世纪，滥伐、冲蚀对洪水等问题的直接影响都已认识清楚。明代学者阎绳芳写道[7]：

正德（1506—1521年）以前，上郅和下郅（山西祁县）山上长满了茂密的森林。因为人民很少采集燃料，这些树很少被砍伐。泉水流入盘陀河，长的波浪流过六支和丰泽村，在上段都流入汾河的叫做昌源河，整年都不干涸。所以从很远的村庄和祁县之北，都挖支渠和沟，灌溉几千顷的土地。这样，祁县变得繁荣兴旺起来。

但在嘉靖（1522—1566年）初年，人民互相争着修建房屋，不到一年，南山的木头都被采伐了。人民利用光秃秃的山种植农田。地上的灌木、小树和树苗都根绝了。结果是如果天降大雨，就没有什么东西阻挡水流。清晨南山下雨；晚上就流到平原上，怒涛高涨，溃决堤防，经常改变了河道……所以祁县7/10的财富被剥夺一光。

〈正德前，树木叶茂，民寡薪采，山之诸泉，汇而为盘陀水，流而为昌源河，长波澎湃，由

---

① 《淮南子》卷八，第十页，由作者译成英文，借助于 Morgan（1），pp. 95ff.；参见本书第二卷，pp. 101 ff.，127 ff.，第三卷，p. 609。

② 参见本书第四卷第二分册 pp. 135ff.，以及第五卷中的第三十章（d）。

③ *Cudrania* spp.，R599。

④ *Catalpa* spp.，R98。参见 pp. 414，645。

⑤ *Illicinm religiosum*，R. 505。我们知道在古代作为一种有价值的杀虫剂，参见 Needham & Lu Gwei-Djen（1），另见本书第三十八章。

⑥ 可能是 *Jasmimum* spp.，R178。

⑦ 《山西通志》卷六十六，第三十一页，译文见 Chi Chhao-Ting（1），p. 22。这里我们不能深入谈到森林的事情，关于中国森林史的论文，我只提出 Têng Shu-Chun（1）和 F. Y. Chang（*1*）。参见本书第六卷中的第四十一章。

六支丰泽等村，经上段都而入于汾，虽六七月大雨时，行为木石所蕴，放流故道，经岁未见其徙且竭焉，以故由来远镇迄县北诸村，咸浚支渠，溉田数千顷，祁以此丰富。嘉靖初元，民竞为居室，南山之木，采无虚岁，而土人且利之濯濯，垦以为田，寻株尺蘖，必铲削无疑。天若暴雨，水无所碍，朝落于南山，而夕即达于平壤，延涨冲决，流无定所，屡徙于贾令南北，而祁之丰富，减于前之什七矣。〉

祁县位于山西省太原之南，离五台山南面很远，前面已提到过。

但在以后的世纪中，对于自然资源的节约和浪费得不到稳定的平衡，中国农民已经很懂得必须巧妙地利用土壤的湿度。第四十一章中，我们将谈到农业，但是关于鱼鳞坑和梯田需要说明一下，因为凡是能在高地土壤中蓄水的措施，都有助于低河谷的水土保持。中国北部的气候，春季干燥多风，夏季干热，隔很长时间才有阵雨，晚秋湿润，带来全年雨量的2/3，即使没有特大的洪水，也会造成严重的冲蚀，冬季极其干燥，有风雪[①]。在这种情况下，耕种只有尽可能在土壤中蓄水，才能得到好收成。最古的农书，如《氾胜之书》[②]，写于公元前10年前后，《齐民要术》是贾思勰在公元540年写的，都提到保持土壤湿度的重要意义。适时的耕锄和耙田，保留雪水甚至露水的方法，“培土”和树叶覆盖都是减少水分蒸发和保存水分的非常聪明的方法。 246

在斜坡上减少蒸发、保存水分的最古老的方法之一是挖鱼鳞坑种植（“区田”）。氾胜之说[③]：

商汤[④]统治时期，有一次长期而严重的干旱。（他的一位）宰相伊尹（因而）发明了区田法（即在浅坑和沟里种植谷物），教人民处理种子及引水灌溉谷物。在浅坑中种植主要依赖土壤的肥力（“粪气”），不一定要很好的土地。山头、崖边、靠近村庄的陡坡，甚至城墙上的斜坡，都可用来挖浅坑。……鱼鳞坑可以直接在荒地上着手，而不需要（其他的）准备工作。

〈汤有旱灾，伊尹作为区田，教民粪种，负水浇稼。……区田以粪气为美，非必须良田也。诸山陵，近邑，高危倾阪及丘城上皆可为区田。……凡区种不先治地，便荒地为之。〉

书中继续详细地讲到鱼鳞坑的尺寸，通常6英寸深，沿等高线挖沟，并附有各种土壤中便于挖坑或沟的数字。鱼鳞坑肥水都要充足，对于某几种作物如甜瓜等就要在每个坑的中心埋一个土罐，以便经常装满水。通常坑中种青葱或豆类，与葫芦实行混合种植[⑤]。 247 这种方法用来蓄水，对植物营养的价值，是很明显的。

区田法适于很小块的梯田，对于减少雨水快速流失用处很大。梯田用石或土叠砌做墙，简单说，是同样原理的扩大应用（图873，图版）。我们猜测这种方法很古老，可

① 这种描述，以及本节别处的许多描述，来自 Shih Shêng-Han（1），pp. 40ff.。

② 氾胜之的鼎盛期是公元前32—前7年；他为农业服务得很出色，后来当过御史。

③ 《玉函山房辑佚书》卷六十九，第五十四页起，译文见 Shih Shêng-Han（2），pp. 29ff.；参见 pp. 63ff.，氾胜之所述的区田方法，被广泛地引用在《齐民要术》（卷三，第十页起）中；见 Shih Shêng-Han（1），pp. 21，52ff.。

④ 半传说中商朝的第一个皇帝，根据掌握的历史情况，年代在公元前16世纪。

⑤ 氾胜之这种园艺种植谷物的收成，达到了惊人的高产，在我们的时代里，用实验肯定了下来。见王国定（*3*）。

图版 三六四

图 873 四川典型的水稻梯田［采自 Anon.（*26*）］。

能史前时期在南方和西南方就有，中古时期传到北方和西北。按照辛树帜（*2*）的说法，这个名词首次见于范成大的《骖鸾录》[①]（叙述他在1172年从京城到桂林旅行三个月所见），但在1149年陈旉的《农书》[②] 中已述及这个方法。《唐诗》中如杜甫和张九龄分别在描写四川和江西风景的诗中也含有这种意思。这就肯定意味着区田法在8世纪时已经推广，此后可能才向北方发展。

(4) 传说中的工程及其社会意识

"大禹治水"——这是遍及全中国的一个传说[③]。世界上恐怕没有别的民族保存下来这样大量传说的资料，从中可以追溯到远古时代的工程问题。故事的精髓是两个修建土木工程的文化英雄相继为传说中的帝王委派负责治理洪水及河流，第一个是鲧，失败了，第二是禹，成功了。传说中许多故事的特征带有启发性，值得我们深入研究[④]。

传说帝尧时有特大洪水[⑤]，四岳[⑥]推荐鲧主管防洪和控制工程[⑦]。但经过九年治水，他没有成功[⑧]；他的堤修多高，水涨多高，因此完全失败了。鲧的工作没有得到赞赏[⑨]，他被充军[⑩]，被尧杀害并碎尸多块[⑪]。很重要的是鲧后来被看做是坝、堤或墙的发明者[⑫]，他被设想为从风筝和乌龟那里得到了启示[⑬]。 248

此后，鲧的儿子禹（从一粒谷或是一块石头中生出来的），又在四岳的推荐下，被舜（尧的继承者）[⑭] 派去治水，经过十三年的艰巨劳动，疏通了九条河道，把它们引入四海，并挖深了河道[⑮]。疏浚水道河床的主题经常同禹的工作联系起来。治水期间他经

---

① 《骖鸾录》第十四页。

② 《农书》第二篇。参见 Rudofsky (1), figs. 28, 30。

③ 我在四川省利川大禹的美丽的庙宇中，曾经默想起这句话，那地方直接可以望到扬子江，当时（1943年）同济大学校部就在那里。

④ 葛兰言［Granet (1), p. 483］的著作可以作为我们很好的研究焦点。但熟悉《古史辨》第一册中顾颉刚、丁文江和许多其他学者革命性的现代研究是必不可少的。新近中国人的观点的概要，可在徐炳昶（*1*）的著作中找到。

⑤ 《史记》卷一［Chavannes (1), vol. 1, p. 51］；根据《书经》的第一篇《尧典》［译文见 Karlgre (12), p. 3］和第五篇《益稷》［译文见 Karlgre (12), p. 9，参见 Medhurst (1), p. 65］。马伯乐［Maspero (8), p. 47］指出，不要将此传说同来自巴比伦的希伯来（Hebrew）洪水传说故事相混淆。但是，弗雷泽［Frazer (2)］所作的洪水传说的主要的比较分析，引起了中国人的兴趣，并在徐炳昶的书中译作附录。

⑥ 注释家们争论四岳的意义是一个人还是四个人，或是鬼神，官衔或爵位。无人得知。

⑦ Chavannes (1), vol. 1, pp. 51, 67。

⑧ 《史记》卷一［Chavannes (1), vol. 1, pp. 51, 67, 98］；根据《书经》的第一篇《尧典》［译文见 Karlgren (12), p. 3，参见 Medhurst (1), p. 10］和第二十四篇《洪范》［译文见 Karlgren (12), p. 29；Legge (1), p. 139］。

⑨ 《史记》卷一［Chavannes (1), vol. 1, p. 99］；《书经》第二篇，《舜典》。

⑩ 《竹书纪年》卷一。

⑪ 《书经》第二篇，《舜典》［译文见 Karlgren (12), p. 5 参见 Medhurst (1), p. 27］。

⑫ 《吕氏春秋》第九十四篇（vol. 2, p. 45），还有《淮南子》第一篇，第四页［译文见 Morgan (1), p. 7］。

⑬ 根据屈原的《天问》［Maspero (8), p. 48，参见 Hawkes (1), p. 48］。

⑭ 《史记》卷二［Chavannes (1), vol. 1, p. 99］；根据《书经》第二篇，《舜典》［译文见 Karlgren (12), p. 5］。

⑮ 《史记》卷二［Chavannes (1), vol. 1, pp. 100, 154］；根据《书经》第五篇，《益稷》［译文见 Karlgren (12), p. 9］。

过自己的家门许多次，但从未进去休息，在《孟子》[1] 书中可以找到他忠诚于事业的传说以及古典公式化的赞扬。禹的事业被认为是完全成功的，永远占有灌溉的文化英雄的位置，是鲧所不曾得到的。其他技术上的赞扬也都归之于他；因而他是一位地图绘制者[2]、一位青铜武器的制造者[3]和一位消灭瘟疫的战士[4]，等等[5]。

除这两位主要人物之外，还有一位与水利工程有关的辅助人物，即共工（字面意思是“共同劳动”），他另外的名字叫倕（一个与“锤”有关的字，一种熔铁炉或锻铁炉的风口）。他被四岳提议做尧的管水官员[6]，驩兜也推荐他[7]，但舜拒绝了。最后他被充军并被杀害[8]。

如果解释得正确，这些传说中包括了方法论。很多事情表明葛兰言很有眼光，他提249 出，禹和鲧的对比说明古代中国存在两种治水的对立学派[9]。正如他所说，在整个中国历史中，筑高堤的派别和浚深槽的派别之间存在一种矛盾[10]。而且，这种矛盾采取了两种道德体系之间的矛盾的形式，即一种是限制和压迫自然，另一种则是让自然自行其道，甚至如果有必要，可以帮助它返回其道。这只需说明它本身同我们已经经历过的许多事情是直接一致的。儒家的法理学家在讨论法律时用了堤坝的比拟[11]。沿河道建立凸的“阳性的”山脊，这种情况道家叫做“为”，与“无为”（“不违反自然”；参见本书第二卷 pp. 68 ff.）相对立[12]。反之，加深河床，开挖“阴性的”凹的河道是顺乎自然，是一种对某些最神秘的道家原型，如“谷神”和水的阴性象征（本书第二卷 pp. 57 ff.）的领悟。这在《国语》的一段长长的讨论中讲得很清楚[13]；鲧和共工对自然施加强迫，所以他们受到惩罚，大禹采用的方法恰当。后一类方法都很重要，在中国早期的科学技术发展史中，道家在这方面起了很大的作用。

各个工程学派的思潮，并不都把自己的观点和发现的定律雕刻在石上，使后世纪念它。只有大禹的崇拜者这样做。离四川省城成都西北不远的灌县，那里有世界上的一个

---

① 《孟子·滕文公章句下》第九章［Legge（3），p. 155］；《孟子·滕文公章句上》第四章［Legge（3），p. 126］。参见《钦定书经图说》卷五，第十四页。

② Granet（1），p. 482。

③ Granet（1），p. 503。

④ Granet（1），p. 486。

⑤ 禹是有历史文献记载的最早的传奇人物，如《诗经》中提到他［《毛诗》，第二一〇、二六一；参见 Waley（1），pp. 212，146］。所有那些传统上认为较早的传说，事实上发明很晚。很可能禹原来是一位土地神，他堆积了山，并开挖了河道。

⑥ 《史记》卷一［Chavannes（1），vol. 1，p. 50］；参见 Granet（1），p. 520。

⑦ 《史记》卷一［Chavannes（1），vol. 1，p. 67］，参见本书第二卷，p. 117。

⑧ 《书经》第二篇，《舜典》；译文见 Karlgren（12），p. 5；Medhurst（1），p. 27。

⑨ Granet（1），p. 484。

⑩ 在所有年代里都很易于找到相似的复杂性。1630 年左右，东英格兰沼泽地带的排水时期，两种观点的矛盾表现得很尖锐。有人认为现有水道应当加深筑堤；而其他人，包括科尼利厄斯·费尔默伊登爵士（Sir Cornelius Vermuyden）在内，认为应当修建新的人工的直线水道，像新贝德福德（New Bedford）平原一样，见 L. E. Harris（1）；Darby（1）；Steers（1）。

⑪ 参见本书第二卷 pp. 544，256。

⑫ 这是秦始皇的大将蒙恬自责的诉苦书，在组织修筑长城时，他一定是将“地脉切断了”。见上文 p. 53。

⑬ 《国语·周语下》第八页起；周灵王二十二年。

最特殊的灌溉工程[1]。一条大河岷江,发源于邻近西藏高原的群山中,每年在一定的季节里,用活动坝和溢洪道把水引出,通过山边开挖的巨大缺口,形成一条人工河,长735英里的灌溉渠道,使50万英亩的肥沃土地成为头等农业耕地。所有中国的大比例尺地图上都可看见的这一巨大工程,需要一两页篇幅叙述它(p.288)。这里要指出的是,它修建的时期是在公元前3世纪中叶,由该郡太守李冰动工,而由他的儿子李二郎完成的。寺庙中供奉着李二郎,从庙中可以眺望最著名的悬索桥(参见上文p.192),庙中有一系列石刻碑文(图874,图版),大概刻的时间不久,但如我们所知,某些警句垂诸永久,有些是秦代工程师自己的语言。其中最古老的是:"深淘滩,低作堰"。即"深挖渠道,把堤做低些"[2]。其次同样古老或者差不多的是:"逢直抽心,遇弯截角"。即"渠道直流的地方,疏浚它的中心,弯曲的地方,截去其角"[3]。这也是禹的教导,采取措施以防弯处受冲蚀。第三句可能是后来加上的:"宽砌底,斜结面"。即"使渠底宽些,使岸坡逐渐成为斜面"[4]。 250

现在再回到原来的传说,我们接触到一件很奇怪的事。失败的或者受到谴责的灌溉工程师们与传说中的叛逆集团相同,在有关道家的一章中我们对此有过很长的讨论(本书第二卷pp.115ff.)。共工是其中之一,被驩兜所推荐,而鲧本人与梼杌常常是一个人[5]。这个提示说明所有这些(及有关的)人物,与传说中的帝王作战而被征服。他们是原始集体主义社会中人民的领袖,后来失败成为传说中的残渣余孽,最强烈地反对青铜时代初期建立的原始封建制度。很自然,他们中间某些人在其后的若干年代里变成为道家的英雄,因为道家根本反对封建主义,急于想回到原始社会的黄金时代。因此,很有意义的是,屈原在《离骚》[6]中,特别是在《天问》[7](约公元前300年)中,强烈地站在鲧的一边,惋惜他,并说他的死是不公正的,他的失败并非由于他自己的错误[8]。另外还可以举出许多例子。从而我们可以推论,传说中鲧的失败和死掩盖着原始社会真正的失败,不能适应治河、灌溉等较大的问题。大抵这种社会形式不能组织人类劳动力担负紧急的工程任务,不如在封建社会中的徭役制度那样的有效。如果是这样,我们希望从传说中追溯到禹和封建制度起源的关系,实际情况就是如此。例如,《书经》的《益稷》篇[9]里禹答问时说,这是他的工作的结果,"一万个国家都治理得好"("万邦作乂")和"无论到哪里去,我都设立五(等)首领(封建的诸侯)"("咸建五长")。这一点为卫德明(H. Wilhelm)所欣赏,他曾在他写的关于禹的传说 251

① 有许多描述文章,如Hutson(1),Lowdermilk(2);参见下文p.288。

② 这被通称为"六字诀"。公元972年根据御旨再次刻在石上。它的另外一张照片在潘恩霖(*1*)《西南揽胜》第158页上。

③ 这被通称为"八字格"。其他的一些碑文,是工程师卢翊(约1510年)时代的。

④ 参见上文p.231关于挟带泥沙最优的横断面的阐述。

⑤ Granet(1),p.240。

⑥ 林文庆译,第86页;Hawkes(1),p.26。

⑦ Hawkes(1),pp.48,50。

⑧ Granet(1),p.266。

⑨ 译文见Karlgren(12),pp.9,12。

图版 三六五

图 874　灌县李二郎庙的三个“六字诀”中最古老的一处（原照，摄于 1958 年）。立于纪念碑石梯道中的显著位置，上面写着：“深淘滩，低作堰”。见 pp. 250，294。

中，结合中国农业社会的两种基本特征，即治理水道和组织徭役劳力去完成它[1]。如果这个解释是正确的，结论可能像下面这样，从原始集体主义过渡到封建主义，正如后来从封建主义过渡到封建官僚主义一样，是在同样的环境强迫之下发生的。因为水利工程事业都由地理条件所决定，与之相关的目标是防洪、灌溉供水，以及大量运输的便利方法，通常都是趋向于把强大的中央集权政府作为唯一有效的工具。原始的“一盘散沙”(孙逸仙的话) 做不到的，只有原始封建社会的“王”及其诸侯的强迫征召才能做到，而这些封建王侯做不到的事，只有秦朝统一以后的高级官员用他们的地图和勘测以及发展的技术——文艺复兴所带来的技术水平出现之前所能做到的一切——才能够做到。试以这个意义读“润”字，它的意思是灌溉。我们可以看出水旁加在“门”和“王”字合在一起的字上读“润”。润字没有三点也念“闰”，意思是闰月，即一定是由王室发布命令的事情。无可置疑，这三个组成部分都是从古代同义的象形文字中得来的，不过在理解“水流经过王所管制的门”这个普通的语义之前，人们需要肯定这个字不是从十分不同的东西讹误而来的[2]。

附带指出几点。灌县的大开挖使我们想起传说中出现的大量开挖[3]。禹被认为做过或者监督过开凿黄河的龙门峡谷、孟门峡谷和吕梁峡谷[4]。许多地方的名称不是与禹，就是与鲧有联系[5]。特别有争论的传说是太行山和王屋山的分开是夸蛾（在其他方面是个不知名的人物，可能与“夸大者”夸父是同义词)[6] 的巨人儿子们开挖的。这个故事写在《列子》书中，如果只为表示不屈不挠的精神，值得发扬，正是这种精神使中国古代完成了许多伟大的工程[7]。因为对于形成集体的人们来说，没有什么事是做不到的。

太行山和王屋山面积为700平方里，高度非常之高，原位于冀州的南面、黄河北岸的北边。北山有个愚公，是一位九十岁的老人，住在山的对面，心里很着急，因为山的北侧阻碍行人通过，必须绕道而行。因此他把家人叫到一起，提出了一个计划。他说：“让我们发挥最大的力量，挖掉这个障碍，挖出一条穿过山的通道到汉阴。你们说怎么样?”除了他的妻子，其他家人都同意了。他的妻子反对说：“我的丈夫连扫掉一堆粪都没有气力，让太行和王屋两座山呆下去吧，再说你们挖出来的土、石放到哪里去呢?”大家回答说，把土和石都扔到黑土以北的渤海海角里去。 252

因此，这个老人和他的儿子、孙子带着铁锹出门去了。他们中有三个人开始凿掉石头，挖出土壤，装在篮子里，用车拉到渤海海角去。附近住着一个寡妇，她有

---

① Wilhelm (1), p. 23。

② 高本汉的解释（K1251 *o*，*p*）无助于说明问题，但有一点是有兴趣的，即同泄水闸门最初的发明和使用有关（见下文 pp. 263，349）。

③ Granet (1), p. 484。

④ 参见《尸子》第一篇，第十九页；《淮南子》第八篇，第十七页；《吕氏春秋》第二十五篇（vol. 1，p. 51)；讨论见 Maspero (8), p. 51。

⑤ Maspero (8), p. 71。

⑥ 《山海经》第八篇。夸娥的意思像“蚁王”，这个名字也许不是不合理的，与下面所叙述的故事有关。

⑦ 《列子·汤问第五》第九页，译文见 L. Giles (4), p. 86; R. Wilhelm (4), p. 51; 经作者修改。它被毛泽东在 1945 年的一次讲话中引用过，而有很大的影响；见 Mao Tse-Tung (2), vol. 4, p. 316。

一个小男孩，跟着他们跳跳蹦蹦，虽然他的乳牙才刚脱落，也尽可能地帮助他们。他们热衷于劳动，除了季节变换外，从不回家。

河曲智叟发出笑声，劝他们停止。他说："你们的举动多么可笑啊！以你衰老的年龄和残余的一点力气，连山上的草木都动不了，何况有这么多大块的石头和土壤？"愚公叹气并且说："你是铁石心肠而且心眼狭窄，你们不值得与寡妇的儿子比，轻视他的力气小。虽然我自己是一定要死的，我死了有儿子，儿子还有孙子。孙子还会生儿子，他们的儿子还有许多儿子和许多孙子。有这些后代，我的家族不会断绝；可是，山不会再增高。我为什么要担心最后不能平掉它吧？"这个回答使河曲智叟无话可说。

操蛇之神[1]听到这件事情，害怕他们永远挖不完，就跑去告知（天）帝。老人的忠诚感动了天帝，他命令夸蛾的两个儿子去移山，一座被移到东北端，一座被移到雍州的南角。从此以后，北面的冀州与南面的汉水之间的地区成了大平原。

〈太行、王屋二山，方七百里，高万仞；本在冀州之南，河阳之北。北山愚公者，年且九十，面山而居。惩山北之塞，出入之迂也，聚室而谋，曰："吾与汝毕力平险，指通豫南，达于汉阴，可乎？"杂然相许。其妻献疑曰："以君之力，曾不能损魁父之丘，如太行、王屋何？且焉置土石？"杂曰："投诸渤海之尾，隐土之北。"

遂率子孙荷担者三夫，叩石垦壤，箕畚运于渤海之尾。邻人京城氏之孀妻有遗男，始龀，跳往助之。寒暑易节，始一反焉。

河曲智叟笑而止之，曰："甚矣，汝之不惠！以残年余力，曾不能毁山之一毛；其如土石何？"北山愚公长息曰："汝心之固，固不可彻；曾不若孀妻弱子。虽我之死，有子存焉。子又生孙，孙又生子；子又有子，子又有孙；子子孙孙，无穷匮也；而山不加增，何苦而不平？"河曲智叟亡以应。

操蛇之神闻之，惧其不已也，告之于帝。帝感其诚，命夸蛾氏二子负二山，一厝朔东，一厝雍南。自此，冀之南、汉之阴无陇断焉。〉

除了这个北山愚公之外，还有其他地方的一些文化英雄。山西有台骀，他使汾河和洮河水流平稳，并成为它们的守护神[2]。太原附近至今还有台骀泽（沼泽地，现已开垦为耕地）。创世的女神——女娲也在故事中出现，因为她用芦苇的灰做堤；这大概是黏土粘结技术的反映[3]。

253

传说中与植林有关的故事也很新奇。古代已经注意到（上文 pp. 241ff.）植物覆盖丘陵的价值。可是传统观点认为禹是森林的"袭击者"。《山海经》记载他袭击云雨之山[4]和程州之山[5]；所有注释者设想这意思就是把树砍下来或至少做好了砍伐的标记。

---

① 注释者参考了《山海经》。

② 有关他（指台骀）的常被引用的章节是《左传》"昭公元年"（即公元前 540 年）中的文字 [Couvreur (1), vol. 3, pp. 30ff.]。当时设想他是致病的鬼神，引起晋公的病。公孙侨（参见本书第二卷 pp. 365，522）解释了他的故事，说他是水利工程师昧的儿子，昧是少皞帝传说中的后裔。台骀接替他修建了大型公共工程。作为报酬，颛顼帝命他为汾泉君，因此他变成了汾河神。公孙侨特别反对说鬼神干预了晋公的病，而归之于卫生和健康。昧和台骀的故事显然同鲧和禹相似，虽然是儿子，而不是父亲，分担鲧和共工的罪恶。1964 年我看见太原西南一座大的晋祠道观中还有台骀的宝座。见 Maspero (8), pp. 51，73。

③ 参见这种特殊的灰在律管上的应用，本书第四卷第一分册 pp. 188ff.。Maspero (8), pp. 52，74。

④《山海经》第十五篇，第四页。

⑤《山海经》第十七篇，第二页。

《书经》的《禹贡》篇开始段叙述他沿山走去砍倒了树（“随山刊木”）[1]。大概人们认为采伐森林可以减少降雨，因而使得工程师们的任务较为容易完成，虽然很难使人相信古代的人已能理解布吕克纳（Brückner）原理[2]。可怕的冲蚀比滥伐森林造成的降雨变化重要得多。《左传》[3] 中有一种矛盾的意见，公元前525年干旱时期为了求雨，派人到桑山砍了许多树木，政治理论家子产（公孙侨）说这是大罪，惩罚了砍树的人。然而后来，秦始皇帝怀着对湘山的怨恨，于公元前219年把湘山上的树木全部砍光[4]。

传说中还有一个特征，与禹和鲧有关的某种特殊土，是他们用来筑堤的“活性的土”（“息土”或“息壤”）。据说鲧曾偷过它，却不知道怎样利用，禹成功地利用了这种土。葛兰言认为这指的是某种取之不竭的黏性土[5]；卫德明把它同普罗米修斯（Prometheus）传说中土取代火一事并列起来[6]。马伯乐引用后来的一些作者的话，他们设想这是一种膨胀性的土，但这也可能不过是象征上面已讲到过的观点的一种广义的概念[7]。这个题目值得进一步研究[8]。

上面所述与马伯乐的另一判断没有矛盾，即洪水及其控制的传说包含有创世神话的因素，如他自己改编的安南傣族人民口述的传说[9]。他们也是讲到一个人治水失败了，第二个人成功了。有兴趣的是孟子的书中有两篇从开始突然提到尧和禹，不提后来所发现的更早期的历史阶段，当然古代学者经常从神话中写出历史，尽可能删掉人们传说中的不可靠的东西，不过很难接受马伯乐的观点，即治理黄河洪水与中国人的传说根本没有关系。 254

(5) 工程艺术形成的时期

在前面与道路（上文 p.4）有关的章节中，我们看到《周礼》书中对灌渠的分类。郑玄在关于司险（交通部长）的注释中列举了渠道种类的五个标准[10]，文中说明遂人（农业部长）的职务时，讲到同样的渠道系列与同一组标准宽度的道路相平行[11]。在其中的《考工记》篇中，《周礼》扩大了水利工程设计部分，它仍然保持了相同的名称范围，并对每种规定了尺寸规范，从郑玄注释的第二段可找到数据。图875对这些规

① Karlgren (12), p.12;《史记》卷二中重复述及 [Chavannes (1), vol.1, pp.100, 154]。

② Chatley (25)。迎风面的蒸发是降雨的主要原因，滥伐森林会减少降雨。

③ 《左传·昭公十六年》[Couvreur (1), vol.3, p.272]。

④ 《史记》卷六 [Chavannes (1), vol.1, p.156]。

⑤ Granet (1), p.485。

⑥ H. Wilhelm (1), p.21。

⑦ Maspero (8), p.49。参见 Bodde (21), pp.399ff.。另见本书第三十八章。

⑧ 人们奇怪古代的传统和现代所做的工程研究有没有联系，现代工程研究表明黄土如果使用得当，是一种很好的筑坝材料。在每个工程上都修建一系列小堤埂，把潮湿的黄土倒进“池塘”里，水深约2英尺。浸湿软化颗粒之间的粘结，使多孔隙的土壤结构崩溃，水分蒸发后，土壤就被压实。如黏土含量低，并且坝中留有沙管排水，可用这种方法筑相当高的坝，详细报道见 Huang Wên-Hsi & Chiang Phêng-Nien (1)。

⑨ Maspero (8), p.60。

⑩ 卷七，第二十六页（义疏本卷三十），参见 Biot (1), vol.2, p.199。

⑪ 卷四，第二十五页（义疏本卷十五），参见 Biot (1), vol.1, p.342。

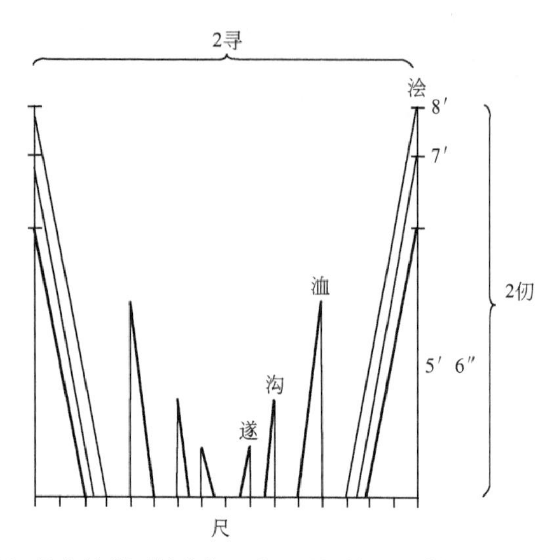

图875 根据《周礼》规定的灌溉渠道的尺寸。图解的量度单位为尺，高和宽方向的比例尺相等，关于三种较小渠道（遂、沟、洫）的解释没有困难。最大的一种叫浍，规定二寻宽，二仞深；因为二仞的尺度大概是5尺6寸，7尺或8尺，所以浍的尺度可相应地为11尺，14尺，16尺。图中所表示的不同的尺寸都是用不同的仞估计的。

255 定作了定型化的和图解式的说明，每一级数据都加倍，在发明混凝土以前，规定的横断面太深，不实用①。尽管如此，《考工记》中"匠人"这一节，详细地记载了灌溉技术②，看来这也都是理想化的标准概念，名词是齐国或汉朝的编书人所熟悉的③。

> 匠人修筑暗渠和沟洫，(标准) 铲的宽度是一尺的十分之五④；两铲加起来挖成一尺宽和一尺深的沟，叫做甽。田头要加一倍，即两尺宽和两尺深，叫做遂。
>
> 九块耕田为一井田。井田间水渠四尺宽和四尺深，叫做沟。一方块井田每边十里，叫做成，其外边水道，八尺宽和八尺深，叫做洫。一方块井田每边一百里叫做同，其外边水道，两寻宽和两仞深，叫做浍⑤。只有浍可与大渠道相通，每条渠道都各有其名⑥。
>
> 根据大地的构造，两山之间也有谷，谷中间有一条（自然的）水道，沿水道必有一条道路（"涂"）。挖人工渠遇到地势高的地方，叫做"不行"，水道的设计

① 《周礼》中这不是唯一提到水利工程的地方。如雍氏和萍氏都是水道警察监督［卷十，第三页、第四页（第三十七章），Biot（1），vol. 2，pp. 379ff.］。雍氏看守渠道，组织徭役劳力修建工程，看守山区，不使滥伐森林以及防止水道污染。萍氏组织徭役劳力用于紧急防洪工程，看守危险的地方，以及保护渔业不受季节性的影响。本书在第四十四章中还要谈到。还有野庐氏是运输警察监督［卷十，第十页（义疏本卷三十七），Biot（1），vol. 2，pp. 376ff.］，他组织人管理渠道上的运输和道路运输。后面将再讲一下（p. 267）自从《周礼》以来水利工程方面的行政工作情况。

② 卷十二，第十八页起（义疏本卷四十三），译文见Biot（1），vol. 2，pp. 565ff.，由作者改译成英文。

③ 不用说，它们有许多注释，其中很多有用的是毕瓯［Biot（1），vol. 2，pp. 565ff.］译的。

④ 注意它是用一个标准单位或者模数的（参见上文p. 67）。

⑤ 这里的解释是根据这些单位的数值。"寻"为八尺，"仞"基本上是人的高度，古代书中肯定为八尺，七尺或者五尺六寸。

⑥ 城的内周也环绕排水渠，城的外周筑壕［《管子》第五十七篇，参见Rickett（1）］。

同(水利工程的)原理不一致,我们也叫“不行”。渠修成直线,如果没有(派生的)支渠的,每三十里加宽一倍。为减低流速,应使它绕着弯道流,就像磬的两肢[①](就是说,形成钝角),两肢的关系为3:5。如果想修一个池供航行或作为水库(叫做“渊”),就修成圆形的底(以便水流冲刷,保持深度)。

每条渠道应当考虑水势的特点,每道堤应当考虑土壤强度的特点。好的渠道应该受自身的水流冲刷,好的堤防应该为冲来的淤泥加固[②]。 256

(根据一般原理)修堤防宽度和高度一样,顶部的宽度缩减(“杀”)到为底宽的$\frac{1}{3}$,但大堤要宽得多[③]。

修渠或堤时,人们首先要用一天挖的深度做试验,然后用“里”量测(距离),并(计算出)需要用多少劳动力[④]。

(用板围筑土堤时,)板用绳绑在一起,但不要太紧,因为木头会弯曲而且木板不能承受重量[⑤]。……

〈匠人为沟洫,耜广五寸,二耜为耦。一耦之伐,广尺深尺,谓之甽。田首倍之,广二尺,深二尺,谓之遂。

九夫为井,井间广四尺,深四尺,谓之沟。方十里为成,成间广八尺,深八尺,谓之洫。方百里为同,同间广二寻,深二仞,谓之浍。专达于川,各载其名。

凡天下之地势,两山之间必有川焉,大川之上必有涂焉。凡沟逆地防,谓之不行;水属不理孙,谓之不行。梢沟三十里而广倍。凡行奠水,磬折以参伍。欲为渊,则勾于矩。

凡沟必因水势,防必因地势。善沟者水漱之,善防者水淫之。

凡为防,广与崇方,其杀参分去一。大防外杀。

凡沟防,必一日先深之以为式。里为式,然后可以傅众力。

凡任,索约大汲其版,谓之无任。〉

如果《周礼》的这部分是一个同维特鲁威相对应的中国人物,在他之前一二世纪写的,他可能会提供更多的情况,因为那个时候有很能干的修建堤渠的专家;而且即使从文学家编辑的眼光来看,这篇也很有价值。

它提出一点,即“井田”制。这属于土地使用权的发展,并因而涉及社会经济史的范围[⑥],但是需要注意,井田同灌溉起源有一定的联系。公元前6世纪孔子未曾提到大的灌溉工程,但有两次提到“沟渎”和“沟洫”[⑦]。孟子在公元前300年详细叙述了井田制。滕文公要毕战去问孟子,孟子回答如下[⑧]:

你的君主愿意行仁政,选择你并使用你,你应尽最大的努力。仁政要从土地的

---

① 参见本书第四卷第一分册图304、图305等。

② 人们应当注意,这些格言都是道家的观点,上文 p. 229 已提到过。

③ 《考工记》中提到,城墙斜坡应当是顶部宽度为总宽度的$\frac{1}{6}$。参见本书第三卷,图56。

④ 参见下文 pp. 329ff.。

⑤ 修筑堤防也用筑夯土墙的方法。

⑥ 见本书第四十八章。

⑦ 《论语·泰伯第八》第二十一章(讲到大禹)和《论语·宪问第十四》第十八章。

⑧ 《孟子·滕文公章句上》第三章,译文见 Chi Chhao-Ting (1), p. 52;Legge (3), p. 119;经作者修改。

边界开始，如不正确固定边界，井田制分田就不会平均，薪金就不能平均分配。由于这个原因，暴虐的统治者及大臣的贪污一定从轻视固定的边界开始。但如果边界固定，然后你就可以舒舒服服地坐在办公室里进行分田和管理津贴。

滕国虽然土地少，但很肥沃。国中有奴隶主（“君子”）和农民（“野人”）之分。如果没有奴隶主，就无人管理农民；没有农民，就无人供养奴隶主。

257

我建议你在遥远的地区，把田分成九块，其中一块作为“助”田（即八家农民互相帮助耕种奴隶主的田地）。城市和郊区都让农民付出他的产品的1/10赋税，以及履行服兵役的义务。

于是自上而下的官吏，每人都有一份圭田，圭田五十亩（约 $8\frac{1}{2}$ 英亩）。定额以外的官吏每人二十五亩。

由于死亡或从一处迁往他处，也不要离开这个地区。一个地区的田地都属于井田单位以内的。属于一个井田单位内的农民，在有人出入时应当友好地彼此互相看守和保护，有病互相照应。因而人民生活得有感情并且融洽。

一平方里包括九个方块田，整个面积是九百亩①。中央一方块为“公田”，八家各有一百亩私田，八家共同耕种“公田”。“公田”的事不做完，他们不能做私事。这是农民（与奴隶主）的区别。

这些是井田制的大略，至于特殊的制度，如灌溉和施肥（“润泽”），必须由你的君主同你自己去规定②。

〈子之君将行仁政，选择而使子，子必勉之。夫仁政，必自经界始。经界不正，井地不均，谷禄不平，是故暴君汙吏必慢其经界。经界既正，分田制禄可坐而定也。

夫滕壤地褊小，将为君子焉，将为野人焉。无君子莫治野人，无野人莫养君子。

请野九一而助，国中什一使自赋。卿以下必有圭田，圭田五十亩。余夫二十五亩。死徙无出乡，乡田同井。出入相友，守望相助，疾病相扶持，则百姓亲睦。

方里而井，井九百亩，其中为公田，八家皆私百亩，同养公田。公事毕，然后敢治私事，所以别野人也。此其大略也。若夫润泽之，则在于君与子矣。〉

这篇文章引起很多争论，还可能长期继续下去③。所谓“井田”，英译文习用已久，很容易误解，因为同供水的井有很大的区别，中文的词只说明一种地型，分成九个方块，划分界线，交叉恰好组成如“井”字的形状。按照辞典，这个字有两种不同的意

① 注意这一段和前段中三倍和十进位法的组合。九块中的每一块又分为100方块（亩），在井以上用十进位。徐中舒（*6*）和徐旭生（*1*）提出这个差别可能是从商、周不同的度量衡制度演变来的。

② 有趣的是，这种对封建制度的古典解释紧跟着“掘地派”（Diggers）事件，关于他们的情况，见本书第二卷 pp. 120。

③ 可方便地见 Yang Lien-Shêng（7）。经典式的辩论见 Anon.（*51*）；齐思和（*3*）；徐中舒（*6*）；李建农（*1*，2）和吴其昌（*4*）。参见 Eberhard（21），pp. 6 ff. 的注释；J. Gray（1），p. 208；以及 H. D. Fêng（1）。最近的研究文献中徐旭生（*1*）和 Vassiliev（1）。天野元之助（2）看出井田制是古代原始测量土地的方法。过去四十年里，中国的学者们在讨论古代社会经济史时，井田成了中心，其中大多数倾向于胡适的观点，即它是孟子所幻想虚构的，并且相信它是某些确实存在过的情况的反映。问题是什么呢？公田是公共的田地，含有原始共产主义的思想残余（因而是一种社会主义的期望），或者它的意思是指领地，含有当时的封建主义或原始封建主义的意思？我倾向于后者的观点。列文森［Levenson（4）］对此种争论描写得很详细、尖锐、机智，并自以为是，正如他通常的文风。

义——通常指井水，而技术上是指分成九块的田地。"井"字形突出地表现这样一个平面布置是很古老的，因为这个字形在殷商甲骨文中已经见过。很明显与"田"字有关[①]，"田"字同样很古老，在用于农业耕地之前，有人认为原来这个字是指狩猎区的疆界。但供水同这些字的中心语义相差不远，不仅有"井"字的原意，而且公元前9世纪金文真正表示井或水源的字形是在"井"字中心加上一点[②]。这个点也出现在"田"字的空间内[③]。同样可能这两个字的"纵横坐标"线代表沿田边灌渠的布置，如《周礼》所描述的那样[④]。总之，中国北部和西北部的地形十分自然地形成许多井、小水库、露水池或为地下泉水所供应的水坑，在用了很大力气截住自然河流低处的水之前，使其成为耕地地块的中心[⑤]。虽然农民在地主的土地上共同劳动是无可怀疑的，现在多数学者都把孟子详细描述的井田制看做是一种"乌托邦"（Utopia）的政策，而不是叙述一种确实存在过的土地形式。自然，乌托邦只是从封建地主的观点来的，因为产品的1/9代替了什一税。虽然无疑分成矩形地块将便于测量，一般土地分法是依地形而定。也没有理由设想地主的土地总在整个村庄土地的中心。为什么孟子要这样想呢？可以解释为：也许是上古时期，地主的土地应当得到最好的供水。同时他并不是唯一的古代用"井"来划分土地的人，如果不是在战国以前，就是战国时期的一种理想的思潮。 258

《诗经》有关于（或许早在公元前9世纪或前8世纪）"公田"和"私田"的记载[⑥]。"公田"放在水源方便的地方，农民在徭役束缚之下，一起为封建地主劳动；"私田"是他们为自己种的。汉代还存在这个古老的习惯，可从残简断篇中看到，如《春秋井田记》，是一个不知名的儒生在1世纪时写的[⑦]。其中记载着古代中国土地利用的某些重要技术名词，如"彻"指共同耕种；"助"或"藉"指彼此互助耕种地主的田地；"贡"指不一定从井田布置或者比例中得到的封建土地赋税。孟子把第一种同周朝联系起来，第二种同商朝、第三种同夏朝联系起来[⑧]，但是李建农指出，这实际上是弄颠倒了[⑨]。其开始的时期大概早在部落集体主义制度时代[⑩]，第二种从周朝初期开始，肯定与共同在地主的土地上劳动的制度有关，第三种属于战国时封建主义盛行时期。另一井田制的关于大规模土地测量的重要参考文献，出现在公元前547年的楚国，这与灌溉工程有密切的关系，但无疑规模相当小[⑪]。 259

---

① K362。最古老的"田"字的字形是圆的，而不是正方的。

② K819*e*，如高本汉在第一版中所解释的，另见容庚（*3*），第279页。

③ 容庚（*3*），第57页。

④ 更明显的是它们表示犁剩之地和地头，应当说是田间未耕种的地。中国有两个专门的字来称呼，即"阡"和"陌"分别指南北向和东西向，我们很快将会遇到。参见p.72。

⑤ 现代宝鸡附近渭河上游，古代有过一个国家叫做"井"，这一点有其突出的意义。

⑥ Legge（8），pt. Ⅱ，bk. vi，no. 8；《毛诗》第218首；Waley（1），p. 171；Karlgren（14），p. 166。孟子也用过同样的字。这首歌讲地主的地里先下雨，然后才到农民的地里。孟子就在上面提到的一段之前引述了这首歌［《孟子·滕文公章句上》，第三章；Legge（3），p. 118］。

⑦ 《玉函山房辑佚书》卷三十九，第九页。

⑧ 《孟子·滕文公章句上》第三章［Legge（3），p. 116］。

⑨ 李建农（*1*）；（*2*），第122页起。

⑩ 见本书第十章（f，g）中的讨论。

⑪ 《左传·襄公二十五年》，译文见Couvreur（1），vol. 2，p. 439；由作者改译成英文。

楚国的蒍掩是作战司马，宰相命他管理军费收入（“庀赋”），计算胸甲和武器的数目（每个封地都必须缴纳）。甲午日他（开始）编造一本可耕地的册籍。他估算了山林（的产值），征用沼泽和湖泊（为王子打鸟），区分山谷（作为墓地），标记湿地和盐地（为提炼盐），计算边疆易受洪水灾害的土地（的范围）（“数疆潦”），测定有围堤的水库面积（“规堰潴”）①，用犁头地分开堤岸之间的平地为田地（“町原防”），保留水边的干地作为畜牧场（“牧隰皋”），并把肥沃的地方布置为井田（“井衍沃”）。然后他决定贡赋，固定饲养车马数目（和每处征收数），规定征召的车骑兵、步兵、盾甲的数目，这一切做完之后，蒍掩报告给宰相，得到赞同。

〈楚蒍掩为司马，子木使庀赋、数甲兵。甲午，蒍掩书土田。度山林，鸠数泽，辨京陵，表淳卤，数疆潦，规偃潴，町原防，牧隰皋，井衍沃，量入修赋，赋车籍马，赋车兵、徒卒、甲楯之数。既成，以授子木，礼也。〉

这说明公元前6世纪已有某种井田制，已实际用来划分土地，和孟子的规范不一定相同。服兵役和提供给养很久以来是按井田为单位分派。公元前589年鲁国太子命令每个“丘”（根据不同的地方当局的规定，为16个或者64个“井”）提供一个“甲”（以带胸甲的人数组成的军事单位）的给养②。

有的人，包括郭沫若③和冀朝鼎④，把井田制看做同封地、领地或者教会土地同样重要的看法可能是正确的。在孟子时期或者早些，把“禄”字解释为封建地主从农民在为他共同劳动的地，即后面所指的“公田”里所得来的收入。只要劳动生产率没有发生变化，封建地主的收入根据所控制的农奴家庭的数目多少而定。但在公元前6世纪开始使用铁器，此后不久就用铸铁制犁耕田，同时还发生其他许多变化，例如，大量施用粪肥，这使得战国初期农业生产大大增加，诱使地主减少“私田”，而增大“公田”。这可能就是孟子所说的暴虐的统治者和坏的大臣们。恢复原始的井田制，明确规定土地的边界，就会减轻并且平均农奴的负担。当然，“私田”不是现在私有财产的意思。根据孟子所说，很清楚农民不能迁移离开他们的土地，他们保有的只是在地主的土地上劳动和服兵役所得的报酬。所以封建政体是以井田为最低的经济和行政组织的单位⑤。

260

现在有可能更清楚地了解，《周礼》作者在根据分成九块的井田而构成他的一系列灌溉技术名词时所谈论的内容。在他那个时期，井只是一种标记符号，田地供水是按照一种偏于中部或南方的方式，而不是北方的。自然汉代的传说把这种改进也归功于大禹的教导。

对于大规模治水工程基本的社会先决条件，是古代徭役制扩大化的可能性，把在地

① 所提及的这个典型的公共工程，约在最早记录的大型水库坝半世纪之后（下文p271，关于孙叔敖）。沿河堤坝是一种更早的型式（参见上文p. 232，关于齐桓公）。

② 参见《左传·成公二年》；Couvreur（1），vol. 2，p. 2。

③ 郭沫若（*1*），第37页起。这是一种观点的改变，在他早些时期的著作中，例如（*2*），郭沫若曾怀疑在任何时候是否真正有过井田制。

④ Chi Chhao-Ting（1），pp. 54ff. 参见齐思和（*3*）；李建农（*1*，*2*）；徐中舒（*6*）。

⑤ 另外，在《孟子·万章章句下》第二章［Legge（3），p. 240］中有一份相应于不同封建等级的土地单位数目的报告，虽然他说在他那个时候旧的记录已经没有了，因为那些贵族认为对他们不利，把它们毁掉了。

主地里的劳动扩大为大规模地动员劳动力修建公共工程。只要所有的农民都与井田单位紧密相连，就不可能有大量剩余的无所属的劳动者。但是这种制度在公元前6世纪就被破坏了，因为根据《左传》[①]，公元前593年鲁国开始按照占有土地的亩数收税（“初税亩”）[②]，不管土地所有者是谁[③]。这样一种赋税废弃了在地主的土地上直接提供劳务，当劳动生产率提高了，就会逐渐增加大量的劳动人口，每年在一定的时候，可从农业中把大量的劳动人口抽出来修建大型工程。孟子的时代约在公元前300年，他会很自然地提出在滕国的中心地区，农民应当付出他们产品的1/10作为土地税。冀朝鼎说，这种赋税制的方式很重要，它割断了封建地主同日常农业活动间的联系，并免除了他们由于大规模长期徭役劳力对于农业生产有害影响的担心[④]。因而在公元前5世纪后期以前，几乎不可能修建大的工程，只在这时以后，传统的大规模的灌渠才开始修建起来[⑤]。与他们有关的人物，是魏国的李悝（鼎盛于公元前440—前380年），他是我们已经熟悉的[⑥]。

261

换句话说，这就是土地私有制的开始；同时，到了新的铁器时代，农业生产率大大提高，解放了为修建大型工程所需的劳动力。秦国是第一个摧毁井田制，并促其消失的王朝。秦孝公十二年（公元前350年），公孙鞅（商鞅）[⑦] 做宰相，废除了封建井田制，变土地买卖为合法，特别对那些在服兵役中立了军功的平民有利。秦国分为三十一个县，每县设一个县官，代替以前的封地[⑧]。开放田间未耕种的田头（“开阡陌”），即把古代有规则地划分土地，都一齐抛掉了，因而无论地块大小，都可由大小地主家庭所占有。公元前348年，增加了另一种土地税，即所谓“赋”。中国第一次统一的前一个世纪，秦国开始形成永久性的封建官僚主义的模式，其他各国所有地区也都跟着改变了。这很难说是巧合，因为随着这种改变而来的是突出地发展灌溉和运输（后面就要叙及），如渭河流域北部的郑国渠、四川的灌县渠系以及后来连接南北的灵渠[⑨]。

---

① 《左传·宣公十五年》；Couvreur（1），vol. 1，p. 659。

② 1“亩”相当于现在0.164英亩，但周朝时“亩”要小得多，只相当于0.047英亩。九块正方井田总数为42.7英亩。

③ 郑国是公元前537年根据公孙侨的命令实施的［《左传·昭公四年》；Couvreur（1），vol. 3，p. 87］。这两种情况，都引来很大的怨言，《左传》还提到鲁国这种变化不是按照好的风俗习惯，因为以前国家的谷物只来自农民集体耕种的公田。

④ Chi Chhao-Ting（1），p. 63。

⑤ 例如，《事物纪原》卷一，第三十八页。

⑥ 参见本书第二卷 pp. 210，523。李悝是第一个编纂成文法律的［参见 Pokora（1）］，他是一位出色的经济学家，首先计划家族预算表并首先建议设立常平仓。《管子》书中有许多关于沟渠的论述，可能就出于此时［参阅 Forke（13），p. 79；Rickett（1），pp. 6ff，12ff.］。同时，参见本书第二卷 pp. 42ff.，以及 Than Po-Fu *et al.*（1），pp. 86ff. 和 Rickett（1），pp. 72ff。另见 Swann（1），pp. 136ff.。

⑦ 参见本书第二卷 pp. 205，215。

⑧ 来源为《史记》卷五（“秦本纪”）和卷六十（“商君列传”），还有《前汉书》卷二十四上（“食货志”）。报告中有各种阴暗面，见 Swann（1），p. 144 和 Duyvendak（3），pp. 44ff.。这一时期的土地买卖制度似乎是董仲舒在公元前100年左右给汉武帝的奏章里最先明确提出来的［《前汉书》卷二十四上，第十四；Swann（1），p. 179］。关于整个问题的最新研究，见 Felber（1）和守屋美都雄（*1*）。

⑨ 在新的政权下，土地转让不受限制。无论贵族型或商人型的大地主阶级都成长起来了，修建大型工程当然并不意味着把水平均分配给每一个人。当时的“土豪”还在发展着，容易分得多些。这可能就是孟子［《孟子·梁惠王章句下》第五章；Legge（3），p. 38］说的“王室朝廷不禁止使用池堰”（“泽梁无禁”）。

262

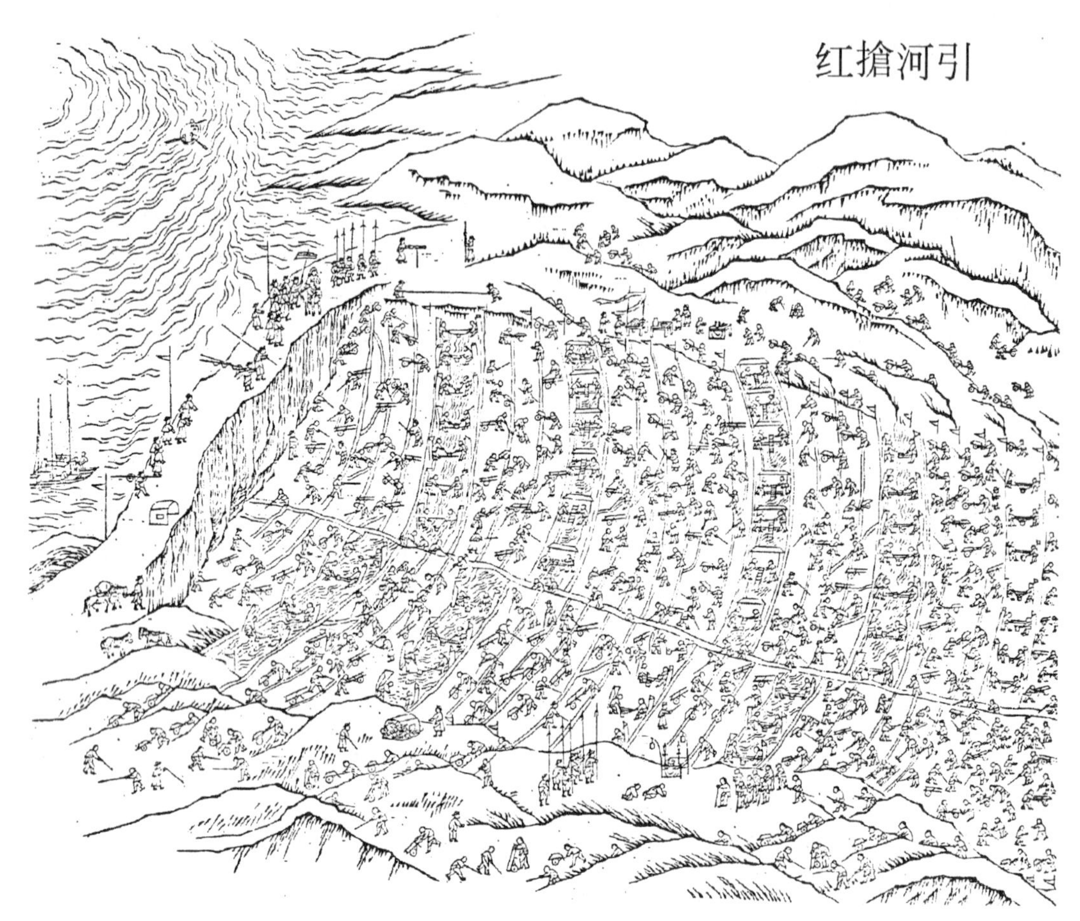

图 876　高级官员和水利工程师麟庆的自传（《鸿雪因缘图记》卷三，第八十一页、第八十二页）中的一张独特的画，可以看出中国人在土木工程施工中组织非常大量的工人劳动的天才。这张画大概是他的友人陈鉴画的。他将开挖渠道的工程取了一个带有谜语性的名字“引河抢红”。麟庆说，工程做了一大半时，总督开始“悬挂起红旗”，即组织竞赛面对奖品（肉、酒、靴、帽）。工程做完 9/10 时，他们挂上大的像红绸伞似的灯笼，作为没有出事故对土地神的感谢，并在灯笼上写上胜利者的名字。麟庆说，这是一种旧风俗，比有些官员用恐吓和施恩好得多，后者只会引起怠工。

这张画实际表示中牟县开挖渠道在施工进展中的情形，中牟县在黄河以南，河南开封和郑州之间，无疑是在 1833—1842 年，当时麟庆是江苏淮安的河防总督。除了许多独轮车之外，可以看到十几个龙骨车，用手推动，而不是用脚踩（参见本书第四卷第二分册图 579、图 580 和 p. 339）。有的人用戽斗提坑里的水（参见本书第四卷第二分册 p. 331）。顶上左边有“经纬仪”，水平尺子和丈量尺子（参见 pp. 329ff.）。再左边，主任工程师在视察中，骑着马在堤埂上走，当渠道挖通时，堤埂要被冲开。前面有个土地神祭坛，一边有些卫兵，一边有一群老年人。

人们怎样强调中国古代和中古时期土木工程成就中人的劳动力的作用,也不算过分。原始时期的工程是在“百万人每人以茶匙为工具”① 的基础上完成的。我可以用传统的形式说明这一点(图 876),图 876 是麟庆的文书附在他 1849 年写的《鸿雪因缘图记》中的。麟庆是一个能干的工程组织者②,于 1836 年编写了《河工器具图说》。从图 876 中可以看出开挖渠道底部的全部活动,大多使用独轮车,排水在进行着,有些地方用两个把手的戽斗排水。另外坡面的地方有一组一组用手操作的龙骨车,一架接着一架往上引。旗子用做边界的标记。顶上可以看见测量员用经纬仪和尺子丈量③,还有好像是发款员的桌子。左边是一位监察官与他的卫兵等。下边能看见驮运的马,一个席棚和一个圣哲的祭坛,可能是大禹的。北山愚公的勇敢形象描绘得再好不过了④。 263

前面叙述的伴随着从青铜时代和铁器时代初期的原始封建制度过渡到封建官僚制度社会和经济大变革只是概略的,以后它的复杂性必定要逐渐显示出来。这里我们只谈到大规模水利工程的社会背景,但我们必须注意到对这两种社会形态存在着观念上的很大差别,把它们之中无论哪一种与我们所知道的欧洲封建制度等同起来都是错误的。例如,吴大焜[Wu Ta-Khun (1)]说周朝(可能商朝也是)的“封建”国家的特点是部落,由那些与“王”有关系的贵族或次等贵族来领导,所以可能“贵族”一词就是指封建地主。但就我所知,所有的土地(和奴隶)都是部落的财产,不像欧洲固定的授予地主封地。此问题这里不去追究⑤。

现在我们讲传说中的另一个线索,我再提出“润”字——特别是政府的河道和运河。中国的地理气候条件,对于中国社会加强中央集权方面有不可抗拒的影响⑥。这个原因很简单,任何有效地处理河道发生的工程问题以及需要互通的水道,在每一阶段都趋向于超越较小的封建单位的边界⑦。拿最早时期的一个工程来说,在帝国第一次统一之前,成功地修建了郑国渠;要不是这条渠道的设计人员设想出一条干渠,不少于一百英里长,供水面积约五十英里宽,就什么也做不成。幸运的是,我们看到西汉时期对这一点叙述得很明确。在公元前 80 年前后的《盐铁论》中我们读到⑧: 264

① 这句短语是我的朋友考尔德(Ritchie Calder)说的。

② 女真金朝皇室后裔,他的全名是完颜麟庆。范黑肯和贺登崧[Van Hecken & Grootaers (1)]写过一篇关于他的北京家庭的引人入胜的报道。贝兰[Baylin (1)]翻译过他的《回忆录》中的一小部分。

③ 严格地说,这是年代上的一个错误;他们大概用的是一种圆周仪。见下文 p. 332。

④ 中国人经常具有一种天才,善于组织群众的人力。我在第二次世界大战时看见过修建飞机场[参见 Koester (1)];1958 年又看过修建十三陵水库(图 877,图版)。关于十三陵水库工程见 Yen Yao-Ching *et al.* (1)。1715 年安特莫尼的柏尔(John Bell of Antermony)写道:“我认为除了中国人,世界上没有一个国家能够修长城。因为虽然其他某些帝国可以有这样充足的工人。——但是没有这样天才的、稳重的和节约的中国人懂得在这样的劳动中间维持秩序。”

⑤ 见本书第四十八章。

⑥ 当然只限于在有新技术以前可能做到的事情。

⑦ 晚近时期,私人或团体领地的边界也是如此。中国和欧洲社会完全相反,荷兰和英格兰大多数沼泽地的排水(如科尼利厄斯·费尔默伊登爵士在英国东部所做的)是由私人企业来做。在中国,唯一与之相似的只有十分例外的山西省。那地方 14 世纪以后有许多私人水利工程[Chi Chhao-Ting (1), p. 44]。虽然我们不否认中古时期的中国,非官方绅士有一定的推动作用,但是我们发现艾伯华[Eberhard (21), pp. 35ff.]将其夸大则是不足信的,虽然我们同情他的动机。

⑧ 《盐铁论·园池第十三》,第一页,译文见 Gale (1), p. 81,经作者修改。

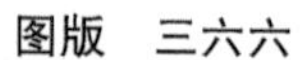

图版　三六六

图 877　天才的人力组织，图为一张十三陵水库施工照片（原照，摄于 1958 年 6 月）。虽然照片中间可以看见两条皮带输送机，坝顶上和坝附近有少数推土机，起重机和背景中的轻型轨道的斜坡面，而且照片右边外面有几条大型轻轨铁道，用蒸气机车牵引输送土料，工程的大部分仍完全按照传统方式，用人力施工。人力组织的成功包括完善的集体约束和自觉遵守纪律。参见 p. 144。

大夫说："封建地主的封地就是他的家，他所关心的只限于里面的事。但是皇帝的领域以（世界的）八极为限，他所关心的超越了小面积的范围，确实又宽又远。所以在小的（庄园）屋顶之下，费用同（统治帝国的）大事业所用的大开支比较起来是微不足道的。为此朝廷开放园池，集中管理山海，得到的收入用来补助贡税。所以我们改良沟渠，促进各项农业发展，扩大农田和牧场，发展天然的苑囿。太仆、水衡、少府、大农等官员每年计算从农田和牧场以及从租赁湖泊和鱼池得来的收入（"池籞之假"）。现在直到帝国北面的边界，都已委派了监督田地的官员，即使尽了一切努力，国库仍有亏空。……"

〈大夫曰："诸侯以国为家，其忧在内。天子以八极为境，其虑在外。故宇小者用菲，功巨者用大。是以县官开园池，总山海，致利以助贡赋，修沟渠，立诸农，广田牧，盛园囿。太仆、水衡、少府、大农，岁课诸入田牧之利，池籞之假，及北边置任田官，以赡诸用，而犹未足。……"〉

因此，约在其前30年，有一道皇帝诏书，用了下面的词句[1]：

农业是全世界的基础。有了泉水河流、灌渠水库（"泉流灌浸"），始可耕种五谷。在皇帝统治之下，有无数的山河，但小（的普通平）民不懂得适当地利用（"未知其利"）。因此朝廷必须开挖沟渠、筑堤、修水库、以防干旱。……

〈农，天下之本也。泉流灌浸，所以育五谷也。左右内史地，名山川原甚众，细民未知其利，故为通沟渎，畜陂泽，所以备旱也。〉

这是在公元前111年。这个公文是一道命令，为了实行儿宽的建议，改建郑国渠。

但是，超越隶属于"普通小"地主或是以前封建贵族领主的土地边界，不是趋向于中央集权的唯一因素。战国早期阶段已认识到水可用做一种武器[2]。屋顶在洪水中打漩，人民紧紧抱住它，中间漂流着树木和牲畜的死尸的景象，提醒了封建朝廷的"防务"大臣，一种战略式的修建或破坏堤防水道，可能带来满意的结果[3]。我们从《前汉书》的另外一篇中认识到这一点，这就是前已叙及的贾让与黄河有关的讲话的前一部分[4]： 265

在战国期间开始修建堤防，为了各自的利益堵塞了上百条的河流。（例如，）齐与赵、魏两国都以黄河为界。赵魏两国的领域傍倚山脚，齐国在低的平原上。因此齐国修建了一条离河二十五里的堤防，当水涨高到堤的东面时，就会淹没西面的赵国和魏国。于是赵国和魏国（作为反措施）也修建了一条离河二十五里的堤防。

〈盖堤防之作，近起战国，壅防百川，各以自利。齐与赵、魏，以河为竟。赵、魏濒山，齐地卑下，作堤去河二十五里。河水东抵齐堤，则西泛赵、魏，赵、魏亦为堤，去河二十五里。〉

封建王朝对于灌溉水彼此争夺非常激烈，并为种植五谷侵占排过水的地区[5]。

李协曾指出，孟子关于这点有一篇毫无问题的参考文献。《孟子》语录中记载的人

---

① 《前汉书》卷二十九，第七页，译文见 Chi Chhao-Ting（1），p. 83，经作者修改。

② 这是中国文化的另一种特色，也是古代美索不达米亚文化的特色；参见 Drower（1），p. 554。

③ 我们很早（本书第一卷 p. 234）就举过这样一个例子，公元前101年中国水利工程人员（"水工"）协同军队围攻大宛的京城，需要引走河流断绝城里的水，或者引来一条河水浸灌城墙，他们运用前者的技术，很成功。

④ 《前汉书》卷二十九，第十三页，译文见 Chi Chhao-Ting（1），p. 64，经作者修改。

⑤ 参见明代历史学家郑晓（1499—1566年）的描述，载于《行水金鉴》卷三，第五页（第37页）。

物之一是公元前约 310 年周代白圭的讲话。下面全文引用理雅各的约翰逊风格的优雅译文[①]：

白圭说："我治理水（我认为）胜过（大）禹"。

孟子说："先生，你错了。禹治水是按照水的道。所以禹以四海贮藏水，但你用邻国（的领土）贮藏水。水倒流就是洪水泛滥。洪水泛滥是水的极大浪费，每个仁慈的人都憎恶他。我的好先生，你错了。"

〈白圭曰："丹之治水也愈于禹。"

孟子曰："子过矣。禹之治水，水之道也。是故禹以四海为壑，今吾子以邻国为壑。水逆行，谓之洚水，洚水者，洪水也，仁人之所恶也。吾子过矣。"〉

这种混乱的情况只能迫使人民欢迎秦朝的统一。

随后所有的朝代都把治河修渠作为一个统一体系的组成部分，随着政治权力和领土的扩充，以及自然条件的变化而取得不同程度的成功。但在内战和对外战争的年代里，都常有巨大的诱惑要把已经完成的辛勤劳动成果破坏掉。公元 923 年，后梁的将军段凝与后唐作战时，经过策划，使黄河决口[②]。1020 年，宋朝的李垂同样建议用洪水做武器以抵御金鞑靼[③]，而且就在一个世纪以后（1128 年），杜充真的这样做了，几年里毁坏了黄河以南大运河（汴河）的大部分[④]。我们这个时代里又重演过。1938 年中日战争时期，黄河决口，无疑是出于一种战略上的动机；第二次世界大战后，国民党和共产党之间大量的摩擦是关于重建黄河堤防的[⑤]。国民党政府在共产党准备接收它（包括千百万人民重新安定下来耕种排水土地）或者控制它之前，在联合国善后救济总署（UNRRA）的帮助下，做出最大的努力，使黄河回到了旧的河道[⑥]。

266

以上未提到由于军事供给的动机而经常修建大的运河——下面将要举出许多实例。有些运河的修建专门是为了战船通过；除灵渠而外（参见下文 p. 299），在以后几个世纪中[⑦]，曾发生过几次这种情况。

自然，个体的水权纠纷，必定是中国农村生活中的一个长期的因素。我们英国语言中"对手"（rival）这个词来自沿河居住的居民，大家需要用同一个水源。《战国策》中提到古代有关这方面发生的事情[⑧]。在公元前 4 世纪某时期，周朝统治的东周人民想要种稻，但是为了这种或那种原因，西周拒绝放水下来。苏秦或是他的兄弟之一负责处理解决这件事，两边都给了报酬[⑨]。我们谈到过苏秦（本书第二卷 p. 206）作为封建各

---

① 《孟子·告子章句下》第十一章；译文见 Legge（3），p. 319，经作者修改。

② 郑肇经（*1*），第 13 页。

③ 郑肇经（*1*），第 17 页；《宋史》卷九十一，第八页起。

④ 郑肇经（*1*），第 26 页。

⑤ 参见 Anon.（*9*）。

⑥ 进一步的情况，可见 Peck（1）；Rivière（1）；Belden（1）。

⑦ 1130 年女真金族开挖了一条 20 英里长的水道，引领水师抵抗宋朝大将韩世忠；参见《文献通考》卷一五八（第一三八一页、第三页）。

⑧ 卷二，第四页。

⑨ 参见 Maspero（28），p. 349，（14），pp. 55ff.。

国“纵横”联盟的两个政治哲学家之一[1]，关于他的一切活动史实不很确凿。中国历史上记载的第一个水权管理制度与召信臣的名字有关，他死于公元4年，在他死之前10年中，他做过零陵和南阳的太守及其他地方长官。《前汉书》关于他的传记中叙述了他的吸引人的光辉事迹。[2] 他喜欢和农民讨论农业，并亲自耕种，以鼓励他们；他喜欢住茅屋，而不喜欢住官邸，并且经常出入阡陌。他指挥修建水闸（“水门”），为使淤泥肥田，他“为民作均水约束”。他发起在田里立碑石，保持这种习尚，避免争吵[3]。后来为配水采取了各种特殊设备。例如，唐朝（9世纪）在修理“九龙渠”时，挖掘出许多青铜的龙头，上面刻着九龙渠首次建于公元271年[4]。比较研究各种文化中的配水规则是很有趣的[5]。 267

“水衡”即水的平衡，是皇室会计员的一种职称。从上面《盐铁论》的叙述中，看到这个职称原来曾涉及水权的管理。虽然这个名称在《周礼》中未曾出现，但可能用的是其他名称。“川衡”是所有河流渠道的监察官，他们似乎是河流警察和渠道的守卫者[6]，“萍氏”和“雍氏”（如p.255所见）也巡视堤岸[7]。有一个同监察官平行的职称叫“泽虞”，他管理湖泊及其渔业[8]，还有“川师”官员，他们规定所有水道的地理名称，并将其影响及产品列出表来[9]。历史上更可靠的职称是“都水”——水利总督[10]——似乎从汉朝初年开始，官署叫“都水台”[11]。三国时期（魏国）叫“都水郎”，只是中书省的一个部门[12]。但在水利的重要性更显著时，管理者和计划者发展成为独立的部门。唐朝先叫“都水监”，公元685年改为“水衡监”，即“水利管理总指挥”[13]。下设一些部门叫“河渠署”、“诸津监”；到公元738年叫“舟楫署”。其中较大的巡视官叫“河堤使者”，宋朝（967年）最先采取的行动之一是加强这些官员的地位[14]；其中较小的叫“斗门长”，这些官管理泄水闸门。所有这类部门理论上都隶属于司空（即 268

① 古代常称政治哲学家的学派为纵横家。苏秦据说死于公元前317年，但是马伯乐［Maspero (30)］指出了《史记》和《战国策》中关于他的资料的混乱，认为来自确有其人的一个题为《苏子》的传奇，该传奇写于公元前3世纪的后期，多年后该传记又被呆板地续编了有关他的两个弟弟的事迹。

② 《前汉书》卷八十九，第十四页。

③ 有关用石碑记录传统的水权的情况，见陈靖（*1*）。

④ 《唐语林》卷八，第二十二页。有个疑问：用什么样的计时器来控制河道的转换。在本书第三卷p.315中我们接触过这个问题，它与沉碗式漏壶有关；根据阿伯克龙比［Abercrombie (1)］的报道，现今也门（Yemen）还用它来计时。

⑤ 关于古代斯里兰卡的情况，有一篇有趣的文章，见Paranavitana (1)。1960年西班牙在巴伦西亚（Valencia）举行纪念水权法庭（Tribunal de las Aguas）一千周年，那里有一个大灌渠系为种果树园之用，时代早在科尔多瓦的哈里发（Cordoban Caliphs）时期。

⑥ 《周礼》卷四，第三十六页［义疏本卷十六；Biot (1), vol.1, p.374］。

⑦ 《周礼》卷九，第十五页；卷十，第三、四页［义疏本卷三十四、三十七；Biot (1), vol.2, pp.297, 379］。

⑧ 《周礼》卷四，第三十六页［义疏本卷十六；Biot (1), vol.1, p.374］。

⑨ 《周礼》卷八，第三十一页［义疏本卷三十三；Biot (1), vol.2, p.283］。

⑩ 虽然单独一个“都”字（K45*e-g'*）的意思是“所有”，但它的主要意思从最早的时期起就是指王朝的京城。这是另外一个说明水利工程和政治集权的联系是不可避免的例子。参见上文p.264。

⑪ 《事物纪原》卷六，第四十三页。

⑫ 《事物纪原》卷五，第十一页。

⑬ Des Rotours (1), pp.490ff.。

⑭ 《事物纪原》卷六，第二十三页。这个官职可以追溯到晋朝（3世纪）。

工程大臣），司空是古代朝廷四大官员之一。

从这些篇幅中可以得出一个结论，即许多年过去了，整个中国的理论思潮渗透了适于专门管理水道的某此概念，这是非常重要的文明特点，如“流”和“塞”。医学上，有一种把郁积作为病因的学说，并用一个专门的名词表示，即“郁”①，这个词庄周常用。泉水由于通道或孔隙阻塞（“壅”）了，就引起梗塞②。如果通道郁了，就阻碍发展③；土气“郁”了④，就发生地震。而且，这些概念同实际观察水利工程的关联是无法隐藏的，例如，《庄子》说⑤：

水性不混杂就清洁，不扰动就平静，如受阻塞不流动，也不能保持清洁。

〈水之性，不杂则清，莫动则平；郁闭而不流，亦不能清。〉

《吕氏春秋》也说⑥：

疾病的发生和罪恶的引起是由于精和气堵塞了。如水停滞就变污。如树的树液被阻塞，就会生虫；如草受了同样影响，就会腐烂。

〈病之留、恶之生也，精气郁也。故水郁则为污，树郁则为蠹，草郁则为蒉。〉

本书前面曾指出（第二卷 pp. 145 ff.），道家医疗体操的主要目的在于打开人体的孔窍。后来这种思想的一般倾向也出现在文学上，这从公元 302 年陆机的《文赋》中就可以看到。在这篇文章中，“通塞”的名词突出地应用于文学的写作和构思中⑦。

269

（6）一般水利管理历史的概述

《诗经》上有一首诗⑧：“滮池北流，浸彼稻田。”⑨ 这可能确实是公元前 8 世纪的，或许是中国历史上最早的灌溉记载之一，不过是指一个很小的水库。两个世纪以后，才逐渐进行给人印象深刻的工程。⑩

但有一个较大的，或者至少是较长的中国水利工程，它负有盛誉，非常古老，以至于它最初的修建情况已消失在年代的深处，这就是“鸿沟”（鸿雁渠或名远通沟），在开封附近。它连接黄河与汴河、泗水，并最终形成隋朝大运河某一部分的雏形⑪，下面我们将要谈到。

虽然鸿沟起初是为了把灌溉水带到淮河上游，而不是为了运输，但它在早期连接黄

① 后面（本书第四十四章）将出现关于希腊的药物理论和此处相似的问题。

② 《庄子》第二十六篇［Legge（5），vol. 2，p. 139］。

③ 《庄子》第三十三篇［Legge（5），vol. 2，p. 217］。

④ 《庄子》第十一篇［Legge（5），vol. 1，p. 301］。

⑤ 《庄子》第十五篇［Legge（5），vol. 1，p. 366］。

⑥ 《吕氏春秋·达郁》（第二册，第 106 页）译文见 R. Wilhelm（3），p. 358，由作者译成英文。参见《列子·仲尼第四》，第十二页［L. Giles（4），p. 79］，其中记载有某人的心几乎超凡入圣，但仍有一窍闭塞不通。

⑦ 见 Hughes（7），pp. 107，177，179。内容见《全上古三代秦汉三国六朝文》（全晋文）卷九十七，第三页。

⑧ 《毛诗》第二二九首；Legge（8），11，8，v；Waley（1），no. 110.

⑨ 该池可能指一个湖，在陕西省西安的西面，存在过许多世纪。

⑩ 杨宽（*10*）的著作是一本关于周代和战国时期的水利工程的有用的参考书，但出版太晚，对我们帮助不大。

⑪ 尽管赫尔曼［Herrmann（1）］认为“汴”是一条河流的名称，但我们不能肯定这名词后来用于渠道本身。司马迁未提到这一点；他说这渠连接黄河和济、汝、泗、淮。

河与淮河，让货船在中东部和北部基本经济区之间航行［见本书图 36（地图）和第一卷 pp. 144 ff.］。司马迁说它连接宋、郑、陈、蔡、曹、卫各封建诸侯国[①]。如果鸿沟开始时只是一个灌溉系统，但它成为长距离的运输河道，是上述诸侯国作为独立国家的不祥之兆。严格地说，它是一条过岭渠，可是这个名词不妥当，因为黄河和淮河流域之间的分水岭，极低而平，由于黄河河床逐渐淤高[②]，水位差几乎不存在（参见上文 p. 237）。再严格地说，鸿沟是一条复杂的人工水道，而不是一条简单的运河[③]。它从洛阳的洛河河口下游一点，就在荥阳城边，与黄河分开而向东流，荥阳在汉代是一个大谷仓[④]，是漕粮转运系统的中心。然后转向南流，成为 260 英里长的一个弧形，连接淮河上游向东南流的平行河道网（获、菑、濉、颍），从北面流入淮河。这条运河叫“蒗荡渠”，顺着几乎觉察不到的等高线，与上述后面三条河流的上游段连在一起，经过改善，成为许多支渠[⑤]，但对运输作用不大。运输任务转到最北面的分支，汴（或汳）渠和汴河，约五百英里长，连接获水上游，在徐州附近与泗水相接，通到淮河。自公元 70 年后，在王景监督之下，黄河上的汴渠渠口都用堤防[⑥]保护起来。这就是当时的鸿沟本身，也就是公元 600 年前的汴渠[⑦]。 270

鸿沟修建的年代还有疑问，不能肯定。司马迁设想过它的年代很古老，把它放在大禹所做的工程之后，予以夸耀，但没有明确指出年代来。外交家苏秦约在公元前 330 年讨论各国的边界时曾提到过它[⑧]。根据某些学者断定，鸿沟始建于公元前 361—前 353 年，假如是这样，那很奇怪司马迁不知道在孟子和庄子经常提到的梁（即魏国）惠王的统治下，进行过这样一个重要的工程[⑨]。另外一个可能是合理的估计，是在公元前 6 世纪末或前 5 世纪初，即在孔子的时代。重要的是司马迁未曾提到魏国与运河有关，魏国直到公元前 403 年才奠基，而只提到几个较小的较为古老的王国。陈国和蔡国分别被楚国于公元前 479 年和前 447 年灭亡，曹国被宋国在公元前 487 年灭亡，郑国被韩国于公元前 375 年灭亡[⑩]。他的意思当然是这些地方曾属于古代那些王国，但很清楚不应当 271

---

① 《史记》卷二十九，第二页［Chavannes (1), vol. 3, p. 522; Watson (1), vol. 2, p. 71］。

② 这并不意味着不需要双滑船道、叠梁闸和斗门，它意味着许多世纪以来，这条路没有厢闸也能使用。

③ 罗荣邦［Lo Jung-Pang (6), pp. 50ff.］曾做了大量工作，试图找出细节，可是历代地理很难查到。参见 Twitchett (4), p. 186。

④ 敖仓。可以看出这个位置选得很好，赋谷不仅可从南方的东部经济中心区运来（当时该地区发展还不完善），并且可从富裕的地方经济区运来，在山东省济河上的陶城聚集，然后迅速运出。

⑤ 参见公元 995 年张洎的历史性报告，报告载于《宋史》卷九十三，第十七页起。

⑥ 参见下文 p. 308，以及郑肇经 (*1*)，第 193 页。较早时期这些防护工程曾经成为一种作战的场地，这是古代中国的将军们和战略家们喜欢水利工程的特殊例证（参见上文 p. 265）。公元前 225 年王贲是秦始皇的一个大将，在洪水季节决破堤口，淹没魏国，浸坏京城大梁的城墙，即现在开封附近，靠近鸿沟。这个计划成功了，秦国的最后一个大的竞争者灭亡了［参见本书第一卷 p. 94；这段故事见于《史记》卷六，第九页；卷四十四，第二十一页、第二十二页；Chavannes (1), vol. 2, p. 121; vol. 5, pp. 195, 196；参见郑肇经 (*1*)，第 5 页］。

⑦ 距离这样久，它的影响自然很难以估计，但是根据耿寿昌的论述（见《前汉书》卷二十四上，第十七；参见《宋史》卷九十三，第十八页），公元前 60 年，每年运到京城的谷物约为 122 000 吨。这只相当于北宋时用汴渠运输的 1/4；参见 pp. 311, 352, 360。关于耿寿昌，见本书第三卷，p. 24 等。

⑧ 《史记》卷六十九，第十页。参见上文 p. 266.

⑨ 见本书第二卷所引。

⑩ 见本书第一卷，图 12 和表 6。

排除孔子的时代。

我们知道的最早的灌溉水库的年代，虽然比这要早，但基本上可信。安徽省北部的寿县城之南，那里还有一个大贮水池，周围约62英里，即现代著名的安丰塘，古代叫做斯思陂或芍陂（芍坝）。司马迁①和《淮南子》的作者②都记载得很清楚，是在孙叔敖监督之下初次建成的，周定王（公元前606—前586年）统治时期，孙叔敖是楚庄王的令尹。这个坝只淹没了一个很平的山谷，截住了从长江北面相当大一部分的山区往北流的水，最后为不少于六百万英亩田地供水③。汉唐两代都重新修建过。因此孙叔敖被列为中国水利工程师中最古老的历史人物。

公元前5世纪，除已提到过的李悝所做的工程之外，我们知道的很少④，只有两个特别重要的工程。西门豹是一个革新的政治家，他废除了把人作为祭河神的牺牲品的习俗⑤，从漳河修建了一条引水渠。漳河原在安阳附近流入黄河，然后从下游黄河古道①，于今天津附近入海。⑥ 漳河发源于山西省的群山中，流向东南，从东北方向引出一条等高线支渠，灌溉河内的一大片地区，而不是白白地增加黄河的负担。这个工程必定是在公元前403年和公元前387年之间开始修建的，当时魏国在魏文公的统治之下⑦。但是由于抗拒徭役或其他某种原因，直到统治者的孙子时期（公元前318—前296年），由史起负责管理后才完成。⑧ 人民作了一首歌曲颂扬此事，班固将其载入了他的史书。

这个世纪的另外一个工程叫邗沟，它连接了淮河与长江。吴王夫差于公元前486年始建邗沟，是为了攻打北方的宋国和鲁国⑨，作为一项军事措施，输送给养给吴国军队。因而这条交通线成为大运河最古的第二段，可是它原来的路线是在现代运河的东面，迂回流经射阳湖和其他的湖。司马迁未提到它的名称，不过后来提到过淮河和长江之间有一条运河，还提到太湖周围吴国建了许多条水道，所以现代江苏省才有了广大复杂的水系⑩。

272

在史起的河南工程后没有多久，又有李冰在四川修建著名的渠系（约在公元前270

---

① 《史记》卷一一九，第一页，参见 Watson (1), vol. 2, p. 414。

② 《淮南子》第十八篇，第十九页、第二十页，参见郑肇经 (*1*)，第251页；Chi Chhao-Ting (1), p. 66ff.。

③ 芍陂可灌溉的地亩面积是一百万亩，不是六百万英亩。——译者注

④ 沈诸梁约在公元前500年修建了一个水库，他就是楚国的叶公。沈诸梁是一个有同情心的贵族，曾和孔子谈过［《论语·述而第七》第十八章；《论语·子路第十三》第十六章；Legge (2), pp. 65, 133ff.；参见本书第二卷 pp. 9, 545；以及 Creel (4), pp. 54, 136］。

⑤ 参见本书第二卷 p. 137。

⑥ 它现在流入卫河，卫河几乎就在旧黄河故道④上。

⑦ 《史记》卷二十九，第二页；参见卷一二六（第十五页）中西门豹的传记［Watson (1), vol. 2, p. 71; Yetts (14), p. 32］。

⑧ 《前汉书》卷二十九，第二页。

⑨ 《国语》（吴语）卷十九，第五页、第十六页；《左传·哀公九年》［Couvreur (1), vol. 3, p. 657］；《文献通考》卷一五八（第一三七九·二页）；参见 Chi Chhao-Ting (1), p. 117。不管邗沟是否在鸿沟之前修建，向西通往黄河以西，夫差还修建了另外一个坡度低的过岭渠，使泗水上游与陶城附近的济水相通，因此他的船能够上驶与晋君的船会合。这距大运河后来的线路很近，不过工程存在时间不久。它建成的时期是在公元前483年［参见《国语》（吴语）卷十九，第八页、第九页及第十六页］。

⑩ 《史记》卷二十九，第二页［Chavannes (1), vol. 3, p. 522; Watson (1), vol. 2, p. 71］。传说这些工程归功于伍子胥（参见本书第三卷，pp. 485ff.）的领导。这些渠道即使不是恰好沿着大运河的路线，无疑是后来大运河的模型。参见刘彩玉 (*1*)。

年），以及郑国渠（约在公元前246年），这些工程都很重要，我们留待在后作较全面的描述。秦国及秦王朝修建的第三个工程不大著名，这里只提一下：黄河流经兰州之后，向北流，长约350英里，右岸为鄂尔多斯沙漠。在宁夏（今银川）附近，流入宽广的河谷，西面是低的山，两旁有许多土地，如果施加灌溉，是很肥沃的。这里是抵抗匈奴的良好前哨。因此，秦始皇于公元前215年派遣他的大将蒙恬占据了这块地方，[①] 并在第二年越过这里，修筑堡垒，置地建县，居民是迁移来的犯人[②]。以后还修建了引水灌溉支渠，从中卫镇开始，流经与河流多少有些平行的两岸渠道（图878，图版）[③]。汉唐两代都加以扩充，现在面积约有100英里长，20英里宽[④]。就像灌县渠系，在小比例尺地图上可以看得很清楚，而且也像它一样，至今仍在充分地利用[⑤]。

到了汉代，汉武帝时期大兴土木工程，前面（p. 234）已描述过同黄河决口的大斗争。那时来自潼关以东的谷物贡赋大大增多[⑥]。因此公元前133年郑当时提议在京城长安和黄河之间开挖一条运河，长约100英里，比沿渭河行程缩短2/3的距离，并减少一半航运的时间。他说[⑦]： 273

> “从渭河挖一条渠道，沿长安南山脚下到黄河的三百余里（直线），运输容易得多。全航程只要三个月（而不是以前的六个月）。另外，住在渠下的居民能够灌溉一万多顷田地（约16.6万英亩）。因而可以缩短运输（谷物）的时间，减少需要的人数，使关内土地肥沃，获得好收成。”皇帝同意这个意见。他派遣齐人水利工程师（“水工”）徐伯勘测所建议修渠的渠线，招募几万人开挖。三年内工程完成了，运输收益很大，运输量逐渐增加，住在渠道下游的人民也感受到水对他们的田地发挥了极大的效益。
>
> 〈引渭穿渠田：起长安，并南山下，至河三百余里，径，易漕，度可令三月罢；而渠下民田万余顷，又可得以溉田：以损漕省卒，而益肥关中之地，得谷。”天子以为然，令齐人水工徐伯表，悉发卒数万人穿漕渠，三岁而通。通，以漕，大便利。其后漕稍多，而渠下之民颇得以溉田矣。〉

七个世纪之后，隋朝的工程师们重建这条运河，并利用它作为大渠系的一部分，因而长安水运直达杭州，但是不知道他们所利用的是否就是徐伯的同一条河道[⑧]，无论怎样，

---

① 《史记》卷六，第二十一页，译文见 Chavannes（1），vol. 2，p. 167。

② 《史记》卷六，第二十二页，译文见 Chavannes（1），vol. 2，pp. 168ff.

③ 路易·艾黎先生在同一时期收集的清朝初期的图，我们感谢他允许复制。

④ 方楫（2）的著作中可以找到充分的描述。古代工程遗迹保留的良好照片，至今仍可在兰州甘肃省博物馆中看到。在黄河下游约100英里的地方，向北的河道慢慢转而向东，在鄂尔多斯沙漠上游，自从汉朝以来，各个时代沿黄河左岸都曾修建过类似的渠系。磴口和陕坝周围广大地区因而都有了灌溉。天主教传教士们近代长期在这一带活动，以促进修建渠道和建设村庄，其中的一位牧师范黑肯［van Hecken（1，2）］对此作了仔细的研究。他的著作关于蒙古游牧民族生活与中国农业灌溉之间的矛盾问题有特别的见解（参见本书第一卷 pp. 67，100ff.，224）。

⑤ 至于过去20年里所做的很大改进的报道，见 Shen Su-Ju（1）。关于土壤学，见王吉智（*1*）。

⑥ 《史记》卷三十，第二页、第三页［Watson（1），vol. 2，p. 81］。

⑦ 《史记》卷二十九，第四页，由作者译成英文，借助于 Chavannes（1），vol. 3，p. 527；Watson（1），vol. 2，p. 73。

⑧ 公元480年薛钦（参见下文 p. 278）的时代曾修复过。后来唐代这条运河仍很重要。公元741年韦坚再次彻底修理。他在长安船坞的船上组织了一次全国各省产品的特殊展览会，船坞是他修建或者扩建的。参见 Twitchett（4），pp. 90，308ff.；Pulleyblank（1），pp. 36ff.，207。

图版

图 878　始建于秦代的宁夏灌溉渠系，绘在清或明末的一轴画卷上，以前为路易 · 艾黎先生所有。阿拉善山和戈壁大沙漠所环绕。而河的东面即画的近边为鄂尔多斯沙漠，沙漠南面的边界，末端，保卫平乐城，连到阿拉善山（山一直通到画的顶上，到兰州）。长城以外，横城右佛教的窣堵波。出峡以后，左岸引出三条干支渠，唐徕渠、汉延渠和惠农渠，这三条干支桥梁跨过左岸的渠道。还有大约四十座有标名的桥梁。道路和小道都用虚线表示。最西面惠农渠干道。图中约标明了六个泄水闸闸址，上面提到的四座主要的桥梁也可能是闸。在受季节性洪水淹没的低地，其中最大的一个名为“谢官湖”。还标记着许多堡垒、村庄、是中国水利工程中很重要的建筑；长城以外，在右方远处，黄河穿过阿拉善山之间，恰当

三六七

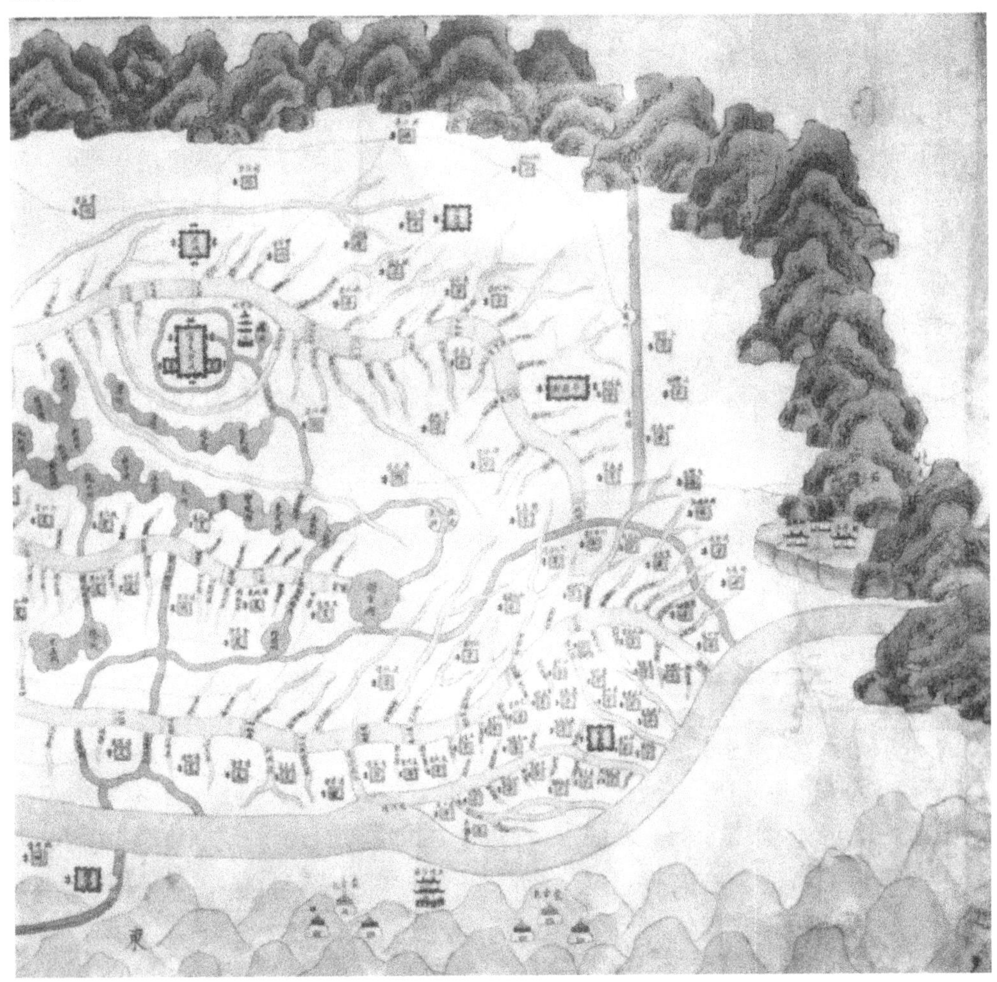

这张图景是从东面看的，黄河向北流，即从左到右。全部灌溉面积长约100英里，西面和北面为长城从东面来，如图底部所见，有几个小城镇，如横城；右面长城继续过黄河，横过这个区域的面（即北面）有些蒙古的帐篷营地。黄河从左边来，流经中卫、广武，进入青铜峡，这里有许多渠都在下游约100英里处再流入黄河。从右岸引出三条较短小的渠道。离渠口不远，有四座主要的渠道是唐徕渠，灌溉宁夏的省城。这些渠道都有许多支渠，有六座渡槽从汉延渠引部分水跨过渠道中间有许多“湖泊”互相沟通，用深色表示；这些“湖泊”推测就是当黄河河水上涨时，遭庙宇和宝塔。每个村庄（堡）里面有字表明它归那个城管辖。渠首附近有四座龙王庙，祭祀水神，地建了一座战神庙（关帝庙）。照片是艾黎拍摄的，承蒙盛情提供。

这个工程取名“漕渠”，保留着中国古代运输支渠的例子。

这一时期并不是所有的工程都同样获得了成功。番系做河东（山西，黄河对岸）刺史时，由于黄河在砥柱段的航运出名的困难，最适当的是扩大京城附近的耕地。因此在公元前 129 年他提出从山西朝西南流的汾河上，引出渠道灌溉河谷南北两边的土地——而且应当引黄河水，灌溉黄河在潼关转弯向东处的河湾内几县贫瘠的土地[①]。几

274 万人按照计划动工，可是不幸的是几年之后黄河改道，打破了整个计划。所有在汾河开垦的土地都荒废了[②]。

再说一下黄河的航运，从鸿沟口往上游到潼关的大河弯，再由渭河或与之平行的运河至京城长安（西安）。一个世纪又一个世纪，运输当局最头痛的是叫做三门峡的岩石峡道。这里河道迂回，通过隆起的闪长斑岩，成为一条宽广的河湾，有两个石头岛，把河流分成三条急流险滩，取名“神门”、“鬼门”和“人门”。不论何时，只要京城设在长安，特别是前汉和唐代，谷物贡品运往上游，必须通过这个极为险要的地方，结果损

275 失了数不清的船只、人和物资[③]。“砥柱”这个名称变成了一句成语，指伸出水面的石峰，与其他两个大岛上游的岛，好像是大自然有目的地放在这里，捕捉越过险滩上来的船只的陷阱，最坏的情况会把船从纤夫的纤索上拖走（参见图 879）[④]。这地方适合叙事史诗的题材，至少其中有大部分是称赞这个伟大的多目标的现在已经建成的三门峡大坝。[⑤]

正如上面我们所见到的，番系希望加大三门峡以西的谷物产量，以减少通过这个危险地区的运输量。其他重复过多次的建议，是要做大的绕道，以避免危险，从而弄明白了我们已研究过的（上文 p. 21）褒斜道的重要性。张汤大胆的设想是从东南（中东部基本经济区）越过秦岭带来谷物，在褒水和斜水的上游之间，用一条陆路盘运。斜水向北流，很快进入渭河，因此与京城相通；褒水向南下降，流入沔水及扬子江最大的支流汉水。张汤可能为避免靠近现今汉口复杂的湖泊区，以及为避免大河急流，使用了一个小的“后门”。运输顺着淮河溯流而上，进入现今的河南，转而向右，进入汝（水），然后向左，进入溱（水）。人们只要通过一个低而狭窄的分水岭，就可找到泌（水）（现在的唐河），往西到襄阳，进入汉水，有理由设想，由另一个坡度低的过岭渠通过分水岭，它早在公元前 603 年楚国入侵郑国的时候就已经修建了[⑥]。如果能了解到它的遗迹是否还保留到今天，是很有兴趣的；无论如何，沿河南—湖北边界山中的间隙走，即使经常需要陆路盘运货物，比走长江水路还容易得多。不幸褒斜道的主要目的未能完

---

① 《史记》卷二十九，第四页［Chavannes（1），vol. 3，p. 528；Watson（1），vol. 2，p. 73］。

② 洛河上另一工程未建成，洛河在渭河和汾河之间流入黄河，但这一点留待有关技术一节（p. 334）中提出更适当些。

③ 例如，唐代的损失达到 20%—50%。

④ 一篇关于这个地方的丰富多彩的报道，包括凿石拉纤栈道以及其中的雕刻，最近已经出版［Anon，(*33*)］。对三门峡已做了大量的考古工作，因为许多遗迹要被新建的坝中的水淹没。

⑤ 参见 Têng Tsê-Hui（1）；Li Fu-Tu（1）。大坝长度 2600 英尺，高约 500 英尺，其蓄水量超过博尔德（Boulder）坝和大古力（Grand Coulee）坝之和。此外，它减轻了洪峰的危险，灌溉面积相当于英格兰耕地面积的 1/3，河道航行通至兰州，并且生产 110 万瓩的电力。

⑥ 《左传·宣公五年》［Couvreur（1），vol. 1，p. 589］。

图 879 黄河三门峡的险要峡谷，许多世纪以来对于安全船运是一个极大的障碍，这地方现在修建了一个现代化的大坝［复制自 Anon.（*33*）］。

1 梳妆台 2 张公石 3 砥柱石 4 开元新河，黑色箭头所指为其上游入口

5 人门岛 6 人门 7 神门岛 8 神门 9 鬼门 10 鬼门岛

水流从左到右；右边远景处是下游。细的悬索桥是大坝施工工程的一部分。

成，因为褒水和斜水的渠化工程，在那时候缺乏炸药和厢闸，甚至缺乏足够强大而多的冲水船闸的情况下，未免太艰巨了①。

这条迂回道路，是一条大的向南的弧形，而北面也有相似的情况。人们常认为山西省被汾河从北到南，分为两半，实际上，汾河离太原以北不远就升高了。高地以上的水流入另一条滹沱河，滹沱河沿着汾河河谷边缘，像一把镰刀形似的流域，下降到河北平原，正在天津河湾的上游，流入黄河故道（现在的大运河路线）。谷物运到荥阳中心点，就可不直接向西上溯黄河，而向东北到滹沱河的交叉点，以后它就慢慢地经过正定往上进入山西省的山区。西汉时（公元前1世纪）黄河仍在老河道①。曾打算连接滹沱河的一条支流——冶河的上游，与汾河支流洞涡河会合。在现代地图上的寿阳附近，计划通过隘口，修建一条过岭渠，但在古代，这个建议不切实际，除非采用水陆联运，因此不久就放弃了。公元69年和公元78年间，又进一步决定打算连接滹沱河和汾河。滹沱河更上游的地方，有一条支流叫做牧马河，通过忻县到石岭关隘口，另一边是洛阴河，引流而下入汾河。这时黄河改道入河道②，但仍有足够的水量流入河道①，使有迂回的可能，当然不太理想。经过了大约十年的努力之后，放弃了这个打算，代之以水陆联运的车道。大概这些大胆方案的失败，不仅由于闸门不适当和没有厢闸，而最大的困难是供水到顶峰水位——这两条道现代都有了铁路，不得不使我们佩服汉代勘测者的预见性。

276

当然另一解决的办法，是不在长安建都。这是一个重大的原因，为什么东汉定都在

① 在以后的几个世纪里，汉水河谷线偶然被利用，如公元756年左右，当时正常交通被反叛者安禄山等扰乱。参见 Twitchett（4），pp. 91，309。

洛阳，以及为什么唐朝的帝座连续摇摆于两者之间①。公元48年为了改善洛阳航运，沿洛河开挖了一条分支运河，即在“桥梁”（上文 p.172）一节中已提到的“阳渠”。修建者名为张纯，当时任工部尚书，通过城墙之南，终点放在城西②，靠近一个世纪以后建立起来的毕岚的提水装置的地方③。很长时期以来就感到需要运渠，但就在王梁失败的地方，张纯却成功了。因为在公元29年王梁开了一条运河将京城以北的谷水引入洛河，朝黄河而下，形成一条航运水道，但在工程做完以后，才发现水平没有测好，水不往那方向流④。通过艰难困苦而学习、不屈不挠以及发挥人力是中国古代土木工程的特色。

277 当我们谈到三门峡的问题时，最好接着讲它随后几个世纪的情况。公元前17年，杨焉尝试用主力扫除这些障碍。《前汉书》说：⑤

> 鸿嘉四年，杨焉说：“在黄河上下行驶，经过砥柱狭隘的地方，经常出事故，可以开挖使其加宽和加深。”皇帝听从了他的劝告，并派他去执行开挖工程。杨焉带了许多人开挖砥柱岩石处，直到被水淹没处，仍不能彻底除掉砥柱，而水比以前更加汹涌，危险更大。
>
> 〈鸿嘉四年，杨焉言：“从河上下，患砥柱隘，可镌广之。”上从其言，使焉镌之。镌之裁没水中，不能去，而令水益湍怒，为害甚于故。〉

这就提出了问题，是否当时炼钢技术尚未发展到能制造进行这种操作的适当工具；我们的意见，这肯定是原因⑥。但是，因为要在低水时期抢工，时间紧迫，做这个工程没有炸药肯定不行。此后三门峡的问题，传统的有三种不同的处理方法，在峭壁上开凿纤道，修建迂回道路以避免狭窄通道，以及绕过险滩挖石开凿运河。

前面（p.22）我们说过，中国古代通过山的峡道，修建了许多栈道，三门峡的栈道是一种特殊情况。其遗迹仍然可见，各式各样的石刻已被用心收集⑦。在垂直的峭壁面上开挖半隧洞通道，底面用木板铺设，并用枕木加宽，下面用伸出的木梁支撑（图880，图版），但由于妨碍纤索，自然不用栏杆。这些栈道通常在河流平均水位以上15—30英尺处。有的地方沉入水下的系船柱，是从岩石上凿出来的。最古老的石刻时间为公元150年，上面刻着李儿的名字。从3世纪以来（如公元221年、公元240年、公元260年、公元281年），有很多石刻，刻着工匠们和工程师们的名字和头衔——“石工刘方”、“石匠张令仙”、“都匠药世”、“治河都匠左贡”；这些人都是三国和晋代的。后来栈道不断地修理，隋代（595年）、唐代，特别是在公元684和公元707年间由军事工程师杨务廉⑧（本书第四卷第二分册 p.163 中有关部分已提到过），还有宋代（1066年），甚至更晚至1809年都进行过修理，当时有些河段为拉纤者增加了链子。

---

① 参见全汉昇（*1*），第20页起；Twitchett（4），pp. 86ff.；Pulleyblank（1），p. 33。
② 洛河本身有一个进水口。
③ 本书第四卷第二分册 p. 345。
④ 《后汉书》卷五十二，第五页；《唐语林》卷八，第二十三页。
⑤ 《前汉书》卷二十九，第十一页，由作者译成英文。
⑥ 本书第三十章（d）；同时见 Needham（32）。
⑦ Anon.（*33*）。
⑧ 《朝野佥载》卷二，第十九页；参见 Pulleyblank（1），p. 128；Twitchett（4），p. 86，302。

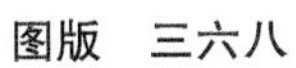

图版 三六八

图 880 长江三峡岩石面开挖的纤道或半隧道，纤道的一段是闻名的风箱峡，在宜昌以上（照片采自 Popper，RO/109/13）。黄河三门峡的纤道都与此近似。参见 pp. 23，277。

早在公元195年，李乐要求修一条道路使车辆绕过峡谷，刘艾支持他，并说当时已278没有活着的好的帆船船长，但那时未做什么事。从潼关到洛阳（地图，图711），汉代的老路当然还可以利用，不过沿这条路运输很费钱①。约在公元480年，北魏时期，薛钦坚决主张仍走经过黄河峡谷的水路，同时适当地治理长安渠；这个建议得到了赏识并开始了必要的工程，但未建成。过了五十年之后，这些栈道再次失修，运输仍回到陆路。只是到了公元656年，曾试图修一条特别短的路绕过峡谷，当时褚朗往南方修了一条路，但接近码头的路设计很坏，被洪水冲毁了②。到了公元733年，这个问题才获得解决，当时裴耀卿做运输使，不仅在北面开通岩石修建了六英里道路，其中有些至今仍可以看到③，并且在峡谷的上下游都修了大谷仓，作为转船运输的仓库④。以后地震毁坏了这条路，公元785年李泌修复，并改成双车道，有时用处很大，不过陆路转运很麻烦。

为了避免经过此峡谷，几年之后，公元741年李齐物做陕州刺史时，在“人门岛”之西修了一条从岩石中开凿出来的渠道（图881），现在仍可看见，但不久就要淹没在三门峡坝的后面⑤。这是一个标准的陡边开挖，长约840英尺，平均宽22英尺，平均深30英尺；渠的东面壁上有一条拉纤的栈道，唐宋时渠上有座桥通过。或许它不够深，不能载运很多的货物，或许由于李齐物缺乏资金，或许由于黄河河床很快淤积，因此主要在夏季洪水季节，才可以利用。那时用的是火烤加醋的蒸气开石⑥。由于时代的关系，称之为“开元新河”；又由于供奉道家女神，取名为“娘娘河”⑦。

随着时代的推移，三门峡的航运已不再是交通网的中心难题。主要是这时中华帝国279再一次统一了，宋朝定都于开封，恰好傍着运输系统中心，离西部不远。当宋朝必须撤退到杭州时，虽然北部经济区已落入辽金手中，但京城仍是一个大的基本经济区的中心。元朝和明朝统一时，东部平原继续占主要地位，并且古代的关中根据地已下降为行省。因而三门峡处于次要的地位，运输量限于栈道或环行道路所能通过的数量。自从修了铁路之后，三门峡的航运就荒废了，直到我们现在的时代，它的墙壁已不是岩石，而是混凝土的，急流险滩的怒吼声代之以发电机的轰鸣。

现在让我们回溯到汉代和晋代。公元274年有一个把黄河和洛河上游连接起来的建议，为了便于长安和洛阳之间的水运，避免走那条不受欢迎的路⑧。但是修建这样一条

① 对唐代时这条路的艰险情况的研究，见全汉昇（*1*）和Twitchett（4），pp. 84，90ff.，301，308。

② 《新唐书》卷五十三，第一页；《唐会要》卷八十七（第一五九五页）；参见Twitchett（4），pp. 86，302；Pulleyblank（1），p. 128。

③ Anon.（*33*），图版40a。

④ 关于他的工作报告及其背景，参见Pulleyblank（1），pp. 34ff.，129，183ff.，186，201以及Twitchett（4），pp. 87ff.，303，306ff.。

⑤ 《新唐书》卷五十三，第二页；参见Twitchett（4），pp. 89，307；Pulleyblank（1），pp. 131，206。

⑥ 参见上文p. 26。杨务廉开凿栈道时，记载中用过火烤法开掘。关于这种技术最古老的参考可见《华阳国志》卷三，其中指出战国时期，蜀国为了加宽河谷，用过火烤法开掘。用醋代水似乎从唐代开始；参见《刘宾客文集》卷八（第六十七页）。其他汉唐参考资料见Anon.（*33*），第69页；关于宋代的一种，见《攻媿集》卷九十一，第五页。参见本书第三十六章和Sandström（1），p. 29。

⑦ 或许“水母娘娘”原来是泗水和老汴渠的一位女神［Doré（1），vol. 10，p. 796］。

⑧ Anon.（*33*），第65页。

图 881 黄河三门峡的另一景,左边表示公元 741 年李齐物开挖的岩石通道运河工程［根据 Anon. (*33*) 复制］。数字标示与图 879 相同,黑箭头表示上游入口处。

过岭渠,从当时的技术来讲几乎是不可能的,因而没有做成。尽管大胆的设想长期在酝酿之中。大约早三个世纪,公元前 95 年,曾经有个建议是整个古代和中古时期中国土木工程中最夸大的(或者是幻想的)整体设计,即引黄河水,切断它的广大的北部,使之流入戈壁沙漠地区。提出这个想法的人,名字叫延年,关于他的其他事迹我们一无所知[①]。从《前汉书》中我们读到[②]: 280

当时(太始二年)很注意匈奴。那些热衷于成就和利益,以及宣传好处的人是很多的。齐国[③]有一名叫延年的人写了一份建议书,他说:“(黄)河发源于昆仑(山)脉,经中国流入渤海。这是由于它的地势从西北向东南倾斜;人们可以按照地图(“图书”)注意自然环境。如果陛下现在命令水利工程师们(“水工”)勘测高低的地方,开出一条大河,从高原(西藏)流经匈奴的中部并向东入海——这样关东的土地永远可免遭洪水灾害,同时北部边疆不再受匈奴的侵扰。还可节省许多劳动力不修堤坝,并且不需要这样多的人守卫边疆。匈奴是一个祸患,侵袭和掠夺我们,打败我们的军队并杀戮我们的指挥官,使他们的尸骨暴露在野外。皇帝经常警惕匈奴,但不会受(东南方的)百越(人)的侵扰,因为河流隔开了他们,

① 可能延年同乘马延年是一个人,乘马延年六十年后才出名,因为延是一个不常见的姓,但时间距离远,是同一个人的可能性似乎不大(见下文 p. 330)。

② 《前汉书》卷二十九,第八页,译文见 Bates (1),经作者修改。参见岑仲勉［(2),第 259 页起］的著作,他认为延年的计划在任何年代都不切实际。

③ 著名的工程师徐伯和延年以及许多齐国的科技专家们,都是古代齐国人,这问题不应忽视(参见本书第二卷各处)。

同时耕地也把他们分开了。这个工程将给子孙万代留下极大的益处。”

这个建议受到皇帝的嘉奖，回答如下：“延年的建议是一个考虑周密的设想。但（黄）河是大禹导向当今的河道的。圣人完成他们的事业时，他们考虑过子孙万代的利益，我们担心他们已经做了的是圣明的，难于改变的。”

〈是时方事匈奴，兴功利，言便宜者甚众。齐人延年上书言：“河出昆仑，经中国，注渤海，其地势西北高而东南下也。可案图书，观地形，令水工准高下，开大河上岭，出之胡中，东注之海。如此，则关东长无水灾，北边不忧匈奴，可以省堤防备塞，士卒转输，胡寇侵盗，覆军杀将，曝骨原野之患。天下常备匈奴而不忧百越者，以其水绝壤断也。此功一成，万世大利。”书奏，上壮之，报曰：“延年计划甚深，然河乃大禹之所道也，圣人做事，为万世功，通于神明，恐难改更。”〉

如果我们了解得对，延年的计划是一项规模巨大的工程，黄河在潼关向东大拐弯之前，从兰州和宁夏之间某处引出黄河，于龙门峡上下再进入下游河道。因而它可以顺着长城的部分河道，只放弃鄂尔多斯沙漠给匈奴。这条直线距离有300英里或者更多，皇帝的谋臣无疑感到（十分正确），在当时远远越出帝国的能力。特别值得注意的是，延年预见到缩短黄河通过黄土地区的河道，会减少泥沙含量，使其便于管理，而且有一条大河作为疆界，于军事十分有利。

西汉末年，在河南南部召信臣修建了一项很好的工程（公元前38—前34年），即“钳卢陂”（水库），他在汉水北面较大的支流之一上面筑坝，灌溉30 000顷田地（约50万英亩）。有几个原因使我们发生兴趣：第一，召信臣是南阳太守，采用了六个石砌的泄水闸门，对配水大有帮助。我们已注意到（p. 267）关于水权方面他做的工作，当时普遍尊之为“召父”[1]。第二，他的职务接班人之一是杜诗，同样受到爱戴[2]，公元31年采用了水轮，为冶金鼓风机提供动力之用（参见本书第四卷第二分册pp. 370ff.）。所以坝的名称叫做“钳卢陂”不会是偶合的。南阳长期利用水力，是铁业的中心。

281

虽然东汉王朝水利工程做得很少，还是做了一些有价值的事情。公元78—83年，王景[3]重建了芍陂坝[4]。但是他做的最伟大的工程是和王吴在前十年做的，即彻底重建汴渠，并采用了许多冲水船闸门[5]。当黄河失去了控制时，例如，公元11年（参见上文p. 241），经常有向东和向南流的趋势，泛滥济水，并破坏了运河工程。公元1年—5年用石护坡加强河岸，都不能阻止，可是当时王景的工程做得很好，维持了一个相当的时期。一个世纪以后（189年），陈登从寿县城往西修了一连串堰堤，在约20英里直径的土地上汇集了36条河流的水，灌溉10 000顷地[6]。1959年发现了这些建筑物的遗迹，后来进行了发掘。它显露出是用相间层叠的稻草和黏土做在卵石基础上，草秆方向与水

① 《前汉书》卷八十九，第十五页。

② 有人说：“召是我们的父，杜是我们的母。”历史学家的记载如此。

③ 王景出身于一个长期定居朝鲜的家庭；后文p. 562我们将提到他的祖先之一，也是一位道家技术家。他的传记（《后汉书》卷一〇六，第六页）说他喜欢技术，研究天文和数学，并且懂得水的原理（“能理水者”）。

④ 《后汉书》卷一〇六，第八页。

⑤ 参见下文p. 346。

⑥ Chi Chhao-Ting（1），p. 94.

流平行,全部用木桩和围堰支撑,中间密而两端稀[①]。军事运渠也在此时修建。公元204年曹操出征袁绍时,他沿山西山脉脚下,修了一连串的小型水道,往北流入河北省,并在大名附近利用了旧黄河岔道。因而漳河和滹沱河被等高线渠(如利漕渠和平虏渠)连接起来。北方的军队投降之后,这些供应线在交通方面作用不大,而且有的在黄河改道形成河道④时被淹没,可是渠系的一部分,在北京和保定之间的白沟仍然存在[②]。最初它能达到甚至如长城的古北口之远。3世纪和4世纪许多注意力集中在江苏省。张闿在长江南修了几个重要的水库,著名的如新丰塘[③];陈敏开挖练湖,两者都在公元321年。大约公元350年,陈敏大大改善了淮河和长江之间的交通,开挖了一条新运河,叫"山阳运道",所以古代的邗沟就完全废弃不用了[④]。另外,晋朝的一个官吏荀羡于公元352年在山东东阿附近利用汶水修了一条短运河[⑤]。这些工程的重要性在于,它们都注定要成为大运河的一部分。 282

大运河作为一个整体,首创于隋朝,引入洛阳,然后元朝时,引入北京。对此我们将予以应有的注意。在详细叙述这类较大的工程之前,让我们回顾一下整个历史的形象。很明显,不可能有那么多的篇幅详细叙述所有以后的朝代修建的工程,如对待秦汉时期的工程那样,尤其是它们的数量不断地增长,范围不断扩大。但已做过了一种有趣的尝试,即从统计上来处理这个问题。冀朝鼎有系统地研究过所有各省的地方志(参见本书第三卷 pp. 517ff.),注意各种水利工程事业的记载[⑥]。从图882(半对数图)[⑦] 他的资料中总结出许多结果,列表如下。

	$\frac{w}{y}$比值[⑧]		$\frac{w}{y}$比值[⑧]
周和秦	0.0175	五代	0.245
汉(西汉和东汉)	0.131	宋	3.48
三国	0.545	金(女真)	0.166
晋	0.110	元	3.50
南北朝	0.118	明	8.2
隋	0.932	清	12.0
唐	0.88		

根据这个表可以得出一两个明显的结论。最早时期有关水利工程事业记载很少,人们只能说是从中国社会开始形成时就是它的开始期;但真正开始于汉代,特别是西汉, 283

① 《新华社新闻公报》,1961年,第06723条。参见《天工开物》卷一,第十五页(1637年)。
② 关于这个题目,见 Lo Jung-Pang (6), pp. 48ff. 和郑肇经 (*1*),第194页。
③ 《晋书》卷七十六,第十一页。
④ 郑肇经 (*1*),第196页;Chi Chhao-Ting (1), p. 112。
⑤ 目的是为了军事供应,把慕容兰赶出开封。
⑥ Chi Chhao-Ting (1), pp. 36ff.。
⑦ 柱标的宽度说明朝代的年数,其高度说明水工的数目。
⑧ 这里 w 是工程数目,y 是年数。

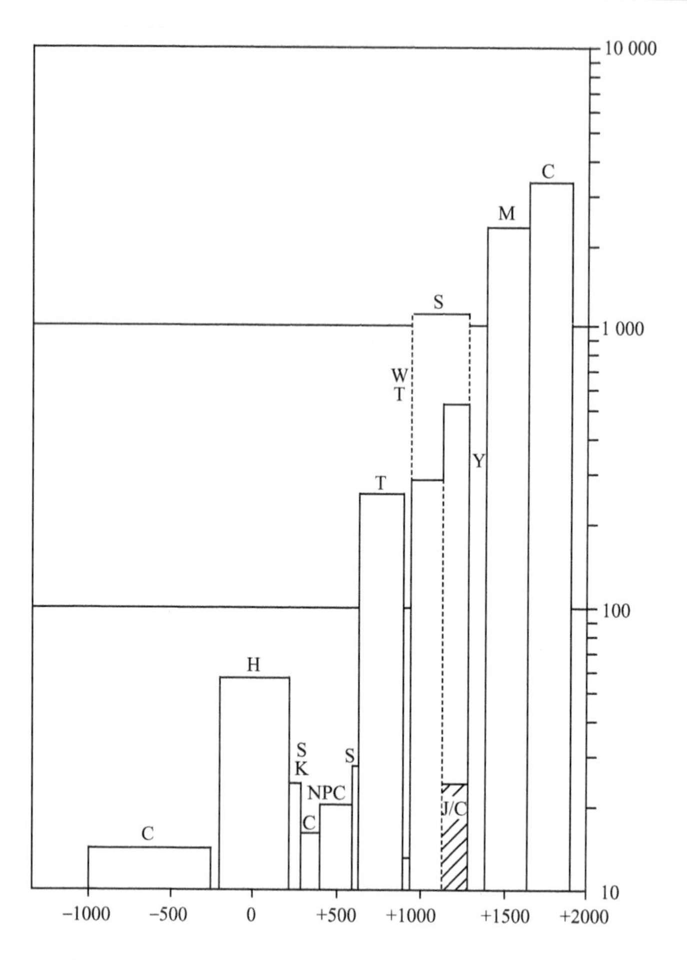

图 882 历史上各朝代水利工程事业的数目的半对数图［数据采自 Chi Chhao-Ting（1）］。对该图的讨论见本文。C 为周；H 为汉；SK 为三国；C 为晋；NPC 为南北朝；S 为隋；T 为唐；WT 为五代；S 为宋；J/C 为女真/金；Y 为元；M 为明；C 为清。时代的坐标是横的。宋代总的数目比之南宋北宋分开要高些，因为有一定数目的工程不能明确地划归南宋还是北宋。

陕西省和河南省的工程大大超过其他各省，说明它们是这时期重要的经济区。三国时期虽然为时短暂，但表现出有大量的活动，这无疑归之于战略的动机。4—7 世纪连续不安定，可以说明当时统治中国的少数朝代功绩很少，但是隋统一后立即引起土木工程的巨大发展，特别是关于大运河，这种情况在整个唐代一直延续下去①。这时一些省份如湖北省和福建省都进入了记载，唐代南方的浙江省第一次胜过北方各省。宋代继续发展，某些省份的工程首次达到三位数字，南北宋代划分表明，迁都南方之后，兴建水利

284

① 那波利贞（2）已为唐代的灌溉水利史贡献了一部精致的著作；他用的资料出自敦煌残卷，其中包括泄水闸门、水磨等的资料。另见 Twitchett（2，4）。

工程比以前更多，因而游牧民族的侵略，可以说更强烈地刺激了长江下游流域①及广东省和福建省河谷的开发②。同时北部的“游牧”王国，如金（女真）不是绝对没有水利工程③，但数据表明，他们从来没有像真正的中国历代王朝那样懂得水利的重要性。例如，辽（契丹）统治的两个世纪中④，未曾修建任何大型水利工程。可是元（蒙古）朝不同，元朝完全重建了大运河，包括一些大规模的工程，并在云南省开始灌溉。从明清的大量数据中可以看出，15 世纪以来提高了技术能力；分析各省的情况，也表明历代王朝努力尝试增加直隶（河北）省的粮食生产，因而使得北部京城地区尽可能不依赖南部和中部的运输⑤。带着这些观点，现在我们开始巡查，看看过去某些突出的工程的情况。

(7) 较大的工程

中国的土木工程中，最著名的有秦朝的三大工程（郑国灌渠、灌县灌溉渠系和灵渠运河）。前两个工程都是组成基本经济区（西北部和西部）的一部分，时间在公元前 3 世纪，第三个工程将北部、中部与最南部的地区相连接，是一个光辉的成就。这些工程如果从长度方面与隋朝和元朝（7—13 世纪）的主要工程大运河不能相比，则可从伟大的概念方面进行比较。为了这个原因，我们把它们保留到现在来仔细考虑⑥。与大运河有关的，还要加上一种与其他任何别的工程不同的特殊的工程类型，即钱塘海堤，它是为了保护运河南端的杭州而兴建的。 285

(i) 郑国灌渠（秦）

郑国渠的故事在《史记》和《前汉书》中有详细记载⑦。

---

① 这一时期和这一地区的特点是湖泊、沼泽和江河的沼泽出口（旧河道）的排水，形成圩田，又称围田，用堤防保护；参见冀朝鼎［Chi Chhao-Ting (1), pp. 134ff.］的著作，他翻译了记载在《授时通考》（卷十二，第十二页）的卫泾关于这个问题的有趣的编年记录（1200 年左右）；周藤吉之 (*1*) 说明这过程是在南唐统治下开始的。钱刺史（建海塘方面负有盛名，参见下文 p. 320）在其中很活跃［缪启愉 (*1*) 解释了他的工作］。冀朝鼎在其著作的 pp. 136 和 138 的对页复制了两张开垦“圩田”的清代古画。现在开垦仍在积极进行［参见 Hung Hsia-Tien (1)］，已不再像宋代那样造成严重的社会压力。

② 在本书第二十八章 (b)（上文 p. 32）中，我们提到过一位女道路工程师，是 14 世纪时福建的一位道教徒。她有一位前辈是搞水利施工的——福建省的另一位妇女，名叫钱四娘，她于 1064 年在莆田附近开始修建木兰陂。该工程进行时，有一位学者和一位武官帮助了她。这个故事是郭铿若 (*1*) 讲的。关于地方的开创作用，见 Twitchett (6)。

③ 如孔天监在金朝（1196 年）陕西省渭河以南的鄠县修建了有用的灌溉渠系工程［见傅建 (*1*)］。就在同一地区，同一世纪，我们看到中国修建的少数引水渡槽中之一，在山西省南部汾河流域的洪洞县，名为“惠远桥”，建于 1136 年，引了一条灌渠跨过支流高处［见罗英 (*1*)，第 92 页］。参见本书第四卷，第二分册 p. 128。

④ 参见 Wittfogel & Feng (1), pp. 122, 365, 371, 373, 374。

⑤ 清代的数字要打折扣，因为包括治理、改建和扩建的工程，还有事实上统计的数字不到 1911 年。

⑥ 在本节中所选择描述的工程自然是十分任意的，由于篇幅限制，必须省略。如汉中附近汉水上游的复杂的灌溉渠系；见陈泽荣 (*1*)；杨炳堃 (*1*)；陈靖 (*1*)。这是萧何在公元前 3 世纪开始修建，以后许多年代不断治理和扩充的，如宋代的周密、元代的蒲庸、明代的乔起凤和清代的张拱翼都曾从事过治理。

⑦ 《史记》和《前汉书》卷二十九，第三页，两套著作中卷数和页数相同，译文见 Chavannes (1), vol. 3, p. 524；Watson (1), vol. 2, p. 71；经作者修改。

韩（王）听说秦国势衷于有利的事业，想办法使其疲劳（于繁重的事务），不再向东扩张（侵略韩国）。因而他派遣水利工程师（“水工”）郑国（去秦国）欺骗秦（王），说服他打通引泾的渠道，从西面的中山[①]和瓠口，沿北面山脚，引水进入东面的洛河。这条建议的渠道长三百多里，可以用来灌溉农业耕地。

但在工程做了一大半时，秦国权贵们发现了这个诡计。（秦王）要杀郑国，但郑国诉说如下：“确实，开始的时候我欺骗了你们，可是这条渠道完工后，将大大有利于秦。[我知道这个策略延长了韩国几年的寿命，但是这个工程做完后对秦国子孙万代都有利。]”[②] 秦（王）同意了他，赞成他的话，并命令必须修完这条渠。当渠做完时，含大量泥沙的水（“填阏之水”）灌溉40 000多顷（667 000英亩），碱地（“卤之地”）。这些田地的收成达到每亩一钟（=64斗）的水平（即收成很丰）。因此关中变成非常肥沃的地方，没有坏年成。（正是因为这个原因）秦国变得很富强，最后能战胜所有其他的封建王国。从此以后，这条渠就叫做郑国渠[③]。

〈其后韩闻秦之好兴事，欲罢之，无令东伐。乃使水工郑国间说秦，令凿泾水，自中山西邸瓠口为渠，并北山，东注洛，三百余里，欲以溉田。中作而觉，秦欲杀郑国。郑国曰：“始臣为间，然渠成亦秦之利也。臣为韩延数岁之命，而为秦建万世之功。”秦以为然，卒使就渠。渠成而用，注填阏之水，溉舄与卤之地四万余顷，收皆亩一钟。于是关中为沃野，无凶年，秦以富强，卒并诸侯，因名曰郑国渠。〉

286 像这样一个典型的有关中国灌溉技术起源的记载，人们感到极大的兴趣，正如冀朝鼎所说，韩国人想着秦也许会受骗，这事实表明赞成和反对大规模的公共工程的理由，对于封建统治者来说并不总是很清楚的。秦国愿意采纳法家的革新（参见本书第二卷 pp. 204ff.），说明易于轻信新的和浩大的灌溉工程，而它可能不成功。但是没有理由想到郑国搞破坏；郑国似乎忠于本职，可能只在施工过程中，才认识到做完了这个工程对秦国有什么意义。司马迁完全了解增产粮食供应对于秦国最后政治上的成功的根本重要性，他是在各国纷争中[④]，看到后方供应至少和军事力量一样重要的早期历史学家之一。而且他同郑国渠修建的时期相距很近，他在公元前90年写完《史记》，而郑国渠在公元前246年完工。就在这一年后来的始皇帝秦王嬴政登基。

在司马迁写作《史记》之前不久，儿宽（公元前111年）[⑤] 提议并主持大大扩充郑国渠，修建了补充等高线支渠，灌溉干渠上面的高地。又于公元前95年，另一高级官员白公指出[⑥]，郑国渠淤积严重，失去了它的价值，他建议在高得多的地方，修一条62英里长的渠道，引泾河水，沿着等高线，高出于原郑国渠之上，这条渠顺利地修建成

---

① 现代泾阳。

② 这些话仅在《前汉书》中出现。

③ 司马迁估计的灌溉亩数，埃利亚森和托德［Eliassen & Todd（1）］认为太高，他们以为汉代最多有400 000英亩。现在87英里干渠约灌溉85 000英亩地。清末在最坏的情况下，灌溉不到2 000英亩，而且大部分用泉水灌溉。

④ 司马迁的父亲司马谈无疑具有同样的意见，因为在中国“未成功的布鲁图（Brutus）”荆轲的传记（《史记》卷八十六，第十一页）中提到泾渭灌溉渠系，这篇传记从内部证明一定是司马谈写的。关于这一点见 Bodde（15）；关于一般的题目见 Walker（1），pp. 41ff.；Porelomov（1）。

⑤ 见上文 p. 264。

⑥ 《前汉书》卷二十九，第八页。司马迁自然未提到此事。

功①，我们在前面引过一首民歌，是农民歌颂白公的成就的②，为了纪念他，他们把这条渠道称为“白渠”。

重新开挖渠道并在较高的地方引出泾河水的做法持续了20个世纪③。所谓渭北灌区（图883）④ 是个不寻常的地方，它是中国的第一个真正的大工程，至今仍在使用，而且由现代工程师全面进行研究过⑤。重新开挖渠道是为了经常要同泥沙作斗争，可是永远 287 不会得胜⑥。由于河流不断地冲蚀河床，进水口越来越沿着泾河向上游移动。原来秦汉时期的进水口，现在仍可找到，但是这个位置高于现在河道水位50英尺以上⑦。随着时代前进，渠道进行了多次修改，公元995年梁鼎和陈尧叟采用了176个新的泄水闸门⑧，1310年王承德用火烤法开掘新的岩石⑨。现今进水口深入泾河峡谷很远，那里的河底为岩石河床，大坝上游有长约1300英尺的隧洞；下游渠道和北山下来的河流交叉，建有11座泄洪桥⑩。

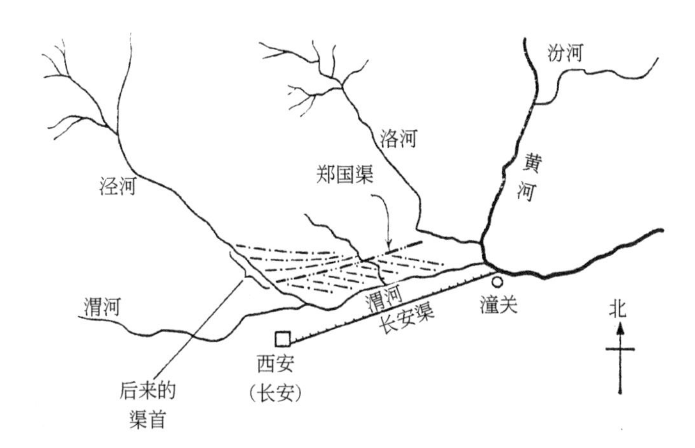

图883 郑国渠灌溉渠系草图，初建于公元前246年，现仍在使用，称之为渭北灌区或泾惠渠。灌区内向南流的小河为什川河，洛河现在流入渭河，不直接入黄河。洛河以东，河弯以内，有另一条古代灌渠，修建时间在公元前110年，现仍在使用；该干渠现名为洛惠渠。这里虽然没有表示出来，下文p.333将要进行详细讨论。比例尺约为1∶4 200 000。

---

① 该工程至少有一段开挖很深。这段渠现在仍保存着，在西安陕西省博物馆内可以看到照片。

② 上文p.228。关于该渠系的简单的历史报告，见方楫（2），第17页起；Chi Chhao-Ting（1），pp.75ff.，87ff；郑肇经（*1*），第270页起；Nesteruk（1），pp.52ff.；Lowdermilk（7）；Todd（1）。

③ 一些重要的工程都是在公元377年、公元823年、公元958年和1074年进行的。

④ 有关描述和地图见胡焕庸、侯德封和张含英（*1*），第3卷，第139页起。

⑤ Lowdermilk & Wickes（1）；Eliassen & Todd（1）；李仪祉（*1*）；陈泽荣（*1*）。

⑥ 夏季多雨时，含沙量最多升至51%。洪水戏剧性地发作，十分钟内上升50英尺。

⑦ 秦汉渠首工程遗迹照片见Nesteruk（1），fig.24。其中可以看见相当数量修凿得很好的筑石工程。

⑧ 《宋史》卷九十四，第二十页。

⑨ 《元史》卷六十五，第十三页。雇佣了两个“火匠”；这是有可能利用火药进行开掘的例证，但火烤和蒸汽开裂岩石的可能性更大。关于这个问题，参见上文pp.26，278和下文p.343，还有第三十六章。

⑩ 李协（李仪祉）于1940年去世，他是中国水利工程师中最杰出者之一（参见p.217），是渭北水系的总工程师。1930—1933年新的进水口施工时，挪威的西居尔·埃利亚森（Sigurd Eliassen）是驻工地工程师；以后他写了一篇生动、值得一读的报道（1），叙述此时期的生活和时代，作为华洋义赈救灾总会（International Famine Relief Commission）下工作的一位工程师的见闻。

288

(ii)灌县的分水鱼嘴和开山建渠(秦)

司马迁写道:①

在蜀国(四川),蜀郡太守(李)冰,开凿通过(山肩,以便做成)“离堆”的水道,消除了沫水的灾害②,在成都(平原)开挖两条大渠道(内江和外江)。

〈于蜀,蜀守冰凿离碓,辟沫水之害,穿二江成都之中。〉

这几句话是中国最伟大的工程之一的历史上的记载,这一工程距今已有2200年,现仍在使用,并使现今来访者印象很深刻③。灌县灌溉渠系(图884)修建后,使这块40英里×50英里面积的地区供养的五百万以上的居民(他们大多是农民)免遭旱涝灾害。只有古代的尼罗河工程可与之相比④。

公元前316年蜀国被秦国大将张仪和张若征服⑤。李冰在公元前309年协助在主要城市修建防御工事。公元前250年孝文王派他为该郡太守。他在公元前240年以后可能没活多久,所以灌县的大工程是他的儿子李二郎监督之下,约在公元前230年建成的⑥。李冰无疑活到了公元前246年,看到了秦王嬴政登基,他的儿子在公元前221年看到了统一的帝国,但总之这个工程是他们父子经手建成的(像郑国渠),是秦国和秦朝帝国力量的主要来源之一⑦。

在灌县,岷江流入四川盆地,它发源于四川最北部环绕松柏的群山中。李冰决定把它分为两个大的输水渠,即内江和外江,用石堆成分水嘴,即著名的“鱼嘴”(图887,图版),那里有横跨河道的著名悬索桥(见上文p.192)。这些渠首工程的总体布置,从图884中可以鉴赏,模型⑧在图888(图版)中,全景在图885和图886(图版)中。

289

三十年前,这两个输水渠的尾闾由渠道网组成,总长约730英里,灌溉500 000英亩良田,即约十四个县的面积的72%⑨。于1958年修建了许多新的配水渠,供水面积约为930 000英亩,据权威的估计,李冰的水系尽量扩充完成后,灌溉面积不下于4 400 000英亩。

---

① 《史记》卷二十九,第二页,译文见Chavannes(1),vol.3,p.523;Watson(1),vol.2,p.71,经作者修改。

② 现在是岷江的一条支流,当时可能用做干流的名称。

③ 我曾访问过灌县两次,1943年我访问后,写过回忆[Needham(4,21)],1958年又去过。第一次访问时有冯友兰教授、何文俊教授、彭荣华博士和郭有守厅长陪同;我从张有龄博士那里学到很多东西,他当时是主任工程师。第二次我同合作者鲁桂珍博士全面研究了这个工程,我们高兴地在此感谢主任工程师李君柱同志和杨春(译音)同志的帮助。

④ 关于灌县,已有了很多文章,甚至有用欧洲语言写的,如Esterer(1);Hutson(1,2);Little(2);Lowdermilk(2,7);Richardson(1);Worcester(1),pp.86ff.。但最有权威并仔细处理的当然是中国的,如鲍觉民(*1*);何北衡(*1*);方楫(2);可能最好的是Anon.(52)。在《宋史》卷九十五,第二十四页中可找到这个工程的简史。

⑤ 关于秦灭蜀后的情况,见久村因(2)。

⑥ 半传说中有一二个他们助手的名字,如王翌是流传下来的劳工工头的名字。

⑦ 年代是根据4世纪的《华阳国志》卷三,虽然现代作者们常把李冰放在早半个世纪。

⑧ 1943年的照片是一个较早期的模型,可见Needham(4),fig.34。

⑨ 图889(图版)表明灌县渠系的一张地图,画在李二郎庙的墙上;那儿还有一个石刻的平面图[见Hutson(2)]。不是所有的小渠道都是李冰的时代修的;其中许多是3世纪在崔瑗领导下加上去的。总而言之,灌县工程不是李冰父子所做的唯一的水利工程;所有这些,在《华阳国志》卷三都有描述,相关的一节的译文见Torrance(2)。

290

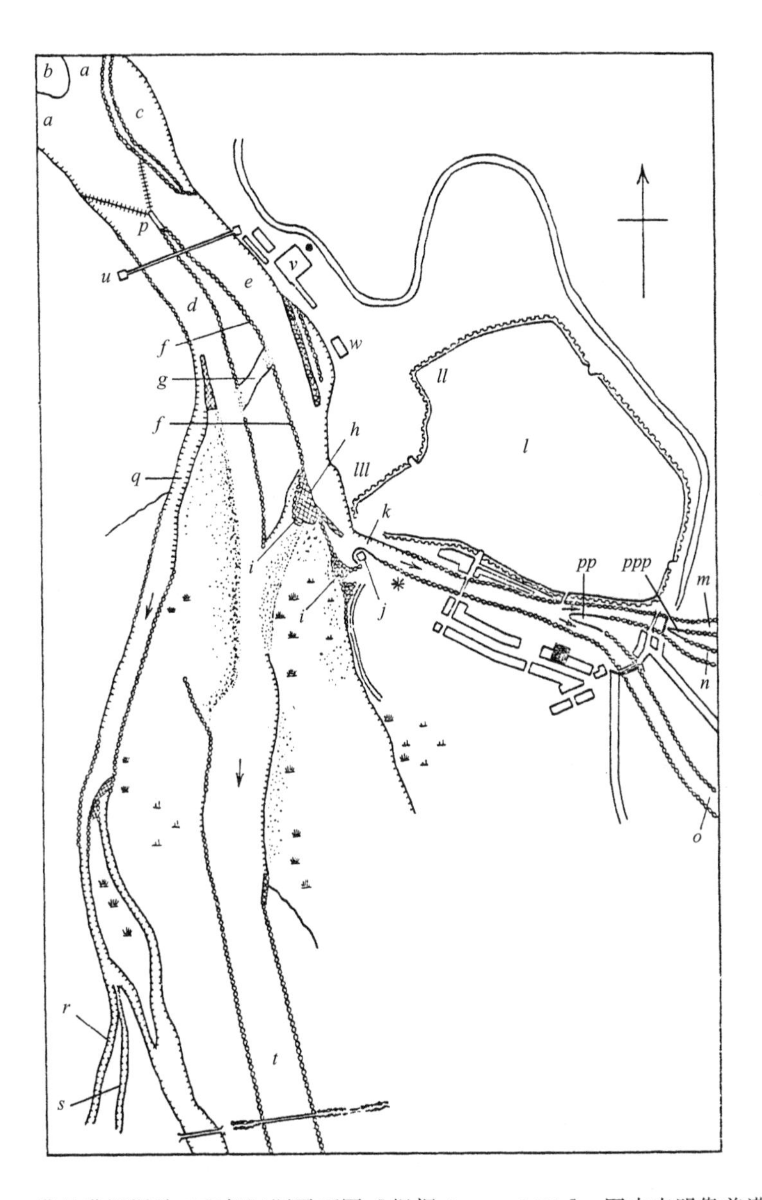

图 884 灌县灌渠渠首工程都江堰平面图［根据 Anon.（*52*）］。图中表明靠着灌县城边和庙宇的进水口工程，配水流入无数渠道，灌溉整个四川成都平原。

灌县灌渠渠首工程（都江堰）平面图

291

a，*a*.	岷江
b.	韩家坝
c.	百丈堤
d.	外江（外送水渠；老河道）
e.	内江（内送水渠）
f，*f*.	金刚堤
g.	平水槽（水平通道或调节槽）
h.	飞沙堰
i.	人字堤
j.	离堆和伏龙观（李冰庙）
k.	宝瓶口
l.	灌县城
ll.	玉垒山
lll.	凤栖窝
m.	蒲阳河（引水渠）
n.	柏条河（引水渠）
o.	走马河（引水渠）。1952年跨过这条河建了新闸。
p.	都江鱼嘴（堆石主要分水嘴）
p，*p*.	太平鱼嘴（左边第二道分水嘴）
p，*p*，*p*.	丁公鱼嘴（左边第三道分水嘴）
q.	沙黑总河（右干渠）
r.	沙沟河（分水渠）
s.	黑石河（分水渠）。上游溢洪道帮助供水给这两个渠，溢流入正南江。
t.	正南江（老河道，洪水河道，等等）
u.	安澜索桥（悬索桥，参见上文 p. 192）
v.	二王庙（李二郎纪念祠）
w.	禹王宫

注：（ⅰ）将鱼嘴主要分水头（*p*）同百丈堤（*c*）和岷江右岸连接起来的用通常表示铁路线的两条线标示的，是临时设立杩槎坝的位置，当水浅时，清理内江（*e*）和外江（*d*），前者在一月份，后者在十一月份。

（ⅱ）一条钢缆索，锚定在星点标志着的地方。用以引导木筏、漂木等进入蒲阳河（*m*），避免入走马河（*o*）。

（ⅲ）二郎庙（*v*）之上，山上有一个小而美丽的老子道观。碑文上说：

“至上不居于高位；
变化不违反自然。”

图版 三六九

图885 岷江和灌县灌溉系统的渠首工程，从玉垒山向上游的方向看［采自 Boerschmann（2），pl. 12，fig. 2（3a），fig. 119］。背后是八郎山高地。中间远处是韩家坝，右边是百丈堤；然后是鱼嘴（都江鱼嘴）和悬索桥。前面是金刚堤，分隔开右边的内江和左边的外江，穿过中间的是“水位调节溢洪道”（平水槽）。右边是李二郎庙的屋顶和树丛中的老子庙。

图886 岷江和灌县灌溉系统的渠首工程，从李二郎庙上面的山边往下游看，可以看见树丛中二郎庙的屋顶（原照，摄于 1958 年）。左边已看不到绕过玉垒山凤栖窝进入宝瓶口的内江。就在它的旁边有离堆山，李冰庙隐立树丛中。它们下面是人字堤溢洪道，正在发挥效益，近处可以看到的是宽阔的飞沙堰溢洪道，也在发挥效用。其下为内江的上部，由于树林挡住看不清，但可望见外江从右至左的一长段。见图 884。

图版 三七〇

图 887 鱼嘴（都江鱼嘴），从悬索桥横过人工半岛或金刚堤处眺望（原照，摄于 1958 年）。河的对岸有百丈堤。见图 884。

图 888 灌县渠首工程模型，存放在离堆山上李冰庙背后工程局的展览室中（原照，摄于 1958 年）。可以看见悬索桥附近的岷江被分为内江（在右）和外江（在左），宝瓶口河槽开挖可以看得很清楚，在右边的古老城墙和左边的离堆山上李冰庙之间。李二郎庙在悬索桥右边。最左边是沙沟河和黑石河引水渠的新入口处，同时最右边底部我们可看见走马河引水渠的新泄水闸。参见图 884。

图版 三七一

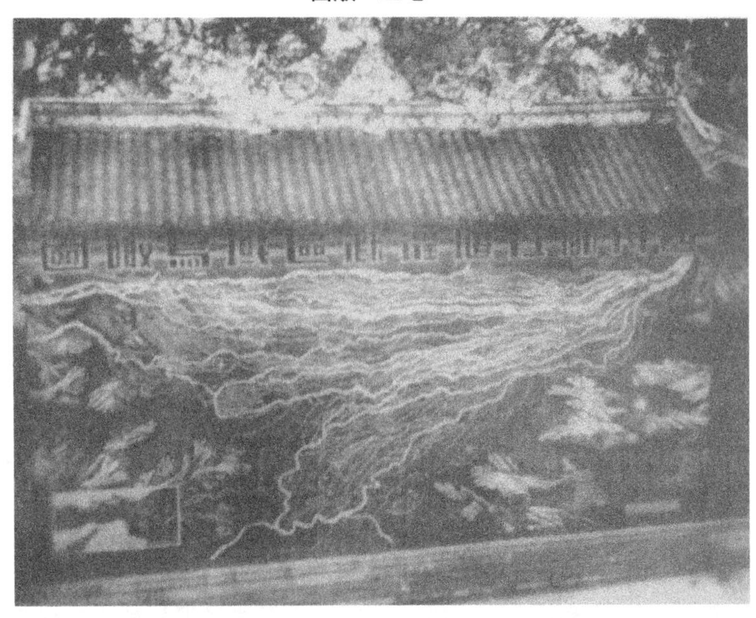

图 889 灌县灌溉系统的图解，画在李二郎庙一座房屋的墙上［理查森（Richardson）1942 年摄］。岷江分为内江和外江，如右上角所示，可看见省城成都在两条渠道的 U 形汇合处，沿地图到左边 2/3 的路上，高程约在半中间。标题叫做“四川都江堰灌溉区域鸟瞰图”。

图 890 从离堆山上李冰庙平台向上游看到的宝瓶口（原照，摄于 1958 年）。右边高耸的是凤栖窝峭壁，左边是飞沙堰溢洪道，正在大量溢流。

这个工程的坝和溢洪道是一般人所熟知的都江堰。它的主要部分是堆石鱼嘴[①]，分为两个输水渠。内江完全作为灌溉之用；外江随着旧河道，又（因它流向南，而别的流向东）叫做“正南江”，同时作为排洪水道，还可航行。为了修建内江，顺着一条细长而稍高的等高线，李冰必须通过山脊末端进行大量岩石开凿，灌县城就建在山[②]脊之上。这就是著名的“宝瓶口”[③]。离堆高处现在仍有庙宇供奉着他（图 890，图版）[④]，其高程从渠底算起约 90 英尺，在宝瓶口的 90 英尺宽度范围内，开挖总高度为 130 英尺或者多些[⑤]。鱼嘴和宝瓶口之间的两条渠道被金刚堤和飞沙堰分开。金刚堤顶比岷江的
292 洪水水位高些，有助于把水分开，而把飞沙堰顶调整到需要的高程，以便把最适当的灌溉水量分配到内江。当洪水升到这个水位以上时，使其溢流而自动调节流入内江[⑥]。通过灌县以后，内江分出支渠和分支渠，总数各为 526 条和 2200 条[⑦]。其中有些流过成都或成都附近，最后都流入岷江，然后进入长江（过嘉定）。

293 每年有一个相应于水流的管理运用周期。从每年十二月到次年三月河流处于低水时期，平均水流 200 立方米每秒（参见上文 pp. 221，238），有时降至 130 立方米每秒。四月以后，开始耕种时，水流加大，直到 585 秒立米，满足外江（280 立方米每秒）和内江（305 立方米每秒）[⑧] 的全部需要。夏季六七月，达到高水位阶段，全河最大水流为 7500 立方米每秒，此后逐渐下降，到十一月往后更加降得快些。这些世纪以来，李冰的教导“深淘滩，低作堰”，都忠实地做到了[⑨]。如果这个渠系能保持近似原来的样子，那一方面是因为河流挟带的泥沙不太多[⑩]，另一方面是因为每年水位的变化，允许不断地和有效地对它进行养护。每年十月中旬开始对它年度治理。一行长的加重的木杩槎放在进水口处，横过外江（图 892，图版），并用竹席盖上，涂以胶泥，做成围堰，

---

① 一大块保护鱼嘴的铁龟，重约一吨，曾由吉当普于 1277 年和 1294 年之间铸造并放在那里，但不久就被洪水冲走，现已埋到河床里去了。显然 1522 年和 1566 年之间又做了一次相似的尝试，当时是施千祥工程师负责管理，用铁包了左边第二个鱼嘴（“太平鱼嘴”），用了约 41 吨铸铁，形状为两头牛，头连在一起而尾分开；但这个也被冲走了。

② 玉垒山。如图 891 所示，横断面的尺寸是近似的。

③ 这个名字很引人联想。在本书第二卷 p. 142，我们读到《列子·汤问第五》（第十二页）有关道家乐园的描述，中心在壶领山上。形状像一个花瓶（“甗甀”），顶上有个开口，形成一个圆环叫做“滋穴”，因为活水不断流出来。李思纯（*1*）告诉我们，四川省所崇拜的灌溉神叫“灌口二郎”，是灌溉河口（之神）的较小的儿子（参照李二郎本人）。这个人被认为是杨难当神化的，杨难当是仇池氏羌部族的王，卒于公元 464 年。

④ 司马迁提到“离堆”。灌县（灌溉之城）一定是在同时期得名的。

⑤ 这处岩石是一种砾石，虽不特别硬，但自从李冰时代以来似乎很少风化。理查森［Richardson（1）］称其为“天然混凝土”。

⑥ 一条增加的溢洪道，叫“人字堤”，正好在离堆之前，排除多余的水，另一条（“平水槽”）长期并入金刚堤中部，当洪水水位升高时，这是最后排水的地方。

⑦ 他们的总长度现在超过 750 英里。在太平鱼嘴处，内江左边为蒲阳河，右边为走马河，几乎就在丁公鱼嘴（因 19 世纪的工程师得名）处，从蒲阳河向右边分出柏条河。最近在 1957 年走马河内设置了一个相似的第三个鱼嘴。分出江安河。过去外江在离堆山以南没有支流（我第一次看见时还是这样），但现在它分出沙黑总河，对着二王庙，从这条河补给了沙沟河和黑石河。

⑧ 这是它最小的有效流量，即“保证流量”，但它在七月份能通过 1000 立方米米每秒。

⑨ 参见上文 p. 250 并接见下文。

⑩ 它挟带下来的主要是推移质——随流滚动的砾石和卵石，参见上文 p. 231。

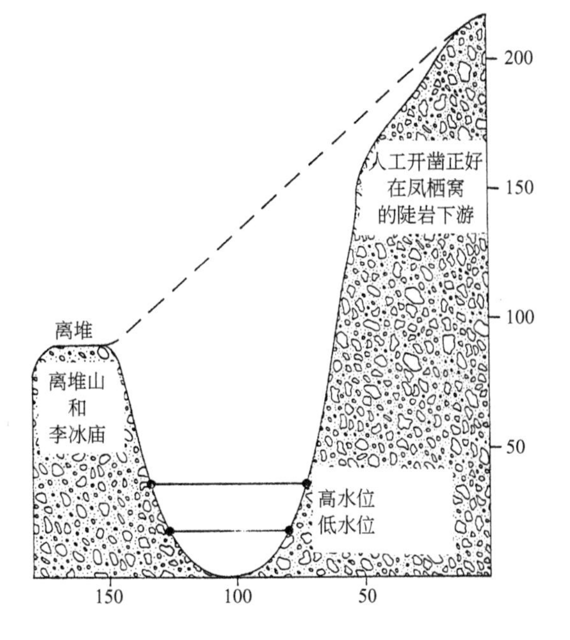

图 891　宝瓶口横断面草图（1958 年收集的资料）。尺度单位为英尺。

使全部水流入内江[①]。外江河床挖到预先决定的深度，用竹笼进行鱼嘴所需的修理[②]。大约二月中旬，移去杩槎围的坝，在内江进水口处再竖起来，因而使水全部流入右边，然后在内江进行相似的养护[③]。四月五日举行移去围堰的仪式，标志着灌溉季节开始了，并进行庆祝仪式，即使在时代发展到用计算尺为电站设计和计算的日子里[④]，也还维持这一传统做法。前一世纪之末，在清朝统治时的情景可从下面的记述中看到[⑤]：

> 通常在四月一日或者早些，治理快完时，水利府选择一个吉日，邀请茂道来放水。如果龙茂道认为选择的日子对他自己不利，或者对人民不利，他可以另选一个更好的日子。然后水利府宣布大坝在那天什么时间开放。
>
> 龙茂道来的那天，全城官员都来迎接，引导龙茂道看过已经检查过的工程，最后护送到他的住处，那是为他准备过夜的。在那里，他常接受人民控诉有关田地供水的问题，以及其他有争执的案件。水利府然后请这位上级参加准备好的宴会，通常都被谢绝。于是地方官送给礼物，预备好的宴席也吃了。所有这些接待、款待、护送等费用，都由地方官负担，总数约六百两银子，水利府只承担很少礼物，约一百两银子。

294

① 临时坝清晰的彩色照片可见 Lowdermilk (7), pl. xv。

② 见下文 p. 295。

③ 一组三个铁棒，名为“卧铁”，每个长 10—12 英尺，重约$\frac{2}{3}$吨，固定在内江河床上，恰好在凤栖窝峭壁下面，作为开挖深度的标记；参见图 893（图版），该图采自 Lowdermilk (7)。据说这几根铁棒是 16 世纪中期由施千祥找到的，他相信原来是李冰或者李二郎放下去的。

④ 现在开放得早些，在三月。坝开口时的照片见潘恩霖 (*1*)，第 15 页和 Lowdermilk (7)。

⑤ Hutson (2)。照片见 Lowdermilk (7), pp. 644, 645, 摄于 1943 年，照片增添了记述的生动性。

图版　三七二

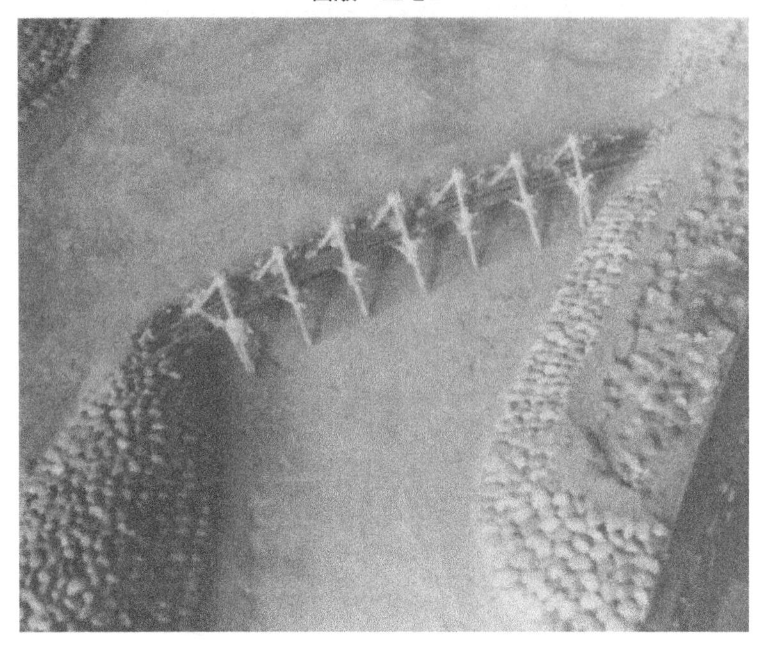

图 892　临时的“杩槎”围堰之一，用于灌县季节性清理和疏浚内江和外江河床；工程局展览室中的一个模型（原照，摄于 1958 年）。

图 893　一组三根铁杆（“卧铁”）固定在内江河床上，正好对着飞沙堰溢洪道，作为开挖深度的标准（罗德民摄，1943 年）。

在他到来的第二天早晨，龙茂道天亮之前，就起身到为纪念和崇拜李二郎的叫做二王庙的庙里去。在庙里他烧香磕头敬神。然后他走向河岸，就在竖立栅栏的下面，举行开放仪式。一条长竹纤绳连着几个杩槎，同时一群强壮的苦力站在它的一头，设立起一个祭坛，点着香蜡，把猪羊供上——于是，当太阳开始放射出万道金光、照耀地平线时，这个大人物跪下来，祭祀河神，苦力们发出长声喊叫，同时用力拉动，把栅栏拉倒下来，岷江水就汹猛地冲入人工河道，每年总有一二人被冲走淹死。龙茂道给50 000两银子的现款作为报酬，分给工作人员和苦力们，但必须注意他这是慷他人之慨，因为地方官必须付出所有这些钱。……这时水流到灌县，龙茂道经过这里回到省城，假如水量充足，在他回去之前，水已流到省城了。

这种习俗延续了很多世纪，很少有变化。唯一未曾提到的技术细节，是在各个时代把“水位计”或水尺[①]安放在适当的位置上[②]。其中之一是一个石人像，上面刻着“竭不至足，盛不没腰”，即“干燥季节让水盖住脚，洪水季节不让水过了腰”。这是指溢洪道要有适当的高度。我们方才提到古代内江河底有铁棒，渠道各处都设置老式的量尺，从而每天可以观测各个渠道内的水位。

这些“水位计”在二王庙里刻着的碑文中提到过，石刻至今仍然可见（图894，图版）[③]。起名为“治河三字经”，还提到“六字诀”和“八字格”等，灌县其他的工程碑刻，我们前面已经讲过（p. 250）。“三字经”写的时期不知道，但不会比13世纪更早，当时王应麟创作了众所周知的《三字经》的文体[④]。碑文上写道[⑤]： 295

“河道要挖深，
溢洪道要做低”；
六个字的教导
永远要记牢。
挖掘出河沙，
堆积成堤坝，
砌石做“鱼嘴”[⑥]，
安放好“羊圈”[⑦]，
布置好溢洪道（“湃缺”）[⑧]，
维持小坝的溢流管（“漏管”）[⑨]。

---

① 古代埃及、伊斯兰和欧洲的类似仪器，见 Feldhaus (1), col. 1303; Willcocks (4), p. 150。

② 最早是李二郎本人安设的（《华阳国志》卷三）。

③ 另一张照片见于潘恩霖（*1*），第158页。

④ “三字经”是儒家教学生的语录课本，为了便于记忆，用韵文对偶句，一直用到我们的时代。翟理斯[H. A. Giles (4)]有一种译本。三字经是王应麟送给青年的礼物，时间约在1270年，参见本书第二卷 p. 21。

⑤ 由作者译成英文。拓本见 Anon. (*52*)，但缺最后两行。

⑥ 分水鱼嘴有主要的，第二、第三的，等等；见 p. 291。石和铁证明都不如竹笼满意，不过现在都用混凝土做地基。

⑦ 这些圆筒形笼子用平行的木条做成，木条约为10—20英尺长，用鸡蛋大小的石头装满。

⑧ 让怒涛通过的缝隙。现代叫做溢洪道。

⑨ 这类管子有时也放在小型灌溉坝的坝底，防止水库底部淤积。

图版　三七三

图 894　“治河三字经”，刻在灌县李二郎庙内（原照，摄于 1958 年）。碑文系成都府知事文焕 1906 年所书，但碑文文字可能早在 13 世纪就有。译文见 p. 295。

图 895　灌县悬索桥支墩之一，旁边是偏球体形的空竹笼（原照，摄于 1958 年）。站在竹笼旁的是主任工程师李君柱。参见 pp. 295，321ff.，339ff.，图 913、图 914。

把(竹)篮("竹笼")[1] 编密,
让填石坚固。
分(水)为四六比[2],
标记水位的高低,
按照量尺做出的标记("水画符")[3];
排除洪涝和各种灾害,
年年挖出底,
直到铁棒明显出现。
尊重古代的制度,
而不轻易改变它。

〈深淘滩,低作堰。六字旨,千秋鉴。挖河沙,堆堤岸,砌鱼嘴,安羊圈,立湃阙,留漏罐,笼编密,石装健。分四六,平潦暵,水画符,铁桩见。岁勤修,予防患,遵旧制,毋擅变。〉

这真是水利技术的总结。人们只能补充说,四川省从灌县工程受益的,不仅限于灌溉和防洪。元代的一块石碑上记载着:"沿(成都平原)的河渠建立几万个水轮为稻米去壳和磨粉以及纺织机械之用,并且全年四季可用"[4]。因此中国一个省的经济生活在奥恩库尔和罗杰·培根(Roger Bacon)的时代,就依靠西蜀多雾的山中这些著名的土木工程。 296

我们不能结束介绍灌县而不讨论一个问题,它在某种意义上超越了这种工程的范围。中国人永远不满意于单纯从功利主义观点出发来看待人民受益最大的一些著名的工程。用他们的特殊能力,把世俗最高的东西提高到神圣的高度,他们在离堆顶上修建了一所巨大的庙宇"伏龙观",纪念李冰的英雄行为[5];再往后面,是很稀有的美丽的地方,从索桥往下游的多树木的山边,修建了另一个庙,纪念他的儿子李二郎,即二王庙(图897,图版)[6]。1943年我到灌县时,这一对比给我印象很深,因为在李冰庙中,他

---

① 这些是著名的编制竹笼技术,中国用的很多。有腊肠形的,约10—20英尺长(图914),有体积大的(图895,图版)。灌县的分水头一次又一次用石护坡;如宋代的吉当普(13世纪后期),1488年和1505年间明代的胡光,以及迟至1877年的丁宝桢和陆葆德,不过同竹笼比较,他们经常失败。这些用竹条编制的"腊肠"装满石头,很结实,修建在石基或者混凝土基础上,有两大好处:(*a*)水能缓慢地排进排出,使渠壁减轻饱胀的压力,(*b*)对于轻冲积土地基来说,不算太重。灌县的工程师们经常使用,非常成功,如宋代的赵不忧、明代的卢翊、清代(1681年)的杭爱。工程的许多部分也用永久性的圬工护坡,结果很满意。参见下文 pp. 321ff.,339ff.。

② 根据古代规定,低水时内江应通过水流的60%,外江40%,而当洪水时期,这个比例反过来。当然疏浚期间全部水流经过一个或另一个河漕,必须用杩槎坝来调节。

③ 其中最重要的是宝瓶口的,从李冰庙可以望见。

④ 碑文载于《四川通志》卷十三,第二十七页起,译文见 Chi Chhao-Ting(1),p. 97。关于一般水动力,见本书第四卷,第二分册 pp. 362ff.;关于马可·波罗时代中国使用水力驱动纺织机械的情况,见本书第四卷第二分册 p. 404。

⑤ 无疑有一定数量的四川土生的半传说的资料,说明有比李冰更早驯服岷江的著名人物如开明,他生在战国时期。托兰斯[Torrance(2)]试着解决这个问题,但需要进一步研究。是否另外有鲧和禹?一张李冰庙的照片,是从宝瓶口之上的凤栖窝的峭壁照的,可见潘恩霖(*1*),第160页。

⑥ 其他照片见潘恩霖(*1*),第158页、第159页。公元994年第一次有它的记载,但现在的形式是1078—1085年的(《事物纪原》卷七,第二十三页)。二王庙内还有一个丁宝桢的小殿,可看出陆续修建感恩的祠堂和庙宇的做法一直延续到近代。丁宝桢是1876—1886年四川省的伟大而善良的总督。1958年我第二次访问时,所有庙宇都由政府重修得非常好,就是没有烧香的,这是事实,但在社会主义制度下,即使为了把蝙蝠的味道压下去,烧香也还是必要的。

图版　三七四

图 896　李冰庙（伏龙观）中的塑像，庙在宝瓶口旁边离堆山上（伯尔施曼摄）。匾上刻着“功昭蜀道”，说明“他的成功是四川省的光荣”。

图 897　灌县李二郎庙的大院（原照，摄于 1958 年）。有一张 1943 年内江围堰放水典礼时人们聚集在这地方的照片，见于 Lowdermilk（7）。

的铸像(图896,图版)前面烧着香,由一个和蔼的道士照应着,但在它的第二个院内是很多计划改进水系的模型(参见图888,图版)——用大闸门控制坝代替鱼嘴、电站等[①]。李二郎庙成为工程师们的住处,它的美观并未减少,同时还有一个较小的庙供奉大禹(禹王宫),水利局就在那里。在广大人民群众中间,虽然过去被迷信和愚昧所掩盖,然而灌县的祭礼似乎表示出,中国的文化有一种最吸引人的地方,即儒家思想和道家思想的综合,无论什么鬼神的思想,神圣的荣誉肯定是归功于对人类有过大功的人。

(ⅲ)昆明水库(元代)和山丹渠系(明代)

297

作为灌溉叙事的结尾,我们再提一下其他两个工程,它们虽然不那么特殊,但对较小范围的地方都受益很大。一个是水库系统,另一个是通过山中的垭口,从河流发源的河谷引出灌渠。首先让我们看云南昆明平原的灌溉工程[②]。这个为高地环绕的平原或者盆地,其中心是云南省城和昆明湖,其旁边是有树林和庙宇的西山[③]。这里的重要问题首先是保证湖里的水自由畅通,不会淹没大块地区;其次是水库和人工渠道的形成,使流入湖内的六条小河的水,尽可能分配广些。这些都是云南省刺史的成就,他原来是一个波斯人或阿拉伯人,名叫赛典赤赡思丁(Sàīd Ajall Shams-al-Din),也叫乌玛喇('Umar),它与一个地方工程师张立道合作,以南诏国[④]过去的土著和独立的傣族王朝南诏国所做的一些小的工程为基础建造的。

赛典赤赡思丁隶属成吉思汗,当蒙古人向西远征时,他在路途上担任过元朝统治下的许多重要职务[⑤],这可从微席叶[Vissiére(2)]的专著中看到。1274年他被派到云南做刺史,在云南他努力提高了落后人民的文化水平,平等地建立孔庙和清真寺[⑥]。他的助手之一赵子元在石碑上刻文以纪念他乐善好施的政绩。[⑦] 他在山中修建了十二座坝和水库、四十多个泄水闸以及有堤防的渠道网,旁边种着美丽的树[⑧],这些现在仍保留着,证明了咸阳王[⑨]的开明统治。

这里要提到的第二个水系工程是白石崖灌溉工程,一条等高线渠修在甘肃省山丹附近的群山和沙漠中,过去曾浇灌一大片肥沃的土地(足够一千多农庄使用)。当人们从兰州沿着古丝绸之路旅行时,向西北走去,右边是沙漠(有时是长城遗迹),左边是祁

298

① 自从1950年,所有主要的引水渠都装上了钢的泄水闸门。

② 作为私人有事来华,这些工程在我1942年末来中国时对中国的最初印象之中。

③ 陈述彭(*1*)的地貌学描述。

④ 参见上文pp. 198ff.。在1253年曾被蒙古征服。

⑤ 《元史》卷一二五有他的传记。不要把他和另一个赡思(Shams al-Dīn)混淆,那是一位数学家和地理学家,在随后的世纪中有贡献,其传记在《元史》卷一九〇。

⑥ 昆明东南呈贡的孔庙,一个非常美丽的地方,第二次大战期间统计研究所所在地,就是他在元代修建的。参见本书第二卷,图37。

⑦ 赵子元是傣族的贵族后裔。

⑧ 有一幅照片,参见Beaton(1),p. 3。汤佩松教授和我骑自行车和乘汽车沿着街道转了许多英里,并在大普吉村附近的水库中洗澡。现在渠系的形式实际上还是1279年修的。

⑨ 他的墓地也在昆明东南平原,供奉他的庙是现在云南大学的地方。

连山（或南山）上闪耀着的白雪盖顶的山峰。在距山丹前后两个方向 200 英里或更大的范围内，这条路通过草原和沙漠灌木丛林，横过许多发源于群山中的水道，这些水道往下流入戈壁大沙漠就不见了。许多世纪以来，水和蓄水是这里最大的问题。我们所知道的关于白石崖渠的事，大部分记录在 1503 年一个隐居的道士王钦铁在山丹竖立的一个石碑上[①]。这是一个大胆的工程，因为在悬崖绝壁的地方引来大通河水[②]。这个崖壁叫“白石崖”，在山丹平原西南 200 多英里处。为了了解这个工程，人们必须知道：大通河向东南流经祁连山的第一列山脉后面的深谷，与古丝绸之路平行并流入兰州上游的黄河。因而分水口必须修建在海拔 12 500 英尺高程，在下降到山丹平原（大约6000英尺）以前，它必须通过这样高度的垭口，并且在它开始下降之前，[③] 渠道必须随着等高线流过一条长道。这工程不知何时修建，不过 15 世纪就淤积了，失去作用。当时一个名叫刘振的工程师受省里一个名叫李克的官员委托负责进行根本的治理，从附近 1200 里地区，聚集了许多工人开始工作，用敲鼓和跳舞鼓动。三年中，在经历了一些困难之后，各项工程都修复了。隐士王钦铁用一首诗作为他所撰碑文的结尾：

白崖塔，高千尺，
沙漠荒，百年弛，
来了个爱人民的人，
称之为大力工程师，
李冰和大禹再世，
筑新堤，建新坝。
滚滚流水，人们多么盼望它！
弯弯河道，好像是一条汉江。
三军人民安居乐业喜洋洋。

但在此后许多年里，当上一世纪发生扰乱时，这个工程再次失修，现在山丹邻近的地方，已没有什么痕迹了。大通河的上河谷唯有荒野的草原，除了牧羊人，可能偶然只有地质学家来访，如果有兴趣寻找刘振及其前辈们所做的工程，一定还能找到遗迹。

299

(ⅳ)“灵渠”运输渠（秦代和唐代）

灵渠[④]工程性质十分不同，主要不是为了灌溉，而是为了水上运输的需要，通过高山地区的一个主要的山脊，把中部和北部同南部隔开的地方连接起来。它连接广西的两条河，一条流向北，一条流向南，因而便有可能在长江、洞庭湖和流向广州的西江之间

---

① 关于这个碑文，我们得感谢路易 · 艾黎先生。由于前几年军队为施工用拿走了石碑，在 1953 年山丹地震后其拓本也可能已不存在，因此此故事更值得一讲。

② 或是它上游的一个支流。

③ 用木渡槽通过中间的河流和山谷。

④ 这就是多年传下来它的名字的意义，并且十分正确（参见 p. 375），但根据方楫（2）的意见，漓江原来的名称是灵河，就是“灵渠”名称的来源。

直通运输[①]。

《史记》没有提到灵渠，《河渠书》及其他与水道有关的篇章中都未提及。但是它的建筑有记录，说明建筑它的最初目的是保持水道运输线，如在公元前219年为派到南方征服越人的军队运输供应品。它还可能为运兵船队的通过服务[②]。《史记》说：[③]

> 秦始皇派遣司令官赵佗和屠睢引领战士们乘楼船[④]，驶向南方去征服百越的一些国家。他还命令武官史禄开挖一条运河，把谷物供应送到前方越族地区。
>
> 〈使尉佗睢将楼船之士攻越，使监禄凿渠运粮，深入越。〉

这不是关于灵渠最古老的记载，因为《淮南子》书中有一两页提到关于始皇帝的出征，并用同样的话叙述了工程师史禄[⑤]。这部书写于公元前120年，恰好在这个工程完成后一个世纪。我们还在严助传记中看到一段，严助是一个约在公元前135年与谷物运输有关的官员，在回忆录中他述及据“老人们”说，灵渠是在始皇帝时由史禄开挖的[⑥]。所以这个工程的开始时期被认为是肯定了的。

《秦始皇本纪》中有些篇幅间接地提到灵渠[⑦]。在始皇帝三十二年，即公元前215年：

> 他在碣石（石柱山）“门”上铭刻着他是怎样毁坏（所有的）城墙和（封建要塞的）防御，通过（所有的）堤防打开一条通道（“通堤防”）。
>
> 〈刻碣石门。坏城郭，决通堤防。〉

司马迁的记录说：

300

> 皇帝……毁坏外墙和城堡，通过许多障碍打通几条水道（“决通川防”），把所有的障碍和栅栏都打碎移开了（“夷去险阻”），于是地面平整（“地势既定”），老百姓不再服徭役（“黎庶无繇”）。……
>
> 〈皇帝……堕坏城郭，决通川防，夷去险阻。地势既定，黎庶无繇。……〉

我们关于灵渠的大部分资料，都是收集在18世纪全祖望和赵一清对《水经注》的注释中的[⑧]。《水经》这本书（大约写于3世纪）未提到灵渠，但是郦道元在5世纪的注释中讲到漓江（向南流）有一道隘口叫“有关”，并且讲到“灵溪水口”，它必定就是这条运渠。

为了弄懂这是一个什么工程，我们必须看一下图898和图899[⑨]。向北流的湘江，

---

① 当然，也就经过邗沟和鸿沟（参见 pp. 271，269）同关中和黄河流域的交通连接起来。

② 它肯定在公元前1世纪和公元1世纪战争时使用过，见下文 p. 303。

③ 《史记》卷一一二，第十页，译文见 Aurousseau（2）；Watson（1），vol. 2，p. 232，经作者修改。这段文字是严安反对汉武帝强硬对外政策奏章的一部分。严安传记中再次收录（《前汉书》卷六十四下，第三页）。

④ 关于楼船，见下文 pp. 441，445。

⑤ 《淮南子》第十八篇，第十六页。

⑥ 《前汉书》卷六十四上，第六页。

⑦ 《史记》卷六，第二十页［Chavannes（1），vol. 2，pp. 165，166］。

⑧ 《水经注》卷三十八，第十六页。除了地方志以外，《宋史》卷九十七，第二十五页、第二十六页有一篇简短的记载。

⑨ 唯一完备的照片见于伍联德（*1*），第118页起。

它发源于海阳山高地，向下流到湖南平原，经过衡阳和长沙，流入洞庭湖和长江①。向南流的一条是漓江，发源于越城岭山中，同另一条河流会合形成桂江，这是一条特别美丽的河流，凡是到过熔岩山峰②点缀的桂林的人们都知道，它是西江的支流，很快流向广州。湘江和漓江两条河流相对的丘陵中，有一个垭口，给予了史禄修建第一条全等高线运输渠的机会。灵渠的一部分叫做南渠，从湘江分出，沿着适当的高度线或稍微下降的等高线大约3英里，直到它遇到漓江上游支流。后者是必须渠化的渠段，到下游同桂江会合处共有17 $\frac{1}{2}$英里。同时，另一河谷中，有1 $\frac{1}{2}$英里的运输支渠（北渠），开挖坡度比湘江平缓。这工程是如何修建的，可从图899中看到。一个分水头叫做“铧嘴”（使人回想起灌县的鱼嘴），修建在湘江之中，背后有两条溢洪道（大天平和小天平③），302 流入这条河原来的河床。渠道或挡土墙具有几条溢洪道④，迂回经过兴安镇，并有几座桥通过⑤。这样连接渠道的同样水位，形成一个池塘，货船到此可以通过。湘江内设置鱼嘴，它是两条河流中较大的一条，渠（约3英尺深，15英尺宽）内的水大多由它供303 应，当地传说湘江水3/10流向南渠，而7/10流入北面支渠（北渠）⑥。这些渠都可正常使用，并且使用频繁，特别在西汉时期，在公元前140年和公元前87年间（运输高峰约在公元前111年），汉武帝出征南方，最终征服越时把它用于军事目的。另外，担负重任的时期，约在公元40年，与重要的远征安南⑦有关，记载中提到马援将军扩建了湘江的渠化工程，意味着他改善了北渠下游入口处以下的航行⑧。

周去非1178年的《岭外代答》中可找到最详细而经典的记述。他写道⑨：

> 湘江上游段向北流入湖南，融江（现名桂江）向南进入广西（和广东）。（这些河道的）分水岭最高部分位于静江府的兴安县地区。
>
> 古时候（秦）始皇帝并吞南方五岭时，史禄（被派去）开挖了一条运河，连接漓江的一条（小）支流同湘江的上游段。（这条运河）横过兴安地区，进入融江往南流。它有利于运输军队的给养。

---

① 记得1944年第二次世界大战时，我经过湘江到西部搭的是通过衡阳铁桥的末班火车，以后为阻止日军前进，就把桥炸掉了。关于灵渠有一位目击者在1911年的报道，见Lapicque（1）。

② 参见本书第一卷图4。

③ “大小天平”或“水位平衡器”；参见本书第四卷第一分册，p. 24。总长度为1443英尺，坝的挡土墙高度为8—10英尺。鱼鳞式的石造建筑。

④ 飞来石，泄水天平和另一座在兴安镇上。

⑤ 包括衡阳到桂林铁路线上的现代铁路桥。我在战争时期经过几次，可惜那时不知道它的重要性，而且未往外看。铁路也随着渠道在山中间通过。

⑥ 由于这种非凡的天才措施，史禄避免了最大的困难（否则在当时是不能克服的），供水到一个真正的过岭渠的最高水位上。

⑦ 关于这些致使广西、广东、安南都并入帝国的各次战役，见下文pp. 441 ff.。这个故事出自《史记》卷六，第二十一页，译文见Chavannes（1），vol. 2，p. 168。参见Cordier（1），vol. 1，pp. 209ff.，235ff.，259ff.。

⑧ 《水经注》卷三十八，第十六页。

⑨ 《岭外代答》卷一，第十页；由作者译成英文，借助于米尔斯（J. V. Mills）未发表的译稿。全祖望和赵一清（见上文p. 300）引述了范成大的《桂海虞衡记》（约1175年）中的这一段，但在我所见到的该书的几种版本中都没有找到。不过范成大在《骖鸾录》中提到灵渠，那是叙述他从京城去桂林旅行（1172年）时（第二十三页），谈到史禄修建了这条渠，还有灵川小镇（灵州）因之得名。

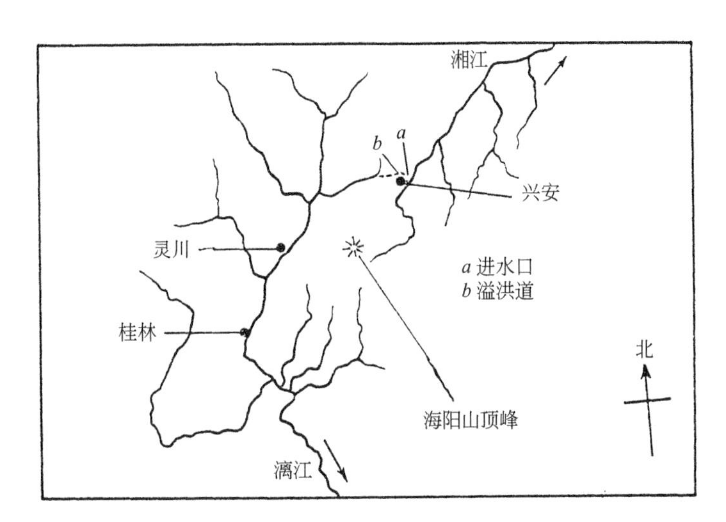

a 比例尺 1:2 000 000。运河开始(a)于兴安小镇附近,向西流 3 英里(b)进入漓江上游,下面 17 $\frac{1}{2}$ 英里的一段必须整治和渠化。

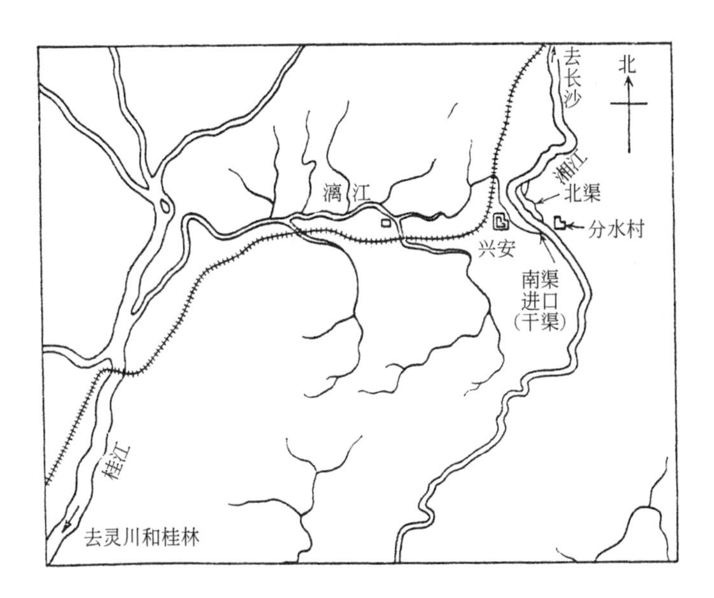

b 比例尺约为 1:450 000[根据方楫(2)]。这张图表明在湘江东(右岸)开挖支渠,使坡降平均,避免险滩。其上游水塘内有分水鱼嘴,其附近小村因以得名为分水村。现代铁路横过古代的渠道,然后沿着渠化的漓江南岸走。

图 898 灵渠的地理草图,灵渠在广西东北部,初建于公元前 215 年。这是最古老的全等高线运渠,连接向北流的湘江和向南流的漓江(下游叫桂江),通过高山中的垭口开挖并修建了一条约 20 英里的渠道。

302

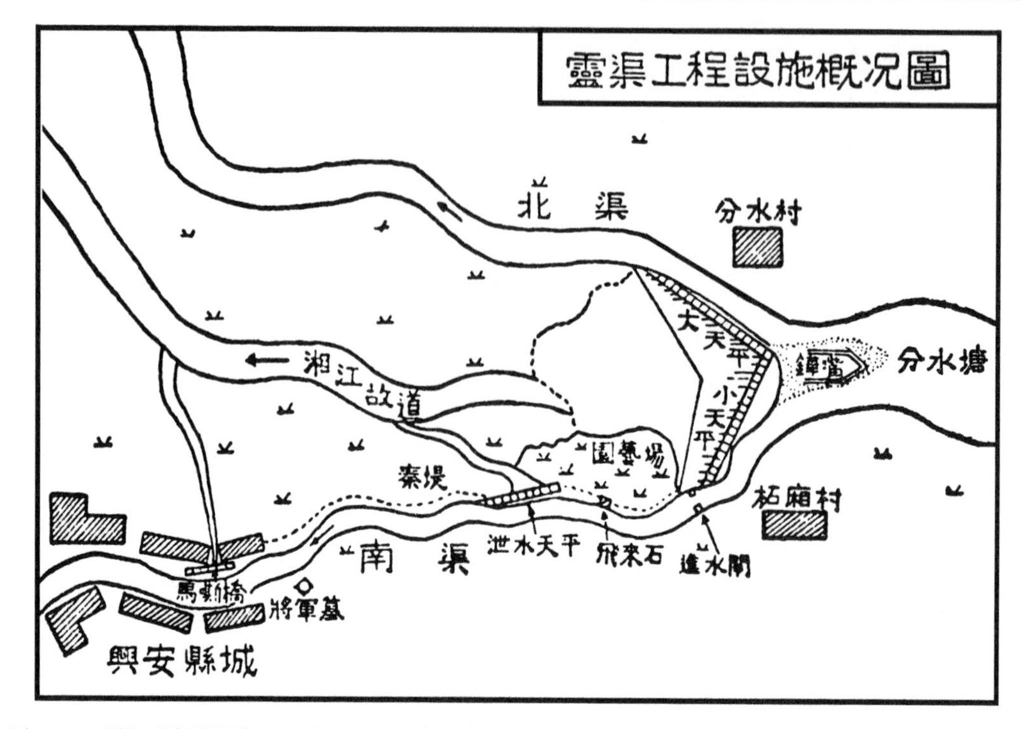

图 899　灵渠运输渠渠首工程平面图［根据方楫（2）］。北方在左上角。北渠把货船带到分水塘，就在它的下游湘江被鱼嘴或铧嘴分开流向两个方向。两边有两条溢洪道（大天平和小天平），溢流水流入下游湘江老河床。现在沿南渠或干渠通过的船只进入进水闸，并经过兴安小镇向西。渠道全程修建了强大的堤防，并用条石砌面的挡土墙防护，如秦堤（图中注明）、海阳堤、黄龙堤以及其他。水位控制用东北边一连串的溢洪道，首先是飞来石，然后是溢水天平，然后是兴安马嘶桥等。所有这些都标注在平面图上。

这样做的结果是北水向南流（入漓江），但从北来的船要遇到山的障碍。（史）禄开挖运河的方法如下。（湘江）上游河段在砾石和暗礁中间，他把石头一层一层地堆成一个铧嘴。因此湘江被这个尖头建筑物分成两（支），（然后）顺着山（的等高线），修了一道堤，成为一条平滑的运河，沿运河的水巧妙地流出 10 里，因此以后就达到更为水平的地上。从这里往前去，继续挖掘运河沿着山边的曲线绕，整个距离共 60 里（约 20 英里），然后流入融江，一起向南流，这就是现在著名的桂水。

为什么叫做漓江，是因为这条河流从湘江分离开来（并仍和它相连），成为湘江和漓江。

304

沿这条线的旅客有时不免要吓一跳，因为离“铧嘴”把水分开，使一条支流流入有堤的运河的进水口约 2 里的地方，另外有一条溢洪道（“泄水滩”）。如果没有泄水滩，春汛期间奔流的洪水会毁坏挡土墙，并使水永远不能流到南方。但由于泄水滩之助，汹涌的怒涛缓和了，河堤冲不垮，运河的水流很平稳。因此多余的水从湘江流入融江。这真可叫做天才的设计。

运河水迂回流过兴安地区，（从而）人民依赖着它灌溉田地。

(运河)水深不(过)几尺,宽约20尺,适于浮过载1000斛的船只[1]。

运河有36个船闸门("斗门")。当一条船进入一个闸门时,(人们)立即关闭它("则复闸之"),同时等待水(在闸内)蓄积,用这种方法使船只逐渐向前进。这样船只能够沿着山边向上移动。

下降时,船就像水流下屋顶的梯级凹槽,这样使船只南北来往。我(很高兴)看过(史)禄的工程的历史遗迹。

(秦)始皇的暴虐和猜疑令人遗憾,然而正是他的专横权势才有力量使水驯服,使船只越过(山岭)。子孙万代都依赖(他的运河)。不过(功绩)不仅仅属于(秦)始皇——(史)禄也是一个英雄,(由于这些情况,)这个渠被叫做"灵渠"。

〈湘江之源,本北出湖南;融江,本南入广西。其间地势最高者,静江府之兴安县也。昔始皇帝南戍五岭,史禄于湘源上流漓水一派凿渠,逾兴安而南注于融,以便于运饷。盖北水南流,北舟逾岭,可以为难矣。禄之凿渠也,于上流砂碛中叠石作铧嘴,锐其前,逆分湘水为两。依山筑堤为溜渠,巧激十里而至平陆,遂凿渠绕山曲,凡行六十里,乃至融江而俱南。今桂水名漓者,言漓湘之一派而来也。曰湘曰漓,往往行人于此销魂。自铧嘴分水入渠,循堤而行二里许,有泄水滩。苟无此滩,则春水怒生,势能害堤,而水不南;以有滩杀水猛势,故堤不坏,而渠得以溜湘余水缓达于融,可以为巧矣。

渠水绕迤兴安县,民田赖之。深不数尺,广可二丈,足泛千斛之舟。渠内置斗门三十有六,每舟入一斗门,则复闸之,俟水积而舟以渐进,故能循崖而上,建瓴而下,以通南北之舟楫。尝观禄之遗迹,窃叹始皇之猜忍,其余威能罔水行舟,万世之下乃赖之。岂惟始皇,禄亦人杰矣,因名曰灵渠。〉

这篇亲眼见到该工程的人的记述,以及12世纪末对于厢闸的描述,极为有趣,从而引出的问题是灵渠开始使用厢闸的时间[2]。周去非谈到这种那种船闸,好像从秦朝就在那里似的,但这很难让人同意。虽然后面我们还要谈到中国的泄水闸和船闸闸门的发展史,这里最好先考虑一下灵渠的地势。人们不难把这些泄水滩的成功归之于史禄这样一位天才的工程师,可能他是比李冰年轻一些的同时代的人,但肯定是李二郎的同代人,李冰父子在灌县应用鱼嘴,有那么大的影响,而且在两种情况下的鱼嘴密切相似。史禄是否装置过闸门还不肯定,后面还要提出证据[3],说明泄水闸在公元前1世纪已是一种熟练的技术,而且该时期的参考文献明白指出,汉代的鸿沟有冲水船闸门,特别在荥阳附近与黄河会合处[4]。如果是这样,战国时期和秦代的鸿沟也可能已有了这种船闸门,否则,这些时代的工程几乎就不能运用,这种情况史禄可能十分了解。但是没有书本记载或其他证据,证明灵渠及其引渠装设了冲水船闸门。 305

假如史禄没有装置闸门,人们就得设想南行的货船被一群纤夫拉着上溯湘江[5],进入北渠渠段,以及拖着进入大溢洪道的池塘的情形。过了鱼嘴,船就倒转入渠,渠内无

---

① 即刚好超过35吨,参见pp. 230和645。

② 比较一下欧洲的一条运输渠最早使用厢闸越过坡度的时间,该渠道是现时公认的施特克尼茨(Stecknitz)运河,它于1395年左右修建[Skempton(4)]。参见下文pp. 358ff.。

③ 参见下文pp. 344ff.。

④ 参见上文pp. 270,281。

⑤ 如《周礼》所说:"河谷中哪里有一条河流哪里就有一条纤道"(上文p. 255)。

急流，因为河道尽可能迂回，水位平坦，以使水流缓慢。另一端则不需要倒转，船行通畅，顺着漓江迅速而下。我们搜集到关于闸门的第一份资料，年代还算早，出于唐代，与李渤公元825年对渠道进行重要的修复有关。在《水经注》的注释中我们读到①：

唐朝宝历初年，运河（河岸）坍塌损坏，船只不能通过。因而观察御史李渤发起堆石造堤，像“铧嘴”那样（把湘江）分成两条河流。每条河设置石（墩座）冲水船闸门（“斗门”），（各）派一人管理，可以（按需要）自由开关。漓江（闸门）开放时，（水）都流入桂江（向南）；桂江一边的（闸门）关闭时，（水向北）流回湘江。他并在湘江开挖一条“分水渠”，35步长（175英尺），以使船行便利。

〈唐宝历初，渠道崩坏，舟楫不通，观察使李渤遂叠石造堤如铧嘴，劈分二水，每水置石斗门一，使制之，在人开闭，开漓水则全入于桂江，拥桂江则尽归于湘水，又于湘水凿分水渠三十五步，以便行舟。〉

先谈谈后来的改进，最明显的办法是李渤孤立分水嘴，使其成为岛形码头的形式，于其后沿坝顶修一条渠，使船行不需要倒转。但是冲水船闸仍很重要。根据其他资料来源，我们知道其中的18个，起初用木料做得很粗糙②，后来鱼孟威于公元868年进一步加以改善③。它的准确位置我们不了解，但从书本上得知，至少有一个在漓江的一端，另一个在湘江的一端。不过在有坡度的渠道上比在水平渠道上更为需要，因此很可能冲水闸大半都修建在漓江河道上，与湘江平行的北渠段以及湘江下游。最晚从9世纪以后，货船从每侧上升时，要用绞盘拉纤经过冲水船闸，在中间各段相当平坦的地方，由较少的拉纤夫拖着走。

后来又获得资料，闸门的数目不是18个，而是36个，这个数目至今还很近似。306 1178年周去非的记载之后，1396年和1485年重建石墩座时，又提出相同的数目④。数目的加倍，经常是从冲水船闸改为厢闸的变化的一个明显的迹象，因为到处都有一种自然的趋势，利用已有的装置，并利用每座闸墩作为一对厢闸闸墩之一。后来旅行者的记载也值得重视，邝露于1585年写道⑤：

灵渠从北到南有32个船闸门［“陡（门）”］，即从漓江到铜鼓水。从东到西，进入永福有6个。冬季（渠水）干涸，人们不能通过。不过我通过这些陡门时，那里的水很多，月光之下，看去好像阶梯上升到高平台上去，或好像很多层墙和台地一个跟着一个自天而下。

〈灵渠自北而南，三十二陡。由漓通铜鼓水，自东徂西入永福六陡，六陡冬日涸绝不行。予过陡时，水长月明，如层台叠壁，自天而下。〉

人们很难以更美妙的文笔描述过岭渠的厢闸——因为灵渠是一条等高线水道，经过在引

---

① 《水经注》卷三十八，第十六页，由作者译成英文。这段采自《太平寰宇记》（约980年）卷一六二，第八页。

② 方楫（2），第44页。

③ 鱼孟威用更好的石造建筑重建分水头，他有一篇记述，题名《修渠记》。该文被保存在《全唐文》卷一〇四，第十页。这篇文章可与pp. 173，203中提到的关于特殊工程的其他文章相比。

④ 方楫（2），第44页起。

⑤ 《赤雅》卷二，第二十一页，由作者译成英文。邝露谈到闸门的数目，和一般的结论相同，即在引渠上比在水平渠上有更多的闸门，在水平渠上他似乎找到三个。

渠上装置厢闸以后,已改变成为过岭渠。从全部证明来看,似乎很清楚,灵渠渠系采用厢闸最可能的年代是10世纪或者11世纪[①],后面我们还要看到这个年代非常符合中国其他方面的证据。

灵渠的重要性不应当被忽视,它就好像一条交通锁链的一环,特别在公元前3世纪,这条交通锁链比世界上任何地方都突出。经由黄河下游,鸿沟和邗沟,长江,再从洞庭湖引向南方的湘江,灵渠和西江的航行,汉朝第一代皇帝在公元前200年发现他管辖着一条从40°延伸到22°纬度单一的干渠水道,这就是说,直线距离约为1250英里,无疑在船只行驶时,路程还要加倍。其他古代文明很少有这样的水平。最后,灵渠很像灌县渠系,虽然是公元前3世纪的工程,曾经治理过,在我们的时代里又修过一次,但继续担负重任。很少有任何其他文明能够展示出一项连续使用达2185年之久的水利技术工程。

(v) 大运河(隋代和元代)

我们把大运河作为一个整体("运河"[②],图859)来看更简单些,因为有几段渠是先修建的,组成运河的几段,前面已提到过。把这些工程连在一起的是隋朝(581—618年),当时连接京城洛阳与长江下游流域的基本经济区,成为迫切的需要。13世纪最后十年里,在元朝统治下,同样需要继续下去,可是当时京城在北京,因此重建了大运河,最后形成一条连续的水道,从南方杭州到中国北部平原最远的北方,顺着118°子午线,形成一条S形河道。为了具体理解这项工程的最后阶段,只需要记住它的纬度跨距是10°,相当于从纽约到佛罗里达的一条宽运河,总长约1100英里。在山东省的山区,达到其海拔约为138英尺的顶峰[③]。 307

最早开辟的一段是鸿沟,后来称之为"汴渠",连接黄河与淮河流域,如我们所见到的[④],它至少是公元前4世纪修建的。它的用途除民运以外,常有水军活动,如公元280年王浚征伐吴国时[⑤],有一批著名的船队和军队就是沿汴渠通过;又在公元417年刘裕[⑥]征服后秦的姚兴[⑦]时也利用过[⑧]。然而许多年过去了,它淤积得很厉害,约于公元600年,

---

① 我们从《宋史》(卷九十七,第二十五页和第二十六页)得知正确时间可能是1059年,那一年由李师中进行过治理,其中他说的"重辟",可能是指改用双重闸的意思。

② 运粮河。

③ 曾经写过许多关于大运河的文章,应该参见下面提到的中国方面的书籍、传记、论文的书目。调查最好的无疑是朱契(*1*)的,可惜出版太晚,否则对我们帮助很大。用欧洲语言写的著作中主要的是康治泰[Gandar(1)]的历史性的专门论文,虽然内容丰富,但写得含混,几乎完全集中在长江和淮河之间的一段。次要的文献中可提到Middleton Smith(2)和Price(1)。大运河现今改善很多,并且大部分都充分利用着,见Yang Min(1)。关于明代的运河有一篇好的专论,见Huang Jen-Yü(1)。

④ 参见上文p.269。

⑤ 参见下文pp.694ff. 和*TH*, p.836。

⑥ 参见本书第四卷第二分册,p.432。

⑦ 参见本书第四卷第二分册,p.287。

⑧ 刘裕发现运河治理很差,进行了大部分疏浚,但是效果持续不久(《宋史》卷九十三,第十七页起;张洎有一篇关于汴河历史的论说)。

隋朝的总工程师宇文恺[①]决定采用一条完全不同的渠线[②]，因而修建新渠（通济渠）[③]。一般地说，新渠与鸿沟平行，但在陈留（9）分支以后[④]，不经徐州（10），而经宿州（120）在洪泽湖以西直接流入淮河，不利用泗水[⑤]，全长约630英里。西北方，在开封附近的陈留和（从洛阳来的洛河河口下游，运河与黄河的会合处）汜水之间，隋代运河河道与鸿沟（旧汴渠）非常相同，如有不同的地方，就是当时修建了一些特殊的工程保护它的口门[⑥]。公元587年隋朝另一位杰出的工程师梁睿，在黄河南岸修建了一条宽大的、向西连续的“金堤”（参见上文p. 234），用他的名字命名为梁公堰，堰有闸门以调节水位，并有双滑船道，为拖船用，因落差很大，不适于用冲水船闸[⑦]。主要工程是新汴渠，于公元605年建成；动员了五百万以上的男女，在麻叔谋领导下，进行开挖[⑧]。这项工程的细节在佚名的《开河记》[⑨] 中有记载。沿河岸修了一条驿道，各处都种植了树[⑩]。

整个唐宋时期（7—13世纪），隋代的大运河新汴渠，持续不断地处于繁重的使用之中。人们可从日记和传记，特别是像日本僧人圆仁那样的外国人的游记中，透过枯燥的朝代历史的统计，了解运河在这些年代里的真实情况。公元838年圆仁沿海岸旅行，经由一条供许多盐场用的支渠到达扬州。三国至隋朝期间曾修建了许多条这样的运盐河，并治理过[⑪]。尽你眼睛所能望到的一条笔直的运河［像英格兰东部沼泽地的贝尔福德平原（Belford Level）］，一串四十只船，两三条并排系在一起，用两条水牛拉得很慢，很用力。有一次，一边岸坡塌下去了，圆仁一行人进行了挖掘，才得以通过，当他靠近大运河时，三五只盐船并排前进，一队跟着一队，不断地走了一里又一里[⑫]。第二年他通过大运河到淮河，然后在他停留的最后的日子里，于公元845年，他从开封（陈留）到扬州，经过汴渠（新汴渠），共走了九天[⑬]。

唐代工程师们改进过某些渠系，但没有根本的改变。公元689年修建了一条支渠

---

① 他为本书第四卷第二分册的读者所熟悉，参见该册pp. 32，253。

② 青山定雄（*6*）；全汉昇（*1*）；岑仲勉（*2*）；冀朝鼎［Chi Chhao-Ting（1）］；崔瑞德［Twitchett（4）］及其他人都曾提供说明，但并非毫无困难。关于准确的路线仍不能肯定。

③ 同时，旧汴渠在以后很长的一段时期内仍是可以整治的，因为一位伟大的理财政官和历史学家杜佑在公元781年曾建议把汴渠作为交替使用的路线之一。

④ 现在惠济河在这地方还保留它的渠道的遗迹。

⑤ 有两条相邻的淮河支流，其中之一可能是原来的隋渠，但用了带有混淆性的名字“唐河”，通过宿州以北，另一条就是浍河（意思是中等规模的渠道，参见上文p. 255），通过宿州以南。

⑥ 参见Twitchett（4），pp. 182ff.；Pulleyblank（1），pp. 128ff.。

⑦ 这些工程于公元714年由李杰重建。公元726年刘宗器做过另外的开口，但很不成功，同时旧渠口又由范安及治理过。整个宋代，入口处不断发生困难，1071年应舜臣又做了另一开口。虽然很快就淤积起来，但至少管了一段时间，方法是插进许多泄水闸门以泄放洪水，同时在低水季节挖掘供水渠以保持其水位［参见郑肇经（*1*），第208页起；《宋史》卷九十三，第一二二页］。

⑧ 参见本书第一卷，p. 123。

⑨ 见于《行水金鉴》卷九十三。参见下文p. 326。但《开河记》大半是编造的故事，不是历史［参见Wright（7）］。

⑩ 总而言之，隋朝这个大的成就不应招致戴遂良特有的（而这里确实是荒唐的）嘲笑（*TH*，p. 1275）。

⑪ 参见图903（图版）。

⑫ 译文见Reischauer（2），pp. 16，18，20；参见（3），pp. 72ff.，153。

⑬ 译文见Reischauer（2），pp. 81，371ff.；参见（3），p. 262。虽然圆仁在回家的路上是忧愁的，一方面由于当时继续对佛教徒迫害，强迫他还俗。赖肖尔（Reischauer）以及后来的崔瑞德［Twitchett（4），p. 188］，认为圆仁的船顺着一条同新汴渠平行的渠化河道，但更向西南方的涡河航行；我们未能证实这个观点。

(湛渠),从陈留向东北使干渠水道与山东兖州连接①。公元734—737年齐浣修建了另一条新渠(广济渠),围绕洪泽湖北岸,使运输从新汴渠直通淮阴,因而绕过了淮河的险滩②。同时他还在扬州附近开挖了一条短路伊娄河,节省了40里路程③。但这是在淮河和长江之间的很南的一段。

我们再看更早的阶段,古代邗沟第一次修建早在公元前5世纪,在这些点之间通行。但它的原始线路是迂回的,连接几个湖泊,约在公元350年,陈敏将它做了重要的改直。公元587年隋朝皇帝第一次修复了山阳运道,即山阳渎,于公元605年并入整个水系。它有40步(200英尺)宽,像西北段一样,周围植树④,全长约120英里。

长江以南的大运河,不完全是隋代新创的,因为这地方更早的时候曾有人工水道(见p.272),但隋代采取了一条新道,于公元610年建成。全长800里⑤,环绕太湖东边,使杭州与北方直接相通,因而可使东南沿海地区的供应产品,由水路运到京城。为了保证黄河和长安之间的运输,宇文恺修复了郑当时和徐伯在公元前133年曾挖掘过的陕西省的旧渠,改名为"广通渠"。

这里我们暂停一下,注意那些威尼斯式城市水道的强大发展,实用的运输系统如毛细管一样布满了这些城镇⑥。其中许多至今在苏州仍可看到,被大运河环绕着(参见图772,图版),人们在杭州能发现保留的复杂的河网组织⑦。关于长安(西安)和北京终点的船坞,我们在其他地方提及(pp.273,313,355)。 310

黄河以北的大运河部分,长620余英里,确实是隋代新创建的。它利用了从山西群山中向南流下并在汜水之东流入黄河左岸的一条短河,即沁河;为使其下游段得以通航,由它引出一条短支渠,连接渠北的卫河来水,卫河向东北流经一条长河道到达天津附近⑧。从大丹河和淇水来的水,加以补给。这条水路于公元608年建成,叫"永济渠"。在大名(123)它同黄河后来的河道④会合,以及在临清(124)同现代大运河线会合。因此新运河把北京地区、杭州地区和长安(西安)京城连接起来,形成一条大的Y形水系,延伸约1560英里——其距离相当于$22\frac{1}{2}$个纬度,相当于从斯德哥尔摩

① Cheng Chao-Ching(1),pp.201ff.。

② 《旧唐书》卷一九〇下,第十七页;《新唐书》卷一二八,第七页起。前者告诉我们用牛队拉纤,用竹缆拉货船越过险滩的例子。

③ 把运河修到瓜州差不多对着南边镇江的入口处,既缩短了路程,又躲避了河流浅滩的危险和困难。

④ 往东修建了许多支渠,如我们所见,连接江苏省海岸的一些盐场,同时在与淮河和长江连接的地方修建了冲水船闸和双滑船道。关于陈敏,见p.282。

⑤ 即250英里,这段河比现今的(参见下文表70)要长些,这一段叫"江南河"。

⑥ 素梅德·尊赛(Sumet Jumsai na Ayutya)对这个题目用比较的方法进行研究,他发表了(1,2,3)几篇关于大吴哥(Angkor Thom)和大城(Ayut'ia)城水道系统的有趣的报道(1,2,3),这两地分别在柬埔寨和泰国。如他所述,那里有许多与中国相似的地方。

⑦ 不列颠博物馆中有1800年和1900年的地图,目录为Maps Tab.1,d,3和4。参见Moule(15),fig.1。特点是一个潮汐池,连接钱塘江口,并用混水闸连接和隔开;涨潮时把池装满,几小时之后让淤泥沉积,然后使水通过渠系的一部分,朝西北方退回到海里[参见Moule(15),p.21,较早的版本则见p.116]。关于著名的杭州西湖的来源和发展,见章鸿钊(*5*)及Chang Hung-Chao(4)。

⑧ 1953年黄河上一个巨大的工程建成了,从黄河上游较高的地方带来的水流进入卫河的上游段;灌溉新乡周围约70 000英亩耕地,大大增加了卫河的可航性;参见Kao Fan(1).

（Stockholm）到锡拉库萨（Syracuse），或从希腊到格林尼治（Greenwich）[①]。在欧洲，人们找不到同样规模的工程。

唐宋两代朝廷的最高级官员都亲自参与涉及作为一条从南到西北漕粮主要运输通道的汴渠的工程问题[②]。例如，在固定的几个点建立和管理船闸门，特别是在运河同横贯的两条大河流的会合处。裴耀卿（681—743 年）[③] 和刘晏（715—780 年）[④] 是其中的两个人物；前者管理时期约在公元 735 年前后，运河每年运送漕粮不少于 165 000 吨[⑤]。沿线许多地方建立了粮仓，因此如果洪水或枯水阻挡不能前运时，粮食可以贮藏得很好。如我们曾看到的（p. 278），公元 733 年时就作了安排，把粮食转运六英里陆路，避免在黄河三门峡的岩石和许多岛屿中航行的危险，粮仓就建在每个转运点上。刘晏做运输使时（763—779 年），效率达到最高，因为修造了适合于运河每条河段的特殊船只，并且各段的秩序保持良好。

311

五代时期，唐朝崩溃了[⑥]，运河所服务的经济区分裂成几个不同的政治单位，但工程没有破坏或很少破坏。公元 960 年以后，宋朝人民加强了水道的养护，作为他们扩建水利工程计划的一部分，这一点，宋朝远远超过以前的朝代［参见图 882 和图 900（图版）］[⑦]。这时京城更向东移，固定在开封，就正在 Y 形水系的中心点[⑧]，我们有许多关于从汴渠或大运河本身通过，并围绕京城分枝复杂的运河网的记载[⑨]。但在 12 世纪京城变得朝不保夕。1126 年抵御金兵失败后[⑩]，宋朝统帅故意决破黄河以南的堤，延缓女真族进犯长江，但也毁坏了汴渠的大部工程。1135 年宋朝京城迁移杭州后，淮河流域和黄河之间的地方，几个世纪都成了战场，因而隋代的汴渠被蹂躏得不像样子，当时元朝（蒙古）人打败了金、辽、宋，强迫历史学家们从 1280 年起计算他们的朝代。

---

① 二十年内所有都建成了；虽然五百年来，它是中国交通网的主要干线。

② 关于它在唐代的财政经济史方面的一般说明，浦立本［Pulleyblank（1）］和崔瑞德［Twitchett（4）］的专题论文都很有价值。

③ 参见 Pulleyblank（1），pp. 34ff.，129，183ff.［其中全文翻译了裴耀卿写的两篇重要传记］，p. 201（一篇传记）；Twitchett（4），pp. 87ff.，303，306ff.。

④ 参见 Twitchett（4），pp. 92ff.，310ff.。

⑤ 《新唐书》卷五十三，第二页起；《旧唐书》卷四十九，第二页。参见杜甫的一首诗［译文见 Alley（6），p. 131］。

⑥ 大约公元 800 年，安禄山反叛之后，每年谷物运输低至 28 200 吨（《宋史》卷九十三，第十九页）。

⑦ 读者会记得《梦溪笔谈》中有趣的一篇（卷二十五，第八段），译文见本书第三卷 p. 577，其中沈括描述了 1070 年开封和淮河之间汴渠恢复的情况，他当时作为一个水利工程师和测量员。以后特别提到渠道上的破冰者。魏泰在他写于那个世纪末的《东轩笔录》中写到："汴渠每年十月份起冰封，不能利用它来运输。但王荆公（即王安石）做宰相时，他希望冬季运输照常通畅。除了低水位妨碍行船外，流冰造成船只损失很大，所以他用了几十只'脚船'，船舷装上'碓'（杵锤），用以破冰，许多值班的人因受严寒冻死。京城里有一种说法：'我们听说磨石是用来磨麦片粥的，而我们现在看到的是用碓来破冻冰。'"（卷七，第二页）。这两种碓及其各种用途，见本书第四卷第二分册，pp. 51，390ff.。"脚船"可能是明轮小船，用脚踏轮推动。同样的名称已经遇到过，见本书第四卷第二分册，pp. 417ff.。当闵明我修士在 1665 年旅行大运河时，正是冬季进行破冰活动的时候，因此写进了他的自传里［Cummins（1）（译编），vol. 2，p. 227］。

⑧ 根据投奔蒙古人的宋朝官员王积翁估计，北宋时期每年有 424 000 吨谷物运到开封。唐朝记录为165 000 吨，这个数据可用上面以及后来海运的最高数量（下文 p. 478）进行比较。王积翁的数据在《宋史》（卷九十三，第十七页）中得到证实。

⑨ 如《枫窗小牍》卷一，第二十二页。

⑩ 参见本书第四卷第二分册，p. 497。

图版　三七五

图 900　“舆驾观汴涨”，一个不知名的宋代画家的作品［采自 Anon.（*32*）］。图中描绘的事件发生在 1006 年真宗时期，该年发生洪水，几乎决堤。左边可以看见皇帝及其随从，右边有一群人打夯，一人喊号，同时其他许多的人从各处运来填堤的材料。人们为抢救堤防，通宵劳动，把堤再加高五寸，皇帝用现金酬劳，有些淹死的，就用公共费用埋葬。这张画是本书作者的另一部著作［Needham，Wang & Price（1），Fig. 4］里一组画中的一张。

因为元帝国的版图包括了中国固有领土以外的大量北方疆域，北京自然被选为京城。但是因为长期建立起来的中国社会经济生活状态坚持不变，仅在顶上增加了蒙古人

312 （和其他外国人），[①] 北京成为行政中心，不可能没有一条漕运系统的“流线”。为达到这个目的，重要的是在Y形的开口支臂之间开挖一条短河，这样可使东方主要经济区与北方更直接接触。从杭州到淮河不需要大变动，但从淮河以北向西到作为古老的枢纽点[②]的开封附近的荥阳的一段必须放弃，而计划一条更为直接的路线。旧汴渠的路线因而被一条更向东的路线所代替，使其越过山东省的山肩，并在从前交叉点的更东面横过黄河。这条新选线是一条过岭渠，是汴渠从未有过的，无疑这个规划是从灵渠的显著成功受到鼓舞的[③]。虽然海运开始形成激烈的竞争[④]，元朝仍然大部分依赖内陆水道运输[⑤]，它重建的大运河经过明清一直延续到现在。谁能不欣赏出于这样大胆的设想[⑥]而造成的政治经济结果——一个国家开挖一条南北流向的人工河，而那里的天然河流都是从西向东流的（图901，图版）？

> ［马可·波罗写道］：大可汗叫人凿成宽深的大渠槽，从这条河连到那条河，从这个湖连到那个湖；又放水在这些渠槽中畅流，看起来好像是一条大河；因而很大的船都可在其上航行。用这法子我们可以从Caigiu运输谷物到汗八里（北京）城[⑦]。

最北部比较短的一段运河叫通惠河，从京城到通州长164里[⑧]，1293年在天文学家

313 郭守敬领导下建成[⑨]，郭守敬也是一个才气焕发的土木工程师。这段河需要二十个闸门，郭守敬都置备了[⑩]。250年后（1558年），吴仲为这条著名的河道写过一部专著叫《通惠河志》。在这工程建成后十二年，有人用波斯文写过这条河。1307年，拉施特（Rashīd al-Dīn al-Hamdānī）在他的《史集》（*Jāmi al-Tawārīkh*）中详细记述了北京的湖泊及河流。他继续说：[⑪]

> 我们听说由于河道很窄，船不能到达京城，强迫人民用牲畜驮运商品来往北京城。但是，中国的几何学家和哲学家们向可汗担保各省的船都能到京城，并且还可以从过去宋朝的京城，甚至可从杭州、泉州以及其他各地到达京城。

---

① 参见本书第一卷，p. 141。

② 这个提法在《宋史》（卷九十三，第十九页）中首次出现：“天下之枢”。

③ 参见上文p. 304和下文p. 355。人们记得10世纪或11世纪安装过厢闸。

④ 整个元代关于海运和运河运输的优劣，曾有广泛的争论。并不夸张地说，这些是党派政争的资料。重要的一点是海运肯定能运更大的吨数，不过危险较大。参见下文pp. 478ff.，更详细的见Lo Jung-Pang（4）；Schurmann（1），p. 109ff.。另见Hummel（18）；吴缉华（2）。

⑤ 1283年朝廷组织漕运司，关于漕运司的许多资料，我们从《大元仓库记》中可以看到。

⑥ 如果人们要找这个计划的真正创始人，可在山东找到两个地方官，姚演和韩仲晖，和以前宋朝的刺史王积翁，他是元朝朝廷的参谋。1284年他作为大使乘船去日本时，死在途中，可能被反对运河计划的“海路党”杀害。

⑦ Marco Polo，ch. 148［Moule & Pulliot（1）（译注）］。Caigiu为伯希和［Pelliot（47），vol. 1，p. 129］考证出是瓜洲，它是大运河入口的一点，长江北岸的一个镇。它靠近采石之战的战场（参见下文p. 416）。

⑧ 约51英里。这数据同表70有出入的原因，是从北京西山供给渠道的水源算起，而不是从它的终点算起。以前女真金朝曾试做过这样一个工程（高梁河），但未找到大量的水，特别是他们的闸门造得不好。

⑨ 参见本书第三卷中的有关章节。

⑩ 关于这个题目我们下面（p. 355）还要回过去叙述。

⑪ 译文见Klaproth（3），p. 341.

图版 三七六

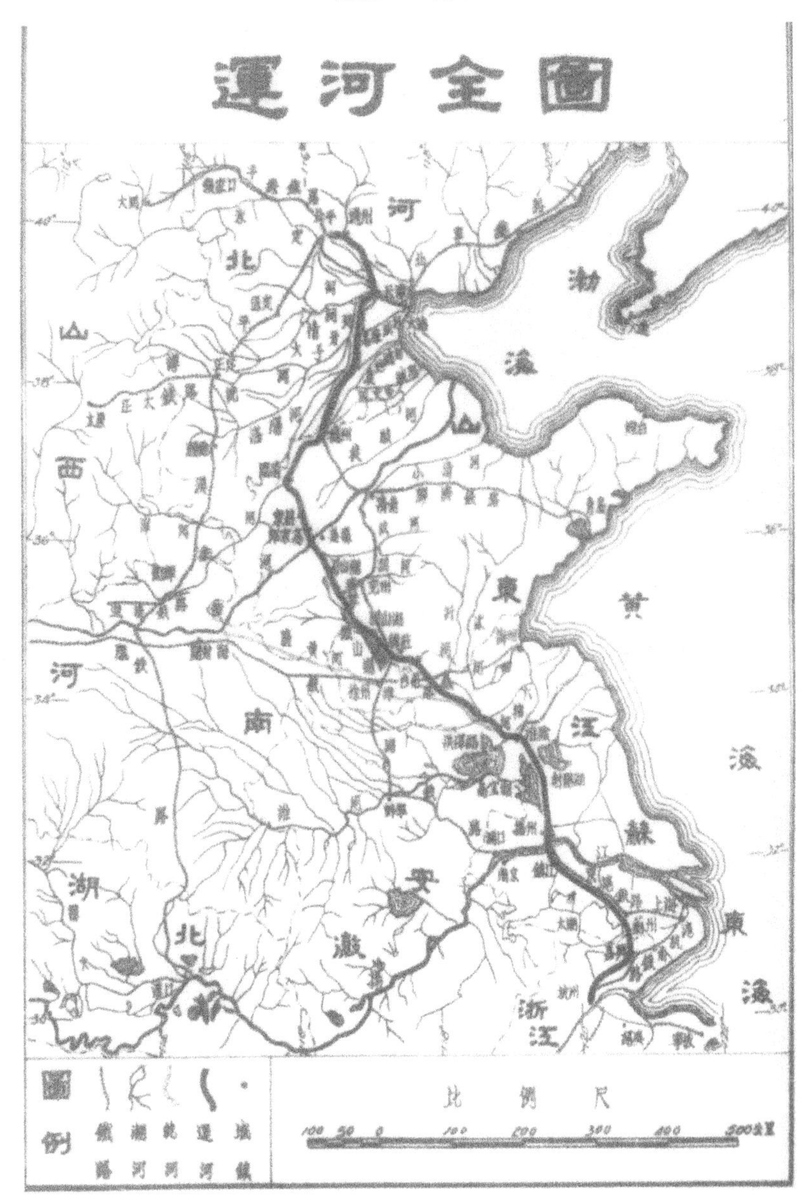

图 901 大运河最终形势全图［采自郑肇经（*1*）］。从北到南人们可以顺着运河河道经过：北京、天津、德州、临清，靠近东阿的与黄河的交叉处，济宁、韩庄（在微山湖南端和津浦铁路的交叉点），往下是台儿庄，靠近邳县的陇海铁路的交叉点，淮阴和淮河的交叉点，往下是扬州，与长江的交叉点在瓜州、镇江、与沪宁铁路的交叉点、苏州和杭州。图中未画出到绍兴和宁波的较为次要的延长段，但它的一部分肯定早在17世纪就已修建。见 pp. 306ff. 。

拉施特继续描述通惠河的建成，以及大运河全部系统的建成，特别提到冲水船闸、厢闸和绞盘滑船道，沿岸植树加以保护。因而萨拉森人和法兰克人一样，对中国的工程的成就印象很深。

表70中（*b*）所指的运河的第二部分，从通州到现在天津附近，原来属于隋代渠系，但在郭守敬的时代大大改进，叫做“白河”。第三部分（*c*）也是顺着隋代的路线，但不过是卫河再次疏浚后达到可以通航的水平（虽然它的名称改为“御河”）；沿御河走约一半距离，到临清（124）[①]，一条完全新的运河（*d*，*f*）会通河往南经过黄河北道与之直交（参见图902，图版）。这想法在1275年时已经有了，当时忽必烈的元帅伯颜问到它的可能性时，马之贞担保如利用汶水的水，这条运河可以畅通，郭守敬亲自做了初步勘测，作了肯定。可是这工程仍悬而不决，部分是由于要利用海道，直到1289年，被寿张的地方长官韩仲晖和另一天文学家史边源重新提出来。史边源与马之贞做了决定性的勘测，很快就做完了，把地图和计划送到皇帝那里。皇帝派张孔孙和一个蒙古人乐师管理这工程，当年内就完工；在一段250里（约80英里）的距离内有31个木牐[②]。所以普遍称之为“牐河”。

314 这次成功的一个原因，是在同一年里黄河发生改道（从⑤—⑥，参见图859），其北面支流流量大为减少，大部分水流入淮河和长江。运河在山东西部东阿城南的一点穿过黄河减小了的北支流[③]，达到东平附近的安山，与六年前建成的过岭渠段（*f*，*g*）相遇。这样就汇合了余下的短运河清济渎（p.282已经提到过），清济渎是晋代（352年）[④] 荀羡修建的。

重要的过岭段是蒙古的另一位军事工程师奥鲁赤在1283年及随后几年，按照郭守敬的设计修建的工程，叫做“济州河”，它连接济宁和清济渎，经过黄河向东北与海相通，长140余里（约44英里）。另一边，往南与晋代的另一工程桓公沟连起来，桓公沟始建于公元369年，当时大将桓温出征北方抗击后燕的第一个国王慕容垂。其最初目的是从淮阴运送军事供给到北方济宁，建成后在以后几个世纪里很少使用，直到1283年才恢复，并扩充成为新的南北水系的一部分（*h*，*i*段）[⑤]。这部分在明清地图（图903，图版）中可见[⑥]。所以在会通河建成之前，元朝朝廷能从东部中心经济区用运河运送谷物供给远至黄河北口，然后换海船运到天津。桓公沟利用沿途与其连接的许多湖泊供水，经过一个显著的上升斜坡（参见图906），绵延约300里（约94英里）。[⑦] 早在元代

---

① 关于这个地方及其宝塔的浪漫的版画，可见 Staunton（1），pl. 33。

② 郑肇经（*1*），第216页；Lo Jung-Pang（4）。很可能这些船闸有的是厢闸，但书中未明确指出。1296年和1302年间，其中的八个用石墩重建，全部建成于1327年。

③ 现在叫做大清河。

④ 郑肇经（*1*），第214页。

⑤ 北宋时期从1072年以后在淮阴和济宁之间进行初步的复建工程［《宋史》卷九十六，第三页；参见 Lo Jung-Pang（4）］。后来又被罗拯复和蒋之奇改变了计划，勘测施工都由陈祐甫进行。关于淮阴地区现代的枢纽工程见 Wang Chun-Kao（1）。

⑥ 是艾黎先生收集的，对允许复制他的照片，我们衷心感谢。

⑦ 关于桓温运河的路线有些不大清楚，可能依靠泗水通航，无论如何，肯定与现今大运河的（*h*）和（*i*）段不同。参见方楫（*2*），第47页；郑肇经（*1*），第197页。

图版 三七七

图902 大运河和黄河的交汇点，绘于晚清时的一幅地图上，该图以前是艾黎先生的藏品。这张图连着图867的右半边。我们从西北方向看黄河，水流从右到左。右边底下的方块是寿张城，左边顶上的圆是老的东阿县（现在的东阿县是从前较小的一块地方，桐城驿，在这边岸上)。大运河从底部流入，分三个入口：右边淤积了，标着“老河口”，左边两股标明有船闸。经过大河，运河重新开始，也有船闸控制，过了图的上部边线流入东平湖（未示出)。右边是河防营的院子和少数丁坝工程。运河两端逐渐缩小，但这是绘图人有意画的，他的注意力只在河上。对着老东阿县有一个航标画在姜庄山上。如图867中所示的一样，黑线表示防护堤的堤线。照片是艾黎拍摄的，承蒙盛情提供。

图版

图 903　大运河、黄河下游和长江下游，绘于清或明末的一轴地图画卷中，画卷以前是艾黎先生的藏
从上到下有三条大河流是(a)黄河的南河道⑦，1354—1855年经淮阴通过淮河入海(地图
状一样的洪泽湖，(c)长江从上海北面入海。堤防用各种粗细黑线表示，许多城市、庙宇、
不过大运河河道很清楚。它从左上角往下缓缓转弯经过微山湖流向黄河，通过许多冲水
堤"("坝"，见p. 362)，有几个飞堤通向洼地，现代地图上仍标记着骆马湖和黄墩湖。从
城)，正在宿迁之上，有一座著名的板梁桥，是用半透视法画的。然后大运河恢复它本身的
(淮阴)的前面流入黄河。我们曾顺着河道跟踪约200英里。这一部分是表70中的h段和
成，并因此得名。

大运河继续缓缓向南流，沿着古代的山阳运道，一直流到长江，为表70中的j段，沿着
过淮安、宝应、高邮和扬州。大运河右边约35英里为高邮湖，但在1007年就修堤把它与湖
船闸调节瓜州旁边运河流入长江的两个出口。一座突出的塔叫"张峰塔"，无疑是一座航船
位的水，十九个飞堤("坝")泄放突然来的大洪水，并有几个桥孔涵洞，经常开放着，可

大运河在长江南岸镇江城旁边重新开始直往南流，与山阳运道南北主线相对，那里标记
河) 即表70中的l段，我们仅能看到它的起点。

更多的细节必须放过，而不加以注释。但是西边淮河的支流都画出来了，有些靠它们很
意这些大半都是人工修建的，有的早在三国时期，一方面是为了解决日益困难的淮河流域的
"上运盐河"，这条河在泰州城边又同另外一边运河"运盐河"相遇(图中示出流经三个大
运河。但比这些更为重要的是与山阳运道平行的南北运盐干线，靠海更近，并有重要的堤防
这就是"运盐串场河"(盐田与运河连接)，其北端为盐城，如图所示，它可以通过十八个

图中最远的东南角是通州城(现名南通)，是我的合作者王铃出生的地方。在它上面左
对面河口旁，靠近现代高桥镇，有一个灯塔或哨所叫做"汝山墩"。再向上游，过了镇江和
桂珍出生的南京城的正北面，这位置在图上是固定的。

有一张或几张地图很像这一张，虽然不完全一样，是冈达尔[Gandar(1)]放在他的
都不一样，不过不一定是由于地理不正确；很可能因为地势低洼，许多湖泊不是永久存在，

三七八

品。此幅示意图在水平方向做了拉长，从南面看安徽省和江苏省，左半边与图868的右半边相连。
上的标记是它另外的名称“清河”)，(*b*)淮河在淮阴对面，与黄河会合之前，分散流入像胃的形
塔、航标等都做了标记，但复制时损失掉了许多细节。
船闸门(“闸”)，从韩庄到台儿庄有九道闸门都标记着名称。过邳县后，左岸有七个有名称的“飞
这以后，与黄河水连成一条复杂的交叉网，当它流入南边河道时，黄河占据了宿迁周围的地区(岛
形状，向前经过左、右两幅画的分界，在五条长堤中间，与黄河平行，直到突然转弯向右，在清河
*i*段，随后于1283年重建，与桓公沟路线一致，后者是一条较小的运河，早在公元369年就已建

公元350年左右修建的一条线，代替公元前5世纪绕弯多的邗沟。这段距离现在约为115英里，经
分开了(参见图904)。五个重要的有名称的船闸位于淮河和黄河会合处附近；还有六个有名称的
的灯塔或者航标，位于S形弯路处。除船闸外，这条渠道岸上有十八个有名称的泄水闸，泄放高水
能设有堰。
着有一个船闸。在到达这里之前，运输船驶过长江中的金山岛(参见p. 241)。但运河南部(江南

近的城如寿县，本书中已提到过(p. 281)。东边在山阳运道和海之间，运河纷乱如入迷宫，应当注
排水问题，而主要是为了往内地大量运送沿海地区生产的盐。所以在长江正北的东西主运河叫做
拱桥者)。还有一条同样的运河“运盐小河”，图上标记着在黄河正南与之平行者，从海直通到大
或海塘，叫做“范公堤”，长约45英里(后来延长为180英里多一点)，于1027年由范仲淹修建。
泄水闸，将多余的水排入海。
边画着几个像钻架似的结构，标记是“八个航标”，同时就在下面右边赵山上有一个航标塔。长江
大运河入江口，可以看到南岸一山名为“燕子矶”；这是一个著名的航行标记，就在我的合作者鲁

大运河论文中的；参见他文中的pls. 12，13，14，15，特别是16。江苏省北部有关这些湖泊的地图
根据水文情况以及所进行的工程而定，每过十年都有改变。照片是艾黎拍摄的，承蒙盛情提供。

初年，其最南部已流到黄河的南支流（河道⑤）附近，但在1289年黄河改道，使这些水流入淮河更西面的一点，其大部分流经洪泽湖后，伴随着山阳运道，直到扬州（河道⑥）[①]。1324年黄河又改道向北经黄河故道⑦，因此运河运输必须再一次在淮阴穿过黄河。[②]

315

让人更感兴趣的是过岭段（济州河），那里的水面高度在长江会合点平均水位以上138英尺。奥鲁赤的工程做完之后，最高水位供水（经常是过岭渠最大的问题）是不能令人满意的——整个元代运河经常不能与海运竞争。经过长期证明必须修建之后，重建了（*d*）至（*i*）段，使大运河最艰难的部分达到高效率水平，这是济宁州同知潘正叔的建议，由明代工程师宋礼于1411年修建的。根据记载，宋礼是一个翰林学士[③]，接受一位汶山农民（大概是灌溉工）白英的劝告，帮助解决了问题，白英指出如何使汶水和洸水的水能更为有效的利用（参见图905，图版）[④]。白英的建议是在洸水之上，宁阳以北，修建一英里长的堤岸，形成一个水库，借助于汶水上的分叉支渠，经常保持运河充分的水量，这些主要工程共用人力165 000人，在200天内建成了[⑤]。除了大水库之外，宋礼还在运河附近，修建了四个小些的水库，称之为“水柜”[⑥]。《明史》用了相当篇幅记载这件事[⑦]。

316

> 他［宋礼］还在汶上、东平、济宁和沛县做了人工水库，装设“水柜”和泄水闸门（“陡门”）。运河（“漕河”）西边有“水柜”，东边有称为“陡门”的泄水闸门，柜贮藏供水，门让多余的水流出去。
>
> 〈又于汶上，东平，济宁，沛县并湖地，设水柜、陡门，在漕河西者曰水柜，东者曰陡门，柜以蓄水，门以泄涨。〉

---

① 后来，在1694年，于成龙修建了一条62英里的堤围绕着，现在还看得见。时间长了，为了避免因气候不好而发生危险或不便，通常都是筑堤把运河与湖泊分开。1007年李溥对高邮湖进行渠化，但后来有许多地方决口，1488年又修建了一条绕道的渠段完全与湖分开，条件好的时期湖泊仍可利用。见图904（图版），采自Nieuhoff（1），p. 148；参见van Braam Houckgeest（1）；法文版vol. 1，p. 312，英文版vol. 2，p. 126。

② 或者更正确些，是在那里离开它，因为运输顺着黄河从徐州（10）到淮河。这段运河线路见图859，直到1609年才开放。

③ 他的传记见于《明史》卷一五三，第一页。当时通常是利用现任的和从前的翰林院学士和太学学生进行公共工程的设计与管理［参见Yang Lien-Sheng（11），p. 12］。但是，宋礼当时已任工部尚书。

④ 《明史》卷八十五，第四页；卷一五三，第二页。

⑤ 大运河作为一个完全实际的方案，对于帆船的制造（参见下文p. 410）有刺激的影响，而对于海船制造和一般航海力量，则产生抑制的影响（参见下文pp. 478，484，524）。

⑥ 我们有很长时间认为这些就是厢闸，但这里必须有供水的水库。最古老的名称“水柜”在宋朝第二年（961年）的有关公文中出现。1180年的《续资治通鉴长编》中，李焘说：“建隆二年二月甲戌日，皇帝到（京城）城外的南边瞭望塔视察检修中的水柜”（卷二，第二页）。因为是在开封，距山区很远，“水柜”的用途不明显——可能是某种船坞或者闸池。人们怀疑李焘和宋礼所用的技术名词的意义不同。这段文字是崔瑞德教授告诉我们的。1087年苏辙决定汴渠所有渠口以东地区都修建水柜，为供水之用，缴纳水费之后，随时可用水灌溉（《宋史》卷九十四，第四页）。当然在航海文献中，水柜通常的意义就是水箱。相反，我们已注意到（上文图833），它后来用于沉箱，防止水进入，而不把水蓄在里面。

⑦ 《明史》卷八十五，第五页，由作者译成英文。蓄水“水柜”的适当名称在第十一页、第二十四页和第二十六页中一再提到过。1540年由王以旂治理并扩充，并于1616年再次修建。

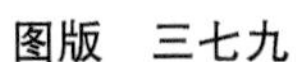

图版 三七九

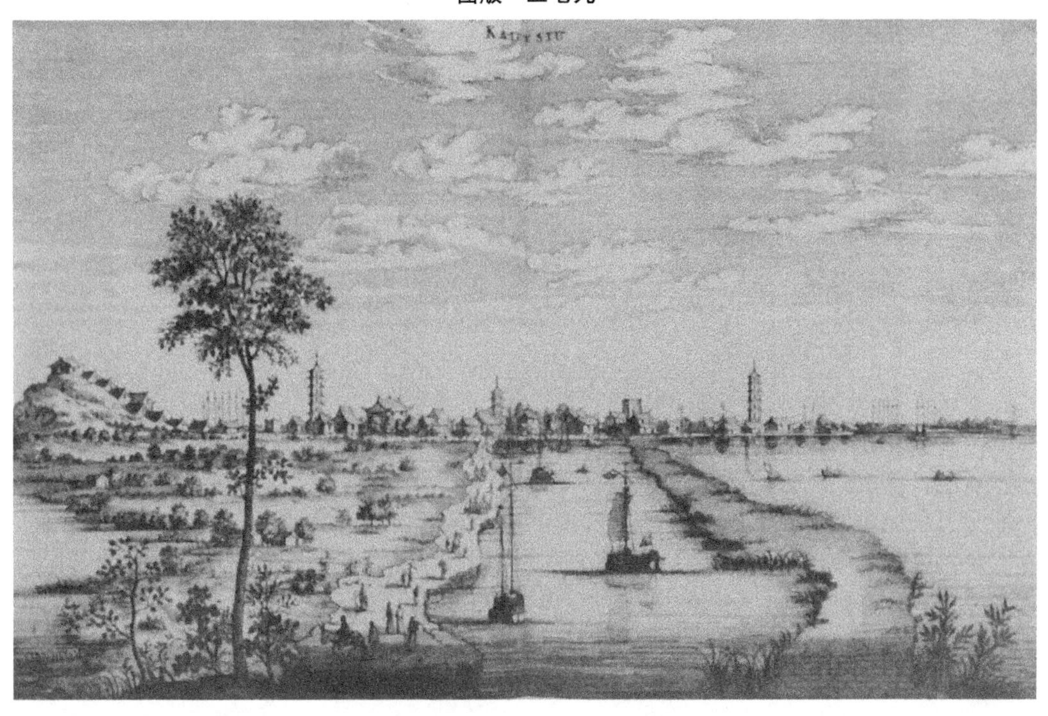

图 904 一幅大运河木刻图，运河流经高邮湖边，有一个堤坝把它分开，为在天气不好的时候便于航行。此图采自尼乌霍夫［Nieuhoff（1）］的著作（1665 年），这是他 1656 年当大使时所见到的。他写道（p. 148）：“从前所有从南京和长江来的驶往北京的船只，在暴风雨或者多雾的天气，都被迫在城墙（高邮）下等候。这些耽搁对于贸易很不利，为避免湖的危险，沿湖东边修了一条运河，60 斯达地（Stadium；古希腊、罗马长度单位，一个单位长度约合 607 英尺——译者）长；用方的白条石砌成，条石尺寸很大，使人想像不到是从哪里弄来的，因为邻近的省份只有不大的石头山或采石场。”注意前面堤防的横断面，它是艺术家画的。参见 p. 314。

图版 三八〇

图 905 近代类似白英（1411 年）的故事；清华大学工程系学生向一个老农学习灌溉的经验，约在 1961 年［照片采自 Anon.（*68*）］。可以看到左边是山溪急湍，人的后面是一个传统的大筒车（参见本书第四卷第二分册，pp. 356ff.）。中国长期的学习方法，是对书本以外的实际经验也同样给予注意，这一方法在近代得到了大力的推广和强调。参见 p. 315。

虽然确切的布置只能靠检查工程才弄得清楚,但似乎"水柜"就像现代厢闸的边池(参见 p. 345),可能是最早的一种,而泄水闸则直接放出运河东边的水;很清楚,宋礼解决了对于高水位永久适当供水。不过为了不浪费水,每个坡段都要有较好的闸门设备,这非常重要。奥鲁赤在分水岭北面装了14个闸门,宋礼重建并增加了数目①。北面在安山镇和临清之间,计算落差为90英尺,他修建了17个闸②;南边在南旺镇和宿迁(徐州附近)之间,计算落差为116英尺,修建了21个闸③。输水河道安排了成对的闸门,使闸门上下沿顶峰水位随意放水④。估计顶峰供水有60%往北流向临清,40%往南流过济宁⑤。有趣的是斯当东(Staunton)在1793年关于大运河的记述⑥:

十月二十五日(到东昌府两天之后)⑦乘游船到运河的最高部分,约为全长的2/5。汶(Luen)水⑧是一条供水给运河的最大河川,与运河河道成为一条垂直线的方向急速流入运河。对面西岸用强大的砌石防波堤支撑着,汶水的水用力撞击它,使其中一部分水流入运河以北,一部分流入运河以南的河道。有一种情况,不能用一般的解释说明出现的奇怪现象,即如果把一捆柴抛进河里,不久它就分开,流向相反的方向⑨。 317

无疑,从这个抬高的水面,运河的设计者看到……中华帝国的各个部分之间形成重要交通的可能性,从这里测定地面向北向南的倾斜度,同时联合从高处各方面流下来的迂回河流,成为一个大而可利用的河道;用分布于运河上的防洪闸门防止任何突然和无用的水流泻放,位于比最高点还高的汶水,流量丰富,足以补充由于过船开放防洪闸门所损失的水量,并且按比例分别流入相反的方向⑩。

斯当东和马戛尔尼旅行了几天之后,到了山阳运道,即山阳渎(*j* 段),这是很古老的邗沟改道,合并流入随后改善的伊娄河(p. 309);元代再次加以改进,没有重大变化⑪。一幅明代或清代的地图复制后示于图903(图版)。隋代时长江(*l* 段和 *m* 段)南边的江南河也未受影响。但是元、明和清初各时期都需要对各段经常治理,不断地养护。

因此1327年大运河才有了固定的形式,全长约1060英里,分布情况如表70所示⑫。表中我们看得出各段距离,每段达到的海拔高度以及河床的平均深度。一张示意

① 马之贞曾警告奥鲁赤,他的闸门数不够。参见 Lo Jung-Pang (4)。

② 这个包括会通河全程,经过黄河的现代河道或者北线(图859中河道⑤和⑧)。

③ 《明史》卷一五二,第二页。这是冲水船闸还是厢闸,我们不清楚,不过根据下文简短的证明(p. 360),其中可能有些是厢闸。这个向南的坡降把运河一直送到黄河上的一点。当时黄河流经河道⑦,运河接近它,并沿着它流至淮阴。自从1324年黄河采取了这条向南的河道(见图859),从淮河的老河口入海。

④ 郑肇经(*1*),第219页。见《行水金鉴》第一四四页上有趣的图画。

⑤ 宋礼卒于1422年,约于1496年在南旺湖上为他修了一个庙,并于1572年追认为太子太保。

⑥ Staunton (1), vol. 1, p. 387

⑦ 很可能为东昌(今聊城)。

⑧ Luen 很可能为"汶"的方言读音。

⑨ 关于这地方的一篇杂乱的报道,是朝鲜旅行家崔溥(参见 p. 360)写的,他在1487年经过那里[Meskill (1)(译编), pp. 109, 151],他被请去分水岭庙中给龙王磕头,但是严格的儒教思想阻止他这样做。

⑩ 参见 Macartney (1), pp. 170ff., (2), pp. 267ff.。

⑪ 这一段最后的名称一直沿用到今天,就是"里运河"。与其河道成直角(p. 308 已叙述过),那里很久以来有一个输水渠系,连接它和海岸边的晒盐地区;这些运盐河现在充分发展了。见图903(图版)。

⑫ 方楫(*2*)给出1 782公里的数据。

318

表 70 大运河最终形势详表（晚清期间）[1]

河 段	英里数（累计）	间距（英里）	长江以上高程（平均水位）		运河深（英尺）
			地平（英尺）	水位（英尺）	
北京	0		118	112	
a（通惠河）		18			10
通州	18		92	85	
b（白河）		77			10－26
天津	95		26	23	
c（御河）		240			10－33
临清	335		118	115	
d（会通河）		70			10
黄河北岸	405		125[2]	115	
e		—			约 30[3]
黄河南岸	405		125[7]	138[4]	
f（会通河、清济渎和济州河）		43			13－14
南旺镇顶峰	448		170	138[5]	
g（济州河）		13			13－22
济宁	461		130	115	
h（桓公沟）		89			10
蔺家坝（现在为四湖南端）	550		118	115	
i（桓公沟）		155			10－33
淮阴	705		60	54	
j（山阳运道）		116			13－26
长江北岸	821		16	0	
k		—			40－50
长江南岸	846		16	0	
l（江南河）		29			13
丹阳	875		56	6[6]	
m（江南河）		185			13
杭州	1 060		12	0	
		1 035			

① 与斯肯普顿共同制表，借助于郑肇经（*1*）。

② 地平的高程，不是坝顶的高程。

③ 变化很大。

④ 运渠水流过堤坝口。图 906 中没有表示。

⑤ 渠道在凿开的穿过段中。

⑥ 渠道在凿开的穿过段中。

⑦ 地平的高程，不是坝顶的高程。

的纵剖面图如图906所示。由于运河经过并接触五条大的河流,有理由设想它流经四个分水岭顶峰,而实际上它只流经一个顶峰,因为黄河和淮河交会处的海拔高度比海河、长江或钱塘江还高好些①。但是(*f*)段和(*g*)段之间的顶峰都十分高,水位在长江平均水准零点以上138英尺,地平面(开挖穿过)高度为170英尺②。并且北方终点北京不在海平面,而在其上118英尺。因此(*a*)段必须爬上高坡。各段中最古老的如(*j*)段还有相当的坡度,相当平的(*l*)段和(*m*)段还需要大开挖。所有这一切包括闸门和相似的设备,留到下节再谈(下文p. 344)。真可以说郭守敬和奥鲁赤在1283年所做的工程是任何文明中最早成功的人工过岭渠;不过我们还记得灵渠厢闸的装置约在公元900—1170年,在某种意义上,使这个渠系转变为过岭渠的类型。 319

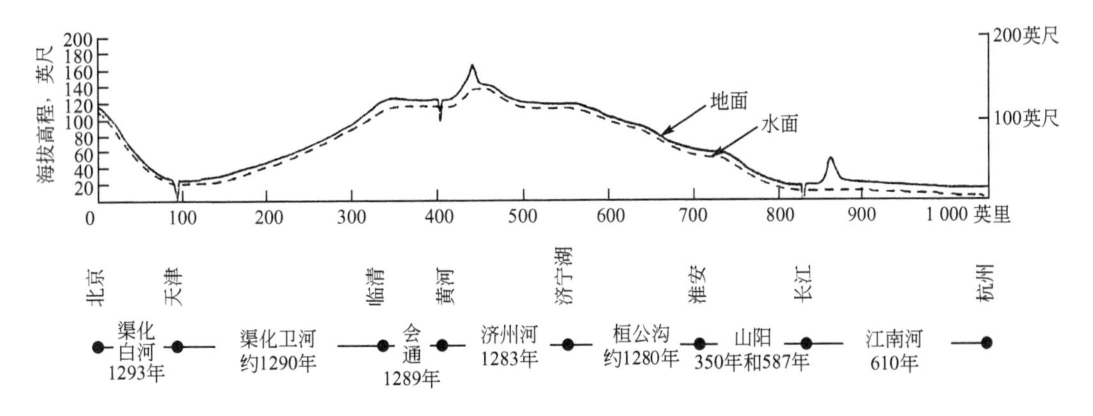

图906 大运河纵剖面图解(与斯肯普顿合作画出,根据郑肇经和其他人的资料)。

这确实是一个伟大的工程,更惊人的是人们记得大运河的河道同世界上两条最大的河流连接起来,而其中的一条是变迁最大的。大运河主要是一个方向的河道,重点为收集和集中漕粮运输服务,而不是为了人民群众交易产品。中国的历史学家的判断认为,历代朝廷都毫无差别地认为漕运的利益远在灌溉或防洪之上。财政收入在他们心目中占第一位。由此造成的结果是,特别受害的是淮河流域地区,大运河日渐增高的堤防,阻塞了淮河的出口,造成严重的泛滥和周期性的冲决③。终于使运河落到很不幸的时代④。今天它又回到原来的情况,并开始在社会主义制度下,完成一个国家的公共效用,这是过去封建官僚规划者⑤所预料不到的。一条105英里从淮安入海的支渠⑥,一条44英里

---

① 因为在长江和钱塘江之间的地是一片平原,比海平面高出不多。

② 虽然开挖深度比30英尺深一点,每端仍有20多英尺陡降。

③ 同时也经常修建排水渠、泄水闸和防洪闸,如明朝掌权后在1489年和清朝初年都是如此。

④ 贾礼士[Carles (2)]给我们描述了大运河在其衰落年代(1896年)的景象。有些部分已干涸,或只有几英寸深的水;另外的部分水流速度达到10海里/时。许多部分灌水后让载谷物的船通过,然后排水开挖为第二年做好准备。虽然修建了许多闸门,由于水位和流速不同,进出黄河和长江都遇到很大困难。有的地方需多至400人用绞盘拉纤,1911年以后只有淮阴以南各段可以利用。

⑤ 我很遗憾我在中国期间很少看到大运河。但是从江苏省火车上所能见到的也比在欧洲看到的任何类似的工程印象深得多。

⑥ Anon. (*68*)。

到江苏省北部煤矿区[1]的专线，以及一条94英里通到宁波的延续支渠[2]，最近都修建
320 了，同时干线变直，缩短到985英里。具有新船坞和船闸设备[3]，一律加宽到至少150英尺。某些渠段有电灯照耀着，可供通过2 000吨机动货船，它在20世纪比13世纪服务得更好。

（vi）钱塘海堤（汉、五代和宋代）

最后讲几句关于同过去所提到的性质很不相同的工程，即因钱塘湾而得名的海堤（图907，图版）。杭州位于这段50英里长的江口上，是大运河南端的终点，富春江水流经它入海。海堤同别的堤岸一样，不过它需要面对极为猛烈的冲击力，即该港湾有名的特大暴风雨以及著名的海潮，这已在气象和海潮一章中叙述过[4]。

最初修堤，大概只为保护杭州一带的村庄，后来与华信的名字联在一起，他在公元84—87年是这个地方的议曹。历史上记载他的工程如下[5]：

> 很久以前郡议曹华信计议修堤以阻止海水侵入。他先请了能搬运土和石头的人，每搬运一次给一千文钱，十天之内人们成群地带着土石蜂拥到来。但在堤修好之前，他巧妙地告诉他们不再要了，于是人们扔下土石走了，因此有足够的土石料修完了堤。[6]
>
> 〈昔郡议曹华信议立此塘，以防海水。始开募，有致土石一斛，与钱一千，旬日之间，来者云集。塘未成而谲不复取，皆遂弃土石而去，塘以之成也。〉

几个世纪过去了，海塘逐渐加长[7]，约在公元436年，刘道真当时为刺史，写了一本《钱塘记》，公元822年他的后继人就是白居易，又加长了海塘，并扩充使之保护该地区的灌溉系统。这里将扼要地记述以海塘为中心的某些工程的论争，如早在13世纪一个作家的记载。《枫窗小牍》中说：[8]

> 杭州钱塘江口海堤第一次是钱始伯于开平四年（后梁朝；910年）修建的[9]。
> 321 ……用竹笼装石头，并将大木料穿置其间。但以后许多年里常受到了严重的破坏。

---

① 《新华社公报》，1961年11月5日。

② 方楫（2）。

③ 参见Chi Yu-Ching（1）。

④ 参见本书第三卷，pp. 483ff.。

⑤ 《后汉书》卷一〇一，第十页；《通典》卷一八二（第九六六页、第二页），译文见Moule（3），p. 173，参见（15），p. 29。

⑥ 所以名为“钱塘”。

⑦ 慕阿德［Moule（3）］的文章中有一张详细地图，方楫（2）的书中有一张草图。

⑧ 《枫窗小牍》卷上，第十五页，由作者译成英文。

⑨ 钱镠（851—932年）是一个好事而有趣的人。原来是一个私盐贩子，他的军功是镇压黄巢起义，很快得到提升，公元907年做了吴越王。后梁和后唐时期他统治杭州，名义上为刺史，实际上就是一个独立王国。钱镠是一个突出的例子，当情况逼得他们分裂割据的时候，从前唐的“忠诚部属”转变为有特殊能力的行政人员。除了海塘大工程外，他在随后几年里建设了杭州城，并在公元893年建设了新海塘和道路，杭州以后成为南宋的京城，这些描述都可以在《马可·波罗游记》中见到。

图版 三八一（a）

图 907 海宁附近的钱塘海堤（原照，摄于 1964 年）。靠近这地方立着一个六层的塔，是乾隆时期的，还有一个“观潮台”（参见本书第三卷，pp. 483ff.）。前面可见一个 1730 年放在海堤边的铁牛。

图版 三八一（b）

图 913 四川成都附近的竹笼堰（原照，摄于 1943 年）。用竹编的圆筒形笼子，里面装满石料，能做成任何形式的结构，如图示的用竹席连续铺盖许多层。参见 pp. 295，321ff.，339ff.，以及图 895、图 914。

祥符七年（1014 年）戚纶和陈尧佐讨论用木柴和土与稻草的混合物筑防护堤[①]，（或用土石混合护面）；哪一种好些？有人认为这种方法便利，而另一些人宁愿用其他的方法[②]。李溥劝大家最好跟着钱始伯的老办法，用竹笼装石，中间打下木桩。这个计划实现了，但海塘未能做完，所以有些地方最后是用草和土堆砌的[③]。

天圣四年（1026 年），方谨建议应当修理两个泄水闸门（"斗门"）[④]。庆历六年（1046 年）杜杞从官浦到沙庆延长了钱塘海塘，它经受住海潮和风暴的考验……所以我们可以说钱塘是钱始伯开始修建的。

景祐年间（1034—1037 年）张夏是工部的一个官员，利用战士堆石作为海塘护面[⑤]。最后，在乾道七年（1169 年）沈复将海塘加长了 9400 英尺[⑥]。……

〈杭州江堤，筑自梁开平四年八月，时钱氏始伯，……遂以竹笼石，植大木圉之，率数岁辄复坏。祥符七年，潮直抵郡城，守臣戚纶，漕臣陈尧佐议累木为岸，实薪土以捍之。或言非便。命发运使李溥按视。十月壬戌，溥请如钱氏旧制，立木积石以捍潮波，从之。其后逾年，堤不成。卒用薪土。天圣四年二月辛酉，侍御史方谨言请修江岸二斗门。庆历六年，漕臣杜杞筑钱塘堤，起官浦，至沙陉，以捍风涛。浙江石塘，创于钱氏。景祐中，工部郎中张夏为转运使，置捍江兵，采石修塘。……乾道七年十一月十八日，帅臣沈复修石堤成，增石塘九十四丈。……〉

上文的解释似乎是很不愿意承担全部用条石护面这样的大任务；记载上表明陈尧佐希望用加固的土海堤，因为他已发现在别的地方适用[⑦]。但是丁晋公同意李溥的意见，坚持用竹笼。几十年后，张夏采用更坚固的木笼，这方法一时很成功，以致为他修了一个庙，并尊他为"靖河公"，以表示感谢。

322 因此很清楚海塘有过三次改变。无疑在 10 世纪初，按照灌县的做法[⑧]，吴越王钱镠堆砌填石竹笼，用木桩锚固，并用铁链绑住。第二种方法是后来建议的，用夯实加筋的黏土等筑堤，如内地的许多堤堰都是这样修筑的；这样做无疑费用少，但持久性较差。第三种方法是在 14 世纪（1368 年），使用块石修砌海塘[⑨]，但缺点是在很长时期内没有在背后填足够尺寸的土，所以经常在砌石护岸的后面，什么也留不住——这个错误到 15 世纪才纠正过来。这时（1448 年）杨瑄还采用阶梯式叠石砌法修建，容易消除海浪

---

① 参见上文 p. 281。

② 我们在周辉（1193 年）的《清波杂志》（卷二，第二十三页）中看到很多这种争论。

③ 可能石料供应困难。

④ 除大潮以外，剩余的水可由此流出。1090 年伟大的作家苏东坡再次治理并扩建，当时他做杭州刺史。他还对杭州渠系做过很多工程，并大大改善了钱塘江的航运［参见《东坡全集·奏议集》卷七和卷九；摘要见 Lin Yü-Thang（5），pp. 266ff.，270ff.］。同这些工程有关的地图和计划都已提及，但印象最深的潮汐闸门都在钱塘江口南边，绍兴附近，有 28 个拱；1537 年修建。参见上文 p. 310。

⑤ 有许多关于这个工程师的工作，见《四朝闻见录》卷一，第三十五页；《清波杂志》卷二，第二十三页。他这项工程一直持续到 1050 年左右。

⑥ 略长于 $1\frac{1}{2}$ 英里，浙江省海堤现在总长约为 200 英里。

⑦ 他在别处修筑土堤都成功了。

⑧ 不仅为上面的引用文所证明，其他书中也有，如钱俨（约卒于 1000 年）的《吴越备史》；参见 Moule（15），p. 15。

⑨ "坡陀法"，即人工山。

的冲击力[①]。后来在明代（1542年），黄光昇进行了砌合方法的专门研究（特别是"鱼鳞塘"），他在《海塘说》中所描述的至今证实有效，自从杨瑄和黄光昇的实践以来，用过许多辅助技术，如用铁夹板（"铁笋"）连接石块修建防波堤（"挑水坝"）及排水渠（"备塘河"）。最后在清朝末年，陈讦总的《修海塘议》一书是许多世纪以来的经验和理论的结晶。

宋代对于这一地区很了解的沈括进一步提供了一些关于海塘的资料。他的一些论述值得摘引[②]：

钱塘江口的海堤，最早在钱刺史时期修了一个石笼堤。沿堤的全长，即在它的外边，放十几行大木桩，叫做"滉柱"。

宝元和康定时期（1038—1040年），有人建议应把木桩取出来，使千百根好的木料可以被利用。杭州的指挥官同意这样做，但是木料出水以后，立即就腐烂无用了。

移去木桩之后，每年石堤都由于海潮的冲击力被冲毁和溃决。前代人打下那些木桩，为的是挑开并消除水的冲力，而不是简单地对抗，因而使浪涛不致为害[③]。

杜伟长（杜杞）任巡按使时，有人建议在离关卡以东几里的地方，修筑一条月堤，将汹涌的浪潮导开。所有水利河工都认为这个意见很好，只有一位老水工不同意，秘密告诫他的同事们，如果修建了这一工程，不会再闹洪水，就丧失了他们的谋生之道。其他水工都被说服并支持他的意见。杜伟长未曾发觉他们不忠实，花了很多钱，但旧海塘仍然发生事故。 323

近几年对月堤工程（防浪堤，木制防波堤和木桩）曾经进行仔细研究，海潮为害肯定可以减少。不过修建月堤的效果不如老的木桩（和竹笼）法作用大。可惜的是现在再装设木桩，未免花费太大[④]。

〈钱塘江，钱氏时为石堤，堤外又植大木十余行，谓之"滉柱"。宝元、康定间，人有献议取滉柱可得良材数十万，杭帅以为然，既而旧木出水，皆朽败不可用，而滉柱一空，石堤为洪涛所激，岁岁摧决，盖昔人埋柱以折其怒势，不与水争力，故江涛不能为害。杜伟长为转运使，有人献说自浙江税场以东移退数里为月堤以避怒水，众水工皆以为便，独一老水工以为不然，密谕其党曰："移堤则岁无水患，若曹何所衣食？"众人乐其利，乃从而和之。伟长不悟其计，费以钜万，而江堤之害仍岁有之。近年乃讲月堤之利，涛害稍稀，然犹不若滉柱之利，然所费至多，不复可为。〉

根据上面所述，在木料缺乏的时候就地锚固石笼的木桩都拔掉了，原有的堤防就被冲毁。这大约就是张夏用木笼代替竹笼的时候（1035—1040年）。杜杞接受了修建伸出于

① 现今条石墙砌在木桩上，木桩比墙面稍退后些，留下泥基作为大堤的基础。大堤的大部分用块石修砌，后面填满土。

② 《梦溪笔谈》卷十一，第二十二段，由作者译成英文，借助于 Yang Lien-Shêng（11），p. 44.。参见胡道静（*1*），上册，第429页起。

③ 参见上文关于木笼防护的弹性、多孔，以及吸震性质的说明。

④ 关于现代海岸工程，见 Silvester（1）。

海岸的防浪堤的想法，虽然水利工作者反对这个计划，拖了一段时间，[1] 但在以后二十年中还是执行了，这约在1070年，沈括接触此事之前。

爱德华兹少校（Major Edwards）在1865年曾去过海塘，由于太平天国革命战争，海塘被忽视了四年之久。他对于海塘建筑传统工程的评论（1）是，最低的条石层淹没在低水位以下不够深，不足以防止好几处严重的底部淘刷，木桩不够强大，而且没有格墙，以消除海浪的力。清代写过海塘重要的历史，主要的有附有插图的方观承的《两浙海塘通志》和翟均廉的《海塘录》。在我们的时代里海德生［von Heidenstam（1）］曾写过一篇值得记忆的报告。现今沿河口两边，海塘蜿蜒不到200英里，其石造建筑平均做到低水位以上26英尺，有效地完成了自古以来的任务[2]。

(8) 土木工程和水利工程文献

从前面的一切资料中，可以认识到古代和中古时期早期的水利工程资料的主要来源是各朝代的历史记载，《史记》和《前汉书》有整卷论及运河与水利工程，后来有些史书，如《宋史》[3] 则有数卷的篇幅，包含了大量的资料，但从未作过充分的分析。举例说，汉代关于水利方面的资料只有很少的零星片断留存下来，我们对于汉代的概念和实践的知识都来自历史记载中的谈话和回忆录。大多数技术文献从14世纪以后才有，可从现代书目中看到，如茅乃文（*1*）[4]、郑鹤声（*2*）和朱启钤（*1*）著作中的书目。关于这些文献的广度的概念，可根据下列事实，即第一种目录约包括200本，第二种400本。1150年左右的《通志略》目录有一部分名为“川渎”，共31种，其中有很多是关于“水利”的。

324

很难严格区分我们所谓的“水文”论文[5]和关于水利工程技术的书，因为这两门学科有些交叉，虽然水利工程在最近时期较为普遍。最古老的水道调查，传到现在的《水经》，是西汉桑钦写的，不过很可能到三国时期（3世纪）才编成。5世纪末或6世纪初，地理学家郦道元把它大大扩充，题名为《水经注》。这本书基本上是讲地理的，只偶尔提到关于水道的事。清代三大学者，即金祖望、赵一清、戴震贡献了很多劳动去注释它[6]。

宋代（10—13世纪）留下了大量有关的书。1059年单锷的《吴中水利书》出版了，它是多年研究江苏省渠道的结果[7]。1242年魏岘写了《四明它山水利备览》，这是一本关于宁波附近水利发展情况的历史记述[8]。还有些也是宋代的，虽然具体的时间不容易确定，如下列各书：

---

① 参见本书第四卷第二分册 p. 28，那里关于害怕解雇而拒绝技术革新的论述，要按照上面的例子加以修正。然而，这种社会情况在中国传统中似乎极少出现。

② 1964年我同一位水利工程师黄荣道（译音）访问过海宁附近的地方，我对他深表感谢。

③ 《宋史》卷九十一至九十七。

④ 更为详细的可见茅乃文（2）。

⑤ 见本书第三卷，pp. 514ff.。

⑥ 参见 Hu Shih（5）。

⑦ 参见《东坡全集·奏议集》卷九，苏东坡附录。

⑧ 魏岘亲自参加过水利工程，董兴曾负责组织重修渠道，而渠道建成早在公元833年王元玮做刺史时。

《水利书》范仲淹著（约在1030年）[①]；

《庆历河防通议》沈立著（1041—1048年）；

《水利图经》程师孟著（1060年）[②]；

《河事集》周俊著（1128年）；

325

《治河策》李渭著；

《漕运府库仓庾》王应麟[③]著（约在1270年）。

这些著作是土木工程师特别多的时期遗产的一部分。元代有一本重要的书，名叫《河防通议》，时间在1321年，作者是一位波斯或阿拉伯的学者，为蒙古人工作的，名叫沙克什，中文名字是赡思。沙克什是一位杰出的数学家和地理学家，在他的工程计算中使用了“天元术”[④]。他的书实际上是对我们方才提到的沈立和周俊的两本较早的书的修订和增益。14世纪写的还有，例如[⑤]：

《至正河防记》欧阳玄著（约在1350年）；

《治河图略》王喜著。

第一部伟大的纲领性著作，时间是在明代。潘季驯在1522年和1620年之间做过四次黄河工程及大运河的总督，成为他的时代里最大的水利工程权威。他写的《河防全书》（或称《河防一览榷》）有许多地图、回忆录、布告和许多公文以及作者许多有兴趣的讨论，用假想的对话方式写成。潘季驯写自序的时间在1590年。[⑥] 18世纪晚期的《四库全书总目》说：“虽然为适应环境变化，方法也需要改变，但治河的专家们，常以这本书作为标准导则”。[⑦] 在随后的一个世纪中，这方面的著作不断发展。1655年顾士琏著《水利五论》，可作为一个有价值的例子。但是17世纪最伟大的水利工程师是靳辅（1633—1692年）

从1677年直到他去世，靳辅在水利工程方面一直很活跃，特别是在黄河和大运河上。他指挥了大量的疏浚工程，改进堤坝形式和强度，引起有关淮河下游地区排水的大争论，并修成一条95英里的运河，即中河，绕过黄河一小块危险的地方。1689年靳辅写了《治河方略》，当时虽然送给皇帝看了，但直到1767年才印出来。这本书同潘季驯的书比较，内容很相似，长时间发挥了权威作用。附入该书作为卷十的是陈潢写的一篇论述治水技术的文章（《河防摘要》），他作为靳辅的秘书和他毕生事业中的助手，是一位杰出的工程师[⑧]。卷九中这两人用《黄帝内经》的对话方式讨论了基本理论问题。

326

18世纪的水利书籍非常丰富。其中《治河书》和《黄运两河图》是程兆彪写的

① 本书已提到过，参见本书第四卷第二分册，pp. 347，468。

② 《宋史》卷九十五，第二十二页，详细记载了该书写作的情况。

③ 此人我们经常述及，如本书第二卷 p. 21、第三卷 p. 208、第四卷第二分册 p. 166。

④ 见本书第三卷，pp. 129ff.；薮内清（*23*）对于赡思应用的数学作了专门研究。赡思写过许多其他的书，如《西域图经》。

⑤ 参见 Yang Lien-Shêng（11），pp45ff.。

⑥ 这时期的其他土木工程资料见 Hummel（1）。

⑦ 参见《河防全书》卷六十九，第五十四页。

⑧ 在靳辅一生中，经历过许多盛衰以及有利和不利的尝试，他是死后列入祀典的，同其他土木工程师稽曾筠（1671—1739年）和高斌（1683—1755年）三人供在一个庙里。侯仁之（*1*，*2*）曾分别写了靳辅和陈潢的技术传记。

(1690年)。1705年有胡渭写的伟大的水文历史分析，书名为《禹贡锥指》，前面已经提到过（本书第三卷，p. 540）。二十年后傅泽洪写了他的不朽著作《行水金鉴》，这是关于中国所有的天然的和人工的水道最广泛的论述。图908是表示他所绘制的大运河的一段的图。这本书大多摘自主要的原著，并于1832年由黎世序、俞正燮和潘锡恩加以补充，篇幅增加了一倍多。大约与傅泽洪的书同时，靳辅的继承人稽曾筠（1733年）写了《防河奏议》，内容是关于水利方面的记录，送给皇帝看的奏章。傅泽洪的著作，由齐召南继续写完，书名《水道提纲》，于1776年付印。实际上各种著作的写作从未停止过，在随后的一个世纪里，人们常提到《江北运程》，这是董恂在1867年写的；同时有几卷关于黄河的著作，是我们同时代的胡焕庸、侯德封和张含英（*1*）合写的，前面已经提过，也引用过。

著作中偏重工程技术方面，而不是描述历史者，应当提及1725年张鹏翮写的《河防志》。该世纪末，戴震的朋友、数学家程瑶田写了一篇短的运河施工理论研究，书名叫做《沟洫疆理小记》，其后1804年有康基田写的《河渠纪闻》，作者在这方面和对于行政管理工作有很丰富的经验。可以认为在中文著作中是一本关于水利方面最好的书。最后，还有《河工器具图说》，是麟庆同他的助手在1836年写的，必须推荐[①]。这本书像以前提到的许多书，但更完整，它附有围堰、堤防、泄水闸门、竹笼、船只、工具等的图画（参见图909）。虽然是近期著作，但这本书受到西方的影响极少，很多技术都是高度传统式的。

327

329

(9) 水利工程技术

(i) 规划、计算和测量

很明显，具有所描述的规模的这些工程，没有相当能干的天才设计人员，就做不出来[②]。我在灌县认识的工程师们，用他们的计算尺和计算器，用现代的方法，继续李冰在两千多年前依赖简单的算盘和直觉的天才创造出来的事业[③]。可惜我们很少正确地知道古代的人们怎样提出设计上的许多问题，以及他们怎样解答这些问题，而不是求助于猜测[④]。

① 参见上文图876和p. 263。

② 这里我们不能讨论中国大型公共工程的财政经济问题，对于这个题目可见杨联升［Yang Lian-Sheng（11）］一系列有趣的讲演。

③ 1958年我在斯里兰卡有机会研究这个地方古代的水利工程（参见下文pp. 368ff.），我同我的朋友斯里兰卡灌溉部的威廉·迪莱（William Delay）先生讨论可能使用什么勘测工具的问题。他虽然相信我们这个时代之初，至少已经用过初级的水平仪，但他告诉我，他曾经认识过一位斯里兰卡的灌溉工作者，这个人鉴别等高线的能力很强，就像第六感觉那样。这个人走过低的丘陵山区，能走出一条如同用水平仪测定的那样完善的等高线轨迹。他还有一种非凡的本领，能鉴别用做基础的岩石。当寻找桥梁、堤坝等的地基时，迪莱先生和他的监工多次来到古代斯里兰卡工程的遗址，古代僧伽罗人已找到并利用过这个同样的地方，参见戈拉布［Golab（1）］提到的新疆的 *düzlüq bashi*（水平大师）。

④ 我们在前面曾注意到几个工程失败的例子——如洛阳和黄河之间初次尝试修建一条运输支渠（p. 276），并努力越过陕西省的秦岭，以便绕过（虽然这是一条很长的绕路）三门峡（p. 275）。沙西尼厄［Chassigneux（1）］告诉我们另一个失败的例子，即越南的九安运河（Cu'u-Yên Canal）。

327

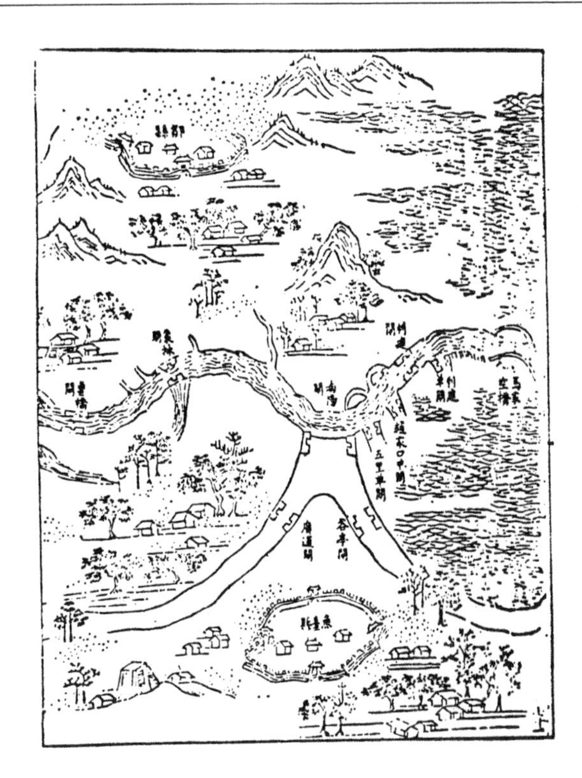

图 908　傅泽洪（1725 年）的《行水金鉴》（第一四一页）的一张图画。从西南方看去，大运河蛇形地平横在图画的中间，前面是山东省和江苏省交界的鱼台县。右边可见昭阳湖水，其上为独山湖；运河围绕在它们之间，今日还是如此。背后隐约是山东省的群山，上面是曲阜孔庙附近的邹县。被指名的叠梁冲水船闸门的位置，其特殊标志是垂直的门槽，便于闸板滑上滑下；图画的中央有一个闸口，导向左右的两条河道，两边同样也用闸控制着。右边的一条河是古代废弃不用的大运河，渠线在湖的西南，左边有一条平行的河流，名为“中都河”，来自顶峰水位附近的南旺湖和“分水点”（见 p. 316）。图中表明沿这渠段有三个通船闸门和三个远侧的泄水闸门，所有这些都叫做“闸”，并有各自的名称。对相邻几页接续图画的，研究表明，傅泽洪所描绘的，北至黄河交叉点，南至山东省和江苏省边界上，位于湖的南端的韩庄之间，共有三十一个通船闸门和十四个旁侧泄水闸门。其中除了两个旁侧泄水闸门以外，都叫“单闸”，由此可以设想有些通船闸是双闸或者厢闸；有一事实可以加强印象，即南旺有一对通航闸叫“上下闸”。关于这个题目，见 pp. 355，360。

《前汉书》有一篇给我们揭示了一些背景资料①。郭昌和冯逡约在公元前 30 年，曾试着在黄河下游修建分水渠，以减轻堤防压力，冯逡指出了一件重大的麻烦事，就是屯氏河的淤积，屯氏河是三角洲上的河道之一。

这事引起了丞相御史的注意，他指示他们去找见多识广的博士许商，许商是一位《尚书》（即《书经》）专家②，并长于算术，所以他能计算出劳动力等问题。

① 《前汉书》卷二十九，第九页起；由作者译成英文。参见 *TH*，p. 576。

② 这就意味着他对书中有关大禹的工程的几篇有深入的研究。

328

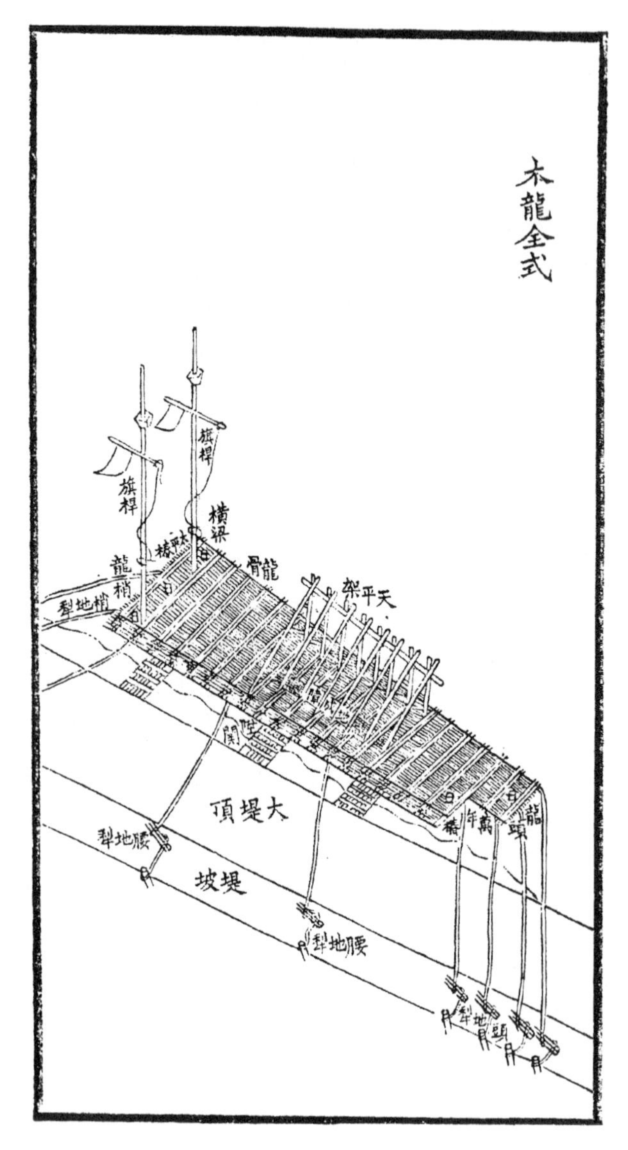

图 909　麟庆的《河工器具图说》中的一张图画（卷三，第三十页）。“木龙”是一种多层的木筏，当堤受到冲蚀或内部发生裂缝时，用许多条缆索将木筏沿堤锚固。利用天平架把一组竹席框架（“地成障”），通过筏中的槽，打进河道的河床。这种设备是古老的板桩的形式。当架子放妥后，把填满的柴捆、土、松散的石块等，沉入堤防和浮着的平台之间；木架的作用好像是临时的悬臂墙，就地挡住这些东西，直到它聚合成结实的一整块。关于竹条和缆索的特殊的抗拉强度，参见本书第四卷第二分册，pp. 63ff.，还有本册 pp. 191，339，415，597，664。木龙还可用做普通的打桩机。

麟庆告诉我们，这种方法首先是宋朝的陈尧佐于 1021 年使用的，后来元朝的贾鲁在 1350 年前后用过；但是以后就放弃不用了，到了乾隆初年（大约 1745 年）又重新设计。这是由李昞做的，高文定使用很有效，因此，乾隆皇帝南下时，亲自写了一首木龙诗。李昞写了一篇技术论文，名为《木龙成规》，并训练专门匠人郭寿管理它。

许商被派去考察地形,他同意屯氏河是引起洪水泛滥的原因。但由于花费太大,朝廷财政开支不允许,延迟了疏浚。

过了三年,黄河又在馆陶和东郡“金堤”决口,淹没了四郡三十二个县。15万多顷(约250万英亩)土地淹没在水中,深的地方约三丈,公家和私人房屋毁坏约4万所。这个错误是御史尹忠的意见造成的[他曾以财政困难为辞],皇帝大为谴责,尹忠自杀而死。于是命令农业部长非调,平调谷赋帮助解决洪水灾区的困难,派了两个官员,从河南及以东地区派出500艘运输谷物的船只,迁移居民9.7万人到丘陵高地。 330

河堤使者王延世负责堵塞河堤决口。他用竹笼填满石头(“竹落”),像腊肠,长约4丈(约40英尺),大9围(即直径17.2英尺)。用两船夹载就地沉下去。36天之后,堤全部修好。因此皇帝说:“虽然黄河在东郡造成两州洪水泛滥,但三十天(内王)延世就堵塞了决口,让我们把现在建始五年年号改为河平元年[公元前28年]。所有参加治河的士兵免役六个月。由于(王)延世的计划好,花费少,时间短,为了鼓励他,我赐给他光禄大夫的名义,食禄2000石,爵位封关内侯,并赏黄金100斤。”

可是两年以后,河堤再次在平原决口[公元前26年],淹没了济南和千乘,建筑物有一半被毁坏。因此又叫王延世去治理它。

但杜钦对大将军王凤说:“过去黄河决口,丞相助理杨焉告诉我,王延世是从他那里了解到堵口的技术,但杨焉(作为一个水利工程师)却默默无闻,现在你叫王延世一人负责,他过去堵口容易,我担心他考虑(河水所能造成的)利害不够深刻。如果真是这样,王延世的技巧并不如杨焉。水患的影响是各式各样的,如不广泛讨论利害,只让一个人负责去做,而且如果今冬完不成,明春桃花水盛,将会漫溢,由于淤积过多而毁坏一切。几郡不能春插,人民逃荒,盗贼蜂起。即使处死王延世,也无济于事。(因此,我的观点是,)你应派杨焉同将作大匠许商和皇室顾问(谏大夫)乘马延年与王延世合作。他们和杨焉必定争论得很激烈,可以深入讨论和评论。许商和乘马延年都是极好的数学家,能计算出劳动力和各项结果,善于分辨是非,选择最好的计策。这样这个工程才能得到成功。” 331

王凤将杜钦的建议奏明皇上,派杨焉和其他人协助动工。六个月内建成了,王延世又得到100斤赏金。他的士兵如果不是雇佣的替工,仍如前免役六个月。

〈事下丞相、御史,白博士许商治《尚书》,善为算,能度功用。遣行视,以为屯氏河盈溢所为,方用度不足,可且勿浚。后三岁,河果决于馆陶及东郡金堤,泛溢兖豫,入平原、千乘、济南,凡灌四郡三十二县,水居地十五万余顷,深者三丈,坏败官亭室庐且四万所。御史大夫尹忠对方略疏阔,上切责之,忠自杀。遣大司农非调调均钱谷河决所灌之郡,谒者二人发河南以东漕船五百樓,徒民避水居丘陵,九万七千余口。河堤使者王延世使塞,以竹落长四丈,大九围,盛以小石,两船夹载而下之。三十六日,河堤成。上曰:“东郡河决,流漂二州,校尉延世堤防三旬立塞。其以五年为河平元年。卒治河者为著外徭六月。惟延世长于计策,功费约省,用力日寡,朕甚嘉之。其以延世为光禄大夫,秩中二千石,赐爵关内侯,黄金百斤”。后二岁,河复决平原,流入济南、千乘,所败坏者半建始时,复遣王延世治之。杜钦说大将军王凤,以为“前河决,丞相史杨焉言延世受焉术以塞之,蔽不肯见。今独任延世,延世见前塞之易,恐其虑害不深。又审如焉言，延世之巧，反不如焉。且水势各异，不博议利害而任一人，如使不及今冬成，来春桃华水盛，必羡溢，有填淤反壤之害。如此，数郡种不得下，民人流散，盗贼将生，虽重诛延世，无益于事。宜遣焉及将作大匠许商、谏大夫乘马延年杂作。延世与焉必相破坏，深论便宜，以相难极。商、延年皆明计算，能商功利，足以分别是非，择其善而从之，必有成功"。凤如钦言，白遣焉等作治，六月乃成。复赐延世黄金百斤。治河卒非受平贾者，为著外繇六月。〉

叙述似乎太长但很有趣，其结论是汉代时已认识到修建水利工程需要有优良的数学家和工程师们与行政人员共同合作。单独只有行政人员，很可能因计算不对而造成错误。王延世似乎是一个在事业上成功的官僚，在各种情况下，都能巧妙地保持显赫，其他的人都是很有能力的技术人员。在某种程度上，这揭露了在背后出主意的和任职官吏（参见本书第四卷第二分册 pp. 39ff. ）之间的矛盾。这篇文字还是着重描述了中国水利工程中始终起着重要作用的最古老的填石竹笼，关于这个问题将回过来再谈。大约在公元前 28 年，彼此不熟悉的两个人，都自称是他们的发明，这意味着大约在此时才真正采用。

人们自然希望在数学文献中看到关于渠道和堤防计算实例①。确有实例，汉代的《九章算术》涉及筑堤的许多问题，给出需要用的材料、劳动力、时间等的计算结果②。图 56（本书第三卷，p. 43）附有秦九韶（1247 年）在《数书九章》中讨论筑堤的事③，而图 248 和图 249（本书第三卷，p. 578）叙述到灌溉配水的问题④。

在地理一章中，已经谈到中国的测量方法及与之有关的制图法中盛行的网格法⑤。铅垂线、垂线架（*groma*）、链子、绳子、刻度杆以及带有浮标的水准器（参见本书第三卷 p. 570 的图 245），很早就使用了⑥。本书引用过一篇沈括自己作为一个测量员在 1070 年沿汴渠测量的文章，其中表明在各方面已经使用刻度杆，经纬仪望筒⑦。刘徽时代已普遍使用相似直角三角形的计算，他在公元 263 年写的《海岛算经》提供了许多不同的实例⑧。通常认为是 14 世纪欧洲发明的十字仪（*baculum*，cross-staff；雅各布标尺，Jacob's Staff），从沈括的另一段引证来看，中国在 11 世纪已经使用了⑨。从《梦溪笔

332

① 参见本书第三卷 pp. 25ff. ，43，其他细节则见 pp. 97ff. ，涉及立体几何学的标准图形，计算它们的体积有经验公式。汪胡桢（*1*）写过一篇关于古代土方工程估算方法的专论。

② 参见本书第三卷，p. 26。许商写过一本著名的数学书，但已佚失（参见本书第三卷，p. 28）。

③ 《数书九章》卷十三（第四册，第 334 页）。

④ 《数书九章》卷六（第二册，第 155 页）。

⑤ 本书第二十二章（e）；第三卷，pp. 569ff. 。我们现在还有沈康身（*1*）的杰出的论文。

⑥ 参见《武经总要》（前集）卷十一，第二页；《武备志》省去了杆子。传统的浮标水准器一直使用到近期；参见《河工简要》卷四，第二十五页；《河工器具图说》卷一，第二页、第十一页；《修防琐志》等。用最简单的仪器进行测量，可见尤正［音译；Yu Chêng（1）］描述的现代灌溉工程（支渠输送给许多小水库的常年水，还有漫灌供水），该工程是湖北省西北光化附近的渡槽河谷的当地人修建的。一位农民李大贵领导这个工程（1957 年），使用一片劈开的竹子，竹节上穿孔作为经纬仪，用一只饭碗（图 910）装水，竹筒浮在上面，很成功。他入伍服役使他熟悉用来福枪瞄准器，不过这种方法已很古老。我们曾经歌颂竹子是技术进展的请柬（本书第三卷，pp. 333，352，第四卷第二分册，pp. 61ff. ）。参见下文 p. 415。

⑦ 本书第三卷 p. 577，根据《梦溪笔谈》卷二十五，第八段；参见胡道静（*1*），下册，第 795 页起；竺可桢（*4*）。参见本书第三卷 pp. 332ff. 关于望筒的讨论。

⑧ 参见本书第三卷，pp. 30ff. 。

⑨ 本书第三卷 p. 574，根据《梦溪笔谈》卷十九，第十三段；参见胡道静（*1*），下册，第 635 页。

谈》中摘引的第三段文字表明，那时也在测绘地图中使用了罗盘方位①。汉代以来是否已经真正用轮转计正确测量距离，不能肯定②。

图 910 1957 年湖北省一位农民李大贵用的一种浮标水准原始经纬仪，来测量农业合作社的灌溉工程（据尤正的画复制）。把隔膜上开孔供视测的竹管作为浮准，放在一碗水的凸起的水面上。这个方法可能很古老（参见本书第三卷图 245）但很实用。

决定了一条运河的路线之后，沿线试着钻孔，以确定土壤的性质。大约在 1169 年，楼钥在他的《北行日录》中讲到③了一个世纪以前在淮河和山东省的湖泊之间修建宋代运河（见上文 p. 314）的情形④： 333

> 从洪泽湖到龟山，每隔一二里挖一口井，以研究土和基岩的性质。得到的结果证明满意了，奏明皇上，终于开挖运河。这说明我们的祖先在制定规划时是谨慎的，他们的决定不应当轻易改变。
>
> 〈自洪泽至龟山，率一、二里辄凿一井，以测地之土石，既得，请遂开运河。前辈用心至矣，可轻改乎？〉

而且，为了跟随原始的准线，在石头上或铁板上或雕像上做上基准点标记，把运河的边和底固定下来，作为定期加宽以及挖去淤泥的指标。我们已经在灌县看到过这样一个例

---

① 本书第三卷 p. 576，根据《梦溪笔谈 · 补笔谈》卷三，第六段，参见胡道静（*1*），下册，第 991 页起。在本书第三卷 pp. 514ff. ，517ff. 中，我们曾对水道和局部地形的特殊地理文献谈过很多。从宋代以来，在江苏省公文中著名的“鱼鳞图”（即分片的地籍测量图），对每个地区有规则地纂集，特别注意了灌溉系统、河流治理工程，以及天然产品，用各种不同的颜色在图上做记号，以分门别类。这些地图在宋代的书中如佚名的《州县提纲》、吕本中的《官箴》，两种书都是 12 世纪的，已由二井田升（2）进行过研究。崔瑞德教授也非常注意它，感谢他让我们在这段注释中引用他的资料。

② 见本书第四卷第二分册，pp. 281ff. 。采用于船上的轮转计［Vitruvius x, ix, 5；参见 Diles（1），p. 67；Torr（1），p. 101］，可能用做一个固定的流速计。历史上这样的测流装置见 Lanser（1），这题目我们已在本书第三卷 pp. 632，635 中谈到过。虽然中国人是最早实际使用激水桨轮（ad-aqueous paddle-wheel；见本书第四卷第二分册，pp. 413ff. ），我们则从未遇见它们中有任何这类它的水激（ex-aqueous）应用。根据莱利亚夫斯基［Leliavsky Bey（3），p. 467］的意见，测流桨轮第一次在 1724 年在洛伊波尔德（Leupold）的《普通机械概观》（*Theatrum Machinarum Generale*）中提到，而被穆拉托里（Muratori）、热内特（Gennete）以及米凯洛蒂（Michelotti）用来测量表面流速；它的缺点是不能量出中心水流和河底水流的情形。正如我们所知道的，这任务遗留给迪比亚（du Buat，1734—1809 年），约在 1779 年他初次使用潜水流速仪找出推移质运动与流速的关系［参见 Rouse & Ince（1），p. 129］。

③ 《北行日录》卷二，第十二页，由作者译成英文。

④ 这一段后来成为大运河最终形态的 *i* 段（参见表 70）。

子[1]。王巩在他的《闻见近录》里记载了关于汴渠的其他例子[2]。一种更精密的“水位计”是双鱼刻石水位计，自从公元 763 年以来这种水位计用于在四川省涪陵县测定长江水位[3]。

(ii) 排水和开挖隧道

工程师们在泉水[4]、地下水及松散土或页岩土易于产生滑坡方面，往往面临着许多困难。在很早的时候，人们就已努力应付这类事情，我们可以举一个例子，那是在汉武帝时发生的，司马迁写道[5]：

> 在这以后（即约在公元前 120 年）庄熊罴说：“临晋人民希望开挖一条渠道，引洛河水灌溉重泉以东一万余顷的土地[6]。这块地曾经盐碱化，如果能得水灌溉，一亩地可收十担谷。”根据这个意见，为这工程动员了一万多劳动力，从征城[7]动工开挖渠道，引洛河水至商颜山脚。
>
> 因为河岸容易滑塌，挖井深至四十多丈，井间有一定间隔，井底有通道，水可流通。穿过商颜山，向东长十余里。这是地下井渠的开始。
>
> 渠道开挖时，发现有龙骨，因此叫“龙首渠”。建成以后十几年，渠道通达，但对农业的效益不显著。
>
> 〈其后庄熊罴言：“临晋民愿穿洛以溉重泉以东万余顷故卤地。诚得水，可令亩十石。”于是为发卒万余人穿渠，自征引洛水至商颜山下。岸善崩，乃凿井，深者四十余丈。往往为井，井下相通行水。水颓以绝商颜，东至山岭十余里间。井渠之生自此始。穿渠得龙骨，故名曰龙首渠。作之十余岁，渠颇通，犹未得其饶。〉

334

虽然庄熊罴的这个工程（如果他确是负责的工程师）[8] 似乎成功有限，但它有相当的技术效益[9]。所叙述的渠的全长不清楚，可能为避免通过狭窄河谷时边坡开挖崩塌，乍看起来是一个好办法。但使人强烈地回忆起波斯传统的坎儿井（*qanāt*），人们从空中飞过

---

① 上文 pp. 293，294。

② 《闻见近录》第十页。这本书涉及公元 954 年和 1085 年间发生的事情。参见《行水金鉴》卷九十七（第 1428 页）。

③ 从公元 988 年开始，有 160 个刻记；见龚廷万（*1*）。

④ 关于泉水的简短说明见本书第三卷 p. 606，苏远鸣［Soymié（2）］写过一篇中国古代和中古时期找水的民间传说的专题论文。

⑤ 《史记》卷二十九，第五页、第六页；译文见 Chavannes（1），vol. 3，p. 531，由作者改译成英文，借助于 Watson（1），vol. 2，p. 75。相似的章节见于《前汉书》卷二十九，第五页。华兹生（Watson）的解释有点不同，因为他把直井和地下井渠看做只在商颜山周围才有。

⑥ 这是陕西省的洛河，在汾河口和渭河口之间从西北流入黄河；不是洛阳的洛河。参见图 883。

⑦ 即现代的澄城。

⑧ 在《前汉书》的记述中给他取名为严熊。

⑨ 关于隧洞工程的一般历史见 Sandström（1）。

德黑兰地区时[①]可以看到这样一种特点，但世界上其他穆斯林地区也实践过[②]。坎儿井（*qanāt* 或 *kārīz*）[③] 曾是（而且现在也是）一种装置，这种装置利用通常流到山脚就沉下去不见，消失在河谷的多孔性土壤中并汇合流入冲积层的山水水源。办法是在山脚附近，截取水流，沿着不透水的黏土层，在连续垂直通风和开挖竖井的下面修筑地下渠道，使其流入水库，从而不断地向田地和居民点供水。

波斯坎儿井的早期历史不大清楚，但是马可·波罗指出河流的甜水在克尔曼（Kerman）省流过地下，这很可能就是坎儿井[④]。地下管道，可能来自坎儿井，也是伊拉克的特点[⑤]。萨珊王朝（Sassanian）时期（3—7 世纪）在底格里斯流域东北进行的工程，确实很像庄熊罴所做的。从迪亚拉河（Diyala）（参见下文 p. 366）上游引一条渠道，通过哈姆林山（Jebel Hamrīn）山脊一条长的隧洞向南流，以便把灌溉水带到下游平原的地里[⑥]。1259 年中国人常德写的《西使记》中有一段关于坎儿井的记载，他告诉我们在马拉希达（Malāḥida）或伊斯玛仪派中"阿萨辛派"（Ismailite "Assassins"）的国家，不然就是在库希斯坦（Kuhistan）的厄尔布尔士山区（Elburz Mountains），"这地方缺水，该地居民为了灌溉他们的田地，在山边掘井引水到几十里外"[⑦]。　335

我们没有充分的资料供清楚地了解庄熊罴在公元前 2 世纪所做工程的地形，但是中国同波斯的技术相似之处是明显的，需要进一步研究。在更早阶段，读者曾注意到通过中亚细亚在这方面受到影响和传递的可能性[⑧]。人们不知道他们的传播是经由哪一条路？如果拉瑟（Lassøe）在公元前 8 世纪的乌拉尔图（Urartu；亚美尼亚）辨认出坎儿井是正确的话，这种情况大概是从西方传到东方的。

另一处提到在中国（也是陕西）的坎儿井的记载出现很晚。1475 年陆容在他的《菽园杂记》[⑨] 中告诉我们：

> 陕西省城内过去无水，井很少，以致居民要到西门外取水。余子俊任西安知府时，他认为关中是险要之地，如果城被围攻几天，居民就难以生活下去。因此他开挖了一条地下渠道，从城东的灞河和浐河引水到城西。渠道下用石造建筑衬砌（"环甃"），水在下面流，而上面仍十分平坦。……

---

① 参见 Stein（8）；B. Fisher（1）；A. Smith（1）；Beckett（2）；Goblot（1）；Wulff（1，4）；Drower（1），pp. 532ff.，图 348。贝克特［Beckett（1）］的文章中还附有很好的照片，包括用火烤的一个耐火土环，可用做竖井和隧洞衬砌。彩色照片，可见 Eller（1），p. 510。

② 例如，在中国新疆的坎儿井是足够重要的，关于这方面，见 Golab（1）；以及在某些撒哈拉沙漠的绿洲，见 Anon.（10）。

③ 希腊人把这些设施叫做 *hyponomoi*（*ὑπόνομοι*）；见 Polybius x，28，3ff.，还有公元前 2 世纪的参考文献，如《史记》中的记载。

④ *Marco Polo*，Ch. 38，Moule & Pelliot（1）（译注）。

⑤ 在穆塔瓦基勒（al-Mutawakkil）哈里发时代（9 世纪）修建这类地下管道不少于 300 英里；参见 Ahmed Sousa（1）；Krenkow（1）。现存的公元 1000 年的描述有《暗井汲水法》（*Inbāṭ al-Miyāh al-Khafīya*），作者是穆罕默德·伊本·哈桑·哈西卜（Muḥammed ibn al-Ḥasan al-Ḥāsib）。

⑥ 见 Adams（1），p. 75 和地图。参见下文 p. 372。

⑦ 载于《玉堂嘉话》卷二，第六页，由作者译成英文，借助于 Bretschneider（2），vol. 1，p. 133。

⑧ 本书第一卷，pp. 235ff.。

⑨《菽园杂记》卷一，第六页，由作者译成英文。

〈陕西城中旧无水道，井亦不多，居民日汲水西门外，参政余公子俊知西安府时，以为关中险要之地，使城闭数日，民何以生，始凿渠城中，引灞、浐水从东入，西出环甃其下以通水，其上仍为平地。……〉

但是坎儿井方法在中国本身并没有推广，大概因为地文学和地质学情况不需要它①。等到这种技术的历史完全弄清楚之后，也许会发现中国作出过贡献②。

(iii) 疏　浚

考虑到冲刷问题（参见上文 pp. 229ff.），很自然中国中古时期的工程师们常常想用机械的和流体动力学的方法进行疏浚。宋代出现过一个突出的例子，1073 年决定努力清除大名附近黄河淤积的泥沙和推移质。河北省遭水灾之后，由于宰相王安石有力地促进，设立了“浚黄河司”，派范子渊主管③。待诏李公义前来提出一个建议，叫做“铁龙爪扬泥车法”，即用两条船拖着一个有重量和有齿的齿耙，沿河上下拖动，使河床底松动。一个名叫黄怀信的宦官被派去报信，皇帝赞同这种做法，可是认为规定的重量太轻，因此派他同李公义商量设法生产某种更为适用的器具。结果制造出“浚川耙”（是一根梁，八尺长，装有多个铁尖，每个一尺长），用装在两条船上的绞盘把它沉到河里搅动。当地县官坚决认为用这个方法搅动深的地方缆索不够长，而浅的地方耙子易于陷入泥中。尽管有些反对的声音，京城范子渊方面也做了些政治性的活动，但李公义被派做范子渊的助手，仍然制造了几千架耙子投入使用。可惜历史记载没有评判这个方法是否成功。

336

第二个例子是在五个世纪以后。明代末年，1595 年，御史陈邦科提出了澄清河道，特别是大运河的最好办法④。他说，如果什么都不做，只加强堤防，让河床淤积越来越高，河床自身冲刷无效，无异于“请”洪水来决口。所以应该采用三种方法——第一种，在枯水季节（正如在灌县一样，参见上文 p. 293），尽可能把河床挖得深些。第二种：

公船和民船往来，船尾都系着“钯犁”，顺风行驶，船行时刮起河泥，因而沙不能沉降，随水流去。第三，仿照水磨和水力杵锤装设木机，水流使之滚动振荡，因此沙被扰动，不能淤积。

〈官民船往来，船尾悉系钯犁，乘风搜涤，则沙不宁而去，二也。仿水磨、水碓之法，置为木机，乘水滚荡，则沙不留而去，三也。〉

第二种方法就是李公义的方法；第三种方法很有趣，但很难实现：它建议锚定明轮船只，

---

① 参见方楫（2），第 26 页起；方楫主要讨论新疆，那里有 1500 口坎儿井，灌溉土地超过 48 000 英亩［Kovda（1）］。近年来这种灌溉系统在甘肃和内蒙曾加以推广；见 Wang Wei-Hsin（1）。

② 人们怀疑这与磁罗盘及其传播有关。考尔德［Calder（1），pp. 59ff.］曾注意到在波斯的坎儿井开挖中突出地使用漂浮的铁针的问题。因为 6 世纪以前，中国的罗盘几乎不可能到达他们那里，所以这不应该成为该技术的限制性因素，不过其间的联系是不寻常的，可能与罗盘从陆路传到西方有关，还有其他各种原因可以推测（参见本书第四卷第一分册，pp. 330ff.）。

③ 《续通鉴纲目》卷七，第十三页、第十九页，其摘要见于 Williamson（1），vol. 1，pp. 292 ff.。参见 Todd & Eliasson（1），p. 353。同时对弯曲的河道进行了大量的裁弯取直。

④ 《明史》卷八十四，第十二页，由作者译成英文。

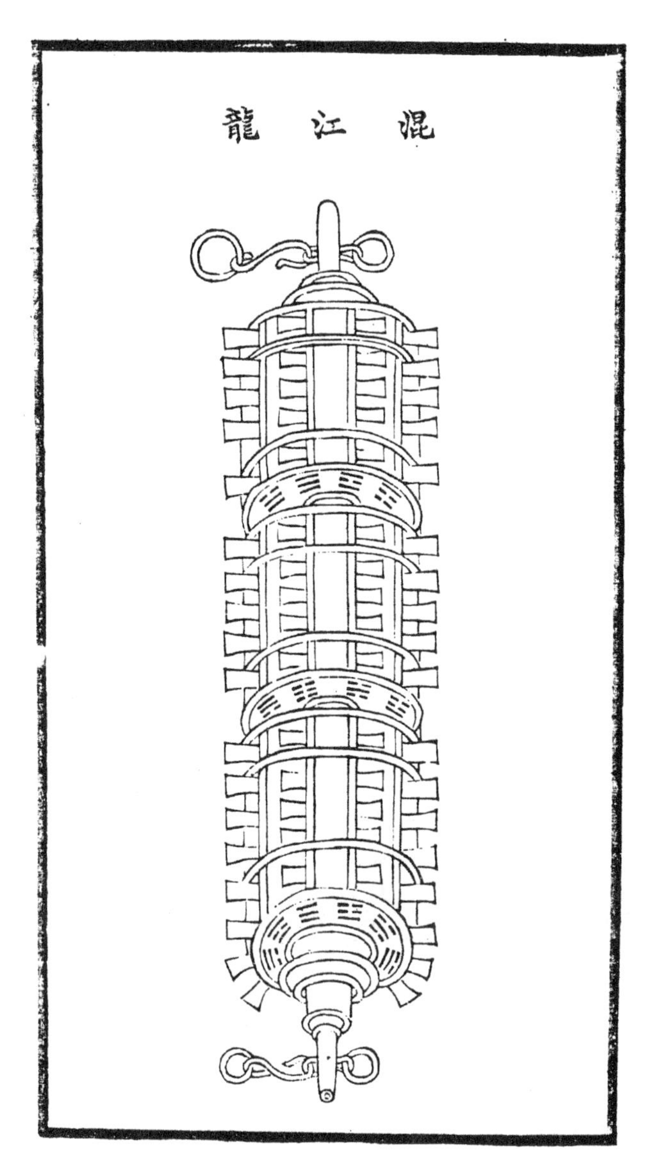

图911 拖着刮板的疏浚机或滚动的悬移机，在《河工器具图说》（卷二，第三十页）中名为“混江龙”。用一条船拖着沿河底向上游前进，把河底的淤泥搅混（所以叫这个名字），使悬移质清除加快。

像船磨（ship-mills）一样，在偏心轮上安装齿耙搅动河底，两边用或不用连接杆。可惜历史上也没有记载陈邦科的方法的使用情况和功效。但大体说来，明末的讨论再次说明了某些永久性的工程裁判，这些我们已讨论过（上文 pp. 234ff.）。至于第二种方法，直到我们的时代还在继续使用，正如《河工器具图说》（图911）中拖着刮板的疏浚机或滚动的悬移机的图所证实的那样①。 337 338

① 双船身挖泥机也图示在《河工器具图说》卷四，第五页。

现今人们看到的疏浚操作主要在港湾。我们可用1958年在广州拍摄的照片说明最普通形式的传统的中国式挖泥船（“绞泥船”），不过西方观察家卡莫纳[1]书中的一张草图（图912）较为清楚。中国文献上很少描述。一个大的长方形挖泥斗绑在一根加强的长圆杆头上，杆头上钉着铁掌，沿驳船边把挖泥斗放下水去，驳船上有一个容积大的泥仓，驳船的前方竖立的桅杆上松松地拴着一根吊绳和一根套绳，挂住挖泥斗。挖泥斗的前面用一条缆索连接到用踏板驱动的绞盘上，绞盘位于船后面掌舵人的舱口。当挖泥斗装满时，把它拉到上面来，然后把钩挂在一个操舵长桨似的杠杆一端的链子头上[2]，杠杆连在桅杆起重机顶上的一点，同时把杠杆另一端拉下，使挖泥斗转进舱，把挖泥斗里的泥倒在泥仓里。18世纪中叶贝利多在他的《水工建筑学》（*Architecture Hydraulique*）中记载用维特鲁威式（Vitruvian）踏车操作的挖泥船，用的正是这种长把式的铲斗[3]，不过此种方法是从中国传去的，还是欧洲创始的，不能肯定。

339

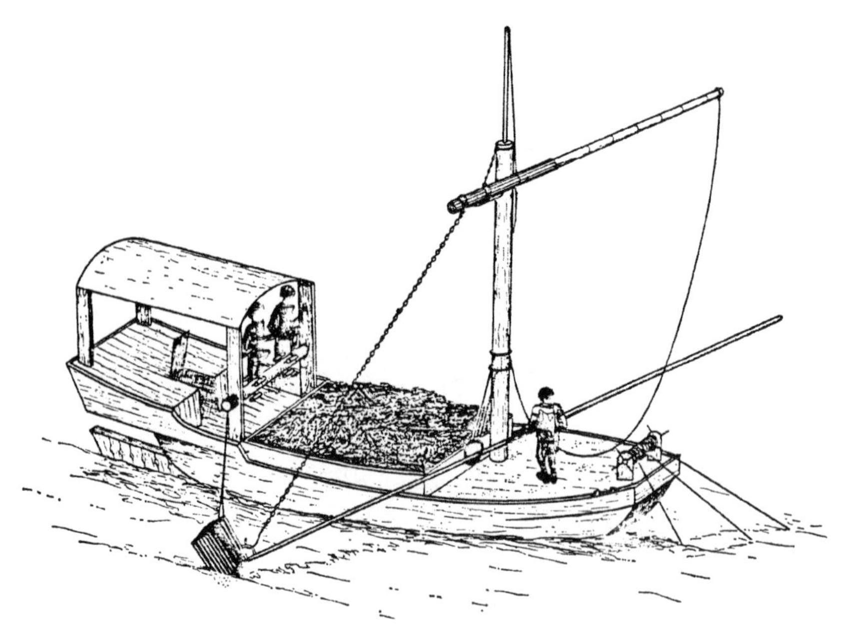

图912　传统式的中国挖泥船（据卡莫纳的图修改重绘）。见正文中的描述。

（iv）增强和治理

建筑物需要内部结合，最终引向使用钢筋和预应力混凝土，这一点中国古代和中古时期的工程师们自然早就懂得了，我们已经见到过他们所用的方法的实例。如长城

---

① Carmona（1），p.36。在里斯本（Lisbon）的航海博物馆（Maritime Museum）中现在还陈列着他做的一个模型。

② 参见本书第四卷第二分册，pp.331ff.，以及Forbes Taylor（1）。

③ De Bélidor（1），vol.4，pls.20，21，25。在斯德哥尔摩的技术博物馆（Tekniska Museum）中看见的一些模型值得研究，特别是克里斯托弗·普尔海姆（Christopher Polhem）所搜集的。沃特斯船长（Cdr. Waters）告诉我们，16世纪伦敦附近的泰晤士河为了清除河底碎石用“杓和杆”的方法疏浚过。

（p. 51）和钱塘海堤（p. 322）把木桩打在墙内和堤内。当金属的供应充足时，也用铁棒和铁块。从一种唐代资料集[①]中我们得知：

梁代修建浮山堰，屡次垮坝决口[②]。最后放下去千、万斤铁，才建成功。

〈梁代筑浮山堰，频有坏决，乃以铁数千片填积其下，堰乃成。〉

书中继续讲到公元762年海州以南的一个坝遇到同样的困难，不能克服，直到李知远按照建议把铁块和铁棒加到坎的基底里面才建成。

但无例外的，中国人为使固体结构内部结合坚固，使用的最重要的材料是竹子。竹子这种植物的茎编成辫后的强度已经提及过[③]，它们可用做纤绳、传动带、悬索桥等。因为竹子可以大量地供给，早期可能把石块或土壤带到指定的地方后，把装石块或土壤的篮或桶丢下不要，而不用拿走再使用。时代向前进，拉长的木笼或腊肠式的装石的竹篓出现了，这已到了杨焉和王延世（公元前28年）的时代，他们堵塞决口的成就前面叙述过[④]。这个发明最大的好处已在描述灌县工程中着重讲过：相当轻的竹笼可用于冲积土上，而不用深的地基；竹笼的多孔性，有一种最有价值的吸收冲击力的作用，因而汹涌的浪潮和突然的压力不能破坏防御物[⑤]。有趣的发现是：在欧洲也有过同样的设备，这无疑是独立创造的，至少从14世纪始就有了，特别是在荷兰的海堤中[⑥]。那里用成捆压缩的海草，或在木桩内做成压缩海草的栅栏，或用成捆的芦苇把它们的根向着海的方向固定下来，这些方法都用于荷兰圩田土堤的外围。这种吸收冲击的护堤工程比竹篮做的抗腐蚀力差，每隔五年必须重修一次。

341

不同的腊肠式填石竹篓有各种不同的名称：最普通的是“竹笼”，另外更古老些的叫做“水栅”。灌县（参见图894、图895；图版）用的最多，而且在中国各地旅行时都可看得到。图913（图版）表示成都附近的一个堰，还可看出分成许多层。图914是复制1313年《农书》[⑦]的图画，比后来的《农政全书》[⑧]和《图书集成》[⑨]的图更好些。用木条做成的长木笼（“羊圈”）也有使用的（参见上文p. 295）[⑩]。图915（图版）中的木笼很显著，是从1417年马碗题名为《夏禹治水图》[⑪]的画上拍下来的。

除木笼之外，还发明了用竹索扎紧的高粱秆做成的大型柴笼，当水挟带大量泥沙，

---

① 《唐语林》卷五，第三十一页，由作者译成英文。

② 淮河上游这座坝是王足在公元514年修建的。

③ 本书第四卷第二分册，pp. 63ff.，126，129ff.，144，153；还有本册 pp. 191，328，415，466，597，664。

④ 王延世所用木笼的尺寸大约是40英尺长，直径17英尺。现今通用的是60英尺长的。

⑤ 现代中国所用木笼，见宋希尚（*1*），第1卷，第42页，图4。

⑥ 见 Forbes（17），figs. 622，623。1579年安德里斯·菲尔林（Andries Vierlingh）有一篇经典的描述。得知欧洲从中国到底吸取了多少水利工程技术知识将是很有意义的。如贝利多［de Bélidor（1），vol. 4，pl. 35］所作的最精彩的河堤画，还有埽等；根据他书中（pp. 345ff.）的内容，说明他知道许多关于中国的水道和堤防的情况。

⑦ 《农书》卷十八，第二页。

⑧ 《农政全书》卷十七，第三十页。

⑨ 《图书集成·艺术典》（插图第26），卷五，“汇考”三，第三十页。

⑩ 这些或许同《宋史》（卷九十一，第十一页）称之为“木笼”的东西是同样的。但在《河工器具图说》中，“木笼”是一个打桩的木筏，用于治理堤防（卷三，第三十页）；见图909。

⑪ 在费城博物馆（Philadelphia Museum）中，见 Bishop（8）。

340

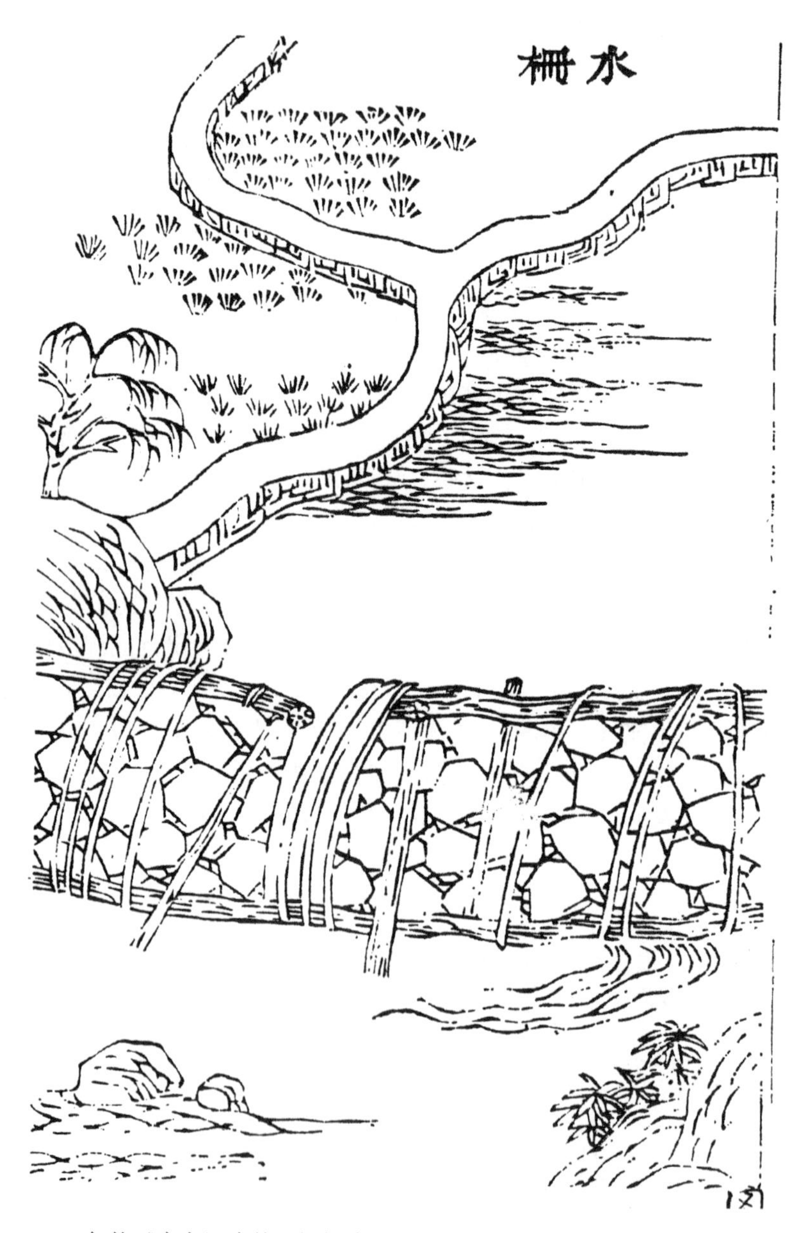

图 914　1313 年的《农书》中的一幅竹笼图画。“水栅”的作用正如一个小型的堰。

图版　三八二

图915　《夏禹治水图》：一幅明代马碗（马文璧）的画，作于1417年，关于传说中的大禹组织防治洪水（参见 p. 247）。展示出的这部分表示人民为保卫他们的国家与强大的洪水进行斗争以及灌溉他们的谷物的生动景象。右边视域以外，夏禹同他的随员正在布置工作，右边边缘处可以见到一个监工正在向人们传达指示。右边有一个竹笼正在被运到出现险情的地方，左边前面堤防以内，另一个竹笼正在往下沉。人们正忙于使用扁担、土篮、鹤嘴锄等工具。画的上部（未示出），除山水外，是大禹的家（根据传说，他从来没有空闲时间走入家门），有些务农的景象和两只很奇特的船，可能是挖泥船。

流过大块体的隙缝时，固体物质很快嵌入，它会立即变得很结实。这种用树枝做填充物（宋代发明）的叫做“埽”，图 916 采自 1775 年李世禄的《修防琐志》，表现了中国式的图画的处理方法①。埃斯特雷尔（Esterer）于 1904 年亲自参加过堵塞黄河堤防的一个决口，写了一篇让人印象很深的报道②。这堤防底宽约 30 英尺，顶宽 11 英尺，高 33 英尺。要堵的口底宽 36 英尺，顶宽 54 英尺，水正在涌入。用竹笼和柴排系着 100 英尺长的缆索，20 000 人拉纤——古代技术，但规模很大。图 917（图版）是从托德［Todd（1）］那里得来的，表示用大捆高粱秸秆（横断面 20 英尺 × 50 英尺）堵住决口③。托德和埃利亚森［Todd & Eliassen（1）］报告中的，这种技术可更仔细地研究，他们还提供了一些考古资料，由于决口和溃堤显露出 10 世纪和 11 世纪修建堤防的结构方式。在当时似乎很少或者没有用过石料护面（参见海塘故事），但是高粱秸秆、竹石笼、麻绳、柳桩和土袋，都相当大规模的使用，以补强土堤④。

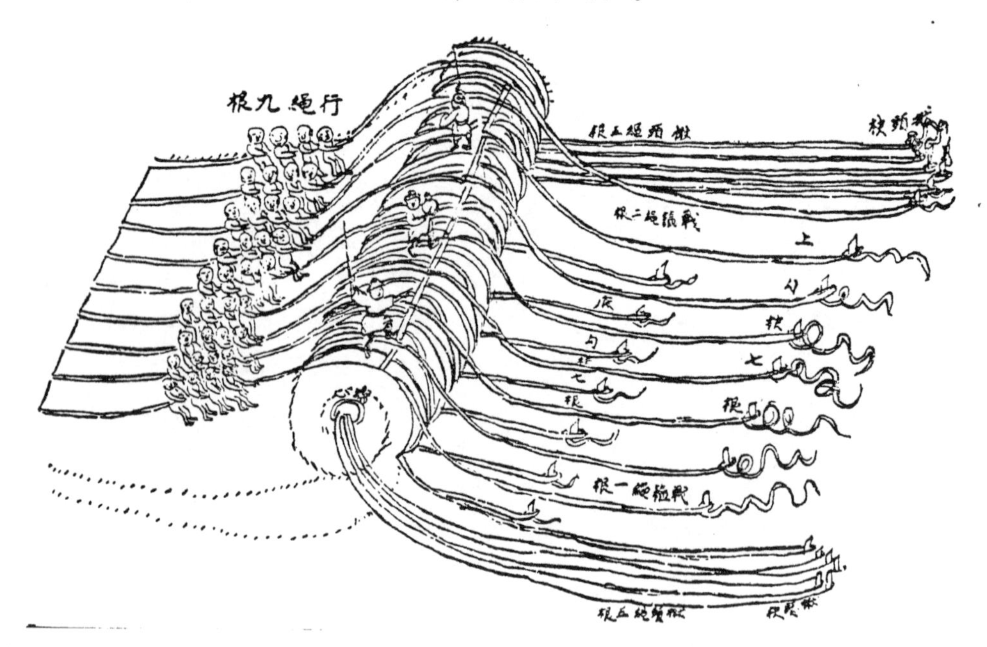

图 916　一张传统式的草图，题为“卷埽图”，采自李世禄（1775 年左右）的《修防琐志》。许多人把大捆柴排放在位置上；迎水面的左边看得见拉纤的人拉着九根纤绳（“行绳”）。通过柴排中心的五根“揪头绳”慢慢放松，动作如煞车。七根“上勾绳”和七根“底勾绳”连着，做成一个安全的笼子，里面的柴捆（“埽”）能转动；必须不时地重钉桩子。

① “埽”的名称来源很有趣。这个字出现在《诗经》中，是一种植物的名称，长在墙上，固定得很牢，拔不出来。因而被工程师们采用作为技术名词。各种不同的“埽”见《河工简要》卷二，第十一页，卷三，第一页；《治河方略》卷一，第十六页；《河工器具图说》卷三，第一页。

② Esterer（1），p. 141。

③ 参见 Anon.（75），No. 10，一张同时代的中国画，以及 Nesteruk（1），p. 19，fig. 7。

④ 《宋史》有一篇额外储备材料的报告（卷九十一，第八页起，第十一页起）——木杆、竹索、柴捆等——是沿堤防在各哨所院内积存起来的。当农民农闲时，他们就被征召来做这类副业。这是 1017 年和 1021 年间的事情。不同种类的材料都有专门的技术名词，如“春料”，是“春季供料”等，同时各种木料还需要分门别类。中国传统的水利工程技术名词有一大批，西方从来没有专门研究过，虽然有些是较为近期（1887 年）的，都包括在邱步洲（*1*）的书内，书名为《河工简要》，上文已经引用过多次。

图版　三八三

图917　把一大捆高粱秆（“埽”）放低到聊城和东阿县附近的黄河堤防决口处［托德1935年摄］。本图更生动地将图916草图中用绳和桩拉住这些活动的干草堆的操作实际化。把这个“埽”放在位置上，上面盖上一尺左右厚的土，土压在顶上使其下沉，沉入底部泥沙中使其更加牢固。

342 沈括的《梦溪笔谈》中有一段对黄河堤决口合龙的描述，值得全文摘录[1]：

庆历年间（1041—1048年），（黄）河在北方的京城附近的商胡的堤防突然决口[2]，好久堵不住。当时的三司度支副使郭申锡亲自领导这项工作。

堵塞河堤决口是否成功主要取决于埽（放下去的位置）能否塞住最后的口门。这叫做“合龙门”[3]。有时费了很大力气，也不能成功。

（在此情况下，用来合）“龙门”的“埽”长（不少于）60步（约300英尺）。助理工程师（“水工”）中有一位叫高超的提了一项建议。他说：“埽身太长，人力压不下去，不能放到口门的底部（挡住水流的冲力）。水连续不断地冲击，所以缆索经常会断。我们应当把埽分做三节，每节20步长，用绳索拴在一起。第一节埽放到底上以后，再放第二节，最后放第三节（合龙缺口）。”有些老工人不同意他的意见，坚持不照他的建议做，说一节埽只有20步长，阻挡不住水流，用三节埽只有浪费而无益。（高）超回答说：“第一节埽自然不能把水挡住，但能刹住一半，因此第二节埽只要用一半力气就可放到位置上（并固定在那儿）。第二节固定之后，水流又减少了，第三节（即最后一节）埽可从平地推下去，同时可施加全部人力。上面两节埽被泥沙淤积起来之后，只要做很少的工作就可以了。”[4]

343

（郭）申锡不接受（高）超的意见，仍主张使用从前的办法。贾魏公这时任北方地区统帅。他独以为（高）超的办法对，派了几千人到下游去收集冲下去的石块和柴排等填料，果然埽放下去之后，就被水冲散了。黄河继续决口，比以前更厉害，郭申锡被召回充军。最后实行了高超的建议，商胡才稳定了。

〈庆历中，河决北都商胡，久之未塞，三司度支副使郭申锡亲往董作。凡塞河决，垂合，中间一埽，谓之“合龙门”，功全在此。是时，屡塞不合，时合龙门埽长六十步。有水工高超者，献议以谓：“埽身太长，人力不能压；埽不至水底，故河流不断，而绳缆多绝。今当以六十步为三节，每节埽长二十步，中间以索连属之，先下第一节，待其至底，方压第二、第三。”旧工争之，以为不可，云：“二十步埽不能断漏，徒用三节，所费当倍而决不塞。”超谓之曰：“第一埽水信未断，然势必杀半，压第二埽止用半力，水纵未断，不过小漏耳。第三节乃平地施工，足以尽人力，处置三节既定，即上两节自为浊泥所淤，不烦人功。”申锡主前议，不听超说。是时贾魏公帅北门独以超之言为然，阴遣数千人于下流收漉流埽，既定而埽果流，而河决愈甚，申锡坐谪，卒用超计，商胡方定。〉

这段记载揭示了在有关治水的人员中，关于这类问题的讨论，业已经过了许多世纪，郭申锡的参谋者似乎是缺乏实践经验的人，而高超显然是人民中间的一个人[5]，他的成就使我们想起已引述过的《慎子》书中的名言[6]：“治水者，茨防决塞，九州四海，相似

---

① 《梦溪笔谈》卷十一，第十九段，由作者译成英文；参见胡道静（*1*），上册，第420页起。

② 参见上文表69。

③ 参见《治河方略》卷十，第三十四页起。

④ 可惜不能从报道中看出三个埽都放在一个口门里，还是一个叠在另一个顶上，或者是边靠边。最后一句中的“上”字可能意味着“先安放在位置上”。

⑤ 与这有关而令人感兴趣的是中国人民群众中的发明和技术革新的高潮。从事于灌溉和水利工程的地方的居民近些年来发展了许多有用的设备，如半机械化的土夯、自动装卸运输带以及类似的东西［参见 Yang Min（2）］。我们以前遇到过这个题目（本书第四卷第二分册，pp. 173ff.）。

⑥ 本书第二卷 p. 73。

如一。学之于水,不学之于禹也。”

自从10世纪以来,相继有许多伟大的工程师们在治理黄河方面有很多杰出的成就,最富于天才的是堤防决口合龙。用许多船把木笼和柴笼运来,船上装满石头,在需要的地方沉下去,并且制成了活动的刮板疏浚机(我们已见到过)[①]。第一个是李谷,他为北周(954年左右)工作。宋朝掌权以后,杜彦钧(鼎盛于994年)在治河方面也很成功。上节沈括所描述的时代,最杰出的人是李仲昌,但最负盛名的是贾鲁,他在元代(1330—1360年)治理堤防,并开挖了减洪河,他的方法在已经提到过的《至正河防记》中有叙述,该书是他的助手之一欧阳玄写的。明代刘大夏(15世纪)和刘天和、翁大立、李化龙、万恭(16世纪)都很著名,不过他们之中公认的老手是潘季驯,关于他的一些事迹,前面已经讲过。[②] 344

现在叫做河道整治的学问,在他们的技术中应用了多少,这是一个疑问,需要深入研究。从文献中可以找到一些有启发性的报道,但我们可以设想经验性的知识是大量的。例如,1015年皇帝发出告示说,汴渠某一段深度不要少于7尺5寸,但太常少卿马元方主张只要平均宽度有50尺,5尺的深度就足够了[③]。除了踏道之外,他修建了“马头”,即防波堤,木制防波堤,丁坝,以及在堤岸的偏远部分水浅的地方做成“锯牙”,以控制水势(“以束水势”)。另外的地方[④],我们遇到同样的东西,沿岸用木桩(“木岸”),目的是为控制水流和防护堤坝(“以蹙水势护堤”)。这些工程最简单地说明河道整治用突出体或丁坝,潜水或露出水面,安设在适当的地方以使凹岸受冲蚀的河湾把水引开,使之冲刷凸的一边的河滩,其结果保护了河岸,并改善了航道。[⑤] 这种大量的引流丁坝可从图867、图902(图版)半图解画中看见。明清时期这些都是一种标准的做法[⑥]。

(v) 泄水闸、船闸和双滑船道

人们认识到,大量的水可以顺着两山之间的河槽流动,发生效益,由此而想到需要某种非永久性的挡水建筑物,可以按着人的意志移动它。水闸就是这样产生的。水利工程为了防洪和灌溉的功能,发展出了泄水闸,同时为了运输的功能,产生了船闸。二者之间的主要差别是后者必须使船能通过。为了解释船闸[⑦]的发明,必须考虑几个阶段, 345

---

① 根据李仪祉[H. Li(1), p.72]的说法,陈穆(音译, Chhên Mu)最先于1541年将火药用于爆破黄河的岩石,但是迄今我们还未能找到文字的记载。

② 上文p.325。他们许多最著名的论述和奏章,都收集在《治河方略》第八卷中。

③ 《宋史》卷九十三,第二十一页。参见上文p.231。

④ 《宋史》卷九十一,第十二页,指黄河。

⑤ 一篇用现代技术图解的例子,见Leliavsky(1), p.104。虽然名词不同,但可以看出其中的工艺同《河工简要》(卷三,第八页、第十九页起),以及同《治河方略》(卷十,第二十三页起、第二十五页、第二十六页起,以及第四十一页起关于“马头”)的内容是相似的。

⑥ 见宋希尚[(*1*),第一卷,第三十七页起和图3]书中的生动的记述。

⑦ 这个题目在查特利[Chatley(36)]的文章中已涉及到,特别在纽科门学会对他的论文的讨论中。当时交换的观点为现代的资料所代替。一篇更为充实的考证可见Needham(57)。

首先沿渠道或渠化河道以较远的距离设置“冲水船闸”（flash-lock），以后不久出现（一种可明显地大大减少时间的装置，否则船必须等待水位改变才能前进），比需要升高或者降低的船舶长不了多少的厢闸。最后是对厢闸的改进，例如，人字形闸门的修建，它们关闭后可承受水流的最大作用力，[①] 或泄水涵洞[②]，或边池[③]。

《史记》中无论《河渠书》或者别处，都没有提到闸门。但《前汉书》中有许多参考资料，其中有些已经叙述过。公元前1世纪的最后几十年（公元前36年左右），召信臣在他的钳卢陂（上文 p. 280）及南阳附近的渠道上设有许多泄水闸门（“水门”）[④]。此外公元前6年贾让在下面的讲话中，提到当时用闸门已经不是一个新的概念[⑤]。我们已经看过（p. 235）皇帝发出诏书，征求关于治理黄河的建议，贾让提出上、中、下三策，他的第二个方案就是灌溉网。

> [他说] 现在可以从淇口以东修筑石堤，多装设泄水闸门（“水门”）……有人议论（黄）河太大，难以控制。但是按照荥阳汴渠（“漕渠”）的情况，我们可以作出推测。那里的船闸或泄水闸门只用木料制成安在土（堤）中（并能使用很长时而不被毁坏）。现在在坚硬的地基上修筑石堤，一定很妥当。冀州的渠首，应该按照（荥阳的）那些方式来建。治理渠道不只是挖地修渠而已。……旱时开东方泄水闸门使水流到下面灌溉冀州；涝时开西方高处的大的泄水闸门使河水分流。……
>
> 〈今可从淇口以东为石堤，多张水门。……恐议者疑河大川难禁制，荥阳漕渠足以卜之，其水门但用木与土耳，今据坚地作石堤，势必完安。冀州渠首尽当印此水门。治渠非穿地也。……旱则开东方下水门溉冀州；水则开西方高门分河流。……〉

就我们的目的来说，不需要考察贾让提出的方法的细节，重点就是他设想的大小泄水闸门，建石墩，不是这些新的建议，而是改进了使用已久的那种木和土的构建闸门。从什么时候开始建闸的，不能肯定。《史记》保持沉默，不等于作了结论，因为它也没有直接提到关于史禄的“灵渠”（见上文 p. 299）。我们的考证说明，从9世纪开始，灵渠才有冲水船闸门；12世纪末期，周去非和范成大旅行时肯定有厢闸，但是如果汴渠入口处在公元前1世纪或前2世纪时有闸门，也可能沿汴渠各点都有，这方面始终存在着这样的可能性，即史禄所采用的闸门是装在灵渠的引渠上面，时间早在公元前3世纪。无论如何，在公元前1世纪的后半世纪中，中国水利工程已经熟知泄水闸门和冲水船闸门，是无可怀疑的。

346

不需要过多地为这个费心思，不过还可以补充几点。公元70年汉明帝视察王景修筑的汴渠时，发出诏书如下[⑥]：

> 自从汴渠（渠口的堤）破裂以来，已经六十多年了。这些年来，雨水不按季节。汴渠水流往东侵蚀，情况一天比一天坏。过去的冲水船闸门（“水门”）都淹

---

① 参见下文 p. 358。

② 设在船闸墙中的涵洞可以把水放进闸池或者排出，而不需要移动闸门或闸门上的旋转门。

③ 水库修在船闸的两边，使其每次操作时都保存一半的水。

④ 《前汉书》卷八十九，第十四页。其中提到有“几十”座“水门”。

⑤ 《前汉书》卷二十九，第十五页，由作者译成英文。参见 *TH*, p. 586。这篇讲话在《全上古三代秦汉三国六朝文》“全汉文”（卷五十六，第六页）中也可找到。

⑥ 《后汉书》卷二，第十五页，译文见 Bielenstein (2), p. 147，经作者修改。

没在河中，大水溢流，汪洋一片，认不出原来的河岸在哪里。……

现在（劳工）已重新修筑堤防，整理河渠，设立冲水船闸门（“立门”），截住水流[①]。使黄河和汴渠分开，仍然恢复过去的老路……所以我们摆上美玉和洁净的牲畜来祭祀，感谢河神。

〈诏曰：自汴渠失修，六十余岁，加顷年以来，雨水不时，汴流东侵，日月益甚，水门故处皆在河中，漭瀁广溢，莫测圻岸，荡荡极望，不知纲纪。……今既筑堤理渠，绝水立门，河、汴分流，复其旧迹。……故荐嘉玉洁牲，以礼河神。〉

这就弄清楚了这一事实，至少在公元前1世纪末沿汴渠已修建了冲水船闸门，王景恢复了它们并且增加了数目[②]。七个世纪之后，令人感兴趣的是在唐朝的许多水部文告中发现了有关泄水闸门和冲水船闸门的条文[③]。其中一条是：“蓝田以东有水磨，有磨者应修闸门调节水流，使水道能自由通航（运输）。”这是公元737年的事情，也正是欧洲16世纪和17世纪时的安排，那时欧洲的水磨的堰配置着冲船闸门或冲水船闸门使船只通过河流上下[④]。开放闸门“泄水”很重要，可使驳船通过下游的浅滩，但开放后必须等一二小时，以便在驳船上行之前“消减落差”[⑤]。蓝田渠建于公元623年，是颜旭修建的，用以连接经过秦岭山脉的一条道路，这条路比前面（p. 22）述及的子午道更靠东边。这实际上是浐河（参见 pp. 150，335）上游支流的渠化，可使船航行到长安近郊。 347

后来的文学作品中有许多谈到冲水船闸门的诗。约在1200年张镃在灵隐寺附近一条河边写了一首诗形容当时闸门开放，让一只小船通过，水流向下倾泻，声如雷鸣[⑥]。

17世纪外国旅行家们开始注意到，大运河上和其他中国的水道上使用冲水船闸门[⑦]，19世纪有许多图片描述它[⑧]。上水时船必须用人拉纤，通常都是人力推动绞盘和拉纤绳，逆流时速大到9海里或10海里之多，而下水时则让它们“射过险滩”。图918（图版）是1793年斯当东（Staunton）关于马戛尔尼大使的报告里附录的图画。

无可怀疑，整个中国历史上最典型的泄水闸和船闸的形式叫做叠梁闸。图919示出《天工开物》中的一个小的实例[⑨]。图920（图版）是在渠道和河道中使用大型叠梁闸

① 《后汉书》卷一〇六，第七页，我们知道王景每隔十里设立一道闸门。从上文 p. 270，我们发现他至少修建了202个闸门，是相当大的工程。他在这个技术上所表现的兴趣（见同卷第六页）为“捍流法”（量测水流法），将作谒者王吴也用过。这些冲水船闸门于公元171年再用石礅加强（《宋史》卷九十三，第十七页起）。

② 公元72年他任河堤谒者。除了送给他很多礼物、丝绸、银钱、车马，皇帝还送给他许多书，有《山海经》（参见本书第三卷，pp. 503ff.），《河渠书》，即司马迁关于河渠的著作，现在包括在《史记》中，还有一组解说《书经》中《禹贡》篇的地图，题为《禹贡图》。

③ 第1，2，4，6，7，8，10号；见 Twitchett（2）。

④ 磨房主和运输官员之间长期存在着矛盾，在历代史书中经常有反映（参见《宋史》卷九十四，第三页、第四页，时为1086年；卷九十六，第五页，时为1097年）。我们已谈过这件事（参见本书第四卷第二分册，p. 400）。

⑤ 参见 Skempton（5）。一个类似的例子，但可能是厢闸，将在下文 p. 354 中提及。

⑥ 《南湖集》卷二，第四页——“开闸放三板”。

⑦ 参见 Lecomte（1），p. 104；de Navarrete（1），载于 Cummins（1）（编），vol. 2，pp. 225 ff.。

⑧ 参见 Macartney（1），pp. 169 ff.，（2），p. 268；Staunton（1），figs. 34，35；Davis（1），vol. 1，pp. 141，143。查特利博士告诉我，他经常在中国的运河上等待闸门开放，闸门一般大约相距一公里远。

⑨ 《天工开物》卷一，第十五页。这种最古老的插图可在《农书》（卷十八，第四页）中找到，它的年代（1313年）夺去了雅各布·马里亚诺·塔科拉（Jacopo Mariano Taccola）最先图解有泄水闸门的坝（1438年的手稿）的荣誉，这个荣誉是萨顿［Sarton（1），vol. 3，p. 1552］给它的。另可参见《农政全书》卷五十六，第六页。

图版　三八四

图 918　1793 年时大运河上的冲水船闸门，如马戛尔尼大使所见［Staunton（1）pl. 35］。

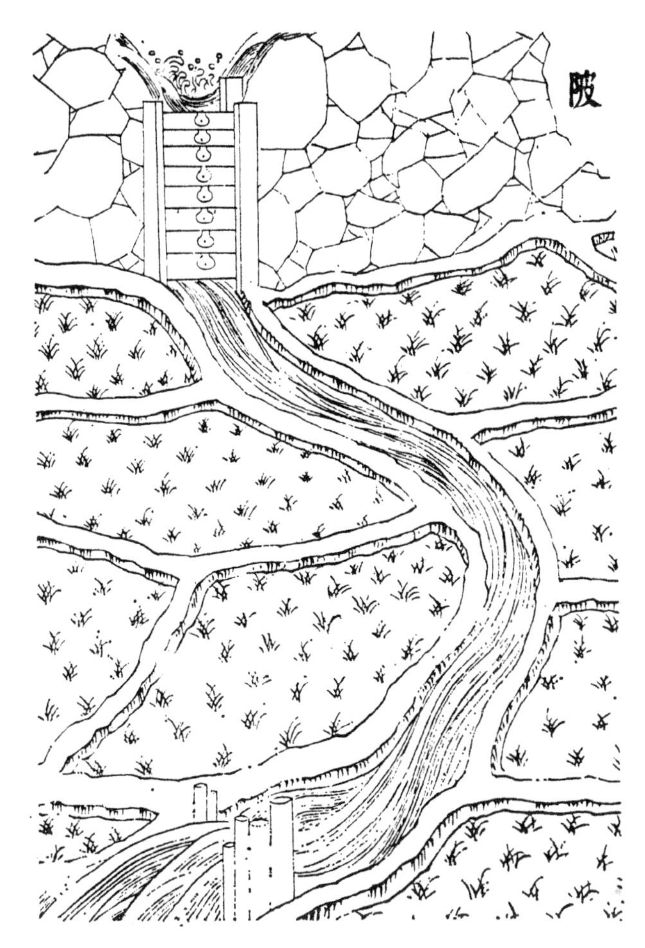

图919 叠梁闸门。一个建在堤防内的小的例子，标题是“陂”，形成小型灌溉系统的一部分，采自《天工开物》（1637年），1726年后的版本。

的图片[①]。河道两旁有两个开在木头或者石块内相对布置的垂直门槽，槽内可滑动一连串大木闸板，用绳子绑在它的两端，以便将闸板随意放下或拉起。每边岸上都有绞车或滑轮装在木头或石架上，像起重机一样，以帮助放好或撤除闸板。这种方法有时改进为把大木板连在一起，形成一个连续的平面，然后将平衡重块放在缆索的末端，使闸板可在门槽里升高或降低。滑车装在石制的起重机臂上，臂是斜着的，这在许多地方还看得见，如在北京附近的高碑店（图921、图922；图版）[②]。《行水金鉴》中的图（如图908）[③] 说明，有门槽的闸门几乎总是被采用的，在图上用门槽的平面图形作为闸门和泄水闸的标志。显然我们很熟悉的向两侧旋转的闸门是欧洲常用的，中国直到 348

① 要引起注意的是，人行便桥是在有沟的轨道上滚动着横过河道；铁路史的编撰者对此似乎不曾注意，如李[Lee (1)]。进一步的描述见 Gandar (1), p. 59。参见上文 p. 159。

② 见王璧文（2）的研究。这个地点在郭守敬的通惠河沿线或附近。它的闸门曾由皮里（N. W. Pirie）先生（英国皇家学会会员）在1952年作过调查。

③ 本书第一卷 p. 141。参见上文 p. 326。

近代才用。但是，目前平衡重钢板闸门是用中国方式起闭的，已普及于全世界。

349　中国文献中水闸最简单的名称就是“水门”。随着时代向前发展，也采用过许多其他的名称，如“斗门”和“陡门”，“陡门”这名称所以出现，可以这样推论，因为水位之差有时在 10 英尺和 20 英尺之间，这结构给人印象特别深。我们还发现船闸的“闸”（词源学上讲，门有装甲）和“板闸”，都是木板做的闸门，即叠梁闸门。后来有“牐”，是一种“插进去的”门，这个音形一致的字是一个古字，代表舂谷壳的臼和杵，用牐组成的词为“堤牐”（堤防中的闸门）、“水牐”（水闸门）、“坝牐”（坝内的闸门）。“悬门”这名称首次出现在公元 984 年，其重要意义表示有永久性的绞车装置。确实，研究这些技术名词编年的全过程是很有趣的。无可怀疑，“水门”是最古老的名称，汉代和三国时期流行，但是以后不常用[①]。随后使用的“斗门”，14 世纪以后也废弃不用了[②]。所有这些名词都可用于泄水闸门和冲水船闸门，并无差别。宋代，大概在 11 世纪初期，第一次出现了“闸”[③] 和“牐”[④] 两个名称[⑤]。这大约正是厢闸发明的时期，不过似乎是偶然的巧合。“陡门”这名词通用得晚，假如不是在明朝初次出现[⑥]，350 明朝以前也很少使用。在这许多的术语的变动之中，很难确定这些不同的字词有什么严格的技术上的差别，以及如果有差别的话，差别是什么。可能“闸”或者至少“牐”是叠梁闸的意思，具有永久配备的绞车，而不是那种每根梁进出闸槽都必须要人力操作

---

① 例如，见《前汉书》卷二十九，第十五页；卷八十九，第十四页。参见《后汉书》卷 二，第十五页；卷一〇六，第六页起，约在公元 235 年邓艾的坝的泄水闸仍用这个名称。

② 如公元 737 年水部的法令手稿［译文见 Twitchett（2）］。唐朝文书中这个名词十分普遍。《书叙指南》（1126 年）（卷十四，页六）定义了泄水闸（“斗门”）的用途，如“根据季节把水集起来或者放出去”（“时其钟泄”），这是高瑀传中的一句短语，（《旧唐书》卷一六二，第七页；《新唐书》卷一七一，第六页），他在公元 768 年修建了 180 里的灌溉水库的堤岸。参见《唐语林》卷三，第二十九页，关于京城的运河泄水闸。13 世纪初的《四朝闻见录》（丙集，第四十六页）说，公元 988 年在常德城里的一条运渠上有泄水闸或冲水船闸，约在 1190 年陆游说郑国渠系上有 170 多个“斗门”（《老学庵笔记》卷五，第十五页）。《霁山集》（卷四，第一页）中记载汪令君于 1203 年在一条运河上修建了 8 个冲水船闸门；并于 1305 年由皮侯元重建，用 24 个叠梁板作为“板闸”。“斗门”这名称曾用于谢安修建的泄水闸门，这个闸门早在公元 385 年就与大运河或汴渠的山阳运道上的双滑船道有联系。

③ 根据朱骏声（*1*）的说法，这个字原来是一个动词，意思是打开一扇关着的门。

④ 古代书中，这个字的意思是木隔板。

⑤ 《梦溪笔谈》卷十二，第一段中提到“闸”字，本书下面将译出该段文字，即 1086 年提到的 1025 年的厢闸。在一些旅行日记里一再提到汴渠上的冲水船闸门，如 1169 年的《北行日录》（卷二，第十三页）及 1170 年的《入蜀记》（卷一，第三页、第七页、第八页、第十页）。其中有些很可能是厢闸，不过这名词也很明显地应用于泄水闸门，如在 1200 年左右江苏省的一个灌溉系统中的情况，龚明之记于他写的《中吴记闻》（卷一，第十四页），以及 1270 年左右控制杭州西湖水位的闸门（《武林旧事》卷五，第二十二页和《梦粱录》卷十一，第十四页）。桂林附近的水道大约在 1585 年有一种类似的用法（《赤雅》卷二，第十八页）。“牐”不大通用，但在《宋史》卷九十一以后经常用作船闸门的名称（1345 年）。早在 13 世纪时，《枫窗小牍》（卷一，第十二页）中出现过，它说明在 1123 年朱勔（参见本书第四卷，第二分册，p. 501）往京城运输，为宋徽宗修建花园大块石料的和储藏收集的物品时，如何毁坏船闸门和桥梁的。参见帕里亚［Parias（1），vol. 1，pl. 59］书中的复制画。

⑥ 可在《明史》（卷八十五，第五页）的宋礼描述供水闸门的文字中找到（参见上文 p. 316）；在大约 1585 年关于灵渠的引渠上厢闸的记述中找到（《赤雅》卷二，第二十一页）。还有《梦溪笔谈》（卷 二十四，第十段）中提到的汴渠上的灌溉泄水闸门，那里甚至有唐代的碑文记载（参见上文 p. 231）。

图版　三八五

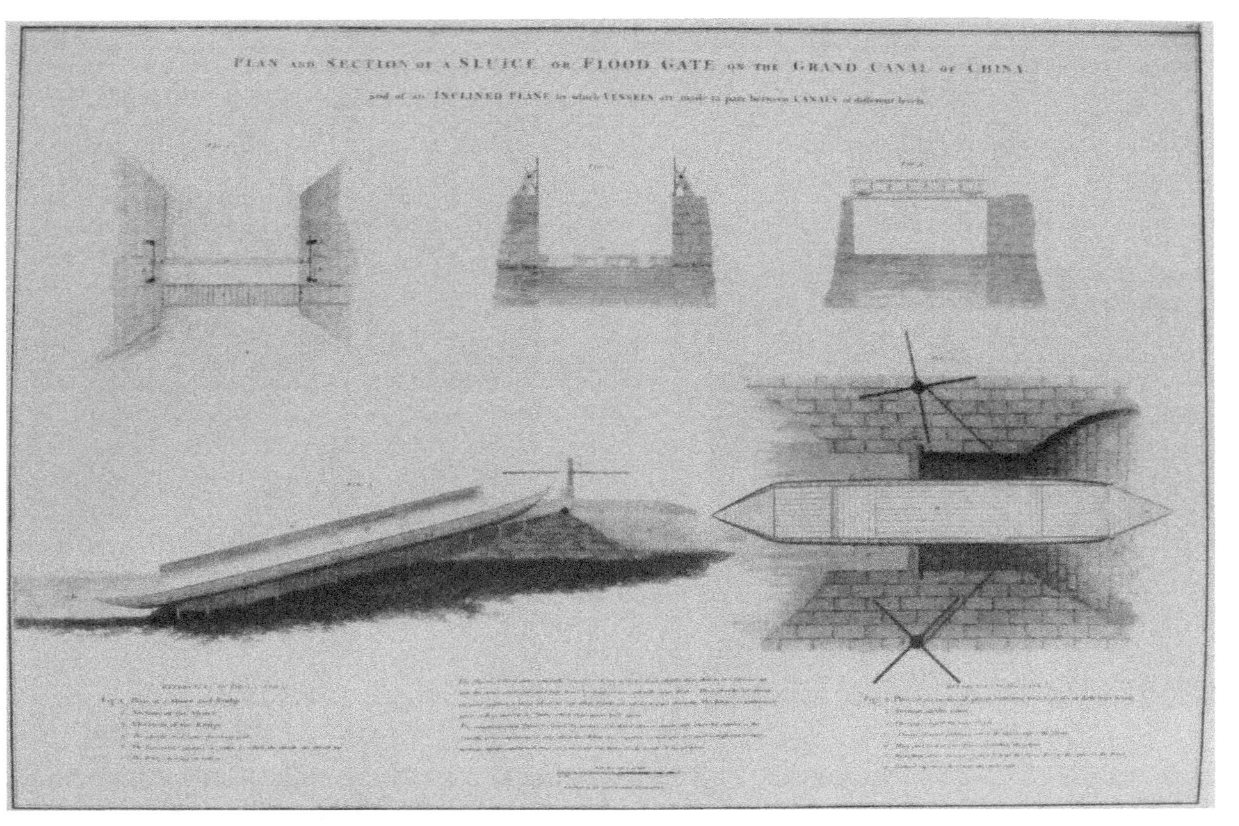

图920　1793年马戛尔尼大使所见中国的冲水船闸门和双滑船道的平面图、断面图和立视图 (参见p.344) [Staunton (1)，pl.34]。

Fig.1　冲水船闸（叠梁闸）门平面图，向下看梁木和带有转动绞车的升降机，有放在位置上的滚动的人行桥。

Fig.2　冲水船闸门的断面图，示出了叠梁和升降机。

Fig.3　横向立视图，有人行桥放在位置上。

Fig.4　双滑船道平面图，示出了斜面用石护坡及两个绞盘。

Fig.5　双滑船道纵向前视图，示出船向较高的水位升高，有一个绞盘。

图版 三八六

图 921 北京附近高碑店的庆丰闸［采自王璧文（2）］，照片展示了条石工程上的叠梁闸槽。

图 922 庆丰闸；一对为升降叠梁闸架辘轳用的石起重臂［王璧文（2）］。背景中的运河河床差不多干涸了。

的简单的形式[1]。在缺少对术语的限定时,通常都可以假定是冲水船闸门(除非上下文清楚地表明是厢闸),因为描写厢闸时有更多的形容词加进去,后面我们将会看到。

在土木工程史上,厢闸的发明是一个实质性的重大问题。这对古代欧洲的工商业影响很大,简单而便利的闸门设备,紧密连接,只允许一二只驳船通过,这样,水位变化在最短时间内就可完成,并且上游水位损失的水减少到最小的程度[2]。这个关键性的发明,如此简单,对于发展丘陵地区扩大水上运输如此重要,从而引起对于厢闸在不同文明国家的出现进行比较研究。事实上从17世纪到19世纪,去过大运河的外国旅行家,都只讲过有冲水船闸门或双滑船道,似乎有充分的证据,厢闸从未在中国发展[3]。但这就会陷入了假想的圈套,中国文化中一旦有了发明,不论是否需要,一定要继续使用下去。其实有可能指明厢闸确实起源于中国,比其他任何地方都早,而后来由于条件变化,不需要这种设备,很少用它。我们有可能推测这种情形是怎样发生的。

最古老的中国厢闸或船闸的例子,可追溯到宋朝初年。它与乔维岳的名字有关,公元983年乔维岳,时任淮南副转运使,他是一个应当被人民记住的人。他参与了长江和淮阴之间的大运河或汴渠的山阳运道北端一段的货船运输问题,有趣的是我们发现他的发明是由社会原因引起的,因为商船通过双滑船道时,由于损坏率高,经常发生盗窃漕粮的事件,使他感到愤怒。公元984年《宋史》中讲到:[4]

351

> 乔维岳又在安北至淮澨(或淮河河边的码头)之间修建五个双滑船道(原字义是坝,"堰")。每个双滑船道有十条通道供货船上、下。他们运的赋谷很重,通过船道时船常常损毁,而航道工人和藏匿在附近的当地匪徒通同一气,趁机盗窃,运输的粮损失了。
>
> 因此,乔维岳命令沿西河(淮阴附近)在第三堰处建设二道闸门("斗门"),两门相距五十步(250英尺),全部盖上大屋顶。设"悬吊闸门"("悬门");(门关后)蓄水如涨潮一般,等到达到了要求的水位,才放过去。
>
> 他另在两岸间修了一座桥,并用石坡加覆土堤,以保护地基牢固。从此,所有的双滑船道,除掉了弊病,运输船往来无阻。

---

① 王璧文(2)给我们提供了一篇关于清代船闸和涵洞设计采用的调节方法的报告,很有趣味。所有闸门都是叠梁式的。

② 上游缺水是中国的运河在中古时期的一个长期的弊病。有时需要用成批的龙骨车(参见本书第四卷第二分册p.339),把水从附近的田地里抽上去("车水")让船只通过[见《宋史》卷九十六,第五页提到的1098年的一例;第十页、第十一页提到的1120年的另一例;参见郑肇经(*1*),第210页]。有一种说法:"水如金"(《宋史》,卷九十六,第十一页),闸门三天只开放一次。同书也用了"归水澳"这个词,是说有些厢闸的龙骨车装在浮筒船上,永久固定在那里,每次过船后把水车回去。

③ 1698年有一篇生动的报告,可在李明[Lecomte(1),pp.104ff.]的书中找到;他不喜欢冲水船闸门,而很欣赏双滑船道。登维德博士也是这样,在一份笔记中,马戛尔尼大使(1793年)把它们附在他的著作《对中国的观察》[*Observations on China*;Macartney(2)p.269]中,在他的《日志》[*Journal*;Macartney(1),pp.169,171,173]中有许多地方提到冲水船闸门。他讲过:"具有特殊工艺和美观的泄水闸和桥梁。"他还说:"它们彼此只有几英里的距离,泄水闸恰当地形成这段距离的船闸。许多条船聚集在泄水闸门处,闸门开了,几分钟之内全部船队都过去了;然后放下泄水闸门,渠道不久就恢复了原来的水位。"登维德关于冲水船闸门的介绍,见Proudfoot(1),pp.59ff.。

④ 《宋史》卷三〇七,第一页,由作者译成英文;参见卷九十六,第一页。另见郑肇经(*1*),第207页。

〈乔维岳……又建安北至淮澨，总五堰，运舟所至，十经上下，其重载者皆卸粮而过，舟时坏失粮，纲卒缘此为奸，潜有侵盗。维岳始命创二斗门于西河第三堰，二门相距逾五十步，覆以厦屋，设悬门积水，俟潮平乃泄之。建横桥岸上，筑土累石，以牢其址。自是弊尽革，而运舟往来无滞矣。〉

这就是一切文化史上最早的厢闸[①]。大到同时可通过几只船，有些类似1607年宗卡（Zonca）的一张著名的画中，所描绘的连接帕多瓦（Padua）同布伦塔河（River Brenta）的渠上的一个闸池[②]。它具有“悬吊”闸门，同另外一张熟悉的劳伦佐抄本（Laurenziano Codex）中大约在1475年所画渠化河道上的冲水船闸门多少有些相似[③]。这种布置包括有滑轮、绞盘和平衡重块。

有时同流行的一种印象相反，乔维岳的首创精神引起了发展新技术的高潮。我们从沈括1086年写成的《梦溪笔谈》的一段资料丰富的文字中了解到这一点。在这本我们经常引用的书中[④]，他说：[⑤]

淮南的大运河（汴渠）上[⑥]，修建双滑船道（“埭”）以防止浪费水。没有人知道这个方法是何时首创的。据传说召伯（现称邵伯）埭是谢公（即谢安，晋朝宰相，时为385年）所建[⑦]。但据李翱（在记录他公元809年在这段运河上旅行）的《来南录》上的记载，唐朝时它还是一条平坦的水道[⑧]，因此它似乎不可能是谢公时修建的埭[⑨]。

352

天圣时期（1023—1031年），监真州[⑩]排岸司右侍禁陶鉴提议修建“复闸”[⑪]，节约水同时也省去过船时拉纤的劳力。当时工部郎中方仲荀，文思史张纶为正副发运史，表奏皇帝进行修建（复闸）。他们开始修真州船闸（“闸”）。每年节省五百个劳动力及杂费一百二十五万缗[⑫]。拉纤过船的老办法，一条船载米不过300石（21吨），（复）闸建成后，开始一条船载400石（28吨），后来越载越多。（现在）官船装载达到700石（49.5吨），私船多至800袋，每袋重2石（即113吨）。

从此以后，北神、召伯、龙舟、茱萸等双滑船道都废弃不用而相继被替换（成

---

① 斯肯普顿［Skempton（4），p. 439］教授也这样认为，1955年他同我们作过有意义的讨论。

② 参见Beck（1），p. 316；Parsons（2），p. 396；Forbes（17），fig. 625。另见Skempton（4），p. 451，以及figs. 284，285中的16世纪的闸门。

③ 参见Parsons（2），fig. 132；Forbes（17），fig. 626；Skempton（4），fig. 281。这个古抄本（Ashburham no. 361），名为“关于重力、浮力和拉力”（Trattato dei Pondi，Levi e Tirari），上面有达·芬奇的亲笔手稿。现在认为这是弗朗切斯科·迪乔治（Francesco di Giorgio，鼎盛于1464—1497年）的作品，我们在别处涉及过这位作者；参见Papini（1），vol. 2，pl. 292，

④ 参见本书第一卷，p. 135。

⑤ 《梦溪笔谈》卷十二，第一段，由作者译成英文；参见胡道静（*1*），上册，第432页起；方楫（*2*），第53页。另见《续资治通鉴长编》卷一〇四，第二十三页。

⑥ 在山阳运道南端的一段和中间段的许多点上。

⑦ 参见郑肇经（*1*），第197页。

⑧ 参见本书第二卷，pp. 452，494。

⑨ 尽管沈括怀疑，但有充分理由相信谢安的侄子、将军和哲学家谢玄，于公元384年在汴渠的泗河段上修建了7个双滑船道。参见p. 363.

⑩ 现代长江上的仪征在扬州和瓜州的上游（参见p. 309）。

⑪ 词源学上，“复”（複）是一件衣服的衬里。

⑫ 很可能在瓜州的那些厢闸是连接运河和长江的，因为长江水位变化很大。

“复闸”，即厢闸）。复闸至今还在发挥效益。

我于元丰年间（1078—1085年）过真州时，在江亭后面粪堆中见有一块碑石。是胡武平作的《水闸记》，只略述了这件事，不大详细，但确实对其作了记载。

〈淮南漕渠，筑埭以蓄水，不知始于何时。旧传召伯埭谢公所为。按李翱《来南录》，唐时犹是流水，不应谢公时已作此埭。天圣中，监真州排岸司右侍禁陶鉴始议为复闸节水，以省舟船过埭之劳。是时，工部郎中方仲荀、文思史张纶为发运史、副，表行之，始为真州闸，岁省冗卒五百人、杂费百二十五万。运舟旧法，舟载米不过三百石；闸成，始为四百石船。其后所载浸多，官船至七百石，私船受米八百余囊，囊二石。自后北神、召伯、龙舟、茱萸诸埭相次废革，至今为利。予元丰中过真州，江亭石粪壤中见一卧石，乃胡武平为《水闸记》，略叙其事，而不甚详具。〉

胡武平的碑文富有诗意[1]，而没有精确的记载，但被保留下来[2]，我们很同情沈括对缺乏技术资料的失望心情。胡武平的碑文开始隐约地提到了乔维岳，说本朝最初几十年与运河运输有关的人，都极不满意在双滑船道上用牛推绞盘（“牛埭”）[3]，冲水船闸门浪费水，在大多数年份中使运河干涸，看起来像一座千里长城。但自从陶鉴主张修建复闸以后，方仲荀和张纶作出计算并筹集资金。后来，胡宿说[4]：

353

就着旁边堵筑的水池，建成外闸，外闸地基用好的条石堆砌，修建强堤抵御水势，把两根柱子升高安设横梁，闸池之深就像睡着的黑龙的巢穴，水池里水流上升像一条龙一样，因此船舶可以不断往来，随着闸池的水面像潮汐涨落而上下。大闸关闭闸室充水时，水形成漩涡，白浪冲洗着岸边，永不干涸，船只通过毫无阻碍，只要费很少力气，就可受益很大。在其北端有内闸，因此形成了建有很好的池壁的闸池。……木闸门开放时，船用桨轻飘而过——不像过去滑船道那么困难。

〈扼其别浦，建为外闸，砻美石以甃其下，筑强堤以御其冲，横木周施，双柱特起，深如睡骊之窟，壮若登龙之津，引方舰而往来，随平潮而上下，巨防既闭，盘涡内盈，珠岸浸而不枯，犀舟引而无滞，用力浸少，见功益多。即其北偏，别为内闸，凿河开奥，制水立防。……木门呀开，羽楫飞渡，不由旧埭。……〉

胡武平的碑文写于1027年，真州工程的第一部分约于1025年完成。沈括的记述最重要的部分就是关于吨位的增大，这是一个重要的经济因素，其重要性无疑同浪费水的问题，以及滑船道过船损失船只的问题相等，关于此问题我们后面再谈。

这样清楚地描述之后，我们倾向于承认中国记载的厢闸，虽然随后三四个世纪记载不大清楚。下面的例子同样说明问题。那是来自日本僧人成寻的旅行日记，成寻在1072年从南往北旅行经过汴渠，第二年又回到南方[5]。下面的记载在他参拜圣地以后写的《参天台五台山记》一书中。他是从杭州经过江南河这一段往北走的。

熙宁五年八月二十五日。

---

① 他的本名是胡宿，一个修建学堂和水利工程的优秀官员，他又是一个观察地震的自然学家，并从一个僧人那里学习炼金术。

② 在他的文集卷三十五中，胡道静转录在他书中的第435页。

③ 还有1018年贾宗的一次雄辩的讲话可作为见证（《宋史》卷九十六，第一页）。

④ 由作者译成英文。

⑤ 我们很感谢浦立本教授传给我们关于成寻的描述方面的知识，并向我们解说僧人文章中把日语与他的时代的中国俚语相混的内容。

天晴。卯时（约晨五时）我们的船解缆。午时（上午十一时）到盐官县的长安[①]双滑船堰。未时（午后一时）县长来了，同我们在长安休息室喝茶。约在申时（午后三时）两个闸门（“水门”）（陆续）开放，使船通过。船行过后，拉回（叠梁“关木”），关闭（中间）闸门。然后拉开第三个闸门的叠梁，使船通过。下一段渠道的水面要（比上段）低五英尺多。（每个）闸门都开启后，上游水位下降，水面变平，于是船向前进。

〈廿五日庚子 天晴。卯时，出船。午时，至盐官县长安堰。未时，知县来，於长安亭点茶。申时，开水门二处，出船。船出了，关木曳塞了。又开第三水门关木，出船。次河面水下五尺许，开门之后，上河落，水面平，即出船也。〉

这里描述具有三个相邻闸门的一座两级厢闸[②]，闸门设置靠得很近，让成寻的小船单独通过，或同其他几只小船一块通过。随后在下一个月他的记载中，描述了三座更正常的两门式厢闸。例如：

354

九月十四日

天晴。卯时（清晨五时）开船，辰时（上午七时）停在邵伯镇[③]。……未时（下午一时）两个船闸门开了，当第二个闸门开放时，船平稳通过。

〈十四日戊午 天晴。卯时，出船。辰时，至邵伯镇止船，……未时，开水门二所了。次开一门，出船了。〉

值得注意的是成寻在他的全部写作中，显然用“水门”代替厢闸，并且提到“闸头”，“闸头”的意思是很大闸池末端的闸门，“闸”的意思就是冲水船闸门。这里还有第二种情况的例子：

九月十七日

巳时（上午九时）我们动身，船回到楚州（城）[④]，并到了一个船闸（“闸头”）这个地方离城9里300步。……过了十里，我们到了（下一个）船闸，但是缺水，闸门不开。……戌时（下午七时），水够了，船闸门开放。先让100只船通过，需要一个时辰，因此直到亥时（下午九时），我们的船才通过。这晚上他们不开（该处的）第二个闸门，我们就在（闸池）里面过夜。

〈十七日辛酉 ……巳时，出船，回州城，至闸头。筑城南北九里，三百步云云，……过十里，至闸头。依潮干，不开水闸。……戌时，依潮生，开水闸。先入船百余只，其间经一时。亥时，出船，依不开第二水门，船在门内宿。〉

关于第三座厢闸，从他回来的旅途中，我们得知：

熙宁六年四月二十五日（1073年）

运输局通知说，管闸人必须等到有100条船才开闸门（“闸”），如果三天之内

---

① 这个小地方现在还有，仍用原名。参见《宋史》卷九十七，第九页起。

② 或许是担心闸门水头太大，或许是为了辅助供水给一个或两个闸池。1413年范里因斯布赫（Jan van Rhijnsburch）在豪达（Gouda）修建了一种类似三道闸门的厢闸［Skempton（4），p. 442］；1675年左右里凯（P. P. Riquet）在贝齐耶（Béziers）的奥德－加龙运河（Aude-Garonne Canal）上修建了有八个闸门的梯级，总升高70英尺［Skempton（4），p. 467］。该梯级目前还存在于上述运河上（参见下文p. 377）。

③ 参见上文p. 352。

④ 现代的淮安。

不满这个数目,他们可以开闸门。因为灌溉的需要,不能忽视。这已经是第三天了,(我们想)晚上一定开闸门,但没有开。

〈廿五日戊戌 天晴。使臣殿直来,书与云:"去问来,为发运司指挥,须管每一闸,要一百只已上到一次开,如三日内,不及一百只,第三日开,不得足,失水利。今日也是第三日,近晚必开闸,出闸使行者。"终日难行开闸,过日了。〉

在成寻的回忆录后几年,我们找到中国官方另外关于厢闸的叙述。《宋史》上说[1]:

元祐四年(1089年),京东转运司说,清河(在淮河流域)与江、浙、淮南许多地区相通,因为徐州、吕梁、百步等地两次遭受洪水以后,变得水浅有险滩,所以许多船只遇险失事。由于这个原因,水手们、赶纤牛和纤驴的人以及盘剥人等,百般刁难,阻止商人走这条路。现在朝廷已经委派齐州通判滕希靖和常州晋陵县知县赵竦,勘探这个地方。认为如果可以在月河上修建石堤,上下设船闸门("牐"),按时开放,使船只通过;这定会长期发挥效益,因此请求派人监督开工。皇帝同意,执行了这个建议。

355

〈元祐四年……京东转运司言:"清河与江、浙、淮南筑路相通,因徐州吕梁、百步两洪湍浅险恶,多坏舟楫。由是水手、牛驴、牵户、盘剥人等,邀阻百端,商贾不行。朝廷已委齐州通判滕希靖、知常州晋陵县赵竦度地势穿凿。今若开修月河石堤,上下置牐,以时开闭,通放舟船,实为长利。乞遣使监督兴修。"从之。〉

从这里可以清楚地看到一条渠化河道上的厢闸的情况,恰好在征服者威廉(William the Conqueror)的时代之后[2]。这世纪之末,就存在着前已提过的灵渠(参见上文 p. 306)上的厢闸。显然不需要更多的证明,只再举一个例子,1293年郭守敬从北京至通州修建大运河上的通惠河段。从表70可以记得这一段地面抬高大约30英尺。关于郭守敬所建的这段运河上船闸规范的描述,《元史》上说[3]:

(从北京)至通州,每隔十里设置一冲水船闸("牐")[4]。到通州共设七个"牐"每个"牐"隔一里多[5],设双船闸门("重斗门"),这样安排交替开("提")关("阏"),使船可通过,而水仍被截留[6]。

---

① 《宋史》卷九十六,第四页、第五页,由作者译成英文。参见郑肇经(*1*),第209页。

② 此时期的船闸的其他资料可见于松长濑守(*1*)。再次看到社会压力在起作用很有趣,正如乔维岳的创造发明的情况一样。

③ 《元史》卷一百六十四,第十二页,由作者和浦立本译成英文。类似的文字见于《元文类》卷五十(郭守敬的讣告)。

④ 我们会记得(上文 p. 312),北京至通州的距离比通常所说运河的长度要短得多,因为运河从北京西山水源算起。《新元史》卷五十三上记载共有"十牐"和二十个"闸座"。

⑤ 在600码以上。

⑥ 另外一篇在《元史》卷六十四(第三页)中,列出了船闸门及其名称总表,从北京西边开始,过了通州一段距离,直到与大运河的下一段汇合处。其中提到有八个双闸门并暗示还有两个。文中把"牐"和"斗门"说成"闸"和"牐",文意证明在每种情况下,第一种名称用于冲水船闸门,第二种名称用于双闸或厢闸,所以名称尽管混乱,经过仔细研究,意义还是可以弄清楚的。确实,一种两字短语不断在中古时期水利工程书中重复出现,虽然组合不同。例如,1118年柳廷俊回忆淮阴和扬州之间,汴渠的山阳运道一段上有79个"斗门"和类似的"水牐",但大部失修,所以授权他去修复[《宋史》卷九十六,第九页,参见郑肇经(*1*),第210页]。缺乏更多的资料,不能证实哪些是泄水闸和冲水船闸,哪些是厢闸,但是无论如何,历史学家不会无中生有地提到两种东西。我们很感谢浦立本教授友好地同我们进行关于通惠河及其船闸资料的讨论。

〈通州每十里置一牐，比至通州，凡为牐七，距牐里许，上重置斗门，互为提阏，以过舟止水。〉

所以每个厢闸水头为4英尺或5英尺左右，可惜运河很早以前就淤塞了，同时近代研究它的遗迹的作品未见出版①。不过我们现在首先证实欧洲厢闸出现的时间相差不到一个世纪，因此是回到旧世界另一头所发生的事情的时候了。

根据上述事实，很清楚那些只限于调查欧洲的人们所做的结论必须大大修改。一些356 有用的文章，如弗雷登［Wreden（1）］的文章，所表述的一种通行的观点认为泄水闸和简单闸门至少要回溯到13世纪，厢闸的概念要归之于达·芬奇。柏生士（Parsons）精细（而有限）地研究的问题，归结为达·芬奇的前辈中是谁负责这种"闸"，他说："闸对于水利工程曾作出最大的贡献，无疑是从意大利起源的"②。他忽略了荷兰的许多成就，不过现在很清楚，无论哪一个都不能与中国的闸竞争。

很可能公元前第1千纪以前，泄水闸起源于"肥沃新月地带"。《吉尔伽美什史诗》（Epic of Gilgamesh，约公元前2000年）③ 中的一段被认为提到了这种设备④，但权威们不同意这些字句的含义⑤。美索不达米亚可能是发源地。似乎没有理由怀疑，公元前690年辛那克里布（Sennacherib）为尼尼微（Nineveh）设计的令人难忘的淡水渠系中曾经有过泄水闸，但是这种情况没有完全被证实⑥。

对于公元前第2千纪较为有力的证明是腓尼基人在西顿（Sidon）修建的海港工程，现仍存在着，那里开挖的岩石沟槽（现只留下一个）表明从前有四个泄水闸门⑦。保护着凿在暗礁上为涨水和浪花充满的水池的，是一个天然封闭的码头，看来这些闸门都是用来冲刷港口和防止淤泥沉淀的。他们可以回溯到公元前12世纪至前8世纪，再晚一些可以引证的用河流和泄水闸冲刷海港的例子很多⑧，但所推测的系统建在这个无潮海岸则还缺乏确证。然而在其他腓尼基人开挖的岩石工程中间，闸门槽沟还在那里，尽管

---

① 1955年全汉昇博士告诉我们，他有一次专门访问过通州，去看连接处的许多船坞，大部分还在。

② Parsons（2），p. 372。

③ 涉及英雄在收集海下的长生不老的植物时，潜水前所做的事，像采珍珠的人那样（参见 p. 668）。

④ Sandars（1），p. 113，转引 Frost（1），p. 195。参考表XI，ll，265—276。

⑤ 这个解释似乎是根据邻近的一篇的订正（l. 298），订正是汤普森（R. Campbell Thompson）提出的；见 Thompson（3），pp. 41，55，56；（4），pp.，83，88。但所有其他的译文不是空白，就是引证其他的东西，如河道，腰带，凉鞋等等［Ungnad & Gressmann（1）；Ranke（1）；Contenau（1）；Heidel（1）；Lucas（1）］。金尼尔-威尔逊（J. V. Kinnier-Wilson）博士（在私人通信中）相信"泄水闸"几乎可以肯定是古阿卡德语（Akkadian）的误译。

⑥ 现代的摩苏尔（Mosul）附近；水来自大扎卜河（Great Zab R.）的支流（参见 p. 366）。Jacobsen & Lloyd（1）；Luckenbill（1）；Thompson & Hutchinson（1，2）；参见 Drower（1），p. 531；Forbes（10），vol. 1，pp. 155ff.；加布雷希特（Garbrecht）的讨论，载于 Biswas（1）。

⑦ 见 Frost（1），pp. 88ff.，figs. 18，19，21，23；Poidebard，Lauffray & Mouterde（1），pp. 43，70ff.，88，pl. xiv；Renan（1），pls. LXVI，LXVII，LXVIII。1966年我很幸运在弗罗斯特（Honor Frost）小姐的内行向导下，对西顿港湾工程研究了一天，这里表示感谢。

⑧ 布里德波特的西湾（Bridport，West Bay）是适合的，但是晚了。马赛的旧港（Vieux Port）有河流，但无泄水闸［Bouchayer（1）］。安条克（Antioch）和沃龙斯（Orontes）河口附近的塞琉西亚佩里亚（Seleuceia-in-Pieria），两者都有，但遗迹极其复杂，很难重建［见 Chesney（1）；Chapot（1）；Lehmann-Hartleben（1）］。

水闸只是为保护一个浴池或者鱼池①。

往下叙述之前,关于声称古代埃及连接尼罗河和红海的运河是有船闸的说法,需要说几句②。这是从尼科(Necho,公元前610—前595年)开始,并由古代波斯王大流士(Darius,公元前521至前486年)继续修建,但未建成,直到托勒密·菲拉德尔孚斯(Ptolemy Philadelphus,约公元前280年)时才建成。虽然经常讲到那时建了一座有双闸门的真正的厢闸③,至少在苏伊士(Suez)那一端,但是最博学的权威们[如布朗谢尔(de la Blanchère)]除了一个简单的防洪闸门[西西里的狄奥多罗斯(Diodorus Siculus)的"天才的栅栏";*philotechnon diaphragma*,φιλότεχνον διάφραγμα]外也不能找到更多的证据④。这已足够控制阿尔西诺(Arsinoe,苏伊士)的潮汐之差或在尼罗河那一端调节洪水或干旱季节的水位⑤。 357

之后,西方世界关于水闸或船闸的事完全保持沉默,一直到11世纪,在荷兰的档案中,才开始报道它们的资料⑥。很自然的冲船闸门或冲水船闸门最先出现。1065年荷兰的鹿特河(R. Rotte)证实有冲船闸门,并于1116年在佛兰德(Flanders)的斯卡尔普河(Scarpe)上修建,但不能肯定它们是用于帮助航行。很可能它们是用于航行的,正如1198年意大利在曼托瓦(Mantua)附近的明乔河(R. Mincio)上修建的冲水船闸门[Lecchi (1)]。防洪闸或防潮闸允许船只在运河和通潮河之间通过,在低地国家早就发展了,如1168年布鲁日(Bruges)附近的达默(Damme)⑦,在1285年以后须得海(Zuyder Zee)上的斯帕伦丹(Spaarndam)以及1184年在尼乌波特(Nieuwpoort)建成著名的"大闸门"(magnum slusam)⑧。一般可以说13世纪末在欧洲的运河和渠化河道上,冲水船闸门是很普遍的⑨。

其次,现在有可能精确地指出厢闸的发展情况,最先仅在那些水位有差别的地方,即潮汐高的海岸和北海海湾使用。肯定最早的时期是在1373年,当时荷兰的弗雷斯韦克(Vreeswijk)从乌得勒支(Utrecht)连接莱克河(Lek)的运河上的一处修建了一个厢闸,还有一个类似的闸池设在斯帕伦丹(代替潮汐闸),从1315年大约就有了,但

---

① 另外的报告[Rao (1)]提到孟买(Bombay)以北罗塔尔(Lothal)的哈拉帕(Harappa)文明时期的船坞溢流河槽上的泄水闸(约公元前1500),但是到现在为止,印出来的照片没有表示出沟槽,至于埃及的巴尔·优素福河(Bahr Yūsuf)上的节制泄水闸,把水泄放到法尤姆(Faiyūm)洼地,通常归之于公元前19世纪,见下文p. 365。

② Herodotus,Ⅱ,158;Ⅳ,39;参见Kees (1),pp. 113ff.;Toussoun (1, 2)。

③ 如Sarton (1),vol. 3,p. 1849。萨顿似乎也在"*euripos*"(ἐυρῖπος)一词的解释中有错误,该词的意思大概是石造建筑护岸的河道,闸门就建在它上面,实际上是指一种"海峡"(strait)。

④ De la Blanchère (1),I,33;参见Strabo XVII,25,26;Pliny,*Nat. Hist.* VI,xxxiii;Ptolemy,*Geogr.* IV,5。

⑤ 狄奥多罗斯只说它是设在最适当的地方。要注意的是这种单闸不会比秦汉时期的冲水船闸门更早(参见上文p. 346)。

⑥ 最好的报道现在都可查到,见Skempton (4)和Forbes (11),pp. 55ff.,(25)。参见Doorman (1)。

⑦ 纠正吉尔[Gille (3)]提出的1180年的年份。

⑧ "Sclusa"这个词在欧洲至少从6世纪以来已经应用[如在《图尔的圣格列高利的生平》(Life of St. Gregory of Tours,580年)中],但它的意思是堰,而不是泄水闸。关于尼乌波特闸门见Doorman (1),pp. 81ff.。

⑨ 关于意大利米兰(Milan)渠系的例子[1438年,1445年等;Parsons (2),p. 373],或者14世纪晚期法国的一些例子[Gille (3)],兴趣就更小了。

1375年应更肯定些[1]。这是两个著名的大闸池，可容纳二三十条船，所以有些类似乔维岳和宗卡的船闸，不过大些。欧洲最早的小船池，就是厢闸真正的型式，从1396年布
358 鲁日附近的达默闸开始，它也是代替潮汐闸；长度恰好100英尺。长期以来，这些建设仅与水位变化有关，就在这个时候欧洲初次尝试成功克服地平高程的变化，就是说，修建成功一个真正的过岭渠；但不是在意大利，而是在德国建成的，可能由于德国北部与低地国家有联系。德国的施特克尼茨运河（Stecknitz Canal）于1398年建成，跨过一个分水岭，高程约56英尺，用两个相当大的厢闸辅助（*Kammerschleuse*）[2]。只在这时意大利的土木工程才出现了跃进，注定了要领导这方面实质性的改进。一位伟大的厢闸修建者是贝尔托拉·达诺瓦特（Bertola da Novate，约1410—1475年）；他于1452年和1458年间在贝雷瓜尔多运河（Bereguardo Canal；米兰水系的一部分）上修建了18个厢闸，并于1456年和1459年间在帕尔马（Parma）附近修建5个厢闸，大概这就是阿尔贝蒂（L. B. Alberti）[3] 在他的著名的《建筑大师》（*De Re Aedificatoria*）中所描述的，这本书在1460年写完，但直到1485年才出版。他建议闸门横向移动，不垂直移动，这为达·芬奇所采纳，肯定是后者发明了人字形闸门[4]，他在1497年以前，在米兰任公爵工程师的十五年中曾修建了几个这类闸门。达·芬奇还发明了一种具有偏心平衡的阀，让水从旋转门流入，就像中国的船舵（参见下文p.655）[5]。

1497年和1503年间，达·芬奇在佛罗伦萨城工作时，为了阿尔诺（Arno）河的航运和防洪计划，提出越过分水岭为运输渠装设一连串的船闸[6]。有一个建议是通过山岭开挖225英尺深[7]，第二条建议是在顶峰两边修建一连串的船闸，柏生士说[8]：“这是首次建议利用船闸的双向或反向通航，这件事直到布里亚尔运河（Canal de Briare）修建才在实践中达到圆满成功。”[9] 可是我们知道施特克尼茨运河是由一些不出名的技师早
359 在一百年前修建成功的，而元朝大运河在达·芬奇的建议前二百多年，灵渠改建为过岭

---

① 纠正费尔德豪斯［Feldhaus（1），col. 962］的一个年份，他把斯帕伦丹定在1253年，定在大约1350年是可以接受的。

② 参见Skempton（4），fig. 279。

③ 1404—1472年；参见Parsons（2），p. 375。

④ 达·芬奇的图曾被复制，如见Feldhaus（18）；Parsons（2）；Skempton（4）；Forbes（11）。有一个模型的图画见于Ucelli di Nemi（3），No. 25。

⑤ Parsons（2），p. 390。

⑥ 欧洲早期的弓形拱桥（参见上文p. 175）很有趣，如塔代奥·加迪（Taddeo Gaddi）的韦基奥桥设计使对阿尔诺河的阻碍减至最小。关于这座桥，参见p. 181。

⑦ 参见很久以前的李冰的工程（上文p. 291）。

⑧ Parsons（2），p. 330。无疑达·芬奇在昂博伊斯（Amboise）在法兰西斯一世（Francis I）居住，对于法国后来的运河事业不无影响。

⑨ 这条运河连接塞纳河（Seine）［通过卢万河（Loing）］与卢瓦尔河（Loire）始于1604年，大部分在1611年建成，最后在1642年完工。参见Skempton（4），fig. 291和G. Espinas（1）。埃斯皮纳斯G. Espinas假定这是历史上第一个过岭渠。而有趣的是，布里亚尔运河被两个中国的耶稣会士高类思和杨德望于1764年在他们到法国去学习工业技术的路上视察过。他们向大臣贝尔坦（Bertin）报告，说闸门大小和结构方面与中国的大运河上的差得多。一般地说，他们的判断是十分客观的；他们很羡慕许多欧洲的艺术。对于中国的桥梁建筑，他们提供了许多资料给值得钦佩的桥梁工程师佩罗内（J. R. Perronet，1708—1794年）。更为详细的情况，见Bernard-Maître（9）；参见Huard & Huang Kuang-Ming（5）。17世纪前英国河运很少发展［见Skempton（5）］，而且在18世纪以前没有运河。

渠系则在其前三百多年。

我们在这个特殊的领域里连续进行的文化滴定法的终点开始明确了。所有古代的中东文明中,小水闸相当普遍之后,公元前3世纪就有了尼罗河/红海运河的通航、潮汐或防洪闸。这些都足以与中国的周、秦和汉代的汴渠的河口闸相比,由于中国修建了很多的冲水船闸门,使闸门的隔开原理迅速普及起来。过了一千多年,欧洲才开始在渠化河道上大量发展闸门,大概由于这个事实,中国在汉代末年(公元200年左右)已修建了那么多里程的人工河道。并且十分可能在公元前3世纪已在灵渠上装设了进口闸和出口闸,这是任何文明国家中最古老的等高线运渠,只有斯里兰卡的等高线灌渠可以与之相比,欧洲任何工程都比不上。灵渠大约在1060年改建厢闸,是过岭渠最早的实例。这两个发明自然是密切相关的,但在东西方出现的时间不同,所以非常有趣,被承认的厢闸最早在中国修建的时间是在公元980年后的十年中,而欧洲最早是在1370年以后;虽然中国的过岭渠每级水位抬升相当小(参见图906),而欧洲的只是潮汐水位差而已。把灵渠改建撇开不谈,中国的第一个过岭渠(从严格的意义来说)是古代和隋代的汴渠,不过汴渠的分水岭十分平缓,所以最好是从1280年以后,以元代的大运河为例,这与欧洲在1390年后的十年中、第一次建成施特克尼茨过岭渠相比,中国所有的这些成就都是优先的①。

然而这是多么荒谬,(如我们在p.347中所见)文艺复兴后到中国来的欧洲旅行家,在大运河上只发现了冲水船闸门和双滑船道。我相信,根据上文p.352所引沈括的文字中,关于汴渠漕粮船的吨位,以及用厢闸代替滑船道时,怎么吨数增加得如此之快,已经阐明了这个问题②。《宋会要稿》中有一篇讲到“闸一重”③,据说起先只有官员护送队和载重船只可以通过这些厢闸,而其他的船都用拉纤过滑船道,但当时(即1167年)地方官们热心于增加赋税收入,不论船只的旗子或载重多少,所有的船都通过厢闸,滑船道就废弃不用了④。厢闸主要是运河上船只载重量增加的后果,如果某一时期内这种刺激取消了,就不会重新修建,而在会合处恢复冲水船闸门和滑船道。这正是所发生的情况。13世纪后半叶,元朝定都于北京,运河水系不是首要的,确实元朝自始至终未用运河担负全部往北的运输量,而很大一部分是海船运输⑤。虽然每年海运效率最高时,从未超过运河所能载运的量,但经常同内陆运输总量相等,并且往往超过它们, 360

① 即使最崇拜中国水利工程的人,如米德尔顿·史密斯[Middleton Smith (2)],也未认识到发明厢闸的优点,有些观察家们对厢闸的发明需要经过那么久感到奇怪,但是人们一定记得,沿中国北部平原的坡降很平缓,因此每隔三四英里设置一道叠梁闸,已经足够延续许多代。不过最后,山阳运道的坡降,以及淮河与长江会合处的坡降,当吨位加大时,都需要更多地改进;灵渠的引渠也同样,更重要的是经过山东省山脚下直接通到北京的路线。

② 十分大的船用“大舶”(《宋史》卷九十四,第五页,1089年的一篇发言)和“舰”(《宋史》卷九十六,第一页,卷九十七,第二页,1018年和1139年的发言)等名词表示。参见下文pp.462,487。为了对11世纪和12世纪内陆水道所用的货船和客船的大小有一个清楚的概念,没有比《清明上河图》更好的了,该画卷是张择端在1125年前画的,其他地方经常提到,见图923(图版)和pp.115,165,463,648。

③ 《宋会要稿·食货》卷八,第四十三页(第125册)。这个条例被浦立本教授注意到了,惠然交给了我们。

④ 当时他们对于汴渠更北的一段自然没有控制权。成寻(参见p.353)讨论滑船道的时候,是在1073年南行途中,而不是在前一年往北方去的时候,我们可以猜想他回来时比上次旅行乘的船小。

⑤ 参见pp.312,313,348。

1450 年以后，明朝统治期间降低了南宋和元朝以来所努力建立起来的海运能力[①]，但是大约在三个世纪内，大运河上需要的真正载重的船，像北宋时期那样惊人的情况已经中止了。因此变成习惯于利用大量小些的船只，这种传统一旦建立起来了，厢闸就落到一个接一个地毁坏，而不再恢复原状[②]。

361　尽管中国的厢闸趋于衰落，按照上面所确认的时期，中国的水利工程曾使欧洲受到哪些影响呢？是否应该把厢闸和过岭渠归之于我们已经称之为向西方传播技术的“14 世纪的花束”？假如是这样，那这种想法是怎样来的呢？通常设想的是在 12 世纪时，荷兰人和意大利人由十字军闲谈当中，得知中国的王景、李渤及至少是公元 1 世纪以来的他们无数的同僚修建的冲水船闸门，不过这种设备很简单，他们自己一定能创造。但是厢闸是另外一回事。西方的厢闸和过岭渠开始出现于 14 世纪，正在蒙古统治下（Pax Mongolica）允许旅行和商人交往的和平时期之后，如马可·波罗式的人物，不可能仅仅是出于巧合。本书前面[③]我们注意到玉尔[④]叙述 13 世纪后半期，“中国的工程师们在底格里斯河的两岸被雇佣”。这种说法常让汉学家们抄去[⑤]；可惜，虽然可以有理由怀疑就在这个时候向西方传播水利工程技术，但是没有一个人能够证实玉尔所述事实的来源[⑥]。蒙古战胜伊朗和伊拉克的首次进军中有很多中国人，这是周知的——一个中国的大将郭侃（Kuka-ilka）[同一位蒙古同僚基布卡（Kiti-buka）] 在 1258 年巴格达被旭烈

① 参见下文 pp. 524ff.。

② 大运河（或者中国其他的河道）上究竟有没有厢闸，如果有的话，在 1300 和 1700 年间有多少个，是一个难于回答的问题，因为这时期外国旅行家比当地所著的书中有更多的见证。1487 年一位朝鲜的官员崔溥，乘一条沿海岸航行的小船，被大风吹到宁波海岸附近，因而同他的随员从杭州旅行到北京转回家去。他在随后一年里所写的引人入胜的旅行记述《漂海录》[译文见 Meskill (1)；参见牧田谛亮 (*1*)] 中，谈到许多关于大运河的详细情况，这有助于我们现在的争论。例如他说沽头下闸（闸门，暗示还有一个上闸门，p. 106）；他谈到临清的观音寺建筑在两条“河”的会合处，那里曾经“修建东西四个闸门以控制水”（p. 111）；在总摘要中，他提到“闸内的水”(p. 150)，如果相距几里的话，他就不能这样说。此外，崔溥提到各种各样的泄水闸，并且至少有 16 个冲水船闸门的名称，写了一篇关于经过这些闸的情形的生动记述（p. 153）；并且引述了 1470 年左右设立在顶峰以南几站的黄家闸的全部碑文。根据这个我们得知冲水船闸门之间的距离约为 5 至 11 里。

至于 16 世纪，可以找到更多的证据，1535 年印刷的从杭州到北京的旅行日记《沿途水驿》，是僧使策彦带回日本的唯一的版本 [参见 Moule (16)]。其中讲到滑船道、泄水闸、“开关通道”以及“平水闸”。这样一个名词很清楚不是让水从一个水位冲泄到另一个水位的冲水船闸门。当时大运河的“平水闸”从南到北有十一个。在策彦的旅行记录《入明记》中还有更多的资料，牧田谛亮 (*1*) 复制并研究过。

17 世纪，我们还有两份证据。1689 年的《治河方略》中有一个表示厢闸的设计（卷三，第三十二页）。闸 84 英尺长，24 英尺宽，水下引渠每端有 25 级，是砌石的梯级；水深没有写。每个闸当有两道闸门，因为提到“前后锁口”的话，但也可能就是一道。船闸就叫做“闸”，也许具有特殊的含义（参见上文 p. 355）。更多的证据可在尼乌霍夫 [Nieuhoff (1)] 的旅行记述中找到，证明厢闸在 17 世纪还在使用。他说（p. 156）：“在淮安和济宁之间，我曾说过有许多用砌石修建的船闸，每个闸有进船的闸门，靠很大又很粗的轴开关；用一个轮子或者一台机器，很方便地使闸门升高，让水和船通过，按同样程序和同样的方法使船通过第二道门，所有的船过闸都与此类似。……”关于这个描述，有些事还不大明确，但很难认为，他在娘娘庙（?）看见的，也是在淮安附近看见的，其实就是一个冲水船闸门，因为他的话是（p. 152）“……跃过一道船闸之后，船闸被两道闸门保卫着。……”这是在 1656 年，约在靳辅写书的三十年前。

③ 本书第一卷，p. 217。

④ Yule (2), vol. 1, p. 167。

⑤ 如 Carter (1)，第二版，p. 169。

⑥ 主要是多桑 [d'Ohsson (1), vol. 2, p. 611] 的著作，但他未提出同时代的证据。

图版 三八七

图 923 张择端的《清明上河图》画卷上的河船（约 1125 年）。图中给出了这种船只大小和近似吨位的一些概念，宋代（10 世纪和 11 世纪）为这种船发明了厢闸，见 p. 359。

兀汗（Hūlāgu Khan）征服之后①，做了巴格达的第一位市长。中国的高技能的弩炮兵和挥发油掷弹兵参加旭烈兀汗的军队也是肯定的②。蒙古人有一种破坏灌溉和各种水利工程的习惯，以骚扰他们的农业化的敌人，很自然，到了行政管理代替军事行动的时候，他们为了复兴美索不达米亚的目的要转向中国的技术同行。在另外的地方③，我们曾提到一篇被认为是早期的阿拉伯作者贾希兹（al-Jāḥiẓ，卒于869年）写的文字，说在他362 那个时代，中国的水利工程师们被带到伊拉克去。这事实上仅是排印的错误；这本书说他们是东罗马拜占庭（Byzantine）帝国的人。但是8世纪和9世纪巴格达真有中国的工匠，主要是造纸工人、纺织工人和其他一些自公元751年塔拉斯河（Talas River）战役后就居住在那里的人④。其中也可能有水利工程师。所以，总而言之，虽然举不出很多特殊的例证，但有理由可以设想中东对于使船只上下山区的想法，在李渤和贝尔托拉·达诺瓦特的时代之间，可能是一个中途站。从已经确定的年代来看，这些概念极不可能是向东方传播的。

前面有几次讲到溢洪道——平水的设备，可保持水位在要求的高度，无论是灌县的灌溉渠系（p.291）或者灵渠的运输渠系（p.302）都有使用⑤。除了这些情况下所用的技术名词外，其他都很普遍。如“石闼堰”（即石门坝）是汉武帝时（公元前120年）修建来给长安西南的人工昆明池蓄水用的，这是一个为水军练习战斗的湖⑥。同样的名词后来又出现于1020年，在海州，王贯之想为汴渠从这样一个溢洪坝取水⑦。最普通的名词可能是“石础”或“水础”，宋代的文字中提过多次，常同汴渠有关，沿汴渠的某些河段，一排有十个至十三个溢洪道，一个挨着一个⑧。许多较小的石涵洞（“洞”）三四英尺见方，常设在围绕一条渠道的堤坝的适当高度上；当然，如我们所见（图908），为快速泄洪用的旁侧泄水叠梁闸（“闸”）很普遍⑨。

为了排泄特大洪水，发展了一种不寻常的技术。偶然有几次我们遇到“壩”或“坝”这个名词⑩，字典的定义简括为坝堤或者堤岸⑪，无疑有时用起来很模糊。更精确些，它的意思是“飞堰”，即一条长而浅的U形溢洪道用石护坡和石造建筑砌的两帮，沿渠岸或者湖岸修建。中间的凹下部分通常用草捆、柴捆和土等等填满，形成堤岸的一部分，紧急时可用人工在填土中间做成一条小决口，因而水势很快把它冲开，洪水和砂

---

① 参见《元史》卷一四九，第十四页起，以及《西使记》（已在本书第三卷，p.523中描述过）；两者的部分译文及讨论，见Bretschneider（2），vol.1，pp.109，111，120，122ff.。

② 参见Spuler（1），pp.411ff.。

③ 本书第四卷第二分册，p.243。

④ 参见本书第一卷，p.236。

⑤ 我们已考虑过溢流式稳定水位设备的作用，这种设备无疑是所有古代的平衡装置中最简单和最古老的，与漏壶计时有关；参见本书第三卷图138和p.324.。这似乎清楚地表明，最初用于水利工程，然后才用于计时装置。

⑥ 参见Dubs（2），vol.2，p.63。

⑦ 《宋史》卷九十六，第二页。

⑧ 有许多参考，其中有1020年（张纶，参见上文p.352），1058年、1069年、1137年、1139年和1194年的；参见《宋史》卷九十六，第二页；卷九十七，第二页，以及郑肇经（*1*），第208页、第211页、第212等页。

⑨ 康治泰［Gandar（1），p.17］的书中描述了两者。

⑩ 上文pp.272，318，322，349。

⑪ 其简写“坝”不要与“埧”弄错，后者的意思也是堤坝。

石一齐流过事先准备的河道。在1680—1757年修建了十一个这种飞堰,是为了保护洪泽湖和大运河,堰平均长400英尺,平均高9英尺[①]。 363

很早就认识到,如果溢洪道的斜坡道做成倾斜的缓平坡度,有可能把运河船拉上去并越过它达到较高的水位,同时可防止浪费水。这样就出现了双滑船道,一对倾斜的石砌护坡,拉纤使船在其上通过,通常在中国从一条水道的水位到另一条水道的水位是用绞盘。这件事一方面无疑是从古代人民的水陆联运受到启发,他们为了避免河流险滩或通过连接两个海湾的地颈而采取简陋的水陆联运方式。希腊叫做 *diolkos* (*διολκοs*)。中国对于双滑船道最普通的名称叫做"埭",但有时又似乎用做(如同"坝")堤坝的通称,因而解释时有困难。但是在公元384年,晋朝一位好哲学的大将谢玄为了"便利运输",他接受闻人奭的建议,在吕梁(现在铜山附近)的汴渠上修建了七个"埭",因此肯定是指滑船道[②]。一位同时代的作者提到用牛拉动绞盘牵引船越过滑船道[③],因此叫做"牵埭",这个名词以后经常出现,如在王安石的诗中。宋代人民叫滑船道为"埭程"[④]。这些都是中国交通的特点,1307年(上文p.313)拉施特在他描述大运河时提到了这些,而1488年崔溥则提供了对滑船道的详细记述[⑤]。

当欧洲旅行家们开始叙述他们在中国的旅行时,这种滑船道还在广泛使用。如李明在1696年写道:[⑥]

> 我曾注意到中国有些地方,两条渠道或两条河道的水没有连通;由于这个原因,他们使船从一条河过到另一条河,即使水位差达到十五英尺以上,他们是这样进行工作的:在运河的末端修建双斜坡道,或毛石的斜坡岸,其顶部相接,向两边延伸到水面。当小船在下边的河道行驶时,他们用几个绞盘帮助拉上第一个斜坡道,直到升高到顶上,由于它自身的重量又沿着第二个斜坡道往下滑,进入较高的河道中,就像箭离弦一样;在高水位的河道中滑行若干时间;同样他们用类似的方法使船下降到低水位的河道中去。我想像不到这种船身很长的小船,载着重荷,当它到达坡顶其尖端在空中停留时,怎能不从中间分裂或两半;因为考虑到那么长,杠杆作用必将产生奇异的影响,但我从未听到过发生任何不幸的事故。我曾在这条路上经过很多次,他们总是很当心,快靠岸时,把自己拴牢在绳索上,担心从船头掉下水去。 364

这些滑船道经常被描述并加以解释,如德庇时[⑦]、阿洛姆和佩莱[⑧]、斯当东[⑨]、巴罗[⑩]、登

---

① Gandar (1), pp. 17, 34, 39, 49。他在1893年研究过它们。

② 《晋书》卷七十九,第八页,参见郑肇经(*1*),第197页。

③ 是郗绍或何法盛所著的《晋中兴书》。

④ 见于谢维新的《合璧事类》或1070年左右曾巩的著作中。正是此时成寻在他返回的路途中,经过长安堰,是用绞车("辘轳")拉过去的(1073年5月19日),就在杭州附近。

⑤ 《漂海录》,Meskill (1)(编译),pp. 67, 153。

⑥ Lecomte (1) p. 107,第二版,pp. 104ff.。

⑦ Davis (1) vol. p. 138。我们对其所述的用风力推动绞盘的做法抱有某些怀疑(本书第四卷。第二分册,p. 559),今后可能会有更多的证据。

⑧ Allom & Pellé (1), vol. 4, nr. p. 20。以及同一著者的 Allom & Wright (1)。

⑨ Staunton (1), fig. 34。

⑩ Barrow (1), p. 512。

维德[1]以及其他人（参见图924、图925；图版）[2]。

回溯欧洲历史上也有类似的布置。古典的例子是通过科林斯（Corinth）地峡的滑船道，虽然这个工程的第一个设计者，暴君佩里安德（Periander，公元前625年—前585年）没有建成，但无疑建成的时期早在公元前6世纪之初[3]。这原来是，而且长期仍然是一条石造建筑的马路，横过地峡的大部分，两端终点是真正的滑船道。最近韦尔德利斯［Verdelis（1，2）］所做的发掘工作中说明它是条石的道路，12—16英尺宽，约4英里长，于130英尺高程处通过一个海拔260英尺的山脊，沿全长有两条平行的沟槽，间距为5英尺6英寸，因而船必定是放在有轮子的船架上，从真正的轨道上驶过去[4]。在弯道上有明显的错车的地方，那里有双轨的遗迹。这个著名的滑船道，连接科林斯和萨罗尼克（Saronic）两个港湾。至少在9世纪时还在使用[5]。此后不久荷兰出现双滑船道，名称叫做“沃伏托姆”（overtoom），1148年在乌得勒支附近新莱茵（Nieuwe Rhijn）运河上有两个实例；另外一个是1220年在斯帕伦丹，1298年肯定有一个设在伊普尔（Ypres）。[6] 特别著名的一个是1437年威尼斯附近的富西纳（Fusina）的布伦塔运河（Brenta Canal）上修建的。1607年宗卡描绘了改建的情形[7]。欧洲的连续性似乎排斥了中国的影响的可能性，但是佩里安德的工程在中国是否引起了反应，可允许有广泛的答案。这类设计最伟大的继承人是1884年对墨西哥的特万特佩克（Tehuantepec）地峡建议修建过船铁道的人，叫做伊兹（J. B. Eads），海船在该处要用船架驼着用三节双向的2－14－0×2马莱（Mallet）机车在平行铁轨上拉过去[8]。由于巴拿马运河的修建，这个工程最后取消了，如果修建了它，

365

① 见于Proudfoot（1），p. 72和Macartney（2），Cranmer-Byng（2）（ed.），p. 269。他认为这种设备“在运河差不多是水平的地方，比英国的船闸好，而且造价只有其1/4。……除了便宜之外，还迅速得多”。他注意通过只要$2\frac{1}{2}$—3分钟。这种设备在英国某些地方仍可看到，那些每天来往剑桥经过科劳恩低地（Coe Fen）的人，都知道得很清楚。

② 奥德马尔［Audemard（4），pp. 46ff.］的文章应避免，因他把叠梁闸与双滑船道混淆了。确实后者的顶部转折点往往设有一块圆形大木板，但没有叠梁。

③ Strabo VIII，2，i；6，iv；6，xxii，Thucydides Ⅱ，93，i，ii；评论见于de la Blanchère（1）。参见Neuburger（1），p. 500；Broneer（1）。

④ 以上数据一部分是1966年秋我亲自去测量得到的；当时韦尔德利斯博士快去世了，我没能见到他。我也看不到双轨段，因为那是在一个军事工程设施内部地面上。韦尔德利斯的轨距数字是4英尺11英寸，但这一定是从沟的里边测起，沟宽而浅。这个数据同现代铁道轨距标准4英尺8.5英寸近似，不会不引起注意（参见本书第四卷第二分册，pp. 250，253以及上文pp. 5ff.）。很少有人知道1776年建造的一条石轨路的轨距是4英尺3英寸，还保存在这个国家里——从海托尔（Haytor）花岗岩采石场上至达特默尔高地（Dartmoor），下到廷河（R. Teign）的十英里线路［参见Amery Adams（1）］。1963年5月我有机会随纽科门学会到过那里。路轨和连接点同样都是切割方正的花岗石块铺砌的，1905年甚至建议过电气化这条线路，利用巴维特雷西（Bovey Tracey）的褐煤作为能源，最古的同最新的合作。另见Lee（1，2）。

⑤ 公元67年尼禄（Nero）皇帝在这个地方试开一条运河，但直到1893年才成功，利用的正是同一条线路。

⑥ 参见Feldhaus（1），col. 944；van Houten（1），p. 138；Forbes（11），（25）；Skempton（4）以及1955年5月与我们的私人通信。有的还在荷兰使用。

⑦ 参见Parsons（2），pp. 383，396；Beck（1），p. 316。18世纪还做过利用水力的设计；参见de Bélidor（1），vol. 4，pl. 42。

⑧ 见Corthell（1）；Vernon-Harcourt（1），p. 397；特别是Covarrubias（1），p. 170和pl. 42。

图版 三八八

图924 1800年左右中国运河上的双滑船道［Davis（1）］。一条船刚好要过顶。两侧都有绞盘，左边有管理员的茅屋。参见 p.363。

图925 1926年左右双滑船道还在使用［照片采自 Fitch（1）］。在杭州附近，一对常用的绞盘在拉一条载土产的小船通过。

确实会成为堰（*diolkos*）和“埭”中之神，使佩里安德和谢玄心里高兴。

（10）比较和结论

前面章节的比较研究，进一步要求把中国水利工程方面的许多成就同有关的其他时代和地方的成就，如古代的美索不达米亚和埃及、希腊和罗马、文艺复兴时期等等，进行更为广泛的调查和对照，对此本书几乎没有余地叙及。威尔科克斯（Willcocks）、默克尔（Merckel）、布朗谢尔（de la Blanchère）和其他人的许多著作中建议，考虑到当时可以利用的技术方法，只有古代巴比伦和埃及的系统，以及后来的斯里兰卡和印度，可与中国的那些成就进行比较。为了把所做的工程规模以开挖的长度，宽度和吨数的大小与中国的进行比较对照，必须对它们有精密的研究。

灌溉工程师将工程区分为常年灌渠和漫灌渠，常年灌渠全年各个时期都可取水灌溉农田，漫灌渠只在洪水季节灌满就行①。正如威尔科克斯［Willcocks（3）］所指出的，古代美索不达米亚和古代埃及灌渠系统的不同，差别在于前者要在一年四季浇灌底格里斯河和幼发拉底河的平原地，而后者有一大串的滞洪区供淤泥沉积，过去是，现在还是一年只有 45 天蓄满②。公元前第 2 千纪的原始规划，后来一直保持着，它包括沿尼罗河的一边修建堤防，并用一连串的横格堤，从河堤直到河谷边的丘陵地组成许多水池，每个水池平均面积为 7000 英亩，当河流达到最高水位在河床以上约 30 英尺时，池内的平均水深约为 3 英尺；水流过后，播种土地，可获得好收成③。威尔科克斯［Willcocks

① Vernon-Harcourt（1），p. 425。参见上文 pp. 214ff.。

② Willcocks（4），特别是 pp. 299ff.，（5）。现在另可方便地参见 Drower（1）。

③ 有时说所有时代最大的蓄水池是由人工改变法尤姆洼地成为摩里斯湖（Lake Moeris）［参见 Payne（1），pp. 14ff.］。无论谁都这样认为希罗多德［Herodotus（II，149，150）］是权威，然而错了；参见 kees（1），pp. 219ff. 和 R. H. Brown（1）。尼罗河往北流，产生一个天然的三角洲河槽，叫做“约瑟夫的臂”（Joseph's arm；巴尔优素福河），从前是从艾斯尤特（Asyūt），现在是从代鲁特（Dairūt）开始；这个三角洲的河槽与河道平行，在河的左边或者西边，靠近沙漠边上约有 150 英里［参见 Budge（1），p. 6］。朝着伊拉洪（Illahun）的方向，在古代阿尔西诺（法尤姆城）附近，它离开尼罗河河谷，向西北流入洼地，经过两个著名的金字塔，分成许多灌渠，这些渠道都通到摩里斯湖［现在叫做加龙湖（Birket Qūrūn）］。湖面在海平面以上至少 147 英尺，虽然比旧湖小得多，仍有 90 平方英里。可以肯定自从第十二王朝，从塞索斯特里斯二世（Sesostris Ⅱ，公元前 1906—前 1888 年）和阿门内姆哈特三世（Åmenemḥāt Ⅲ，公元前 1850—前 1800 年）起，利用洪水灌溉法尤姆［参见 Budge（1），p. 217］，并且同样可以肯定没有一股水流能再回到尼罗河；但至少在狄奥多罗斯（公元前 30 年，见 I，p. 52）时代和斯特拉波（Strabo，公元 20 年，见 XVII，i，37）时代在伊拉洪（海拔 92 英尺）有某种布置，使水能以流入洼地，或者向北经过一条 50 英里的支渠，流入开罗附近的尼罗河。因为斯特拉波讲过“人工障碍物”（*kleithra*，κλεῖθρα），狄奥多罗斯讲过“巧妙而值钱的设备”（*kataskeuasma*，κατασκεύασμα），所以译者毫不犹疑地使用“船闸”这个名词，还有埃及考古学家，如德里奥东和旺迪耶［Drioton & Vandier（1），p. 254］，随便地把它们归之于塞索斯特里斯本人；但是狄奥多罗斯还有重要的资料，需要用 50 塔伦（talents，合 10 000 英镑）打开或堵塞这工程。所以我们一定会想到［Hayes（1），p. 50］临时坝（参见上文 p. 293）的这种类型，如果是这样，在亚述腓尼基人的时代以前，不会有泄水闸。可能塞索斯特里斯和阿门内姆哈特所修的是开挖进入洼地的支渠，北边的支渠是巴尔优素福原始的河道。无论如何，法尤姆经常很肥沃，斜坡上种满了橄榄树和葡萄藤，农作物、野禽、沼泽植物分享底部洼地。摩里斯湖是一种特殊的情况，一个天然的集水池，而不是一个人工的蓄水池——但已被人们使用了 4000 年之久，我们必须感谢普拉姆利（J. M. Plumley）教授和爱德华兹（I. E. S. Edwards）博士在说明这一问题上对我们的帮助。

(1)] 说尼罗河是“在所有河流中最和缓的”，因为它的涨落有充分的时间发出警告，不会发生突然变化，每年它有足够的淤泥使土地肥沃，而不至于堵塞渠道，它不含盐，流经沙岩和石灰岩丘陵之间，这些丘陵可供给无限的建筑材料。底格里斯河和幼发拉底河很少有这些美质，黄河几乎没有。例如，黄河的含沙量约10%，与之相比，美索不达米亚河流含沙量为0.75%，而尼罗河含沙量为0.15%①。现在美索不达米亚的灌溉工程与埃及完全不同，因为显然从远古的时代起，从干流分出许多支流，并从引水道或鱼嘴把水送出去。所以它是常年的，在一种意义上说，目的在于改变河谷成为三角洲②。考古学家成功地考察了奈赫拉万运河（Nahrawān Canal）长250英里的复杂工程，这条河道从底格里斯左岸巴格达以上125英里处分出来，在它以下约125英里处重新流入这条河道③。这条从古代开始就有的渠道，在萨珊王朝时期（公元226—637年），经过改善及调正，截住来自左岸的支流；现在已经大半毁坏了。这一段大部分宽度为400英尺，它是古代中东最大的工程④。但是这种类型的渠道，后来普遍蔓延在贫瘠的土地上，形成伊斯兰文化圈——如咸海南面⑤的花拉子模（Chorasmia），或突尼斯⑥或者也门⑦。这些地区，特别是波斯，都很需要常年水系。伊朗的河流全年水量不丰富（不像尼罗河），但由于河流小，便于治理，可以用坝（*band-e āb*）和堰送入支渠（*jūy*）。许多这类工程，至少从萨珊王朝时期起，有一定的规模，并且设计美观⑧。

366

367

广泛言之，东亚南亚文明中的水利工程以各种比例与埃及和巴比伦的模式相结合，形成了很复杂而灵活的系统。印度水利工程的命运比中国差得多，因为一方面缺少政治上和语言上的统一与集中，一方面受到外国的侵略⑨，国家一再出现分裂。无疑，印度从古代起就修建渠道，公元前5世纪南迪伐檀那（Nandivardhana）修建的水道很可能已经不是第一个。《政事论》（*Arthaśāstra*）中的许多引证表明孔雀王朝（Mauryas）时期（公元前3世纪）水道是重要而丰富的，并且肯定直到3世纪以前，他们后继的巽伽王

① Willcocks (4) p.546。参见上文pp.228ff.。

② 常年灌溉直到19世纪才引进埃及［Willcocks (4), p.368］。

③ Jones (1); Willcocks (2)，以及现在最易了解的Adams (1, 2)。三条主要的进水渠和离开大河至少有三条小些的进水渠（*kātūl*）在萨迈拉（Sūmārra）城里及其附近，形成拉萨西渠（Nahr al-Rūsāsi）。这条渠道截住阿德海姆（'Adheim）河大部分的水，再往前流五十英里，进入渠化的迪亚拉河道，形成塔马拉河（Nahr Tāmarrā）河；然后这些水流到奈赫拉万［Nahrawān，现代的锡夫瓦（Sifwah）］镇，离底格里斯河约20英里，沿左岸流经一条长而平行的河道，灌溉大片的土地。这一段就是奈赫拉万运河的末端；一个重要的分水渠首坎塔拉（al-Qantara）堰，朝不同的方向送出水流。所有排水仍回到底格里斯河的左岸。

④ 有一篇关于伊拉克的许多工程的历史概论（用现代阿拉伯文写的），是艾哈迈德·苏萨［Ahmed Sousa (1)］写的。11世纪关于它们的许多专题著述的摘要的译文见Krenkow (1) 和Cahen (3)。关于古代亚述的许多成就见Jacobsen & Lloyd (1); Luckenbill (1) 及Thompson & Hutchinson (1, 2)。由于对不适宜的土壤灌溉过多，伊拉克的一个非常重要的问题是盐碱化［参见Jacobsen & Adams (1)］。这方面中国不是没有体会的。

⑤ 见托尔斯托夫［Tolstov (1, 2, 3)］所写的（前）苏联对这个地方的细致考察的报道，部分摘要见Ghirshman (2); Frumkin (1) 以及Mongait (1), pp.235ff.

⑥ Solignac (1)。

⑦ Bowen (12)。

⑧ 例如，见E. F. Schmidt (1); Houtom-Schindler (1); le Strange (4); Lambton (1); Ghirshman (4), fig.174; Wulff (1) 中的摘要。

⑨ 这一节的背景资料可以很方便地查阅V. A. Smith (1)。

朝（Sunga）和安陀罗王朝（Āndhra）都是如此。从孔雀王朝时期起是孟加拉的恒河三角洲渠系开始修建的时期[1]。在东南方坦焦尔（Tanjore）附近的高韦里河（Cauvery）的大型堰，长360码，高12英尺，宽50英尺，形成一连串灌溉渠渠首工程，时间大约在公元130年左右。但是印度较大部分堤岸或坝在河谷中形成季节性淹没的贮水池或水库，是水工的最特殊的型式[2]。9世纪孟加拉的帕拉（Pāla）王朝，在本德尔肯德（Bundēlkhund）的金德拉（Chandēl）王朝（约850—1150年）以及南部在摩哂陀跋摩一世（Mahendravarman I）领导下的帕拉瓦（Pallava）王朝都修建过这种建筑物，摩哂陀跋摩一世是同中国隋朝皇帝（610年左右）同时代的泰米尔人（Tamil）。印度马德拉斯（Madras）的帕拉瓦时期的坝中有一座，$4\frac{1}{2}$英里长，40英尺高，控制6300英亩地。11世纪波阇（Bhoja）王朝在北方修建250平方英里的波杰布尔（Bhojpur）人工湖[3]，而朱罗（Chola）王朝在南方贾亚姆孔达（Jayamkonda-cholapuram）附近修建16英里长的坝。在伊斯兰统治下，水利工程事业首先有一次衰落，不过后来又恢复了，为菲罗兹沙·图格鲁克（Fīrūz Shāh Tughluq，1351—1388年在位）和德干曼（Deccan）的巴曼（Bahmanī）苏丹所支持，其中一条渠道至今还在使用。为了不被超越，南方信奉印度教的毗阇耶那伽罗（Vijayanagar）王朝在布卡二世（Bukka Ⅱ）领导下，于1406年修建了栋格珀德拉坝（Tungabhadra Dam），有15英里长的渡槽，大半是从坚固岩石中开凿出来的。甚至在最粗糙的草图中也可证实印度古代和中古时期的工程师们的许多成就，很值得与他们的中国同事们的那些成就相比，虽然不会赢。但是埃及和巴比伦模式的融合从未在印度得到最完善和最精巧的成就。

368

这种融合的文化在斯里兰卡表现出来，是僧伽罗和泰米尔两种文化融合的工程，但主要是前者[4]。它的优点很有趣，值得再描述一些。在那个无霜的岛上，气象的和地理的性质首先要求兴修水利工程。鲁呼努（Ruhunu）和马亚拉塔（Maya Ratta）的中心山脉几乎三面被"干旱丛莽"所环绕，只有西南和东北季风带来季节性的降雨[5]，可是这许多山脉同这个岛的西南部的一片土地有丰富的雨量和一些常年降雨量[6]，因此要设计

---

① 描述见Willcocks（3）。在英国占领时期这些渠道很奇怪地遭到误解。忘记了它们的灌溉功能，禁止在渠堤上破口，虽然由于缺乏泄水闸技术，在一定地方于特定时间使堤防破口，曾经是把渠道网灌满水的传统的方法。

② 参见K. L. Rao（1）；Shrava（1）；Biswas（2）。

③ 这是罗阇·波阇（Rājā Bhōja，约1018—1060年在位）的家，他是在有关机械科学方面（本书第四卷第二分册，p. 156）已经提到过的一位天才的王子，比得上宋徽宗、腓特烈二世（Frederick Ⅱ）、兀鲁伯（Ulugh Beg）和阿方索卜世（Alfonso el Sabio）。

④ 1958年我在斯里兰卡时，曾同斯里兰卡杰出的土木工程史学家布罗希尔（R. L. Brohier）先生及其他勘测和灌溉部的工作人员如德莱（W. Delay）先生作过个人的有益讨论。故事的主要情节可从广泛出版的技术刊物中了解到，著名的如Brohier（1，2）；Brohier & Abeywardena（1）；Brohier & Paulusz（1）等，但是没有东西可以代替考察他们的古代祖先的伟大成就和倾听那些毕生从事于此的研究工作者的机会，我非常高兴由我的同行马欣达·席尔瓦（Mahinda Silva）先生和斯里兰卡考古学家的老前辈塞纳拉特·帕拉纳维塔纳（Senarat Paranavitana）教授陪伴。

⑤ 一年有大半年"干旱"，这个名词很适用，不过在雨季两三周之内，降雨量达到30英寸（有时甚至加倍）[参见Sion（1），fig. 5]。

⑥ 降雨地图见Brohier（1），vol. 1，opp. p. 2；vol. 2，opp. p. iv。在下面几节的注中，我们不再提这个参考文献的名称，只提供卷数和页数。

这样一种性质的灌溉工程,以充分利用这两种水源。设想曾出现[①]的发展过程如下(图926):最先农民在山上和山脚他们的田地或梯田附近,修建了许多小型贮水池以截住径流,在有暇时再将水戽出。然后修建许多小型坝(堤岸,*bemma*)[②] 形成小水库(贮水池;*wewa*,泰米尔语 *kulam*),经常修成一串,位于较大河流的支流的上游段,以保存年径流或者洪水,并沿河谷边修建小型渠道(*ela*),按需要泄放水流。随着时代向前发展,修建了许多较大的坝,较小的坝被淹没了或者成为不需要的了[③]。下一步是改革:在主要河流(*ganga*,*oya*,泰米尔语 *aru*)的最上游修建堰堤(*anicut*,泰米尔语 *tekkam*),形成一条长的支干引水渠(*yodi-ela*)渠首,因此带来常年水,与每年由季风供给的大型水库结合起来。这种方法既有雄心壮志又有科学精神。有许多优点:(a)控制了大量水,比任何集水区的水量大;(b)使季风雨量和其他降雨量一样被充分利用;(c)保证干旱时期的水源和正常年份的均匀供水;(d)减轻泥沙淤积问题,因为送水渠能够比贮水池容易定期清理。这种引水渠(*yodi-ela*)沿等高线下降很慢,中途经常通过一个或几个分水岭[④]。通常只在一边(*kandiya*)筑堤[⑤],有时铺展成许多小湖,但在某些地方需要双堤(*depā-ela*)。用有翼墙的溢洪坝(*galwāna*)跨过小些的支流和沟,有足够宽度以泄放最大的洪水[⑥],但也布置成在干旱时期由渠道经常供水,以改变间歇的支流成为常年河流,并且由于避免修建人工的配水渠而节约了劳力[⑦]。另外的地方沿等高线的长引水渠在平地上流过(过去和现在)许多英里。过了许多世纪之后,所有这些工程仍可找到遗址,有些还能发挥效益。

369

370

这种双保险的贮水池和渠道的典型布置,可能是南方汉班托特(Hambantota)[⑧] 上方的瓦拉韦河(Walawe Ganga)的集水区,那里有一条14英里长的引水渠,从河道将水送入一个大型的潘迪克水库(Pandik-kulam)[⑨],在它的后方有400多个小贮水池。无疑最大的是25英里长的埃拉赫拉渠(Elahera-ela)[⑩],从安班河(Amban Ganga)放水流入明内里耶贮水池(Minneriya-wewa),这是著名的4600英亩的水库[⑪],在北部平原两个

---

① 我同意布罗希尔的观点,这个观点是他在1956年锡兰工程协会五十周年主席致辞中清楚地表达的[Brohier (2)]。参见 vol. 1, p. 2; vol. 2, p. 5。

② 除了注明是泰米尔语(南印度语),或者显然是英语以外,这些章节中所括注的技术名词是僧伽罗语。

③ 在这一点上,锡兰人远远超出南印度的地形许可的限度之外。但是必须记住高韦里河谷保有世界上最大的水库几乎达一千年之久,它是已提到过的贾亚姆孔达附近的维拉南水库(Virānam-Kulam)是朱罗人修建的,控制面积22 000英亩。

④ 亚述在辛那克里布(Sennacherib)领导下,为尼尼微的供水(公元前730—前690年)曾经最先这样做过。修建了一条长的渡槽,把渠道引向低的开挖处,通过分水岭;见 Jacobsen & Lloyd (1); Garbrecht (in Biswas, 1)。

⑤ 这些堤岸可能高达90英尺,如同在埃拉赫拉渠的一些地方(vol. 1, p. 28)。

⑥ 有理由设想渡槽桥有时用木制,如在约迪耶本迪渠(Yodiye-bendi-ela)和安班河会合之前。

⑦ Brohier & Abeywardena (1), pp. 6, 23。有些农民用"捡拾"的柴棍在这些河流的下游修筑临时坝,灌满灌溉沟,同灌县所做的一样,但规模较小(参见前引文献,diagr. 6)。

⑧ 这是靠海岸的城镇,伦纳德·沃尔夫(Leonard Woolf)曾在这儿做过政府的助理总管[参见 Woolf (1)]。

⑨ 见 vol. 3. pp. 15ff., pp. 16, 18 对面的地图。这种类型的另外一个最好的例子是马哈塔博瓦贮水池(Mahātabbowa-wewa),见 vol. 2, pp. 31ff. 和 p. 2 对页的地图。

⑩ 见 vol. 1, pp. 14ff.。它的平均宽度是100英尺。

⑪ 土坝50英尺高。关于这整个地区叫做塔曼卡杜瓦(Tamankaduwa)的,见 vol. 1, pp. 19ff.; Brohier & Abeywardena (1), diagr. 2 和许多照片。

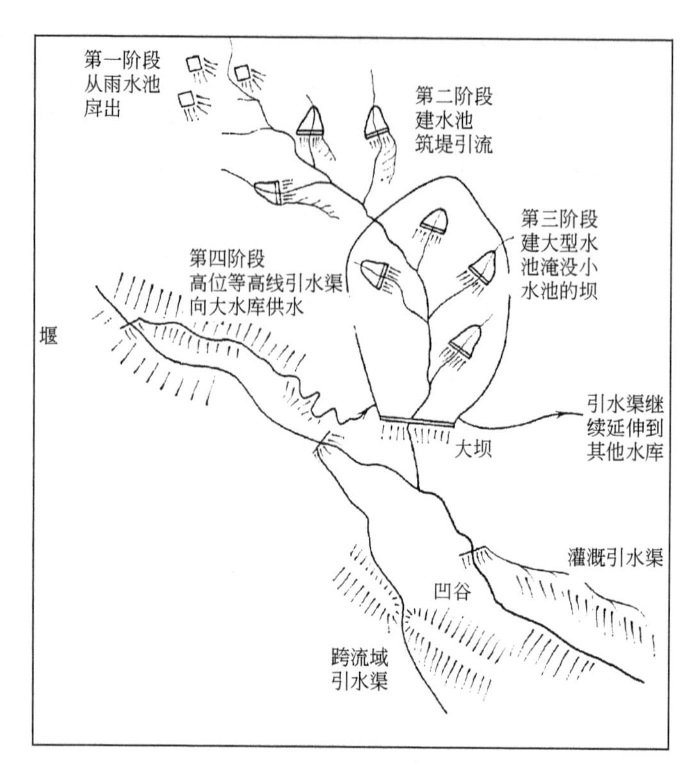

图 926　斯里兰卡水利工程发展草图（1958 年根据同布罗希尔的谈话绘制）。

古代都城之一波隆纳鲁沃附近。下一步是延长送水渠，使其连接一串连续的大型水库。埃拉赫拉渠加长到总距离为 54 $\frac{1}{2}$英里，补充其他两个贮水池，考杜拉贮水池（Kaudulla-wewa）贮水池和坎塔莱贮水池（Kantalai-wewa）水池。但在达到这样的长度以前，就被人工修建的 54 英里长的贾耶河（Jaya-ganga）所超过，贾耶河发源于卡拉河（Kala Oya）上的卡拉贮水池（Kala-wewa），面积为 4400 英亩，并向北与帝沙贮水池（Tissa-wewa）和阿巴耶贮水池（Abhaya-wewa）相继连接，这些巨大的人工湖环绕着著名的陪都、有传奇色彩的阿努拉德普勒（Anurādhapura）的西边。①

大约在公元前 300 年修建的阿巴耶贮水池②带来我们的时代尺度问题。斯里兰卡的水利工程同斯里兰卡的佛教不是同时出现的，但是相距很近③。因为传教士摩哂陀（Mahinda，卒于公元前 204 年）是阿育王（Aśoka）的亲弟弟，于公元前 251 年前后开

① 见 vol. 2，pp. 7ff.。贾耶河渠的坡降是每英里 6 英寸，但它经过两个马鞍形分水岭，开挖很深。平均宽度 40 英尺。后来贾耶渠向右面送水给第二批串连的大贮水池，它们是位于阿努拉德普勒东面的纳恰杜瓦贮水池（Nachchaduwa-wewa，9 世纪末）、努沃勒贮水池（Nuwara-wewa，公元前 1 世纪）和马哈加勒卡达韦拉贮水池（Mahāgalkadawela-wewa）之东。它还往左送水到塔拉韦河（Talawe Oya）的两个维拉奇耶贮水池（Wilachchiya-wewas）（参见 vol. 2，pp. 28. ff.）。

② 即泰米尔语的巴沙瓦格水库（Basavak-kulam）。

③ 一个可疑的传说（vol，1，p. 4，vol. 3，p. 8），把潘达贮水池［Panda-wewa，西海岸的奇洛（Chilaw）附近］推溯到公元前 6 世纪，接近孙叔敖的时代，但公元前 4 世纪是可以接受的。

始布道，那是在好国王提婆南毗耶·帝沙（Dēvānampiya Tissa）的黄金时代，因而也正是在帝沙贮水池建成前十年。[①] 斯里兰卡其他的许多水利工程，大半都是在随后一千年里修建的，卡拉贮水池约在公元 80 年有了它的初形，但是大约在公元 479 年在达都舍那（Dhātusena）领导下，合并了其他的贮水池，达到现在的规模；贾耶河渠在前二十年就已动工。明内里耶贮水池及埃拉赫拉渠道建成的时间要早些，是在摩诃舍那（Mahāsēna，277—304 年在位）时代，不过后者直到 6 世纪末才建成全长[②]。瓦拉韦河谷水系的年代比摩诃舍那时代早些，约在公元 2 世纪。其中最近期的工程是波罗迦罗摩海（Parākrama Samudra，Sea of Parākrama），在波罗迦罗摩巴忽一世（Parākrama Bāhu Ⅰ）时于 1153—1186 年修建，与波隆纳鲁沃毗邻；它淹没了乌优婆帝沙二世（Upatissa Ⅱ，368 年）时代旧的托帕贮水池（Topa-wewa）及其他早期修建的贮水池。但是，波罗迦罗摩巴忽的最伟大的设计是在西北部马纳尔（Mannar）附近修建的巨型水库，这是斯里兰卡水利工程的顶峰，一个人工湖，有 $6\frac{1}{2}$英里的堤岸，形成一个正方形的三边，因为位于斜坡平原，完全不在一条河谷上。一个非常好的堰（*anicut*）[③] 引出马勒瓦图河（Mawatu Oya）河水，有 17 英里长的送水渠，在 $11\frac{1}{2}$英里的距离中只降落 12 英尺，无疑由于国王之死而永未建成[④]。虽然 12 世纪以后，很少修建新的，可是古代的坝和贮水池规划如此之好，因而许多是在我们的时代里恢复的，至今还在使用。[⑤]

371

前面提到的这些设计，并不包括所有古代斯里兰卡工程师们的发明。有些干渠（*yodi-ela*）不是直接到水库终止，而是从高处的分水鱼嘴沿着河流上面的支渠把水引出，以供沿途灌渠之用。可以相信有些在堰（*anicut*）的上游的一点流入一条大支流，供水给下游的大型贮水池[⑥]。突出的例子是 5 世纪时的米尼佩渠（Minipe-ela）[⑦]，与马哈韦利河（Mahaveli Ganga，斯里兰卡最大的河流）平行约 50 英里，然后几乎肯定流入在 4 世纪修建的托帕贮水池（以及后来的波罗迦罗摩海）取水口上游的安班河，因而大大增加了它的常年供水量[⑧]。另外的水系是从同一个堰引出的两条渠道，这是在马哈韦

---

① 注意同秦国和秦朝所做的工程——郑国渠和灌县灌溉渠系以及灵渠——的时代极为相近。

② 考杜拉贮水池后来并入这系统中，是一个较早期的工程，时间约在公元 100 年，而坎塔莱贮水池大约在 590 年左右，由阿伽菩提二世（Aggabodhi Ⅱ）修建，同时还修复了埃拉赫拉渠。

③ 有一张动人的照片见于 vol. 2，p. 20 的对面。下游的纵剖面是阶梯式和倾斜的，差不多是量水槽的形式，好像修建者有“水跃”原理的预感［参见 Brohier & Abeywardena（1），p. 20 的对面］。这种建筑物比那种几乎是垂直降落的容易保养而且便宜。关于乔治·比多内（Giorgio Bidone，1713—1839 年）首次的水跃分析，见 Rouse & Ince（1），p. 143。研究中国古代的堰和溢洪道的建筑，是很有兴趣的，因为许多古老的工程还保留到现在，不过我们没有发现与这一点有关的东西。

④ 见 vol. 2，p. 18ff.，p. 23ff.。17 世纪荷兰人曾经要恢复该巨型水库的修建，不过宁愿修建科伦坡附近的平原地区的一些运输渠道，最后于 1897 年被英国人做了。虽然只蓄 4400 英亩水，而不是波罗迦罗摩巴忽计划的 6400 英亩，它在当时还是世界上第三个最大的水库，荷兰人也尝试过开垦科伦坡以北的沼泽地，但不很成功［参见 Abeyasekara（1）］。

⑤ 经过许多年的洪水和战争，明内里耶贮水池还单独保留着，没有溃决。

⑥ 见 vol. 1，pp. 9，13。

⑦ 渠首工程图解和一张地势图，见 vol. 1，p. 10 的对面。

⑧ 同样约迪耶本迪渠几乎肯定是流入安班河，就在埃拉赫拉渠分岔的上游。

利河上的羯陵伽（Kalinga）堰（*anicut*），是5世纪的工程，或许由达都舍娜修建的。各种组合的种类都能够找到。因此远在北方平原的洋河（Yan Oya）流域的瓦哈勒卡达贮水池（Wahalkada-wewa），一部分由邻近的马河（Ma Oya）河谷经过分水岭，由一条引水渠（*yodi-ela*）跨流域送水，但是地形不利于从贮水池直接灌溉稻田，它主要流入洋河，然后在四个堰（*anicut*）处引出支渠，右岸三个，左岸一个[①]。马河由于它的帕达维耶贮水池（Padawiya-wewa）而出名，是公元前2世纪由杜多伽摩尼（Duttha Gāmani）修建的，并于12世纪由波罗迦罗摩巴忽扩建的，是一个特别大的贮水池，范围约10 000英亩[②]。最后，有时也依靠开挖隧洞。帕蒂波拉（Pattipola）的布胡渠（Buhu-ela）在群山中，起始于科特马莱河（Kotmale Oya）上的一个堰（*anicut*），用一般溢洪道交叉建筑物横过两条支流，然后穿过一个山脊，开挖一条220码长的隧洞（*buhu-kottu*；通过坚实的石英卵石层开挖，有五个竖井），在乌马河（Uma Oya）的完全另一条河谷中，灌溉梯田式的稻田[③]。

372

再提一下斯里兰卡的工程师们的某些很有趣味的特殊设计[④]。公元1世纪时他们已经懂得斜交堰的原理，他们有许多堰（*anicut*）横过河与水流成一角度，不超过45°，因而避免水流的冲击，免于使石造建筑移动[⑤]。只是后来在石基上用水硬水泥砌石工程更好，他们才不用这条规则。堰（*anicut*）的外层砌石有一突缘石唇，这样每层砌石能够保留在一定位置，不仅由于其本身的重量，而且由于背后的压力不易将其推向前移。修琢用印度钢（wootz）工具。如果愿意大量蓄水，坝的溢洪道（*gal-pennuma*）的高度可用活动的柱墩（*kalingula*）调节，以贮存额外深度的水[⑥]。他们也很懂得泄水闸，从遗留下来的沟槽石闸墩可以得到证明。水库堤防的里坡形成防浪带，就是砌石护岸（*relāpana*），防止波浪冲蚀，有些较大的贮水池，有水下驳岸，其作用如防波堤[⑦]。但最惊人的发明可能是配备于水库上的进水塔或阀门塔（*bisi-kottuwa*），时间大约从公元前2世纪开始，但肯定是从公元2世纪起就有[⑧]。这是用密缝巨石构造的建筑，一半在驳岸内，一半在外，因此水从墙内溢流出来，通过堤岸底部的两条水平泄水隧洞或涵洞（*horowwa*，*sorowwa*）流出贮水池。这种方法可以使水不含泥沙和浮渣，同时压力水头

① 见vol. 1，pp. 25ff.。可能这些工程为防洪也为灌溉。

② 见vol. 1. p. 23，vol. 2，p. 25。

③ 见vol. 3，p. 33。参见本册p. 334。

④ 关于他们的勘测工具，我们实际上什么也不知道［参见上文p. 331和Brohier（1），vol. 2，p. 21］。布罗希尔写道（vol. 1，p. 3,）：“锡兰的大部分灌溉工程，是在用眼睛估计显得很平的这样一些土地上修建的。但我们知道为建设渠道需要用现代最精密的仪器沿着坡降一英里一英里踏勘的。同样难以理解的天才，绘出了大水库的堤岸和等高线，其精密程度是用现代的方法所不能超越的。”

⑤ 见vol. 3，p. 24。虽然它也是古代印度的一条经验，但直到最近欧洲才采用。

⑥ 见vol. 2，p. 13，vol. 3，p. 21。参照中国的叠梁闸门。

⑦ Brohier & Abeywardena（1），p. 7。

⑧ 其中最好的一个仍可在北部平原的文达拉尚贮水池（Vendarasan-kulam）上看到（从德莱先生私人通信中得知）。这个贮水池存蓄坎塔莱贮水池的溢流。参见vol. 1，p. 19。

大大减小，以便控制流出量①。泄水塔的高度，古代怎样调节不能确知，不过较大的水库似乎有三四个不同高度的泄水塔，同时其他的迹象表明，顶部可用能拆卸的木工活或者烧黏土环使之升高或降低②。最后，斯里兰卡的工程师不是没有他们自己的地势图的，虽然保存下来的很少。我们还有一些很珍贵的埃拉赫拉堰（*anicut*）和来自安班河的渠道的地图，一部分来自卡卢河（Kalu Ganga），通过约迪耶本迪渠［那些计划通到堰（*anicut*）上的渠道之一］，然后照着平常的样子，横过几条支流，流向大的明内里耶贮水池。③ 373

这是南亚的水利工程在古代和中古时期高度发展的情况。我们再回到东亚舞台上，看看本章已描述的中国的许多成就，我们立即发现所着重的方面大不相同。灌溉虽然重要，但已不再是最重要的，而同样重要的是必须为河道整治以及经常致力于内河运输进行不停的斗争④。简单的贮水池开始时与斯里兰卡和印度的类似，尽管早些⑤，在公元前8世纪左右，正如周代初期的《诗经》中所见证的（上文 p. 269）⑥，而达到实质性的发展是在公元前6世纪初，如孙叔敖的安丰塘（p. 271）⑦。虽然一直到13世纪及其后陆续修建了许多相似的工程（p. 297）⑧，大型水库并不是中国水利技术中注定的最典型的形式。在中国，治水的迫切需要几乎比印度文化圈中任何一个国家的都更大，因而在这方面的发展同样的早，如果我们承认黄河第一次修堤的时间是在公元前7世纪的话（p. 232）⑨。从此以后，令人难以置信的努力筑堤和整治江河及其支流——这是一项巨大的工程，其总体甚至至今尚未完成⑩。在这过程中，十分自然地引起（如果它确实不是从肥沃新月地带引进来的）⑪ 岸边引水灌溉渠道和许多分支渠的概念⑫。这些我们确 374

① 近代的经验，灌溉贮水池一般是从底部引出，因为现代有强大机械化操作的泄水闸。斯里兰卡中古时期有一种情况（vol. 1，p. 17），进水塔（*bisi-kottuwa*）下面的泄水闸的孔口发现比堤岸放水口上的孔口小七倍——也是一种为适当减轻压力的设备。

② Brohier & Abeywardena（1），p. 56。其中描述公元600年左右有这样一个塔的木结构的插座孔和缝槽。可能中国古代的一些坝也有相当于进水塔的设备。南京博物馆有一个令人感兴趣的汉代陶瓷的小坝明器，是从四川彭山的一座墓中发掘出来的，其泄水隧洞内壁与坝形成一个三角形，但没有建得那么高。水从上面溢流，因而以低的压力通过泄水隧洞。进水墙的高度无疑可以用百叶窗似的调节活动的堰顶。有一个这种涵洞用的铸铁拦污栅，约2英尺6英寸见方，现陈列于西安陕西省博物馆；该物据认为是唐代的。

③ 见 Brohier & Paulusz（1），pp. 192ff. 及 pl. 54；Brohier & Abeywardene（1），p. 4. 的对面。

④ 斯里兰卡的埃拉赫拉渠系按照古代的传统（vol. 1，pp. 13，16），肯定是用于船运的，可能还有些其他的工程；但似乎很清楚，所用的船很小，斯里兰卡的渠道没有一条是有计划明显地为了运输目的的。

⑤ 大多数旧世界古代水利工程修建的时期，总的来说，是模糊不清的，我们必须更多地了解，例如波斯阿契美尼德王朝的灌溉工程的性质［参见 von der Osten（1）］。

⑥ 商朝人民从事灌溉有多久？显然很短［Chêng Tê-Khun（9），vol. 2，p. 197］，虽然他们已懂得城镇需要排水（同上文献，p. 48）。这个问题对于比较研究各种文明从新石器时代文化中起源非常重要，需要进一步研究。商朝用于耕种的黄土很适合灌溉（参见上文 p. 225），我们了解到他们种植水稻以及其他作物。

⑦ 也使人想到公元前547年楚国的土地调查清册中列举的许多水库（参见上文 p. 259）。

⑧ 直到现代以前还是这样，但现已组成了美国田纳西流域管理局型的联合体［Fu Tso-Yi（1）］。

⑨ 人们都想知道当时黄河通过平原，河床已经淤积了多少，但我未见到过有说服力的计算。

⑩ 为了得到洪水在中国人甚至现代中国人的生活中的意义的一些概念，包括它所含有的资源，见 Wan Nung（1）；Yang Wei-Chun（1）和 Alley（7）。

⑪ 参见上文 p. 334，与古代伊朗文化有密切联系的暗示。不过凡是与水、土、木等技术“要素”有关的，世界上各处的人民都可以单独地发展他们自己的传统——至于金属，我就不想那样说了。

⑫ 从著名的贾让治理黄河的三策中，我们已经看到了这种联系（上文 p. 235）。

实从公元前5世纪以后就发现了；修灌溉渠与西门豹（卒于公元前387年）的名字有联系，他引漳河水流向东北以灌溉黄河下游的左岸（p. 271），还有李悝（卒于公元前380年），他们都是魏国人①。公元前3世纪这些工程的完善程度都达到了惊人的水平，如我们所看到的郑国渠（p. 285）、灌县渠系（p. 288）以及宁夏沙漠的开垦（p. 272）。在2世纪我们注意到堰（*anicut*）和渠道同斯里兰卡的那些工程很相似（p. 281）。这是巴比伦的模式移植到中国土地上来的②。

但还有一部分中国的成就在南亚是不知道的，而且在中东几乎也不知道。这方面的主题是运渠：中国以令人惊讶的速度，修建了奇迹般的运渠③。在此我们不需要夸大它的社会动机，它已经非常明显（p. 225），远远胜过古代的和中古时期的其他文明④。因为约有20个世纪，唯独中国人知道人工通航水道能够为有条不紊地运输重的货物提供很大的机械效率⑤，在这方面远远走在18世纪工业革命的前面，在此时期以前访问中国的外国观察家看到这些工程，都为之头昏目眩。鸿沟（p. 269）即使建于公元前4世纪，而不是公元前6世纪（对于时间迟早还有争论），可以称为人类历史上第一次重要的、实用的人工内陆河道⑥，并且邗沟的修建早在公元前5世纪，这是无可怀疑的（p. 271）。这些借助于湖泊和平原的工程，是汴渠的祖先（p. 307），并最终成为大运河，以及在任何文明中最古老的过岭渠（13世纪，p. 312）。公元前3世纪史禄获得另外一个胜利，是一切文化中最古老的等高线运输渠，即灵渠（p. 299），它把始皇帝的御船和运兵船运载通过一条山脊，正如几世纪以前亚述人从一个河谷到另一河谷引水灌溉那样。还有公元前2世纪汉朝的郑当时和徐伯为西方后代树立了一个主要的榜样，那时他们设计和修建了一条运渠平行于一条通航河流，但更适于重载运输（p. 273）⑦。所以这个历史提供了许多荣誉桂冠——假如中国人感到要依靠它们的话。

375

---

① 他们是这时期的大禹。大禹原是一个神，他使大地上升到水面之上，这时转变成为一个水利工程的人类文化英雄（参见本书第一卷，pp. 87ff.），并且不久以后又为夏朝的奠基人。可能他是中国文化中南方的“原始傣族”的组成部分（本书第一卷，p. 89）。

② 埃及模式在中国没有确实地发现（除河谷坝的型式以外），直到我们的时代，大河流上才修建了许多蓄水库（p. 238）。

③ 注意司马迁在引述运河时如何加重他的语气，见上文p. 226。

④ 最主要的推动力当然是分类的赋物运输（谷物、纺织品，等等）从边远地区到中央。同时水道交通对于官员和个人的活动很重要，特别是秦汉道路系统破坏以后（p. 30）。但人们不能忘记军事的因素（参见上文pp. 265，299）。这至少采取四种形式，引天然水道浸毁城墙，利用堤防决口造成洪水作为武器，利用人工渠道网抵御骑兵，以及最重要的修建运河主要是为了军队给养的运输，同时为了运兵船的通过。前二者有巴比伦的先例，但后二者在南亚完全没有发展，是中国仅有的特点。

⑤ 参见上文p. 216。

⑥ 尼罗河-红海运河在上文p. 356中已经提到，下文（pp. 465，609）还要述及。虽然据说是孙叔敖（约公元前600年）时代开始的，延续到孔子的时代（约公元前500年），但直到秦朝（约公元前280年）才建成。它曾用于载重运输有多久，这很难说，不过迟至公元760年才允许从印度到大西洋直接行驶，而不需要换船，这对于航海技术的传播可能是相当重要的。根据布尔东［Bourdon（1）］和图孙［Toussoun（1，2）］的研究，它的主要部分长60英里，深17英尺，宽120英尺左右，它承担运输直到公元775年以前最后破坏为止。可以想像中国船偶然也用过它（参见下文p. 465）。如果是这样，他们的船主会发现它比家乡的汴渠平凡，汴渠长约750英里，有许多船闸。运河的先驱鸿沟和邗沟肯定不会更短。

⑦ 中国历史上这类例子还有很多，包括绕过险滩的著名的短河段，如8世纪时李齐物（p. 278）修建的三门峡旁路。

还有两个基本问题。如果有人问及这些工程最先在什么地方创建的，要看到，从地区开发次序来讲，最初早在周朝时期，从长江流域的下游往北到黄河下游有一片宽广的地区，即东北部和东中部基本经济区（参见上文 p. 226 和图 36）；以后在战国时期又加上了西北部（关中地区，即渭河流域）和西部（四川）地区。秦朝（公元前 3 世纪）已经管辖了中国各部分，大概除了福建和云南都开发了。如果有人问及最早的工程是什么，大概是在山谷中筑坝，修贮水池蓄径流水和小型引水渠最早出现，跟着很快就修堤防控制河流；甚至在引河灌溉支渠系统以前，就有了贯通国土的通航渠道。所以很清楚，中国的许多成就，虽然由于地文学和社会条件自然形成，都是很深刻的独创的，是又一曲由不同作者制作出的关于水的效益的交响乐①。

如果还有人问及中国的情形怎样适合于年度的——常年的概念的框框，要回答是很不容易的。在中国无论什么地方都没有像斯里兰卡那样两种极不相同的水文地区。主要是季风特点②的气候条件，使所有中国的河流都有显著的涨落，如长江在重庆的变化为 100 英尺。可能在这方面，它们是年度变化的，不过从常年的意义来说，是有些河流的低水位很可观——西藏雪地即是如此。有些大河流的河谷，每年当洪峰经过时，常有引出河水灌溉的趋向，虽然许多工程师们由于希望强大的水流冲刷河底而加以反对。另外，有些工程如郑国渠和宁夏水系都有可靠的常年流量③。至于中国渠系中最令人感兴趣的就是灌县工程，它兼有两种类型，因为它不完全是洪水淹没（因为即使在干旱季节，内江持续有最小的流量，除了关闭渠道以疏竣河底的时间而外），也不真正是常年的（因为洪水季节和干旱季节相差如此之大）。一句话，一切可能的变化和各种组合在中国都找得到，也许正是由于这个原因，那么早就发明了并广泛使用泄水闸和船闸（参见上文 pp. 344ff.）。④ 斯里兰卡的长处是用一种水利的绝技，把由于地形分开的年变化流量和常年流量融合在一起；中国所面临的各种问题从一开始就有融合的两种类型，他们也找到许多办法驯服河流，为人类谋幸福⑤。

376

由于欧洲的气候，农业几乎没有灌溉的必要，而且由于欧洲的河流，很少有严重的治理问题，因此欧洲人的兴趣主要集中在运输渠道上。除了已经提到（p. 357）的一个

---

① 这一想法近乎许多人所揣测的，如果在封建官僚统治和水利工程之间确实存在着密切的关系，水利工程的精确特征可能有很重要的社会意义。如果斯里兰卡没有显著形成这种社会，而中国无疑是有的，本章中所提到的差别，对于这个不同点是很有意义的。

② 参见本书第三卷，pp. 462ff.。

③ 《孟子·滕文公章句上》第四章的传说的背后，可能有其真实性，其中孟子说，大禹"决"汝水和汉水，同时"排"淮水和泗水，因此这些水都流入长江［参见 Legga（3），p. 127］。见傅寅对于这段的注释，约在 1160 年，在他的著作《禹贡说断》卷二，第十六页。乾隆时的编辑者，在《四库全书总目提要》（卷十一，第四页）中给他的书作了序言，讲到这是所有灌溉方法中最古老的。

④ 已知的古代埃及的工程，由于缺乏修建得好和闸址选得好的可提供控制的闸门，而受到很严重的限制［de la Balnchère（1）］。

⑤ 最好能了解到更多的中华文化圈外围文化的水利史。关于这个题目的文献似乎很少，而现有的则表明灌溉是他们的主要兴趣。见李光麟［（*1*），Yi Kwangnin（1）］写的关于朝鲜 14 世纪以来的工程的专题论文。

例子外，希腊化世界在这些领域的任一个方面①，都完成得相当少。中世纪社会常常太不连续而且分散，不允许考虑这样的工程②，由文艺复兴开始的任何相当规模的水利工程的进展都很慢。鉴于这里所提到的一切，我们不能接受柏生士的观点，直到达·芬奇提议修建阿尔诺运河时，“没有一个工程师计划过如此规模的开挖量”③。欧洲在17世纪法国的四条大运河④建成以前完全没有可与中国的工程相比的成就，而其中的最后一条迟至1775年才完工。这四条运河没有一条超过150英里长⑤。到18世纪末，全法国的运河只有630英里，甚至到1893年，这个国家的运河总里数，不过相当于1300年时中国大运河的三倍⑥。全欧洲的运河很可能还比中国人工航运水道的里数少⑦。同样，英格兰19世纪初期的许多运河的尺度（深约5英尺，宽45英尺）都比元代的大运河（深从10至30英尺，宽常达100英尺）小⑧。还有，喀里多尼亚运河（Caledonian Canal）上的船闸同11世纪的灵渠和汴渠的船闸尺寸刚好一样，即长170英尺，宽40英尺⑨。

377

拿欧洲最早的人工运河航线之一的伦巴第（Lombardy）的运河⑩与成都平原的水道（上文p.289）进行比较，那是很吸引人的，因为两者控制面积都是50英里见方。大运河（Naviglio Grande）最初是由于米兰公国灌溉的需要而建的。水从距城31英里的梯契诺河（Ticino River）上的一点，用一条110英尺落差的渠道把水送到城里，是1209年完工的。六十年后扩大了它的横断面，并修建了冲水船闸，以便同马焦雷湖（Lake Maggiore）通航，运河以湖得名。1359年为了灌溉的目的，又沿着梯契诺河各延长到帕维亚的中途。1387年米兰的大教堂开工以后，从大运河这条水路把大理石运到南方，并于15世纪初期与城的旧城壕相通，因此得名为内运河（Naviglio Interno）。但是这处

---

① 希腊化世界所做的事情的两个梗概可见于Forbes (17)。著名的导水管（特别是罗马人的），好的青铜和铅的管系［腓尼基的、帕加马的（Pergamene）和罗马的］，少数出色的隧道［特别是1100码的萨摩斯（Samos）的隧道，但也有罗马的］；有些特殊的不成功的沼泽地排水工程［维奥蒂亚的（Boeotian）、庞廷的（Pontine）和东英格兰的］，以及罗讷河的一处河口存在不久的渠化。这是全部的对照表。中国几乎没有引水渡槽，这肯定与丰富的水道环绕并穿过许多重要城市有关——幸而中国人很早就知道煮开饮用水，欣赏喝茶。但竹制的管路很突出（参见本书第四卷第二分册p.129）。

② 除低地国家的海岸防护工程和沼泽地排水而外，这些工程早在7世纪即已开始；见Forbes (17)。

③ Parsons (2), p.330。参见Ucelli di Nemi (3), no.62。达·芬奇发明的机械化开挖当然是闪耀着光辉的；参见Uccelli (1), pp.341ff.; Gille (3)。他还有几个挖泥船的设计［Ucelli di Nemi (3), nos, 7, 8］。

④ 这些运河是（a）奥德-加龙河，1516年法兰西斯一世和克洛吕斯庄园主（Clos Lucé，即达·芬奇）提出计划，于1539和1559年进行勘测，1681年建成；（b）卢瓦尔河-索恩河（Saône）-罗讷河，于1516年进行规划，1765年建成；（c）塞纳河-约讷河（Yonne）-索恩河-罗讷河，于1574年进行规划，1775年建成；（d）塞纳河-约讷河-卢万河-卢瓦尔河，于1603年进行规划，1642年建成。详见Morel (1); Parsons (2); Skempon (4); Espinas (1); Pinsseau (1); Andreossy (1)。布里亚尔运河（d）并不像除埃斯皮纳斯（Espinas）以外的人所声称的那样，它不是世界上第一条过岭渠。

⑤ 其中（a）144英里，（b）72英里，（c）100英里左右；（d）37英里。

⑥ Vernon-Harcourt (1), p.481。

⑦ 可惜我们未能找到这个数据，即使是近似的也没有找到。

⑧ Verono-Harcourt (1), p.351，参见Rolt (3); Hadfield (1, 2, 3); de Maré (1)。

⑨ Vernon-Harcourt (1), p.377。

⑩ 详细报告可在下列文献中找到：R. B. Smith (1); Parsons (2), pp.367, 399; Skempton (4), pp.444ff.及fig.280；另见Calvert (1); Hadfield (4)。

城壕从不同的来源供水,正常保持在不同的水位,所以需要在单个的冲船闸门前等候很久,水位才会平衡。1438 年意大利第一次安装厢闸,才解决了这个问题。1451 年以后在斯福尔扎(Sforza)的议会主持之下大加扩充,当时贝尔托拉·达诺瓦特(参见上文 p. 358)是公爵工程师。从大运河到帕维亚中途的另外一点,又有新的扩建,当时为了通航,修建了 18 个厢闸(1458 年)。此后十年,贝尔托拉修建了马尔特萨纳运河(Martesana Canal),连接米兰和阿达河(Adda River);为使以直角交叉的方式跨过河的两条支流,他不采用斯里兰卡和中国的溢洪道技术,而是在与一个河的交叉处修筑三个拱的渡槽(第一个这种工程)和在与另外一条河的交叉处修建了一个大涵洞。马尔特萨纳运河原要将米兰同科莫湖(Lake Como)连接,可是阿达河需要在帕代尔诺(Paderno)有一条旁路,虽然规划好了,始终未建成。所有这些水道都用相当大量的灌溉支渠和管道作为辅助。四川省和伦巴第地区的许多问题,目的和作用都相差很大,但需要同样的基本设备,鱼嘴、堰、坝、开挖面、桥梁及其他等。因此我们可以承认它们之间有某些相似之处——但只有一点人们不会不注意到,即在四川省工程成功地建成一千五百多年后,欧洲所进行的许多工程还有各种各样的缺点、错误和失败。 378

我们所进行的一切比较只能是初步的和尝试性质的。但很显然在世界上作一次数量和质量路线的调查比较,就会明白中国的许多成就闪耀着高度的优越性。因而我们再一次遇到了一个矛盾。尽管中国缺少已经发展了的欧几里得演绎几何学,但阻挡不住中国的工程师们做成功了许多工程,其规模除了“巨大”一词以外,不能用其他的词来形容。没有数学流体动力学,也阻挡不住他们有效地治理河道和管理技术。令人惊奇的是一种积累起来的传统经验的成功,这种经验从未排斥过直觉和理性。

实际上,中国水利工程的事迹,足够写成一篇史诗。如果气候和土壤的性质支配着它们,如果中国社会的形式不可避免地促成它们,如果没有无数成千上万的男女更多的是出于自愿的劳苦,如果也没有值得同其他民族较量的历代土木工程师们的忠诚、技巧和天才,也就不会完成它们。

本章最适当的结束语,只有引用司马迁二十个世纪以前在他的《河渠书》的最末几行所写的那些话[①]:

> 在南方,我攀登过庐山[②],看过大禹疏通的九条江河;我访问过会稽山,[③]到过太湟;我曾坐在姑苏(台)[④]上,默想五湖。在东方,我从大邳山[⑤]上看过洛河流入黄河。我曾在黄河上航行,并在连接淮河、泗水、济水、漯河和洛河的运河[⑥]上旅行。在西方,我朝向群山,岷江从那里流向前,还看到蜀地(四川省)的“离碓”(在灌县)。在北方,我曾超出(黄河的)龙门峡谷之外,一直远到朔

① 《史记》卷二十九,第八页,由作者译成英文,借助于 Chavannes (1), vol. 3, p. 537; Watson (1), vol. 2, p. 78。

② 在江西省鄱阳湖附近,就在扬子江上,九江以南。

③ 在浙江省绍兴以南。

④ 江苏吴县西南。

⑤ 河南省浚县东南。

⑥ 汴渠(鸿沟)。

方[①]。同时我再说，水能发挥的效益和能进行的破坏，是不可想象的巨大。在我的时代，我在做皇帝的随从时，挟带成捆的树枝，在宣房帮助过堵口。我分担皇帝在瓠子[②]作诗时的悲伤，现在终于写成了这篇《河渠书》。

〈余南登庐山，观禹疏九江，遂至于会稽太湟，上姑苏，望五湖；东阚洛汭、大邳，迎河，行淮、泗、济、漯洛渠；西瞻蜀之岷山及离碓；北自龙门至于朔方。曰：甚哉，水之为利害也！余从负薪塞宣房，悲《瓠子》之诗而作河渠书〉。

① 黄河的最北面转弯处的西北蒙古地区，也是这条河上的一个城名，在宁夏的下游。

② 河南濮阳附近（参见上文 p. 232）。

第二十九章　航　海　技　术

(a) 引　　言

李明在17世纪末叶写道①：

> 航海是显示中国人才智的另一个方面；过去我们在欧洲还不能像现在这样总会见到如此干练而又富有冒险精神的海员；先人们不那么热衷于长期见不到陆地的海上冒险。所有的领航人员都担心由于计算错误而造成危险（因为他们当时还没有使用罗盘），因而瞻前顾后，谨小慎微。
>
> 有些人自命博学地推测远在救世主耶稣基督降生以前，中国人就已遍航印度各海域并已发现好望角。不论事实真相如何，可以完全肯定从远古以来，中国人就一直有坚固的船舶。虽然他们在航海技术方面，犹如他们在科学方面一样，尚未达到完善的地步，可是他们掌握的航海技术比希腊人和罗马人要多得多；当今他们行船的安全程度也可与葡萄牙人相媲美。

我们希望这一非常公正的评价到本书结束时，将会变得显而易见②。在本册的前半部分，至少在思想上，我们的立足点是站在“行在”（杭州）和“刺桐”（泉州）的桥上，(即使在想像中）分担着当地人们的忧虑，他们多少世纪以来无时不在戒备着海浪江涛对堤坝和闸门的猛烈冲击。现在恰是一个适当时机，让我们登上中国船舶，劈波斩浪，来研究一下中国船员在航海和造船技术方面所起的作用吧。

在前面的章节里实际上已经常提到船和舟。战国时期，庄子曾谈起过一种只需一人就能携带的小船③。梁代的商船运来过玻璃透镜④。后来《关尹子》一书的作者也曾盛赞过船员的经验谈⑤。我们发现宋代就有了把磁罗盘用于航海的证据⑥，后来还对此作了详尽的研究⑦。在许多场合都需要对明代的海运业绩加以记叙⑧。我们不止一次地预感到，那种轻率地认为中国人从来就不是一个航海民族的想法是错误的。

---

① Lecomte（1），p. 230。

② 吉卜林（Rudyard Kipling）这位不赞同低估西方的领先地位的诗人，在他那首关于海上发明的感想诗“中国帆船与阿拉伯帆船”中，与此说法不同，但也同样具有说服力［Kipling（1）（定本），p. 738］。

③ 本书第二卷，p. 66。

④ 本书第四卷第一分册，pp. 114。

⑤ 本书第二卷，p. 73。

⑥ 本书第二卷，pp. 361，494；第三卷，pp. 541，559，576。

⑦ 本书第四卷第二分册，pp. 279ff.。

⑧ 本书第一卷 p. 143 的历史回顾及第三卷 pp. 556ff. 关于地理学的一章。

380 我们现在的目标必然是尽可能地把中国帆船[①]和舢舨[②]与世界其他各地所发展起来的船和舟作恰如其分的对比，找出其间适当的关系，如果不采取对比的方法，从而看到中国文明的独特贡献，就会把中国航海技术史的意义大大贬低了。独有的特点肯定是存在的，确实一般也想当然地认为中国的船舶与所有其他地区的水上运输工具的发明经常是互不相关的。但发明的先后，是否也意味着向其他民族的传播（即使仅是发明思想的传播），这一问题将会再次变得尖锐起来，而且很可能得不到最后的答案。文化人类学家和科技史学家在研究传播和汇合时，应当更多地注意船舶及其装备，因为这方面的资料虽然极为复杂[③]，却往往非常精确，而正是这种复杂性可能使一些分别发明或同期发明的说法难以成立[④]。

为我们提供有关船舶史料的中国文献在我们研究的过程中将会自己说明问题。不过我们只能从至今尚未发掘的浩瀚文献中选取其中一小部分。有待搜集的资料来源确实繁杂多样，因为不同于其他学科，诸如农学和药物学等技术学科，有系统的航海论著在中国文化典籍中并没有出现过，至少未曾刊印出版过[⑤]。现在让我们简略地看一看我们应

381 该考虑的各种中国文献，先从名词术语开始，然后依次研究航运概貌、航海术和造船[⑥]。

古代的辞书和类书[⑦]当然是航海术语的主要宝库。但是了解不同时代和流派的辞书编纂人也可能是有益的，如僧人玄应和慧琳和他们于8世纪所著的《一切经音义》可以作为例证。一千年后，到了著名学者洪亮吉于18世纪末编撰航海术语论著《释舟》的

---

① 按玉尔和伯内尔（Burnell）的说法，“junk”一词表示“中国帆船”，是最古老的欧亚混合词汇之一。它出自和德里（Odoric of Pordenone，约1330年）和伊本·巴图塔（Ibn Baṭṭūṭah，约1348年）的游记中，而在《加泰罗尼亚地图集》（Catalan Atlas，1375年；见下文 p.471）中为“Iūchi”一词。它无疑是从汉字“船”（广州话读作 *Shuēn*，*suēn*）演变而来的，或是从同源的爪哇和马来语 *jong* 和 *ajong* 演变而来。它不可能起源于“艐”字，此字表示船队或分船队［Pao Tsun-Phêng（1）］，参见下文 p.491。

② 此词通常认为起源于“三板”一词，意即“三块木板”。它是从某些地方用语中借用到西方语言中的外来语；中国对小船更普遍的称呼是“划子”或“艇子”。佩里［Peri（2）］认为“三板”一词是17世纪晚期初次在中国书籍中出现，当时是指一种在澎湖列岛上使用的登陆小艇。过去，有些中国作家认为是马来语，而现代研究东南亚的权威人士则同样地确认此词是汉语。佩里则认为此词来源于 *Chamban* 一词，即南美洲哥伦比亚的印第安语中对一种小船的称呼，可能是随同西班牙人向西航行，跨越太平洋时途经菲律宾漂洋过海而来的。但这种传播方向也可能恰恰相反，或仅是偶合，因为鄂卢梭［Aurousseau（3）］在8世纪和13世纪的中国诗中，发现了几处“三板”一词的例证。对此我们还可以作一补充，1274年吴自牧在记叙杭州时［《梦粱录》卷十二，第十五页］，明显地使用了“三板船”来称呼渔船。我们发现夏德［Hirth（16）］很久以前就注意到了这件事。参见上文 p.347 所引1210年前后的《南湖集》（卷二，第四页）中的那首诗。或许当时这的确是海员语言的一部分，只是偶尔见于书刊而已。有关这方面的一般情况，我们以后（下文 p.403）还要详谈。

③ 应当承认，由于它们的术语高度专门化，使缺乏海上经历的人望而却步。好在有很多术语辞书可供利用，例如，Jal（2）；Gruss（1）；Ansted（1）；Course（1）；Adm. Smyth（1）和 Layton（1）。

④ 沃尔特·罗利伯爵（Sir Walter Raleigh）曾经考虑过这些问题，“……不管是谁发明了独木舟，是多瑙河人还是高卢人，但我可以肯定，美洲印第安人从未和这些民族有过贸易往来。可是从弗罗比舍（Frobishers）海峡到麦哲伦（Magalaine）海峡，都可以看到这种船，而且在某些地区，这种船的长度可观，因为我曾看见每侧划船的桨数多达20支。其真正的道理是，所有的民族，不管他们相隔多远，都是有理智的，具有完全相同的想像能力，都能按照自己的方法和材料造出同样的东西来。”

⑤ 例如，1961年版的《中国丛书综录》中，只有三、四部近期次要的著作列入了有关的目录中（第799页）。

⑥ 在下面几段文字中，要提到的书名和作者姓名的汉字写法可在本书后面找到，那里有较详细的说明。

⑦ 如《尔雅》、《方言》、《说文》、《广雅》等。

时候，对于航海人员及其技艺的研究还在继续进行。除了造船用语之外，还开创了一种插图体例，插图着重于战船而不是民船，这无疑是因为战船是官府所关心的，而民船的发展可听其自然。在发展图例方面，最早的要算 1044 年曾公亮所著的军事类书《武经总要》。我们在后面还会看到，该书对船舶的记载可溯源于公元 759 年编纂的《太白阴经》。曾氏的著作确是采用插图的起点，因为在它之后，插图不但见于一系列的水师便览，例如，1628 年的《武备志》，而且也见诸类书的有关水师部分的许多篇章中[①]。接着这些插图又被 18 世纪的日本书籍所汇集[②]，并与这个岛国文化里所特有的且造船风格截然不同的日本船图结合起来。

在中国的历史著作中，无论是各代正史或根据正史编纂的书籍，还是诸如《唐语林》这一类民间野史，或者学者私人的笔录，有关航运的篇章俯拾即是[③]。笔录中尤以撰写于 1119 年的《萍洲可谈》最为出色，著者的父亲曾经做过广州市舶使，以后又出任广州帅。在 11 世纪后期常接触沿海海运生活。因此在文献中很自然地，在记述异国风光及旅途情况时，多处涉及该时期的沿途航运。如 3 世纪的《南州异物志》和《吴时外国传》二书，都保存着重要的资料。徐兢对 1124 年出使高丽的记载也是如此[④]。上面已经提到的各种类书，对中国海船的记载并非最佳典范，而周煌的《琉球国志略》记载的虽然是他于 18 世纪考察琉球岛时所见到的风土人情，但其中却不乏对中国海船的绝佳描写（图 939）。 382

在航海和造船方面，我们特别借助于手抄资料，前面我们已经看到[⑤]，在中国船舶广泛使用航海罗盘之后，即在宋末和元、明时期就开始保存航路图（rutters）和航行指南。到了 17 世纪，中国和日本都出版了有实质内容的航海书籍，张燮的《东西洋考》和池田好运的《元和航海书》[⑥] 都在同一年即 1618 年出版。当然，更早的书籍意义就更大了；其中有一部《顺风相送》，作者不详，其手稿现收藏在牛津大学，此书可能写于 15 世纪上半叶，即郑和下西洋时期[⑦]。我们以后再对此予以分析。

造船方面，我们也受惠于一部杰出的手抄资料［现存于马尔堡（Marburg）］，但其写作时间很晚，作者不详，叫做《闽省水师各标镇协营战哨船只图说》或福建造船手册，写于 18 世纪末叶。其他一些有价值的资料则见于《天工开物》，系中国的狄德罗（Diderot）——宋应星于 1637 年所著，还有关于 16 世纪南京附近船厂的史料[⑧]，记录了这些船厂曾于一百多年前为郑和船队建造许多船舶的史实，不过对这些史实尚未作过认

---

① 例如，《三才图会》（1609 年）、《图书集成》（1726 年）等。参见 p. 427。

② 例如，1708 年西川如见所著《华夷通商考》，或金泽兼光 1766 年所著的更为出色的《和汉船用集》。到了 1808 年本木正荣着手撰写《军舰图说》时，现代技术正潮涌而入。

③ 当然，困难在于要把有关船舶技术的资料从那些记载水师战略、战术、海战、商务和经济事务的冗繁资料中整理出来。

④ 《宣和奉使高丽图经》，完稿于 1167 年。

⑤ 本书第四卷第一分册，pp. 284ff. 。

⑥ 将这些著作与阿拉伯以及欧洲类似的著作仔细对比是有意义的。我们殷切地期待米尔斯（J. V. Mills）先生在这方面的研究成果。我们还可提到坂部广胖所著的《海路安心录》，相传著于 1816 年。

⑦ 参见本书第一卷，p. 143；第三卷，pp. 556ff. 及本册下文 p. 581.

⑧ 这是李昭祥 1553 年所著的《龙江船厂志》。见下文 pp. 404，482。

真的研究。令人遗憾的是，中国造船界竟然未能发现自己的使造船技术成为系统化学科的“李诫”式的人物。无论如何，可以大致无讹地认为，明代的造船工匠在任何时期，任何文明社会里，都算得上第一流的能工巧匠，可惜他们同时不识字，无法把自己的全部技艺记载下来。

有关史料问题就说到这里。正如我们即将看到的那样，考古学者提供的模型和绘画等文物，对我们经常是十分有益的。关于这一点，我们将在有关的地方予以讨论。

虽然中国文献本身专门论述船舶建造的著作并不丰富，但具有较高海洋文明的航海家和一批学者的著作中都有大量资料。在航运概况和航运史方面有查诺克［Charnock (1)］、雅尔［Jal (1)］、莫尔［Moll (1)］、拉罗埃里（La Roërie）和维维耶勒（Vivielle）的著作；在航海术方面有马尔盖（Marguet (1)）和休森［Hewson (1)］的著作；在造船方面的有埃布尔［Abel (1)］和科内伊南堡［van Konijnenburg (1)］的著作。所有这些著作对我们都有裨益①。大约一百年前，一位法国海军上将帕里斯［F. E. Paris (1, 2)］为我们认识亚洲船舶奠定了基础，并由我们同时代的一位也叫帕里斯的天才人物所继承②。沃特斯（Cdr. D. W. Waters）、唐纳利（I. A. Donnelly）、洛夫格罗夫（H. Lovegrove）等人的许多论文中都对传统的中国船和艇作过详尽的分析，其中特别是夏士德［G. R. G. Worcester (1—3)］给我们提供了十分完美的一套按比例绘制的近250种船舶的工程图及其说明。在这方面必须提到奥德马尔［Audemard (3—7)］的著作，其绘图以清晰美观著称③。这些著作为研究中国船舶奠定了牢固基础，而其他作者如生物学家布林德利（H. H. Brindley）和渔业监督霍内尔（J. Hornell）④，都在各种文化起源的艇和船构造的一般分类方面取得了巨大的进展；与此同时，艾伦·穆尔爵士（Sir Alan Moore）、史密斯（H. W. Smyth）和鲍恩男爵（R. le Baron Bowen）则对风帆索具作了类似的对比研究。布热德（J. Poujade）有关东印度群岛航线上的船舶的著作，虽然表述还不完备，且很少引用典籍和年代，但仍不失为有关这一专题的最有独创性和最令人鼓舞的一部著作。非常幸运的是，除了按地区分布的文化人类学研究成果之外，我们还掌握某些特别重要的历史文献，其中有碑文也有典籍；我们将在适当章节对这些文献予以研究。但首先我们最好还是先熟悉一下各种类型艇船的一般发展情况。

383

(b) 帆船的形态比较与演变

中国帆船与人类曾经使用过的其他类型的船舶之间的基本关系是什么？关于这一点可以从附图（表71）所归纳的梗概说明中看得最清楚，该图是根据霍内尔［Hornell (1)］

① 例如，图杜兹等人［Toudouze *et al* (1)］绘制的那些画册，也有其用处。

② 关于帕里斯（F. E. Paris），见 Sigaut (2)。皮埃尔·帕里斯（Pierre Paris）的传略见 Paris (3)（第2版）。

③ 此著作以及该作者的其他专题论文有异乎寻常的一大优点，都标有汉字。可惜的是，对已故奥德马尔船长论文中的有关中国船型部分的编辑整理工作，并不很成功，但这种情况在此处对他的观察的说明方面的影响较小，而对他试图仅仅根据新近的百科全书中的船图来勾勒中国航运史的著作［Audemard (2)］的影响却很大（参见下文 p. 427）。后一部著作是以这位杰出人物的一篇传记为序的。

④ 见伯基尔［Burkill (2)］所撰的小传。

表71　船舶构造发展图 [根据Hornell (1)]

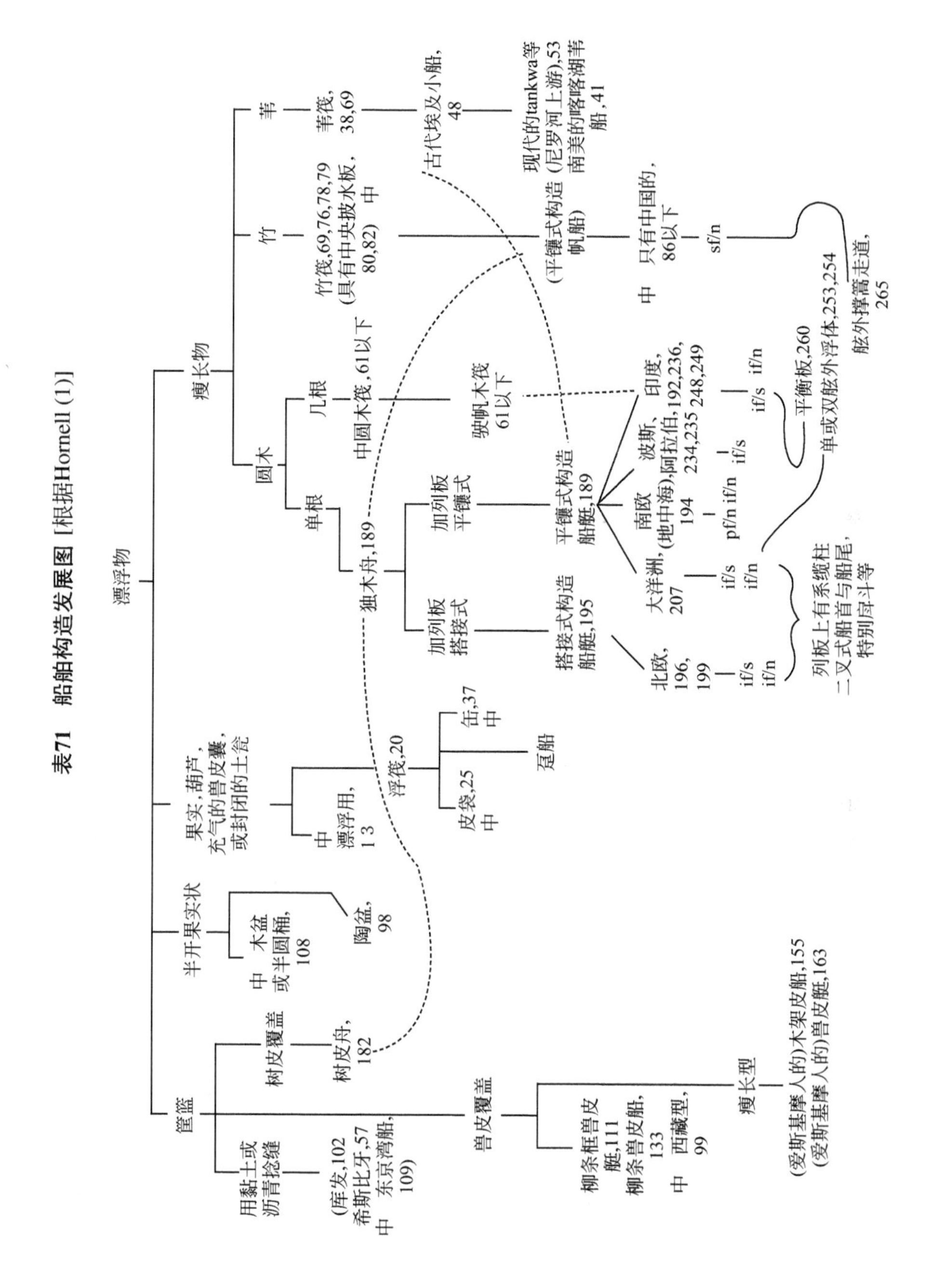
漂浮物
筐篮
半开果实状
果实，葫芦，
充气的兽皮囊，
或封闭的土瓮
瘦长物
用黏土或
沥青捻缝
树皮覆盖
(库发,102
希斯比牙,57
中　东京湾船,
109)
树皮舟,
182
中　木盆
或半圆桶,
108
陶盆,
98
中
漂浮用,
1 3
浮筏,20
皮袋,25
中
缶,37
中
逗船
兽皮覆盖
柳条框兽皮
艇,111
柳条兽皮船,
133
中　西藏型,
99
瘦长型
(爱斯基摩人的)木架皮船,155
(爱斯基摩人的)兽皮艇,163
圆木
竹
苇
单根
几根
独木舟,189
中圆木筏，61以下
竹筏,69,76,78,79
(具有中央披水板，
80,82)　中
苇筏，
38,69
加列板
搭接式
加列板
平镶式
驶帆木筏
61以下
古代埃及小船，
48
现代的tankwa等
(尼罗河上游),53
南美的喀喀湖苇
船，41
搭接式构造
船艇,195
平镶式构造
船艇,189
(平镶式构造
帆船)
北欧，
196，
199
大洋洲，
207
南欧
(地中海)，
194
波斯、
阿拉伯，
234,235
印度，
192,236，
248,249
中　只有中国的，
86以下
if/s
if/n
if/s
if/n
pf/n if/n
if/s
if/s　if/n
sf/n
列板上有系缆柱
二叉式船首与船尾，
特别艉斗等
平衡板,260
单或双舷外浮体,253,254
舷外撑篙走道，
265

的调查研究编制的①。按照这一图表的排列，我们应首先注意船体结构，而把推进方式留待后面的一小节里去讨论。

385

表 71 的释例与说明

if/s 先把列板缝合一起，再插入骨架。

if/n 先把列板用钉、销或榫接在一起，再插入骨架。

pf/n 先造好骨架，再用钉或销接上列板。

sf/n 先造好横舱壁“骨架”，钉上列板并加锔子。

中 表示这种船舶出现在中华文化圈。

数字 表示在霍内尔［Hornell（1）］书中的页数。

值得注意的是：中国帆船和舢板与世界其他文化传统之船舶的基本不同点是它的横向水密舱壁系统，这一结构如同一根纵向劈开的竹子。因此，正如图表所启示的那样，它发源于东亚到处可见的纵向劈开竹子这一自然模式。

此表将在后面有关段落里加以解释，大部分虚线的含意也将讨论清楚。不过围绕着此表的一些问题，需要在此略作交代。

所谓平衡板（balance-board），是一块横向装于船上的木板，向两舷外伸出相当一段长度。今天，在索马里沿海及印度与斯里兰卡之间［Hornell（1），p. 260；（17），pp. 225ff.］，并向东远至安南［P. Paris（3），P. 46］这种结构依然可见。在上风侧坐上一个或几个船工，就可以有效地抵消风力的作用。就我们所知，这从来不是中国人的做法。但是它和舷外浮体这一复杂问题有关。舷外浮体是在船外固定于横杆（类似平衡板）上的某种浮材，使船身太窄或本身稳定性不足的小船获得稳定性，以便长途航行；［参见 Hornell（1），pp. 253ff.；（2），（24）］。舷外浮体可以是单个的，也可以是成双的。这种舷外浮体的发源地无疑是印度尼西亚，由此通过海路向外传播，西至非洲，东到波利尼西亚。但根据霍内尔的说法，这种设想本身却可能来源于某种内河技术，他认为［见 Hornell（1），p. 265］这就是中国南方内河船古来就特有的舷外撑篙走道（图966，图版）。这种走道只是一种轻巧而狭长的平板，固定在若干根与舷边齐平并伸出船舷的横梁的端部。在走道与舷外双浮体之间有各种程度的中间阶段，其中更有趣的是每个舷外浮体可载数人划桨。由此可以说，双舷外浮体系由印度支那文化交往区的撑篙走道演变而来，也可以说由早期印度洋远航船只的平衡板演变而来；而单舷外浮体则是由于它能经得起恶劣天气，而在大洋传播区的两端（马达加斯加和波利尼西亚）发展起来的一种次要的改进。

在印度支那和南美洲的河流上，有些船装有所谓的“不漂浮的架空舷外浮体”，就是把一节节的浮材（竹子、软木等）绑扎在船边［Hornell（1），pp. 267ff.］，除非船左右摇摆而倾斜，这些浮材是不与水面接触的。有趣的是，1124 年的《高丽图经》（卷三十四，第五页）记载说，竹子可编成圆柱体（“橐”），绑在两舷上沿，“以防海浪”（“于舟腹两旁缚大竹为橐以拒浪”）。载送使者赴高丽的船上就是用的这种竹橐［参见本书第四卷第二分册，p. 280］。

驶帆圆木筏或泰米尔筏（catamaran，得名于泰米尔语 *kattu-maram*），意为捆扎的圆木，与印度的平镶式结构船之间由一虚线相连，这是因为虽然有理由认为最古老的欧洲平镶式船系由古代埃及芦苇筏演变而来，而某些印度船则可能由木筏演变而来。在马拉巴尔（Malabar）、科罗曼德尔（Coromandel）半岛沿岸，造木筏用的木料多为奇数，中间的一根放在最下面，因而近似于龙骨［Hornell（1），pp. 62，71，194，198］。参见 de Zylva（1），fig. 8。

① 图中的数字指该书［Hornell（1）］的页数，以便愿更多了解这种分类所依据的资料的读者查考。布林德利［Brindley（1）］书中的图表似乎是唯一的另一张同类图表，但它远不能满足我们目前的要求。这两张图表都有先例，皮特－里弗斯的著作［Pitt-Rivers（2）］仍然值得一读。

首先，有必要简略地介绍一些原始船型，它们虽然没有多大的发展前途，但其中有些在历史上曾起过一定的作用。古人一定看到过自然物或人造物在水上漂浮，由此而产生了自身在水上航行的想法，这份附图显然就是据此编排的。漂浮的筐篮诱发了建造小船的设想，这样的一些小船，有的迄今仍在使用①。它们易于捻缝，如有沥青就用沥青捻缝，像伊拉克的库发船（*quffa*）和希斯比牙船（*hisbiya*）即用沥青捻缝②；如无沥青则用一种黏土捻缝，如印度支那的东京湾（北部湾）的船即用此法③。在中国本地已找不到使用这种简单船只的证据。但这也许是日本传说中的“无目笼”。这种筐篮蒙上兽皮，就变成了我们熟悉的柳框蒙皮船④。这种船的传播在时间和空间两方面都远比人们通常了解的要广泛。在许多著名的亚述人的浮雕上就有这种船⑤。由此可见它无疑起源于美索不达米亚，同时也是发源于青藏的大河巨川上游急流中的特有船型。在巴塘、雅砻江、长江上游和澜沧江上游都有柳框蒙皮船⑥。西方和中国旅行家对此都常有记载，如1845年的姚莹和更近代的华金栋都作过记载⑦。在中国这种船叫做“皮船”⑧，但现在除了西藏一带外，仅在中国东北（札哈）和朝鲜使用。据西村真次推测，这种船就是日本传说中的萝摩船。4世纪的《抱朴子》一书中曾提到有人乘坐一只“篮舟”划过大河的故事⑨；比这早得多的庄周（公元前4世纪）曾谈到过一种一人就能带走的小船，这可能就是皮船⑩。在葛洪时代以后不久，大约是公元386年，后燕第一代王朝君主慕容垂在黄河上作战，佯攻时就采用过相当多的这类牛皮船⑪。在隋代千佛洞壁画上画有三只皮船⑫。许多考证说明，蒙古人在13世纪的远征中也大量使用过这类船⑬。但在中华文化圈中，这类船却始终没有发展成像爱斯基摩人和西伯利亚北部民族使用的那种船身狭长、外蒙兽

386

---

① 霍内尔［Hornell（9）］的评论。

② Hornell（1），pp. 57，102；Nishimura（1）。

③ Hornell（1），pp. 109；Nishimura（1）；Dumoutier（3）p. 138；Poujade（1），p. 183。有几位作者［P. Paris（3），pp. 27ff.；Poujade，（1）pp. 184，188］曾经记载过安南奇特的*ghe-song*，*ghe-gia*和*ghe-nang*帆船。这些船有船首柱和船尾柱，列板用横材撑开，有时甚至还有舱壁。但船底却是一种筐篮结构，用一种特殊的树脂与牛粪混合捻缝。这种船的一个发明人的姓名留传了下来，叫陈应龙，他的鼎盛期在968年前后［参见Dumoutier（2），pp. 97ff.；Huard & Durand（1），pp. 61，228］。这种船的航海性能比我们想像的要好得多，印度支那某些海滨捕鲨渔民使用的帆船，船体就是捻了缝的筐篮结构。

④ Hornell（1），pp. 111，133；（11）。

⑤ Des Noëttes（2），figs. 20，21。

⑥ Hornell（1），p. 99；Rockhii（2）；Teichmann（2）；Rin-Chen Lha-Mo（1）；Donnelly（6）。

⑦ Ward（3），p. 129及pl. 25。关于姚莹，见Hummel（2），p. 239。

⑧ 据中国类书的插图，“皮船”是士兵渡河用的工具，例如，《图书集成·戎政典》卷九十八，“水战部”汇考二，第四页；渔民也用来捕捉鱼虾（《图书集成·艺术典》卷十四，“玉部”汇考，第十五页、第十六页）。《格致镜原》卷二十八（第十二页）收集了不少相关的参考资料。最古老的军用皮船图无异于《武经总要》（前集）卷十一，第十六页、第十七页。

⑨ 《佩文韵府》卷二十六上（第一三三六·一页）。

⑩ 《庄子·大宗师第六》［Legge（5），vol. 1，p. 243］。

⑪ 《晋书》卷一二三，第八页。

⑫ 编号303。

⑬ 参见Sinor（6）。

皮、设有甲板并带有各种奇妙的地区艺术风格的船只[1]。树皮小舟[2]虽不在我们讨论范围之内，但有趣的是霍内尔却找到了理由[3]，认为树皮小舟可能是独木舟的祖先，因为某些地区的独木舟内部发现有隆起的肋骨痕迹，横贯舟底并沿两侧向上延伸。

其他一些篮状物体也能漂浮。陶制土瓮如果很大也可载人，在孟加拉就是这样[4]。387 但在中国，陶瓮为木盆所代替，许多作者对此都有记载[5]。这种盆式船通常叫做“壶船”或釜舟，多用于采集食用水生植物。日本传说中则称之为“盘舟”。

近似球状的漂浮物开辟了另一种系统。在公元前9世纪亚述人的浮雕上常看到游水者借助葫芦或充气皮囊浮水[6]，这种方法在世界上许多地方沿用了很多世纪[7]，特别多用于作战，如蒙古军队就使用过。11世纪的《武经总要》首先把这种“浮囊法”载入中国兵书[8]，后来的类书[9]也因袭继续引用。在印度桑吉地方的浮雕 中，也可看到人们使用这种漂浮用具的情形[10]，而在这之前四个世纪，庄周就已述及此类浮具。名家惠子[11]曾经收到魏王的礼品大瓠，却不理解其用途，比较讲求实用的庄子建议他用作渡河工具[12]。葫芦（“匏”）、鹿皮气囊和密封的土瓮（“埴土舟”）都在日本传说中出现过[Nishimura (1)]。在12世纪的中国，这种助浮工具叫做“腰舟”[13]。直到今天，日本的女渔民和潜水员还在使用。

只是到了把若干个浮体缚在一个木架上形成一浮筏的时候，名副其实的船的概念才开始形成。拉格克兰茨[Lagercrantz (1)]对这类筏子的目前分布区域作过研究，他得出结论说，这些筏子创始于中亚的急流河道地区。一种用13张山羊皮做成的“皮筏子”，在中国西北的黄河及其支流区域极为普遍[14]；我本人在甘肃旅行时常坐这种筏子（图927，图版）。直至今日，在兰州城墙脚下还可以看到有人背着这种筏子。不过我本人还无缘见到西村真治（Nishimura）所说的那种更大的筏子，由700只羊皮囊组成，每只皮囊都塞满驼毛和羊毛[15]。用密封的陶瓮作为浮具目前在中国似乎已绝迹，但在古代肯

---

① Hornell (1), pp. 155, 163; Brindley (8)。这种造船技术对日本人没有影响，虽然古代画册表明他们了解这种技术[Nishimura (1)]。在中文书籍中，提到公元812年某北方部落已有这种船，对此可作同样解释[《通典》卷二〇〇（第一〇八四页）；参见Sinor (6), p. 161]。

② Hornell (1), pp. 182。

③ Hornell (1), pp. 187。

④ Hornell (1), p. 98。

⑤ Worcester (3), vol. 2, pp. 290, 370 和 Hornell (1, 9)。

⑥ Des Noëttes (2), fig. 21; Hornell (1) pl. 1B。

⑦ Hornell (1), pp. 6 ff.。

⑧ 《武经总要》（前集）卷十一，第十五页、第十六页。

⑨ 例如，《图书集成·戎政典》卷九十八，“水战部”汇考二，第二页。这是霍内尔[Hornell (1) p. 13]著作中的图形的来源。

⑩ Mukerji (1), p. 32.

⑪ 参见本书第二卷，p. 189。

⑫ 《庄子·逍遥游第一》[Legge (5), vol. 1, p. 172]。

⑬ 程大昌的《演繁露》卷十五。

⑭ Teichman (3), pp. 169, 177; Donnelly (6); Worcester (12)。参见Sinor (6)。有关黄河河套地区的传统船只，见今堀诚二(*1*)。

⑮ Hornell (1), p. 25。大约在公元前2世纪之后不久，《淮南万毕术》称，人可借助于塞满雁毛的皮囊游过去（《说郛》卷十一，第三十二页，引自《易林》；《太平御览》卷七〇四，第三页，卷九一六，第九页）。

定是用过的，因为汉代大将韩信在率军横渡黄河的著名战役中就曾借助于这种筏子（“木罂”）①，这种器材在1044年的《武经总要》中有记载②，以后的类书中也有图说明③。

许多人认为，多数船只的起源主要应归功于对单根圆木漂浮的观察，由此才想到把圆木挖空形成独木舟，变为方便的运载工具④。接着自然会想到先加一条防溅挡水板，以便增大干舷，然后再陆续往上增加挡板就成了船舷⑤。因此，在大多数种类的船上，刳制独木舟的影子还可以从龙骨（keel）的形状中找到，但龙骨并非独木舟的历史残迹，因为龙骨不仅提供了必要的纵向强度，而且如果向船底以下伸得大些，就会对船舶的航行性能起重要作用。一种早期的发明是用蒸汽干蒸木材，使独木舟底部两侧外倾，随后再插入U形骨架使之固定。最后，龙骨就纯粹变成一根纵桁了。从其前端产生出船首柱（stempost），同样在其后端延伸成为船尾柱（sternpost）。从此造船就分成公认的两种不同传统，一种是将列板（strake）互相搭接，另一种则是将列板边对边地对接，使船壳内外表面比较平滑。这两种方法分别称为搭接式（clinker-built）和平镶式（carvel-built）。 388

这种特定的分类对世界所有船舶都适用，但是还远未说明全部问题。概括地说，搭接式只是北欧船的特征，其他地区（地中海、波斯—阿拉伯文化圈、印度、大洋洲和中国）都采用平镶式⑥。此外还有其他不同之处，即船壳列板可能用植物纤维缝合在一起⑦。也可用木钉（trenail）钉牢。可以先造好骨架和肋骨及横梁和纵梁，然后再装上列板；也可以采用另一种做法，先把列板连在一起，再放进骨架。第二种办法为古代北欧民族在整个北欧海盗时期（Viking period）所采用。从公元前4世纪的阿尔斯（Als）船到9世纪的奥塞伯格（Oseberg）船和戈克斯塔（Gokstad）船，搭接列板是利用施工中留在列板内侧的系索耳与后来插入的横骨架缚牢固定⑧。11世纪后期巴约挂毯（Bayeux tapestry）上描绘的横方帆瘦长船依然与北欧海盗时期的船型相仿⑨，不过这时无疑 389

---

① 《史记》卷九十二，第五页。

② 《武经总要》（前集）卷十一，第十七页。

③ 《三才图会·器用编》卷四；《图书集成·戎政典》卷九十八，“水战部”汇考二，第五页。

④ 正如《淮南子》（卷十六，第九页）所记载：“（最先）看到一根空心木头在水上漂浮，才知道怎样造船”（“见窾木浮而知为舟”）。刘安时代和更早期的独木舟实物近来在中国陆续发现。1958年我在南京博物馆见到一只常州出土的战国时期的独木舟，长约35英尺。由单根树木制成的独木舟也曾在巴、蜀用做船棺葬（见p. 389）。有趣的是这种船的挖空部分两端都不是尖的，而是前后呈方形。西村真治［Nishimura（1）］和松本信广等人［Matsumoto *et al.*（1）］都记载过日本出土的新石器时代的独木舟。参见p. 392。

⑤ 多数权威人士都同意这一演进过程。例如，Hornell（1），pp. 189ff.；Brindley（2）；Poujade（1），pp. 187，214ff.。现在世界各地都可以看到实际是在这样做。

⑥ Hornell（8）；Brindley（*i*）。但是，在这个问题上，到处都有例外。有时，如这里所谈的情况，例外很少。恒河上有些船（*patela*，*melni* 和 *ulakh*）属于搭接式结构［Hornell（9，10），（1），p. 250］。这些船有中国式的平衡舵也是反常的。由于搭接式构造根本不适于制造真正的巨型船舶，所以欧洲南部的造船法很早就传到了北方。我们希望荷兰须德海地区的沉船挖掘工作［参见 van der Heide（1）］会弄清楚这一过程。

⑦ 我们将（下文 p. 549）看到，虽然中国人早就知道这种方法，但却从未采用。当13世纪的欧洲旅行家第一次见到这种方法时（下文 p. 465），对其评价不佳，殊不知他们自己的祖先也曾用过此法。缝接船的彩色照片，见 Eller（1），p. 519。详见 Hourani（1），p. 92。

⑧ Brogger & Shetelig（1）；Anderson & Anderson（1），pp. 55，66ff.；Hornell（1），pp. 200ff.；P. Gille（1）；Marcus（3）。

⑨ Anderson & Anderson（1），p. 80；des Noëttes（2），fig. 65；法国巴约（Bayeux）的木板画4，5，24，35。

已用钉子取代了原来的缝合结构，就像近代搭接式船的情形。但是，在印度①、阿拉伯②和大洋洲③，插进骨架法和平镶式构造是同时并存的。埃及人、腓尼基人、希腊人和罗马人的情况也是如此。只是后来在中世纪的地中海一带，才是先造好骨架，然后再钉上列板④。虽然后来的欧洲平镶式一般不是把船的旁列板直接连接起来，然而这种做法在亚洲却很普遍，不是使用缝接就是使用多种不同的锔子和钉子连接固定⑤。

如果和我们现在要指出的特点相比，上述所有细节就相对地无关紧要了。这是因为东亚船的源流显然不能用简单的空心浮木理论来解释。后面我们将看到，中国船的原始材料是竹子，而根本不是木头，其船体（不论其船侧板的构造如何）是一个纵长结构，其间布满横向隔板，犹如竹竿中的竹节隔膜，植物学家称之为“竹隔膜”，用植物学家的话来说，这些隔膜是竹亚科树状草类的空心秸秆的茎节处的横向实心节；正是由于这种结构才使中国船与世界上其他地方的船只有明显的差异。

原始人类在很早以前就一定会想到，除把单根木头挖空造成独木舟之外，他们还可以把许多木头绑在一起造成较大的“船”（ship）。用芦苇或灯心草捆绑成的筏子与我们关系不大，它们对埃及和西半球的帆船发展起过重要作用⑥，而对中国却并不重要，虽然中国对它们并不陌生（“蒲筏”）⑦。用各种方法把木头连成木排的做法，流传很广，并被许多民族广为利用，特别是帆筏形式，在印度沿海和东印度群岛十分普遍⑧。在中

390

① Hornell (1), pp. 236, 248, 249.

② Hornell (1), pp. 193, 235

③ Hornell (1), p. 207. 在大洋洲的突出发现中，霍内尔（Hornell (6)］的发现揭示了斯堪的纳维亚和大洋洲之间在船体结构方面的相似性，这一点意义深远。大洋洲今天仍然使用的某些船，不仅看起来像北欧海盗时期的瘦长船，并且用同样方法借系索耳把列板绑扎在横肋骨上。二叉式的船首尾，一种特式舀舱水的戽斗，以及船棺葬的风俗，在上述两个地区都是相同的。这样复杂的技术似乎不大可能独立发展，但却没有很满意的解释足以说明从一地区向另一地区的传播，除非我们求助于史前时期从西北向东南的“黑海大迁徙”（Pontic Migration）［见 von Heine-Geldern (1, 4, 6)］，但这可能太久远了。还有一件事也十分奇特，在中国也有一种二叉式首尾的船，即杭州附近使用的一种舢舨。这种船的“冲角”形成真正的龙骨，中国船工抬船时把它扛在肩上。这是受哪些外来影响？又是在何时起过作用呢？有关二叉型船首尾的一般问题，见 Noteboom (1)；他认为这可能是在给独木舟加装防溅板的过程中自然形成的，但是由这种形式演变成为神兽的头与嘴的可能性具有很强的诱惑力，绝不会被本土文化的象征派所忽略。中国也有船棺葬之说［冯汉骥（*1*）］，特别是在公元前4世纪的四川巴、蜀之国。1958年鲁博士和我有机会在重庆亲自研究过这些遗物。

④ 因此英国船就有双重来源，有些因素来自挪威人，有些则是受到地中海民族的影响；参见 Hornell (10, 12)；Davis & Robinson (1)。在欧洲这种变化是何时发生和传播的呢？显然是在7世纪到15世纪之间的某个时期。我们知道，欧洲的航海技术在其他方面受东方影响很大（参见 p. 698）。如果认为这种变化也是受到中国式预制舱壁造船法的刺激而产生的反响，这算不算是乱猜呢？

⑤ 关于古吉拉特（Gujerati）造船工匠企口接缝法，参见 Hornell (13)；有关中国帆船用的锔钉和斜楔埋头钉，参见 Worcester (2) 和 Audemard (3)。这里的“欧洲”是指“希腊、罗马古典时代”以后的（post-classical）欧洲。因为近年来从海底发现的大量证据表明，罗马和希腊时代的造船工匠很信赖“表皮强度”；他们用大量边对边的雌雄榫接把列板固定在一起，就像在一个“硬壳式结构的飞机机身”的结构中。这种船体是用铜钉穿过木橛中孔钉到肋骨上。所有这些都是通过对地中海海底沉船所作的系统研究发现的；见 Frost (1), pp. 225ff.；Benoit (4, 5)；Casson (3), p. 195；Bass (1)；Hasslöf (1, 2, 3)。

⑥ Hornell (1), pp. 41, 48, 53；Poujade (1), p. 199；Reisner (1)；Boreux (1)。

⑦ 参见《武经总要》（前集）卷十一，第十三页、第十四页。

⑧ Hornell (1), pp. 61ff.。

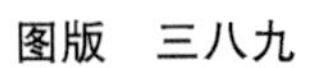

图版 三八九

图 927 在兰州附近乘羊皮筏横渡黄河［戈登·桑德斯（Gordon Sanders）摄于 1944 年］。

国，这种筏子很少用于海上，但是在长江及其许多支流中，仍有巨大的木排顺流而下①。对于顺江而下抵达重庆的“杉木筏子”②，穿越灌县水利工程的岷江筏子③，长江下游的巨大“木箄”④ 和贵州苗族的小筏子⑤都有精确的记载。这些木筏的原始型式一定在周代就已使用，至少在汉代我们就听说过这种木筏，因为公元47年，哀牢王贤栗曾令其部队乘“箄船”顺流而下攻打鹿茤族⑥。西村真治［Nishimura（1）］从日本传说中的“天浮桥”和“浮宝”二词中似乎发现了日本木筏的记载。中国木筏对研究船舶起源并不重要，而竹筏则无疑意义重大，对此我们不久还要谈到。

现在是描述中国帆船和舢舨的基本特点的时候了⑦。为此，我们有必要把在前几页中读到的许多东西搁在一边，因为世界其他地方在造船方面做过的一切，并不能把古代人认为可行的造船方法全部概括进去。在欧洲和亚洲南部，船的基桁，也即龙骨，其两端和另外两根坚固的纵材榫接在一起，这两根榫材向上弯曲，分别成为船首柱和船尾柱。连接首尾柱的船壳列板由弯曲肋材形成的内部骨架撑开，使之保持所要求的外形。但是，中国帆船的结构，就其最古老和最原始的船型而言⑧，具有平镶式船壳，没有龙骨、首柱和尾柱，而这三者在其他任何地方都被认为是必不可少的构件，船底可能是平的或微呈弧面形状；列板并不向船尾合拢而是突然终止，留出的缺口用直板构成的坚固的艉板（transom）填补。在最古老的船型上也无船首柱，只有一矩形船首横材。船体类似半个空心圆柱体或平行六面体，两端上翘，并以最后的隔板作为终端，恰似一根沿纵向劈成两半的竹子。此外，骨架或肋骨由坚实的横向舱壁代替（类似茎节的隔膜）。船首和船尾横材则可看做是最外边的舱壁⑨。这种结构显然比其他文明民族所采用的结构要坚固得多⑩。如强度和刚度相同，则所需舱壁数量比所需框架或肋骨数要少。显然，这些舱壁也可以造成水密的，从而，在船舶出现漏水或水线下部分受损时，部分船舱仍能保持船舶的大部分浮力。此外，这种舱壁结构也可产生一些很重要的连带结果，例如，为安装

391

① 在1656年尼乌霍夫绘了一幅“水上村庄”，那是淮安附近黄河上的一个大竹筏，此画后来又制成铜版画［Nieuhoff(1)，pp. 154ff.］。转载于 Rudofsky（1），fig. 3。

② Worcester（1），p. 70。

③ Worcester（1），p. 86；参见上文 p. 290。

④ Worcester（3），vol. 2，p. 388。

⑤ Worcester（3），vol. 2，p. 470。

⑥ 《后汉书》卷一下，第十七页；卷一一六，第十七页。另外的例子是一次军队渡河去攻打羌人（公元88年）的记载，见《后汉书》卷四十六，第十页。这一次，木筏似乎具有皮做的舷墙。约同时期的另一部文献《越绝书》（卷八，第四页），谈到越王勾践（参见本书第二卷，pp. 275，555）在公元前472年建立了一支拥有2800名水手的庞大木筏船队。这些木筏很可能是帆筏（参见 p. 393）。

⑦ 有关中国帆船建造原理的精确说明，应归功于霍内尔的经典性文章［Hornell（7）］。参见 Hornell（8）；（1），pp. 86ff.。当然，还有很多中国人的记载，有的我们将在后面提到（p. 462），但是中国作者对世界其他地方的造船情况了解不多，因而认识不到他们本民族真正的独创性。

⑧ 有必要提出这种保留，因为许多世纪的文化交往对中国的船舶设计影响很大，对在此文化圈南部建造的船只尤其如此。关于这种混合型船只，后面（p. 433）还将进一步探讨。

⑨ 单纯的舱壁结构主要见于内河船只；海船往往另以骨架和半舱壁加固。

⑩ 在近代首先充分欣赏这种结构的是帕里斯上将［Paris（1）］。

铰链式轴转舵提供了必需的垂直构件①。所有这些以及在风帆推进方面的有关发明（其发明日期早得出乎意料），我们将在适当的时候加以探讨。这里我们只需指出，在中国船舶的舱壁结构和中国陆上建筑的基本特点——明显的横向间壁或构架——之间有着惊人的相似之处（参见上文 p. 102）。如果说后者妨碍了纵向视野但有利于古典式的弯曲屋顶，前者则提供了分隔的船舱，使船体特别坚固②，并形成中国大型船舶所特有的平阔陡峭的船首和船尾。我们感到，这两种体系都是受到竹子及其横节膜的启发。竹子有上千种用途，每个中国人对它都十分熟悉。舢舨也和中国帆船同样使人想起竹竿。它是一种平底方头轻舟，平面图呈楔形，船身浅，没有龙骨，船后部非常宽，那里的舷侧栏
杆和列板常延伸到船尾以外，形成一种弯曲上翘的突起部分，因而使这种小船好似长出 392
了朝向船尾后的面颊或翅膀③。正是这两个突起部分之间搭起的顶棚，发展成为中国帆船上高高悬起的船尾平台（stern-gallery）。

对中国帆船和舢舨的起源有几种说法。一种意见说中国船的结构起源于双体独木舟系统④，即两个船体平行而略为分开，用木板连接起来就构成两端呈方形的新船底。可是任何地方都没有见到过这种船，也没有发现这种结构必然会产生纵向舱壁的实证。另一方面，在世界许多地方过去和现在都有双体独木船结构⑤。但也奇怪，汉语中有许多古字（“艎”、“方”、“舫”、“艕”、“潢”，以及后来指一般航行而言的“航”和“斻”）是指并排捆扎或用横木并排固定在一起的两条船⑥。另外，这种船中国至今还在使用，尤多用于往下游运送芦苇堆或捕鱼（如宜昌“水鞋”）⑦。然而，这种看问题的方法是难以令人置信的。

另一种修正的意见认为，这一发展过程可能和目前斯里兰卡还在建造的围网渔船的演变过程相似，即将所需长度的独木舟沿纵向锯成两半，然后用骨架按照规定的宽度把两半连接起来，再将中间的船底板钉在骨架上⑧。可是在中国任何时期都找不到使用这

① 见下文 p. 653。

② 对船体强度的探索导致朝鲜造船业采用了一种巧妙的想法，使横向的舱壁木材“拱起”，即向上弯成弓形。每根木材像一根弹簧，两端紧压在船舷列板上［见 Underwood (1), p. 26 及 figs. 27*c* 和 30］。

③ 例证见 Worcester (3), vol. 2, pp. 316, 373。许多古画都证明这种结构是一种古代的特点。在唐代有敦煌壁画上的船（见 p. 455）和王维的画，复制于 Sirén (6), vol. 1, pl. 58；宋代有夏珪的画，复制于 Waley (19), pl. 43；元代有马远的画［Waley (19), pl. 42；Sirén (6), vol. 2, pl. 59；Binyon (1), pl. 17］和吴镇的画［Sirén (6), vol. 2, pl. 123］。

④ 例如，这种观点得到吉布森［Gibson (2), pp. 16, 32］的赞同。

⑤ Hornell (1), pp. 44（秘鲁），78（斐济），191，248（印度），263（波利尼西亚）。在海军史上，双体船从来就有多种用途［参见威廉·佩蒂爵士（Sir William Petty）1662 年的发明］，现在这种船用做高速使帆游艇［Brown (1)］。《泰晤士报》曾刊登过一幅这种船的照片（1958 年 1 月 2 日），但把它称为 catamaran。这是一个“普遍而又可叹的错误”（霍内尔语），因为这一词本是用来称呼木排筏，用于双体舟或装有舷外浮材的独木舟则不恰当。

⑥ 见《说文》、《尔雅》、《方言》等的定义，经典引文见《淮南子》卷九，第十二页。

⑦ Worcester (3), vol. 2, pp. 488, 491；Donnelly (6)。这类船在唐代甚为普遍，这有日本僧人圆仁的目击为证，他在公元 838 年的日记中提到，他们一行人在大运河上所乘坐的是由二或三只小舟“连成的一艘船”（“或编三艘为一船，或编二只为一船”）［Reischaner (2), p. 16］。后面我们将会看到更大规模的战船实例，一种名副其实的水上炮台（下文 p. 694）。参见《图书集成·戎政典》（卷九十七，第二十八页）的双体战船［原文的译文见 Audemard (2), p. 77］。

⑧ Hornell (1), p. 89。

种方法的证据。另外，我们虽然不能说在中华文化圈的任何地方没有出现过独木舟，但其存在和分布毕竟非常稀少①。一般说来，它们似乎在汉代或汉代之前就已绝迹②。

393 霍内尔［Hornell（7）］得出的结论却大不相同。他深信我们应当把竹筏看成是中国帆船和舢舨的起源③。他说“东半球的航海帆筏④在台湾达到了鼎盛时期”（图 928，图版）⑤，其“船体”是由 9 到 11 根长的 18 英尺的弯曲竹竿组成，前面翘起很高，后面稍低。船侧也向上弯翘，因而无论在横向或纵向船都呈凹形⑥。竹子的细端朝前，故与船尾相比，船首较窄。竹竿捆绑在横跨竹排的 8 根弯曲木杠上，使竹排每处的横剖面都符合所要求的形状。从桅杆与船首之间的中点开始，沿每侧各有竹“舷墙”栏杆向后延续，伸出船尾少许，像上述舢舨的两颊。桅杆高约 17 英尺，竖立在坚固的木座上，挂着一幅典型的中国加撑条的四角帆⑦。备有两副短桨，在船的后部或尾侧则有 1 到 2 只操纵桨，还至少有 6 块中插板⑧，借以防止向下风漂移，并起辅助舵的作用。

中国古代文献中不时提到台湾的帆筏，特别因为在 12 世纪时，台湾土著经常劫掠大陆沿海村庄。约在 1225 年，赵汝适谈到台湾南部的毗舍耶人时写道：“他们不驶帆船，不操橹桨，而是用竹子捆成筏子，像簾子一样可以卷叠，一旦情况紧急，许多人就可以背起拆开的筏子游水逃遁”（“不驾舟楫，惟以竹筏从事，可折叠如屏风，急则群舁之泅水而遁”）⑨。这类事情《宋史》中也有记载⑩，书中记述过 1174—1189 年琉球岛人对大陆沿岸进行海盗式袭扰时所用的帆筏。但这种船的最早图形⑪，却迟至 1803 年才由一名叫秦贞廉的日本水手绘制出来。

如果我们设想帆船由竹筏演变而来，则只需假设横木杠变成了舱壁，木板代替了船394 底和船侧的竹子，再加上甲板就可以了。在印度马德拉斯制造木筏的工序中可以实际看

---

① 夏士德游历台湾以前对此一无所知［参见 Worcester（14），p. 79］。唐纳利［Donnelly（6）］有关汉水支流乾祐河上独木舟的记载，有待更深入的考证。韦尔斯［F. H. Wells（1）］提到过黄河上的独木舟，但细节很少。蒂斯代尔［Tisdale（1）］在朝鲜和中国东北的界河鸭绿江上看到过独木舟。有关蒙古的情况，见 Sinor（6）。参见 pp. 388，389。

② 我们在中国文献中很少看到有关它们的资料。但是有些人物，以唐代诗人常建（鼎盛于 727 年）最为突出，据说他偏爱独木舟，无疑这是道家质朴及尚古的象征。在传统的绘画和雕刻艺术品中，常可看到常建独自荡舟的场面［参见 Jenyns（2）和本书第二卷，pp. 99ff.］。

③ 布热德［Poujade（1），p. 246］与此看法一致。

④ *Tek-pai* 即“竹排”或“竹筏”，也叫“帆筏”。对这种排筏有许多记载［例如，Nishimura（1）；Worcester（9）等］，但其中最新和最完善者要推凌纯声［（*1*），Ling Shun-Shêng（1）］的描述。霍内尔［Hornell（1），pl. xlllA］所绘的帆筏模型尽人皆知。这种船主要用于远海捕鱼。

⑤ 但这种筏子也同样有安南（越南）北方的特点，其桅杆可多达三根，排列奇特，呈曲线形，根据天气变化可装在一根横向木材的三或四个插座内。文字记载见 Claëys（1，2）；Paris（3）pp. 59 ff.，自 figs，45—52 及 233；Huard & Durand（1），figs. 106，107。我们很感激已故的帕里斯先生，他曾在通信中给我们提供资料和一幅三桅帆筏的照片［Piétri（1）］，这种帆筏各部分的比例使我们想起太湖的五桅帆船（见下文图 1017）。印度支那的帆筏有时还装有一个小舵。

⑥ 这种倾向在日本某些木筏上也明显可见，一种叫锅盖筏（*nabe-buta*）的木筏尤其如此［Nishimura（1）］。

⑦ 见下文 p. 595。台湾有一种斜桁帆，见下文 p. 589。

⑧ 一般一次仅使用其中三块。我们相信中插板是中华文化圈的另一项发明；见下文 p. 618。

⑨ 《诸蕃志》卷上，第三十九页；由作者译成英文，借助于 Hirth & Rockhill（1），p. 165。

⑩ 《宋史》卷四九一，第一页。

⑪ 在凌纯声（*1*）的论文中有复制品。

图版 三九〇

图 928 台湾和中华文化圈东南部的航海帆筏［照片采自 Ling Shun-Shêng（1）］。请注意帆筏前头那根弯曲木杆，这些弯木使竹筏表面形成凹形；有些中插板处于抬起状态；筏子两舷有竹栏杆；以及典型的中国撑条斜桁四角帆。

图 930 四川雅江上的两只巨筏［照片采自 Spencer（1）］。

到这一发展过程，有些木筏的两侧都有用木钉固定的列板[①]。在许多中国船中，最显著的是广东的“六篷船”，还沿用着竹筏的外形[②]，有时还使之更加突出。横舱壁的构思自然是由竹竿本身的节隔膜引发而来的，把一段竹子纵向劈为两半并使之浮在水面上，确实就是所有中国船舶构造原理的一个醒目的模型（见 p. 391 中的插图）。

没有必要硬说台湾的航海竹筏[③]是中国帆船的始祖，因为许多别的类型的竹筏直到今天还经常在中国内河行驶[④]。最有趣的一种是四川的雅江筏子，在雅州（雅安）与嘉定（乐山）间 100 英里艰险水路上往返航行从事对西藏的贸易[⑤]。这种竹筏船必定是世界上吃水最浅的一种杂货船，由于竹子的浮力大，满载时（载 7 吨货）水线下的深度通常只有 3 英寸，绝不超过 6 英寸。这种不沉性颇佳的筏子长度在 20—110 英尺，全由粗大结实的南竹（*Dendrocalamus giganteus*）造成；南竹可长到 80 英尺高，直径可达 1 英尺。竹筏的前部较窄，用加热法使其向上弯翘，这样竹筏就可以在几乎平于水面的礁石上滑过（图 930，图版）。在其他省份，也有一些值得注意的竹筏（“竹簰”）[⑥]，其中有的筏头向上翘起（图 931，图版）[⑦]。还有些船，如四川西部的“扇尾”船（“神驳子”）[⑧]，似乎把这一古老的设计从船头移到了船尾，以利于在顺急流而下时防止进水。

霍内尔全然不知中国固有的传统说法，帆船系由筏子发展而来。3 世纪或 4 世纪的著作《拾遗记》说[⑨]：“轩辕氏改变了乘筏（‘桴’）的习惯，因为他发明了船（‘舟’）和桨（‘楫’）。”［“（轩辕）变乘桴以造舟楫。”］对此，某一辞书编撰人评论说[⑩]：“因此在没有船之前，渡河的工具是筏。既然‘桴’和‘筏’的意思相同，在黄帝之前就一定有筏了[⑪]。现在把竹排或木排统称为‘筏’。”（“则是未为舟前，第乘桴以济矣，筏

396

① Hornell（8）。

② Worcester（8）。

③ 我们已经看到，印度支那沿岸仍在使用非常相似的船只。所有这些帆筏都与美洲印第安文化区的著名的轻木帆筏或圆木帆筏极为相似，特别是在秘鲁和厄瓜多尔的印加海岸以及巴西北部海岸的那些帆筏［参见 Lothrop（1）；Hornell（1），pp. 81 ff.，（22）；Heyerdahl（2），pp. 513 ff.；Clissold（1），等］。但是，美洲印地安人的帆筏照其传统形式只用中插板来操纵，根本没有操纵桨或舵。凌纯声在探索亚洲东部、波利尼西亚和美洲印第安人的帆筏之间的关系这一棘手问题时，指出了台湾帆筏与厄瓜多尔—秘鲁帆筏形式上有显著相似之处。他甚至提出在太平洋南部和西部这类筏子的名称也起源于汉字的字根，不过这在语言学上是不能令人信服的。更何况他那种基本上起源于中国之说的部分理由，显然是以公元前第 3 或第 4 千纪的中国传说中的帝王和传奇人物为根据的。然而有许多理由认为，有中插板的帆筏确系从亚洲横越太平洋传入美洲，而不是相反。这种说法似乎更为可信，这也是帕里斯［P. Paris（3），pp. 34，64，67］和霍内尔［Hornell（22）］所持的观点，并得到鲍恩［Bowen（2），p. 108］的支持。

④ 而且很久以来就在这样做。参见图 929，图采自《图书集成·考工典》卷一七八，第十二页，原出于《三才图会》。

⑤ Worcester（1），pp. 91 ff.，（3），vol. 1，p. 222，（14），pp. 179 ff.；Donnelly（6）。卢埃林［Llewellyn（1）］乘坐这种竹筏作过的一次旅行，有过生动的记载。

⑥ Worcester（3），vol. 2，pp. 304，440；（1），p. 42；关于长江竹筏见 Audemard（7），pp. 74 ff.，关于宁夏竹筏见 Donnelly（6）；W. E. Fisher（1）。参见 R. D. Thomar（1），p. 47。

⑦ 艾格纳和艾黎等人［Eigner，Alley et al.（1）］对广东某河上的竹筏的记载也极为相似。

⑧ Worcester（1），p. 47。

⑨《拾遗记》卷一，第二页。福开森［Ferguson（6）］提请注意这段文字。

⑩《三才图会·器用》卷四，第十九页起。另见《稗编》有关词条。

⑪ 轩辕是传说中黄帝的另一个名称。

图929　竹筏图，采自《图书集成》（1726年），原图根据《三才图会》（1609年）重绘。注意两侧竹栏杆，它们可作为抗中拱的构架（见 p. 437）。

即桴也，盖其事出自黄帝之前，今竹木之排谓之筏是也。”）古文“苇”字的意思可能就是“竹筏”。《诗经》中有一句诗：“我可以用一（捆）芦苇渡河。”（“一苇杭之”）① “苇”字在整个宋代诗词中继续沿用，如苏东坡的诗词。孔子和楚国的行吟诗人都谈到过筏子。孔子感叹其同代人拒不接受其伦理和社会教义时说：他要乘（帆）筏（“桴”）去游访九夷民族，以期找到更好的听众②。几个世纪以后，《楚辞·九章》的一位作者谈到“乘浮筏顺流而下”（“乘氾泭以下流兮”）③。中国帆船是从竹筏发展而来的说法和

---

① 《毛诗》（第61）。译文见 Karlgren（14），p. 42；Legge（8），p. 104。

② 《论语·公冶长第五》第六章。有关九夷的一段是后来的学者加上去的，如《说文》中对该词条的注释。伟大的理雅各在他的译文中［Legge（2），p. 38］说孔子想要乘筏子到海上去任其漂流。毫无疑问，理雅各不知道当时已有完善的帆筏，但遗憾的是西方又一次对中国产生了不必要的愚昧误解。实际上，这位圣贤乘坐高挂四角帆的船，乘风破浪，把合理的社会秩序的教义带给仍为迷信所束缚的人们，这种情景真是雄伟壮观。孔子乘坐的这种船本应荣膺“星槎”的称号，这在很久以后的中文用法中只适于使节乘坐的船。这种船也很可能曾航行到墨西哥海岸。

③ 《惜往日》［《楚辞补注》卷四，第二十七页；译文见 Hawkes（1），p. 76］。

《易经》中一段著名的文字并不矛盾。《易经》在谈到圣贤时，说他们“把木头挖空造船，把木头用火烤硬造桨”[①]（“刳木为舟；剡木为楫”）。这种平常的翻译过于着重第一个字的意义，其实“刳”字也可以表示“剖（开）”、“削（去）”、“断成几段”，“肢解（动物）”等。但这里“刳”字也可以指把圆木剖成板材。我们不久就会看到，古代表示“舟”的象形文字两端为方形而不是尖形[②]。此外，有几部古书都提到用粗大的竹子造船的事[③]，这一点可能十分重要。

（c）中国帆船和舢舨的构造特点

从我们现在已经得到的论点出发继续进行深入探讨的最好办法，就是找几个典型的造船实例来详尽讨论。这样，我们就能够同时对造船工匠和海员过去和现在都在使用的一些最重要的术语有所了解。

397

（1）船 型 举 例

让我们先从长江上游的货船“麻秧子”谈起[④]（图 932、图 933；图版）。和其他所有内河帆船一样，麻秧子大小很不一致，从船首（“舰”、“艋”、“艄”）至船尾（“舳”、“艄”）长度由 35 英尺到 110 英尺不等。这种船以前曾造到 150 英尺长。从船的纵剖面图看，有不下 14 个舱壁（“梁头”），构成很多分隔的“舱”。这种船最古老最典型的结构根本没有纵向强力基础构件（即龙骨），从而纵向强度全靠把船板钉在舱壁上以及在两侧顶端装上非常坚固的护缘板“大欄”（“船边夹大筋”）。至今仍然在列板之间装有这种加强件（“夹筋”），但是现代技术的进步，有时甚至诱发人们把“龙骨”（见 p. 429）用在偏远河流的船型中。有的在船壳板内侧装有一根内龙骨，并在船底与船侧外板连接处（舭部）装有两根边龙骨（“弯角板”）[⑤]。

在舱壁之间可能有一些肋骨、半肋骨或肋材（“轧玉”），但这些构件是否自古就有却值得怀疑。舱内地板（“底玉”）可以放在船底板上面的这些肋骨上。舱壁本身几乎都有垂直构件或称加强材（“梁头夹板”）。许多中国船就像 18 世纪的欧洲船一样，船侧上部都有较大的内倾，换句话说，这些船可以认为是炮塔式结构（turret-built），“麻秧子”就是如此。因此甲板（“柜面板”）宽度绝对达不到船的全宽，中国船的上层建

---

① 《系辞下》第二章；译文见 R. wilhelm（2），vol. 2，p. 254；Baynes 英译本，vol. 1，p. 357。

② 参见下文 p. 439。看来这种竹节“隔膜”引出舱壁的想法，反过来又对某些造独木舟的人产生了影响。在朝鲜北部的鸭绿江和图们江上，把粗大的树干挖空用做渡船。为了进一步提高强度，在挖空树干时，各部分之间留有木隔层［Underwood（1），p. 6 及 fig. 7］。

③ 《山海经》卷十七，第一页；《神异经》卷三；《筍谱》第十一页；《竹谱》第一页、第三页；《渊鉴类涵》卷四一七，第三页。

④ 这样比较方便，不过我这样做也是出于个人义不容辞的责任，因为以前我曾多次乘坐这种船旅行。我对中国内河航行技术能有所了解，要感谢四川的巫船长。记载见 Worcester（1），p. 21。克洛代尔和奥普诺曾发表了一幅“麻秧子”模型及其建造者的精彩照片［Clandel & Hoppenot（1）］。

⑤ Worcester（1），p. 37。

图版　三九一

图 931　江西北部鄱阳湖东南黄金埠附近，信江上鱼鹰捕鱼用的竹筏队（原照，摄于 1964 年）。

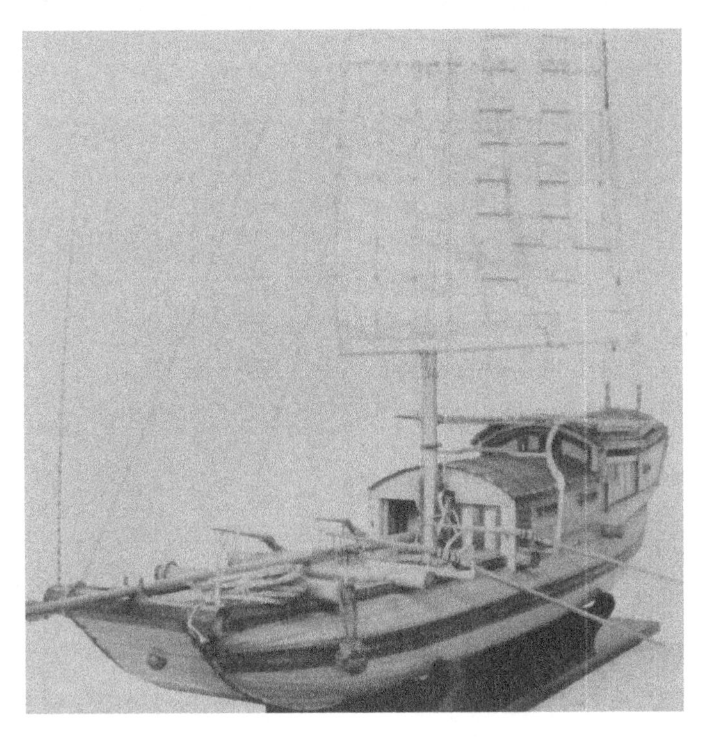

图 933　“麻秧子”船模型［藏于南肯辛敦（Kensington）科学博物馆梅乐和收藏部（Maze Collection, Science Museum）］。见 Anon.（17）no. 5。图片上表示出了船上通常配备的巨大的船首长桨。见 p. 630。

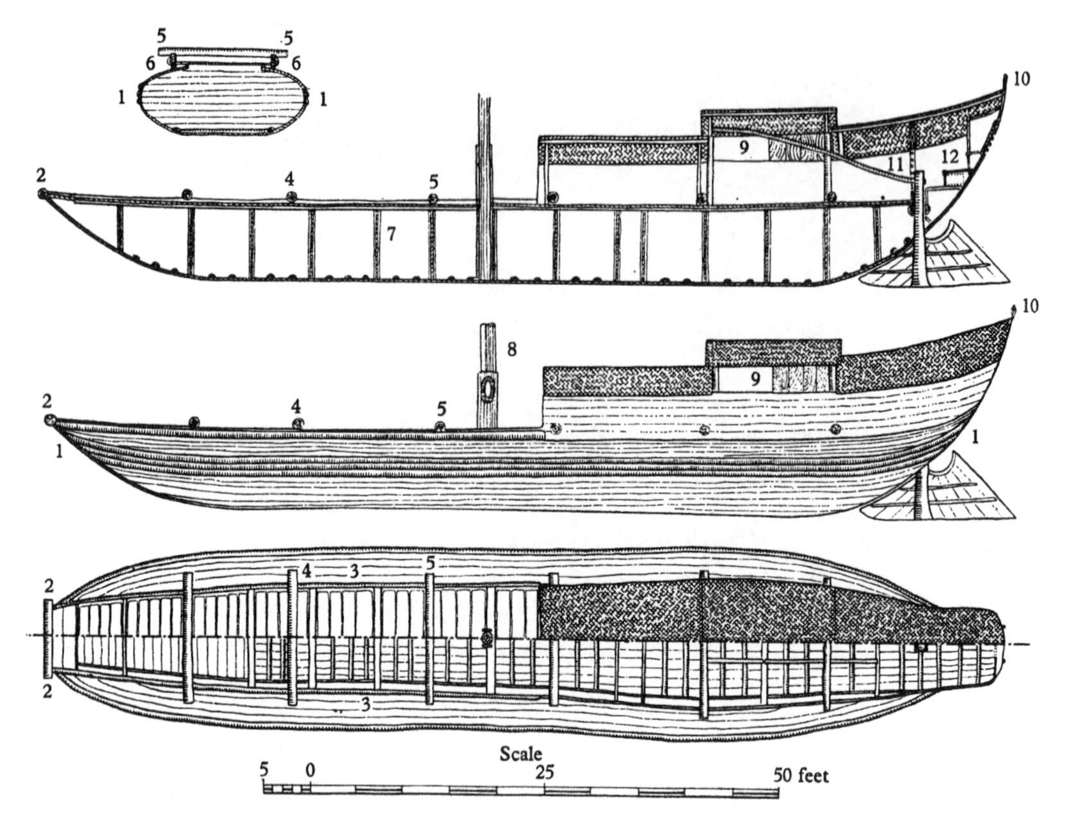

图 932　长江上游帆船“麻秧子”，这里选作所有中国船的原型［采自 Worcester（1）］。

1　纵贯船只全长的粗大腰筋

2　方形船首处伸出的横梁

3　船首到甲板室的舱口矮围板

4、5　安装橹球钉（thole-pins）的突出横梁（见 p. 622 和图 933，图版）

6　横材

7　支持硬木绞盘的第五舱壁

8　80 英尺长的杉木桅及桅座，上面挖有升降索耳

9　可以向前瞭望的操舵室（某些船型的舵柄可高过甲板室，在其上面的横向板上操作）

10　两根长桩，其上盘绕备用竹索

11　25 英尺长的平衡舵舵柄（参见 p. 655 和图 1043，图版）

12　后舱室（船长室与居室）

筑几乎都在主桅（“樯”）之后，船上舱面盖板（“旱舣”）延伸至栏杆或舷墙（“旱舣面直筋”）里面，这在海船上较为常见，而内河船的桅前一般没有栏杆或舷墙，这就给操桨、摇橹①、拉纤等提供了宽畅无阻的空间。甲板铺在沿船体顶部相隔一定的距离布置的横梁（“柜梁”）上；有些横梁伸出舷外，供各种桨橹作支点，这样就可使桨离开防护甲板或鲸背甲板（即船体上部向内斜的板，称“船外柜面板”）。方形船首的端部是一根可供多种用途的粗大外伸横梁（“鱸”）。船首到舱面室之间装有“舱口边板”，

① 见下文 p. 622。

其上铺横向舱面盖板①。

杉木桅杆高约 80 英尺，竖在高出甲板表面达 6 英尺的桅座中。桅根榫头插在强度很大的活动横木的座承里面，横木由下面的半肋骨托着，并紧靠其前后的舱壁分散所受推力（图 934）。现代的结构形式是在两舱壁之间加入隔离舱（coffer-dam）或装货的小舱，以收容舱底水，再用竹制唧筒排出。这种船的舵（“舵”、“舵”、“柁”、“柂”）是平衡式的，（也即舵叶的一部分是在舵杆前面），并装有长 25 英尺的舵柄。在急流中行船的困难条件下甚至需三人来操作。这种船还可能有一把船首大桡。桅杆上挂一面高耸的单幅四角帆。这种大型内河帆船的固定船工可能只有 8 名，但临时雇用的则多达 50 至 60 人；在某些地方逆水行舟，可能需要多达 400 名纤夫。

398

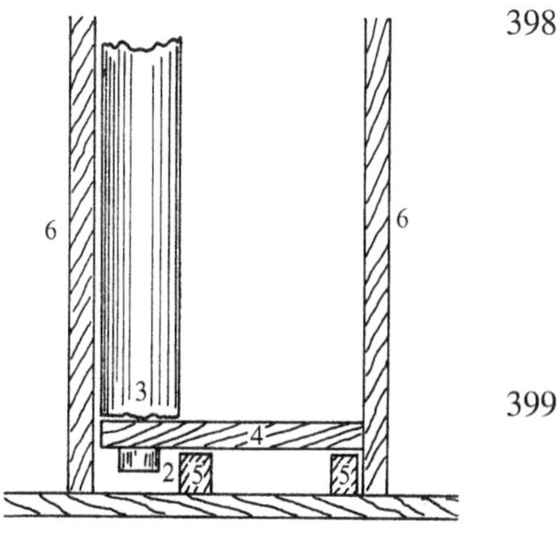

图 934 典型的中国船桅座［采自 Worcester（1）］。桅根（3）的榫头（2）插在桅座横木（4）的孔中。桅座横木平枕在肋材（5）上，两头紧顶住舱壁（6），这样就可避免桅根向前移动，并有助于分散所受推力。参见图 935，关于 17 世纪船桅座的记述，参见 p. 413。

399

这类船有多种样式，如往来于重庆之西的“舵笼子”和“南河船”②；其中南河船用一根船首大桡来辅助船舵。

我们可取江苏货船③或沙船④作为游船的代表。以前这种船的长度曾达 170 英尺，其杉木船体（船壳）为平底（见图 935），中央纵材略大于别处的纵材，用以代替龙骨。舱壁数和上述上游河船同样多，船体的两侧用大欀（护缘板）加强。由于这种炮塔式船体的曲线在船首和船尾收拢，最前面和后面的隔舱就构成这种结构的主要部分⑤，弯曲的甲板横梁极为精巧地嵌接在船体的弯曲骨架里⑥。某些船首和船尾纵材实际上是天然曲材⑦。船首和船尾宽阔笔直，能经受狂风恶浪，而在船尾后面加造一个“假船尾”（“舵楼”），即将舷侧沿船体曲线略向上延伸过艉板，其终端形成一个高出水面 7 英尺的较短的假尾横板。这种结构的甲板面使甲板室加长，可装置绞车用以升降吊在舵楼间的舵。许多世纪以来这种布局一直是中国船的独特之处。舵柱在 3 个木制开口式的舵枢中转动，舵柄则在甲板室内或其顶上操作。从假船尾再往后就是长的船尾平台。

① 关于中国船体结构的概述，见奥德马尔［Audemard（3），pp. 10 ff.］的著作。他关于桅及桅座也有极好的概述（pp. 31 ff.）。

② Worcester（1）pp. 61，78。

③ 有时叫做北直隶货船。

④ Worcester（3），vol. 1，p. 114；Waters（2）。

⑤ 例如，见图 936（图版），图上所示为福州撑篙船的船首；参见 Worcester（3），vol. 1，p. 139；Donnelly（5）。图 937（图版），为杭州湾货船的船首；参见 Worcester（3），vol. 1，p. 137。

⑥ 史密斯［Smyth（1），p. 82］对荷兰船的评论在这里也适用：“就中国帆船而言，尽管其上层建筑看起来十分宽陡笨重，其水下线型一般说来却非常柔美，海龙王是值得称道的，因为他对完美柔和的曲线，总是心肠慈悲的。”

⑦ 一种明显的道家做法。但欧洲的造船工匠也采用过此法。

400

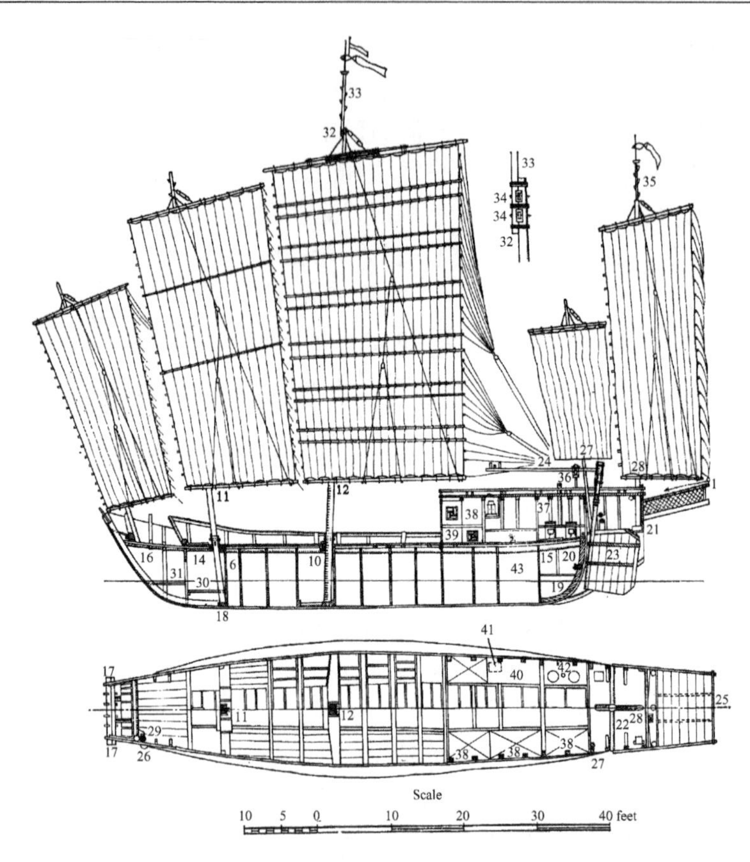

图935 “沙船”或称江苏货船，一种航海帆船，可能是多种中国船的母型［采自 Worcester (3), vol. 1］。长度往往将及200英尺，接近明代水军大木船的尺寸（参见 pp. 479 ff.）。这里所画的船为85英尺长。

1 尾帆的滑车和复式缭绳（参见 p. 597）
6 第一内舱壁
10 许多坚固的甲板横梁之一
11 长46英尺的船中前桅（前倾）
12 长70英尺的主桅（稍向后倾）
14 前舱，可作居室和存放索具
15 后舱，在第十二个即最后一个内舱壁之后
16 三根天然弯材的船首肋材
17 船首横梁
18 前桅桅根
19 天然弯材的纵向船尾材
20 宽陡而圆起的方形船尾
21 假船尾，即由船体两侧延伸到船尾横材以外8英尺，末端为一根较短的假船尾横材
22 升降舵用的绞车（参见 p. 632）
23 有铁箍的非平衡式舵
24 16英尺长的舵柄
25 10英尺长的船尾平台
26 31英尺长的左侧前桅（前倾）
27 28英尺长的左侧四桅（前倾）
28 48英尺长的尾桅（直立），稍偏于船中线左侧
29 左舷前桅的桅座（在舷墙内）
30，31 固定在船中前桅根部的纵向撑材
32 主桅桅肩
33 主桅的轻便顶桅
34 贯穿两桅的滑轮销，用以固定双向升降索滑轮
35 尾桅的轻便顶桅
36 航行灯
37 厨房
38，39 有床铺和拉门的舱室
40 粮仓和仓库
41 观音神龛
42 炉灶
43 甲板下的居室

图版 三九二

图 936 福州撑篙平底帆船或运木船（“花屁股”）的船首照片，得自沃特斯收藏部［Waters Collection；格林尼治（Greenwich）国家海运博物馆（National Maritime Museum）］，照片表现了船首部的复杂结构。船首处的两侧板向上翘起，高出甲板 10 英尺左右。这些船的桅杆虽然很少超过三根，但船的长度可达 200 英尺（请注意船头处能看到两名船员身影）。这种船的尺寸图可见 Worcester (3), vol. 1, pl. 50。

图版 三九三

图 937 停港的杭州湾货船（“绍兴船”）的船首照片，得自沃特斯收藏部（格林尼治国家海运博物馆），照片表示出了船体前部的构造。方形船首向前悬伸，船首横向船壳板安置在上翘的纵向船底板的圆形顶头上，并且稍微向后一点。船首通常装饰着色彩鲜艳的面孔图案，船头两侧则画着八卦和阴阳图案（参见本书第二卷 pp. 273，312）以代替眼睛。注意图中的四爪锚和收卷起来的撑条前帆。这种船的长度都不超过 90 英尺，一般装有三根桅杆；它们也装有披水板（参见 p. 618），这在本图中看不见。尺寸图见 Worcester（3），vol. 1，pl. 48。

图版 三九四

图938 一艘汕头货船的甲板（照片得自格林尼治国家海运博物馆沃特斯收藏部）。主桅支柱十分显眼，它把风对帆的一部分推力向前传递到船体和隔舱壁上。还可看到一个桅杆上通常使用的铁箍和楔子，以及左右两舷每侧一个升降索绞车（其中一个已被拆下）。

401 值得注意的是船桅，在这种船上一共有五根，因为（我们将看到）这种做法使13世纪的欧洲人大为惊异，似乎对他们以后的船舶设计产生了巨大影响。一般说来，航海帆船无论大小，过去和现在都装有多根桅杆，内河帆船则很少超过两根。不过，另有一种特征，其传播范围从未超出中华文化圈之外，这就是把桅杆位置左右错开[①]。就本例而言，头桅偏在左方，二桅在船中线上，两桅均向前倾斜；主桅（中大桅）也在船中线上，但稍向后倾斜；其次是四桅，位于左侧，并明显地向前倾斜；最后的尾桅，比四桅高出很多，而且毫不倾斜。各种船上桅杆的倾斜方式是不同的，但总的倾向是使桅杆像扇骨一样向外张开[②]。桅座的构造也各有变化。几乎所有中国传统航海帆船的桅杆都不用支索[③]，但在某些船型上，在甲板平面高度附近为重型主桅加装单根的或叉型的撑402 材，把帆的部分推力传送到船体和前面舱壁的接合处（图938，图版）[④]。所有的桅杆都挂平衡式四角帆[⑤]，某些桅杆还有顶桅，现在依然和中世纪一样，在适宜的航行条件下悬挂顶帆。这样的帆船今天大约配备20名船工，应与宋代远航印度洋的船型颇为近似[⑥]。在满帆航行时，其优美雄姿确使目睹者叹为观止[⑦]。

(2) 技术用语

我们前面已经指出，解释中国造船和航海名词颇有困难。就我们所知，中国文献在造船和航海方面还没有像建筑技术方面的《营造法式》[⑧] 这样的伟大著作可供查考。此外，令人遗憾的是，从事实际工作的人从来不从事写作，文人又对造船和操船所知无几，甚至一无所知。他们仅能对连他们的前辈也只是一知半解的技术用语作些注解[⑨]。

---

① 这种做法的起因可能是希望为使操作索具和堆放货物留出更多的空间，但也可防止主要用于控制的小帆被其他帆篷遮掩而失去效力。这种把桅错开的原理看来对某些现代游艇设计者有吸引力［与W·科茨（Wells Coates）先生的私人通信］。

② 在朝鲜船上，这种做法变得更为突出［Underwood（1），p. 18及figs. 18，19］。在《和汉船用集》（卷三，第十九页起）中的福建货船图上，这种情况显示得很清楚。

③ 这对纵帆航行技术的发展一定大有帮助（参见pp. 591，608）。但是某些内河船上用于拉纤的桅杆是有支索的（图933、图957、图971，图版；及图1047），而且有时候还有多根支索（图976、图1024、图1032，图版）。桅牵索则很少见（图972，图版）。

④ 有时候这些粗大的桅杆是接合的，也即用铁箍将几段圆木连接起来。1842年，英国海军军官们看到上海帆船的巨大主桅时感到惊异。其中有一根大桅在高出甲板不远处，测量其周长为11英尺6英寸，高度141英尺，主桅桁长为111英尺。庞大的帆篷必须用非常结实的帆杠，而桅杆无牵索或支索。见Bernard（1），vol. 2，p. 365。

⑤ 参见下文pp. 595 ff.。主桅和前桅的帆总是用撑条加固；其他帆也可用可不用。

⑥ 关于克洛斯和特鲁［Clowes & Trew（1），p. 81］书中所复制的中国航海帆船图，有必要在这里提醒一句，因为这份图集若不考虑船舶结构则十分精美。我怀疑此图是否取自帕里斯将军［Adm. Paris（2），pt. Ⅳ］的著作。但舵"槽"太窄，两舷走道太长并过于突出，复式缭绳画错了，船体也画得不正确。

⑦ 参见Ommanney（2），p. 111。

⑧ 参见上文pp. 84 ff.。

⑨ 看来在其他文化区也有重要的造船手册和关于航运的书籍，但似乎未见有译成西方文字的，甚至连充分予以介绍的也没有。例如，有一部波阇·纳拉帕蒂（Bhōja Narapati）编著的《航运之书》（*Yuktikalpataru*），并经常引用达拉的罗阇·波阇（Rājā Bhōja of Dhara，约1050年）的著作；此书仍然是手抄本［Mukerji（1），p. 19］。日文的则有金泽兼光（1766年）著的《和汉船用集》，插图精美，颇有趣味。其中有些图在西川如见（1708年）的《华夷通商考》中也有刊载，不过画法不同。一个世纪之后，本木正荣为西方战舰编了一部有插图说明的《军舰图说》。

所以，虽然中国的类书（从《尔雅》开始）一般都包含有专门讲解船舶术语的章节①，但必须指出，其中多是关于一些早已过时的（或不易识别的）大小船舶的类型的术语，如“艋”、“舸”、“舸”、“艄”等。关于船舶各部分和船舶设备的术语为数更少。即便如此，大量篇幅也是用于辨别某些方言叫法或地方惯用称谓。因此，想要挑选出能真正证明在历史上某一时期存在过某种特定技术的资料，就需要作长时期的研究。尽管这个领域极其引人入胜，可是我们现在还不能在本书内就着手进行。例如，1126 年任广所著的《书叙指南》中，其卷十五的一部分有解释船舶术语的，但还无人研究过。我们所需要的这类研究，将需要利用 18 世纪的最佳论著，即洪亮吉（1746—1809 年）的《释舟》②。此书提到许多不常见的词语，如表示舱底板或舱壁的“笭”字，表示列板的“枻”字，但后者在今天是指长桨（桡子），而任广却明确地说它是操纵长桨（梢）。 403

西方的汉学研究也补益不大，从艾约瑟［Edkins (12)］和卢公明［Doolittle (2)］的著作中也许能了解到一些东西，但更多的收获却是来自查考辞书。如果汉学家们把过去一百年从事翻译纯文学作品的精力拿出 1/10 来研究中国实用技艺的发生与发展，我们今天的情况就会好得多。另外，在夏士德大量精心的著述中也没有把所用的每一术语标出其相应的汉字。乍看起来，这似乎是可惜的③。但是，这里存在一个意想不到的困难。在和夏士德共事过的造船工匠和船长中间，即使最优异者一般也不会写字，其他船员或其家属更是如此。口头上使用的船用术语肯定有很多，但从未有过文字形式④。我们稍后就会看到，有一位 18 世纪的文书官，大概不得不杜撰一些汉字来记录向他提供海上情况的人所用的某些词语。此外，中国海员似乎不欲劳神去推敲无穷无尽的术语来把那些最细小的零件都表示出来，而欧洲人却乐于这样做⑤。最后，还需说明，这些术语在不同的港口说法也不相同⑥。

因此有必要同时采用历史的和“民族学”的方法⑦。这自然对欧洲传统技术和工业

---

① 如《三才图会 · 器用》卷四，第九页。

② 收于《卷施阁文甲乙集》卷三。

③ 霍梅尔（Hommel）论述中国工具和技术工艺的杰出著作（本书第四卷，第二分册，p. 50）也有同样的缺陷。同样的解释这里也适用，但霍梅尔更易受到批评，因为他全未注出汉字。这里还要补充一句，夏士德的专题论文中有关汉学历史的讨论也不全可信赖；遗憾的是，由于缺乏中国历史学家的合作，他吸收了不少传说和半传说的材料。但是像船这样低级肮脏的东西很难使那些受过学院式教育的学者们发生兴趣。陈振汉博士在 1944 年告诉我，他准备写一本中国船舶史，我们希望他这样做。关于英国造船工匠的工具，见 Salaman (1)。

④ 特别是在中国西北一带的方言中，我的亲身经历可以证实这一点。既然在中国对本地造的船舶的兴趣和重视已大大提高，我们就可以期望技术词典将会造出大量新字，把以往口头上使用的船舶术语记录下来。

⑤ 这至少是夏士德本人三十年来的经验（据个人通信）。中国与欧洲海员间为何会存在这种差异呢？或许欧洲人注意名称细节，是由于过去三个世纪中科学的世界观占优势的直接结果。另外，作者本人［Needham (2), p. 71, (27)］提供了一些例子，说明中世纪的欧洲科学的一个特点就是没有能建立适当的科学术语，而这正是文艺复兴的鼎盛时期所清除的制约因素之一。前面（本书第二卷，pp. 43, 260），我们看到道家也是如此。如果这是真实的话，那么“主斜桁小帆的松放”的说法就和“鼠蹊腱膜镰”这一串术语一样，完全可以作为分析事物复杂程度的重要标志。

⑥ 我们期待着华德英（Barbara Ward）女士关于香港船舶的第一手资料的出版，其中包含很多传统的和还在使用中的技术资料。也可见 Ward (1)。对中国海员的生活方式的类似研究见夏士德 Worcester (14)。

⑦ 但不应该将这两者混淆起来。一部中国航运史不可能根据科学博物馆中的中国帆船模型写成，就像夏士德［Worcester (14)］的文章的标题似乎暗示的那样。

也同样必要。

404 李昭祥于1553年所著的《龙江船厂志》(前面已提到),虽然不是论述造船技术的专著,但却提供了大量(尚未经史学家整理)的资料。对此书的讨论留待后面更适宜的地方进行(下文p. 482)。此书配有多幅船图,但其中只有一二幅对解释技术用语有所帮助,其余的只不过是些粗糙的草图[①]。我们在中国文献中能够找到的最好的一幅船图见于周煌于1757年所著《琉球国志略》,如图939所示[②]。此图特别有价值,因为这位艺术家加注了许多技术用语(见所附说明)。方形的船首和船尾以及船体纵向加强材"龙骨"(参见p. 429),都画得很清楚。竖立着4根桅杆,典型的撑条席帆画得很逼真,前帆和主帆上都有帆桁吊索,前帆上有复式缭绳[③],船上还有像马可·波罗时代(参见p. 467)的附加帆篷,包括船首斜桅帆("头缉")[④],大三角帆("头幞")、顶帆("头巾顶")[⑤] 和一面引人注目的鼓满风的尾帆("尾送"),以及张挂这些帆篷的桅杆或帆桁。所有这些帆都是棉布做的,用垂直的绳索加固。我们不禁想起现代赛艇中的做法,把一面绷紧的有撑条的纵向主帆和一面鼓满风的三角帆结合起来;同时也看到它与文艺复兴时期欧洲的"全装备帆船"(full-rigged ship)不同,后者以横帆为主,纵帆只用在后桅上(参见p. 609)。这艘中国帆船显然是在轻松地顺风航行。甲板上的绞车("缭")是用来升帆的,见图946(图版),其次应注意吊舵被部分提起以减少水的阻力,还应注意那副拉索("肚勒"),它从舵脚沿着船底一直拉到船首楼内的起锚车上,使舵紧贴船尾横材在木制舵枢中转动(参见p. 632)。李明在17世纪提到过此事(p. 635)。在船首可以看到两个四爪锚,前部的左舷另有一锚无锚杆(也即无十字杆)。图上还画有舷窗[⑥]。

中国造船虽然没有出版过巨著[⑦],但有一些抄本资料可供利用,而且一定还有更多的资料沉睡在地方案卷中。欧洲马尔堡图书馆有一份令人关注的手稿[⑧],看来是供福建
406 官员建造和维修官船使用的一本手册。莫尔和劳顿[Moll & Laughton (1)][⑨],对此手稿的描述很不充分,他们认为其定稿时间是1850年左右。我们有机会对手稿的缩微胶卷重新进行了研究,比较倾向于把定稿时间提早50年以上[⑩];不管怎样,它完全值得由

---

① 到目前为止,对这些船只研究得最透彻的是包遵彭[(*1*); Pao Tsun-Phêng (1)]。

② "图汇"部分(卷一前),第三十三页、第三十四页。

③ 参见下文pp. 595 ff.。

④ 挂在船首斜桅下面帆桁上的一面小横帆。

⑤ 见下文pp. 591, 602。

⑥ 很有趣,因为这也是使13世纪的欧洲人感到惊奇的一件事。

⑦ 当然在中国书籍中,偶尔也附有船图。例如,1721年徐葆光的《中山传信录》中,就有一些相当粗糙的船图。看来它们确系插图传统的早期范例,而图939为其中之佳品。有一部叫《水事辑要》的书,其中一部分在一个世纪前由孔琪庭[K. A. Skachkov (1)]译成俄文,但在中文资料中我们还未能找到任何有关记载,并且我们也未能找到这篇译文。参见p. 424。

⑧ 夏德收集品(Hirth Collection)之第5号,原存于柏林皇家图书馆(Royal Library in Berlin)。我们非常感谢佐伊贝利希(W. Seuberlich)博士将缩微胶卷供我们使用。

⑨ 那些船及其部件的复制图质量低劣,未注汉字,只标出一些难解的罗马拼音字,许多木制的东西及其用途都无法识别。看起来像是翻译文字之处,其实不过是一种节略意译,而且是错误百出。

⑩ 手稿提到的最晚时间是1730年,而且把1688年的决定似乎仍作为权威性意见。

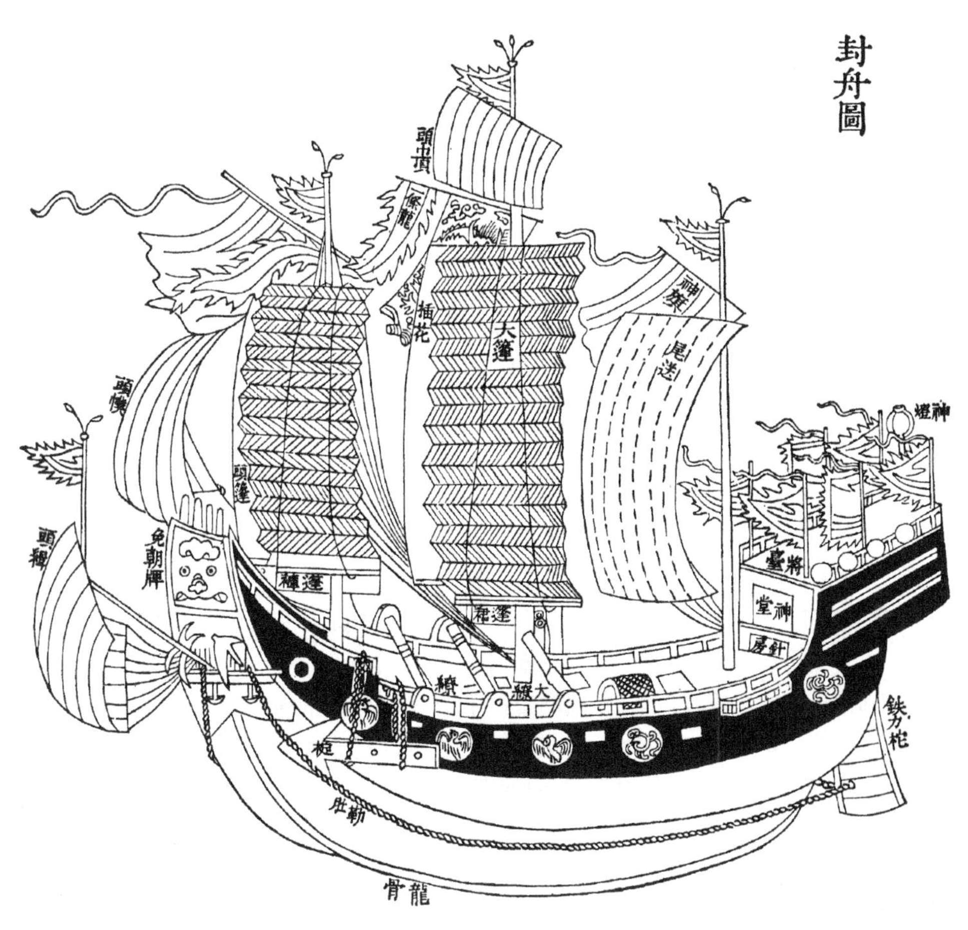

图 939　1757 年《琉球国志略》书中的中国航海帆船，这是文献中所见到的具有中国风格的最佳船图之一。

封舟　官船

头幞　一种大三角帆

头缉　船首斜桅帆。西方的船首斜桅帆系由罗马船首斜桅帆（*artemon*）演变而来［参见 Torr (1)；Chatterton (1)，p. 112］。哥伦布的“圣玛丽亚”（*Santa Maria*）号（1492 年）就有这种帆，但直到 16 世纪末，这种帆才在西方船上普遍使用

免朝牌　“免除礼仪”的通告牌，即“有重要朝廷使命在身”

头篷　前桅撑条席帆

篷裤　前帆脚或者是前帆下桁

碇　四爪锚

肚勒　固定舵的绞车拉索

龙骨　船体中央纵向加强材

二缭、大缭　前桅和主桅升降索的绞车

篷裙　主帆脚或者是主帆下桁

大篷　主帆（有撑条的竹席帆）

插花　插入的标识旗

头巾顶　顶帆（用布或帆布制成）

一条龙　龙旗

神旗　敬神的旗

尾送　尾帆

针房　罗经室

神堂　祭神的舱室

将台　船尾楼

神灯　敬神的灯

铁力柁　硬木舵

那些在汉学和技术两方面都具有功力的编者整理出版。手稿中收入了分属5种船舶的各种木制构材的插图约60幅，它使造船领域达到最接近于李诫早就为建筑学立下的那种标准。其枯燥乏味的文字记载也使人想起李诫的文体①。

这份手稿的全称是《闽省水师各标镇协营战哨船只图说》，以5种小海防舰（可以这种称呼它们）的插图开始，依次详述其“船只号数”、“款项名目”和“做法尺寸”。

涉及的5种类型如下：

1）赶缯船　40尺×12尺到83尺×21.2尺。

2）双篷船　34尺×9尺到61.6尺×16.6尺，这两种类型于1688年首次定型。

3）平底船　42尺×11尺到48尺×14.8尺。据说航行较稳，适于用橹，但不适于航海。设计定型约在1730年。

4）花座船　未注明尺寸。

5）八桨船　32.9尺×9尺到40尺×12尺。最后两种船的设计定型于1728年。

这五种船虽然名称各异，尺寸不一，但它们各有一根前桅和一主桅，并有一无帆小尾桅，竖立在船尾楼左舷。除图941所示的第三种以外，其他各型船只都有龙骨或坚固的船底纵材。由于各部件都标注得相当清楚，这就可以确认一些重要名称。例如，缭绳（“篷索”），上帆桁和下帆桁（“上下篷檐”），升降索绞车（“大小缭牛”），桅座（“鹿耳”），桅上瞭望台（“桅笠”）。方型船首的底部叫做“托浪板”，但有些字很生僻，甚至连《康熙字典》也未收入。例如，“䑱”②，显然是指船首大招；又如“舣艐”，指舷墙的垂向支材，舷墙上有“炮眼”是用来掩蔽甲板上的大炮③。这些船都建有舱壁（“艥牛”），把每艘船隔成15个舱（图942）。在上述部件中，还有一种“鹿肚勒”，用来在船首拉紧舵索以保持尾舵的位置。图941所示的后甲板上的横向门式台架是存放帆篷的台架（“篷架”）之一。这份手稿对进一步研究这些问题的价值是显而易见的。

中国文献中有数篇以制作船模来说明造船过程的有趣记载④。约在1158年，张中彦在女真族的金朝为官。对于他有以下的记载⑤：

> “工匠们开始造船时，不知道该怎样下手。因而（张）中彦就亲手造了一只数（十）寸长的小船，不用胶也不用漆，从船首到船尾都安装得尽善尽美。他把这只小船叫做“示范模型”。工匠们对此十分惊讶，都对他非常尊敬，这是他才智过人和技艺超群之处！
>
> 大船造好准备下水的时候，从附近各地来的人准备把这些船拖下水去，但中彦命手下的几十个工匠修一条斜滑道通到河边。然后拿来新鲜秫秸，厚厚地铺在滑道上，两旁用大木料支承。在一有霜的凌晨，他带人拖船下水，由于坡道很滑，没费

① 同时，我们也不能肯定写这段文字稿的官员全都理解造船工匠们向他所作的解释。

② 此字的读音chao是臆测的。

③ 我们收集的资料中有一幅传统的军用帆船上半部的照片，1929年摄于广州的一条内河上。这也可能是一艘由帆船拖带的客船，因为这类船也有武装保护（夏士德未发表的资料，no，109）。在这类军用帆船上所拍摄的最好照片见于利利乌斯［Lilius（1）］的著作。他是一位芬兰记者，在本世纪20年代曾对大亚湾一带居民作过调查。书中有一段关于一位女海盗船长的生动记载，但可惜利利乌斯对这位女船长及其同伙所谙熟的航海技术却不感兴趣。

④ 关于供观赏的船模，我们已有所闻；本书第四卷第二分册，p.162。

⑤《金史》卷七十九，第九页，由作者和罗荣邦译成英文。

图版 三九五

图940 杭州附近钱塘江上的一艘三桅小型货船（原照，摄于1964年）。船员们正在用中国船上特有的卧式升降索绞车升起主帆（参见图939）。四爪锚、船首眼睛和舵工棚都很醒目。船名牌上写着“浙杭帆23”，意思是“浙江省杭州的第23号帆船”。

图946 这是剑桥大学麦格达伦学院（Magdalene College）佩皮斯图书馆（Pepysian Library）收藏的马修·贝克（Matthew Baker）1586年手稿中的一页。叠画在船体上的鱼形图案，说明当时造船工匠遵循一条有名的准则：“鳕鱼头，鲭鱼尾。”

407

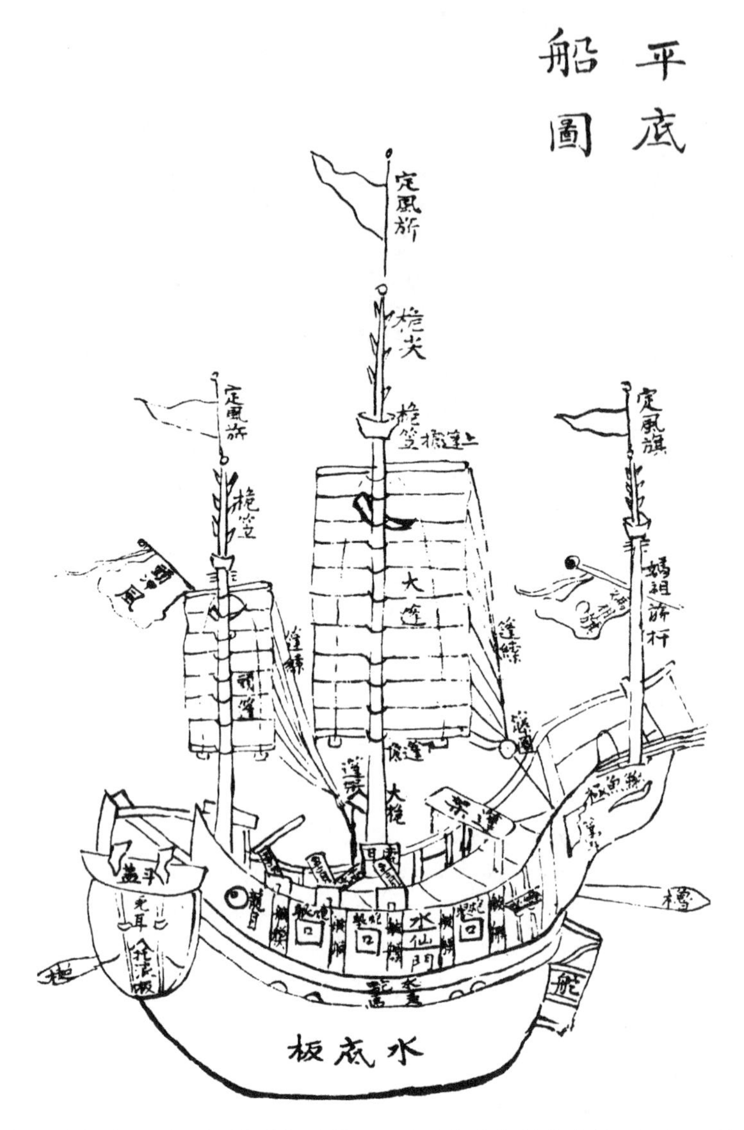

图 941 此船图采自最重要的手写本造船手册《闽省水师各标镇协营战哨船只图说》，现收藏于马尔堡的普鲁士国家图书馆（Prussian Staatsbibliothek）。这份手抄本可能完成于 19 世纪中叶，但内容却属于 18 世纪前半叶。这艘平底船和图 939 所示的船十分相似。某些中文技术名称的解释可看正文；但手抄本中的术语并非都能看清楚或在最好的词典中都可查到。不过，许多部件的图样本身往往不言自明，从而使辞典编纂者所忽略的海上术语得以识别出来。在这幅画中值得注意的还有船尾的“定风旗”和标志女神的“妈祖旗”（参见 p. 523），“舵”和“橹”（参见 p. 620），以及船的眼睛（“龙目”）和舷墙门（“水仙门”）。

圖形分面艙

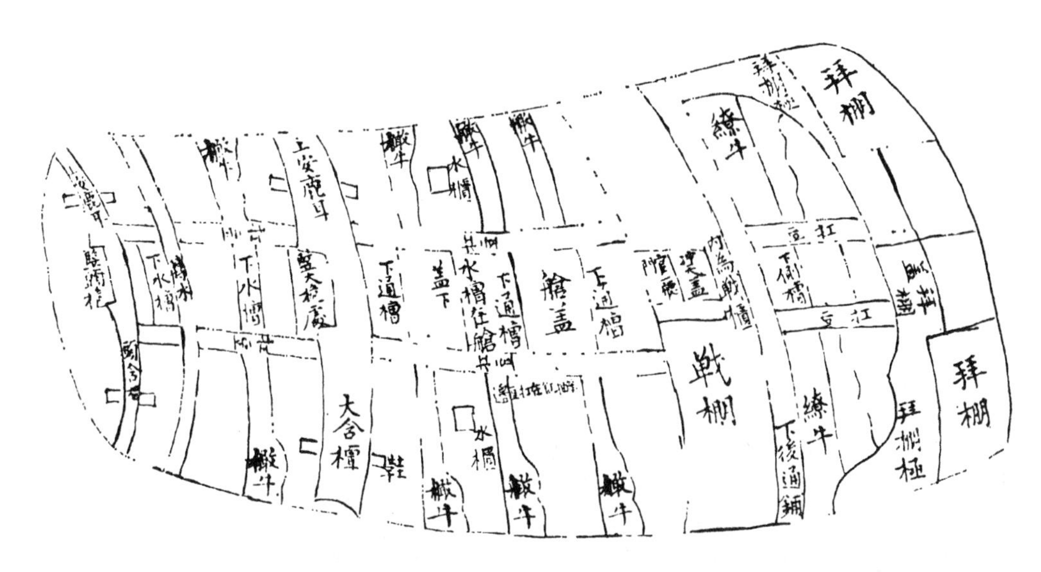

图 942 甲板或水线平面图，系福建造船手册抄本中船舶各部分详图之一。左边是船首，右边是船尾，船尾明显比较宽（参见 p. 417）。除去船首和船尾横材不计之外，看来有 7 个舱壁，其中 4 个标明有“艬牛”字样。从左至右，首先看到的是前桅的位置和前桅座（“竖头桅”），然后是主桅的位置（“竖大桅处”）。船中线上，依次排列着货舱和舱盖，左右两舷各有一个水柜。其后，有一段标为“战棚”，大概是比较安全的地方。再往后（说明此船与图 941 所示不是同一船）是升降索绞车（“缭牛”）。在船尾有一入口通往客舱和神堂（“拜棚”），罗盘就放在神堂里。

多大力气就完成了这项工作。

〈舟之始制，匠者未得其法，中彦手制小舟才数寸许，不假胶漆而首尾自相钩带，谓之“鼓子卯”，诸匠无不骇服，其智巧如此。浮梁巨舰毕功，将发旁郡民曳之就水。中彦召役夫数十人，治地势顺下倾泻于河，取新秫秸密布于地，复以大木限其旁，凌晨督众乘霜滑曳之，殊不劳力而致诸水。〉

在同一时期，张觷在南宋为官。

当他在处州（丽水）任知州时，他想造一艘大船，但他的幕僚们估计不出造价。张觷就教他们先造一只小船模型，再将其尺寸乘以十倍，（实船的造价）就圆满地估计出来了。①

〈再知处州，尝欲造大舟，幕僚不能计其直，觷教以造小舟，量其尺寸，而十倍算之。〉

书中还记载说，他的工匠原估计造一座寺院花园的围墙需耗资 8 万贯，但他让他们先试造一堵 10 尺长的墙，结果证明只需 2 万贯就可完成。（“又有欲筑绍兴园神庙垣，召匠计之，云费八万缗，觷教之自筑一丈长，算之可直二万，即以二万与匠者。”）显然这

① 《宋史》卷三七九，第十三页，由罗荣邦译成英文。

是一位不甘轻率处理问题的人。

认真记载航海技术的文献不多，其中之一见于宋应星1637年所著《天工开物》的有关篇章。它内容如此丰富，不援引例证实难理解①。宋应星最先记述了明末大运河上一种典型的运粮船②（“漕舫”）（图943），继而简要地论述了与我们已讲过的夏士德著作中的现代船图（图935）相似的航海帆船③。

图943 明初大运河的运粮船；采自1637年著的《天工开物》的“漕舫图”（清代绘图）。

410 宋应星说，这种标准内河船或帆驳的设计应上溯到15世纪初，即永乐年间，当时鉴于海路谷物运输的损失而决定恢复使用大运河④。“所以，平江伯陈某便倡导建造目

① 《天工开物》卷九，第一页起。

② 关于这一专题，白挨底［Playfair（1）］的一篇旧作仍值得一读。他从官方文件中翻译了许多有关大运河运粮事务的资料，如人员的数目和素质，装运官粮的详情以及建造和维修这些帆船的法规等。

③ 原先由丁和唐纳利［Ting & Donnelly（1）］翻译［几乎可以肯定丁是指著名的地质学家丁文江（1887—1936年），在此书最好的版本里附有他写的宋应星传］。但丁文江对于航海技术不甚熟悉，而唐纳利显然又不能核对汉文文本。因此，书中有多处含意不清，并有一大段专论抢风行船的精彩文字完全未译（并未作说明）。此书最近由孙任以都和孙学川（译音）［Sun Jen I-Tu & Sun Hsüeh-Chuan（1）］全部重译；新译文几乎全是直译，但在准确使用英文技术术语方面却未下深功。要更深入地理解此书，可参见薮内清［（*11*），第168页起］的日文译本和他的注释（中文译文，北京版，第190页起；台湾-香港版，第193页起）。

④ 对于大运河的技术背景，见上文 p. 312 及下文 pp. 478，526。

前这种吃水浅的运河船。"[①] ("平江伯陈某，始造平底浅船。")

[宋应星继续说][②] 运河船的一般构造如下：(坚固的木壳板的) 底为基础，有(纵横) 船骨 ("枋") 如房屋的墙壁一样[③]，上有竹瓦 ("阴阳竹")[④] (用以覆盖船舱)，宛如屋顶。桅座构架"伏狮"[⑤] (即夹桅板及其有关结构)，前面的 (舱) 像是大门，而后面的 (舱) 则像是居室。桅似弓弩 (的背)，而升降索 ("弦")[⑥] 和帆 ("篷") 则俨似飞翼。橹 (也可作为动力) 如同拉车的马，而拉纤的绳 ("簟纤")[⑦] 则如行人的鞋。索具 ("緷索") 犹如鹰的骨骼和筋肌。船首长桨 ("招")[⑧] 向前伸出犹如矛头，舵 (在船尾控制船的航向) 好像指挥官，而锚专司停船则好比军队宿营。 411

原设计的规格是粮船长 52 尺，船板厚 2 寸。木材最好选用粗大的楠木[⑨]，其次选用栗木[⑩]。船首和船尾各长 9.5 尺[⑪]。船底宽度在船中部为 9.5 尺，在船首处为 6 尺，在船尾处为 5 尺[⑫]。船的宽度在前桅桅座处为 8 尺，在主桅桅座处为 7 尺[⑬]。全船有 14 个横隔船体的舱壁 ("梁头")[⑭]。(主舱前面的) "龙口"舱壁 ("龙口梁") 为 10 尺 ×4 尺；(主桅附近的) "使风"舱壁 ("使风梁") 为 14 尺 ×3.8 尺；(靠近船尾的) "断水"舱壁 ("断水梁") 为 9 尺 ×4.5 尺[⑮]。两个谷仓 ("廒") 宽 7.6 尺。

---

① 这里指陈瑄，在与南方部族作战中他曾任指挥官而出名，但后来主要担任水利工程师的工作，特别是在淮河一带，他为大运河建造了约 50 座水闸和一些防洪坝。1403 年或以后不久，受封为平江（苏州）伯，1415 年他又受命建造 3000 只漕运的帆驳（《大明会典》卷二百）。可以看出，在他主持下所提出的设计，两个多世纪来仍然具有权威性。我们现在认识到，事实上这种设计应回溯到他的先辈宋礼（参见上文 p. 315 和《明史》卷七十九，第二页，以及卷一五三）；薮内清（*11*）认为这种设计确是源远流长，实际上要早得多，这种看法是对的。不过朝鲜旅行家崔溥（参见上文 p. 360）曾提到陈瑄的名声却是在 1487 年 [Meskill (1)（译编），p. 106]。

② 由作者译成英文，借助于 Ting & Donnelly (1)，Sun & Sun (1)。

③ 宋应星用的是陆地居民的语言。如果我们不懂得建筑技术（参见上文 p. 92），我们就不会知道"枋"是指结合梁，既可以纵向架设，又可以横向架设。大多数的西方词典都漏掉了这个极重要的含义。

④ 因为是用半竹迭盖而成，故称"阴阳竹"。

⑤ 抗风浪构材，叫做"伏狮"，实在恰到好处。

⑥ 这个字当然是指弓弦或乐器的弦，因而表示弧的弦。但也可表示直角三角形的斜边（参见本书第三卷，pp. 22，96，104，109 及其他地方）。在这里用来表示升降索恰如其分，三角形另外两边分别是桅杆和桅与升降索绞车间沿甲板的距离。宋应星在别处也作过类似的对比，见下文 p. 604。

⑦ 关于拉纤和拖带，参见下文 pp. 662 ff.。

⑧ 一个不常见的名称——在明刊本插图中画得很清楚，但在清刊本中则没有。

⑨ 指鳄梨属楠木（*Persea nanmu*；BII，512），是树中之杰，常被误称为杉或橡等。同义词为红楠 [*Machilus nanmu*；R502，参见 Wang Kung-Wu (1)，p. 106]。

⑩ 即欧洲的普通栗木（*Castanea vulgaris*；B Ⅱ，494）。欧洲有关船用木材的经典树种的文章是 Theophrastus，Ⅴ，Ⅷ，1—3。

⑪ 大概是指从船的最前端到船首水线处或到前趾材的地方，船尾也用类似方法计量，并作了必要的修正。

⑫ 原文是否把船首和船尾处的底宽弄颠倒了，值得怀疑。

⑬ 我们以后（p. 415）将会看到，曾有规定超过 100 英尺长的船，其桅杆应多于一根。但如图所示，长度只有其一半的船，也有两根桅。在高度方面，明刊本比清刊本更容易区别。

⑭ 注意明代的舱壁数目和前面（p. 398）所讲到的现代建造的船大致相同。

⑮ 这些尺寸可能暗示出某种程度上是一种炮塔式结构。但唐纳利 [见 Ting & Donnelly (1)] 根据这些尺寸复制了一艘，却并非炮塔式结构；其船形看起来很像现代内河帆船，或许船略宽了些，也略低了些。

〈凡船制底为地，枋为宫墙，阴阳竹为覆瓦；伏狮，前为阀阅，后为寝堂；桅为弓弩，弦、篷为翼；橹为车马；簟纤为履鞋，绋索为鹰雕筋骨；招为先锋，舵为指挥主帅；锚为扎军营寨。

粮船初制，底长五丈二尺，其板厚二寸，采巨木楠为上，栗次之。头长九尺五寸；梢长九尺五寸；底阔九尺五寸；底头阔六尺，底梢阔五尺；头伏狮阔八尺，梢伏狮阔七尺；梁头十四座。龙口梁阔一丈，深四尺；使风梁阔一丈四尺，深三尺八寸；后断水梁阔九尺，深四尺五寸。两厫共阔七尺六寸。〉

412 因此，其设计总图肯定是一艘无龙骨的平底船，有许多横向舱壁，并各有专用名称。

这种船可以装载近2000担大米[①] [不过实际上每条船仅分派500担][②]，但是后来军运部门单独设计了另一种船，船身加长了20尺，并且船首船尾各增宽2尺多，因此能装载3000担。由于（大）运河的冲水船闸（“闸口”）只有12尺宽，这些船刚好能够通过[③]。与今天达官显贵旅行搭乘的客船（“官坐船”）（与这种货船）属同一类型，只是门窗过道略宽，装饰和工艺更讲究而已。[④]

〈载米可近二千石（交兑每只止足五百石）。后运军造者，私增身长二丈，首尾阔二尺余，其量可受三千石。而运河闸口原阔一丈二尺，差可度过。凡今官坐船，其制尽同，第窗户之间，宽其出径，加以精工彩饰而已。〉

把这些数字和19世纪的船只加以比较是有意义的[⑤]。2000担（“石”）的装载量大约相当于140吨。根据白挨底［Playfair（1）］的说法，1874年间670只漕船向京城运粮136万担（96 000吨）[⑥]，这样，每条船约装载143吨。当时这些船的平均尺寸依然大致与17世纪初相同，实际上也就与15世纪初相同，从前面（本册 p. 352）提到的有关水闸发明的史料可以看出，11世纪中叶就差不多已达到这个吨位。但是在以海运为主的三个世纪中，漕船的吨位可能大大下降了[⑦]。事实确是如此，宋应星在提到2000担这一数字之后，立即在“附注”中补充说，与实际情况相比较，装载量一般都不超过500担（约35吨）。

宋应星接着又记述了他参观造船厂的见闻[⑧]：

造船是从底部开始造起[⑨]。船壳列板[⑩]（“樯”）[⑪] 从船底（板）两侧逐步向上

---

① 当然，也运其他赋税货物，如丝绸等。

② 宋应星本人的“脚注”。

③ 关于船闸，见上文 pp. 347 ff.。

④ 《天工开物》卷九，第二页，由作者译成英文，借助于 Ting & Donnelly（1）；Sun & Sun（1）。

⑤ 本章中常出现船舶吨位问题，参见 pp. 304，441，452，466，467，481，509，600，641，645。这是一个最难处理的历史问题。

⑥ 这个数字几乎不超过唐代大运河在公元735年所运数量的一半（参见 p. 310）。

⑦ 见上文 p. 360 的讨论。

⑧ 《天工开物》卷九，第二页，由作者译成英文，借助于 Ting & Donnelly（1）；Sun & Sun（1）。

⑨ 关于造船工匠所使用的工具的情况，可见 Audemard（3），p. 18；Hommel（1）和 Mercer（1）。关于使用各种铁锯和铁钉的详细情况，可见 Worcester（1，3）和 Waters（1，2）。中国造船业什么时候开始使用铁锔钉，这是一个难题，我常和米尔斯先生进行讨论，他认为是在唐代。

⑩ 很可能是用一些垂向（虽然是弯曲的）加强杆条或舭肋材把船壳连在一起［见 Worcester（3），pl. 39］。

⑪ 宋应星将“樯”与“墙”字通用，但海员大概不会这样做，因为“樯”字的真正含义是桅杆或帆的上桁或下桁。

建造，直到与（相当于后来的）甲板（“栈”）齐高。按照一定的间隔安装舱壁（“梁”）来分船（成若干分隔的舱）；（船舱有）直立的侧板（也）叫做“檣”。船体上面用粗大的纵材（“正枋”）复盖[①]。升降索（“弦”）[②]（的绞车）装在其上。舱壁前面装桅的地方叫“锚壇”。其下用于固定桅脚的水平杠（“横木”）叫做“地龙”，地龙由叫做“伏狮”的构件联结，而在伏狮底面另有一构件叫“拿狮”[③]。在伏狮下方是“封头木”或称“连三枋”[④]。靠近船首的甲板上有一方形舱口（“水井”）[其中存放绳缆和各种属具][⑤]。船首前部（原字义为“眉”）[⑥]，每侧对称地竖着两根（结实的）柱子作为系缆桩（供紧缆等用）；这些柱叫做“将军柱”。船尾朝上翘起的部分叫做“草鞋底”，由封闭船尾顶部的若干短横材（“短枋”）组成，下面是方形船尾横材本身，或称“草鞋带舱壁”（“挽脚梁”）。船尾甲板是舵工站立操舵的地方，其上有一竹台（“野鸡篷”）[⑦][帆扬起后，一人坐在上面，根据风向操纵缭绳（“篷索”）[⑧]]。 413

〈凡造船先从底起，底面傍靠墙，上承栈，下亲地面。隔位列置者曰梁。两旁峻立者曰墙。盖墙巨木曰正枋，枋上曰弦。梁前竖桅位曰锚坛，坛底横木夹桅木者曰地龙。前后维曰伏狮，其下曰拿狮，伏狮下封头木曰连三枋。船头面中缺一方曰水井（其下藏缆索等物）；头面眉际树两木以系缆者曰将军柱。船尾下斜上者曰草鞋底，后封头下曰短枋，枋下曰挽脚梁，船梢掌舵所居其上曰野鸡篷（使风时，一人坐篷巅，收守篷索）。〉

有许多人曾目睹本世纪中国造船的情形，他们的记载，[⑨] 进一步证实和补充了宋应星的说法。中国传统的造船工匠不用样板或蓝图，只凭年长而经验丰富的匠人的技艺和眼力，这一事实使许多目击者万分惊异。前面我们已经看到，有过一些技术手册[⑩]，但是这个行业大都一直恪守师傅带徒弟直接传授技艺的传统[⑪]。宋应星还在船厂见过捻缝工匠工作的情况[⑫]：

在船壳板接合处（“缝”）先用钝凿把乱麻[⑬]絮（“白麻”）塞入（“艌”），然 414

---

① 肯定是指舷缘板（wale）或顶部边材（top-timbers）；见 Worcester（1），pl. 7，（3），pl. 39。

② 见上页（p. 411）的脚注。

③ 可能是指把桅杆根部榫头固定在桅座孔里或榫眼里的那块木材。

④ 这些全是用来竖立桅杆的各个部件，也用来分散桅杆的推力，夏士德的图解（图 934）在某种程度上可以帮助释义，但文章对各部件的定义都不够清楚，因而无从准确辨认。

⑤ 评述如前，可能是宋应星自己的“脚注”。

⑥ 此词还有附带的意义，因为中国船的船首往往都画有龙目（参见 p. 436）。

⑦ “野鸡篷”即尾楼甲板室，往往只有一个框架。此名容易引起混乱，因为“篷”指竹席，也指帆。

⑧ 见 p. 414 上的脚注。图 941 标注得很清楚。

⑨ 例如，关于广东的造船情况，见 Lovegrove（1）；关于长江上下游的造船情况，见 Worcester（1）p. 4 和（3），vol. 1，pp. 33fff.；以及 Donnelly（Ting & Donnelly 中），Audemard（3）等。船底木壳板所需要的弯度常是用石块压出来的（夏士德未发表的资料，no. 98）。

⑩ 另可参见 p. 480。

⑪ 当然，这也是欧洲产业革命之前的做法。已知最早的英国造船施工图系马修·贝克于 16 世纪后期绘制的（参见 p. 418）。

⑫ 《天工开物》卷九，第四页，最后一句出自第五页，由作者译成英文，借助于 Ting & Donnelly（1）；Sun & Sun（1）。

⑬ 这是“中国麻”或“天津麻”（“苘”），即苘麻（*Abutilon Avicennae*，锦葵属），一种很古老的中国纤维植物（见本书第六卷中的第三十八章）。R274。

后把过筛的细石灰搀上桐油[①]（油灰之类）（抹到缝上来结束这项工作）[②]。在温州、台州、福建和广东等地，用牡蛎壳粉代替石灰。……至于海船捻缝，则把鱼油与桐油混合，原因何在，不得而知。

〈凡船板合隙缝，以白麻斫絮为筋，钝凿扱入，然后筛过细石灰，和桐油舂杵成团调艌。温台闽广即用蛎灰。……（凡海舟）……艌灰用鱼油和桐油，不知何义。〉

然后，他考察了用料情况[③]：

制桅的木材通常是杉木[④]，并且必须挺直坚固。如果木材本身达不到做桅的长度，可用两根搭接做成，搭接处每隔几寸围以铁箍。甲板上要留出立桅杆的空敞位置。竖立主桅时，桅杆的上部横放在几只停靠在本船舷侧的大船上，再用长绳把桅顶吊起（使其就位）。

船体构材和舱壁采用楠木[⑤]、槠木[⑥]、樟木[⑦]、榆木或槐木[⑧]。[如果在春天或夏天砍伐，樟木容易被虫蛀。][⑨] 甲板可以任意取材。舵柱用榆木、榔木[⑩]或槠木。舵柄必须采用榈木[⑪]或榔木。桨须用杉木、桧木[⑫]或楸木[⑬]。这些都是要点。

船上的缭绳和升降索（“篷索”）[⑭] 用“火麻”[或叫“大麻”[⑮]][⑯] 捻成，直径

---

① 出自 *Aleurites Fordii*（大戟属，Euphorbiaceae）。R321。

② 这是中国传统的捻缝材料，不只用于船舶，四川井盐工业中也使用（参见本书第三十七章）。李明在 1698 年写道：“至于捻缝材料，他们不用熔化的沥青和柏油，而用一种石灰和油的混合物，或更确切些是用一种特殊的树胶和竹麻（rasp'd Bambou），此物不易着火。这种填料质地十分优异，用来捻缝船舶很少漏水甚至从不漏水……”[Lecomte（1），p. 232]。他说得很恰当，不过马可·波罗早就赞扬过这种材料。每个早期的欧洲旅行家都对它有深刻的印象，例如，门多萨［Mendoza（1），p. 150］写道：“他们修整船舶的敷料在那个国度里极其丰富，当地语言叫做‘Iapez’，是用石灰、鱼油和一种他们叫做‘Uname’的糊状物制成。这种材料很牢固，不怕虫蛀，因此他们一艘船舶的寿命能抵上我们的两艘。”鱼油原来产自印度支那或印度尼西亚，而不是中国［参见凌纯声（*1*）；Ling Shun-Shêng（1）］。这里所提到的混合物，主要是指今天中国常说的“油石灰”。它的质地确实优良；正如洛夫格罗夫［Lovegrove（1）］所说，这种油石灰干燥后硬如石块，寿命可达 30 年之久。参见 Audemard（3），p. 20。

③ 《天工开物》卷九，第四页、第五页，由作者译成英文，借助于 Ting & Donnelly（1）；Sun & Sun（1）。

④ 中国杉木（*Cunninghamia sinensis*），有时也指日本柳杉（*Cryptomeria japonica*）（R786b；BⅡ，228）。

⑤ 锷梨属楠木（*Persea nanmu*）或红楠木（*Machilus nanmu*）（R502；BⅡ，512）。现在叫做楠木（*Phoebe nanmu*）[陈嵘（*1*），第 345 页。]

⑥ 一种橡树，可能是皮质小叶栎属苦槠（*Quercus sclerophylla*；R616；BⅡ，539）。

⑦ 是月桂属（*Laurus*），现在叫做樟树（*Cinnamomum Camphora*；R492；BⅡ，513）。在中国南方城市，凡有做樟木活的木匠铺的街道，其香味扑鼻。我永远记得 1944 年我在桂林时的情况。

⑧ 即日本槐（*Sophora japonica*；BⅡ，288，546），黄果树或榕树（R410）。中国文学作品中经常提到这种树，参见本书第四卷第一分册，p. 73。

⑨ 宋应星自己的注释。

⑩ 一种榆木，小叶榆属（*Ulmus parvifolia*；R608；BⅡ，304）。

⑪ 一种橡木，淡绿栎属（*Quercus glauca*；R614；BⅡ，538）。

⑫ 中国桧木（*Funiperus sinenis* R787；BⅡ，506）。

⑬ 山柰属梓木（*Catalpa Kaempferi*；R99；BⅡ，508）。这种选择至少可上溯到 3 世纪，见下文 p. 645。

⑭ 宋应星在这里把篷索作为帆绳的总称，他所使用的技术术语前后不完全一致，有时把升降索称为弦，缭绳称为“篷索”（上文 pp. 411，413），在此处“篷索”却指全部索具，而在别处（下文 p. 604）“篷索”又无疑指升降索。他似乎没有提到“吊索”。

⑮ 当然是指普通种植的大麻（*Cannabis satira*）；见本书第六卷第一分册的第三十八章。

⑯ 宋应星自己的注释。

须达一寸以上；这样的绳子可承受10 000钧的重量①。锚缆是用青竹篾条经水煮后编制而成的竹索。纤绳“簟”也是这样制成的。超过100尺长的缆绳分为几段，两端留扣以便连接②。如遇障碍，也可立即拆开。由于竹子本性“挺直”（意即抗拉强度大），每一根篾条可承受1000钧重量。经长江三峡逆水去四川的船，不用这种编制的缆绳，而是将竹子劈成寸许宽的竹条，接成既韧又长的杆索（或杆链）；这是因为编制的缆绳容易被锋利的岩石割断③。 415

〈凡木色，桅用端直杉木，长不足则接，其表铁箍逐寸包围。船窗前道，皆当中空阙，以便树桅。凡树中桅，合并数巨舟承载，其末长缆系表而起。

梁与枋墙用楠木、槠木、樟木、槐木（樟木春夏伐者，久则粉蛀）；栈板不拘何木；舵杆用榆木、榔木、槠木；关门棒用椆木、榔木；橹用杉木、桧木、楸木。此其大端云。

凡舟中带篷索，以火麻稭（一名大麻）绹绞；粗成径寸以外者，即系万钧不绝。若系锚缆，则破析青篾为之。其篾线入釜煮熟，然后纠绞。拽纤簟，亦煮熟篾线绞成，十丈以往，中作圈为接驱，遇阻碍可以掐断。凡竹性直，篾一线千钧。三峡入川上水舟，不用纠绞簟缆，即破竹阔寸许者，整条以次接长，名曰火杖。盖沿崖石棱如刃，惧破篾易损也。〉

最后，他对内河船的一般帆具装备情况作了评注④。

超过100尺长的船必须有双桅。主桅（“中桅”）立在船身中点以前两个舱壁的地方，前桅（“头桅”）则在主桅前约10尺或更远处。粮船主桅高约80尺，但也有采用较此短十分之一或二者。桅根插入船身内约10尺深处。帆的（升降索滑车）位于50—60尺高的地方。前桅的高度不足主桅的一半，桅上所挂帆的尺寸不足（主桅帆）的三分之一。苏州和湖州⑤等六郡运大米的船必须通过石拱桥，航道上又没有长江和汉水等江河上的危险，因此桅和帆都大为缩小。在湖南、湖北和江西等省，船要过湖闯江，经受不测风浪，就必须严格按章装配锚、缆、帆、桅，方可无患⑥。

〈凡舟身将十丈者，立桅必两：树中桅之位，折中过前二位，头桅又前丈余。粮船中桅长者以八丈为率，短者缩十之一二；其本入窗内亦丈余，悬篷之位，约五六丈。头桅尺寸则不及中桅之半，篷纵横亦不敌三分之一。苏、湖六郡运米，其船多过石瓮桥下，且无江汉之险，故桅与篷尺寸全杀。若湖广、江西省舟，则过湖冲江，无端风浪，故锚、缆、篷、桅，必极尽制度而后无患。〉

---

① 这两种估算都很有趣。1钧是30斤，因此，在明代大约相当于40磅。所以，第一个数字表示略低于180吨，而第二个数字则略低于18吨。由于宋应星在这两处都忘记说明缆绳的横断面，因而要估计他的话是很棘手的。但是，我们从本书第四卷，第二分册p.64可知，现代测得的绳子受力强度，是大约每平方英寸3.3吨（和钢丝绳同一量级）。因此他很可能是指逆水行船时缆绳所承的船舶载重吨位数；肯定不是指现代材料强度试验的数据。有人［Sun & Sun (1)］把“钧”译为“斤”(catty)，以为这两个重量单位可能弄错了，这样做是危险的。如果确实如此，那么第一个数字相当于5.9吨，第二个数字相当于0.59吨。虽然这些数字看来比较接近现代的试验数字，但还是不要如此解释本文为宜。参见pp.191，664。

② 可能是用套环钉连接。参见Audemard (3)，pp.48ff；及本册p.662。

③ 无疑竹篾的韧性与未经处理的竹竿中固有的二氧化硅有关。

④ 《天工开物》卷九，第二页、第三页，由作者译成英文，借助于Ting & Donnelly (1)；Sun & Sun (1)。

⑤ 在江苏省。

⑥ 根据唐纳利的说法，直到今天，这些省的船桅比其他地区船桅要高些，他认为这也可能是由于在枯水季节迎受高河堤上来风的需要。

有关海船，宋应星谈得很少（他显然对这类船不甚熟悉），但他却记载了一些有趣的名称①。

416 海船（“海舟”）在元朝和明初用于运粮。有一种叫“遮洋浅船”，另一种叫“钻风船”② （或“海鳅”③ 船）④。它们沿着海岸航行，过黑水洋⑤，经沙门群岛⑥，航程不超过1万里，航行中遇不到大的危险⑦。与驶往日本、琉球群岛、爪哇和婆罗洲进行贸易的帆船相比，这些（沿岸运输）船的大小和造价都不及1/10。

“遮洋浅船”的结构和运河帆船相似，只是较其长出16尺，宽出2.5尺。除舵柱必须用坚木（“铁力木”）⑧ 制作以外，其他均相同。……⑨

（所有）开往国外的船只（“外国海舶”）与（刚刚提到的大的）航海帆船的规格大致相同⑩。来自福建和广东［福建海澄和广东澳门］⑪ 的船只都用剖成两半的竹子作舷墙，以防御海浪。来自登州和莱州（山东省）的船则又是一种类型。在日本船上，桨手旁有挡水板，朝鲜船则不然。不过这些船都同样有两个航海罗盘，一在船首，一在船尾，以指示航向。它们也同样装有“腰舵”（即舷侧披水板）⑫。……并用竹筒携带几担淡水，足够全船人员两天食用，中途停靠岛屿时，再行补水。

各岛屿的方位都可用磁罗盘测定，这项发明的确奇异无比，几乎超越人力所及。（从事这种航行的）舵工、水手和船长，必须有良好的判断力和坚定的意志。盲目的勇敢毫无用处。

〈凡海舟，元朝与国初运米者曰遮洋浅船，次者曰钻风船（即“海鳅”）。所经道里止万里长

① 《天工开物》卷九，第五页、第六页，由作者译成英文，借助于 Ting & Donnelly (1)；Sun & Sun (1)；句子次序有所变动。

② 这样命名，无疑是因为它能钻风行驶。

③ 此名称肯定可以回溯到南宋时期，当时海鳅（和较大的艨艟一起）曾在1161年抗击金兵的采石战役中用作战船。见《文献通考》卷一五八（第一三八二页），引自杨万里的《海鰌赋后序》（载于《诚斋记》卷四十四，第六页）。两种船都装有脚踏桨轮；参见本书第四卷第二分册，pp. 421，724。“海鳅”通常指“鲸鱼”。

④ 宋应星自己的注释。

⑤ 即黄海，使人想起早期葡萄牙人惧怕的“黑海”（*mare tenebroso*）。

⑥ 山东海面。

⑦ 一种委婉的说法。参见 Schurmann (1)，pp. 111，122 等。

⑧ 可能是生长在广东和安南的一种棕榈；西谷椰子（*Sagus Runphii*），山棕（*Arenga Engleri*）等（R715，716，Stuart，p. 389）。据1562年的《筹海图编》，广州帆船都是用这种极硬的木材建造，如果它和福建船或日本的船舶相撞，后者蒙受的损失要严重得多［《筹海图编》卷十三，第二页，译文见 Mills (6)；原文经删节载入《图书集成·戎政典》卷九十七，第十一页，译文见 Audemard (2)，p. 49］。另见《格致镜原》卷六十六，第五页；及下文 p. 646。

这种木材很难考证，如果不是棕榈，就可能是铁力木（*Mesua ferra*，藤黄科）；见陈嵘（*1*）第849页。这种树高达100英尺，木质坚硬耐久，用于建造房屋和制造家具；原产于广西。此外“铁力木”似乎是铁杉（*Tsuga sinensis*，松科）的地方名称，前引文献，p. 42。

⑨ 后面谈的是捻缝，上文 p. 414 已有论述。

⑩ 有一件有趣的事与此有关，《图书集成·考工典》（卷一七八，“汇考”，第二十四页）竟画有一艘欧洲的三桅船（第三桅张挂一面三角帆，参见下文 p. 512）。我们同意孙任以都和孙学川［Sun & Sun (1)］的意见，认为宋应星在这里并不是指外国的船。正如“中国快速横帆船”（China clippers）并非中国的船一样。

⑪ 宋应星自己的注释。

⑫ 后面是披水板的记载，其译文在下文 p. 619。

滩、黑水洋、沙门岛等处，苦无大险；与出使琉球、日本暨商贾爪哇、笃泥等舶制度，工费不及十分之一。凡遮洋汪船制，视漕船长一丈六尺，阔二尺五寸，器具皆同，唯舵杆必用铁力木。

凡外国海舶制度大同小异。闽广（闽由海澄开洋，广由香山嶴）洋船，截竹两破排栅，树于两旁以抵浪。登、莱制度又不然。倭国海舶两旁列橹手拦板抵水，人在其中运力。朝鲜制度又不然。至其首尾各安罗经盘以定方向，中腰大横梁出头数尺，贯插腰舵，则皆同也。……凡海舟以竹筒贮淡水数石，度供舟内人两日之需，遇岛又汲。

其何国何岛合用何向，针指示昭然，恐非人力所祖。舵工一群主佐，真是识力造到死生浑忘地，非鼓勇之谓也！〉

前几页所谈有关帆船建造的所有情况，只要注意到尺寸不同，均适用于无论有无甲板的大小舢舨。有好几位观察家研究过这类舢舨，他们富有风趣的记载，可以满足想要了解全部技术细节的读者①。这些舢舨用来捕鱼、摆渡和货运都无比优异，比那些庞大雄伟的中国传统船只并不逊色，因而得到其他文化地区海员们的赞誉。 417

(3) 船体形状及其意义

横断面接近长方形，且边角呈圆弧的船型的确是有发展前途的。最近出版的有插图的百科全书就足以向读者证明，我们这个时代的钢铁轮船就是这种形状。一个半世纪以前，查诺克的同时代人就已看清，这样的断面有很大的优越性，特别是满载时稳性极好②。但是中国帆船具有的另一特点使欧洲人初次见到时感到惊奇，不过他们还是采纳了（尽管在形式上没有全盘照搬），这就是船体水线平面的最大宽度在船体中部之后。

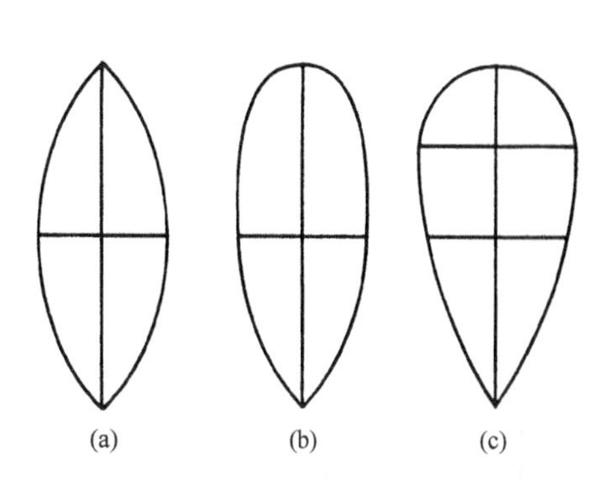

图 944　沿船舶水线的纵向水平剖面图。
(a) 对称的；
(b) 船首（或船尾）部分较丰满的；
(c) 接近船首（或船尾）部一对主肋骨

船体造型的途径是无限的，但可以简单地划分为船首部较宽和船尾部较宽两类。前后最对称的船型是一对主肋骨（即包括最大面积的肋骨）恰好和船中部的骨架相一致，从这里再向船的首尾两端逐渐收缩变尖。如果一端缩减的程度比另一端小，则船首部或船尾部就形体丰满。但也有比较极端的情况，即主肋骨偏离船身中点，向前或向后移动相当一段距离。一般说来，欧洲船的船首较为丰满，而中国船则船尾较为丰满③。前一种做法被认为顺乎自然，所以约翰·德莱顿（John Dryden）才可能写道：

① 例如，Worcester (1, 3, 7, 8, 9, 13)；Carmona (1)；Waters (9, 10)。
② 参见 Charnock (1), vol. 3, p. 340。
③ Poujade (1), p. 210。

仿生技艺，造化女仆，
始察于微，大器成就；
海鱼启发航运船舟，
尾成艉舵，头是船艏[1]。

关于主肋骨最佳位置的争论可追溯到17世纪的伊萨克·福修斯（Isaac Vossius），他写了一篇关于古代造船学的评论文章[2]。查诺克也画了一幅图来阐述他的观点[3]。只要观察一下欧洲任何港口的小船，或参观任何一个大型海军博物馆的船模就足以说明，那种认为最丰满部分应该靠向船首的信念，在当时是那么普遍。贝克1586年的手稿中有一幅画，根据"鳕头与鲭鱼"这一著名准则，把船的水下部分比做鱼的外形（图946，图版）[4]。布热德[5]基于这一常被西方早期作品引用的比喻说到，欧洲人觉得应当照鱼的外形来造船[6]，而中国人则觉得应当以水禽在水面上浮游时的外形为依据。1840年帕里斯海军上将可能是第一个注意到了这种巨大的差别。他写道[7]：

418

419

某些民族把龙骨造成凸曲形；另一些则把它造成凹形；有的使船体吃水前深后浅，还有的将船的最大宽度放在船的前部、中部或后部，由于我们曾采用鱼类作为最好的船体标本，船的头部总是较大；但是同样是仿效大自然的中国人，却由于鲜为人知的理由而模仿蹼足水禽。它们在水面浮游时最宽的部分在后面。在这方面中国人的确很敏锐，因为水禽和船一样是在空气和水这两种介质之间浮游，而鱼则只在水下潜游。这些奇人所做的一切似乎和大陆另一端所做的完全相反，他们在模拟大自然方面更进了一步，设法在尾部使用最大的推动力，而不是在船首处使用牵引力。这就促使他们使用强有力的桨状物（即橹）[8]，即模仿蹼足水禽的蹼足姿势，这种姿势对游泳无疑是非常重要的，但它却剥夺了这些水禽类在陆地上行走自如的能力，而且最善于游泳的水禽根本就不能在陆地上行走。这种非常质朴的观察（中国人已加以利用）可能终有一天会在轮船上得到恰当的应用，轮船的行驶是靠内部的力量，而不是依靠像风那样的外界的力量，这种轮船将和浮游的水禽情况完全相同，并且，若能更加接近水禽的外形，船形就会更好。

帕里斯的这段预言在几十年之后由于螺旋桨的出现而得了证实；就在他写上述评论的前一年，F. P. 史密斯（F. P. Smith）的45匹马力的螺旋桨轮船"阿基米德"（Archimedes）号已经试航[9]。关于船体形状，戈尔（Gore）于1797年所做的首次船池试验好像

---

① "论船舶、航行和皇家学会"，摘自 *Annus Mirabilis*（1667年）。

② *De Triremium et Liburnicarum Constructione*，载于 *Variarum Observationum Liber*，pp. 59ff.；表明主肋骨在船的前部的船体形状图，见 p. 135（图945）。

③ Charnock（1），vol. 1，p. 103。

④ Clowes（2），p. 69。

⑤ Poujade（1），pp. 210，248；参见 Charnock（1），vol. 3，p. 402。

⑥ 典型例子见 Charnock（1），vol. 3，p. 364 的对面。

⑦ Paris（1），p. 3。

⑧ 见下文 p. 622。

⑨ 关于螺旋桨的发展史，见 de Loture & Haffner（1），p. 203；Feldhaus（1）；McGregor（1）；Seaton（1）；Bourne（1）；G. S. Graham（1）。早在18世纪70年代和80年代，就有人提出过这种主张；见 Gibson（2），p. 148。但是实际上却并没有成功。参见本书第四卷第二分册，p. 125。

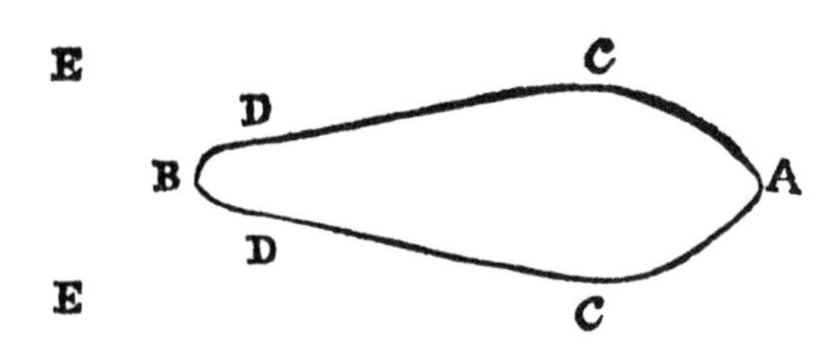

A ſit prora, B puppis. Aquæ itaque motu navis congeſtæ & coacervatæ ad proram A, primo quidem ſegnius deſluunt ad utrunque navis latus CC, deſcenſu vero ipſo augent celeritatem, donec perveniant ad DD, ubi intenſiſſimus eſt aquarum lapſus. Inde repulſæ occurſu aquarum pone relabentium declinant ad E E, ubi demum ſiſtuntur & locum dant aquis à tergo & utroque latere venientibus. Sed vero conſtat gubernacula non ab inſequentibus, ſed ab affluentibus à prora regi undis, unde planum fit aptius collocari ad DD, quam ad B, quo vix attingunt ſubterlabentes undæ, cum ad DD maxima fiat percuſſio & ſufficiens ad regendam totam navem, quæ quanto longior eſt tanto facilius regitur, & quanto velocius procedit tanto magis obſequitur gubernaculis, & hinc eſt quod longæ naves facilius & citius convertantur & circumagantur, quam minus longæ, & quod minutæ etiam cymbæ, majori egeant gubernaculo, quam quævis maximæ naves, cum enim non alte aquam ſubeant, nec multas propellant undas, utique etiam imbecillis eſt aquarum relabentium affluxus, quapropter regi vix poſſunt, niſi enorme habeant gubernaculum.

图 945 该图和文字采自伊萨克·福修斯 1685 年所著的《各种观察之书》(*Variarum Observationum Liber*)。在标题为《关于建造三层桨座战船和双桅帆船》(*De Triremium et Liburnicarum Constructione*)的一章中，他画的船体图中主肋骨十分靠前。本文提出的论据有利于船尾舵的讨论。

[图中的说明文字为：A 表示船首；B 船尾。船运动时，水积聚在船首 A 处，起初总是缓慢地向船的两侧 CC 分流，然后再向后流去，一面增大流速，直至 DD，在此处的运动最激烈。此后水就减慢速度偏向 EE 流去，再由此向后和向两侧隐隐地流去。但实际上并不总是紧接着就设舵的。况且当船首遇波浪时，平坦的波是一直延伸到 DD；到 B 处时，才能出现流过的波浪。鉴于 DD 处是全船受到流体运动最大的部位，所以船越长就越容易操纵，船速就越快，应舵越好；因此越长的船就越易于回转，而越短的船和小的船，则大多需要设舵，这是因为这种船一般不会在深水和波浪中航行，至少减慢速度的水难以流入，所以应有一个大的舵。]

证明了前部较为丰满的船型更好，但是，他的试验体是完全浸在水中的①。现在我们知道正确的结论与此恰恰相反。一艘良好的帆船的主肋骨应在离漂浮水线中点偏后 3% ~ 8% 的地方②。19 世纪末叶的“亚美利加”(America) 号赛艇证明了这一点。

夏士德掌握的一批准确船图远远超过帕里斯海军上将掌握的资料，这些船图证实中

① 有关记述见 Charnock (1), vol. 3, pp. 377ff.。

② 这一问题当然很复杂，因为最佳的船体造形取决于船在水中航行所要达到的速度 [有关讨论见 Birt (1)]。中国船体形状在低速航行时有其优越性，速度较高时，则大致对称的外形较为有利。

国船的线型在后部最为丰满。粗略地考察一下，就可以发现大约有35种船是这样建造的。其中有些只是把主肋骨从船的中点往后移了一段距离①，而另外一些则清楚地表明其主肋骨已后移很远②。各种“麻秧子”船都是这样造的，而且“麻秧”本身的样子就是一头比另一头尖。一些大家熟悉的内河帆船的名字都使人联想起前瘦后肥的船型，如“麻秧壶子”、“金银锭”、“红绣鞋”以及帕里斯海军上将一定乐于知道的“鸭梢”。

420

事实上，中国的船工对他们的做法一清二楚。梁梦龙在其1579年所著的《海运新考》中特别提到元代一位有名的造船家罗璧③，他建造的帆船使用了“海鹏”这一意味深长的名称。这个名字源于庄子④的大鹏鸟，它能够从水面腾空而起，展翅飞翔到南方，罗璧的座右铭是“龟身蛇首”，再也想像不出更确切的说法了。

(4) 水密隔舱

不难看出，欧洲人从中国学到的另一种有价值的造船技术是水密隔舱⑤。前面的内容清楚地说明，舱壁结构是中国造船学的最基本原理（参见图947，图版），而水密隔舱则是其必然结果。在欧洲人所引进的技术中，有一些是能够相当精确查明其引进年代的，水密隔舱为其中之一⑥。在18世纪末的几十年中，这种技术已“广为流传”，故每提起这一时期几乎都会使人想起它在中国船上的应用。1787年本杰明·富兰克林（Benjamin Franklin）在他写的一封关于为美国和法国之间通邮而设计的邮船的信中说：

> 因为这些船并不装运货物，所以按照中国方式把船舱分成若干互相独立的分舱似无不便之处。每个分舱都严密捻缝，以防进水。这样，如果一个分舱发生漏水，……这一点如为大家知晓，乘船的人将会感到莫大鼓舞。⑦

1845年，格皮（Guppy）向伦敦土木工程师学会宣读了一篇论文，论述了铁壳蒸汽机船“大不列颠”号试航的情况。在随后的讨论中，宣读了一篇边沁夫人（Lady Bentham）的通信，谈到塞缪尔·边沁（Samuel Bentham，1757—1831年）爵士⑧在造船方面引进的若干先进技术。看来是他“首先采用了固定的水密隔舱这一革新技术”⑨。1795年，英国海军部参议会委托他设计和建造6艘全新型的船舶，而他造的这些船，“和中国人

421

① Worcester (1), pp. 38, 51, 63, 81; (3), vol. 1, pp. 126, 134, 137, 139, 200, 203; vol. 2, pp. 276, 279, 284, 288, 321, 322, 336, 366, 421, 436, 463, 466, 489。

② Worcester (1), pp. 21, 65, 68, 80; (3), vol. 2, pp. 295, 393, 408, 422, 429, 456, 494。许多船型几乎都对称，但其中只有一种前部最为丰满［Worcester (3), vol. 2, p. 457］。

③ 《海运新考》卷一，第三十二页。有关航海船长罗璧的活动，我们以后还要谈及，见下文p. 478。

④ 《庄子·逍遥游第一》，译文见Legge (5), vol. 1, p. 164；参见本书第二卷，p. 81。

⑤ 人们经常指出这一点，如Gilfillan (1) 和Audemard (3)。

⑥ 的确，达·芬奇曾经建议采用一种具有双重船舷的船体结构以便减少出现破洞的危险［参见Ucelli di Nemi (3), no. 82］。但是这种双重壳体船也许从未被采用过的想法，与前面已经讨论过的双体船（p. 392）更为接近，而不是指具有多个横向水密隔舱的船。

⑦ 转引自Playfair (2)。富兰克林关于这个问题的另一篇书信，见Charnock (1), vol. 3, p. 361。另见1786年出版的富兰克林的《海运观察》(*Maritime Observations*, p. 301)。

⑧ 杰里米（Jeremy）的兄弟。

⑨ 实际上，建议这样做的有许多造船革新家，如尚克（Schanck）船长［Charnock (1), vol. 3, p. 344］。

图版 三九六

图947 正在香港的船坞修理的一艘华南货船或“拖网渔船”的左后舷照片(得自格林尼治国家海运博物馆沃特斯收藏部)。可以看见4到5个隔舱壁,其中最后一个隔舱壁由于拆去了船壳板而看得特别清楚。在上翘的船尾部分可以看见附加的5根肋骨或骨架,在前面的隔舱壁之间也都有肋骨,多少不一。类似图936上的福州货船,约有15个隔舱壁和37根肋骨。这幅照片中在船尾平台突出部分的下面,勉强可以看出升降悬吊舵的滑槽。从照片上的人形可以估计出船的尺寸。

当今的惯常做法一样，都采用了隔板以提高船舶的强度和抗沉性”。

从传播技术的角度来看，边沁引进这一技术的原委，值得我们更进一步去研究[1]。1862年，边沁夫人依据边沁爵士早先的日记完成了边沁的传记一书，从中我们发现，虽然他后半生长期在英国海军中担任总工程师和造船技师的职务，但他早年却一直在俄国军队中服役，离任时的军衔是准将。大约在1782年，他游历了西伯历亚不少地区[2]，途中他到过中国边境的恰克图（Kiachta），在那里会见了中国的地方官吏，并观察了应是石勒喀河[3]上的大船。这些船中多数应具有常规的横向舱壁，即使不是全有的话。

> 这根本不是边沁将军的发明（他的妻子过后很久写道）：他自已公开说过，这是“现在中国人的做法，也是古代中国人的做法”。但对他来说，其功绩在于正确评价了这种水密隔舱的优越性，并且采用了这一做法。造船师们也许对古典知识不熟悉，难道他们对中国船上如此普遍采用的有效办法竟会一无所知吗[4]？

更为有趣的是边沁还效法了另一项中国技术。大约1789年，他在克里米亚（Crimea）当步兵团上校时，建造了一艘多节连环船“弗米丘勒”（Vermicular）号[5]，用来在水浅弯多的河流上运送土产品。我们不久就会看到[6]，这是典型的中国做法[7]，与我们已经研究过的那种情况很相似[8]。

有一位佚名作者［Anon.（20）］在1824年的《机械学杂志》（*Mechanics' Magazine*）中写道：“有一种几乎可以使船不沉的办法，古代人早已知晓[9]，而现在为中国人所采用。这种办法就是把货舱分成许多分隔舱，这样，如果船发生漏洞，或是舷侧穿洞……”，船还能保持漂浮不沉。唯一令人惊讶的是这种方法的传播，竟然经过了如此漫长的岁月才到达西方。马可·波罗（如我们将在下文p.467所见）约在1295年就清楚地记载过中国船的水密隔舱，而且他的这一记载1444年又为尼科洛·德·孔蒂（Nicclo de Conti）所引用：“这些船依照这种方法建造了许多舱室，如果其中一个舱室破裂，其他各舱仍能继续完成该航程”[10]。所以，克雷西［Cressey（1）］的评论是相当正确的。他指出，欧洲采用此项实用的安全装置的时间比有关它的知识传入欧洲的时间晚了500年。

422

另有一种很有趣但不大为人们所注意的情况，这就是在某些类型的中国船中，最前面的（有的在最后面，但较少）隔舱可以自由进水。船壳板上特意钻有小洞[11]。从四川

---

① 我们感谢边沁（D. R. Bentham）先生，他使我们注意到塞缪尔·边沁和中国的接触。

② 塞缪尔·边沁是一位机智非凡的人物。他在彼姆（Perm）建造了水陆两用车和一个计程仪，并且改进了盐矿。后半生，他是真空蒸馏法的创始人之一。

③ Bentham（1），pp. 49，51。这个地方离涅尔琴斯克（Nerchinsk）10俄里（约10公里）。今天中国东北和西伯利亚的边界是沿额尔古纳河（Argun）划分的，在此东南相当远的地方。

④ Bentham（1），p. 107 。

⑤ 这种船由6个组成部分连在一起，全长252英尺，宽16英尺9英寸，吃水4英寸。

⑥ 下文p. 432。

⑦ 很可能塞缪尔·边沁在西伯利亚和中国东北之间的河流上看到的是类似的浮体。

⑧ 即17世纪初期西蒙·斯蒂文（Simon Stevin）的例子（本书第四卷第一分册，p. 227），他的双重借用，如果可以这样说的话，涉及到帆船运输的概念和音乐中平均律的数学表达式。

⑨ 事实当然并非如此。

⑩ De Conti（1），p. 140。

⑪ 有时候这些孔洞还可以用来收放“钻泥”锚；见下文p. 660。

自流井沿急流而下的盐船①、鄱阳湖上的狭长平底小船以及许多航海帆船②都有这种情况。四川的船夫们说，这样可以把水的阻力减小到最低限度；同时，船在急流中纵摇很厉害，这一设计必然会对急流行船时浪打船身的震动起缓冲作用，因为正当最需要缓冲船首和船尾受浪击的时候，它能迅速地吸进或放出压舱水。水手们说它能防止船头抬高时顺风转动。5世纪的刘敬叔在他的《异苑》一书中记述的下列故事，也许是有据可依的③：

> 在扶南（柬埔寨）总是用金子进行交易。一次，（有些人）租了一艘船从东到西到处游玩。交付定金的时间到了，但船还没有到达目的地。因此他们想要减少（应付的）定金数。这时，船长要了个花招来捉弄他们。他（好像）设法把水引进船底，看起来船就要沉了，既不能进又不能退，静止不动。所有乘客都惊恐万状，马上交付了定金。（后来）船又恢复了原样。
>
> 〈扶南国治生皆用黄金，僦船东西远近雇一斤。时有不至所届，欲减金数，船主便作幻，诳使船底砥拆，状欲沦滞海中，进退不动，众人惊怖，还请赛，船合如初。〉

但是，这似乎涉及安装一种启闭可以控制的舱底门和尔后排水的问题④。

采用水密隔舱和自由进水舱的另一种缘由，是使渔船能把捕获的活鱼带回港口出售。这在中国是容易实现的⑤。但是在英国也有这种做法，叫做“活鱼水舱”（wet-well），而带有“活鱼水舱”的船就叫做“活鱼舱船”（well-smack）⑥。这种船在欧洲开始出现于1712年，如果这种说法是对的，那么中国的舱壁结构原理的传入很可能有两次，第一次是在17世纪末，用于沿海小渔船，第二次是在一个世纪以后，用于大船。

(d) 中国船舶自然发展史

423

闵明我在1669年说过：“有人断言中国拥有的船舶要比已知世界的其余地区的船舶总数还多。对许多欧洲人来说，这种说法似乎难以置信。然而，虽然我见到的中国船舶的数量不足其总数的1/8，我又游历过世界上很多地区，我却认为这是千真万确的。”⑦所有早期到过中国的旅行家，从马可·波罗和伊本·巴图塔开始，都注意到帆樯林立的

---

① 参见下文 p. 430。

② Worcester (2), p. 25; (3), vol. 1, p. 41; vol. 2, p. 414; Waters (5)。

③ 译文见 Pelliot (29)，由作者译成英文。

④ 控制压舱水当然是伴随欧洲潜艇发展的一项主要发明（Bushnell, 1775年；Fulton, 1800年）；参见 de Loture & Haffner (1), pp. 261。

⑤ 具有这种设备的渔船在中国很普遍，特别是在广东诸河口（夏士德未发表的资料，no. 100）和香港地区（与华德英的私人通信）。

⑥ E. W. White (1), p. 23。

⑦ *Tratados ... de la Monarchia de China*, Cummis 编, vol. 2, p. 227。夏士德 [Worcester (3)] 从安文思所著的《中国新史》(*New History of China*, 1688年) 一书中援引了此文，但我们在那里并没有查到。这段说明类似利玛窦的说明，见 Trigault (1) [Gallagher (1) (译本), pp. 12, 13] 和 d'Elia (1), vol. 1, pp. 20, 23。参见 Ysbrants Ides (1), p. 163。其他引文见于 Audemard (2), pp. 19ff.。现代欧洲人的这一观点也许是维埃拉（Cristovão Vieira）1524年在广州首次提出的，他说他看到了“无数船舟”[D. Ferguson (1), p. 19]。巴罗 [Barrow (1), p. 399] 在1804年的印象同样深刻。威廉·伯恩（William Bourne）在其《海上军团》(*Regiment for the Sea*, 1580年) 一书中，告诉我们约翰·迪伊（John Dee）船长怎样给他看马可·波罗记述飘扬着大汗旗帜的众多船舶的文章，鼓励他作出航行到中国的计划 [见 Taylor (3), p. 313]。

中国船舶（参见图948，图版）。因此，自然会有各种类型的船舶发展起来，而且近代作了大量的研究工作来对其进行分析与分类。我们这里涉及的范围不允许我们对中国船舶的成就进行广泛的评论，但是可以对文献提供一些线索，并对其中一些较为突出的船舶稍加评述。

中国各时期的文献中曾几次出现过系统的船舶类型表册，我们将在本章的其他地方提到其中的一部分①。在最早记载各类战船的表册中，有一份是公元759年流传下来的，它由唐代一位道家军事类书的编者编制；我们将在后面讨论战船装甲史的段落中把它全文翻译出来②。宋代也有对船舶类型的记载（参见pp. 381，602）。至于明代，则有王鹤鸣的《水战议详论》，写于16世纪末，在1586年以前，该书详尽地记载了9种战船③。与此同时，王圻也对适于沿海防御的各种战船进行过分类④。

1637年，宋应星在前面一段引文（pp. 411ff.）的末尾还记载了9种其他类型的船舶；其中，他提到了摇橹（自动水面平划推进桨）、⑤ 钱塘江的布帆⑥和广东省内河船上的两脚桅（“双柱”）⑦。这些船只仅在南方才有。据唐纳利［Donnelly（2）］统计，不列颠博物馆的两份1700年左右的中文手抄资料中⑧绘有约84艘船图。这些资料尚未受到学术界的评述。大约一个世纪以前，梅辉立［Mayers（5）］报道过35种不同船只的名称并作了简要的说明。在他之前，孔琪庭［K. A. Skachkov（1）］在一篇不太出名的论文中讨论了鲁缅采夫博物馆（Rumiantzov Museum）收藏的一份叫做《水事辑要》的手抄本或刊印本，该书似乎是论述传统的战船，但从汉学研究角度至今仍然无法断定其真伪。近年来，许多类型的船只都有了详尽的记载⑨，其中记载船型最多的当推夏士德的著作［Worcester（1—3）］，他所分析的船只不下243艘，从最小的舢舨直到最大的航海帆船，应有尽有。南肯辛顿（South Kensington）科学博物馆（Science Museum）的梅乐和（Maze）中国船舶模型收藏部目录［Anon（17）］，以及该博物馆印制的精致照片等则更有价值⑩。

424

西方人绘制中国船图，只是从前一个世纪才开始，即在1801年，威廉·亚历山大（William Alexander）为祝贺马戛尔尼勋爵出任大使（1793年）而绘制的优秀彩色船图

---

① pp. 406，424ff.，465，482，685ff.。

② 下文pp. 685ff.。

③ 这个内容已在《续文献通考》卷一三二（第三九七二·二页起）中详加引证。到这个时期，西欧的影响也许正在起作用，因为所记载的船型中有两种有“龙骨”。有些船还装备有葡萄牙式的重炮。参见pp. 481ff.。

④ 《续文献通考》卷一三二（第三九七四·一页起）。

⑤ 见下文pp. 622ff.。

⑥ 见下文p. 457。

⑦ 见下文p. 435。

⑧ Lansdown no. 1242和Egeroton no. 1095。

⑨ 例如：Audemard（1，5，6，7）；Farrère & Fougueray（1）；论述澳门附近地区的典型船只的Carmona（1）；专门论述北方的安东、北直隶和杭州的商船的Waters（1—5）；论述青岛货船的Sigaut（1）；论述长江和福建的船舶的Donnelly（1，3—5）；论述南方广东和西江水系的船舶的Lovegrove（1）。另见努特布姆［Nooteboom（2）］船舶目录。

⑩ 夏士德有关已故梅乐和（Frederick Maze）爵士的情况，参见Worcester（10）；有关江西帆船的情况，参见Worcester（16）。

图版 三九七

图948 这幅照片可以证实马可·波罗对中国航运的极其发达的赞叹。这是一些运盐船，正在四川自流井等待装货（参见本书第四卷第二分册 p. 129）。右侧山冈上的寺院和突出在城墙外的寺庙都是木石结构（参见图796），具有典型的四川特色［朱克斯·休斯（Jukes Hughes）摄于盐务局，1920年］。

图953 “歪屁股”船模型（藏于肯辛敦科学博物馆梅乐和收藏部）。参见 p. 430。

问世[①]。后来又出现了帕里斯海军上将［Admiral Paris（1，2）］的优美船图和图解，还有汤姆森［J. Thomson（1）］早期的出色照片，其中至少有两张中国航海帆船的精彩镜头。[②] 诚然，很早以前在中世纪末期西方出版的世界地图上就绘有中国船的草图，而这些，我们将留待不久以后更偏重历史的章节中再讨论[③]。

对中国船舶插图学的传统的研究实在太少。我们曾说过这方面的主要资料是1044年著的《武经总要》[④]。曾公亮在这本书里很细致地描绘了6种战船，不过他的记载基本取材于更早期的《太白阴经》[⑤]。《太白阴经》为李筌在公元759年编纂，并收在杜佑公元812年所著的《通典》中[⑥]，其中难免作过变动。这6种船在以后十个世纪中经常反复出现，它们是（按尺寸由大到小排列）[⑦]：

1）“楼船”（有上层炮楼的战舰）[⑧]

2）“战舰”或“头舰”（防御设施略少）

3）“海鹘”（改装的商船）

425 4）“蒙冲”（快速“驱逐舰”）

5）“走舸”（较小的快速船）

6）“游艇”（巡逻艇）

可惜唐代相应的船图似乎没有留传下来，而《武经总要》的图集显然是由两套很久之后才绘制的船图组成的。最近复制的1510年版本可能就是当时（明代）的作品，因此价值相当大，但是，《四库全书》本的船图却是取自皇家图书馆收藏的一份手抄资料（为期很早，但年代不详），系复制品，与原件相去甚远，估计是1780年左右的作品。图949所示，系明代版本的“楼船”或称战舰[⑨]，其上有数层炮楼和雉堞。由于绘图人完全热衷于刻画战争场面，他竟把桅杆和帆篷全都略去了，并且把平衡舵画得很糟，然而却没有忘记把上层甲板上的平衡锤式抛石机表示出来[⑩]。

从17世纪初开始，军方和民间出版的类书都相继抄袭这些古代资料，同时又对许

---

① 这些图已复制可查［Anon（19）］。德拉蒙德（Drumond）船长的一些船图约为同一时期的作品。关于乔治·钱纳利（George Chinnery，1774—1852年），见 Berry-Hill & Berry-Hill（1）。

② J. Thomson（1），vol. 1，fig. 14 和 vol. 2，fig. 46。

③ 见下文 pp. 471，473。

④ 《武经总要》（前集）卷十一，第四页。

⑤ 《太白阴经》卷四十，第十页起，译文见下文 p. 685。

⑥ 《通典》卷一六〇，第十六页（第八四八·三、八四九·一页）。

⑦ 不同的资料里有不同的排列顺序。《武经总要》中对游艇的记载和另一种完全不同类型的装备有“钩铁”的“五牙舰”（参见下文 p. 689）混淆了。这种“五牙舰”最早大约在公元595年杨素为隋高祖建造的。这一记载并非取自《太白阴经》。《四库全书》本的《武经总要》把“五牙舰”误为游艇。《三才图会》纠正了这一错误，但《图书集成》常断章取义，结果又再度混淆。

⑧ 我们即将会看到这个名称更要古老得多。

⑨ 有趣的是在中国的船图中，上层建筑几乎总是在船的中部，与中世纪欧洲的“船首楼”和“船尾楼”截然不同。

⑩ 18世纪的绘图师们在此处十分不得要领，把抛石机画得像一面旗，放在由支架承托的斜杆的一端上。近期的《武经总要》楼船图和《图书集成》的楼船图，被复制在奥德马尔［Audemard（2），pp. 35ff. ］的著作中，并附有史谆生（译音，Shih Chun-Shêng）等人翻译的《图书集成》有关部分的译文。

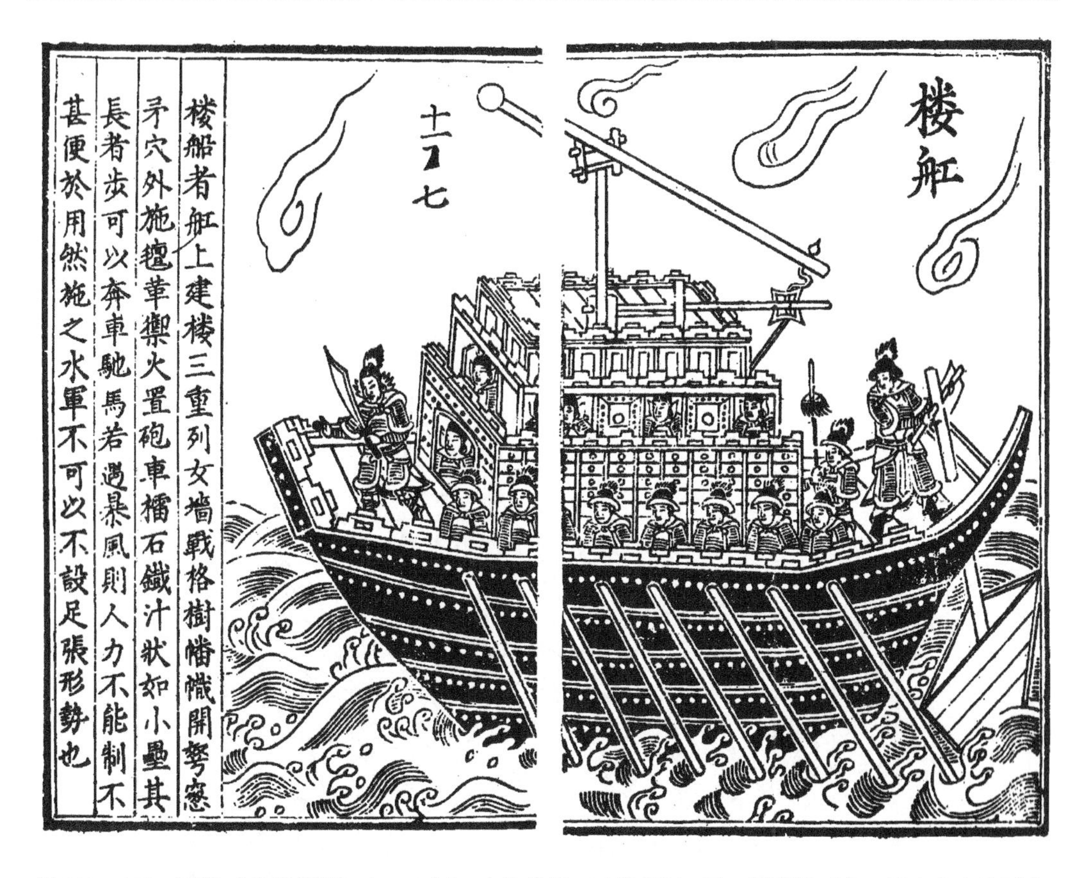

图 949 1510 年版《武经总要》(1044 年) 中的战船 (“楼船”) 图。说明见正文。图左文字的译文见 p. 685。

多船型作了新的补充和评论。1609 年王圻的《三才图会》提供了大约 30 种船型[①], 其中有 9 艘民船和 1 艘具有两脚桅或人字桅的船 (“仙船”)。尽管“仙船”的名称富有浪漫色彩, 但据说, 这种船[②]却是达官显贵们来往于南方江河湖泊的交通工具。1628 年茅元仪所编的《武备志》在 34 幅图中就收进大约 20 幅王圻的作品[③]。《武备志》的内容完全与战船有关, 但大多数版本的船图都稍嫌粗糙, 看来绘图人对海事缺乏足够的研究, 以至于没有把各船的区别细致地刻画出来。然而有些船图都经得起推敲。例如江苏沿海的沙船上, 有斜桁四角帆 (图 950)[④]。有些船图的船首尾处都有看来像是舵的东西 (“鹰船”和“两头船”)[⑤]。这可能是与船首大招混淆了, 因为船首大招确实已在河船 426

① 《三才图绘·器用》卷四, 第十九页。

② 复制图及其说明见《图书集成·考工典》卷一七八, 第十八页。

③ 《武备志》卷一一六至一一八。

④ 有关记载见《图书集成·戎政典》卷九十七, 第二十五页, 有史谆生等人的译文, 载于 Audemard (2), p. 73。“沙民”是这一带沿海地区人们对渔民和海员的称呼。

⑤ 有关记载见《图书集成·戎政典》卷九十七, 第二十一页、第二十四页, 有史谆生等人的译文, 载于 Audemard (2), pp. 68, 70。有关“双头船”的说明是根据 1480 年左右丘浚所著的《大学衍义补》中的一段记载,《大学衍义补》这部书在火药发展史部分还要遇到。参见本书第四卷第二分册, p. 430 和图 638。

图 950　《武备志》(1628 年) 收录的江苏风格的小战船 (“沙船”)。撑条斜桁四角帆及其复式缭绳虽然画得粗糙，毕竟足以示意。此船可能是一艘沿岸海防巡逻艇，船首装有一门小射石炮。参见图 979 (图版)。

上沿用了很多世纪。不过该图看起来可能是指船型 (现在主要是在印度支那地区的船型)，其尾部有舵，中插板很靠前部，甚至在船首柱上滑动①。另一幅插图是两只驳船并系在一起，上面托着一个或几个炮塔 (“鸳鸯桨船”)②，自然还有装运炸药的筏子

① 见 P. Paris (3), pp. 50ff. , 69 及 figs. 102, 155。有关船首大招，见下文 p. 630。

② 有关说明见《图书集成 · 戎政典》卷九十七，第二十八页，有史谆生等人的译文，载于 Audemard (2), p. 77。水兵们似乎准备在接近敌船时跳下船去，并从两舷登上敌船。有关双船体，见上文 p. 392。

(“破船筏”)、火船(“火龙船”)以及其他类似的船。在《图书集成》这部1726年的“大百科全书”的《考工典》中,收进了王圻的船图10幅和茅元仪的船图2幅[①],其中 427 还包括1637年《天工开物》[②] 初版中两幅完美得多的图画。此书还增添了一幅欧洲三桅船图,系取自南怀仁(Ferdinand Verbiest, S. J.)1672年所著的《坤舆图说》[③]。在《图书集成》的兵器部分“戎政典”中有一套船图共31幅,其中大部分(并非全部)是战船。不过所有这些船只在17世纪早期的著作中都已经有了记载[④]。

对于这些有价值的资料所进行的分析(这些资料还远未包括所有可供查考的中国文献),并不能特别令人满意。很久以前克劳斯[Krause (1)]就翻译了《通典》的一些简略说明。我们翻译的基本资料《太白阴经》载于下文 p. 685,并留待届时再议,这是因为它更适合于讨论中国水军史的船舶装甲和射击战术(与肉搏战术相对立)。曾经写过一篇研究中国战船论文的夏士德[Worcester (4)][⑤] 看来并不知道克劳斯的著作;更令人遗憾的是奥德马尔对此也一无所知,因为在他死后出版的著作[Audemard (2)]中,我们看到史谆生全文译出的《图书集成》的有关段落[⑥]。奥德马尔煞费苦心地回避考证他本人以及史谆生所研究的文字和图画的年代,但是单凭1780年前后刻印的文本,而不了解其中某些极为重要的文本要追溯到公元760年以前这一事实就着手写“中国帆船史”,显然是徒劳无益的。这样一种做法(特别是鉴于古代绘制中国书籍插图的人不能或不愿准确地描绘机械装置)[⑦],肯定会给西方读者了解中国技术再增添一种完全错误的观念;因为在8世纪是有口皆碑的事,到了18世纪却可能变成丑闻一件。这在“一成不变”的中国是如此,在其他地方也无不如此。此外,用“百科全书”一词来翻译《图书集成》这一书名,虽然是传统译法,但是不能令人满意,因为这会引起人们把它看做类似《不列颠百科全书》(*Encyclopaedia Britannica*)等现代著作。《图书集成》的编者无意编纂一部包罗万象的当今最新的参考资料,而是想把所有历史和文学的经典遗著汇编成一部浩瀚的文集。我们必须记住中国的《钦定古今图书集成》这一名称的 428 确切含义。把《图书集成》中的船舶结构看做是代表1726年(或甚至是1426年)中国人的造船观念或实践,这只会更进一步给一贯自鸣得意的西方人一种不应有的历史依据。事实上需要我们进一步研究的工作十分广阔,浩如大海。

地理因素对中国沿岸船舶的差异有相当大的影响。精于考察各地风土人情的观察家 429 们早在17和18世纪对此就已有清楚的了解。

---

① 《图书集成》卷一七八,“汇考”,第五页起,捕鱼作业的船图见《艺术典》卷十四,“玉部”,“汇考”,第四页。

② 《天工开物》卷九,第十页起。

③ 《坤舆图说》第二一五页。见本册图988。

④ 这些属于11世纪的船图,1842年又为俞昌会复制,收入他的《防海辑要》这部珍贵的海防著作中(卷十五),收入该书的还有其他一些更具有图解性的船图。参见本书第二十七章(*i*)。

⑤ 他只是根据《三才图会》和《图书集成》书中的船图进行分析的,显然不了解其悠久的历史背景。最好见 Worcester (3), vol. 2, pp. 350ff.。

⑥ 仅是其中的“戎政典”部分。奥德马尔和史谆生没有使用任何其他类书,但他们的那位无名的编辑却另外提到了《三才图会》,并补充了18世纪《武经总要》的船图。这位编辑好像也曾用《图书集成》的另一版本核对译文。但是很遗憾,总的说来结果并不可靠,有时甚至有严重错误。

⑦ 关于这个问题,参见本书第四卷第二分册 pp. 1, 373。

当时的一位学者谢占壬在评注顾炎武的《日知录》(1673年)中的一段文字时写道:[①]

> 江南的海船叫做“沙船”,因为这些船的船底平而宽,可以驶过浅滩并在沙洲附近系泊,经常出入沙质(或泥质)的河湾港汊而不受阻……浙江船……(用同样的方法建造)也能在沙洲之间行驶,但由于它们比沙船重,所以要避开浅水区域。但是福建和广东的海船底部呈圆形且甲板很高,其船体的基础是分成三段的巨大木材,称之为“龙骨”。如果(这些船)遇到沙底浅滩,“龙骨”可能陷入沙中,而如果风向潮水不顺,从沙中将龙骨拖出就可能会发生危险。不过,南洋岛屿礁石很多,有了这种“龙骨”,船转弯容易,避让礁石灵便。
>
> 〈江南海船名曰沙船,以其船底平阔,沙面可行可泊,稍搁无碍。……浙江海船,……亦能过沙,然不敢贴近浅处,以船身重于沙船故也。惟闽、广海船,底圆面高,下有大木三段贴于船底,名曰龙骨。一遇浅沙,龙骨陷于沙中,风潮不顺,便有疏虞。盖其行走南洋,山礁丛杂,船有龙骨则转弯趋避较为灵便。〉

这里的含义是很清楚的,即加高船体和加装中插板,会提高船舶的航海性能。让我们记住这一段文字,再来研究图939。图中的“龙骨”就是福建或广东圆底和高甲板海船的船体中央加强材。这种木材,中国船工仍然叫做“龙骨”,但不应该把它看作是欧洲人心目中的“龙骨”,因为它不是船的主要纵向构材。(船的纵向强度主要依靠)装在船体水线处或水线下的三道或更多道巨大的厚硬木外板来承担的[②]。这段文字的真正价值,在于它指出了中国南北文化区域因地理位置不同而在历史上曾引起过船体形状方面的差异。杭州湾以北(北纬30度,参见图711)的沿海船和远海船都是平底,舭角明显,船舵较大而笨重,且呈方形,既可放到船底以下,又可升起很高。这种船舵适应经常抢滩的需要,因为北方的浅水港湾和泥淤河口受潮水影响非常显著,而到了海上,舵又可起到中垂龙骨的作用。杭州湾以南,沿岸水域较深,海湾小而狭长,岛屿甚多。在这里,船只的水下线型逐渐更显出曲线美感,船首的进流段较尖,舭角不明显,船尾较圆;同时,船舵经常用中插板来辅助,故它有时变得窄而长,甚至有时还开有孔洞并呈菱形。所有这一切在谢占壬的字句中都含蓄地提到了。

430 至于平底和长方形横断面结构,它现在已为全世界的铁壳轮船普遍采用,这一点确实是值得注意的。中古时期的木船建造者,只有中国人这样做了。但是中国船,如前所述,并不总是平底的;虽然中国船没有真正的龙骨,但其两舷有时从最低的主纵向构材处起向上圆起。这种结构在更早期的文献中就有记载,例如,1124年的《宣和奉使高丽图经》[③]。徐兢谈到过一种福建造的“客舟”,即运送使节随从的“侍从船”,这种船比使节自己乘坐的“神舟”略小一点,他说[④]:

> 船的上部(甲板)是平的,而下部则像刀刃一样陡斜;这一点很有价值,因

---

① 《日知录》卷二十九(第八十九页),由作者译成英文,借助于罗荣邦的私人通信。

② 参见 Worcester (3), vol. 1, pp. 140, 141, pl. 50。

③ 见下文 pp. 608, 641。

④ 《宣和奉使高丽图经》卷三十四,第四页、第五页,由作者译成英文。

为它便于破浪航行（“贵其可以破浪而行也”）①。……船在海上，水手们不怕深水而怕浅滩，因为船底不是平的，如遇搁浅，落潮时就会倾覆。因此，他们总是用铅锤系于长绳的一端测量水深。

〈上平如衡，下侧如刃，贵其可以破浪而行也。……海行不畏深，惟惧浅搁。以舟底不平，若潮落，则倾覆不可救，故常以绳垂铅硾以试之。〉

这种船体的形状，在近代中国建造的某些船型上还可以见到，例如，称为“对船”② 的舟山渔船，以及清末使用的小型海军帆船“快渡”③。所有中国南方航海帆船都可作为例证。

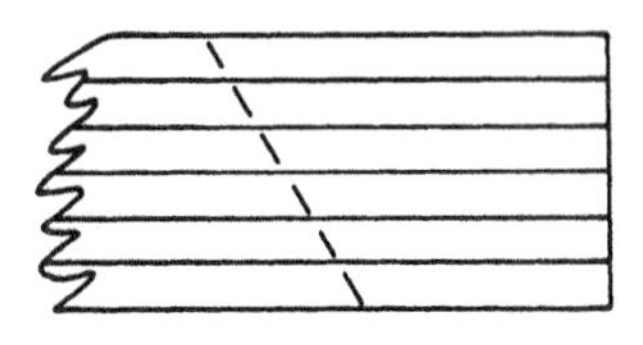

中国最特殊的船只中，有长江上游地区的歪首船和歪尾船，关于这类船已有专著论述［Worcester（2）］④。歪尾船（“歪屁股”）集中在重庆东面涪州（涪陵）的龚滩河口，而歪首船则出现在涪州西面，从事盐运，从自流井沿着几乎不能通航的江河顺流而下，这两种船的“长方形”船首或船尾歪向一边，以便使其一舷舭角和船的主轴线大致平行。涪州的做法是把船底木板加热熏蒸⑤，使其弯曲与长轴大致成60°角，而不成直角。此外，尾端的舱壁也不完全垂直，其最后结果如图951和图952所示。自流井的“橹船”，只把船首扭歪，而涪州的“厚板”或“黄鳝”船，则只把船尾扭歪。所有这种类型的船都装有船尾橹（“后梢”）⑥，涪州的船装有二只“后梢”，因其结构特点，工作时互不干扰（图953，图版）。这种不对称的船体线型对全船平衡的影响是否有利于急流航行，这一点还未得到科学论证⑦。但是船工们确信这一点，不管怎样说，没有理由否定这种奇特构造的古老风格。最明显的解释可能是：某个时期，在中国这些地区，人们希望找到新的“后梢”支点，使它比安装在通常的船尾横材中央更为牢固与严密，全船结构连接更为紧密。这种看法与更早期的绕轴旋转的船尾舵的发明似无矛盾，因为这项发明当时未必已经传到这些西部省份。了解这类船只在急流险滩中上行下放的情景，有必要查阅夏士德的生动逼真的记载。

431

另一种值得注意的是大运河中使用的“两节头”或连环船⑧。这是一种船身非常狭长、吃水很浅的驳船，船身由两个可以拆装的独立部分组成。船首部分和船尾部分的连接和分离利用索环和铁笔即可完成。船桅可以倾倒，船上装有舷侧披水板。毫无疑问，这种关节结构是在大运河淤塞的时候发明的，因为它的两个部分可以分别地通过浅水航

① 白乐浚［Paik（1）］将此句译做“其逆风航行的能力”。虽然这些船肯定有这种能力而且实际上也这样做了（见下文 p. 603），但这不是本句的含义。

② 见 Worcester（3），vol. 1，p. 134。

③ 见 Worcester（3），vol. 2，p. 353。

④ 还有 Worcester（1），pp. 51 ff.，（14），pp. 202ff.，230ff.。参见 Carey（2）。

⑤ 安德伍德［Underwood（1），p. 24］记载过朝鲜造船厂与此类似的施工程序。在朝鲜也建造轻度扭歪的船首和船尾（同上，pp. 7，11）。台湾帆筏的竹子也是用熏蒸法弯翘［Ling Shun-Shêng（1）］。

⑥ 和船身一样长。

⑦ 模型试验表明了这一点（与夏士德先生的私人通信）。

⑧ Worcester（3），vol. 2，p. 333。

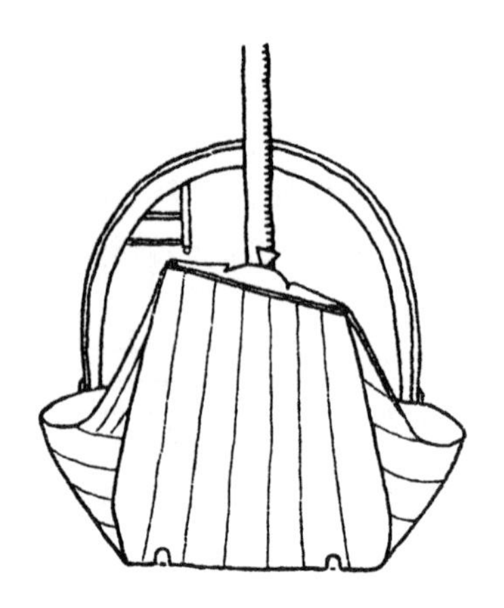

图951 四川中部自流井（自贡：参见图948，图版）内河橹船的歪船首。解释见正文。图采自 Worcester（2）。

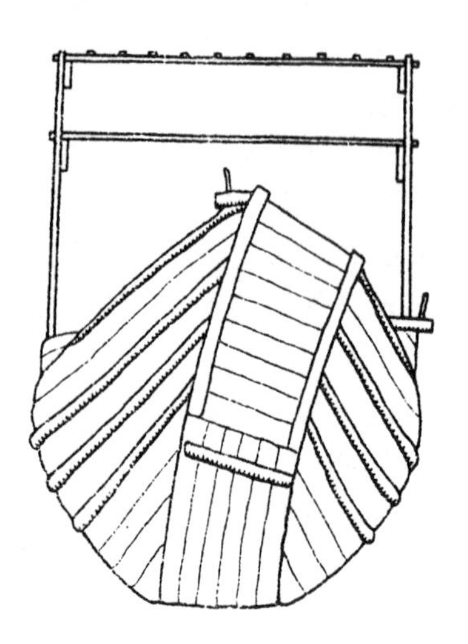

图952 四川东部涪州（涪陵）“歪屁股”内河帆船的歪船尾。解释见正文。图采自 Worcester（2）。

432 道，而较大的船只则须等待水位升高才能通行。这两部分也可以并排地系泊。虽然这一发明的历史并不久远，但它也许是首次应用关节原理的例证，这一原理到了铁路时代则
433 变得十分重要①。不管怎样，这种发明肯定可以回溯到18世纪初期以前，因为《图书集成》② 中就有关于战船关节结构的记载：船的前段装火雷和炸药，船工和水兵则占据后段。据推测，其想法是趁黑夜把船（这里叫“连环舟”）沿小河驶到某处城墙边或桥下，然后点燃定时的导火线，解开活节，悄悄撤走。既然《武备志》③ 的记载和插图采用同样的名称，那么这种装置的起源看来很可能是在16世纪末期④。图954采自剑桥大学图书馆收藏的同一作者的有关著作《武备制胜》的摹本。

① 所有的“车辆连接”都可作为例证，特别是1888年瑞士工程师阿纳托尔·马莱（Anotole Mallet）首先采用的连接机车。

② 《图书集成·戎政典》卷九十七，“水战部”，“汇考一”，第三十三页；参见 Audemard（2），pp. 84ff.。

③ 《武备志》卷一一七。

④ 写完这一节之后不久，由三段以关节联成一体的平底驳船引起了我们的注意。这是承包加固麦格达伦学院（Magdalene Collage）河堤的施工队使用的。这类驳船在第二次世界大战期间，曾为陆军工程兵大量使用。我们已经提过（上文 p. 421），塞缪尔·边沁在18世纪末叶向欧洲介绍过这种装置，并指出在此之前他和中国人曾有过接触。根据图杜兹［Toudouze *et al.*（1），p. 323］等人的记载，1803年罗伯特·富尔顿（Robert Fulton）已提出过同样的建议，他们还为他的建议配了插图。1795年詹姆斯·怀特（James White）也获得一种“蛇形”运河船的设计专利。这种设计就是把一串驳船以关节连接起来以便减少牵引力。他显然进行过一些成功的试验［见 Dickinson（5）］。可见，这种连环船的想法在当时并未定型。

图954 16世纪后期作战用的连环驳船。此图采自《武备制胜》(1843年摹本,收藏于剑桥大学图书馆)。这种船("两节头"或"连环舟")曾用于布雷,它的前半部分留在攻击目标附近,装定时的导火索,而后半部分则悄悄地撤离。

(1) 亲缘与混种

如果有人否认中国船和古埃及船之间有任何联系的话,未免过于轻率①。埃及船型最典型的特点是人所熟知的。其船首和船尾特别长,船体两端从水线处起向上弯曲并形成斜尖。浮面的长度比总长的一半多出有限。但这并不是唯一的古埃及船型。特别在第六王朝(约公元前2450年),曾流行过一种完全不同的船型,它酷似今天中国仍在使用的某些内河帆船。研究埃及的学者[诸如博勒(Boreux)、赖斯纳(Reisner)和克莱布

① 韦尔斯[F. H. Wells (1)]曾写过一篇论证中国和古埃及航海技术相似性的论文,结论是两者之间共同点极少,然而他的分析有些肤浅。

434

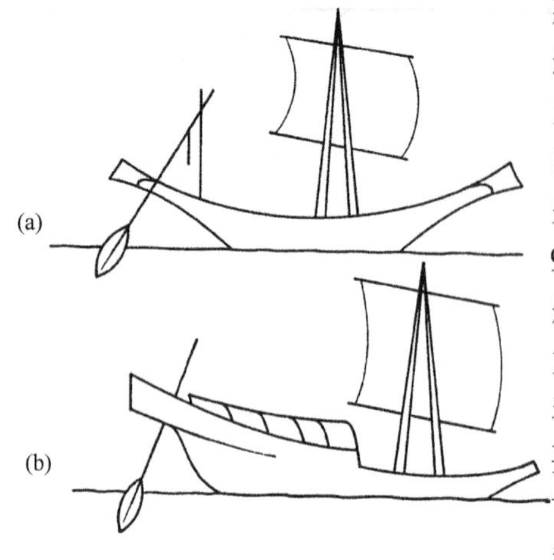

图955 古代埃及船的两种主要类型。
（a）涅伽达型；（b）荷露斯型。

斯（Klebs）］都把这两种船分别称为“涅伽达船”（Naqadian）和“荷露斯船”（Horian），因为前者可以追溯到前王朝时期涅伽达（Naqad）的陶器图案[①]，而后者则和一个来自更远的东方并信奉荷露斯（Horus）神的入侵民族有关（图955）。有时还会在同一雕刻作品上看到这两类船。例如，在代尔杰卜拉维（Deir al-Gebrawi）大墓地上就有一艘扬挂横帆的“荷露斯船”，拖着两只芦苇捆扎的“涅伽达”送葬船[②]。我们只要把“荷露斯船”的高耸船尾瞭望台、低矮船首、较平齐的两端以及竖在船尾中部前面的桅杆和现存的中国船比较一下，就会看到它们之间的相似之处[③]。各种麻秧子船都和它很相像，特别是“南河船”尤甚，但还有一些别的船与之有关。

幸好这两类船型的许多明器都留存至今[④]，并且赖斯纳［Reisner（1）］和布热德［Poujade（3）］从船舶考古学的角度进行过研究。后者立即强调了十分重要的一点，即有些“荷露斯船”和所有真正的中国船一样，两端呈方形[⑤]（图956，图版）。不过，因为许多模型都用实体整块木料做成，是否使用了舱壁则无从考证；即便有的船模是空心的，也仅仅有若干拱形扁平横材[⑥]。最前面的一块横材像是装两脚桅的，最后面的一块上有两个插孔，用以插装操纵长桨的两根支柱（见下图）。船尾瞭望台也和方形船首尾一样，都是地道的中国式样。博勒本人没有看出“荷露斯船”和中国船的结构之间有这些显著的共同点，但他认为这些荷露斯人系从美索不达米亚迁徙而来[⑦]；因此，中国造船学的某些要素可能和一些别的原始科学素材一样，也是从美索不达米亚传入文明初期的中国[⑧]。关于这一点我们在别处已经看到过论据。根据博勒和赖斯纳的见解，

435

① Boreux（1），p.17。这些船和印度支那铜鼓上的船有些相似，船首像现存的暹罗独木舟（参见下文p.446），流传至今的稀有的几幅莫亨朱达罗（Mohenjodaro）船图比这些船图年代久远得多，处于中间过渡位置。其中一幅显然是“涅伽达船”，其余的也绝非无相似之处。

② Boreux（1），p.153。有更多艘荷露斯船护航（p.158）；对这个问题的讨论，见p.491。另一荷露斯船，见Klebs（1），fig.86，p.105；另见Klebs（2），fig.102，p.138。后者属古埃及中王国早期（公元前2200年后）。参见Winlock（2）。

③ Worcester（1），p.45的对面，另见pp.21，78；（3），vol.2，pp.350，428，430，463，486，494。

④ 例如，开罗博物馆（Cairo Museum）的“荷露斯船”模型的编号为：4802，4882，4886，4887，4888，4910，4918，4955号［Reisner（1），pls，XIII，XIV］。

⑤ 第五王朝君主在孟菲斯（Memphis）建造的仪仗用的石船也是如此［Boreux（1），p.104］。

⑥ Reisner（1），p.53，关于第4882号部分。

⑦ Boreux（1），p.517。

⑧ 如占星学（本书第二卷，pp.353ff.）、赤道天文学（本书第三卷，pp.254ff.）和声学原理（本书第四卷第一分册，pp.176ff.），更不用说青铜技术、车轮和战车了。我们不知道霍内尔的竹筏起源理论是否也适用于“荷露斯船”。非洲人和亚述人熟悉并使用过一种劣等竹子［参见R.C.Thompson（2）］。

“荷露斯船”在公元前2000年就已绝迹，但更确切地说，那个时期以后，在雕刻文物和墓葬明器中已看不到这类船了。

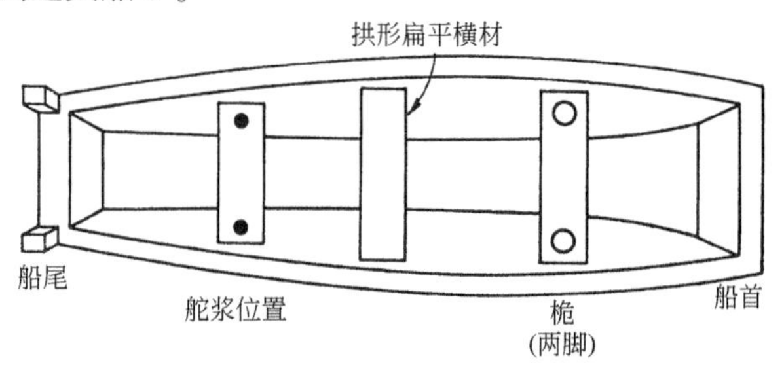

布热德[①]曾看到一盏美丽的赤陶灯[②]，系按雅典帆船的样子制作，有双叉式喙形（*stolos*）船首，船尾向前弯曲。受到这一船形灯的启发，他在东南亚各地都找到了例证，说明这些地区的船舶构造很可能起源于这些地中海观念[③]。中国唯一受其影响的是四川大宁河上所谓的扇尾帆船“神驳子”，它具有向前弯曲的船尾[④]。但这也同样可能是埃及的遗迹[⑤]。

中国南方造船技术中的两脚桅（见图957，图版）前面已经谈过（p.423）[⑥]。霍内尔［Hornell（18）］曾提请人们注意这种船桅是古埃及船的特点[⑦]，这一相似点没有逃过文化传播论大师的鹰眼[⑧]。也似乎的确没有理由可以否认这一特征，可能是古代由西向东传播的结果。不过，如果真是如此，这种特征为什么没有再向中华文化圈的北部传播并在那里保存下来，这倒是十分奇怪的。两脚桅自然并不仅是一种历史奇迹，从工程学的观点来看它也极其合理，所以在金属管材时代，这种桅结构被再度起用。此外，现代赛艇设计师也采用两脚桅，使船帆前缘的气流不受干扰[⑨]。而且如果找不到适当粗大的桅材，也可用两根小圆材来代替。当然可以这样说，一种简单的发明实用价值越高，就越有独创性。但是究竟哪些发明才算是简单的呢？人们可能认为，神奇而不是实用的 436

① Poujade（1），pp.275，277ff.。

② Des Noëttes（2），fig.50。该赤陶灯现收藏于雅典国家博物馆。“喙（形船首）”（*stolos*）是指船首处上部的尖端。

③ 例如，缅甸皇家驳船、马都拉（Madura）岛和巴韦安（Bawean）岛的船首尾皆为双叉式的独木舟；以及特别像希腊式的塔劳（Talaud）群岛的船。所有这些船都属爪哇地域（pp.282，284）。参见上文389。

④ Worcester（1），p.47；Poujade（1），pp.285 ff.。

⑤ 当地的造船工匠们依然记得唐代或唐代以前的一位名叫王爷的道士，曾教他们建造“神驳子”这种船。

⑥ 这里的插图取景于桂林附近的漓江（图957，图版）［Groft & Lau（1）］。还有一幅取景于其下游的阳朔的优美照片，见于Forman & Forman（1），pl.179。参见Schulthess（1），pl.165。

⑦ 见Boreux（1）；Reisner（1）。莫亨朱达罗文化中（公元前1800年），隐约有两脚桅的说法；见Bowen（8）。

⑧ Elliott-Smith（2）。但是他没有看出荷露斯船和中国内河帆船有相似的地方。他的许多观点今天来看自然是十分难以接受的。例如，他说红海的船在公元前7世纪时曾到过中国海岸。他还认为古代东亚的船曾成功地横渡太平洋到达美洲大陆，这在海尔达尔（Heyerdahl）时代也是不能接受的，但是现在是否仍然如此，我们以后将作简要讨论（pp.540ff.）。

⑨ Curry（1），p.81。

图版　三九八

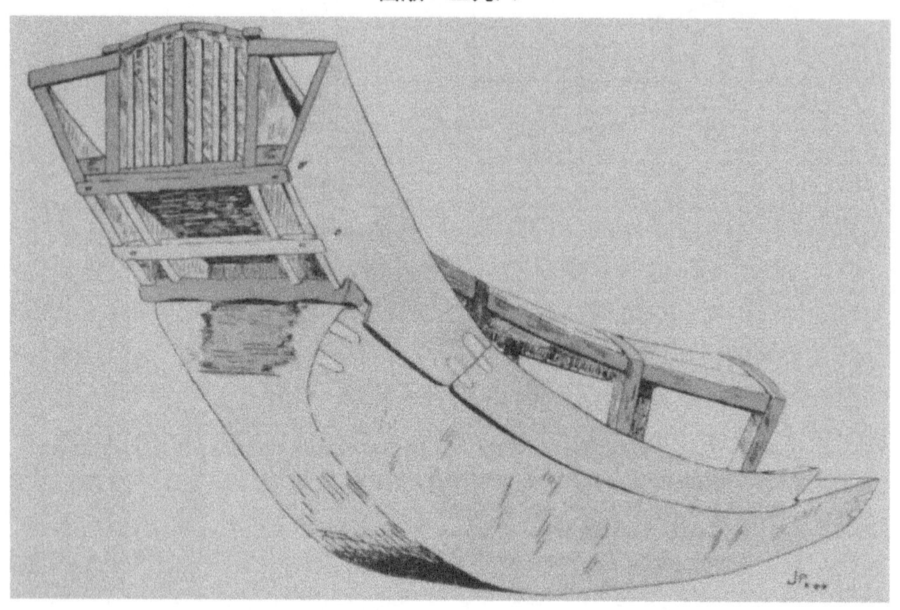

图 956　古代埃及荷露斯船的模型，第六王朝时期的陪葬品［Poujade（3）］。它和典型的中国船的结构惊人地相似。

图 957　晨曦中从桂林漓江顺流而下的河船［照片采自 Groff & Lan（1）］。这种当地典型的两脚桅与古埃及的两脚桅很相似。

做法会更容易传播。"龙目"(即在船首两舷各画一只眼睛[①]) 就是一个例证;这肯定是从古埃及或美索不达米亚向四面八方传播开来的。何时传入中国尚不得而知,不过它仅限于中国南部和中部,可见其传入时间较晚,大概不会早于汉代。

现在可以问几个一般性的问题了。造船不用龙骨和船首尾柱这一基本原则在中华文化圈里有没有例外?有一个,而且非常引人注目。"龙船"[②] (至少很多龙船) 就有名副其实的龙骨和内龙骨[③]。赛龙船是端午节[④] (图958,图版) 纪念诗人屈原[⑤] (卒于公元前288年) 的一项重要活动。这种龙骨形如一根杉木杆,与船身同长,可达115英尺。龙船有些像英国的"八桨船",但更为狭长[⑥],可能有36名桨手,有的还多。虽然船的内龙骨上嵌装有舱壁,但我们在这里还是可以清楚地看到一种外来文化的远古要素,正是这些外来文化融汇成了中国文明。关于这一点,在毕安祺[Bishop (7)] 对长屋和龙船所进行的人类学研究中说得十分清楚。这里所谈的外来文化,实际上是指东南的马来-印度尼西亚文化。还有一点特别值得注意:为了防止这种又狭又长的船发生中拱[⑦],从内龙骨外伸的船首一端到船尾,拉一根长的竹纤,这和古埃及船的一般做法完全一样[⑧]。这种"抗中拱构架"或许也是早期传入东方的,其形式古老,不足为奇[⑨]。也许 437

① 关于"龙目"的考虑见 Hornell (1), pp. 285ff., 并参见 (23), 埃利奥特-史密斯 [Elliott-Smith (2)] 自然也注意到了它的传播。它最近已成为鲍恩 [Bowen (7)] 和奎格利 [Quigley (1)] 之间重大争论的一个专题:前者坚持它是通过1世纪古罗马人(实际上是希腊-斜利亚人和希腊-埃及人)的贸易从美索不达米亚或埃及传到印度的;后者则认为它往东方的传播要早得多,要么是通过公元前第3千纪中美索不达米亚与莫亨朱达罗的海上接触,要么是通过公元前第2千纪中腓尼基人或前伊斯兰时期阿拉伯人的影响。参见 Audemard (4)。关于古代中东造船的新评论,参见 Barnett (1); Šmid (1)。

② 文字记载见 Worcester (1), pp. 31ff., 译文见 Poujade (1), pp. 288ff.; Worcester (3), vol. 1, pp. 220, vol. 2, p. 490; Audemard (4), pp. 23ff.。严格地讲,"龙船"是一种礼仪活动船。"龙船"一词并非总是指细长的赛"舟",也经常建造一种宽大而装饰华丽的船(一般和帝王游乐有关),船首有巨大的龙头,船中有亭阁,船尾有逐渐变细的龙尾 [参见 Audemard (4), pp. 29 ff.; Lin Yü-Thang (7), fig. 72]。这种船也叫做"龙船"。我所知道的最古老的龙船图像是在王振鹏的一幅绘画(1312—1320年作)中看到的,画中有三艘龙船停在唐代皇宫旁边的湖面上 [见 Sickman *et al.* (1), p. 36, no. 44]。这恐怕就是尼乌霍夫 [Nieuhoff (1), p. 147] 在1656年看到的并且后来配了插图的龙船。这也是纸扎龙船的形状。有些省份,人们在节日期间用纸扎起巨大的龙船,并点上灯火放在筏子上沿河往下漂流。参见《淮南子》卷八,第九页 [译文见 Morgan (1), p. 94]。隋炀帝(605—616年在位)的"龙船"尤为著名;参见《大业杂记》,载于《说郛》卷五十七,第三十页,《类说》卷四,第十八页。

③ 一条内龙骨,即该龙骨不与水面接触。

④ 作者永远不会忘记1944年在广西柳州见到的赛龙舟的情景。关于这一节日的民间传说故事,详见 Chao Wei-Pang (3) 和 Mulder (2)。

⑤ 关于中国文明的古代东南"原始傣(汉藏)"文化分支祭祀水神的真正背景(参见本书第一卷, p. 89),文崇一 (*1*) 有详尽说明。

⑥ 平均船宽约4英尺。我们研究过一种情况,船底明显下凹,和现代机动赛艇相似,但这种特点显然并不普遍(夏士德未发表的资料, no. 131)。

⑦ 即船的首尾部向下垂。

⑧ 例如,见 Boreux (1), p. 475; Neuburger (1), p. 479; Klebs (1), fig. 85, p. 103; Winlock (3); Chatterton (1), p. 20。

⑨ 布热德 [Poujade (1), pp. 277ff.] 认为,从许多亚洲船只的船首和船尾的装潢上,以及某些中国内河帆船在拉纤时所用的绕过船尾的桅杆支索上,能够看出抗中拱构架的遗迹。莫里森 (J. S. Morrison) 博士告诉我说,抗中拱构架是公元前4世纪标准的古希腊三层桨战船 (trireme) 正常装置的一部分。令人震惊的是,在密西西比河船尾明轮蒸汽船的结构中,保存了一种抗中拱构架形式,即把锅炉装在船首而机器装在船尾 [King-Webster (1)]。每当我们去火车站,如果注意货车车架下面的倒梯形构架,就可以看到一种抗中拱构架。

图版 三九九

图 958 香港举行的龙舟比赛。

图 961 在长沙公元前 1 世纪王墓中出土的一具西汉木制河船模型［Anon.（*11*），图版 103］。模型长 4 英尺 3 英寸。关于如何拼接这些组合部件尚无完全把握。图上的这种拼合法与中国历史博物馆所采取的方法（1964 年）大致相同，但从航海角度来看不能说没有错误，因为没有留出舵工或桨手的位置（船中部那块黑色物件是三个甲板室中最小的一个）。夏鼐［Hsia Nai（1）］的拼合法更为可取。图上的包围后甲板室的 U 形构件应该向船尾延伸出去，形成一个船尾平台，上面的中央凹口原是支撑转动船尾长桨或舵桨的位置，但是一般认为尾梢或船尾长桨应搁置在船尾横材上通过走台进行操作。两间较大的甲板室也许应该建成两层，最小的那间应该向前或向后挪动。最后，图上的舷墙也装颠倒了，因为桨孔应该在舷墙的下缘而不是上缘；这一点的证据是靠近桨孔的舷墙边缘是平的，而另一边缘则略呈凸形。在我们所见到的拼合方法中，包括这个船模的其他一些构件，特别是第四甲板室的一部分，像盾牌一样的椭圆物体，L 形物件，各种各样用途不详的板子，还有一块很奇特的因年久而磨损了的木雕，这很可能是一个人头像（参见图 960），或者是船首横轭（参见图 964，图版）。模型中没有明显的隔舱壁。

真的可以把龙船看做独木舟的变体，而独木舟则是在众多筏子变体中唯一残存下来的[①]。

另外有一种可能的例外，是云南西南部的洱海船，费子智［Fizqerald (6)］曾有叙述。这种船似乎只有肋骨而没有舱壁，然而是否有龙骨，须待进一步查证。这个地区十分偏远，受印度影响的可能性很大。

长方形船体结构从中国传播到其他地区的范围有多大呢？这方面的资料十分贫乏，不过目前可以肯定，17 世纪以前，所有日本船的船体大致都是仿效中国船工的做法(参见图 1038，图版)[②]。克洛斯和特鲁［Clowes & Trew (1)］根据帕里斯海军上将的船图仿造了一艘中古时期的日本船。一个名叫威尔·亚当斯（Will Adams）的英国造船师从本世纪开始就在日本工作，历时 20 年，不过，尔后的船多仿效西欧的模式，特别是俄国纵帆船。

还有一个颇有意思但却又十分平常的问题，就是今天西欧国家所熟悉的方头平底船（punt）的起源问题。这种常见的长方形小船和中国的舢舨极为相似，但奇怪的是谁也没有去研究过它的起源。在英语中，平底方头船是由一个词"punt"表示的，这个词本身，当然和拉丁文表示"桥"的词根有关。在罗马时代有过"浮桥船"（pontones），不过，根据 2 世纪突尼斯的阿尔提布罗斯城（Althiburus）精致镶嵌图案上有许多不同的小船图形和船名[③]来判断，这种船显然是商船[④]。恺撒（Caesar）提到高卢人的一种运输船时曾采用过这个名称[⑤]。大约公元 1000 年时，阿尔弗里克（Aelfric）有过一种"平底船"（pontonium），而"胖底船"（pontebots）一词却是公元到 1500 年左右在东英格兰人的记载中才开始出现。1371 年伦敦的一个诉讼案件报告里提到过方头平底船(punt)[⑥]。我们发现的最古老的方头平底船的插图，是在维也纳收藏的马克西米利安一世皇帝（Maximilian I，1459—1519 年）的《渔业书》（*Fishereibuch*）手抄本的图集中。然而塞维利亚的伊西多尔（Isidore of Seville，约公元 630 年）把"平底胖头船"（ponto）描述成为一种具有斜舷平底的简便划桨船[⑦]；而《学说汇纂》（*Pandects*，公元 533 年）则认为它是一种摆渡船[⑧]。

438

① 在这里我们必须记住前面已经提到的特殊的独木舟（上文 pp. 388ff.）。还有那种独特的"蛇船"，是龚滩江上保留下来的一种作载货和旅客的工具［Worcester (1)，p. 56］。其船首与船尾又高又窄，虽然没有龙骨，但也没有舱壁却是十分奇特的。

② 这至少是珀维斯［Purvis (1)］、佩里［Peri (1)］以及埃尔加［Elgar (1)］等西方学者的普遍看法。然而在 1766 年的《和汉船用集》中许多船图都清晰地画有船首柱，其中卷五和卷六的内河船只和渔船尤其如此，此外船厂用的船图也是如此（卷三，第六、七页；卷四，第二页、第三页），并另有一幅清楚的横断面图，上面画着名副其实的龙骨（卷十，第十二页）。葛饰北斋著的《富岳百景》（1834 年）中所绘的船图也是如此，如二之十、十九；三之二十七。这些船都有船首柱、平底，船尾呈方形，而且舵很明显。参见 Dickins (1)。

③ Bonnard (1)，pp. 151，154。

④ Torr (1)，p. 121。某些地方语言至今仍沿用"平底方头船"（punt）［特别是"码头平底方头船"（quay-punt）］来表示装有龙骨的尖头船［见 White (1)，pp. 19，20，30，32，35，36，48］。

⑤ *De Bello Civili*，Ⅲ，209。

⑥ Callendar (1)。

⑦ *Etymologiarum Sive Originum*，XIX，1，24。

⑧ *Pandects*，Ⅷ，3，38。

这样一来，亲缘与传播问题就相当模糊了。克洛斯在评论布林德利［Brindley (1)］的论述时，就间接提到过克什米尔（Kashmir）和印度河上游广泛使用方头平底船（punt)。如果中国式造船结构在大夏（Bactria；巴克特里亚）时代就已经由陆路向外传播的话，那么我们所说的方头平底船完全有可能在罗马时代的欧洲已经存在。从另一方面来说，如果具有同样名称的罗马船不是我们所说的方头平底船，则圣伊西多尔所说的船只可能是通过拜占庭时期的交往传入的。或许是跟随蒙古军队的中国技师在13世纪的东欧也建造了作战用的长方形无龙骨船①。方头平底船可能也和石弩一样，已经多次传入了欧洲②。最后一点，欧洲的方头平底船也许一直就是上面刚刚记叙过的古埃及方形首尾船的后裔③。

在既受中国又受印度及本地影响的东南亚，在那里是否发展了混种型船舶呢？我们从帕里斯［P. Paris (3)］对印度支那船舶很详尽的记载中了解到，其发展十分充分。此外，布热德［Poujade (2)］、皮得里［Piétri (1)］以及其他作者对船舶的某些独特类型也有过详细的记载。首要的特点恐怕就是采用龙骨④。其次，舱壁结构被废弃，而代之以肋骨(“弯柴”)，譬如新加坡的“拖舸”（*twaqo*）船就是这样［Waters (4)］。也有这种情况，马来亚的“通坤”（*tong-kung*）［见 Waters (3)］，那里的船舶都是中国人设计和建造，并为中国人所拥有和负责营运，但船的结构和装备却完全为欧洲式。然而，中国帆却因其效力高而成为最后消失的一种船具。事实确是如此，在澳门和香港⑤，从16世纪以来中国帆和通常欧洲式的瘦长船体一直并存于著名的葡萄牙划艇上。

439

① 马可·波罗记载过杭州西湖上用撑篙推进的平底船。参见 Gernet (2), p. 59。

② 颇为引人注目的混种船，散见于东半球西部的一些局部地区，这些船明显地使人想起中国造船的特点。我们在旅行中偶然见到过两条这样的船，值得一提。1957年，我有机会和鲁桂珍博士一道研究奥地利哈尔施塔特湖（Hallstättersee）上传统的奇异“富尔”（*fuhr*）平底船，船首和威尼斯狭长船一样。这种船具有方形的船首和船尾，没有龙骨，但船首很细，向前突出（有点上翘），因此船首横材非常小。高高的桨门板与船壳列板为一体，桨孔绑扎着4支铲形短桨作为船舶动力。1960年，我又有机会和沃特斯海军中校一道考察过葡萄牙纳扎雷（Nazaré）海滩的“沙塔”（*chata*）或“沙韦加”（*xavega*）平底渔船。这种船尾明显上翘，然而船尾虽然呈方形，船首却有一根假首柱在两舷交会处陡然直立，这里还装有一个钩子，用以把船绞上海滩。我们未能见到龙骨。里斯本的民族和民间艺术博物馆里陈列有这种船的精致模型。总体上同“富尔”和“沙韦加”平底船类似的船只，可以在日本古画上看到，其中尤其值得注意的是14世纪土佐行秀的一幅鸬鹚捕鱼图，但画中的尖形船首可能实际是方形结构，只是画家无意清楚地表示这些细节而已。博杜安［Beaudouin (1)］研究过纳扎雷的内廷阿船（*netinha*）和坎迪尔船（*barco do candil*）结构的起源，然而对解决我们的问题依然无所补益。参见 Marsden & Bonino (1)。

③ 这些方头埃及船后裔的传播范围可能比我们通常想像的要广泛得多，因为中国之外，这些船从未超出小船的等级。斯里兰卡有一种缝合式船体平底船（科学博物馆，照片 SM2720，2721，2722）。参见 de Zylva (1)，figs. 6，10；Greenhill (1)。

④ 显然厦门的三桅渔船［Worcester (7)］以及海南岛和广东其他地方的航海帆船［Worcester (8)］都是如此。梅乐和收藏部有一具这种类型的广东货船的精致船模，长106英尺［Anon. (17), no. 3］。我们在另一处已列出这种船的插图（图1040，图版）。参见上文 p. 429。

⑤ Carmona (1)；Worcester (3), vol. 2, pp. 375ff.。早在1605年，已经有谈论这种引人注目的船型资料了，这种船型极好地体现了布热德［Poujade (1)］提出的一种规律，即改变船体比改变帆篷索具容易。他为此提出了很好的社会学解释：造船工匠和帆具工匠是完全不同的两类人。他说船体容易受商业往来的影响；而帆篷索具则与海员的传统及其生活关系更为密切，只有在政权控制下才会改变。但是大量的证据却与此相反，因此，要在这方面总结出规律未免为时过早。

(e) 文献学和考古学中的中国船舶

文字的形式也许是约定俗成的，即使不过分强调这一点，那么商、周时期“舟”字的字形也说明中国船的典型结构在远古时期就已形成。尽管两头尖的船形并不难画，但这些字却似乎对大体长方的形状提供了一个绝妙的图解①。最早的“舟”字见于甲骨文（部首 no. 137，K1084），它表示有船尾横材和隔舱结构，却没有尖形的船首或船尾，或者至少可以说，是一种具有横向构材并略呈中凹的长方形筏子。“船”字（K229，*e*，*f*）右半边的原意尚不得而知，不过“口”可能代表船工，两划可能代表河岸。“般”字（K182 *a*，*b*，*c*）后来具有了好多词义（泛指搬运、搬迁、翻转），此字显然表示

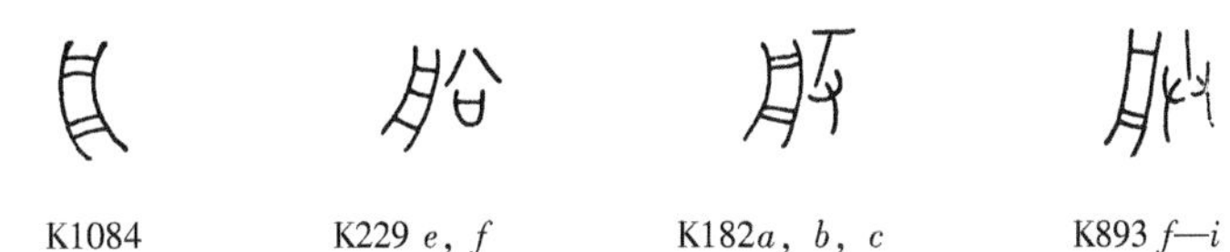

K1084　　K229 *e*，*f*　　K182*a*，*b*，*c*　　K893 *f—i*

“舟”的旁边有一把桨和一只手；事实上，正如艾约瑟［Edkins（1）］所说，这是一个老舵工所用的字，现在往往加上提手偏旁，写成“搬”字。“般梢”的词意是把船尾长桨或操纵长桨拉向自己一边（即拉向左舷），“推梢”则是将其推开（即推向右舷）②。“朕”字（K893 *f—i*）早先写作“𦨈”，现在的意思是接缝，原意则是给船捻缝，我们可以看出这个字是由“舟”字加上两只拿着某物（也许是捻缝凿③）的手组成的。常用的“受”字也一度写成一条船和两只手（K1085），但是这更可能是织布梭；如果真是这样，这个象形字就不应是某些人所想像的那样表示装卸船只。中华文化圈内的人，每当看到其他文明国度的尖形首尾的船只时，总是感到十分惊奇。例如，金人乌古孙仲端曾出使外域，他在其 1220 年左右写的西域伊斯兰国土（“印都回纥”）游记中说道：“他们的船像织布梭子”④（“舟如梭”）。1259 年常德从蒙哥汗路经锡尔河（Syr Daria）出使旭烈兀汗（Hūlāgu Khan）时，看到那里的船感到非常惊讶，他说：“这些船极像中国妇女穿的尖头月牙鞋”。⑤（“渡船如弓鞋”）

440

K1085

(1) 从远古到唐代

《诗经》或其他经书虽然也提到过船，却似乎没有查考价值，《左传》中关于海战

① 吉布森［Gibson（4）］和夏士德［Worcester（3），vol. 1，p. 6］都曾对这些古老字形予以很大重视，然而遗憾的是他们都没有看出这些字形的含义。

② 这些说法有多久的历史我们尚不清楚。由于它们似乎很少见于文字记载，很有可能属于古代流传下来的口语。

③ 这个字的“舟”旁后来为“月”旁所代替，这是一种讹误。最后这个字成了皇帝自称，它的起源却被人们所遗忘。在《周礼》中，此字的含义与缝合盔甲有关，鉴于世界某些地区盛行缝合船，这一点是值得注意的［Hornell（1）有许多引证］。

④ 参见 Bretschneider（8），p. 105，其中有《北使记》的译文。参见本书第三卷，p. 522。

⑤ 参见 Bretschneider（2），vol. 1，p. 130，其中有《西使记》的译文。参见本书第三卷，p. 523。

的记载也用处不大。然而没有理由怀疑吴国[①]曾派大将徐承率水军于公元前486年北伐齐国的历史事实。他指挥的大概是一些巨大的荡桨独木舟，其中有一些很大，也许有足以安装弓箭手的船楼，因而自然只能沿着海岸航行[②]。我们已经提过公元前472年另一
441 个南方国家越国的越王建造的帆筏大舰队（p.390）。但是，战国时期的船只并不全都是战船，可以肯定至少沿西伯利亚、朝鲜和印度支那海岸有远航商船[③]。也有一些船在太平洋水域进行探险[④]。也自然还会有内河运输船只[⑤]。

汉代的资料虽多，然而有关系的却也只有几点[⑥]。公元前219年，秦始皇帝曾派遣赵佗和屠睢指挥一支庞大的远征军，去征服南方的越国[⑦]。它的主力部队由楼船上的"水军"构成[⑧]。一个世纪以后，赵佗所建立的领地有变成永久的独立王国的迹象[⑨]。汉武帝于公元前112年不得不再度派出一支远征军，而且这一次又是使用了一支具有船楼（或者说有两层以上甲板）的南方舰队（"南方楼舡"）[⑩]。这支远征军由杨仆和路博德

① 《左传·哀公十年》[Couvreur (1), vol.3, p.659]。然而，徐承的水陆两栖作战失败了；评注见徐中舒(*3*)。吴国的这种活动具有悠久的历史背景。例如，襄公二十四年（公元前548年）楚国与吴国在水上交战失利[Couveeur (1), vol.2, p.412]；昭公十七年（公元前524年）吴楚之间的长岸一役胜负难决，吴军失去了"旗舰""艅艎"，后来经闻名史册的殊死搏斗复又夺回[Couvreur (1), vol.3, pp.282 ff.]；定公六年（公元前503年），吴国终于摧毁了楚国舰队[Couvreur (1), vol.3, p.530]。根据传说（见下文p.678），吴国水军重要地位的确立，应归功于大夫伍子胥（鼎盛于公元前530年，卒于公元前484年，本书前面经常提到他，例如参见第三卷，pp.485 ff.；第四卷第一分册，p.269）的组织才能。他当然是以中华民族中"原始傣族人"长期积累的丰富造船知识为基础的。

楚国和吴国的舰队是越国水军的前身，到越王勾践（公元前496—前470年在位）时期，越国水军拥有300艘战船（原文为"戈船"），官兵8000人，还有一支楼船队，官兵3000余人（《吴越春秋》卷十）。

② 我这样说，是因为后来的文献，甚至是一些自称东汉时期的文献，如《越绝书》（参见下文p.679）认为战国时期就已有长120英尺的帆船，而我则认为这不符合一般的发展规律。战国时期可能偶尔也建造过一些大型帆船，"艅艎"也许就是其中之一。但我猜想与战国时期的战船时间上最相近的是北欧海盗时期的长船。这种船在10世纪前从未超过80英尺长。估计"戈船"长达50英尺，"楼船"长达70英尺，看来比较可信。

③ 参考文献汇编，见卫聚贤[(*4*)，第5页起]的著作，但是他的结论值得注意和保留。

④ 参见下文pp.551 ff.。

⑤ 罗荣邦[Lo Jung-Pang (6), p.29]留意研究过公元前312年和前311年秦国在司马迁的先祖司马错将军的指挥下对楚国的入侵[参见Chavannes (1), vol.2, p.74]。史料主要依据《史记》卷七十，第十页、第十一页，和《华阳国志》卷三。水上运输由有名的纵横家张仪大夫组织（参见本书第二卷，p.206）。号称有100 000只双体船（"舫船"），每只载水兵50人，顺江而下3000里，还有10 000只小货船（"艘"）运载军粮6 000 000斛。如果根据这些大体数字可推论出正确的结论，则平均载重量应为16.35吨，这样我们就能够设想出这些船的大小。经过这次战役，楚国的国力大为削弱。

⑥ 克劳斯[Krause (1)]对汉代和三国时期水战的一些文献做了收集、翻译和注释工作。

⑦ 《史记》卷一一二，第十页。这里指的是伟大的工程师史禄修建灵渠的事，以打开从北方运送水上补给的通路（见上文p.299）。参见Aurousseau (2)。

⑧ 关于这种类型的船，包遵彭[(2), Pao Tsun-Phêng (2)]曾写过一篇专论，基本上是根据下文（pp.447 ff.）所记叙的舟船明器。

⑨ 参见Cordier (1), vol.1, pp.235 ff.; Fitzgerald (1), p.181。

⑩ 《史记》卷三十，第十七页[译文见Chavannes (1), vol.3, p.592]；卷一一三，第七页起；《前汉书》卷六，第十九页起[译文见Dubs (2), vol.2, pp.79 ff.]。另见卷二十四下，第十六页[译文见Swann (1), p.306]。该书前面几页[第十五页；Swann (1), p.298]，曾记载公元前115年这些旌旗招展的船只在滇池上演习的情形，但因这一问题收在《食货志》一卷里，主要是记载皇室挥霍浪费的又一实例，为远征南越国而进行准备时，齐国富商卜式曾自荐与当地的一些技师一起统辖这支远征舰队[《史记》卷三十，第十七页；Chavannes (1), vol.3, p.594]。但其建议未被采纳。后文我们还会谈到卜式。此次远征完满成功，南越丞相吕嘉在率领其船队余部西逃时被擒。

统率，从他们擢升水军将领这一官阶来看，大概也可说明海军技术日益重要[①]。其中一个官阶使我们能够略窥当时所重视的一种特殊航行技术[②]。翌年组织了另一支强大的内河和沿海舰队，在韩说等人率领下，镇压了东越的叛乱[③]。然后于公元前 108 年，杨仆又率领一支海军对朝鲜作战[④]。由此可见，在汉武帝统治时期，海战的规模相当巨大[⑤]。 442

东汉初期，公孙述企图在四川建立一个独立王国。他的三个军事技师在湖北建造了一个完备的浮桥及水栅防御工事，可是被拥有数千条战船其中包括许多“楼船”的汉朝舰队所摧毁[⑥]。由于对其船舶类型有兴趣，我们将在下文 p. 679 详述这次战争的情况。这是公元 33 年的事。10 年以后，马援发动了对交趾（东京）的一次大规模远征，调用了一支由 2000 条“楼船”组成的舰队[⑦]。后来在中国人和占婆（占城）人（属林邑国；现在的越南）之间有许多海战记载[⑧]。“楼船”用来称呼庞大的战舰，一直沿用了好多世纪。到了 8 世纪，唐代最完善的史料说[⑨]，楼船有三层甲板，有舷墙、军械、旗帜和石弩[⑩]，但在恶劣天气下操纵则不灵便。如果你还记得韩说的远征比亚克兴战役（Battle of Actium）仅早约 50 年，你就会很想多了解一些有关这种汉代战舰的情况，以及这种楼船战术与罗马水军在第一次布匿战争（First Punic War）（约公元前 260—前 240 年）中所采用的登舰战术[⑪]之间差别有多大。有证据说明这些船曾使用撞角冲撞战术[⑫]，就像希腊的三层桨战船一样。

与广东、印度支那以及马来亚之间的海上交通，从纪元初期就已显示出其重要性。公元 2 年，这些地方给王莽进贡的一头活犀牛，肯定是通过某条水路用船运来的[⑬]。公元 84 年和公元 94 年又有过这样两次朝贡，并且断续地一直到唐代[⑭]。《前汉书》里有 443

① 例如，杨仆受封为“楼船将军”，路博德为“伏波将军,”归顺汉朝的越侯严某为“戈船将军”。关于“伏波”的解释见 Kaltenmark（3）。

② 一个名叫祖广明的人被任命为“下濑将军”。无疑他是一位善于在中国江河的众多急流险滩中驾驶船舶的专家。见《前汉书》卷十四，第一页。

③ 他的官衔是“横海将军”。见《前汉书》卷六，第二十一页［译文见 Dubs（2），vol. 2，p. 82］。

④ 《前汉书》卷六，第二十四页［译文见 Dubs（2），vol. 2，pp. 90ff.］。虽然远征成功，朝鲜被划分成汉朝的 4 个郡，但是杨仆也损失惨重，以至他本人也失宠而被免职。

⑤ 《前汉书》卷九十五对这些海战及其政治背景的记载最为详尽，但对西方读者却只能看到普菲茨迈尔［Pfizmaier（51）］的陈旧过时的译本。

⑥ 《后汉书》卷四十七，第十七页。参见公孙述的传记（卷四十三，第二十二页起）。

⑦ 《后汉书》卷五十四，第十页。参见《水经注》卷三十七，第九页，以及 Maspero（18）。

⑧ 详见 Ferrand（3）。这些年代中有公元 248 年、公元 359 年和公元 407 年。公元 431 年 100 多艘建有船楼的占婆船劫掠东京，但终被击退。

⑨ 《太白阴经》，见《通典》卷一六〇（第八四八·三页），参见下文 p. 685。在更早期的书籍里有许多地方都谈到这类大小战船；例如，4 世纪的《海内十州记》（见序末）。这段文字记载了一个故事，说徐福受命于秦始皇，率领童男童女远征东海寻找仙岛，以求取据说在那里生长的不老仙草。参见下文 p. 552 及本书第三十三章（*a*）。

⑩ 即抛石机，也可能是装在支架上的大型弓弩。参见本书第三十章（*i*）。

⑪ 参见下文 p. 693。

⑫ 参见下文 p. 679。

⑬ 《前汉书》卷十二，第二页；卷二十八下，第三十九页、第四十页。参见 Duyvendak（8）。

⑭ 参见 Pelliot（30）；Laufer（15），p. 80。

一段值得注意的文字，记载了汉代与南洋的贸易[1]：

从日南（安南）边境，由徐闻和合浦（在广东）[2] 始发，船行五个月，即到都元国。（后面还提到有其他四个国家，从汉武帝时就向中国进贡。）

还有翻译长督察，属行政机构（“黄门”）[3] 管辖，负责招募船员出海，用黄金和各种丝绸去交易珍珠、琉璃[4]、稀有宝石和其他奇异物品。每到达一个国家，这些官吏及其侍从都受到膳食款待并有女婢服侍。回国时（蛮夷会用）商船（“贾船”）送行（一程），但（这些蛮夷人有时）也干谋财害命之事。此外（这些客商）也会遭遇风暴落水溺死。即使平安（无事，他们）也离乡背井数年不归了。

珍珠大者，其周长可达2寸。……

〈自日南障塞、徐闻、合浦船行可五月，有都元国；又船行可四月，有邑卢没国；又船行可二十余日，有谌离国；步行可十余日，有夫甘都卢国。自夫甘都卢国船行可二月余，有黄支国，……

有译长，属黄门，与应募者俱入海市明珠、璧琉璃、奇石异物，赍黄金杂缯而往。所至国皆禀食为耦，蛮夷贾船，转送致之。亦利交易，剽杀人。又苦逢风波溺死，不者数年来还。大珠至围二寸以下。……〉

此事大概比班固著书的时间（即公元90年左右）还早两个世纪，因此我们可以认为是在公元前1世纪，即汉武帝时期。鉴于书中说，航行到最远的国家需要12个月多一点，而且整个记载也无传奇色彩，因此伯希和觉得我们应该看到，中国的使者在这个时期实际上已经深入到印度洋西端[5]。关于这些广泛的交往，东南亚的考古学研究给我们提供了更多的证据，如在东山（安南北部）墓室里曾发现公元1世纪初的中国铜钱[6]。在苏门答腊、爪哇和婆罗洲也发现西汉时期的中国陶器，其中有一件上的题字可追溯到公元前45年[7]。而且苏门答腊的某些石刻和汉代的石刻极为相似。[8]

事实上这种海上贸易的基础完全可能是由战国时期的越人奠定的（见上文 p. 441 所述）。《庄子》书中有一段文字往往被人误解[9]，现抄录于此，以为佐证。道家隐士徐无鬼在会见了魏武侯之后，和魏武侯的一个大臣议论他所受到的良好接待。

444

［他说］你没有听说过流落他乡的越国人的故事吗？若离开家乡三五天，他们

---

① 《前汉书》卷二十八下，第三十九页，由作者译成英文，借助于 Pelliot（30）；Ferrand（3）；Duyvendak（8）；Wang Kung-wu（1）。

② 参见下文 p. 669。

③ 关于这个有趣的名称，参见本书第三卷，p. 358。

④ 即“璧流离”，见本书第四卷第一分册，p. 105。伯希和认为这个名称相当于梵文的 *vaiḍūrya*，在这里是指玻璃。关于印度支那玻璃的评论，见 Janse（5），vol. 1，pp. 155 ff.。

⑤ 注意，这一估计比通常承认的中国远程航行的创始时期要早2到3个世纪（见本书第一卷，p. 179）。但文中之意并不是说全部航程都由中国船完成。然而，设想一下，中国商务官员和来自希腊、叙利亚和埃及的罗马公民在阿里卡梅杜［Arikamedu；即维拉帕特纳姆，Virapatnam；参见本书第一卷，p. 178 及 Wheeler（4），pp. 137. ff.］码头上散步，也是够引人注目的。

⑥ Goloubev（1）。

⑦ De Flines（1）。

⑧ Van der Hoop（1）。

⑨ 《庄子·徐无鬼第二十四》（《庄子补正》卷八中，第三页），由作者译成英文，借助于 Legge，（5），vol. 2，p. 93。《吕氏春秋》第六十五篇（第一册，第126页）有一段类似文字则清楚地说明是指航海者。

看到熟人便会感到高兴。要是离开数周或数月，只要遇到以前在家乡见到过面的人，就会感到兴奋。要是离乡背井整整一年，只要碰见像是同乡的人，也会感到喜形于色。在外时间愈长，思乡之情愈深，不是这样吗？

〈曰：子不闻夫越之流人乎？去国数日，见其所知而喜；去国旬月，见所尝见于国中者喜；及期年也，见似人者而喜矣；不亦去人滋久，思人滋深乎？〉

这位魏武侯就是远离他信奉的道家故土的，难怪他对道家使者热忱欢迎。但是我们感兴趣的却是越国商人穿梭航行于东印度群岛时所乘坐的船只①。

也许不只是东印度群岛。汉朝贸易使者也有可能曾远航到埃塞俄比亚的阿克苏姆（Axumite）王国。把刚才谈的《前汉书》再读下去，我们发现②：

平帝元始年间（公元1—6年），（大司马）王莽辅政，想要显耀天朝威德。（因此）他向黄支国王③赠送丰厚的礼物，并责成黄支国王派遣使者进贡犀牛。从黄支国乘船航行八个月可达皮宗，再航行约两个月，到日南的象林边境。据说在黄支的南面有一个已程不国。汉朝的“译使”即从那里返回。

〈平帝元始中，王莽辅政，欲耀威德，厚遗黄支王，令遣使献生犀牛。自黄支船行可八月，到皮宗；船行可二月，到日南、象林界云。黄支之南，有已程不国，汉之译使自此还矣。〉

对这些国家至今还没有明确的考证。但“黄支”一般认为是建志补罗［Kāncīpura，现在是马德拉斯邦的甘杰布勒姆（Conjeveram），当年帕拉瓦王朝的首府］④。这很可能符合穿越前面引文中略去的四个王国的那段旅程，因为在其长达数月的船行当中有十天陆路行程。把这段陆路行程理解为横越泰国南部的克拉（Kra）地峡是非常合理的。但从上述时间上来判断，赫尔曼［Herrmann（4）］提出“黄支”可能是阿杜利斯（Adulis）港（现代红海的马萨瓦，Massawa）。按照这种说法，“已程不”应是中国人第一次提到的东非。但是，大多数汉学地理学者，尽管不是全部，都不赞同这一观点，故现在仍有争议。

直到最近也很少发现战国时期的船图。孝堂山石祠和武梁祠的墓龛石刻（刻于125—150年）上有一些很小的船图。它们都是些每只可载二三人的舢舨⑤。很难确定它们的类型；有些或许是独木舟，有些看来则更像芦苇捆成的筏子，帕里斯［P. Paris（1）］则说有的船还有首尾柱，这就太离谱了。更为有趣的是战国时期和汉初青铜器上的战船，上面清楚地画着桨手上方有上甲板，士兵们手持长矛画戟和弓箭站在上面。这就是上面已经提到过的楼船的最早图像。在本书第四卷第一分册中，为了别的目的，我

445

① 王赓武［Wang Kung Wu（1）］为我们撰写了一篇很有价值的论文，专论公元前220年至公元960年中国南海上的贸易，从而为冯承钧的早期研究提供了资料。

② 《前汉书》卷二十八下，第四十页，由作者译成英文，借助于Pelliot（30）；Duyvendak（8）。文中称安南在印度洋群岛中间是令人费解的，对整个这条航线也没有人提出令人信服的解释。

③ 即上一段提到的王国之一。

④ 在许多论文中，我们只提出Wang Kung-Wu（1），pp. 66. ff.；Lo Jung-Pang（7）；Duyvendak（8）；Yü Ying-Shih（1），pp. 172. ff.。

⑤ 见《金石索》（石索一，第一一〇页起、第一一四页起；石索三，第一〇八页起；石索四，第六页起）；另见Charannes（9，11）；常任侠（*1*），图版17等。

们曾把目前北京故宫博物院收藏的公元前 4 世纪的青铜壶“燕乐渔猎图壶”复制成图 300①。图中左下角是在进行一场水战；有两艘船迎面相遇，桨手的前倾是地道的中国特点，旌旗招展。船头上士兵持短剑厮杀，其后援者手持长戟②，而在右船船尾有一个很小的人在擂鼓。弯曲而过分上拱的船尾③很值得注意，船下面有人混杂在鱼群中间游泳。在孙海波（2）描述的另一青铜器上有非常相似的图案，系汉初的作品（图 959），图中的弓箭手则更为显眼④。公元前 3 世纪的这种中国船并没有特别先进之处，因为公元前 700 年左右，在尼尼微辛那克里布宫殿里的石刻上，腓尼基或希腊船就已经有了类似的构造。⑤

446

图 959 铜盘（盏鉴）上的西汉（公元前 2 至前 1 世纪）楼船图，孙海波［（2），图版 14b（a）］说明并绘图，图中船内四名水手都面向船首划桨，这在中国极为常见。他们腰间都挂着带鞘的短剑。上甲板的士兵不仅有拿“戈”的，还有拿弓箭的。本图案和图 300 所示的更古老（公元前 4 世纪）的青铜器上的图案有很大相似之处，船尾也有一名鼓手，不过本图的鼓手正在擂击大小两只鼓。船的后面有一人形（这里没有画出），似乎是在水中鱼群之间向前推动“战舰”——这或许是士兵们的护卫神。

在印度支那发掘的同时期的铜鼓上，也可以找到汉代“楼船”的旁证。图 960 所示为按照典型的东山文化的奇异风格而绘制的部分战船⑥。这里又有上层结构，即“船首楼”和“船尾楼”的前身。在欧洲造船史上，到北欧海盗时期的瘦长船型向中世纪船

① 杨宗荣（*1*），图版 20。

② 详见本书第三十章（*c*）。

③ 参见 pp. 394，435。

④ 此图案另有人说明和描绘过，见 Bulling（1），fig，338*a*.

⑤ G. Holmes（1），p. 26；Anderson & Adnerson（1），p. 35；des Noëttes（2），figs. 23，24；Šmíd（1）。伊特鲁里亚的花瓶上的船也大体与此同时。有一幅精美的希腊花瓶彩画，上面画着士卒们站在上甲板上，其复制图见 La Roërie & Vivielle（1），vol. 1，p. 45；参见 des Noëttes（2），fig. 32。

⑥ 见 Parmentier（2）；Goloubev（1）。有些人认为是些“冥船”［Christie（2）］，用来护送亡灵赴阴间或来往传递信息，但它们完全有可能是真正的船。

型转化时才出现上层结构，比中国晚很多时间①。铜鼓上的船只，其两端好像都有操纵桨（除非船首处的物体是一个碇），同时士卒比桨手显而易见，也许桨手为船舷遮蔽而不易看出。“船楼”上层设有弓箭手。每个船楼里好像都有一面铜鼓，也许当作某种有魔力的帕拉斯女神像（Palladium）或约柜（Ark of the Covenant）来供奉。船上没有桅和篷②。就时间而言，这些铜鼓属公元前1世纪。因此，最早期的铜鼓可能与公元前111年中国人远征东山同期，而较晚的铜鼓则像是遭入侵者毁坏的幸存物。于是我们可以从这些程式化的图案中获得相当可贵的记载，借以了解“伏波将军”路博德和马援相继与之交战的战船种类。东山铜鼓与中国文化之间的关系比过去想像的要密切得多，因为在云南省滇池畔晋宁附近石寨山的滇国王墓中，曾发掘出和东山铜鼓极为相似的大量青铜器③，但其图案和铸造工艺却更为精美。这些青铜器属于公元前1到前2世纪，因此和东山文化以及中国人征服东山处于同一时期④。不过，在迄今为止刊印的摹本中⑤，这些船比起航海之乡东山所制作的铜鼓上的船，显得小些，也欠精致。 447

图960 印度支那东山文化时期铜鼓上的战船；根据帕尔芒捷［Parmenties（2）］和戈卢贝夫［Goloubev（1）］的照片临摹。从这些公元前1世纪奇异而独特的雕刻上面我们能很容易分辨出，船尾有舵工持操纵桨，尾楼里面有祭神铜鼓，楼顶有弓箭手，再往前是手持长矛梭标的士卒，船首处似乎吊着一个碇。在结构复杂的船首上，船眼明显可见，其后有一人形，可能是一位巫师，正在对空画符念咒。

① 晚至公元12世纪和13世纪；参照多佛尔（Dover）和桑威奇（Sandwich）的印章（1238年），见des Noëttes（2），fig. 67，G. Holmes（1），p. 67。

② 虽然图960中船中靠前处好像有夹桅板之类的东西。

③ 考古报告，见Anon.（*28*）；简要的英文说明见Wang Chiung-Ming（1）。这些发现极为重要，不仅因为它揭示了一种比较高度的文化，对其存在过去从未有过怀疑，而且还因为滇式艺术风格与欧亚大草原的“动物纹饰”（参见本书第一卷，pp. 159，167）有紧密的亲缘关系，甚至与玛雅人及阿兹特克人的艺术风格以及东南山岭之外的南越艺术风格也都有紧密的亲缘关系。

④ 甚至还发现了汉武帝在公元前109年赐给滇王的金印（《史记》卷一一六，第五页）。

⑤ Anon.（*28*），图版126。

直到最近一般都认为汉墓里没有船模，可是现在长沙已经从西汉时期（公元前 1 世纪）的一座王墓里发现了一个精美的船模（图 961，图版）①。这只河船模型长 4 英尺，3 英寸，用木料精制而成，而且有齐全的 16 把桨和一只为桨长 2 倍的大尾梢。船体结构是地道的中国式，平底，船首和船尾都呈长方形，船首高出水面的部分很长。可惜这只模型没有装备桅和帆，否则会给我们提供极其重要的资料。从刊印的照片上可看出：船模各部分的组合方法有很大差异；其一是把两层甲板室上下叠建；另一种则是把两个甲板室一前一后布置。前者使船模上船尾瞭望台很大，它是航海帆船上搭建在舵间顶部的精巧结构的前身；后者较不合理，略去了船尾瞭望台，而且没有留出舵工操舵的地方。一个复原船模加有舷墙板，但是显然装颠倒了，因为桨口的位置应该比较低，舷墙才会对桨手起保护作用②。现存的中国船型中几乎没有与这艘船完全相似者，但是其中有一点却属古代风格（实际是埃及风格），即船首和船尾伸出很长，某些印度船，如孟加拉的马拉尔 · 潘奇（*malar panshi*）船③即是如此，不过这些船可能更像古埃及涅伽达型的船，而汉代船则更像古埃及荷露斯型的船（参见上文 p. 434），并且似乎完全就是麻秧子的雏形。从一起出土的其他有刻饰的文物来看，这只长沙船模的年代似在公元前 49 年。

448　非常幸运，1954 年以来在广州出土了令人注目的公元 1 世纪的船模，由于它们显然属于河口和海上的船只，故可以作为河船的补充④。其中有些船模是做工相当粗糙的红陶制品（图 962，图版）⑤，但典型的陡峭方形船首和船尾以及平底的船身却表示得最为清楚。大梁从船的两舷伸出，拱形的甲板上有四名桨手，但是没有桅杆。船首和船尾两处最上面的船壳列板都向外延伸形成走道，前者无疑作起落锚用，后者则是用来固定操舵装置，尽管这些模型没有表明这些物件是什么。

关于这个特殊问题可以从那些较大的灰陶船模（也为广州博物馆收藏）上找到引人入胜的答案，但由于这是属于舵及其起源的讨论范围，我们在这里暂且不谈⑥。这些船模出土于广州东郊的一座东汉墓，图 963（图版）为其中一只的概貌，照片系从船的右舷拍摄⑦。船身为地道的中国类型，这也可从图 964（图版）中看出，图上可以看到

① 见 Hsia Nai（1）和 Anon.（*11*），第 154 页起和图版 103。

② 大概和岑彭战船（下文 p. 621）上的水手情形相同。

③ 史密斯［Smyth（1），p. 365］曾描绘过一艘这样的船；霍内尔［Hornell（1），p. 249］也描绘过。见后面图 969。

④ 现在已从公元 1 世纪的广东陵墓中发掘中更多的内河船模，它们很像长沙船，只是小一些。夏鼐［Hsia Nai（2）］发表了其中一只船模的照片。详细说明见麦英豪（*1*），第 26 页起，图版 8，图 5。其长度大约为 2 英尺七英寸。

⑤ 1958 年我和鲁桂珍博士曾有机会在广州博物馆一起研究过其中的一只船模。该模型收藏于望海楼，这是一座建于 1380 年的宏伟壮观的明代五层楼建筑，坐落在城北越秀山上。博物馆馆长王在心（译音）博士以及他的同事曾海胜（译音）先生和廖衍猷先生给予了热忱帮助，并提供了珍贵的照片，我们为此十分感激。

⑥ 见下文 pp. 649 ff. 。

⑦ 总长度为 1 英尺 9. 25 英寸，这只精美的船模的中国发掘者对它作了简要的说明［Anon.（31）］。兰乔蒂［Lanciotti：（2）］的文章中载有它的照片，但无评注。还有一幅从玻璃台上拍摄的精美船模照片，见 Anon.（26），图版 444a，由于船舵装倒了位置而成为残品。至今还没有发现对这种船的航海性能进行研究的论著。

图版 四〇〇

图 962 东汉时期（1 世纪）的红陶制殉葬船模型。广州市博物馆收藏（原照，摄于 1964 年）。模型长 1 英尺 4 英寸。四个陶俑表示船员。说明见 p. 448。

图 963 东汉时期（1 世纪）的灰陶制殉葬船模型，与上图的船模一样，都出土于广州市地下墓葬中（广州市博物馆摄），长度不足 1 英尺 10 英寸。这对造船史来说，是一项特别重要的史料，参见图 1036。这幅右舷视图上展示出一个吊在悬伸船尾楼或“假尾”下面的悬吊舵（参见 p. 399），操舵室，几个搭有顶棚或席棚的甲板室，一条长的撑篙走道（参见图 966），若干系缆桩或是橹叉，以及向前突出的船头，上面还吊着一只锚（参见 p. 657）。桅杆大概装在甲板室的前面。

图版　四〇一

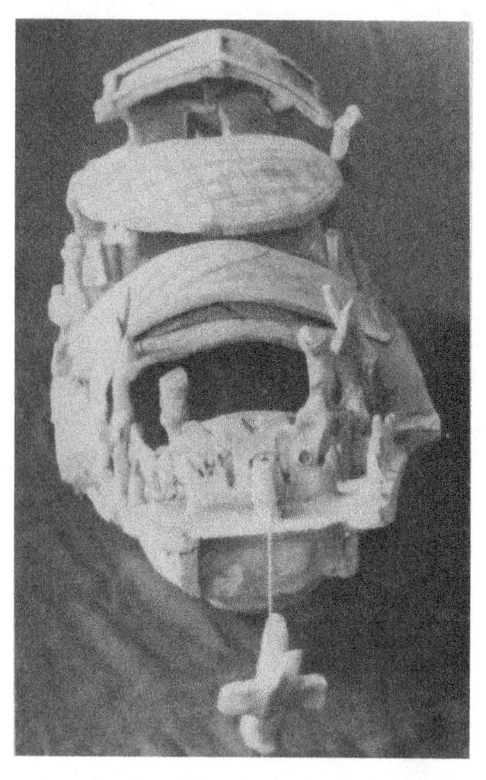

图 964　图 963 模型的船首视图（广州市博物馆摄）。紧靠其后的是一个装饰屏风，像是印度支那船上的“船首横轭”。两侧突出部分支撑了狭窄的舷外甲板和其上的系缆桩或拉帆边梁。方型船首横材看得很清楚。

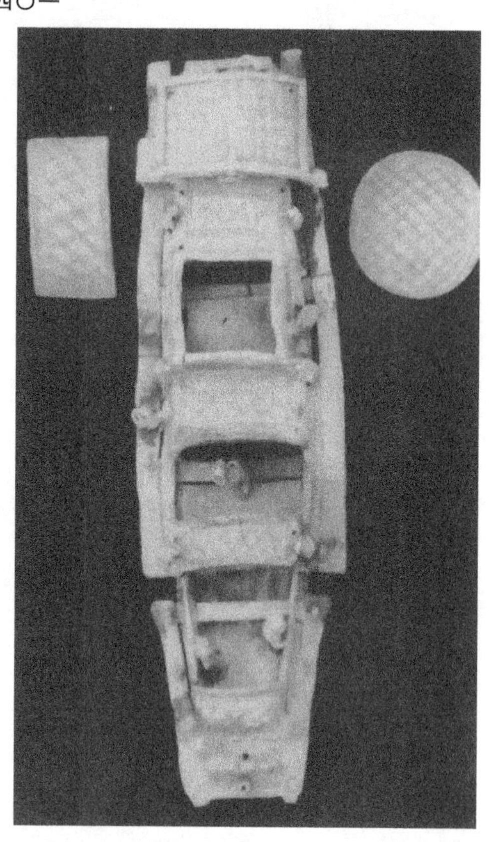

图 965　图 963 模型的俯视图（广州市博物馆摄）。图中船头向下。活动顶盖展出的是住舱或货舱。但看不见隔舱壁。宽阔的撑篙走道只有在一处中断，大约是在桅杆的位置，但没有安装夹桅板。

图版 四〇二

图 966 在舷侧走道上使用撑竿行船。在谷箕(曲江)从舢舨上拍摄的航行于北江的广东江船(原照，摄于 1944 年)。船在无风的天气中艰难地逆水前进。

船首和吊在系缆桩上的锚[①]，前面有个"装饰结构"很可能就是现今印度支那船上所经常见到的"船首轭"（prow yokes）的前身[②]。其后是一种天篷，无疑用竹席做成，用来遮护前面的井状甲板[③]；两舷各有三根缆桩或桨叉，其间船中部站着两个人形。圆筒拱形屋顶（大概用席编成）遮盖全船长度的2/3，遮篷外面有三间甲板室，最后面的一间显然是舵楼（"柁楼"）[④]。复盖部分的两侧各竖有三根用途不明的高大尖头木材[⑤]，并在伸出两舷的横材上架设着明显的舷外撑篙走道[⑥]。右舷站有另一名水手。桅杆竖在何处仍然是一个谜。甲板遮篷的前面，即撑篙走道的端头处有一间隙，这里最可能是竖桅杆的地点（见图965，图版；这是一张从上方拍摄的照片）。可惜的是全然没有桅杆与索具的痕迹，不过从图966（图版）还可以看出，与几年前见到的逆水而上的传统的广东船相似[⑦]。

449

3世纪的三国时期，水军史料十分丰富，遗憾的是编年史家对船舶本身却未作详尽记载。"楼船"无疑是一种比较大的船。此外，我们还开始听说了有称做"蒙冲"、"走舸"和"斗舰"等的快速战船[⑧]。舷墙蒙上了湿兽皮以防火攻。火攻有时威力巨大，如著名的赤壁之战（207年）使曹操的水军全军覆没[⑨]。海船肯定也和内河船一样有所发展，因为吴国的一支船队于公元233年在黄海的一次风暴中覆没[⑩]。从许多记载中可以清楚地看出，弓弩队（很久以后直到中世纪时欧洲才知道有弓弩队）从船上向敌船投射火器往往比登船肉搏或撞击敌船作用更大[⑪]。

三国时期，出现了称呼海船的"舶"字。公元260年左右，康泰代表吴国国君出访东南亚诸国，写了一部叫做《吴时外国传》的书，其中有些片断收集在一些类书里。由此我们得知[⑫]，当时马来亚诸王常从印度斯基泰人（Indo-Scythians，月氏）那里获得马匹[⑬]；我们还听说，柬埔寨国王范旃在公元250年左右曾派遣使节苏物到印度的一个王国（天竺），回国时，由一个名叫陈宋的印度使者护送，并且带回四匹月氏良马[⑭]；我们也知道，传播印度教的文化使者混填（Kauṇḍinya）更早些就到了柬埔寨（扶南），

① 也是典型的中国式样（参见下文pp. 656 ff.）。

② 见P. Paris (3), pp. 56 ff.，尤其应见figs. 67, 169, 172。

③ 这在后来的中古时期的中国船的照片中经常可以看到，而且今天还在使用。

④ 它的右舷有一个厨房，船尾有一个厕所。

⑤ 这也许是存放帆、桨和撑篙的台架的撑木。

⑥ 参见上文p. 385。

⑦ 还拍摄过一些有撑篙走道的帆船的清晰照片，见Forman & Forman (1), pl, 179; Schuthess (1), pls. 166, 167.

⑧ 荆州刺史刘表（卒于208年）为攻打魏国的创始人曹操而建造的战船就是这些船的最早形式，参见《文献通考》卷一五八（第1379.3页）。刘表鼓励发展天文学和占星术，参见本书第三卷，p. 201。

⑨ 《三国志》卷三十二，第八页；这一故事也见于卷五十四，第二页。魏国将领（诸葛虔和王双）于这一时期（222年）使用的火船（"油船"）的另一实例，见《三国志》卷五十六，第十二页；但是他们没有成功。

⑩ 《三国志》卷二十六，第十二页。这是一次主动进攻魏国的行动。

⑪ 如孙权大战黄祖（208年）；见《三国志》卷五十五，第十页。我们在下文p. 657还要提到这位将领。参见本书后文战术中的"冲撞"回合和"投射"回合的内容（第五卷中的第三十章）。

⑫ 《太平御览》卷三五九，第一页。

⑬ 参见本书第一卷，p. 173 ff.。

⑭ 《梁书》卷五十四，第二十二页起，译文见Pelliot (16), p. 271。

他和一位柳叶（*nāga*）公主成婚并且建立了一个王朝[①]。康泰的另一部失传的书《扶南传》，谈到了一位中国商人家翔梨，他往来于印度经商，并且有一次他在回来途中，对范旃详述了那个人烟稠密国家的风俗以及佛教在那里的兴盛情况[②]。那里的人旅行都乘“舶”。对中国人来说，具有首尾柱的尖头船只是为了进行纪念活动，康泰却带来了全面使用这种船的知识[③]。 450

在扶南国，他们砍伐树木造船。其中大的有12寻长（约合70英尺），6尺宽。船头和船尾类似鱼（的头和尾），整个船都用铁制品装潢[④]。大的（船）能载100人，每人各有一把长桨，一把短桨（即一把短而宽的桨）和一根撑篙。按照船的大小，从船头到船尾有50人，或者40多人。全速行船时，他们使用长桨；坐下来划船时，使用短桨；水浅时则用篙撑船。他们同时举起（桨），并齐声回应发出的号子，和谐又合拍。

〈扶南国，伐木为船，长者十二寻，广肘六尺，头尾似鱼，皆以铁镊露装。大者载百人，人有长短桡及篙各一，从头至尾，面有五十人作，或四十二人，随船大小。立则用长桡，坐则用短桡，水浅乃用篙。皆当，上应声如一。〉

这种船和中国的龙船（p. 436）有明显的联系，在东南亚连续使用了几个世纪。帕尔芒捷［Parmentier（1）］和帕里斯［P. Paris（2）］记载过的班迭奇马（Banteai-Chmar）半浮雕和吴哥窟巴云寺（Bayon of Angkor Thom）浮雕［也许是从1177年起用来纪念高棉人（Khmers）战胜占人（Chams）的］上都有类似的大独木舟，上有桨手20名左右，用尾桨操纵航向[⑤]。这种大舟有点像北欧海盗时期的中宽瘦长船，由于上甲板上有士卒，可能是战国时期和汉初的大战船[⑥]。它们与滇国及东山战船的关系也很明显。所有这一切把纪元后一千年间中国人在造船技术上取得的巨大进步鲜明地表现了出来。

周达观曾于1279年对高棉人的造船技术作过进一步的说明。他谈到柬埔寨时说[⑦]：

大船用硬木建造。木匠没有锯子，用斧砍凿，因此做成一块木板既费木料又很费事。他们也用刀，甚至造房子也用刀。造船用铁钉，盖上茭叶[⑧]，再用槟榔木条[⑨]压住。这种船叫“新拿”，用桨划行。捻缝用鱼油和石灰。小船的造法是把大树挖空成槽，用火熏软，再用肋材撑大，使船中部宽而两头尖[⑩]。船上没有帆

① 《梁书》卷五十四，第八页，译文见 Pelliot（16），p. 265。另见《太平御览》卷三百四十七，第七页。参见 Grousset（1），pp. 557 ff.。

② 《水经注》卷一，九，译文见 Pelech（1），p. 40；Pelliot（16），p. 277。

③ 《太平御览》卷七百六十九，第五页；类似的一段经过删节的文字见于《南齐书》卷五十八，第十五页。译文见 Pelliot（29），由作者译成英文。

④ 这大概是指把船壳列板固定在一起的铁锔子。

⑤ 格罗利耶［Groslier（1），p. 109］注意到了这一相似性。虽然康泰未明确提到“船楼”，但他的话却含有楼船的意思，高棉人和占人的船肯定是西汉时期所说的“楼船”。1958年我曾有机会就地研究过它们。

⑥ 当然我们并不知道战国时期的船体形状是否具有船首尾柱并呈尖形，还是具有典型的中国式方形头尾。

⑦ 《真腊风土记》，引自《说郛》卷三十九，第二十五页；译文见 Pelliot（9），p. 172，（33），p. 32，由作者译成英文。

⑧ 无疑是“茭葦”，马来西亚叫 kajang，即用露兜树（*Pandanus* spp.）篾编成的草席［参见 Burkill（1），vol. 2，pp. 1644 ff.］。

⑨ 槟榔属儿茶（*Areca Calechu*），即槟榔树（R719）。参见图990。

⑩ 参见本册 p. 388。

（“篷”），但可以载几个人，并由他们划桨，这种船叫“皮兰”船。

〈巨舟以硬树破板为之。匠者无锯，但以斧凿之，开成板；既费木，且费工，甚拙也。凡要木成段，亦只以凿凿断；起屋亦然。船亦用铁钉，上以茭叶盖覆之，却以槟榔木破片压之。此船名为新拿，用櫂。所粘之油，鱼油也；所和之灰，石灰也。小舟却以巨木凿成槽，以火熏软，用木撑开；腹大，两头尖，无篷，可载数人；止以櫂划之，名为皮阑。〉

451 周达观对于这种独木舟及其肋材的记载，说明当时中国人对它们并不熟悉。

还有一篇必须援引的3世纪的文献。它对确定纵帆形成的最早年代十分重要，不过把它留待后面讨论风帆动力史（下文 p. 600）时再予援引则更为合适。

隋唐时期（6—10世纪）的资料很难搜集。比较容易做到的是研究中国以外的碑刻文物证据，并查阅中国人对外国造船的记载。正如帕里斯［P. Paris（1）］和桑原骘藏［Kuwabara（1）］指出的那样，极少有印度传教士或佛教求法者[①]（5—7世纪）谈到搭乘中国船旅行之事，但他们却经常提及印度、波斯和马来（昆仑）船，这一点确实颇有意义。显然，到唐朝末期，中国船舶才发展到其全盛时期，因此帕里斯认为9—12世纪中国大型航海帆船发展最快的说法也许是正确的。马可·波罗、鄂多立克以及伊本·巴图塔都乘过中国船旅行。不管怎样，杨素在公元587年左右就建造过一些有五层甲板、高达100多英尺的大船[②]。

似乎没有人注意到宋代王谠根据唐代文献编撰的《唐语林》中的一段很重要的文字，故值得全文摘录于此[③]。文字记载的是8世纪的事。

在东南各州郡无处没有水路交通。因此商品几乎都用船舶运输。转运使每年把200万石（约合141 000吨）经通济渠[④]到黄河运往关中（陕西首府）。但是淮南的船夫不会在（原文字义是“进入”）黄河上驶船。（各省中）最险恶的地段是四川的（扬子江）三峡，陕西的三门（峡）[⑤]，福建和广东的恶溪以及南康的赣石险滩。在所有这些地方，都由当地人来（担任领航）工作……

在长江和钱塘江上，他们趁两次潮水开船，而江西则是航运事业最繁荣的地方。

帆篷都用苇（“蒲”）编织而成，其中最大者超过80“幅”。等到刮东北风时，船从白沙逆流而上，这种风叫“信风”[⑥]。七月和八月有“内陆信风”；三月靠（候）鸟信风，而五月则求麦梢风。“抛车云”是风暴的预兆[⑦]。

452 船工们杀牲祭祀婆官（风浪女神），并请和尚念经为他们祈求平安。

---

① 参见本书第一卷 pp. 207 ff.。

② 《隋书》卷四十八，第三页，被摘录在《武经总要》（前集）卷十一，第六页。这是些装备有“钩铁”的“五牙舰”（参见上文 p. 424 和下文 p. 689）。这些战舰除水手外，能载士卒800人。

③ 《唐语林》卷八，第二十三页起；由作者译成英文。但是我们发现慕阿德［Moule（3），p. 183］曾从8世纪的《唐国史补》（卷三，第二十一页）中选译了一段类似的文字。两者的内容是一致的。参见 Hirth & Rockhill（1），p. 9。）

④ 见上文 p. 307。

⑤ 见上文 pp. 247 ff.。

⑥ 这大概是指利用冬季东北信风从鄱阳湖扬帆向长江上游航行的情形。参见下文 pp. 462，511，571 及本书第三卷 p. 463。

⑦ 参见本书第三卷，p. 470（气象学部分）。

船工们有一种说法："水不载万"，意思是说最大的船的载重量也不能超过8000—9000 石（即 562—635 吨）①。

在大历和贞元年间（766—779 年和 785—804 年），有一种（大型）船叫"俞大娘"②。船夫以船为家，他们生死婚嫁都在船上。船上（居室之间）有通道，（船上）甚至还有花圃。每条船上都有几百名船工。他们南到江西，北到淮南，每年往返航行一次，获利甚大。这种船几乎都能"载万石"③。

453

在湖北，有许多人完全生活在水上，居住的船将近房屋大小的一半。大船都属商人所有，船上有乐队，有女婢，这些人都住在船尾楼（"舵楼"）④ 下面。

那边航海帆船（"海舶"），是外国船只。它们每年来广州和安邑。从斯里兰卡

---

① 这句话颇为重要。后面（p. 466）我们将会看到，13 世纪马可·波罗记述的内河帆船的载重量为 224 吨至 672 吨。据宋应星记载（见上文 p. 412），17 世纪大运河上的运粮船比这些内河帆船要小，平均载重量为 140 吨至 210 吨。王谠所记载的唐代船舶的载重量很引人注目，因为如果我们接受这一数字，则这些船在当时就未免大得出奇。

众所周知，要想对所有古代或中古时期的船舶吨位数字进行解释异常困难［参见 Gibson（2）；Clowes（2）；Lyman（1）；P. Gille（2）；Braudel（1），pp. 249 ff. 等］。"载桶数"（tuns burthen）和"桶数与舱容"（tuns and tunnage）这两个术语来源于 12 世纪的法国波尔多港（Bordeaux）的酒业贸易，前者指船舶能够装运的桶数；而后者还包括桶与桶之间的空间。关于中国在货运方面的有关术语，请参见本书的数学部分（第三卷 pp. 142 ff.）。1 桶（tun）公认相当于 60 立方英尺或 2000 磅。我们必须假定王谠、马可·波罗和宋应星所说的数字都类似于"桶数与舱容"。问题在于古时候的文章都只提吨位而未说明计算吨位的方法。如果我们不了解用排水量来说明船舶重量［不载货时为"排水吨位"（displacement tonnage）］；载货时为"载重吨位"（deadweight tonnage）的方法到 19 世纪中期以后才完善，我们就会把古代的吨位和现代吨位的含义混淆起来。与中古时期数字进行比较的最为合适的单位也许是"总吨位"，即将船舶全部封闭空间的体积按每 100 立方英尺为 1 吨而算出的总容积。但是这种比较也有困难，因为机舱所占据的空间要按百分比扣除才能得到"净吨位"或"登记吨位"。

在 14 世纪的欧洲，"桶数与舱容"为 200 吨就是非常大的船了［参见 Clowes（2），pp. 56 ff.；Gibson（2），p. 110］。15 世纪亨利王子（Prince Henry）有名的轻快帆船的数字大约为 50 吨，只有"列敦达"快帆船（*caravela redonda*）船的数字才大一些［da Fonseca（1）］。瓦斯科·达·伽马（Vasco da Gama）的船都不超过 300 吨，而且其中有些还要小得多［Prestage（1）］；至于哥伦布的"圣玛丽亚"号，若为 280 吨则是可以接受的数字［Braudel（1）］。然而在 8 世纪中叶，中国船的"桶数与舱容"已达到 600 吨，到 13 世纪中叶达 700 吨。这和 15 世纪最大的威尼斯武装商船的舱容大致相同［Lane（1），pp. 47，102，246 ff.］。1588 年西班牙无敌舰队的平均尺度也只有 528 吨（假定为桶数与舱容）。而当时英国舰队则平均只有 177 吨左右［Charnock（1），vol. 2，pp. 11，66］。西班牙的 132 艘船中，只有 7 艘舱容超过 1000 吨（载桶数）。1602 年，英国海军的最大战船为 995 吨。从 13 世纪（马可·波罗时期）至 18 世纪，中国帆船的通常舱容大体与此相似或稍大些。卡森［Casson（1）］认为卢奇安（Lucian）时期（2 世纪）的大型罗马运粮船的舱容为 1200 吨左右，但这一说法仍可讨论。在 1500 年左右的欧洲，只有少数大型的威尼斯战船才达到或者超过这一数字［Lane（1），pp. 47 ff.］。虽然有过长 414 英尺、舱容 8000 吨的特大型船舶，但西方木壳帆船的舱容上限，在 19 世纪中叶实际为 3100 吨左右［参见 Gibson（2），pp. 110 ff.，121 ff.，129］。但是，如果米尔斯［Mills（9）］等人的论据是可靠的（我们相信这些论据是可靠的），则 15 世纪上半叶郑和统率的明朝水军中较大的战船（即"宝船"，参见 pp. 480 ff.），已经接近了这个限度。这些合理的假设所导致的结论是，这些中国帆船的载重量约为 2500 吨，排水量约为 3100 吨。尼科洛·德·孔蒂在 1438 年前后曾目睹中国大型五桅帆船，他估计其舱容约为 2000 吨左右［Penzer（1）（ed.）. p. 140］。我们总的印象是，在整个中古时期，中国航运的吨位一直高于欧洲的。

② "俞大娘"究竟是一位船老板、船老大、造船工匠，还是一位女神呢？或者只不过是被这些大船用来命名的一个人物？

③ 这一点可以解释李明［Lecomte（1），p. 233］的话。他可能误解了一个古代辟邪谚语的原意。水神很可能把界限定在 10 000 石。

④ 这一看法的重大意义将在后面（下文 p. 644）加以解释。

来的船最大，仅扶梯就有几丈高。船上各处都堆满了各种商品。每当这些船抵达时，人们就涌上街头，整个城市热闹非凡。海舶由一名“番长”主管。“市舶使”① 则登记他的姓名及装载的货物，征收关税，并且禁止贩卖珍珠和珍奇物品②。这些商人中，也有犯欺诈罪而被关进监狱的。船出海时，都带着白鸽（信鸽），以便在船舶遇难时回去报信③。

〈凡东南郡邑无不通水，故天下货利，舟楫居多。转运使岁运米二百万石以输关中，皆自通济渠入河也。淮南篙工不能入黄河。蜀之三峡、陕之三门、闽越之恶溪、南康赣石，皆绝险之处，自有本土人为工。……

扬子、钱塘二江，则乘两潮发棹。舟船之盛，尽于江西。编蒲为帆，大者八十余幅。自白沙泝流而上，常待东北风，谓之信风。七月、八月有上信，三月有鸟信，五月麦信。暴风之候，有抛车云，舟人必祭婆官而事僧伽。

江湖语云：“水不载万。”言大船不过八九千石。

大历、贞元间，有俞大娘航船最大，居者养生送死婚嫁悉在其间；开巷为圃，操驾之工数百，南至江西，北至淮南，岁一往来，其利甚大，此则不啻载万也。

洪、鄂水居颇多，与一屋殆相半。凡大船必为富商所有，奏声乐、役奴婢，以据舵楼之下。

海舶，外国船也。每岁至广州、安邑，狮子国船最大，梯上下数丈，皆积百货。至则本道辐辏，都邑为之喧阗。有番长为主人，市舶使籍其名物，纳船脚，禁珍异，商有以欺诈入牢狱者。船发海路，必养白鸽为信，船没则鸽归。〉

这段文字证实了撑条席帆的使用，也证实了在江西、安徽之间有非常庞大的内河帆船往返行驶；还有力地证明船上已使用轴转舵。这段文字似乎也暗示这些船并非完全令人满意，因而在作者的时代已由较小的船取而代之。赖尚尔［Reischauer（1）］收集的史证表明，大约在这个时期，阿拉伯、波斯及锡兰的商人北行最远抵达扬州，而山东的港口和淮河的旧河口则是日本人和朝鲜人经常出没之处。我们知道唐代有一位海船船长曾去日本进行贸易，他也是一位造船师，名叫张支信。根据王谠的记载，人们不应该认定所有的沿海和远洋船舶都是外国的，因为从8世纪初开始，将大量的粮食和其他商品从南方运到受契丹人和高丽人威胁的河北就已成为惯例了④。

这个时期是中国、日本和朝鲜之间海上交往的鼎盛时期⑤。许多日本僧人和学者在中国的寺院和学府留学多年（如圆仁于838—847年就在中国）⑥，此外，还有许多日本

454

---

① 市舶使始置于公元700年左右，其后曾由许多有名人士主持，如11世纪末曾由《萍州可谈》（该书在磁罗盘史中占有重要地位）作者的父亲朱服主持（参见本书第四卷第一分册，p. 279）；13世纪末则由蒲寿庚主持［参见下文 p. 465 和桑原骘藏（Kuwabara，1）的经典论文］。

② 可能是因为这些物品应进贡给朝廷。

③ 本文作者也是这样做的。但霍内尔［Hornell（16）］在论述飞鸟对早期航海的作用的一篇有趣的论文中却认为，印度人在公元前5世纪开始就带飞鸟出海（梵文和巴利文有许多记载），这些印度人对自己船位有怀疑时，就放飞鸟去探测海岸，他们不用飞鸟传送书信。参见 Pliny，*Nat. Hist.*，Ⅵ. 22。另见本册下文 p. 555。

④ 一些考证资料的摘要见 Pulleyblank（1），pp. 80，159。

⑤ 在中日文化交流史方面，现在已经有了一部极好的著作，见木宫泰彦（*1*）；关于遣唐使的情况也有详细的考证，见森克己（*1*）。早在公元300年，朝鲜新罗王就曾向日本派遣过技艺高超的造船工匠［《日本记》，译文见 Aston（1），vol. 1，p. 269；田村专之助（*1*），第117页］。

⑥ 圆仁给我们讲了许多有关航海的事情。我们已经提到过他的一篇资料（上文 p. 308），后面（pp. 555，619，643）还会看到更重要的资料。

使节及大量的贸易活动。当时，朝鲜的大船东兼巨贾张宝高是最活跃的人物之一。他在中国做官发了大财之后，于公元828年回到朝鲜，并在这个半岛西南端的莞岛定居下来，那里是中日海上交通的咽喉。可是后来他参与了新罗国的政权斗争，先任清海镇的地方长官，查禁过贩卖朝鲜农民的贩奴贸易，最后他挫败了一起篡位阴谋，拥立了一位新国君。公元841年他死于政治暗杀。他的海上贸易也随之解体①。他的一生足以说明，9世纪朝鲜人在这三个国家之间的海上贸易中所占的重要地位。遗憾的是我们没有发现任何绘图史料可供我们设想张宝高的船舶特征。但亚洲其他地区有一些很有价值的绘图史料与唐代船舶有关。

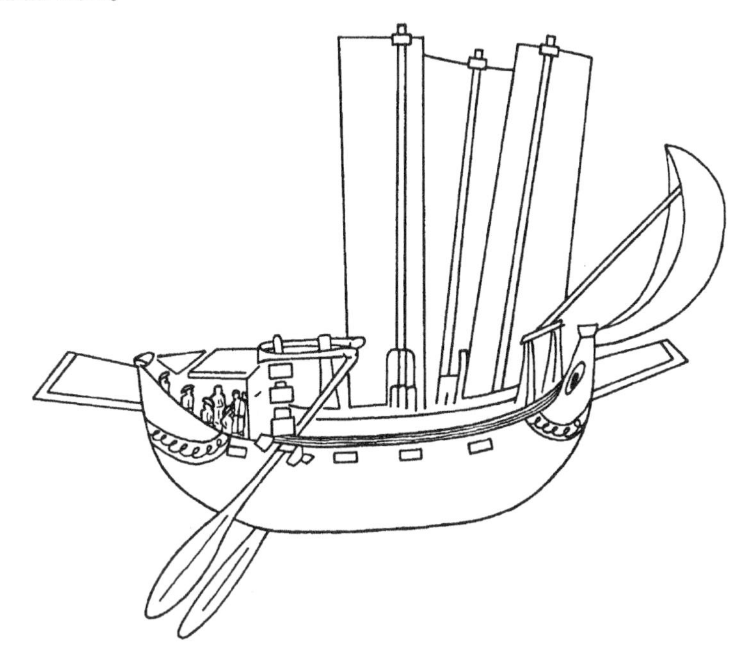

图967 阿旃陀船，根据亚兹达尼和比尼恩［Yazdani & Binyon (1)］的复制图临摹。原壁画的年代为6—7世纪。

阿旃陀（Aýanta）石窟里的画壁上所画的船（见图967）有许多地方令人很感兴趣。这幅画曾由亚兹达尼和比尼恩［Yazdani & Binyon (1)］用彩色复制②。如果哈迪·哈桑［Hadi Hasan (1)］的说法正确，也许就是这种船于公元628年前不久把波斯使节送到了德干的补罗稽舍二世（Pulakesin Ⅱ）的宫廷，而且这幅壁画的年代也不会在此之后很久。另一些人则认为该画为此前一个世纪初年的作品③。但是没有人敢于断 455

① 张宝高的生平业绩，见 Reischauer (2), p. 100, 及 (3), pp. 287 ff.。其史料来源主要是12世纪的朝鲜编年史，《三国史记》卷十、十一及卷四十四，有关朝鲜水军史的概况，见 Anon. (*69*)。

② 二号窟。Yazdani & Binyon (1), vol. 2, pl, 42。莫尔［Moll (1), A, Ⅱ, a, 12］的复制图上错画成四根桅杆。

③ 如 Mukerji (1), p. 39。

言这条船代表哪一个国家或哪一种航海传统[①]。船首处帆篷挂在船首斜桅和前桅之间的一根圆材上，这很像罗马船上的船首斜帆桁（*artemon*）[②]。船体结构具有僧伽罗人的风格[③]。在船尾两舷各有一把尾舷操纵短桨，它们好像是由某种机械连接在一起，和许多古埃及船的情况相似[④]。尾舷操纵短桨后面有一个空间，上面有天棚，而两旁却无遮蔽，用来存放包裹或坛罐之类物品。船首尾的瞭望台（如果真的是瞭望台的话），却很像中国的式样。最令人费解的是那三面又窄又高的帆篷，画得又不够清楚，不能确定无疑地告诉我们它们是否为平衡斜桁四角帆[⑤]。研究这个问题的意义，待再读几页后才会完全理解；我们应该把阿旃陀船记在心中并再对它加以思考。如果这些直立扬起的帆的确不自觉地露出了它们属于中国撑条席帆体系，那么，桅杆的安装办法就是更进一步的暗示。这里显然使用了夹桅板，而且桅杆像扇骨一样向外倾斜张开。很可能是由于这位画家作画时漫不经心，把他所见到的一些不同类型的海船特征未加仔细分析而综合画了出来，因此在一些船上发现某些中国特色并不奇怪[⑥]。

甘肃省敦煌石窟（莫高窟或千佛洞）的壁画上保存着一些小帆船的秀丽图画，这些船图虽然不易引起误解，但显然仍不具备中国文化的特征。这些小船数量很多，而且出现在各种场合。例如，图 968（图版）所示的船显然是一艘佛教接引船；我们看到手舞足蹈的群魔正在给驶离阳世之岸的船只送行，同时从画面背景上可以看出，该船的目的地肯定是阿弥陀佛的西方极乐世界[⑦]。这条初唐时期（公元 7 世纪）的船只具有方形船首尾，且其最高纵向构材向船尾后面延伸，确实很有中国特色。但是，除了那个蜂窝式茅屋有些人认为可能是甲板室之外[⑧]，中国特点就到此为止了[⑨]。那面鼓满风的横帆尤其不是中国式的，而是适用于恒河的船只。恒河船上，也有操纵尾短桨的地方和结构，这和画家在敦煌壁画上所画的尾舷桨极为相似。若将此画与史密斯［Smyth（1）］的马拉尔·潘什（*malar panshi*）船的素描图（图 969）加以对比，也可看出这种相似之处。这位僧人画家很可能只从印度出发作过陆路旅行，从未见过大海或中国的大江大河，所以他刻画的不是中国船，而是他脑海中的孟加拉船[⑩]。

456

敦煌壁画上的所有船型都属于这一类。45 号窟有另一条大帆船，系公元 8—9 世纪

---

① 科斯马斯（Cosmas Indicopleustes）的书中有关斯里兰卡（Taprobane）的一段文字（XI，337；写于公元 547 年左右）大概也带有这种不肯定性。“从遥远的国度，我指的是秦尼斯坦（Tzinista，中国）和其他贸易地区，船装上丝绸、芦荟、丁香、檀香木和其他产品……”［译文见 McCrindle（7），pp. 365 ff.］。中国商人装运丝绸是否用的是自己的船，沿途是否还补充其他物品，遗憾得很，对此我们一无所知。

② 鲍恩［Bowen（7）］也这样指出过。

③ 参见 Bowen（2），p. 194。

④ 例如，des Noëttes（2），figs，12，16。

⑤ 鲍恩［Bowen（7）］坚持认为是平衡斜桁四角帆。有关同样比例的中国横帆，见图 971（图版）。

⑥ 在奥兰加巴德（Aurangabad）和埃洛拉（Ellora）发现的浮雕上的船图也许与阿旃陀帆船有关，但同样很难解释；文献和讨论，见 Paris（1）。

⑦ 第 55 号窟。Pelliot（25），pl，237；伯希和拍摄的照片收藏于吉梅博物馆（Musée Guimet，巴黎），no. 45153/45，B237Z A/84。虽然夹桅板很大，但桅和帆却与之很不相称，对于这一点，船首处的那三名荡桨姿势笨拙的外行桨手，无疑也会有同感。

⑧ 参见前面建筑技术一章中的 p. 121 及图 779。

⑨ 二根操纵桨旁边有一根横木，使人回想起典型的升降索绞车。

⑩ 霍内尔［Hornell（17），p. 188］对于阿旃陀和敦煌的看法也与此类似。

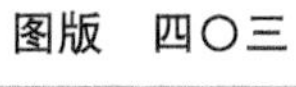

图 968　敦煌壁画中最大的一只船；见于千佛洞第 55 号窟（巴黎吉梅博物馆伯希和收藏部照片）。说明见正文（p. 455）。佛教接引船从图的前景中的幻觉此岸（那些竖立的长方柱子都是刻有铭文卷边装饰）扬帆驶向阿弥陀佛净土。

图 969　孟加拉的马拉尔·潘什（*malar panshi*）船，史密斯［Smyth（1）］书中的一幅素描图，用来与图 961 及图 968（图版）中的船相比较。图中画出的横帆缭绳在敦煌壁画的船上得到了清楚的反映。

的作品，但保存得不够完好；它很像刚才谈到的那条船，虽然桅杆的位置同样靠前，帆的鼓风程度也相同，不过桅和帆的比例比较相称①。另一幅唐初的壁画②上也清楚地画着箱形船体，其上层列板向两端伸出。这幅画记载的是一个传说，一艘渡船载着印度阿育王所拥有的佛像正在靠岸。唐太宗时期的敦煌艺术家在许多壁画上都画了不少小舢舨③，上面至今会见到鼓满风的狭长印度横帆。但是最能显示航海特点的佛僧船并不在千佛洞，而在一座具有梁代（6 世纪）风格的浮雕上④（见图 970，图版）。船体结构表现得很出色，桅杆向前倾斜，阵阵和风把一张比例相称的横帆吹得鼓鼓的。这幅图会给人留下一个难解的谜。如果认为所有这些船都是真正的中国船，则可能与其他史证相抵触，因为古代中国船以具有撑条硬席帆⑤而著称。很可能这两种类型的帆同时存在了几个

457

① 1958 年我亲自研究过；阿尼尔·达席尔瓦（Anil da Silra）夫人拍摄的照片也可参考。Pelliot（25），pl. 248；吉梅博物馆（巴黎）收藏有伯希和拍摄的照片，no. 45153/56，B248。

② 1958 年在第 323 号窟也见过；复制图见叶浅予（*1*）图 9，及 Sirén（10），pl. 63。这个故事很可能是指 313 年发生的一件事，当时有个渔夫发现了估计是阿育王时代的两尊塑像（毗婆尸佛，Vipaśyin；和迦叶佛，Kāśyapa）［参见 Zürcher（1），p. 278］。几年以后，阿育王本人的一尊像也在类似的情况下出土，连我们的一位老相识、刺史陶侃也感到难以理解［参见本书第四卷第一分册，p. 62 及 Zürcher（1），pp. 243，279，405］。第 468 号窟中有一只 8 世纪（中唐）的类似的渡船，但扬着一面小帆，而且渡船上还有舍利塔。

③ 例如，第 323 号窟（初唐），复制品见 Anon.（*10*），图版 50；第 126 号窟（中唐）；第 98 号窟（五代）及第 61 号窟、第 146 号窟（宋初）。随着时间的推移，船首的“颊板”越来越向前尖出。上帆桁总是清楚可见，但有时下帆桁也同样能辨别清楚。

④ 1958 年，鲁桂珍博士和我有幸在成都四川大学历史博物馆研究过该浮雕的一幅完善的拓本；我们感谢冯国定博士和周乐钦先生的热情接待，并给我们提供了一张照片。很久以前狄平子［（*1*），卷一，第三十四页］曾刊载过该浮雕的照片，但我们不知道它现在何处。一些权威人士认为它属于南北朝的刘宋时期（5 世纪）；在万佛寺发现的另一座六朝时期的佛教浮雕上面可以看到一艘非常相似的船，只是雕刻不甚清晰，现收藏于成都市博物馆。

⑤ 见下文 pp. 599 ff.。

世纪；即使连从未受到过外界影响的传统的中国船上，也并非都未使用过软横帆，那么这种船就完全可能成为绘制这些船图的原型（参见图971，图版）。宋代的绘画上时而还有这种帆，不过随着岁月的流逝，它们逐步为典型的平面斜桁四角帆所取代[①]。

爪哇的婆罗浮屠（Borobodur）大纪念塔上有许多船雕很有意义，其年代很可能是公元800年左右或此前不久[②]。浮雕上共刻有七艘船。其中五艘清晰可辨，属同一类型[③]（见图973，图版）。它与我们没有直接关系，因为从类型上看，这是些纯印度尼西亚船[④]，当年肯定是靠它才完成了对马达加斯加的殖民过程[⑤]。因而虽则如此，它们也值得详细考察。从船壳的拼板布置来看，船体大概是缝合的，而不是钉上的；船的首尾柱都很突出。船体上加装有粗大而错综的舷外浮体，必要时船员可攀登其上以增加船的稳定性[⑥]。每艘船都装有两根桅杆，它们（在某些情况下总是）被画成两脚架或三脚架的形状[⑦]。桅杆上扬挂着印度尼西亚特有的狭长斜桁横帆。这一点很重要，因为我们将看到，斜桁很可能就是纵帆发展过程中最初的构件[⑧]。船上既然能把帆篷收卷起来，我们就可以推测一定使用了某种用滚筒收帆（roller-reefing）的方法。然而帆扬起时，仍会被风吹鼓起来，这一点说明帕里斯［P. Paris（1）］认为是席帆的看法，就很难说是正确的了。在每艘船上都安装了一种罗马式的船首斜帆桁。

458

① 1964年我在旅行中，见到过两面雕有船图的美丽的青铜镜，从极为相似的风格来看，它们的年代似应接近。一面铜镜收藏在西安陕西省博物馆（图972，图版），另一面则收藏在京都住友珍藏馆。关于后者，见住友友纯、泷精一、内藤虎次郎（*1*），第10卷，编号137，评注见濒田耕作、原田淑人、梅原末治（*1*）；编号137；泷精一、内藤虎次郎、滨田青陵（*1*），第217页，登记号132。一艘宽体的单桅船在海洋上疾驶，桅杆用明显的定索支撑（完全不是中国的做法）。船尾有三个船工管操纵长桨，船首还有三人，也许是朝圣者，船楼的两个窗口各有一人向外张望。在西安的铜镜上，那面鼓满风的狭窄横帆上刻有题款“凤翔府天兴县监察御史（名字无法辨认）”。京都的铜镜上，由于帆脚未收紧，因而被风吹起。我们得到的印象是，这两面铜镜再现了这位监察史在去朝圣或出任钦差的途中平安度过的险情。至于年代，西安的博物馆鉴定（无疑是根据可靠的艺术史上的理由）为宋代，即1100年前后，但如果从技术史的角度来看，定为五代或晚唐，即公元900年左右则更为可取。也许宋代匠人在有意仿古。另外，京都的学者则认为铜镜属朝鲜，年代在高句丽时代，即公元668年以前，这似乎太早了些。

② 据克罗姆和范埃普［Krom & van Erp（1）］的观点，他们刊印了这些浮雕的照片集。

③ 克罗姆的一幅图最好［见于Krom & van Erp（1），Ser. Ⅰ*b*，pl. XLⅢ. fig. 86］；经慕克吉重画，收做卷头插图，见Mukerji（1），p. 48，no. 3。另一幅的细节不太清晰，见Krom & van Erp（1），Ser. Ⅰ*b*，pl. XLⅣ，fig. 88；我认为这就是慕克吉著作中的p. 46，no. 1。在有一幅图中这种画在一艘小船旁边，上面张挂着一面大帆；Krom，Ser，I*b*，pl. LIV，fig. 108；Mukerji（1）（重画）p. 48，no. 5。还有一幅十分珍贵的船图，船上的帆篷是收卷起来的。Krom，Ser. Ⅱ，pl，XXI，fig. 41；Mukerji（1）（重画），p. 48，no. 6。第五幅上的船头朝着相反的方向，即Krom. Ser. I*b*，pl. XXⅦ，fig. 53；另见Hornell（1），pl. XXXⅢB。其次，另有一艘类型基本相同，但尺寸却小得多的船，由慕克吉重绘，见Mukerji（1），p. 46，no. 2。这种船的大体结构复原图见Hornell（14），fig. 5。

④ 霍内尔［Hornell（17），p. 221］持此观点，鲍恩［Bowen（2，9）］也是如此。

⑤ 慕克吉［Mukerji（1）］等人认为婆罗浮屠上的船是当时的印度船，但是，即使雕塑家们有意刻画“去海外征服爪哇的印度冒险家”［几乎可以肯定他们并无此意；这一点沃格尔（Vogel，1）已经证明］，也不能因此就说他们不会去模仿他们最为熟悉的船舶结构。但是这些船的印度尼西亚的特征却十分显著。

⑥ 参见上文p. 385有关舷外浮体部分。请注意，在婆罗浮屠的浮雕上，不论船头朝向何方，都可以看到舷外浮体。因此我们是否可以说两舷都装有舷外浮体，或者是表示这些船在掉头戗风航行（参见下文p. 612）。与婆罗浮屠浮雕上的船颇为相似的船现在仍然存在或不久前还存在，如僧伽罗人的单根舷外浮体近海帆船，图见Hornell（1），p. 257，fig. 60，（14），p. 247及fig. 4。

⑦ 因此，这一点就是古埃及船和今天的广东内河船之间的中间环节。见Hornell（18），p. 39。

⑧ 参见下文p. 608。

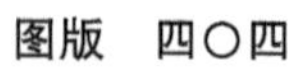
图版　四〇四

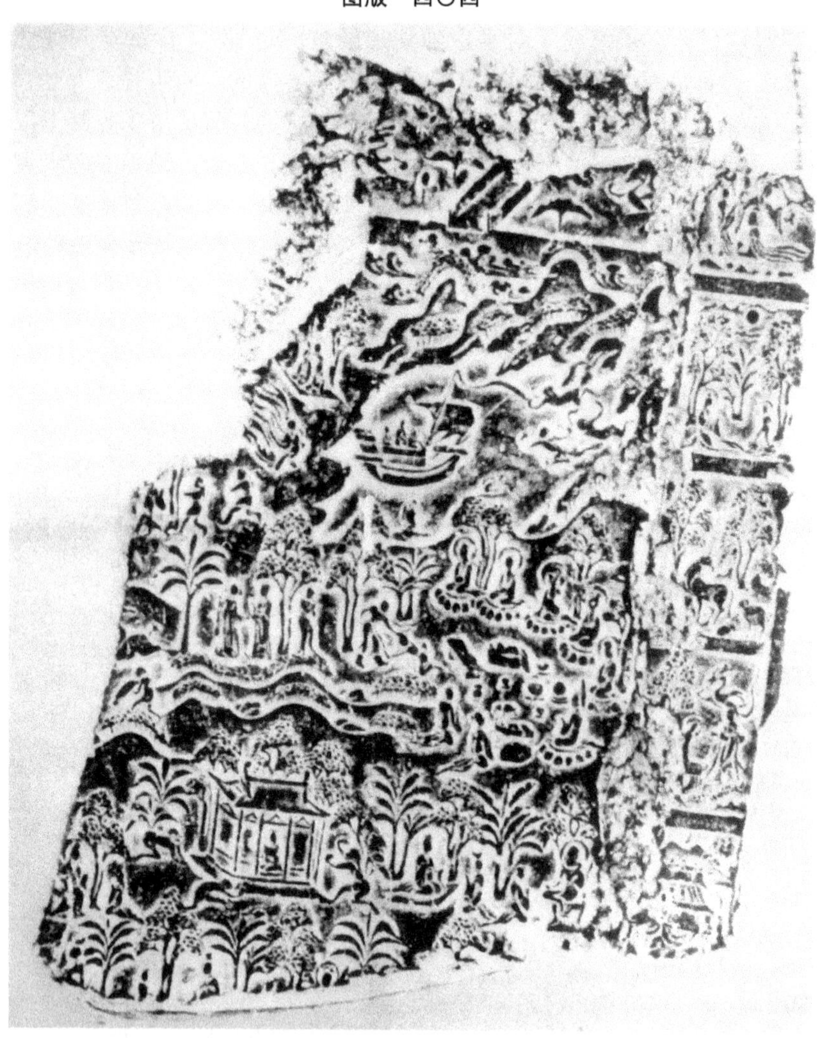

图 970　成都万佛寺的刘宋或梁代（5 或 6 世纪）佛教石碑上雕刻的船图（四川大学历史博物馆照片）。

图版 四〇五

图 971 钱塘江上的运木船，常用来运输防洪堤用的柴笼（参见 p. 341）；这是中国船中少数使用横帆的一种。亦请注意它的小前桅上有一面对角斜桁帆［照片采自 Fitch (1)，摄于 1927 年］。

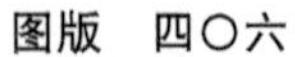

图版 四〇六

图 972 唐、五代或宋代，也即 9—12 世纪的一面铜镜背面图案中的一条船，该船正航行在波涛汹涌的海面上（西安市陕西省博物馆摹拓照片）。鼓满风的横帆上写着：“风翔府天兴县监察御史……（名字看不清）。”请注意桅杆的左右支索完全不具中国特色。说明见正文 p. 457。

图版 四〇七

图973 公元800年前后，爪哇婆罗浮屠大寺院浮雕上的典型印度尼西亚船［照片采自 Krom & van Erp (1)］。如缝合的船体，有明显的船首柱和船尾柱，很大的舷外浮材，双脚桅和船首斜帆桁，以及典型的印度尼西亚式斜横帆。详细说明见正文 p. 458。

图974 公元800年前后，婆罗浮屠浮雕上的另外一种类型的小船［照片采自 Krom & van Erp (1)］。正文中说明了把它认定为中国船的理由。例如，它的帆看来是一面斜桁四角撑条席帆，而且船体首尾是方形的。

但是，婆罗浮屠纪念塔上不仅有这一类船，还出现了一种根本不同类型的船[1]。这种船只出现了一次，上面有相当多的船员，和其他船毫无类似之处。它没有舷外浮体，也没有拼板，船尾柱不很鲜明，但横梁却很明显，只有一根桅杆由非常坚固的圆材制成，桅杆上部可以看到一面中国式的斜桁四角硬帆，帆的席纹结构清晰可见（图974，图版）。桅杆稍前处应是帆的前缘，画家未能表示出来，但这只能更加突出它的纵帆特征[2]，因而这艘船的帆与其他船的差异特别明显。尽管这幅画很简朴，我们仍可以从中看到历史上的中国海船的最古老的形象[3]。

看来，在造船方法上中国和东南亚之间在8世纪存在着某种相互的影响。距婆罗浮屠雕刻之前半个世纪，一位中国僧人慧琳在注释律藏的《一切经音义》[4] 中，对南方船舶写了一段有趣的话。他在其中说道：

459

［正文注释］

"破舶"第二字读作"白"（*po*）。司马彪在他对《庄子》的评注中说："海上巨舟叫做舶"[5]。

根据《广雅》（一种辞书），"舶"是海船[6]。

这种船吃水6到7尺，速度快，除货物外还可运载1000多人[7]。这种船也称"昆仑舶"[8]。船上的船员和技师有许多是"骨论"人。

他们用椰子[9]（树）皮纤维搓成绳子，把船的各部分绑在一起，再用葛览[10]油

---

① Krom［Krom & van Erp（1）］, Ser. I*b*, pl. XII. fig. 23；Mukerji（1）（重绘），p. 48，no. 4。

② 克罗姆同意这种看法，Krom & van Erp（1），vol. 2，p. 238。范埃普也如此，其主要观点见 vol. 2，p. 235。此石刻似乎未完成。

③ 最迟不超过5世纪，中国人就已熟悉爪哇［参见 Hirth & Rockhill（1），p. 78；冯承钧（*1*），第132页起］。除贸易关系之外，回顾一下大相和元太率领天文考察船于724年去南洋观测和记录南半球星座的史实是很有趣的（参见本书第三卷，pp. 274，293）。这次考察很可能到过爪哇以及苏门答腊，其时间则在建造婆罗浮屠大纪念塔之前不久。

④ TW2178；N1605；《国译一切经》纬篇九，第一五五页。这是慧琳在玄应（鼎盛于649年前后）原著基础上所作的增补。

⑤ 这位学者公元240年生，公元305年卒。该注释已散佚。谁也无法猜测他注释的哪一段文字，特别是"舶"字在《庄子》中未曾出现过。

⑥ 张揖编于公元230年左右。此字见该书"释水"篇。

⑦ 肯定是一种夸张的说法。在未经订正的原文里。前一行还说这些船吃水有60—70尺深。

⑧ 这个字以及后一行的"骨论"，均指马来人。见 Hirth & Rockhill（1），pp. 32，84；Stein（*1*），pp. 65 ff.；Link（1），pp. 9 ff.。"昆仑"本来和太古的浑沌概念有关系（参见本书第二卷，pp. 107，114，119 的"浑沌"），因此用来表示古代宇宙学中的中央山脉。即中国的须弥神山（Mt Meru，见本书第三卷，pp. 565 ff.）。以后可能由于这个词曾被用来指称昆仑岛（Poulo Condor Island；Pulo Kohnaong）［Hirth & Rockhill（1），p. 50］，或是指泰人中的"昆勐"（Komr 或 Krom），最后用来泛指"马来亚"和"马来人"［参见 Ferrand（3）］。最早在这种含义上使用该词的一例见于慧皎于530年前后所撰《高僧传》中的道安传记（参见本书第三卷，p. 566）。书中道安被他的敌手称做"昆仑子"，即"小黑人"，这无疑是因为他的肤色的缘故。至今流传的唐代小雕像，可能就是代表这些黑皮肤的南昆仑人［Lips（1）］。另一种主张昆仑人系由中亚迁徙到东南亚的理论，认为最初这同从陆路跨越西藏高山峻岭到达中国的印度商人有关。后来当商业往来转移到海路时，这个词与印度人或印度贸易及印度商人的联系仍然保留了下来［Maspero（14），克里斯蒂（Christie）发展了这一说法］。

⑨ 椰子（*Cocos nucifera*，R720）

⑩ "葛览"大概是"橄榄"（*Canarium album*，R337），或"甘蓝"（*Brassica oleracea*，R475）的讹误。不管是什么，这是一种能提炼干性油的植物。至唐代时，这两种植物才收入本草中。

灰捻缝堵洞，以防进水。不用钉子和锔子①，怕因铁受热而引起火灾。

（船壳）由几层边板做成②，因为怕木板很薄会断裂。（这些船）有若干……③长，前后分为三段。挂帆驶风，（实际上，这些船）无法（单靠）用人力来推进④。

〈破舶，下音白。司马彪注《庄子》云：海中大船曰舶。

《广雅》：舶，海舟也。

入水六、七尺，驱使，运载千余人，除货物。亦曰昆仑舶，运动此船多骨论为水匠。

用椰子皮为索连缚，葛览、糖灌塞，令水不入，不用钉镤，恐铁热火生。累木构而作之，板薄恐破，长数里，前后三节，张帆使风，亦非人力能动也。〉

这里指的肯定是南方（印度支那、马来亚或印度尼西亚）船舶，虽然没有提到舷外浮体，但这段记载却还比较适合婆罗浮屠船的主要类型（图 973，图版）。东南亚的缝合船体与中国的隔舱壁似乎共存于同一船上。至于帆，其中一幅图最为引人注目，它提供了 3 世纪的帆篷史料。将留待适当场合（下文 p. 600）再予讨论。 460

由此我们可以假定，东印度群岛和南中国海一带的多桅帆船在公元 800 年之前的好几百年间一直在发展。据克里斯蒂［Christie（1）］的说法，在《厄立特里亚海航行记》（*Periplus of the Erythraean Sea*；写于 110 年前后）⑤ 一书中曾有一个名称表示这种船，但迄今为止没有评注家能对它作出解释⑥。因为用来指东南亚大型海船的这一名称 κολανδιοφῶντα（*kolandiophonta*）实际上就是“昆仑舶”一词的希腊文的错误音译。

(2) 从唐代到元代

对 8—12 世纪的航海技术进行专题研究，会引发对它的浓厚兴趣，但这里只能说明几点。关于战舰的最早详细记载，出现于公元 760 年之前不久，我们将在后面 p. 685 船舶装甲部分中再来引用这段译文。公元 770 年前后，运河和内河船只的建造十分兴盛，这与一位名叫刘晏的人有关，他创办了十家船厂，并付给甚高的酬金⑦。五代时期（934 年）的战争中，朱令赟曾使用多层甲板的战船⑧。宋太祖很重视造船业，经常视察造船场。他的一位总造船师樊知古的名字一直流传至今。1048 年，辽国也认识到海上（更确切地说是内河）威力的重要性⑨，曾委派耶律铎轸建造 130 艘战船，甲板下能载马匹，甲板上能运士兵，这些战船在沿黄河作战中，充当了登陆的有效工具。1124 年，为出使朝鲜建造了两艘大型船舶，我们曾见到过有关资料，说这两艘船抵达朝鲜港口时

① 在《岭表录异》（895 年前后）中有类似的记载。这一点很重要，因为它说明 8 世纪时铁钉、铁锔等器件在中国船上已普遍采用（参见上文 p. 412）。

② 有关这一点，参见下文 p. 468 马可·波罗部分。

③ 原文中这个字是“里”（半公里），但这很可能是后来的讹误，否则就是僧人的编造。王赓武［Wang kung-Wu（1）］按桑原骘藏的意见解释为 200 尺。

④ 译文见 Pelliot（29），由作者译成英文。

⑤ 参见本书第一卷 p. 178 等，及本册下文 p. 518。

⑥ 亦可参见 Stein（1），pp. 65 ff.。

⑦ 《唐语林》卷一，第二十三页。

⑧ 《钓矶立谈》第三十页。

⑨ 《辽史》卷九十三，第六页；Wittfogel & Fêng（1），p. 166。

当地人民甚为轰动[①]。1170 年，有一位旅行者在长江上目睹了一场由 700 艘舰船参加的水师操练，这些船长 100 英尺左右，有船楼和指挥台，旌旗招展，战鼓雷鸣，即使在逆水中航行也疾驶如飞。他对此作了热情洋溢的记载[②]。

12 世纪有一批极为重要的绘画和文字资料文献。让我们先从远离中国本土的巴云寺（Bayon temple）浮雕谈起。巴云寺由柬埔寨阇耶跋摩七世（Jayavarman VII）建于吴哥（图 975，图版）[③]。这幅精美浮雕船图的年代在 1185 年前后，与石碑上刻画的其他船只都全然不同，后者是些独木舟式短桨船，与我们已经记载过的类型相似（上文 p. 450）。一般都认为浮雕上刻画的是来自广东或东京湾（北部湾）的中国帆船[④]。平镶式结构的船壳列板清晰可见，而其缩小的方型船首，则是华南帆船的典型特色。高悬的船尾瞭望台也是真正的中国式样。船上有两根桅杆，都挂着中国的席帆（帆、篷，各有 6—8 根撑条），其编织纹路刻画得十分秀丽。艺术家也没有忽略表现控制帆篷的复式缭绳，而且这也同样很典型[⑤]。桅顶上有两个方形物，不是顶帆就是笼形桅上瞭望台。船首处和尾楼上都有旗杆，上面挂着带锯齿边的典型的中国式旗子[⑥]。船头吊着船锚，锚杆是一块条石，起锚车正在起锚[⑦]。最为有趣的是那个深而窄的轴转"尾柱"舵，落放在船底之下。后文系统地探讨舵这一伟大发明的历史时[⑧]，还须对它作进一步的研究。

布热德［Poujade（2）］曾经将巴云寺浮雕上的帆船和一种迄今仍在行驶的由暹罗（泰国）华裔建造和使用的船作了详尽的比较。大部分特点都极为相似，但其船体为混合型，舱壁竟然同龙骨及不折不扣的船首尾柱同时并存[⑨]。就这一点而言，他认为巴云寺浮雕帆船的船体属混合型。甚至连甲板室的位置也一样。但是，今天暹罗华裔的帆船上的帆篷比石雕上见到的要大得多，并且帆篷缘角已经收圆[⑩]。总之，从各方面来看，巴云寺浮雕上的帆船更应该是地道的中国帆船，而不应是那么早期的混合船型[⑪]。

461

① 《高丽图经》卷三十四，第四页。

② 《入蜀记》卷四，第十二页。

③ 此浮雕图常有人复制，如见 Clúêys & Huet（1），这里的照片即采自该书；Carpeaux（1），pl. XXV，fig. 31，pl. XXV1，fig. 32；以及 Marchal（2），p. 84。参见 Paris（2），pl. XLVIII；Ec. Fr. d' Extr. 原照 5063、5064，及放大版 5627。

④ P. Paris（1，2）；Groslier（2）；Poujade（2）。

⑤ 具有复缭绳，但没有撑条的同一种类型的帆则见于另一赛艇会浮雕上的三艘较小的船上（Ec. Fr. d' Extr. 原照 5377、5378）。请注意，所有这些帆都与婆罗浮屠浮雕上的中国帆很相似，也和浮雕上的船首一样，没有把斜桁四角帆的较小部分画在桅杆之前，从而又一次突出了其纵帆特征。今天福州驶帆舢舨的帆篷从远处看就同浮雕上的那些帆篷一模一样［参见 G. R. G. Worcesler（未发表资料），no. 64］。

⑥ 为了对比，见赵伯驹（1127—1162 年）的《汉高祖入关图》。图上的旗帜非常相似。Sirén（6），vol. 2，pls. 40，41，42。他也复制了一些敦煌壁画上的旗子，见 Sirén（6），vol. 1，p. 31；参见叶浅予（*1*），图 *33*。

⑦ 关于锚，见下文 p. 656。

⑧ 1958 年夏，我有幸得机会与鲁博士一起在现场研究了这一伟大浮雕。

⑨ 如新加坡帆船，记载见 Smyth（2），p. 474（Maxwell Blake 插图）。参见 Walers（3）；Paris（3）及本册上文 p. 438。

⑩ 这些船约为 25 吨。在巴云寺船雕出现 100 年后，周达观在他的《真腊风土记》中说，他所记载的每一条船都给中国运回了五六十吨左右的蜂蜡［Pelliot（9），p. 167；（33），p. 26］。

⑪ 最近在沙捞越进行的考古研究，对这些商人航行到达过的地方提供了重要的间接考证。汤姆·哈里森（Tom Harrison）先生和郑德坤博士曾告诉我们，他们在汕头湾发现了一座中国铁厂和港口，显然整个唐宋时期都在经营使用。

图版 四〇八

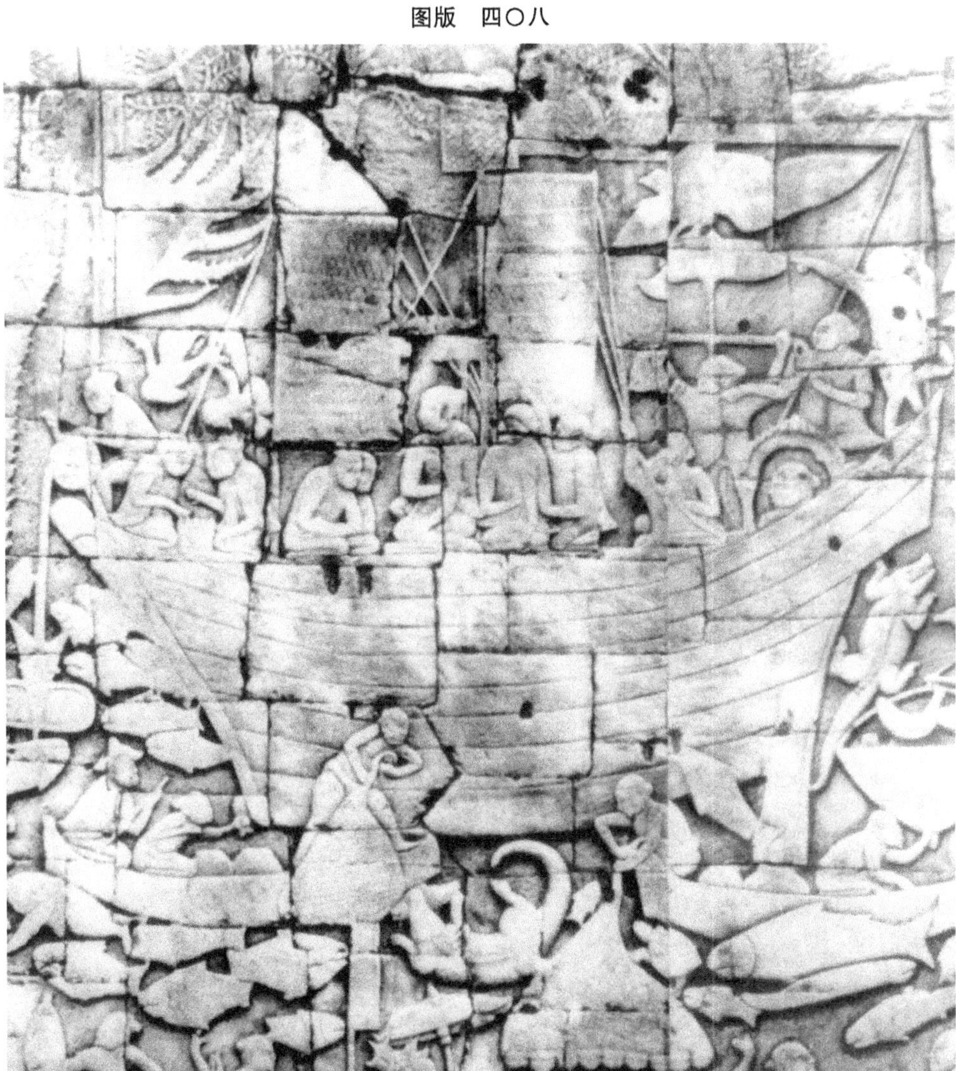

图975 1185年前后阇耶跋摩七世时期，在吴哥窟巴云寺雕刻的中国商船［照片采自Claëys & Huet（1）］。对于造船史来说，这是一件重要的文物史料，本书有几处，特别是pp. 460 ff. 和p. 648等处谈到它。撑条席帆及复式缭绳，悬吊在船底水平面下的轴转舵，锚及其绞关，以及富有特色的王旗，都值得注意。这块石碑上的其他许多船只尽管尺寸很大，却属于荡桨的划子一类。

在巴云寺浮雕帆船出现之前的60年左右，朱彧正在（1119年）撰写他的《萍州可谈》。其父曾任广州提举市舶使，他的著述涉及大约1086年以后的一段时期。我们已经引用过他对磁罗盘在航海中使用的论述（同段文字的一部分；见本书第四卷第二分册，p. 279）。其记载如下[①]：

462

广州的市舶亭坐落在海山楼附近的水边，面对五洲。下面有一条河叫“小海”。在中流处大约十尺宽的范围内，商船（“舶船”）来此补足淡水，以备航程之用；这里的水不腐，但超出这个范围以外的水以及普通井水都不能贮藏（于船上），因过一段时间水中就会生虫。原因为何，至今不知[②]。

船舶在十一月或十二月起航，以乘北风（东北信风），在五或六月返航，以利用南风（西南信风）。

船体呈方形，好像一个短长方木斛[③]。

无风时船不能航行。桅杆（“樯”）竖得很牢，帆张挂在桅杆一侧。帆的一边紧贴桅杆，（可以绕桅杆转动）就像门框立在门枢上一样[④]。帆由草席（“席”）制成。

当地人把这种船叫做“加突”[⑤]。

在海上，它们不仅能顺风航行，侧向的离岸风和向岸风亦可利用。只有逆风不能驶帆。这叫驶三面风，遇到顶头风，船就得抛锚停航。……[⑥]

按照官府颁布的海船法规，大船可载数百人，小船可载百余人。……[⑦]

海船的宽和深有几十寻。

大部分货物是陶器，小件包装在大件中间，使其中没有空隙。

在海上，（海员们）不怕风浪，就怕搁浅，因为这种情况一旦发生，就无法摆脱险情。如果船突然漏水，他们不能从里面修补，只好令外国黑奴（“鬼奴”）[⑧]用凿子和填絮从外部修补。这些人都擅长游水，在水下仍可睁目而视。……[⑨]

〈广州市舶亭枕水，有海山楼，正对五洲，其下谓之“小海”。中流方丈余，舶船取其水，贮以过海则不坏；逾此丈许取者，并汲井水，皆不可贮，久则生虫，不知此何理也。舶船去以十一月、十二月就北风；来以五月、六月就南风。

船方正若一木斛，非风不能动。其樯植定而帆侧挂，以一头就樯柱，如门扇帆席，谓之“加突”——方言也。海中不唯使顺风，开岸、就岸，风皆可使，惟风逆则倒退尔。谓之使三面

---

① 《萍州可谈》卷二，第一页；译文见 Hirth & Rockhill（1）；经作者修改。

② 大概水手们选用的是河口低洼处的水源，水有咸味，但尚可饮用，其盐分足以防止藻类和生物的生长。

③ 这是对典型的长方形船体构造绝妙的说明。正如欧斯贝克（Osbeck）后来在其书中（1751年，p. 190）所说：“像个面包烤盆。”

④ 同样，这也是对纵帆装置的一种形象化的绝妙说明，大概这里是指斜桁四角帆。参见 pp. 603，611。

⑤ 这个术语未曾得到解释，很可能是外来语，因为广东人与外国人有过长期交往，但我们不能随意推断（参见 pp. 678 ff.）。

⑥ 参见 p. 602。其后提到定期设坛祈风的地方长官。

⑦ 后面记载的是商人和海员的组织，前面已有叙述，本书第四卷第一分册，p. 279。接着又记述了与南洋诸国贸易所遇到的困难。

⑧ 无疑是指昆仑人。

⑨ 后面记述的是罗盘的应用，已引用过。全文的结尾是有关捕鱼、看到“龙妖”（鲸鱼?）以及安全返回时向佛僧布施的记载。

风，逆风尚可用碇石不行。……

甲令：海舶大者数百人，小者百余人，……

舶船深阔各数十丈。……

货多陶器，大小相套，无少隙地。

海中不畏风涛，唯惧靠阁，谓之“凑浅”，则不复可脱。船忽发漏，既不可入治，令鬼奴持刀絮自外补之。鬼奴善游，入水不瞑。〉

这一段文字与巴云寺浮雕帆船相对应，非常值得注意。它证实了 11 世纪末到 12 世纪初就有了舱壁结构和斜桁四角纵帆（直到 1500 年才在欧洲出现），使用了硬席帆以及逆风航行技术（beating）。同时期的其他著作，诸如前面已经提及的 1124 年的《高丽图经》也有这方面的记载①。 463

幸运的是我们还有一份与中国内河船舶有关的极为重要的文献，几乎和朱彧的记载属同一时期。这是一幅叫《清明上河图》的绘画。1126 年，图中所绘的京城开封曾沦陷于金人之手，此画系张择端在此之前不久的创作。图中描绘河上船只的有关部分见图 976（图版）。画面上的细枝末节都表现得淋漓尽致，好像这位好心的画家为将来研究技术史的学者们作了周详的考虑②。画面上的一艘船正在放倒人字桅，准备穿过一座大桥③；其他船有的在岸边装卸货物，有的则拉着纤逆水而上。这些帆船大体可以分为两种不同类型：一种是窄船尾的货船，一种是宽船尾的客船和小艇，但这两种船都装有庞大而突出的吊舵。这些舵都是平衡舵，它是一种先进技术，后文还要讨论④。有二三条小船使用庞大的船尾大梢和船首大棹，其中有的需八人操纵⑤。

学者们对张择端的伟大作品的历史进行了广泛的讨论⑥。此画蜚声海内，至少元代有一位皇帝在其摹本上题过一首诗。此画现存的最早摹本（复制图见图 826、图 923、图 976、图 1034；图版）已由郑振铎（*3*）发表。此画收藏于故宫博物院，所用丝绢显然属宋代，卷尾的题词者中有一位金朝学者，题字日期为 1186 年，也即在画卷完稿后仅 60 年⑦。因此学者们毫不怀疑这就是真本。不管怎么说，我们完全可以相信它是 12 464

---

① 本书第四卷第一分册，p. 280。我们将在后文（pp. 602，641）有关帆和船尾舵部分再引用此书。该书饶有风趣，其中有关船舶的几页正由白乐浚［Paik（1）］译出，但他误解了几个技术问题。他也（p. 92）把“朝廷”译成朝鲜宫廷。显然原文说这些船系由福建和两浙地方长官负责监造，他却认为中国使节的大船是朝鲜船（参见上文 pp. 430，460）。

② 在图册画面的 5 至 13 幅上，可看到至少有 23 条帆船和小舢舨。

③ 有关此桥，可参见上文 p. 165。

④ 见下文 pp. 655 ff.。

⑤ 当今江西赣县的一些运茶帆船与此情景颇为类似［有关这种船型，见 Worcester（3），vol. 2，p. 411］。比顿［Beaton（1）］在第二次世界大战期间曾摄制过这种帆船的照片。

⑥ 例如，韦利［Waley（20）］，目前韦陀［Whitfield（1）］也作过全面的研究。该作品有大量的晚期摹本（大多数属明代），其中有些摹本可能由比尼恩［Binyon（2），pl. XLII］和莫尔（部分地）［Moll（1），A，V，8］进行过研究。其中最有价值者是普里斯特［Priest（1）］复制的仇英（鼎盛于 1510—1560 年）的摹本，所有这些图上画出的宋末和元代的船尾都非常高。有一艘船张满了帆正在逆流而上，前桅、主桅和后桅三根桅杆上都有撑条斜桁四角席帆和复缭绳。别的船只正在靠岸或已经停泊，有一艘船正在落帆，像手风琴的风箱一样叠折起来。在远处，尚可见到两艘船拉纤逆水而上。

⑦ 通常认为其年代在 1125 年前后，因为都城沦陷于 1126 年，而此画在 1120 年《宣和画谱》中又没有提到。但韦陀曾经指出。画中的繁荣昌盛的景象更有可能反映的是 1110—1115 年前朝的情景。此画未收入《宣和画谱》可能有其他解释，如认为作者年轻，或者是由于作者的政治倾向。

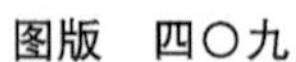

图 976 1125 年前后，张择端所绘的《清明上河图》中的载客河船之一［采自郑振铎（*3*）的复制品］。图中画出的是开封附近的一条水路，可能是汴河（参见 p. 311）。从船上的人像判断，船首至船尾的长目约为 65 英尺。五人在逆水拉纤（在图左侧画面以外），双脚桅用许多前后支索牵住。特别值得注意的是悬吊着的平衡大舵。在船首左侧，船工们正在沿着撑篙走道进行操作；在船首右侧的上甲板，船长和他的助手们不时中断午餐；向另一条大船（在图左侧画面以外）的船工们大声呼喊口令和警告，那条大船看来好像要和另一条放低桅杆想要通过大桥（见图 826）的帆船相撞。

世纪船舶技术的史证。另一题词者也是一位金人学者，年代比前者稍晚，即1190年，他题的是一首诗，值得援引如下。

通衢车马正喧阗，只是宣和第几年？
当日翰林呈画本，升平风物正堪传。
水门东去接隋渠，井邑鱼鳞比不如；
老氏从来戒盈满，故知今日变丘墟。
楚柂吴樯万里船，桥南桥北好风烟；
唤回一饷繁华梦，箫鼓楼台若个边！[①]

几十年以后（1178年），又有周去非写出了对南方海船的著作[②]。

航行在南海及南海南部的船都像房屋一样，帆篷扬起时好像天空的云朵，舵（“柂”）有几十尺长[③]。一条船可载运几百人，储存的粮食够一年食用。船上还养猪和酿酒。一旦驶入碧波万顷的海洋，生死即置之度外，也不再想活着返回大陆。天刚破晓，船上即响起锣声，牲畜进食饮水，船员和旅客都忘掉了一切危险。对于上了船的人来说，一切都隐匿消失于水天之外，群山、陆标以及外邦异土莫不如此。船长会说：“要到达某某国家，顺风时经几天几夜，我们就会看到某山某岭，（此时）船应朝某某航向行驶。”但也许风会突然停息，风力不强，在预计日期内未能见到某山某岭；在这种情况下，就可能需要改变方位。（另一方面）船也会偏离陆标太远，因而迷失方位。一旦大风突起，船可能随波逐流，忽东忽西，说不定会遇到浅滩或碰上暗礁，连（船的甲板室的）屋顶都会撞碎。载有重货的大船不怕大浪，却怕浅水[④]。

〈浮南海而南，舟如巨室，帆若垂天之云，柂长数丈。一舟数百人，中积一年粮。豢豕酿酒其中，置死生于度外，径入阻碧，非复人世。人在其中，日击牲酣饮，迭为宾主，以忘其危。舟师以海上隐隐有山，辨诸蕃国，皆在空端。若曰，往某国，顺风几日望某山，舟当转行某方，或遇急风，虽未足日已见某山，亦当改方。苟舟行太过，无方可返，飘至浅处而遇暗石，则当瓦解矣。盖其舟大载重，不忧巨浪而忧浅水也。〉

这段文字很少谈到技术资料，而大多数其他记载也都有同样的缺陷。例如，1225年前后，赵汝适在论述外国及其对中国的出口时[⑤]，尽管提到了索马里沿岸（“中理”）捻船时使用鲸鱼油来调石灰[⑥]，还提到了海南帆船的名称和尺寸[⑦]，但对船舶本身却几乎只字未提。这个时期是海上通商活动的鼎盛时期，对此阐述得最为清楚的是桑原骘藏[(*1*)，Kuwabara (1)][⑧] 关于蒲寿庚的精心专论，蒲寿庚是一位阿拉伯或波斯血统的中 465

---

① 译文见 Whitfield (1)，经作者修改。
② 《岭外代答》卷六，第七页；译文见 Hirth & Rockhill (1)，经作者修改。
③ 参见 p.418 图 980。
④ 这句话确是对早期航行情况的逼真写照，对“沿海航行”安全有错觉的陆地人对此往往不理解。
⑤ 《诸蕃志》。
⑥ 卷上，二十七页；Hirth & Rockhill, pp. 131, 132。
⑦ 卷下，十七页；Hirth & Rockhill, p. 178。
⑧ 现有陈裕菁的中文译本，罗香林 (*1*)，对此亦有进一步的研究。有关货物情况，见 Wheatley (1)。

国人[①]，在1250—1275年他做过泉州市舶使[②]，后期，他归顺蒙古，死时备享当地名士殊荣。其后不久，马可·波罗来到了中国。

本章立论的困难在于缺乏系统的中文资料，只能回过头来去探索很多人在不同时期对于中国航海技术的一般记载。如果严格地按照他们的内容分类，他们的“特色”就会像中国人常说的那样化为乌有了。我们迄今已听取了早自王说和慧琳，迟至朱彧、周去非和宋应星的见解[③]。我们不得不再听听另外两位年代更早的航海家的言论，他们至少比宋应星要早，我指的是马可·波罗和伊本·巴图诺。

1275—1295年马可·波罗在中国，下面的记述[④]是他于1295年返回意大利后写下的。他在离开中国的旅途中，在霍尔木兹（Hormuz）看到了波斯湾的缝合式船，并称之为“最劣等的船”[⑤]。缝线用棕榈或椰子的纤絮搓成，捻缝用鱼油和麻絮，而不用沥青。这种船只有一根桅杆、一层甲板、一把舵。对比之下，马可·波罗对各种中国船都无限钦佩。他对扬州和苏州的富庶记载[⑥]是以“奇异而庞大的船舶往来如梭”来形容的。谈到长江时他说：“在这条大江上来往运输的贵重物品，比之整个西方所有江河甚

466

① 可能因原名阿布（Abū）而取蒲（Phu）姓。

② 其职责是征收关税，发放执照（参见本书第四卷第一分册，p.279），监督外国商人，查禁货币外流等等。此官署设立于公元700年前后，最早的主持人有周庆立，他是波斯僧人及烈的朋友，本书第一卷p.188曾提到这位僧人。参见上文p.453。

③ 还可援引1274年吴自牧对杭州海运的长篇记载《梦粱录》，此书成于马可·波罗到达中国之前不久。其全部译文见Hirth（16），我们在本书第四卷第一分册p.284曾援引过其中的一部分。

④ 第15章、第16章；Penzer（1）（ed.），p.265。第19章，见Yule（1），p.108，其中的注释（p.117）值得一读。他花了很大工夫来写舵的发展历史。但不足之处是他未能把舵同操纵桨区别清楚。

⑤ 参见埃勒［Eller（1），p.519］摄制的印度仍在使用的缝合船的彩色照片。这种船的实际远洋航行能力迄今尚有争议［参见van Beek（1）和Hourani的争论］。

有关这个问题，达喀尔（Dakar）的莫尼（R. Manny）博士提醒我们注意两篇有趣的文章。雅库比（al-Ya‘qūbī）在他公元889年写的《地方志》（*Kitāb-al-Buldān*）中说：“在马萨（Massa）的拜赫卢勒（Bahlūl）清真寺附近有缝合船的锚地，这些船在乌剌国（伍布莱，Ubulla）建造，可以远航去中国。”［译文见Wiet（1），p.236］马萨位于阿加迪尔（Agadir）和农岬（Cape Nun）之间的摩洛哥大西洋海岸。这就可以使我们想到，在葡萄牙人来到这个海岸“探险”之前550年（参见下文p.505），阿拉伯船舶就已经把中国和加那利（Canary）地区联系起来了。另一篇值得注意的记载则见于马苏第（al-Mas‘ūdī）公元947年写的《黄金草原》（*Murūj al-Dhahab*），他说“凿有孔洞并用棕榈纤维缝合的麻栗木船壳板”曾在地中海克里特（Crete）岛海岸的遇难的船上发现过，这条遇难船肯定是在印度洋建造的。他得出结论说印度洋与地中海有过联系。我们的确也知道连接红海和尼罗河的运河在7世纪又重新开放过。参见Casson（7）。

有关这方面的古代史我们早已在有关闸门的起源中谈过（上文pp.356，374）。第二代哈里发欧麦尔一世（‘Umar I，634—644年在位）曾在阿慕尔·伊本·阿斯（‘Amr ibn al-Āṣ）公元641年征服埃及之后，说服他对图拉真统治时期的2世纪的运河重新进行了河道整治，该运河后来一直通航到6世纪末。其目的是解除赫贾兹（Hedjaz）的饥荒，并取得了圆满成功。欧麦尔二世（‘Umar II，717—720年在位）以后，运河又被流沙淤塞。公元761年左右，哈里发曼苏尔（al-Manṣūr）恰恰由于相反的原因，拒绝为麦地那（Medina）的阿里（什叶派）首领穆罕默德提供补给而命令关闭和填平了这条运河。虽然这条运河此后再也没有起过重要作用，但是在考察东西方海上交往时，人们将永远铭记在苏伊士运河开凿之前很久就有了这条水路（参见下文p.609）。关于阿拉伯人重开运河一事，见Hitti（1），pp.165，290，特别见Toussoun（1），pp.171ff. pl. V；（2），pp.230 ff.，pl. XVI。这条运河从布巴斯提斯（Bubastis；现代的宰加济格，Zagazig）北方不远的三角洲处的尼罗河培琉喜安（Pelusian）湾开始，或者后来从与它平行的图拉真运河开始，沿着图米拉特河（Wadi Tumilat）（正像现在的公路、铁路和淡水运河一样）一直通到提姆萨赫（Timsah）湖，而后像现在的苏伊士运河一样，通过比特（Bitter）湖向南流入红海。一些遗址迄今仍可见到。

⑥ 第147章，Moule & Pelliot（1）（ed.）；Penzer（1）（ed.）p.303.

至所有海洋上运输的总和还要多，价值更大。”他估计，在这条大江的下游航行的船有15 000余艘，那些用优质木材做成的大量排筏还不计在内。

> 这条大江上的所有大船都是我说的那种造法。上面只建一层甲板，装一根桅和一面帆，然而吨位都很大。按照我们威尼斯的算法，载重量一般都在4000—12 000担（quintal）（其中有的高达12 000担），具体载重量要视其大小而定……[①]
>
> 这些船除了在桅和帆上使用麻绳索具之外，其余的地方则未用绳索[②]。不过我还要告诉你，船上却有大纤索，说明白些，即用藤条编成的两根纤绳，作逆水行船时拉纤之用。你也许知道，在这条大江中行船，逆水而上就得拉纤，否则船就不能行进。你会想到编制纤绳的藤子要既粗又长。我前面已经说过，每根长达15步（paces）[③]。先把这些藤子从头至尾剖成多根细条，再把它们的首尾绑扎连接起来，纤绳即可做成，长度可随意决定，大者可达300大尺（ell），即300步长，这种纤绳比麻绳结实很多[④]，而且做工十分精细。[⑤]

因此，马可·波罗感受最深的主要是这些江河帆船的巨大装载能力以及今天仍在使用的竹缆。

他在记叙刺桐（福建泉州）时对航海帆船的记载很有价值，因此应该全文照录于此[⑥]。

> 我们先谈载运客商经由印度海水域来往于东南亚（Indie）的巨大船舶。马上你就可以知道，那些船是按照我给你描述的方法建造的。 467
>
> 我要告诉你们，这些船舶大都用冷杉木或松木建造。它们有一层舵面，我们称之为甲板。甲板上一般有60间小舱室，大船多些，小船少些。每个舱室住一个客商，甚为舒适。
>
> 船上有一个很好的大梢，俗称舵。
>
> 船上有四桅四帆，往往还另加二桅二帆，可以根据天气状况随意竖起或放倒。
>
> 有些船，确切地说是那些较大船，还有13个货舱，即内侧用结实木板隔成的舱壁。一旦发生意外漏水事故，亦即船触礁或受到觅食鲸鱼撞击而漏水，……漏进的水就会流进从不存放物品的底舱中。尔后水手们就会找到漏水之处，把漏水舱里的货物转移到其他舱里，因为这些舱封闭严密，水不能从一个舱漏进另一个舱；于是水手们就在那里堵漏，然后把转移出去的货物再搬回原舱。
>
> 船体列板加亲板钉合，即具有两层列板，一层钉在另一层的外面。
>
> 因此，船体的外列板贴装在一起，用海员的话来说，内外都捻缝，内外列板都

---

① 如果认为担（quintal）相当于英担，则这里所列的两个数字分别为224吨和672吨。

② 他的本意原是许多缆绳都是用竹子做的，但他把竹子称做“藤”。

③ 意大利“步”的长度很不一致。但大约在5英尺左右，相当于中国两“步”的长度。

④ 关于这个问题，见上文，pp. 191，415及下文p. 664。

⑤ 第147章。

⑥ 第158章，Moule & Pelliot（1）（ed.）；Penzer（1）（ed.），p. 314. 参见Beazley（1），vol. 3，pp. 126 ff.。某些作者如慕克吉认为这里谈的是当时的印度船，由于马可·波罗对“东印度”（Indies）一词用得很不严格，致使他们误解。在马可·波罗时代，中国是“遥远的东印度”的一部分。此外，这段文字记载的大量特点，经其他史料旁证是熟知的中国特点。这一谬误已由霍内尔［Hornell（17），p. 203］予以澄清。

用铁钉钉牢。船体不涂沥青，因为他们的地区没有这种东西，但用一种我要告诉你的、他们认为似乎比沥青还要好的东西来油船体。听我说，他们用石灰和麻絮，加上一种树脂油，捣碎混合在一起。他们将这三种东西捣合好之后，它们就结合在一起，我要告诉你，这种东西就变得像粘鸟胶一样黏稠。用这种东西涂抹船体，其效果和沥青一样。

另外，我还要告诉你，这些船按大小不同需要配备水手300人、200人或150人不等。

这些船的载重量比我们的也大得多。

早先的船比现在的船要大些，因为狂暴的海浪冲毁了几处岛屿，许多地方的水深不足以走大船，所以现在只好建造小些的船，但这些船依然很大，可载胡椒5000筐，有的可载6000筐①。

此外，我还要告诉你，这种船常用大棹划行，每棹用四名水手。

为这些大船服务的附属船，可载胡椒1000筐。但我要告诉你，附属船上的水手有的40人、50人，有的60人，有的80人，有的甚至100人。这些附属船荡桨航行，可能时也扬帆航行。附属船荡桨航行时，经常用绳索拖带大船，帮助它前进。扬帆拖带须视风向。因为附属船走在大船前面，故只能驶横向风，若风（从船尾）直吹过来，大船的帆篷会阻挡小船的帆篷受风，使大船超越小船。大船携带二至三艘这种大的附属船，其中一艘比其他的较大。大船还携带十只多余小艇用来抛锚、捕鱼，以及为大船做许多别的事情。这些小艇都绑在大船的两舷外侧，必要时才放下水，其中两条大的小艇则拖在大船后面。艇上有自己的船员、帆篷及一切必备物品。我还要告诉你，前面说的两条附属船也带有小艇。

468

此外还要提一件事，即当大船要进行装修，也就是要修理的时候，以及完成了一次远航或航行一年多之后，就需要修理，他们就这样来修理。在前面所说的两层船体列板外面再钉上一层列板，原来的列板并不拆掉。这样，整个船体就有了三层列板钉在一起。然后再捻缝和涂上前面说过的混合油浆，这就是他们的修船方法。第二年末再进行第二次修理，他们还是保留原有的列板，再钉上一层新的，所以就成为四层列板。如此年复一年地修船，一层列板之外再加另一层，一直加到六层。六层之后，如再钉上一层，船就报废，不能在大风浪里航行，但仍可在天气好的时候作短途航行，而且决不超载。一直到它们似乎再也没有任何使用价值，不能再利用时，才将它们拆掉。

马可·波罗证实，13世纪的中国帆船有舱室（这自然是一位旅行客商首先会注意的东西）、舵（欧洲已应用了800年左右）、多桅杆（当时欧洲尚未应用）和隔舱结构的船体。他特别指出了一层层叠加新列板并捻缝的修船方法②。这种“叠加”（dou-

① 人们一定很想知道这些单位的重量和尺寸，马可·波罗在另一处［Latham (1) (ed.), p. 224］说过，中国远洋船的吃水约有4步——相当于20英尺左右。

② 以后的几位旅行家和作者也曾提到过这一点，例如，卡塔拉努斯（Jordanus Catalanus, 1322年）；孔蒂（de Conti, 1438年前后）；巴尔博扎（Duarte Barbosa, 1520年）；卡斯塔涅达（de Castanheda, 1554年）；叠加的层数达七层之多。从圆仁的著作中可知，这种做法至少可追溯到9世纪［Reischauer (2), p. 8］。

bling) 木材的方法后来为18世纪和19世纪初期的欧洲战舰所采用[①]。这位旅行家提到桐油和石灰[②]的运用也恰如其分，并对这些船舶的尺寸和吨位之大颇为赞叹[③]。四人划的桨，虽然记载并不十分肯定，想来必定是橹。至于扬帆航行，似乎由于某些原因，小船逆风行驶要比大船优越，所以在逆风行驶时，就可以用较小的附属船来拖带大船。马可·波罗似乎对大船带有那么多的小艇和大小舢舨感到不应有的惊讶，而这一点我们只能推想是因为在当时的地中海水域这种配备颇为罕见。

1292年马可·波罗离开中国时（尽管他当时是作为负责公主事务的特使而离开的，但留居中国17年，临别时必是依依不舍），“大汗命令武装并出动14艘大船，每艘船上都有四根桅杆……每艘船都配备600人和两年口粮”[④]。几乎可以肯定，这一支舰队比之当时爱德华一世（Edward I）的英格兰和圣路易（St Louis）的法兰西等欧洲任何国家可以随时出动的舰队，都要威武得多。 469

马可·波罗的话犹在耳际，我们再听听伟大的阿拉伯旅行家伊本·巴图塔的说法，他来中国的时间比马可·波罗晚半个世纪（1347年）[⑤]。他的开场白很有意义。

> 在中国沿海乘船旅行只乘坐中国船，因此我们就来谈一谈在中国船上看到的情形。
>
> 有三种：大者称做艟克（jonouq），或单称艟（jonq；肯定指“船”），中者为艚（zaw；可能是“艚”或“艘”），小者为舸舸姆（kakam）[⑥]。
>
> 一艘大船就有帆篷十二面，而小船仅有三面。这些船的帆篷都是用竹篾编成席状的。（航行中）水手们从不落帆，（只简单地）根据风向改变帆的方向[⑦]。当船抛锚时，帆篷仍在风中挺立[⑧]。
>
> 每一艘大船役使1000人，其中海员600人，战士400人，其中包括手持盾牌的弓箭手和弓弩手以及挥发油（瓶子）投掷手。
>
> 每艘大船后面跟着三条别的船，一条是登岸小舟（nisfi），一条是有舵小驳船（thoulthi），一条是摇橹艇（roubi）[⑨]。
>
> 在中国只有刺桐（泉州）[⑩]，或秦支兰（Sin-Kilan）亦称秦阿秦（Sin al-Sin；广州）才能建造这种船。

---

① G. Holmes (1), p. 133; Adm. Smyth (1), p. 258。

② 仅这一点，就足以确定马可·波罗所说的船舶属于哪个文化区。因别处无人使用桐油。

③ 同样，孔蒂也说过：“他们造的船比我们的大，也就是说，有2000吨，上有五面帆和许多桅。” [Penzer (1) (ed), p. 40]. 参见 Cordier (5)。

④ 第3章，Penzer (1) (ed.) p. 24; Moule & Pelliot (1) (ed.), vol. 1, p. 90。

⑤ Defrémery & Sanguinetti (1), vol, 4, pp. 91 ff.; Lee (1), p. 172.

⑥ 这个词大概来源于“舸舩”，或许是意大利语 *cocca*（壳），或法语 *coque*（壳）；参照“cog”（小艇）作为船名的含义。

⑦ 这句精彩的解释出自 P. Paris (1)。

⑧ 这句话可能单指有微风的时候，抛锚之前先使船迎风停住；如果这时微风停息，水手们则无须再费事去把帆落下。这句话不可能是说船在港内总把帆挂在桅上。

⑨ 据猜测，这些附属船可能是上岸用的小艇“舣艓”，装有舵的小船“柁艓”，和一种划艇“桡艕”。

⑩ 他在另一处说过：“刺桐（泉州）是世界上最大的港口之一，——不，不是这样，应该说它是世界上最大的港口。我看到过一百艘中国大帆船带着无数小船。” Defrémery & Sanguinetti (1), vol. 4, p. 269; Lee (1), p. 212。参见 D. H. Smith (1)。

这些船的建造方式是：先（平行）建造两堵厚木板墙，其间横向安装若干道非常厚的木板（隔舱壁），再用3大尺（ell）长①的铁钉从纵横两个方向将其固定。木墙建好后即镶入下层甲板，将船推入水中之后再建造上层结构直至完工。

在船体接近水线处加装一些木板，供船员漱洗和大小便使用②。

这些木板旁边③装着橹桨；橹桨大如桅杆，由10至15人站着操作。④

470

这些船建有四层甲板，上面有供客商起居休息用的客舱和大厅。有些舱（misriya）还有酒柜和其他生活上的便利设施。门能上锁，客商有钥匙。（客商们）常携带妻妾一起旅行。还常遇到这种情况，有人住在客舱里，而船上却无人察觉，直到抵港时才见到此人⑤。

水手们也在这些客舱里生儿育女⑥，并且（在船上的一些地方）用木盆种植花草、蔬菜和生姜。

这些船的船长就像是一个大长官（Emir）；登岸时，弓箭手和黑奴⑦手执枪刀剑戟，擂鼓鸣号，列队行进在前面开道。大门两旁竖起枪矛画戟，整个下榻期间都有武装护卫。

中国人有的拥有众多船只，他们派遣代理人搭船分赴各国。世界上没有人比中国人更富有的了。

伊本·巴图塔就有过乘坐这种船的亲身经历。在印度的一个港口，这位不幸的人带着众多侍妾搭乘一条中国帆船，但所有合适的客舱都已被中国客商包下，于是他只好把侍妾转到一条小船（*kakam*）上去；他本人登船之前，这艘中国帆船载着他献给皇帝的礼品开走了，在海上遇到了风暴，连同船上的水手全部遇难。载运侍妾的小船船长也丢下他把船开走了，从此，他再也没有找回他的那些侍妾和贵重物品。回国途中，他又遇到一场大风暴，并险些触礁（rukh）遇难。

这位摩尔人（Moor）证实了那位威尼斯人所谈的许多细节。如客舱、多根桅杆和隔舱壁，他谈起这些时就好似他亲自参观过广州船厂⑧，他对那些附属船也留下了深刻的印象。但最有价值的是他对马可·波罗作的补充。他证实了大型撑条斜桁四角席帆，比当时欧洲或阿拉伯船上帆的数量要多得多，这种帆几乎可利用来自任何方向的风。他还给我们讲了需由几人操作的大桨，这肯定就是橹⑨，这一点从他后面的记叙中可以看出⑩。

（通向中国的）海面，一望无垠，风平浪静。所以每艘中国帆船均有三条小船

① 如果伊本·巴图塔指的是大挂锔钉，这就不会像乍看起来那样以为夸大其词了。

② 倘若指的不是船尾瞭望台，就难以理解了。

③ 这里一定是指舷缘（gunwale）。

④ 大概是指橹。参见下文 pp. 622 ff.。

⑤ 显然船上客运部门不像航海部门那么尽职。

⑥ 这种情况，在今天千千万万的中国船上仍是如此；船长的舱室就是他的家。长江上游巫船长的帆船上就是这样（上文 p. 397）。

⑦ 参见上文 pp. 459，462 的“黑奴”。这些护卫人员大概是伊本·巴图塔时代的马来人。

⑧ 在另一处，他记载过杭州的船舶捻缝工场［Lee (1), p. 219］。

⑨ 麦克罗伯特［McRobert (11)］注意过这段文字，虽然他的考证受到怀疑［Water (6)］，但看来还是对的。

⑩ Defrémery & Sanguinetti (1), vol. 4, p. 247; Lee (1), p. 205。

> 伴行，这在前面已经谈到。这些小船荡桨并扬帆拖带帮助大船前进。另外，船上有大约20把大如桅杆的巨桨，每把巨桨前约有30人面对面站成两排进行操作。巨桨的形状像一根大头棒，上面系着两根粗绳，一排人先把一根绳索拉过来。然后再松开。此时另一排人拉第二根绳索。这些桨手操作时高唱动听的号子，常听到的是："啦，啦，啦，啦"。

从绳子的连接方法可以基本肯定这就是橹①。

与此同时，马可·波罗提供的资料（还有其他一些不太出名人物提供的资料）在欧洲传播开来。著名的1375年加泰罗尼亚文（Catalan）版的世界地图②和1459年弗拉·毛罗（Fra Mauro Camaldolese）的世界地图③都公认是根据这些资料绘制的。我们感兴趣的不是其地理方面的内容，而是这两份地图上幸好出现有小船的船图④。现根据桑塔伦［Santarem（2）］的版本，将这些图临摹如下。 471

加泰罗尼亚地图东部（见图977）海面有三艘大船，彼此之间只有细小的差异。显而易见这些是中国式帆船⑤。船首尾都呈方形。船尾瞭望台上有栏杆，两舷有舷窗⑥，明显的有五根桅，上面无疑挂着撑条席帆⑦。绘制者显然缺乏帆篷和索具方面的知识，对这些船应该放在"东印度群岛"海域的什么地区也是模糊不清。有一艘放在爪哇海域很合理；另一条放在卡奇大盐滩（Rann of Cutch）——古吉拉特邦（Gujerat）海面，而第三艘却在里海。前两条船挂着绣有方形图案的旗帜，这种旗帜在所有波斯城市都可见到；而中国城市的旗帜则具有三个月牙图案。在里海的那条中国式帆船，旗上的图案难以解释，看上去有点像阿拉伯文，这种旗在帝俄（蒙古?）的所有城市却很常见。对这些混乱之处大概没有必要十分重视，因为这些中国式帆船的结构并不会弄错。幸好绘制者在非洲沿岸海面加那利群岛（Canaries）附近又画了一艘欧洲船的后裔。它很像巴 472

---

① 见下文 p. 622。

② 加泰罗尼亚世界地图（Carta Catalana）收藏于巴黎国家图书馆（Bibliothèque Nationale）马扎林陈列室（Mazarin Gallery）［手本 Espagnol 30；参见 Yule（2），vol. 1，pp. 299 ff.；Anon.（47），p. 14］。此图系克雷斯克（Abraham Cresques）为法国国王查理五世（Charles V）绘制，他是一位伟大的犹太绘图和马略卡岛（Majorca）上的乐器制作师。他的儿子雅富达（Jafuda；Mestre Jacome de Malhorca）1425年前后曾在葡萄牙服兵役，因而一定还跟航海家亨利王子工作过（参见下文 p. 503）。在巴塞罗那（Barcelona）航海博物馆（Maritime Museum）可见到该地图的精制复制本。除马可·波罗以外，鄂多立克（参见本书第一卷 pp. 189 ff.）可能是克雷斯克的另一个资料来源。有关这一世界地图上亚洲东部的地名见高第［Cordier（6）］的论文以及哈尔贝格［Hallberg（1）］的专用地名辞典。

③ 见 Zurla（1）。除马可·波罗外，孔蒂［参见 Yule（2），vol. 1. pp. 174 ff.］是弗拉·毛罗地图的一个重要资料来源。地图上亚洲东部的地名在哈尔贝格［Hallberg（1）］的专用辞典中也有。

④ 第三种地图，编纂年代为1445年，现收藏在摩德纳（Moclena）的埃斯滕塞图书馆（Estense Library），已由克雷奇默尔［Kretschmer（3）］研究过。它与弗拉·毛罗地图类似，不过上面的船图不够清楚。然而，这两种地图都符合弗拉·毛罗的说法："海上航行的桅帆船即是中国帆船……"（Le Nave over zonchi che navegant questo Mar portano quatro albori……）

⑤ 人们往往都这样认为［Waters（2）；Worcester（3），vol. 1，p. 16］。一百多年以前，雅尔［Jal（1），vol. 1，pp. 39 ff.］也近似有这种看法，但他对14世纪的绘图家要求过高，拒不承认地图上画的两种船型是欧洲式的船或中国式的帆船。

⑥ 据克洛斯［Clowes（1）］的说法，中国船设舷窗等比欧洲船早一个世纪。

⑦ 可能除横帆之外，绘图家再也想像不出其他的帆型了。

约挂毯上的诺曼底人（Norman）的船，明显系由北欧海盗时期的瘦长船演变而来；其船首尾柱都清晰可见，船上有一面鼓满风的横帆，同中国式帆船的坚硬平帆形成鲜明的对照。

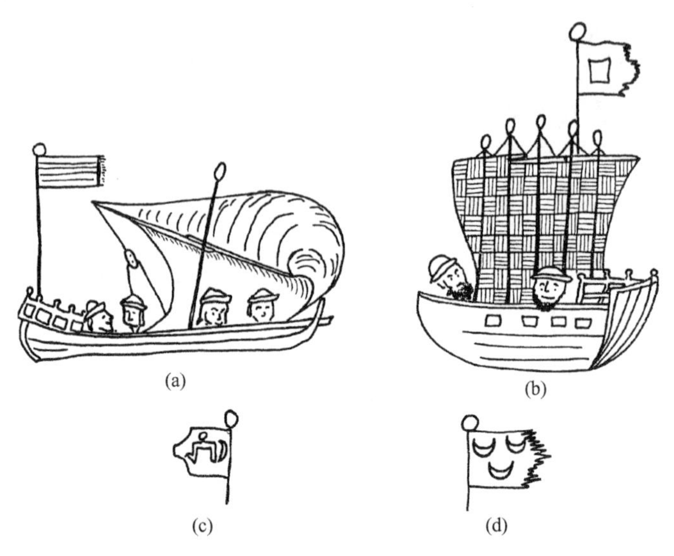

图 977 1375 年的加泰罗尼亚世界地图上中国和西方的船；摹自 Santarem（2）。
（a）加那利群岛附近的欧洲船。
（b）东部海面三艘大型中国帆船之一，都是五桅平帆。
（c）里海的中国式帆船上所挂的旗帜。在帝俄蒙古城市到处可见。
（d）在从刺桐（泉州）至洛浦（Lop）中国各城市可见到的带有三个新月形图案的旗帜。

在下一个世纪的弗拉·毛罗地图上，也有类似的差别（图 978）。地图的西方部分有几艘具有横帆的尖首船，其中一艘在葡萄牙海岸，另一艘在波罗的海。在西班牙西北角还有一艘奇异的船，船上好像有两面斜桁纵帆①。在埃及海域，我们还见到三角帆上的斜桁②。在东方部分也有许多船③，人们首先注意到的是这些船都比欧洲船大得多④。它们无疑都有方形船首，舵也特别大；并且桅杆至少有四根⑤。高耸的船楼也很引人注目。另外这位意大利绘图家对中国席帆的了解还不如加泰罗尼亚地图的绘制者，因为他给中国帆船画上了鼓满风的软横帆，其实他连横帆也没有画好。这些船画在印度洋里，

① 这不足为奇，因为这种帆在欧洲一般公认的最早年代（见 p. 615）是 1416 年或再早一点。关于外形相似的土耳其船，见 Moore（1），figs，152，154。

② 这方面的详细说明，见下文 p. 609。

③ 长期以来，这些船一直被认为是中国帆船，例如见 Clowes（1）。

④ 卡塔拉努斯（Jordanus Catalanus）于 1325 年左右写道："在中国航行的船非常大，船上有一百多个舱室，顺风时可扬十面帆。船体庞大，由三层列板构成，第一层列板和我们的大船一样，纵向铺设，第二层与其支叉，第三层又是纵放；的确，这样布置很坚固。"［Yule（3），pp. 54 ff.］

⑤ 如果我们从与汉朝同时期的安陀罗王朝（Āndhra dynasty，约公元前 203—公元 225 年）的硬币上判断，采用多桅杆是亚洲的一个老传统［Mukerji（1），p. 50；Schoff（3），p. 244；Chakravarti（1），p. 59］。普卢摩伊国王（King Pulumayi）统治时期（约 100 年），有些硬币上的船清楚地画出了高度大致相同的两根桅杆。在 3 世纪万震和康泰谈到的船上至少有四根桅杆，上面张挂的帆多至七面（见下文 p. 600）。

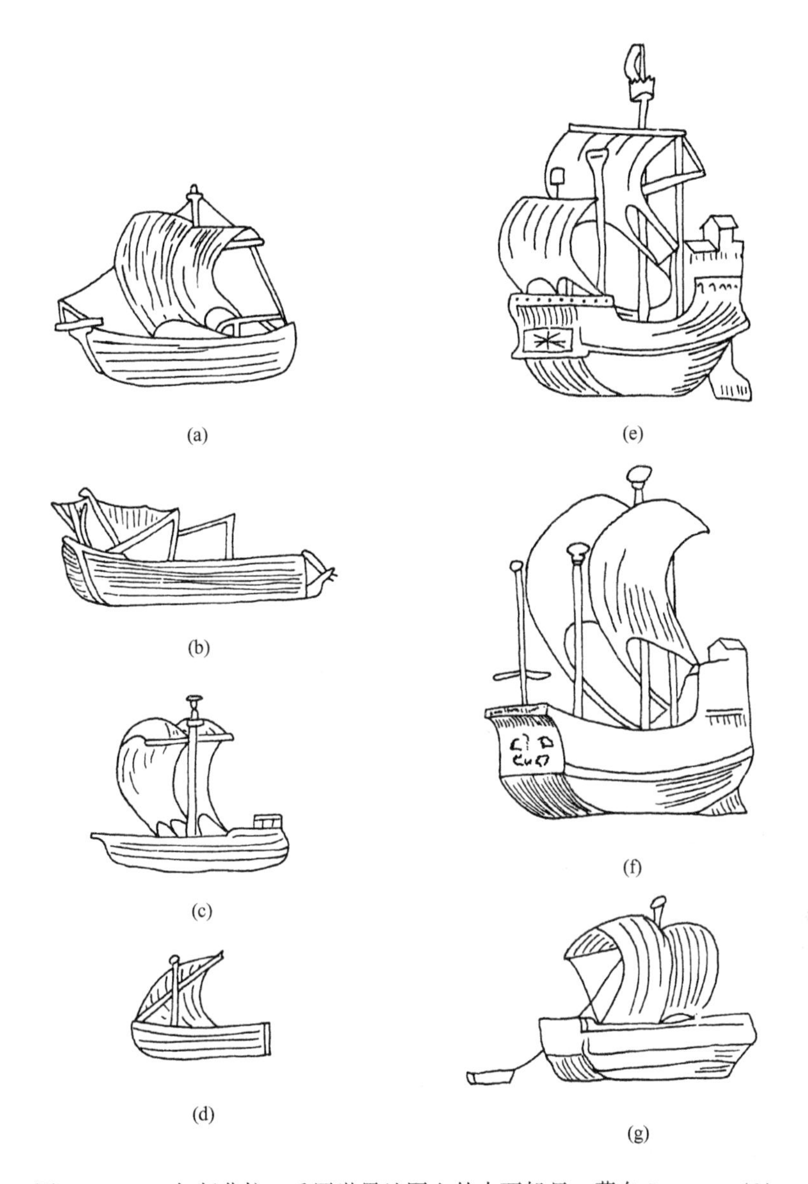

图978 1459年版弗拉·毛罗世界地图上的中西船只，摹自 Santarem（2）。

（a）—（d）画在欧洲海域的船。

（e）—（g）画在东方海域的船。

（a）葡萄牙西海岸的一艘船，画有明显的船首柱、主桅和（显然是）后桅，上有横帆。

（b）西班牙西北海面的一艘船，具有明显的船首柱和奇异的船尾，显然想画出两面对角斜桁帆。

（c）波罗的海的船上的鼓满风的横帆。

（d）埃及海面的船，上有三角帆的斜桁。

（e）斯里兰卡以西印度洋上的一艘船，具有四根桅杆、方型船首和明显的舵。

（f）在更偏北的位置上的另一艘同类型的船，也画出了高耸的船尾楼。

（g）在山东北部黄海上的一艘中国帆船，船首船尾完全是方形的，拖着一艘马可·波罗记载过的那种小船。

474 但是在遥远北方的黄海，我们发现有一艘尺寸较小但类型相同的船，后面拖着一条曾给马可·波罗留下深刻印象的附属船或舢舨。在非常靠近这两艘中国帆船的地方，也即印度洋中部写有一小行题字，上面的话显然引自马可·波罗①。

后来欧洲人发现真正的多桅大船业经造成并能完成有效的工作，这一发现的重大意义受到克洛斯［Clowes（1）］的极大重视②。当然在希腊时代（1到3世纪）就已经有了二桅船和三桅船。因为船首斜帆桁逐渐演变成为前桅，并在船的后部增加了一根小的后桅③，但是这些结构也随着罗马帝国的覆灭而绝迹。欧洲最早的可以确切断定年代的中世纪三桅帆船是在波帝的路易（Leuis de Bourbon）皇家印玺上④发现的，大约与弗拉·毛罗的地图同时，即1466年。

> ［克洛斯说：］具有先进逆风航行能力⑤的三桅帆船的传入，使得15世纪末叶进行伟大的探险航行得以实现。这里有哥伦布远航西印度群岛，瓦斯科·达·伽马（Vasco da Gama）抵达印度，以及卡博托父子（Cabots）抵达纽芬兰。有一种奇特的想法，认为这些伟大的发展可能正是在印度洋从事贸易活动很有成效的中国多桅帆船传播到欧洲的结果。总而言之，到现在为止还没有人能够圆满地解释为什么1350年只能顺风航行的单桅船，竟然在150年内取得了如此卓越而飞速的发展，能够在1500年就变成三桅或四桅船，其索具基本原理与17世纪的三桅船大致相同⑥。

在这一方面我们应该联想到，15世纪前半叶郑和率领船队远航探险时期是中国海船的鼎盛时期，这也是亨利王子在世的时期。我们不久就会谈到这个重要的事实。然而有谁可能是他们的中间人呢？可以设想是孔蒂（他可能在1438年访问过中国南部）以及与他同时代的其他旅行家⑦。

475 奇怪的是，正当欧洲人对中国船舶的较大尺寸甚为震惊的时候，中国人的印象却是（或曾经是）遥远的西方的船舶比他们自己的船还大。1178年周去非写道⑧：

---

① 题字引文见下文p. 572。

② 下面的引文已作过文字修改，以便与现代知识相一致。

③ 在奥斯蒂亚（Ostia）的镶嵌画上，以及在一幅伊特拉斯坎人的墓葬壁画上都可见到它们［Moretti（1）］。鲍恩［Bowen（9），pp. 274 ff.］认为从罗马—印度的通商往来的时间来看（参见本书第一卷p. 176），在这种情况下，多桅帆具的想法是从印度洋传入西方的。相反在阿旃陀和波罗浮屠浮雕上都有船首斜帆桁（*artemon*）（图967；图973，图版）。

④ 但是有些史料说明，早在1436年较大的葡萄牙轻快帆船就已有三桅［见da Fonseca（1）］。亨利王子去世以前，这种船上一直采用三角帆；其后则混合装备三角帆和横帆。欧洲两桅船始于13世纪［见Lethbridge（1），fig. 533，采自阿方索十世（Alfonso X）的《石刻汇集》（*Lapidario*）］，其前桅可能是从古罗马的船首斜帆桁演变而来［见Lethbridge（1），fig. 530*a*，摹自比萨（Pisa）钟楼，其年代约为1174年］。

⑤ 这是因为后桅有可能采用三角帆，比起只用横帆来说，则更便于戗风航行。这只是一些专家的看法，但是其他人［如乔治·奈什海军中校（Cdr. Geoge Naish）在私人通信中］认为后桅三角帆更便于大船操纵，但是不能使它们戗风航行。亚当和德努瓦［Adam & Denoix（1），p. 103］则强调船尾舵在这一发展过程中的重要性，并认为这是欧洲船能够采用多桅的重要原因之一。参见下文p. 637。

⑥ 参见下文p. 610引自克洛斯的另一段话；及Clowes（2），p. 71。

⑦ 在1450—1550年，随着桅杆数目的增加，欧洲船的吨位似乎也有很大增长。对这种趋势作统计研究肯定是很有意义的。参见Gibson（2），pp. 110 ff.，121 ff.；Baratier & Reynaud（1）和Mollat（1），对这两文的评论见于Anon.（24）。

⑧ 《岭外代答》卷三，第四页，及卷六，第八页；译文见Hirth & Rockhill（1），pp. 34，142；经作者修改。

在阿拉伯国家以西的海洋彼岸还有无数的国家，“木兰皮”国却是阿拉伯大船（“巨舰”）唯一到达的国家。这个国家的船（“舟”）最大。由阿拉伯的“陁盘地”国启程向西航行，足足一百天才能到达。一艘船上可载一千人。船上有酒库粮食，有（纺织用的）织布机和梭子，还有商场。如果遇不到顺风，几年都不能返回港口。若非非常巨大的船舶，决不能作这样的航行。因此今天在中国仍用“木兰船”一语来称呼最大的帆船。要是谈到大船，再没有比“木兰皮”国的船更大的了。

〈大食国西有巨海，海之西，有国不可胜计。大食巨舰所可至者，木兰皮国尔。盖自大食之陁盘地国发舟，正西涉海，一百日而至之。一舟容数千人，舟中有酒食肆机杼之属。言舟之大者，莫木兰若也。今人谓木兰舟，得非言其莫大者乎。〉

赵汝适在1225年也记载过这些情况[①]，但其中似有传奇色彩，因为他在这段文字的后面提到的麦粒有三寸长，大瓜周长有六尺，还可以在活羊身上做手术，一次又一次地割取羊油脂肪。似乎旧大陆两端的人都认为对方具有最大的船舶。但客观上欧洲人在这方面的看法是对的，中国人似乎是错的[②]。

果真如此吗？“木兰皮”的故事可能超出了目睹的事实。汉学家们通常都认为这个地方是西班牙，此名称出自穆拉比特（al-Murābiṭūn）的阿尔摩拉维德（Almoravid）王朝（1061—1147年）。但植物学家李惠林［Li Hui-Lin（1）］基于东西向横越地中海似乎不可能需要100天这样长的时间[③]，认为这实际上是指横渡大西洋的航行，并说，文章中描写的奇异动植物可能是典型的美洲品种[④]。如果按照他的说法认真推敲上述记载，则那种可以长期储藏的大粒谷物一定是指玉米，大瓜可能是指葫芦（*Cucurbita pepo*），其中大者重达240磅，那种闻所未闻的水果说不定是菠萝或鳄梨，而那种高大的“羊”则或许是美洲驼或羊驼。李惠林把阿拉伯人横渡大西洋的设想和伊德里西（al-Idrīsī）所讲述的古老传说联系在一起。传说里说10世纪时有些西班牙穆斯林海员从里斯本泛海向西航行，但一去不见复返[⑤]。但是接受李惠林说法的最大困难在于航海方面，因为据我们对阿拉伯缝合船（参见上文pp. 388，465）的了解，不可能相信这种船的结构强度足以承担往返横渡大西洋的航行。此外，这些穆斯林海员为了返回欧洲就一定会发现大西洋风况与水流的规律，而这一点却在五个世纪以后才为葡萄牙人所完成，而且我们也没有任何史料说明这些穆斯林海员曾这样做过。所以目前我们暂且认为周去非与赵汝适所谈的是地中海而不是大西洋，在那里航行的船只可能很大，但速度很慢。 476

于宋元时期在中国旅行的人，也许谁也没有足够的历史眼光去认识南宋时期发生的一件大事，即中国水军的创建[⑥]。南方的航运事业的发展，是因为北方连年遭受战争、外族

---

① 《诸蕃志》卷上，第三十页。只是更加渲染些，如“数千人”。

② 参见帕金森［Parkinson（1），p. 321］著作中的说法：“欧洲人在16世纪首次乘坐稳性很差而又漏水的船抵达中国，这些船的质量与中国帆船相去甚远，而且尺寸也小得多。”

③ 他考证“陁盘地”为杜姆亚特（Dimyāṭ；即达米埃塔Damietta，在尼罗河三角洲畔）。但按照他的论点，“木兰皮”一名是不可考的。

④ 关于哥伦布之前与美洲大陆的联系，不久下文pp. 540 ff. 还要论及更多的内容。

⑤ Dozy & de Goeje（1）。参见下文pp. 503，511。

⑥ 我们感激罗荣邦［Lo Jung-Pang（1）］对这一过程所进行的值得注意的开拓性研究。亦可参见Din Ta-San & Munido（1），但我们无此资料。

入侵和政治动乱以及气候变化所导致的社会后果迫使大量人口向遍布河湾港汊的沿海省份福建和广东迁徙。由于当地农业很难供养如此庞大的人口，所以得到国家积极支持的商业城市开始繁荣起来，人们为了进行贸易和保卫国土而泛舟入海，这就促进了造船、航海以及其他有关事业的发展。因此，到12世纪前半叶，随着开封沦陷、迁都杭州、国家政治中心转移到中国东南地区之后，一支常备海军的首次兴起就是顺乎自然的事了。章谊于1131年写道：中国现在必须视江河大海为长城，并以战舰取代烽火台①。

次年，第一个水师衙门在定海成立，称为“沿海制置使司”②。仅一个世纪，即从原有11个分舰队3000人发展到总共52 000人的20个分舰队，主要基地设在上海附近。正规的战斗部队必要时可得到庞大的商船队的支援。在1161年的海战中，约有340艘这类船参加了长江上的战斗。这个时期是不断革新的时期。1129年规定所有战舰都要装备火炮③。1132—1183年建造了许多大大小小的脚踏明轮船，有的明轮装在船后，有的装在舷侧，后者一侧的明轮数就多达11具（系著名技师高宣发明）④；1203年有些船还用上了铁板装甲（系另一位杰出技师秦世辅设计）⑤。高宗时期，大约1150年，中国掀起了空前的航海热潮，简直可以说是古代吴越精神的复苏⑥，以至于像南宋国子监祭酒莫汲这样一位地地道道的学者也常在公余闲暇之际泛舟出海，并命令船员们跟他向北远航⑦。总之，南宋海军抵御了金人以及后来的蒙古人近两个世纪之久，完全控制了东海。它的后继者元朝水军还控制了南中国海，而明朝水军甚至控制了印度洋。

477

(3) 从元代到清代

在蒙古人统治下的元朝，水军作战特别突出⑧。首先，限于这个国家的自然环境，要平息南方宋军的抵抗，就必须在沿海和内河进行水战。1277年一战，双方都投入了庞大的舰队，两年之后，在当时宋朝最后的临时都城广州附近进行了水军决战，有800多艘战舰为蒙军俘获。九岁的皇帝和他的大臣以及他们的眷属在这次战争中全部丧生，因为他们所乘的帆船太大，装载过多，跟随他们的残余舰队一起逃跑时又遇上了大雾。然而这一切仅仅是蒙古政府出乎意料地热衷于水军活动的开端。在对南宋作战的同时，忽必烈极力主张称霸世界，这促使他多次发动对日本的声势浩大的远征。1274年的远征舰队由900艘战船组成，载运了25万大军渡海。1281年出动了一支有4400艘战船的更大舰队，但日本人得助于台风和恶劣的天气，每一次都成功地击退了入侵者，并使之

---

① 《历代名臣奏议》卷三三四。

② 《宋史》卷一六七。

③ 《宋会要稿》，兵二九之三一、三二。有关这方面的全部详情，见本书第三十章（k）。

④ 见 Lo Jung-Pang (3)。这段史实前面已经谈过，见本书第四卷第二分册，pp. 418 ff.。

⑤ 关于中国和朝鲜水军史中金属装甲的发展情况，见下文 pp. 682 ff.。

⑥ 卫聚贤［(4)，第47页起］收集了许多记载古越人航海技能的古籍史料。

⑦ 有关莫汲的记载，见于《齐东野语》卷十七，第二十二页起。

⑧ 其梗概见 Cordier (1), vol. 2, pp. 296 ff.。早在1270年大臣刘整就主张建立一支强大的水军（《元史》卷一六一，第十二页起）。仅在1283年，就建造战舰不下4000艘。

蒙受巨大损失[①]。1283 年，这位皇帝企图发动第三次进攻，但迫于众人的反对才不得不打消了这个念头。不过在其他战场他却未受到阻挠。1282 年他向占城发动了一次毫无收获的远征，1292 年（又出动了 1000 艘战船）对爪哇进行远征；尽管这些战争规模很大，但毕竟远离本土，以至不可能取得持久的效果。最后在 1291 年，出兵侵吞琉球群岛也以失败而告终。很可惜，从来没有人对元代大规模海军活动的史料从航海技术的角度进行探讨，否则，一定会有许多收获。无论如何，我们可以肯定元代海军是宋代开创的海军的继续发展，也是明初海军昌盛的先驱。

宋王朝被最后征服以后，在蒙古军队中服役的水手被召来执行一项新任务，即武装护卫运粮船，把粮食从南方诸省运到北方的京都[②]。早在隋朝时期，漕粮就是从南京一带经由相当完好的水路系统向西北方运输的。但 1264 年，忽必烈定都于遥远的北方，即现代的北京或其附近，在重修大运河使之能适应新的运输要求之前[③]，新王朝的稳定完全取决于能否成功地另开一条水路。海路运输的巨大成功导致了一场海运与漕运倡导者之间的大论战，论战持续了 50 年之久，实际上比这位大汗在位的时间还要长得多。有关这方面的资料，我们主要是依据官方汇编的《大元海运记》（原为《元经世大典》的一部分），以及危素的一部较小的著作《元海运志》[④]。 478

海上运输的首次成功出现于 1282 年。有两名曾经加入蒙古军队并在沿海对宋朝作过战的武装民船首领朱清和张瑄，以及另一名水军头领罗璧[⑤]，组织了一支拥有 146 艘船只的舰队，于现天津附近的卫河出口处卸下了大约 3230 吨粮食。不久海运的粮食就达到 19 800 吨，等于内河的运输量。但由于派别斗争的激化，特别是在 1286 年的一次台风中损失了一支庞大的运粮舰队之后，朱清和张瑄被罢官免职，从而使漕运变得更加兴旺起来。尽管如此，在整个元朝时期，海运仍然占据上风。1291 年，那两个从前的海盗又当上了水军将领，恢复了对海运的指挥权[⑥]。虽然他们在大汗死后不久也相继去世，但他们的继承人穆斯林的和必斯及玛哈默德将其事业进行得更加卓有成效，于 1329 年创年运输量 247 000 吨的记录[⑦]。自此以后，海运逐渐衰退下来，这一方面是因为运河使用率的提高，另一方面则因为受到外国海盗的劫掠袭扰。明朝把京都又迁到南

---

① 当时的日本画家竹崎季长在一幅画卷上生动地绘出了元代水军舰船的船图，画题为《蒙古袭来绘词》。其中部分船图已为池内宏（*1*）复制引用。这幅画对研究火药武器史有非常重要的意义［参见本书第三十章（k）］。该画卷的一小部分复制图见 Purvis（1），fig. 8。

② 这是恢复 8 世纪时的做法；参见上文 p. 453。有关海路运输的全面情况，见吴缉华（*1*）。

③ 这段史实已在上文 pp. 311 ff. 作了简要叙述。

④ 这些著作及其他史料，在罗荣邦［Lo Jung-Pang（4）］的卓越研究中已有分析和引用。另见 Schurmann（1），pp. 108，ff.，其中有重要史料《元史》（卷九十三，第十四页起）的译文。

⑤ 我们已谈到过这位杰出的造船师（上文 p. 420）。

⑥ 1293 年以后，这支船队在山东半岛以东海面上航行得十分顺利，使长江到天津之间的航行时间缩短到十天，这件事大概体现了前面（本书第四卷第一分册 p. 285）提到的航路指南的重要性。这个时期，大型航海帆船的载重量约为 640 吨。参见上文 pp. 412，452，466。

⑦ 将这个数字与公元 735 年前后这一鼎盛时期的数字（参见上文 p. 310），也即运河总承运量 165 000 吨相比较，就会感到很有意义。

479 京也是一个原因[①]。但是，即使后来在1409年京都又再次迁回北京，海路运输却再也未能取得像元朝水军时代那样的优势了[②]。

我们在1953年开始起草本章的时候，对这个时期最重要的考古出土物证还一无所知，因为当时这个文物还沉睡在离济南大约200英里的梁山县干涸的古黄河支流的淤泥中。三年后，当地老百姓在插种莲秧时才发现了它。那里的乡村小学教师认定它是14世纪的一个完整的船体，很有价值，当省考古学家们抵达时，农民们已在热心地进行挖掘。此船现保存在济南山东省博物馆的专设展厅里（图979，图版）[③]。这艘船的建造年代毋庸置疑，因为锚上铸有相应于1372年的字样，青铜炮上亦有相应于1377年的字样。船体具有典型的中国特征，方型船首尾，共有13道舱壁，船体又长又窄，船首至船尾66英尺左右，船宽约10英尺。人们可以看出悬吊舵的位置及两根桅杆的残骸。此船似乎是为了快速航行而建造的[④]，船内还发现有头盔及其他装备的残骸。可以肯定，这是一条大运河及相连水域的官府巡逻艇。虽然它并非当时较大的船只，但该文物却十分重要，因为它与加泰罗尼亚世界地图同时，并比伊本·巴图塔在中国的时间只晚几十年。

有关明代在15世纪初所进行的海上和平远征活动已有很多论述[⑤]，我们在讨论与之完全同时发生的葡萄牙人的探险航行时还需要再论及这些活动。但这里应该稍加评述郑和统率的雄伟舰队的造船特点，它对欧洲的影响比人们的想像要大得多。郑鹤声（*1*）曾谈及当时的造船厂大多数都建在南京附近的长江边上，其鼎盛时期在1403—1423年。这些船厂叫“宝船厂”，首批就建造了250艘船（“舰舶”），其中很多都比过去建造的

480 船要大[⑥]。船厂的隶属关系时有变动，有时隶属军方（“军卫有司”），有时则隶属文职机关（“工部”）。其他地方的船厂业务也很繁忙，1405—1407年，福建、浙江、广东的船厂所建造的各式船只不下1365艘。1420年，为大规模的造船工程专门成立了自己的

---

① 我们将在后面（p. 562）看到，在京都北迁以后，偏重运河运输是停止建造海船的原因之一，对郑和下西洋的中止也起了一定的作用。有关明朝海路与运河运输的比较，见吴缉华（2）的专论。

② 明清两代，年海运量都未超过106 000吨。1909年，轮船运输量记录是212 000吨，这个数字使人对元代水上运输的规模留下了很深的印象。14世纪以后，东北的辽宁地区提供了许多粮食。

③ 1958年6月，我有幸在这里同鲁桂珍博士一起研究过它。我们非常感谢副馆长秦亢青博士的大力支持。刘桂芳（*1*）对这艘梁山船已有记述，1958年5月（第5期）《历史教学》中也有几张不太理想的照片。

④ 船底的宽度变窄，仅有3英尺左右。

⑤ 特别是本书第一卷，pp. 143 ff. 和第三卷 pp. 556 ff. 。

⑥ 至少严从简的《殊域周咨录》（卷八，第二十五页）这样说过。但更有权威的说法则见《明实录》卷二十至卷一一六。从这些官方记载中我们知道，1403—1419年，中国官办船厂一共建造了2149艘海船，其中包括94艘一级宝船。此外还从粮食运输中抽调出381艘货船（参见 p. 478），改装之后投入了印度和非洲海域的海军活动。1403年，福建船厂承接的首批任务是建造137艘海船，次年，南京基地的首批任务是建造50艘海船。大概严从简认为1407年下达给副都御史汪浩的命令是改装249艘运粮船，使之为远洋服役。无论如何，1403年建造船舶的准确数字是361艘，而不是250艘。我们十分感激罗荣邦博士向我们提供了他对这些官方记载的研究成果。

1419年以后，海船建造任务几乎全部停止。上文 p. 315 详细叙述过技师宋礼对元代大运河过岭地段提出了四季可以通航的修建建议，并获得了成功。停造海船一事一定与此有关。此事发生在1411年，不久以后，在1415年，海上运粮就完全终止（《明史纪事本末》卷二十四，第二十六页）。与此同时，平江伯陈瑄（上文 p. 410 已谈及）受命建造3000艘浅吃水的运河平底帆船。这样，国家造船的精力转移到了其他方面，致使海船制造厂萧条，在此同时，作为培育航海水手的摇篮的运粮业也暂时被裁撤。所有这些都削弱了在即将发生的权力较量中主张海运一派的力量（参见下文 pp. 524，527）。

图版 四一〇

图 979 在梁山县附近的泥土中发掘的 1377 年的官府巡逻船，现由济南山东省博物馆收藏［照片采自刘桂芳（*1*）］。说明见正文（p. 479）。

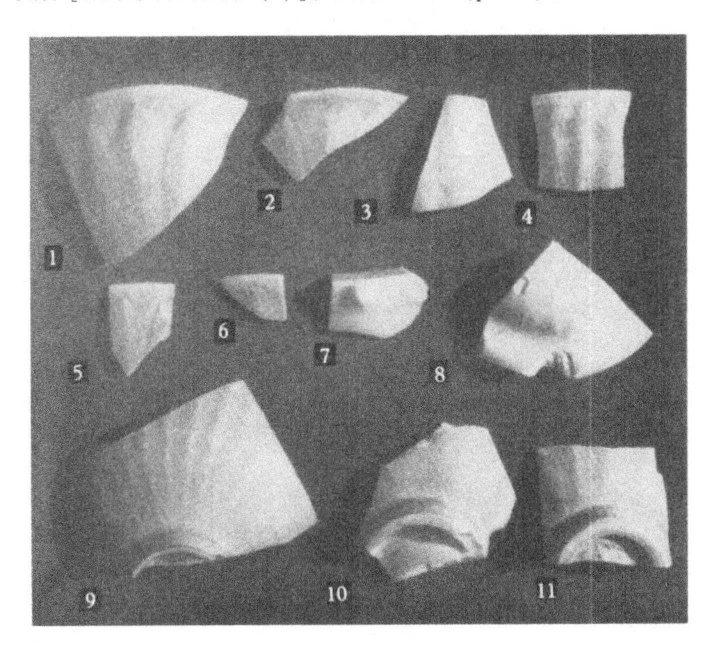

图 982 东非海岸出土的大批中国瓷器碎片中的一小部分［采自 Kirkman (4), pl. 6］。这些 14 世纪或更早时期的青瓷碎片，出土于肯尼亚沿海的盖迪城镇的一座穆斯林墓中。

1，2. 褐色　　3. 浅灰色　　4，9. 深绿色的破碎莲花碗
5. 草灰色　　6. 深灰色　　7. 蓝灰色
8，10. 本色　　11. 暗海绿色

也在其上的地层中发现了白瓷和青白瓷。

统辖机构——大通关提举司，其主设计师和建造师，就是我们所知道的金碧峰，他曾经设计过很多施工图（"图样"）。"宝船厂"非常出名，后来在罗懋登于1597年所著的小说里就出现过[①]。船舶下水时得请道士选择黄道吉日（"好日子"）[②]。木工、铁匠等各工种都有办事部门组织管辖。从宫殿庙宇等的建筑维修行业中转来的工匠须经考试择优录用。资金由十三省以特种税的形式提供。关于这些帆船的尺寸，《明史·郑和传》[③]所载当比较可信，它告诉我们最大的62艘船每船有440尺长，最大宽度180尺[④]。每船可载船员450—500人[⑤]。船尾楼有三层上甲板，主甲板下亦有数层甲板。根据其他资料，最大宝船上所竖立的桅杆不下九根[⑥]。

这些大船的真实尺寸是船舶考古学的一个重要问题，引起过很多争议。一般倾向于把尺寸缩小，有的人认为最大的船宽数据可能包括了船帆伸出舷外最远的部分，但这种说法极难成立。持此观点的人还有一种说法，即认为典型的中国造船结构的上甲板和尾楼可以伸出船底构材之外大约30%，所以从上述440尺可以推算出船底长为310尺左右，单根木材可达80尺。船体轮廓非常宽肥（长宽比为1:2.45），但这可以由另外一份资料[⑦]来证实，其中所列的第二等级八桅船（"马船"）的尺寸，长370尺，宽150尺。所有这些资料均未注明吃水深度，而有几种不全属官方性质的文献却证实了《明史》中提供的尺寸。包遵彭［(*1*)，Pao Tsun-Phêng (1)］将所有这些资料汇集起来列成表格来表示所有船舶的尺寸，这大概是郑和船队的标准。船舶分为23个等级，从最大的九桅船到船长仅为其十分之一的单桅小船。凡船宽标有数字者，长宽比总是大致相同。

481

对这些大宝船数据的可靠性，米尔斯［Mills (9)］、罗荣邦［Lo Jung-Pang (1, 5)］以及包遵彭都有所讨论，他们的意见应在我们对吨位的注释（上文p.452）的范围内来考虑。根据米尔斯的说法，《明史》的数字说明载重量约为2500吨，排水量约为3100吨。但其他史料[⑧]则认为，这些远征船舶的最大吨位为2000料。如果罗荣邦对"料"的解释是正确的，即"料"是造船载货单位，约等于500磅，则载重量500吨（即排水吨位只有800吨左右），仍比当时葡萄牙船舶的载重量大得多。罗荣邦支持这一结论，其根据是郑和船队每条船所载运的船员和士兵数目[⑨]。同时他还倾向于认为宋代的某些船舶更大，如1275年的《梦粱录》[⑩]中就提到过5000料（1250吨载重量）的船舶。尽管对此很难进行精确的解释，但却与几乎同时期的马可·波罗提供的证据（上文

---

① 《三宝太监下西洋记通俗演义》。见下文p.494。

② 香港仍有这种习俗。

③ 《明史》卷三〇四，第二页。

④ 尺为明尺（合1.02英尺）；按照英制分别为449英尺和184英尺。

⑤ 不知道这个数字是否包括水兵和其他旅客，否则人数应再增多一倍。

⑥ 包遵彭（*1*），Pao Tsun-Phêng (1)。

⑦ 《客座赘语》卷一，第二十九页。参见Duyvendak (9)，p.357。

⑧ 特别是《龙江船厂志》以及管劲承（*1*）和徐玉虎（*1*）记述的郑和碑文，尽管原碑现不存。

⑨ 有关这个问题可查阅包遵彭［(*1*)，Pao Tsun-Phêng (1)］的论文，但各项基本数据都缺乏航行记载，故其结构必定是推测得来的。我们对罗荣邦博士就这一难题与我们的通信往来深表谢意。

⑩ 《梦粱录》卷十二，第十五页。

p. 467) 相吻合。

1962 年，在南京附近的一家明代船厂的遗址发现了一根郑和宝船上用过的舵柱实物，这是一个惊人的发现（图 980）。根据周世德（*1*）的记述，这根木材长 36.2 尺，直径 1.25 尺，这说明舵叶高为 19.7 尺。假设按照中国通常舵叶的长宽比为 7∶6 来推算，则舵叶面积不小于 452 平方尺。因此，周世德就利用通常的公式计算使用该舵的船的近似长度，根据假设不同吃水，推算出该船的长度为 480 尺和 536 尺[①]。这根舵柱的发现，表明了明代文献所载的舰队旗舰的尺寸，初看起来似乎难以置信，其实并非虚构杜撰[②]。 482

后面我们将会看到，在 1450 年之前，政策发生了根本的变化。朝廷中的海禁派占了上风，其原因尚不得而知[③]，远程航行就此作罢。然而这并未彻底毁坏航海的传统，1553 年，一部有关郑和船厂的正式历史写成即可说明这一点。这就是前面说过的《龙江船厂志》，该船厂位于南京附近[④]，作者是李昭祥。这部著作应视为中国技术文献中的瑰宝之一[⑤]。该书一开始就简要地记述了明代造船史，以及负责筹办该船厂的官吏的事迹。后面是一些船只图录和说明[⑥]，但船舶尺寸似乎均已减小。因为其中仅有一艘四桅船（“海船”）[⑦]，多数均为两桅船（“大黄船”、“四百料战座船”或“四百料巡座船”）[⑧]；此外还有一些单桅内河船及更小的船[⑨]。该书卷四介绍船厂并绘有平面图（图 981），后面是材料规格和尺寸，并附有以银两为单位的造价表，以及各工种所需要的造船工匠和工人数目。末一卷，即卷八，汇集了中国典籍中有关船舶和水运方面的文学和历史资料，收集得最为完善[⑩]。

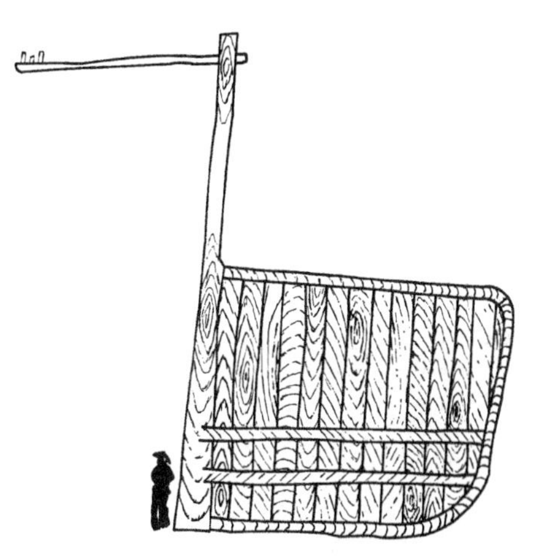

图 980 这是一艘郑和大船所用船舵结构的复原图，根据南京附近发现的舵柱实物的尺寸绘制。其大小可由站在旁边的人形来判断。

我们手中还有一部大体同期的相关著作，即席书 1501 年编撰、朱家相 1544 年增补

① 尺为淮尺（合 1.12 英尺），不是通用的明尺；分别相当于 538 英尺和 600 英尺。

② 想要了解这些船舶究竟是什么样子，见图 986 和图 987（图版）。

③ 这一问题，下文 pp. 524 ff. 还要进一步讨论。

④ 至今还有这些船坞的遗迹。1964 年我有幸在宋伯胤先生和姚迁博士的陪同下参观了这些遗址，我对他们十分感激。那里有六个大水塘，已不再与长江相连，每个水塘约长 600 码，宽 100 码。在这里曾发现了前面提到的大舵柱（见 p. 481）、铁锚和其他铁器，还有捣制捻船材料的石杵和石臼等。

⑤ 首先提醒人们注意该书的是傅吾康［W · Franke (3), no. 256］。

⑥ 《龙江船厂志》卷二，第十二页起。

⑦ 《龙江船厂志》卷二，第三十六页。

⑧ 这里所谓的四百料，可能是指需要的木材数量，而不是指载货吨位。很遗憾，这和罗荣邦的观点不尽一致。《龙江船厂志》卷二，第十七页、第二十三页。

⑨ 在大多数情况下，该文献大段地援引沈岱的《南船记》，这部著作可能现已散佚，尚待进一步考证。

⑩ 包遵彭［(*1*), Pao Tsun-Phêng (1)］的论文中收有该著作的很多资料。

483

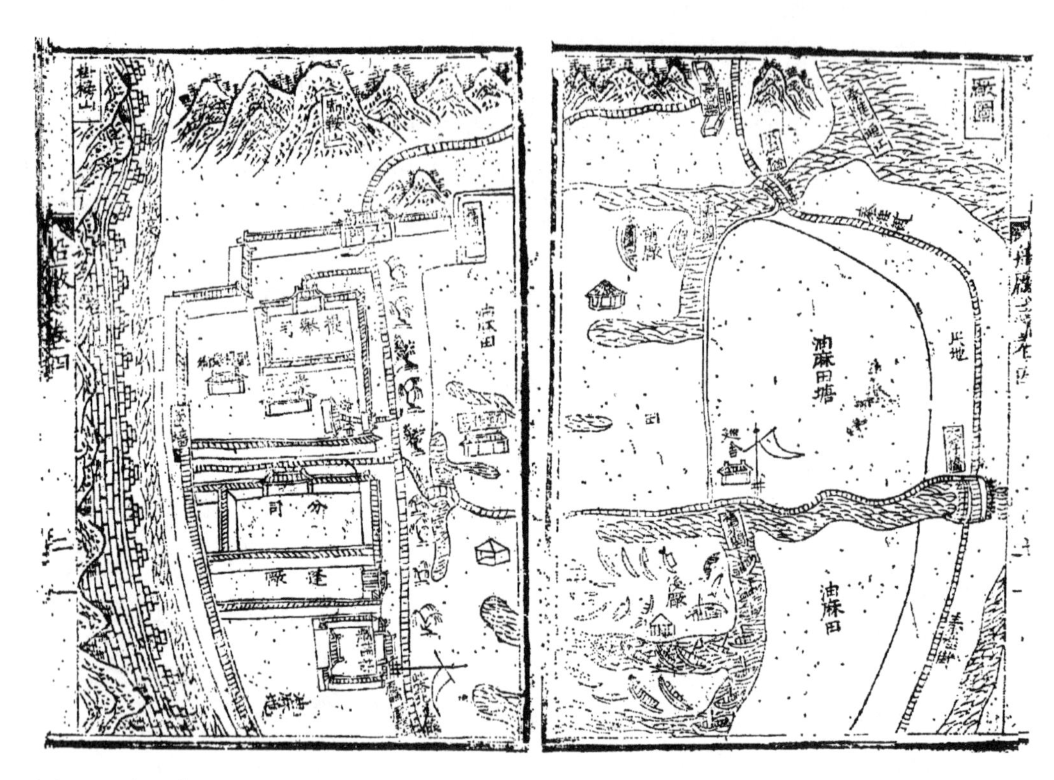

图 981　南京附近船厂的平面图之一，这里曾建造和装配过郑和船队的大船，采自《龙江船厂志》卷四，第一页、第二页。

这部分船厂鸟瞰图大致是南北向，船厂位于南京城墙和秦淮河之间的一个狭长地带，南京城墙在左边，秦淮河在图右侧底部流入长江（如右上角图注所示）。秦淮河发源于江宁，绕南京城墙外侧在城南区形成一环形；据传该河因首次开凿于秦代而得名。尽管该河污浊不堪，但它因有歌妓画舫而著名。这些画舫停泊在环形河道上，首尾衔接。然而秦淮河出口处很大，足以浮起 15 世纪远洋宝船的庞大船体。

图的上方是马鞍山，这座山丘现在位于城墙内，图左侧城墙里面是挂榜山，即悬挂应考中试者名单的小山。左半图自上而下看，首先映入眼帘的是“大门”，进而是督造总署（“提举司”），工长办事处（“作房”）、各个管理部门（“分司”）、帆具工场（“篷厂”），以及挂有旗标的水军联络署（“指挥举”）。周围是广阔的田地“油麻田”，种植大麻，产麻絮供捻船用。右半图中的两个船厂均有船台和船坞，前厂在上，后厂在下；两厂之间有一警卫所（“巡舍”），也插有旗标。两条水道入口处各有一座浮桥，上面的是小浮桥，下面的是大浮桥；这两座桥把秦淮河岸边的道路连贯起来。

今天，在南京近郊中宝村附近仍可看到这些船坞和船厂遗迹，现在是一片低洼地，被一道高坝隔开，不再与长江相连。这里发掘出的文物极有价值，参见图 980。

的《漕船志》。该书记载有全国各地的船厂，并列有各种类型帆船的一览表，但无插图，总的说来，书中谈行政管理多于谈技术[①]。

1420年前后，明代海军处于全盛时期，比之其他任何亚洲国家在任何历史时期的海军都要强大得多，而且当时也没有一个欧洲国家（甚至所有欧洲国家的全部海军）能够与之匹敌。永乐年间的明朝海军共有船舶3800艘左右，其中1350艘巡逻艇和1350艘战船分别隶属于各防卫站（“卫”、“所”）或各岛屿基地（“寨”）。有400艘大战船的主力舰队驻防在南京附近的新江口，并有漕船400艘。此外有远洋宝船250艘以上，其平均编制由1403年每艘450人增加到1431年每艘690人，其中最大的船舶肯定超过1000人。此外，还有3000艘商船作为后备补充力量，并且有一大批小艇可充当通信船和巡逻艇[②]。这支从1130年开始发展、1433年到达顶峰的海军，在政策大转变以后的衰落比其成长速度还要快，因此到16世纪中期，昔日的雄姿几乎荡然无存[③]。 484

17世纪和18世纪是与西方交往甚密的时期，我们考古学的考察也到此为止。这一时期的中国文献对船舶建造和船舶操纵论述颇多，但这些内容将放在本书有关部分中再作探讨可能更为合适。16世纪末叶，有很多著述谈到漕运问题和海运的优越性，这是官府中长期争论不休的一个问题[④]。1579年梁梦龙的《海运新考》可以作为例证[⑤]。此后，在17世纪头几十年只有几部前面已经谈到的技术百科全书[⑥]，还有几部不久即将谈到的重要的航海手册[⑦]。18世纪初的《图书集成》(1726年）搜集了大量中古时期的船舶资料，后来又出现了《琉球国志略》之类的有价值的游记，此书已在上文p.404引述过。18世纪末有洪亮吉的语文学研究著述和福建造船手册[⑧]。在这些世纪中，中国商船在东南亚海上贸易中一直起着极为重要的作用；田汝康（*1*，*2*）的短而精的专题论文已对此开始进行研究。

18世纪欧洲人开始见到大量实际运用的中国船舶。有时他们也雇用中国造船工匠。1788年约翰·米雷斯（John Meares）由澳门泛海前往美洲西北海岸探险时，他身边就带有一大批中国造船工匠。当然： 485

> 这个行业的中国匠人，对于我们的造船方式方法毫无了解。航行于中国及其邻海的中国船，对他们来说是一种独特的构造。载重量达千吨的船，一点铁器都不用[⑨]，连锚都是用木材制成的，而大的帆篷也是用席做的。然而这些木材漂浮物体却可以经受恶劣的天气，抵得住狂风巨浪，航行性能良好，操纵简便准确，使欧洲

---

① 参见另一部明代著作《金陵古今图考》，该书由陈沂撰成，其中南京地形图中就画出了造船厂。

② 有关这方面以及前几段内容的许多资料来源，已由郑鹤声（*1*）和罗荣邦［Lo Jung-Pang（1，2）］作了汇编。

③ 参见下文pp.524 ff.。有关1368—1575年的许多资料都收录在《续文献通考》卷一三二。参见von Wiethof（1，2）。

④ 有关这一问题的元代背景，见Schurmann（1），ch.6。

⑤ 该著作中有两幅杭州到天津之间的沿岸地图，并包括航程（《海运新考》卷一，第二十三页起)、新造船舶的试航（第三十二页）和招募船工等章节（第三十二页)。

⑥ 有1609年的《三才图会》、1628年的《武备志》和1637年的《天工开物》等。

⑦ 特别是1628年的《东西洋考》。

⑧ 见上文pp.403，406。

⑨ 这里他一定是夸大其词。

水手们大为震惊[①]。

这就是 18 世纪末期英国一位大航海家的看法。

最后一件事大概可以作为这番议论的结束语。1848 年《配图伦敦新闻》(*Illustrated London News*) 的读者获悉，3 月 28 日，一艘中国帆船成功地横渡太平洋、大西洋以后抵达泰晤士河。这艘船叫"耆英号"，系以过去清朝官吏和外交家耆英的名字命名。耆英赞同与外国人交往，并出任过广州总督[②]。这是一艘重 750 吨的帆船，长 160 英尺，宽 33 英尺，以柚木造成，有 15 个水密隔舱。主桅高 90 英尺，前桅高 75 英尺，后桅高 50 英尺。主帆桁长 67 英尺，斜桁四角帆上每隔 3 英尺有一根撑木。主帆重 9 吨，故升帆很费时间，但落帆则瞬息即可。船舵按传统方法悬吊。该船船长凯利特 (C. A. Kellett) 把它描绘成一条"航海性能良好，不易上浪的船"[③]。但是，此船以后再也没有离开英国，而且最后也遭毁坏。后来，还有其他中国帆船进行过远航，例如，1908 年由香港至悉尼的"万和号"，1912—1913 年由上海至加利福尼亚圣佩德罗 (San Pedro) 的"宁波号"[④]；这一切都证明了中国船舶的适航性[⑤]，现代海员对此十分满意[⑥]。这类航行还在持续。在本章完稿前不久，出席巴塞罗那国际科学史会议(International Congress of the History of Science) 的代表曾荣幸地看到了 1959 年 9 月驶达该港的欧式中国三桅帆船"鲁维奥号" (Rubio)，这艘船重 60 吨，属中国南方船型，其帆篷为典型的卷边缝制式，在船长何塞-马里亚·泰 (José Maria Tey Planas)[⑦] 指挥下，由香港开来，航行获得圆满成功。

486

(4) 中国人航行的海域

高第[⑧]写道："西方人把世界史弄得十分狭窄，他们总是把他们所知道的一点关于人类发展迁徙的知识局限于以色列、希腊和罗马地区。他们对那些在中国海和印度洋上劈波斩浪或穿越中亚至波斯湾广阔地域的旅行家和探险家，则一概不予理睬。这些人看起来在

---

① Meares (1), p. 88。参照马戛尔尼 (1794 年) 的印象，见 Granmer-Byng (2) (ed.), pp. 81, 179, 200, 274 ff.。

② 有关"耆英号"的航行，见 Brindley (9); Chhen Chhi-Thien (2); Donnelly (5); Orange (1), p. 440, fig. 13; Audemard (4), pp. 32 ff.; Anon. (22)。

③ "一条极为美观而舒适的海船，离开中国以后，从未上过一滴浪，从未有过漏隙" [Anon. (21), p. 282]。

④ 详见 Pritchard (1)。该船属福州"花屁股"型，年代在 19 世纪初。

⑤ 斯洛克姆 (Joshua Slocum) 船长是一位很伟大的操船大师，他的看法不能不提及。他是第一位只身 (1895—1898 年) 驾驶小单桅帆船"浪花号" (Spray) 绕地球航行的人。但在此以前，也即在他的三桅帆船"阿圭奈号" (Aquidneck) 沉没以后，他于 1888 年在巴西的瓜拉卡萨瓦 (Guarakasava) 又造了一艘 35 英尺的三桅帆船，采用竹撑条斜桁四角帆 (帆上有帆桁固索和复缭绳)，船体是欧洲式的，但挂的是开孔舵。后来他写道："船的帆篷索具按中国舢舨装配，我认为这是全世界最为方便的帆篷索具" [Slocum (1), p. 330]。他的一家乘坐这条"利贝尔达德号" (Liberdade) 小船在那年年底前平安地抵达了华盛顿。他在早年曾多次去过中国海岸。

⑥ 这方面更近期的一次试验系由德毕晓普 (de Bisschop) 和塔蒂布埃 (Tatibouët) 在 1934 年完成 [见 des Noëttes (2), p. 141]。但他们在悬吊舵问题上碰到了困难。另一试验在彼得森 [E. A. Petersen (1)] 的著作中有记载，1953 年，他曾驾驶中国帆船横渡太平洋。

⑦ 他对这次航行的记载很快就刊印发表了 [Tey (1)]。

⑧ Codier (1), vol. 1, p. 237, 由作者译成英文。

写世界史，但实际上写的却是他们的那块小天地，对于世界上更大的一部分，包括那些不同于但却丝毫不亚于古希腊和古罗马文化的地区，却一无所知。”因此，在本书海洋这一章的可能范围内，我们务需做些补正工作，以说明中国的船长们在他们深蓝色的海洋里到底有能力航行多远。前面曾提到过吉本的话[①]，他说：“若是中国人具有希腊和腓尼基人的天赋，他们就很有可能已将其发现传播到了南半球。”考虑到南半球基本上是海洋，这恰好就是他们传播的领域（参见 p. 560 对面图 989a 中的地图）。

有人说，亚洲的海员从未绕过好望角，原因是缺乏勇气，而不是没有技术设备[②]。即使暂且假定他们没有绕过，这两种估计的可靠性也是极为可疑的。阿拉伯和印度的缝合船的真正远航能力无疑是极难肯定的，但印度尼西亚人却还是通过海路完成了对马达加斯加的殖民过程[③]。中国的大型船舶为什么竟没有发现非洲西海岸，也没有到达澳洲大陆，理由就更不充分了，其实毫无道理。阻碍的因素肯定是社会或政治环境，而不是航海技术。从巴士拉到婆罗洲，从桑给巴尔（Zanzibar）到堪察加，都插上中国的旗帜并不是无关紧要的。至于勇气，还是少说为佳，这就好比现在的海员应邀去从事远洋航海，而设备和条件却和佛教徒去朝圣或 14 世纪在刺桐（泉州）的穆斯林酋长所使用的一样，他们都会有那种感觉的。

假若有人在一生中既有幸到过福建和广州海岸，那里是郑和的大船经过的地方，又有幸登上俯瞰贝伦塔（Tower of Belem）和塔古斯河（Tagus）河岸上普拉亚-雷斯特洛（Praia de Restelo）的小山，他就会对伟大的葡萄牙人的探险航行与中国人的航海开拓不可思议地同时并存而留下深刻的印象。中国人从远东起始的远程航行达到高潮时，正是葡萄牙人从远西起始的探险浪潮初具可观规模的时候，这的确是一个异乎寻常的历史巧合[④]，这两股巨流几乎要相会于非洲大陆海岸这一地区，但却未能相会。它们的“护佑神”，也即其倡导者，是两个热心于航海事业的同等非凡的人物。一边是航海家的皇室保护人；另一边是朝廷的宦官、使者和海军将领。这种对照是必然的，因为这是中国航海事业的鼎盛时期。

487

(i) 三 保 太 监

对于本书的热诚读者，郑和与他的副使们不再是陌生的，因为在讨论文化交流时需要提到他们的业绩，在地理和制图的章节中也谈得更为全面[⑤]。让我们再次引用 1767 年

---

① 见本书第二十六章（i）（第四卷第一分册，p. 231）。*Decline and Fall*（《罗马帝国衰亡史》），vol. 7，p. 95。吉本还特别谈到，“对他们是否远航到了波斯湾或好望角，我无力考证，却不愿接受”。后面几页将对他的这一见解进行衡量，并会发现他的论据不足。

② Parkinson（1），p. 6。史密斯持有全然不同的见解，他说：“除了中国人之外，阿拉伯人要算古代东方最有技巧和最勇敢的航海家了。”［Smyth（1），1st ed. p. 301，2nd ed. p. 346］。

③ 参见 Moreland（1）。

④ 这一点很久以前就为梅辉立［Mayers（3）］看到了，他说，15 世纪早期伟大的中国航海“与地球另一边受到葡萄牙航海家亨利王子鼓励的英雄业绩在时间上恰好吻合……”（1875 年）。60 年前，列维［Lévi（2）］也说这些类似活动“系由历史的节奏所诱发”。

⑤ 本书第一卷 pp. 143 ff.，180；第三卷 pp. 556 ff. 等。

一些学者奉敕编辑的《历代通鉴辑览》中的一段内容①：

永乐三年（1405年），皇宫太监（“中官”）郑和［夹注：通称“三保太监”②，云南省人］奉命下西洋（诸国）。

［注］成祖怀疑（他的侄子）即（前）建文皇帝（惠帝）可能逃亡海外，委派郑和、王景弘等人③追查其踪迹。他们建造巨大船舶（“大舶”）［夹注：计62艘］，携带大量金银财宝，率官兵37 000余人，自苏州府的刘家港④出航，经福建至占城（Champa，印度支那），然后航遍西洋⑤。

488

他们在那里诏示天子旨意，向海外传播皇帝陛下的威德。他们赐礼品于诸王，不服则以武慑之，诸国均臣服于皇帝，郑和返航时，各国派使臣朝贡。皇帝大悦，不久又命令郑和再度出使，给各国馈赠礼品（“遍赍诸邦”）。此后，来中国臣服于帝王的国邦数目愈增。

郑和出使不下七次，三次囚俘外邦首领（夹注释中列出了姓名，见下文p. 515）。他的丰功伟绩是自古以来任何宦官所不能比拟的。与此同时，各民族为中国商品的有利可图所吸引，扩大了商业贸易，相互间的来往不绝。所以，当时的情况是，“三保太监下西洋”一事尽人皆知，以至后来谁若奉命出使海外异邦，都常以郑和之名向外邦炫耀。

〈（永乐三年夏六月）。遣中官郑和（云南人，世谓之“三保太监”）使西洋。

（注）帝疑建文帝亡海外，命和及王景弘等踪迹之，多赍金币，率兵三万七千余人，造大船（凡六十有二），由苏州刘家港泛海，至福建，达占城，以次遍历西洋。颁天子诏，宣示威德。因给赐其君长，不服则以兵慑之。诸邦咸听命，比和还，皆遣使者随和朝贡。帝大喜，未几，复命和往，遍赍诸邦。由是来朝者益众。和先后凡七奉使，三擒番长，为古来宦官所未有。而诸番利中国货物，益互市通商，往来不绝。故当时有“三保太监下西洋”之说，而后之奉命海表者，莫不盛称和以夸外番。〉

从上述扼要的记载中，我们首先看到的是七下西洋的主要动机。虽有追寻废黜皇帝的目的，但这与向外国，甚至向那些尚不知道的外国宣扬中国作为主要的政治文化强国的明确愿望相比就黯然失色了。此外，还有鼓励对外贸易的动机。中国宋代最伟大的皇帝之一、中国海军的创建人宋高宗就曾经说过⑥：“海上贸易极为有利可图。如果管理得当，可赚取数百万（贯钱）。这难道不比课税于民更好吗？”（“市舶之利最厚，若措置合宜，

① 《历代通鉴辑览》卷一〇二，第四页起，译文见 Mayers (3)，经作者修改。本段译文较之本书第三卷 p. 557 的译文更为详尽，并改正了其中的一处错误。

② 郑和的著名头衔（另几个宫廷高级官吏也有这个头衔）具有明显的佛教背景。因为“三保”的意思出自虔诚的“三宝”（*triratna*），类似“三位一体的强有力称呼”，即佛（Buddha）、法（Dharma）、僧（Sangha）。可是郑和出身于穆斯林是十分肯定的。这是中国民间宗教的混合趋势；也可能是把宗教的宝与世俗的宝混在一起了。

③ 见下文 p. 491。原文把“弘”误写为“和”。

④ 现在的上海附近。

⑤ 至此，评注都依据《明史·郑和传》（卷三〇四，第二页起）。后面是简化了的意译。郑和传的译文见 Pelliot (2*a*)，pp. 273 ff.，277 ff.，290 ff.，294ff.，299，300 ff.，及 302。《明史》的记载是 27 800 人，而不是 37 000 人，还给出了最大船舶的尺寸。这一点我们还要谈到（下文 p. 509）。文中提及惠帝之后还写道：“且欲耀兵异域，示中国富强。”

⑥ 《宋会要稿》卷四十四，第二十页、第二十四页；译文见 Lo Jung-Pang (1)。

所得动以百万计。岂不胜取之于民?”)这大约是到1145年迁都杭州的时候，政府才充分认识到海上力量的重要[①]。后来，当帖木儿（Timūr Lang）蹂躏了整个西亚、土耳其斯坦全部国土以及与中国通商的道路再次关闭之后[②]，海上力量的实际价值依然不减当年。

489

远程航行至少涉及到三方面的专业性活动。在航海方面，须指挥由当时海上最大的船舶——帆船组成的庞大船队，航行于万里海域，抵达有组织的中国船队以前从未到达过的地区。其间须驾驶船舶安全进出于几乎一无所知的大小港湾，既要细心操纵以驶过东南亚群岛的狭窄航道，也要经受从马来亚到非洲公海上的万顷波涛[③]。在军事方面，要组织训练海上和海岸水兵和炮手，并配备指挥官。我们下面就会看到，虽然军队的职责主要是礼仪性的，这些指挥官在一些难以预料的实战中却战功卓著。至于外交和宣示德威方面的作用，实际上涉及为使节所到诸邦的统治者馈赠丰盛的礼品，同时劝使他们在名义上承认中国皇帝的宗主权或君主地位，并在可能的情况下，向中国朝廷派遣进贡使者。在朝贡的形式下，大量的国家贸易得以发展。此外，很可能还有意地去促进私商的贸易。最后，对早期科学研究方面也起到了作用。谋求增进对中国文化区的海岸与诸岛的了解，进行对通往远西旅途的勘察。此外，须积极不断地寻求各种珍品，为宫廷宝库搜集宝石、矿产、草木、禽兽与药材等等。所有这些任务都体现了下西洋的动机，我们在将它们与葡萄牙的先驱者的动机进行对比时，再予以论述。使人得到的印象是，航海探险愈发展，向外扩展的范围愈大，搜集天然的奇珍异宝的任务就愈重要，让诸邦君主承认他们的朝贡国地位一事就愈退居次要地位，而寻查失踪的皇帝一事，则变得似有似无了。

从中国始发的七下西洋是逐步向西扩展的。第一次（1405—1407年）抵达占城(印度支那)、爪哇和苏门答腊，另一支则远抵锡兰和印度西海岸的卡利卡特（Calicut，古里)。第二次（1407—1409年）郑和没有参加，由另一位统帅指挥，曾抵达暹罗（泰国)，还增加了在印度的一个停泊港科钦（Cochin，柯枝)[④]。第三次（1409—1411年)，

① 自然，那时与南海的半官方贸易往来已有一千余年［参见本书第一卷第七章，以及王赓武（音译；Wang Kung-Wu，1）的专题论文，文中列出了一张从公元2年至公元960年间的贡使表］。公元987年，宋朝曾派出八名朝廷使臣率四支船队至南海诸国（东南亚，还可能有印度）购买药材、象牙、犀角、珍珠等；他们带着空白诏书封赐各个国家首领，邀请他们派遣贸易使者去中国。从1278年开始，元朝朝廷也向国外派出了许多使者。当然我们不会忘记1294年，将马可·波罗送回霍尔木兹的由14艘大船组成的船队。另外也有一支由25艘船组成的船队于1301年驶抵霍尔木兹。从这些事实可以看出，郑和的七下西洋在本质上并没有新颖之处。唯其航行的规模和活动范围都是史无前例的。

② 这个有名的征服者生于1335年。他曾于1365年攻占了河中地区（Transoxiana）的苏丹王国，15年后，发动了一系列的战役，征服了波斯、阿富汗、伊拉克、叙利亚和土耳其，破坏甚大，死伤者不计其数。1398年他入侵印度，后来建立了以德里为中心的莫卧儿帝国（Mogol Empire)。值得庆幸的是他在郑和第一次下西洋的同一年亡故了。参见 Grousset（1），vol，2，p. 487；Hitti（1），pp. 699 ff. ；Smith（1），p. 252；详见 Hookham（1）。

③ 从资料上来估算七下西洋的总损失绝非易事。海禁派的宣传肯定会夸大这些损失（参见本书第三卷 p. 557）。

④ 郑和没有参加这次远征出自戴闻达［Duyvendak（9）. pp. 363. ff.］的论断，但非常不可靠。现代中国学者如徐玉虎（*1*）、郑鹤声（*4*）和罗荣邦（私人通信）都有充分证据说明郑和领导了这次远征，如领导过其他主要几次远征一样（参见斯里兰卡石碑上的日期，下文 p. 523）。

船队以马六甲（Malacca，满剌加）为基地[1]，遍历东印度各地，也去了印度西南部的奎
490 隆（Quilon，小葛兰），还卷入了锡兰岛上发生的令人悲喜交集的事件。这一次，第三位有才能的领导者、太监侯显与郑和及王景弘同行。1413—1415 年的第四次下西洋，兵分两路越过了印度，一部分船队再次访问了东印度群岛各地，另外一些船队（以锡兰为基地）则探险航行至孟加拉和马尔代夫群岛（Maldive Islands），还到达过霍尔木兹（忽鲁谟斯）的波斯苏丹国。这时，人们对阿拉伯文化区，包括东非海岸各阿拉伯城邦，产生了极其浓厚的兴趣[2]。于是，1416 年，有相当数量的使者云集南京，结果，第二年只好组织一个空前庞大的船队，护送使节们回国。从那时到 1419 年之间，其太平洋船队曾远航到爪哇、琉球与文莱（Brunei）的同时，印度洋船队则从霍尔木兹航行到亚丁（Aden，阿丹），访问了索马里兰（Somaliland）的摩加迪沙（Mogadishiu），蒙巴萨（Mombasa）北面的马林迪（Malindi）[3]，以及桑给巴尔（Zanguebar）沿岸的其他地区。就在这时，长颈鹿被带回到北京，作为吉祥物以取悦于朝廷，同时，这也是中国自然科学家的喜事。第六次下西洋（1421—1422 年）的地区和以前一样，其中包括南阿拉伯的艾赫萨（al-Aḥsā'，剌撒）[4]，以及宰法尔（Ẓafār）与东非海岸的布拉瓦（Brawa）。这样，东自婆罗洲，西至桑给巴尔，在两年间访问了 36 个国家，这一点说明整个船队一定是分成若干分船队（虽然这样会增加集合地点等许多困难），也说明为了发挥科学上的作用和促进贸易，单独一个外交使命已满足不了要求[5]。随后，在 1424 年出现了明代海军将面临厄运的第一个征兆。永乐皇帝逝世，继位的仁宗皇帝非常倾向于海禁的一派，取消了当年已经颁布的出航命令。但他不久即死去，继位的君主宣宗皇帝主持了最后的一次，也许是最炫耀的一次庞大宝船队出航仪式。船队于 1431 年起航，到 1433 年回国前，船队的统帅率领官兵 27 550 人，东起爪哇，经过尼科巴群岛（Nicobar Islands）至麦加（Mecca），南至（东非）桑给（al-Zanj）海岸，与二十多个王国建立了关系。中国人沿非洲海岸南下，到底走了多远，还难以完全肯定，我们随后就要谈到。但是关于他们到过波斯湾和红海一事，我们当还记得，在 15 世纪这并不新奇[6]。实际上，中国船舶频繁地往来于这些海域，已有一千年的历史——令人感到新奇的是由大型帆船组织

① 1403 年，太监尹庆的外交活动已成功地奠定了基础［《明史》卷三二五，第六页，参见 Purcell（3），p. 17］。拜里迷苏剌（Parameśvara）王及其臣民的友谊保证了中国人在 15 世纪一直使用其港口设施。在三个世纪前的伊德里西时代，阿尔迈德岛（Almaid Island）曾是“中国船舶聚集停泊”的地方［Jaubert（1）（tr.），vol. 1，pp. 89 ff.］，不过仍难以证实。

② 关于阿拉伯方面对此事件的看法，可见 Darrag（1），pp. 196 ff.，217 ff.。

③ 马林迪是个意义重大的名字，因为几十年后，达·伽马在这里找到了一名阿拉伯引水员，由他引航把他的船开到卡利卡特，这就为欧洲人入侵打开了亚洲海域。

④ 有人认为这个地方是现在波斯湾巴林岛（Bahrein Island）附近的胡富夫（al-Hufūf），还有人认为是马斯喀特（Muscat）；参见 Duyvendak（19）。米尔斯（J. V. Mills）先生认为应把位置定在穆卡拉（Mukalla）西面的哈德拉毛（Hadhramaut）海岸。伊德里西在其 1154 年和 1161 年的两幅世界地图上，把这个地方分别标为 Lasa'a 和 Lis'a（参见本书第三卷，图 239）。

⑤ 主要集合港口可能一直是马六甲，《瀛涯胜览》（第三十六页、第三十七页）曾明确记载。当然现在有许多中国人聚居那里，不过确凿史料说明，在 1511 年葡萄牙人统治该地区之前，几乎无人定居在那里。见 Purcell（1），pp. 282ff.（3）。

⑥ 参见本书第一卷 pp. 179 ff.。

起来的海军船队的出现，而不只是些个别的小型商船的航行。鉴于这种情况，明代航海基本是和平的性质，就显得更为突出。郑和及其船队回国后两年，宣宗帝去世，从而也宣告了中国海军的最后衰落。英宗及其继承人听信儒家“重农学派”，即代表地主利益的学者的主张，把国家的航海活动降低到了最低限度，只能够保卫沿岸与粮船不受倭寇劫掠而已（还常常低于此限度）。这个决定不仅对中国人而且对世界历史都具有极其深远的影响[①]。 491

显然，这支大船队（“大（舟宗）”）按其具体使命分成了很多分船队（“分（舟宗）”），它们利用各个海外港口为基地，但却从未试图以军事手段长期占据那里的城堡和船坞。其中显然包括马六甲、锡兰［可能是贝鲁沃勒（Beruwala）港，而不是加勒（Galle）港］、卡利卡特和亚丁。

此外，它们的活动只不过是从元朝末期就日益频繁的航海外交的顶峰，与从陆路远交西方国家的使命同时并举。侯显被认为是继郑和之后的最重要的外交官（“正使太监”）[②]。1407 年他出使西藏，1413 年出使尼泊尔，并于 1415 年，率领特别使团赴孟加拉。1403 年，马彬以类似的方式向泰米尔科罗曼德尔（Tamil Coromandel；今马德拉斯）的朱罗国王致意（并赠厚礼）[③]。孟加拉于 1412 年接待了杨敏，1421 年接待了杨庆[④]，而另一个宦官洪保于 1412 年去了暹罗，并于 1432 年组织了一个重要使团去到麦加[⑤]。常克敬和吴宾专管与奎隆统治者之间的关系，而周满则负责与亚丁统治者的外交事务[⑥]。这些人的官阶多为副使和大太监（“副使太监”）。例外的是人们可以推测王景弘原是海军将领，李兴、朱良、杨真、张达、吴忠等无不如此。有几个“都指挥”的名字也流传了下来，如朱真和王衡。船上肯定带有占卜家、天文学家[⑦]和医生[⑧]，然而现在最出名的人物大多数却是那些翻译和文书，他们撰写的记实在留传下来的资料之中要算最为重要者。 492

① 关于进一步的细节，参见下文 p. 524。

② 他的传记在《明史·郑和传》之后（卷三〇四，第四页起）。有关他的史料，见 Pelliot (2*a*), pp. 314, 320, (2*b*), p. 286.

③ Pelliot (2*a*), p. 328。

④ Pelliot (2*a*), pp. 240, 272, 319, 321, 342, (2*b*), p. 311, (2*c*), p. 214; Duyvendak (9), p. 380。

⑤ Pelliot (2*a*), pp. 342 ff. 。

⑥ Duyvendak (9), p. 386。

⑦ 刘铭恕 (*2*) 已考证出主要的“阴阳家”是林贵和，他曾随这位伟大的水军统帅远航五次。他一定分管天气预报与其他气象和历法事务，无疑也占卜各种事情的吉凶成败，还很可能管过天文导航。如果说像这样一个人，在船队远航途中对各种可以观察到的自然现象没有强烈的兴趣，那才是奇怪的。参见下文 p. 562。

⑧ 幸好，有不少传记留传下来（参见《图书集成·艺术典》卷五三一、五三二、五三四）。曾多次随船出航的一位主要医官必定是太医陈以诚，他也是一位诗人和书法家；另一位叫郁震，他因随船工作成绩卓著而被擢升。很多海军医师如彭正和张世华，是苏州一带的人，苏州是费信的家乡，也是船队的一个海岸基地。1425—1435 年间陈常曾三次远航海外，他对航海也很感兴趣，对此后来他经常谈及。郑和船队中还有不少学识渊博的博物学家，这一点尤为重要，下面还要谈到（p. 530）。有一次航行中医生竟多达 180 人［徐玉虎 (*1*)，第 26 页］。

与此相关而又很少有人注意的是，在中古时期的中国典籍中有航海医学方面的书籍。宋代的书目中，至少包括两本——一为钱竿的《海上名方》，一为崔玄亮的《海上集验方》（见《宋史》卷二〇七，第二十五页、第二十七页）。如果这些早已佚失的著作会告诉水手如何防治坏血病，我一点也不会感到惊奇。

马欢，浙江会稽人，是一名阿拉伯语学者，和郑和一样也是一位穆斯林[①]，他是第一位撰写航行纪实的人。他的航行纪实始于1410年，完成于1435年，但直至1451年才定名为《瀛涯胜览》出版[②]。到了下一个世纪，发现这本书写得不够典雅，于是又由一位名叫张昇的学者用精练的古典文体加以改写，于1522年再行刊印，书名略有更动[③]。同时，到了下西洋末期，另外两名随船远航的文书官写过很有价值的书，巩珍于1434年写了《西洋番国志》[④]。费信于1436年写了《星槎胜览》[⑤]，书名很富有浪漫色彩。这是对载送外国使节船舶的文学称谓。也许还有新的书是出自实际参加下西洋的人的手笔，不过至今尚未发现[⑥]。但稍后的一些学者曾致力于搜集有关郑和成就的资料，其中杰出的有黄省曾，他在1520年写的《西洋朝贡典录》就是一部很有价值的文献[⑦]。另一部是祝允明于1525年所著的《前闻记》，该书保存了有关船员组织、船舶名称、级别以及各航次靠离港口的确切时间等方面详尽的珍贵资料[⑧]。除此之外，当然还有官方出版的正规史籍（《明史》、《明实录》等）。所有这些可利用的典籍，均已由东西方汉学家进行过精心的研究[⑨]，但还可能有新的发现。如果明代水军案卷在后一个时期未被有意毁掉，我们的文献就会更为丰富（参见下文 p. 525）。但是，现存的文献已经足以使我们对中国人探险事业的了解达到了我们对葡萄牙人探险事业的了解的程度，奇怪的是，关于葡萄牙人的探险事业，在资料上也有严重的空缺（参见下文 p. 528）。

493

郑和时代的远征在中国文献记载中产生过相当大的影响，但较之葡萄牙人的新发现传遍欧洲的程度略为小些，有一些航路指南手稿留存了下来（参见下文 p. 583）。虽然上述的那些著作中没有附地图，但茅元仪于1628年编辑并献给皇帝的《武备志》[⑩]却保存了一些很有价值的，具有明显的中国特色的"图解航海手册"（portolans）或称航路图。这些图绘无疑出自随郑和远征的制图家之手，对此我们前面已经讨论过[⑪]。郑和带回来的新知识对当时的配有插图的地理类书有过很大影响。1420—1430年，据称由

---

① 郑和原来也姓马，郑姓是皇帝的恩赐。当我们发现他父亲曾去麦加朝圣过，我们至少不难理解他十分善于处理对西亚大规模交往的才华是有家传渊源的。

② 有部分已由葛路耐［Groeneveldt（1）］和菲利普斯［Phillips（1，2）］译出。参见 Pelliot（2*a*），pp. 241 ff.。我们殷切期待米尔斯（J. V. Mills）先生全面研究的结果。

③ 《瀛涯胜览集》就是柔克义［Rockhill（1）］翻译用的蓝本。在《图书集成·边裔典》卷五十八至一〇六中可以找到许多摘录。

④ 不久以前还只能看到节录［参见 Pelliot（2*a*），p. 340］，但现在已由向达将这部完整的手稿编辑成书。

⑤ 参见 Pelliot（2*a*），pp. 264 ff.。

⑥ 马欢那本书的后序中提到一位穆斯林同事郭崇礼。他或许就是1416年到过暹罗的郭文［Pelliot（2*a*），p. 263］。

⑦ 译文见 Mayers（3）；参见 Pelliot（2*a*），pp. 344 ff.。

⑧ 见 Pelliot（2*a*），pp. 305 ff.，详见 Mayers（3）。

⑨ 见 Pelliot（2*a*，*b*，*c*）；Duyvendark（8，9，10，11）；Mills（3）等。这些论著都以梅辉立［Mayers（3）］和柔克义［Rockhill（1）］的早期调查为根据。参见 Hsiang Ta（1）。中文的郑和传记以郑鹤声（*1*）的写得最好，参见郑鹤声（*4*）。范文涛（*1*）和周钰森（*1*）在其专题论文中集中研究了地图与海上航路；也可参阅刘铭恕（2）的论文。冯承钧（*1*）按照中国对南海的一般认识来解释这些航行地点。菲莱西［Filesi（1，2）］则按马可·波罗的话对这些航行进行了考证。

⑩ 在稍晚的一些相似的著作如施永图的《武备秘书》中也有记载。

⑪ 本书第三卷 pp. 559 ff.。可喜的是这些地图的价值已得到广泛的承认，例如见 Debenham（4），p. 122。向达（*4*），新版。

学识渊博的明朝皇太子朱权（宁献王）监督编纂的《异域图志》就是一例[①]，这一点我们也已讨论过[②]。另外一部名称类似的著作《异域志》写于14世纪末，它激励了古朴(应他们的友人陆廷用的请求）给马欢的《瀛涯胜览》写了后序。他的话值得引用，以说明当时中国人对外域的开明态度[③]。

（他说：）我年轻时就读过《异域志》等书籍，了解到地表幅员广大，习俗不同，人种各异，物产丰富——这一切真使人惊叹、喜悦、钦佩、难忘。但是我怀疑这些书可能是那些好事者的过分渲染，是否确有其事值得怀疑。然而现在我读了马宗道（马欢）先生和郭崇礼先生记载他们在外国的经历的笔记，认识到《异域志》的报道可以信赖，并非虚构。……

494

〈余少时观《异域志》，而知天下舆图之广，风俗之殊，人物之妍媸，物类之出产，可惊可喜，可爱可愕，尚疑好事者为之，而窃意其无是理也。今观马君宗道、郭君崇礼所纪经历诸番之事实，始有以见夫《异域志》之所载信不诬矣。……〉

最后，这几次下西洋还为明代一部有名的小说《西洋记》提供了素材，该书系罗懋登所撰，于1597年出版。书中虽然有不少虚构之处，但正如戴闻达［Duyvendak（19）］所指出的，它所描绘的朝贡使团的组织及其礼品，连同许多有关场面和枪炮射击等有趣的技术细节，却是十分可靠的资料来源[④]。

在东南亚，郑和与他的同僚享有崇高的声誉，人们就像尊奉关羽一样把他们敬若神明。在马来半岛，这位海军统帅为华人社会尊为护卫神灵，马六甲的三保太监神庙里至今仍香火缭绕[⑤]。

(ii) 中国与非洲

但是，中国和东非的关系远比郑和时代为早。从古埃及时期开始，与东非海岸就有贸易往来。托勒密所说的普拉苏姆角（Promontorium Prassum）可能就是德尔加杜角(Cape Delgado)。在8世纪，随着阿拉伯贸易中心的建立，如公元720年左右索马里兰的摩加迪沙的建立和公元780年左右赞比西河（Zambezi River）南面的索法拉（Sofala）的建立，开始了外来移民永久定居的过程。后来这些地方逐渐发展为商业城邦[⑥]，阿拉伯的探险就是从这些地方扩展开来的，所以马达加斯加和莫桑比克海峡（Mozambique Channel）的科摩罗群岛（Comoro Islands）在9世纪就已为世人知晓。更加出乎意料的

---

① 他还是炼丹家、植物学家、矿物学家、药物学家以及声学与音乐专家，参见本书第一卷 p. 147 及本书第三十三章和第三十八章。

② 本书第三卷 pp. 512 ff。

③ 译文见 Duyvendak（10），p. 11；经作者修改。参见 Pelliot（2*a*），p. 260；《四库全书总目提要》卷七十八，第三页。《异域志》的原名似为《裸虫录》，可能是周致中于1366年左右所著。书名显然是1400年之前经朝廷官吏开济的长兄修改，他可能重写或增补了书的内容。

④ 其全名为《三宝太监下西洋通俗演义》。参见本书第四卷第一分册 p. 119 及本书第三十章（k），这些航行可能真的是把眼镜传入中国的媒介。

⑤ Purcell（3），pp. 17，123。

⑥ 参见 Wainwright（2）；Mathew（2）；Freeman-Greenville（4）。另外一个例子；马林迪南面的盖迪（Gedi）城建立于1100年左右，那里的第一座清真寺建于1450年左右［Kirkman（3）］。

是，早在公元860年左右，中国的文献中就有了关于世界的这一部分（阿扎尼亚，Azania；桑给，al-Zanj）的记载①。这时，段成式正在编写《酉阳杂俎》，在他有关外国的记载中就有一段关于“拨拔力”的有趣记述——这个地方应就是亚丁湾南岸的柏培拉（Berbera）②。在后来的一些记载海外国土的书籍中，这个国家的名称写法虽有不同，但内容却逐渐丰富，如1225年赵汝适著的《诸蕃志》，称它为“弼琶啰”③。这本书还详尽地记载了索马里海岸（“中理”）④。在肯尼亚的马林迪刚建立不久，《新唐书》（1060年）里就有了马林迪（“磨邻”）城国的记载⑤，这可能就是肯尼亚沿岸的那些城国⑥。更令人惊讶的是，赵汝适还写了一篇关于“层拔”的文章，层拔就是从索马里朱巴河（Juba River）到莫桑比克海峡之间的整个桑给巴尔海岸⑦。而周去非在1178年写的《岭外代答》一书中，较详细地记载了马达加斯加（“昆仑层期”）⑧。到14世纪，这些地区都已远近闻名。在1330—1349年曾周游各地的汪大渊，将他游历的大部分地区记载在他的著作《岛夷志略》里，其中不仅包括柏培拉和称之为“层摇罗”的桑给巴尔海岸（al-Zanj），还包括莫桑比克海峡的科摩罗群岛⑨。

495

我们说不清从8世纪到14世纪期间，到底有多少中国商人和船员亲自访问过这些海域⑩。除了像刚才提到的那些文献外，只有散遗在东非海岸各地的中国文物可作为无声的佐证。的确有很多文物，多得使人很难相信它们都来自中间商人之手。在简略考察

---

① 见夏德［Hirth（13）］的有创见的论文；柔克义［Rockhill（1）］的论文；戴闻达［Duyvendak（8）］的详述文章。参见施瓦茨［E. H. L. Schwarz（1）］的稀奇而又令人兴奋的文章。亦可见 Hirth & Rockhill（1）；Wheatley（1）；Filesi（1）。

②《酉阳杂俎》卷四，第三页，节录于《新唐书》卷二二一下，第十一页；译文见 Duyvendak（8）。

③《诸蕃志》卷上，第二十五页；译文见 Hirth & Rockhill（1），p. 128；Duyvendak（8）。

④《诸蕃志》卷上，第二十六页；译文见 Duyvendak（8），p. 20；Hirth & Rockhill（1），pp. 130 ff.。

⑤《新唐书》卷二二一下，第十一页起，译文见 Duyvendak（8），最初的译文见 Hirth（1），p. 61。

⑥ 到达这里需要穿过一片荒漠，它位于阿拉伯和拜占庭王国西南2000里，与一个无法考证的“老勃萨”国毗邻，两国都居住着勇猛的黑人。与戴闻达的见解不同，柯克曼（J. S. Kirkman）先生认为“磨邻”的干燥气候和沙漠特征与肯尼亚马林迪不相符合，也许在索马里或柏培拉沿岸再向北走，还有一个具有相似名称的地方。在明代，肯尼亚马林迪的写法不一样，称“麻林”。戴闻达还忽略了有趣的一点，该点后来为罗荣邦［Lo Jung-Pang（7）］所注意。《新唐书》的记载一定是取材于中国官吏杜环于公元763年左右写的《经行记》。杜环在塔拉斯河战役（参见本书第一卷 pp. 125，236）中被俘，在阿拉伯囚禁11年后于公元763年回国；其他典籍也援引过《经行记》［《通典》（约812年），卷一九三（第1041. 3页），《文献通考》卷三三九（第2659. 2页），译文见 Hirth（1），p. 84］。如果那时有人能够更清楚地确定这些仇视外域人的非洲人居住的原始荒漠地区，则杜环的记述要算是对索马里沿海地区的最早记载，比《酉阳杂俎》早一个世纪左右。也许就应该这样考虑。

⑦《诸蕃志》卷一，第二十五页，译文见 Hirth & Rockhill（1），p. 126。《宋史》卷四九〇（第二十一页、第二十二页）有关于同一地区以及1071年至1083年从那里派来使节的记载，使节们回国时都带走了一份厚礼。在赵汝适之前一个世纪，一位不知名的作者在《岛夷杂志》中也记载了这个地方，其所以保存下来是因为后来《事林广记》中有详细引录。和田久德（*1*）曾翻印过这篇引文。

⑧《岭外代答》卷三，第六页，《诸蕃志》（卷上，第三十二页、第三十三页）采入时略有改动，译文见 Duyvendak（8）；Hirth & Rockhill（1），p. 149。关于“昆仑”一词表示黑人（可能是奴隶），参见上文 p. 459。

⑨ 所有相关的章节都已由柔克义［Rockhill（1）］译出，他并将其与明代水军文书的记载作过比较。

⑩ 一个名字偶尔也说明些问题，很可能汪大渊遇见过另一位周游很广的学者李驽，李驽于1337年在霍尔木兹和一位阿拉伯或者波斯姑娘结了婚，成了伊斯兰教徒。李驽是明代伟大的革新派李贽的先祖［参见本书第一卷，p. 145，还可进一步参见 Hucker（1），p. 144；Needham（43），p. 293；Pokora（6）及 Franke（4）］。李驽的其他同族人参与了郑和时代的海上航行。

这个问题之前，我们先看一份阿拉伯资料所提供的关于中国商人抵达12世纪的东非海岸的证据。伟大的西西里岛（Sicilia）的地理学家阿布·阿卜杜拉·伊德里西（Abū'Abdallāh al-Idrīsī）于1154年前后曾谈道[①]： 496

> 桑给海岸的对面是扎莱季（Zalej；或扎奈季，Zanej）群岛，这些岛屿大而且多；居民肤色非常黑，连他们栽培的东西都是黑色的——高粱（dhorra）、甘蔗、樟脑等等。其中有一个岛叫舍尔布阿（Sherbua），……另一个叫安杰比（al-Anjebi）。岛上的主要城市用桑给巴尔语叫安富贾（al-Anfuja），居民虽然来源混杂，但多半是穆斯林……岛上人口稠密，有许多村落和家畜；那儿种植大米。商业很繁荣，有不少市场，各种商品和日用品都运到这里来卖。据说，有一次中国的事务受到叛乱的袭扰，而当时印度的专制与混乱也达到了令人无法忍受的程度，中国人就把商业中心转移到扎莱季及其所属岛屿。由于他们公平、正直、举止文雅和办事精练，所以与当地居民关系融洽。这就是这个岛国人口稠密以及外国人来往频繁的原因。

这里我们得到的只是一瞥之见，因为对伊德里西的想法我们并不十分清楚。他提及的中国叛乱好像是黄巢起义（875—884年），那时广州的阿拉伯居民区遭到毁坏[②]，但东非大陆的动乱才是中国贸易转移到一个海岛上的更为贴切的原因。伊德里西提及印度一事也不易理解。无论如何，他讲的关于中国的"在外商馆"这件事本身是十分确切的，我们可以把它看做1000年前后的这种活动的一个写照。如果宋朝在非洲海岸有一个这样的中国基地，那时就可能有好几处基地，也应有贸易用的中国帆船来与国内联系。至于扎莱季或扎奈季群岛，人们认为是现在坦桑尼亚海岸以外，桑给巴尔以南的150英里的马菲亚（Mafia）群岛。[③]

中国要从非洲得到的物品有象牙、犀牛角、珍珠串、香料、制香的树胶等等[④]。《宋史》的统计表明，1050—1150年，这些物品的进口量增长了十倍。另一方面，伊德里西告诉我们，亚丁（因此，也包括亚丁的海岸）从中国和印度得到的物品有铁、镶金的刀剑、麝香与瓷器（典型的中国出口商品）、马鞍、"柔软富丽的纺织品"（大概是丝绸）、棉织品、芦荟、胡椒和南海产的香料[⑤]，幸运的是，其中一些是金属制品，故能保存至今。惠勒［Wheeler (6)］在1955年写道："两周来我在达累斯萨拉姆（Dar-es-Salaam）与基卢瓦群岛（Kilwa Islands）之间见到了那么多陶瓷碎片，这是我从未有过的经历，挖一锹简直满铲子都是中国瓷器碎片。……我想，这种说法并不过分，即就中古时期而言，从10世纪起坦噶尼喀（Tanganyika）被埋在地下的历史是写在中国瓷器上的。"

在东非，考古学研究正在全面展开，因此，概括性的结论只能是暂时性的。但所获 497

---

① *Nuzhat al-Mushtāq fī Ikhtirāq al-Āfāq*（《一个想周游世界者的愉快旅行》），译文见Jaubert (1), vol. 1, pp. 59 ff.。多齐和胡耶［Dozy & Goeje (1)］的更好的译文中没有谈到非洲的这一部分。

② 参见Shih Yu-Chung (1)。

③ Revington (1)。

④ 见Duyvendak (8), p. 16及Wheatley (1)。

⑤ Jaubert (1), vol. 1, p. 51。弗里普［Fripp (1)］写了一份从非洲一方进行的中非贸易的初步概况。参见Wainwright (2)。利文斯通［David Livingstone (1), p. 50］发现了从博茨瓦纳（Botswana）向中国出口皮毛的贸易。关于亚丁发现的瓷器，见Lane & Serjeant (1)；Doe (1)。

得的肯定无疑的发现已经是令人惊异的了[①]。从索马里至德尔加杜角的整个斯瓦希里(Swahili)海岸都发现了“出乎预料的令人不敢相信的大量中国瓷器”，并且正在研究之中[②]。在肯尼亚边界和靠近马菲亚群岛的鲁菲吉河(Rufiji River)之间的三十个遗址上，仅一个坦噶尼喀收藏家就找到了400片碎瓷器[③]。惠勒本人在这些岛上和基卢瓦附近地区就见到过大量的瓷器碎片。但是发现的瓷器并非都是碎片，在房屋和清真寺墙壁里镶有完整的瓷器，还有为放瓷器而设计的壁龛。巴加莫约(Bagamoyo，桑给巴尔岛对面)附近的塔形坟墓上装饰着元代的海绿色的碗[④]，与汪大渊的记载正是同一个时期。概括地说(也许可以预料)，我们有充分的理由认为最古老时期的瓷器是在北方，因为那里发现了很多宋代青瓷[⑤]。再往南，已证实14世纪中叶进口中国瓷器达到了一个高潮。此后，明清时期各朝代的遗物均有发现[⑥]。可能这是蒙古入侵，阿拔斯王朝覆灭，中东烧窑业衰落的结果[⑦]。发现古物也不只限于沿海地区，在远离海岸的内陆也发现了很多遗物[⑧]。由于从莫桑比克方面来的研究报告很少，所以很难断定这种影响到底向南传播到了什么地方，但是可以肯定，至少到了索法拉[⑨]。不管怎么说，中国文化的产品在斯瓦希里文献中是占有显著地位的。18世纪晚期的诗人因基沙菲(al-Inkishāfī)描述帕泰(Paté)城在陷落前的富足情形时说：

Wapambaye Sini ya kutuewa
Na kula kikombe kinakishiwa
Kati watiziye kazi ya kowa
Katika mapambo yanawiriye.[⑩]

498 东非海岸发现的另一种中国金属实物是货币——硬币与硬币窖。钱币总是那么令人着迷，却又非常难于解释。在肯尼亚和坦桑尼亚海岸共发现560枚外国钱币，年代都在1800年以前，其中中国钱币就不下294枚[⑪]，而且令人奇怪的是，其中绝大部分是宋代

① 参见Kirkman(7，8)。

② Mathew(3)。另见Kirkman(1，2，3，6，9，10)；Mathew(1，2)；Freeman-Grenville(2，6)。

③ Freeman-Grenville(2)。

④ Hunter(1)；参见Kirkman(5)。

⑤ 最大宗的真正13世纪的青瓷器在索马里兰与埃塞俄比亚交界处的十二座城镇的遗址里发现，这些城镇隶属中古时期的阿达勒(Adal)苏丹国，毁于16世纪。发现古物的地区一直深入到内陆200英里[Mathew(3)]。在马林迪南面的基莱普瓦(Kilepwa)，发现了与摩加迪沙同年代地层的瓷器[KirKman(2)]。

⑥ Freeman-Grenville(2)。在盖迪的一座刻于1399年的碑文的墓葬里，柯克曼[Kirkman(4)]发现了自13世纪以后各个时期的中国瓷器残片，1325年以后的尤其丰富(图982，图版)。

⑦ 旭烈兀汗于1258年掠夺了巴格达；参见本书第一卷p. 224。

⑧ 13世纪后的中国瓷器已经在罗得西亚(Rhodesia)南面著名的津巴布韦(Zimbabwe)遗址出土；McIver(1)；Caton-Thompson(1)；Stokes(1)。这已经向南很远了，与莫桑比克海岸索法拉的纬度差不多一样。关于内陆的发现，也可见Davidson(1)，p. 239。

⑨ 据称，马达加斯加发现了中国14世纪青瓷与后期的瓷器；参见Deschamps(1)；Grandidier & Grandidier(1)，pl. 4。

⑩ 由希琴斯(W. Hichens)译成英文，经修改，载于Freeman-Grenville(2)。该段诗的译文为：“宴席上摆设着闪亮的中国瓷器，雕花瓷碗件件精细；白色的台布辉映出，水晶般的瓷壶灿烂无比。”

⑪ 见弗里曼-格伦维尔[Freeman-Grenville(1，3，5)]的调查报告，应该承认，这只是一个开端；并见本册图983(图版)，采自Hulsewé(3)。参见Mathew(1)。

图版 四一一

图983 东非海岸出土的一些中国硬币，经何四维［Hulsewé（3）］鉴定，第5、20、21、29和31号出土于布拉瓦附近地区，第16号出土于马尔卡（Merca）附近，其余的则出土于摩加迪沙或其附近地区。

1，2 宋朝 熙宁年间 1068—1077年（1071年铸）；3 南唐 （保大、中兴或交泰年间） 公元943—961年；4，5 宋朝 淳祐年间 1241—1250年（1249年铸）；6 宋朝 绍兴年间 1131—1160年（1145年铸）；7，8 宋朝 政和年间 1111—1117年；9，10 宋朝 元祐年间 1086—1093年；11，17 宋朝 元丰年间 1078—1085年；13，14 明朝 永乐年间 1403—1424年（1408年以后铸）；20 清朝 顺治年间 1644—1661年；22，26 宋朝 （建中靖国或崇宁年间） 1101—1106年（铸于1101或1102年）；28 宋朝 天禧年间 1017—1021年；30 清朝 咸丰年间 1851—1861年；21，27，29，31 19世纪安南四个王朝的硬币；32，33，34，35 12和13世纪的锡兰硬币（1153—1296年）；12，15，16，18，19，23，24，25 难于判明或无年代。

钱币[①]。这并不说明那个时期的贸易比其他时期更为繁荣，只能证明非洲的商品在一个时期是用货币买卖的，而不是以货易货。最古老的货币年代大约在公元620年。在桑给巴尔的卡坚格瓦（Kajengwa）的一大重要发现就是出土了一个中国货币窖；这也许是一位外来移民的积蓄，也许是一位去过印度或中国的桑给巴尔人的积蓄。曾有报道说，在索马里和肯尼亚海岸外面的巴均群岛（Bajun Islands）上，就有这样的中国移民，多为渔民，而且只讲当地语言[②]。在北方，索马里的摩加迪沙等地曾发现唐币和许多宋币（11世纪）[③]。新的发现定会更加引人注目。同时，中国与东非交往而留下的其他实物也正在考证之中[④]。

由此看来已很清楚，在欧洲船舶出现在印度洋上以前，中国的贸易影响已从东非海岸向南几乎扩展到了南非的纳塔尔（Natal），到达赞比西河口是确定无疑的，而且中国船曾穿行于莫桑比克海峡也是清楚无疑的。至于明代船队有计划的探险航行到底向南走了多远，则无法肯定。海军的文书们曾详细地提到过摩迦迪沙、布拉瓦和马林迪；还提到了朱卜（al-Jubb；"竹步"，"朱巴兰"）[⑤]。《武备志》的地图[⑥]正好止于一个叫做"麻林地"的港口南面，而其北面却是蒙巴萨（"慢八撒"）。既然整个海岸后来葡萄牙人都称之为梅林迪（Melinde），地图里的"麻林地"很可能不是指今天肯尼亚的马林迪（Malindi），而是指莫桑比克（南纬15°）[⑦]。《明史》上曾记载了一个叫"乞儿麻"的地方，据猜测，这就是桑给巴尔南面的基卢瓦（接近南纬10°）[⑧]。此外，这部官方正史也记载过两个距离中国最远的地方，说郑和（或他的一些副使）到过那里，但那里的统治者从未派过朝贡使团。这两个地方是"比剌"和"孙剌"。虽然几乎可以肯定它们都在非洲海岸，如果真是这样，就应在最南边，但除非"孙剌"是指索法拉，否则仍考证不出这是哪两个地方[⑨]。既然索法拉是一个阿拉伯贸易中心，郑和宝船的一支分船队很可能南下到了这里。如果真是如此，其抵达位置当是南纬20°[⑩]。

499

中国对非洲的早期认识表现为另外一些想法。差不多一个世纪之前，柔克义［Rockhill（1）］就对1564年出版的史霍冀绘制的《舆地总图》有深刻的印象。他画的

---

① 在盖迪发现的两枚都是南宋的钱币［Kirkman（3）］。

② Grottanelli（1），参见Elliott（1）。帕特古城就在其中的一个岛上。

③ De Villard（1）。

④ 如农作物的传播，在罗得西亚传统的非洲建筑中，曾识别出一个中国字构成的墙壁装饰图案［Dart（1）］。但假若这个图案不是简单的几何图形"田"字，就会更有说服力，因为这种图形谁都可能想得出来。

⑤ 《明史》卷三二六，第十一页。参见Kirkman（1）。

⑥ 戴闻达［Duyvendak（11）］在这方面对优素福·卡迈勒（Yusuf Kamal）的地图集有特殊的贡献。可是，这些地图上标出的内陆山脉的有趣名称却很少为人注意。"起荅儿"（也许是"起哈儿"）是否是丘拉（Chuyla）山，"者郎剌哈郎剌"是否是肯尼亚山（Mt Kenya）或乞力马扎罗山（Mt Kilimanjaro）?

⑦ 米尔斯（J. V. Mills）先生认为地图上的"葛荅幹"是位于莫桑比克北面10英里的孔杜西亚湾（Conducia Bay）内的基坦贡尼亚岛（Quitangonia Island）。

⑧ Goodrich（14）。见于《明史》卷三三二，第二十九页。参见Bretschneider（2），vol. 2，p. 315。把弗里普［Fripp（1）］提出的"Quiloa"当作基卢瓦（Kilwa）是一个错误，这个地方是印度的奎隆（Quilon）。

⑨ 《明史》卷三二六，第十四页；见Pelliot（2*a*），pp. 326 ff.，（2*b*），p. 285。关于"比剌"，罗荣邦［Lo Jung-Pang（7）］的意见是赞比西河口的赞比雷（*Zembere*），或者是德拉瓜湾（Delagoa Bay）内一个名叫贝卢加拉斯（Belugaras）的城镇，大约在洛伦索-马贵斯（Lourenço Marques）附近（约南纬26°）。

⑩ 《武备志》中的地图对东非海岸的所有主要地点都标出了极星高度（和华盖高度）；见下文p. 567。

南非形状是正确的，即尖端朝南[①]。他十分清楚，在葡萄牙人的新发现之前，欧洲的地图习惯上是把非洲尖端画得朝东[②]。事实上，史霍冀的地图是在《广舆图》的基础上绘制的较晚作品。《广舆图》也出版于16世纪，其根据是伟大的制图学家朱思本于1312年前后就在绘制并于数年之后完成的主要作品[③]。福克斯［Fuchs（1）］认为，那时朱思本已经精确地画出了它的位置，这一成就与刚才归纳的自唐朝以来中国与斯瓦希里非洲交往的这一事实有极大的关系。但朱思本并不是元代唯一的一位准确地画出了非洲位置的地理学家，还有李泽民和清浚和尚，他们绘图的年代分别为1325年与1370年前后。该世纪末，他们的世界地图传到了朝鲜，制图学家李荟与天文学家权近把它们结合

500

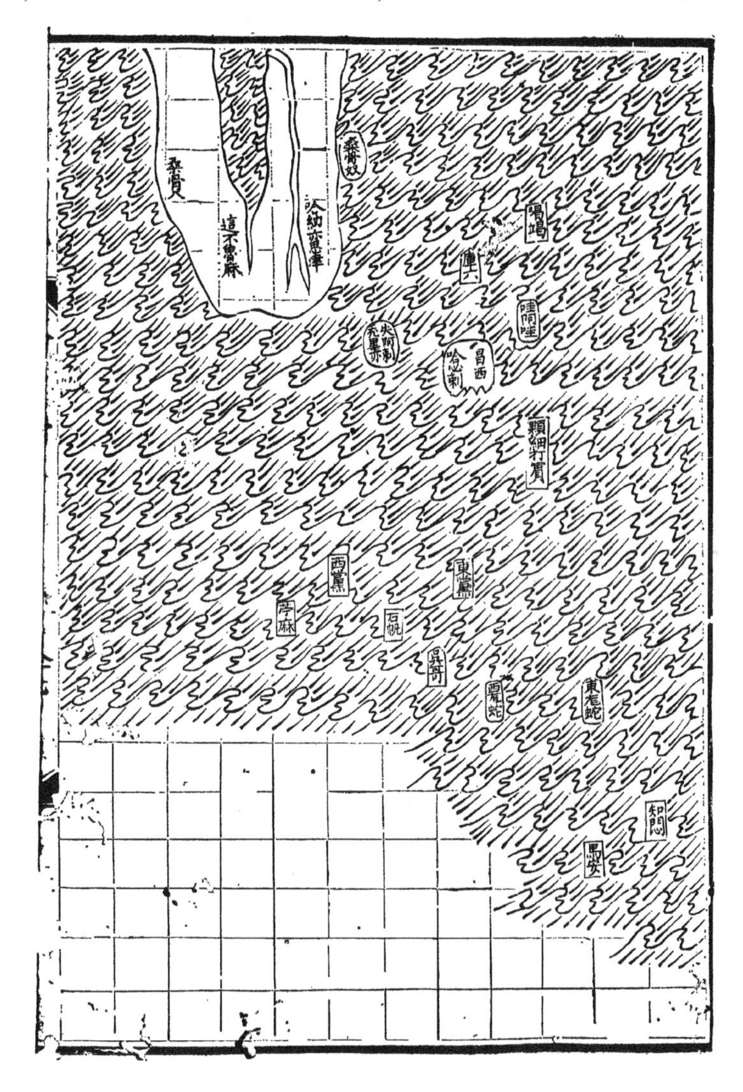

① 参见本书第三卷 p. 560。

② 参见 Skelton，Marston & Painter（1）。

③ 包括南非部分的地图载于《广舆图》卷二，第八十七页（见本册图 984）。参见本书第三卷 pp. 551 ff.。考证见 Fuchs（1），p. 14。

图984 朱思本绘制的世界地图《广舆图》(约1315年)中的非洲南部，1555年左右初版(此据1799年的版本)。中国人在朱思本时代就知道非洲大陆之端头朝正南而不是朝东。有趣的是，这个大陆块的中心被画成一个巨大的湖泊，可能是因为已经知道中非靠东部分有一个或更多的大湖[尼亚萨湖(Nyasa)、坦噶尼喀湖、维多利亚湖(Victoria)等]。"这不鲁麻"几个字(有的版本为"这不鲁哈麻")，无疑是指阿拉伯语的盖迈尔山(Jebel al-Qamar)，即像高桥正(*1*)和海野一隆(*5*)所认为的那样，是托勒密所说的月亮山(Montes Lunae)；很可能是现在乌干达与刚果边界处的鲁文佐里山(Mt Ruwenzori)，也许是坦桑尼亚北部的乞力马扎罗山，不大可能是莱索托的德拉肯斯堡山脉(Drakensberg)[Chang Kuei-Shêng(2)]，尽管其规模很大。东海岸外面的大岛标着"桑骨奴"，其字面意思是"桑给的奴隶"，很清楚是指桑给巴尔或马达加斯加；但是在大陆西部的相近的名称("桑骨八")则令人费解，除非我们可以接受张桂生(Chang Kuei-Shêng)把它当成刚果[Congo；毕竟像是葡萄牙语的"桑果"(Sango)]的考证。最难理解的是标在那条南北流向的大河旁边的名字"哈纳亦思津"，福克斯[Fuchs(1)]把它解释成"哈纳亦思浅滩"(ford of Hanais；只不过是一个猜测)；张桂生有另一种更为说得通的解释，认为它是阿拉伯语的al-Nil al-Azraq，也即青尼罗河；而高桥正和海野一隆令人吃惊地把它解释成阿拉伯语的khaṭṭ al-istiwā'，即赤道。这个地方的确穿过维多利亚湖北岸，还有15个岛屿分布在印度洋里，可能是留尼汪岛(Réunion)、毛里求斯岛(Mauritius)、塞舌尔群岛(Seychelles)、马尔代夫群岛等等，但它们的中文名字却不易解释。很少有人会同意张桂生的说法，把"昌西哈必剌"当做南极洲附近的凯尔盖朗岛(Kerguelen Island)，更没有多少人会同意他提出的郑和的人(或阿拉伯人)去过那里的说法，在图的最南端区域，海域终止，象征性的400里格子区，表示"未知的地域"。

成一幅辉煌壮观的平面球体图，称为《混一疆理历代国都之图》①。这幅图早在葡萄牙第一艘帆船看到农岬之前的1402年，就把非洲尖端画成了朝南，形状大致成三角形，上面标出了包括亚历山大里亚(Alexandria)等约35个地名②。这幅世界地图(图985，图版)比1375年的加泰罗尼亚地图，甚至比1459年的弗拉·毛罗的地图都要精确得多。由此可以推测，中国学者从当地阿拉伯人那里获得的关于欧洲和非洲的知识，比马可·波罗及其他西方旅行家带回的关于东亚的全部知识要好得多，也丰富得多。实际上中国人走在前面足有一个世纪③。在欧洲，假如金布尔[Kimble(2)]对劳伦佐(Laurentian)世界地图④的解释是正确的，我们就可以看到他们对非洲的概念也在变化。这儿有两幅图叠印在一起，用中古时期墨水勾画出的非洲尖端朝东，其上还叠加了一个彩色的"L"形的大陆朝南⑤。他推测第一幅图绘于1351年，而上面叠加的第二幅图则是1450年以后绘制的，也可能是1500年以后。

501

① 参见本书第三卷pp. 554 ff. 及图234、图235。小川琢治(*1*)、青山定雄(*1, 2, 3*)、海野一隆(*1, 4*)、宫崎市定(*1*)都对这幅图作过重要的研究。权近的天文著作已在本书第三卷p. 279及图107中讨论过。

② 一个塔形物代表法罗斯岛上的灯塔(Pharos；参见下文p. 661)。关于这张地图上的南非，见Fuchs(6)。

③ 参见Fuchs(6)，但他们没有画出非洲大陆西北的凸出部分。

④ 此即劳伦佐海图(Portolano Laurenziano-Gaddiano)，系佛罗伦萨劳伦佐图书馆(Laurentian Library)收藏的美第奇地图集(Medicean Atlas)中的一部分。

⑤ 迪蒙塔尔博多(Fracanzano di Montalboddo)绘制的第一幅刊印非洲地图(1508年)的形状也是这个样子[见Anon.(47)，no. 41，及pl. Ⅲ*b*]，南部突出过大。由于审视非洲的角度不同，欧洲人自然会把非洲大体看成东西向的大陆，而中国人则认为大体是南北向的大陆，这一点十分有趣。

图版 四一二

图 985 这是李荟和权近绘制的朝鲜世界地图《混一疆理历代国都之图》的欧洲和北非部分，1402 年首次绘制。图上顶部是地图名称的最后 3 个字“都之图”（参见 p. 499）。这幅地图可以说明，当时中华文化圈的地理知识已达到了更为先进的水平。因为它对欧洲和中东的了解（无疑是根据阿拉伯人的资料）比 1375 年的加泰罗尼亚地图或 1459 年的弗拉·毛罗地图对东亚和南亚的了解要详尽得多。这在本书第三卷 p. 554 已有简要记述。这份地图的其他部分复制在图 234 和图 235 中。和其他所有事物一样，该地图也有自己的先行者，特别是 1330 年前后的李泽民和 1375 年的僧人清浚绘制的世界地图，但这两位朝鲜人把他们自己的作品与郑和的杰作相结合并予以充实，从而使东亚的“世界地图”达到了其他国家所望尘莫及的崭新水平。

这个复制版本根据的是京都龙谷大学图书馆收藏的 1502 年的版本（承蒙船越昭生博士提供了直接影印的照片）。其他两个版本也收藏在日本，一是天理大学图书馆藏本（年代不详，约在 1568 年之后不久，绘于朝鲜）；另一份也是朝鲜作品，系 1592 年作为馈赠丰臣秀吉的传统礼物收藏在九州熊本的本妙寺。关于这两幅作品，请见海野一隆（*1*）。1964 年，我们有机会对天理大学的版本进行了仔细的研究。

除这些主要古版本之外，还有许多后期的派生的地图（包括印刷版），作图原则都完全一样。其中一幅作于 1663 年，称做《天下九边万国人迹路程全图》，已由海野一隆（*4*）作过评论和说明。另一幅是朝鲜出版的《舆坠全图》，其年代最晚为 18 世纪末，洛厄尔［Lowell（1）］已作过描述并加以复制；此时自然会收入耶稣会会士的观点和术语，但很清楚，它是以李荟和权近的地图为蓝本的。而且他们的作品受到高度的赞赏，以致图名被误加到一些具有相关传统的地图头上，例如，曾经误加在杨子器于 1526 年绘制的中国和朝鲜地图的朝文版之上（其名称大概是《大明舆地图》），现收藏于京都的妙心寺［见宫崎市定（*1*）］。

人们会因为一眼就能辨认出地中海的轮廓而感到惊讶。图上有意大利和希腊半岛、西西里、撒丁、巴勒斯坦和西班牙沿岸，以及标志亚历山大里亚（“阿剌赛伊”）的法罗斯灯塔在埃及［al-Misr；“密思”］国土上的位置的宝塔。但临摹者不很清楚地中海是一个海，因此把它的轮廓绘成了河流，这样就将其中某些“河流”绘成像城壕一样的蜿蜒环形水道。天理大学的版本也是如此，但在后来的洛厄尔的版本中将这一海域标成了“地中海”，而且画法也较得体，但其轮廓却比这一地图更多谬误。李荟和权近于 1402 年所绘制的地图应该没有错误，因为谁也没有发现它的轮廓像河流，所以我们认为是由于后世的临摹者的不理解而造成了错误。

关于其他部分，这里绘出的非洲大陆的北部和图 984 所绘的南部可以很好地对上，因为在这方面，《混一疆理历代国都之图》与《广舆图》之间出入不大；只是我们的制图家错误地把一条长河流绘成流入红海的上部而不是流入地中海。这至少可以假定其原意是想画尼罗河。另一方面，如果尼罗河是那条从大的中央湖泊流向亚历山大里亚的较短的河流，那么和它平行的河流就应该被看做是约瑟夫的臂（参见本册 p. 365），而这里确实有一条支流流到左侧的一个湖，所以阿拉伯人也许告诉过朝鲜人和中国人关于法尤姆和摩里斯湖的情况。在非洲旁边向南伸出的长长的半岛当然是阿拉伯，在其东面可以看到美索不达米亚的河流流入没有画完全的波斯湾中，同时在印度洋中间的一个大圆岛上标着“海岛”两字。

图上可以看到大量的地名，多数都用方框圈住，但迄今未进行足够的研究去解释它们。在西班牙半岛上，人们可以用音译方法辨认出希斯帕尼亚（Hispania；“亦思般的那”）、巴塞罗那（Barcelona；“拜剌细那”）和塔拉戈纳（Tarragona；“他里苦那”）。可是，天理大学的版本把法兰西标注为“法里西纳”（al-Afransiyah），日耳曼标注为“亚雷门尼亚”（al-lamaniyan）。在本书复制的龙谷大学的版本中，人们会满意发现，所标注的“麻里昔里那”应是指马赛。意大利地名除了“麻鲁”可认为是米兰（Milan）之外，其他均难识别。龙谷大学的版本没有画出英格兰，但天理大学的版本把靠近法国和德国海面的一个大岛标注为昆仑岛，这无疑是指英伦诸岛。在后来的洛厄尔的（对波罗的海作了比较合理的处理的）版本中，英国的位置保持不变，但变为两个岛，人们或许会高兴地看到，不仅有“唊咭唎国”而且还有“意尔浪大”。然而特别奇特的是，龙谷大学版本画出了西班牙西北岸海面的亚速尔群岛（“鸡山”），但却不知道伊德里西（参见图 239）和伊本·哈勒敦（Ibn Khaldūn），而且直到 1394 年以后才被葡萄牙人所发现。有趣的是，后来的洛厄尔版本吸取了耶稣会会士传播的古代西方的传说，在靠近非洲西北部一个凸出部分的海面加上了“福岛”。

在欧洲北部地区，令人感兴趣的主要目标是以黑色枪眼状圆盘标出的一座神秘的大城市。（根据所使用的符号）其重要性相当于汉城，而且很清楚地标为“昔克那”；这个地方一直被认为是布达佩斯，但从它的位置来看似乎是莫斯科，从年代上分析更可能是诺夫哥罗德（Novgorod）。地图上标出里海（“久六湾”），但是没有标出黑海，除非把意大利和希腊北部上端有弯曲的边界所隔开的空白地带看成为黑海。沿着古代丝绸之路的广阔地区，只标出 2 座二等城市（黑圆盘，无枪眼状），即新疆的“别失八里”（Bishbaliq）和里海西岸的“督阿不你”（Derbend，杰尔宾特）。两者都可在复制图中看到。这两座城市之间有“不哈剌”（Bokhara，博卡拉），这个地名没有用方框围住，而“不鲁儿”（Balkh，巴尔赫）标出是湖中的一个岛屿。

为了解释“昔克那”这个名称，有必要回忆一下，这本地图恰恰是在帖木儿（1336—1405 年）发迹的末期绘制的，帖木儿经常在 1370 年代和其他蒙古将领在一个叫做昔克那（Sighnaq）的城镇集结军队，这个城镇靠近土耳其斯坦或哈萨克斯坦的锡尔河（Jaxartes R. 即 Syr Darya）。处于古丝绸之路的西段［参见 Hookham（1），pp. 99，125 ff.］。如果可以这样解释的话，昔克那应处于别失八里和杰尔宾特之间，而不是在它们的西边，但是，据我们所知，这些绘图家中还没有人到过距离咸海二千英里的范围。所以这个问题仍然没有解决。

奇怪的是，没有明确地提到拜占庭。其他的地方，例如大马士革（“都迷失”），叙利亚的奥龙特斯河（Orontes）上的哈马（Hama）、摩苏尔（Mosul；“麻失里”），美索不达米亚的阿法（Afaq），麦加（Mecca；“马喝”）和在另一版本中的麦地那（Medina；“马速库”）等都易于识别，而且它们所标的位置一般都很正确。

我们无法准确地了解 1402 年原版地图的地名，因为相继出现的版本都作了若干改动。东亚地名由于经常改朝换代变更尤多，但后来对欧洲了解的增加也引起了修改。理想的办法是就现存的版本编制一套系统的考证目录，但这些工作尚未进行。一种牢固的传统必定会揭示出来。由此而得出的一般结论是：由于东亚和西亚人之间海上友好交往的结果，郑和时代的中国人和朝鲜人对欧洲的了解，比欧洲人对他们的了解要多得多。

在这段题外话（如果真的是题外话的话）的开头，我们曾满足于按传统观点默认葡萄牙人是首先绕过好望角的①。但是就这一点而言，弗拉·毛罗的地图上的许多文字说明中有两段是极其古怪的。在一幅迪亚布（角；Diab，the Cape）附近的东非海岸的图卷上，第一段字说明写道：

约在 1420 年，东印度群岛（Indies）的一艘船或中国式帆船②直接穿越印度洋，朝迪亚布角以西男女群岛（Men-and-women Islands）的方向行驶，经过绿色群岛（Green Islands）与乌（海；Dark Sea），（然后）向西和西南航行了四十天，除天光水色之外，未见到任何别的东西。据船上（人员）估计，航行距离达 2000 英里。以后情况日渐恶化，船返航，用了 70 天时间才抵达前面提到的迪亚布角，船员上岸寻求补给，见到了一个大鹏鸟蛋，有酒坛那么大。大鹏鸟更是大得出奇，翅膀张开时足有 60 步宽。这种鸟可以毫不费力地将一只大象叼起，和其他大型动物一样，对那一带居民为害甚大，且飞行神速③。

502

这位制图学家在位置更向南的一段题词里摘录了一段文章，主张印度洋与大西洋相连的观点：

此外，我还和一位信得过的人交谈过，他肯定地说他曾乘坐一艘东印度的船，在狂风暴雨中漂泊近 40 天，驶出了印度洋，绕过了大约在西南或正西方向的索法拉海角和绿色群岛。按照他的指点和船上天文学家的计算，这个人航行了 2000 英里。因此我们可以认为他这样说是认真的，就像我们相信那些说他们航行了4000英里（往返于非洲西海岸）的人一样。那些人即指葡萄牙探险家们，弗拉·毛罗在前面同一段题词中说他自己曾经有过他们的海图。④

这就是我们了解的一切。舷窗打开了，看到了一条中国式航海帆船在厄加勒斯海流（Agulhas Current）中顺风冒雨飞驶过海角，然后遇到东南信风，找不到陆地，船长又迎着西风和海流继续向南行驶。这样，他发现又回到了印度洋，在某处登岸时，水手们碰到了大鸟的踪迹。至此，这一景象很快终止。但是，我们无需怀疑郑和时代（可能还要早几个世纪）的帆船有可能呈现过这一景象；一位非常重要的航海家的意见与我们的看法相同⑤。同样奇怪的是，这位威尼斯修道士竟把其中的一次远航的时间说成 1420 年。就算郑和与这些远航毫无关系，难道在某种意义上不能把他称为中国的达·伽马吗？这

---

① 除非我们接受希罗多德（Herodotus，IV，42）所记载的法老尼科二世（Pharaoh Necho II，公元前 609 ~ 前 594 年）统治时期腓尼基人的“回航记”（*periplus*），而且现代的地理学家仍持这一看法［例如，Debenham（1），p. 30］，但我像吉本一样，从来也没有“相信过”。参见 Germain（1）。

② 当然，对他来说，中国是东印度的一部分，即恒河附近（extra Gangem）。“中国式帆船”（junk）一词显然系原文所有。

③ 由作者根据 Yusuf Kamal（1），Vol. 4，pt. 4，pp. 1409 ff. 译成英文。大家都对这些地区的鸵鸟蛋有兴趣。《岭外代答》（1178 年）谈及马达加斯加时写道：“那里有大鹏鸟，飞行时能遮蔽太阳，连日晷的投影都会易位。大鹏若发现野骆驼会把它整个吞食。人若碰巧找到大鹏的一根羽毛，则可把羽毛管截为水桶。”（“常有大鹏飞，蔽日移晷。有野骆驼，大鹏遇则吞之，或拾鹏翅，截其管可做水桶”；卷三，第六页）参见《诸蕃志》卷上，第三十二页。另可参见本书第二卷 p. 81。

④ 由作者译成英文。

⑤ Villers（2），p. 102。写了这段文字之后很久，我高兴地发现，张桂生［Chang Kuei-Shêng（1）］曾论证说，明朝船舶已经绕过马达加斯加，罗荣邦［Lo Jung-Pang（7）］也独自提出过与弗拉·毛罗相同的解释。

个问题到底有什么意义，我们稍后将予以回答①。

弗拉·毛罗断言，印度洋与大西洋是完全连在一起的，中间没有澳大利亚大陆或南极大陆阻隔。在这方面，他不过是附和了从9世纪的伊本·胡尔达兹比赫（Ibn Khurdādhbih），经11世纪的比鲁尼（al-Bīrūnī），到他们的弟子马里努·萨努托（Marino Sanuto，1306年）等一些伟大的阿拉伯地理学家的一致意见②。此外，阿拉伯人不同意西方的一般见解，即认为南半球太热，人即使能到达那里，也不能在那里生存。现在，我们要开始我们所追索的故事的后一半了。阿拉伯地理学家们十分清楚，西面有一块陆地邻接着西洋，他们把它叫做布尔图卡勒（al-Burtuḳāl；此名源自 Portus Cale，现称 Oporto）。这块土地是他们的穆斯林兄弟在8世纪初期征伐伊比利亚半岛（Iberian peninsula）时从西哥特人（Visigoths）手里争得的③。但在伊德里西的时代，北方的信奉基督教的王子们又重新征服了葡萄牙的大部分土地。到1185年，他们占领了除南面的阿尔加维（Algarva）省以外的全部领土。1249年，穆斯林被从这里赶走，但是葡萄牙最终归属于基督教王国的最后一役直到1340年才打响。 503

关于葡萄牙人15世纪的航海探险和向外扩张的伟大叙事诗，我们无需在此详谈，因为这已广为人知，很多有价值的书中都有记载④。但是由于要与同时期发生的中国航海进行比较，我们还是有必要做个总结。15世纪上半叶，在葡萄牙人沿非洲西岸缓慢南下的同时，中国人正在探索东海岸，至少向南到了莫桑比克；在下半叶，葡萄牙人找到了绕入印度洋的道路时，遇到的却只有阿拉伯人和非洲人，因为中国的政策改变，已将宝船队永远撤回了。

(iii) 五次受伤的海上王子

正当17岁左右的郑和在亚热带和云南高原地区的和煦阳光下欢度其少年时代的时候，在旧大陆另一端的一个同样美丽的国度里诞生了一个男孩，他便是我们可以视为具有同等重要历史地位的一个关键人物⑤。阿维斯王子亨利（Henry of Avis），历史学家称他为航海家。他的家世比郑和要显贵得多，因为他的父亲是若昂一世（João Ⅰ）国王，一位使葡萄牙摆脱卡斯提尔王国的不断威胁而获得真正解放的君主。在取得这一胜利的阿尔茹巴罗塔（Aljubarrota）战役（1385年）中，葡萄牙人得到了英国弓箭手的支援。

---

① 袁嘉谷（*1*）把他称做是“哥伦布与麦哲伦一流的人物”，参见 Pelliot（2*b*），p. 280。但是赋予他“中国的达·伽马”这一头衔的并不是中国作家，而是西方杰出的地理学家之一德贝纳姆［Debenham（1），p. 121］。在他之前，还有一位西方最伟大的东方学家莱维［Lévi（2），p. 440］也这样称呼过他。然而，多数人的观点仍占上风。我们在1964年6月27日《泰晤士报》（*The Times*）一篇社论中看到：“虽然中国海岸线很长，但是却没有记载说明有过一位思考那些汹涌波涛之外景象的中国的哥伦布。”详见下文 pp. 551 ff.。

② 伊萨维［Issawi（1）］研究过这件事。伊德里西是不相信存在有南方航线的少数人之一；参见本书第三卷图239所复制的他的世界地图（约1150年）。

③ Dunlop（3）。参见本册 pp. 475，511。

④ 我们只需举出普雷斯塔奇［Prestage（1）］的著作，或更为概括性的帕里［Parry（1）］的著作。但“伟大发现”的最新最佳编年史系佩雷斯［Peres（1）］所著，在纪念亨利王子500周年之际发表，有葡文和英文两种版本。

⑤ 想来十分奇怪，他们不仅没有见过面，而且彼此不知道对方的存在。可见他们也都不知道同时代还有一个同样伟大的第三者，远在撒马尔罕工作的天文学家兀鲁伯（Ulūgh Beg，1393—1449年）王子［参见 Sayili（3）］。

次年，若昂王娶了一位英国姑娘，兰开斯特的菲利帕（Philippa of Lancaster），她是冈特的约翰（John of Gaunt）的女儿。"航海家"亨利（1394—1460年）殿下是他们的第三个儿子①，他接受的是在那个时代盛行的骑士精神教育，但他的发展却独具一格——成长为一个通晓船舶的价值并能与驾船的粗野水手和渔夫交谈的王子，一个多年来愿意与有识之士、天文学家和宇宙志学者交往的中世纪贵族，最后，他成了一位想像力丰富并充满震撼世界的思想的人物。至于原因和动机，我们以后再研究，但是毫无疑问，亨利王子周围的人认为阿拉伯人的信念是正确的，即非洲南部有一个海角可以绕过。此外，他们还熟悉15世纪西方人对于东印度及其更远地区所了解的一切。他们希望从传说中在阿比西尼亚（Abyssinia）或在中亚什么地方的约翰牧师那里得到协助②。如果那时能绕过好望角，从南面到达红海和波斯湾，与印度和东印度生产丝绸和香料的人建立联系，那么，伊斯兰世界的地位会变得怎样呢？阿拉伯世界的侧翼就会被包抄③。当亨利王子在拉古什（Lagos）长期统辖阿尔加维省并督管设在萨格里什（Sagres）角上的科学城堡的时期④，环绕在他身边的一群史称"萨格里什学派"的航海规划者们常议论着如何利用天地间的一切力量找到一种从后方征服萨拉森人的途径。他们把中世纪十字军时代的骑士精神真正地转化到文艺复兴时代的向一切知识探索的态度上来。寻找南方的通道是基督教世界对"异教徒"长期战斗中一个新的秘密武器，而萨格里什学派则成了15世纪的洛斯·阿拉莫斯（Los Alamos）。在大部分时间里，这位"信仰的统帅"领导着以现在观点看来显然是较高的人类文明。可能由于过分自信，阿拉伯世界无法理解天平的秤盘正在慢慢地移动；没有一个穆斯林统治者考虑过采纳他们自己的地理学家的学说而行动，如派遣远征部队以巩固桑给诸城的地位，或者建筑巨大的堡垒或强有力的舰队以抗拒法兰克人进入至关紧要的南方门户。与此相反，在西非海岸进行的有条不紊的探险，却没有遭到反对。甚至最后欧洲人发现美洲这件事，从某种意义上讲也是它的副产品⑤。

504

第一次交火是在休达（Ceuta）打响的。也许阿维斯家族（House of Avis）最初的想法是要征服摩洛哥；然而，休达城就在直布罗陀海峡的对岸，是摩尔人海军力量的中

① 所有为亨利王子作的传记都值得一读：Major（1）；Beazley（2）；及传奇性作品 Sanceau（1）。为了纪念亨利王子诞辰500周年，马尔雅伊［Marjay（1）］编写了一本图册，其文字说明十分可靠。最晚出版的传记为内梅西奥［Nemesio（1）］撰写。亨利鼓励把大学作为宇宙志学者的摇篮这一点，在德萨［de Sà（1）］的专论里有记载。参见 Anon.（47，74）；Brochado（4），载于 Anon.（53）。

② 参见本书第一卷 p. 133；第四卷第一分册 p. 332。桑塞奥［Sanceau（3）］的著作只就他在埃塞俄比亚的表现进行了研究。但科因布拉［Coimbra（1）］则表明了亨利王子的目的，已经是要到达真正的东印度。

③ 关于为了战略性侧翼航行探险而进行的政治性旅行的这一反复出现的问题，见本书第一卷 pp. 223 ff.。

④ "萨格里什学派"可能是一种传说，但是毫无疑问，从1435年以后，亨利王子的宫廷就设在拉古什和萨格里什海角之间的拉波塞拉（Raposeira）。这一要塞的最初规模无疑是他建设起来的，也许在离现今的要塞更近的地方；而且他的确长期欢迎与接待天文、地图和宇宙志方面的学者和航海家。萨格里什是全欧洲最有趣的遗址之一，我在1960年有幸参观了这个地方。现在那里能看到石制的罗经花是否为亨利时代的，这仍然是个还在探讨的课题［参见 Madeira（1）］。马戴拉（Madeira）认为它原本是以一根直立的日晷针为中心，作为一种日晷使用，但范宁［Fanning（1）］的见解却说它是用来让船舶使用相互定位的技术来校正罗经的，这至少也同样说得通。德祖拉拉（de Zurara）在其编年史中说，船舶能在萨格里什"定方位"［Beazley & Prestage（1），p. 21］。

⑤ 参见下文 p. 513。

心。如果葡萄牙船想要沿西南海岸自由来往就必须征服该城。1415 年，该城被攻陷并遭到劫掠，而郑和第四次远征回国也恰在这一年，但是毫无疑问停泊在霍尔木兹锚地上的这艘中国旗舰对这件大事一无所知。休达城陷落后，亨利王子和他的弟兄们写了一封出色的信。波旁公爵约翰（John, Duke of Bourbon）向他们提出了挑战，要求进行一次决斗，每一方各带“其出身门第皆无可非议”（de nom et darmes sans reprouches）的 16 名骑士和绅士。但那时他们没有时间去决斗。他们回信说，既然在上帝的庇护下攻克了休达城，他们将再接再厉为上帝征服更多的非洲城镇①。虽然这仍然没有离开十字军圣战的范畴，他们的态度却象征着中世纪传统行将结束，而朝着完全崭新的事物转变②。这也许并不是收益的全部。帕里的话具有启示性，他说，“攻克休达之后，十字军圣战运动从中世纪进入了现代阶段，从一场对伊斯兰世界的地中海区域战争转变成了全球性的传播基督教信仰和欧洲的商业与武力的全面斗争”③。

505

休达之战以后，几乎每年都派出船舶去摸清大西洋海域的情况，这是因为亨利“有一个愿望，要了解比加那利群岛（Isles of Cānāry）和称为博哈多尔角（Cape Bojador）的更远的那块土地，当时对那个海角之外的这块土地的情况，既没有明确的文字记载，也没有任何人作过回忆”④。头十余年，他们主要关心的是马德拉群岛（Madeira）和亚速尔群岛（Azores），但 1426 年，维利乌（Frei Gonçalo Velho）勘察了小阿特拉斯（Anti-Atlas）山脉海岸。1434 年，吉尔·埃亚内斯（Gil Eanes）驾船绕过了博哈多尔角（北纬 26°）。也是在 1426 年，中国人赴非洲的最后一次也是最伟大的一次航行正在进行准备，而在 1434 年，他们刚好回国。1444 年，努诺·特里斯唐（Nuno Tristão）到达塞内加尔河（Senegal River）河口（北纬 16°）。两年后，费尔南德斯（Álvaro Fernandes）登上了几内亚海岸（北纬 12°）。1453 年发生了两件事：一件是巨大的打击，另一件似乎是小事。前者是拜占庭落入土耳其人之手，这似乎在告诉葡萄牙人，他们的行动根本不算快⑤；后者是指德索萨（Cid de Sousa）的船只沿非洲海岸第一次远航到几内亚，其基本目的是经商⑥。就在佩德罗德·辛特拉（Pedro de Sintra）到达塞拉利昂（Sierra Leone；北纬 8°）之后不久，亨利王子逝世了。接着是 10 年的间歇，但在

---

① 不列颠博物馆，附加手稿 18 840，参见 Anon.（47），no. 8。

② 为了了解这个时期葡萄牙的十字军远征精神，我们应记得伊比利亚半岛本土上就有穆斯林国家，其中包括有文化高度发展的格拉纳达（Granada）酋长国，该国直到 1492 年才陷落。从某种意义上说，西非与南非的发现只不过是“第二次征服”的继续。假如福克斯［Fuchs（7）］对我们将在本书第三十三章中考察的证据的解释是正确的话，1317 年左右已有一位由格拉纳达前往中国的使节。

③ Parry（1），p. 11。

④ 摘自德祖拉拉（de Zurara）的编年史；Beazley & Prestage（1），pp. 27. 32. 参见 Bourdon（1）。

⑤ 这也是对威尼斯人的一个致命打击，他们一向力求与土耳其人保持友好，并希望通过中东去亚洲的商路能对基督教世界保持开放。

⑥ 一种固执的意见认为，迪耶普（Dieppe）的法国航海家们早在 1364 年就在西非海岸建立了贸易点［如 de Loture & Haffner（1），pp. 65 ff.］，但是证据极为不足。德桑塔伦［de Santarém（3）］在一个多世纪之前就把它批驳得体无完肤，但是却没有人读他的书［参见 Godinho（1）］。德索萨的贸易探险后很快地就有了后继者，著名的有在亨利王子手下服务的商船船长：威尼斯的卡达·莫斯托（Alvise Ca' da Mosto）和热那亚的乌索迪马雷（Antonio Usodimare）等［参见 Prestage（1），pp. 94 ff.］。关于葡萄牙人重大发现的历史，见 Brochado（3）。

1471年，若昂·德桑塔伦（João de Santarém）推进到阿散蒂地区（Ashanti；北纬5°）[①]。
506 三年后贡萨尔维斯（Lopo Gonçalves）首先到达洛佩斯角［Cape Lopez，在现在的法属刚果（今为加蓬共和国——译者）；南纬20°］。这个纬度与朱卜（al-Jubb）的纬度相同，中国人在其平行的东南航程上曾经过竹步。

在葡萄牙与西班牙（西班牙想要分享西非黄金与奴隶）之间经过一段两败俱伤的斗争之后，探险航行又重新开始，且规模显著扩大。1482—1486年，迪奥戈·康（Diogo Cão）做了两次出色的航行，所到之处他都把从里斯本带去的石制十字架（*padrões*）立为标记，首先确定的是安哥拉的圣玛丽亚角（Cape Sta. Maria；南纬14°），然后是达马拉兰（Damaraland）的克罗斯角（Cape Cross；南纬$22\frac{1}{2}$°）。此时葡萄牙人几乎越过了中国人在非洲另一边航行探险的界限。最后，在1488年巴托洛梅乌·迪亚斯（Bartolomeu Dias）完成了其具有历史意义的航行，他绕过了好望角（约南纬35°），并把非洲真正的最南端命名为厄加勒斯角（Cape Agulhas）。这就为瓦斯科·达·伽马走向航海探险的高峰开辟了道路，他于1497年从里斯本始航，翌年初抵达赞比西河河口，然后进入“中国人”的航行区域，四月到达马林迪，这正好是明朝海军停止往来于这一海岸地区之后50年左右。他在马林迪幸运地找到了一名当时一流的阿拉伯引水员艾哈迈德·伊本·马吉德（Aḥmad ibn Mājid）为他们工作，一个月后，该引水员就把这个葡萄牙海军将领带到了印度的卡利卡特[②]。至此，格局已经确定，欧洲人进入了印度洋，也从善，也作恶——还是作恶居多。

此后，欧洲人进行探险及其地理视野扩大的速度极快。第二支开往印度的葡萄牙舰队于1500年由佩德罗·阿尔瓦雷斯·卡布拉尔（Pedro Alvares Cabral）率领，中途曾在巴西靠岸，并仔细观察了东非海岸的阿拉伯城国，特别是索法拉与基卢瓦。几年后，维森特·索德雷（Vicente Sodré）在索马里端头外面的索科特拉岛（Socotra Island）登陆[③]。1507年，竟然强行给阿尔布凯克（Alfonso de Albuquerque）加封了“印度总督”的头衔。到1510年，阿尔布凯克夺取了比贾贾布尔尔（Bijapur）西岸果阿（Goa）的阿拉伯人的港口，这是巴曼王朝分裂形成的德干苏丹国之一[④]。在总督余生的五年内，果阿变成了一个大城市，而且从1530年起成了葡萄牙帝国的主要亚

---

① 在这里，葡萄牙人于1482年建成了他们最重要的西非要塞埃尔米纳（El-Mina）［Peres（1），p. 58］。关于其现今遗址情况的记述，见A. W. Lawrence（1）。

② 关于这次航行的情况，有一本作者不详的《笔记》（*Roteiro*）保存至今，译文及注释见Ravenstein（2）。关于伊本·马吉德的情况，见Szumowski（1，2）及Brochado（1）。

③ 欧洲几乎是毫无争议地认为，是索德雷“发现了”索科特拉岛。欧洲历史学家的这一令人厌烦的陈词老调现在应该结束了。葡萄牙船不可能“发现”许多世纪前就已有阿拉伯人居住，并有中国人来访的一个岛屿。明朝水军帆船肯定到过那里，而且早在1225年就有了关于该岛的记载（《诸蕃志》卷上，第二十七页，参见Hirth & Rockhill，pp. 131 ff.）。在《诸蕃志》中赵汝适特意提到了它的最典型的出口物品红树脂，书中叫做“血竭”，这种树脂出自棕榈树（*Daemonorhops* spp.）以及乔木与灌木（*Dracaena* spp.）的果实；见Burkill（1），vol. 1，pp. 747 ff.，857 ff.。红树脂可用做染料。应该这样说：“在索德雷到达索科特拉岛之后，欧洲才知道这个地方。”

④ 现存最早的葡萄牙人绘制的印度洋海图即始于这一时期（1509年），详见Uhden（2）。关于葡萄牙制图学的一般情况，见Cortesão（3）。

洲基地[①]。欧洲的历史学家把他誉为第一个能理解舰队与港口之间的复杂关系的海上将领[②]，无论如何，他的确看清了葡萄牙需要在印度洋上建立一支永久性舰队与海军基地。人们猜想，郑和与王景弘也自然会有几乎同样的想法——不过略微有些差异：他们并没有在马来亚与纳塔尔之间的地区进行过征服性的战争，所以他们虽然远离国土，但在需要修船底、捻缝，甚至造新船时，能得到当地统治者的合作[③]。在拿下果阿的前一年，葡萄牙人第一次抵达古老的船舶汇集点马六甲，他们航行途中也“发现了”尼科巴群岛。第二年，总督就强攻这个地方，并把它并入葡萄牙帝国。最后有两个事件足以作为这一段简史的总结：1512 年，弗朗西斯科·塞朗（Francisco Serrão）终于抵达“香料群岛”，考察了这个位于西里伯斯群岛外面的摩鹿加群岛（Moluccas），并吞并了帝汶（Timor）岛，而且有意义的是，他使用了一艘中国式帆船；第二，若热·阿尔瓦雷斯（Jorge Álvares）随着一艘商船于 1513 年终于到了中国。从那些群岛区，他和他的随从人员可以遥望从 1512 年起就隶属西班牙的菲律宾[④]。这样一来，整个世界就被“捆在了一起”，如果要把它扭转过来，恢复正常，即使不要“4000 年”，恐怕也要 400 年，然而许多后果却是永久性的，无法逆转的[⑤]。

507

非常有趣的是，欧洲很快就了解到中国人以前在印度沿岸出现过，但有许多误解。在贾梅士（Camoens）写的《葡国魂》（*Lusiad*）中记述的居住在索法拉与莫桑比克间的一些文明开化的非洲人，告诉达·伽马船队的葡萄牙人，说他们并不是那一带海域唯一浅色皮肤的航海家[⑥]。

> 阿拉伯语（他们讲不来，
> 但费尔南德·马丁还能听明白）
> 他们说在和我们装载量一样大的船上，
> 他们在自己的海洋上航行往来，

---

① 关于果阿，见彭罗斯［Penrose（1）］的著作及科利斯（Collis）更为有名的著作，特别是 Collis（2）。关于葡萄牙与马拉巴尔海岸的关系史，见 Panikkar（2）。阿尔布凯克政策的一个较好之处，就是不仅在亚洲的葡萄牙人居住地区一般没有肤色歧视，而且积极鼓励葡萄牙人与阿拉伯、印度和印度尼西亚姑娘通婚。每对新婚夫妇都会得到一份嫁妆，包括船和其他谋生用具。参见 Baiao（1），pp. 10，62，74，139；关于一般的情况，参见 Freyre（1）。这与其他欧洲国家对这些问题的态度有显著差别。

② 如 Parry（1），p. 41。葡萄牙建立海外基地的政策，无疑是迫于穆斯林商人对欧洲人在印度洋海域的一切活动所固有的敌意而采取的。他们自然会感到他们作为东方与意大利和欧洲其他地区的贸易中间人的地位受到了威胁。在这一点上他们的看法是对的，但整个局势是十字军远征的直接后果。地中海东部诸国不可调和的对抗又转而来毒害整个东印度。

③ 某些中国史料如《前闻记》，给我们提供的情况是郑和下西洋的宝船船员中，好像木工、铁匠和各种工匠占有特别大的比例；参见 Pelliot（2*a*），p. 306。

④ 这当然是麦哲伦第一次“大发现”的年代。直到 16 世纪 80 年代，这些岛屿才被占领；参见 Masiá（1），p. 583。葡萄牙人于 1509 年在马六甲首次与中国帆船相遇，并于 1517 年第一次抵达广州。澳门是在很久之后，约在 1555 年，才（被“赖着不走的”葡萄牙人——中国人总是习惯这么说）建立起来的。但它作为一种文化集散地的重要性确是十分重大，特别是由于耶稣会士所起的作用（参见本书第三卷 pp. 437 ff.，第四卷第二分册 p. 436）。有关该地生活趣闻的记载，见 Boxer（4）。

⑤ 例如，中世纪欧洲科学与亚洲科学融合为一个统一的近代科学［参见本书第三卷 pp. 448 ff. 及 Needham（59）］。

⑥ V，77，译文见 Fanshawe（1），p. 166；参见 Aubertin（1），vol. 1，p. 279；Atkinson（1），p. 135。这首叙事诗于 1556 年左右在澳门开始编写，但到 1572 年才出版。

从太阳升起的地方，
到陆地在南方形成一个尽端，
就这样再由南向东来运载，
像我们一样的人，其肤色如同白天。

508 实际上，消息是从印度传来的。达·伽马的一位船长科埃略（Nicolau Coelho）回到里斯本后，但在这位海军将领本人到达之前，一个住在那里的佛罗伦萨商人塞尔尼吉（Girolamo Sernigi）给他在意大利的一个同事写了一份关于那次航行的报告。在这份报告中他提到，在前一世纪“白人基督教徒的一些船只”曾定期到达马拉巴尔海岸的港口。他在1499年7月写道：

“从某些白人基督徒的船舶到达这座卡利卡特（Chalicut）城到现在，已经有80年左右。他们像德国人一样梳长发，仅嘴巴四周留有胡子，像君士坦丁堡的骑士与朝臣一样。他们上岸身披胸甲，头戴钢盔与面甲，拿着一种样子像长矛、顶头上安着一把刀的武器①。他们船上装备的臼砲比我们用的要短，他们每隔一年回来一次，每次有20—25艘船。他们（印度报信人）说不出他们是什么人，也说不出他们带着什么商品到这座城镇来，只知道有非常细软的亚麻布（可能是丝绸）和铜器。他们装走香料。他们的船像西班牙船一样，有四根桅杆。假如他们是德国人，我觉得我们应该认出他们；如果俄国人在那儿有一个港口的话，那么他们可能是俄国人。等船长（达·伽马）到达后，我们就可能知道这是些什么人了。……”②

这封信于1507年首次由迪蒙塔尔博多［di Montalboddo（2）］出版，但塞尔尼吉究竟是否得到了进一步的启示，现在的文献没有记载。信里面说的那些“白人基督徒”现在看来很明显是中国人，这从对他们的典型手执武器的记载中就可以看得出来。也许像有人所想的那样③，桑给的阿拉伯人最初欢迎葡萄牙人是因为把他们当成了中国人，当后来发现他们是来自法兰克斯坦（Frankistan）的基督徒时，才又采取了敌对态度。这件事本身就是对于旗帜上写着“为了世界和平与人类亲善”的那种文明所作的可悲而又自欺欺人的自我讥讽。

(iv) 对照与比较

现在是将东西方航海家之间进行比较与对照的时候了。需要解答的问题依次是——航海、战争、贸易与宗教。我们的阐述要力求对双方的船长和船员都绝对公正，他们处于世界两端，从未相遇过，只是到了现在才共聚于历史的评判台前。

在这一章，从以航海为中心的角度来看，我们立即可以看出，中国人在15世纪所取得的成就在技术上没有形成革命性的突破，而葡萄牙人则更是富于创造精神。中国至

① 显然是月牙刀或戟。参见本书第三十章（C）。

② 引自 Ravenstein（2），p. 131。

③ Osorius Silvensis（1），p. 29*b*；Mickle（1），p. 26 曾引用。关于这些有趣的参考文献，我们得感谢唐纳德·拉赫（Donald Lach）教授与罗荣邦博士的帮助。

少在3世纪就有了斜桁四角帆[①]。而且在马可·波罗和赵汝适时代，他们的船已是多桅的了[②]。如果说他们在莫桑比克海峡应用了航海罗盘，那他们只不过是在重复早在12世纪初宋朝建立海军时他们祖先在台湾海峡已经做过的事[③]。虽然他们的尾柱舵与船身的连接不及西方使用的舵钮舵栓方式坚固。但是在许多方面效能都很高，而且这是1世纪时的产物[④]。假如达·伽马的船与郑和的船相遇，令人惊讶的最大差别是大腙宝船的体积要大得多，其中许多船的载重量达1500吨，也许还要大得多[⑤]，而达·伽马的船则没有一艘超过300吨，有些还要小得多[⑥]。在造船方面，中国远比欧洲先进[⑦]。但是当时中国的船在长期进化演变的过程中已处于顶峰阶段，而葡萄牙的船在船型方面则相对新颖[⑧]。14世纪末欧洲船只装有横帆；而小型帆船（*barca*）可能只有一根桅杆，载重仅30吨，或者装两根桅杆，载重量最大不过100吨。无疑，亨利王子早期派出的船舶属这一类型。但是，葡萄牙人发现，他们从几内亚海岸返航时需逆东北信风航行，结果就把横帆具抛到海里，给他们著名的葡萄牙轻快帆船（caravels）[⑨] 装上了一种三角帆式的前后纵帆。这样就可以更容易逆风航行。从洛佩斯·德·门东萨（Lopes de Mendonça）的重要著作发表后的半个世纪[⑩]，已经清楚表明这种轻快帆船是一项重大发明[⑪]。到1436年（即中国远航的末期），这些三桅船上装的是三角帆，载重量平均为50—100吨。然后，到该世纪后半叶，横帆顺风航行的优越性得到证实，因此开始建造综合使用两种帆式的船舶。这样，在1500年左右，轻快帆船（*caravela redonda*；最大者为200吨）的前桅上挂起两幅较小的横帆，三个后桅上挂的是三角帆，而（载重量几乎相同的）大型帆船（*nau redonda*）的前桅和主桅上则张挂多幅横帆，三角帆只挂在后桅。哥伦布的“圣玛丽亚”号就是这样装备的。但是，我们应该记得，葡萄牙人使用的几项基本发明的情况：航海罗盘和尾柱舵是从中国早期发明传过来的[⑫]，多桅原理也具有典型的亚洲特点[⑬]，三角帆是直接从阿拉伯人那里学来的。这说明葡萄牙人的创造力似乎是有一定限度的。最早考察过欧洲船舶的中国海员所作的评论，至今保留下来的极

509

510

① 见下文 pp. 600 ff.。

② 参见上文 p. 467。

③ 中国人对航海罗经发展的贡献已在本书第四卷第一分册 pp. 249 ff. 叙述过。概要见 Needham (39)。

④ 见下文 pp. 637 ff.，概要见 Needham (40)。

⑤ 米尔斯 [Mills (9)] 估计最大船舶的载重量达2500吨。参见本册 pp. 452 及 480 ff. 上的讨论。在15世纪的前半叶，平均船员人数从不足450人增加到超过700人 [Lo Jung-Pang (2)]。参见管劲承 (*1*)。

⑥ Prestage (1), p. 250。中国船舶多数外形与图986、987（图版）的帆船相似，但要大得多。

⑦ 我高兴的是田汝康 (*2*) 也强调了这一点。

⑧ 达丰塞卡 [da Fonseca (1)] 将15世纪葡萄牙人对船舶的构造和索具的贡献作了很好的说明。

⑨ 这个字本身据说来源于阿拉伯语 [da Fonseca (1), p. 43]。有人还认为船体结构上也有东方的影响 [阿姆斯勒 (Amsler) 的说法，见 Parias (1), vol. 2, pp. 25 ff.]。关于三角帆，见下文 pp. 609 ff.。

⑩ 许多研究人员都证实了他的论点，如：纳瓦雷特 (Navarrete)、拉罗埃里 (la Roërie)、纪廉-塔托 (Guillény Tato)、达丰塞卡。

⑪ 同时，从对比研究中可知，葡萄牙人用轻快帆船能完成的工作，中国的小型航海帆船也能同样有效地完成。航行时间可能稍长一些，但船员却可以少受水淋之苦。

⑫ 历史学家曾反复强调这两项发明对地理探险的重要性；参见特伦德 [Trend (1)] 著作中的典型记述，引文见下文 p. 652。

⑬ 参见上文 p. 474 及下文 p. 602。

少，但从16世纪中叶以后，正如我们所见到的①，船型稍有混合，但中国的造船大致没有改变。中国人所绘制的欧洲船图颇不寻常，所以我们在图988中复制了南怀仁收在其《坤舆图说》（1672年）里的“海舶图”②。

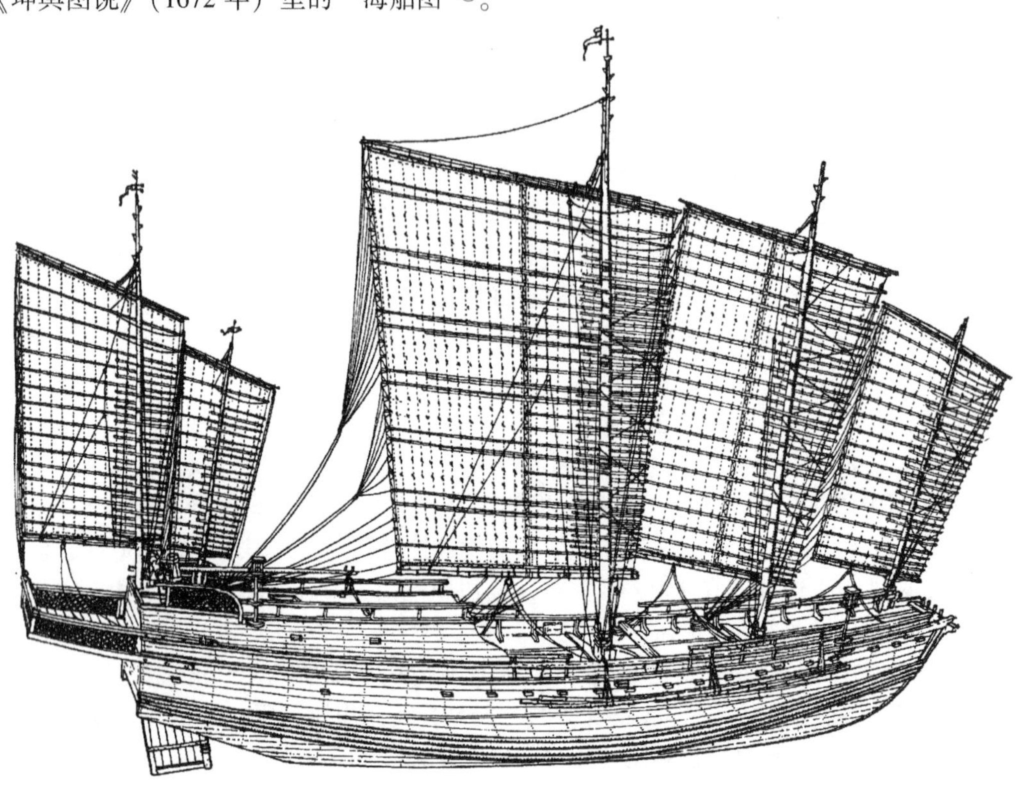

图986　五桅北直隶货船图［采自 Landström（1）］，由此可以窥见15世纪更大型的大艅宝船的可能结构类型。参见本册 pp. 480 ff.。另见图935、图939及图936、图938、图1010、图1027、图1042（图版）。

511　另外有一件事说明葡萄牙人好像比中国人更有创造力，就是对风和海流规律的认识与利用。更确切地说，大自然给他们提出了更多的困难问题，但他们却勇于知难而上。从未有人在大西洋上作过探险，这里的海洋可以非常确切地叫做“专和航海者作对的海洋”（por mares nunca de antes navegados）③。只要看一下任何一幅像样的记有风流图的

① 上文 p. 438。

② 《坤舆图说》卷二（第215页）；参见上文 p. 428。复制图见《图书集成·考工典》卷一七八之造船图解中的最后一幅。关于1500年以后欧洲远洋船较之南亚远洋船的优越性，见下文 pp. 513，514 我们对西波拉［Cipolla（1）］著作的评论。

③ Camoens, *Lusiad*, I, 1。当然，全世界的海员从远古时期起就一直在顺风顺水驾船。卡森［Casson（1）］已经证明，从亚历山大里亚返航的罗马运粮船，习惯走塞浦路斯（Cyprus）以东，绕道叙利亚北部回国，而不走原路直驶意大利西部的奥斯蒂亚。同样，秘鲁人的帆筏南行时利用近岸的海流，北行时则利用洪堡海流（Humboldt Current）驶向外海［参见海尔达尔（Heyerdahl，2，p. 615）及利兰（Leland，1，p. 71）书中肯农（B. Kennon）上校关于墨西哥—加利福尼亚海岸的论述，另见本册下文 p. 547］。但是葡萄牙人从事大西洋水道测绘工作的规模和勇气是令人惊异的。

图版 四一三

图 987 一艘中型五桅“大艄头”货船（来自青岛附近的胶州湾）于威海卫，在微风中航行（格林尼治国家海运博物馆沃特斯收藏部照片）。可以再一次使我们对 15 世纪大䑸宝船结构类型提供一些概念。另见图 935、图 936、图 938、图 939、图 986、图 1010、图 1029 和图 1042。这只船的前桅偏离右舷甚远，故从本图的角度只能看见前桅的上风缘。

512

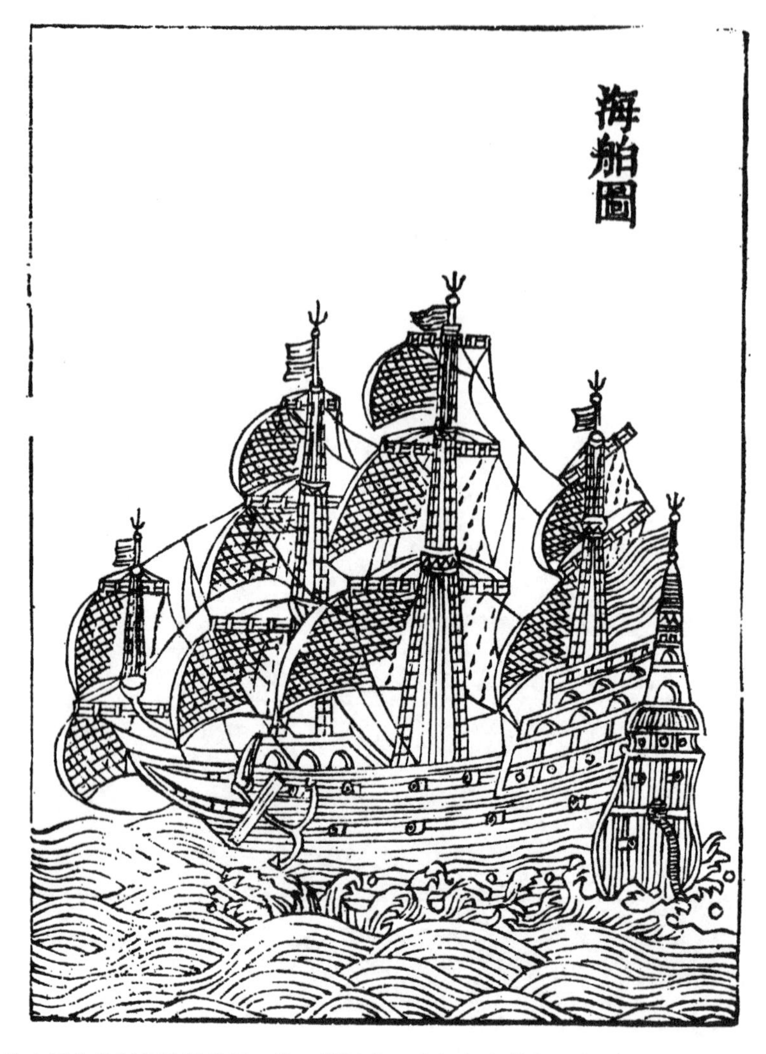

图 988 最早的中国人绘制的欧洲船图，载于耶稣会士南怀仁所著的《坤舆图说》，1672 年出版。可以看出这是一艘全装备帆船，后桅上的帆桁非常倾斜，画家的本意想必是要表示三角帆。在当时，这种帆已经过时；它是 16 世纪的特点，已为斜桁帆或游艇帆所代替。因此，绘图者所依据的一定是旧图样。

书中所附的图解文字写道："（一艘西方的）远洋船舶（'海舶'）又宽又大；可载一千余人，有十多面帆篷，共需（帆）布 24 000 尺，桅高 200 尺，铁锚重 6350 余斤（约 3.7 吨），索具重 14 300 余斤（约 8.4 吨）。详细情况可见"海舶说"的最后一节（即该书中的前一篇）。"

务须记住，这种船型比葡萄牙人最初进入印度洋时的船型要先进得多。然而，那时他们的船只也许已经比任何南亚国家的船都优越，而在 30 年后，当欧洲与中国开始认真的海上交往时，又发生了两件事：明代海军船舶无论在船体大小和船舶数量方面已完全跌入低谷（参见 p. 524），而西方的船舶则采用新技术建造，更重要的是装备了文艺复兴时期资本主义欧洲改进了的大炮，因而反过来又能够超过他们的东亚对手。由于中国官僚社会的船队从未再恢复到其 15 世纪时的鼎盛状态，所以在 160 年以后，亦即该图出现的时候，西方炮舰的绝对优势已成定局，并且实际上已经预示着鸦片战争时期的来临，这个时期只是到了我们这个时代方告结束。

世界地图，就可以对总的情况得到理解［参见附图989（b）］①。中国人可以驾驭季风的海域南至马达加斯加附近②，他们在本国海域对这种“追船风”的了解已有一千多年的历史。一般地说，冬季向南行驶，夏季向北行驶③。一出东印度群岛的狭窄海域，从苏门答腊驶至桑给巴尔（如果不停靠卡利卡特），就会有北赤道海流帮助航行；而更南面的赤道逆流则会有助于返航④。但是，不好客的大西洋对海员却从未作过如此友好的表示，虽然有过多次向西航行的尝试⑤，然而对大西洋却从未进行过系统的考察。首先，几内亚海岸是个陷阱，因为东北季风可助船南下，而加那利海流与几内亚海流亦能助一臂之力，但返航却须进行无休止的逆风掉戗（tacking）。这一（和疾病一样的）境况可能是下述美国航海格言的来源：

当心，当心　海湾贝宁，
出来的没几个，进去的数不清。

但是葡萄牙人很清楚，亚速尔群岛南面的“副热带无风带”（Horse Latitudes）以北，有强西风（实际上伴随着墨西哥湾流）会把他们吹回国去，所以返航时，他们从沃尔特河（Volta River）修建的要塞兼在外商馆埃尔米纳（El-Mina）始发，在右舷季风的吹送下，向西远航到大西洋内域，然后向北进入西风区向塔古斯河行驶。这条航路称为几内亚环路（Volta da Guiné）或称马尾藻海弧（Sargasso Arc）［图989（a）］⑥。国王若昂二世（King João Ⅱ，1481—1495年在位）的一个编年史家叙述了宫廷里发生的一起有趣事件⑦。在宫廷晚宴上，当话题转到去几内亚的往返航路时，一个被称为“几内亚最伟大领航员”（*muito grande piloto de Guiné*）的著名航海家佩罗·达伦克尔（Pero d'Alenquer）⑧ 吹嘘说，他能把一艘不管有多大的横帆船安全地驾驶回来。但国王却坚持说这样做似乎不聪明，只有挂三角帆的轻快帆船才能返航。事实上，这个“海弧”（Arc）是国家机密，因为葡萄牙人掌握了制造与操纵这种轻快帆船的专门技能，就显得更加重要。这种船是不允许卖给外国的，对其他国家来说，建造和使用这种船都会有许多困难。

513

葡萄牙人沿非洲海岸南下时，遇到了相反的水文情况。北向的本格拉海流

① 下文p.560对面。见A. A. Miller（1）；Sverdrup，Johnson & Fleming（1）．参见G. R. Williams（1）。

② 最强的季风据说到马林迪附近的纬度为止［Fripp（1）］。

③ 参见Duyvendak（9），p.358。在新加坡附近，西南季风的季节是4月到10月，东北季风为11月到3月。夏天送来“赤道强风”（line squalls）或“苏门答腊强风”（sumatras），冬季则连绵阴雨。对此，翁曼尼［Ommaney（1），p.119］有生动的记载，值得一读。宝船则在5月从马六甲启航回国（《瀛涯胜览》，第三十六、三十七页）。参见马可·波罗的记述，见Moule & Pelliot（1），vol.1，p.161，vol.2，p.lxii；及崔溥的说明，见Meskill（1），p.47。亦见本册pp.451，462，571。

④ 好像中国船舶从未很好地利用过向西流动的南赤道流及其与之相伴随的东贸易风，但弗拉·毛罗听说过的那些中国帆船（上文p.501）可能这样做过。

⑤ 我们至少听说过从阿拉伯统治下的里斯本来的摩尔人作过这样一次尝试（参见本册pp.475，503），还有热那亚的维瓦尔迪（Genoese Vivaldi）兄弟在1291年的尝试。通常没有人回来过。参见Dunlop（4）。

⑥ 到现在为止尚未被科学史家给以足够评价的葡萄牙人在海洋学方面的发现，已由布罗沙多［Costa Brochado（2）］作了精彩的说明。

⑦ J. Cortesão（1）．p.32；Prestage（1）．p.201。

⑧ 他是达·伽马旗舰上的领航员。

(Benguela Current) 阻碍了他们前进，强劲的东南季风也同样无情。但一过南纬35°，夏季自西而来的强劲极风 (Polar Winds)，则有助于他们的航行。这样，到了15世纪末，他们又冒险走了一个大弧 (Arc)，绕航巴西环路 (Votla do Bresil)，即巴西弧，或称圣罗克角 (Cape St Roque) 弧。在塞拉利昂附近离开非洲海岸后，船借助左舷风驶入大西洋深处，必要时还在巴西角南面靠岸，就这样巧妙地利用东南季风，继续南下直到大西洋的"咆哮西风带" (Roaring Forties) 把他们涌入印度洋。达·伽马和卡布拉尔的航行情况大体如此，使用的是三桅船，而不是轻快帆船，这个事实非常重要。因为这就只能说明葡萄牙探险家已经探明了这条航线①。15世纪的葡萄牙人在天文导航方面究竟比阿拉伯人和中国人高明多少，这个问题很难回答，我们在以后还将予以讨论 (pp. 557, 567)。

514

现在我们可以回过来简要地回顾一下战争和贸易问题。在这里对比尤为鲜明，因为中国的行动属于海军对外国港口的友好访问，而葡萄牙人在苏伊士以东进行的却完全是战争②。1444年，贡萨洛·德辛特拉 (Gonçalo de Sintra) 和其他6人在毛里塔尼亚 (Mauretania) 的阿尔金湾 (Gulf of Arguim) 追捕当地居民时被杀。这是他们出征后的第一次伤亡③。但是，在葡萄牙人沿西非海岸向南推进的过程中，他们的侵略活动（除贩卖奴隶以外）略有收敛，只是到了1500年之后，当他们有能力对东非阿拉伯人，以及后来对印度人和其他亚洲人进行恐怖战争时，欧洲海军力量才真正地表明了他们的所作所为。"在地球上的这一段人类血腥史上，这一部分海岸曾先后称作阿扎尼亚、桑给和斯瓦希里海岸，它肯定饱尝了战争之苦④。"阿拉伯城邦在葡萄牙人到来之前都没有防御工事⑤，只是在看清了西方人的既定政策是要摧毁阿拉伯人的非洲—印度间的贸易根基及其分支之后，才产生了防御问题⑥。1505年对蒙巴萨的劫掠，次年对奥贾 (Oja)、布拉瓦和索科拉特岛的蹂躏，1528年再次火焚蒙巴萨等等⑦。在16世纪80年代，米尔·阿里·贝伊 (Mir Ali Bey) 指挥下的土耳其人曾两次试图夺回这一海岸，但均告失败。1587年，法扎 (Faza)、蒙巴萨和曼达 (Manda) 再次被葡萄牙人烧成废墟。历史文献反复说明在上述多次围攻战中，生灵涂炭，无一幸免。葡萄牙人在印度和至印度途

---

① 在前面几页，我们曾谈到美洲大陆的发现也许是"十字军"航路探索时的副产品。讲这番话时我们想到的就是这里所说的探索大西洋航路。巴西的发现必定在1486—1497年 [Brochado (2), pp. 55 ff.]。哥伦布于1492年所作的航行，好像只是因为秘而不宣使人们不知其大部分详情的一系列事件之一。帕切科 (Duarte Pacheco) 在1505年著书时就已经知道从拉布拉多 (Labrador) 半岛至乌拉圭 (Uruguay) 的三个阿美利加 (Americas) 是指一个大陆，这就揭示了已经杳如烟海的非哥伦布资料的重要线索 [J. Cortesão (1), pp. 165 ff.]。早在1448年就已经有了关于巴西的暗示，对此，见 Prestage (1), pp. 227 ff.。

② 这具有心理的和技术的两个方面。奇波拉 [Cipolla (1)] 在一篇有意义的专题论文中强调指出：欧洲枪炮铸造发展迅速，而且安装大炮的船舶在类型上很快就超过了任何南亚国家，这就使欧洲人占了绝对优势，尽管其文化和文明水准不如亚洲人。这一说法无疑十分正确，而且极容易理解的还有一点，即欧洲发展了资本主义，而印度和中国却没有。

③ Peres (1), p. 39; de Zurara, 译文见 Beazley & Prestage (1), p. 91。

④ Boxer & de Azevedo (1), p. 13。

⑤ Kirman (1, 2)。

⑥ Mathew (3)。

⑦ 详见 Strandes (1); Coupland (1); Whiteway (1); Boxer & de Azevedo (1) 等。无怪乎艾哈迈德·伊本·马吉德临死时对他曾为西欧人服务这一点深感悔恨。

中的所作所为也是如此。他们开炮击沉阿拉伯人朝圣的船只，在印度的各个城市火焚被杀害的穆斯林肢体，在马六甲背信弃义地杀害他们的盟友——爪哇殖民地的首领，并用火红的铁碗将霍尔木兹苏丹亲属的眼睛烫瞎[①]。怀特韦（Whiteway）写道："残酷的行为不只限于这些卑劣的做法，而是被达·伽马、阿尔梅达（Almeida）和阿尔布凯克等有意地作为一种恐怖政策，这里无须再列举更卑鄙的例子。达·伽马（和卡布拉尔）曾折磨过无辜的渔民；阿尔梅达怀疑一个具有安全通行证的奈尔人（Nair）要谋害他，就剜了这个人的眼睛；阿尔布凯克则把阿拉伯海岸落在他手中的妇女的鼻子割掉，把男人的手臂砍掉。他们以阿尔梅达为榜样，在驶入印度洋港口时，帆桁上吊挂着惨遭杀害的人的尸体，这多半不是战争人员的尸体，其目的只是为了表明他们是敢作敢为的人。"[②] 我很不愿意提起这些事实，但它们的确有助于纠正（在欧洲还能听到）一种成见，即认为亚洲人比欧洲人更残酷、更野蛮。当时一些最伟大的西方学者也曾赞同这些活动。若昂·德巴罗斯（João de Barros）写道：[③]

515

> 确实存在一种人人都可在海上航行的共同权利，在欧洲，我们承认别人有权反对我们，但是，这种权利不能超出欧洲的范围，因此，作为海上霸主的葡萄牙人，利用他们舰队的力量，就有理由强迫一切摩尔人和异教徒在充公和死亡的折磨下获取殖民者的保护。摩尔人和异教徒是不受耶稣基督法律保护的，而基督的法律却是真正的法律，一切人都必须遵守，违者要受到永不熄灭的火刑煎熬。如果连灵魂都要受到这种惩罚，那么躯体还又有什么权利享受我们法律的特权呢？……诚然，异教徒也是有理智的人，如果他们活着，就可能转而真正地信仰基督，但是只要他们还没有表示出接受这一信仰的愿望，我们基督教徒对他们就不承担任何义务。

与这一切相比较，中国人的表现是怎样的呢？我们在前面（p.488）已经读到："他们赐礼品于诸王，不服则以武力慑之。"这一说法自然需要检验，而且在他们的七次远征中，只有三次因陷入困境才不得不使用武力[④]。第一次是在1406年，巨港（旧港，Palembang）的一个一贯掠夺商人的部落酋长陈祖义对他们的营地进行突然袭击，但遭失败被擒，并在南京被处死[⑤]。第三次发生在七八年之后，苏门答腊西北部的一个想争夺王位的苏干剌，因不满所得中国礼物的份额而争吵。他也率兵攻打郑和的部队，

---

① 参见 Elgood（1），p.384。

② 例证见 Whiteway（1），pp.87，91 ff.，93，119，125，144，155，165。引文摘自 p.22。关于这个奈尔人的命运见 de Castanheda，*História*，Ⅱ. 28；参见 Panikkar（2），p. 51。

③ *Décadas da Asia*，I，i，6。

④ 我们排除了中国人与印度洋民族间冲突的另外两例，因为任何东方的史料都没有提到过。格朗格努尔的约瑟夫（Joseph of Cranganore）在他1555年所著的《新世界》（*Novus Orbis*，p.208）中说，因为贸易纠纷，在卡利卡特发生过激烈的战斗，后来中国就只到过迈拉佩塔姆（Mailapetam）。若昂·德巴罗斯在《亚洲世纪》（*Décadas da Asia*，Ⅱ，ii，9及Ⅳ，Ⅴ，3；1552年）中说，为了纪念对中国的一次海战的胜利，一个古吉拉特国王建立了第乌（Diu）城。关于这两篇文献，见玉尔［Yule（1），vol. 2，pp.391 ff.］的评论。其真实性很难估计，他们可能是指郑和以前的时期，其实没有任何肯定之处可以把它们和郑和的活动联系在一起。

⑤ 参见 Pelliot（2*a*），p.274，（2*b*），p.281。

在南巫里（Lambri）被击败，全家被擒①。第二次几乎是最严重的一次。1410年，斯
516 里兰卡国王亚烈苦奈儿［Alagakkonāra；可能是布伐奈迦巴忽五世（Bhuaneka Bāhu V），但难以肯定］②，将郑和远征军的卫队诱入内地，要求赠给大量金子、丝绸等礼品，同时派军队焚烧和沉没郑和的船只，这些船只当时很可能停泊在加勒港或贝鲁沃勒锚地。但郑和进军至首都［无疑是科特（Kotte），因为那时康提（Kandy）尚未建立］，突然袭击防御薄弱的宫廷，生擒其国王，然后带着俘虏回攻海岸，沿途将僧伽罗军队击溃。囚犯被押回南京，他们在那里受到了良好待遇，在国王的一名族亲被立为新君之后才把他们遣送回国③。所以，海军武装力量对中国人和葡萄牙人来说，可能有其极不相同的含义④。

517 至于贸易方面，和往常一样，我们对其内部组织仍缺乏了解。但是中国人和葡萄牙人的贸易活动自然都是在他们各自的经济制度的庇护下进行的，因而有很大的不同。虽然还需要进行更多的研究，但至少有一点是清楚的，即葡萄牙人的活动从一开

---

① 参见 Pelliot（2*a*），p. 290；（2*c*），p. 214；Duyvendak（9），pp. 376 ff.。苏干剌像陈祖义一样被押到南京，最后也被处以死刑。

② 这是对本书第三卷 p. 558 的修正，但这个问题很复杂，因为中文名字与斯里兰卡历史上的名字不完全一致，品格与声望也不相符。见 Pelliot（2*a*），p. 278；（2*b*），p. 284；徐玉虎（*1*）第103页起；Lévi（2），pp. 429 ff.。对锡兰发生的事情有几种说法，最完整并十分引人入胜的是《图书集成·边裔典》（卷六十六，第九页、第十页）中收入的一位佛僧对玄奘《大唐西域记》的注释，译文见 Lévi（2）。这里的僧伽罗国王被说成是一个印度教徒，因对佛牙舍利不够尊重，受到郑和的斥责。在船舶起航与安全返航的途中都曾有过奇迹出现。不管确实发生过什么事情，都无损于郑和作为一名人道的使者与舰队统帅的声誉。

③ 这一文献包含的战争材料要比上述提到的这一点多得多，不过它取材于罗懋登的《西洋记》小说，这是一部虚构的非历史纪实资料，因此不为正统史学家所重视。里面有一段记载是关于包围和炮击哈德拉毛海岸某地的拉撒（艾赫萨，al-Aḥsā）城的情况。戴闻达［Duyvendak（19）］误将里面提到的"襄阳炮"当作大炮，因为按照我们将在本书第三十章（i）中做出的说明，这是大型平衡式抛石机的一个技术术语。我们已经知道，这种抛石机常安装在宋、明两代的战船上（上文 p. 425）。然而，他认为郑和船队装备有臼炮与其他火药武器这一主要论点无疑是正确的。有许多14世纪后半叶的标明铸造日期的中国大炮是大家都熟悉的［参见本书第三十章（k），并同时参见 Sarton & Goodrich（1）；Goodrich（15）；Goodrich & Fêng Chia-Shêng（1）；及 Wang Ling（1），这恐怕是关于中国战争中火药发展的最好的概述］。现保存在北京历史博物馆的一支铜火铳有1英尺2英寸长，铸有年代，相应于1332年，这无疑是东西方现存最早的标有铸造日期的金属火炮。有关这支火铳的情况，见王荣（*1*）；这里并修正本书第一卷 p. 142 中的说法。

另一门炮现在也在北京，保存在军事博物馆，其特殊价值在于它是海军用炮。1958年，鲁桂珍博士和我在南京博物馆仔细研究过这门炮。炮身长1英尺5英寸，重34.8磅，炮膛口径4.34英寸，铜制炮筒上铸有如下字样："水军左卫进字四十二号大碗口筒重二十六斤洪武五年（1372年）十二月吉日宝源局造。"设在南京附近的这个水军左卫在郑和时期仍有活动，为他提供了很多护卫船并配备了水军。有证据说明，这些臼炮安装在凳形承座上，以便能够转动瞄准。最后，炮身上铸有相应于1421年汉字的一门臼炮，已在爪哇发现，现今收藏在柏林民族学博物馆（Museum f. Völkerkunde）［参见 Partington（5），pp. 275 ff.；Feldhaus（1），col. 424，（2），p. 59］。引人注目的是炮身上有一个带盖的点火孔，在当时的欧洲炮中尚未发现。这就说明，古代中国小说家笔下的描写并非都不可信。考古学是最高的权威，会证明他们的说法是正确的。但是郑和船队装备有火药武器是一方面，而他们的这些武器使用的范围则另当别论。

④ 几乎不可思议的是，图桑特［Toussaint（1）］在除此而无可指责的一本关于印度洋的历史书中，针对中国人在那里的活动竟会说："说到中国人，他们是靠征服与并吞前进的；他们的士兵占领一个国家，凡用武力征服之处都强制采纳中国的制度、习惯、宗教、语言和文字。"这些话是对克代斯［Coedès（5），pp. 64，66］的愚蠢的随声附和，他把4世纪至12世纪印度文化和平地（如果是部分地）向东南亚各国渗透，比做是想像中的中国与越南、朝鲜及日本的关系。这种说法是没有根据的，对于15世纪的印度洋地区更是完全没有道理的。

始就更加关心私人企业[1]。寻找个人发财致富的“黄金国”(El-Dorado),是征服者(*conquistador*)心理的一个组成部分。亨利王子生前很长的一段时间内,以经商为主的远征是向西非各海岸推进的[2],对非洲的探险越深入,航行的距离就越远,就越需要做到财政上至少自给自足。因此,贸易探险必定得到了葡萄牙宫廷的鼓励和特许,但是在它的背后还有国际金融的支持,实际上也是全欧洲发展中的资本主义的支持;对这种支持的作用目前正在积极地进行研究[3]。与此相反,中国远征却是一个不为欧洲所了解的庞大的封建官僚国家所拥有的纪律严明的海军活动,其动力基本上来自政府,其贸易(虽然数量很大)却是附带的[4],这些受到鼓励外出经商的“非正规”的商人海员,大多是小本生意人。贸易一般由中国的官僚机构管理。只是由于他们人数众多才显出其重要意义。一般的贸易情况也适用于特殊的贩奴贸易。中国和其他亚洲国家很多世纪以来一直在使用黑奴[5],但是他们实行的基本上是家奴制,故有一定的限度。非洲奴隶在种植园里作劳工的情况却不是这样,在“新大陆”尤为突出,仅1486—1641年,葡萄牙人从安哥拉一地抓走的奴隶就不下1 389 000人[6]。人们只要读一读德祖拉拉(de Zurara)自己写的那本有名的编年史就可以看出,葡萄牙沿西非海岸南下的远征从一开始就涉及绑架和搜捕奴隶[7]。这是整个中世纪地中海四周的摩尔人和基督徒的共同做法,但现在有不祥之兆说明它已扩大到从未参加过那种争斗的人们之中。关于其后果,我们不能在这里作深入讨论。

这样,就出现了一个怪诞的现象,几乎还未摆脱中世纪桎梏的封建制度的葡萄牙国建立了一个商业资本的大帝国,而官僚封建主义虽然肯定不能建立未来的经济体制,却使中国具有了没有帝国主义的帝国特征。但是,我们必须防止对最早的葡萄牙商人在印度洋上进行的战争做出不公正的评价;也许是葡萄牙人陷入了难以摆脱的经济需求的泥坑?1498年达·伽马到达卡利卡特期间发生了一件非常重要的事情。当葡萄牙人进献他们带来的条子布、深红头巾、帽子、珊瑚串、洗手盆、糖、油和蜂蜜等货物时,国王讥笑他们,奉劝这位海军将领还是拿出金子为好[8]。同时,在场的穆斯林商人也向印度人断言,葡萄牙人实际上是海盗,印度人需要的东西他们什么也没有,而印度人有的, 518

---

① 亨利王子似乎计划在萨格里什附近建立一个商港,但根本未能发展起来[de Zurara,译文见 Beazley & Prestage (1), p. 21]。

② 第一个“在外商馆”于1448年在阿尔金设立,而著名的“黄金海岸”(El-Mina de Ouro)在外商馆兼军事要塞则于1482年建在阿散蒂地区的沃尔特河口。这两个地方就是蒙巴萨耶稣要塞(Fort Jesus)与东印度的所有要塞化通商基地的前身。

③ Verlinden & Heers (1); Rau (1); da silva (1); kellenbentz (1); otte (1)。

④ 参见童书业(*1*);Lo Jung-Pang (2, 5)。

⑤ 戴闻达[Duyvendak (8), p. 23]对于这种贩奴贸易作过极好的归纳。许多更详细的资料散见于 Hirth & Rockhill (1)。

⑥ Davidson (1), pp. 119 ff.。

⑦ 即1433年[译文见 Beazley & Prestage (1), p. 33],参见贡萨尔维斯(Antão Gonçalves)于1441年所作的关于抓捕奴隶的记载(前引书 p. 43)。亨利王子确实曾指示其船长捉拿俘虏,不过其目的显然是为了详尽了解那个国家的实情及其语言(前引书 p. 35)。德祖拉拉曾悲愤地记载过,1444年将摩洛哥和毛里塔尼亚奴隶一家家地作为私产进行瓜分的情形,结果自然是奴隶家庭妻离子散(chs. 25, 26),当时亨利王子本人也在场。德祖拉拉对奴隶愿意皈依基督教感到高兴——总的说来,他们似乎未受虐待,而且后来还喜欢吃面包和奶酪了。

⑧ Prestage (1), pp 262 ff.,基于佚名作者的《笔记》,译文见 Ravenstein (2)。

他们却想据为已有，如果用别的方法得不到，他们就诉诸武力①。

这种情景我们并不陌生。实际上，它完全体现了贸易不平衡的一种基本格局，这种格局从一开始就是欧洲和东亚之间特有的一种关系，而且注定要继续到19世纪后期的工业年代②。一般说来，欧洲人对亚洲产品的需要，总是比东方人对西方产品的需要多得多，而且支付的唯一办法就是用贵重的金属③。这一情况发生在东西方贸易通道沿途的许多地方，但在中古时期当然主要是发生在地中海东部沿岸的基督教与伊斯兰教国家之间④。然而，中国人也许从未遇到过贸易逆差的境况，因为丝绸和漆器到处享有盛誉，中国人想买什么东西，他们都可以用丝绸和漆器交换⑤。闵明我在其1676年的著作中写道⑥：

519

> 我的设想只是为最突出的特点提供一些解释的线索，以使大家都能认识到上帝对待那些人是多么慷慨。……给了他们想要的一切，而无需到国外去寻找任何东西；我们到过那里的人却可以证明这一真知。

在本书中，我们已有两次提到欧亚之间的贸易不平衡。罗马帝国期间，即公元前

---

① 摩尔商人也说，如果接待葡萄牙人，“别的船就不会再来”，这可能是指中国人的和他们自己的船，这样国家就要遭毁灭。

② 参见Gibbon, *Decline*, vol. 1, pp. 88 ff.。关于这个问题有两部杰出的论著；一是沃明顿［Warmington (1)］的著作，现已陈旧，但很好，特别是书中的pp. 180 ff.；二是布罗代尔［Braudel (1)］的著作，其内容比之其书名具有更为广泛的启示性，特别是书中的pp. 361 ff.。伯塞尔［Purcell (2)］未出版的著作对此有全面介绍，尤其应参见其中的pp. 159 ff.。

③ 为了说明这一历史格局的延续性，对公元70年或公元110年的《厄立特里亚海航行记》［Schoff (3), pp. 284 ff., 参见本书第一卷pp. 178 ff.］和1513年前后的阿尔布凯克的书信［de Almeida (1), vol. 3, pp. 558 ff.］中所记载的欲购亚洲货物的清单加以对比是有益的。皮雷纳［J. Pirenne (1)］现在提出《厄立特里亚海航行记》的年代是较晚的公元246年，雷诺（Reinaud）在很久以前也作过这个推测，但这不影响我们的论点。

④ 在16世纪，这一带边界阻隔十分严重，因为在欧洲极为流行的有效的信用证制度在伊斯兰和亚洲国家却未能通行［Braudel (1), p. 363］。这些国家当然也有他们自己的制度，不过实际上是在“以英镑为核算单位的地区之外通用”。

⑤ 关于东西方这条贸易链，见洛佩斯著作［Lopez (4), p. 309］，不过我非常怀疑中国人是否像他想的那样，在11—12世纪与阿拉伯和东南亚国家的贸易中有过逆差。他好像对戴闻达［Duyvendak (8), p. 16］的一段话有误解［录自Hirth & Rockhill (1), p. 19，取材于《宋史》卷一八六，第二十页、第二十七页］，其中的“计算单位”指的是商品，而不是指中国人支付的钱币或贵重金属的重量。

非常有趣的是，早在公元前80年的中国文献中就有外贸富国的思想。《盐铁论·力耕第二》（第六页；参见本书第二卷p. 251）中说：“好的国君用非必需品去交换基本必需品，以徒有其名之物去获取实在的财物。……以价值微薄之物去诱惑异国外邦，获取羌胡的财宝。这样，一块普通丝绸可换得匈奴值很多钱的东西。……（这样）外国物品不断流进，而我们的财富则不见散失。……”（“故善为国者，……以末易其本，以虚荡其实。……汝、汉之金，纤微之贡，所以诱外国而钓胡、羌之宝也。夫中国一端之缦，得匈奴累金之物，……是则外国之物内流，而利不外泄也。”）译文见Gale (1), p. 14，经修改。

⑥ Cummins (1), vol. 1, p. 137。

50年至公元300年前后，为了换取中国的丝绸与印度香料，欧洲的金银大量外流①。这一过程的后果，不仅使罗马钱币散落到亚洲各地②，而且使汉朝的黄金储备得以增加③。差不多两千年之后发生了与中国南部的鸦片贸易（也是鸦片战争的起因），这是因为欧洲为了购买中国丝绸、茶叶和漆器而使白银大量外流，东印度公司对此深感震惊④，故寻求一种可以代替的交换商品⑤。的确，两千年来，地中海区域好像是一台庞大的离心泵，连续不断地把吸进去的金银转送到东方⑥。亚历山大里亚可以用玻璃器具支付一部分⑦，中世纪的西欧奴隶支付一部分，威尼斯用镜子，英国用锡，但是阿拉伯人、中国人和印度人向来对毛料⑧或酒等最典型的欧洲产品不感兴趣，等到全部交易结束后，就 520

---

① 见本书第一卷 p. 109。关于这个问题的最新论述见施瓦茨［Schuwartz（1）］的论文，它以大量的考古新发明补充了沃明顿［Warmington（1）］、查尔斯沃思［Charlesworth（2）］与肖夫［Schoff（1—5，特别是3）］等人的论据，其中有些也可在惠勒［Wheeler（1，4）］的论文中找到。现在我们所掌握的全部资料可以充分肯定很久以前就为人们注意到的普利尼所写的两段重要文字（*Nat. Hist.*，Ⅵ，ⅩⅩⅪ，101与Ⅻ，XIi，84），他写道（75年左右），每年至少有一亿枚罗马银币（sesterces）外流到阿拉伯、印度和中国，以支付丝绸、香料和香水等进口物品。在一本名为《烹调术》［*Artis Magiricae*；相传为阿皮西乌斯（Apicius）所著，但实际上编于35—435年］的烹饪书中，几乎每条食谱里都有胡椒［经校订的译文见 Flower & Rosenbaum（1）］。由此可见，在罗马时代香料贸易就已经十分发达。佩尔西乌斯（Persius）写道（*Sat.*，V. 约54年）：

“贪得无厌的商人为了赚取金银财宝，
迎着旭日奔赴灼热的东印度群岛；
从那里带回贵重的药材和辛辣的胡椒，
用他们的意大利产品去换取香料……”

而且，还用贵重金属弥补差额。

② 从大量文献中，我们只需引用皮加尼奥尔［Piganiol（2），p. 389］或科德林顿［H. W. Codrington（1），p. 32］的著作来说明其背景，关于这一问题的现状，则有惠勒［Wheeler（4）］和施瓦茨［Schwartz（1）］的研究论文。当然，有些欧洲的产品在亚洲是受欢迎的，作为证据的有阿里卡梅杜（维拉帕特纳姆）的阿雷蒂内陶器和贝格拉姆的玻璃器具［参见本书第一卷 pp. 179，182；以及例如 Hackin et al.（1）］。

③ 德效骞［Dubs（4）］和罗荣邦［Lo Jung-Pang（8）］曾研究过这个问题。非常可靠的资料［《前汉书》卷九十九下，第二十九页，译文见 Dubs（2），vol. 3，p. 458］表明，公元23年新朝皇帝的黄金储备达4 706 880两（oz. troy）。全国藏金量还可能更多。公元前123年，汉武帝储存的黄金至少会有1 568 000两（oz.）［《史记》卷三十，第四页，译文见 Chavannes（1），vol. 3，p. 553］，实际上也许是这个数量的2—3倍，因为这是当时奖赏军队的黄金数。可是中世纪欧洲的全部黄金储备估计在3 700 000两（oz.）左右，1503—1660年，从美洲带回西班牙的全部白银只不过有5 829 996两（oz.）［Hamilton（1），p. 42］。汉朝的黄金储备一部分来源于西伯利亚，部分来自中国本土的矿金与砂金，但大部分是来自对欧洲的贸易，特别是丝绸贸易。应当记住，王莽死后仅数年，罗马的提比略大帝（14—37年在位）曾下令禁止男人穿着丝绸，以减少硬币通货向东“流失”（Tactius，*Ann*，Ⅱ，33）。

④ 还有一个情况与此相关，但人们可能对它不那么熟悉，即1600年建立的东印度公司是由1581年建立的地中海东部沿岸诸国公司（Levant Company）直接发展起来的。

⑤ 见本书第四卷第二分册 p. 600；格林伯格［Greenberg（1）］对这些情况作了极其成功的说明。

⑥ 参见 Braudel（1），p. 362. 金银的供给从来没有充足过。

⑦ 关于贝格拉姆的储存库的情况，参见 Hackin & Hackin（1）；Hackin，Hackin *et al.*（1）。

⑧ 参见 Carus-Wilson（2）。

会留下一笔长期无法填补的亏空①。甚至到发现了美洲和在开采波托西（Potosi）银矿之后，亚洲的抽吸仍在继续，许多贵重金属通过菲律宾向西流去，而不再继续充实西班牙的金库②。这样，在这位因完成历史上最伟大的海上航行而有些疲惫不堪的海军将领面前，地中海东部沿岸诸国的贸易中出现的不平衡又完全以其古典的形式再度出现③。

那么在15世纪末，这些葡萄牙船长们有什么事情要干呢？首先，除了十字军圣战之外，他们必须获取的是香料。欧洲需要胡椒是肯定无疑的，这是一种非常真实的需要，而不（像有人常说的那样）是一种“奢侈贸易”④。几个世纪之后，欧洲冬季饲料业才得到了全面的发展，在此之前，欧洲的畜牧业每年只能保留耕作与繁殖所需要的牲畜；余下的必须全部杀掉，腌制成咸肉保存⑤。这种加工需用整船的胡椒⑥，胡椒现已放在葡萄牙人伸手可取的地方——只要他们付得出钱去买即可到手。因此，第二点就 521

① 总而言之，亚洲对欧洲的主要商品不感兴趣。乾隆皇帝写给乔治三世的信中有一段经常被引用的话（1793年）：“我们对稀奇昂贵之物不感兴趣。贵国（马戛尔尼勋爵）已亲眼见到，我们拥有（我们需要的）一切物产。我们并不珍视稀奇精巧之物［即指“乐钟”（sing-songs；自鸣钟和自动机械玩具），参见本书第四卷第二分册 pp. 522 ff.］，我们无须使用你们国家的产品。……因此，不需要进口外番货物以换取我们的产品。但因中华帝国的茶叶、丝绸与瓷器为欧洲诸国之必需品，故作为特殊优惠，我们允许在广州设立外国货栈以供应你们之所需，使贵国分享我国之仁德。”（“奇珍异宝，并不贵重。……尔之正使等所亲见，然从不贵奇巧，并无更需尔国制办物件，……天朝物产丰盈，无所不有，原不藉外夷货物，以通有无。特因天朝所产茶叶、瓷器、丝绸为西洋各国及尔国必需之物，是以加恩体恤，在澳门开设洋行，俾得日用有资并沾余润。”）［译文见 Backhouse & Bland（1），pp. 322 ff.，经修改］

② 这就是17世纪中叶秘鲁-玻利维亚向西班牙停止交付银子的诸因素之一。参见 Hamilton（1），pp. 36 ff.，Braudel（1），p. 415。

③ 布罗代尔［Braudel（1），p. 371］的锋利措辞。

④ 持此看法的论著还有 Pirenne（1），p. 143；Runciman（2），pp. 88，89；Postan（1），p. 169；Lopez（4），p. 261。

⑤ 这种困境是所有中世纪西方农业研究人员所承认的［例如，Gras（1），p. 15；Franklin（1），pp. 48，121；Curwen（6），p. 84；Parain（1），pp. 123，127，132，153 ff.］。欧洲原生的芜菁可能从远古开始就被利用，但是三圃制（open-field system）使农作物过于单一，这就意味着要在秋季收割地里留下作物残梗时实行总放牧，这和计划的冬季饲养相矛盾。三叶草与紫花苜蓿（参见本书第一卷p. 175）是来自中东的“人工草”，在17世纪开始逐步得到利用，还有油菜籽，但是到后来才知道牲畜爱吃榨过油的菜籽饼。玉米和土豆当然是从新大陆引进来的。关于所有这些作物的来源，见 Vavilov（2）；关于冬季饲料的发展，见 Forbes（18）。

⑥ 一般认为［例如参见 Prestage（1），p. 267；Jensen（1），pp. 85 ff.；Drummond & wilbraham（1），p. 34］，胡椒和及其他香料只不过是饮食调味品，或者是用以去除腐肉味道的调味汁。但是，这无论如何也说明不了西方在中世纪大量进口香料的原因。举几个例子——1504年，5只葡萄牙船抵达法尔茅斯（Falmouth），从卡利卡特运回380吨胡椒［Braudel（1），p. 422］。大体与此同时，每一支威尼斯帆船队从亚历山大里亚运回的胡椒数量约为1250吨［Lane（1），p. 26］，即每年运进各种香料总数约3100吨［Lane（2）］。所以我们可以这样猜想，中国与伊斯兰国家的传统工艺，实际上是把胡椒和盐混合后用来腌肉保存。在6世纪的农业经济专著《齐民要术》（脯腊第七十五）中，所有晒干和腌制肉（“脯腊”）的方法都包括胡椒粉。再举一个现代的例证——我们的同事鲁桂珍博士生长在南京，一个有40口人的家庭，每当初冬时节，都要腌制大量猪肉、牛肉和鸭肉，因此胡椒、桂皮的需要量不是以两计，而是以斤计。凡常去中国饭馆的人都很熟悉由1份盐加其重量1/3的胡椒粉混成的“椒盐”［关于“香盐”制法，参见 Apicius；Flower & Rosenbaum（1），p. 55］，但腌制肉类所用的胡椒量要少些。我们可以说，腌制法是从中古时期旧大陆的食品工业留传下来的总体知识的一部分，既含经验又富妙理。肉风干之前如用盐过多，食用前则需用水泡，结果味道不佳且损失养分；如用盐过少，肉就会腐烂变质，更难食用。不论用盐多少，长久存放肉味都会变坏。加添适量的香料，就可以减少用盐量而不致产生任何不良的效果，这也许是因为香料对细菌与自溶酶有抑制作用，能防止肥肉氧化变质的缘故。现代生物化学方面的研究支持这一观点；参见 Jensen（2），pp. 378 ff.；Deans（1）；Webb & Tanner（1）；Chipault et al.（1）。当然，中国人和欧洲人一样需要胡椒，但是他们在自家门前就可弄到。

是几内亚的金子的重要性了。葡萄牙不能像威尼斯一样从中欧支付金银[1]，而且新大陆的财富当时尚无法利用。不管亨利王子是否已有这种预见，约在1445年葡萄牙人到达阿尔金时，他们开采苏丹的金矿[2]已经初获成功。几内亚海岸开放后，多数黄金开始向西流进他们的远洋船舶[3]。这样，他们就有了对东方贸易所需要的贵重金属[4]。在这次交易中葡萄牙人似乎没有大肆欺骗非洲人，因为非洲人不像亚洲人，他们愿意得到马匹、小麦、酒、奶酪、铜器和其他金属制品，以及毛毡和结实的布匹[5]。遗憾的是，非洲金子的数量不能满足葡萄牙人在东方地区的野心，因此出于对基地的需要，自然就会试图以武力攫取马六甲等口岸城市的财富来搜刮更多的财宝[6]。对于他们的这种行动的批评，实际上是说他们不满足于对亚洲贸易的合理份额，他们在此后不久所表现的欲望是完全控制贸易商船[7]。这一点后来由别人完成了[8]，但为时却并不长久。

东西方航海家之间的最后一个差别是宗教信仰，幸而我们出乎意料地得到某些喜剧性的慰藉。从一方面说，的确一切都是冷酷的。善意的传教活动当然从早期就伴随着葡萄牙人的探险活动[9]；西非的第一次弥撒是1445年由波洛诺（Polono）神父在阿尔金主持的。但到这个世纪末之前，所有对穆斯林的战争也扩展到对所有的印度教徒和佛教徒，只有那些葡萄牙人认为可权且结成联盟的人才能得以幸免。1560年，宗教法庭在果阿成立，过后不久，其声名之狼藉比之当年在欧洲有过之而无不及。它对这个帝国的非基督教徒以及基督教徒用尽种种秘密警察恐怖手段，而这种手段也使我们的当今世界蒙受耻辱。不过这些行径在这里更加令人憎恶，也许是由于打着维护神圣宗教利益的旗号的缘故[10]。中国船上的情形则是鲜明的对照。郑和与他的指挥官们不忘先哲孔子和老子 522

---

① 关于这一点，见P. Grierson (1)。产地是萨克森、波希米亚、匈牙利、塞尔维亚和特兰西瓦尼亚（Transylvania）。

② 这里的“苏丹”，实际上不是指很多人说的现在已经独立的尼罗河上游的“英埃共管苏丹”，而是指北起撒哈拉沙漠与南至刚果延伸的多雨森林地带之间的整个广阔原野［参见Davidson (1), pp. 61 ff.］。

③ 参见Braudel (1), pp. 369 ff.。1510年左右，他们每年可获黄金约15 000盎司。多年来的黄金北流曾滋养过西班牙的马格里布（Maghrib）与穆斯林王国［参见Bovill (1, 2)］，如今流向改变，导致了北非文化的大衰败。这对通过陆地与马格里布和苏丹通商的法国与意大利来说也是一个致命的打击。接着在非大西洋的欧洲地区发生了黄金严重短缺的局面，从而使德国的采矿业更加繁荣，奠定了伟大的阿格里科拉（Agricola）的矿物学基础（参见本书第三卷p. 469及其他各处）。但是在16世纪，仍有大量黄金通过埃及流往土耳其伊斯兰世界［参见Brandel (1), pp. 364 ff.］。埃尔米纳似乎已经开发了阿散蒂地区的丰富黄金矿藏，那里的黄金以前从未供应过北非和欧洲。

④ 并非总是直接交易，因为中国人和东南亚人更加喜欢白银，而不是黄金，因此一般认为葡萄牙人是在安特卫普（Antwerp）进行金银交换［弋丹奥（Magalhães Godinho）的说法，见Braudel (1), p. 371］。

⑤ Braudel (1), p. 370。

⑥ Whiteway (1), pp. 141 ff.。

⑦ 在这一方面，葡萄牙人从未完全获得成功，到1550年，穆斯林的红海航路已基本恢复。后来，一直到香料时代终止之前，这两条航路的重要性始终在不自然的平衡中摇摆不定。参见Braudel (1), pp. 421 ff.。

⑧ 葡萄牙帝国的崩溃和其崛起一样迅速。在印度洋航行的第一个荷兰人科内利乌斯·豪特曼（Cornelius Houtman）于1596年扬帆；到1625年，荷兰人就成了印度洋的主人。他们的胜利与地中海东部沿岸诸国的香料贸易的关系比葡萄牙人所作的一切努力更为重大。参见Braudel (1), pp. 441 ff.; Collis (2), pp. 250 ff.，以及本册下文p. 524。

⑨ 见布拉西奥［Brasio (1)］的专题论文。加那利群岛早在1479年就是一个主教管区；圣多美岛（São Thomé）到1534年也有一个主教管区；参见Anon. (47), pp. 117 ff. 关于“东印度的教职”。

⑩ 最好读一读曾亲受其苦的那些人的陈述，特别是法国医生夏尔·德隆［Charles Dellon (1)］的陈述，他的经历已由科利斯［Collis (2)］重述。

的基本教义，信奉“天下为公”，在阿拉伯他们讲伊斯兰先知的语言，追念云南的清真寺院，在印度他们向印度教庙宇奉献祭品，而在斯里兰卡他们尊崇佛祖的遗迹。

斯里兰卡为这种近乎过分的虔诚提供了一个特别令人感兴趣的实例。1911年，公路工程师在加勒城内挖出一块石碑，上面有三种文字的碑文（中文、泰米尔文和波斯文）[①]。不久之后就查明，这是郑和率领下的明朝海军在一次访问时建立的纪念石碑，其碑文是一段宗教布施的祷文。由于石碑风化程度不同（或许在这种情况下中文更易于辨认），中文部分首先被辨认出来，值得抄录引用。其内容如下：

> 大明皇帝陛下派遣大太监郑和、王清濂等[②]在佛陀世尊面前奉告如下：
>
> 我们对您无限敬仰，您仁慈而尊贵，尽善尽美，光照大千，无所不在，您的教义和美德玄妙莫测，您的戒律深入人伦，而您的大劫（*kalpa*）岁月则多如河沙；您威严召人高尚行善，激励仁爱，慧眼洞察（世俗人生）；您神妙的善恶应验无边无界！您的神灵昭示南海深处的锡兰山岛的庙宇寺院。
>
> 最近我们派遣使者去外国晓谕旨意（“比者遗使诏谕诸番”），他们漂洋过海，一路之上处处得到您仁慈的护佑。有您伟大美德的指引，他们逢凶化吉，人舟安全。
>
> 因此，我们据礼仪奉赠供品，以示报答，现在谨向佛陀世尊虔诚地献上金银、彩绸绣金珠宝旌旗、香炉、花瓶、双面多色丝绸、灯烛及其他礼品，以表我等对佛陀的至高敬仰。愿佛光护佑敬献者[③]。
>
> 〈大明皇帝遣太监郑和、王贵通等昭告于佛世尊曰：
>
> 仰惟慈尊，圆明广大，道臻玄妙，法济群伦。历劫河沙，悉归弘化，能仁慧力，妙应无方。惟锡兰山介乎海南，言言梵刹，灵感翕彰。
>
> 比者遣使诏谕诸番，海道之开，深赖慈佑，人舟安利，来往无虞，永惟大德，礼用报施。
>
> 谨以金银织金纻丝宝旛、香炉、花瓶、纻丝表里，灯烛等物，布施佛寺，以充供养。惟世尊鉴之。〉

523

碑文最后列出了礼品清单，包括1000枚金钱，5000枚银钱，100匹丝绢，2500斤香油以及各种祭祀用的镶金红漆青铜装饰品。上面清楚地注明日期为永乐七年，即1409年。

可以推测，郑和（虽然出身为穆斯林）对佛陀与佛牙舍利特别虔诚，因为郑和及其将领曾于1432年在福建长乐为纪念佛道两家尊奉的海神天妃或妈祖树立了石碑，感谢她们的护佑[④]。这显然不像在哈里发的国土上对伊斯兰教的理解。还有更令人吃惊的，加勒石碑其实并非用不同文字重复同一内容的罗塞塔石碑（Rosetta Stone）。二十年后，泰米尔文本被辨认出来[⑤]。原来上面说，中国皇帝听到特纳瓦赖－纳亚纳尔［Tena-

---

① 这块石碑现收藏于科伦坡博物馆（Colombo Museum），1958年我有幸在那里看到了这块石碑。见E. W. Perera（1）。

② 这个名字显然是王贵通的误读，1407年王贵通为派至占城的使节（《明史》卷三二四，第四页）。这一订正是山本达郎（*1*）和内藤虎次郎（2）做出的。

③ 由作者译成英文，借助于巴克斯（Edw. Backhouse）爵士的译文，见E. W. Perera（1）。

④ 本书第三卷pp. 557，558刊载了碑文译文的一部分，全部译文见Duyvendak（8，9）。“天妃”是水手和航海者的护佑女神。有关天妃的礼拜在多雷［Doré（1），vol. 11，pp. 914 ff.］的著述中有简要的说明，近来成为李献璋（*1*，*3—7*）所进行的颇具启发性的研究的主题。天妃显灵始于11世纪，直到如今她仍在中国东南沿海及其岛屿受到崇拜。郑和毫无疑问颇受佛教与道教的感召。

⑤ Paranavitana（3）。

varai-nāyaṇār；相当于僧伽罗文 Devundara Deviyo，是印度三大神之一毗湿奴（Vishnu）的化身］的神威，特树碑称颂。更有意思的是，虽然波斯碑文在三种文字中损坏最为严重，但依然相当清楚地说明这是敬献给真主安拉（Allah）及其一些（伊斯兰教）圣贤的。虽然三种碑文的内容相去甚远，但有一点是共同的——礼品清单几乎完全一样。所以很难不得出这样的结论，三份同样的礼品由海路运来，赠送给锡兰岛上三大宗教的代表。此外，加勒的碑文不大可能是当地的伪造，因为至少有一项历史的分析表明[①]，中文碑文是在中国按碑上的日期（1409 年）雕刻的，但石碑直到 1411 年才在锡兰竖立起来。这种人道主义的宽容大度与后来在果阿进行对异教徒的火刑（*autos-da-fé*）形成鲜明的对照。

有一段有趣的历史脚注中说，葡萄牙人看到这块石碑的时间是在它埋没之前。耶稣会士德凯罗斯（Fernão de Queiroz）[②] 告诉我们，他的同胞发现了“根据中国国王之命立在那里的石碑（*padrões*），上面刻有该国的文字，好像是作为他们信奉那些偶像的标志”[③]。

(v) 船长和帝王的分道扬镳

524

这一切如何结局呢？大强盗劫掠了小强盗。当葡萄牙帝国与西班牙结成暂时的联盟时，葡萄牙帝国还是完整的，但其基础已经动摇。到葡萄牙人于 1640 年摆脱了这个不情愿的联盟，再来拯救它在亚洲的霸权，实质是对一条布满关卡要塞的漫长的贸易之路——从蒙巴萨起始，伸向马斯喀特和果阿，再到科钦、科伦坡和马六甲，而后北上澳门或东行到帝汶岛——的控制权，已经为时过晚。他们再也无力得到充足的人力和军需补给；葡萄牙的远洋航运已经不能承受这一重担。巨大的东方贸易中心一个接一个地落入荷兰人手中；马六甲和马斯喀特这些航运枢纽于 1641 年和 1648 年先后陷落，然后又分别于 1656 年、1661 年和 1662 年丢失了科伦坡、奎隆和科钦。“东方的女王”（Rainha do Orients）果阿日见衰落，成了一个杂草丛生的贫穷地区。荷兰人从未有过变亚洲为基督圣地的空想，他们倾心于做生意；但是别人也能参加这项角逐，也许手段更巧妙，资源实力更雄厚，因此荷兰帝国又先后让位给法国和美国。随着当代殖民主义者的衰落，历史的车轮飞转一周之后又回到了起始点，苏醒的亚洲取得了她对世界事态应有的发言权。

中国远洋航运的衰落来得更快。起初，葡萄牙国内曾有人批评西非探险，但他们不久即看到黄金、奴隶和其他商品所带来的明显好处而闭上了嘴巴。在中国，这种批评与

---

① Duyvendak (9), pp. 369. ff。

② 他本人是有名的历史学家，也是一个仁慈慷慨的人。他在 1687 年完稿的《锡兰的讨伐与安抚》（*Conquista Temporal e Espiritual de Ceylão*）一书中，述说他为葡萄牙人在那个国家的作为感到震惊。他认为，因为信奉罗马天主教的葡萄牙人已被证明根本不配占据那块地方，上帝才允许“异端的”荷兰人占有它。

③ 译文见 S. G. Perera (1), vol. 1, p. 35。关于与葡萄牙人在锡兰的作为的明显差异，见 vol. 3, pp. 1005 ff.。正如 18 世纪末登维德博士所指出的那样，“不管你认为中国人有多么迷信，他们具有一种随和的品德——他们从不干涉外人的宗教”[Proudfoot (1), p. 82]。

非难要多得多，也强硬得多，以国内的地主阶级为根基的儒家官僚，总是睥睨与外国的任何交往。他们对这些外邦异国不感兴趣，认为它们只能提供一些不必要的奢侈品。而根据正统的儒家学究式的克己禁欲宗旨，过分奢侈乃属大咎[①]，宫廷本身在理论上也应将此视为国风而恪守不渝。既然实际需要的全部食物穿着，甚至包括绚丽多彩的中国手工艺品在内，在国内都应有尽有，又何必耗费钱财去国外搜寻奇珍异宝或其他怪诞之物呢？宝船大舰队耗费的那些资金，在所有颇有见地的官僚看来，应该更多地花在水利项目上来满足农民的需要，或用在农田投资和“常平仓”等方面。的确，儒家朝臣并不希望宫廷的权力过大，因为这实际上意味着宦官权势的扩大。因此，水军将帅多为太监充任并非偶然（虽然西方人看来很奇怪）；事实上，这一段伟大的中国航海事业的插曲不过是儒家官僚和宫廷宦官之间争权夺利的一次交锋，这种权利之争至少从汉朝就已开始，此后还要延续很多年[②]。现代的学者们通常同情前者，但是必须承认，在这一方面（也许不是唯一的方面），太监至少是中国历史上的一个伟大时期的缔造者。

525

大力主张紧缩开支、厉行节约的是夏原吉，起初他曾拨款支持远征船队。永乐皇帝在位时，夏原吉被下狱，1424年夏，仁宗皇帝登基，他随即获释，并立即停止舰队的活动。“凡停泊于福建和太仓的船舶，必须立即返回南京，凡为与番国进行交往的海船建造即刻停止。”[③]（“下西洋诸番国宝船悉皆停止，如在福建、太仓等处安泊者，俱回南京。”）但是我们知道，不到一年时间，仁宗即驾崩，继位的宣德皇帝则持不同观点，因此郑和的最后一次伟大航行得以成行并顺利返航。不久新皇帝去世，再度恢复旧政纲，从此再也没有反复。

郑和及其随从一定有向朝廷主管大臣呈报过航行的详尽记载，但到该世纪末，这些记载就遭到儒家海禁派所豢养的歹徒的焚毁。顾起元在其《客座赘语》（撰于1628年）中告诉我们，成化年间（1465—1487年）曾下令于国家档案中查找有关郑和下西洋的文献。当时的兵部侍郎刘大夏取走并焚毁了这些文献，他认为其内容“虚构夸大了人的耳目无法证实的奇闻怪事”（“意所载必多恢诡谲怪，辽绝耳目之表者”）。其他史料的记载更为详细[④]，说刘大夏的活动受到其两任上司项忠和余子俊的包庇与袒护，因而这一事件的发生应在1477年左右。当时，汪直官居边疆巡抚，他曾要求索取郑和时期的记载，以支持恢复中国在东南亚的势力的政策，太监汪直的计划却遭到儒家官僚们的强

① 我们曾经看到过这种思想方式的一个明显例子：大约在1368年，明太祖拒绝接受当时的皇室天文学家敬献的一座华丽的“水晶刻漏”，其中装有中国式的水轮或砂轮擒纵装置（escapement）［本书第四卷第二分册 p. 510；Needham, Wang & Price (1), p. 156］。“太祖视它为一种无用之物（奢侈品）而将其砸碎。”（“明太祖平元，司天监进水晶刻漏，……太祖以其无益而碎之。”）

② 至今对于太监在中国历史上的作用还没有从社会学角度作过充分的研究，但是贺凯［Hucker (1)］却叙述了另一次发生在明朝更后期的权力之争。

③ 见 Duyvendak (9), pp. 388 ff.。

④ 考证及详细说明见于 Duyvendak (9) pp. 395 ff.。一些重要文章收在严从简根据官方文献编纂的《殊域周咨录》中。下级官吏因不能找到其上司偷走的文献曾受杖刑。

烈反对①。

这当然不是明朝水军衰落的全部原因，对此罗荣邦［Lo Jung-Pang (2)］进行了卓越的研究。经济因素至少也同样重要。郑和时代的朝贡贸易制度给中国带来了巨大的利益，但是，到该世纪的中叶，中国货币严重贬值，纸币价值下降到其票面价值的0.1%，如果远洋航行仍继续进行，中国就得出口贵重金属。与此同时，私人贸易增加也越过了该世纪初所预计的数额，瓷器和新棉制品可以在南方和西方港口直接换取国内所需要的货物。技术革命也意想不到地发生了。几个世纪以来，在承担南粮北运这项基本任务方面，漕运和海运一直在竞争，而此时重心明显地偏向了前者。1411 年（如上文 p. 315 所述），工匠宋礼完成了大运河越岭地段的供水工程，从而终于使运河成了全年通航的河道。1415 年，在取消海上运粮业的同时，陈瑄建造的几千艘新型帆船投入航行。因此，这不仅丧失了训练远洋船员的广阔天地，而且也切断了海船船厂的造船来源，它们只能维持修船的局面②。战事对此也有影响。西北边境形势吃紧，转移了对海运的注意力。1449 年发生了悲惨的“土木之变”，扼杀宝船舰队的那位中国皇帝被蒙古和鞑靼军队俘获③。同时，东南沿海各省的人口大量外流，这与南宋初期人口流入的大趋势恰好相反。最后，也不应忽视 15 世纪空泛庸俗的理学流派的发展，它显然是唯心论的形而上学，信奉佛教④，从而对地理科学和航海技术丧失了兴趣，内省的修养和政治的昏庸取代了明朝初期奋发的活力。实际上，这只不过是全面衰落的一个侧面，在许多科学技术门类上都有明显的反映⑤。 526

水军可以说是全面解体了⑥。到 1474 年，原有 400 艘舰船的大舰队只剩下 140 艘舰船。到 1503 年，登州水师的舰船从 100 艘减到 10 艘。水兵大批逃亡，船匠队伍解体。16 世纪，海禁派更加得势。也许是政府害怕大型船舶掌握在私商手里⑦会引起新的思潮、变化、骚动和进步等社会不安定的后果，也许他们认为沿海省份可能和外国结成联盟，也许他们觉得通过海路运输漕粮并不保险。总之，船厂倒闭日益增多，工人转谋其他职业，海运活动备受阻碍。到 1500 年已有明文规定，建造三桅以上的大海船者处以死刑。1525 年的一条法令命令沿海官吏将这类船舶全部毁掉，并逮捕敢于继 527

① 应该说，并非每个人都接受戴闻达对这些事件的叙述。按照《明史》（卷一八二，第十四页）的记载，刘大夏藏匿的文献（没有焚毁），只涉及永乐年间入侵安南的计划（汪直曾想再度入侵安南），而与郑和的水军远征无关。《明史记事本末》（卷二十二，第十五页及卷三十七，第七十一页）将这件事的准确地记在 1480 年。我们应当感谢罗荣邦博士所作的这一说明。但是戴闻达的看法仍很有说服力。

② 国内物价的上涨使全部船厂瘫痪也是一个重要因素，另一方面，恶化了的对外贸易状况又阻碍了使用进口木材［Lo Jung-Pang (5)］。

③ Cordier (1), vol. 3, p. 44。即使在永乐皇帝统治时期，由于朝廷不过问同北方作战大本营的事务，造成水军管理上严重腐败，木材供应部门尤为突出［Lo Jung-Pang (5)］。

④ 参见本书第二卷 pp. 509 ff.。

⑤ 参见本书第三卷 pp. 437, 442, 475。我们将会看到，植物学和医药学方面的情况并非如此。

⑥ 此段的细节取材于郑鹤声 (*1*) 及 Lo Jung-Pang (*2*)。

⑦ 实际上，15 世纪后半叶，中国的私人商船主有过一个短暂的繁荣时期。从前的官家造船工匠进入到私人船坞，从而建造了相当规模的商船队，到 16 世纪初，一些势力雄厚的海运冒险家如林昱等人，就拥有大海船 50 艘；参见 Lo Jung-Pang (5)；方楫 (*1*)。一个朝鲜官吏崔溥（参见上文 p. 360）曾这样记载他于 1487 年路过杭州时所目睹的情形：“外来船只鳞次栉比，江河船只帆樯如林。”［译文见 Meskill (1), pp. 88, 89］可进一步见 von Wiethof (1, 2)。

续驾驶这类船舶航行的人。1551 年的另一条法令则宣称，凡乘多桅船出海者，即使为进行贸易，也按私通外国论处①。这是一种恐外症，它曾使日本与外界的交往隔绝达两个世纪之久。这种恐外症在中国虽然从未达到如此严重的地步，但却完全扼杀了建立一支强大海军的可能性②。后来中国的航运事业又逐步复苏，使大多数传统的造船类型得以保存下来。但是，如果鼠目寸光的明朝廷的陆地派未曾得逞的话，则林则徐及其密友潘仕成等人于 19 世纪 40 年代③鸦片战争时期热情研究西方造船方法的局面将会迥然不同。的确，在 16 世纪结束之前，他们的政策使日本倭寇得以残暴地袭扰其沿海，后来经过艰苦奋战才予以平息④。为此而增强的水军力量到 16 世纪末才显示出它的价值，即从 1592 年到 1598 年间，山东、福建和广东水军与英勇善战的朝鲜海军将领李舜臣⑤的舰队并肩作战，成功地击退了日本舰队。后来到 17 世纪，郑成功（国姓爷）率领明朝水军余部大战满清及其盟友荷兰人，并于 1661 年把他们赶出了台湾。清朝的皇帝对海洋毫无兴趣，因此，在他们的统治之下，海军又衰落下来。

528

我们已经说过，中国官吏于 15 世纪销毁了价值无法估量的历史文献。在旧大陆的那一边，一次地震造成了同样的后果。但是，如果 15 世纪的葡萄牙统治者不顽固地坚持保密政策的话，1755 年里斯本大部分地区的破坏也不致产生这一后果。关于许多据说是葡萄牙大发现的史证文献的丢失，至今还使现代历史学家十分痛心，但是看来那些坚持保密政策的人却被证明是有道理的。例如，1485 年，即巴托洛梅乌·迪亚斯航行的三年前，葡萄牙国王的代表瓦斯科·费尔南德斯·德卢塞纳（Vasco Fernandes de Lu-

---

① 所有这些法令均载于《大明会典》。他们并未禁止奇怪的半官方贸易制度，关于这一点，可另见 von Wiethof（1，2）。

② 十分有趣的是，16 世纪的欧洲对中国从海上群雄舞台的大撤退只有模糊的了解。门多萨［de Mendoza（1）］著作的第 7 章大部分是关于这一撤退的［译文见 Staunton（3），pp. 92 ff.］。他在 1585 年写道："……他们（中国人）由经验得知，越出他们自己的王国去征服他国将损耗大量的人力和财力。此外，他们还要艰难小心地去维持他们已经得到的地方，生怕有朝一日会得而复失。这样，当他们忙于征服外域（指郑和的远征）时，他们的敌人鞑靼人及其他邻国国王却趁机对他们进行骚扰和入侵，危害极大。……（因此）他们发现为了休养生息应该放弃所占领的全部外国土地，特别是那些遥远的国土。从此以后不在任何地方挑起战端，因为那必定会招致损失却无获益的把握。……（于是，中国皇帝）颁布了严酷的刑罚，责令所有身居外国的臣民限期回国。……（他而且命令各地巡抚）以皇帝的名义放弃（对外国的）占领和统治，仅甘愿臣服纳贡交好者除外，如琉球群岛和其他一些国家至今仍然如此。上面所说的看来属实，因为在他们的历史著述和古代航海书籍中均有清楚的记载；因此，显而易见，他们的确乘船进入了东印度群岛，征服了从中国到东印度群岛最远端的所有地方。……所以，至今在菲律宾群岛和科罗曼德（Coromande）海岸都仍有对他们的深深回忆，……在卡利卡特王国也有类似的记忆，当地的土著说，那里有很多树木和水果都是中国人统治该国时带来的。"门多萨还说，现在（即他在世时期）中国商船船长进行海外贸易是能够得到而且也的确得到了政府的许可。他写道，三个中国商人到过墨西哥，甚至到过西班牙和欧洲的其他地方。芝加哥的拉赫（Donald Lach）教授（我们感谢他向我们提醒这段有趣的文字）认为，门多萨过分强调了他所知道的中国人的"撤退"（*répli*），因为他想通过间接的对比方法来谴责当时流行的一种看法，即认为西班牙人、葡萄牙人或其他欧洲民族有可能也有必要征服中国。详见下文 p. 534。即使有一个没有扩张野心的帝国榜样展现在欧洲眼前，欧洲对它却是视而不见。

③ 陈启天［Chhen Chhi-Thien（1）］的论文谈到当时造船业复苏的许多细节，他的另一篇关于左宗棠的论文（3）记载了福州船政局的创建情况。亦可见 Rawlinson（1）；Anon.（72）。

④ 参见本书第三卷 p. 517。1515 年以后，倭寇入侵日趋严重。关于这一时期的水军情况可见《续文献通考》卷一三二。

⑤ 参见下文 pp. 683 ff.。

cena) 在罗马作了“效忠演说”，他说，他的同胞已到达了印度大门，“几乎到了阿拉伯湾的起点处的普拉苏姆岬角 (Promontorium Prossum)”①。除此之外再无其他别的说明。他的这番话很难解释，除非在迪亚斯的成功航行之前若干年已有一些轻快帆船的船长到过东非海岸。同样，瓦斯科·达·伽马一直被认为是第一个沿着海岸航行到索法拉的欧洲人。然而，数年前在列宁格勒发现了艾哈迈德·伊本·马吉德的手抄航海指南，其中写得很清楚，早在1495年，亦即达·伽马到达索法拉前三年，一艘西欧人（指葡萄牙人）的探险船在索法拉附近遇难②。因此，中国和欧洲在销毁两国最伟大的海军时代的史料方面又发生了一次有趣的巧合。

(vi) 动机、药物和征服

529

很自然会提出这样一个问题，如果中国水军本部没有瓦解，其远征是否会继续下去呢？他们会再往前远航绕过好望角吗？也许会的。不过中国人的主要动机从来就不是地理探险③，他们所追求的是与他国人民（即使是尚不开化的人民）进行文化交流。中国人的航行基本上是对已知世界进行的文明而又系统的旅行考察。葡萄牙人的动机也主要不是地理探险。对于一个相信自己会在一场无休止的战争中成为基督教世界的胜利者的国家来说，南非海岸（实际上还有巴西海岸）的发现，与开辟东印度群岛的通路进而从背后攻取伊斯兰世界的宏伟目标相比，实在只能是一个次要的成就。编年史家德祖拉拉在其著名的“亨利王子的动机表”里把这一动机列为第四位，而把受到国家支持的探索宇宙志知识的动机列为首位，把交通与商业利益列为第二位④。像马加良斯·戈迪尼奥 (Magalhães Godinho) 这样的经济史学家目前正在考证迫使葡萄牙人作出这一巨大努力的许多别的原因⑤。硬币的短缺阻碍了商业活动，刺激了对黄金的贪欲。货币的贬值又驱使贵族去占有新的领土，差遣小贵族的儿孙们外出“发财致富”（如果没有别的办法就抢劫）。粮食亏空就意味着需要进口，但财政支付却又十分困难。种植园的耕作需要越来越多的奴隶，而且其他工业对扩张也都感兴趣，例如，纺织贸易需要树脂和染

① 见 J. Cortesão (1), p. 92; Brochado (1), pp. 98 ff.; 至于另一种解释，见 Peres (1), pp. 63 ff.。

② Brochado (1), pp. 79, 102。

③ 他们对非洲的态度，可能是有意让阿拉伯人去探索非洲，如果阿拉伯人对非洲有兴趣的话。从罗马帝国时代起，中国人就已间接地对遥远的西方有了深入的了解，但是，他们所知甚少者则是对其自身的文明会有极大补益而应该去获取的至关重要的东西。德贝纳姆 [Debenham (1), p. 123] 的评论“亚洲人似乎并不需要探险”只说对了一半。在欧洲发现中国之前，中国就通过张骞发现了欧洲。欧洲在从事别的事业的时候，通过亨利殿下无意中发现了美洲。当然，文艺复兴之后，人们对世界的未知部分的看法发生了急剧的变化。

④ 见 Beazley & Prestage (1), p. Xiii，译文见 pp. 27 ff.：“在亨利王子看来，如果不是他或者别的王族去尽力探求那种知识，则航海家和商人绝不敢进行这样的尝试，因为他们谁都不会自寻烦恼航行到一个没有把握获利的地方。”除了寻求长期企盼的盟友祭司王约翰 (Prester John) 之外，德祖拉拉还补充了一个侦察动机，即希望查明摩尔人的势力在非洲南部深入的程度。他的第五个动机是传教的热情，其第六个动机更确切地说是原因，即亨利王子有名的占星活动的需要。

⑤ 见 Godinho (1), pp. 41 ff.；参见 (2)。

料。对中国来说，寻找被废黜的皇帝的下落最多不过是一个借口而已①，其主要动机肯定是通过远方王公们的名义上的归顺（以及丰富的贸易）来显示中国的德威②，而这一点恰是儒家官僚认为完全没有必要的。但是，如果在我们所知的范围内把中国人和葡萄530牙人的全部探险活动加以比较，似乎收集珍宝异兽等天然珍品这一原始科学活动在中国人的远征探险中占有更为显著的地位。当然，不久以后，在人本主义的文艺复兴时期，人们对于所有异国事物的好奇心理在西方也强烈地表现出来③，但这也是中国（如唐朝时期）十分盛行的老传统④。黄省曾写道⑤：

在响如惊雷的波涛和涌如山岳的海浪围包中，靠他们飞立的桅杆和不息的橹桨，时而拉紧索具，时而松下风帆，使者们航行数万里，往返几乎花了三十年，……

然后，使者船队满载珍珠和宝石，沉香和龙涎香，异兽和珍禽——麒麟和狮子、翠鸟和孔雀，满载着樟脑、树脂和玫瑰香精等珍品，还有珊瑚和各色美玉等饰品，远涉重洋归来。

〈自是雷波岳涛，奔檣踔楫，掣掣洩洩，浮历数万里，往复几三十年，……

由是明月之珠，鸦鹘之石，沉南龙速之香，麟狮孔翠之奇，梅脑薇露之珍，珊瑚瑶琨之美，皆充舶而归。〉

某些物品对中国朝廷有其特殊的象征意义。例如，长颈鹿被视为神话中的动物“麒麟”，根据古老的传说，这是自然界中出现的一种最吉祥的征兆，显示帝王具有贤德⑥。连性格乖僻的夏原吉也对之加以称颂。凡船到之处都要进行征集活动——

［谈到阿拉伯的宰法尔（Ẓafār）时，马欢写道：］中国船到达后，国王接了诏书和赐给的礼品，就派出头目到全国各地，命令其臣民收集香料、血竭（树脂）、芦荟、没药、安息香、苏合油和苦瓜籽（*Momordica* seeds；“木鳖子”）等，以换取麻布、丝绸和瓷器⑦。

〈中国宝船到彼，开读赏赐毕，其王差头目遍谕国人，皆将乳香、血竭、芦荟、没药、安息香、苏合油、木鳖子之类，来换易纻丝、磁器等物。〉

这里提到的一种药材，即中国医生和药剂师非常喜欢而且使用很多的一种葫芦藤，引起了我们的重视⑧。郑和的部下是否可能一直在寻找药材呢？他们之中有很多能干的

① 受到重视的看法是［Moule & Yetts（1），pp. 106 ff.］，这位皇帝要么死于1402年，要么于1423年以前死于一个不为人所知的地方。参见 Pelliot（2*b*），pp. 303 ff.；Duyvendak（8），p. 27。

② 这是中国文明的明显特点。然而，人们不应忘记鼓励南海贸易和开发沿海及其岛屿以利边防这一辅助动机。

③ 人们当还记得克卢什（Queluz）的狮笼和丢勒（Albrecht Dürer）所画的犀牛。

④ 薛爱华［Suhafer（13）］关于这个问题的一篇绝妙的论文引起了人们很大的兴趣。

⑤ 《西洋朝贡典录》“自序”，译文见 Mayers（3），p. 223。

⑥ 这段插曲的细节，见 Duyvendak（9），pp. 399 ff.，其概要见（8），pp. 32，ff.。

⑦ 《瀛涯胜览集》“祖法儿”条，译文见 Duyvendak（10），p. 59，亦可见 pp. 11，60，74 等。对鸵鸟的颂词见 Duyvendak（9），p. 382；永乐皇帝赞同对外贸易的论点则见 p. 357。关于寻找珍品的情形，参见 Pelliot（2*a*），p. 445。

⑧ 即 *Momordica cochinchinensis*，见 Stuart（1），p. 265；Burkill（1），vol. 2，p. 1486。它的种子有两个大而含油的子叶，外绿内黄；种子可用来配制主治脓疮、溃疡和跌打损伤的软膏，也可用于其他配方治疗别的病症。

医生[①]。对葡萄牙人和中国人的探险来说，寻找新的药材未尝不是一个更为重要的动机，这恐怕值得我们加以研究。在欧洲和中国，14 世纪都是一个传染病流行极为严重的时期。可怕的黑死病曾经蔓延了欧洲[②]。同样，1300—1400 年，在中国也先后发生过 11 次传染病[③]，包括腺鼠疫和肺鼠疫。人们自然会想到去寻求新的有效药物来治疗新的可怕的疾病[④]。对这些未知土地所进行的大无畏的探险的确获得了这些药材，这已是人所共知的常识——我们谈的不是南美的托卢（Tolu）香树浆和秘鲁的香脂或菝葜，而是安第斯山印第安人（Andean Indians）从中嚼吸古柯碱的古柯叶，最重要的是“退烧树”（金鸡纳属，*Cinchona* spp），它专治各历史时期使人类大量死亡的最大的病魔[⑤]。由此产生了著名的文献，其中突出的有两部书，即达奥尔塔（Garcia da Orta）的《印度的草药和药物漫谈》（Colloquies on the Simples and Drugs of India）[⑥]，1563 年果阿出版，以及莫纳德斯（Nicholas Monardes）的《新大陆（即美洲）的喜讯》（Joyfull Newes out of the New-Found Worlde）[⑦]，1565 年该书于塞维利亚（Seville）第一次刊印时，书名不十分引人注目。同类的中国著述当然更少为大家所知晓。恰在郑和时期之后，《证类本草》的最新大版本问世（1468 年）[⑧]。但是，看来这是 1249 年版的忠实再版，很少或者根本未作更动。然而，《回回药方》一书的出版，反映了当时对阿拉伯药物和治疗方法的巨大兴趣，此书出版的时间大约在 15 世纪的头几十年中，更有意思的是其中一些部分是用波斯文写成的。宋大仁（*1*）曾记述过北京图书馆收藏的这部著作的唯一版本，遗憾的是已非全本；宋大仁认为这是元代的一位阿拉伯或波斯医生的著作，大约于 1360 年译成了中文。很有可能，《庚辛玉册》（用天干中的两个字“庚辛”来象征与金属和矿物有关的各种事物，包括炼金术和制药学）也论述过一些航行外域时发现的无机物，该书系明朝宁献王

531

---

① 参见上文 p. 491。

② 参见 Hecker（1）；Garrison（1），p. 188。关于在亨利王子之前的时期，葡萄牙因鼠疫猖獗而造成的社会影响的记述，见 Nemésio（1），p. 28。

③ 《续文献通考》卷二百二十八（第 4646 页、第 4647 页）。

④ 事实上，中国人长期以来一直对外国的药物有兴趣。我们将在本书第四十四章中看到，几世纪以来，发病的范围总是变化不定，人们一直在探索新的治疗方法。我们在本书第一卷 p. 188 提到过李珣，他是 10 世纪初的一位波斯血统的学者，其《海药本草》至少部分地对李时珍有所裨益。收录在《宋史·艺文志》（《宋史》卷二〇七，第二十三页）中的《南海药谱》，也许就是同一本书，仅书名不同而已。在本书第一卷中，作者被归于李珣的弟弟李玹；这一点需要更正。

⑤ 杜兰-雷纳尔斯［Duran-Reynals（1）］给我们提供了一段关于发现和使用奎宁的历史，既风趣又感人。不幸的是，和秦瑟（Zinsser）等一些最好的医学史家著作的欠缺一样，他的著作也未能提供论证的史料。1693 年，耶稣会士洪若翰（Jean de Fontaney）献给康熙皇帝一些奎宁，治好了他的疟疾。［Pfisler（1），p. 428］。回顾这一段史实是饶有趣味的。但这并不是说中国药典中没有主治疟疾的药物（参见本书第四十五章）。

⑥ 达奥尔塔是葡萄牙埃尔瓦什（Elvas）人；他的著作以对话形式写成，至今仍是一本广为流传的书籍。克莱门茨·马卡姆（Clements Markham）爵士将其译成了英文。达奥尔塔记载的药物中有印度大麻（美人蕉属，*Cannabis*）；含有阿托品和洋金花碱的曼陀罗（曼陀罗属，*Datura*）；在斯里兰卡发现的一种萝芙木属（*Rauwolfia*）植物；以及生姜等。参见 Mieli（2），vol. 5，pp. 136 ff.。

⑦ 莫纳德斯是西班牙塞维利亚的一个医生，他是首先确定牛黄特性的人之一。他所记载的美洲药物中有取自南美槐属（*Myroxylon*）植物的秘鲁止痛药剂，这种药剂直到最近仍多用来外敷溃疡；但是新大陆的真正重要的天然药材，如巴西的吐根、厄瓜多尔和秘鲁的奎宁等，直到后一个世纪才介绍进来。参见 Mieli（2），vol. 5，pp. 142 ff.；Sarton（9），p. 129。

⑧ 幸而剑桥大学有这部珍贵的明代版本可供查阅。见图 990。

532

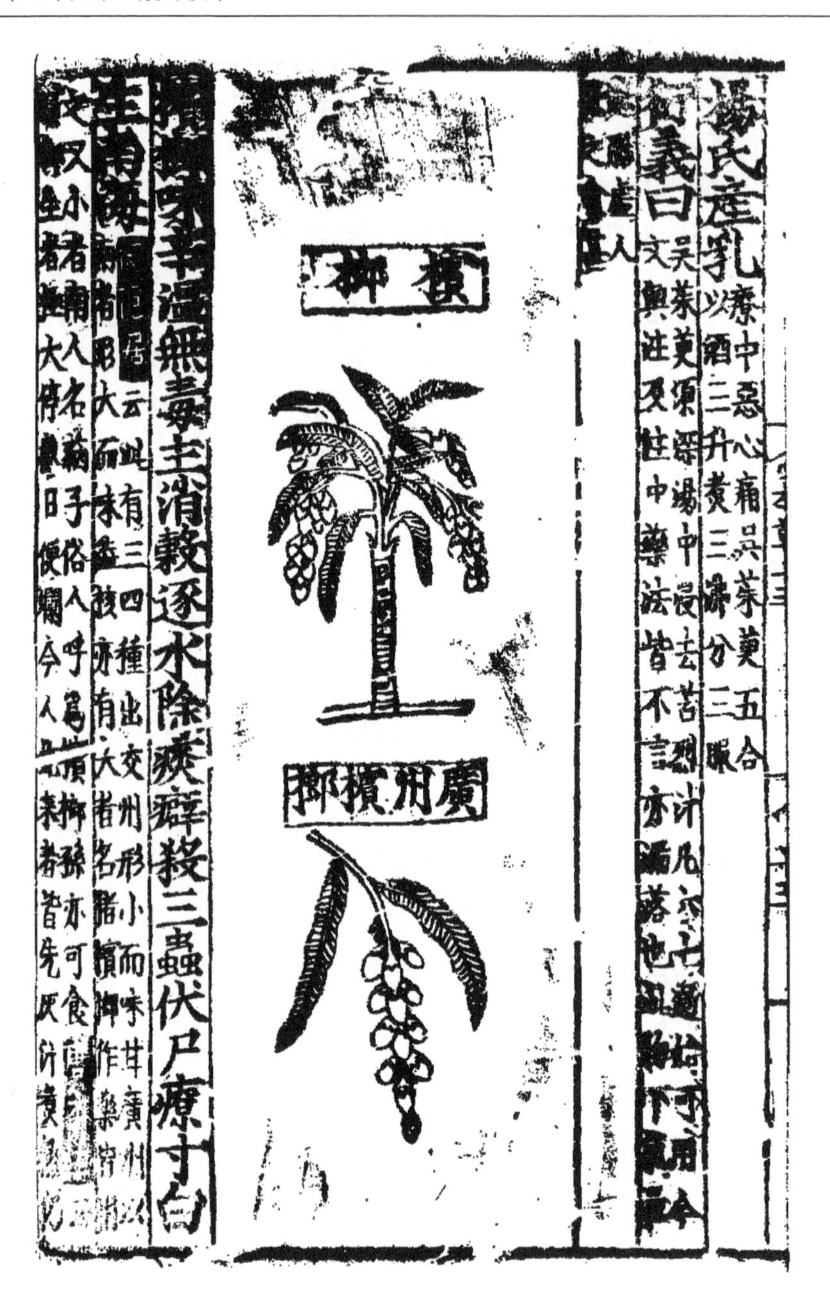
楊氏産乳療中惡心痛吳茱萸五合以酒三升煮三沸分三服
衍義曰吳茱萸須深湯中浸去苦烈汁凡六七遍始可用今文與注及杜中藥法皆不言亦漏落也
檳榔
廣州檳榔
檳榔味辛溫無毒主消穀逐水除痰澼殺三蟲伏尸療寸白
生南海
陶隱居云此有三四種出交州形小而味甘廣州以南者形大而味澀核亦有大者名豬檳榔作藥皆用
又小者南人名蒳子俗人呼爲檳榔孫亦可食

图 990　稀有的 1468 年版《证类本草》1468 年版本中的一页，可用此图来说明博物学在 15 世纪早期中国人的探险和航海方面的作用。中国人对可能有用的外国植物和动物的强烈兴趣并非始于郑和时代，但它肯定是派出宝船舰队的动机之一。图中所示为槟榔树（槟榔属儿茶，*Areca Catechu*），可参见 Bretschneider（6），pp. 27 ff.，Stuart（1），p. 46 及 Watt（1），pp. 83 ff.。上图是一幅整棵棕榈树，下图则是一枝圆锥花序，上面结了上百个鸡蛋大小的白果，白果皮韧如革，内有坚果和果肉。从图左第一行起有文字说明，解释这种药草的基本特性：味苦涩、性温、不含有剧烈的活性素，能治疗或有助于治疗如此这些疾病，产于南海地区。接着还引用了早期作者的两段说明。本图见于该版本的卷十三，第十三页，1249 年的版本则为第十一页。

(朱权) 于1421年编纂[①]。我们曾经指出,《异域图志》也与宁献王有关[②],几乎可以肯定此书利用了航行外域时所获得的知识。关于药物本草,一般可以查阅《本草品汇精要》[③],此书经弘治皇帝钦定,由刘文泰等人于1505年完成。1485—1565年(这是莫纳德斯的著作问世的年代)至少出现过三部重要的中国药物学著作,然后在1596年,李时珍的《本草纲目》[④] 问世。美洲大陆发现之后,烟草和玉米等植物就在中国迅速传播开来[⑤]。如果这些伟大的航行没有带回新的药物,那才是咄咄怪事。 533

现在应该把这些线索串联在一起了。从海路走,索法拉恰好处于里斯本到南京的中途。如果最早的葡萄牙船只经索法拉到马林迪的途中真的遇到了比他们自己的船队大得多的大船队,随行的人也多得多[⑥]——而且这些人对文明人和野蛮人之间应有的关系持有非常不同的看法——那么历史的进程会不会改变呢?张燮于1618年在一段我们很快就要引证的文字中写道[⑦]:"与蛮夷接触就像摸蜗牛的左触角一样,并无可怕之处,真正应该忧虑的只是如何征服海上波涛,而最危险的还是利欲熏心和贪得无厌。"("问蜗左角,亦何有于触蛮,所可虑者,莫平于海波,而争利之心为险耳。")而且恰是从相互间的文化交流这一开明观念出发,中国人不建立驻外商馆,不需要要塞,不抓捕奴隶[⑧],不实行武力征服[⑨]。他们绝不强使别人改变宗教信仰,从而杜绝了由此而产生的摩擦。他们所致力的事业的官方性质有利于限制私人的贪婪和因此而犯下的罪行。而另一方面,葡萄牙人的所作所为却明显地继承了十字军精神[⑩]。他们主张战争。但是,如果说反对印度洋沿岸的穆斯林商业国度的海上战争是争夺圣地的"圣战"的继续的话,它却不知不觉地完全改变了性质,变成了对黄金的贪得无厌的渴求,不仅渴求穆斯林的黄金,而且一心想统治所有非洲和亚洲的民族,不管他们是否和伊斯兰教有任何关系。当时科学的文艺复兴带给欧洲人的军备绝对优势也开始起作用,使他们能够统治"旧大陆"和"新大陆"达三个世纪之久。1685年,若昂·里贝罗(João Ribeiro)船长写道:"从好望角开始,我们不愿意有任何东西不处于我们的控制之下;我们渴望插手于自索法拉至日本的5000里格(leagues)的广大地域里的一切事物。……没有一个角落我们 534

① 多年来我们一直想一睹此书,但至今未获成功。

② 见上文 p.493。

③ 参见 Bertuccioli (1)。

④ 李时珍的好友王世贞为《本草纲目》写了序,他对郑和远洋航行也很感兴趣,且写过一些这方面的文章,这对本文不会没有意义。李时珍传略见 Lu Gwei-Djen (1)。

⑤ 参见本书第四十一章。

⑥ 这里人们一定要记住,明朝法纪严明。15世纪明朝尚未衰落,这与晚清面对西方列强的卑躬屈膝地位全然不同。

⑦ 下文 p.584。

⑧ 明显可悲的是使所有的非洲人都生而成为奴隶的恶魔(Cain)的咒语,在德祖拉拉时代已为人知晓[Beazley & Prestage (1), p.54]。

⑨ 菲莱西[Filesi (1), p.42]也很强调这一点。

⑩ 中国人没有延续百年的宗教战争的传统,这是插在中国人道主义桂冠上的一根翎毛。然而应该可以说,中国从汉朝抵御匈奴以来所进行的上千年的抗击西北游牧民族的斗争,在某种程度上实与十字军战争如出一辙。不过这些战争从来不是狂热的宗教战争,而且(对本文尤为重要的是)它们从未影响中国对东南亚各民族的态度。

没有占领或者不想使其隶属于我们。"[①] 如果中国当时再虚弱一些，这种狂妄野心决不会将她放过[②]。

535 我们已经知道，"葡萄牙人的世纪"也正是"中国人的世纪"。我们对葡萄牙探险家和征服者怀有一种无法克制的既恨又爱的矛盾感情。他们伟大而勇敢的行动使人赞叹不已。他们对阿拉伯人和亚洲人的行为和政策却经常由于那个时代的粗野和暴虐而得到宽恕[③]。但是，中国的船员和船长们也是与葡萄牙帝国的缔造者们完全同一时代的人，

① 这段引文曾被博克瑟［Boxer (3)］引用来批驳一位著名的暴行粉饰者，引文摘自 *Fatalidade Historica da Ilha da Ceilão*, bk3, ch. 1。参见 Anon. (*47*), no. 129。

② 人们一般都不知道，葡萄牙早期的对华关系中就包含有它对中国"可征服性"的估计。当首批欧洲来访者从海上到达中国时，他们特别注意到，由于明朝水军衰落的缘故，中国沿海各省的防御能力很低。第一位大使比利(Tomé Pires) 于1515年亲临中国之前曾经写道："他们十分恐惧马来人和爪哇人，因此，(我们的) 一艘400吨的船就完全可以灭绝广州；这会给中国带来巨大的损失。……看来可以肯定，……为了把中国置于我们的统治之下，马六甲总督并不需要像人们所说的那么多的武力，因为那里的人无自卫能力，易于征服。而且到过那里的主要旅行家都确信，曾占领过马六甲的印度总督［即阿尔布凯克，见 Whiteway (1), pp. 141 ff.］只需十艘舰船就可以拿下整个中国海岸"［A. Cortesão (2), vol. 1, p. 123］。然而，比利是个极富同情心的人，他是一位药剂师和"印度药材代理商"。他的估计受到了他自己命运的奇特的嘲弄；1517年他在广州登陆后，由于马六甲陷落的消息传来和葡萄牙航海家在沿海地区的胡作非为［派来接比利的德安德拉德 (Simão de Andrade) 船长尤为猖狂］，致使其出使使命失败，他本人也一度被关进监狱，最后于流放期间在其中国配偶的慰藉下死于中国的一个小城镇［A. Corterão (2), vol. 1, pp. xviiiff., lxi ff.］。葡萄牙人的胡作非为包括建立城堡和拐骗中国儿童［A. Corterão (2), p. xxxvi］。关押在广州的葡萄牙囚犯不断密谋，其中有一个叫维埃拉 (Cristovão Vieira) 的人，于1524年发出一封密信，断言拿下广东全省只需2500人左右以及一支由10—15艘帆船组成的舰队［D. Ferguson (1), pp. 29 ff.］。半个世纪之后，即在1576年，菲律宾总督德桑德 (Francisco de Sande) 正式向西班牙国王呈报了一份征服中国的计划，但是腓力二世 (Philip Ⅱ) 未予采纳［Blair & Robertson (1), vol. 4, pp. 21 ff.; Boxer (1), p. 1］。1584年9月13日，伟大的耶稣会士利玛窦代表他本人和罗明坚 (Ruggieri) 给当时住在澳门的菲律宾王室代理商或财政大臣罗曼(Juan-Baptista Român) 写了一封信。这封信对中国作了简要而又精辟的分析［收载于 Venturi (1), vol. 2, pp. 36 ff.］。利玛窦无意中提到，中国人在对付日本海盗时军事上处于明显的劣势，这使他在对比中国人和日本人所有其他方面的素质时感到十分吃惊。罗曼将此信寄回了欧洲，他在其附函中写道："最多用5000个西班牙人就能征服这个国家，至少可以征服沿海各省，这些地区在整个世界上占有至关重要的地位。只要有六艘西班牙大帆船和同样数量的双排桨船，你就可以称霸整个中国海岸，以及远至摩鹿加群岛的广大海域和众多岛屿。"［Colin & Pastells (1), vol. 3, pp. 448 ff.; 英译文见 Sir George T. Staunton (3); p. lxxx］这些话恰好写于西班牙打算往中国派驻一个阵容完整的使团的时期［见 d'Elia (2), vol. 1, p. 216; Trigault (1) (Gallagher 译), pp. 170 ff.; Colin & Pastells (1), vol. 2, pp. 520 ff.］。由于中国人和葡萄牙人都反对，此计划落空。在利玛窦写这封信的第二年，罗马出版了门多萨的巨著，书中可以找到与罗曼的观点很相似的意思，只是伪装得更为巧妙而已。门多萨写道："这里我不强调那种可以用（上帝保佑）来战胜和征服这个民族的实力，因为这里不是谈这一问题的地方；而且我已经提请有关人员严密注意此事。再说，我的职业并不是挑起战争，而是谋取和平；如果我的愿望可以实现，那就是上帝所说的插入人的心灵的刀剑，而我希望上帝的这一旨意能够实现。"［Staunton (3), p. 89］由此可见，门多萨那时就已传递了当时中国在军事上弱于欧洲武力的信息，这一信息无疑主要来自他在菲律宾遇到的那些天主教奥古斯丁会、方济各会和多明我会的传教士。恰在一个世纪以后，耶稣会士李明在致函菲尔斯滕贝格 (Furstenberg) 大主教时写道："我承认，阁下，对于当地居民视为世上最坚固的那些城池，我经常怀着很大的兴趣考虑，如果大自然让我们再靠近中国一些的话，路易大帝 (Lewis the Great) 就会轻而易举地征服那些省份。在路易大帝面前，欧洲最坚固的城池充其量也只能坚守几天。"［Lecomte (1), p. 73］最后，就连马戛尔尼也在1794年对入侵计划有过他自己的想法［Cranmer-Byng (2), pp. 203, 211］。而中国文明始终未被欧洲武力所征服，这对后来的世界文化交融是十分幸运的!

③ 他们在印度洋十分不受欢迎这一事实，肯定会加剧这一点。但他们早就预料会受到敌视，从而准备使用他们可以调动的所有力量来战胜它。

而他们的所作所为却没有打着战神的旗号①。我们应该怀念那些真正伟大的卢西塔尼亚人（Lusitanians）；当然不是阿尔布凯克和阿尔梅达之流，而是那些航海家、制图家、天文学家和博物学家。亨利殿下的雕像丝毫没有褪色，他永远是一个令人鼓舞和受人爱戴的形象。除亨利之外，我们可以举出很多地位较为次要的人物：若昂·费尔南德斯（João Fernandes）曾与毛里塔尼亚的阿拉伯人和黑人和睦相处②，费尔南·凯罗斯（Fernão Queiroz）曾为其同胞在锡兰的所作所为而痛心疾首③，比利是一个和蔼可亲但时运不佳的药剂师兼使者④，奥古斯丁会士塞巴斯蒂昂·曼里克（Sebastião Manrique）曾毫不犹豫地穿上黄袍由一个托钵僧陪同去走访过一些被流放在若开（Arakan）山区的葡萄牙水手⑤。让我们也来赞赏一位并不总是受到好评的学者的洞察力吧，他就是第一部自传体小说的作者秉托（Fernão Mendes Pinto）⑥。1614 年出版的他的名著《周游记》（*Peregrinaçam*）和其他早期到过中国或中国附近的葡萄牙旅行家的平铺直叙毫无文采的记述不同，这是一部相当伟大的艺术作品，是对他的国家所建立的业绩进行的一次戏剧性的审议，小说自始至终贯穿着对西方欺凌亚洲人的隐晦的谴责，确信帝国主义是建立在邪恶之上的，这就是那些正直的人们的声音，是他拯救了里斯本，使我们对它怀有永恒的情感。

关于东西方航海家可以作这样的小结：来自东方的航海家，即中国人，他们从容温顺，不记前仇；慷慨大方（虽有限度），从不威胁他人的生存；宽容大度，虽然有点以恩人自居；他们全副武装，却不征服异族，也不建立要塞。来自西方的航海家，即葡萄牙人，是十字军式的商人，他们袭击其世仇的后方，在怀有敌意的土地上抢占商业据点；他们敌视其他信仰，却较少种族偏见；他们热衷于追求经济霸权，并且是文艺复兴的先驱。在那个戏剧性的年代，从欧亚两洲之间的全部海运交往中，我们的祖先一定很清楚这些“异教徒”指的是谁。今天我们认为这些“异教徒”的文明开化程度并不逊色。现在我们也不准备再谈印度洋这个伟大的活动舞台，我们的视线转移到其他大陆的海域和那些可能航行过这些海域的人们。

(vii) 中国和澳洲 536

率先在澳洲海域航行的人是谁呢？我们知道新南威尔士（New South Wales）是库克（Cook）船长于 1770 年命名的，而丹皮尔（Dampier）船长曾于 1684—1690 年间到达过这个大陆的西北海岸和北海岸。在此以前，荷兰人也同样进行过多次考察，他们初次涉足这块大陆是在 1606 年；1618—1627 年，泽亚亨（Zeachen）、埃德尔斯（Edels）、纳

① 我们不能不提到前面某页上曾论述过的罗马人和赛里斯人（Seres，中国人）在古怪的占星术方面存在的差别（本书第一卷，p. 157）。

② Prestage（1），pp. 76 ff.。

③ S. G. Perera（1）。

④ A. Cortesão（2）。

⑤ Collis（2）。

⑥ 见科利斯［Collis（1）］的精辟的解释与说明。

伊茨（Nuyts）和塔斯曼（Tasman）等人详细考察了其北部、西部和南部海岸；而将澳洲西部命名为新荷兰则是在1665年。16世纪发现澳洲的说法就更有争议，然而，克里斯托旺·德门东萨（Cristóvão de Mendonça）或者是戈麦斯·德塞凯拉（Gomes de Sequeira）分别于1522年和1525年踏上了澳洲的土地并遇到过那里的土著民族，这都是十分可能的[①]。法国人宣称在1503年到过澳洲的说法就更加缺乏根据[②]。然而，近来关于中国航海家可能先于欧洲人发现这个巨大岛屿陆地的问题已经严肃地提了出来。

这个问题之所以令人感兴趣，其部分原因是中国的探险和贸易活动的确扩展到了南海的广大水域。中国人同菲律宾[③]、爪哇[④]、巴厘（Bali）[⑤]、婆罗洲和沙捞越[⑥]以及摩鹿加和帝汶[⑦]之间的海运和商业往来，不仅发生在伟大的明朝远征时期，而且至少在宋朝，即当1225年左右赵汝适完成了他对海上贸易所作的经典著述《诸蕃志》时就已开始。关于与南海诸岛或东印度群岛之间所进行的贸易，最完整的记载恐怕当推汪大渊于1350年前后完成的著作《岛夷志略》，此书系作者根据1330—1349年亲自游历这些地区所做的笔记写成。中国对这些十分分散的印度尼西亚岛国的影响，至今（和在东非一样）依然可以从到处发现的陶器残片上看到，其中不乏质地精良色彩绚丽者[⑧]。例如，中国和婆罗洲之间频繁的贸易在唐代尤为活跃[⑨]，以瓷器、念珠和金属工具换取从尼亚

537

① 见 Peres (1), pp. 120 ff.。

② 参见斯特方松和威尔科克斯 [Stefánsson & Wilcox (1)] 的著作，其中 (p. 626) 提及德戈纳维尔 [Binot de Gonneville]。也有人认为纪尧姆·勒泰斯蒂 [Guillaume le Testu] 在1531年就看到了澳洲。对16世纪 (1536—1550年) 出版的一些卢西塔尼亚法国地图，可以作这样的解释——它们依据的是早期中国人对澳洲的了解，而不是法国人对澳洲的了解。这些地图上在爪哇以南都标有（以前的地图都没有这样标过）一块大陆地（大爪哇）。科林里奇 [Collingridge (1), p. 306] 经过详尽的研究之后得出结论说，航行于东印度群岛的早期葡萄牙航海家无疑是从中国或马来航海资料中获得这一知识并传给法国人的 [参见 Collingridge (1), pp. 166 ff., 180 ff., 192, 220]。两个爪哇岛，即"大"和"小"爪哇的传统说法，可以追溯到更早的年代，因为马可·波罗 [Yule (1), vol. 2, pp. 272, 284] 以及他以后的旅行家鄂多立克，孔蒂和卡塔拉努斯 (Jordanus Catalanus) 等人的著作中都有记载 [Yule (3), pp. 30 ff.]。1536年以前，在欧洲地图上它们只是两个大的岛屿 [参见 Collingridge (1). pp. 26 ff., 44, 106, 120]。罗荣邦 [Lo Jang-Pang (7)] 曾经指出，中国文献里对两个爪哇（"阇婆"和"爪哇"）确实也有过类似的混淆，但是施古德 [Schlegel (9)] 提出了许多史料，证明其中一个是今天的爪哇，而另一个则是马来亚海岸的某个地方，而且未分大小。虽然这一问题很复杂，但罗荣邦的看法却十分令人感兴趣，他认为中国人所说的爪哇之一可能就是澳洲。

③ 《诸蕃志》卷上，第三十六页起，译文见 Hirth & Rockhill (1), pp. 159 ff.。亦可见 Laufer (29); Wade (1); Rockhill (1), pp. 267 ff.。

④ 《诸蕃志》卷上，第十页起，译文见 Hirth & Rockhill (1), pp. 75 ff.。

⑤ 《诸蕃志》卷上，第十三页，译文见 Hirth & Rockhill (1), p. 84。

⑥ 《诸蕃志》卷上，第三十四页起，译文见 Hirth & Rockhill (1), pp. 155 ff.。参见本册上文 p. 461。

⑦ 《岛夷志略》(1350年) 第六十二页起，译文见 Rockhill (1), pp. 257 ff., 259 ff.; 参见冯承钧 (*1*)，第87页。汪大渊记述了14世纪初一位名叫吴宅的商船船长的故事，其帝汶岛之行不幸以大多数船员丧生而结束。

⑧ 关于菲律宾群岛，见 Cole & Laufer (1)。

⑨ 详见哈里森 [Harrisson (1)] 的论文，这些词句即摘自该文。1657年，闵明我在婆罗洲看到过很多瓷器；参见 Cumins (1), vol. 1, p. 111。

(Niah) 洞穴里采集的燕窝以及犀鸟牙①和犀牛角②。在婆罗洲各地见到的大量唐代细瓷器，如水瓮，说明在赵汝适的时代这种贸易已经存在很久③。而沙捞越也发掘出了郑和时期的残片④。无疑，还会有新的史证发掘出来。

既然帝汶岛距达尔文港（Port Darwin）只有400海里，中国船只在7世纪以后的某一时期到达过澳洲海岸看来不是完全没有可能的⑤。因此，费子智［Fitzgerald（7*a*，*b*）］的新论文引起了人们很大兴趣，他在扬弃了一些没有根据的主张之后，使人们的注意力转移到一个可靠性毋庸置疑的发现上，即在达尔文港口海岸附近发掘出一尊大约4英寸高的中国道教小塑像（参见图991，图版）。这是一尊“寿老”像，他跨下骑一匹鹿，手拿长寿仙桃⑥。1879年，发掘者们从修路时须推倒的一棵至少有200年树龄的老榕树的根部，于地下4英尺深的地方将它发掘出来⑦，这个小塑像出土时，因年久而变黑，具有明代或清初的风格，因而推定它与郑和同时代则十分合理⑧。这样，它的入土时间很可能比最早的欧洲人发现澳洲的时间还要早。它是一尊中国塑像，这一点肯定无疑，但是却很难证明把它留在那里的是中国船员，而不是那些像所有东南亚人一样珍藏中国神像的马来半岛或巽他（Sunda）群岛的渔民。望加锡人（Macassarese）和布吉人（Buginese）通常每年都要航行到澳洲海岸，随着季风往返，而且从18世纪以后，记载他们周期性停留的文献资料十分丰富。为了换取玳瑁、鱼类和珍珠等天然物产，他们售卖食品、布匹、工具、烟草等类货物。这种交往于1907年为澳大利亚政府所断绝，但是当地的土著仍然（似乎并非十分有道理地）将以前他们与马来人的接触视为一个黄金时期。而中国人自己也并非局外之人，由这些北方人前来寻求的东西中最主要的也许是干海参的事实可说明这一点⑨。这个参场生产晾晒干和熏干体壁的海参（*Holothuria edulis*，以及很多属种），可做羹汤。应当指出，这是中国特有的美味佳肴。此外，只有中国的加工工艺获得了成功，它包括晒干和用红树木火熏。因此，沃斯利［Worsley（1）］的报告有重大意义。他说，根据当地的传说，望加锡人之前就有过一种当地土语称做“白吉尼”（Baijini）的民族来到这里，他们的肤色浅得多而且具有先进的技术⑩。 538

---

① 此牙系取自硬喙犀鸟（*Rhinoplax vigil*）。嘉门［Cammann（6）］对中国的犀鸟牙雕作过有趣的记载。

② 哈里森［Harrisson（6）］记载过这种贸易，杰宁斯［Jenyns（2）］评述过中国的犀牛角雕以及有关犀牛角所具有的神奇医疗效果的传说。至今仍有这种传统的疗法，见Laufer（15）。

③ 见Harrisson（4，5）。关于宋代器皿，见Noakes（1）；Harrisson（2，3，7）；Sullivan（5，6，7，8）。

④ 见Thien（1）；Pope（1）。

⑤ 参见本书第三卷p.274所提供的证据，即公元724年中国的一次天文考察航行曾远航到苏门答腊以南大约南纬15°的地方。并见下文p.567。

⑥ 见Doré（1），vol. 11，pp.966 ff.。

⑦ 这个地点系用测链测定，因而至今仍可准确考证。在周围被陆地包围的达尔文港附近仅有两个淡水泉。小塑像的出土地点就在一个伸向沙滩小海湾的溪谷里，距其中一个淡水泉不远。

⑧ 卫聚贤（*4*），第99页起，艺术史方面的论据也与此吻合。

⑨ 见伯基尔［Burkill（1），vol. 1，pp.1181 ff.］的著作。他说，到马来人贸易时代的末期，澳洲热带海岸的海参已捕捞过度。海参汤至今在中国烹饪里仍享有盛名，我自己就常爱吃海参汤。

⑩ “白吉尼人”带来了织布机，而且在居留期间还进行耕作，这些都是中国人的明显特点。如果他们打算得到他们想要的东西（水产品、海参和其他产品），沿岸人民的敌视态度也许会使他们打消了继续开发的念头，船只很小也许是特别重要的原因。

图版　四一四

图 991　中国道教塑像，高约 4 英寸，1879 年出土于澳大利亚达尔文港的一株至少 200 年树龄的树根中（费子智摄）。见 p. 537。

539

图 992 "小人国"，采自 1726 年《图书集成》热带侏儒国，但插图说明称，此图是依秦汉以后中国文献中的记载绘制的。

如果这些人的确来自中国[1]，那么"寿老"的小塑像也许就是他们到过这里的真实记录，而这可能发生在15世纪的后半叶。

中国制图学至今尚未提供有关与澳洲的早期交往的任何资料，但这只是因为还没有进行认真的研究[2]。与某些出版说明相反，1623年制造的真漆戴维地球仪（David Globe；见下文 p. 586）只标出了新几内亚（New Guinea）和南极洲[3]；澳洲的确出现在纳色恩珐瑯地球仪（Rosthorn Globe）上［虽然与新几内亚和塔斯马尼亚（Tasmania）连在一起］，但其年代可能迟至1770年。澳洲在中国地图上第一次出现的时间，以及地理和航海著作[4]中第一次提到澳洲的时间，向我们提出了一个非常令人感兴趣的问题，这无疑有待进一步研究解决。

540

（viii）中国和哥伦布之前的美洲

关于中国佛教僧侣于5世纪就发现了美洲大陆一说，是现代汉学家提起来就脸红的轻率幼稚的断言之一。德经（Joseph de Guignes）一向是个信口开河的人。他于1758年证明中国是古埃及人的一个殖民地之后［de Guignes（1）］[5]，又于三年后宣称［de

① "白吉尼人"是否指"白人"，以区别于当地土著黑人？或者是"北人"？甚至还可能是"北京人"？这或许是因为最早的捕参人是得到北京半官方许可才来到南方的；何况，在因循守旧的中国，办任何事情都有半官方性质。鉴于前面（p. 508）在谈及马拉巴尔海岸的"白人基督徒的船舶"时所提到的误解，用肤色来解释似乎有一点道理。

② 这个亟待解决的问题，在卫聚贤（*4*）奇特而有趣的著作里肯定没有找到答案，此书的侧重点是说明很早以前中国人就和澳洲有了交往。为此，他从远古和中古时期的中国文献中收集了大量的引文，这些引文有时的确包含有某些暗示，但却绝对没有肯定无疑的证据说中国人知道大洋洲地区的居民和动植物。例如从六朝时期以后，许多文章提到"飞刀"，有人解释说这是指澳洲居民的飞去来器之类的武器。同样，《山海经》中提到的"邛邛"或者《尔雅》和《吕氏春秋》中的"蹷"，都是一种像是鼠首兔尾的动物，它们带着幼仔到处蹦跳，这种动物被认为是袋鼠。更令人信服的一点，也许是卫聚贤特别提到的一个叫做"焦侥国"的国度，此国在《山海经》以后的很多文献中都有记载，焦侥国里的人只有三尺高，这很可能是指新几内亚的黑色矮人，而不是澳洲土著。因为"焦侥"的基本含义是"黑侏儒"，其同义语为"侏儒国"和"小人国"。1225年，赵汝适曾对菲律宾的阿埃塔（Aëta）侏儒人作过清楚的记载［参见 Hirth & Rockhill（1），p. 161］。在这些部族定居的国土上，季节与中国相反，中国是冬天，那里却是夏天。这一记载第一次出现在一部失传的晋代（4世纪）书籍《外国图》中，道世于公元668年编著其《法苑珠林》时曾引用过此书。如果这不是纯粹宇宙学方面的推论（看来不是），则肯定是指在南纬30°地区的经历；而如果这不是指南澳，则另外的唯一可能是指南非——这也是一个必须经过侏儒人定居区才能达到的地区。特别有意思的是公元638年的《括地志》（参见本书第三卷 p. 520）中说，"焦侥"矮人定居在罗马帝国（"大秦"；参见本书第一卷 p. 186 及其他各处）以南，即非洲，此外还专门提到一段关于他们与鹤打仗的西方著名传说（本书第三卷 p. 505）。参见《太平御览》卷七九六，第七页；关于该传说本身请参见 Laufer（9）及 de Mély（2）。插图见《图书集成·边裔典》卷四十二，第六页（图 992）。这方面的知识在远古时期就能如此广泛地传播，真令人赞叹。

③ 1584年和1600年的利玛窦的中文世界地图也是这样，前一幅图中的南方大陆实属胡乱拼凑，好像统称之为麦哲伦洲，后一幅图已经知道有新几内亚，但仍把它画做南极洲的一个海角。见 d'Elia（2），vol. 2，pp. 58，60；卫聚贤（*4*），第179页。

④ 有人认为是指1590年的《咸宾录》和1618年的《东西洋考》，两书在本书第二十二章中都讨论过。J. V. 米尔斯先生告诉我，他在前一书中未找到任何相关的内容（1956年4月的私人通信）。而在和田清［Wada（1）］为后一书所写的详尽的介绍中也找不到任何线索，对此书还需要进行详尽的研究。流传于印度尼西亚的关于东南对跖大陆的传说，可能于1610年左右从马六甲传到了在中国的耶稣会士耳中，但它是否对中国的制图学家产生过影响还不能肯定。然而，1744年出版的陈伦炯的《海国闻见录》中好像有一处（第三十一页）提及法国人关于首先发现了澳洲的断言。中国文化中，航海实践家和文人学者之间总是存在着一定的鸿沟。

⑤ 参见本书第一卷 p. 38。

Guignes (4)] 他有证据证明中国航海家在哥伦布之前就到过美洲的西海岸。他认为，这一点可以证明为什么当地的墨西哥人，事实上是阿兹特克人，比该大陆的其他土著蛮人“斯文”(politesse；这里他用了一个相当奇怪的词)。德经还增补了精美的铜版地图，上面标出了中国人于公元 458 年航行到阿拉斯加和加利福尼亚（即据他说中国人称为“扶桑”的那些国家）的航程。此事使他的同代人十分震惊。

德经据以作出结论的那些文献本身是完全可靠的。《梁书》① 中的主要记载，年代在公元 629 年左右；书中说的是公元 499 年一个名叫慧深的佛僧来到首都，详尽地讲述了他在“扶桑”国的见闻。该国地处中国以东，在“大汉”[指西伯利亚的布里亚特（Buriat）地区] 东面 20 000 余里。他说那里有十分珍奇的树木，其果可食，树皮可以织布，还可用来造一种书写用的纸，那块地方即由这些树木而得名。那里的人民住的木屋里四周没有防护，他们不喜杀好斗，他们驯养牛马，喝鹿奶。他们并不看重黄金白银，使用铜器而无铁器。慧深还记述了他们办理婚丧的风俗。他们没有税收，并且定期变换其统治者的服饰颜色。他还说，扶桑人从前不知佛教的戒律，公元 458 年有五个喀什米尔僧人来到那里，从那时之后，扶桑人的生活方式有了很大的改变。他还为他的故事增补了一段更为离奇的亚马孙（Amazons）国（“女国”）的记载，这个国度在扶桑以东更远的地方②。文章最后说，公元 507 年一场大风暴把一艘福建船吹到太平洋东头的一个岛上，岛上的人面孔长得像狗，主要靠小豆维持生存③。

541

其实“扶桑”出现在中国文献中已有一段很长的历史背景，这是德经并不十分了解的。在《山海经》这部东周和西汉时期的古代神奇地理文献中，生长在遥远的东方的扶桑树，其枝头是每十天作一次巡游的十个太阳的栖息处④。其他汉代著作如《尚书大传》⑤和《海内十洲记》⑥ 中也有类似的传说记载。但这并不是说后来没有人认为扶桑是个实在的地方。我们已经看到过一个故事，说梁代一些使节从名叫扶桑的一个国度里带回了玻璃或水晶石⑦。杨炯于公元 676 年在其《浑天赋》里说它位于东洋（太平洋）海岸的某处⑧。公元 863 年的《酉阳杂俎》也谈到⑨，一个朝鲜人于公元 581 年被风暴吹到了东方的扶桑，

---

① 《梁书》卷五十四，第三十五页起，全部译文见 Schlegel (7*a*)。这段文字收录于《南史》卷七十九，第七页起，以及《文献通考》卷三二七（第2569. 1 页），德经无疑是首先从这里得到这段记载的。在各种类书中还可以找到其部分摘录。《梁四公记》（约 695 年）中还有一篇精心虚构的有关扶桑的故事。

② 《南史》（卷七十九，第一页）也提到公元 520—526 年有一个道士从扶桑来到中国，也许这里的道士是指慧深。

③ 十分有趣的是，当哥伦布于 1492—1503 年来到古巴、委内瑞拉和洪都拉斯时，这些女国和狗面人身人的故事已深深地刻印在他的脑海里 [参见 Lanfer (38)]。这些故事在希腊、印度和中国是家喻户晓的传说（参见本书第三卷 pp. 505)。甚至有人说“cannibal”（食人者）一词乃是将“Carib”（加勒比人）一词误传为“*canis*”（犬属）的缘故。参照亚马孙河的语源。

④ 《山海经·海外东经第九》第三页，《山海经·大荒东经第十四》第五页等。参见本书第三卷图 212、图 213、图 228、图 242 中的“日月树”（Arbores Solis et Lunae)。

⑤ 参见 Schlegel (7*a*)，p. 109。写法不一，如“榑桑”。

⑥ 参见 Schlegel (7*a*)，pp. 118 ff.。另见《拾遗记》卷三，第二页。

⑦ 本书第四卷第一分册 p. 114；源出公元 695 年的《梁四公记》，这里指公元 520 年前后，见《图书集成·边裔典》卷四十一，第三页、第四页。

⑧ 此文未收入《玉海》，而见于《图书集成·边裔典》卷四十一，第五页。

⑨ 《酉阳杂俎》卷十四，第八页。

尽管这个故事荒诞可笑，而且看来也是指日本阿伊努人（Ainu）。7世纪的天文学家李淳风的记载说，扶桑地处日本以东的一个地方，就好像日本在中国以东一样[①]。简言之，没有人知道扶桑究竟在什么地方。1892年施古德［Schlegel（7*a*）］确认扶桑极其可能就是位于日本东北的狭长的桦太岛（Karafuto）即萨哈林岛（Sakhalin）[②]，而且如果堪察加和千岛群岛（Kuriles）也可以考虑在内的话，今天却没有更好的办法来加以考证了。

要细说那些由德经的著名论文所引起的有争议的文献是非常容易的，但却没有价值[③]；我们可以只注意利兰［Leland（1）］的著作，他于1875年毅然为德经辩护，并且不厌其烦地去论证美洲印第安人文明的特点与慧深记载的各点相吻合[④]。这样，“扶桑”树就是龙舌兰树，缺乏铁器明显地是指玛雅人和阿兹特克人，挤鹿奶则是早期旅行于中美洲的人就已经注意到了的事实[⑤]，而“小豆”无疑是指美洲的一种菜豆。虽然利兰和他的战友们在各项具体内容上可能不值得信赖，然而的确有一个没有解决的存留疑案，即含糊地相信亚洲文化和美洲印第安文化之间存在某种联系；我们至今仍怀有这种想法。然而汉学家们却没有犹豫[⑥]，他们毫不留情地揭露了德经和利兰的全部胡言乱语，而到第一次世界大战时期，由于劳弗[⑦]、高第[⑧]等人的批评，“扶桑”这个议题才完全沉寂下来[⑨]。

542

1947年11月，我作为联合国的一个专业化组织的秘书到达了墨西哥城，并获得了几个月的宝贵时机来领略一种文化，它不仅有西班牙传统，更有深刻的北美印第安文化渊源。我坐在阿方索·卡索（Alfanso Caso）和西尔韦纳斯·莫利（Sylvanus Morley）等

---

① 《文献通考》卷三二四（第2547. 1页）中的注文。

② 在中国后来的文献中，“扶桑”常用做指称日本的不严格的诗文词语。

③ 柯恒儒［Klaproth（4）］于1831年就已经将德经的理论斥为无稽之谈。十年后，诺舟曼（Neumann）和帕拉韦（Paravey）似乎维护过德经的观点，但是我们未能见到他们的论文。

④ 利兰是一个杂家，爱就多种题材发表见解。作为一个美洲人，他对他自己大陆上的考古研究特别感兴趣。后来他的著作与其说是为人阅读，不如说是被人嘲弄——剑桥大学图书馆收藏的一部他的著作在书架上安静地度过85个年头，而从未有人问津。其实，书中还是不乏精辟的见解的。

⑤ Leland（1）p. 154。权威性的意见出自德艾希塔尔［d'Eichthal（1），p. 199］，他发挥了德布尔堡［de Bourbourg（1），p. xl］在其基切（Quiché）玛雅人的圣书《人民之书》（*Popol Vuh*）译本导言中的论点；可供参考的新译本有Recinos，Goetz & Morley（1）。参见de Landa（1），vol. 1，p. 99。

⑥ 特别是Bretschneider（11）和Sampson（1）。

⑦ Laufer（14），p. 198；（38）。

⑧ Cordier（1），vol. 1，pp. 558 ff.。

⑨ 除此之外，也许在探险文献中还有意义，因为斯特方松和威尔科克斯［Stefánsson & Wilcox（1），pp. 107 ff.］直到1947年还很重视它。他们认为，这可能是彼得大帝于1725年派出白令（Vitus Behring）远征船队寻找堪察加以东的陆地的原因之一（pp. 443 ff.）。

1958年前后曾出现了一本私人出版的亨丽埃特·默茨［Henriette Mertz（1）］的著作（作者显然不知道利兰的著作已问世），该书不仅热衷于证明慧深说的“扶桑”实际上就是美洲，而且企图证明《山海经》（属于公元前2250年!）对“东海彼岸”的记载（东山经第四、海外东经第九、大荒东经第十四）指的是美国南部的山脉和可以考证出来的地方。默茨了解秦朝时期的远征航行（见下文p. 551）和“堪察加海流”，她有理由说美洲印第安人的手工制品及构思与东亚人及南亚人的有“不可思议的相似”；然而她却完全忽略了作跨洋旅行的可能性和所使用的航海工具。人们可能会把羽蛇神（Quetzalcoatl）就是在洛杉矶附近登陆的某个中国人作为一个坚实的例证，而且这个中国人无疑就是慧深本人［Mertz（1），p. 34］，但是这种想像出的同一总是需要勇气才敢相信的。

1961年，这位僧人又出现在俄国和中国的通俗文学中，甚至1962年1月29日《泰晤士报》还为之发了一篇社论（参见1962年6月7日的《中国新闻》快报）

伟大的北美印第安学者身边，与科瓦吕比亚(Miguel Covarrubias)和朱利安·赫胥黎(Julian Huxley)一起研究这个都城里的国家博物馆所珍藏的奇异史料；并参观了从特奥蒂瓦坎(Teotihuacán)和霍奇卡尔科(Xochicalco)到奇琴伊察(Chichén-Itzá)沿途宏伟壮观的阿兹特克和玛雅文化遗迹，我的朋友鲁斯-吕利耶(Alberto Ruz-Lhuillier)是当时居住在奇琴伊察的考古学家。每当我查阅我的论述美洲印第安文化的藏书时，我的脑海中就会栩栩如生地浮现出一个亚洲人来亲自研究这些文化时才会产生的强烈的求索欲望的情景。的确，这种求索具有某种回忆幻觉的意味，而且在我逗留期间，给我留下深刻印象的是高级的中美洲文明与东亚及东南亚文明之间有许多特点都明显地相似[①]。首先，中美洲文化都发源于该大陆的西半边，就好像孕育于太平洋彼岸或者受到它的吸引或刺激一样；这难道不令人吃惊吗(见图993)[②]？其次，中美洲印第安人庙宇的庙台和雄伟的阶梯，以及城镇建筑式样，虽都属金字塔式的高台神殿(*teocalli*)，却以水平线为主线条[③]；到处都可见到天龙的图案[④]、双头蛇[⑤]和形如“饕餮”的异面人像[⑥]；像“木鱼”似的特波那斯特列长木

图993 中美洲高级文化的分布区域
[据 Krickeberg (1)]。

543

① 早在1933年，中国文化与玛雅文化的相似处就给社会主义的启蒙学者江亢虎极为深刻的印象，他在一篇鲜为人知的文章中谈到过这些相似之处[见 Chiang Khang-Hu (1), p. 380]。

② 采自 Krickeberg (1)，根据 Heyerdahl (2)。德经[de Guignes (4), p. 518]自己在很早以前就曾提过这一点。参见 Covarrubias (2), p. 71。

③ 见 Anon. (48), figs. 19, 148, 204; Castillo (1), pp. 13, 14, 15, 20，以及所有有关的精致相册。水平线在中国建筑学中的重要性，在上文 p. 61 已作过重点说明。中美洲古代神庙和中国文化中的御苑和天坛、地坛等等之间的相似处，凌纯声[(2, 3); Ling Shun-Shêng (2, 3)]曾作过研究。

④ 美洲印第安龙(*nāgas*)和中国龙相似，参见本书第三卷 p. 252，以及许多别的资料。关于这种美洲印第安龙，参见 Anon. (48), fig. 22; Morley (1), p. 215; Vaillant (2), pp. 52, 57, 175 ff., 182 ff., pls. 23, 53; Spinden (1), pp. 89 ff., 206; Covarrubias (1), p. 130; (2, 3); Soustelle (1), p. 47; Noguera (1), p. 32；最后请参阅 Combaz (7)，特别是 pp. 262 ff.，其中写道：“比较时……是很困难的”(les rapprochements... sont très troublants)。古代的中国文化和玛雅文化，都尊奉降雨龙王，其复杂的祈雨仪式相似到几乎惟妙惟肖的程度，刘敦励[(*1*); Liu Tun-Li (1)]对此有详尽的研究。奇琴伊察城的闻名遐迩的深水洞(*cenote*)献祭仪式大体和公元前5世纪中国的河伯娶妇的情形相似(参见本书第二卷 p. 137)。若是中美洲印第安文明能得以自由发展的话，难道不会在一定的时候出现一个西门豹以理性的宝剑处斩这种残忍的宗教活动吗？

⑤ Spinden (1), p. 98; Combaz (7)。这种在中国古代是虹的象征的双头蛇(本书第三卷 p. 473)，也被雕饰在千佛洞一处5世纪的佛窟中，见本书第一卷图19。参见 Covarrubias (2), pp. 45, 169, (3), pp. 176 ff.。

⑥ 见 Anon. (48), fig. 52; Spinden (1), pp. 167 ff., 223; Adam (1)。中国的肖像学史料，可见本书第二卷 p. 117。参见 Hentze (3); Covarrubias (2), pp. 31, 35, (3), pp. 235, 238。

鼓（*teponatzli*）[①]；三足陶器的形状颇像"鬲"[②]；赤陶俑[③]；甚至还有与楚汉风格极为相似的绘画[④]；羽毛做成的衣服[⑤]；玛雅和阿兹特克历法的双循环组合体系[⑥]；表意文字[⑦]；以及象征的相互联系（颜色、动物、方位等）[⑧] 和宇宙起源传说[⑨]方面的意义深远的类似——所有这一切综合起来就给人一种强烈印象，即亚洲文化对美洲印第安文化有过影响[⑩]。我也知道民族学方面早已为人知晓的事实，如游戏方式[⑪]、占卜（甚至扩

544

---

① 见 Anon.（48），figs. 201，202，241，249，250；Schaeffner（1），pp. 72 ff.。中国佛寺里的木鱼在本书第四卷第一分册 p. 149 中已有说明。

② 见 Anon.（48），figs. 155，167，182，195，212，253。中国古代与此相对应的物品已在本书第一卷 p. 82 中作过论述。许多美洲印第安人的例证载于 Covarrubias（2，3）；Ekholm（4）。

③ 见 Anon.（48），fig. 216，图中所示为一些舞蹈者。墨西哥城的国家博物馆里有一整套陶俑，他们是在进行一场仪仗性的或占卜性的球赛（下文 p. 546）。从风格上看，这些陶俑很像最近在云南发现的铜俑［Anon.（*28*）］以及从汉墓中出土的任何其他材料的葬俑。对美洲印第安人的葬俑的详尽记载，见 Covarrubias（2，3）。

④ 见 Pijoán（1），vol. 1，pl. Ⅻ；Vaillant（1），p. 60，可与下列著述中收集的壁画和漆画作比较：水野清一（*1*）；杨宗荣（*1*），图 1、图 15；常任侠（*1*），图 1、图 4、图 5、图 6；商承祚（*1*）；O. Fischer（2）。关于壁画，详见 Covarrubias（2），pp. 56，86，116，（3），pp. 253 ff.，287 ff.，303；关于彩色漆画，见 Covarrubias（2），pp. 56，117，（3），p. 95。

⑤ 参见 Vaillant（1），pp. 66，72 ff.，并与本书第一卷 p. 202、第四卷第一分册 p. 149 比较。另见 Covarrubias（2），pp. 55，100。

⑥ Morley（1），pp. 269 ff.；Caso（1），pp. 39 ff.；Spinden（1），pp. 111 ff.；Soustelle（1）；Rock（1）。中国和美洲印第安人文化区域的多种循环序数的齿轮对啮式相配方法之间的相似，本书已作过较为详细的论述（本书第三卷 pp. 397，407）。关于中国的干支周期及其所用汉字，亦可参见本书第一卷 p. 79；第二卷 p. 357；第三卷 p. 82。关于十二生肖（本书第三卷 pp. 405 ff.）和二十八宿（本书第三卷 pp. 242 ff.）等相似的情况，正在进行积极的研究；参见 J. E. S. Thompson（1）；Kelley（1，2）；Soustelle（1），pp. 79 ff.；Kirchhoff（1）。

⑦ Morley（1），pp. 260 ff.；Thompson（1）。参见本书第一卷 pp. 27 ff.。

⑧ Spinden（1），pp. 126，231，234；Soustelle（1），pp. 30，56 ff.，75，其中谈到的各种颜色与空间方位的联系特别给人以深刻的印象（参见本书第二卷 pp. 261 ff.）。毋须再提醒读者注意象征的相互关系在远古至中古时期中国思想中的重要性了。关于"阴阳"图案，参见 Spinden（1），p. 243，以及 Léon-Portilla（1）。

⑨ 这方面我们已经看到过一个例子（本书第三卷 p. 215），即天地相接处裂缝的开闭；参见 Hatt（1）；Erkes（17）。但是，阿兹特克人也说月中有兔［Soustelle（1），p. 19；Liu Tun-Li（1），p. 67］；参见本书第三卷 p. 228 及其他史料。羲、和兄弟的密切关系（见本书第三卷 p. 188）也出现在玛雅人中间［de Landa（1），vol. 2，p. 15］。参见萨阿贡［de Sahagún（1）］的大事记，以及雷西诺斯等人［Recinos，Goetz & Morley（1）］的玛雅圣书《人民之书》的译本。

⑩ 这些说明绝不想否定中美洲高级文化所具有的深邃的独创性。不论是他们的宗教体系，如将雨和玉米人格化，还是在他们的印加王国高度发展起来的社会组织，或是他们所特有的技术，如黑曜岩（火山玻璃）的采掘，白金的冶炼，或是橡胶工艺，所有这一切都说明他们有完全独特的性格。我所谈的只是来自亚洲的那些重大影响，这些影响可能曾经对他们确立自己的个性有过促进作用。一些美洲印第安学者［如我的朋友韦尔特菲什（Gene Weltfish）教授，我应该非常感谢他和我一起讨论这些问题］持这样的观点，即当一种文化的技术发展表现出明显的而又无法另作解释的不连续性时，人们才必须重视外界对该文化的影响。我觉得这样说有些夸大其词，实际上若是两种不同的文化之间存在有明显的相似之处的话，人们注意到这些相似处则是合理的。独立的发明或许永远不会被否定（如印刷术的情形，继中国之后，它又产生于欧洲），但是，如果一种文化中的某一技术在另一种文化中出现以前已经有了一段很长的历史，我觉得坚持其独立性的人就有责任提出论据——其前提自然应该能够相当有把握地表明，文化的传播在物质方面和地理方面都是可能的。在这一方面，海涅-格尔德恩［Heine-Geldern（16）］和卡索［Caso（2）］的形成对照的不同观点值得仔细考虑。

⑪ 见泰勒［Tylor（1）］关于阿兹特克人的一种类似"十五子棋"的棋戏（*patolli*）的经典论文，阿兹特克人的棋戏形式与先前亚洲的棋戏形式非常相似。

大到甲骨占卜)①、计数工具②和艺术形式③等，无不准确无误地说明带有亚洲的影响。阿兹特克人和玛雅人像中国人一样④珍惜玉石是很奇怪的。但是，更为奇怪的是在太平洋两岸，都把玉珠或玉蝉放在死者的嘴里⑤，而当人们得知在所有的这些文明中，这些护尸玉石有时还用朱砂或赤铁矿涂成富有生机的颜色时，吃惊就会转化成确信不疑了⑥。 545

如果这种确信有一半是勉强的话，那完全是由于美洲印第安学者多年来抱着门罗主义，否定中美洲高级的本土文化的发展有任何外界影响⑦。但是，在20年之后的现在，这种正统观念正在迅速地消失，而周期性的亚洲影响的说法正日益被人们所接受。收集的史证⑧已堆积如山，说明从公元前7世纪到公元16世纪，也即在哥伦布以前的所有时代中，亚洲人对美洲的不定期的来访，带来了很多文化特色、艺术图案及实物（特别是植物），还有

---

① 关于相面，见本书第二卷 pp. 347 ff.；库珀［Cooper（1，2）］在北美阿尔衮琴族（Algonquin）印第安人中发现了相面活动是出乎意料的。

② 结绳计数和记事是人所共知的印加结绳语（*quipu*）［参见 Locke（1）］，而在古代中国也有许多关于这种方法的史证（参见本书第一卷 p. 164；第二卷 pp. 100，327，556；第三卷 pp. 69，95）。

③ 关于高棉艺术，请参见 Marchal（1）；关于印度尼西亚和印度支那艺术，请参见 d'Eichthal（1）；Kreichgauer（1）。周朝和美洲印第安人都明显采用回纹作装饰，这是非常引人注目的；参见 Covarrubias（1），pp. 110 ff.；（2，3）中各处。印度尼西亚的相似处也已由韦尔特菲什［Weltfish（2）］引证过，然而他相信这些相似点可能是从编织和编筐工艺，特别是平条斜纹编织工艺中独立发展起来的。

④ 参见 Morley（1），pp. 425 ff.，pls. 91—93；Vaillant（1），pp. 75 ff.，（2），p. 128，pls. 3，16；Anon.（48），figs. 199，200；Spinden（1），pp. 89，160，162，243；Covarrubias（1），pp. 107 ff.；（2，3）中各处。也应记住毛利人（Maori）对玉石的喜好；参见 Chapman（1）；Ruff（1）；Duff（1）。

⑤ Morley（1），p. 205；Caso（1），p. 38；Covarrubias（1），p. 108。美洲印第安人大多数在口内放有玉珠，但是他们也雕刻玉蝉佩于身侧。Anon.（48），fig. 244；参见 Pijoán（1），vol. 10，pl. Ⅺ及 fig 250；Noguera（1），p. 39。至于中国的类似情况，参见 Laufer（8），pp. 294 ff.；Biot（1），vol. 1，pp. 40，389；Wieger（2），p. 90 等。

⑥ Covarrubias（1），p. 108，（2），pp. 48，79，104，（3），p. 55。关于中国的一种类似的做法，见 Laufer（8），p. 301。阿兹特克人用红色涂料处理尸体的其他办法，可见 Vaillant（2），p. 37。关于玉石，美洲印第安文化和中国文化之间有另一个明显的相似点，即相信玉石散发出的“气息”可以帮助采矿者发现矿源（参见本书第三卷 p. 677）。关于这一点，见 de Sahagún（1），vol. Ⅱ，pp. 277 ff.；参见 Covarrubias（1），p. 108，（2），p. 105。

⑦ 当然不能否认在旧石器时期曾有亚洲人横渡白令海峡来到美洲定居，因为当地居民的“蒙古人种”的特点早就成了体质人类学上的一个肯定无疑的发现；这里的讨论只涉及过去三千年期间的文化影响。

⑧ 有关综述，见 von Heine-Geidern（3，7，10，11）；Covarrubias（2）；M. W. Smith（1）；Ekholm（3）；同时见 Gladwin（1）及 Raglan（1），pp. 154 ff.。美洲印第安文化的特性，见 de Landa（1）；de Sahagún（1）；Spinden（1）；Morley（1）；Recinos，Goetz & Morley（1）；Ruz-Lhuillier（1）；Armillas（1）；Vaillant（2）。

各种各样的观念和知识。目前对血液学①、民族植物学②和民族寄生虫学③的研究，为证实
546 上述各点提供了不少论据，而对冶金术④、造纸术⑤、宗教艺术⑥与建筑学⑦、“长城”与

① 关于迭戈（Diego）血型抗原，见 Layriesse & Arends（1）；Lewis，Ayukawa *et al.*（1）

② 关于这个问题的近期评论，见 von Heine-Geldern（9）及 G. F. Carter（1）。这里的主食玉米，一直被认为是美洲大陆的土产［de Candolle（1），pp. 387 ff.；Vavilov（2），p. 40］。通常的看法是由劳弗［Laufer（36）］在一篇经典性论文中提出来的，他认为，到 16 世纪玉米才从美洲（可能经欧洲人）通过印度、缅甸传入中国，也有可能是直接传到中国沿海地区的，此前东亚时对玉米一无所知。坚持这种观点的著述有：Mangelsdorf & Reeves（1，2，3）；Reeves & Mangelsdorf（1，2）；Ames（1），pp. 92 ff.；Ho Ping-Ti（1）等。但是斯托纳和安德森［Stonor & Anderson（1）］发现，在印度阿萨姆邦一种原始的玉米品种早已在那里扎根繁衍［参见 Hatt（3），pp. 902 ff.］，从而他得出结论说，这种品种必定是发源于亚洲的，否则就是在哥伦布之前传到那里的。正如海尔达尔（Heyerdahl）所说，它可能是“随人乘船……被黑潮的一个南支流或被北太平洋海流漂泊传送到俄勒冈州或加利福尼亚州的”［Heyerdahl（2），p. 494］。与此相反，曼格尔斯多夫［Mangelsdorf（1，2）］在墨西哥发现了约 8 万年前的玉米花粉化石，而曼格尔斯多夫和奥利弗［Mangelsdorf & Oliver（1）］能够为阿萨姆邦的物产找到南美洲的对应物。这样，到底太平洋的哪一边先种玉米的问题仍然没有解决；史证似乎有利于美洲人在先，但是亚洲在哥伦布之前的栽培还没有被否定。另一个突出的例子是棉花。根据哈钦森、西洛和斯蒂芬斯［Hutchinson，Silow & Stephens（1）；Hutchinson（1）］以及索尔［Saller（1）］等人的考证认为（这些考证受到了批评，但没有被推翻），旧大陆的棉花（*Gossypium arboreum*）品种有 13 对大染色体，而新大陆的棉花（*G. Raimondii*）有 13 对小染色体，一定是由于某种原因把旧大陆棉花品种与新大陆品种进行了杂交，这样就产生了秘鲁种植的印加棉花品种，一种由 26 对染色体构成的多倍体，其中的染色体一半是大的，一半是小的。这再次说明在哥伦布之前就有了横跨太平洋的航行。斯特宾斯［Stebbins（1）］推测中国是其中途的一站。但是，如果最早的秘鲁纺织品的年代是对的话，则传播必定发生在公元前第 1 千纪以前。很多对人类有用的其他植物也出现在这个仍在继续的争论中。目前关于美洲和波利尼西亚之间有过交往的证据看来颇有说服力；见海尔达尔［Heyerdahl（7）］的评论。

③ 钩虫感染区的分布有民族学上的意义；参见 Darling（1，2）；Soper（1）。十二指肠钩虫（*Ancylostoma duodenale*）和美洲十二指肠虫（*Necator americanus*）的交叉感染，在中华文化圈和美洲印第安人中间同时存在。因此，有人说：后者一定是起源于北纬 20°至 35°的亚洲地区，或者是通过与从那里来的人接触而引起的。这种感染模式不会在经过寒冷的白令海峡的缓慢迁移中保存下来，而表明是经海船横渡太平洋的更快的传播［参见Heyerdahl（2），p. 508］。

④ 见海涅·格尔德恩［von Heine-Geldern（4）］的精心研究，在很多情况下，他的对比并列分析和我们在本书第一卷 pp. 160，162 中所做的旧大陆东西两端青铜器时代的器物对比一样令人惊异。失腊铸造法（*cire-perdue*）在新旧大陆同样使用；参见 Covarrubias（2），pp. 86，125，220，（3），pp. 99，310。关于哥伦布之前的冶金术的概况，读者可参见 Rivet & Arsendaux（1）。

⑤ 见 von Hagen（1）。

⑥ 见 von Heine-Geldern（7）；v. Heine-Geldern & Ekholm（1）；Ekholm（2）；Covarrubias（2，3）. 参见 Hentz（1，5）。与此相关的一件有趣的事是，在瑞典王室的古物珍藏室里，有一件高约 7 英寸的周朝青铜“图腾柱”，这特别使人想起加拿大西北部印第安人的小“图腾柱”。

⑦ 见 von Heine-Geldern（12）；W. Müller（1）；Ekholm（1）；Covarrubias（2，3）；凌纯声［（2，3，4，5）；Ling Shun-Shêng（2，3，4，5）］。玛雅人甚至似乎知道理想的拱形结构，不过用得很少［Befu & Ekholm（1）；Ruppert & Davison（1）］。参见上文 p. 167。

道路[①]、音乐学[②]、民俗学[③]、占卜术[④]、农业耕作[⑤]、社会组织[⑥]，甚至衣着[⑦]等方面的对比研究，正在详尽地勾勒出这幅总的图画[⑧]。我们应该设想，具有高度文化背景的人（无疑也包括妇女）是分成小批不时地来到美洲的，而绝不像16世纪欧洲人那样大规模

547

① 见 Shippee（2）；von Hagen（2，3）。吊桥在安第斯山和西藏丛山中十分普遍。

② 参见 Schaeffner（1），pp. 72 ff.，249 ff.，265，284，288 ff.，387；Sachs（2），pp. 192 ff.，202。萨克斯（Sachs）说："要否认中国和南美洲的横笛和排箫之间的联系是困难的。除了美洲之外，横笛只见于远东，其中包括蒙古。……一些其他的共同特征是没有弦乐器，但都有钉皮的鼓并使用打乐石。……除了少数几种世界各地通行的乐器以外，所有其他与美洲乐器对应的乐器都只有在由中国和印度之间的弧形地区、马来亚群岛和太平洋岛屿组成的区域中才能找到。其中50%以上可以见于缅甸内地和相邻的国家——即那些据认为曾是今日称之为中国的地区的土著民族，他们在新石器（及其以后的）时期被入侵的中国人（指夏、商和周人）驱逐到了南方。"换句话说，也就是汉学家们所说的狄和戎。关于排箫，冯·霍恩博斯特尔［von Hornbostel（3）］有一个值得注意的发现，即美洲、美拉尼西亚（Melanesia）和东亚的这种乐器其标准音调和音阶惊人地相同。中国的排箫自然可奏十二律［参见本书第二十六章（h）］，六音为阳，六音为阴；美洲的类型也常分为两排，雄和雌，有时则由用一条长绳联在一起的两排组成［Mead（1）］。最后，鉴于金属钟在中国文化中特别古老和重要，它在哥伦布之前的美洲出现则是非常令人吃惊的［参见 Covarrubias（3），pp. 99 ff.；Hurtado & Littlehales（1）］。

③ 见 Soustelle（1）；Hatt（1，2，3）；Liu Tun-Li（1）。

④ 例如见 Löffer（1）；Schroeder（1）和 Krickeberg（2）。中美洲印第安文化最显著的特点之一就是一种球类游戏，球场布局精巧，构成各种令人惊异的建筑图案，如奇琴伊察城的球场。球场的两边具有宗教和占卜的意义，象征白昼与黑夜、光明与黑暗——实际是阳和阴——之间的斗争。关于这些游戏与中国古时男女之间的比赛或各种寻配偶的欢乐活动之间的联系，葛兰言［Granet（2）］作了很多研究；参见本书第二卷 p. 277；在两队青年男女之间抛球招亲这一点已有全面说明。但是，我还认为这与中国6世纪时发展起来的占卜"星棋"也有联系，关于这一点，本书第二十六章（i）（第四卷第一分册 pp. 318 ff.）中已有很多论述。

⑤ 如使用粪便作肥料［Vaillant（2），p. 135］，以及精心修筑山坡梯田［Cavarrubias（2），p. 65］。

⑥ "印加社会主义帝国"难道不是时常使人想起中国的封建官僚社会吗？人们甚至能在其中找到礼仪性的耕作风俗。见 Baudin（1），特别是 p. 83；Toscano（1）。

⑦ 试将 Vaillant（1），pp. 8ff.，（2），pp. 136 ff.，pl. 39；Morley（1），p. 191 等与 Anon.（*28*）中的插图比较。在环太平洋的亚洲和美洲，都用金属片、条、板做盔甲这一点也不应被忘记；见 Laufer（15），pp. 258 ff.，Covarrubias（2），pp. 150，158 ff.，165。

⑧ 同时发现一些可能属于跨太平洋起源的特点，说明文化上的错综复杂，这一点现在已得到承认。看来厄瓜多尔是个焦点区域，因为已在中美洲史前文化的发展时期（Formative Period；公元前第2千纪）其新石器时代的陶器就非常像同期日本绳纹时代的陶器；见 Estrada & Evans（1）及 Kidder（1）。然后在巴伊亚（Bahía）文化（公元前500年—公元500年）中，出现了陶制房屋模型（与汉墓中的陶屋一样）、枕头、带有金刚座式底座的小雕像、长方体的四眼陶土砝码（与汉代时印度支那所用的一样）、绳纹时代风格的耳塞、中央管最短的排箫，还有中国式的扁担。还应该把帆筏加上。有关的记载见 Estrada & Meggers（1）；Estrada，Meggers & Evans（1），这些论著都接受小批的文化传播者定期到达美洲的说法。在这种历史条件下于西班牙人的征服之前来到这里的一批黑人的影响，详见 de Balboa（1），p. 133。

地入侵①。

汉学家们对“扶桑”的故事宣判死刑时，没有考虑到帆筏②。对实用技术及其发展的无知，再一次证明是文献史学的致命弱点。而且他们的写作年代是在海尔达尔时期以前。因为就在我们秘书处到达墨西哥这一年的头几个月，海尔达尔和他的一些伙伴，为了要证明波利尼西亚岛上的人是从南美迁徙来的，他们亲自从秘鲁的海岸到拉罗亚礁（Raroia）作了一次勇敢的航行。拉罗亚礁是土阿莫土（Tuamotu）群岛最北端的一个小岛，离塔希提岛（Tahiti）不远。他们的船是用轻圆木（balsa logs）建造的一种帆筏，极像古代秘鲁人的帆筏③。这种航行成功，靠着西北向的洪堡海流和西向的南赤道流，以及同一方向的东南季风④。海尔达尔［Heyerdahl（2，4，5）］关于波利尼西尼人起源的主要理论，我们这里并不关心；它仍然有很多严重的缺陷，明显的是语言方面⑤，但即使他的最强劲的对手，如海涅－格尔德恩［von Heine-Geldern（8，14，15）］，也与他的观点一致，承认帆筏可以航行太平洋，一般的非欧洲船只就更是如此⑥。很明显，既然轻圆木筏装上帆和中插板可以沿着南纬0°到25°由西向东航行，中国南方和安南式

548

① 参见本书第一卷 p. 248 中的叙述。高级的美洲印第安文化的纪年问题当然还远远没有解决——在科瓦鲁维亚斯［Covarrubias（2，3）］的两卷巨著中可以找到关于这个问题的研究现状的综述。根据斯平登［Spinden（1），p. 136］的研究，玛雅人的第七个白克顿（*baktun*）计日周期始于公元前613年，而计月份则始于公元前580年，但是，莫利（Morley）［由于汤普森（Thompson）－古德曼（Goodman）－马丁内斯（Martinez）－埃尔南德斯（Hernandez）的相互影响］则接受较短的时间标尺，认为始于公元前353年。科瓦鲁维亚斯［Covarrubias（3），p. 219］开列了一个对照表。根据斯平登的体系，最早的有日期的玛雅物件属公元60年，如果我们采纳较短的时间标尺［Morley（1），pp. 47，284］，则属公元320年。但是，在玛雅地区以外发现了很多其他的标明日期的物品。按照较长的时间标尺，这些日期可回溯到公元前287年［Covarrubias（3），pp. 51，241］。在主要使用较短的时间标尺一段时间之后，放射性碳素及其他方法的测定结果又倾向于使用较长的时间标尺［参见 Bennett（1）；G. R. Willey（1）；Covarrubias（2），p. 23，（3），p. 218］；但是现在使用较短的时间标尺又有了一些极重要的根据；参见 Coe（1）；Satterthwaite & Ralph（1）；Bushnell（1）。同时他们将托尔特克人（Toltec）早期的城市文化推定在公元前800至公元前400年之间。无论如何，高级的美洲印第安文化完全有可能受周朝后期（如果不是初期的话）的文化影响。将上述年代与下文 pp. 551 ff. 讨论的秦汉时期的航海年代作一比较将是非常有意思的。

② 这一点在上文 p. 393 已有详尽讨论，但是读者还可再参考凌纯声［Ling Shun-Shêng（1）］的精彩的论文。

③ 见 Heyerdahl（1）。其他关于加拉帕戈斯群岛（Galápagos Islands）的例证，见 Heyerdahl & Skjölsrold（1）；关于复活节岛（Easter Island）的例证，见 Heyerdahl（3）。

④ 下面我们所依据的海流图原载于 Sverdrup，Johnson & Fleming（1），chart Ⅶ。也可见汉布鲁赫［Hambruch（1）］关于种族迁徙与潮流的关系的早期研究，及西蒂［Sittig（1）］的论文。关于风向图，我们依据的是 A. A. Miller（1），figs. 9，10。

⑤ 参见 A. S. C. Ross（1）。

⑥ 在19世纪，东亚帆船大约每五年到美洲沿岸去一次［v. Heine-Geldern（10）］。也有18世纪的可靠证据［Sittig（1）］。肯农（B. Kennon）上校也记载过同样的事实［载于 Leland（1），p. 77；参见 pp. 43 ff.］，在布鲁克斯［C. W. Brooks（1）］和戴维斯［H. C. Davis（1）］的报告中也有丰富的资料。沉船非常之多，以致成为英属哥伦比亚印第安人铜和铁的主要来源［Rickard（1）］。这一点在日本成为一个现代化国家的过程中起过作用，然而人们对此一般都一无所知。在19世纪50年代初期，日本渔民长滨万次郎被暴风和海流带到了夏威夷海面，在那里被一艘美国船只救起。由于和一位牧师交了朋友，他被带到了旧金山，在那里他学会了英语，后来回到日本发了迹，在随着佩里海军中校的著名访问日本采取门户开放政策后的头几年里，他成了江户幕府的参事和外交事务顾问。我们非常感谢谢尔登（Charles D. Sheldon）博士为我们提供了这个故事。最后，1962年8月12日，23岁的日本人堀江谦一乘一条19英尺的帆船，只身横渡太平洋到达了旧金山海湾［Birrell（1）］。他的到来最及时不过了，因为研究美洲印第安人及其文化的学者的国际会议当时就要讨论横渡太平洋的交往问题。

的航海（或漂流）帆筏也就能沿北纬25°到45°由西向东行驶[①]。因为他们会利用向东流的强大的黑潮（Kuroshio Current）和北太平洋海流，还有在冬天和早春特别强大的西风（图989b）[②]。他们在这段时间航行还会得到北太平洋气候的帮助，就这些纬度而言气候特别温暖[③]。

在中国和日本文献里，关于东向潮流的知识可以追溯到多久以前，这是一个有意思的问题。黑潮分为两支：一支为近北极海流，另一支为北太平洋海流。“黑潮”以其日本名称载入世界地理文献，但是它的中国名称却不同，叫“尾闾”或“洩涠”。这个始终保持东北流向的大海流，似乎在战国时期就已知晓，因为我们在《庄子》中看到[④]： 549

> 天下水域之中以海洋为最大。无数江河永不停息地流入大海，它却永远不会满溢。“尾闾”（潮流）不断地把水排出，它也从未流空。春去秋来它始终如一，旱涝它也毫不理会。它大于长江、黄河多少倍，简直无法估量。
>
> 〈天下之水，莫大于海，万川归之，不知何时止而不盈；尾闾泄之，不知何时已而不虚；春秋不变，水旱不知。此其过江河之流，不可为量数。〉

“尾闾”可以译作“排水渠的末端”或“宇宙暗渠”[⑤]，它的另一名称是“沃焦”，“汇集起来再倾泻出去”。有时人们说它是一块庞大的岩石，里面有一个深渊和漩涡[⑥]，大海永无止息地往里灌水。1067年，司马光确信扶桑国就在“尾闾”潮流以西，也就

① 参见海尔达尔［Heyerdahl (2), pp. 77, 81, 494, 509; (3), p. 356］的论著，其中都正视了东西两岸横渡太平洋的海上传播。这种帆筏曾航行太平洋的论点现已为大家接受，如刘敦励［Liu Tun-Li (1)］。那些对太平洋很了解的人早就看到了这种可能性，如肯农上校在1874年就有此预见［见 Leland (1), p. 74］。阿留申群岛（Aleutians）上的考古“空白”［参见 Covarrubias (2), pp. 157, 163］也突出了这些可能进行的海上传播的重要性，不过，这些传播可能绕过了阿留申群岛。

② 关于自然海洋学的更详尽的讨论，参见海尔达尔［Heyerdahl (6)］对于所有来往于美洲的可能航路的详述，他坚决支持这里所阐述的观点。关于太平洋的水道学和气象学状况的基本事实是：在赤道北面有利于自西向东的传播，而在赤道南面则有利于自东向西的传播。这对里韦［Rivet (1)］的那种从亚洲到美洲的迁徙要取道大洋洲，或者甚至偶然的文化影响也是通过那条航路的理论，以及诸如此类的各种说法，似乎是一个不可逾越的障碍。另外，很少有人会同意布鲁克斯［C. W. Brooks (2, 3)］1875年的观点，说中国人是古玛雅人的一支移民（参见本书第一卷 p. 38）。

鲍恩［Bowen (2), p. 104］想借用强大的西风漂流和南纬40°以南的偏西风带来挽救南半球航路的理论，但是，那里的气温，甚至在夏天对帆筏航行也肯定太冷。比勒尔（Birrell）的“从中国到秘鲁”的传播观点，遇到了同样的困难。

③ 例如见米勒［Miller (1), figs. 1, 2］著作中的等气温线图。当然没有必要假定这些航行总是会令人愉快的，而人们只能指望中华文化圈的人民的个人坚忍不拔的精神；参见彭林（音译，Phêng Lin）的英雄史诗，他在1942—1943年乘木筏在大西洋上漂泊了133天之后竟活了下来，详见 Lo Hsiao-Chien (1) 及 Harby (1)。至于赤道逆流，它在南北赤道流之间向东流，这看来只不过是航道测量学者的通常做法，对航海者无甚补益［参见 de Bisschop (1)］，因此，我们在这里勿需进一步考虑。它的最重要部分，即新发现的克伦威尔海流（Cromwell Current），事实上完全是一支水下潜流［Knauss (1)］。

④ 《庄子·秋水第十七》，译文见 Legge (5), vol. 1, p. 375，经作者修改。

⑤ 这第二个名称可能会把我们引到另一条线索上去，因为“尾闾”是在道教神秘的（小宇宙的）解剖学里用来专指直肠和肛门的术语，后来引申到指尾脊骨。前一用法在《内经图》中非常明显，这幅年代不详的绝妙《内经图》刻在北京附近的道观——白云观的石碑上，并有其卷轴和拓印复本。由于艾黎先生的热心帮助，1952年我在北京见到一份拓本，系红地白图。石泰安［R. A. Stein (4)］曾提到过小宇宙的排泄系统的术语，但是对《内经图》作过全面论述的只有鲁雅文［Rousselle (4, 5)］。我们打算在本书第四十三章中再对该图进行研究。《圣济总录》（卷一九一，第二页）就把“尾闾”当做尾脊骨；该书是1111年钦定的一部大型医药类书。

⑥ 如唐代的成玄英对上述文章的注释；《庄子补正》卷六中，第三页。

是说在它的这一边。这个说法对后来欧洲汉学家有很大影响①。到1744年，陈伦炯因袭数世纪的传统说法，认为“尾闾”是现在叫做黑潮的古代名称②。可能就是由于这个深渊的传说，一些中国水手常常不敢继续向前航行到大海中去——但是，非常相似的故事也曾困扰过欧洲海员③。

对古代中国航海文献的研究当然会找出很多关于潮流的知识和关于漩涡的概念，正如夏德和柔克义所说，这是一个老观念④。“即太平洋中有一个洞，大洋的水都流入其中”。周去非在他的《岭外代答》中提到爪哇（“阇婆”）时说:⑤“阇婆以东是大东洋，洋里的水开始渐渐地向下倾泻。女人国就在那里。再往东是尾闾流泻的地方，这是个人去无归的地方。”（“阇婆之东，东大洋海也，水势渐低，女人国在焉。愈东则尾闾之所泄，非复人世。”）这个关于黑潮发源地的说法十分正确，虽然我们应该把爪哇改为菲律宾；可能那个“旅行者有去无归的地方”指的是美洲大陆，而不是那个深渊。传说中的女人国有很多特征是指日本⑥。周去非在1178年的说明曾被赵汝适于1225年⑦将原文照录加以引用，赵汝适在“女（人）国”一词的解释中补充说“（这里的）水不断地向东流，每隔几年发生一次泛滥和流泻”⑧（“水常东流，数年水一泛涨”）。但是，对宋代海员的观念的最好说明则见于《岭外代答》。周去非写道⑨：

550

在四个海南藩郡的西南有一个大海叫交趾（东京）洋，内有三条海流（“三合流”），朝三个方向掀起惊涛骇浪。向南的一条海流连着各番国海域，向北的一条流过广东、福建和浙江三省。第三条向东，流入无边无际的深渊大东洋。南方的船只航行都要在这三股海中搏击；遇到顺风则安全无恙，但如果无风而碰到危险，就难免被这些海流吞没。我听说在大东洋中有一条绵延数万里的沙滩和石塘，旁边就是尾闾，从那里涌入“九幽”之中。曾经有一艘远洋帆船，被强劲的西风吹到一个地方，从那里能听到海水（涌入）大东洋的尾闾的雷鸣般的呼啸声。看不到一块陆地。突然得到强劲的东风，（这艘帆船）才获救。

〈海南四郡之西南，其大海曰交趾洋，中有三合流，波头濆涌，而分流为三。其一南流，通道于诸蕃国之海也；其一北流，广东、福建、江浙之海也；其一东流，入于无际，所谓东大洋海也。南舶往来必冲三流之中，得风一息可济。苟入险，无风，舟不可出，必瓦解于三流之中。传闻东大洋海，有长砂石塘数万里，尾闾所泄，沦入九幽。尝闻有舶舟为大西风所引，至东大海，尾闾之声震汹，无地，俄得大风以免。〉

这里对三条海流的区别是相当合理的，因为虽然在近海这条海流是从香港向南奔向新加坡，再靠外到南中国海时，又向北流向台湾⑩，而黑潮则从吕宋和台湾以东开始。千里

① 见《康熙字典》（第1493页）“闾”字条所引《五音集韵》。
② 《海国闻见录》第十二页。
③ 参见Lloyd Brown（1），pp. 42，95；Brochado（2），p. 14；Anon.（53），pp. 15，57。
④ Hirth & Rockhill（1），p. 26。
⑤ 《岭外代答》卷二，第九页，由作者译成英文，借助于Hirth & Rockhill（1），p. 26。
⑥ 参见Schlegel（7*t*）。
⑦ 《诸蕃志》卷上，第十页；Hirth & Rockhill（1），pp. 75，79。
⑧ 《诸蕃志》卷上，第三十三页，由作者译成英文，借助于Hirth & Rockhill（1），p. 151。
⑨ 《岭外代答》卷一，第十三页、第十四页，由作者译成英文，部分借助于Hirth & Rockhill（1），p. 185。
⑩ 见Sverdrup. Johnson & Fleming（1），Chart Ⅶ。

沙塘乍看起来十分离奇，但如果我们想到佛教宇宙志中津津乐道的同心环状大陆（已见于本书第三卷图242），这就不足为奇了。至于那条驶入歧途的船，当爱伦·坡（Edgar Allon Poe）在1841年把它写成《坠入大漩涡》（A Descent into the Maelstrom）的故事时，他简直无法想像，人们对他写进书中的大海的迷信有多么深远与古老。

张华于公元285年左右写道："汉使张骞，通过西海到了大秦（罗马帝国），……但东洋更为广阔，未曾听说有人横渡过它。"[①]（"汉使张骞，渡西海至大秦，……东海广漫，未闻有渡者。"）也许这是因为没有人返回的缘故。刚才所谈的水道情况必然使凡驾驶原始帆筏从亚洲驶往美洲的人都几乎没有机会返回，因为人们对风和海流情况的大体了解还是比较近代的事。在公元前第1千纪和公元后第1千纪这段时期中，作过这种航行的人当中，可能都是渔民和商人，他们无意识地把文化带到了美洲，但是可以肯定，有时这种伟大的航行却是由于这样或那样的原因而有目的地进行的，虽然并没有发现陆地的想法。有的人常为中国人没有在太平洋上进行"探险"而表示吃惊，但这只是那些对中国文献缺乏了解的人们[②]。后面我们就会再谈到这一点，而现在还有一个帆筏的起源问题[③]。考虑到中国和印度支那海岸的高度发展的文化要比美洲文化古老得多，如果相信帆筏首先起源于中美洲，看来这几乎是想入非非。如果设想帆筏不仅是两个文化区之间最古老的运输形式，而且也是旧世界给美洲印第安人的第一批礼物之一，这肯定是更为可取的。 551

所有这些想法，就中国古代文献中有关太平洋上航行的记述提出了线索。简言之，我们必须把注意力集中在秦代，当时中国的统治者相信在东海诸岛上可以找到长生不老药。在公元前3世纪的后期，有很多海船船长接受差遣外出寻找这些药草，大都没有成功，流传到我们现在的只有徐福一个名字，其全部活动在中国早期的航海史上颇有意义，值得认真研究[④]。司马迁在其巨著《史记》中曾四次提到此事。《史记》是中国最早的朝代史，于公元前90年完成。这部著作使我们了解到很多东西。首先，在论述国家封禅祭祀的一卷里，他说[⑤]：

> 从齐（国）的威王（公元前378—前343年在位）、宣王（公元前342—前324年在位）和燕（国）的昭王（公元前311—前279年在位）之时起，就不断派人出海寻找蓬莱、方丈和瀛洲（诸岛）。这三座仙山（岛）据说位于渤海（黄海范围内的渤海湾）之中，离人间（住所）不远，但是船将要抵岸时，会被海风吹走而难以靠岸。也许有的船曾经到达过（这些岛屿）。（总而言之，据说）很多长生不老之人（"仙"）住在那里，在那里也可找到不死之药。那里的禽兽都是纯白色，宫殿和门楼都用金银筑成。抵岸之前，从远处望去，这些仙岛像似层层云朵，但（据

① 《博物志》卷一，第五页。关于张骞，参见本书第一卷pp. 173 ff.。

② 的确，当中国的造船技术发展到能够进行横渡太平洋的往返航行时，以农业为主的文明基调已牢固确立。遥远的北方岛屿已失去魅力，太平洋看上去只是一片空旷无垠。

③ 我们已在上文p. 394讨论过这一点。

④ 前面我们已经触及到这个问题，参见本书第二卷pp. 83 ff.，133，240 ff.。

⑤ 《史记》卷二十八，第十一页起，由作者译成英文，借助于Chavannes（1），vol. 3，pp. 436 ff.；Dubs（1），p. 66。这一节文字又在《前汉书》（卷二十五上，第十一页）中被复述。

说）当船到岛前，这三座仙山（岛）就会沉入水中，或者阵风骤起把船吹开，所以没有人能真正登上仙岛。但那时的君主无一不愿意到仙岛上去。

552

当秦始皇帝统一了全国，来到（东）海之滨时，方士们向他们禀报了关于（海中仙境）各种（奇异的）事情，皇帝考虑如果他自己去也可能不会找到这些仙岛，他便令人带领一船童男童女去寻找。他们的船在海上巡游了一段时间以后就返回原地，托辞说，虽然他们从远处看到了（这些仙岛），但由于（逆）风而始终无法靠近。

〈自威、宣、燕昭使人入海求蓬莱、方丈、瀛洲。此三神山者，其传在渤海中，去人不远；患且至，则船风引而去。盖尝有至者，诸仙人及不死之药皆在焉。其物禽兽尽白，而黄金银为宫阙。未至，望之如云；及到，三神山反居水下。临之，风辄引去，终莫能至云。世主莫不甘心焉。及至秦始皇并天下，至海上，则方士言之不可胜数。始皇自以为至海上而恐不及矣，使人乃赍童男女入海求之。船交海中，皆以风为解，曰未能至，望见之焉。〉

这里所渲染的全都是神话、道家、方士和术士之类的气氛，也没有提到徐福的名字。但后面记载的内容却较为实在了。下面一段文字明确地提到公元前219年秦始皇帝沿东海岸所作的一次定期巡游[①]。

此后（指在琅琊和其他地方的海岸建立纪念碑之后），齐国的徐福等人（向皇帝）上书说："（东）海中有三座仙山——蓬莱、方丈和瀛洲，住着仙人。我们请求授权出海，沐浴净身后，由（一定数量的）童男童女陪伴，去寻找这些岛屿。"（皇帝批准了这个请求，并）派遣徐福和数千名童男童女去寻找（隐匿）在东海的仙人（居住的地方）。

〈既已，齐人徐福等上书，言海中有三神山，名曰蓬莱、方丈、瀛洲，仙人居之。请得斋戒，与童男童女求之。于是遣徐福发童男童女数千人，入海求仙人。〉

要付出很大的代价才能知道他们乘坐的是什么样的船只，要是发现他们动用了大批的帆筏是不会令人吃惊的[②]。这些航行可以与远西（欧洲）的那些寻找"幸福岛"的航行相匹敌，两者都有坚实的事实根据；一边是日本、琉球群岛、密克罗尼西亚（Micronesia）、夏威夷和美洲，另一边则是马德拉群岛、加那利群岛、亚速尔群岛和美洲[③]。秦始皇死前，一直对此很入迷。不管徐福乘坐的是什么样的船只，耗资数目一定巨大，所以公元前212年皇帝曾斥责说这笔费用总是没有收益[④]。第二年，他又到了琅琊。在提到"方士"徐福和其他人寻求长生不老药一事之后，这位历史学家继续写道[⑤]：

几年过去了，花了很大的费用却毫无成果，（船长们）怕受责备，就编造说："要得到蓬莱仙药是十分可能的，不过我们无法对付大鲨鱼（"鲛"），这就是为什么我们一直没有成功的原因。我们请求增派一些优秀弓箭手和我们一起去，当这些鱼出现时就可用连弩把它们射死。"[⑥]

---

① 《史记》卷六，第十八页起，由作者译成英文，借助于 Chavannes（1），vol. 2，pp. 151 ff.。

② 参见上文 pp. 390，441 关于公元前472年越国建造的帆筏船队的叙述。

③ 这种比较首先见于 Yetts（4）。

④ 《史记》卷六，第二十六页，参见 Chavannes（1），vol. 2，p. 180。

⑤ 《史记》卷六，第二十九页，由作者译成英文，借助于 Chavannes（1），pp. 184，190 ff.。

⑥ 关于连弩，见本书第三十章（*i*）。

〈……数岁不得，费多，恐谴，乃诈曰："蓬莱药可得，然常为大鲛鱼所苦，故不得至，愿请善射与俱，见则以连弩射之。"〉

异乎寻常的戏剧性的结局是，秦始皇梦见他和一个人面海神搏斗。之后，他命令那些出海船只应该武装起来，以便杀死那些讨厌的鱼。同时他自己也带着连弩在海岸巡视。最后，他在芝罘山射杀了一头巨大海兽，其后不久他就染病不起，于公元前210年在返回京城的途中死于沙丘。

但对徐福的行动的最精彩的记载当推司马迁的《淮南王列传》。在那里他无意中说道[①]： 553

秦始皇也曾派徐福出海寻找仙人和异物。徐福回来后，就编造托辞说："在大海中，我在一个岛上遇到了一位大仙人，他对我说：'你是西方皇帝派来的使节吗？'我回答说：'是的。''你来干什么？'他问道。我回答说：'我来找延年益寿药。'他说：'你们秦王的贡品太薄，你可以看到这些药，但不能取走。'于是我们向东南驶去到了蓬莱，看到了芝成宫阙，门前有一个黄铜色的护卫龙神，周围光芒四射，照彻天空。在这里，我再次叩拜那位海神，询问我们应向他贡献什么礼品。他说：'给我送名门望族的年轻人来，还要灵巧的姑娘和各种工匠，这样就可以得到你们需要的药了。'"秦始皇听后十分高兴，拨了三千名年轻的男人和少女给徐福，给了（大量）五谷种子，各种工匠，之后（他的船队又）出发了。徐福（一定是）找到了一块安静又富饶的土地，有着大片的森林和富饶的草原，在那里，他自立为王——总之，他再未回到中国。

〈（秦始皇帝）又使徐福入海求神异物，还为伪辞曰："臣见海中大神，言曰：'汝西皇之使邪？'臣答曰：'然'。'汝何求？'曰：'愿请延年益寿药。'神曰：'汝秦王之礼薄，得观而不得取。'即从臣东南至蓬莱山，见芝成宫阙，有使者铜色而龙形，光上照天。于是臣再拜问曰：'宜何资以献？'海神曰：'以令名男女若振女与百工之事，即得之矣。'"秦皇帝大说，遣振男女三千人，资之五谷种种百工而行。徐福得平原广泽，止王不来。〉

司马迁因而猜想，虽然徐福迎合了皇帝的道家信仰，但他的确知道在遥远的东方有美好而无人居住的地方，而且计划跑到那里去。后世的人往往相信他在日本定居下来，在和歌山县的新宫市就有徐福（日本人叫他 Jofuku）的陵墓祠堂，并保留至今[②]。但这并不具有一种独立的传说的价值，因为日本的历代学者都熟悉《史记》。考古学的证据则更有说服力，因为弥生时代中期（公元前1世纪和公元1世纪）的手工制品明显地有中国的影响[③]。然而徐福失踪的故事，至少同样掩盖了一次到美洲大陆的航行[④]。我们或许

① 《史记》卷一一八，第十一页，由作者译成英文，借助于 Chavannes（1），vol. 2，pp. 152 ff.；Yetts（4）。

② 该地在京都和大阪以南海岸。见 Davis & Nakasek。（1，2）。卫梃生关于此问题的一部著作我们没有搜集到。

③ 见 Kidder（1）；Yü Ying-Shih（1），pp. 185 ff.。

④ 关于秦始皇派出方士寻求仙人和长生不老药的一些细节留传了下来。我们已经提到燕人卢生（本书第三卷 p. 56）于公元前215年出海一节，在同一年晚些时候，似乎又有三条小船分别载着韩冬、侯公和石生出海。数月之后，卢生返回，把他的仙书呈献给皇帝，直至公元前212年，他都在不断向皇帝进言。但是后来，这些方士对秦始皇的专制和统治方法开始感到失望，不久就隐遁而去。其中，侯公在公元前203年作为刘邦派到项羽那里的使节而一度出现，而其他人发现朝廷生活犹如太平洋一样空虚，就再也没有露面。我们对这些人的了解都是根据司马迁在《史记》卷六中的记载［见 Chavannes（1），vol. 2，pp. 164，167，176，178，180 ff.，313 ff.］。

永远也不会知道，他和他率领的那些人到底到了哪里①。但是这些开拓者有过什么样的船帆，他们用过什么样的方法在那广阔的海面上驶船，却并非完全不可推测。

554

(f) 船舶操纵（I），航海

(1) 导航技术的三个时期

对中国的导航技术作一简述，现在已刻不容缓。我们曾数次讨论过这个课题，特别是在本书第一卷中论述海上商路的部分②，接着在第三卷中关于地图和海图的部分③，还有第四卷第一分册中关于磁罗盘历史的部分④，以及现在这一部分，我们将用很大篇幅来对比葡萄牙人与中国人的远程航行的方法。或许这一课题留待论述操舵装置（steering-gear）的结构发展⑤之后再谈更合乎逻辑，但是这个课题同中国航运史及其所涉及的人物、航路和目的地有着极密切的联系，因而看来还是在这里讨论为好。我们将只对新材料提出详细的参考文献，其余材料则请读者参考前面有关章节。

要把旧大陆西方部分有关导航方法的丰富史料的要点加以扼要重述，甚至加以概括，自然都是不可能的，然而我们仍应谋求把那些已知的史料用几个章节加以概括，以免在进行对比时缺乏衡量标准⑥。传统的导航方法的历史分期曾使其研究者多少感到不很方便，所以我们把它分成三个时期，即（1）原始导航时期，（2）定量导航时期，（3）数学导航时期。我个人的建议是这样的：地中海地区的第二时期始于公元1200年左右（我们将看到，在东亚第二时期更靠近公元900年），而第三时期则始于公元1500年或略早一些。现在我们就依次来探讨它们的特征。

不能说原始导航时期的航海家们没有应用天文引导；从很早时期起，他们就已经利

① 在前汉的大部分时间里，特别是在汉武帝时期，对太平洋的探险航行一直在继续进行。炼丹术士李少君（参见本书第三十三章），在公元前133年得宠于朝廷，他花了很多时间在海上和仙人交游，并声称访问过他们的仙岛。同一年，办事稳妥后来做了太常的宽舒，受命带领一个探险船队出海寻找蓬莱。公元前113年，一些善观云气的专家被派遣随船出海——可想而知，他们的任务是探察云遮雾罩的阿留申群岛，一个令人失望的仙宫之地。与此同时，另一个术士栾大（他在磁学史上占有重要地位，参见本书第四卷，第一分册p. 315），在喇叭的吹奏声中来到海岸率领另一个探险队，但在公元前112年发现他未敢登船，而宁愿留在泰山作祭祀；后来由于他的魔法似乎遭到了失败，不久后即告垮台。到公元前98年，可以作出这样的结论，所有的海上航行都没有给汉代朝廷和官僚们带来任何好处。出海未归的帆筏或船只占多大比率，我们很感兴趣，但却没有记载。

② Pp. 176 ff.。

③ Pp. 532 ff.，556 ff.。

④ 第二十六章（*i*）。

⑤ 见下文pp. 627 ff.。

⑥ 对这一研究最有用的著作有：Taylor（7，8）；waters（15）；Ferrand（7）；Marguet（1）和Hewson（1）。那些伊比利亚半岛的作家的著作占有特别重要的地位，这一点我们即将提到。德拉佩拉［Drapella（2）］的著作是对波罗的海进行的异常而有意义的研究。

用星体和太阳来行船（也就是利用星体定向）①。夜间，他们可以利用拱极星和旬星(decan-stars)② 的中天或升起来确定时间，并通过估量北极星相对于船桅及索具的高度来获得他们所在的大约纬度③；白天，则利用黄道与地平线的各种不同关系来做出风图(wind-rose)④。时间和距离的估计依然很粗略，只不过是计算昼夜轮班的次数以推测所航行的路程；然而这些古代的领航员都是观察力极强的人，他们测量水深⑤，注意海底取样⑥，标出主要风向和海流，把水深、泊地、陆标和潮汐记录在早期的航路指南（如航海记录；*periploi*）⑦ 里，他们也不会放过海岸鸟类的作用⑧。如果他们曾绘制过某些海图，现在也无一幸存。4 世纪的一份印度文献曾对他们的技艺作过扼要记载，文中谈到一位著名的领航员苏帕拉加（Supāraga）： 555

> 他懂得星宿的运行轨迹，并且总能很容易地定出自己所在的方位；他对估计各种好坏天气的预兆有渊博的知识，不管这些预兆是正常的、偶然的还是反常的。他能根据鱼类、水的颜色、海底状态、鸟类、山头（陆标）以及其他迹象来辨别海域。⑨

如果我们设想⑩我们曾经跟随中国佛教朝圣者于公元 380—780 年冒险去过印度，则我们自己也就进行了这样的航行。尽管他们的领航技术还很原始，但我们不应忽视极其重要的一点，即这种航行已是远洋航行了。

测定是第二个时期或定量导航时期的中心环节，这个时期的领航员越来越多地采用新的发明和方法，不再依靠推测和神的帮助来航行。大约从 1185 年以后，在地中海海域导航方法的重点很快地从天文观测转变为地文观测，因为这时，那里已经知道并使用了磁罗盘，这在航海技术上引起了一场真正的革命⑪。不仅在阴云或风暴的白天和夜晚能够预知前方的航路，而且方位盘读数的定量准确度也相继产生了许多重要进展。风图自然也变得更加复杂，它还以图解航海手册中海图的形式被转绘到羊皮纸上，彼此交错

---

① 最近，亚当［Adam (1)］对此颇加强调。亚拉图（Aratus）《物象》(*Phaenomena*, ll. 31—44) 中的著名篇章［系依据尼多斯的欧多克索斯（Eudoxus of Cnidus）的作品，并得到斯特拉波的附和］对此有充分的说明，文中说，公元前 275 年，希腊人用赫利刻（Helice；大熊座）导航，而腓尼基人则准确地是用北极星（Cynosura；小熊座及其护卫星）导航。我们在本书第三卷 p. 230 已加注释。参见 Taylor (8), p. 43。参见 *Odyssey*, Ⅴ, Rieu 译本, p. 94。

② 埃及天文学中选出了 36 组星，每组星对应黄经 10°。参见本书第二卷 p. 356 和第三卷中对该词的解释；亦可参见 Boll (1)；Bouché-Leclercq (1)。

③ Lucan, *Pharsalia*, Ⅷ, 172 ff., 约公元 64 年；参见 Taylor (8), p. 47。

④ 参见 Taylor, (8), p. 6, 亦可参见本书第三卷 p. 305 及本册下文 p. 583。

⑤ 参见，圆仁在公元 838 年初次登上中国海岸时的记叙［Reischauer (2), p. 5］。

⑥ 参见本书第四卷第一分册 pp. 279, 284, 及夏德［Hirth (16)］所译的《梦粱录》。

⑦ 参见本书第三卷 p. 532 有关罗得岛的蒂莫斯塞内斯（Timosthenes of Rhodes）的记述，他约活动于公元前 266 年，是亚拉图的同时代人。

⑧ 关于叙述这种做法的一篇古代印度文献，见 Rhys-Davids (4)，泰勒［Taylor (8), p. 72］曾引用过。关于此文献的概述，见 Hornell (16)。参见上文 p. 453。

⑨ 苏帕拉加就是佛陀的一个前世化身。出处是圣勇（Āryasūra）的《菩萨本生鬘论》(*Jatakamālā*)，公元 434 年前曾译成中文［Lévi (7), p. 86, Ferrand (7), p. 177 曾引用］。

⑩ 本书第一卷 pp. 207 ff.。

⑪ 见本书第四卷第一分册第二十六章 (*i*) 中的讨论。莱恩［Lane (3)］分析了这一革命的经济效果。

的等角航线（loxo drome）或称恒向线（rhumb-line）由一系列的中心点向外辐射，这些我们都已有过论述①。这种海图样本（见本书第三卷图219）的最早年代是1311年，但是，地图史学家们习惯上把它的精致的副本比萨海图（the Carta Pisana）② 的年代定为 556 1275年左右，而有些文字史料也许说的就是这种类型的海图，其年代是1270年，当时法国的圣路易正从艾格莫尔特（Aigues-Mortes）出发进行十字军远征③。因此，我们可以把这类海图的出现年代定在13世纪的后半叶。标出方位角与距离的海图，则对海图作业提出了新的精确度要求，这意味着需要进一步的航海实践，特别是在时间与距离的测量方面，因而更准确地测定船在某一航程上所需要的时间就变得极其重要了。所以我们会毫不吃惊地发现，不同的语言中先后出现了同指“沙漏”（hour-glass，sand-glass）的词语，如1310年以后的“orologes de mer”，1411年以后的“dyolls”，和1490年左右的“running-glasses”。这种沙漏由一名值班的军士按时翻转（翻转时要唱圣歌）④。航海者很可能仍旧要根据风向来确定航线，且与预定的航线会颇不一致。但大约从1300年之后，三角学这门新的学科（对欧洲来说是新的）给航海者提供了多套折航表（traverse table），用这些折航表他们可以很容易地计算出在一定时间之后，船向预定航线的方向已经走了多远，以及要回到预定航线还要航行多远⑤。我们没有这种1428年以前的“马特洛约折航表”（Toleta de Marteloio）样本，但从伟大而怪癖的西班牙加泰罗尼亚的哲学家兼炼金术士勒尔（Raymond Lull）在1290年前后所写的著作中，我们可以得知这种折航表出现在他们那个时代——重要的是它的出现和沃灵福德的理查德（Richard of Wallingford）等人创立三角学在同一时代。无疑地，13世纪末到14世纪初的这些计算导航技术之所以出现的一个根本原因是印度-阿拉伯数字的普及，虽然早在10世纪末之前西方就已开始知晓这种新的数字⑥，但其趋于完善却是在地中海的海员们开始使用磁罗盘（12世纪末叶）之后不久。至于航路资料的编纂，这一时期留传下来的最古老的样

① 本书第三卷 pp. 532 ff.。

② 参见 Motzo（1）；Taylor（8），pp. 110 ff.，（10）。巴格罗夫［Bagrow（2），p. 49，pl. 27］将此图定在靠近1300年。

③ 见 Taylor（8），p. 109。

④ 由于日晷仪和水漏壶都不便于海上使用，沙漏就成了最古老的海上时钟。沃特斯［Waters（11）］曾对沙漏作为航海仪器这一问题旁证博引进行过充分的讨论。他认为在13世纪就已使用了沙漏，因为它同图解航海手册海图有着明显的联系。“刻度盘”（dial）一词的意思曾一度含混不清，因为在磁罗盘以前，据推测曾有过挪威的“方位盘”（bearing-dials）即木制风向盘。但瑟尔弗［søIver（3）］发现的一件物品可以作别的解释，而奈什［Naish（1）］认为在15世纪“dyoll”一词是指沙漏，这一看法现在已被普遍接受。极其重要的证据或许是15世纪末英国航路指南里所记载的“小刻度盘测深仪”（smale diale sonde），曾用于测定贝尔岛（Belle-isle）外海的海底深度为65英寸［Anon.（*51*），p. 21］。很自然，可以认为首次使用“刻度盘”（dial）一词是在1411年［Moore（2）］，因为新的机械时钟是在前一世纪才有了字盘（参见本书第四卷第二分册 p. 511）。这一名称也很自然会在下一个世纪初再次变动，因为这时需要把新型的便携式钟表和组合的日晷罗盘区别开来，我们随后要讨论沙漏的起源问题。

正如德罗维尔等［Drover et al（1）］曾在一篇重要文章中证明的，从17世纪起，沙漏里用的不是沙，而是研磨得很细的烧结蛋壳的粉粒。

⑤ 见 Taylor（8），pp. 117 ff.（10）；Waters（15），pp. 37 ff.；Beaujouan & Poulle（1），p. 106 等。图解航海手册、磁罗盘、沙漏和折航表构成了一套相当紧密结合相互补充的技术。

⑥ 参见本书第三卷 pp. 15，146；Taylor（10）。

本要算1253年意大利的《航海指南》(*Compasso da Navigare*)，它把整个地中海都置于方位与距离的体系之中。这一体系不久就连同许多其他有价值的导航资料一起用在图解航海手册的海图中①。

到此为止尚无何争议，但是当我们讨论到在大多数古代航海家都需依靠天文引导的定量问题时，也即实际上是把新的测定标准的某种实用形式扩大用于天体测定时，就产生了真的麻烦。关于东亚和南亚所发生的情形，我们将在适当的地方予以尽可能详尽的论述；这里问题的焦点是15世纪的哪一年，葡萄牙航海者开始在大洋上使用简单的航海星盘或简单的象限仪来准确地测量极星高度，而且这一问题颇有争议②。 557

在1321年列维·本·格尔森（Levi ben Gerson）在西方最先记述十字仪后③，通常就认为十字仪［又称雅各布标尺；图247］用于这一目的，但这一看法是错误的④。从渊源上看，葡萄牙人的十字仪（*balestilha*）的前身，也许不是这种天文和测量用的仪器，而应该是在印度洋上见到的阿拉伯人的牵星板（*kamāl*）（参见下文 pp. 573 ff.）。已经收集到的许多史料说明，地中海的领航员们关心的主要是天体东西方向上的中天，他们从不测量天体高度。测量天体高度是很久以后的事⑤。我们现存的最早的航海星盘的制作年代是1555年⑥，而我们的最早的标明年代的航海星盘的图画只是将其往回推到1525年而已⑦，但我们至少可以认为航海星盘的使用时间是在1480年以后⑧。我们也有足够的理由认为航海象限仪的使用也是在1480年之后⑨，但如果把它追溯到亨利王子的全盛时代则纯属臆测，而一般可以接受的年代是1460年左右，但这也并非十分确切⑩。然而，葡萄牙人在测定大西洋上的风势与潮流规律方面的伟大业绩是毋庸置疑的⑪，而且毫无疑问，到1480年左右，葡萄牙人已能对极星高度进行相当精确的测量。特别是

① 见 Motze (1); Taylor (8, 9, 10)。

② 在过去的半个世纪期间，航海史家中的伊比利亚学派，包括巴尔博扎［A. Barbosa (1)］、科蒂纽［Coutinho (1)］、邦索德［Bensaude (1, 2)］、达科斯塔［da Costa (1, 2)］和佛朗哥［Franco (1)］等人，曾做出辉煌的业绩，但这个学派中的一些人的论点过于极端。由于葡萄牙王朝认为应该实行保密政策的理论，因此实难进行讨论（参见上文 p. 528）。然而最有见地的葡萄牙学者，诸如莱特［Leite (1, 2)］和达莫塔［Teixeira da Mota (1)］等却同最有见地的评论家博若安［Beaujouan (1)］等人的观点相去不远；参见 Beaujouan & Poulle (1)。由于上述原因，我们不能接受一种传统的说法［见 Taylor (8), p. 167］，即认为建立“天文导航基础”的是15世纪的葡萄牙人，或是当时的任何其他人。这一基础既有古老的历史，又具有世界范围的普遍性，定量技术在东西方均曾发生过。

③ 参见本书第三卷 p. 573。

④ 这个纯粹的天文仪器是最古老的史证，其年代为1571年；参见 Price (12)。博若安和普勒［Beaujouan & Poulle (1), p. 112］曾指出，没有文字史料认定西方在16世纪以前曾在天文导航中使用过十字仪。

⑤ 这一点已由巴尔博扎［A. Barbosa (1)］和达莫塔［Cdr. T. da Mota (1)］作了结论。

⑥ 但直到第二次世界大战，巴勒莫（Palermo）博物馆还收藏有一个星盘，所标年代为1540年。关于这一专题的全部情况，见 Waters (18)。

⑦ Price (12); Water (14)。

⑧ 达科斯塔［da Costa (1), p. 13］坚持这一观点。

⑨ 见 Taylor (12); Bensaude (1), vol. 7。

⑩ 见 Beaujouan (1)。

⑪ 对这些问题的说明主要见科蒂纽海军上将的［Adm. Gago Coutinho (1)］的著作；布罗沙多［Costa Brochado (2)］曾作了扼要的归纳。

在以后的年代里，他们测定了整个非洲沿岸的纬度①。这项工作包括将拱极星的原有各项观测方法精炼成一套“护卫星规范”（Rule of the Guards）②。这与托勒密的纬度线制图法，以及据我们所知始于15世纪的“气候图”的绘制方法相一致③。最早出现的极有可能是广阔无垠的大西洋上的经验性弧形航线，对此我们前面已有论述（pp. 511 ff.）。正是这些不见陆地的远程航行给葡萄牙人留下了深刻的印象，使他们认识到除了图解航海手册海图上的恒向线方位以外，还需别的东西，即需要一种在海上测定纬度的方法④。1440年几内亚弧形航线已被充分使用，这一事实对解释那时已经使用航海星盘或象限仪这一点十分有利，但是却没有文字记载或考古史料足以证明⑤。在此后47年的巴西弧形航线上使用了这种仪器的说法，就更难使我们信服⑥。除此之外，还有15世纪的葡萄牙航海家是否受到过阿拉伯影响的问题，虽然这一问题尚未找到答案，但从他们在地中海东端的一切接触来看，可以肯定伊本·马吉德不是他们所遇到的第一位阿拉伯航海家⑦。难以做到的一点是了解该世纪初西班牙对葡萄牙的影响究竟有多大⑧，以及在接近该世纪中期时“萨格里什学派”的研究实际达到了什么地步⑨。确实，在15世纪的后半叶，许多航海家和航海教师依然遵循这一时期开始所采用的方法，1455年卡达·莫斯托（Alvise Ca' da Mosto）在冈比亚河上的航行即为明显的例证⑩；而在北方，

558

① 参见 Peres（1）；Beaujouan（1）。使用早期的仪器进行观测，在陆地上相当准确，但在海上则几乎无法做到。

② 或称“北极星法则”（Regiment of the North Star）；参见 Taylor（8），pp. 47，130，146，163，（12）；Warters（15），pp. 43 ff. 和书中各处。

③ 参见本书第三卷 p. 533。

④ 达莫塔［da Mota（1），p. 131］曾着重指出这一点。中间的行程则是依靠测量高度来导航；把某地的北极星高度或太阳中天高度同已知的里斯本的北极星高度或太阳中天高度进行比较。

⑤ 在评论这些传统的看法时［如 da Costa（1），p. 12；Taylor（8），p. 159；Waters（15），p. 46］，博若安［Beaujouan（1）］曾批驳性地分析了仅有的三篇用做该世纪的最后20年之前就已使用了航海星盘的证据的文字史料。其中有一篇史料很重要，因为它反映了当时的航海家对过时的图解航海手册的看法。不是戈麦斯（Diogo Gomes）就是贝海姆（Martin Behaim）在1483年（由于无法肯定究竟是谁，故这段文字的年代无法再提前）曾说过：“当我们去到那些地方（几内亚）时，我自己有一个象限仪，而且我把北极的高度标在它的表面上（或平板上）。我觉得它比地图好得多，因为在地图上，你固然能看到要走的航线（也就是方位），但是一旦你走错了路，就再也不能回到原来的目标。”换句话说“求测纬度”的办法比只信赖罗盘和折航表（marteloio）要好得多。这是西方沿用了几百年的一种方法的开端，也是东方的海员已经先于他们一段时间而早已采用的方法（下文p. 567页）。

博若安［Beaujouan（1）］研究的另一篇史料也把东西方的方法联系在一起。当卡达·莫斯托1455年航行到冈比亚（Gambia）河口的时候，他发现南十字座的位置“在一条长矛的高度处”。显然他当时还没有象限仪。这种说法只见于另一处，即我们所知的由达巴诺（Pietro d'Abano）所记录的另一位威尼斯人马可·波罗（1300年左右）的谈话。这位伟大的旅行家说，有一个天体（可能是剑鱼座的大麦哲伦云）可以在南半球各地见到，它靠近南极，而且“在一条长矛的高度处”。这就提醒我们，中国的航海家们依靠他们自己的天文学家掌握了表的巨大用途，当他们到达各个地方时，不仅在国内，而且在国外的许多地方（参见本书第三卷 pp. 274，292 ff.），都把这些表竖立起来，并借助它们来粗略估计星体的高度。这毕竟是一种最简单的十字仪测天法。

⑥ 参见 Peres（1），p. 46。

⑦ 参见 T. da Mota（1），pp. 133，135 ff.，140，（2）；Beaujouan（1）；Beaujouan & Poulle（1），p. 109；Brochado（1），pp. 111 ff.。参见下文 pp. 567，572。

⑧ 德雷帕拉斯（de Reparaz）系此说的主要人物。参见他的著作［（3），（4）］。

⑨ 参见上文 p. 504。

⑩ Crone（1）。

1483年时，加尔西耶（Pierre Garcie）连图解航海手册海图都没有，但他却以其编绘类似英国海军航路指南（Admiralty Sailing Directions）中迄今仍在使用的那些重要的陆标草图及其对潮汐的渊博知识和编制各种潮汐表而名列史册①。

然而，这个时期正值文艺复兴的开端，它标志着从第二个时期向第三个时期的过渡，即从定量导航向数学导航过渡。1500年以后，新的海上助航设备不断从“新的哲学和实验科学”的宝库中涌现出来，其繁荣景象几乎和航空机翼及晶体管时代一样令人眼花缭乱②。仍是从天文领域开始，首先是天文表的增多，如计算仰极高度的太阳中天赤纬表（1485年）③、闰年表（1497年）、南十字座表（1505年）、恒星中天表（1514年）④、太阳出没幅角表（1595）⑤ 等所有这一切终于导致了航海天文年历的出版（1678年以后）。其后，仪器不断得到改进，如游标型分度的诞生（1542年）⑥，用戴氏背测仪（Davis back-staff）来弥补十字仪的不足（1594年）⑦，以及反射式六分仪与八分仪的出现（1731年）。由于精密机械计时装置——船用天文钟（marine chronometer）终于得到发展（它的设想于1530年就已提出，但直到1760年左右始告完成），经度的问题才得到解决⑧；随着1700年左右船用气压计（marine barometer）的产生，海上天气预报有了可能；与此同时，对地磁现象的了解也日益增多。在15世纪的最后几十年里⑨，欧洲人逐渐懂得了磁偏差。1535年前后，首先由若昂·德卡斯特罗（João de castro）等人作出了不同地区的磁差变化图，而后哈雷（Halley）于1699年的航行中绘制了全球范围的磁差图，尽管用它解决经度问题的希望已被证明不切实际，但这种磁差图对海员来说仍是一项重要的资料。1500年以后，卡丹平衡环（Cardan suspension）已被用于海上⑩，罗盘吊挂在其常平架上。船速的测量在这一时期也有了很大的进步，从而粗略估计船速的方法被放弃了，而代之以计程仪（log）和具有“节”数标记的计程绳（log-line）（1574年）⑪，或使用沙漏来准确地观测投入水中的一个浮体通过船上两处标记所需的时

559

① Taylor (8), pp. 168 ff.; Waters (15), pp. 12 ff., (17)。

② 有关的广泛调查见 Taylor (7); Waters (15)。

③ 此表称为《太阳方位系》（Regiment of the Sun）；见 Bensaude (1), vols. 1, 2, 3, 5; da costa (1), pp. 18 ff.; Taylor (8), p. 165; Mollat (2); Laguardia Trias (1)。观测太阳是航海观测技术的一大进步，因为观测太阳影的位置比使用视准仪观测一颗星要容易得多。即使这样，误差还是很大，所以1538年，德·卡斯特罗曾安排尽可能多的船员进行观测，以便把误差降低到最小程度 [见 da Mota (1), pp. 141 ff.]。

④ 此表首先见于若昂·德利斯博亚（João de Lisboa）的《航海技术手册》（*Livro de Marinharia*）一书；da Costa (1), pp. 19, 24。

⑤ 即太阳出没方位，见哈里奥特（Thomas Hariot）的手稿，对检查磁偏差尤为有用；见 Waters (15), pp. 588, 590；参见 Taylor & Sadler (1)。

⑥ 见本书第三卷 p. 296；参见 Taylor (8), pp. 175, 236; Waters (15), p. 304 及 pl. LXXⅡ。首先是努涅斯（Nunes）的同心圆，然后是霍梅尔（Hommel）和钱塞勒（Chancellor）的曲折线。

⑦ Waters (15), pp. 302 ff. 及 pl. LXXI; Taylor (8), pp. 220, 255。

⑧ Gould (1); Taylor (8), pp. 204, 260 ff.。

⑨ 参见本书第四卷第一分册；参见 de Castro (1, 2, 3)。

⑩ 参见本书第四卷第一分册，pp. 228 ff. 及图 474。这项技术的应用年代可能还要早一些。

⑪ 特别见 Waters (12)；这个时期是在威廉·伯恩的《海洋风潮系》（*Regiment for the Sea*）一书里第一次提到的日期。关于“每小时节数”，可参见 Waters (16)。

间①。到18世纪，出现了连续工作的螺旋计程仪（screw log）②。最后，在文字记录、海图和地球仪方面都有进展。由于受到欧洲人在印度洋的航行经验的刺激，1500年以后，航路资料变得更加详尽。同时具有分度子午线的纬度海图③直接导致了墨卡托（Mercator）投影法（1569年）及其他投影法的出现，这些投影法经哈里奥特（Hariot）和赖特（Wright，1599年）加以修正后，画在海图上的航用三角形就可以大致无误地把纬度和经度，以及方位和航向表示出来④。大圆航行法则是在1537年以后由佩德罗·努内斯（Pedro Nunes）等许多人解释说明的。这样，我们就被带进了19世纪，面对所有现代化的技术，诸如回声测深仪、船舶无线电、雷达等。后面我们会清楚地看到，虽然中国的领航员未曾独立地进入这三个时期中的第三期即数学导航时期，但他们进入第二时期即定量导航时期的时间却领先于欧洲人二到三个世纪，因而他们也应该受到赞扬。

560

如果领航员的辛苦应受到高度赞许，
是因为他们运用了独特的技艺，
而对那些最先探索这种技艺
并最先给茫然者以指导的人们，
又应给予什么样的荣誉！⑤

(2) 东方海上的星宿、罗盘和航路指南

中国船长在从事见不到陆标的外洋航行的初始，就利用星宿和太阳导航，这一点几乎是毋庸置疑的。张衡在撰写《灵宪》（118年）时，提到的也许就是他们的观星术："总共有2500颗（较大的）星，不包括那些海人观测的星体在内。"⑥（"为星二千五百，而海人之占未存焉。"）这里的"海人"也同样可以译为"海员"，我们在全文引用这段文字时就是这样译的⑦。这就浮起了一种失传已久的文献的影像，现在虽然很难理解它的内容，但也许意义重大。也在同一处，我们在一个脚注里提到过一个事实，即《开元占经》这部唐代关于天文学和占星术的巨著常常引用古代的《海中占》，亦即"海中

---

① 这种方法的使用可能还要早得多，15世纪初就已在使用，因为费尔德豪斯［Feldhaus'（1），col. 934］曾经说过，库萨城的尼古拉（Nicholas of Cusa）曾提到这一方法（参见下文p. 583）。

② 即所谓拖曳式计程仪（perpetual log），由福克森（Foxom）和拉塞尔（Russell）发明（1773年）；见Hewson（1），p. 166。博福伊［Beaufoy（2）］把这一设想归功于"著名的胡克博士（Dr. Hooke）"。维特鲁威［Vitruvius，x，ix，5－7］曾设想把一个小翼轮用在这种仪器上，这种"海上轮转计"（sea-hodometer）的插图在文艺复兴时期是常见的（参见本书第四卷第二分册p. 413）。它虽然经过多次试验，如索马里兹（Saumarez）于1720年［参见Spencer（1）］和斯米顿（Smeaton）于1754年都进行过试验，但从未证明它有实用价值。

③ 见da Costa（1），p. 30；Taylor（8），p. 176等. 在所采用的地球的度、海里和里格等的值方面也有稳步的改进；见Moody（1）；da costa（1），p. 31。

④ 见Clos-Arceduc（1）；George（1）；Taylor（8），pp. 222 ff.，（11）；Taylor & Sadler（1）；Waters（13），（15），pp. 223 ff. 及pls. LIX，LX。由于"纬度渐长率表"（Table of Meridional Parts）所体现的修正，努内斯原来在地球仪上展示的螺旋形等斜曲线则呈现为直线。

⑤ 摘自Robert Norman，"Safegarde of Saylers"（1590年）；见Waters（15），pp. 167 ff.。

⑥ 引自《玉函山房辑佚书》卷七十六，第六十四页。本书第三卷p. 265有全节译文。参见本书第二卷p. 354及第三卷pp. 271 ff.。关于古代中国人对恒星的观测，见薄树人（*1*）。

⑦ 本书第三卷p. 265。

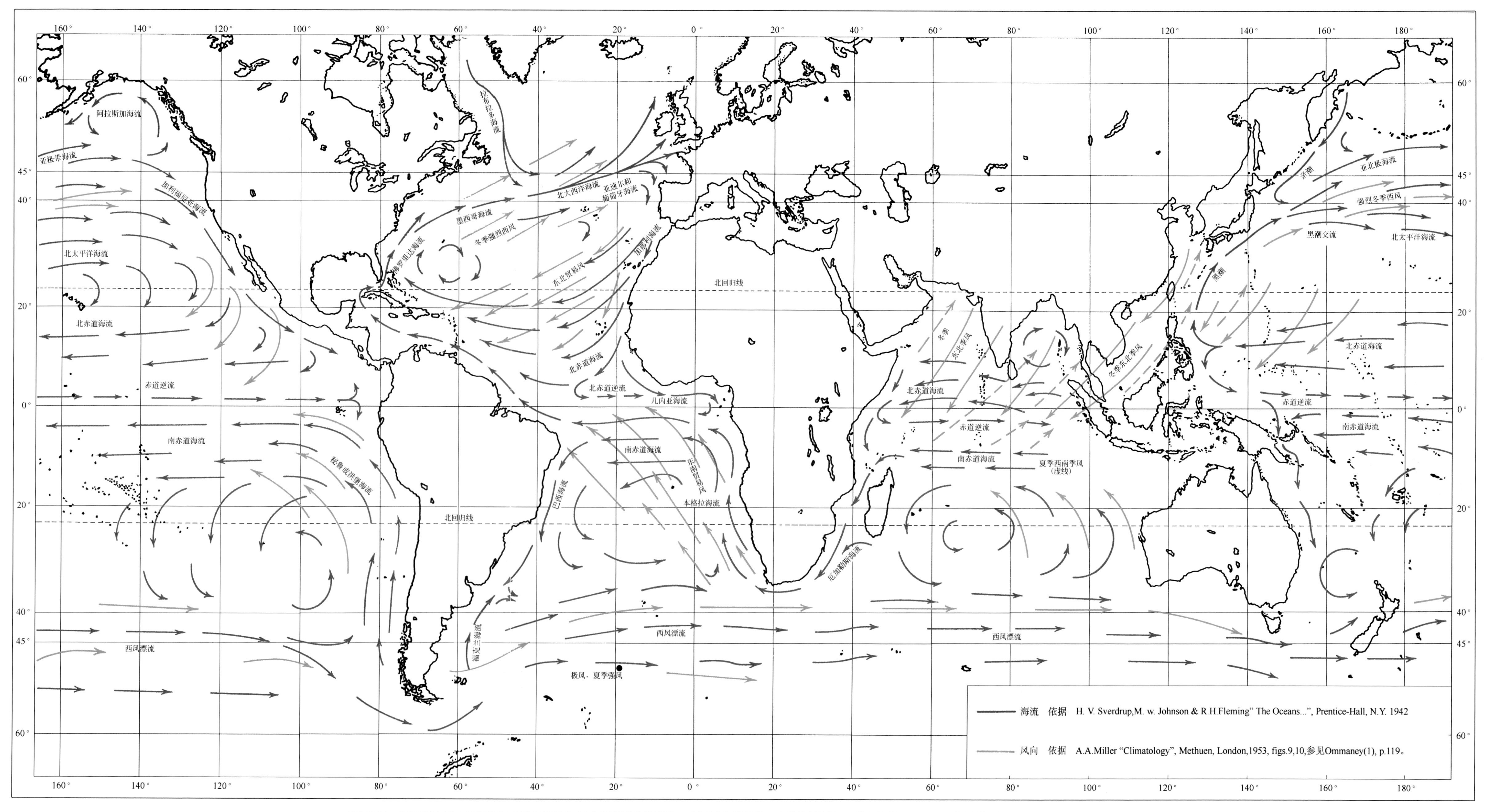

图989(b) 15世纪中国人和葡萄牙人航海探险的气象和海洋条件地图；盛行风向用绿色，主海流用褐色。风向依据Miller (1)，海流依据Sverdrup, Johnson & Fleming (1)。详细的讨论见正文。采用高尔(Gall)立体投影。赤道线上的比例为1∶40 000 000，45°纬度线上为1∶28 000 000。

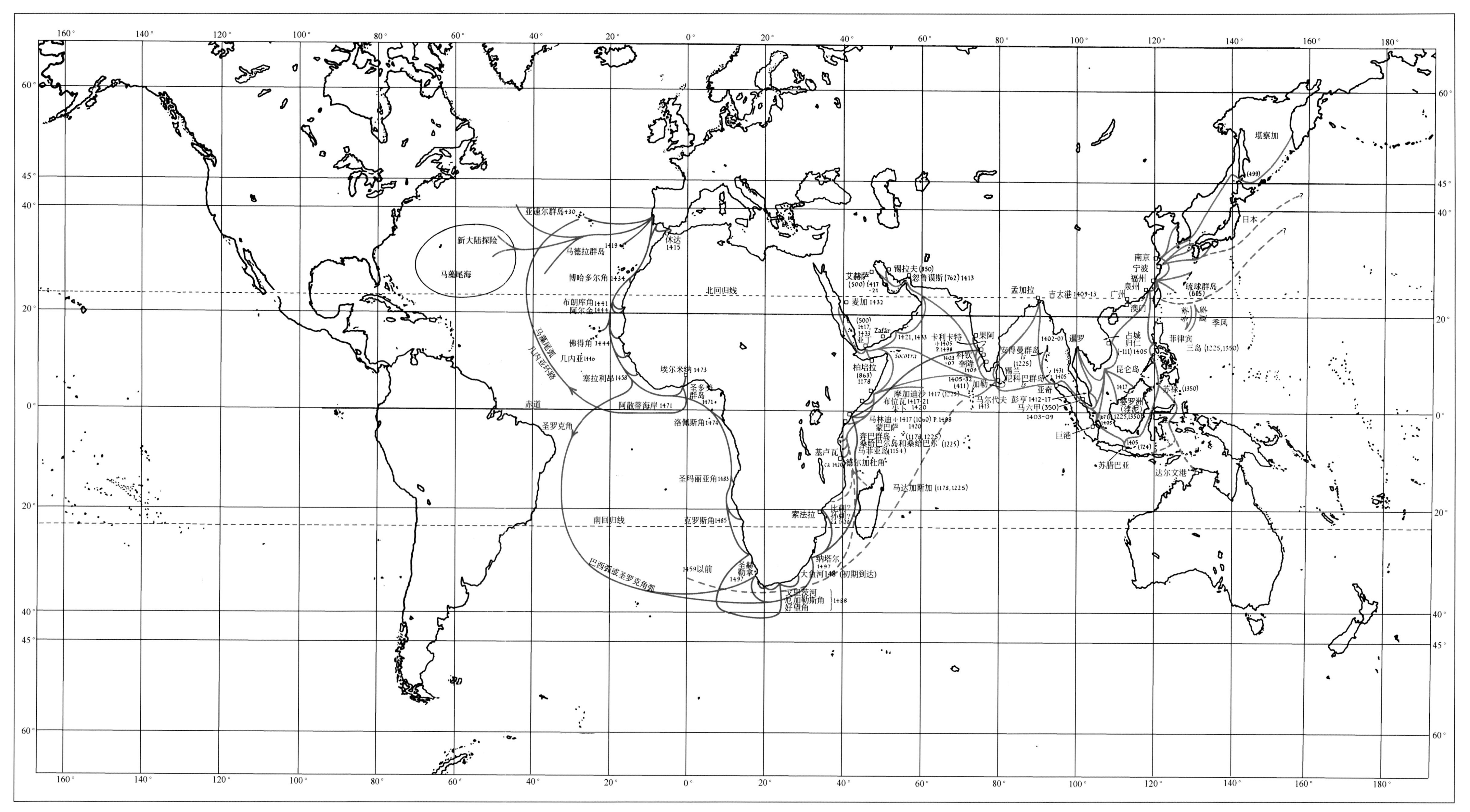

图989(a)　15世纪中国人与葡萄牙人航海探险的对比地图；中国人的航线用蓝色，葡萄牙人的航线用红色。虚线表示依据文字或其他史料推测的航线。如中国的年代中所依据的是15世纪以前的文字史料时，则用括号予以标明，这些年代至少说明航行到该地区的最早的有据可查的时间。参见郑鹤声(*1*)所作的郑和航海图及Hsiang Ta (1)。详细的讨论见正文。

（人）的（或海员的）占星术（和天文学）"。以此为书名的史料，其年代一定很久远，因为它（以不同的名称）出现在《前汉书·艺文志》中，而《前汉书》完成于公元1世纪最后的几十年①，此文在刘昭于公元502年左右写的《后汉书》评注②中曾被多次引用。我们在《前汉书·艺文志》中发现的书籍有如下的名称： 561

《海中星占验》

《海中五星经杂事》

《海中五星顺逆》

《海中二十八宿国分》

《海中二十八宿臣分》

《海中日月彗虹杂占》

对"海中"一词有三种解释：①表示外国人或海外岛屿上的人；②与"海外"相对，故海中人是指中国人；③指中国沿海诸省从事航海的人。此外，书中的资料很可能是以占星术为主或主要与航海有关。西方的汉学家们赞成第一种解释（他们经常怀疑中国人的创造力）③；17世纪的顾炎武主张第二种解释④，但他未曾说明，为何在"中国"二字作为正常用语的情况下，还要采用"海中"二字，况且"海内"才是"海外"的相对词。我们则同意劳榦（2）的看法，即认为第三种解释最为合理⑤。1280年左右的伟大学者王应麟也持这一说法，他在《汉艺文志考证》中写道⑥：

> 《后汉书》天文志中的注释引用了《海中占》，而且在《隋书》天文部分中又与《海中星占星图》一起再次引用，且各有一卷。这就是张衡所称的"海人之占"⑦。《唐书》天文志中记载，开元十二年（724年），朝廷天文学家奉命前往交州（现在的河内）测量日影的长度⑧。八月时，从海上（"海中"）向南瞭望，他们观察到老人星⑨处于非常高的高空。老人星下群星灿烂，其中大星颇多，但当时的星图上却都未记载，故无从知晓其名称。
>
> 〈《后汉书·天文志》注引《海中占》，《隋志》有《海中星占星图》、《海中占》各一卷。即张衡所谓"海人之占"也。《唐书·天文志》：开元十二年诏太史交州测景，以八月自海中南望老人星殊高，老人星下，众星灿然，其明大者甚众，图所不载，莫辨其名。〉

"海中"一语出于《旧唐书》⑩。所以此语在8世纪的文献中肯定是指海上星体观测，10世纪的作者依据的就是这些8世纪的文献。假如我们根据劳干（2）的解释，把 562

---

① 《前汉书》卷三十，第四十二页。

② 《后汉书》志第十一，第六页、第八页、第十一页。这是第二篇"天文志"，系2世纪末司马彪所著，6世纪初收入《后汉书》。引文全都涉及行星占星术。

③ 参见本书第二卷 p. 354。

④ 《日知录》卷三十（第十册，第7页）。

⑤ 颇为奇怪的是，海员们会从事地理占星活动，即星体对各个地方的影响（参见本书第三卷 pp. 545 ff.），以及星体对官吏的影响。这样一种典型的中国特征只能说明它来源于国内，而不会是国外。

⑥ 载《二十五史补编》，第1425．2页。由作者译成英文。

⑦ 或称"船位推算"，或"推测"。

⑧ 由本书第四卷第一分册 pp. 44 ff.，我们对这段历史有了深入了解。

⑨ 南船座 α 星。

⑩ 《旧唐书》卷三十五，第六页。《新唐书》（卷三十一，第六页）中略有删节。

有关“海中”（航海）诸书看成是战国时期和前汉的术士们的著作，大概不会有多大错误。这些术士[①]都居住在齐国和燕国的沿海，他们是中国航海初期的“实用数学家”(mathematical practitioner)。他们的技艺无疑是不能细分的，因此也就不可能把他们的技艺分为像今天我们所称的占星术、天文学、天文航海、天气预报以及风况、海流与近岸航行等学科[②]；一直到17世纪末，欧洲对这些学科的认识仍是混乱不堪［如迪伊(Dee)、哈特吉尔（Hartgill）、戈德（Goad）、加德伯里（Gadburg）和许多其他人的著作］[③]，故笼统不加细分的局面更是如此。但无论如何，我们对于秦始皇在公元前215年所询问的那些“入海方士”究竟是些什么人，现在总算有了一些概念，尽管《史记》对他们的记载只是一些不具姓名的抽象人物[④]。前面曾经提到过（p. 281）的水利工程师王景的前八代先祖王仲却是一个以其具体形象出现的人物。《后汉书》告诉我们[⑤]，王仲祖居山东，“好道术，明天文”，所以在公元前180年左右吕氏叛乱时期，他带领家族崽从泛舟出海，向东航行至朝鲜的乐浪，定居于群山之中。

初始航海时期的中国领航员，肯定也使用过我们前面曾经提到过的所有那些古老的助航器具[⑥]。但正是由于他们首先在海上使用了磁罗盘，从而结束了这一时期。航海技术上的这一伟大革命开创了定量导航时期，这在1090年就在中国船上得到了确凿无疑的证实，比西方开始使用磁罗盘恰好早了一个世纪[⑦]。最早记载磁罗盘的史料也提到天文导航和测量水深，以及海底取样的研究[⑧]。在12世纪，还有两篇磁罗盘的文字记载，

563

① 我们在前面已经多次谈到这些人，参见本书第一卷，pp. 91，93；第二卷 pp. 240 ff.；第三卷 p. 179，等等。参见本书第四卷第二分册 p. 11。而且，我们还刚刚（上文 p. 551）提到他们在第一批中国人去太平洋寻找长生不老岛的航行中所起的作用。

② 航行安全可根据行星与恒星来推测，也可依据季风及其他气象因素结合星宿隐没位置的规律来推测，要把二者区别开来，这对于古代航海家们来说却非易事。这里我们不应忘记终生从事测量几何学研究的刘徽所著的《海岛算经》，该书于公元263年问世；参见本书第三卷 pp. 30 ff.。

③ 关于迪伊（John Dee），见 Taylor（8），pp. 195 ff.；关于哈特吉尔（George Hartgill），见 Taylor（7）；戈德（John Goad）特别具有典型性，见 Thorndike（1），vol. 8，pp. 347 ff.；关于加德伯里（John Gadbury），见 Thorndike（1），vol. 8，pp. 331 ff.；关于威廉·拍恩（William Bourne），见 Taylor（13），pp. XXiii，325。关于其他人，参见 Thorndike（1），vol. 7，pp. 105，473，645，vol. 8，pp. 459，483。

④ 《史记》卷二十八，第十二页，译文见 Chavannes（1），vol. 3，p. 438。华兹生［Watson（1），vol. 2，p. 26］提出了一些细节，但未加论证。

⑤ 《后汉书》卷一〇六，第六页，译文见 Sun & de Francis（1），p. 95，摘自劳榦（*4*）。

⑥ 我们对中国文化中航海活动的初始时期缺乏研究。德经［Joseph de Guignes（3）］的著作中没有任何对现在有很大价值的东西。而夏德［Hirth（14）］和亨尼希［Hennig（8）］过去的论文谈的却是“贸易之路”以及类似的内容。

⑦ 中国掌握磁性现象知识的历史全貌，已在本书第四卷第一分册的第二十六章（i）中论述过。梗概见 Needham（39）。

⑧ 《萍州可谈》卷二，第二页，译文见本书第四卷，第一分册 p. 279。经常听到一种说法，即这些船舶属于另一种文化，这是由于误译所致，应该摈弃。

也早于欧洲人首次提到磁罗盘的时间[①],每篇都强调在多云和风暴天气的夜间使用磁罗盘的价值。磁罗盘在陆地上经过风水先生长时间的使用之后,首次变为航海罗盘的确切年代尚不得而知,估计在9世纪或10世纪中的某个时期则十分可能[②]。13世纪末之前(马可·波罗时代)就已经有了罗经方位的文字记载[③]。而在后一世纪,也即元朝灭亡之前,业已开始编纂出版这些资料[④]。

开始用在海上的中国罗盘,多半是把一根磁针漂浮在一个小碗里的水面上。在此以前一千年,最初的也即最古老的罗盘是一个放在青铜盘上可旋转的勺形天然磁石。中间的某个时期,曾把天然磁石插入一块两头尖的木头上,使它能漂浮,或在一个直立的支针上保持平衡,以克服盘上对勺子的摩擦阻力[⑤]。这样就发明了干支轴罗盘(dry-pivot compass),虽然这种原始装置好像一直到13世纪还在使用,但(就我们所知)中国海员却未使用过它。因为从1世纪到6世纪之间的某一时期,已经发现天然磁石的指向性可以用感应的方法传导给受天然磁石吸引的小铁片或小钢片[⑥],而这些铁片或钢片也可用适当的装置使它们漂浮在水面上。留传下来的有关这种漂浮罗盘的最早记载,其年代在1044年之前不久,这是一个刻成鱼形,周边向上翘起的薄片磁铁[⑦]。中国的航海家们使用漂浮罗盘有将近一千年的历史。对于15世纪以来漂浮罗盘的使用情况[⑧],我们手头有详尽的文字记载。但到16世纪,荷兰的影响传入中国,部分是经过日本人这一媒介[⑨],其结果先是干支轴磁针(dry-pivoted needle),而后是罗经盘(compass-card)[⑩] 564 (无疑是意大利的发明)为中国船舶所采用。然而,中国制造的罗盘使用一种非常巧妙的悬吊方法,能自动地补偿磁倾角的变化,直到19世纪初还倍受西方观测者称赞。

1400—1433年,由郑和率领的一系列非凡的海上远征一直在中国航海技术史上占有中心地位。尤其值得庆幸的是,这个时期前后的某些具有图解航海手册海图性质的地

---

① 其中一篇(《宣和奉使高丽图经》卷三十四,第九页、第十页)明确地说,航海者在夜间行船是靠星体和大熊座("是夜,洋中不可住,惟视星斗前迈")(参见本书第四卷第一分册 p. 280),这一点可能很重要。这种说法一方面未超过公元前3世纪亚拉图的设想(上文 p. 554 和第三卷 p. 230),但另一方面也意味着天体高度测量在1124年已经开始。详见下文 p. 575。无疑,公元前120年前后的《淮南子》(第十一篇,第四页)中的一段文字是对亚拉图的补充,文中说:"那些在海上迷失方向、分不清东西南北的人,一旦看到北极星,就能辨清方向"("夫乘舟而惑者,不知东西,见斗极则寤矣")。

② 我们这样说,是因为在这几个世纪里对磁偏差的测量已相当精确(本书第四卷第一分册 pp. 293 ff.),只有使用磁针才能做到这一点。

③ 《真腊风土记》第一则,第一页;参见本书第四卷第一分册 p. 284。

④ 如《海道针经》、《针位编》和《粤洋针路记》。参见本书第三卷 p. 559,第四卷第一分册 p. 285。

⑤ 《事林广记》卷十;见本书第四卷第一分册 pp. 255 ff.。

⑥ 在中国至少早在公元前1世纪就有了好钢,到了5世纪还进口印度锻钢。见本书第三十章(d),同时见 Needham (32)。

⑦ 《武经总要》(前集)卷十五,第十五页。

⑧ 例如,《顺风相送》;见本书第四卷第一分册,p. 286 及本册下文 p. 582。

⑨ 《海国闻见录》(1744年)中有一短文,将中国同荷兰的航海方法进行了比较。

⑩ 实际是加装在罗盘磁针上的风花盘。参见王振铎(5),第133页。就达莫塔[T. da Mota (2), pp. 16, 18]看来,唯有这个风花盘才是真正的正牌罗盘(boussole authentique)或"真正的罗盘"(véritable boussole)。难道这不是西方科学史家对待亚洲人的发明和发现所经常采取的妒忌态度的又一例证吗?人们会看到一种惯常的做法(参见本书第四卷第二分册 p. 545):在最终不得不承认某一项发明并非欧洲人的成就时,他们就(以对自己有利的方式)重新解释这项成就,然后才安然脱身。

图至今保存完好[1]，记录了郑和宝船队和其他中国船舶与护航队所走过的航线。17 世纪初，这些地图就已收入《武备志》[2] 这部重要的论述军事和海军技术的著作中，成为该书的最后一卷。其中一张标示印度洋及波斯湾和红海入口的地图中的部分已经被复制在本书第二十二章（d）中[3]。这些海图虽然谬误甚多，但却能示出大意，图上标示横渡大洋的船舶航线的方法，就像现代轮船公司出版的地图上标示航线的方法一样。航线上都附有罗经航向的详尽记载以及“更”[4] 数表示的航行距离，还注出许多对航海至关重要的海岸特征。所记录的罗经航向要么是“行丁未针”（航向在磁针处于“丁”和“未”方位点之间，也就是朝着南西南航行）[5]，或者是“用庚申针”（即磁针指向“庚”和“申”之间，即朝着西西南航行），而“丹坤”则是指磁针直接指向“坤”航行，也即在西南方向两侧各 $3\frac{3}{4}°$ 范围以内航行[6]。因而，通常的记录形式是：“航向 $x°$，航行距离 y 更。”图注上还包括半潮时露出水面的礁石和浅滩以及港口和避风锚地。565 航线则包括岛屿的内侧航道和外侧航道，有时还指明“出航”或“返航”的最佳航线。现代学者对于这些航路图及其说明的准确性以及其中地名的考证[7]，曾进行过十分认真的研究[8]，他们对这些中国航海家的记录所涉及的内容和精确性都给予很高的评价[9]。在中国航海家绕航马来亚时，他们所定的航线是通过现在的新加坡主海峡，而葡萄牙人却是在他们到达这些水域一百多年之后才发现（或至少是才利用）这个海峡[10]。这一事

---

① 这里用“地图”一词，既不严密，也不是技术术语，因为中国的航海图没有交叉的航程线也没有网格。参见 da Mota（2）。

② 《武备志》卷二四〇。这一著作由茅元仪于 1621 年完成，1628 年呈献给皇帝。

③ 读者可参见本书第三卷 p. 560 中的图 236。

④ 注意：这里所用的“更”字与表示岸上不等值的夜更的“更”字为同一字［参见 Needham，Wang & Price（1），p. 199］，但海上的“更”却是等值的。海“更”的定义包含船只行驶的时间与航程。1“更”一般是昼夜 12 辰（即现在的 24 小时）的 1/10，［但有时显然是 1/12，也就是说，与辰本身相同，见刘铭恕（*4*），第 59 页］。这又是一例，说明在历史上中国人愿意采用十进位计量制（参见本书第三卷 pp. 82 ff.）。“更”一般也被认为等于 60 里（《西洋朝贡典录》、《琉球国志略》以及许多其他典籍，参见《图书集成·艺术典》卷五三一，第九页），但有时显然等于 42 里［刘铭恕（*4*），第 59 页，引证了一部清代著作《闽杂记》］。明代的 1 里等于 0. 348 海里，则 1 小时所走的航程是 8. 73 海里（或为 10. 45 海里，如果“更”等同于辰的话）。假如后汉和晋代的“里”作为一种海上的量度单位等于 0. 258 海里，则 1 小时所走的航程分别为 6. 5 和 7. 7 海里。假如清代 1“更”为 42 里，清代的 1“里”等于 0. 357 海里时，其结果也非常相似，即 1 小时走的航程分别为 6. 25 和 7. 5 海里。把郑和宝船的航速估计为 6—10 节将是十分合理的（参见本书第三卷 p. 561）。

⑤ 关于中国的方位测量制，见本书第二十六章（i）（第四卷第一分册 p. 298，表 51）。它共分 48 个区间，每个区间为 $7\frac{1}{2}°$。

⑥ 关于这些问题，可有所保留地见 Mulder（1）。

⑦ 参见 Mills（1）；Blagden（1）。

⑧ 这里主要的工作是由菲利普斯［G. Phillips（1）］完成的。

⑨ 在那些记录中，有些人对“双航向”感到不解，米尔斯［Mills（1）］的著作里，对此作了极好的解释。“双航向”的意思是通常选定航行的程序，即按第一航向开航，然后在看到作为中间陆标的岛屿或物标后改用第二航向。米尔斯还用给出的方位进行了作图并前后左右地“挪动”，使之与现代地图相一致；其极佳的结果说明，15 世纪的中国航海家使用的罗盘，其磁偏差向西偏离真北大约 5°。参见本书第四卷第一分册，p. 310 中的表 52；以及 Smith & Needham（1）。据知，还有用“三航向”的。

⑩ 参见 Duyvendak（1）；Mills（1）。

实可以使我们对中国领航员的技能获得一些看法。

《武备志》最后一卷的重要意义不仅是这些示意海图，还有四份有指导意义的牵星图，概括了多次定线航行期间应当保持的星位。这里我们复制了（图 994）锡兰（锡兰山）与苏门答腊［苏门答剌；帕塞河口（Kuala Pasé），现在的苏木都剌（Samudra）］① 之间的导航指南简图。看一下分散在中图四周的有关“引导星”（“牵星”）② 的注释，就会使我们理解这一问题的关键③。

［上方］北辰星一指平水（北极星在地平线上方 1 指）；华盖星八指平水（华盖星在地平线上方 8 指）。

［左方］西北布司星四指平水（布司星④在西北方向地平线上方 4 指）；西南布司星四指平水（西南方向亦有布司星在地平线上方 4 指）。

［下方］灯笼骨星正十四指半平水［灯笼骨星（即南十字座）⑤ 在地平线上方14 $\frac{1}{2}$ 指］。南门双星平十五指平水（南方双星⑥在地平线上方 15 指）。

［右方］东北织女星十一指平水（织女星⑦在东北方向地平线上方 11 指）。

上面这些解释说明，中国航海家测量极星⑧和其他星体的高度采用的不是天文学家用的度数，而是另外一种以手指宽度（“指”）为单位的分度方法，每 1 “指” 可能分为 8 个 “角”，更有可能分为 4 个 “角”⑨。此外，对这一航程，北极星非常接近地平线或者说看不见，因而需要一个拱极标志星“华盖星”⑩ 来代替它。华盖星的高度，每夜要在它过中天时进行测量，所有其他“牵星”的高度或许也都在同时测取。《武备志》 567

① 从北海岸的帕塞河口（Krueng Pasai River）而上大约 5 海里。关于这个地名，见 Gerini（1），pp. 642 ff.；Pelliot（2*c*），p. 214。

② 这种说法与北欧海盗的“观星”（Leið arstjarna）非常相似［参见 Sφlver（1）］。

③ 米尔斯［Mills（10）］对这条航线的说明作过细致的研究。

④ 这个星座在陈遵妫（*3*）或施古德［Schlegel（5）］的星表里找不到；这里的名称或许只在海员中流传。严敦杰（*19*）认为这是御夫座的 α 星。

⑤ 通常认为［如 Schlegel（5），pp. 553，554］，在耶稣会士到达中国之前，中国人并不知道南十字座，无疑“十字架”这个名称来源于这些耶稣会士，从此，天文学上有了这一名称。“灯笼骨”一词必定是海员的一种叫法，故未收入正式的星表中。我在所有的中国古代星图里都没有找到它，在 15 世纪以后很久编纂的类书（《图书集成》、《三才图会》等）的星图里也没有找到。然而很显然，若领航员不是对它十分熟悉，他们就绝不可能完成他们所做的工作。此处可能为另一例证，说明在初通文字的工匠和知识渊博的学者之间在知识上存在有鸿沟。

⑥ 半人马座的 α^2 星、ϵ 星或 β 星，以及圆规座的星。

⑦ 天琴座的 α、ϵ、ζ 星，即包括织女星（Vega）在内的一个小星群。参见 Schlegel（5），p. 196。

⑧ 这里的极星无疑是小熊座的 α 星。在施古德［Schlegel（5），pp. 523 ff.］的著作中用了与此同义的名称，施古德依照大多数中国古代星图的做法，实际上没有把它放在任何星座里，而把它围在“勾阵”的镰刀形部分之中。陈遵妫（*3*）把它列为“勾阵一”星。见本书第三卷，p. 261 和图 97。

⑨ 从“1 指 3 $\frac{1}{2}$角”这一说法看来，“角”极其可能是$\frac{1}{4}$“指”。因为很难使人相信这个量度能实际上精确地被分成 16 等份。此外，也从未发现大于 3 $\frac{1}{2}$角的值。

⑩ 仙后座和鹿豹座中的 16 颗星。参见本书第三卷，图 99、图 106、图 107、图 108、图 109；以及 Schlegel（5），p. 533。米尔斯（私人信札）认为所用的两星之一是仙后座的 50 星，其赤纬为 72°12′18″N，赤经为 1 小时 59 分，陈遵妫（*3*）认定为华盖星“杠”五。

的海图上多处标注有观测到的华盖星的高度①。

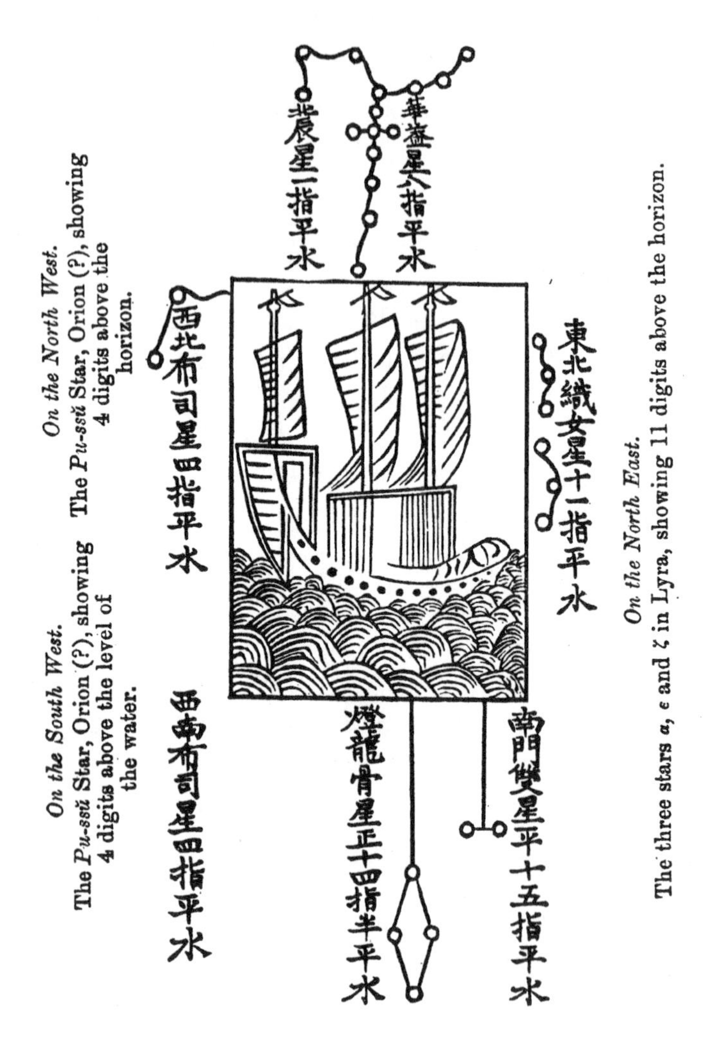

图 994 《武备志》最后一卷所收录的一幅航海简图，适用于锡兰—苏门答腊航线，曾被菲利普斯［Phillips（1）］复制，并予以翻译注释。

中国海和印度洋上的航海家很早就依靠极星高度来航行，而葡萄牙人直到 15 世纪末才开始做到这一点。一旦我们认识到这一点，就会产生许多迷惑不解的问题。不幸的是，至今我们既不能准确地知道东方海域在多久以前进入了定量航海，也不知道西非海岸探险时期大西洋沿岸的欧洲人受定量航海影响的程度。但可以肯定的是，1498 年的夏天，葡萄牙人把他们的星盘和象限仪送给伊本·马吉德看时，他却毫无惊奇之感，还说阿拉伯人也有类似的仪器，而葡萄牙人对他的不感惊奇却十分吃惊②。此外，有许多

① 例如，马尔代夫群岛和非洲东海岸。但是，虽然前者是正确的，可是后者似乎有误（米尔斯，私人信札）。

② Ferrand（7），p. 193，依据 João de Barros，*Dec.*，I，iv，6；以及 da Mota（2），p. 19。

方面我们可以认为东亚人影响了欧洲，或者至少应该承认东亚人遥遥领先。

有一点十分清楚，郑和时代的中国航海家除使用罗盘定向外，还知道测定并沿纬度航行的方法。例如，在《西洋朝贡典录》中有一段记载，谈到从孟加拉（或许是吉大港，Chittagong）经由锡兰到马尔代夫群岛的马累（Malé）的航行，其旅程的每一阶段都标出了极星的高度①。如在极星高度下降到 1 指 3 角时，可以看到锡兰的某一座山。然而我们还不能肯定中国人使用的是什么仪器。到 1400 年，他们使用象限仪是十分可能的——当时浑仪在中国已有一段悠久翔实的历史②，而且有些这样的仪器早在 8 世纪初就已在国外使用，如一行率领的子午线测量队从印度支那到蒙古进行天体高度测量③时就用过这种仪器。也是在这一时期，一个南半球的天体测量考察队被派往离南极大约 20°的地方去绘制星图④。这里说的自然不是西方所熟悉的星盘，其原因前面已经谈及⑤，但在陆地上很可能曾经用过一种简化的带有回转照准仪或典型的中国式窥管的浑环⑥。似乎更可能是一种更简单的十字仪，因为其他史料⑦说明雅各布标尺在中国并不陌生，而且测量人员使用这种仪器比列维·本·格尔森的记载还要早三个世纪，即在 1086 年，而不是 1321 年。这也更加符合阿拉伯和印度领航员的做法，我们在后面还会谈到这一点。 568

海图的问题也非常含糊不清。许多中国文献只是含混地提到有过海图⑧，但唯一留传下来的是收录在《武备志》里的示意图，几乎和《波伊廷格道里图》一样。然而，中国的定量制图法比欧洲有更久远的历史⑨。所以到 1137 年就已经绘出了比例尺为每格相当于 100 里的精美地图⑩，同时也没有理由认为公元 801 年的一幅比例尺相同但图幅却大得多的贾耽地图质量会有逊色⑪。实际上，矩形网格制图原理可回溯到 3 世纪的裴

① 《西洋朝贡典录》卷中，第七页；应当由衷感谢米尔斯先生，是他使我们注意到这一点。参见本册 p. 558。

② 见本书第三卷 pp. 339 ff. 和图 146。

③ 见本书第四卷第一分册 pp. 45 ff.，及第三卷 pp. 292 ff. 的简要讨论。对最北面的观测台站有保留看法，但这段子午弧线包含 11 个台站，全长 2500 公里以上。遗憾的是关于所用设备情况的记载没有保留下来。

④ 见本书第三卷 p. 274。这支考察队大概在爪哇南海岸工作，但它也可能向正南航行了一段路程，以观测更靠南的星群。参见上文 p. 537。

⑤ 本书第三卷 pp. 375 ff.。

⑥ 本书第三卷 pp. 332，352，以及图 146。参见下文 p. 576。

⑦ 本书第三卷 pp. 574 ff.。

⑧ 例如见下文 pp. 576，582。

⑨ 这在本书第二十二章中已清楚地说明过。至少从公元 800 年起，中国的地图就已普遍采用十进制网格，这从留传下来的 1100 年的地图上可以得到光辉的例证，然而，西方学者却仍在断言，1300 年左右的地中海图解航海手册海图是“现今已知的第一幅具有比例尺的地图”，例如，泰勒［Taylor（10）］就是这么说的，这使我难以理解。

⑩ 本书第三卷图 226 及 p. 547。

⑪ 本书第三卷 p. 543。

秀，并且从未像欧洲的定量制图法那样让位给宗教宇宙志学者的圆盘形幻想[①]。因此特别有意义的是，我们从11世纪后期沈括的著作中确实得到一种暗示，即把网格与罗经方位恒向线结合起来，这与二到三个世纪之后在地中海所出现的情形一样，不过沈括所绘制的是陆地地图而不是海图，而且没有留存下来[②]。最后，1569年墨卡托的投影法是一巨大进步，但他从未想到苏颂在他之前五个世纪就已在一部星图集上这样做了[③]，该图集把“宿”（二十八宿）之间的时圈作为子午圈，星体按照它们与北极的距离标在准正圆柱投影图的赤道两侧。在这样辉煌的背景下，我们可以期望考古学的新发现不久将会展示出宋、元、明各代航海大师使用过的海图[④]。

569

如上所述，由磁罗盘、图解航海手册海图、沙漏和折航表构成了一套紧密关联、相互补充的技术。关于折航表，迄今还未在中国航路资料记载中得到确认，故不多叙述。但是关于用沙漏计时这一点却有十分奇特的看法。王振铎（*5*）在其航海罗盘史一文中谈到这一问题时曾断言，直到16世纪中国人才从荷兰人或葡萄牙人那里获得沙漏，在此之前中国船上并不知道也未曾使用过沙漏[⑤]。但从王氏的论文以后，有许多有关1370年左右中国机械时钟史上发生过一次重要突破的史料被挖掘出来，即传统的戽斗轮式时钟不再用水而改用沙[⑥]。这些沙钟（sand-clock）是否保留了联动擒纵装置或采用了减速齿轮，现在还不清楚，但是中国时钟肯定和更近代的西方时钟一样吸收了某种新东西，

---

① 本书第三卷pp. 528 ff.，538 ff.。我们甚至提供了证据（本书第三卷pp. 564 ff.），说明欧洲的制图家曾受到中国矩形网格制图传统的影响，尤其受其“蒙古风格”的影响，也即把地名填入一个方格里，而不用任何记号来表示自然地貌。14世纪早期的穆斯林和基督徒地理学家似乎都受到这一影响。值得注意的是这恰好发生在蒙古人和马可·波罗时代刚刚结束之时，并为后来把恒向线和托勒密的坐标结合起来的图解航海手册的出现铺平了道路。甚至墨卡托也可能受到过它的影响。关于东亚制图学家的学识水平，有一件惊人的事实足以说明，在1402年，当亨利王子只有8岁时，本书第三卷pp. 554 ff. 所记述的那位朝鲜世界地图制作家，就在为伊比利亚半岛的形状以及欧洲城市的名称绞尽脑汁了，而那时在葡萄牙宫廷或任何别的基督教世界宫廷里还从来没有人听说过有个朝鲜国。参见上文p. 499及图985（图版）。

② 本书第三卷pp. 576 ff.。这就提出了阿拉伯图解航海手册是否存在以及它们对中国和欧洲可能产生的影响这一颇有争议的问题（参见本书第三卷pp. 533，561，564 ff.，587）。除了布罗希尔和保罗兹［Brohier & Paulusz (1)，pl. LI，p. 158］描述过并作为插图的一幅非常晚的具有恒向线和矩形网格的马尔代夫海图，而且这幅海图也难以肯定无疑地作为史证，未曾发现确凿的阿拉伯图解航海手册。达莫塔［Teixeira da Mota (2)］现在已经根据文字史料提出了一个颇有分量的论据，来证明阿拉伯航海家从未使用过这类海图。然而，同时他又证明他们确实有过矩形网格海图，刻度单位常用*iṣba‘*（见本册p. 570），而且有时可能用的是“蒙古风格”（本书第三卷p. 564），只标上港口名称和地名，几乎不注明地貌特点。

③ 本书第三卷图104及p. 278。

④ 不能寄予太大希望。正如别处所提到的（本册pp. 403，413），中国造船匠人似乎具有不用蓝图或图样进行造船的特殊技能。那时的技术知识和记载都是家传的，这种情形在医药界更为突出。我们已经看到（上文p. 525），政府的文件遭到有意的销毁。然而难以相信伟大的郑和船队的航海者会没有用过海图。米尔斯的确相信《武备志》所收录的图大体与郑和他们携带的海图极为相似。

⑤ 参见本书第四卷第二分册p. 509。我们把见到的唯一的一幅中国船用沙漏图复制在这里，见图995（图版）；此图收在《琉球国志略》（1757）“图汇”部分，第三十四页。参见上文p. 556。

⑥ 关于以8世纪初首次发明擒纵装置为中心的中国时钟史，在本书第二十七章（*j*）（第四卷第二分册pp. 435 ff.）中已有详尽的论述。其补充说明以及在某些方面更详细的论述可参见Needham，Wang & Price (1)。关于其中的“沙钟”，可见上书pp. 154 ff.，亦可见本书第四卷第二分册pp. 509 ff.。采用沙的主要原因是由于用沙是一种比用水银更为便宜的避免冻结的方法，而水银从10世纪以后就已作为一些仪器的动力。

即一个具有活动指针的固定钟盘[①]。这种新式时钟是与詹希元这个名字联系在一起的,没有理由认为郑和船队的大宝船会没有携带一架或数架詹希元时钟(而更古老的戽斗轮式的时钟则可能没有携带)。总之,中国人当时对流沙计时问题考虑颇多,这一点十分清楚。所以有必要重新审查西方的传统看法,即认为沙漏(sand-glass)是10世纪由克雷莫纳的柳特普兰德(Liutprand of Cremona)[②] 首先使用的。同时,要重新考虑长期为世人所忽略的施佩克哈特(Speckhart)[③] 的猜想,他认为时漏是从东方传入欧洲的[④]。刘铭恕(*4*)对此进行了一次较为重要的讨论:既然12世纪初以后,中国航海的许多记载中都明确地(或含蓄地)提到航海单位"更"(参见本书第四卷第一分册 pp. 279 ff.),其测定必定需要使用沙漏,因为很难设想在海上会使用水漏[⑤]。假如沃特斯[Waters (11)]恰当地把西方航海用沙漏溯源于12世纪后期的威尼斯玻璃工业,则十分可能,沙漏和磁罗盘、船尾舵一起是从亚洲同时传入欧洲的科学成就的一部分。这些成就我们在许多应用科学的领域里都可见到。但与此相反,还有一种重要的论据和另外一种不同的说法。沙漏须用吹制玻璃,根据我们早些时候的发现,虽然不能说玻璃制造工艺本身起源于欧洲和西方,但玻璃吹制工艺却好像完全属于欧洲和西方[⑥]。计时"香"难道不是对刘铭恕似是而非的说法的一个实际反驳吗?早在中古时期,中国就有了燃烧香火(炷香)的习俗。点燃船上神龛里的炷香就可以很容易地测量出大体准确的时间。神龛是船上放置罗盘的处所。海上用来计算更次的燃香计时器,就成了一种非常实用而又非常可靠的"原始天文钟"[⑦]。关于它的实际形式,贝迪尼[Bedini (5, 6)]在一篇引人入胜的专论中曾进行过研究,但尚需深入一步的探索。由于炷香具有浓厚的中国宗教和文化色彩,所以很难传播给其他文化的航海者,即使他们发现炷香是十分有用的计时方法。

570

---

① 见本书第四卷第二分册 pp. 510 ff.。我们刚才已经看到(p. 556),"刻度盘"(dial)一词在15世纪的欧洲被应用于海上流沙计时,但其实物却更容易联想起14世纪的中国沙钟。刻度盘的历史可回溯到希腊化时代的水日晷(anaphoric clock)。这实际上是一种装有浮子和滑轮机构的漏壶,当水位下降时,它就会转动一个构成平面球形图的刻度盘并通过一个表示地平线、子午线和赤道等的金属丝网来观测,前面已经说明,带网(*rete*)的星盘就是传重升降钟的起源,同时一般都认为时钟的钟盘(虽然静止不动),也是由它演变而来。有些史料表明在中国使用水日晷是在詹希元之前。关于这一问题的全面情况,见本书第三卷 pp. 376 ff.;第四卷第二分册 pp. 466 ff., 503 ff.;以及 Needham, Wang & Price (1), pp. 64 ff.。

② 柳特普兰德(约922—972年)是伦巴第(Lombard)地区的主教和大使。因此,我认为费尔德豪斯[Feldhaus (1), col. 1222]所提到的"沙特尔的卢伊特普兰德(Luitprand of Chartres),鼎盛于公元760年",看起来至少在一定程度上是不可能的。

③ 见他所提供的索尼耶[Saunier (1), p. 177]著作的德文译文。这里指的是更早期的一位无名作者,施佩克哈特希望能核对他提出的史料。

④ 关于使用流沙法,并不缺乏亚历山大文化时期的先例。例如,希罗(Heron)发明的自动车和自动木偶戏台的动力,就是由一个大槽里流出的沙子或粮谷产生的,并使一个有分量的浮子随之落下。见 Needham (38)。

⑤ 刘铭恕认为沉碗式漏壶是例外,似不足为据,(参见本书第三卷 p. 315)。在东南亚似乎曾使用椰子壳来做这种刻漏,但是否曾用在海上却不得而知。清朝时期,航海用的沙漏都用陶器或瓷器制作,而不用玻璃,这可以说明中国航海技术古老的程度。《闽杂记》中有一段记载:徐益棠[(*1*),第273页]曾用马可·波罗的话说,在杭州的每座桥上的守望楼里都有一个沙漏。但原文只用了"时漏"(*un horiuolo*)一语[Moule & Pelliot (1), p. 332 (ch. 152);参见 Moule (15), p. 23]。我们猜想这只能是铜壶刻漏,而不会是别的东西。

⑥ 本书第四卷第一分册 pp. 103, 104。

⑦ 见本书第三卷 p. 330;第四卷第二分册 pp. 127, 462, 526。

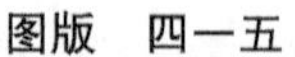

图版 四一五

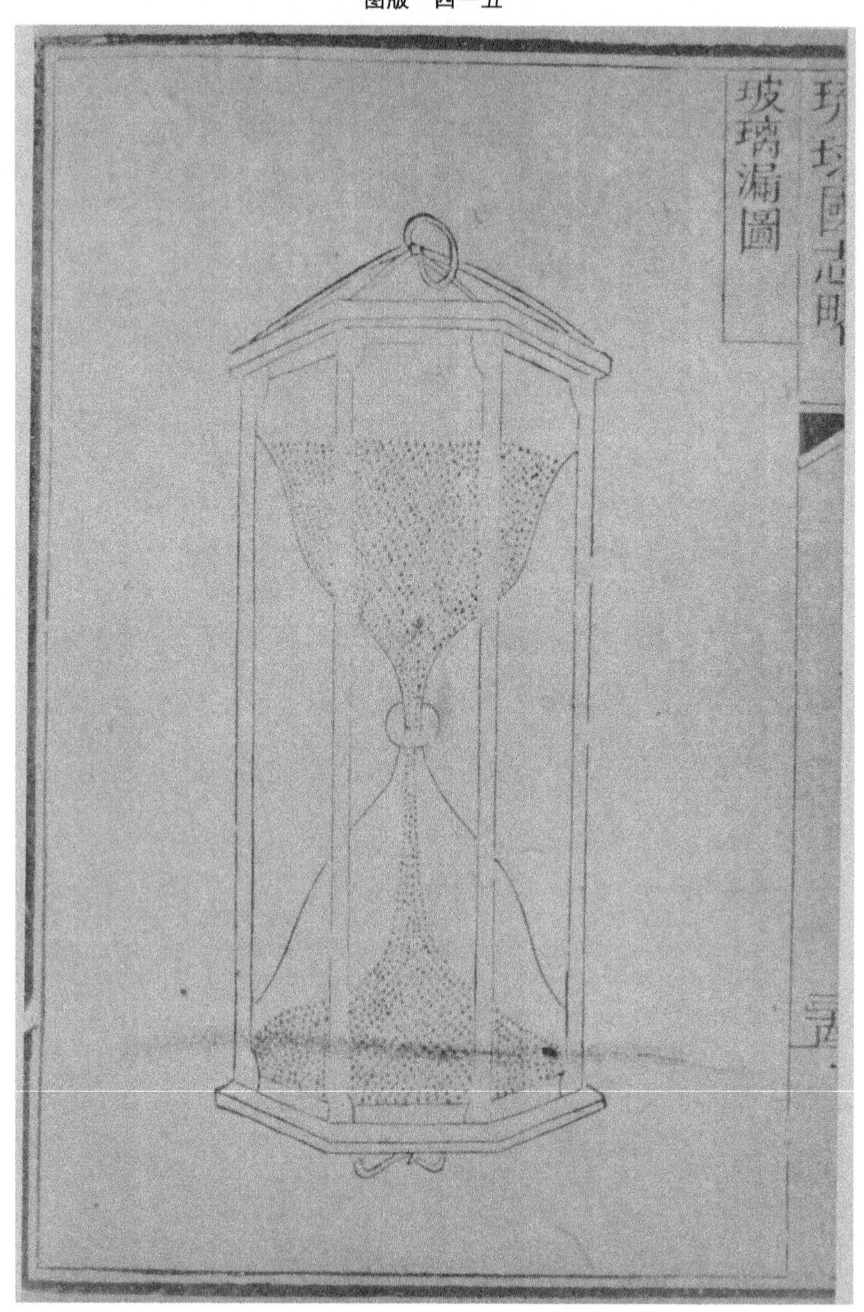

图 995 1757 年《琉球国志略》插图中所绘的中国人使用的“玻璃漏”。16 世纪中叶或末叶之前，中国海员是否已经使用“玻璃漏”仍有疑问。但是，在唐、宋、元时期，他们很可能在值更中已经使用了精制的香篆计时的火钟［参见 Bedini（5，6）］。这种香在陆地寺庙、衙门和住宅中使用非常普遍，在海中使用也极为方便。参见本书第三卷 p. 330；第四卷第二分册 pp. 127，462，526。

现在让我们再回来讨论用“指”和“角”测量高度的问题。这个方法的显著特点,就是它与印度洋上阿拉伯船长们所使用的方法实际相同。阿拉伯船长用“伊斯巴”(*iṣba*‘)表示高度单位(1*iṣba*‘为1指宽或1英寸)等于1°36′25″[①],其$\frac{1}{8}$为“扎姆”(*zām*)[②]。欧洲人主要是从《海洋》(*Muḥiṭ*)一书中比较早地掌握了这种方法。此书是学识渊博的土耳其海军将领伊本·侯赛因(Sīaī ‘Alī Re’ is ibn Ḥusain)[③] 编辑的一部航海指导书要略[④]。侯赛因在其覆没之后返国的艰难历程中,曾于1553年在印度的阿默达巴德(Ahmedabad)停留[⑤],此书即在这一期间写成。以后得知他的著述主要取材于苏莱曼·迈赫里(Sulaimān al-Mahrī,1511年)的论文,特别是艾哈迈德·伊本·马吉德于1475年前后撰写的《航海原理指南》(*Kitāb al-Fawā'id*)一书[⑥]。艾哈迈德·伊本·马吉德就是1498年在马林迪与瓦斯科·达·伽马汇合的那位阿拉伯领航员。现在我们知道,葡萄牙航海家们在后来的一段时间里使用了这种方法[⑦]。后面就会看到,这一方法在郑和的航海时代一定得到了充分应用。此外,如果把《海洋》一书中的测量方法及其依据同《武备志》中所载的方法加以比较,就会发现它们一般说来是相当一致的[⑧]。阿拉伯人的方法与中国人的方法的主要差异似乎在于,当在赤道附近需要有“替代”极星的标志星时,阿拉伯人选择传统的“护卫星”(Guards;小熊座的β和γ星),他们称之为al-Farḳ adain(小牛犊)[⑨],而中国人则选择“华盖”,这些拱极星的赤纬非常相近,但赤经几乎恰好相距180°(12小时)[⑩]。阿拉伯人和中国人都把1指宽的北极星高度作为临界点,超过该点时北极星高度的观测就不再准确可靠;这时他们不再观测北极星而改测拱极星。1指宽的北极星高度相当于阿拉伯人观测的8指宽的小熊座的β 571

① Von Hammer-Purgstall (3), p. 770。

② 见 Ferrand (7) 中收入的 de Saussure (36),一个圆周共有224 *iṣ ba*‘。

③ 卒于1562年;生平简介见 Adnan Adivar (2), pp. 67 ff.。伟大的海军将领皮里·赖斯[Piri Re'is,卒于1554年,传记见 Adnan Adivar (2), pp. 59 ff.]保存有哥伦布的一幅最早的地图(1498年),卡勒[Kahle (4, 5)]的卓越发现证明了这一点。

④ 哈默-普尔格斯塔尔[von Hammer-Purgstall (3)]作了部分翻译,普林塞普[Prinsep (3)]作了注释;比特纳[Bittner (1)]和费琅[Ferrand (1), vol. 2, pp. 484 ff.]也作了部分翻译。

⑤ 他对此事的记载已由冯·迪茨[von Diez (1)]和万贝里[Vambéry (1)]译出。

⑥ 由费琅[Ferrand (6), vols. 1和2]编辑。传记见 Ferrand (7), pp. 176 ff.。继费琅的著作之后,伊本·马吉德的手稿已经出版,并由舒莫夫斯基[Szumowski (1, 2)]作过报道,布罗沙多[Costa Brochado (1)]还作过更为广泛的宣传。另见胡拉尼[Hourani (1), pp. 107 ff.]的著作,他把阿拉伯记载航路资料的传统做法上溯到9世纪。

⑦ 见 da Mota (2), pp. 21 ff., 29 ff.。*iṣ ba*‘被译为“计数”(*polegada*)。

⑧ 米尔斯先生关于未发表的学术研究的私人信札。

⑨ 关于这一“规则”的阿拉伯形式的细节见 de Saussure (36)。

⑩ 对于这种现象唯一可能的解释,无疑是在某个时期阿拉伯人和中国人在这些南纬度海域航行的时间不是在一年的同一季节。他们各自认为,适合的做法就会变成一种惯例。也许是中国人需要避开台风季节,而阿拉伯人却需避开季风。从南回归线看,在将近11月初时,华盖过中天的时间大约在午夜,因此在8月到次年2月之间均可使用;小熊座午夜过中天是在5月初,因此在2月到8月之间可用。夏季里台风往北转移[Cressey (1), p. 67],因此在晚秋或冬季向南航行对于中国人是适合的。而印度洋上的西南季风(比中国沿海的季风强得多)要到6月前后才开始,因此,在早春向东航行对于阿拉伯和印度领航员是适合的。参见上文 pp. 451, 462, 511。关于这个问题的讨论,应当感谢已故的皇家学会会员斯特拉顿(F. J. M. Stratton)教授的指导。

和 γ 星和中国人观测的 8 指宽的“华盖”①。

572 最早到达南半球的欧洲人很奇怪地发现北极星消失不见了。1292 年马可 · 波罗回国途中，在苏门答腊未发现北极星，但到科摩林角（Cape Comorin；北纬 8°）时又看见了它②；大约 20 年后，鄂多立克也谈到过同样的现象③。

> ［芒德维尔（Mandeville）在 1360 年左右写道：］你们应该明白，在这个地区（苏门答腊）及其附近的许多地方，人们可能看不见叫做北极星的那颗星，它位于正北，永远不动，海员们靠它导航，因为在南半球是看不到它的。但是那里有另外一颗星叫做南极星，正好与北极星相对（即在直径的另一端），那里的海员们靠南极星导航，就像在这里靠北极星导航一样④。

虽然没有一个西方的作者把亚洲领航员实际看到过的南半球星座记录下来，但他们却对这种天文导航技术留下了深刻的印象，甚至产生了这样的看法，认为在那些水域未使用过磁罗盘。1440 年前不久，孔蒂到过中国海域，他说：

> 通常，印度人靠南极星导航，因为他们难得有几次能看到我们的北极星。他们不像我们使用天然磁石；而是依据南极星的出没来测定他们的航向和行驶的距离，他们用这种方法掌握船位。他们造的船比我们的船大。……⑤

20 年后，弗拉 · 毛罗在其地图上记入了同样的资料。图上有一条注释标在印度洋中间，靠近两条画得最为清晰的航海帆船⑥旁边。这条注释说⑦：

> 在这些海域航行的船只或帆船，装有四根或四根以上的桅杆，其中有些桅杆可以竖起或放倒。船上有 40—60 间供商人居住的舱室，船上都只装有一个单板舵，航行时不用罗盘，因为船上有一名星象学家，他独自站在高处（船尾楼），用一个星盘指挥航行。

至于毛德维尔，虽然他从未谈及此事，但其遗著中却有人配了一幅插图（1385 年左右），上面所画的南海海域一艘船的尾楼上有这种仪器⑧。我们对弗拉 · 毛罗的话至今还未给予很大重视，但其日期说明这些话与同时期葡萄牙人的航海天文发展（参阅第 558 页及第 567 页）有着特别的关联。也许他所指的实际上就是阿拉伯牵星板。

---

① 阿拉伯和中国的文献中都有多处记载北极星的高度。但由于这些记载问世以后北极星的极距有了变化，需要给这些记载的高度加上一定的改正量，使之能与现代观测所定的纬度相吻合。普林塞普［Prinsep（3），p. 444］算出的修正量约为 5°31′（但也可见该书 p. 780）；米尔斯根据中国《武备志》海图上的资料得出的修正量约为 4°54′。

② Penzer（1）（ed.），pp. 103，112；Monle & Pelliot（1），vol. 1，pp. 373，416；其他现在尚不能解释的高度读数，请参见 pp. 417，419。也可参见 p. 558。

③ Yule（2），2nd ed.，vol. 2，p. 146。参照约尔达努斯 · 卡塔拉努斯（Jordanus Catalanus）的记述［Yule（3），p. 34］。

④ Letts（1），vol. 1，p. 128。

⑤ Penzer（1），p. 140。由于孔蒂与郑和为同时代的人，所以他对当时船只大小的记载具有特别的意义。

⑥ 参见本册 p. 474。

⑦ 见 Yusuf Kamal（1），vol. 4，pt. 4，p. 1409，或 Almagià（2）。

⑧ Anon.（50），vol. 2，no. 158；*Livre des Merveilles*，Bib Nat.，French Ms. 2810。博若安和普勒［Beaujouan & Poulle（1）］复制了这幅图，强调图上画的是航海罗盘，不是星盘，但似乎有一根吊绳系在其上。

然而，这些文章对罗盘的印象无疑是错误的，泰勒对其产生的原因作了比较有说服力的解释①。14世纪地中海的领航员，眼睛始终盯着罗盘，并根据方位和距离定出的航向给舵工发出相应的舵令。对亚洲的领航员来说，罗盘只是他们使用的仪器，测星（或测太阳）② 定船位至少和使用罗盘同样重要。这无疑是由于阿拉伯海员的航行区域比较少雨，或者至少落雨有季节性，经常是天气晴朗，所以用星体来定向具有更大的吸引力，而且精确度也更高。同时他们的海域包括北半球和南半球，这些地方都会遇到利用天文导航的问题。而且由于阴天的干扰较少，所以就不会有同样的理由来激发使用天然磁石导航的热情。诚然，磁石的唯一先祖——更靠北方的中国人，已经利用了磁石导航，由于中国文字是表意文字，故直到近代才被西方人所理解。

573

这样就有可能产生阿拉伯和中国航海家的相互影响问题，但我们目前的知识还不足以作出回答③。14世纪之前，他们确曾有过几个世纪的交往。天体高度测量在整个阿拉伯天文学中特别突出④，但另一方面，用拱极星作为标志星来代替看不见的星体却更具有中国的特色⑤。再者，用"指"和"角"作为量度单位，在早期印刷的中国文献中却不常见⑥，但这并不是说中国领航员没有广泛使用这两个单位，因为中国的航路资料一般都是手写记载。此外，我们能找到关于中国勘测人员采用"指宽"（"指"）作为量度单位的记载，其时间比阿拉伯文化中任何类似的量度记载都要早。例如，前面曾经提过⑦的一位魏国将军邓艾，他在公元260年左右就以谙悉军事地形而闻名——"每当他看到一座高山或一片荒野，他总是用指宽来度量，估算其高度和距离，以便草拟和计划最有利的安营扎寨的地点"（"邓艾每见高山大泽，辄规谋度指，画军营处所，时人皆笑之"）。和他同时代的人多以为他在故弄玄虚，引为笑谈。当然，以指宽为单位测量高度的方法，也极有可能分别独立地出现于阿拉伯和中华文化圈。

元、明两代中国的领航员测量星体高度使用的是什么仪器，长期以来一直是一个谜，但阿拉伯海员使用的仪器我们却知道甚多；它们是各种样式的十字仪或雅各布标

① Taylor (8), p.128，详见其私人通信，在此特致谢忱。德索绪尔［de Saussure (35), p.67；载于 Ferrand (7), p.188］在此之前都表示过类似的见解。达莫塔［da Mota (2), pp.17 ff.］提供了更多的史料来支持泰勒的见解。

② 见 de Saussure (35), p.52；载于 Ferrand (7), p.97。但达莫塔［da Mota (2), pp.10, 20,］根据更多的文字记载和研究，似乎更加可以断定阿拉伯航海家没有观测过太阳的高度。

③ 如最近富路德［Goodrich (10)］就提出了这一问题。

④ 见本书第二十章 (f)（第三卷 p.267）。

⑤ 关于这一点，见本书第二十章 (e)（第三卷 pp.232 ff.）。

⑥ 除《武备志》所收的海图以外，伯希和［Pelliot (33), p.79］却很少见其他例子。另一个例子是1520年前不久黄省曾著的《西洋朝贡典录》。根据目前的考证，如米尔斯先生的考证，发现有更多资料提到"指"和"角"，尤其是手抄资料，如《顺风相送》等。16世纪末西方的一份资料中出现了一项有趣的与这些高度测量相似的内容。正如我们在本书第四卷第一分册 p.225 中看到的，奥古斯丁会修士德拉达（Martín de Rada）于1575年从福建带走了许多书籍，其中有一部涉及"各类船只的制造和航行方法，并附有各个港口的星体高度以及每个星体高度的详细特征。"

⑦ 本书第三卷 pp.571, 572，引自《太平御览》卷三三五，第二页。

574

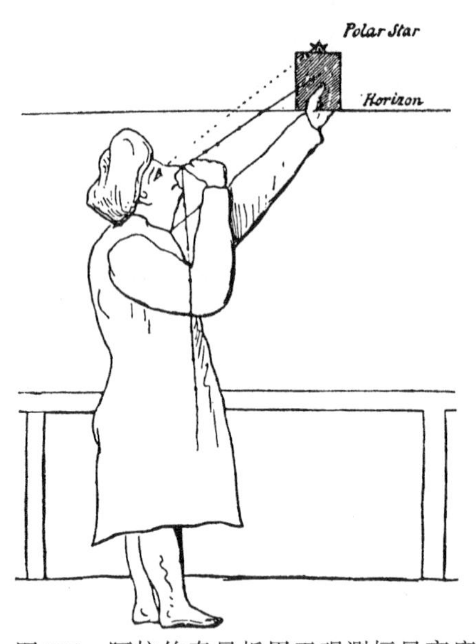

图 996 阿拉伯牵星板用于观测恒星高度的示图，康格里夫绘于 1850 年。

尺，其中有一种是阿拉伯牵星板（*kamāl*）（图 996），它用一根有结的绳子作为观测拉线①。这种仪器的前身大概是一根具有标准长度②的测绳或测杆，上面间隔地装有 1 套 9 块方板。这些装置测取的是星体与地平线之间的夹角，而不是星体与天顶之间的夹角，测取后者在船上观测显然要困难得多③。15 世纪末，葡萄牙领航员有一段时间使用阿拉伯牵星板，称它为“塔沃莱塔”（*tavoleta*）或“摩尔人的巴利斯廷阿”（*balistinha do mouro*）④。阿拉伯领航员后来把十字仪叫做“比利斯提”（*al-bilistī*）⑤，这一事实毫无疑问地说明，其中有些阿拉伯领航员从西方得到了这种仪器⑥，但这并不一定是说这种仪器就起源于西方，甚至也不能肯定西方人的祖先不是从东方引进了这种仪器，因为我们已经看到有证据说明，11 世纪中国就有了十字仪⑦，较西方关于这一发明起源于法国普罗旺斯（Provence）的传说早 300 年。所以中国领航员在 15 世纪就极有可能已经用过某种形式的十字仪。

关于中国人曾把阿拉伯牵星板的一种变形作为十字仪这一点，现在已由严敦杰（*19*）对一段文字所作的精彩的解释而获得了证明，这段文字我们在前面已经引用但未予以说明⑧。现在有必要对它重新解释。李诩（1505～1592 年）在其《戒菴老人漫笔》（1606 年刊印）⑨ 一书中这样说道⑩：

> 苏州马怀德的一套“牵星板”共有十二块，用黑檀木制成，从小到大，依次排列，最大的一块超过七寸见方（原文为长度）。板上标注“一指”、“二指”，直

575

① 见普林塞普［Prinsep（2）］和康格里夫［Congreve（1）］的论文，此二人在一个多世纪以前都与阿拉伯领航员有过私人接触。二人的著述都收在费琅［Ferrand（7）］的著作中。孔蒂（1440 年左右）是提到阿拉伯牵星板的第一个西方人。参见 Kiely（1）。

② 标准长度一般为一个人伸出手臂的长度。迄今所发现的关于这一问题的最早记载见于《海洋》（1554 年）一书。见 Prinsep（2，3）；Kahle（6）；Kiely（1）。

③ 这是德索绪尔［de Saussure（36），载于 Ferrand（7），pp. 160 ff.］的一个极好的观点；然而经常见到若干在海上使用星盘的插图，并且还多认为其使用十分普遍。

④ Da Mota（2），pp. 21 ff.。

⑤ 根据 Prinsep（2）。

⑥ 葡萄牙文 *balhestilha* 和法文 *arbalestrille*，两者都源于罗马语与希腊语混杂的通俗拉丁语形式 *arcuballista*。

⑦ 本书第三卷 p. 574。在后面的第五卷中，我们将发现中国的十字弓比欧洲的要更加古老，曾先后两次向西方传播。

⑧ 有关算筹的一节，见本书第三卷 p. 74。

⑨ 在本书以前的引文中曾把出处注为《戒菴集》，现予更正。

⑩ 由作者译成英文。

到“十二指”等等。字体工整,而且测板之间差异匀称,就像尺分为寸一样。还有一块象牙板,二寸见方(原文为长度),削去四角,使其能表示“半指”(即2角),“半角”、“一角”和“三角”。这块象牙板可以翻转使其任一面对着你(连同其中较大的一块板),这些长度想必就是《周髀(算经)》[①](进行直角三角形计算所需要)的尺度。

〈苏州马怀德牵星板一副,十二片,乌木为之,自小渐大。大者长七寸余,标为一指、二指以至十二指,俱有细刻,若分寸然。又有象牙一块,长二寸,四角皆缺,上有半指、半角、一角、三角等字,颠倒相向,盖周髀算尺也。〉

显然,这里我们看到的是一套与眼睛保持一定距离的标准大小的黑檀木板,而和典型的阿拉伯牵星板不同,后者仅由一块板连接一根有结的测绳构成[②];更有意思的是还加上一块“微调”象牙板,四角削成小段标准边长,与黑檀木同时举起以测量“指”以下的零数。严敦杰的计算结果表明,上述的黑檀木系列板相当于从1°36′到18°56′这一范围的高度,平均1指为1°34′30″(参见上文p. 570)。同样很清楚,尽管象牙微调板上具有半角的标记,但中国领航员在这个时期却把1指只分成4角,而不是8角(参见上文pp. 567,570)。书中没有提到这种方法在李诩时代前多久开始使用,但他提到的马怀德却使人颇感兴趣,因为宋代(1064年左右)有一位很活跃的将领也叫这个名字。然而这位马怀德是开封人,而我们的“数学大师”却是苏州人,故极可能是较晚一些时期的人,但到底是在宋、元、明哪个朝代,我们现在还不知道[③]。不过无论如何我们可以肯定,中国的领航员们在15世纪就已经在使用这种方法,完全有可能早在14世纪,甚至13世纪他们就已经这样做了。

似乎史料越来越多,说明他们在12世纪初就在进行天体高度观测。1124年的一篇文章就提到了这一点(本书第四卷第一分册p. 280及本册p. 563),而罗荣邦注意到的《宋会要辑稿》中的一段文字[④]却提供了崭新的论据。这一段文字如下:

建炎三年(1129年),监察史林之平被指派主管(扬子)江与海的防务,并受权在其管辖的杭州到太平州的地区内可以任命其部下僚属[⑤]。……(林)之平谈到需要海船,并要求从福建和广东的沿海港口租用这些船(并重新加以改装)。…… 576
每条船都要装备望斗、箭隔、铁撞、硬弹、石炮、火炮、火箭,以及其他武器,再加上防火设备[⑥]。

〈(建炎三年)三月十二日,……监察御史林之平为沿海防托,并许辟置僚属所管地分。之平自杭州至太平州。……既而之平言应海船,乞于福建、广东沿海军州雇募。……船合用望斗、

① 关于这部最古老的中国数字经典著作,见本书第三卷pp. 19 ff.。

② 严敦杰怀疑中国的牵星板是否也曾用过测绳。

③ 令人遗憾的是,他的名字既未收入《畴人传》里,也未列入《哲匠录》。唯一有希望记载他的事迹是《苏州府志》,但1691年的版本中也无此人。

④ 《宋会要辑稿》兵二九之三一、三二,由罗荣邦译成英文。我们非常感谢罗博士告知我们这一段有趣的文字。

⑤ 太平州大概是在安徽,如果是这样,则林之平的管辖区就包括宋军和金军统辖区之间的大部分地带以及广大海域。

⑥ 这里所列各项,我们将在下面必要的地方再行提及;参见下文pp. 687,690,693。

箭隔、铁撞、硬弹、石炮、火炮、火箭及兵器等，兼防火家事之类。〉

虽然我们在别处还未曾遇到过“望斗”这个名称，但它的意思显然是指用来观测大熊座位置和高度的窥管[①]。我们还应记得与此有关的那种窥管（“望筒”）和象限仪，这在本书第三卷图 146 中已有说明，该图取自年代与上述文献极为接近的一部著作——1103 年的《营造法式》[②]。但“望斗”也同样可能是一种十字仪或阿拉伯牵星板。所以，对于中国领航员来说星体高度的测定也许是紧随天体方位的测定而发展起来的[③]。

在归纳目前我们对于东方海域定量导航发展情况所了解的程度的时候，我们必须从中国船上于 1050 年以前，甚至还可能早在公元 850 年前就使用了罗盘这一点开始。至于罗盘多久以后传到了印度洋，我们尚不清楚。1300 年之前几乎没有任何史料可以证明海上曾经使用仪器观测过星体高度，阿拉伯领航员未用过，印度领航员也未用过，中国航海家使用仪器的史证也仅有很少一些[④]。然而《顺风相送》却说[⑤]，1403 年以后，“对牵星图作了校核与改正”（“累次较正针路，牵星图样”）。可见在 14 世纪就有了相当早期的发展。总而言之，假如我们说伊本·马吉德在马林迪遇到瓦斯科·达·伽马时，完全的定星导航在苏伊士以东已经有了大约二到三个世纪的历史，而在西方则不满一个世纪，这一说法不至于会有大的谬误。

图 997 的图解表明，星体高度一直吸引着中国古今的航海家[⑥]。此图采自《定海厅志》。定海是舟山岛的主要城镇，位于浙江省沿海，恰处北纬 30°，扼守通往宁波[⑦]的海峡与河口。定名为《定海厅志》的唯一一部有关当地历史地理的史料出现于[⑧] 1902 年，但无疑它依据的是 1715 年的版本[⑨]。图名为“北极出地图”。图中所示为一天球，其北极与地平线夹角为 30°，标有赤道和一束赤纬平行线，表示太阳在不同季节的位置，最北侧的一根赤纬线在夏至点，最南侧的一根在冬至点[⑩]。季节则用二十四节气的名称[⑪]，

577

578

---

① 应当记住，中国人不把小熊座视为一个星座（本书第三卷 p. 261）。

② 《营造法式》卷二十九第二页。参见卷三，第一页起。说明见本册上文 pp. 84 ff.。

③ 罗荣邦［Lo Jung-Pang (7)］曾提醒注意，夏德和柔克义［Hirth & Rockhill (1), p. 29］对于完全没有中国航海家使用海上星盘的史料表示惊讶。他们认为星盘基本上为阿拉伯航海家所使用，这显然是缺乏根据的，或许他们没有认识到，虽然 1267 年的科学使团曾把一个星盘带到了北京，但由于与中国的天文学不符，因而未引起重视（参见本书第三卷 pp. 374 ff.）。不管怎么说，船用星盘还要简单得多——困难在于在海上使用，正如前面我们已经看到的。

④ 马可·波罗的印象虽属否定，却令许多人信服。但请参见上文 p. 558 关于海员登陆后可能使用过表的叙述。若有肯定的史证，则否定的史证就应为肯定的史证所取代。把否定中国航海的意见编成一部文集并非难事［参见闵明我（1657 年）的说法（Cummins ed., p. 111），或马戛尔尼（1794 年）的说法（Cranmer-Byng ed., pp. 81, 275）］，但各个评论者对某些事实的失察，并不能埋没实际上存在的肯定的史证。

⑤ 《顺风相送》第五页；参见 Duyvendak (1), p. 232。

⑥ 我们见到这幅图的途径十分奇特。这应该感谢剑桥大学放射医疗系的技师 P. H. 丹尼尔斯（P. H. Daniels）先生，他出生于印刷世家，故和祖居哈尔斯顿（Harleston）的父亲 H. G. F. 丹尼尔斯（H. G. F. Daniels）先生一样，对中国木刻版样发生了兴趣，这些木刻版样是本世纪初由兰布登（A. E. Lambden）先生的父亲带入英国的。而这恰好就是《定海厅志》的图版。我们也应当感谢霍姆斯（B. E. Holmes）博士，他向我们介绍了 P. H. 丹尼尔斯先生。

⑦ 我们应该还记得，在中国明轮船史部分，宁波也占有突出的地位（本书第四卷第二分册 pp. 428 ff.）。

⑧ 史致驯和汪洵修纂。

⑨ 此版本系一部县志，由缪燧和陈于渭修纂。最古老的版本是 1563 年的版本。

⑩ 这是《太阳方位系》一表中所包含的资料的图示，参见上文 p. 559。

⑪ 见本书第三卷 p. 405 表 35。

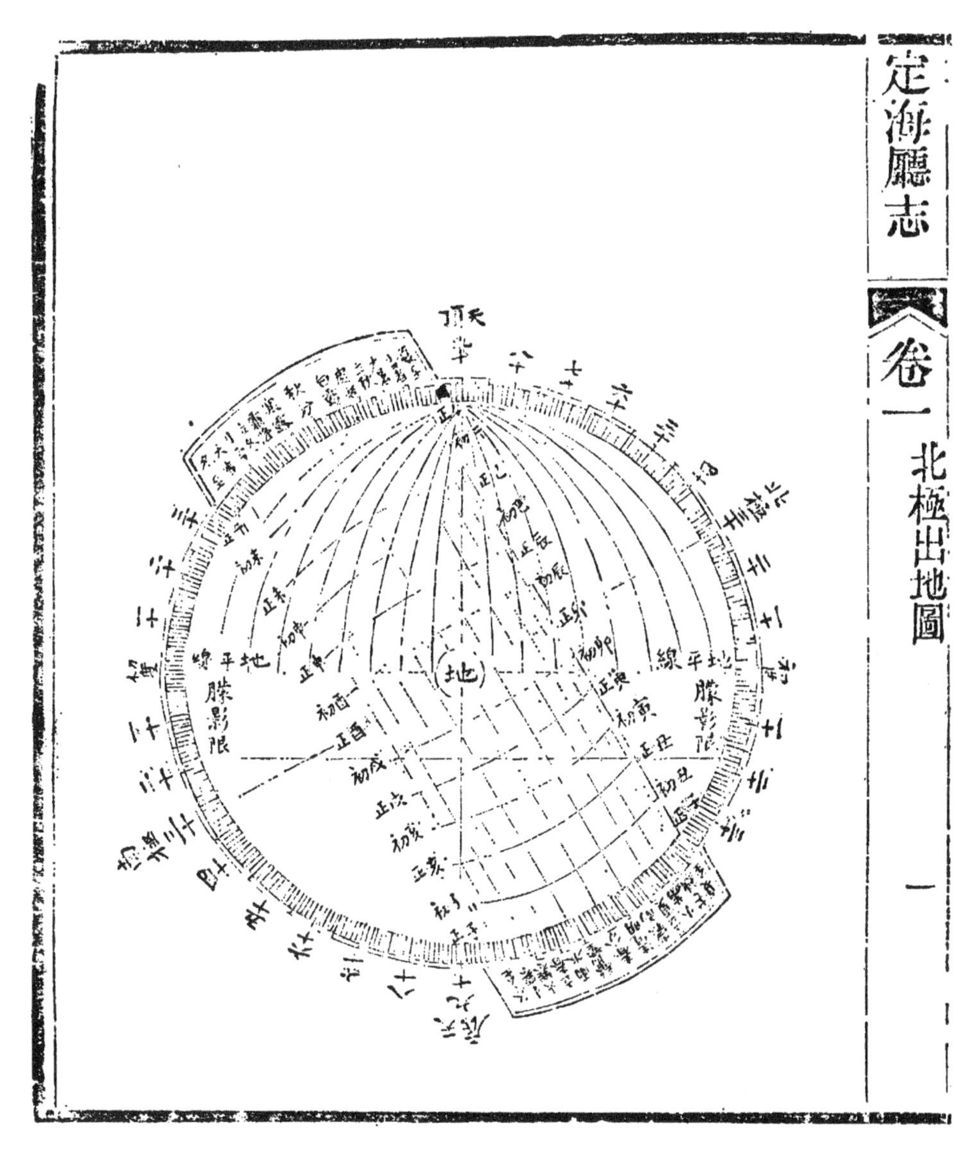

图 997 中国的航海天文图，名为“北极出地图”，
载于《定海厅志》。说明见正文。

标注在赤纬线的两端；与赤纬线横交的弧形子午线分为两半，分别都标有昼夜十二辰①。地平线下大约16°处有一条与地平线平行的线，表示晨昏曚影的时限，也即太阳在日出时或日没入地平线时的位置。此外，我们还注意到二至圆的划分是360°，而不是365 $\frac{1}{4}$°。由于这一事实，以及这样的天文图明显地不大可能出自该岛的本地学者之

① 见 Needham，Wang & Price（1），pp. 200，202。

手[①]，我们猜测它来源于传教士。果然，在《图书集成》[②] 这部类书中，很快就找到了一幅原始图，这幅图（图 998）是根据 1615 年出版的阳玛诺（Emmanuel Diaz）所著《天问略》[③] 中的一幅图复制的。但有一点重要的差异，定海图在表示能见天空的那一部分增加了一组总计 16 个等间距的 1/4 椭圆弧。英国在 16 世纪也有类似的图形用于航海天文学，但要简单得多[④]。这幅图十分复杂，因而便产生了一些令人难解的问题。

579

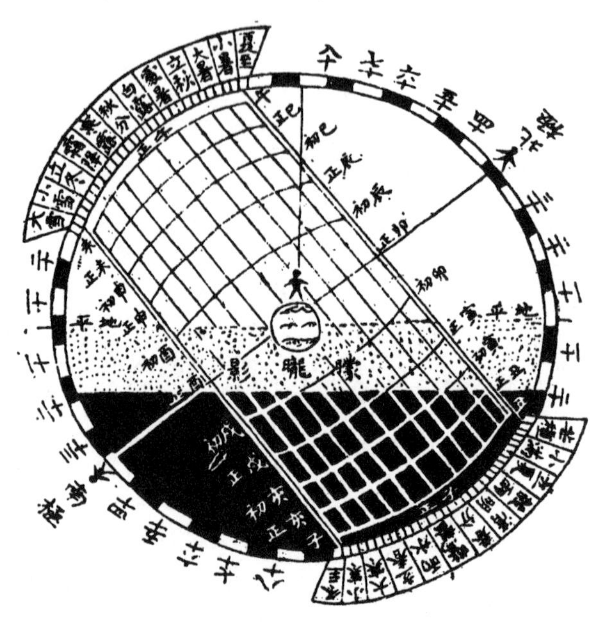

图 998　“北极出地图”的一种原始图，赤纬平行线图叠印在天球图上（北极高 35°，而不是 30°）。本图采自 1615 年阳玛诺的《天问略》。黄纬平行线与黄经子午弧线横交。

这一束赤纬平行线是没有问题的，因为它是特定的星象投影的一部分，在阳玛诺的《天问略》之前几年，这一束赤纬线就已出现在一部中国论述天球平面图的专著里[⑤]，这部专著名叫《简平仪说》，系 1611 年耶稣会士熊三拔（Sabbatino de Ursis）所著。这束在回归线之间的赤纬线同 1550 年罗哈斯（Juan de Rojas Sarmiento）[⑥] 所描述的正平面

---

① 很可惜他们没有附加一个以“指”和“角”为单位的高度标尺。

② 《图书集成 · 乾象典》卷二，第十八页。

③ 《天问略》第 48 页，第 50 页，第 52 页，第 57 页。

④ 见 Waters（15），p. 134；Taylor（13），pp. 215 ff.。《明史》卷三十三，第二十八页（始编于 1646 年，完成于 1736 年，1739 年刻印），发现有一张同类的图，名为《二至出入差图》（一部朝代史里有此项记载令人难以理解）。

⑤ Wylie（1），p. 87；Pfister（1），p. 105；它由两张图来说明。本书第三卷 pp. 446，694，814 中《简平仪说》的英译名应改为“Description of a Simple Planisphere”。巴黎天文台博物馆（Paris Observatory Museum）里收藏有一本 1680 年的样本。见南怀仁（Verbiest）的《诸仪象弁言》（1674 年）中五十二图；Pfister（1），p. 359。

⑥ 见于罗哈斯的《星盘解说》（*Commentariorum in Astrolabium libri sex*），马迪森［Maddison）（2）］对该书作过极详细的讨论和解说。罗哈斯似乎曾得到一位荷兰助手黑尔特（Hugo Helt）的许多帮助。参见 Waters（15），pl. xxvii，p. 165。

球正投影（orthogonal astrolabe projection）的赤纬线一样。现在“普通”的星盘[1]板（或鼓；*tympanum*）是采用立体投影法把天球从北极或南极投影在赤道平面上[2]；这是根据托勒密于2世纪所著的《平球论》（*Planisphaerium*）平面图理论的做法[3]，但早于9世纪后期的仪器却没有留传下来。这种星盘板有一缺点，即对每一纬度必须使用一块不同的板，放在可旋转的具有细格的星图（或网盘；*rete*）下面；因而很自然地要求制作一种能在任何纬度下使用而不需作重大改变的“通用”星盘。一种解决办法就是罗哈斯投影法，但它不采用立体投影，而采用正投影。用这种方法，使天球从春分点投影在二至经线圈的平面上，结果赤纬线像赤道一样变成了直线，而子午线成了半椭圆弧线。自然，赤纬线之间和子午线之间的间隔，随离开总体中心点的距离的增大而变小。这些不等距的间隔在耶稣会士的天文图中（参见图998）都清楚可见，而这幅定海图（图997）原本也想这样做，但其子午线的时辰间隔却不像其赤纬线的间隔画得那么准确。图999所示为子午线$\frac{1}{4}$椭圆弧及其不等距的间隔的简明示意图。此图采自1551年版的阿皮亚努斯（Petrus Apianus）的《宇宙志》（*Cosmographia*）。

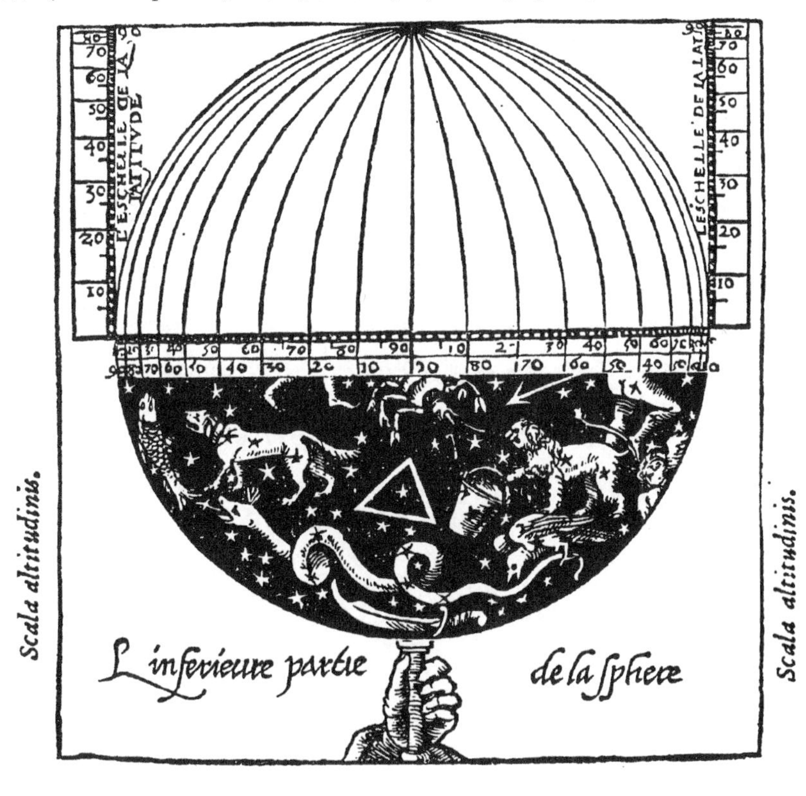

图999 “北极出地图”的另一原始图，系阿皮亚努斯所著的《宇宙志》（巴黎，1551年）中的高度椭圆弧图解。

① 参见本书第三卷 pp. 375 ff.。必须记住，传统的中国天文学中，根本不用星盘。

② 看一下本书第三卷中的图85将有助于理解这一点及后面的问题。

③ Heiberg（2），vol. 2。

实际上罗哈斯从来没有自称发明了“罗哈斯投影法”。其简单形式古已有之，特别值得一提的是维特鲁威[①]所记载的日晷刻度。文字史料表明，公元998年前后阿布·拉汗·比鲁尼就想到了同一事物，尽管他的说明从未得到认真的研究[②]。另外有几件仪器留传了下来，但其年代都在罗哈斯之前，且上面刻画的同样是正投影图。例如，在格林尼治国家海运博物馆里就收藏着一架精美的1462年的星盘[③]，还有一架1480年的星盘收藏在克拉科夫（Cracow）的大学博物馆（Collegium Maius）里[④]，第三架是1483年的星盘，收藏在佛罗伦萨。

580

当然罗哈斯投影法并非唯一“通用”的一种，最著名且最常见的是1040年左右托莱多城的天文学家阿里·伊本·哈拉夫（'Ali ibn Khalaf）[⑤] 的投影法。这种“薄板通用图”（lamina universai）是采用立体投影法把天球从春分点投射在二至经线图平面上，结果赤纬线和子午线变成了圆周弧线，这两套弧线的间隔（与罗哈斯投影图相反）都是离中心越远就越大[⑥]。同一世纪的晚些时候（1070年前后），一位更伟大的天文学家阿布·伊斯哈克·扎尔加利（Abū Isḥāq al-Zarqālī；也译作 Azarquiel，Azarchel，或称 al-Naqqāsh，雕刻师）[⑦]，也即颇有影响的托莱多天文表[⑧]（Toledan Tables）的作者，改进了阿里·伊本·哈拉夫的设计，作了黄道和赤道两套坐标图网；这就是我们在著名的《天文学知识全书》（*Libros del Saber de Astronomia*）一书中所发现的有插图和详尽说明的图版（*ṣafiḥa*）或板（*açafeha*，*saphaea*），此书为卡斯提尔国王阿方索十世（Alfonso X）所著，1276年前后出版[⑨]。

581

假如我们提到图版（*saphaea*）只是为了说明它可能对罗哈斯（也是对熊三拔和阳玛诺）有过影响，那么我们就可以对它保持沉默不语，但是它却与定海图的16个$\frac{1}{4}$椭圆弧有着奇特的联系。在《天文知识丛书》的有关部分记载的第二种仪器的正面上确实刻有图版，但背面的图却迄今尚未得到适当的解释。图中的一个象限用60分度的划线来表示正弦值的角度[⑩]，另外三个象限包含一系列半椭圆弧或$\frac{1}{4}$椭圆弧，乍看起来很像正投影图，但间隔距离却相等，所以它们不能代表该投影图的子午线[⑪]。这种结构远

① Vitruvius，IV，7，Granger（ed.），pl. 50。

② 见 Sachan（2），pp. 357 ff.；Maddison（2），p. 21。

③ 有关记述见 Price（15）。

④ 见 Zakrzewska（1）。

⑤ 见 Miele（1），p. 186。

⑥ 说明见 *Libros del Saber*，ed. Rico y sinobas（1），vol. 3，pp. 1-237，fig. opp. p. 10。另见 Michel（3），pp. 18 ff.。

⑦ 见 Mieli（1），p. 184；Suter（1），no. 255。

⑧ 参见本书第四卷第二分册 p. 544。

⑨ 见 Rico y Sinobas（1），vol. 3，pp. 135 ff.，fig. opp. p. 148。扎卡利论述图版（*saphaea*）的拉丁文手稿之一收藏于基兹学院图书馆（College Library at Caius）中。关于《天文知识丛书》，读者会想起本书第四卷第二分册 p. 443 的叙述。

⑩ 参见 Michel（3），p. 40。

⑪ 见 Rico y Sinobas（1），vol. 3，p. 143 和 p. 149 对面，讨论见 Maddison（2），pp. 25 ff.。

不只见于《天文知识丛书》，因为我们在更早期的星盘上也发现过这种结构，一个是1212年穆罕默德·伊本·富图赫·哈迈里（Muḥammad ibn Futūḥ al-Khamā'irī）制作的星盘（有20个等分）[①]，另一个是1252年穆罕默德·伊本·胡宰勒（Muḥammad ibn Hudhail）制作的星盘（有24个等分）[②]。因而可能产生这样的问题：定海图的等距$\frac{1}{4}$椭圆弧是否起源于中国和阿拉伯天文航海家之间的更早期的直接接触，而并非后来经过耶稣会士为媒介传来的。由于图997中所绘的赤纬线的间隔明显地不相等（因为罗哈斯投影法必然会这样），高度椭圆弧的等距间隔看来是有意设计得同赤纬线不一致，这或许能说明与伊斯兰的星象学家及海船船长的更早期的接触有关。

在结束讨论中国领航员的问题之前，概略提及两三份典型的航路资料记载或航海纪要的内容可能是有意义的。其中第一份资料是《顺风相送》，作者系一位不具名的海员，年代在1430年左右或在郑和下西洋结束之时[③]。第二份是《东西洋考》，1618年张燮所编，比阳玛诺出版的《天问略》的时间晚几年，但是看不出它接受过任何西方影响的迹象。《东西洋考》的作者是一位历史学家和地理学家，比15世纪的那位不具名的远洋船长要博学得多，而且似乎熟悉海洋。该书卷九[④]名为“舟师考”，即论述船长及其应具备的学识[⑤]。 582

《顺风相送》序言的一部分写道[⑥]：

以前，周公发现并明白了指南针的原理。从远古至今，多少世纪以来，指南针的原理传遍四方。然而如果你忽略更数的增减，或更次的划分，你就会犯下错误。海图就是据此绘出的，航行资料才得以记载下来。

现在，这些古旧的文本已破烂不堪，且一年甚过一年，很难据此辨别事物的真伪。若是后人复制引用这些资料，我担心他们会错误百出。（所以）我利用空闲时间把每天计算出的更（数）进行了比较，并审核了（每一个航次）全程所走的天（数）。我收集并记录了从南京直辖地区到太仓和（其地）有蛮夷邦国的巫里洋（暹罗湾、苏门答腊海和印度洋）等地的更数、罗盘针的方向、山形、水势、是否有海湾和岛屿、浅滩和深渊等，为的是把安全航行的路线和方法传给后代。

〈昔者周公设造指南之法，通自古今，流行久远。中有山形水势，抄描图写终误，或更数增减无有之，或筹头差别无有之。其古本年深破坏，有无难以比对。后人若抄写从真本唯恐误事。予因暇日，将更筹比对稽考通行较日，于天朝南京直隶至太仓并夷邦巫里洋等处更数针路山形

① Sauvaire & de Rey Pailhade (1)。

② Millás Vallicrosa (1)。

③ 牛津大学博德利图书馆（Bodleian Librarg）劳德东方资料部（Laud Orient.），手稿第145号；参见Duyvendak (1)。我们曾得到特许查阅米尔斯［J. V. Mills (5)］先生的译稿。把年代定为15世纪也源自修中诚博士，尽管向达和修中诚［Hsiang Ta & Hughes (1)］认为这份手稿的年代在1567年到1619年之间。其中有些论述可能是在1571年之后，因为第六十五页写道：在长崎有“佛郎番”（Frankish，西欧人）定居（米尔斯先生私人通信）。不能断言说这份手稿的年代会早于16世纪后半叶。正文现编录于向达（5）。

④ 我们再次得益于一份翻译手稿［Mills (4)］。

⑤ 本书第二十六章（i）还引用过这些文章的其他部分。在后期的著作中可以提到俞昌会的《防海辑要》，其卷十三专论气象预报和潮汐推算。

⑥《顺风相送》第四页；由作者译成英文，借助于 Mills (5) 和 Duyvendak (1)。

水势澳屿浅深攒写于后，以此传好游者云尔。〉

先看这两面文字的共同点，就会发现其中都记载了陆标、标有罗盘方位的一般航行指南（“洋计路”），以及表示测量水深的“托”数等丰富资料。张燮的航海纪要还包括印度支那、马来亚、暹罗、爪哇和苏门答腊、婆罗洲、帝汶、摩鹿加以及菲律宾等航行目的地。这位不具名的作者甚至走得更远，使航线伸展到了亚丁、霍尔木兹、印度、锡兰和日本。两部著作均提出了每月和每年的风表（“逐月风”）①，及许多关于天气征兆的预测（“占验”），涉及对风雨云情的观测②以及其他天气现象，诸如日晕等③。两部著述中还都列出了一种潮汐表，并附有其他一些特点，如水的颜色，以及海面可能出现漂浮物等。二者都为船长提出了有关祭祀的意见，但强调的重点却有所不同，不具名的作者侧重罗盘的保护神，而张燮则喜欢称道天妃。据我们所知，天妃是郑和及其船队所奉祀的航海女神④。

583　只有15世纪文献中的史料才具有某些特殊意义。我们可知如何为浮罗盘选择用水的方法，以及使磁针漂浮于水面的途径。除了三张24方位点的表以外，还有一张只列其中14个方位点的表叫“宫”，再有一张表列出了这些方位点与风的关系。关于是否有阿拉伯的影响这一问题，最令人感兴趣是一个叫做“观星法”的小表，它列出了四个星座的出没方位，即大熊座、华盖、南十字座（“灯笼骨”星）和水平星（可能是老人星）。现在，阿拉伯海员的方位圈刻度完全是以这些出没方位为要素构成的（当然，缺乏深奥的中国文字表示周期循环的特点）⑤。另一个表列出了12个月太阳与月亮的出没方位，并附有相应的漏壶刻度和昼夜长度⑥。从帮助记忆这些方位、月亮出没时间的顺口溜中可以看出，领航员多注重这些资料。那位佚名的海员作者也写过有关闪电这一天气预兆的顺口溜。最后他还补充了一些测定水流和潮汐以及计算时更的内容，也就是在这里我们找到了用漂木测定船速的方法⑦。

另一份作者不详的航路资料手稿⑧叫做《指南正法》，编在一部军事类书《兵钤》的附录中。这部类书的作者是吕磻和卢承恩，序言所记年代为1669年。这份资料除记载了许多气象知识和未加分析的各种恒向线方位外⑨，还有一小节观星法，并附有星座

---

① 据说每个月总有一些天海面波涛汹涌（“水醒”）。

② 参见本书第二十一章（第三卷p.470）。

③ 注意上文p.560的章节标题。这一非占星的性质与我们在威廉·伯恩（1581年）的著作中发现的观点相似，参见Taylor（13），pp.317，399 ff.。

④ 参见上文p.523。

⑤ 关于这一点，见德索绪尔［de Saussure（35），pp.49 ff.］的著作，他把全部方位编成了图表。重印本及附加的插图见Ferrand（7），pp.91 ff.。德索绪尔认为这个方式可能产生于8世纪左右（在对磁罗盘了解之前），适用于北纬10°左右。

⑥ 乍看起来，也很像有阿拉伯影响，但马伯乐［Maspero（4），pp.283 ff.］已经指出，在汉代和隋代，这种方位测定法对调节水钟已很重要，而且也确实有那时的图表遗留下来。参见本书第三卷p.306。

⑦ 《顺风相送》第六页；参见上文p.559。也见于《闽杂记》和《筹海图编》卷二第六页。

⑧ 牛津大学博德利图书馆巴克豪斯东方资料部（Backhouse Orient.），手稿第578号，第七本。我们非常感谢米尔斯先生告知我们这一点。此后，向达（5）刊印了这份资料。

⑨ 进一步研究可能会揭示出与阿拉伯“*tirfāt*”表相应的中国表，即在某一罗盘方位上增加或减少1 *iṣba*‘所需要的距离［参见de Saussure（36），载于Ferrand（7），pp.171ff.］。关于西方使用“度”的相应的表，见Waters（15），例如，p.137。

图（图 1000，图版）。在复制的图上，可以看到华盖、牛郎星和织女星①、南十字和老人星（要么就是水委一），并把它们的出没方位（但没有高度）记载在某些栏目的下面。我们前面已经看到（上文 p. 566），中国领航员除观测拱极星外还习惯于观测许多星体的高度，无疑赤道二十八宿中的星也在其中。我们已经看到，中国的天文学中特别突出了拱极星与各赤道附近的标识星座之间的联系②。对“宿”的观测，不仅能求出夜晚的时间，而且通过简单计算还能求出纬度。所以，如果对文献作进一步的研究，则有可能弄清楚“宿”的中天与观测不到的拱极星的位置之间的相互关系的航海表。这些航海表与德索绪尔③描述和分析过的阿拉伯马纳齐勒（*manāzil*）表相似。 584

最后，还要谈一下潮汐表。由于好几份留传下来的中国古代航路资料中包括了几种形式的潮汐表，故有必要再次指出，中国认真研究海潮现象的时间比欧洲要早④。仍然具有权威的历史记载告诉我们说⑤，最古老的港口潮汐表是 13 世纪初的“伦敦桥的潮水”（fflod at london brigge），然而本书前面的一章里曾经指出，燕肃的《海潮图论》（1026 年）中就包含有详细的宁波潮汐表。稍后，在 1056 年，吕昌明编制了杭州的潮汐表，刻在钱塘江畔的一座亭榭的墙壁上。由此可见，从元朝到清朝，中国的领航员们继承了一个伟大的传统⑥。

这些航海家，即使是在郑和这样一个伟大的水军将领的号令下，都主要是致力于和亚洲及非洲人民进行和平交往，他们的这一精神在张燮有关航海的一卷的结束语中清晰可见。

> ［他说：］按照作者的意见，车辆是匠人在工场里建造的，但走上大道就会合辙。善于行船的船长也是这样。蝉的双翼于一地或另一地并无差异，连甲虫的小躯壳普天之下所测皆同，假如你对待野蛮人之王就像对待无害的海鸥（就是说，不带任何恶意）⑦，那么波谷王子与浪峰海妖都会让你乘长风飞驰到任何地方。神龟的头上顶着山岛，无异于蚂蚁背负谷粒⑧。同野蛮人接触并无可怕之处，如同摸蜗牛的左触角一样。唯一应该忧虑的是战胜海浪的方法。而贪财图利之心才是最大的危险⑨。

---

① 参见本书第三卷 p. 251，并见于各处。

② 见本书第三卷 pp. 232 ff.。

③ De Saussure（36），载于 Ferrand（7），pp. 138 ff.。

④ 见本书第三卷 pp. 483 ff.，特别是 p. 492。

⑤ 例如，Taylor（8），p. 136。

⑥ 一部完整的东亚航海术史，还要包括对日本和朝鲜的传统的研究。池田好运的《元和航海书》和张燮的著作恰属同一时代，其中包括有各种仪器的插图，如双象限仪。以后，坂部广胖的《海路安心录》向海员们教授球面三角学。遗憾的是，时间与篇幅都不允许我们对此作进一步的研究。我们也未能见到 1416 年朝鲜刻印的《乘船直指录》［参见田村专之助（*1*），第 92 页］。

⑦ 这是指《列子》（第二篇，第十六页）里的一个故事，说的是有一个水手在海鸥群中游泳，这些海鸥对他非常温顺。但有一天，他答应他的父亲去捉一只海鸥，海鸥知道了这件事，就连水面也不愿意降落了。

⑧ 这里说佛教徒从一滴水冥想未知的宇宙，银河之外有银河，无穷的天空和海洋只不过是其中的一个极小的点。

⑨《东西洋考》卷九，第十六页，由作者译成英文。

图版四一六

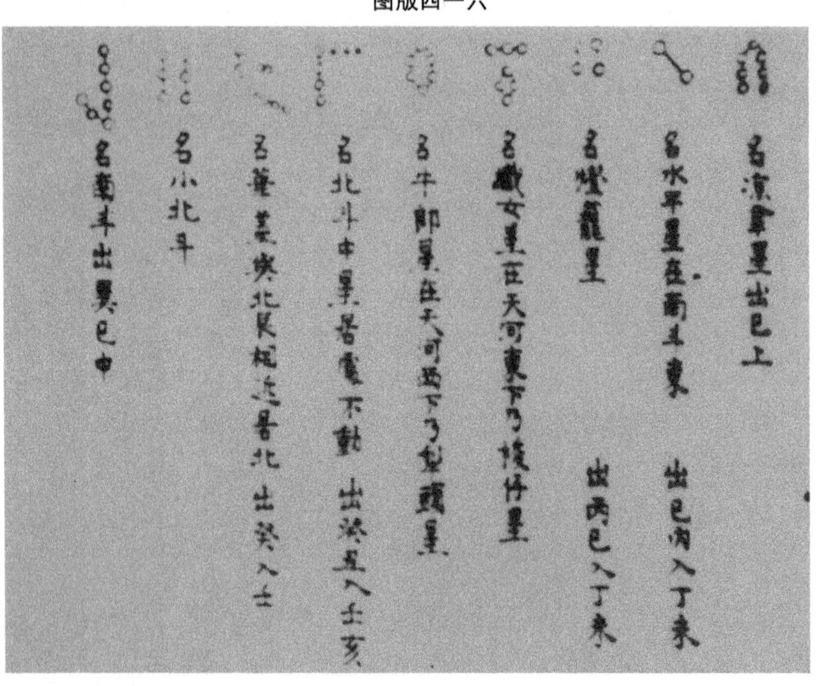

图 1000　题为《指南正法》的无名氏水路簿手稿中记载的一部分航海星座。此书收在吕磻和卢承恩著的军事类书《兵钤》(1669 年) 的附录中。

从左到右：

(1) 南斗══“斗”宿，人马座中的 6 颗星。

(2) 小北斗。据严敦杰 (*19*) 考证，是仙后座 β 星，阿拉伯人称为 Naqeh。

(3) 华盖，人马座和鹿豹座中的 16 颗星。

(4) 北斗中星。这是海员的叫法；可能是太阳守══大熊座 χ 星。

(5) 牛郎星，天鹰座中的牵牛星和近邻的 2 颗星。

(6) 织女星，天琴座中的织女星和近邻的 2 颗星。

(7) 灯笼星，南十字座中的 4 颗星。

(8) 水平星，可能是南船座 (船底座 α 星)。据严敦杰 (*19*) 考证，这是波江座 α 星 (水委)，阿拉伯人称它为 Achernar；参见 Ideler (1)，p. 233。

(9) 凉伞星。据严敦杰 (*19*) 考证，这是天鹤座 α、β 星，阿拉人称它为 Hamārein，或者可能是半人马座的 α、β 星 (南门)。

除其中三项外 [即 (2)，(5)，(6)]，全部列有出没方位点，但未列出高度。博德利图书馆照片。

〈论曰：造车室中，出而合辙。善舟者亦然。彼夫蜩翼不分，蠡测多合，直狎夷酋为鸥鸟，而谷王波臣，皆周周所可衔翼而济也。嗟乎！望鼇冠山，元无殊于戴粒；问蜗左角，亦何有于触蛮。所可虑者，莫平于海波，而争利之心为险耳！〉

（3）地　球　仪

如果我们要在一艘现代化的班轮上找到一个地球仪，那么船上的阅览室里可能会有这样一个装饰品，但在驾驶台上肯定是找不到的。然而在16世纪末和17世纪初的一段时间里，地球仪在导航仪器中却占据着显要的地位。可以从一部分论文中看出，其中罗伯特·休斯（Robert Hues）在1594年著的《地球论》（*Tractatus de Globis*）一书可以作为代表①。虽然前面我们已经涉及地球仪，但这里才是结束这一讨论的适当场所。 585

在中国船上，即使是在郑和的旗舰上，也是不大可能找到地球仪的，因为这种模型不属于中国的传统；这一说法可能不完全准确，因为只说对了事情的一半，因而需要加以解释，让我们先回忆一下西方的情况。一般认为，第一个制造地球仪的人是斯多葛派哲学家马卢斯的克拉特斯（Crates of Mallos，约公元前160年），这是根据斯特拉波的说法②。这里，“有人居住的世界”（*oikoumene*）只是作为被大洋分开的四个大陆中的一个，然而这却是另一个例证，说明远西和远东的概念奇特地并行发展，因为公元前290年前后的邹衍，一直在断言共有九个这样的大陆被大洋隔开③。斯特拉波之后，西方很少再听到有人议论地球仪，但是这种传说肯定是传给了阿拉伯人，因为在公元903年，波斯地理学家艾哈迈德·伊本·鲁斯塔（Aḥmad ibn Rustah）对天球和地球都作了充分的描述④。几个世纪之后，拉丁人也能这样做，如英国人萨克罗博斯科（Sacrobosco）1233年所著的《天球论》（*Tractatus de Sphaera*）一书就曾指出这一点，该书在文艺复兴之前一直很流行⑤。在同一世纪的前后，札马鲁丁（Jamāl al-Dīn）于1267年曾率领一个科学协作使团从波斯的伊利汗国来到中国宫廷，将一个地球仪带到北京（或至少是一个地球仪的雏形）。据《元史》⑥ 记载：“这是一个木制的球，上面画的七分水域呈绿色，三分陆地呈白色，标有江河湖泊等，还标出了小方格，以便能计算各个区域的大小和道路的距离。”（“其制以木为圆球，七分为水，其色绿；三分为土地，其色白。画江河湖海脉络，贯串于其中。画作小方，并以计幅员之广袤道里之远近。”）但是这一想法当时却没有受到欢迎。

很难说清未被接受的原因，按理说，中国传统信念中有许多东西本来是会接受这一想法的。汉代伟大的宇宙学家们曾多次说过，大地在天空漂浮就像蛋黄悬浮在蛋清里，

---

① 编译本见 Markham（2）。关于一般使用见 Waters（15），pp. 145，189 ff.，207 ff. 等；Hewson（1），pp. 88 ff.；Stevenson（1），vol. 1，pp. 190 ff.。

② Strabo，Ⅱ，Ⅴ，10。关于克拉特斯，见 Sarton（1），vol. 1，p. 185；Stevenson（1），vol. 1，pp. 7 ff.。

③ 见本书第二卷 p. 236。

④ Sarton（1），vol. 1，p. 635；Hitti（1），p. 385。

⑤ Sarton（1），vol. 2，p. 617；Stevenson（1），vol. 1，p. 43。

⑥《元史》卷四十八，第十二页。关于由波斯馈赠的地球仪和其他仪器及图表，见本书第三卷 p. 374，以及其他参考材料，其中包括 Hartner（3）。

或大地“圆如弹丸”悬浮在太空中①。一千五百年之后，熊明遇为其天文和地理专论配插图时，用了一幅很有意思的图画，图上的中园帆船在倒置的大洋上环球航行②，有意思的是他在图的说明中用了同样的字眼。此外，有关史料在不断地增多，说明大地是个球体这一信念在中国中世纪文化中的流传程度比人们通常想像的要更为广泛③。事实上，中国的天文学家实际制造地球仪已有数世纪的历史，只是其体积不像天球仪那样大，而是十分小的地球模型，托在一根支针上，装在演示用的浑天仪里④。张衡（125年）和陆绩（225年）两人创造的仪器结构到底是什么样子，还难以肯定⑤，但有一点十分清楚，公元260年葛衡在他的浑天仪里安放了一个地球模型⑥；还有一点也可以肯定，大约与此同时，王蕃把球体装进一个平顶的匣子里，降到恰好的位置用来表示地平线。葛衡的设计为许多其他仪器制作者⑦所仿效，一直延续到公元590年的耿询。此后进入了棘轮控制的太阳系仪的时期，表示地球的方式亦多种多样⑧。其中至少有一个，是18世纪朝鲜制作的样品，也许仍存留至今⑨，其内部装有一个小地球模型，上面标出了现代地理学上所知道的全部陆地。因此，虽然应该说中国文化里没有完整放大的地球仪，但是3世纪以后，中国的浑天仪里就已经有了地球模型，而在欧洲，这却是15世纪末的事情了。

586

现在应该讨论的只剩下留传下来的两个最重要的中国地球仪了。二者都是文艺复兴时代的产物，应属马丁·贝海姆（Martin Behaim）的著名地球仪的后代。其中年代较早者（造于1492年）现在仍保存于世⑩。第一个地球仪即耶稣会士时期的产品（图1001，图版），为一涂漆的地球仪，1623年由阳玛诺和龙华民（Nicholas Longobardi）指导制作而成。二人的名字均刻在地球仪底部的装饰板上。这个地球仪被称为戴维地球仪（David Globe）⑪。从照片上可见，中国在当中，马来亚半岛、苏门答腊、爪哇和婆罗洲在下方；日本的形状严重失实，新几内亚画得太大，当然见不到澳大利亚的踪影⑫。两只精

---

① 例如，公元120年前后的张衡和虞耸。见本书第三卷 p. 217 等。

② 该图被复制在本书第三卷 p. 449 的图203中，类似的日本样本见 Oberhummer（1），p. 108。

③ 例如见王荣（*2*），第72页起；卫聚贤（*4*）。

④ 本书第三卷 pp. 343，345 ff.，350、383ff.，386 等对此都有相当详尽的讨论。演示用的浑天仪中的地球模型常常与能使之自动旋转的结构相连，关于这一点，见本书第四卷第二分册 pp. 481 ff.。

⑤ 关于陆绩，也可见 Needham，Wang & Price（1），pp. 23，61。

⑥ 我们没有确凿的史料说明这些古代的地球模型不是扁平圆盘状的，但根据古典宇宙学家们的清晰说明来看，呈扁平圆盘状的说法难以成立。参见 Needham，Wang & Price（1），p. 96。

⑦ 例如，刘智（274年）、钱乐之（436年）和陶弘景（520年）。

⑧ 一行及其共事者（721年）采用了王蕃的平顶匣子，但是张思训（979年）的天文钟以及（更确切地说）王黼（1124年）的天文钟似乎都装有地球模型。

⑨ 说明见本书第三卷 p. 389 和图179；第四卷第二分册 p. 519；更详细的说明见即将出版的康布里奇、鲁桂珍、马迪森和李约瑟［Combridge，Lu，Maddison & Needham（1）］的专著。

⑩ 见 Stevenson（1），vol. 1，pp. 47 ff.；Ravenstein（1）。1957年鲁桂珍博士和我有幸在德国纽伦堡国家博物馆（National Museum at Nürnberg）见到了这个地球仪。

⑪ 因为它是戴维（Percival David）先生私人的收藏品，我们非常感谢他准许我们复制其图片。这个地球仪现陈列在不列颠博物馆。说明见 Wallis & Grinstead（1）；Wallis（1）。

⑫ 好在它标出了托雷斯海峡（Torres Strait）。托雷斯海峡在1607年就已发现，但是在1770年以前，几乎所有的欧洲地图制作家都未注意到它。

心绘成的后桅上挂着三角帆的欧洲船图占据了印度洋和太平洋的很大一部分。此外还有许多文字说明。戴维地球仪并不是与耶稣会士有关的第一个地球仪，因为李之藻（Lingozuon）[①] 在1603年就已经造过一个地球仪，而且非常成功，就连利玛窦本人都说它“非常精巧”[②]。但这个地球仪好像没有留存下来。

纳色恩地球仪（Rosthorn Globe；图1002，图版）则明显不同[③]，它小得多（直径不到1英尺），用薄银片制成，先刻上地图和铭文，再全部涂上湛蓝、绿、紫和其他颜色的半透明景泰蓝珐琅。地球仪上未注出处，经考证其年代只能在塔斯曼和库克之间的某一时候，也即在1650—1770年；但地名上的相似性表明，它与庄廷旉的世界地图同出一源，该地图至少有一版迟至1800年才出版[④]。这些地名中把南极放在最上方。未标出政治疆界，而异想天开地把单一的大陆块上的经[⑤]纬线之间的空间用不同的颜色区别开来，例如澳大利亚（图1002右下方）被错误地同新几内亚和塔斯马尼亚（Tasmania）岛连在一起（图1003，图版）。这里的图例写道：“据新的西方记载，这是新荷兰（‘新窝阿郎地亚’），一个无人居住的大陆”。东印度群岛画得也很不好，把婆罗洲画在马来亚尖端和爪哇之间，这一特点说明这个地球仪没有受到耶稣会士的影响，从而说明更有可能是某些不熟悉南海水域的北方中国的制图家的作品。然而，地球仪上却标出了一个很大的南极洲（错误地与新西兰相连）。把加利福尼亚画成了一个岛屿，可以说明它的年代是在1700年前后，因为哈雷（Halley）的地磁图是最后一幅把加利福尼亚画成岛屿的地图。 587

仔细看看中国地图（图1004，图版；上方为北），其着色的方法是沿袭了旧的区分传统，北方的“中国”用淡色，南方的“蛮子”用深色。黄河画得弯弯曲曲，长江就不太弯曲，戈壁大沙漠明显地把中国和蒙古分隔开来。大陆上许多地名如山东和甘肃等都能容易地辨认出来，而中国海中的对马岛和琉球国及其八重山最为明显。最后，罗斯敦地球仪还有一个重要的特点，即它有12个30°的经度区域，每一个区域的当地时间与中国时间的时差都是以时辰（2小时）表示。因此，虽然有些人倾向于认为它是个艺术品，而非一种精密仪器，但不能否认它具有相当大的科学意义。

---

① 即李我存，但名字“李之藻”更为人所熟知，他是一位与耶稣会士合作的很有才华的科学家。

② Venturi (1), vol. 1, p. 396; d'Elia (2), vol. 2, p. 178。

③ 1902年纳色恩（Rosthorn）教授购于北京，现收藏于维也纳奥地利工艺美术博物馆（Österr. Museum f. angew. Kunst; H. I. 28769/Go. 1872）。奥伯胡梅尔［Oberhummer (1)］首次进行了说明。我们在这里复制的照片应十分感谢格里斯迈尔（V. Griessmaier）馆长、米尔斯先生和米科莱茨基（N. Mikoletzky）博士。另外，米尔斯先生与沃利斯（Wallis）小姐共同进行了中国地球仪方面的研究。大家都在焦急地等待着这篇论文的发表。米尔斯先生非常友好地将他们收集的有关资料提供给我们使用，并亲自到剑桥大学来和我们一起讨论这些资料。

④ 皇家地理学会（Royal Geogr. Soc.）藏（World/251），名称是“大清统属职贡万国经纬地球式”，手工涂色。

⑤ 零度经线通过加那利群岛，距格林尼治约西经20°处。关于本初子午线的历史，见 Hewson (1), pp. 9 ff.；格林尼治子午线，虽然现在大家都很熟悉，但国际上采用它还只在19世纪的后期。

图版 四一七

图1001 中国地球仪；戴维地球仪（现收藏于不列颠博物馆），1623年在耶稣会会士阳玛诺和龙华民指导下制成，他们签名加饰边刻在地球仪的下面的框上。威利斯和格林斯蒂德［Willis & Grinstead（1）］的著作中有仪上文字的部分译文。以中国为中心，我们可以看到朝鲜、日本、印度支那、马来亚、苏门答腊、爪哇、婆罗洲和新几内亚的轮廓，但看不到澳大利亚。在左边远处，也可以辨认出红海、阿拉伯、波斯湾和里海的轮廓。在右边下部远处，可以看到一群岛屿，即门达尼亚（Mendaña）于1568年发现的所罗门群岛（Solomons）和1606年基罗斯（Quiros）发现称之为"神圣的澳大利亚"的新赫布里底（New Hebrides）群岛。

这个地球仪的地理知识体现了对利玛窦1584—1603年在中国绘制的世界地图的明显改进。其中记载了很早就发现的托雷斯海峡（Torres Strait），这个海峡除了少数欧洲国家以外，直到1770年几乎无人知晓。它也确认了新几内亚东部的群岛特征。既然已经知道新几内亚是一个海岛，就说明阳玛诺、龙华民和他们的中国同事对这个想像中的"麦哲伦陆地"——南部大陆的存在并不十分肯定，所以他们就利用这块空白地带作文字说明。事实上，1606年和自1616年以后，荷兰人就已经对澳大利亚海岸进行了探险，但他们对此一无所知。然而，他们却把南极洲放在南美洲南面很远，可见他们也许知道了荷兰人1616年发现了合恩角（Cape Horn）。

这个地球仪直径为1英尺11英寸，用木制成，涂有彩漆。比例尺为1∶21 000 000。图中球架的安装方法是哥白尼式（倾斜式）的，但现在已恢复为原来的托勒密式（垂直式）的。

图版 四一八

图 1002 中国地球仪；纳色恩地球仪（维也纳的奥地利工艺美术博物馆收藏），未标明年代，从记载内容推断属于1650—1770年。这个地球仪的直径略小于1英尺，用银质薄板制成，刻上图案文字之后，又涂上一层透明而鲜艳的景泰蓝珐琊。在南极周围、世界各地的不同时间用中国的时辰符号标出［参见本书第四卷第二分册 pp. 439，461；Needham，Wang & Price (1)，p. 200］虽未标明国界，却将经线和纬线所形成的“方形”绘以不同颜色，如澳大利亚和俄罗斯（“鄂罗斯国”）。

地名的写法是以南极为上端，但这里和下面的两幅插图，我们都是按照通常的定向方法以北极为上端拍摄的。中国位于这幅图的中央，标为两种颜色，长江以北的“中国”用淡色，长江以南的“蛮子”用深色。印度支那的位置十分靠下，但东印度群岛画得很不像样，苏门答腊过于偏西，婆罗洲夹在马来亚和爪哇之间，新几内亚和澳大利亚连在一起。印度半岛很清楚，其东西明显可见“榜葛剌海”（孟加拉湾），人们可以识别出印度河口、波斯湾、阿拉伯海和红海。

图版 四一九

图 1003 纳色恩地球仪上的澳大利亚大陆近视图。在该大陆范围内刻有三段主要文字说明。西北部是未得斯（de Witt's Land），东北部是多门斯岸（van Diemen's Land），其周围是传统表示岩层和山脉的图案。实际上，它把澳大利亚和塔斯马尼亚岛（Tasmania）连在一起。在南面写着："据新的西方记载，这是新荷兰（'新窝阿郎地亚'），一块荒无人烟的大陆。"北面的帝汶和西里伯斯画得很粗糙，过于肥大的格鲁特岛（Groote Eylandt）位于卡奔塔利亚湾（Gulf of Carpentaria）中。在埃克斯茅斯湾（Exmouth Gulf）和西北海角海面画了一个样子像香肠的海岛，可以设想为原是指1609年发现的科科斯-基灵群岛（Cocos-Keeling Islands），甚至可能是指1666年首次标出的圣诞岛。珀斯（Perth）海面还有一个岛画得很大，或许是指罗特内斯特岛（Rottnest Island）。赤道穿过婆罗洲中部，这一点画得很正确，在其北面的菲律宾诸群岛则画得过于分散，右下方是所罗门群岛等地，但每个岛屿都画得过大。

图版 四二〇

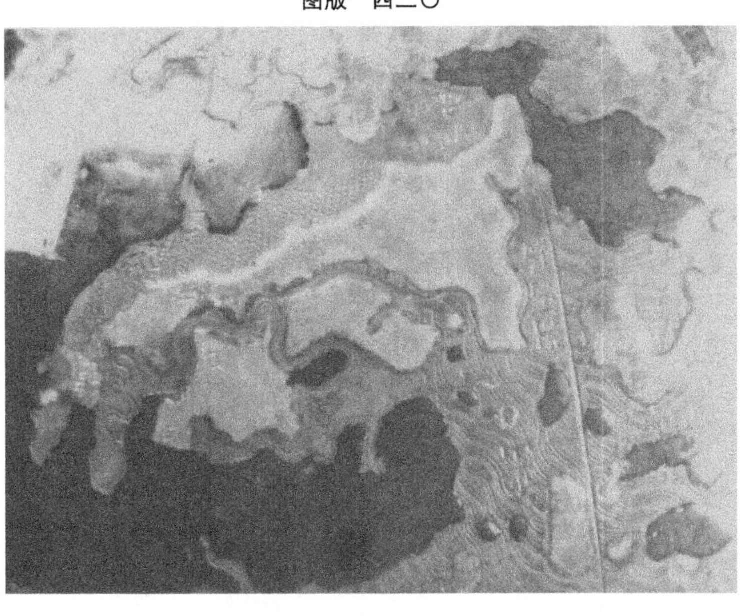

图 1004 纳色恩地球仪上的中国部分近视图。上面已提到，长江以南各省着深色，以北各省着淡色，因为这里把北方置为上端，所以全部中文地名都是倒置的，戈壁沙漠用一条宽的鳞状带表示从东北向西南绵延，上面标有“沙漠”二字。左边，在淡色四方形边缘上标着“吐鲁番”（在新疆）。东北（满洲）的一些地名中，我们可以看到黑龙江、吉林和杜尔伯特（即蒙古都尔伯特地区，是内蒙古四个部落或四旗之一）［参见 Gilbert（1），p. 90］，朝鲜半岛着淡色，画得相当好，但对日本却画得很不像样。九州向北弯曲与北部相连；另外，将萨哈林画得不是一个岛屿，成了一个又粗又黑的半岛。“对马岛”明显地标在日本和朝鲜之间。“济州”岛也出现在几个没有标出名字的岛屿中间。再往南，在 130° 经线左边有一淡色斑块，画的就是“琉球”群岛，在波涛汹涌的海面上清楚地刻着“八重山”这个陆标。

在中国本土，黄河是顺着河道⑦流经淮河河口而入海的，图上也画出了古老的北河道的一部分，用类似表示戈壁沙漠的一排鳞状黑点来标示长城走向，北京（“京师”）在其南面。长江北部的淡色部分刻有省份的名称，如“山东”、“山西”、“陕西”和“甘肃”，都清晰可见，但南部各省因颜色太深而不能认出其名称；淮河和长江之间的部分，其颜色为中等深度，但没有标出地名。不过，广东南部的海中标出了一些地名，明显的有“澳门”、“万里沙”（参见本书第四卷，第一分册 p. 284）。有一个岛叫做“澎”，它应该是位于台湾和福建南部之间的澎湖列岛，但这里似乎是把台湾本身也包括在内。也画出了海南岛。所有这些地方都正好在本图画面之外，但在图 1002 和图 1003 中可以模糊地看到。

588

(g) 推 进

(1) 帆；在纵帆发展史上中国所占的地位

(i) 引 言

帆可以说是一块编织物，用不同方式扬挂在船上，以利用风压和风流推动船舶沿着它的航向前进。现在和过去的不同时期和不同地域，帆及其组合的形式之多，装置办法之繁，复杂得简直令人懵懂。如果认为这是出于随心所欲地变更或仅仅是当地习惯的结果，则除航海爱好者之外，其他人不会有兴趣研究这一专题。然而事实上却有一条具有创造性的线索贯穿其中，即人类力图解脱大自然的奴役，不仅要在有利的顺风中航行，而且要在逆风中驶向风眼。虽然要完成这一业绩绝非单凭驶帆，但逆风驶帆确有一个可以达到而又终于达到了的最高效力点[①]。这样，这一部分航海技术的历史可以言简意赅地描述为，面对正北风驶帆，是从西南（SW）起始进展到西北偏北（NW/N）——比以前相差9个罗经点，这是人类用了三千年之久才取得的一项进展。

为了理解后述内容，读者必须记住风帆的主要分类，即所谓风帆的基本类型[②]。这些基本类型的风帆如图1005所示。图中桅杆和帆桁用粗线条表示，而帆的边缘则用细线表示。首先讲横帆（square-sail），这是最古老而简单的帆，它对称地扬挂，总是需要有一根上帆桁，至于下帆桁的有无（A及A′）则因时因地而异。横帆是唯一的一种总是以同一帆面受风的主要风帆类型。当风从船的右后方（即船尾右舷方向）吹来时，帆的右侧（右舷侧）将由张帆索绷紧于桅杆之前，而左侧（左舷侧）则绷紧于桅杆之后。当风向变为左后方时，或当航向变更时，帆篷的位置也就随之调换，换句话说，随着帆篷调整受风面，上帆桁原来的前端，即上风侧的一端变为后端即下风侧的一端。然而概括地说，这种驶风方法很快就达到了一个限度，因此，所有海域和隶属于不同文化的海员却曾坚持不懈地设法摆脱横帆必须横对风向这一特征。只是在发明了能够使帆篷顺着船的纵向轴线（即船首尾方向）更为平行地扬挂的装置之后，海员们才有希望利用横风和逆风[③]。

---

① 或者说几乎达到了。我们十分感谢布赖恩·思韦茨（Bryan Thwaites）教授对本节所提的建议和方案，他认为我们甚至现在还有希望改进游艇的逆风行驶能力。

② 详见 Moore（1）；Smyth（1）；Anderson & Anderson（1）；以及许多其他著作，包括航海词典，如 Gruss（1）；Ansted（1）；Adm. Smyth（1）。

③ 从古埃及到今天的快速帆船，在整个航海历史上都一直在沿用横帆。正如卡森［Casson（2）］所说，“对于顺风航行，特别是远航，横帆是无与匹敌的。它的表面的每一寸地方都承受风的推力，帆船行驶平稳而安全，帆篷也只需极少量的操作”。此外，横帆船扬帆的面积可以是纵帆船的两倍，这在风小的天气极为有价值，而且由于帆桁和帆篷被风吹离桅杆，不会发生磨损。乔治·奈什海军中校在交谈和书信中常向我们强调这几点。

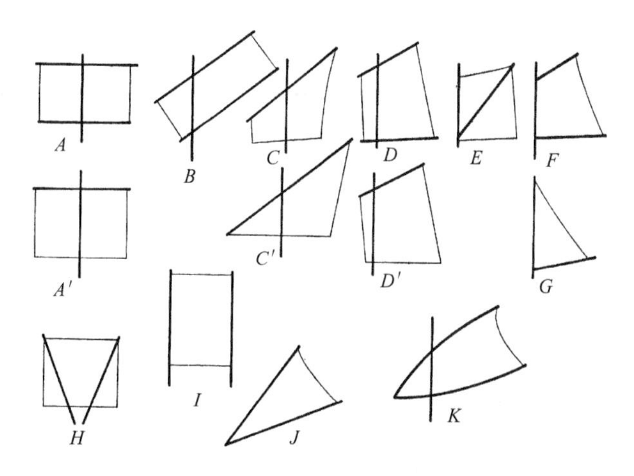

图 1005 帆的基本类型。桅杆（Mast）、上帆桁（yard）、下帆桁（boom）、对角斜桁（sprit）、上缘斜桁（gaff）等，以粗线条表示；帆缘（sail edge）以细线条表示。未考虑帆的尺寸比例。

A 有下桁的横帆

A′无下桁的横帆（松脚式，loose-footed）

B 有下桁的印度尼西亚（矩形）斜横帆（canted square-sail）

C 有短上风缘（short luff edge）的斜挂大三角帆（lateen sail）

C′无上风缘的斜挂大三角帆

D 桅前有较大上风面积的斜桁四角帆（lug-sail）

D′桅前有较小上风面积的斜桁四角帆

E 对角斜桁帆（sprit-sail）

F 上缘斜桁帆（gaff）或游艇帆（yacht-sail）

G 羊腿帆（或艇三角帆；leg-of-mutton sail）

H 印度洋双叉桅帆（bifid-mast sprit-sail）

I 美拉尼西亚双桅帆（double-mast sprit-sail）

J 大洋洲（波利尼西亚）人字斜桁帆

K 太平洋下桁三角帆（boom-lateen sail）

详细说明见正文

这里所列的除横帆（A，A′）之外的所有其他帆型，逐步接近理想的纵帆（fore-and-aftrig），它们同横帆的根本区别，在于帆篷是不对称地扬挂在桅杆上，所以桅杆两侧的帆篷表面积不等。这样，帆就以桅杆为轴而转动①，根据风向的变化时而以帆的这

① 比较落后的帆型，每次掉戗都可能需要将帆篷落下再升起，如掉戗落升斜桁四角帆的情形。有的帆严格说来根本没有桅杆，但原理仍相同。

590 一面受风，时而以帆的另一面受风①。缭绳系在帆的外边缘（它的下风边缘，lee-edge或leech），用来保持和调节帆的位置，其作用比以前更为重要。印度尼西亚斜横帆是一种最原始的纵帆，它仍呈矩形②，如图中B所示。而后则出现了斜挂大三角帆，它具有阿拉伯文明的特征。三角帆有两种（C、C′），前者保留有上风缘（即帆的一小段前缘或内缘，与下风缘相对）③，后者纯粹是三角形，帆顶与帆脚相接。地中海和印度洋三角帆都无下帆桁，但是南亚和太平洋区域各民族所使用的三角帆形不仅向上帆桁而且还向下帆桁，弯曲（K）。人们相信，印度尼西亚、密克罗尼西亚、斐济等地区的这些“太平洋下桁三角帆”是由一种叫做“大洋洲斜桁帆”（J）演变而来的，因为它具有波利尼西亚特征，上斜桁（sprit）或多或少起着后倾桅（aft-raking mast）的作用④。这种大洋洲帆似乎起源于一种更古老的帆（H），这种帆虽然近似横帆，但却由相当于二叉桅的两根斜桁将其撑起，因此可以大体像纵帆一样张挂。这就是印度洋“双叉桅斜桁帆”或“原始大洋洲斜桁帆”，我们即将看到（下文 p. 606），它在帆船发展史

591 上占据着中心地位。它无疑同奇特的美拉尼西亚“双桅帆”（I）有关，这种帆的两个边缘由两根既可叫桅也可称做帆桁的圆材来支撑。这些南亚和太平洋帆具从前被撰写风帆发展史的人们所忽略，然而现在已经清楚，任何一般的分类中都不能将其遗漏⑤。

---

① 下列附注主要供已经熟悉本章内容的人参考。鲍恩［Bowen（2）］最近对大家所公认的风帆主要分类的概念和定义提出了异议。他希望采纳韦伯斯特词典（Webster's Dictionary）的狭义定义，即“凡不用横桁支撑，但一般有上缘斜桁或支索，有或没有下帆桁者即为纵帆”。从而对他来说，只有上风缘附着在桅杆上，只须牵动缭绳而不必移动其他部分就能逆风掉戗的帆，才是名副其实的纵帆。鲍文承认，斜挂大三角帆（当然还有斜桁四角帆）能够并且经常是沿着船的纵向扬挂，但他强调指出，斜挂大三角帆很少逆风掉戗，而只是进行较为安全的顺风掉戗。他还说，斜挂大三角帆和斜桁四角帆更像横帆，因为顺风航行时可将帆篷沿船的横向扬挂而不会改变帆的方向，还因为一旦风从帆的前面吹来，帆篷被压贴在桅杆上，帆就失去了效用。然而，他又不得不承认，有的帆只需要调动缭绳就可以进行逆风掉戗，而根据他的定义，这些帆又不能算是纵帆，因为它们都是扬挂在横桁上，例如，许多斜桁四角帆就属此类。这样一来，他就不能自圆其说了。

在这里，我们不能接受他的立论，也不能跟着他去批评安德森（Anderson）、查特顿（Chatterton）等人。我们认为给纵帆下这样的定义必然更好，即纵帆与船身成纵向的关系，因而可以进行逆风驶帆。我们知道，这样会把严格地讲属于横帆的“亨伯河平底船”（Humber keel）的帆也划为纵帆，因为这种帆几乎可以顺船身纵向拉紧。但是，这并不影响我们历史地看待这件事，因为这纯属一种例外，它是一种经过改造的历史遗物，配上了古代或中古时期尚未有的支索和机械装置。鲍文的所有定义对于中国的风帆史料也不充分；中国的斜桁四角帆单靠牵动缭绳就可以逆风掉戗，这一点伊本·巴图塔早在14世纪就已经说过，而且中国帆一旦迎风被压贴在桅杆上时，由于帆篷的刚度大，仍可保持良好的逆风航行能力。韦伯斯特的定义依据的纯粹是他所熟悉的近代西方全装备帆船（full-rigged ship）。正如安德森回答鲍文时所说，最好还是保留原先的定义，即帆篷的任何一面均可受风，而始终保持同一帆缘对风者为纵帆。哈斯勒［Hasler（1）］写道：“中国斜桁四角帆（lug）是地道的纵帆（fore-and-aft sail）。”

鲍恩［Bowen（9）］在其以后的一篇文章中仍坚持他的定义。但他的两篇论文中都搜集了有关帆及其帆具演变关系的大量资料，这不仅使我们在很大程度上同意他的结论，而且对他在航海学识上的造诣十分赞赏。

② 对于鲍恩来说，这是一种平衡斜桁四角帆。Bowen（2），pp. 199 ff.，（9），pp. 163，192，197。

③ 很明显，纵帆的上风缘总是上风缘，而横帆的上风缘每次转帆后都要变换。顺风驶帆时，把横帆的哪一边叫上风缘都不合适。按鲍恩［Bowen（2），pp. 186 ff.（9），pp. 184 ff.］的术语定义，图中C是一种顶部为三角帆形，且掉戗时需要落下再升起的斜桁四角帆，而C′才是真正的三角帆。

④ 德埃雷拉（de Herrera）1622年的著作《新世界》（*Novus Orbis*）中对这种帆具的记载当是西方著作中的最早记载之一。

⑤ 特别见 Brindley（1）；Haddon & Hornell（1）和 Bowen（2，9）。

比较先进并适合于较大帆船使用的是中国船员们喜欢的斜桁四角帆或称耳形帆（ear shaped；“voile aurique”）。这是古代横帆和斜横帆两种类型的发展，因为它既保持有前者的近似水平的下桁，又保持有类似后者的倾斜上桁，同时桅前的上风侧面积（luff area）又可以很小（D、D′）。真正的对角斜桁帆（E），其下风缘的上角（上桁外端）是由一根从桅脚附近伸出的圆木将其撑起。最后，上缘斜桁帆（F），也就是我们非常熟悉的游艇帆，在靠近桅顶处由一根半斜桁或上缘斜桁撑开，底部由一根下桁撑开，同斜桁四角帆一样。这两种帆都是地道的纵帆，因为它们都能绕着桅杆转动，桅前没有任何帆的结构。“羊腿”帆（G）也是如此，这是一种只张挂在桅杆和下桁上的三角形帆布帆，其起源尚不清楚。

其余各类的帆也都是独具匠心的产物。挂在船首斜桅（bowsprit）上的船首三角帆（jib-sail）就是利用桅杆支索帆（stay-sail）的发展[①]。上桅帆（topsail）是扬挂在普通帆上面的小帆[②]。罗马时代的船是将一面三角形上桅帆扬挂在主横帆的上方，而且从16世纪以后，欧洲使用上桅帆日益增多，帆的尺寸也越来越大，船上帆篷簇立，迎风招展，但每面帆的高度却明显地缩小。同样，公元前1世纪希腊化时代的海员们也采用了船首斜帆桁（*artemon*）式的船首斜桅帆（bowsprit-sail），船首斜帆桁是他们的短小前倾桅的前身。最后，正如我们经常指出的，文艺复兴时期和其后的欧洲全装备帆船上，前面的几根桅杆上扬挂着多面大横帆，而其后桅上却扬挂一面斜挂大三角帆（后来改用上缘斜桁帆）；横帆驶顺风效能较高，而三角帆则适于近逆风行驶。

现在值得研究一下的是风对于纵帆的作用[③]。人们可能很容易想到，只有吹在帆篷的迎风凹面上的这部分风才起作用；其实风绕过帆的背风面，即帆的凸面，也构成推力的一部分。其原因在于对帆篷两面的对应点之间必定具有压力差，结果产生一个合力。这种压力差是空气沿着帆篷这一曲面障碍物流动的过程必然产生的结果[④]；但帆形成的曲面与风向和下帆桁之间的角度相比则并不重要。实际上，在纵帆的驶风实践中，目前还不能肯定是将帆篷绷紧在下帆桁上使整个帆面尽可能撑平为好，还是让它具有一个明　592

① 船首三角帆在中国虽然并非闻所未闻，但很罕见，仅在科塔克（Kotak）和北海的南方海船上发现过（夏士德未发表的资料，no. 160）。帆上虽然装有撑条（见下文 p. 597），但无疑是后来从外国引进的。支索帆也曾在香港的平底拖网帆船上见到过（华德英私人通信），但同样也是从外国引进的，因为传统的中国船桅既不用前后支索，也不用左右支索。

② 参见上文 p. 405 的图 939。安东商船使用上桅帆［沃特斯海军中校和斯顿森（Stunson）先生］，参见 pp. 404，602。

③ 这里将要论述的内容，是与当时南安普敦大学（Southampton University）的布赖恩·思韦茨教授共同商讨的成果，可参见 Marchaj（1）。关于用船模试验池和风洞的试验，请参见 Herreshoff（1）；Herreshoff & Newman（1）；Herreshoff & Kerwin（1）。

④ 这里与机翼上表面的部分真空相似，这是飞机上升和飞行的基本原理（参见本书第四卷第二分册 pp. 580 ff.，590 ff.），但在量的关系方面则很不相同。

显的曲度为好①。帆篷本质上是一个机翼②，因此多数人认为，帆在一定程度上撑平，其效能为最好；鼓胀很大的松帆因空气产生涡流则会损失能量，而完全撑平的帆篷则不会产生差动气流效应③。

风力对帆篷的作用可以作简要的说明如下（见图1006）。风力W以某入射角吹向帆篷，或（为简明起见）吹向下帆桁AB。我们上面已经提到过，帆篷两面会形成压力差，此压力差产生一个与AB垂直的升力L和一个沿AB方向的阻力D。L应比D大得多，这本是空气动力学设计中自觉寻求的目标，而许多世纪以来，却曾是船舶建造者不自觉地寻求的目标。当船逆风行驶时，L和D又可分解为另外两个分力T和S；T是推动船舶沿着航向逆向前进的力；S则是把船推向横侧，使之向下风漂移的力，这个力将由船身、龙骨和舷侧披水板的作用而抵消④。但如果船头方向与风向过于逼近，则阻力D将会太大，而升力L又会太小，以致力T变成向后的阻力（T′），而不是向前的推力，船只也就不会逆风前进。现在人们可以认识到，当帆的高度与帆桁长度的比率增大时，L/D的比率也随之不断增大⑤。这就是为什么过去人们总是力求提高帆篷高度的原因。人们还可以认识到，为什么松脚式横帆即使将帆索尽量绷紧，仍不能轻易做到逆风行船

593

① 对二元帆，即前后端平行上下无限延长的帆，所进行的一些理论研究表明，即使顶风驶帆时，让帆篷鼓胀一定程度也有好处。这是从思韦茨教授的研究获悉的。现在许多现代赛艇习惯上综合使用绷紧式的主帆和兜风鼓肚式的大三角轻帆（spinnakers）。当本节正在修订时，《泰晤士报》（1963年7月22日）刊登了一幅醒目的照片，照片里的“索夫林”（Sovereign）号游艇就扬挂着这两种帆篷。然而实践中大家都知道，其中一种帆主要用来驶逆风，而另一种驶顺风。

② 现在已经懂得，船首三角帆最重要的一种功能是提供能起机翼导缝作用的空间（参见下文p.656），引导气流吹向主帆［参见Curry（1），pp.29，60］。

③ 长期以来，一直认为相对张平的帆具有较好的空气动力学效能［Curry（1），pp.38 ff.］。到19世纪中叶，美国格洛斯特（Gloucester）的多桅纵帆船才开始扬挂尽可能张平的帆篷［Chatterton（2），p.207］。但是，后面即将看到，中国的撑条席帆在此之前14到15个世纪就已经大体具备了这一空气动力学效能。登维德博士以其独有的明智于18世纪末叶就意识到了张平度的价值。他写道：“（中国）帆篷上附有许多水平向竹竿，比起欧洲帆篷有一个优点，帆篷不会鼓肚。”［Proudfoot（1），p.65］

一些按科学原理建造的最现代化的游艇采用了撑条等中国帆具，有时还采用中国的复式缭绳［参见Curry（1），pp.210，213，311；（2），pp.85，89；（3），pp.70，77，83，95，100，110；Budker（1）；Wells Coates（1）等］。在首先采用撑条的游艇当中，有林顿·霍普（Linton Hope）于19世纪90年代设计的“二桅赛艇”（乔治·奈什海军中校的私人通信）。用充气的橡皮管充当撑条以使帆篷的张紧程度随天气情况由空气压力进行调节，这一改造十分巧妙［已故的滕尼克利夫（H. E. Tunnicliffe）先生私人通信］。但是今天用的撑条一般都很短，只撑下风缘，而不是将整个帆幅撑开。在上述的“索夫林”号的照片上即可见到这种撑条。

1960年夏，H. G. 哈斯勒陆军中校在其亲自发起的单人横渡大西洋的赛艇盛会中取得了第二名，这使现代游艇使用中国撑条式斜桁四角帆达到了高峰。他的“杰斯特”（Jester）号装有一根无支索的桅杆，上面挂着一面很高的有五根撑条的涤纶斜桁四角帆。这是一面纯中国式的帆篷，只在某些方面有所变动，但保留了典型的复式缭绳和主升降索等［见Hasler（2）］。

④ 作用在帆篷上的空气动力学的合力，其方向与风向的夹角只比直角大1°~2°，至多5°。所以此力具有一个很大的侧向分力，须由船身、龙骨等来平衡抵消，而推动船舶前进的分力却很小。

⑤ 参见Curry（1），pp.34ff.。这里再一次说明，中国人很久以前就凭经验发现了高帆的优越性，至今高帆仍是许多类型的中国帆船的特征。

的道理①。

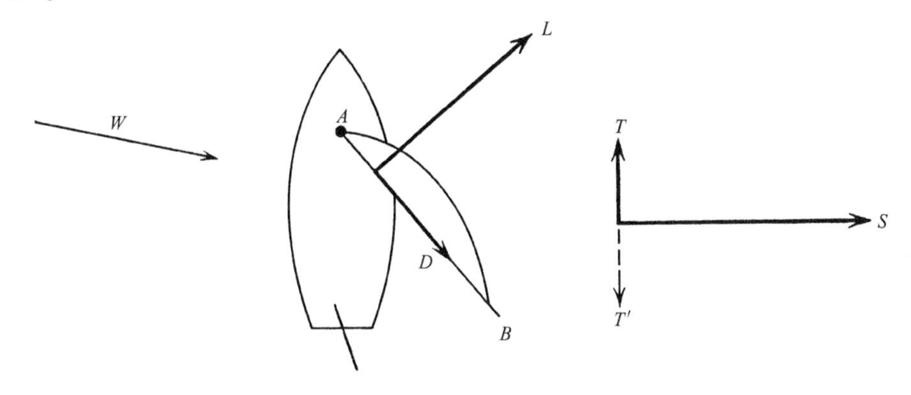

图 1006　风对船舶驶帆作用的分析图。说明见正文；图中以近似横风与纵帆为例。

594

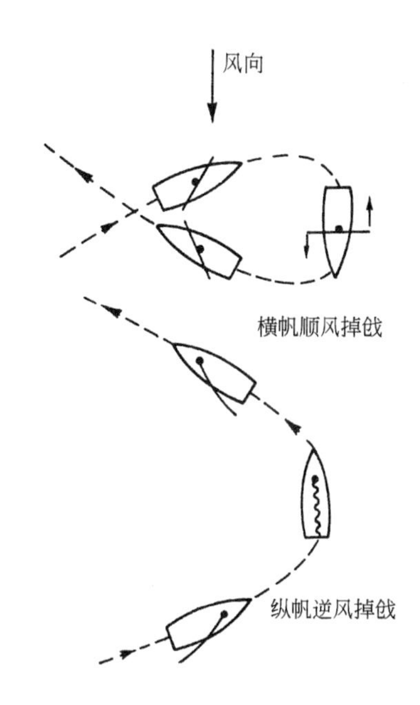

图 1007　逆风掉戗和顺风掉戗原理示意图。纵帆船通常采用逆风掉戗（tacking）；横帆船逆风行驶则多用顺风掉戗（weoring）。

① 因为它的上风缘没有加以固定，故不能承受作用在上风缘附近的很大的空气动力负荷。有些横帆船的确以其逆风驶帆能力而享有盛名，"亨伯河平底船" 尤为突出［Moore（1）；White（1），p. 18］。再如 "迪尔排桨帆船"（Deal pilot-galley）等［White（1），p. 29］，其斜桁四角帆相当对称地扬挂在桅杆上，几乎成了横帆。然而，它们是过去两个世纪处于全盛时期的船，当时已可以运用比较现代化的技术在纵向拉撑帆篷。由于前缘也即上风缘固定，故可以把它看做是挂着纵帆的桅杆。古代和中古时期的海员们即使有了前后左右的支索也无法做到这一点。最后，船体的形状也是不能忽视的。即使古代的横帆能按上述办法纵向拉紧，古代的船体也不能抵御向下风方向的漂移。

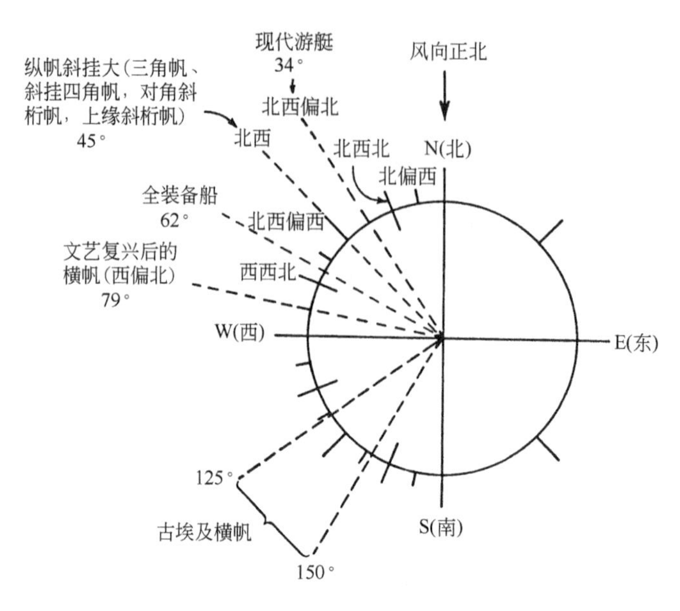

图 1008　各种帆船逼风中驶帆的性能；角度系风向盘上所示。空气动力学的极限与飞机到达失速点相似（参见本书第四卷第二分册 p. 592），约为 30°。风压角指“航向”与“航迹向”之间的夹角（见下文 p. 618）。

人们在驶帆的初期就已经发现，既然不能直接迎着风行船，就必须采取一系列尽量接近风向的航道前进。众所周知，这种“之”字形运动一般称做“逆风掉戗”（tacking）。然而掉戗的方法却随帆的类型而异。横帆船（square-rigged ships）往往不能逆风掉戗，因此，不得不将船尾迎风来进行“顺风掉戗”（wearring）（见图 1007）；斜挂大三角帆船（lateen-rigged ships）的掉戗情形也是如此，但这种船偶尔也进行逆风掉戗①。然而对于更为先进的纵帆只须先操舵，使船头转向顶风，使帆失风抖动，当船头继续转到使帆的另一面受风，就完成第一次“抢风掉戗”。航向可能逼近风向的程度如附图（图 1008）所示。古代（如古埃及）横帆船甚至连正横风都不能充分利用②，文艺复兴以后的横帆船，逼近风向的程度也只有 6 到 7 个罗经点（79°）；纵帆船（包括斜挂大三角帆）逼近风向的程度可以达到接近 4 个罗经点；而精心设计的现代游艇③则完全可以逼近到 4 个罗经点（45°）以内。全装备帆船利用其后桅三角帆可以达到 6 个罗经点④。记住这些内容，我们就能够进行历史考证和研究中国人的贡献。

595

① 见鲍恩［Bowen（1）］的精彩记载。
② 依据鲍恩［Bowen（10）］的实验。
③ 如百慕大快艇。
④ 这是一般公认的估计数。

(ii) 撑条席帆及其空气动力学性能

最典型的中国帆是平衡撑紧斜桁四角帆。图 1009a 采自夏士德的著作①，这是这种

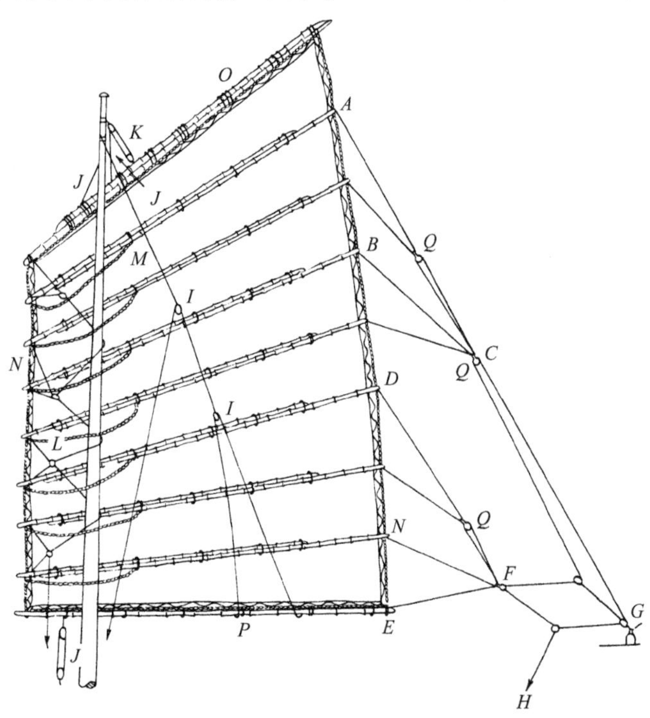

图 1009a　一种中国主帆的示意图［根据 Worcester（3）］。

ABDE　复式缭绳与撑条部分连接处
ABC　缭绳的上部可调节部分
DEF　缭绳的下部可调节部分
GG，FG主缭绳（main sheet）
G　甲板上的铁环栓
H　主缭绳的收送部分
I，I　起吊索（topping lift）及其眼板（euphroe）
J，J　主帆升降索（halyard）
K　主帆副升降索（用来调节上桁高端的高度）
L，L　牵箍（hauling parrel）
M，M　箍索（parrel）
N，N　沿帆篷自由边的绳纲（bolt-rope）
O　上桁（yard）
P　下桁（boom）
Q　缭绳眼板

① Worcester（3），vol. 1，pp. 65，81 ff.，vol. 2，pp. 256，501；以及（1），p. 11 ff.；Audemard（3），pp. 36 ff.；Poujade（1），pp. 159 ff.。史密斯［Smyth（1），p. 461］从一个有实践经验海员的角度作了精彩的记载。海军上将帕里斯［F. E. Paris（1），pls. 49～68］的图也应予以研究。

596

图 1009b 麟庆《河工器具图说》（卷四，第三页）中的标准运输帆船（“条船”）图；这是最佳的传统中国船图，画出了一系列的撑条，复式缭绳及其眼板、升降索和起吊索。通常，船尾（图右侧）比船首高（船首处可以看到绞盘和四爪锚）。虽然图上有一根很长的舵柄，但船尾后面的这一物体大概是一只舢板，而不是长舵的顶部。这种运输帆船，既可在沿海航行，也可作内河运输。

帆的一幅清晰的示意图。这种帆属北方型，因为在南方，帆的下风缘收成圆弧形[1]。从

597 我们讨论过的史料中可知，最典型的中国帆是用横向竹条撑紧的，撑条两端固定在帆

① 特别见 Lovegrove（1）；Water（5）及下文 p. 598。

边绳纲上，而帆边绳纲则吊在上帆桁上，以承受俗称为“帆肋”（sail-frame；即一种梯式骨架）的重量。帆篷绑扎在帆肋的边缘和每根撑条上（见图 1010、图 1011；图版），使帆面撑得很平。广泛使用这种竹质席帆（“艃”）[①] 时，就必须采用这种帆肋，并自然地导致平衡斜桁四角帆的式样。我们曾经提到过，从空气动力学角度来看，把帆绷紧是相当重要的。然而席帆只出现在中国而不是在任何其他文化区域，无疑是由于这种质地轻、强度大的材料在中国到处可见[②]。我们以后还要谈到这一点[③]。撑条至少还有其他五种用途：可以精确地做到分级缩小帆面积；可以把帆篷一次收拢落下，使之折叠在一起；可以不用像其他帆那样结实的布料；可以充当绳梯，供船员爬到帆上任何需要的部位。最重要的一点是撑条是完美的保护设施，可防止帆篷被撕破或刮走；一面中国帆篷，即使破洞面积达到帆篷的一半，却仍然受风良好。

复式缭绳（“缭丝”）是一种极其有趣的索具。各撑条之间用一套引绳和绳耳连成一体，引绳和绳耳通过滑轮组（“关捩”）和眼板[④]，由甲板上的一根主缭绳最后收拢。主缭绳的末端系于一个固定点，即图 1009a 中的 G 点。因而帆篷被分为若干部分（如 ABC、DEF）。当然，缭绳的结法有多种方法，夏士德和西戈（Worcester and Sigaut）曾对其多种方式作过详尽的记载[⑤]。帆篷撑条越多，复式缭绳的根数也越多，帆篷就撑得越平，其下风缘也调节得越精确（图 1011、图 1014；图版）。升降索（“艃缆”）J、K 穿过桅顶（“桅头”）和上帆桁（“帆杠”）处的滑轮。每根撑条上有簸索（parrel）M 使帆篷贴近桅杆上。还有一根牵簸（hauling parrel）L（连接法如图所示），对帆篷贴近桅杆也起辅助作用，还可以在缩帆后使上帆桁翘起。遇到狂风时，只须触动升降索，帆篷就会利索地落入由两根起吊索（“帆杠绳”）构成的稳帆索（lazy line）之中，此时以撑条隔开的最下几节帆篷便折叠起来，缭绳就自动放松。而且要再扬帆也很容易[⑥]。从不发生卡住帆篷的现象。奥德马尔认为需要强调的一点，即这种结构“不需使人登高缩帆，而在恶劣天气时，这项作业总是非常危险”[⑦]。

史密斯写道[⑧]：“根据对这种帆的一些驶风经验，我们可以说，而且能够说，一旦掌握了按照不同风向扬帆调篷的技巧，这种帆的灵巧程度则举世无双。”另一位专家菲茨杰拉德船长（Capt. Fitzgerald）称中国船为“世界上最灵巧的船”。另外，史密斯在其经 598

① 参见图 939、图 943、图 975（图版）、图 977、图 1009b。

② 中国帆因为绷得紧，从不需要，也从未用过张帆索。

③ 下文 p. 599。

④ 眼板是一种滑轮，其加长部分有许多孔眼，绳索的各绳耳分别穿过这些孔眼，而并不穿过滑轮。关于“关捩”这个有趣的名称及其在机械工程中的不同写法，请见本书第四卷第二分册 p. 485 以及 Needham, Wang & Price (1), pp. 103 ff.。我觉得这里读做“关捩”为好。

⑤ 见 Worcester (3), vol. 1, pp. 81 ff.。参见图 986 和图 987、图 1010（图版）。

⑥ 《高丽图经》（1124 年）谈道：“视风力强弱，把帆卷缩（折叠）成盘蛇状。”（“作张篷委蛇曲折随风之势。”）（卷三十四，第七页）。参见图 937（图版）。

⑦ Audemard (4), p. 33。宋应星的“夹注”（《天工开物》卷九，第二页）说，“使风时，一人坐篷巅，收守篷索”。但是无从考证，因为既没有文字或插图方面的史料，也没有经验的记载。

⑧ Smyth (1), p. 465；第 1 版，p. 406。

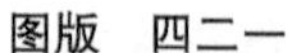

图版　四二一

图 1010　“大舶头”（参见图 987）货船的主帆，风雨中在山东海岸海面上完满的受风情形（照片得自格林尼治国家海运博物馆沃特斯收藏部）。帆具的细微部分清晰可见。图的前景中可看到复式缭绳及其两个眼饼滑车。这些复式缭绳与撑条的下风端相连，顺着帆的下风缘可以看到栓索。在复式缭绳后面的左右两侧，我们都可以看到三根吊帆索（在图 1009a 中为 I，I）。再向左侧是吊帆索的收送部分，它包括由两个双倍复滑轮，升降索（在图 1009a 中为 J，J）在主帆的另一面，但却可以看见四根向下伸展到甲板左舷系缆柱的前帆主缭绳（甚至可以看到绳索向下收拢于紧绳板上），（参见图 987）从主帆边上的三个人形可以估计船的大小尺寸。图的最左边有根后桅升降索，笔直地向上拉起，在右舷有一个旧式船灯。

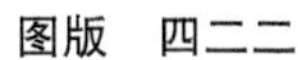

图版 四二二

图 1011 一艘驶进威海卫的安东货船的下风帆缘的详图（照片得自格林尼治国家海运博物馆沃特斯收藏部)。撑条终端复式缭绳的附件、竹撑条、帆栓索（在图 1009a 中为 N，N）以及帆的补丁，清晰可见。

图版　四二三

(a)

(b)

图 1012（a），（b）　扬帆航行中的“宝庆邱子”货船，从湖南长沙以南的湘江大桥上俯瞰拍摄（原照，摄于 1964 年）。这种漂亮而装备精良的江船，长约 70 英尺，根据资水上的一个城镇（现名邵阳）而命名，夏士德［Worcester（3），vol. 2，p. 431，pl. 156］曾对它作过说明并绘制了比例尺寸图。从照片上人们可以看到很多东西，如突出的平衡舵，复式缭绳，把帆拴在桅杆上的索环，升降索和辅助升降索，吊帆索，一些牵引索环（参见图 1014），架设在席篷货舱的铁条，船中部前面的旧式绞关由粗大的推杆绞动用来升帆及起锚。船上的那些空的大陶瓮是货物的一部分，和通常用来配制酱油的坛子相似，关于这一点请见本书第四十章。

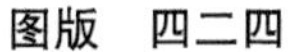
图版　四二四

图 1013　无风水面上的阳江渔帆船，其帆缘特别圆，这是中国南方沿海的特色（照片得自格林尼治国家海运博物馆沃特斯收藏部）。上帆桁、撑条、下帆桁全部向帆的上帆的上风缘底部收拢，所以斜桁四角帆在乍看时好似张开的扇子。图上后桅帆的复式缭绳绑在下风缘前有一段距离的地方清晰可见，吊帆索、拴帆索环、牵引索环也能够辨认出来。这些船与其他船不同的特点，是它有显著的桅杆支索，或许这是采用欧洲的做法（参见 p. 401），不过，这种支索当台风临近时很有用。在结构上，船尾类似香港的帆船（参见图 1044），船壳各列板用嵌接的做法在船尾收拢，所以船尾的方型尾板相当小，但它被突出的船尾平台下面的假方型船尾遮住。可以看到悬吊舵用的一条大槽缝，而舵深没在水中却不能看到。

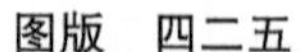

图版　四二五

图 1014　刚刚扬起前帆的阳江渔帆船，更清楚地展示出帆具的装法（照片得自格林尼治海运博物馆沃特斯收藏部）。帆的形状和桅杆支索都和图 1013 一样，但现在可以比较清楚地看到撑条是用若干根向外辐射的绳索连接，使各撑条保持适当的距离。吊帆索装置可以清楚地看出，四根粗大的拴帆环也可看得清楚，这些索环和下帆桁上绕桅杆数圈的粗环索一起，用于防止纵帆自然向前移动的趋势。再可以看清楚的是牵引索环的复杂穿法［参见 Worcester（3），p. 71］，这些索环用来拉住帆篷并保持其平衡；这种方法类似夏士德［Worcester（3）］著作中图版 15 的 C 式。复式缭绳自然是被遮住不见，但其收放部分的滑车却可以在图上暗色人形的后面见到。另外一个人形坐在船首处两个锚的旁边，这两个锚一个是爪锚，另一个是不会绞缠锚链的中国式锚，其锚横杆在锚冠处（参见本册 p. 657）。在后面，主帆正在升起，帆篷逐褶张开。

图 1015　湘江上的一只长沙对角斜桁帆舢板（原照，摄于 1964 年）。说明和比例尺寸图参见 Worcester（3），vol. 2，p. 442，pl. 167。我们可以看到，甚至这样小的帆上也有复式缭绳。

常被引用的文字①中补充道："在狂涛巨浪的海上，以及在四通八达的内地水路上，作为运载人及其货物的工具，如果说有哪一种船能（比中国帆船）更适用，那是难以置信的。中国帆的平坦和灵巧程度确实都是举世无双的。"帕里斯海军上将称这类帆具是"中国的最智巧发明之一"。帕里斯等人提出的唯一批评是这种帆一般很重。从图 1012a、b（图版）上复制的"宝庆邱子"的照片②中，可以清楚地看到这种帆的许多细节。

如前所述，长江以南的所有中国帆船，其上帆桁外端和帆的下风缘呈圆弧形，这样就使四边形帆（图 1005 中的 D 及 D′）大有转变为更加平缓的扇形轮廓之势。这一趋势影响十分深远，直到今天的阳江港（位于珠江和雷州半岛中间）的渔船和货船上的帆篷撑条仍汇拢于帆的上风缘的底部，给人的印象活像一把精致的扇子（图 1013，图版）。从图 1014（图版）还可以看到阳江前桅帆的一些值得注意的细节。

中国的平衡斜桁四角帆不愧是人类利用风力方面的重大成就之一。关于促使它产生的背景我们了解得还很少，但有人推测，可能是把棕榈枝叶顺次编结在一起，这样中央的枝干或中肋（central stem 或 mid-rib）形成一根天然的内在撑条③。我们不久就会看到，关于考证纵帆的一篇最古老的中国文献恰好提到了这种编结法。不过，斜桁四角帆并不是中国船采用的唯一帆式。长江上游至今仍在沿用横帆；其加强条（即把细绳缝在

① Smyth（1），p. 455；第 1 版，p. 397。
② 参见 Worcester（3），vol. 1，pl. 14，vol. 2，pl. 199（照片）。
③ Bowen（9），pp. 194ff.。

帆篷上）是沿垂直方向，而不是沿水平方向，并采用滚筒收帆技术[1]。钱塘江船使用布质横帆，又窄又高（图 971，图版）。同样有趣的是，中国竟然也有地道的对角斜桁帆（图 1015，图版）[2]。但它与欧洲的同类型帆的差异在于它是沿横向作了加强，但未用撑599条，并且因为采用了普通的复式缭绳，故不需要斜桁支索（vang）[3]。中国人也不用卷帆索[4]，因为起落帆都是采用升降索或斜桁绞辘完成的。地道的对角斜桁帆在中国的存在，确实应当引起人们极大的注意，尽管尚缺少估计其历史价值的史料。可以这样理解，这种帆是充分体现了纵帆行船技术的帆型之一，因为桅前别无他物。

在中华文化圈之外，这样的撑条席帆从未广泛传播[5]。当然它在日本使用亦为时颇早[6]，12 世纪日本绘画的复本就极其清晰地表现过这种帆（后面图 1033a）。它也曾传播到马尔代夫群岛，那里使用这种帆已习以为常[7]。16 世纪葡萄牙人也很重视这种帆[8]，并用它来装备他们的三桅斜桁四角撑条帆船（*lorcha*），这一点我们已经论述过，然而总有某种原因妨碍它向欧洲和其他地区传播，大概是因为缺少竹竿等适于作撑条的材料。不过在 1829 年，至少有一艘在加尔各答装配的英国蒸汽机船“福布斯”（Forbes）号装备了大型的中国撑条斜桁四角帆[9]。斜桁四角帆作为一种帆的式样，其发明和传播纯属另一个问题，不久我们将试予解答[10]。

（iii）中国帆的历史

K625

有关中国帆的历史我们现在能汇集到哪些资料呢？古代甲骨文中，“凡”字，后来取义为“共”，“每”，还用做发语词，意思是“凡是”。但原来却是表示帆的象形字“凡”（K625）字。这个字的形状看起来很像“双桅斜桁帆”，这种帆据目前所知仅见于美拉尼西亚（参见图 1005 的 I，图 1016）[11]。这大概是公元前第 2 千纪后半期中古代中国文化的东南分支或大洋洲分支的产物[12]。这种帆不大像中国斜桁四角帆的祖先，反而像是印度尼西亚斜横帆的前身，然而纯正的中国对角斜桁帆却可能是它的直系后裔。问题是我们对中国平衡斜桁四角帆的起源没有找到明确的史证，而人们又不能不承认，使用丰富而又价廉

---

① Worcester（1），p. 12。这说明它同印度尼西亚的斜横帆在起源上有联系，见下文 pp. 608，612。

② Worcester（3），vol. 1，pp. 74，84，162；Fitch（1）。

③ 斜桁支索（vang）是从斜桁或上缘斜桁末端拉向船缘的支索；其功用是将帆的上端保持在所需要的位置上。

④ 卷帆索（brail）是从帆缘或帆脚引出并穿过桅杆或上帆桁滑轮的绳索，收卷帆时用来扎紧帆篷。

⑤ 这是指未作改动的帆而言，因为，我们刚才（p. 592）已提到过现代赛艇帆篷上采用了撑条和半撑条。

⑥ Purvis（1）；Elgar（1）。然而，令人费解的是日本人却仍然喜欢高篷横帆，参见 Noteboom（1）。

⑦ Hornell（17），p. 181；Bowen（2），p. 195。

⑧ 参见德拉达（1575 年）的评注［载于 Boxer（1），p. 294］。

⑨ Worcester（3），vol. 1，p. 69。

⑩ 下文 pp. 612ff. 。

⑪ 参见 Bowen（2），pp. 86ff. ，101，110；（9），p. 167。

⑫ 参见本书第一卷 pp. 89ff. 。

的篾席做帆篷，这是在季风具有明显规律的中国沿海解决逆风行船问题的理想答案（参见图 989b 和图 1009a、b）。 600

最早的汉代记载似乎都是用“席”字，如“飏席千里”，而后来通用的“帆”字，直到东汉中期才和“布”字连用成常说的“布帆”①。“帆”字的古写法都与风相关联，如 2 世纪《说文》中写做“䫂”，6 世纪的字典《玉篇》中写做“颿”②。刘熙在公元 100 年前后编纂的字典《释名》中说帆“好似一面迎风扬挂的帏幔，使船能轻巧而疾速地行进”③。（“帆，汎也。随风张幔曰帆，使舟疾汎，汎然也。”）但至少有一点是清楚的，在 4 世纪的最后十年，布帆专供官船使用；这是我们从画家顾恺之（当时官居散骑常侍）的一次经历中得知这一点的④。在后来的诗人笔下，“布帆”成了表示雍容华贵、场景壮丽或者欢快气氛的常见用语。也许会认为席帆对官船来说过于粗俗，而不是从这两种帆的性能来进行比较⑤。这些文献对于解释所采用的帆的形状和索具种类都毫无补益。

图 1016　美拉尼西亚双桅斜桁帆简图，作于巴布亚（Papua）的莫尔斯比港（Port Moresby）［根据 Bowen（2），描自 Haddon & Hornell（1），fig. 132］。

然而，3 世纪有一篇极为重要的文献却十分有益。此文见于万震所著《南州异物志》，文中这样写道⑥：

外国人（“外域人”）称“船”为“舶”。大者有 20 多丈长（达 150 英尺），露出水面 2 到 3 丈（约 15 ~ 23 英尺）。远看时好似“空中楼阁”（“阁道”）⑦，载员 600 ~ 700 人，装货 1 万斛⑧。

边境以外的人（“外徼人”）⑨ 按照船的大小有时扬挂（多达）四面帆篷，从

① 至少陈世骧［Chhen Shih-Hsiang（2）］博士有这样的印象；对这一点进一步的研究是很有益处的。参见《全上古三代秦汉三国六朝文》（后汉部分）卷十八，第十二页；《太平御览》卷七七一，第六页。

② 《玉篇》卷十八，第五十六页；卷二十，第六十六页。

③ 《释名》卷二十五，《释名疏证补》（第 379 页）。

④ 《晋书》卷九十二，第二十一页；译文见 Chhen Shih-Hsiang（2），pp. 13，25。参见《世说新语》下卷下，第十三页。

⑤ 后几个世纪，曾有油锦帆的记载。据徐梦莘说，1161 年游弋于山东沿海的金朝鞑靼人的舰船装备有这种风帆，但它们容易为宋朝舰船发射的火炮和火箭射中起火［《三朝北盟会编》卷二三七，第一页起；注释见 Lo Jung-Pang（5）］。

⑥ 引自《太平御览》卷七六九，第六页，卷七七一，第五页。译文见 Pelliot（29），由作者译成英文并修改，借助于 Wang Kung-Wu（1），p. 38。值得注意的是，伯希和本人似乎并没有注意到他发现的这段文字在技术上的重要意义。然而，后来帕里斯［P. Paris（1）］等人重视了这一点。

⑦ 这是指秦始皇帝等的宫殿里似乎有过的桥廊或回廊。

⑧ 如果这里的“斛”与“担”相同，则 1 万斛约合 260 吨。

⑨ 这一名称很重要。如果万震指的是远方国度的人，他就会用第一段开头处用过的名称。但在三国时期，现在的广东地区对吴国的隶属关系相当松散，安南和东京与吴国的关系则更为疏远。因此，这里谈的很可能是指这些沿海地区的海员，而不是印度尼西亚海员。《三国志·吴志》（第十五页，第九页）记述吕岱征服印度支那地区（230 年前后）所用的名称有力地支持了这种观点。

601

船头至船尾排成一列。他们用形状如“牖”[1]、1 丈多长（约 $7\frac{1}{2}$ 英尺）的“卢头”[2] 树叶编织帆篷。

这四面帆并不面向正前方，而是向前倾斜张挂，且全部固定在同一方向[3]，以便受风和让风去吹动[4]（“其四帆不正前向，皆使邪移相聚，以取风吹风”）。（迎风首帆）[5] 之后的（各帆受到前帆送来的风）力，又把此风送给它后面的帆，使所有帆都受到风力（“后者激而相射，亦并得风力”）。如果风力强烈，他们（海员们）可根据情况增减（帆的面积）。这种斜挂（帆篷），可以互相传递受风，免去了高桅之忧。因此（这些船舶）航行可以不用避开强风狂浪，反而可以乘风破浪疾驶前进。

〈外域人名船曰舡。大者长二十余丈，高去水三二丈，望之如阁道，载六七百人，物出万斛。

外徼人随舟大小，或作四帆，前后沓载之，有卢头木叶，如牖形，长丈余，织以为帆。其四帆不正前向，皆使邪移相聚，以取风吹风，后者激而相射，亦并得风力。若急则随宜增减之也。邪张相取风气，而无高危之虑，故行不避迅风激波，所以能疾〉。

这段文字确很引人入胜，确凿无疑地证明，在 3 世纪，广东或安南等地区的南方人所使用的四桅船就扬挂某种纵席帆。这里也不完全排除使用过印度尼西亚斜横帆的可能，不过斜横帆用于多桅船上很不方便[6]，因而某种平衡斜桁四角高帆的使用可能性则要大得

602

多[7]。作者大概对这种帆具的作用不太理解，他所强调的把帆篷斜置，实际上是使帆受风而不致互相干扰。

对于当时多桅船的补充考据，很可能载于康泰（鼎盛于 260 年）撰写的《吴时外国传》，该书已失传，但某些类书中尚存有其中部分段落。于是我们知道，在一个现在无法考证的“加那调州”[8] 的海面上，有至少扬挂着七面帆篷的大帆船（“大舶”）[9]。来往于叙利亚（大秦）的人就使用这种船。

有关以后几世纪的帆的考证前面已经顺便提到过。的确没有理由断定阿旃陀画家

① 此字《康熙字典》未收，且意义含混不清，可能是指一种瓶类器皿。这里用“牖”，意谓窗棂，则可能更为贴切。

② 现在很难予以考证，但可认为类似编织篮筐之类用的芦苇或灯芯草。

③ 也即大致互相平行。原字义为“将帆移动，而使四帆相互调节”。

④ 也许作者的原意是，船驶的是后舷顺风，并从该方向进行观察，故能看见帆篷部分面积；他设想气流正从最后一面帆吹来，依次传给其他帆并对每面帆做功。

⑤ 也就是进一步向船头的方向。以后会看到，我们此处的标点断句同伯希和［Pelliot（29）］以及冯承钧［（*1*），第 19 页］等人的不同。

⑥ 此外，未见有关例证。

⑦ 鲍恩先生持同样观点（私人通信）。至今还可见到一种类似的小型太湖拖网帆船（图 1017）仍令人很感兴趣［参见 Audemard（3），pp. 45，47］。这种船长度虽然不超过 25 英尺，却竖有五根扬挂斜桁四角帆的桅杆，各帆均由一根缩帆索（reefing-line）控制。

⑧ 6 世纪的《水经注》卷一里，说它是一个海岛。佩泰克［Petech（1），pp. 15，53］在其译文中将它的名字译做“Ganadvipa”，并认为位于马来西亚或印度尼西亚某个地方。

⑨ 《太平御览》卷七七一，第五页。《释名疏正补》卷二十五（第 380 页）的注释中也援引过。

图 1017　太湖拖网帆船简图［据 Audermard (3)］。这条引人注目的帆船，虽然只有差不多 25 英长，却具有五根扬挂着斜桁四角帆的桅杆。

(628 年) 不是漫不经心地就绘出了一面高大挺拔的中国斜桁四角帆①。在婆罗浮屠 (800 年)② 和吴哥 (1185 年) 的浮雕上，桅前没有显示出帆的上风缘，似乎是指对角斜桁帆③，但其本意几乎可以肯定是想刻画斜桁四角帆。万震和康泰记述过的多桅船，当然也在马可·波罗和伊本·巴图塔的著作中以及根据其资料而绘制的世界地图里再次出现。1090 年朱彧笔下的中国帆船 "能驶三面风" ("使三面风")④ 的说法意义十分重大。

1124 年前后的《高丽图经》中有大量关于帆和驶帆技术方面的资料。在谈到用来护送外交使节和载运其扈从的大船 "客舟" 时，徐兢写道⑤：

船舶一般在涨潮时靠岸进港 ("开山入港")，那时全体海员齐声高唱号子荡桨。撑篙人也竭尽全力跳着喊着，然而船速终不及顺风驶帆。主桅高 100 尺，前桅高 80 尺。顺风时，他们扬起由 50 幅布拼接的布帆 ("布飒") (以增加船速)⑥。横风时，他们换用更适合的席帆 ("利篷")，像翅膀一样，根据风向向左或向右张开。在主帆顶部，他们还可能另挂一面由 10 "幅" 布拼接的上桅小帆 ("小飒")。这种小帆叫 "野狐飒"，用于微风或几乎无风的天气。在八面来风中，只有一面风，即顶头风不能行船⑦。海员们还把一些羽毛装在竖起的杆子的顶端作为风向标，称之为 "五两"⑧。顺风难得遇上，因此，巨大的布帆不如席帆有用。如对席 603

① 这是鲍恩的一贯主张，参见 Bowen (2), p. 194; (9) p. 192。要不就是像钱塘江上至今还沿用的一种高为宽三倍的横帆 (参见图 971，图版)。难道这对于阿旃陀的三桅帆船会不适用吗?

② 第二种类型，参见上文 p. 485。

③ 这是布热德［Poujade (i), p. 256］提出的建议。但鲍恩［Bowen (9), p. 193］赞同我们的观点。

④ 参见上文 p. 462。我们相信，这一说法清楚地说明逼风可达 4 个罗经点左右 (参见图 1008)。而且徐兢的话提供了明确的证明。

⑤《高丽图经》卷三十四，第三页；由作者译成英文，借助于 Paik (1)。

⑥ 罗荣邦［Lo Jung-Pang (5)］把 "幅" 字当做 "面" 字，译为 "五十面帆"，这似乎太多了。

⑦ "然风有八面，唯当头不可行。" 参见上文 p. 462 及 p. 594 的插图。

⑧ 参见本书第三卷 p. 478。

帆操纵娴熟，则可按人们意愿驶往任何地点。

〈开山入港，随潮过门，皆鸣艕而行。篙师跳踯号叫，用力甚至，而舟行终不若驾风之快也。大樯高十丈，头樯高八丈，风正则张布飒五十幅，稍偏则用利篷，左右翼张，以便风势。大樯之巅，更加小飒十幅，谓之野狐飒，风息则用之。然风有八面，唯当头不可行。其立竿以鸟羽候风所向，谓之“五两”。大抵难得正风，故布帆之用，不若利篷翕张之能顺人意也。〉

这段重要的文字清楚地说明，早在 12 世纪，一位学者就凭经验认识了撑杆席帆的空气动力学性能，还说明席帆主要用于逆风行船，而布帆和丝绸帆①只在顺风行船时扬挂以为补充。这两种帆的综合使用我们在图 939 及其说明（p. 405）中已经看到过。这个时期就使用了上桅帆（亦见图 939）也是很值得重视的，而且徐兢还进一步记述说，在出迎中国使节的朝鲜官船的帆上，似乎还有可以拆下的辅助帆之类②。

研究 16 世纪葡萄牙征服印度海域的历史学家德·卡斯塔涅达③的一段文字可以作为我们这一系列引证的最后一段。据他记述，在一百年以前或更早的时期，中国帆船就到过马六甲，带去了黄金、白银、大黄、各种丝绸锦缎、瓷器、贴金的箱匣和精致的家具。他们运回了胡椒、印度棉、番红花、珊瑚、硃砂、水银、药材和谷物④。

这些帆船（junk）（这个地区叫此名称），体积很大，与世界其他各国的船很不相同，船首尾的形状相同，且首尾各有一把舵⑤。船上只有一根桅杆⑥和一面“孟加拉席帆”（由小芦苇编成），席帆可以绕桅杆转动，就像绕一个枢轴（*dobadeira*）转动一样⑦。因此这种帆船从不像我们的船那样作顺风掉戗。想要落（帆）时，帆篷不需要折叠，因为帆篷落下后即自成一束。这种帆船驶风良好；载运量比我们的船大得多；船体也比我们的船坚固得多，船内横梁之大连一头骆驼也驮不动。

毫无疑问，这里说的是斜桁四角帆，正如后来宋应星所记载的一样，其记载这样写道⑧：

604　帆（“风篷”）的大小依据船宽而定⑨。如果帆篷过大时则对船有危险；如果过小则效能又太差。帆用竹子外层的篾条编成，并用竹（“条”）（平行地）夹着，分成若干段。帆可以按段折叠（系于上下帆桁）以备张扬。运粮船的巨大主帆（“中桅篷”）需十人才能升起，但升前桅帆（“头篷”）两人即可。为了准备扬帆

① 这里指的是使节本身乘坐的“神舟”上扬挂的帆（绣有图案）（《高丽图经》卷三十四，第四页）。实际上原名“锦帆”，也许有绣制的布帆之意，但可能性较小。

② 《高丽图经》卷三十三，第二页。这篇文章很令人费解；据说，帆篷由 20 幅布制成，但又说其下部 5 幅布并未缝接起来。他可能试图描述一种类似中国现在尚可见到的情形（下文 p. 613），即除了以斜桁四角帆为主帆之外，还增挂一面类似大三角轻帆的小斜横帆。

③ De Castanheda（1），ch. 112；参见 Ferrand（4）；Paris（1）。

④ 1512 年，阿尔布凯克向葡萄牙国王曼努埃尔（Manuel）陛下呈递了一幅标有中国贸易帆船定期航线和停泊港口的爪哇地图，其附信十分有趣，信中他向国王呈报了中国的贸易活动［Baião（1）（ed.），pp. 76ff.］。

⑤ 关于这一点，见下文 p. 619。

⑥ 卡斯塔涅达及为他提供信息的人可能只见过停泊在港内的帆船，因而船的前后桅都被放倒。因为据我们所知，多桅是航海帆船的典型特点。

⑦ 参见上文 p. 462 及下文 p. 661。

⑧ 《天工开物》卷九，第三页；由作者译成英文，借助于 Ting & Donnelly（1）；Sun & Sun（1）。

⑨ 参见建筑学著作中设定的模数和模度比例（上文 pp. 67ff.，82，89）。

起航，应把升降索（“篷索”）[1]（穿过）桅顶上的一个滑轮（“关捩”）[2]，再拉回到船中央（甲板上）的升降索绞车（“腰间缘木”）上。这样（视风力大小等）调节风篷高度，就像改变三角形的三边一样（“三股交错而度之”）。帆篷上部所受的风力为同样段数（“叶”）[3] 下部的三倍[4]。关键是根据具体情况进行调节。顺风时扬起满篷，则船就像一匹飞马奔腾疾驶向前。如风力变强，可（逐段）缩帆（帆篷靠自身重量落下）。[遇到狂风，可能需要用长钩将帆篷拉下。][5] 大风天，只扬帆一二段。

〈凡风篷尺寸，其则一视全舟横身。过则有患，不及则力软。凡船篷，其质乃析篾成片织就，夹维竹条，逐块折叠，以俟悬挂。粮船中桅篷，合并十人力方克凑顶，头篷则两人带之有余。凡度篷索，先系空中寸圆木关捩于桅巅之上，然后带索腰间，缘木而上，三股交错而度之。凡风篷之力，其末一叶，敌其本三叶，调匀和畅顺风则绝顶张篷，行疾奔马；若风力洊至，则以次减下（遇风鼓急不下，以钩搭扯）；狂甚则只带一两叶而已。〉

这段文字的后面，记载的抢风驶帆，但丁文江和唐纳利 [Ting & Donnelly (tr.)] 的译本并未收入。宋应星对抢风驶帆作了相当清晰的解说，显然他观察过抢风驶帆的过程，不过又似乎与水流中驶船有些混淆[6]。

横向来风叫做“抢风”[7]。如果是顺流行船，可将帆篷扬起，使船迂迴前进（即走“之”字航线）。如船向东抢风驶帆，有时会因帆篷偏差一寸而从安全航线倒退数十丈。船抵岸以前，就要扳（满）舵（“捩舵”）[8]，并转换帆的位置（“转篷”）。这时，船向西抢风驶帆，兼用风力和水流二者的力量，劈波斩浪，转瞬间行驶十余里。在没有水流的湖上驶帆，也可用同样方法慢速行进。但若流向同航向截然相反，则根本无法前进。

605

〈凡风从横来，名曰抢风。顺水行舟，则挂篷之玄游走，或一抢向东，止寸平过，甚至却退数十丈；未及岸时，捩舵转篷，一抢向西，借贷水力兼带风力轧下，则顷刻十余里。或湖水平而不流者，亦可缓轧。若上水舟，则一步不可行也。〉

---

① 见本册第 414 页脚注 14。上文 p. 414 的脚注。

② 这个技术术语我们现在已经很熟悉；参见上文 p. 597 关于这个字的注释。关于它的许多有关用途和来源的讨论，读者可参见本书第四卷，第二分册，第 p. 485 页，以及 Needham, Wang & Price (1), pp. 103ff. 。关于中国船的滑轮和滑轮组，请见 Audemard (3), pp. 50ff. ；关于这些装置在岸上的使用情况说明很少，见本书第四卷第二分册 p. 96 的脚注。

③ 即帆篷上两根撑条之间的部分。

④ 这是对帆的物理原理所作的一个重要说明，参见上文 p. 593。

⑤ 宋应星的注释。

⑥ 大家记得，宋应星写此书的时间是 1637 年或还要略早一些时候，而且直到该世纪末叶荷兰赠送给查理二世（Charles Ⅱ）一些纵帆游艇之后，英国才有了纵帆船 [Chatterton (1, 4)]。

⑦ 虽然宋应星所用的名称具有入射角为直角的意思，但很明显，向他提供航海信息的人指的却是左舷前方或右舷前方的来风，这一术语对考证纵帆颇有价值。显然，抢风驶帆，船向左右迂迴行进时，风好似从船的横向吹来。

“抢风”这个用语译成英语为“stealing the wind”（偷风），这实际是一个古语，词典编纂家们认为其含义为“逆风”。其最早的出典是 4 世纪庾阐的《扬都赋》（参见上文 p. 86）。从上文 p. 600 提供的有关中华文化圈内纵帆的最早起源的考证来看，这个时间可能意义重大，但也必须承认，这篇赋中所说的船夫们面对逆风沮丧不已，并任其船舶漂流。

⑧ 这个术语，即将在谈到 11 世纪的情况时加以说明（下文 p. 640）。

该世纪后期，耶稣会士李明又作了补充记载，我们将以此作为最后一节引文[①]：

> 低矮的帆都是非常厚的席帆，每隔 2 英尺左右用撑条[②]和长杆撑开，以增加强度，并用一些小环索[③]自上而下把帆系贴在桅杆上，系贴位置不在帆面正中，而是使帆的 3/4 横幅可以松动[④]，以便随风调节，并在必要时可以很容易地进行逆风掉戗。帆缘上有许多短索，相隔一定距离分布在上帆桁至帆脚的全长上，将其收拢起来就可将整个席帆拉紧，并在改变航向时加速帆的转动[⑤]。

最后，谈一些术语的细微含义。前几页开始论述中国帆时，“帆”字曾作为撑条席帆的技术术语使用过。然而，大家可能怀疑，此字应该适用于撑条布帆，因为“帆”字是“巾”旁而不是“竹”字头。真正贴切的术语似乎应该是“竹”字头的“（篷）”字。《康熙字典》引用《南越志》（沈怀远撰于 4 世纪）作为其最早的依据。《南越志》也说席帆系用卢头篾条编织而成。另一字当是“篷”字，它的含意为“遮篷”，但通常都用来表示帆，如《高丽图经》[⑥] 的用法，而此字也有“竹”头。另外，表示升降索和缭绳的词语，除已经提到过的之外，还有一个更为古老的术语“帆纤”；杨慎所著《谭苑醍醐》（约 1510 年）中说，在齐朝一位皇帝的龙舟上，帆纤是用绿色丝带编成的[⑦]。

（iv）中国帆在世界航海发展史上的地位

在解决逆风驶帆问题上，中国的这些发明与其他地区所取得的类似进步相比究竟如何呢？我们将利用表 72 中的简图尽可能简要地予以解答。表上所列的各种帆型，如同分布在一张未绘出的旧大陆的地图上，线条表示各种帆型的传播方向或其渊源历程[⑧]。

607　一般都认为，最古老的帆船，即古埃及帆船，肯定是扬挂横帆的[⑨]。这可以从公元前 3000 年埃及第一王朝时期的一件陶器上得到考证，上面画着一艘具有高耸船首和船

---

① Lecomte (1), p. 231。至今唯有唐纳利 [Donnelley (2)] 看到了李明所作的航海记载的价值。

② 参见 Ysbrants Ides (1), p. 66。

③ 即箍索。

④ 这里明确地说明是斜桁四角帆，而不是横帆。

⑤ “短索”自然是指复式缭绳。

⑥ 例见《高丽图经》卷三十四，第六页、第九页；卷三十九，第二页、第四页。

⑦ 引自《格致镜源》卷二十八，第十五页。

⑧ 自从埃利奥特·史密斯 [Elliott-Smith (2)] 第一次以其大无畏的魄力探讨这一问题以来，人们已经做了大量的艰苦细致工作，并且今后还有大量的工作要做。然而在这一领域中，至少他倾向于埃及起源的观点得到了相当的论证。

⑨ Jal (1), vol. 1, pp. 47ff.; Wilkinson (1), vol. 1, pp. 412ff., vol. 2, pp. 120ff.; G. C. V. Holmes (1), p. 23; Chatterton (1), pp. 13ff.; Koester (3); Boreux (1); Bowen (11)。赖斯纳 [Reisner (1), pl. Ⅶ, no. 4, 841, 及 p. 28] 记载了一个美观的模型，上面就保留着这种帆及其许多船具。图见 des Noëttes (2), fig. 9, 12, 13a; Moll (1); 其复原件见 Clowes & Trew (1), p. 51。

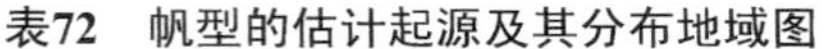

表72　帆型的估计起源及其分布地域图

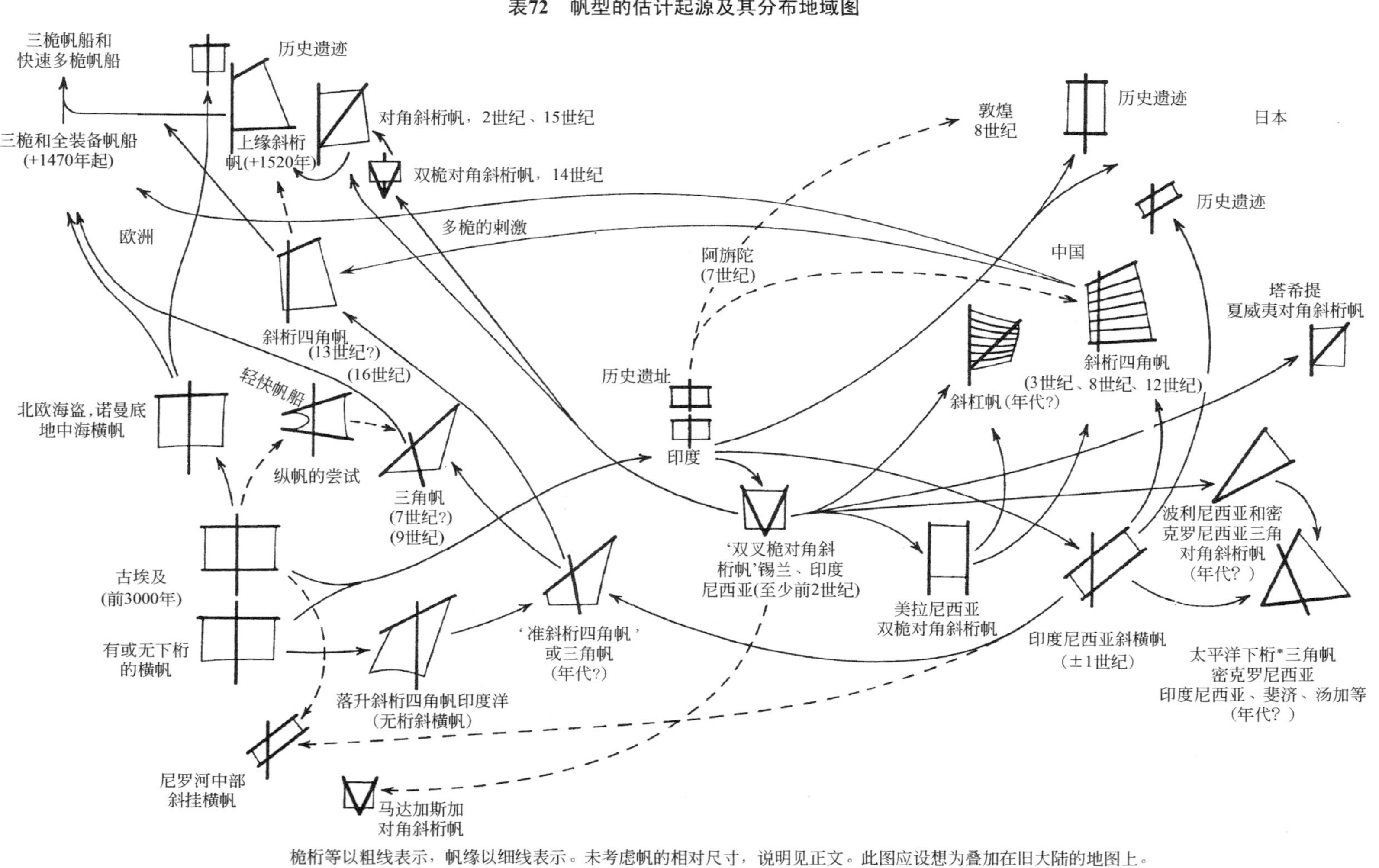

桅桁等以粗线表示，帆缘以细线表示。未考虑帆的相对尺寸，说明见正文。此图应设想为叠加在旧大陆的地图上。

尾的帆船。这可能是风帆的最古老的记载[1]。许多人认为，由于尼罗河流域的风向通常是由北向南，船从上游下驶时可顺流而下，而从下游回航上驶时，却是一路顺风[2]。因此，长期以来没有产生逆风驶帆的问题。

横帆从这个中心向四面八方传播——传到地中海，在整个希腊、罗马时期以及希腊化时代都得到普遍使用[3]；传到北方，成为北欧海盗和诺曼底人船舶的唯一动力[4]；并传到整个亚洲，包括印度和中国。世界上许多地区至今还有其遗迹，如我们英国的“亨伯河平底船[5]、杜罗河（Douro）的拉贝洛船（*barcos rabêlas*）[6]、科莫湖的运货船[7]、某些挪威船[8]、印度[9]和缅甸[10]内河上相当大型的帆船，以及长江上游和钱塘江上的帆船[11]（如我们在本册 pp. 457，589，602 所见）。”

关于横帆船能够驶横风，甚至驶顶头风的程度，以及为达到这些目的所采用的方法，目前还有一些争论[12]。查特顿认为北欧海盗船对此“完全无能为力”[13]，并列举了一些很有价值的例子，说明近代十分先进的帆船仍需依赖顺风航行。直到 1800 年，这些先进的帆船为了进入普利茅斯海峡（Plymouth Sound），还需在哈默亚兹（Hamoaze）海口候风三个月之久，而这却是发生在后桅采用三角帆之后很久。霍姆斯（T. R. Holmes）则认为罗马船能够逆风驶帆，然而他的论点大都依据繁琐的间接考证。亚里士多德的

608

① 不列颠博物馆，壶 no. 35，324；Boreux（1），p. 66；Frankford（1），pl. 13，复制图见 Bowen（1，11）。美索不达米亚的埃利都（Eridu）陶制船模将船桅和船帆的发明又向前推移了大约四个世纪，因为船上有一个桅座，且在舷缘上还有两个孔洞，可能用来固定桅的左右支索［Lloyd & Safar（1）；参见 Casson（3），p. 2］。但这里没有提到所用帆的形状。

② Holmes（1），p. 23；Chatterton（1），p. 13。就这方面的问题，克斯特［Koester（2）］已能解释希罗多德（Herodotus，Ⅱ，96）的那篇使人迷惑不解的文字。当强北风劲吹，抵消使船向北移动的尼罗河水流作用时，用一块平板作为一种海锚，利用水流继续推动船舶北进。这种平板装置在文艺复兴时期工程师们所设计的一种逆流上驶的明轮上出现过（参见本书第四卷第二分册，p. 412）；Feldhaus（1），fig. 611。船尾拖一块巨石，也可保持船头迎着波浪行进。

③ Torr（1）；Cook（2）；Tarn（3）；des Noëttes（2）；其复制图见 Clowes & Trew（1），pp. 55，59；参见 la Roërie & Vivielle（1），vol. 1，pp. 48，52，54，77；Casson（3）；Bowen（9）。

④ Anderson & Anderson（1），p. 80；Jal（1），vol. 1，pp. 121ff.；其复原图见 Clowes & Trew（1），p. 65。

⑤ Moore（1），pp. 28ff.；Smyth（1），p. 139；Clowes & Trew（1），p. 67。

⑥ Filgueiras（1）。在欧洲帆船中，几乎只有这种船才和许多中国内河帆船一样，具有一个很高的横向操舵台，供操纵几乎和船身一样长的船尾长桨之用。

⑦ 卢恰诺·佩泰克（Luciano Petech）教授的私人信件。

⑧ Smyth（1），p. 50。

⑨ Smyth（1），pp. 365ff.；Chatterton（1），p. 13；Clowes & Trew（1），p. 53。印度河上游的船上，其横帆的尺寸与比例几乎和古埃及船一致［Smyth（1），p. 336］。

⑩ Smyth（1），pp. 371ff.；Chatterton（1），p. 13。

⑪ 当然是与其他帆型配合使用，虽然行将消匿，但在大型三桅或二桅船上仍偶尔使用。同时，马尔代夫群岛的贸易帆船，至今帆的装配方法及尺寸仍同 16 世纪的大型帆船（*nau redonda*）帆船完全一样［Smyth（1），p. 369，第 1 版，p. 320］，只是后桅三角帆换成了上缘斜桁帆。

⑫ 见 Bowen（1）；Gibson（2），等。

⑬ Chatterton（1），p. 40。

《力学》(*Mechanica*) 中有一段值得注意的文字，一般的解释是[①]，希腊船和罗马船采用不同的办法收拢、收卷或收缩半面横帆，使另外半面帆篷具有类似三角帆的特点，才能勉强逆风驶帆[②]。挪威浮雕[③]上也许是另一种逆风驶帆的方法，上面刻画的北欧海盗船横帆底部系有许多绳索，这样，帆篷就可以像窗帘一样被收到一边。可以想像这些扬帆方法大概都是三角帆的起源。但这是相当后期的事情，而在早期用横帆行船只好等待顺风[④]。所有这一切构成了一个能够通过实验而得到较多说明的历史悬案，而鲍恩[Bowen (10)] 终于在这方面做出了开端，其结论是对古埃及横帆的能力持基本否定的观点。然而，进一步的实验还需要考虑船体各种形状的影响。

几乎毋庸置疑，横帆最早的演变形式是斜横帆，这实际上只是调节上下帆桁，以使帆篷在桅杆一侧具有尽可能大的面积（图 1018，图版）[⑤]。这是典型的印度尼西亚帆型布置，即我们在婆罗浮屠浮雕上看到的主要帆型（图 973，图版）。尽管据此断定此帆属 8 世纪末期，但我们还是倾向于认为这种帆在这里出现的时间要早得多。这种帆还见于尼罗河中游著名的无肋骨船，当地人称作那加船（*naggar*）和麻卡船（*markab*）[⑥]。所有这些船帆（长度与宽度）的比例都和古埃及横帆极为相似。那加船可能是古埃及船的直系后裔[⑦]，也可能是通过印度尼西亚文化对东非的影响，从爪哇帆船演变而来[⑧]。 609
哈德拉毛首府穆卡拉的渔船队扬挂的斜横帆也肯定反映了这一影响[⑨]。

最突出的西方纵帆是斜挂大三角帆（lateen），它赋有伊斯兰文化区的特色[⑩]。这种帆有两种形状（图 1005），即纯三角形和保留有小上风缘的“准斜桁四角帆”（quasi-

---

① 由费尔韦 [Verwey (2)] 释义，但在重新组织文句以使其意思明了时需用大量带括弧的文字，比我们碰到的任何其他释义文字，甚至是比简洁的中文释义所需用的括弧说明文字都要多。参见 Torr (1), p. 96。这部《力学》中虽然可能收入亚里士多德的一些著作，但并不与他同时代，最好是把此书的最早年代定在公元前 250 年前后 [参见 Sarton (1), vol. 1, p. 132]。

② 罗马人创造的卷帆索十分复杂，需要穿过缝在帆篷上的卷帆环 [Poujad (1), pp. 125, 130ff.]。纳博讷 (Narbonne) 的碑铭博物馆 (Musée Lapidaire) 收藏的石碑上刻有罗马船，上面的卷帆环清晰可见 [Esperandieu (1), pp. 37, 40]。参见表 72。

③ Gibson (2), pl. 9 及 p. 87。

④ 如果等不到顺风，只靠划桨又不能行船，就无能为力了。根据卡彭特 [Carpenter (2)] 的意见，这与古时候无法仅靠划桨横渡博斯普鲁斯海峡的情形一样，因为那里的流速达 4～6 节，而又几乎总吹逆风。到公元前 7 世纪阿墨诺克勒斯 (Ameinocles) 发明了 50 桨长舟 (penteconters) 之后，才解决了这个问题，此事很可能就是亚尔古神舟诸英雄 (Argonauts) 传说的来历。

⑤ 参见 Smyth (1), 第 1 版, pp. 325, 328, 342; Chatterton (1), p. 21; 图见 Adm. Paris (1), pls, 46, 86; Clowes & Trew (1), p. 63。这种帆也可以叫做矩形平衡斜桁横帆 (rectangular balance lug)，见 Bowen (2), pp. 199ff.; (9), pp. 163, 193, 197。除印度尼西亚之外，印度支那也有这种帆 [Poujade (1), pp. 149, 150; Piétri (1)]；在马来西亚也很常见 [Hawkins & Gibson-Hill (1)]。

⑥ Hornell (1), p. 214, (4); Smyth (1), p. 341; Chatterton (4), p. 29。

⑦ Hornell (18)。

⑧ Hornell (4), p. 137, (19)。

⑨ Bowen (4)。

⑩ 对其运用作过详尽记载的有：Vence (1); Bowen (1, 3); P. Paris (4); 和 Villiers (1, 4)。图见 Adm. Paris, pl. 5; Smyth (1), pp. 275ff.; Clowes & Trew (1), p. 111。论证见 Jal (1), vol. 2, pp. 1ff.; Moore (1), pp. 86ff.; Poujade (1). p. 141; Hourani (1), pp. 101ff.。此名称的起源极为模糊。赫韦尔 [Höver (1)] 力图证实它起源于“*velum laterale*”(横帆) 一语，但不令人信服。

lug)。前者只见于地中海，后者则遍及印度洋①。关于大三角帆的起源有许多史料，在公元880年前后的一份拜占庭手稿中第一次对这种帆有了清楚的记载②。这样看来，三角形帆无疑在9世纪就广泛地适用于地中海，但也有可能还要早几个世纪③。近来人们作了极大的努力，从2—3世纪的一座埃琉西斯古城的（Eleusinian）墓葬浮雕上来考证希腊化时代大三角帆的存在，但未能得到令人信服的成果④。一般说来，“准斜桁四角帆”可能比三角帆更原始，或为斜横帆与三角帆之间的过渡形式，并且，如果我们将其起源追溯到东南亚斜横帆的论断是正确的话，则也可以设想它也是西方纯三角形帆的发源帆式⑤。

直到多桅船上北欧横帆与斜挂大三角帆组合使用之后，才出现了一个重要的转折点：大三角帆挂在后桅上。有人认为这一过程从1304年前后巴约讷（Bayonne）的船进入地中海时就开始了⑥，但适应的过程很缓慢，直到15世纪后半叶，在中国多桅船的影响结出丰硕成果之后，才得到普遍的应用⑦。哥伦布（1492年）的船队以及所有的16—17世纪的三桅船都在船尾扬挂大三角帆⑧，因此，它们既能用主帆顺风行驶，又可

610

① Smyth (1), pp. 352, 360ff.; Bowen (2, 9)。但这并不是说地中海从未有过准斜桁四角帆型。如果那里真的从未有过这种帆，那就很难解释为什么具有独特式样的伊比利亚风车上的风帆（见本书第四卷第二分册 p. 556）。事实上同这种帆一模一样。

② 采自布林德利［Brindley (6)］发现的《尼西亚信经》(Sermons of St Gregory Nazianzen; Bib. Nat. GK. MS., no. 510)。其完好的复本见 Hourani (1), pls. 5, 6。还有一幅更早的图画，但很粗糙，见于6—7世纪巴勒斯坦南部埃尔奥贾（El-Auja）的一座倒塌的穆斯林前期教堂的外墙石壁上［Palmer (1)］，不过图上只能看出一根倾斜的上帆桁，帆却看不清楚，但显然是一面大三角帆。索塔斯［Sottas (1)］和凯伊尔［Kaeyl (1)］提请人们注意普罗科匹厄斯（Procopius）《汪达尔战纪》(*De Bello Vandalico*, I, 13, 3) 中的一篇公元533年前后的文献，文中说，指挥官所乘舰船的帆篷上角有1/3涂成红色；但评论家指出，这很可能是指罗马时期的三角形上桅小帆，这种帆可能至今仍在使用。这些帆甚至一直沿用到18世纪，如地中海独桅大帆船（*tartana*）的帆［Poujade (1), p. 126］。从公元904年塞萨洛尼基城（Thessalonica）围攻战时搭建的围城浮塔的记载中，多利［Dolley (1)］考证出阿拉伯舰队当时使用过大三角帆；这虽也受到批评，但其情况似乎要好些，而且也较为近乎情理。

③ 人们会问，大三角帆的向西传播是否同尼罗河至红海间的通航运河有联系。这条古老水道由第二代正统的哈里发修复，于公元643—670年曾再次通航（参见上文 pp. 356, 374, 465）。

④ Casson (2)。其中有一幅引人误解的照片，经鲍恩修正后，收入 Casson (3), pl. 15*c*。这艘停航船的上帆桁的确向上倾斜得很高，但其中部却贴附在桅杆上，由于看不见帆脚，可能是部分帆篷已经折叠在一起。因此很可能画的是横帆。无论如何不会是一面大三角帆，因为上风缘在浮雕上清晰可见。卡森［Casson (4)］的另一篇论文也未能使我信服。

⑤ 18世纪末有一个组合使用这些类型的帆令人感兴趣的事例，当时东印度公司的一位名叫托马斯·福里斯特（Thomas Forrest）的船长，乘一种双排桨木帆船（galley），进行了两次有名的探险旅行，这艘船具有一个三脚桅，扬挂两面大三角帆和一面印度尼西亚斜帆。

⑥ Anderson & Anderson (1), p. 110。由于地理位置的原因，巴斯克人（Basque）和葡萄牙海员很自然地会力图将大西洋和地中海航海实践中最好的办法加以综合利用。我们已经看到，1430年前后的葡萄牙小型帆船（*barca*）的两面横帆不能适应在非洲西海岸的往返逆风航行，因此，扬挂二到三面斜挂大三角帆的轻快帆船（这在1460年是相当大型的船）取代了它。1500年以前很久，*nau redonda* 帆船曾对这些帆平衡地加以组合，将横帆挂在前桅和主桅上，后桅仅挂一面大三角帆。*Cararela redonda* 帆船是另一个组合方式的例证，但不如前者流行和普遍，它只把横帆挂在前桅上，另外二到三根桅杆上都挂大型三角帆。关于葡萄牙人风帆的演变详细情况，见 da Fonseca (1)。

⑦ Jal (1), vol. 2, pp. 134ff.; Brindley (2); Chatterton (1), pp. 56, 66, (2); Smyth (1), p. 279; Gibson (2), p. 108。参见查特顿［Chatterton (3)］著作中的模型图版；pl. 6 所示为12世纪仅挂横帆的船，pls. 8, 9, 14 为1450年以后具有大三角帆后桅的船。

⑧ “圣玛丽亚”号帆船模型见 Chatterton (3), pls. 11, 12；其实船复原图见 la Roërie & Vivielle (1), vol. I, pp. 238ff., 248ff.。与之类似，德雷克（Drake）1577年的“金鹿”（Golden Hind）号帆船的图则见于 Clowes & Trew (1)。

用后桅逆风行船[1]。在剑桥大学国王学院礼拜堂里的彩色玻璃窗上我们可以看到1525年前后的这样一艘船[2]。克洛斯[3]写道：

> 1400年，北部帆船完全依赖顺风行驶，基本上没有逆风驶帆的能力，实际上也从未有过这种奢望。1500年以前（欧洲）船已能进行远洋航行，从而使哥伦布发现了美洲，迪亚斯绕过好望角，瓦斯科·达·伽马开辟了印度贸易航线。其他的科学进步，如采用中国航海罗盘[4]，也都在一定程度上促成了这些航行。但是，倘若桅杆和帆篷没有得到影响深远的改进，这些伟大的探险家是绝不可能完成他们的业绩的。

典型的中国斜桁四角帆也存在于欧洲，形状也几乎相同，并成为那里的颇为普遍的帆式，以至有些人把它看做是法国大西洋沿岸的一种通用帆[5]。在英国、意大利、希腊和土耳其水域这种帆也很出名[6]。然而却很难找到16世纪后半叶以前的史证；布林德利[Brindley (2)]发现的最早史料属1586年，而一个世纪以后才知道其名称[7]。我们即将追溯其起源（p. 613）。

奇怪的是现在已经知道，欧洲很早以前就有了纵帆，即严格地讲桅前无任何东西的帆。这就是斜杠帆[8]。它的最早记载长期以来被推测为1416年[9]，当然数十年间也的确发现了一些实证[10]。然而我们现在知道有一种北欧斜杠帆，其年代还要早一个世纪，而且古墓浮雕则还要将其考证追溯到希腊化时代。由于读了后述内容就会自然明白其原因，这个问题将推后几段再予讨论。 611

最后谈上缘斜桁帆，这是我们这个时代大家十分熟悉的典型游艇帆[11]。既然上缘斜桁帆可以认为是一种半斜杠帆，则它起源于斜杠帆一般来说是很可能的[12]。这个演变过

---

① 关于对这一解释的保留意见，见上文pp. 589，593。也许后桅大三角帆实际只是一种主要用于内陆水域的“操纵”帆。也许由于时常调整帆篷需要大量的人力，远洋航行者总是寻求和等待顺风，所以横帆一直保留到蒸汽时代以前。甚至贸易帆船也利用季风行船。当时运茶的快速帆船本可以装备成多桅的纵帆式帆船（schooners），但他们却没有这样做，因为要想不调换帆的位置而进行连续多日的顺风航行，则横帆是最佳的了。然而这并不否认后桅大三角帆在低速航行时会大大提高船舶操纵性能这一优越性。关于此注释我们应感谢乔治·奈什海军中校。

② Harrison & Nance (1)。

③ Clowes (2), p. 54。

④ 参见上文pp. 562ff.。

⑤ Smyth (1), pp. 246ff., 261, 267, 306ff.; Chatterton (4), pp. 38ff.; Moore (1), pp. 206ff.。模型见Chatterton (3), pl. 137。

⑥ Smyth (1), pp. 98, 134, 188, 196, 207, 319ff., 329; Chatterton (4), pp. 227ff., 310ff.。

⑦ Moore (1), p. 206。

⑧ 最好的论证见Moore (1), pp. 147ff.。

⑨ Brindley (4); Chatterton (1), p. 165。图见H·凡·爱克（H. van Eyck）：《圣母的辉煌时刻》（*Très Belles Heures de Notre Dame*）。亦见Brindley (3)；手稿在都灵图书馆（Turin Library）的一次火灾中焚毁。

⑩ 南斯[Nance (1)]举出了15世纪后期的另一个例证（不列颠博物馆，MS. Eg. no. 1065）。马萨[Massa (1)]记载的1475年前后的斜杠帆见于阿姆斯特丹的一幅关于圣伊丽莎白（St Elizabeth）传说的图画中。我们曾在1459年弗拉·毛罗的世界地图里看到过这种帆（上文p. 473）。

⑪ Moore (1), pp. 167ff.; Anderson & Anderson (1), pp. 164ff.; Chatterton (1), pp. 165ff.。

⑫ Moore (1), pp. 168; Moore & Laughton (1); Bowen (9), pp. 161ff.。但吉布森[Gibson (2), p. 123]等人指出，船首三角帆（jib-sail）与上缘斜帆同时产生，在某种意义上可以说这两种帆是一面三角帆垂直地一分为二的两个组成部分。详见Clowes (2) p. 80。

程大约在16世纪初发生于荷兰，后来传播到王政复辟时期的英国①。以后，性能更好的上缘斜桁帆逐渐取代全装备帆船上的后尾大三角帆②，从而又导致了优雅的纵帆式帆船（斯库纳帆船；schooner）问世③。上缘斜桁帆可能是地道的欧洲产物，其优点是比斜杠帆更便于操纵；然而这一点却难以肯定，因为印度支那④和美拉尼西亚船的某些方面与之极其相似⑤。

我们在无知的深渊上大胆架设的思维拱桥，现在只需要填几块拱顶石了。让我们再来看一下表72，其中各种帆型分布在一张假想的旧大陆地图上。我们看到古埃及横帆传播到四面八方，向北，向东北，并向东。我们可以假定，斜横帆是地道的印度尼西亚帆（也许是公元前1世纪的），而尼罗河中游的那加船则是对非洲大陆的文化影响的一部分。如果我们设想，斜横帆在东西两方都导致产生了一种三角帆，我们就能够解释为什么太平洋上会出现三角帆，而这些三角帆又具有上下帆桁⑥。这些帆是1521年由麦哲伦⑦于拉德罗内群岛（Ladrone Islands）最早发现的，并且作为斜帆的东方后裔，它们同厄立特里亚海阿拉伯人的“准斜桁四角帆”或三角帆相对应，而这种帆却又可能是斜帆的西方后裔⑧。这样考虑阿拉伯大三角帆的起源当然有困难，因为阿拉伯大三角帆几乎从来不具有下帆桁，因此它似乎没有体现印度洋东部水域的主要文化特征，而这一水域却是“厄立特里亚海”（Erythraea）和印度尼西亚之间的中间地带。更何况古罗马时代的叙利亚海员、穆斯林以前的阿拉伯人以及波斯人同印度以东各区域（Chryse；金

612

① 最早的记载同1523年斯德哥尔摩围城战役有关［Nance（2）］。斯图雅特王室游艇（Stuart Royal Yachts）的结构图画和模型见Chatterton（3），p. 137；Clowes & Trew（1），p. 137。］

② 然而很长一段时间内，一些战船仍把大三角帆的长桁作为一种有效的帆桁，并使其上缘斜桁帆向长桁后部弯曲。尼罗河战役（Battle of the Nile；1798年）中纳尔逊（Nelson）的旗舰即如此。

③ 在全装备帆船时期，某些欧洲人对纵帆驶风原理的无知可以从查诺克（1798年前后）谈到中国帆船的帆式的那种惊讶口气中看出来。他说［Charnock（1），vol. 3，pp. 290ff.］：“上帆桁与桅杆的连接处，不在帆桁正中，而是靠近帆桁的末端。”“帆篷的3/4在有缭绳的一边，因而帆篷能以桅杆为枢轴转动。”当然，查诺克是一位造船技师，要求他对风帆也知多见广未免失之苛刻。参见上文pp. 462，603。

④ Poujade（1），pp. 149，150；指藩切（Phan-Tiet）的帆船。见下文pp. 614ff.。

⑤ 鲍恩［Bowen（2），pp. 205，208］狡辩说，上缘斜桁帆的叉式下帆桁可能是荷兰人模仿1616年美拉尼西亚的阿德默勒尔蒂群岛（Admiralty Is.）原始帆的结果。

⑥ Haddon & Hornell（1）；Brindley（1）；Malinowski（1）；Bowen（2，9）。这也是爪哇水域的普劳船（*prahu*或*prao*）所用的帆；Smyth（1），p. 414。

⑦ Hourani（1），p. 105。18世纪末，欧洲人非常欣赏扬挂下桁大三角帆的“飞舟”（flying *proas*），见Charnock（1），vol. 3，pp. 314ff.。但对英国人来说，其经典文献无疑是Anson（1），p. 339。关于这种飞舟惊人的速度有许多传说。

⑧ 布热德［Poujade（1），pp. 145ff.，157ff.］似乎多少同意大三角帆起源的这一理论。另一方面，鲍恩［Bowen（2），p. 188］则认为，阿拉伯大三角帆是以某种斜桁四角帆为媒介，由某种没有下帆桁的横帆演变而来的。这里的困难在于找到其间的中间形式。鲍恩［Bowen（2），p. 187］认为，我们在西印度洋上部挂船首三角帆的掉戗落升四角帆（jib-headed dipping lugs）中可以看到这种形式。鲍文［Bowen（2），pp. 101，110］还认为，与其说太平洋下桁三角帆起源于印度尼西亚下桁横帆，不如说它起源于印度洋的“原始大洋洲二叉桅斜桁帆”［Bowen（2），pp. 84ff.］，这一点我们将在下面讨论斜杠帆的起源时一起予以说明；传播媒介是波利尼西亚－密克罗尼西亚三角斜桁帆［Bowen（2），pp. 87ff.］，也许还有美拉尼西亚“二桅斜桁帆”［Bowen（2），pp. 86ff.，101］。这种奇特的式样——我们已经知道是中国斜桁四角帆的一种假想原型——很可能本身就是一种“印度尼西亚式的”矩形帆，只是倾斜到了直立的程度。美拉尼西亚的俾斯麦群岛（Bismarck Archipelago）的一种奇形的直立斜桁四角帆，仍保留一根短桅和几乎垂直的上下帆桁，已经差不多达到了“无桅”（或“二桅”）的阶段［Bowen（2），p. 205］。研究一下这一大堆使人眼花缭乱但却引人入胜的帆的传统名称，也是一件饶有趣味的事。

洲半岛等地）的海员至少早在2世纪就有了交往①。

这一看法的依据可能来自帕里斯［P. Paris（5）］的一篇论文，他在这篇论文中对斯特拉波和普利尼的两篇含混不清的文章进行过有趣的分析。公元75年前后，普利尼曾得知塔普罗巴尼（Taprobane）（或再往东）的帆船“两端都有上翘的船首”②。这些帆船只能与锡兰单舷外浮体帆船（*oruwa*）类型相似，上面扬挂印度尼西亚斜横帆、印度洋斜杠帆或太平洋大三角帆，它们不能逆风掉戗，只能顺风掉戗③。他还提到一种与锡兰的雅特拉小船（*yathra dhoni*）一定很相似的帆船④。斯特拉波的话（23年前后）说明他对装有双舷外浮体的帆船有所了解⑤，而这种船只能起源于印度尼西亚文化区域。普尼利的同一篇文章里记载了一位从塔普罗巴尼（这里可能是指苏门答腊）来的使者，一个叫拉奇亚斯（Rachias）的人，此人于公元45年左右去过罗马，并曾谈到他的人民与赛里斯人（Seres）的贸易往来⑥。现在似乎已经不存在什么历史障碍，不让我们相信所有的大三角帆都起源于斜横帆⑦。

同时，我们还必须设想中国的平衡斜桁四角帆是斜横帆发展的另一分支⑧。我们已经看到⑨，至少早在3世纪，这一过程显然就已发生。这里的演变道理还比较容易理解。此外，至今还保留有它的一些遗迹。例如，钱塘江上的一些帆船就扬挂横帆，但在逆风驶船时，却要将横帆斜挂⑩。用滚筒收帆法⑪是印度尼西亚⑫和尼罗河中游⑬的斜帆的典型特点，也一直保留在长江的一些横帆船上⑭。还有一些中国帆船，除扬挂斜桁四角帆外，还加挂一面变相的斜帆作为一种大三角帆使用（图1019，图版）⑮。

613

---

① 总之，这是指印度尼西亚向马达加斯加移民的初期［Ferrand（3）］

② *Nat. Hist.* Ⅵ，xxiv，82，83。

③ Charnock（1），vol. 3，p. 314；Hornell（20）。有关这一过程的记载，见Bowen（2），pp. 115，190，209。

④ Hornell（1），p. 257；（14）。

⑤ *Geogr.* XV，I，XV。

⑥ 应该记住，普利尼（*Nat. Hist.* vI，xxiv，85ff.）在这里说他们是金头发蓝眼睛的人，显然这是同月氏人混淆了。正如上文（p. 449）所述，后来贵霜王朝统治印度时期月氏人和马来人之间曾有过贸易往来。参见本书第一卷p. 206关于普利尼时代结束之后中国—贵霜的外交关系。

⑦ 如果人们倾向于认为尼罗河中游的那加船是埃及独自发明的产物，而且所有的阿拉伯大三角帆都起源于它，则除了把太平洋大三角帆看成是单独的发明和收敛现象之外，就不能有别的解释了。当然也不能排除这种可能。

⑧ 这也是帕里斯［P. Paris（3），p. 44］的见解。这里，鲍恩［Bowen（9），pp. 192ff.］也持相同看法，然而他却强调中国平衡斜桁四角帆是古老的四角高横帆的直系后裔。在另一处［Bowen（9），p. 197］，他将暹罗和印度支那直立斜桁四角帆的起源追溯到印度尼西亚斜横帆或古代的平衡斜桁四角帆。关于斜桁四角帆的名称，参见Ansted（1），p. 168。

⑨ 上文p. 600。

⑩ Worcester（3），vol. 1，p. 67。

⑪ 极为有趣的是，这种方法十分古老，因为19世纪中叶坎宁安（Cunningham）就获得了发明用滚筒装置“自动收卷顶帆”的专利权［Gillespie（1）］。参见Wailes（3），p. 94。

⑫ Hornell（4），p. 136；Hawkins & Gibson-Hill（1）；Poujade（1），p. 126。婆罗浮屠的船浮雕中至少有一幅表现了这种帆的操作方法。

⑬ Hornell（1），p. 214；（4），p. 131；（18）。

⑭ Worcester（1），p. 12。

⑮ 斯潘塞［Spencer（2）］中也有一张这种扬帆方法的照片。

如果你不能花费许多时间亲自漫游南洋海域的话，只要看一下印度尼西亚和马来西亚帆船的精致照片，就可以知道印度尼西亚斜帆几乎是明显地在向斜桁四角帆过渡。例如，霍金斯和吉布森－希尔［Hawkins & Gibson-Hill (1)］记载了一条瓜拉丁加奴(Kuala Trengganu)帆船，其横帆倾斜扬挂，使帆的下角(前下角)与桅杆成一线(图1020，图版)。另一条是吉兰丹(Kelantan)的普劳·波丹·巴拉特帆船(*Prahu Buatan barat*)，帆篷扬挂方法类似，但其下帆桁似乎不再与上帆桁完全平行，换句话说，帆缘脚拉长的演变过程已经发生。[①] 布热德的印度支那帆船图上可以看到完全相同的情形[②]。

欧洲的斜桁四角帆则存在一个重要问题。如果它确实是迟至16世纪末叶才由本地独立发生的话，则它向西欧各海岸传播的速度就快得惊人了。如果说它直接起源于中国帆船，只是在传播过程中失落了撑条和复式缭绳[③]，这种说法倒是值得考虑的。可疑的一点是，马可·波罗故乡的水域[④]亚德里亚海似乎是这种帆在欧洲传播的地理中心。特拉巴科洛船(*trabaccolo*；图1021)和布拉戈兹船(*braggozzi*)都是斜桁四角帆船[⑤]，扬挂两面直立斜桁四角帆[⑥]和一面船首三角帆，如今仍是基奥贾(Chioggia)等威尼斯港口的主要帆船。更值得注意的是，它们还具有一些其他的中国特色，如船底很平，有一个庞大的舵，舵深入到龙骨下面一段距离，遇到浅水时，可以把舵向上吊起。史密斯[⑦]写道：“这种船造型美观，驶风能力很大，是世界上最好的航海斜桁四角帆船之一。”关于莫尔比昂(Morbihan)的斜桁四角帆船，他写道[⑧]：“从远处望去，这种船(高大且呈矩形)的帆影颇像厦门的一种两桅渔船。”欧洲采用复式缭绳的唯一例证见于土耳其的斜桁四角帆船，但根本不是用做缭绳，而是用做张帆索(bowlines)[⑨]，可是中国的撑条帆是从来不需要张帆索的。我们从这一事实中也可以得到进一步的启示。另外，某些土耳其帆船和中国舢板一样，船尾两舷伸出一对舷翼板(side-wing)或舷颊板(cheek)[⑩]。所有这一切使我们能够预计，今后将还会有新的史料证明，在马可·波罗回到故乡之后的某个时期，中国的斜桁四角帆才在欧洲仿造出来[⑪]。

614

① 从湘江斜桁四角帆船的照片［见Forman & Forman (1), pls. 145, 210］上可以看出中国帆与这些图片完全类似。

② Poujade (1), pp. 149, 157。参见Noteboom (1)。

③ 注意史密斯［Smyth (1), p. 310］的话，“典型的意大利斜桁四角帆，见于亚得里亚海域，后来又由地中海的勇敢的海员带到了地中海的遥远角落。这种帆就是我们所说的平衡斜桁四角帆，即一种无撑条的中国斜桁四角帆，上下都有帆桁，扬帆时由帆的前下角绞辘将其‘撑起’”。前下角绞辘是指拴在纵帆前下角的绳索和滑轮，用以张紧帆的上风缘。

④ Smyth (1), pp. 306ff.; Chatterton (4), pp. 38ff.; Moore (1), p. 230; Gillmer (1)。有人说他生于科尔丘拉(Korčula)。

⑤ 它们在特纳(Turner)的绘画中光辉永存。参见la Roërie & Vivielle (1), vol. 2, p. 196。

⑥ 与中国的斜桁四角帆相同，总是带有下帆桁。

⑦ Smyth (1), p. 313。

⑧ Smyth (1), p. 267。

⑨ 张帆索是从帆的上风缘向前引出，使其张紧的绳索。关于土耳其的复式张帆索，见Moore (1), p. 44。

⑩ Smyth (1), p. 327，其中提供了一幅1671年的船图。

⑪ 这部分写成后，鲍恩［Bowen (2), pp. 192, 205, 208; (9), pp. 192, 198］也得出了类似的结论。居中的媒介人并不是很难想到的，他们很可能是土耳其人。我们已经看到，1375年的那位制图家就知道中国帆的独特之处，而且一定还有许多与他同时代或更早时期的海员也会知道这些特点，他们虽然不善言辞表达，但却都是聪明能干的实践者。据鲍恩推测，18世纪法国和暹罗之间关系密切，这可能是另一种传播途径。

图版　四二六

图 1018　一艘具有典型的斜横帆索具的印度尼西亚帆船（帕里斯海军上将绘图）。亦请注意操纵长桨。图中可以看到，这条船正在尽可能逆风航行，但从旗的方向来看，逆风角度恐怕不会在70°以内。不过这种斜横帆应该视为向纵帆发展的第一步。

图 1019　铜锣湾（香港新界的东大海湾）的一条渔船，除具有二面一般斜桁四角帆外，还加挂一面斜横帆作为大三角帆（照片得自格林尼治国家海运博物馆沃特斯收藏部）。

图版 四二七

图 1020 瓜拉丁加奴的一只小型渔船（马来西亚东北部），在乘午后顺风从海上驶向港口［照片采自 Hawkins & Gibson-Hill（1）］。在这里，斜横帆脚偏到右舷，或最少偏到船中，以至它几乎变成斜桁四角帆。

图 1023 一只用橹推进的小驳船（可能是在广州）［费佩德（Fitch）摄于 1927 年］。这种橹支在桨叉上，用一根短绳系在甲板上，它的运动相当于可逆螺旋桨。见 pp. 622ff. 。

图 1021　威尼斯水域的特拉巴科洛船，这是欧洲的传统斜桁四角帆船的最佳范例之一［据 Smyth（1）绘制］。说明见正文。

另一个重要问题是欧洲最早的斜杠帆的起源问题。探讨过这一问题的人没有注意到，在中国会有几乎完全相同的帆（图 1015，图版）[①]。这种帆在中国分布极广，以至不允许人们轻易地认为它是 17 世纪从欧洲传入的。那种经常认为欧洲斜桁四角帆起源于地中海大三角帆的设想也是没有吸引力的，因为总的进化原则是方形帆可以减缩为三角帆，这一原则是不会轻易逆转的。更为有意义的是所有的斜杠帆都可能起源于扬挂横帆的印度洋“二叉桅”（bifid-mast）斜杠帆[②]，这有许多从锡兰、马达加斯加以及太平洋得到的例证[③]。因而，中国的斜杠帆大概是“二叉桅”斜杠帆的一个分支（我们迫切需要中国斜杠帆最早年代的史料），而欧洲的斜杠帆则是另外一个分支[④]。这里，布林德利［Brindley（5）］的发现特别重要；他在基尔（Kiel）城的印章（1365 年）上发现的最早的欧洲斜杠帆，实际上似乎是一面扬挂在二叉式斜杠上的狭长横帆，只是还竖有一根普通的桅杆（图 1022）。它与印度洋上的帆型相同，

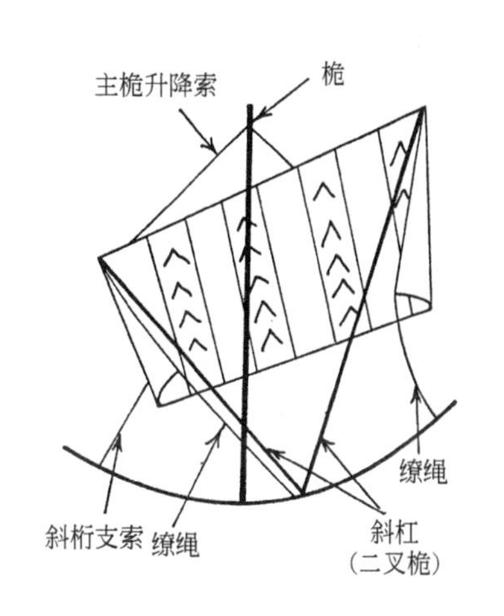

图 1022　基尔城印章上的帆（1365 年）；说明见正文。

615

① Worcester（3），vol. 1，pp. 74，84，162，vol. 2，p. 442 etc.；Fitch（1）。

② 即鲍恩所用术语中的“原始的大洋洲斜桁帆”，同埃及和广东两脚桅的几何形状截然相反。它一定是最古老的纵帆之一。

③ 在马拉巴尔海岸和也门也有这些例证［Adm. Paris（1），pl. 16］。见 Hornell（2）；Brindley（6）；Clowes & Trew（1），p. 93；Bowen（2，4，9）。

④ 当然也有人支持这种独立发源的论点，如穆尔［Moore（1），p. 146］。另一种看法认为，欧洲斜杠帆与一种叫做“瓦尔戈尔德”（vargord）或“贝蒂奥斯”（beítiáss）的杠材有关，挪威和康沃尔（Cornish）海员用这种杠材来代替张帆索，以张紧斜桁四角帆或原始横帆的上风帆缘［Marcus（2）；Moore（1），p. 255］。不过，在东南亚又有与此相类似的船具［Smyth（1），第 1 版，p. 338；Bowen（2），p. 204］。

既没有上帆桁，也没有下帆桁[1]。此外，布林德利［Brindley（6）］还发现，在塔希提岛和夏威夷也有过二叉桅横帆向斜杠帆演变的情形，这一演变也许是孤立完成的。另外，斜杠帆在欧洲的一个主要集中地点是土耳其，这一点也可能很有意义[2]。确切的传播方式尚不清楚。

如果卡森［Casson（2）］的考证是正确的话（看来似乎是如此），则印度洋帆的形式对地中海的影响应比布林德利所记载的印章上的帆船早一千年之久。因为在一次重要发现里，卡森分析了2世纪前后的四幅希腊化时代陵墓的浮雕，上面的帆篷的确很像某种斜杠帆，虽然其中有二面更像印章上的帆篷，而不像后来真正的斜杠帆。然而，这从两方面看来都是可以接受的[3]。在如此漫长的中间时期竟没有任何史证，这总有些不可思议，因而迄今还不能排除这两种相继提出的假说[4]。无疑，罗马和印度当时曾为技术交流而过从甚密，有关印度沿岸贸易点的情况现在已有很多了解[5]。鲍恩［Bowen（2）］已经认识到，印度洋二叉桅斜杠帆不可能来源于欧洲，因为它的上风缘是松动的，而到16世纪欧洲人再次进入印度水域时，他们的斜杠帆早就系结在桅杆上了。现在，鲍恩［Bowen（9）］已经不像先前那样拒不相信这些欧洲帆系从印度洋帆发展而来，而印度洋帆在进化的理论中占有中心地位。鲍恩还认为，这种印度洋帆也很可能是大洋洲三角斜杠帆和下桁大三角帆[6]以及美拉尼西亚“双桅”斜杠帆的祖先，后者同中国最早的风帆之间的关系在文献上亦属有据可考（p. 599）。

616

至此，还剩下最后一种帆没有提及：无上桁的三角纵帆（p. 589 图中的G）。这种帆因用在赛艇上而具有现代的气派，被称为百慕大（Bermuda）帆或“羊腿帆”。这种帆能在现代广泛应用，是由于导边（上风缘）使帆篷具有最佳张紧度，因而它的空气动力学性能堪与鸟翼媲美[7]。然而这种三角形帆是比较古老的，因为在中华文化圈中发现过它，特别是在帕里斯上将等人[8]所记载的一些印度支那船上。这种帆的上帆桁竖绑

---

① 的确，克劳斯［Clowes（3）］怀疑过布林德利的解释；因为图上没有一根线条呈现下垂现象，所以他认为此图原意可能要表示一根帆桁、二根转帆索（braces）和二根缭绳（sheets）。

② Smyth（1），pp. 325ff.。

③ 因为德康［de Camp（1）］在希腊化时代的文献中发现了逆风驶帆的记载，这就说明更是如此。阿基琉斯·塔提乌斯（Achilles Tatius）的一部3世纪后的小说《琉基佩和克勒托丰》（*Leukippe and Kleitophon*，Ⅲ，1）中说：“有一个航海门外汉写了一篇札记，说有一艘船竭力用逆风驶帆的办法控制船不致被刮到岸边。”船工们的努力失败了，但记载相当清楚，我们为有这段记载而感到高兴。此文的可信程度在讨论卡森论文时有所增强，因为其论文指出，他所列举的全部四个实例中，桅杆都竖在十分靠近船首的位置，这与通常罗马横帆船的桅杆位置很不相同，而且斜杠帆上也根本没有横帆船上明显可见的绞帆索和索环［Casson（3），p. 219］。在奥斯蒂亚的一幅浮雕上，因为这两种帆并列在一起，这些差异就格外明显。其复制图也可见 van der Heyden & Scullard（1），fig. 308。

④ 本书第三十章（e）中，特别是谈到石弓时，我们还会遇到有关这一点的其他例证。我们在讨论马具时已经看到（第四卷第二分册 pp. 315ff.），在希腊化时代曾经进行过试验，但结果却没有导致广泛采用革新的装置。

⑤ 参见本书第一卷 pp. 177ff.，及更近期的惠勒［Wheeler（4，7）］的论文。例如，阿里卡梅杜（维拉帕特纳姆）的罗马—叙利亚贸易点，在公元前50年到公元200年处于全盛时期。这里，普利尼关于公元77年帆船顺风掉戗的见闻十分重要。

⑥ 如果根据布林德利等人通常的主张，认为这种帆来源于印度尼西亚斜横帆的话，则太平洋下桁大三角帆的前帆角就不会像现在实际上固定在船体上，而应该用一根张帆索系住。Bowen（2），p. 100。

⑦ Curry（1），p. 74 等。

⑧ F. E. Paris（2），pt. 1；Piétri（1）；Poujade（1），pp. 149，150，157；P. Paris（3），pp. 43ff. 及 figs. 130，134，145，153，220 等。

在桅杆上，很像一根向后弯曲的天线，而下帆桁和上帆桁相接处则有非常小的上风缘或没有上风缘。这可以看作是把“阿拉伯”大三角帆变为向下风方向横移的形状，使上帆桁几乎成了桅杆的垂直延长部分；由于它实际上几乎可以肯定起源于形状更典型的直立斜桁四角帆①，实际起源也是如此。当然，下帆桁的存在又说明它起源于印度尼西亚的斜桁帆。但是一看即知它不是具有垂直上风缘三角帆的唯一发源，因为它至少还有另外两个中心——日内瓦湖（Lake of Geneva）和西印度群岛。在日内瓦湖，三角帆达到了它分布于北部的极限②，在那里演变成了羊腿帆，据认为是为了适应山区风力微弱的气候③。新大陆（西印度群岛和百慕大）提出的问题就更多，这可能与三角帆有很大关系，因为它似乎是由法国人带到安的列斯群岛（Antilles）和加拿大的④。另一方面也可以考证其太平洋的起源，因为系由施皮尔贝根（van Spilbergen）于1619年所作的描绘秘鲁航海帆筏的最早绘画（参见上文 pp. 394，547），都画出无桅杆的似三角帆。鲍恩起初认为⑤，是画家无意中漏掉了下帆桁，因此这种帆可能实质上属波利尼西亚和密克罗尼西亚三角斜杠帆，而斜杠间的下风缘开展更大；但后来⑥他又承认，秘鲁人可能实际上已经放弃了下帆桁⑦。因为欧洲羊腿帆的最早史证见于1623年的荷兰，所以鲍恩拟设想来自秘鲁的直接影响⑧。总之，欧洲和印度支那羊腿帆可能都发源于印度尼西亚斜横帆，中间经过四角帆上下帆桁之间的上风缘的汇合过程⑨。 617

很难把我们考察的全部繁杂的史实加以总结归纳，但看来有一点是确凿无疑的，即在斜横帆得到初步发展之后，不论这发生在何时何地，最早的纵帆就在阿育王（公元前3世纪）时期的前后出现于印度洋了，并且于2世纪以不同形式向地中海区域及南中国海一带传播⑩。后来西方似乎把斜杠帆遗忘了，但是在东亚，高大的平衡式斜桁四角帆

---

① 见 Bowen (9), p. 197。鲍恩对有意义的过渡帆型也作了详尽说明，这些帆的照片见 P. Paris (3), figs. 201, 208。为了形成这种斜桁四角直立帆，甚至某种上缘斜桁帆，还有伟大的中国平衡斜桁四角帆，以及最终产生的羊腿帆，这其中必定有过逐渐增加帆的下风缘面积的过程。

② 参见博西翁（François Boçion，1820—1890年）的绘画，以及 Curry (3), p. 106；Poujade (1), p. 155。大家知道，意大利造船工匠曾为日内瓦（Geneva）和伯尔尼（Berne）两城邦对抗萨伏依王室（House of Savoy）的斗争服务。罗讷河上的阿尔勒（Arles）是大三角帆传播的最北端［Benoit (2)］。

③ 参见宋应星的论点（上文 p. 604）。

④ Poujade (1), p. 159。佩尔［Pell (1)］发表了1776年见于尚普兰湖（Lake Champlain）上的排桨帆船的大三角帆画稿。莫里斯［Morris (1), pp. 20ff.］坚持认为，在这一时期以前，这种帆在北美就已相当普遍，他并且能为1629年或至少为1671年在美洲水域使用的带下桁的三角帆找到图证。从佩尔等人所提供的一些图中，似乎可以看到这样一个变革过程，即将三角帆的长上桁绑扎在一根短桅上，从而使之高高地竖于桅杆之上。参见 Laughton (1).

⑤ Bowen (2), p. 90。

⑥ Bowen (9), p. 167。

⑦ 在这两种情况下，他都考虑到来自亚洲和大洋洲施加的影响，并设想其传播途径是通过南太平洋，但我们则认为北太平洋的可能性更大些（参见上文 pp. 548ff. 的讨论）。

⑧ 可能在皮萨罗（Pizarro）之后取道西班牙到达荷兰，其时间还要早得多。

⑨ 鲍恩当然更倾向于认为新大陆的帆型主要来源于印度洋的二叉桅斜杠帆。

⑩ 据我们目前的认识，这一情况类似已经谈过的转磨和水轮，这两种发明几乎同时在旧大陆的两端产生并传播开来（参见本书第四卷第二分册中的第二十七章）。但此时却未发现任何媒介中心。然而对航海技术来说，起传播中心作用的似乎是印度海岸，这与巴比伦的情形不无相似之处，只不过在那里得到传播的是数学、天文学和声学而已［参见本书第二卷中的第十四章；第三卷中的第十九章和第二十章；第四卷第一分册中的第二十六章(h)］。

的效力却越来越高。接着才是7世纪往后的阿拉伯文化的大三角帆。中世纪的欧洲海员对接受这些更先进的技术很是迟钝，但到15世纪，葡萄牙人却骄傲地成了逆风驶帆的开拓者。欧洲斜桁四角帆是否直接发源于中国或东南亚，还有待考证，虽然这一论点十分近于情理。无论如何，使得逆风驶帆的效能越来越高的这些最古老而有决定影响的发明必须归功于印度、印度尼西亚，特别是中-泰文化区的人民。

618

(v) 舷侧披水板和中插板

凡使用纵帆行船都有一个明显向下风漂移的倾向。它的原因，我们在前面(p. 593)讨论风力对能够逆风驶帆的船舷的作用时已经作过解释。只有使船体的形状能够尽量减少横漂，这种倾向才能得到抵消。西方的龙骨结构在这方面比中国的平底箱形结构具有潜在的优越性。但是采用可以绕轴枢转动的平板则是抵御横漂的另一种办法，这种平板可加装在船的两舷侧，亦可顺船中线处的水密竖缝放下去，这些板就称为“舷侧披水板”和“中插板”[①]。

许多中国内河船都有这种装置[②]，夏士德记载过的“摇网船”[③]即是一例。这种披水板的长度一般约为船长的1/6，并且呈各种扇形。广东的海上拖网船的中插板十分引人注目[④]。18世纪的日本绘画曾绘出南京船上的舷侧披水板[⑤]。的确可以有充分的理由认为，中国文化区域是它们的发源地，因为前面(p. 393)已经提到，台湾竹排帆筏可能是所有现存的中国船中最古老的原始类型，它既装有舷侧披水板又装有中插板[⑥]。这些装置是竹排帆筏在航行中必不可少的（竹筏用它的斜桁四角帆可以真正做到逆风行驶），虽然现在有操纵长桨帮助驾驶，但这些装置却能发挥舵的全部功能。这种情形至今在秘鲁的类似船上仍可见到（参见pp. 394，548）[⑦]。因此，随着中国造船业的发展，当平底船采用功效大的纵帆作动力之后，继续沿用防横漂舷侧披水板就是极其自然的事了。

中世纪有关这种装置的中国文献很少，但我们在公元759年《太白阴经》对战舰（“海鹘”）的记载中却可以相当清楚地看到。我们即将全文引用的一段文字说[⑧]，在船舷两侧装有鸟（鹰或鹘鹞）翼形“浮板”，这种船就是以此而得名的。这些附加构件

① 参见Gilfillan (1), pp. 39ff.。

② 参见Worcester (3), vol. 2, p. 257; Donnelly (4)。

③ Worcester (3), vol. 1, p. 124。

④ 华德英女士的私人通信。

⑤ 《和汉船用集》卷四，第三十七页、第三十八页（参见卷七，第十二页）；《华夷通商考》第二四二页、第二四四页。

⑥ 中插板最大，靠近桅杆前后插入竹筏；首部和尾部的成对舷侧披水板当然和通常的舷侧披水板不同，因为它们是从舷侧附近的竹材之间而不是在舷侧之外向下伸到水中的。

⑦ 参见Adam & Denoix (2), pp. 96ff.。

⑧ 《太白阴经》卷四十，第十页；参见下文pp. 642，686。

"帮助船在狂风巨浪中既不会横漂也不会倾覆"①。("舷下左右置浮板，形如翅，虽风波涨大，无有倾侧。") 作者李筌本人也许并不完全清楚这些装置的作用②，但是他所说的只能是指舷侧披水板③。最早大约在1570年以前，欧洲还找不到关于舷侧披水板的任何史证，因此，查特顿 [Chatterton (4)] 推测，这种装置是16世纪从中国水域传入欧洲的④。当时舷侧披水板首先出现在葡萄牙和荷兰船上，这一事实也许有利于这一论点⑤。

619

在明末的作者笔下，舷侧披水板已屡见不鲜。宋应星在谈到内河船和运河船时写道⑥：

> 如果船身（与其装配的舵的高度相比而言）相当长，在遇到强大的横向来风时，舵的效力就不足（以阻止向下风漂移）。这时必须尽快地把宽木板（"偏披水板"）放入水中，以抵消（风的）影响。
>
> 〈船身太长，而风力横劲，能力不甚应手，则急下一偏披水板，以抵其势。〉

而关于海船，他写道⑦：

> 船的中部设有水平大横梁，伸出船舷数尺，用来装放"腰舵"。各种船都有腰舵。这种"腰舵"（即舷侧披水板）形状不像一般的尾舵，而是用宽木板做成刀形，放入水中后不会转动，却有助于保持船只平稳。顶部有手柄，装在横梁上面。当船驶进浅水区时，则把"腰舵"（舷侧披水板）提起，这和尾舵的情形一样，因

---

① "海鹘"这一名称十分贴切。《格致镜原》（卷二十八，第十页）援引《海物异名记》这部佚书时也提到过"海鹘船"。我们不知道此书的作者和写作年代，但肯定是在1136年以前，因为《类说》中有其摘录。书中说越人有一种叫"海鹘"的战船，能破浪疾飞而不沉没。通常认为这里指的是古代越国人（参见上文 p. 441），但也有人怀疑，这是否指10世纪前半叶的吴越王国人。图示的传统图也补益甚少。1044年的《武经总要》自然是在引用《太白阴经》时加了一幅插图 ["前集"，卷十一，第十一页；复制图见 Audemard (2), p. 48]，上面画有一艘具有舷墙的无桅船，大致在安装桨的位置处施有9根圆木，每根圆木用一根绳索系于甲板边上。《图书集成·戎政典》卷九十七，第八页 [Audemard (2), p. 47]，画有6根圆木，很明显是用销钉连接在船边上。显然，绘制这些图画时就误解了这些"浮板"的性质。

② 另一大体同期的记载见于日本僧人圆仁的日记。公元838年他首次来中国时，乘坐的船遇到风暴失事，在暴风初起时，他看到有"平铁"被漂走 [译文见 Reischauer (2), p. 4]。据译者猜想，这些铁板是船舷的加强体，或者更牵强地说，是做船钟用的锣。但如果当时的舷侧披水板用铁箍加固的话，也很可能会叫做铁板，因而符合这位僧人的记载。关于圆仁的涉险经历，详见下文 p. 643。

③ 当然，另一种可能是指某种舷外浮体，罗荣邦博士（私人通信）倾向于相信这一点。这是值得认真考虑的，因为我们拥有的文献甚少，但他们都认为这种船不会倾覆。我们从婆罗浮屠的浮雕（上文 p. 458 已经论述过）中看出，中古时期东南亚相当大型的船上曾装有舷外浮体。这种解释之所以难以立足，是因为在现代各式各样的中国船舶结构中丝毫没有这种舷外浮体的遗迹留传下来。是否唐代某些海船既有舷侧披水板又有舷外浮体呢？

④ Chatterton (4), pp. 71, 73。参见 Poujade (1), p. 243n。多兰 [Doran (1)] 最近对这个问题进行了充分的研究，他并不知道本书，但其论文从人种学的角度，极其严谨地证明了这一传播。

⑤ 例如，著名的木莱塔船 [*muleta*; Clowes & Trew (1), p. 57] 和巴林霍船 [*barinho*; F. E. Paris 2]。欧洲最早的这种船图，据说见于约翰·桑雷丹 (John Saenredam) 所作的阿姆斯特丹港的绘画上 (1600年)。查特顿 [Chatterton (3), pl. 58] 描绘了一只具有上缘斜桁帆和舷侧披水板的17世纪荷兰游艇模型。但是，这些装置传播得很慢。1790年最新颖的事件是尚克 (Schanck) 船长为英国皇家海军的试用快艇装上了三块中插板 [图见 Charnock (2), vol. 3, pp. 352ff.]。更早期的试验曾在1771年进行过。

⑥ 《天工开物》卷九，第四页，由作者译成英文，借助于 Ting & Donnelly (1); Sun & Sun (1)。参见下文 p. 634。

⑦ 《天工开物》卷九，第五页，由作者译成英文，借助于 Ting & Donnelly (1); Sun & Sun (1)。参见上文 p. 416。

此得名"腰舵"。

〈中腰大横梁出头数尺，贯插腰舵，则皆同也。腰舵非与梢舵形同，乃阔板斫成刀形，插入水中，亦不捩转，盖夹卫扶倾之义。其上仍横柄拴于梁上，而遇浅则提起，有似乎舵，故名腰舵也。〉

上文（p. 603）就另一问题而引自德·卡斯塔涅达的话与此有奇妙的联系。他在谈到1528—1538年这一期间时，曾说起中国帆船上的两种舵，一在船尾，另一在船首。据620 P. 帕里斯推测，卡斯塔涅达或向其提供信息的人所看到的实际是某些南方船，例如广东的"*tang-way*"[①] 和安南的"*ghe-nang*"，船首都装有可以上下滑动的木板[②]。远看时，这种船首中插板[③]确实给人一种舵的印象[④]。P. 帕里斯还看到了下述事实的重要性，即任何形式的舷侧披水板或中插板在传统地中海帆船上实际从未见过。

为了达到同样目的，另一方法就是采用相对尺寸较大的舵，放落在平底船船底以下部位。正如布热德[⑤]认识到的那样，这也是中国在中世纪（持续至今）采用悬挂升降舵的理由之一，当船驶进浅水区时可将舵提起[⑥]。一个极端的例子可见图1031的朝鲜船。但我们没有理由把这种东亚船舵撇在一边，把它排除在一般船舵历史之外[⑦]。

（2）桨

（i）划桨和操纵桨

因为划手所用的短桨和长桨可以追溯到史前时期，中国语言中出现几个关于它们的术语是很自然的。这些词的确切意义按其偏旁的变化而异，但在两千年前造字的意义很难辨识。也许主要的字是"楫"或"檝"（"艥"）这可回溯至公元前第1千纪，在《诗经》和《书经》中找到[⑧]。偏旁在"舟"和"木"两者间变化的字有"欒"、"艪"，"櫂"和"棹"（或"艁"）。具有更确切定义的字是"梢"[⑨]，即操纵桨或船尾长桨，和代表船尾的"艄"字有区别。"桡"和"艞"的原意是一段弯木，因此，它可

---

① P. 帕里斯没有注明这些汉字的写法，而且至今无从考证。

② P. Paris（1）；（3），pp. 50ff.，figs. 3，95，98，102，104，155 等。"*Ghe-nang*"船的船首横梁变得很窄，同船壳列板的前端构成一个梨状横断面的狭缝，马刀形的中插板可以在此狭缝中上下滑动。

③ 这相当于把欧洲的船首柱底部扩大成隆起的脊板。由于中国船没有船首柱，所以这种扩大过程不可能在中国发生。

④ G. W. Long（1）。

⑤ Poujade（1），p. 258。

⑥ 大三角帆船舵的入水深度一般都低于船的龙骨［Vence（2），pp. 31，99］。威尼斯水区平底的拉斯科纳船［*rascona*；P. Paris（3），p. 49，figs. 232，234；Smyth（1），第1版，pp. 274ff.；Adam & Denoix（1），p. 99］装有深水舵作为它唯一的"中插板"；这就需要把桅杆位置异乎寻常地后移，因而产生某种横向运动。这种结构使人自然会设想这是中国对于马可·波罗故乡水域的影响，而且也同样出现在斜桁四角帆的欧洲集中地之旁，准确地说是在亚得里亚海域（参见上文 p. 613）。

⑦ 亚当和德努瓦［Adam & Denoix（1）］试图这样做。

⑧ 《太平御览》卷七七一，第二页。

⑨ 两者并不相同。我们认为操纵长桨相当于尾舷桨，而船尾长桨才真正装在船尾；见下文 pp. 627ff.。

能是我们即将较为详尽讨论的“曲桨”或“角桨”的早期名称。此物的名称长期以来就是“櫓”。此字的写法异乎寻常地多：“櫓”、“艣”、“樐”、“艪”、“樚”。最后还有 621 一个“篙”字，也就是撑船的竿，其含义一直十分明确。

由于中国船的甲板室总是设在船尾一边，而桨手与櫓手的位置却在前面的甲板上，所以“櫓”字又有一个不同的写法“艫”，其意义为船首。例如，《前汉书》中谈到[1]公元前106年时说：“汉武帝的船（原字为“舳艫”，即船尾和船首之意）在水上漂流达1000里之遥。”（“自寻阳浮江，……舳艫千里。”）若对汉代文献进行详细研究，会对航海实践做出许多解释。大将军岑彭的传记中记载了公元33年左右匡复汉室的一次战争，其中写道[2]：“运输船上操棹的人共计有6万……数千艘具有‘露橈’的船在冲锋陷阵。”（“委输棹卒，凡六万余人……冒突露橈数千艘。”）唐代注释者李贤把“露橈”的意思解释为“檝”在船舷外，而人在船舷内。这种解释看来平淡无奇，其含义可能是：船的两舷建有防箭舷墙，从舷外看不见操橈的人，而“橈”由出桨口伸出［参见图961（图版）中的墓葬船模］[3]。

汉代的中国船工（今天依然如此），通常是脸朝向船首站着划桨。这是古埃及人的习惯做法[4]，在中国，这种方法本应自然地起源于龙舟的前身——东南亚长独木舟的划桨方法[5]。每次划桨的入水深度要比欧洲习惯大得多，并且在桨柄头上经常加一个横把手，以图划桨便利。我们从绘画上获知这种T字形柄桨至少可以追溯到宋代[6]。面向前方划桨的方法分布很广，虽然这不是欧洲的特征，但其出现同威尼斯平底长舟以及奥地利和匈牙利湖泊的小船有联系；对这个问题进行详细考察一定是饶有兴味的[7]。

宋、元、明时期，大船往往根据其所配备桨、櫓的数目来分类。因此，《梦粱录》（1275年）谈到叫做“钻风”的运粮船时（“钻风”显然是指这种船具有逆风行驶的能力），把这种船分做“大小八櫓”[8]，此外还有些船仅有六櫓。几乎可以肯定，这种櫓并非普通的桨，而是如下面将要阐述的与櫓相仿的尾桨。《宣和奉使高丽图经》（1124年） 622 谈到使节船队的每艘船上都配备有十櫓时，接着写道：

> 当驶近陆地或进入港口，或利用潮汐通过水道时，船都伴着摇櫓声行进。船工们前俯后仰摆动着身体，呼喊着号子，尽力摇櫓，但船行仍较顺风驶帆慢得多[9]。
>
> 〈开山入港，随潮过门，皆鸣艣而行，篙师跳踯号叫，用力甚至，而舟行终不若驾风之快也。〉

摇櫓有时在其他一些情况下，如在风平浪静的开阔水域，突然需要加快船速时是很有用

---

① 《前汉书》卷六，第二十五页。这是汉武帝出游捕猎鳄鱼的著名故事。

② 《后汉书》卷十七，第十七页；《表异录》（卷七，第七页）曾引用；由作者译成英文。参见下文 p. 680。

③ 这种装置，在《武备志》、《三才图会》和《图书集成》的许多战船插图中都可见到。出桨口在古代地中海船上和北欧海盗船上都用过。关于英国传统类型的船舶一直采用这种出桨口的讨论，见 Hornell（10）。

④ 参见 des Noëttes（2），fig. 15；Boreux（1），pp. 312，313。

⑤ 供节日仪式用的龙舟，其桨手用的是短桨“扒”而不是“棹”。沙捞越和暹罗等东南亚各地经常在节日仪式和王朝庆典时使用类似龙舟的船。

⑥ 如李成的一幅画；施特雷尔内克美术馆（Strehlneck Collection）收藏（吉梅博物馆照片编号：64421315）。

⑦ 参见 Poujade（1），p. 296。

⑧ 《梦粱录》卷十二，第十五页。书中说，所有这些船都可以载100多人。参见上文 p. 416。

⑨ 《宣和奉使高丽图经》卷三十四，第五页，由作者译成英文，借助于罗荣邦的私人通信。参见上文 p. 602。

的。有一篇关于明代远征船队远离中国万里之遥同海盗进行海战的记载，当时一支中国分舰队靠摇橹撤离成功。这也许可以证明摇橹的效率。

（ii）尾橹与旁橹

除了用一般的荡桨方法推动船舶前进以外，还可以大体沿船的中心轴线装一把橹，并向轴线两侧来回摇动使船前进。橹安装在船尾最为方便[①]，也可装在其他地方。在西方，这一技术只用于小舟上，而中国人则把它设计成了一种非常巧妙的重荷动力系统。它俗称“摇橹”（yuloh）[②]（其实是一个动词），时常有记载[③]；我们也曾几次提到过它。其巨大的作用[④]是因为进行了三项特别的改进：①橹柄在支点处以一弧线或一角度弯向船内，从而与甲板近似平行；②支点由橹梃构成[⑤]，可插入橹柄上垫木的凹坑里；③橹柄由一根短绳连接在甲板上的一个固定点，凹坑与橹梃头的作用近似于一个万向接头[⑥]。将尾橹的受力情况进行力的平行四边形分析就可以明显地看出，所需要的有效功只是在摇橹过程的某一部分完成的，而在其余部分必须使橹叶平顺地划过水面，以免承受水的阻力。摇橹不需要手腕动作，而只需将橹柄来回推拉，橹柄就会做圆弧运动，而在橹水平地划过水面的一瞬间，再猛拉橹绳（图 1023，图版）[⑦]。要描述摇橹的全过程比较困难，但如果看到实际操作，很快就会理解[⑧]。

623

很难确切说出摇橹方法到底有多久的历史，但似乎可以追溯到汉代。“橹”字本身就是汉代的字。刘熙编的字典《释名》（100 年前后）说[⑨]：“装在（船）舷的叫橹。‘橹’和‘膂’（脊椎骨）有联系。（所以）当（人们）以脊椎用力时，船就（向前）行进。”（“在旁曰橹。橹，膂也；用膂力然后舟行也。”）可见橹不仅指装在船尾的尾橹，也包含装在舷侧的旁橹，因为中国长久以来就是把两支或更多的橹装在船尾附近，有时甚至装在船首附近。这可从夏士德绘制的浙江“快板船”图中看到[⑩]，也可以从我

---

① 很明显，这里的所谓“尾橹”（sculling），起源于舵桨（steering-oar）。

② “Yuloh”系广东话“摇橹”的拼音。

③ Scarth（1）；Maze（1）；P. Paris（1）；Worcester（1），p. 6；（3）. vol. 1，pp. 57ff.；Dimmock（1）；Ward（2）；Waters（8）；Audemard（3），p. 64。参见图 933（图版）中的模型。

④ 具有四支橹的舢舨曾同具有四支桨的救生艇竞赛，并取得胜利。

⑤ 霍内尔［Hornell（10）］发现在爱尔兰使用过具有橹梃和橹梃垫木的橹。在欧洲的其他地方，他仅在葡萄牙及马德拉群岛的渔船上见过橹。由于地中海明显没有橹，所以很可能是葡萄牙人在 16 世纪从中国传入欧洲的。

⑥ 这是中国根据实践经验而发明的几种装置之一；其他发明在与卡丹平衡环（本书第四卷第二分册 pp. 231ff.，235）以及纺车（同前书 pp. 103，115）有关的论述中已经谈过。参见中国航海罗盘中支承磁针旋转的方法（本书第四卷第一分册 p. 290）。

⑦ 至少北方是如此，而在南方，摇橹时只摇动橹柄而不拉橹绳（沃德的私人通信）。

⑧ 摇橹看起来很容易，但实际做起来却不然，摇起橹来要有技巧。因为橹梃头只是插在垫木上很浅的凹坑中，而没有将橹固着在枢轴上的任何措施，正如夏士德所说：摇橹的运动就像一个可反转的螺旋桨。参见本书前面（第四卷第二分册 pp. 55ff.，102ff.）关于中国文化中与交替转动相对立的连续运动的发展和（pp. 119ff.）关于螺旋（甚至包括螺旋桨，p. 125）的论述。

⑨ 《释名》卷二十五（第 378 页），由作者译成英文。

⑩ Worcester（3），vol. 1，p. 162。

们在几处讨论过的那幅1125年的名画中清楚地看到（参见图826、图976、图1034；图版）。再如，在《洞冥记》[1] 中，“橹”字又再度出现，这也许可以作为5世纪时橹的证据。

“摇橹”最早的出典之一是扬雄的《方言》，由于该书可能有一些后人的增改，所以我们不能完全肯定它是公元前15年前后的原文。但不管怎样，该书年代肯定不会在后汉以后。这段文字说[2]：“支撑‘棹’的叫做‘籆’。‘籆’是‘摇橹’的小木棍（‘橛’）。江东人则称之为‘胡人’。系绑‘棹’的叫做‘缉’。‘缉’是系在橹头上的绳索。”（“所以隐棹谓之籆（注：摇橹小橛也，江东又名为胡人）。所以县棹谓之缉（注：系棹头索也）。”）后来表示“橹梃”的字为“檊”，而今天船工们则叫它“橹泥头。”双义词“摇橹”后来又出现在三国时期有关军事行动的记载中。公元219年，吴国大将吕蒙与蜀国关羽交战时，用了一条计谋，他选精兵，身穿白衣，扮做商人，乘商船（“艜艫”）往返摇橹划行[3]。由于此文出自该世纪末叶以前，现在一定还会有许多那个时期的文献可以引用，因此它们就是考证这一技术名称的年代的相当可靠的史证。

陆游在1170年去四川旅行的日记中写道[4]：“第二十日，他们放倒桅杆，装上橹桨（‘橹床’），因为逆水上行过峡只使用橹桨和‘百丈’（即纤绳），而不用帆篷。”（“二十日，倒樯竿，立橹床，盖上峡，惟用橹及百丈，不复张帆矣。”） 624

这里很难判断“橹床”是指摇橹的橹梃还是一般的桨叉[5]，但前者的可能性更大。14世纪颜晖的一幅渔船图上清楚地绘出了橹和橹绳[6]。就在大约同一时期，伊本·巴图塔的记载中（上文p.496已援引过）有关于用许多人摇大橹的经典考证[7]。他对十多人操作一根大橹的记载曾受到质疑[8]。然而甚至今天，还可以经常在较小的内河船上看到八人一组摇橹，其中两人分站两侧，专管猛拉橹绳，摇动幅度甚大，因而他们几乎要轮流仰倒下去。摇橹行船，保持船速$3\frac{1}{2}$~4节并非难事。

17世纪末，李明见到摇橹时印象很深。我们可用他的话[9]来结束这段简短的叙述：

> 无论这些船只多么庞大，不管通常是扬帆行船还是拉纤前进，这些船在大江大河上行驶或横渡湖泊时，仍不时要使用橹。这些船的摇橹方法通常和欧洲划桨不

---

① 《洞冥记》卷一。

② 《方言》卷九，第八页，由作者译成英文。与此对应的文句见4世纪初期郭璞的注释。

③ 《三国志》卷五十四，第二十一页；《文献通考》，卷一五八（第1380·1页）。

④ 《入蜀记》卷五，第九页，由作者译成英文。

⑤ 在本书前面关于光学的一章中，我们曾看到橹绕橹梃的运动如何启发了沈括对光束的思考（第四卷第一分册pp. 97ff.）。

⑥ 郑德坤［Chêng Tê-Khun（5），p. 11］在其文集中有记述。

⑦ 显然，马可·波罗记述的不是橹，而是一般的桨（上文p. 467）。

⑧ 1124年的《高丽图经》说：“客舟”（参见上文p. 602）长十丈，有十支橹（“艣”），估计每舷五支橹。据我们的观点，别处提到的“八桨船”也是指配备橹的数目。

⑨ Lecomte（1），p. 234。参见Osbeck（1），p. 191。1797年，多马斯当东［G. T. Staunton（2），vol. 2，p. 46］曾对摇橹作过精彩的描述，他写道：月光之夜，摇橹时潺潺的水声与船工的号子声在水面上交相呼应。

同，而是把一种长橹装在船尾，偏向一侧，并且有时也在船首装上一支类似的长橹。运用同鱼尾一样的动作，将橹推出又拉回，而从不使其露出水面。这个动作使船不断左右摇摆。然而，它有这样一个优点，即推进运动从不间断，不用白费气力把桨提出水面。

摇橹对英国海军也有影响，因为我们从英国海军部的文件中了解到，1742 年曾进行过实验，在一只单桅双帆船上安装了“一套中国橹”①。1790 年前后，斯坦厄普伯爵第三（the third Earl Stanhope）② 的航海发明中，曾有一种非常类似橹的装置，当时叫做“舷侧航行器或荡水器”（Ambi-Narigator or Vibrator）。原来想把蒸汽动力用在这个装置上，但始终未获成果③。后来在 1800 年，爱德华·肖特（Edward Shorter）发明了“一种双叶片螺旋桨，模拟摇橹的角度装在一根转轴的尾端，并有一个万向接头与甲板上的水平轴相连”④。两年后，一艘吃水很深的海军运输船，由八个人转动一个转盘，带动这种螺旋桨使船速达到 $1\frac{1}{2}$节。关于西方最早期的螺旋推进尝试与对中国摇橹的认识之间的联系，尚需进一步研究。前面已经提到⑤麦格雷戈（McGregor）写过一个奇特的故事，说“中国的螺旋推进器传入了欧洲，并为博福伊中校（Col. Beaufoy）于 1780 年发现”，这大约是在伯努利（Bernoulli）第一次提出螺旋桨可能会比明轮优越一事之后 30 年。十分可能，橹对于诱发早期螺旋推进器的发明起过一定的作用。

625

（iii）东方和西方的人力原动力

研究船舶考古学家著作的学者很快就会熟悉这场相当乏味的争论，其焦点集中在希腊和罗马排桨船的结构、成排划桨的各种技术名称的解释以及建造出具有 40 个分层桨位的排桨船的原因⑥。这与我们唯一有关的地方是考虑为什么这些问题从来没有在中国文化区域出现过。除了用于民间节日比赛的龙舟之外，多排桨船在整个有记载的历史中绝对地与中国文明毫无内在联系（尽管其东南部多短桨长舟的明显原型近在咫尺）。

① 格林尼治国家海运博物馆手稿集（MSS Collection），1724 年 1 月 27 日的信函 A/2316 和 1752 年 1 月 15 日的信函 B/145。我们非常感谢乔治·奈什海军中校发现并提供了这些文献的抄本。

② 其生平见 Stanhope & Gooch（1）。

③ 有关记载见 Cuff（1）。

④ Seaton（1），ch. 1。

⑤ 本书第四卷第二分册 p. 125。

⑥ 例如，Charnock（1），vol. 1，pp. 44ff.；Jal（1）；A. B. Cook（1）；Torr（1）；des Noëttes（2），pp. 35ff.；Poujade（1），p. 233；la Roërie & Vivielle（1）；de Loture & Haffner（1）；Moll（1）；Tarn（4），pp. 128ff.，等。目前令人满意的结论则见于 Morrison（1，2）和 Morrison & Williams（1）。

由此可见，中国的船艺具有明显的技术优越性，这一结论似乎顺理成章[1]。前面(p. 600) 所阐明的充分理由可以使我们相信，东南亚水域是试验逆风驶帆，直向"风眼"，最早获得成功的地方。如果最早期的斜桁四角帆和斜杠帆产生于2—3世纪，那么它们就比大三角帆要早四五百年[2]，而比上缘斜桁帆要早七百多年。总之，大规模使用人力原动力的目的，不仅是为了无风天气里行船，而且是为了要在逆风中行驶。读者只要设想一下，古代海员们遇到暴风天气，当船几乎无法逆风前进，他们想极力摆脱被风刮到下风海岸时将会是一种什么情景。由于坚硬的中国撑条席帆具有较大的空气动力学效应，它至少可以减小对其他原动力的依赖。海军的要求并没有很大的差异[3]；在中国正史中有大量关于海战的记载。当中国人真的去注意其他原动力的时候，他们就以其机械方面的创造才能（现代其他民族勉强承认了这一点）造出了精巧的"摇橹"（大约从2世纪开始），而后又造出了脚踏明轮小船（最迟从8世纪开始，如果不是更早的话）[4]。 626

这里同中国古代大规模使用人力作为动力的传统没有任何矛盾的地方。所有水手都会划桨，每个船工都会操橹，但是他们的工作环境不像欧洲，不是在有组织的残酷条件下工作。中国也有纤夫，他们沿着大江两岸拉纤，这种工作有时十分艰苦，但他们不是奴隶[5]。在本章的其他地方，我们常遇到以桨橹的数目命名船舶类型的情形[6]。如果这些船相当大（其中一些的确如此），则它们配置桨橹主要是为了在陆地包围的水域操船，或是在风平浪静而必须航行时之需[7]。此外，中国还有不少快速官舟（如水军将领乘坐的小快艇）和巡逻艇，都用桨橹做动力[8]。然而，所有这一切加在一起也无法与欧洲地中海特有的并持续约二千年的奴隶排桨体制相比拟。

德诺埃特［des Noëttes (2, 4)］在完成轴转舵历史的研究时（下面很快会提及），参照他对牲畜挽具效能史的研究（参见本书第四卷第二分册 pp. 304, 329），大胆地把

---

① 的确会引起争论的一点是，希腊和爱奥尼亚（Ionia）港口多数为陆地所包围，并且很难进港靠岸，所以在这些水域，当时的船舶需要桨橹就像现代帆船需要辅助机器一样。然而，中国港口大都在江河入海处。这方面差异或许值得更深入地研究，但我怀疑这是否会有效果。

② 如果二叉桅斜桁帆在印度洋上出现的历史真的像说的那样悠久（参见上文 pp. 606, 614），则这一数字还要增加为八百到九百年。印度尼西亚斜横帆的年代大概也早这么多年。

③ 但是，这里有一个很大的差异，即希腊船具有龙骨，因而很容易向前延伸为撞角，所以连续几个世纪希腊战船都采用撞角进攻，这种冲撞战术需要在短时间内发挥出极大的动力。反之，中国战船却没有龙骨，因此冲撞战术仅见于某些时期，如公元前5世纪到公元2世纪（下文 pp. 678ff.），而到12世纪大型明轮船出现以后又再度使用过（参见本书第四卷第二分册 p. 420）。此外，我们在后面将看到（pp. 682ff.），中国水军将领总是喜欢采用投射武器，而不是近距离拼杀。

④ 参见本书第四卷第二分册 pp. 416ff.。

⑤ 关于这一点，详见下文 p. 662 和上文 p. 415。

⑥ pp. 406, 447, 621。

⑦ 参见下文 pp. 629, 636，操纵长桨在大型现代帆船上的应用。

⑧ 如"蜈蚣船"，每舷配备有几十支桨，速度非常快。《明史》（卷九十二，第十六页）及其他许多著作中都有记载。1575年前后，戚继光的《纪效新书》中记载的"八桨船"每舷有16支桨，但《武备志》的记载都是每舷仅有4桨（分别见《纪效新书》卷十八，第二十一页，及《武备志》卷一一七，第五页）。我们怀疑，前书是指桨，而后书则指橹。基于同一理由，《武备志》记载的"蜈蚣船"每舷只有9桨，而不是20—30桨（卷一一七，第十二页、第十三页）。清晰的实物图可见奥德马尔［Audemard (4), pls. 65, 66］书中的图版。他［Audemard (2), p. 66］还复制了《图书集成·戎政典》（卷九十七，第二十页）中的"八桨船"图。

这些研究定名为《奴隶史研究论文集》①。用在航海上，这种联系无疑不是那么明显，因而他的批评者，特别是拉罗埃里［la Roëris（1）］曾经指出，当只装有操纵长桨的雅典排桨船已经用自由民划桨的时候②，所有17世纪装有轴转舵的排桨船却都使用奴隶做动力，其工作条件在有记载的奴隶编年史上属最为恶劣者③。然而，几乎可以有把握地说，轴转舵的出现允许帆船的体积显著增大，因而是最终导致排桨船的消亡和使不人道地使用人力原动力禁绝的因素之一。当然，还有其他也许至少同样重要的因素，例如，造船业的发展使桅杆的数目和高度倍增；特别是火药的应用，因为大炮可以摧毁排桨船队的进攻，而且排桨船本身又长又窄，不能承受炮手需要的比较稳定的炮台④。十分明显，如果追溯这些技术发展的起源，则其中每一项都可能是或肯定是起源于亚洲的，通常是中国的文明。我们已经论证了其中一部分，其他的论证将在下面适当场合再予讨论⑤。

627

（h）船舶操纵（Ⅱ），操舵

（1）引 言

每个在拜伦湖（Byron's Pool）上划过船的剑桥大学的学生都深知，最简单的操舵装置是一把长桨或短桨，将其稳稳握住，使之在任何一侧尾舷（右侧尾舷最为方便）保持所需要的角度。这样，水的流线就会偏转，并传给船身一种转动力矩。另外，最发达的操舵装置则是一面绕尾柱转动的巨大叶板，由船桥通过链条传动来控制，从而更有效地取代了小船的"舵柄"所产生的杠杆作用⑥。在西方，用来表示各个发展阶段的航向控制的术语并不难理解。首先是操纵长桨（sterering-oar）或尾舷桨（quarter-paddle），

---

① 特别是des Noëttes（2），p. 110。

② 无论怎样，这一说法的真实性不大。库克［Cook（2）］和梅厄［Mayar（2）］已经指出，在古希腊和希腊化时代的排桨船上经常使用奴隶，并且越到后来用的奴隶越多。据塔恩［Tarn（3）］说，罗马排桨船起初用各盟国的人，后来则越来越经常地使用奴隶。希腊-罗马文明中之所以未采取有效的逆风驶帆的方法，同"奴隶们无意于改进自己的工具"［出自Gibson（2），p. 60］不无关系。但这一点涉及的问题太大，此处不便论述。

③ 法国海事历史学家们详细地研究过这一点。关于奴隶劳动的令人毛骨悚然的记载，见Kaltenbach（1）；Garnier（1）；la Roërie & Vivielle（1），vol. 1，pp. 150ff.，以及de Loture & Haffiner（1），pp. 108ff.。文艺复兴时期排桨船的兴衰，犹如巫术狂和天主教裁判庭一样；其全盛时期是15世纪到17世纪末；到1784年就已衰亡。这种船实质上是一种地中海地区的现象，并不适应北方波涛汹涌的海面和寒冷的气候，因而在那里未发挥什么作用。但是气候条件却几乎不能成为这种船未出现于中国文明的理由。

④ La Roërie & Vivielle（1），vol. 1，p. 159。勒班陀战役（Battle of Lepanto；1571年）是操桨船的最后一次大战。转折点发生在1684年，当时一艘法国舰船"勒邦"（Le Bon）号与36条西班牙排桨船在风平浪静中相持了一整天，直到傍晚起了微风它才逃脱［de Loture & Haffner（1），p. 118］。参见Gibson（1）。

⑤ 关于桅杆，见上文p. 474；关于舵，请参见下面一节。关于火药，见本书第三十章。

⑥ 很明显，从机械学角度来看，操纵长桨是一种简单的横杆，而尾柱舵则基本是一个曲柄，其转动轴是自身中心件的轴线，而不是其中一个端件的轴线。用机械运动学来解释，就是用"线闭合"代替"点闭合"（参见本书第四卷第二分册p. 68）。其意义在于：由于拉长成一列的铰链联结方式比起用单支点的联结方式更为牢固，故可以形成一个较大的转动平面来引导水的流线。

有时是装在中心轴线上的船尾长桨(stern-sweep)①,接着是固定在一侧尾舷的操纵长桨,最后则是悬挂在舵销(pintle)和舵销座(gudgeon)② 上的尾柱舵(stern-post rudder)。1263年的一部林肯手稿(Lincoln MS.)对“装有手桨的船只”(navi cum handerother)与“装有柄舵的船只”(navi cum helmerother)③ 的两种通行税进行了区分,由此很有把握地推测其含义。然而理解中国术语却要困难得多,因为往往事物变了而用语却依然照旧,我们很快就会看到这一点。

德诺埃特[des Noëttes (2)]曾写过一篇关于发明尾柱舵的权威专论。他声称在13世纪初以前,操纵长桨的弱点是限制航海发展的一个主要因素④。在这一转折点以前,船舶装载量一直被限制在50吨左右⑤。操纵不灵,船速也因之缓慢,当天气恶劣时任何类型的操纵桨都不可避免地会失控,从而干扰了帆的操纵,这就意味着船只能在可及避风港的范围以内航行,而不敢冒险进入大洋航线。德诺埃特的主要批评者拉罗埃里[la Roërie (1, 2)]则认为尾柱舵比起操纵长桨来几乎毫无优越之处,但航海界的有识之士几乎一致反对拉罗埃里的看法⑥。尽管德诺埃特是公认的航海门外汉,并往往因此而失去其应得的赞誉⑦。

可是,在水流湍急的江河以及陆地钳锁的狭窄水域,操纵长桨一直很有价值,因此中国目前还在沿用。为了使舵发挥作用,船必须以一定的速度前进,换句话说,船必须

---

① 正如大学生们所知道的,如果短桨的入水点离船远些,其控制航向的效果就会更好。这时短桨的作用就很像与船轴线成直角划动的普通桨,只不过是在船尾划动。这就是船尾长桨的原理,即入水点尽可能远离船身[参见Clowes (2), p. 36]。此外,正如亚当和德努瓦[Adam & Denoix (1)]所强调的,操纵长桨是一个具有多种用途的器具:①当绕其支点转动时,可以作为船尾长桨;②当绕其自身轴线转动时可以作为原始的低效舵;③当沿着舷侧竖立握定时可以充当舷侧披水板。

② 这是舵铰链构件的传统名称;参见下文 p. 632。

③ F. B. Brooks,引文见 La Roërie (2)。

④ 参见 Febvre (3)。

⑤ 特别见 des Noëttes (2), pp. 48, 56, 69; (4)。这是一个武断的说法,其数字肯定太小(参见上文 p. 452),与此相反,还有另一极端说法,尤其是卡森[Casson (1)]设想2世纪的罗马运粮船有千吨。也许目前航海考古学最迫切的需要是对各个历史时期和各个文化区域的估计吨位进行系统、严谨而准确的研究。这项工作显然本书无力完成。

⑥ 例如,Poujade (1); Smyth (1); Gilfillan (1); Anderson & Anderson (1); de Loture & Haffner (1), pp. 11, 17, 49。在拉罗埃里的支持者中间,卡利尼[Carlini (1)]最为突出。正如亚当和德努瓦[Adam & Denoix (1)]指出的那样,既然历史事实表明操纵长桨很快被尾柱舵所代替并且如果没有充分的理由就不会这样,那么再为操纵长桨的理论价值进行辩护就太荒唐可笑了。但是他们还用简单的计算表明操纵舵装置所需要的力(其他条件相同),操纵长桨由于面积较小,所需的力要比尾柱舵小得多。不过操纵长桨的连接虽然较为灵活,但却脆弱得多,且要求舵工具有较高的操作技巧,因而只能局限在较小的船上。

⑦ 这里要顺便告诫读者,德诺埃特[des Noëttes (2)]与德洛蒂尔和哈夫纳[de Loture & Haffner (1)](理由甚少)对东亚航海技术的观点都颇不可信。德诺埃特所有的论点几乎都有错误:他①肤浅地理解范林斯霍滕(van Linschoten)的一张想像的草图,认为在葡萄牙人到来之前,中国根本没有舵;②认为中国的炼铁技术落后;③认为中国船只作沿岸航行;④认为中国帆船只能顺风行驶。德洛蒂尔和哈夫纳甚至更加谬误(虽然比前者晚20年),他们说:①已“证明”中国人在公元前2698年就使用了磁罗盘;②在公元1398年宦官“郑和”(Chien Ho)就进行过远航,并停靠过加利福尼亚;③中国帆船只能顺风行驶;④当葡萄牙人来到时,中国人只用操纵长桨,而且常用双操纵长桨;⑤中国帆船的船底非常平,因此只能向下风横漂,很少向前行进;⑥他们的帆装的是复式张帆索(而不是缭绳);⑦北方的船帆为三角形,南方的船帆则为长方形;⑧中国人“重复发明”并使用了星盘。很难想像得出比这些更为惊人的奇谈怪论了。可是他们的书中关于欧洲的叙述则是可信而又可取的。

对周围的水具有相对运动，否则就不会有供转向用的流线水流。但在急流中下行时，船 629 可能以几乎与水流相同的速度行驶，在这种情况下，采用船尾长桨则优越性非常大，船尾长桨的长度应足以使其作用不依靠流线水流，而像一般的桨一样，依赖于水阻力的反作用。这种船尾长桨在支点两边的力臂要比尾舵长得多[①]。由于船尾长桨能够给船尾施加一个强大的横向运动，因此它同样可以使停泊在湖中或港内的船舶自如地转动[②]。关于中国内河船只的巨大船尾长桨，我们曾见过几个实例（图 826、图 933、图 953、图 961；图版）。

17 世纪末，令耶稣会士李明印象最为深刻的中国奇迹，莫过于内河船工的驶船技艺了。对此，他曾有过一段生动而又有说明力的记载[③]。

> 中国人在急流中驶船的技艺，真有点玄妙而不可思议，在一定程度上他们是在征服自然，毫无畏惧地在水上航行。其惊险程度别人连看上一眼都会有些心惊肉跳。我说的并不是那些仅靠臂力就可以溯水而上的激流，那些跨越在平缓水道之间的飞瀑（有时称做泻水道）；而是指那些绵延七八百里的布满礁石险滩的滚滚洪流。如果不是有亲身经历，只凭他人传说，我是很难相信我亲眼所见到的情景。倘若旅行者事前对此了解甚少，就置身于这种险境之中，则属轻举妄动；船工们终身以此为业，每时每刻都处在这种有可能粉身碎骨的疯狂举动之中。
>
> 我说的这些急流，这个国家的人叫做“湍”，我曾在这个帝国一些地方遇到过；从江西的首府南昌旅行到广州，一路就可以见到很多“湍”。我初次同洪若翰（Fontaney）神父走这条路时，急流送我们飞驰而下，船工们竭尽全力也抵御不住，——我们的小船，完全随波逐流，任凭摆布，有很长时间像陀螺一样顺蜿蜒曲折的水道回旋急转；最后，甚至随着水流一起撞在礁石上。由于碰撞猛烈，把厚如大梁的舵，像玻璃一般撞得粉碎，整个船身被水流的力量送到礁石上面，搁在那里不再移动。若不是撞在船尾，而是撞在船舷，则我们肯定早已死于非命，——然而这还不是最险恶的地段。
>
> 在福建省，不管你是从广州来，还是从杭州来，路上有 8—10 天一直是处于船毁人亡的危险之中。湍急的水流连绵不断，且往往被千万个礁石所激碎，几乎没有足够的宽度可容小船通过。水道弯曲迂回，不是飞流直泻，就是漩涡飞旋。它们互相冲击，驱使船只飞驰向前，犹如离弦之箭；不出 2 英尺远就有暗礁，避开一个又 630 会碰上另一个，躲开另一个还会撞上第三个；如果领航员的技艺不足以令人钦佩，就逃脱不了时刻威胁他的船毁人亡的厄运。
>
> 除了中国人以外，世界上没有一个民族能进行这样的航行，或不像他们那样百

---

① 这削弱了德诺埃特［des Noëttes（2），p. 43］的论点；他认为就操纵长桨而言，杠杆的短臂必须在船内。但是中国的船尾长桨，在船内和船外的臂长往往相同或几乎完全相同；夏士德［Worcester（1，2，3）］中有许多船尾长桨插图，有的长桨全长达 100 英尺。然而德诺埃特认为操纵桨几乎总是要受人力的限制，而轴转舵则不管船有多大，都能与之相称。他的这一论断基本是正确的。

② 新近的一项发明是在钢铁平衡舵（参见下文 p. 655）舵板上装一个小型辅助螺旋桨来完成就地调头；这种舵称为“主动舵”。

③ Lecomte（1），p. 234。《广东新语》卷六，第十二页，译文见 Kaltenmark（3），p. 10。

折不挠,热衷于这一事业,尽管没有一天不发生使人难以忘怀的遇难事件,然而那些小船并没有被毁灭殆尽,我真感到惊奇。有时有人很幸运,船撞碎的地方离岸边不远,我自己就碰到过两次,这时如果还有足够的力气与急流搏斗,就可以游水逃命,但通常这样做十分艰难;有时,小船失控而随波逐流,转瞬间上了礁石,连同乘客一起搁浅;但有时,特别是在一些更为湍急的大漩涡中,船会被撞得粉碎,船工还未来得及弄清楚是在什么地方就已葬身水底。有时,船顺着瀑布般的急流飞速而下,船体会突然跌落下来,一头栽入水中,再也浮不上来,顷刻之间即无影无踪。一言以蔽之,这些航行十分危险,我曾经在世界上最汹涌澎湃的海上航行十万余里,我觉得我十年所经历的危险也没有在这些急流中十天所经历的那么多。

他们的小船是用薄而轻的木料建造的,很符合人们头脑中的想法。他们用结实的舱壁将船分隔成五六个隔舱,因此,不论小船的任何部位撞到礁石的任何一点,都只有这一部分进水,而其他部分则不会进水,于是就可以赢得时间堵塞漏洞①。

为了减缓船只的行进速度,在水流不太深的地方用六名船工,每舷三名,各用一根撑杆撑压水底,以抵抗水流,再用一根小绳,一头系牢在船上,另一头缠绕在撑杆上,让撑杆顺河底艰难地滑动,借助这种不断的摩擦来一点一点地减缓船速。如果不采取这种措施,则船会被水流冲得过快;倘若水流平稳而无骤变,不管航道形势怎样险峻,船始终如一以缓慢的速度行进,犹如在极平静的运河上航行;遇到蜿蜒曲折的水道,这种措施则无济于事。此时,他们就得依靠一种"双舵",形状很像桨,有40或50英尺长,一只装在船头②,另一只装在船尾。船工们操作这两把巨桨时,要使出浑身本领,全船的安危就全系于这两把巨桨之上;他们猛烈地推拉使船行进;或及时而又恰到好处地转向,使船落入水流,以避开一个礁石而又不致撞上另一个礁石;或穿绕水流,或追逐飞驰的落水,而又不致一头扎入水底。船在水流中飞旋可谓千变万化——这简直不是在行船,而是在驾驭烈马;因为军事学院的教官训练的战马也从来没有中国船工手中所驾驭的小船那么桀骜不驯。因此,他们纵或失事罹难,绝非因为缺乏技术,而是由于气力不支;此类小船载人一般不超过八名,倘若载上十五名,则急流的勇猛对他们就失却了刺激性。但是,一个人宁可冒丧失生命和一切财富的危险,也不愿去干在他看来完全没有必要的平淡无奇的事情,这种情形世界各地屡见不鲜,中国尤其如此。

631

李明的记载绘声绘色,虽缺乏条理,但一点也没有夸张。在现代人③的记载中,以及图1024(图版)中都可看到这些情景,图上有一条小船正在长江上游的急流中艰难

① 即指水密隔舱;参见上文 p. 420。

② 在某些类型的内河船上,船首长桨并不少见。例见:Worcester(1),pp. 44,54,(2),50,(3),vol. 2,p. 472;Audemard(3),p. 67。大约1510年,王周在一首诗中曾提到它的用途,我们在《清明上河图》中也可看到船首长桨。而且传统的中国造船技术把这一原理扩大应用到舵上,《龙江船厂志》(卷二,第三十页)的插图中所绘的一条船上,船首和船尾就分别装有这种舵。也许这是一条明轮船,因为我们在图638(本书第四卷第二分册)看到的19世纪初的中国双舵结构正是这种类型。这一原理也没有过时,因为现代特殊用途的汽船根据其任务不同也常装备船首舵。参见图933(图版)。

③ 如 Worcester(2),p. 30。我自己也有这方面的经历。

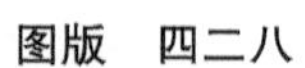

图版 四二八

图 1024 重庆附近的长江三峡的一支急流中，一只小船在逆水拉纤而上［波茨（Potts）摄于 1938 年前后］。

航行。它充分说明这些艰难险阻一定会促使人们煞费苦心地去寻求更为有效的船舶操舵装置，某些特殊的需要会促使操纵桨发展成为更大的船尾长桨，以及别的一些特殊需要会引起轴转舵的发明。我们受惠于李嵩（鼎盛于1185—1215年）的一幅扣人心弦的绘画（图1025，图版），题为《巴船下峡图》，描绘一条船从四川顺江而下的情景。这幅画就要成为我们引用的证据，故作画的年代对我们很有意义，因为其中一条船上装有一把很大的舵，似乎是非平衡舵（参见下文 p. 655）。令人感兴趣的是，几乎与此同时有一段文学史料，虽然没有完全把船尾长桨和舵区分得很清楚，却可作为这幅画的陪衬说明。这段文字载于1206年前后赵彦卫所著的《云麓漫抄》，但谈的却是大约是1170年以后的事。像李明一样，赵彦卫对浙江、福建的小船在急流中飞驰而下的情景作了大段栩栩如生的描写[①]。他写道：水流像大瀑布一样奔腾而下，越过礁石浅滩，所以船工们使用的方法完全不同于驾驶宫廷画舫。作者随后进一步描写了各种船桨和撑篙及其操作口令或方法。其中有一种叫做“抢篙”的方法。

> 船尾有一个洞（“舟尾有穴”），当船长高喊“抢篙”时，所有的撑篙都立即（抽）出水面，这时有一人急忙在船尾操纵一根巨大而突出的棒形木材（“梃”）。否则，他们担心船会沉没（如果撞在礁石上）。……在青田和温相之间，水流在礁石间急速绕行，因此必须操纵船只蜿蜒前进，否则就会撞得粉碎，大家都将淹死。所以当地人有句俗话说：“只要有个铁艄公，船可以用纸糊。”……[②]
>
> 〈舟尾有穴，每诸篙出水，即一人急用一大木梃抢船尾，盖恐舟复下也。……青田至温州，行石中，水既湍急，必欲令舟屈曲蛇行以避石，不然，则碎溺为害。故土人有“纸船铁梢工”之语。……〉

这里，赵彦卫真想描写的要点是他所提到的船尾的“洞”。虽然许多罗马船图上画的操纵长桨多从船舷桨口伸出[③]，但现有的中国大小船只却都不是这样设计的，而且我们也没有发现任何绘画或文字资料。从此情况来看，所开的洞不可能是供划桨或撑篙使用。632 所以，完全可以这样解释：如李嵩的绘画一样，赵彦卫所乘的江船装有轴转舵，他所说的“突出的棒形木材”不是舵柄就是舵柱本身。

在海上或在经常会遇到恶劣天气的大湖泊上行船，操纵长桨或船尾长桨的局限性就显得特别严重。船只无论大小，都需要有一根非常大的圆木充当此任，如果此木被狂涛巨浪折断，则后果更坏。在右尾舷装上短而粗的桨则会产生另外的缺点，因为它突出在外，很不方便，容易碰着其他船或撞上码头。这一缺点已被察觉，因为罗马船上都有一种独特的流线型护甲，也即将舷侧走廊（*parodos*）向后延伸，以保护尾舷桨。尾舷桨的主要价值在于具有平衡的特点，一块平板展开于转轴的两侧，而不只是一侧（参见下文 p. 655），但是中世纪后期普遍采用尾柱舵却表明了对利弊权衡的重点，而在中国，我们即将看到，发展起来的轴转舵却保留了平衡舵的形式。

---

① 《云麓漫抄》卷九，第二页起。

② 由作者译成英文。这一句乡谚俗语也许含蓄地提到了用铁箍加固船舵，见下文 p. 633。

③ 见下文 pp. 635ff. 所提到的达朗贝格和萨利奥［Daremberg & Saglio（1）］书中的插图；另见 Carlini（1），p. 31。可是拉罗埃里［la Roërie（2），pp. 39ff.］对这些舷口十分怀疑，他认为是画家对舷侧走廊（*parodos*）的后部开口的误解。

图版　四二九

图 1025　《巴船下峡图》，李嵩绘于 1200 年前后（本图为明代摹本）。悬吊舵和摇橹用的舷外橹梃都值得注意。

在作进一步的讨论以前,我们必须稍费笔墨来谈一下中国船舵和欧洲船舵的安装方法,以及传统的造船行业为什么仍然保持这种做法。在古代西方,操纵长桨和尾舷桨是用多种索具悬吊的①;在中国大概也是如此,因为中国在悬吊滑动舵方面最为卓越②。诚然,没有史料表明中国舵上有舵眼或称舵销座(gudgeon)③,以便通过舵销(pintle)④ 与船体形成铰链联结。在西方船上,舵销总是竖立的;如果装在尾柱上,则与之平行并方向朝上;如果装在舵上,则方向朝下。中国通常不用这种公母铰接形式。几个世纪以来,中国舵主要用木质颚夹板或插口安装在船体上。如果舵很大,则采用索具吊住舵肩,这样可以使舵在水中上下升降(参见图 1026;图 1027,图版)。有时巨形舵的舵脚甚至用一根叫做"大肚勒"(bousing-to tackle)的绳索与船前部相连,使舵把定于某一位置⑤。舵销座一类的装置(可以说是主舵柱的轴承)可以是全开式的和半开式的,并偶尔还用一定形状的外木套整个封闭起来(参见图 1028)。这样,它们就相当于西方船的舵销座(eye, gudgeon),不过在其中转动的不是舵销,而是舵柱本身。必要时在舵叶上开有适当的缺口,以便舵可以转动到最大角度,而不致被颚夹板挡住⑥。开口式颚夹板结构有利于舵的升降。 633

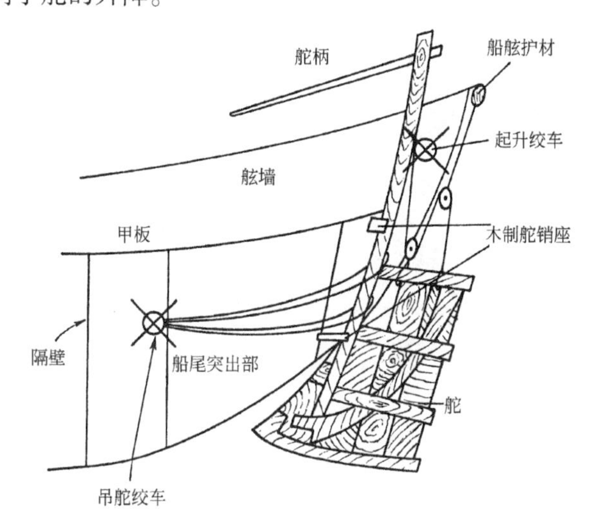

图 1026 杭州湾货船的舵与舵柄[示意图,据 Waters (5) 绘制]。见正文。

① 参见 Carlini (1); la Roërie (1, 2)。

② 参见 Worcester (1, 3); Lovegrove (1); Waters (5); Underwood (1)。

③ "Gudgeon"一词,首先使用于 1408 年前后,意思为"轴承的座",但是到 1496 年,其意思成了"绕门柱上的钩销转动的门踵部的环圈或孔眼"。航海上使用这个词的最早记载见于 1558 年。希腊原文 *γόμφος* (*gomphos*) 的意思为插销或栓,也许因为铰链的部件有公母之分,而原先命名的是更坚固的公件,所以后来就从公件名称派生出了相对应的母件名称。

④ "Pintle"这个词,同"pencil"(铅笔)和"penicillin"(青霉素)都是同根派生词。使用"pyntle and gogeon"的最早记载是在 1486 年。

⑤ 这一巧妙的装置(见图 939,参见 p. 404)似乎未被夏士德、唐纳利、沃特斯等现代观察家记载在他们的著作中,但是它的确没有绝迹。该装置受到了查诺克[Charnock (1), vol. 3, pp. 290ff.]的注意,并见于梅乐和收藏部所藏的两个模型(编号 1 和 11)。这种大肚勒缆绳或链条传统上用起锚车将其系牢在船首,所以当我们发现图上船首处有一个显眼的起锚车时[如图 1033 (a)],我们应该记住这种设备大概是为此目的而设,而不可想当然地认为是只用来起锚。如果大肚勒索具没有向前伸展到船头,也许是收入了船尾内部,由固定于舱壁的绞车拴紧在那里(图 1026)。

⑥ 见 Worcester (3), vol. 1, pp. 106ff.。

图版　四三〇

图 1027　从船尾向船首看一条汕头货船的甲板（照片得自格林尼治国家海运博物馆沃特斯收藏部）。前景为，这艘船正停在港内，巨大的铁箍悬吊舵已全部出水并放在船尾楼上。

虽然用缆绳和木材代替了铁绞链，但不能认为传统的中国舵上没有铁件。事实上，那些几吨重的巨型舵过去和现在都是用铁箍或其他铁器加固的[①]。中国舵绝对不一定要装在船体或船体出水部分的最后部位，有时就是装在离这个部位前面相当远的地方，舵柱还往往穿过船体里面留出的舵柱缝往下放置。中国帆船具有典型的方型船尾舱壁结构，这对安装舵很方便。在本节结束语中我们就会看到，垂直的船尾操舵装置的想法同这种结构之间的关系是如何密切[②]。基本的一点在于，中国船舵大体上是垂直的，轴转的，并位于船的中线上，与整个船体尺寸相比，总是显得异常之大。这种舵实际上是没有船尾柱的“尾柱舵”。关于这一自相矛盾的说法我们后面还要讨论。

图 1028 广东快浪帆船的舵和舵柄［示意图，据 Lovegrove (1) 绘制］。见正文。

634

作为本引言的结束语，让我们援引 17 世纪的两位见证人，我们已经熟悉的朋友的几段话。宋应星在其《天工开物》中写道[③]：

船的本性是随波逐流，犹如风一吹草就动一样[④]。因此安装船舵是要把水流分开并给水流形成障碍，这样水流就不能独自决定船的运动方向。舵一转动，水流即向舵猛压，船便作出反应。

舵的大小应使舵的下端与（内河运输船的）船底齐平。倘若舵底深于船底，即使只深 1 寸，也有可能在某一浅水处，船体可以通过，但船尾及其舵却会陷于污泥之中（于是船就搁浅）；此时如遇上大风，多出的 1 寸木头就会招致无法形容的麻烦。如果舵较短，即使只短 1 寸，则转动力就会不足，使船无法调头。

水被舵力分开并受到阻挡，其作用对船头都有反应（“相应”[⑤]）；好像船身下面有一股急流驱使船只沿所需要的方向前进，所以，在船头无需采取任何措施。其玄妙难以用言语形容。

舵由装在舵柱上端的一根舵柄（船工们叫做“关门棒”）来操纵。要使船向北转，则将舵柄向南推，反之亦然……[⑥]舵用一根直木柱制成［运粮船舵所用直木长一丈多，周长三尺多］[⑦]，上端装有舵柄，下端凿有凹槽，槽内镶一斧形木舵板[⑧]。

---

① 读者应当记得最近复原的明代宝船的一根舵柱，其长度超过 36 英尺，见周世德 (*1*)；参见上文 p. 481。

② 看一下图 1028 即能理解这种舵的原型结构，此图为洛夫格罗夫［Lovegrove (1)］所绘，图中所示为广东快浪帆船上舵的安装方法。类似的安装方法见图 1026，这是沃特斯［Waters (5)］画的一幅杭州湾货船的船尾纵剖面图。详见 Worcester (1), pp. 5ff., (3), vol. 1, pp. 144ff.; Audermard (3), pp. 22ff.。

③《天工开物》卷九，第三页、第四页，由作者译成英文，借助于 Ting & Donnelly (1); Sun & Sun (1)。

④ 古代儒家有一个比方：把平民百姓比做草，把王公大臣比做风。

⑤ 关于这一用语，可参见本书第二卷 pp. 89, 282, 304；第四卷第一分册 pp. 130, 159, 234。这里我们又看到作用与反作用对中国人观察理解自然现象的广泛意义。

⑥ 文字的后面是关于上文 p. 619 提到过的舷侧披水板的内容。

⑦ 宋应星本人的注释。

⑧ 很明显，他所描述的是平衡舵——见下文 p. 655 和图 1043 (图版)。

舵板用铁钉固定在舵柱上，整个舵（用绳索）固定在船上即可发挥作用。船尾有一耸起部分（供舵工用），也叫做“舵楼”①。

〈凡船性随水，若草从风，故制舵障水，使不定向流，舵板一转，一泓从之。

凡舵尺寸，与船腹切齐。若长一寸，则遇浅之时，船腹已过，其梢尾舵使胶住，设风狂力劲，则寸木为难不可言；舵短一寸，则转运力怯，回头不捷。

凡舵力所障水，相应及船头而止，其腹底之下，俨若一派急顺流，故船头不约而正，其机妙不可言。

舵上所操柄，名曰关门棒。欲船北，则南向捩转，欲船南，则北向转。……凡舵用直木一根（粮船用者，围三尺，长丈余。）为身，上截衡受棒，下截界开衔口，纳板其中，如斧形，铁钉固栓，以障水。梢后隆起处，亦名舵楼。〉

这是一个内河船工的看法，而宋应星本人必定经常站在鄱阳湖或大运河的船上，站在舵工身旁进行过观察；他所描写的水流情况尤其重要。在半个世纪以后，李明对航海帆船的情形作过类似的记载②：

635

他们的船只与我们的各种大小船只相似，只是样式不那样细长；他们的船都是平底的，船首楼很矮，没有船首柱，船尾中央设有开口，末端装舵，封闭如在舱室之中，为的是防御两舷水浪；这种舵比我们的舵长得多，由两根缆绳沿着整个船身一直牵到船头，并牢固地系在船尾柱上③；另外还用两根类似的缆绳吊住舵，必要时可以很方便地将舵升起或降下。舵柄长度视操作需要而定；舵工们也使用绳索，绳索的一端绑在左右两舷，另一端缠绕在他们手握的舵柄梢上，舵工们视情况需要收紧或放松绳索，使舵把定或推向一侧。

这样，李明就帮助我们了解到，当时中国大型帆船的舵柄上已经采用了某种机械辅助或增益手段④。

（2）西方从操纵长桨到尾柱舵的变迁

雅尔［Jal（1）］最早注意到尾柱舵也即轴转舵于13世纪初开始出现于欧洲。其后所有的研究都确认，在此以前，西方从不存在这种舵的迹象⑤。古埃及船的船尾上一般有几把操纵短桨，每舷的操纵短桨有时多至五把，每把各由一人操纵⑥。或者是有两把尾舷桨，用一个构架和一根木棒连接在一起（像后来阿旃陀船上的情形）⑦。古埃及也有

---

① 关于“操舵室”和“船尾楼”，参见上文p.453和下文p.644。用“也”字，是因为还有别的名称，参见上文p.405。

② Lecomte（1），pp.230ff.。

③ 这里他当然弄错了——因中国的船上没有船尾柱。

④ 这一点具有一定的重要性，参见p.651。

⑤ 见p.637。

⑥ Boreux（1），pp.21，34，160，162，260，272，395；des Noëttes（2），pp.10ff.，figs.1至10；Wilkinson（1）vol.1，pp.412，414；la Roërie（2）。

⑦ Moll（1）；des Noëttes（2），figs，13，16。这只阿旃陀船是由冯·比辛和博尔夏特（von Bissing & Borchardt）复原的60英尺长的埃及太阳神拉（Ra）圬工船，它原是由埃及第五王朝孟斐斯（Memphis）王所建造［Boreux（1），p.104］。

过船尾长桨，装在高耸的船尾末端，长桨前端由一根柱子支承着，并装有一个“舵柄”，舵工站在甲板上可以用此“舵柄”来转动船尾长桨①。著名的辛那克里布宫（Sennacherib）浮雕上所刻画的公元前7世纪腓尼基或希腊的双甲板船的尾舷两侧也有操纵长桨②。在伊特鲁里亚的陵墓壁画③和希腊瓶器④上都发现有单操纵长桨，但希腊船一般是每舷各有一把操纵长桨⑤。罗马船和希腊化时代的船也普遍采用操纵长桨，有时是单桨⑥，有时是用棒连接在一起的双桨⑦。史料证明，当时这种舵已开始用索具固定地吊在尾舷，而且还采用了流线型护甲⑧。拜占庭文化未形成任何新的东西，但是北欧海盗的长船开始时用过操纵长桨，而后将其安装在轴枢上⑨，最后把短桨改成了一个舵形装置，并铰接在舷侧⑩。这种尾舷舵有的也采用悬吊式⑪。诺曼底船舶继续沿用这些方法，但是，1080年前后的贝叶挂毯上织出的操纵长桨形式仍然是很原始的⑫。实际上，直到12世纪末，情况依然如故⑬，甚至在以后很长时间内，虽然舵已逐渐普及⑭，但画家和雕刻家着意刻画的还是操纵长桨，而不是舵⑮。在这一时期，操纵长桨和舵有时共 636

① Des Noëttes (2), figs, 13*a*, *b*; Wilkinson (1), vol. 2, p. 124, figs. 400, 401, p. 128, fig. 402; Hornell (1) p. 219; Reisner (1), no. 4, 951, pl. XXⅢ; Boreux (1), pp. 273, 400。典型的短桨还存在。同这种类型完全相同的操舵装置在某些印度船上仍然可以见到，如克里洛克（Crealock）所拍摄的恒河船（图1029，图版）。在一块高卢罗马人的墓雕上亦可见到［Bonnard (1), fig. 6, opp. p. 146］。亚当和德努瓦［Adam & Denoix (1), p. 96］认为，当船几乎没有前进速度时，所有操纵短桨都可以从构架上取下来当做一般长桨使用。

② Des Noëttes (2), fig. 23, 24; Daremberg & Saglio (1), fig. 5263; Adam & Denoix (1), p. 101。

③ Des Noëttes (2), fig., 29; Bartoccini (1), pl. v; Moretti (1); Bloch (1), pl. 48; Lawrence (1), opp. p. 68。在切尔韦泰里（Cerveteri）的公元前3世纪伊特鲁里亚“浮雕陵墓”的一根圆柱上，以彩色浮雕刻画了一个非常奇特的椭圆形长物，上面有两个凸出的东西［见 Pallettino (1), p. 35, (2), pl. 43; Giglioli (1), pls. 342, 343, p. 64］，有人把它当做一把舵，上面有凸出的舵眼或销座。但是，其形状表明此说不能成立，我们并不比老丹尼斯高明，老丹尼斯［Dennis (1). vol. 1, p. 254］把它描绘成“只不过是一个难以说清的双灯座家用器具而已”。

④ Des Noëttes (2), figs. 35, 36; Daremberg & Siglio, figs. 3664, 3665。

⑤ Des Noëttes (2), figs. 30, 31, 33, 34, 37, 43; la Roërie & Vivielle (1); Daremberg & Siglio, figs. 5265, 5282, 5288。

⑥ Des Noëttes (2), figs. 53, 54, 55; Poujade (1), p. 133; Daremberg & Siglio (1), figs. 884, 885, 5271, 5272, 5273, 5274, 5290, 5294。

⑦ Des Noëttes (2), fig. 58。

⑧ Des Noëttes (2), fig. 56; Moll (1); la. Roërie (1, 2); Daremberg & Saglio, figs. 5289, 5291, 5293, 5295。塞里格［Seyrig (1)］描绘了公元121年的一件供献用的青铜器，那似乎是一个按比例缩小的模型。

⑨ 如在公元900年前后的奥塞伯格船上，参见 Mercer (1), p. 251; des Noëttes (2), fig. 64; Gille (1)。

⑩ 如在雷贝克（Rebaek）船上，Sφlver (2)。

⑪ 有关尼达姆（Nydam）和戈克斯塔船的操舵装置，见 la Roërie (2); la Roërie & Vivielle (1), vol. 1, p. 177; Gille (8)。

⑫ Des Noëttes (2), fig. 65。

⑬ 如一份9世纪的法国手稿［des Noëttes (2), fig. 63］和一份12世纪的威尼斯手稿（fig. 66）。

⑭ 如13世纪后期的多佛尔（Dover）的印章［des Noëttes (2)］，及拉丁文《圣经》抄本，Nat. no. 8846 (fig. 68); 14世纪的见 figs. 69, 71; 15世纪的见 fig. 71*a*。

⑮ 即使在海上，直到今天，有些欧洲内河船仍然沿用，船尾长桨，特别是令人感兴趣的杜罗河（Douro）上的拉贝洛船（*barco rabêlo*）［参见 Filgueiras (1)］，具有很高的而且十足“中国式”的操舵台。直到今天，里昂传统的水上比赛的船还奇妙地留存有操纵长桨。参见 Boreux (1), p. 206。

图版 四三一

图 1029 一种具有舵柄的船尾长桨，为古埃及船型，今天印度恒河上仍在使用［照片采自 Crealock（1）］。

图 1030 比利时泽德尔海姆城（Zedelghem）出土的洗礼盘上的雕刻，为 1180 年前后的文物。是欧洲最古老的两幅描绘轴转舵或尾柱舵的作品之一。类似敦煌壁画中的故事画，记述的是有关圣徒的一种传说。

存于同一条船上,各尽其用[①]。

根据德诺埃特[des Noëttes (2)]考证,欧洲最早记载带有舵柄的尾柱舵的手稿文献是保存在布雷斯劳(Breslau)的1242年的《圣经·新约·启示录》的一种拉丁文注文[②]。但是,布林德利[Brindley (5)]发现伊普斯威奇(Ipswich)的印章所描绘的船舵上有明显的铁箍,这说明1200年前后即开始使用铁箍舵,故布林德利把开始用这种舵的时间又提早了一些[③]。13世纪的一些别的印章[例如埃尔宾(Elbing)的印章,1242年;维斯马(Wismar)的印章,1256年;斯图伯克宾(Stubbkjoeping)的印章、哈尔德韦克(Harderwyk)的印章,1280年;达默(Damme)的印章,1309年][④]上也刻有带尾柱舵的船[⑤]。然而伊普斯威奇的印章也未必就是尾柱舵的最早图形,因为某些比利时和英格兰的洗礼盘上所雕刻的船都有这种舵,而这些作品都出自图尔奈(Tournai)的一个艺术流派之手,年代约在1180年,其中最佳的两件仍保存在泽德尔海姆(Zedelghem)(图1030,图版)和温切斯特(Winchester)。至今仍可见到[⑥]。 637

后来发展的主要是舵的操纵装置,而不是舵本身[⑦]。17世纪,在舵柄前端普遍附加1个垂直杠杆(俗称驭杆,whip-staff)[⑧]。这种装置也许是由操纵短桨末端的曲柄演变而来,我们在米兰的圣欧斯托尔焦(St. Eustorgio)教堂的圣彼得殉教士(St. Peter Martyr)神龛上所雕刻的船上可以看到这种操纵短桨[⑨]。随着舵轮和舵柄皮带(后来用链

① 操纵长桨和船尾长桨不仅能够用于港口和河道入海口的无风操纵,而且可以在海上逆风掉戗失去效用时行船[参见la Roërie (1), p. 579; Carlini (1), p. 7]。亚当和德努瓦[Adam & Denoix (1)]提到过三幅15世纪的船图,上面明显地有舵及操纵长桨;其中两幅的复制图见la Roëttes (2), figs. 18, 19. 综合使用操纵长桨和舵的情况虽不常见,但在中国这一做法早已为大家知晓;拉罗埃里[la Roërie (2), fig. 20]图绘了一条台湾渔船放渔网时使用的两把操纵长桨(虽然船上装有舵)。亚当和德努瓦认为,操纵长桨不是被舵本身所淘汰,而是被驭杆和舵轮所淘汰,因为这两者在操舵时具有机械效益。尽管有刚才提到过的插图,这一论点仍与事实不符。到1500年前后,操纵长桨已几乎不复存在,但是直到1600年前后驭杆才问世,而舵轮直到1700年才出现。

② Des Noëttes (2), fig. 75;亦复制于Alwin Schultz (1), vol. 2. p. 335 (fig. 149),但未指出其重要意义。这部手稿题为"*Alexandri Minoritae Apocalypsis Explicata*;"我在波特哈斯特[Potthast (1)]或舍瓦利耶[Chevalier (1)]的资料中尚未能进一步追索其细节。勒芒(Le Mans)大教堂的圣母堂里的一块彩色玻璃窗的圆形雕饰上也刻有船舵,大体也属同一年代。

③ 见Jewitt & Hope (1), vol. 2, p. 331。据林恩·怀特[Lynn White (14), p. 161]考证,这恰好是对面一页上提到的洗礼盘浮雕的大致雕刻年代。有人认为,由于石头坚硬,该印章上所刻的舵比当时盛行的式样更为粗糙古老。

④ 1309年也是最早提及地中海有尾柱舵的年代[*Chronicle of Villani*; la Roërie, (2)]。英文最早使用"rudder"(舵)一词是在1303年。

⑤ 其中有些印章上似乎刻画了一种双舵,即在船的两侧尾舷的后部各装一舵,布林德利或许是这样认为的;但是其他人(如R. C. 安德森和拉罗埃里)却不同意这一看法,他们认为这是由于印模的缺陷所致。参见des Noëttes (2), figs. 73, 74, 76, 78。尾舷舵已被重新发明用于罗讷河的某些驳船上[Benoit (2)]。

⑥ 孙念礼[Swann (1)]和埃登[Eden (1)]都有描述。温切斯特洗礼盘上所刻画的故事载于*Legenda Aurea*, vol. 2, p. 120。参见Brindley (3); Anderson & Anderson (2); La Roërie & Vivielle (1), vol. 1, p. 193。有些专家仍然坚持认为,温切斯特雕刻上所表现的远非只是尾舷舵[如Clowes (2), p. 48]。

⑦ 有关术语见德拉佩拉[Drapella (1)]的奇特的研究。

⑧ La Roërie (1); Clowes (2), p. 79; Halldin & Webe (1)。

⑨ Des Noëttes (2), figs. 72, 86. 参见Anderson & Anderson (1)。这是悬吊式的。深度可调节的舵在阿尔勒(Arles)的罗讷河水面上沿用了很久[Benoit (2)]。

条）的普遍采用，1710年前后驭杆才消亡[①]。

总之，我们可以由此把1180年作为欧洲最早使用尾柱舵的期限[②]。现在我们要列举史料说明，在此以前中国已采用轴转舵很长时间。许多西方学者[③]（在根据不很充分的情况下）已经意识到了这一点。瑙赫伊斯（van Nouhuys）虽引用过一份似乎与朝鲜船只有关的“1124年的远东文件”，但是他没有提供出处[④]。对于这一问题在技术发展史上的重要性不可能有什么疑义。13世纪的十字军远征，不像前几次那样，都是走海路进行的，由此可见尾柱舵影响波及的迅速程度。15世纪开始了绕行非洲海岸的伟大探险活动，并导致了西方对印度洋的统治和美洲的发现。在西方第一次提到了航海罗盘[⑤]以后不几年（也许不到10年），就证实了尾柱舵第一次在欧洲船上的应用，这一点意义十分重大。仅仅这一事实或许就会引起人们的怀疑：尾柱舵并不是土生土长的，而是从某一外地经历了长途跋涉传来的。

638

（3）中国和轴转舵

中国的船舵史向我们提出了一个典型的难题，因为我有理由相信，几个世纪以来同一个词却指的是两种或两种以上技术上截然不同的装置。“柁”、“舵”、“柂”、“舵”等字在公元前3世纪当然都指“操纵长桨”或“操纵短桨”；同样可以肯定，这些字在13世纪，则是指轴向“尾柱”舵。如前所述，后者在欧洲最初出现的时间稍早于1200年，因此研究中国可能作出的贡献不能仅依靠名称和用词。我们有必要弄清各个人所用的名称实际所指的东西。如果有读者感到考证太乏味，那么只须翻到p.649看一下研究结果即可，但这种考证方法总是不可避免的。

（i）文字考证

最简单的办法是将有关文献分类归纳。首先让我们探讨：①早期的记载，这很可能是指操纵长桨；而后②考虑与“舵”字连用的动词；③舵的形状和长度；④如何安装；⑤用什么材料制造。

最早提到舵的文献之一肯定是公元前120年前后的《淮南子》，该书用的是一个古

---

① Chatterton (1); Anderson & Anderson (1), p.164; Gilfillan (1), p.70。

② 业已证实，所有寻求更早使用尾柱舵的证据的努力都不足为据［参见Febvre (4)］。诺德曼［Nordmann (1)］和洛朗［Laurand (1)］讨论过一段卢奇安（Lucian）的文章，结果发现它是指用一根棒材连接起来的双操纵长桨。从德圣丹尼［de St Denis (1)］对古代地中海海员用语的研究中也没有发现其他证据。费尔韦［Verwey (1)］描述过从一块泥炭田中出土的10世纪撒克逊人的陶器，其中有几具陶土船模，上面都有一根不同寻常的垂直船尾柱，柱上有一个孔。但是航海考古学家们讨论过这些出土文物，不同意把它作为尾柱舵的证据。

③ 例如，Smyth (1), p.373; Gilfillan (2); la Roërie (2); Elliott-Smith (2); Landström (1), pp, .218 ff。

④ 对费尔韦［Verwey (1)］的评论。解说见下文p.642。

⑤ 见本书第四卷第一分册中的第二十六章（i），并见第四卷第二分册pp.544，584关于“传播群”（transmission clusters）的内容。

字“杕”。作者写道[①]：“要是愿意，人们就可以把船毁掉来造杕；可以把大钟熔化来造小钟。”（“心所说，毁舟为杕。心所欲，毁钟为铎。”）以后，就产生了“柁”字[②]，例证如下。

《前汉书》[③] 在谈到公元前107年时写道：

“汉武帝的船（‘舳舻’）的水上漂流达千里之遥。”

〈自寻阳浮江，……舳舻千里。〉

三国时期（3世纪）的注释家李斐说：“舳是把握（‘持’）柁的船尾部，舻是安装（‘刺’）桨（‘棹’）的船首部。”（“舳，船后持柂处也。舻，船前头刺棹处也。”）

《盐铁论》[④]（公元前80年前后桓宽著）：

“（提拔平庸的人担负重任）犹如渡江泛海而没有桨或舵，只要一遇暴风就会被刮走，并坠入百仞深渊，或被吹到东方无边无际的大洋中去。”[⑤]

〈……专以己之愚而荷负巨任，若无楫舳济江海而遭大风，漂没于百仞之渊，东流无崖之川。〉

639

《方言》[⑥]（公元前15年扬雄著）：

“船尾叫舳，舳控制水流。”

〈后曰舳，舳制水也。〉

有一段注释，据说出自郭璞（4世纪初），说：现在江东人把‘舳’读做‘轴’（“今江东呼为轴也”）。颜师古（7世纪初）在注释上面《前汉书》的那段文字时，重复了这一点。显然，在这些人的脑海中显然已经萌发了枢轴的概念。

《释名》[⑦]（100年前后刘熙著）：

“船的尾部叫柂。现在‘柂’字近乎‘拖’字，意谓‘拖带’。（的确）在船尾可以看见（有人）在拖带，这是在操纵船的方向，借助于（柂）可以使船依照所需方向行驶，而不致漂移偏离。”

〈其尾曰柂。柂，拖也。后见拖曳也，且弼正船使顺流不他戾也。〉

《刺世疾邪赋》[⑧]（赵壹作；赵壹鼎盛于178年）：

“好像一艘海上航船丢失了柂，或像人坐在一堆就要烧着的干柴上。”

〈奚异涉海之失柂，坐积薪而待燃。〉

《后汉书》[⑨] 所引公元210年前后仲长统的诗：

“让（沉思的）活力化为船，

让（抛弃世俗的）和风化为柂。”

---

① 《淮南子》第十七篇，第十一页，由作者译成英文。所以提到钟，也许可用前面讲过的事情来说明（本书第四卷第一分册 pp. 170，204）。

② 或者用比较含糊的“舳”字。

③ 《前汉书》卷六，第二十五页；引证《太平御览》卷七六八，第三页；《子史精华》卷一五八，第十二页；参见 Dubs（2），vol. 2，p. 95。

④ 《盐铁论》第二十一篇，第七页，译文见 Gale，Booderg & Lin（1）。

⑤ 鉴于在别处（第551页起）已讨论过中国早期对太平洋的探险活动，这最后一节具有特别趣味。

⑥ 《方言》卷九，第八页；引证《太平御览》卷七七一，第四页。

⑦ 《释名·释船第二十五》（第378页）；引证《太平御览》卷七七一，第四页。

⑧ 《全上古三代秦汉三国六朝文》（后汉）卷八十二，第八页。

⑨ 《后汉书》卷七九，第十四页；译文见 Balazs（1），然而其中把“柂”译成“gouvernail”。

〈元气为舟，微风为桅。〉

《游仙诗》①（285年左右张华作）：

“游仙（最终）来到西方尽头，
流沙彼岸便是‘弱水’②，
云朵为桨，露珠为柁，
飞波之上船儿滑游。”

〈游仙迫西极，
弱水隔流沙。
云榜鼓雾柂，
飘忽凌飞波。〉

《江赋》③（4世纪初期郭璞作）：

“……腾越波涛，驾舟操柂……”

〈……凌波纵柂……〉

《孙绰子》④（4世纪初）：

“行为没有节制，没有原则，就好像船没有柂。”

〈动而不乘不理，若泛舟而无柂。〉

《孙放别传》⑤（4世纪末）：

“庾公办了一所学校。孙放年岁最小，排队时他总是站在最后。庾公问他为什么站在最后，他回答说：‘你没有看过船柂吗？柂在最后，但却控制船向。’”

〈庾公建学校，孙君年最幼，入为学生，班在诸生之后。公问：君何独居后？答曰：不见船柂耶？在后所以正船。〉

虽然，这几段文字有的在技术上毫无裨益，但却很清楚地说明诗人们对操舵装置重要性的认识，只是谁也没有想要对它进行详尽的描述。最好的线索则是郭璞的注释，他认为表示船尾的“舳”字在某些方言中同表示枢轴的“轴”字读音完全相同——的确，这两个字读音相同，只是部首相异⑥。这一线索越发使人容易追踪，因为这里指的是在船尾有一物体像枢轴一样“旋转”。然而其描述还不足以区别是支承在桨叉上转动的操纵长桨或船尾长桨，还是安装在轴承里像转轴一类的舵。换句话说（即用机械学语言），我们仍然不知道是指“点闭合”还是“线闭合”⑦。

640

研究一下描述枢轴运动所用的动词，也许能够有新的进展。例如，“转”字的含义

① 引自《太平御览》卷七七一，第四页。

② 参见本书第三卷。p. 607。

③ 《全上古三代秦汉六朝文》（晋）卷一二〇，第三页。德效骞（H. H. Dubs）教授为我们提供了这一段文字，谨致谢意。

④ 《玉函山房辑佚书》卷七一，第十一页。

⑤ 收在《晋书》书目中，无作者姓名。孙放的官场生涯见《晋书》卷八二。本段文字引自《太平御览》卷七七一，第四页，及7世纪虞世南的《北堂书钞》。

⑥ 这个读音（参见K1079）的词义范围很广，我们尚不知其古代字形的含意，但如果没有什么变故的话，这个读音则出自“胄”字，“胄”字起源于尖顶帽或盔的形象。也许因为轴端的轴承或轴颈常像销钉一样插在轴承座中旋转，于是艺人才借用这一边旁来表示它们，难道没有这种可能吗？

⑦ 参见本书第四卷第二分册 p. 68。

就是指某物体绕轴回转，而不是绕一点旋转。我们在3世纪关于后来成为吴国国王的孙权的一个故事中遇到过这个字①。

> 孙权在武昌时，新造一艘名为“长安”的大船，于钓台附近试船。适逢江风大作，谷利就叫舵工（把船）开到樊口。但孙权说他们应当去罗州。于是（谷）利拔出短剑对着舵工说，如果他不把船开往樊口，就要杀头。因此舵工立即转舵（“转柁”；不管是什么样的操舵装置）向樊口驶去。
>
> 〈权于武昌新装大船，名为长安，试泛之钓台圻。时风大盛，谷利令柂工取樊口。权曰：“当张头取罗州。”利拔刀向柂工曰：“不取樊口者斩。”工即转柂入樊口。〉

不管怎样，13世纪末叶的诗人虞伯生的笔下恰恰就很自然地运用了这个动词，当时（1297年）已肯定使用了轴转舵②。更重要的证据则见于一位伟大而激进的宰相王安石（1021—1086年）的一首诗《彭蠡诗》③，诗中写道：“东西捩柁万舟回”——“将船舵从东转向西，万条船只即可返回。”我们前面曾谈到过，17世纪表示滑轮组的术语叫做“关捩”④，以及为期更早的各种工程技术用语的搭配运用，其中包括轴枢，我们可以从中体会到“捩”字具有轴向力的含义⑤。

再者，要考虑舵的形状和长度。在5世纪的山谦之著的《寻阳记》佚书中有这样一段文字⑥：

> 在庐山西部丛岭中有一甘水泉⑦。有一次人们看到一根“柂”（从泉水聚积的溪中）漂流下来，因此这个溪叫做“柂下溪”。宣（公）和穆（公）派去的人发现溪边有一平底小船（“艑”）的残骸，由此可见这个故事是真实的。
>
> 〈庐山西岭有甘泉，曾见一柂从山岭流下。此溪中人号为柂下溪。宣穆所遣人见山湖中有败艑，而后柂流下，信其不妄。〉

641

我们没有必要把这个故事作为所提到的周王朝时期的证据，但是它确实谈到了山谦之所在时代的某种操舵装置。因为文中已经暗示，在当时已完全可能从形状上将舵同桨区别开来。如果操纵长桨仍是当时唯一使用的操舵装置，情况就不会是这样，因为操纵长桨同其他桨还是不易区分的，况且还完全可以用一个普通“桨”字来表示。所以无论怎么说，到公元450年前后，舵与桨之间在形状上的区别已明显存在。

《管氏地理指蒙》中的一段文字也许更为重要，该书是我们在谈到磁罗盘的历史时已提到过的一部文字晦涩的书⑧。虽然据说该书是3世纪时的管辂所著，但不可能早于唐代，看来也不会晚于9世纪末。作者在谈到墓穴的合适深度（即墓既不应太深，也不

① 引自虞溥的《江表传》，引文见《三国志》卷四七（吴书二；第十八页）的夹注，由作者译成英文。

② 引自《麓堂诗话》第二页。

③ 引自《康熙字典》“捩”字条。

④ 参见上文p.604。

⑤ 参见本书第三卷p.314和第四卷第二分册pp.235，292，485。应当还记得，这些技术术语当中有一个曾译为英文“projecting lug”（突柄）。这个术语对舵柄很适用。

⑥ 引自《太平御览》卷七七一，第四页，由作者译成英文。

⑦ 这座山俯瞰鄱阳湖，山上有现代的名胜牯岭。一幅优美的13世纪的庐山绘画见于Anon.（*32*），第30幅。

⑧ 见本书第四卷第一分册pp.276，302，310。

宜太浅）时写道[①]：

如果簪子短于应有的长度，则其有饰件的一端就无法露出发外。如果钥匙的长度不够，则箱子的锁头就扣不上。如果柁的入水深度超过规定，则船尾就不能载货（因为船将会搁浅或触礁）。

〈浅于股者钗脑之不的，浅于钥者柜角之不擒，深于柁者船首之不载。〉

这里所说的肯定很切合实际，因为典型的中国舵总是悬吊式的，且高度可以调节，因此可以深放到船底平面之下并有助于阻止船向下风漂流[②]。此外，在后一个世纪，《化书》（940 年前后）中有谭峭的一段也谈到舵的长度的话。他在其中写道[③]：“装载一万斛货物的船可以用不足一寻长的木板来控制住。”（“转万斛之舟者，由一寻之木。”）这一长度（按中国的尺制是 8 尺，按英制则略短于 8 英尺 2 英寸），对操纵长桨或船尾长桨（在较小的内河船上往往都超过 50 尺）来说显然太短，但对轴转舵来说却很切合。

但是，最有决定意义的一段文字史料则见于《宣和奉使高丽图经》，这是徐兢记载 1124 年出使高丽的一部著作。瑙赫伊斯在某地听说过的那篇史料必定就是这段文字记载。文中提到舵的地方比比皆是，而且还常常提到由于舵的损坏而造成的灾难[④]，也提到舵可以更换[⑤]，但其中最主要的内容有[⑥]：

642

船尾有舵（“正柂”），分大小两种。根据不同水深，可将大舵换成小舵，或将小舵换成大舵。甲板室（“廥”）后面有两把桨（“棹”），从上面插入水中，叫做“三副柂”。只有当船在大洋中航行时才使用它们[⑦]。

〈后有正柂，大小二等，随水浅深更易。当廥之后，从上插下二棹，谓之三副柂。唯入洋则用之。〉

这段文字使我们确信，到 12 世纪初，中国船上[⑧]已装有不同尺寸的轴转舵[⑨]，以供不同情况下使用；同时还可能保留了操纵长桨以作特殊用途使用。很久以后，欧洲船上有时仍然这样做[⑩]，如 15 世纪波斯绘画中的船上，就有一个尾舷舵和两把操纵长桨[⑪]。

---

① 引自《图书集成·艺术典》卷六五七“汇考”七，第一页，由作者译成英文。

② 此外，中国的操纵长桨或船尾长桨只产生拖曳阻力，碰到水下物体就会被顶起，而不会被钩住。

③ 《化书》第九页，由作者译成英文。这里所提到的重量相当于 700 吨；参见本册 pp. 230，304，441，452，600，645。

④ 《宣和奉使高丽图经》卷三十四，第十一页；卷三十九，第四页；卷四十，第二页。

⑤ 《宣和奉使高丽图经》卷三十九，第三页。

⑥ 《宣和奉使高丽图经》卷三十四，第五页，由作者译成英文。

⑦ 这段话暗示，这些“桨”实际上是舷边披水板（参见 p. 618）。看来“在大洋中”不大会使用附加的操纵长桨（虽然有时和舵一样放在船上，参见 p. 636）。在这种情况下，“辅助功能”是顶住顺风横漂。

⑧ 载使节的船一定是中国的，有人告诉我们，当时朝鲜人对这些船的尺度表示惊奇。参见上文 p. 463。

⑨ 在文中并没有足以证明这些舵是轴转舵而不是尾舷舵，但假定是后者亦没有充足的理由，因为在中国不管是文字史料，还是流传下来的传统造船法中，都找不到尾舷舵的痕迹。布热德 [Poujade (1), p. 259] 同意这种看法。

⑩ 表现这一点的两幅杰出的 15 世纪的图画见 la Roërie (2), figs. 18, 19。

⑪ Moll (1); des Noëttes (2), fig. 93。

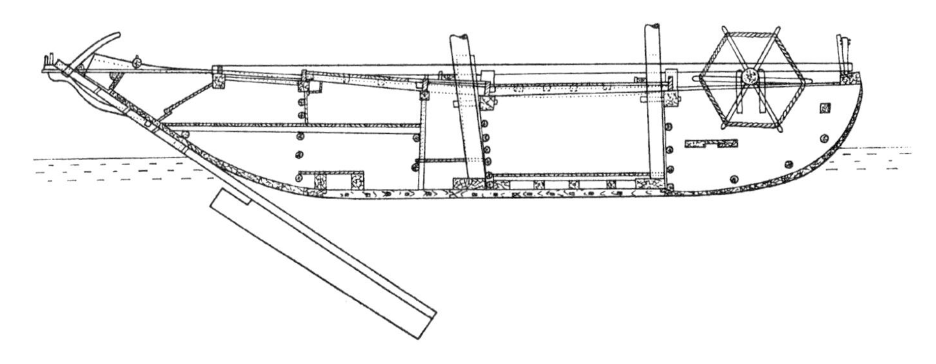

图 1031　一只传统的中型（长约 57 英尺）渔船的纵剖面图，该船建于朝鲜西海岸京畿道江华岛的小港里［根据 Underwood（1），figs. 14，32 绘制］。图中特长的舵可在夹板中上下滑动。当下放到最低位置时，可起中插板的作用。舵柱上有一系列的插孔，视舵工之便，将舵柄插入任意一孔。船上仅有两道舱壁，但方形的船头和船尾部都非常肥大陡直。两根桅杆上稍微偏斜地张挂着非常高的中国式斜桁四角帆，起锚绞车的大小也值得注意。

12 世纪初的朝鲜船舶也有轴转舵，因为徐兢在描述出迎使者船队的海防巡逻艇（“巡船”）时写道：这些船都是单桅的，没有甲板室，“（船尾）只有一橹（‘艣’）和一舵（‘柁’）”[①]（“惟设艣柁而已”）。如果后者不是真的有别于桨和橹，作者就不会在此将两者相提并论[②]。要理解刚才谈到的根据水深更换船舵这一做法的全部意义，只要看一看朝鲜船上至今仍然保留的能起中插板作用的特别深的舵就可以明了（图 1031）[③]。　643

有一部日本文献同徐兢的著作一样生动，犹如身临其境，使我们完全可以把徐兢的技术说明远远溯源到占卜大师管辂的著作的那个时代。此文献即日本僧人圆仁写的《入唐求法巡礼行记》。圆仁谈到他旅行所乘过的几艘海船上（有时曾失事），早在 9 世纪初轴转舵就和操纵长桨或船尾长桨同时并存[④]。公元 838 年，他陪同一位日本使者前往中国朝廷，在大陆海岸登陆时，出现了不祥之兆[⑤]。强烈的暴风将船吹到淮南（江苏，长江口以北）岸边的浅滩上，“舵角有两处折断”（“梅角摧析两度”）。随后不久，舵板牢牢地陷在淤沙之中，因此船工丢弃船舵并砍倒桅杆，于是船向岸冲去。早晨，大风减弱下来，由于退潮，这条部分撞毁的船才被留在岸边。这里没有提到操纵长桨。但是，一年以后，当圆仁乘另一条日本船沿山东南岸向东或东北航行回国时[⑥]，他在日记中说，他见到太阳“从大棹当中”落了下去（“见日没处，当大棹正中”）。可是，紧接

① 《宣和奉使高丽图经》卷三三，第一页。

② 这一时期提到舵的另一史料是《武林旧事》（卷三，第四页），其中记载有一艘平底小船和一个结构简单的“柁”。这里说的“柁”很可能就是舵，因为舵桨几乎不可能与船身的形状有如此密切的联系。这本书记载的是 1165 年以后杭州的生活见闻。

③ Underwood（1），p15 和 figs. 13，14，32。

④ 他所记载的大部分细节都是指日本船，但无疑可以推断，在中国船和朝鲜船上也有类似的装置。

⑤ 这段文字的译文见 Reischauer（2），p. 6；参见 Reischauer（3），p. 69。

⑥ 事实上，这一次圆仁并没有回日本，而是设法取得了在中国逗留的许可。使者们回国了，他却与之分手，又继续在中国取经八年。后面文字的译文见赖肖尔［Reischauer（2），p. 115］著作，但其译文我们不能全盘接受。大概圆仁提到“从大棹当中”的意思是“与大棹成一直线”。

着他又说月亮“从船尾舵楼后面”落下[①]（“见月没处，当舻梅仓之后”），由此看来，船上不仅有舵，通过“舵楼”里的舵操纵，而且还有一把辅助操纵长桨[②]。这就是我们上面已经谈到的，舵和操纵长桨有时可以同时出现在中世纪的欧洲和中国的船上。最后一点，几个月以后，当圆仁和一些在山东赤山的朝鲜僧人于海边逗留时，前面提到的那条船遭到了暴风的袭击，“被吹到乱礁石上，栀板被打碎”[③]（“其舶为大风吹，流着粗矶，栀板破却”）。这样，圆仁作为目击者提供的证据，生动地证实了我们从占卜大师管辂和道士谭峭的文字中所得出的结论。

644　在中国人出使朝鲜以后，马可·波罗也有记述，他讲得十分具体（见上文 p. 467），但由于他的写作时间是在欧洲出现舵一个世纪以后，所以与这里的讨论无关[④]。我们必须转到操舵装置的安装方法及其制造材料这些尚未涉及的考证上来。

6 世纪中叶（543 年前后）顾野王编纂的《玉篇》说[⑤]：“柁”是“一块用于控制船（的方向）的木材，它设在船尾。”（“正船木也，设于船尾”）虽然前面提到的许多较早的资料以及其他文献都曾谈到船尾，但这里所用的动词“设”字，却暗示有某种东西永久性地安装在船尾，也许比用绳索把舵桨绑在船尾更为永久。不过这仅仅是一种暗示而已。《唐语林》一书必须加以认真地考虑，因为该书提到公元 780 年前后的有关史实时谈到了“舵楼”，即船尾平台或船尾楼的延伸部分[⑥]。后来这一术语总是用以表示突出的船尾楼，舵工过去（现在仍然）站在舵楼里或舵楼上操纵舵柄（“梅杠”），而且舵楼里还有升降船舵用的绞车或其他装置（参见图 1026）。就我们所知，这是“舵楼”这一用语的最早出处，其意义绝不能忽视，因为没有必要为操纵长桨设置舵楼，实际上舵楼对操纵长桨还会有妨碍，而且在现存的千百种类型的中国大小船上，根本没有舵楼同船尾长桨或操纵长桨并存的实例，因为若是装上这种狭长的器械，它们就须从甲板后部的上方向前伸展相当距离才能到达舵工站在那里操作的简易船桥。所以，舵楼提供了早在 8 世纪就已有轴转舵的有力证据。

我们有一定把握认为，中国舵从来就不用铁舵销和舵销座固定在船尾上。但很早就用铁来加固舵板则是确信无疑的。大约在 13 世纪的最后 10 年，周密所著《癸辛杂识》中的几段记载似乎值得援引。他在一处谈道：

> 李声伯说过：“在海上航行时，我总是遵照张万户老人（的航海技术）。在张家滨和盐城之间有十八处沙洲。一旦航海帆船搁浅，就必须将所载谷物抛到水中以减轻船的重量。如果船仍然不能移动，则应准备木筏以救（船工的）生命，因为

---

① “舻梅仓”大概是“舳梅仓”的笔误。

② 见紧接本段的文字。

③ 译文见 Reischauer (2), p. 132；参见 Reischauer (3), p. 93。公元 836 年，日本出使没有成功，发生了类似的海难；Reischauer (3), p. 61。

④ 不过看看马可·波罗所写的舵的升降情况还是很令人感兴趣的。当写到他的中国船队在东印度群岛某地时，他说：“这个岛屿中间，大约在 40 海里的水面上只有四条狭窄水道，所以大船要将舵提起……” [Penzer (1) (ed.), p. 103]。

⑤ 《玉篇》卷十二，第十七页，《康熙字典》“柁”字条引。

⑥ 《唐语林》卷八，第二十四页，参见上文 p. 453。公元 737 年唐朝“水部令”中提到过“梅师” [参见 Twitchett (2), p. 55]。

船将撞碎，无法再提供保护。舵底（‘柂梢’）的（上等）木料叫做‘铁棱’。有时用钦州出产的乌婪木。这种木料每一量度单位价值500（两）银子。”①

〈李声伯云，常从老张万户入海，自张家滨至盐城，凡十八沙。凡海舟阁浅沙势，须出米令轻。如更不可动，则便缚排求活，否则舟败不及事矣。柂梢之木曰铁稜，或用乌婪木，出钦州，凡一合直银五百两。〉

在另一处，提到1291年时，他写道②：

645

辛卯年，宣慰（兵站总监）朱某向京城运粮……途中遇到暴风。急忙下了一锚（“钉”），但走失了；再下三、四个铁爪锚，也一个接一个被打断。柁柱（“柁干”）和铁棱发出可怕的嘎嘎声，似将断裂一样……

〈辛卯，朱宣慰运米入京，……忽大风怒作，急下钉铁锚，折其三四。柁干铁稜，轧轧有声欲折，……〉

如果需要时，当时的铁匠师傅完全有能力给舵配上舵销和销座，但是，中国的船工似乎总是选择能在导槽中上下移动的舵。毫无疑问，这是因为这种舵在最低位置时会大大改善船逆风行驶的性能③。此外，在强烈的季风天气航行时，把舵放低则有利于减少海浪对它的冲击。当然，在驶向岸边或当在河口及黄海浅水区域航行时，必须能将舵提起。

现在就剩下柁的制作材料这一问题了。特种木材的使用似乎要追溯到很久以前。约3世纪末的著作《三辅皇图》中，有这样一段故事④：

有人向皇帝献上了一条小舢板（“豆槽”），但是皇帝说：“用桂木作桨，松木作船体，造成的船就够重了；人们怎么能乘此船航行呢?”于是他命令用梓木造船体，木兰木造舵。

〈士人进一豆槽。帝曰：桂楫松舟，其犹重朴，况乎此槽可得而乘耶？乃命以文梓为船，木兰为柂。〉

历史发展到后来，我们或许还记得14个世纪以后宋应星关于用铁梨木制作舵的详尽记载（上文p.416）。在其间的1178年，周去非的《岭外代答》中有一段有趣的文字，记载了人们极力寻求的中国南方出产的特种造舵木材。他写道⑤：

钦州海岸山区⑥有奇异的树木，其中有两种属珍贵木材。一种叫紫荆木⑦，质坚如铁石，色红若胭脂，纹直，树干粗两围，用做屋梁可耐数百年。另一种叫乌婪木，用做大船的舵（“柂”）⑧，这是世界上最好的舵料。外国船（“番舶”）大如巨屋。它们在南洋航行数万里，千百人的生命皆系于一舵。其他造舵的（木材）长度都不超过三丈，用来建造装载一万斛的帆船是够好的了，但是这些外国船的装载

① 《癸辛杂识·续集》卷上，第三十六页，由作者译成英文。关于由海路运粮一节，参见上文p.478。

② 《癸辛杂识·续集》卷上，第四十一页，由作者译成英文。这个故事涉及某些道教的祷文和咒符的灵验程度。

③ 参见Poujade（1），p.258。参见上文pp.429，620。

④ 《三辅皇图》卷四，由作者译成英文。参见上文p.414。

⑤ 《岭外代答》卷六，第九页，由作者译成英文，借助于Hirth & Rockhill（1），p.34。

⑥ 在广东省的最西端。

⑦ 显然属学名为*Cercis sinensis*的植物，R380；Stuart（1），p.101；Li Shun-Chhing（1），p.628。

⑧ 夏德和柔克义（Hirth & Rockhill）错译了这段文字，他们把“柂”字全都译成了圆木或木材。至少有一点是不容怀疑的，即我们在这里讨论的是制造操舵装置用的特殊木材。

量却为这个数字的几倍，如果在大洋上遇到风暴，舵就会折断成两段[1]。而这种钦州木材密实坚韧，长达五丈[2]，狂风巨浪亦无所害。这好比人们可以用一根丝线吊起千钧之重[3]，或支撑一座大山的崩塌——这种（木材）对于在汹涌澎湃的海洋上航行的人真是宝物。在钦州，两根这种（造）舵（的木材）仅值几百缗钱；而在广州和温陵其价值却十倍于此，因为木材很长，海路运输困难，故运到那里的木材量只有十分之一二。

646

〈钦州海山有奇材二种。一曰紫荆木，坚类铁石，色比燕脂，易直合抱以为栋梁，可数百年。一曰乌婪木，用以为大船之柂，极天下之妙也。蕃船大如广厦，深涉南海径数万里，千百人之命，直寄于一柂。他产之柂，长不过三丈，以之持万斛之舟，犹可胜其任，以之持数万斛之蕃舶，卒遇大风于深海，未有不中折者。唯钦产缜理坚密，长几五丈，虽有恶风怒涛，截然不动，如以一丝引千钧于山岳震颓之地，真凌波之至宝也。此柂一双，在钦直钱数百缗，至番禺、温陵，价十倍矣，然得至其地者，亦十之一二，以材长甚难海运故耳。〉

这种“乌婪木”[4]，很可能就是后来所用铁黎木，但是这段文字中，对用此木材制作的“柂”的种类却颇为含糊。前文引用过的周去非的一段文字[5]告诉我们，在南洋以南航行的船只，“张开的风帆如同垂天的云幕”（“帆若垂天之云”）。“柁”有数丈长，可惜他的这一说法含义不清，如果他说的数丈长是二三丈，那么，就真正的巨大轴转舵而言，包括其舵柱在内，这一长度并不过分（参见上文 p. 481）。但如果他说的是七八丈，甚至比钦州等地的木材还要长时，那么，这就只能是指巨大的船尾长桨。

（ii）图形和文物史料

前面的考证，依据的只是古代和中古时期的文字记载，在 1948 年即拟出初稿。要使其完善，还须依据保存下来的绘画，最后还要用出土文物来证实。前一种文字考证虽然非常重要，但不能使我们超越文献所引导的范围。然而后一种考证，虽然只延后十年，却是意义重大，有决定性，比任何人预想的考证更要彻底。它既可以使其他途径的考证得到充分公允的论证，并能为这些考证中的主观推测提供实物根据。

让我们用与以前相同的方法进行考证，既从最早的时期开始顺次向后推移，我们也可以从欧洲出现船尾舵以后时期最可靠的中国船图逆序向前追溯。这样，就好像用显微镜观察一样，我们将从上下两端来聚焦。与我们曾从事研究的汉代和三国时期文献相对应的史证，自然是众所熟知的墓地祠堂的浮雕，在其上常可看到带有操纵短桨的小船

---

① 刚刚超过 350 吨；难道“几倍”不会指 1500 吨左右吗？参见上文 pp. 230，304。1124 年，使者的船能载 70 吨左右的谷物，但它基本上还是一条客船。

② 长度很可能是指木材运到造船工匠手中时的长度，而不是成品舵的长度。

③ 1 钧重 30 斤，见上文 p. 415。

④ 辨别不出是哪一种木材。但是叫铁梨木的热带木材有许多种，例如，*Casuarina equisetifolia*，*Fagraea gigantea*，*Intsia bakeri*，*Moba buxifolia* 和 *Mesua ferrea*［分别见 Burkill（1），pp. 491，995，1243，1380，1458］。见上文 p. 416。

⑤ 上文 p. 464。人们认为他的话是指婆罗浮屠类型的马来亚船（参见图 937，图版），但是他也一定以此来指称安南和中国南部的海船。

（参见图394）[①]。此外，还有印度支那铜鼓（参见图960）上的大大小小的船只，也一律都使用操纵长桨[②]。这可以追溯到3世纪。从那时以后直到唐代末年，我们主要依靠佛教的绘画和雕刻，如敦煌石窟壁画（图968，图版）和六朝时期的石碑（图970、图972；图版）。在这些绘画和雕刻上还是都有操纵长桨，甚至相当大的船上似乎也是如此。人们也许会怀疑这里是否受了印度的影响，因为刻画的都是鼓满风的横帆，而从未见到中国的撑条席帆。但我们或许不必冀图否定这种船的中国起源，因为船尾长桨在中国（至少在内河船上）不仅沿用至今，而且历史悠久，影响深远。不管怎样，舵却未出现在这些水域。 647

后期的发展又是怎样呢？在这里我们有时被问题的真实性所困扰，因为中国和日本的画家在临摹时并非原原本本地把图画上的技术细节都再现出来。相对地说，宋代临摹翔实的绘画就比较少。然而13世纪和14世纪元代的绘画中，在高大而弯曲的船尾下面往往都有舵，由日本美术史学家临摹的一幅王振鹏的名画就是一例[③]。日本的铃木收藏的绘画中，有一幅1180年以前的宋代作品，画的是两艘具有精致的平衡舵的帆船（图1032，图版）[④]；另一幅收藏在中国，名为《江帆山市》，是一位无名氏画家的作品，年代在1200年前后或更早些时候[⑤]。根据中古时期原作复制的日本卷轴画反映了源氏打败平氏的1185年的檀浦战役[⑥]。其中有一艘大型作战帆船（图1033a），船上的轴转舵和长方形斜桁四角帆都清晰可见，帆上还有箍索及吊帆索。但我们对其细节的真实性尚无把握[⑦]。 648

柬埔寨的艺术家们在吴哥王城墙壁上镌刻的中国船浮雕非常杰出[⑧]，毋庸置疑，其年代和檀浦战役几乎完全相同，这对我们进行考证就更为有利。不幸的是，浮雕上的细节一直被认为是难于解释的。从许多特点（具有复式缭绳的撑条席帆、四爪锚等）来看，上面雕刻的肯定是一艘中国商船，但是（图975，图版）船身后部，乍看起来好像是一个装倒的轴转“尾柱”舵，所以它处在尾舷末端面对船头方向，许多人都接受这种看法[⑨]，但有些人则不予肯定；例如，帕里斯［P. Paris（2）］指出，那根柱子上好

① 本书第四卷第二分册 p. 94 的对面。参见 Chavannes（9）；Fairbank（1）；des Noëttes（2），figs. 104，105。

② 参见 des Noëttes（2），fig. 103。

③ 原田淑人和驹井和爱（*1*），第2卷，图版Ⅲ，第1幅（采自《国华》，第270号，图版Ⅲ）。像这么晚期的例子并不难找；一幅反映1281年蒙古人侵的名画卷轴，船尾“舵楼”下画有一把舵（图1033b）。珀维斯［Purvis（1）］复制了此图，还描述了另一幅有舵的船的绘画，描绘行脚僧一遍上人1280年左右的一次航行，但这是粟田口民部法眼隆光18世纪的临摹本。

④ 原田淑人和驹井和爱（*1*）第2卷，图版Ⅳ，第1幅（采自《国华》，第537号，图版Ⅰ）。此画系马和之所作。试同辽宁博物馆收藏的其同时代人马麟所作的一幅非常相似的绘画进行比较［杨仁恺和董彦明（*1*），第1卷，图版六〇］。

⑤ Anon.（*32*），第43幅。画中的舵属于单板型或非平衡式。

⑥ 参见 Purvis（1）。

⑦ 赵伯驹的绘画与此类似，画上的帆船具有清晰的尾柱舵，但这是元代，甚至也许是明代的临摹本［Hájek & Forman（1），ps. 176—177］。

⑧ 参见上文 p. 460。

⑨ 例如，Groslier（2）；Poujade（2）。

图版 四三二

图 1032 两艘用支索固定的双脚桅载客内河帆船，暮霭中并列地停泊在城外。马和之于 1170 年所作的团扇画［铃木收藏品，复制图采自原田淑人和驹井和爱（*1*）］。两艘船都有平衡舵，左边的那艘更清楚，右侧的由于有一捆可能是用做碰垫用的木杆遮住，多少有些看不清。

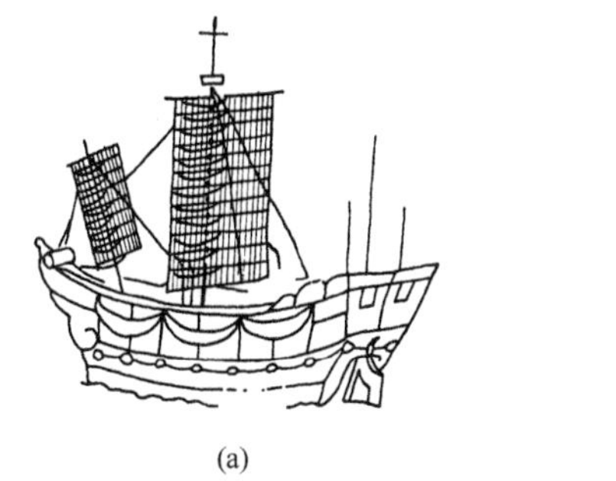

(a)

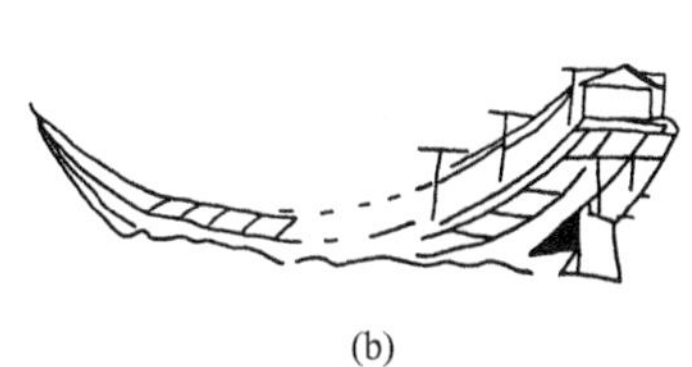

(b)

图1033 (a) 檀浦战役(1185年)卷轴画中的大型战船,收藏于下关赤间神宫。系由土佐派画家土佐右近将监光信(1434—1525年)于16世纪初,根据早期的原作临摹。画中的(非平衡式)单板轴转舵清晰可见,大斜桁四角帆上的箍索和吊帆索也画得很精心。也请注意船首处引人注目的起锚车。

(b) 题名为《蒙古袭来绘词》(蒙古军队1281年入侵日本事件的图绘和叙述)的卷轴画上所描绘的一艘船的示意草图,该画作于1292年,藏于宫内庁书陵部。该船的绘画见于久保田米参1915—1918年所编辑的彩色复制画册,本三,第十页。无桅船上挤满了蒙古兵,每舷有二三名水手站在舷外突击部分上划船。原画中(非平衡式)悬吊舵的索具是绳子和链条(其实画得很像竿子),十分显眼,很值得注意,但在这幅缩小的示意图中未同相连的船体部分明显地分开。示意图中理应将船头画成方形,并具有方形尾板。

像雕刻有一个个节头,可能是一根竹竿,这就是说原来想画的更像是靠在旁边的那条打渔舢板的桅杆;可是这与小舢板并未相连,石雕上也未显现出有损伤痕迹[①]。它不可能是尾舷舵,因为当时的尾舷舵不会伸到船底的下面,况且亚洲东部任何时期都没有发现使用过尾舷舵的史证[②]。而有助于我们将其理解为船中线舵的事实是:它伸到船身下面很深,起着一般的中插板的作用,同时船尾平台(即升降舵的地方)刚好突出在舵的上方,所有这些都是中国悬吊舵的明显特征。人们甚至可以从甲板平面上的舵楼内看见舵工的头部。帆扬挂着,船正在起锚离开某一深水港。只要想到柬埔寨石刻家并不是航海专家[③],他们对于中国商舷[④]船尾水下部分到底有些什么东西也许缺乏明确的概念,我们就会毫不迟疑地认为这一浮雕是中线舵的证据。

① 本人1958年亲眼目睹。

② 不包括某些苏门答腊船[Poujade (1), p.267],因为苏门答腊船可能起源于阿拉伯的影响。布热德[Poujade (1), p.256]曾一度以为,尾舷舵是对巴云(Bayon)船的操舵装置的最好解释。

③ 舵的右边缘的串珠状物件大概不应看做是舵柱,而应当看做是雕刻者的一种习惯。舵柱隐藏在船体里面。

④ 德诺埃特[des Noëttes (4)]猜测巴云船的年代很接近贝叶挂毯上诺曼底长船的年代。长船上的横帆和操纵长桨同巴云船的纵帆和舵相比,则大为逊色。其实,巴云船要晚一个世纪。

我们再以张择端的著名卷轴画《清明上河图》[1] 作为考据史料，此图恰好完成于
649 1125 年，是描绘人民日常生活及技艺的翔实画卷。画中非常清晰地勾画出许多悬吊式平衡舵（图 1034，图版）。由于其时间几乎完全与《高丽图经》的文字记载时间相同，我们就又一次有了绘画和文字的互相印证[2]。

最后，如果现存的宋代临摹作品是可信的话，则我们可以在著名的五代画家郭忠恕的作品中见到平衡舵，他公元 951 年的作品《雪霁江行图》[3] 中有两条大帆船，上面都有画得很精细的平衡舵。

在公元 950 年和 1000 年之间，只有一幅可以作为考证的绘图史料，即 4 世纪后半叶名画家顾恺之所绘的船图，此图系按曹植 150 年前作的《洛神赋》的意境绘制[4]。这幅画（图 1035，图版）似乎体现了顾恺之时代绘画技术中透视画法的某种古风[5]，但现存的这幅画的最早摹品的年代可能系 11 世纪或 12 世纪的宋代[6]。因此不能断定画中像舵的物体真正出于原画，因为或许在唐代临摹的一幅之中早已加进此物，而这幅名画确凿无疑是辗转复制而留传下来的。另外，这又是什么呢？在船尾有一个奇怪的梯形结构，看来很像一个从船内提升高离水面的轴转舵，旁边还有一根向后下方伸出的圆木、大概是一柄“橹”，或许是一把船尾长桨，因为这很适合于内河船只[7]。但是人们仍感到十分迷惑不解，因此很少有人愿意把顾恺之的绘画作为 4 世纪郭璞和孙放时代“尾柱”舵的证据[8]。

1958 年以后，这类疑案总算能迎刃而解了。设在广州市的广东省博物馆和中国科
650 学院，在前几年建设施工挖掘过程中，发现了一座东汉时期（1—2 世纪）的古墓，其中有一只陶土船模，表明东汉时期就已有了轴转舵。在这些发现以前，现代考古研究中发掘的墓葬船模都属于战国时期或汉代初期的文物（公元前 4 世纪—前 1 世纪），并都是可找到操纵长桨的证据（参见 p. 447；图 961，图版）。但这些陶土船模虽长不足 2 英尺，却具有非常现代式样的装备。我们不必再重复已作过的说明（p. 448），但是还应再补充一点，即正如图 965（图版）所示，甲板室占了船宽的大部分，其两舷还有撑篙走

---

① 上文 p. 463 有详尽的记载。参见韦利［Waley（20）］的研究。后来的临摹本的复制图见 Binyon（2），pl. XLII 。我们已讨论过其真实性的问题。

② 大约也在这一时间，即 12 世纪上半叶，至少还有一幅乔仲常的绘画，意境是苏东坡的《后赤壁赋》，画面上展示出诗人的友人随小舟泛游，小舟上的三角形平衡舵非常清晰。这幅作品由克劳福德美术馆（Crawford Collection）收藏，曾于 1956 年在伦敦展出；见 Sickman et al. p. 32，no. 15。

③ 临摹本见伍联德（*1*），p. 501，原作收藏在台北故宫博物院；另一临摹本收藏于堪萨斯城（Kansas City）的纳尔逊艺术馆（Nelson Art Gallery）。

④ 《全上古三代秦汉三国六朝文》（三国）卷十二，第二页。

⑤ 见上文 pp. 114，116。

⑥ 杨仁恺和董彦明（*1*），第 1 卷，图版一〇，及 Waley（19），pp. 59，ff. 。承蒙温利（A. G. Wenley）博士的协助，我们将华盛顿弗里尔艺术陈列馆（Freer Gallery of Art）的临摹本复制于此。参见 Sullivan（3），p，428。

⑦ 如果在船尾竖立的小木头不是橹梃或船尾长桨的梃木，那么它也许是舵柱。如果那根圆木不是橹或船尾长桨，则可以根据梅县附近客家船上现在仍然存在的倾斜撑杆的形象来想像这根圆木。把舵的后部与舵柄的中部直接相连，用以增加强度（夏士德未发表的资料第 86、88、179 号）。某些荷兰船上也有这种圆木。

⑧ 见上文 p. 639。夏士德［Worcester（3），vol. 1，pp. 104 ff. ］曾准备把这幅画作为轴转舵的证据，只是对其历史真实性还有怀疑。

图版 四三三

图 1034 张择端于 1125 年前后所绘《清明上河图》中的货船悬吊式平衡舵细部。

图版 四三四

图 1035 公元 380 年前后顾恺之所绘的船图：以公元 230 年前后曹植写的《洛神赋》为题而画。早期的摹本或原画均已无存，本图是收藏于华盛顿弗里尔美术馆的宋代（12 世纪）摹本。对船尾的结构一直多有推测，即是否可作为顾恺之时代船尾舵的史证，或者是后来临摹者对它的随意描绘。现在考古史料有力地证明，顾恺之极力表现的是一个船尾舵（见正文 p. 649）。

道[①]。船尾由最后的方形尾板向后延伸相当距离，构成船尾楼（事实上即"舵楼"），上面的地板由交叉的板材铺成，舵柱即穿过这些板材放入水中。这种结构在图1036（图版）上尤为醒目，因为这幅照片是从船尾拍摄的。真正的舵确实是预想的那种梯形式样，丝毫不像操纵长桨[②]，但却很清楚地成为了将近一千年以后谭峭所谓"八尺木"的说法的范例[③]。最使我们高兴的是，舵肩上钻有一个孔，正好是在应该连接悬吊索具的地方[④]。毫无疑问，这条船模是给汉代广州某个冒险家富商兼船主建造的，很可能船模原来的状况含有全部系结舵的索具，但是小绳索早已腐烂，我们现在对舵的安装方法只能进行推测。在舵柱的顶端还有第二个孔。有一点也非常值得注意，即该舵很明显是平衡舵，大约有1/3的舵板宽度在舵柱轴的前面[⑤]。

651

至此，在主要问题上我们的考证工作已告完毕，我们已有确凿的证据证明在1世纪真正的中线舵已经出现。而人们所追溯的磁罗盘最初出现的时间也是在同一时期，这是多么奇怪[⑥]！还有一点也令人感到奇怪，虽然磁罗盘的发展比船舶操舵装置要缓慢得多，但是却与舵一样都恰好是在一千年以后出现在欧洲。其中唯一的不同点是：据记载西方的罗盘最先来自地中海，而轴转舵则最先来自北欧海域。

---

① 我们认为还没有指出这条船的外形（特别是舵的位置和形状）同著名的日本大臣菅原道真（845—903年）船图所示的船形有奇妙的相似之处，菅原道真是圆仁同时代的人，比他年轻但地位高（图1038，图版）。根据珀维斯［Purvis (1)］的说法，这幅经过多次辗转临摹的卷轴画仍存放在京都北野天满宫供奉这位大臣的神社中，他在那里被尊奉为博学之神。另一幅优秀的日本船的绘画也是这样，现藏京都高山寺，年代在1210年前后，已被定为国宝［见Anon. (66), pl. 37］。这幅作品也许出自惠日坊成忍（著名高僧明惠的弟子；1173—1232年）之笔，描绘的是义湘和元晓将华严宗教义传到新罗的情景。船身和船帆总的轮廓使人联想起巴云船（参见上文p. 461），而且船尾还有一个敦煌壁画式船楼（参见p. 455），但是舵却极像广州船模。引导该船的是一条龙，这是一位出身名门的中国少女的幽灵，她曾痴情地爱上了义湘，后来因失恋而跳海。由此，也可以引导我们构思唐代绘画中这些船身和舵的原型，我尤其想到李昭道所绘的曲江船［Sirén (10), pl. 81］。由于李昭道在世时间是公元670—730年，这正是中国对日本影响最大的时期，难道不能设想某些汉代的造船传统在日本至少会延续到镰仓时代初期吗？

② 鲍遵彭［(2), Pao Tsun-Phêng (2)］指责沃森［Watson (3)］没有看到轴转舵的意义，这是正确的，但是他自己却接受了沃森的说法，即在左尾舷装有一操纵长桨。这种奇异的想法，肯定是由于对站在舵楼左前角撑篙走道上的那个穿长袍的人形作了错误解释的结果。鲍遵彭和沃森当然都没有机会研究第一手的模型，也没有研究过充分的图片资料。但是，正如我们所知道的，过去和现在都有综合使用舵和操纵长桨的情况（上文pp. 636, 642），这一点并非不重要，但历史记载需要准确无误。

③ 舵的确切形状及其在船尾舵楼内安装的方式都表现在1958年我在广州博物馆所画的图上（图1037a、b，图版）。从那时以来，中国博物馆里的一些对航海无知的人往往把模型装配错了。所以《中国》［Anon. (26), 图版444A］中有一些很精致的照片，其中的舵被前后颠倒地装反了；1964年，在北京的中国历史博物馆中，舵被装露在尾舵楼之外，而不是穿过尾舵楼的地板。

④ 参见前面图1034（图版）中的张择端的绘画。

⑤ 1958年，我同鲁桂珍博士一道在广州博物馆进行这项研究时，得到王在心（音译）博士及其同仁的大力协助，我们再次向他们表示热忱的感谢。

⑥ 这件事已在本书第四卷第二分册的第二十六章（i）中谈过。

图版　四三五

图 1036　广州出土的 1 世纪灰陶殉葬船模的船尾视图（广州博物馆照片，参见图 963、图 964、图 965）。装在船尾平台底板的木构材之间的轴转舵附件及其吊索孔清晰可见。

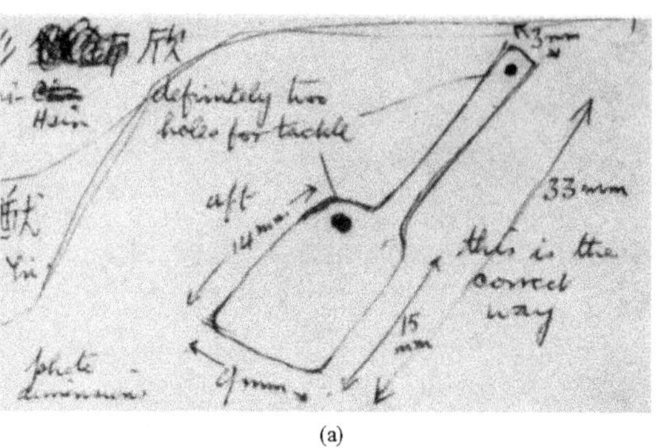

(a)

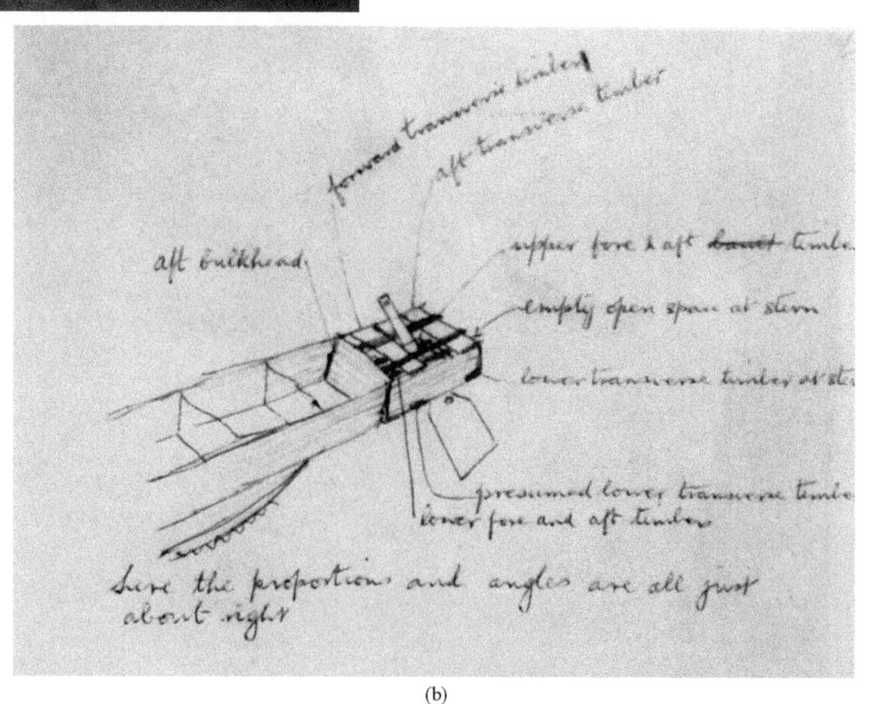

(b)

图 1037　记在我的笔记本中的 1 世纪殉葬船模的构件式样和安装方法草图。1958 年草绘于广州博物馆。

（a）从照片上记取的舵的形状和有关尺寸。

（b）船尾平台上悬吊舵的安装方法。

图版　四三六

图 1038　公元 900 年前后，运载菅原道真大臣去流放地的船图。这是一张卷轴画，藏于上野博物馆，据说是藤原信实（卒于 1264 年或 1265 年）作的一幅更早期的绘画的临摹本，该画至今仍收藏在京都北野天满宫（把菅原道真尊奉为博学神明的神道庙）。这只船的一般结构，特别是舵的形状和位置极像 1 世纪的广州殉葬船模。和图 1033（b）一样，水手们都在舷外板上脸朝船尾划桨，而不像在中国脸朝船首划桨。复制图采自 Purvis（1）。

图 1039　哈里里著的《玛卡梅特》韵文集的 1237 年手抄本中所记载的船图［巴黎国家图书馆（Bibliothèque Nat.），Ar. 5847］。据猜想，安装在船尾材上的轴转舵似乎具有某种侧面的操纵装置。这自然会令人认为阿拉伯人是向欧洲人传播轴转舵或者中线舵发明的媒介，但直到现在还没有发现我们所需要的时间——12 世纪——的例证材料。

（iii）传播与起源

关于技术的传播（且确曾传播）① 可谈的寥寥无几。看来最大的可能是这类发明首先是通过航海者在南亚海域的接触而传播的，但是在1120—1160年俄罗斯商船工匠来到受西辽管辖的新疆从事贸易活动，当时为辽王朝造船的汉族工匠会将某些观念传授给他们，这也未必没有可能。这大概能够解释欧洲文化中首先出现舵的区域，但一直缺乏支持这种说法的俄国史料②。与此同时，伊斯兰各国却对舵的传播比航海罗盘的传播提供了更多的史料线索（虽然不太多）。

在一份1237年的巴格达手稿中有一幅著名的插图，图上的一艘缝合结构船上有一个轴转舵（图1039，图版）③；该图出自哈里里（Abū Muḥammad al-Qāsim al-Ḥarīrī，1054—1122年）著的《玛卡梅特》（*Maqāmāt*；散文诗体历史故事）④。其中舵柄的装法画得很不清楚，但是可以肯定，中世纪的亚洲海员是使用各种缓冲索具（relieving-tackle）来使之固定的。对与此有关的一种装置的记载在引用李明的文章时已经提到过（上文p.635）。梅乐和收藏部有一只华南货船模型，从其左舷船头角度可以很清楚地看出舵柄是用可调绳索牢牢固定的，这是同时代中国的此种装置的又一例证（参见图1040，图版）。在过去的一个半世纪以来，欧洲的观察家们都有记载说，许多类型的阿拉伯帆船上，都装有用索具控制的精巧的舵。⑤ 对麦格迪西（Abū Bakr al-Bannā' al-Bashārīal-Muqaddasī）⑥ 在公元985年写的《各地风土知识最佳分类》（*Aḥsan al-Taqāsīm fi Ma 'rifat al-Aqālīm*）一书中的一段文字⑦。他在记述红海的一条艰难的航道时写道：　652

> 从古勒助木（al-Qulzum）下驶到贾尔（al-Jār），海底满布巨大的礁石，给航行带来极大的困难。于是，航行只能在白天进行。船长站在最高处⑧全神贯注于海面。两个侍从站立在他的左右两边。一旦发现礁石，他立即招呼其中一个侍从大声

① 拉罗埃里［la Roërie（2），p.31］本来打算承认轴转舵在远东的应用至少比它在欧洲的出现早一个世纪——“仅就一般而论，无须个别例证”（mais tout ceçi n'a d'ailleurs qu'un mince interêt de curiosité）。随着西方航海历史学家和考古学家日益发觉中国人在这方面的领先地位，可以预料，否认它们之间有关联的倾向会增长，例如，亚当和德努瓦［Adam & Denoix（1）］在完全承认中国古代早就有轴转舵的同时，又极力主张应把轴转舵看作是某种特殊的“舵——中插板”，并含蓄地否认它对西方尾柱舵有任何影响。不用说，我们是不会赞同这种观点的。我们觉得这是属于为顾面子而另下定义的做法，关于这一点，见本书第四卷第二分册p.545及上文p.564。

② 我们在阐述磁罗盘的内容时，曾提醒人们注意12世纪的西辽国是东西方接触的合适的地点（本书第四卷第一分册，p.332）。

③ Bib. Nat. Ms. Arabe no.5847。参见Blochet（1）；Hourani（1），p.98；des Noëttes（2），fig.90。

④ 部分译文见Preston（1）。类似的文字亦见于孟高维诺的记述［见Yule（2），vol.3，p.67］。关于哈里里，见Mieli（1），p.209。拉姆胡穆齐（Buzurj ibn Shahriyār al-Rāmhurmuzī）船长在公元953年写的《印度奇迹》（'*Ajā' ib al-Hind*）一书中有一幅非常相似的插图；译文见van der Lith & Devic（1），*opp.* p.91。

⑤ 例如，Moore（1），p.137；Hornell（1），p.239，（3）；Moll（2）；Bowen（13）。

⑥ Mieli（1），p.115。不要和与其同时代的医学著作家al-Tamīmī al-Muqaddasī混淆。

⑦ 哈迪·哈桑［Hadi Hasan（1），p.111］曾提请人们注意这段文字，但他并不理解其重要意义。参见伊德里西（1154年）书中类似的文字；Jaubert（1），p.135。

⑧ 由于三角帆张开的幅度很大，也许是站在桅柱瞭望台上。

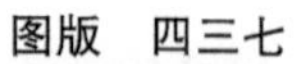

图 1040 香港和华南其他港口货船或运粮船（肯辛敦科学博物馆梅乐和收藏部模型）。见 Anon.（17），no. 3。船尾处的舵柄的应急索具清晰可见。这种船是中国传统和欧洲传统结合的产物，因为据图上所示它的船体具有龙骨和船首柱，而帆具和舵则遵循中国的做法。这种船的船尾视图与图 1013 和图 1044（图版）相似。关于混合型，参见 pp. 433 ff.。

喊叫舵工注意。舵工一听到呼唤，立即根据指令将手中两根绳的一根拉向右边或左边。如果不采取这种措施，船就有触礁失事的危险。[1]

这一段描述似乎不可能指连接在操纵长桨上的短索（lanyard），与此相反，却同阿拉伯海域直到今天还在使用的控制轴转舵的索具非常吻合[2]；由此我们可以得出这样的结论：中国的发明在10世纪末以前就已经传入了阿拉伯文化区域。根据我们对东方海域阿拉伯贸易的了解，这丝毫不足为奇。但是从穆斯林世界传到北欧，乍看起来却较难理解。也许是某个来自北欧的航海家，在第二次十字军东征时（1145—1149年）比他的地中海同行者观察得更为细致而精心的缘故[3]。

尽管有各种争论，尾柱舵却并不亚于航海罗盘，是大船进行远洋航行的一个必不可少的先决条件。没有它，第二期的定量导航术和第三期的数学导航术（见上文 pp. 554 ff.）的发展不是完全被抑制就是远远地被推迟。在西方，尾柱舵的历史作用只是现在才开始为人们所理解，但是，其中有些作用从我们对15世纪的航行叙述中可明显看出（上文 pp. 511 ff.）。

[特伦德（Trend）写道：] 葡萄牙人在航海事业上的成功是由于科学；而当时的科学尽管是不发达的，却给船舶及其驾驶带来了一系列的技术改进。最为重要的是轴转铰链舵和航海罗盘……没有这些，则可以肯定地说，葡萄牙人的发现是不可能的。然而他们掌握的航海科学当时是最新的，因为他们知道其他国家在干什么，并愿意邀请外国专家来帮助他们[4]。 653

而且马加良斯·戈迪尼奥在驳斥那些对德诺埃特批评的主要论点时有一段引人注目的文字，他写道：

当然尾柱舵并没有解决船舶操舵的一切问题——如果真的解决了，那才是怪事呢。……（西方）船舶的吨位并没有突发性的增长，但是从15世纪到16世纪中叶，葡萄牙船的平均载重量至少翻了一番。尾柱舵的决定性作用确实与一般不同，由于它位于船的中线上并可在中线上依枢轴旋转，因此它可以使船中线与风向保持一个恒定的角度，从而使船在恶劣天气保持某一航向。这样也就有可能在远离任何海岸视线以外的信风区域航行。这样做成功与否只取决于是否掌握大洋航海的技术[5]。

把戈迪尼奥（像特伦德一样，他是个学者，而并非一个经验丰富的海员）的话加以推敲，我们可以进一步认为：在恶劣天气中保持某一航向，意味着连续几天戗风航行或是有效地利用横风航行而不必大量消耗船员的体力。有了尾柱舵就可以在整个信风循环区域（参见图989a，地图）中航行，既不用作殊死的戗风搏斗，也不只是依靠顺风行驶。

---

① 译文见 Ranking & Azao (1), p. 16。

② 人们不应该忘记，缓冲索具在17世纪或更早些时候已在欧洲船上使用 [Clowes (2), p. 79]。科英布拉（Coimbra）北面的阿威罗河（Rio de Aveiro）的斜桁四角帆船上用舵柄索把舵一直连到船头。里斯本的民间艺术博物馆（Museu de Arte Popular）有一个很精致的模型。

③ 应该记得（本书第四卷第二分册，p. 555），欧洲风车的最早记载始于1180年。长期以来认为这是十字军传播的结果，但它却出现在北欧而不是在南欧。

④ Trend (1), p. 134。

⑤ Godinho (1), pp. 19 ff.，由作者译成英文。戈迪尼奥对航海罗盘的发明和传播也讲了公正的话。

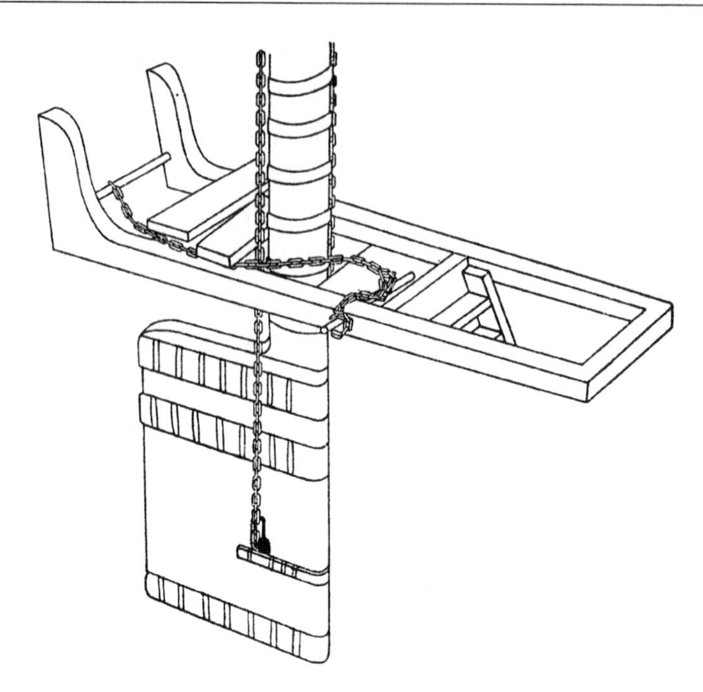

图 1041　福州"花屁股"木材运输船的舵图［Worcester (3)］。参见图 936 和图 1042（图版）。舵重 4—8 吨左右，高 $32\frac{1}{2}$ 英尺，宽 $11\frac{1}{2}$ 英尺；舵利用链条升降，链条穿过舵板上的滑轮，两端绕在上面绞车的滚筒上。舵柱长 15 英尺，从上到下每隔一英尺都有一道铁箍。

因此，中国海域的这个尾柱舵的发明却在咆哮的大西洋发挥了最好的作用。

现在就要开始我们的结语了。尾柱舵的发明，还牵涉到结构上一个值得注意的矛盾之处，即发明这种舵的民族的船舶却没有尾柱这一特征。如果我们再看一下古代埃及、希腊或斯堪的纳维亚人的船图，一定会发现船尾都是从吃水线处逐渐斜着向上弯曲的。倾斜的船尾柱用解剖学的字眼来说，事实上是"后胸骨"，与船首柱的"前胸骨"相呼应，并与"前胸骨"一样都是龙骨的延伸。但是中国帆船从来就没有龙骨。我们已经知道（p. 391），中国船的船底比较平坦，用一道道舱壁同两舷连接起来，形成一个个水密隔舱，船的两端是方形的，没有首柱和尾柱。由于舱壁结构给中国造船工匠提供了必要的直立构件，轴转舵的舵柱就能够很方便地装在上面，不一定要装在最后的方型尾板上，也可以装在它前面的一至二道舱壁上。这一原则对大小帆船都适用①。这种结构也许可以称之为"无形的尾柱"。当然，后来的舵都造成弯曲形状，以配合各种弯曲的尾柱，但我们认为这种造舵法的困难，是妨碍西方较早地发明尾柱舵的主要因素之一②。这种装在舱壁上的舵柱在许多宋代绘画中（图 1025、图 1034；图版），以及当代中国船的绘图中都能清楚地见到。广州的汉代船模并没有明确地表现这种垂直安装的情景，其部分原因也许是我们并不确切了解这种船上悬吊舵的装法，但不管怎么说，该舵

654

① 例如，福州航海帆船的巨舵（图 1041、图 1042；图版），参见 Worcester (3)，vol. 1，p. 144 及 p. 139 对面。

② 甚至拉罗埃里［la Roërie (2)，p. 35］也看到了这一点；如他曾评论说，欧洲船一俟采用轴转舵之后，尾柱就有变直的趋势。他说："沿弯凸的尾柱虽然可以装配铰链，但不方便。"

的形状是足以说明问题的。我们在这里所看到的也可能是初期的轴转舵，它已经具有这种舵的特定形状，但还没有发展到以舱壁作为垂直支材的阶段。因为值得注意的是，虽然广州船模具有舱壁，但它的外形却颇似一种平底船，其船头和船尾逐渐向水线倾斜[1]；只有当这种船两端的形状发展成为比较垂直而方平，并能适应海上航行时，这种垂直结构才得以成立，其另外的优点是：即将舵放低，可使之起中插板的作用。综上所述，我们不但可以有把握地说，“尾柱”舵在纪元初期起源于中国文化区域，而且还能够对其形成的原因有一个相当清晰的概念。

(4) 平衡舵与有孔舵

655

首创轴转舵的古国文明（往往被误称为“静态的”）仍能使这种舵的发展向纵深推进。我们曾不时提到过舵的“平衡”问题。人们一般把舵看做是整个舵板也即其平展部分都位于舵柱之后的一种物体。恰恰相反，许多巨大的现代船舶在其舵柱的前边也有一个平展部分。这种结构称为“平衡式”结构[2]。这种装置不仅使舵的重量能平衡分布在它的承座上，而且由于受益于水对前面部分的作用，还可以使舵工的操作比较轻便并增强舵效。这种平衡结构的价值是卡利尼（Carlini）和拉罗埃里（la Roërie）论证的一个主要论点，他们赞赏古代的操纵长桨，因为操纵长桨体现了平衡的结构，并且指责中世纪西方的尾柱舵，因为这种舵没有保持平衡结构。这些作者对于他们称之为“外域的双桅平底船”不很感兴趣，因此不知道平衡舵在中国许多种内河帆船上应用得很普遍（图 1043，图版）[3]，纵然这种舵的初始形式还不适于海船[4]。虽然我们还未能发现专门记载平衡舵的文献，但毋庸置疑，这种舵的起源要追溯到中国发明的最初阶段。的确，看来最先得到发展的极可能是轴转平衡舵，因为将操纵短桨垂直装在靠紧或接近最后一道舱壁的中间位置，就可以直接形成轴转平衡舵。

一般说来，欧洲人在接受这一原理时非常迟钝，这也许是因为他们主要对海船感兴趣，所以在钢铁结构还不能完全使平衡舵位置固定之前（例如，绕舵柱底部支点转动），用这种舵的可行性就不太大[5]。然而，“匀称舵”（Equipollent Rudder）则是斯坦厄普勋爵（Lord Stanhope）在 1790 年前后的发明之一[6]，而舒尔德姆（Shuldham）又在 1819 年将这种舵向前发展了一步。装有现代平衡舵的最早船舶之一是 1843 年的“大不列颠”（Great Britain）号。最令人奇怪的情况是欧洲的两个最古老的舵图，其中之一刻在温切斯特洗礼盘上，看来很像是一个平衡舵。这对设想舵技术的传播是否有什么意义呢？

---

① 图 1038（图版）所示的日本船也是如此。

② 参见 Attwood (1), p. 103。

③ 参见 Beaton (1), p. 14 和 Worcester (3), vol. 1, pl. 35。

④ 沃特斯在评论夏士德［Worcester (3)］的著作时说，有些中国平衡舵同理论上的正确比例相差在 10% 以内。现代的做法是大约有 1/3 的舵板位于舵轴前面。我们看到的广州汉代船模上的舵恰好就是这样。

⑤ 如果不凿有小孔，平衡舵也可能会有碍于帆船的航行（见紧接的下文）。

⑥ Cuff (1); Perrin (1)。

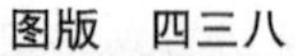

图版　四三八

图 1042　停港的福州运输船（花屁股）的粗大的悬吊舵收藏在船尾楼内（照片得自格林尼治国家海运博物馆沃特斯收藏部)。参见图 936 和图 1041（图版)。

图版　四三九

图 1043　长江上游一船坞中见到的“麻秧子”船舵［参见图 932、图 933 及 Worcester（1）pl. 1。照片采自 Spencer（2)］。这种式样漂亮的船舵恰好和船体的曲线相配合，它是无与伦比的中国平衡舵。

印度也是平衡舵的传统故乡，特别是在恒河上，有些类型的船如乌拉克(*ulakh*)和帕泰拉（*patela*）等类型的船，都装有引人注目的三角形舵[1]。不过这些舵与中国的舵比较起来，似乎更原始些，因为它们前后完全对称，所以效能较差。是把中国还是把古埃及作为对这种船舵产生影响的主要发源地，人们还迟疑不决。但是，也许最好还是把它们看做异常大的古代埃及操纵短桨，因为这种舵虽然是垂直安装的，但通常是作为尾舷舵装在船尾突出部分，而根本不是装在船尾柱上，所以这样看有道理[2]。 656

也许这些发明当中最引人注目的是有孔舵。当欧洲海员最初往来于中国水域时，他们看到有的帆船的舵上凿了许多孔，而感到非常惊讶。毫无疑问，他们觉得难以理解这样设计的原因。这种孔洞通常呈菱形，凿在舵板边缘，以便通过减小舵柄承受的压力而便于操舵，同时也减小水流经过舵叶产生的涡流对船舶所引起的阻力[3]。但是由于水是黏性介质，所以舵的效应受影响很小。海军上将帕里斯注意到了这种做法，但他没有完全理解其价值。图 1044（图版）所示为架在船坞中的一艘具有有孔舵的香港渔船的船尾[4]。这种装置很可能起源于实践经验，来自带节疤或有破损的舵板，但我们不妨设想中古时期有个信奉道教的航海家发现这种舵操纵方便且更有利于航行，于是完全乐于奉行“无为”[5] 的教义，原封不动地把这种装置推荐给了他的朋友们[6]，这未必是异想天开吧。自从温特博特姆（Winter-botham）将这种舵于 1901 年介绍给欧洲船舶工程师们之后[7]，它就广泛地应用在 20 世纪的现代钢铁船上。事实上，这种舵甚至可能帮助诱发了飞机机翼的防失速槽这一重要发明[8]。

---

① 见 Hornell (10), fig. 14*b*; (1), p. 249, pl. xxlx, fig. *B*; (9), p. 138; Crealock (1); Solvyns (1), vol. 3, 1799 年; Mukerji (1), pp. 235 ff.; des Noëttes (2), fig. 101; F. E. Paris (1), pl. 35。这些船中，有些也体现了亚洲仅有的叠接列板船舶的奇异特色。鲍里［Bowrey (1)］书中即有一幅 17 世纪这种船的示意图。这些奇特船舶的来龙去脉值得研究印度技术发展史的历史学家们认真探讨。

② 其他恒河船上也有同古埃及一样的具有舵柄的尾舷操纵短桨［参见上文 p. 635; Hornell (1), figs. 55, 56］。但是总显示出一些中国特色，因为虽然帕泰拉（*patela*）船的舵是直立的，却根本不是固定安装，而且和装有这种尾舷桨的船也不协调。人们感到这是从外域引进的想法，用在船上与其使用目的并不真正相适应。

③ 参见 Poujade (1), p. 258。

④ 参见 Fitch (1); des Noëttes (2), fig. 111; Waters (4); Anon. (17). no. 3。

⑤ 参见本书第二卷, p. 68。

⑥ 最后，这个原理被推广应用到船首弯材和龙骨上；参见梅乐和收藏部中的海南帆船模型，Anon. (17), no. 9。

⑦ 他说：“这些孔可以把‘板满舵’所需之力减到最低限度，而对于操纵效果却没有多大影响；由于水的黏性，流线的偏转同没有小孔几乎一样。” 1959 年休伯特·斯科特（Hubert Scott）先生向我介绍了帕森斯（Parsons）公司造的第一艘烧煤汽轮机鱼雷驱逐舰于 1901 年试航的情况。在 30 节航速时扳满舵，由于水的流线运动非常强，平衡舵扳不回来，于是船就继续高速迂回绕圈子。结果采用了有孔舵才使问题得到解决 。

⑧ 前面已讨论过这一问题（本书第四卷第二分册, p. 592）。

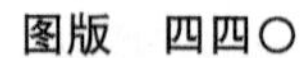

图 1044　干坞中的香港渔船尾部，是在许多类型的中国船中特有的有孔舵（照片得自格林尼治国家海运博物馆沃特斯收藏部）。根据图中人的图形可以估算出船的尺寸。在右边可看到正在为另一个有孔舵重装舵板。

(i) 和平与战争的水上技术

(1) 锚、系泊设备、船坞和灯标

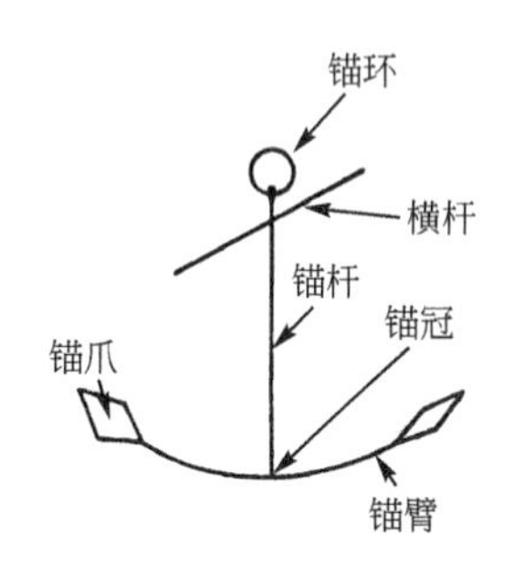

657

锚是船舶的一种重要设备，关于锚的历史曾有许多记载，并可以追溯到史前时期。古埃及人用很重的石块和带钩的锚臂结合在一起构成爪锚（grapnel）[①]，但在拉登文化（La Tène）时期就已开始使用金属爪[②]。布林德利［Brindley（10）］曾研究一种青铜时代的锚，这种锚和荷马史诗的记载[③]约属同一时期。大约从公元前500年开始，地中海各民族所使用的锚已经具有了现在常见的式样，这可以从很多硬币上看出来。但较早期的锚没有横杆。同期中国锚外形的演变可以从其使用的名称来推断。最初，抛锚[④]叫"下石"，用石头加重的锚爪叫"矴"，有时写做"碇"。把一至四个铁叉和一块石头绑在一起即可作成矴[⑤]，矴沿用了很久；我们在前面谈到1185年的巴云帆船（图975，图版）上见到过它[⑥]。在采用金属锚爪之后，这些字才为"锚"字所代替，即金字边旁加一个苗字，其含义是植物小苗或猫爪，但仍读"锭"音，然而锭字的原意及其通常含意却是金属铸块。"锚"字似乎最早出现于公元543年的《玉篇》中，如果这可以证明金属锚是在这以前不久才开始应用的，那么中国采用金属锚可能要比西方晚一些。

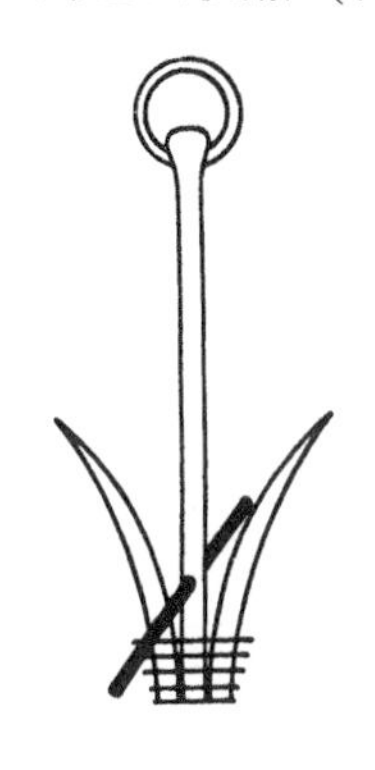

然而，中国人对锚的发展作出过一项重要的贡献。最典型的中国锚呈锛形，即锚臂和锚杆在锚冠处形成一个锐角（约40°以下），而不是成直角或成圆弧形分开。这种形式在欧洲并不陌生［在内米湖（Lake of Nemi）］上的罗马神殿船或驳船上就有这种锚[⑦]，但中国人的横杆穿过锚杆的地方不在靠近锚环这一端，而在靠近锚冠处（当然也是和锚臂的

---

① Boreux（1），p. 416；van Nouhuys（2），该文比莫尔［Moll（2）］的论文要好得多；赖世纳［Reisner（1）］的著作最有权威性。关于最原始而古老的锚，即钻有孔洞的石块，见 Frost（1，2）。

② Feldhaus（1），col. 930。在比尔（Biel）的博物馆里收藏有属瑞士湖上居住文化的一只用石头和金属作成的锚。

③ 但《奥德赛》（*Odyss.* xiii，77）中指的是具有一个孔洞的石锚。关于这种锚，见 Frost（1），pp. 29 ff.。

④ 这种锚还出现在公元414年前后法显的游记中；参见布林德利［Brindley（11）］和瑙赫伊斯［van Nouhuys（1）］的辩论，杰出的汉学家翟理斯［Giles（10）］对这一辩论的调解所带来的启迪甚少；他实际上使莫尔产生了误解。

⑤ 早期关于坠石锚爪的记载和黄祖的名字联系在一起，他是三国时期（3世纪初）的一位将领，但夏士德［Worcester（3），vol. 1，p. 97］没有指出准确的出处，故我们没有找到这一资料。

⑥ 这在该世纪初的《高丽图经》（卷三十四，第四页）中也提到过。据说与之同时期的巴约挂毯上所表现的诺曼底船上的铁锚可以看出最早期的现代类型的锚爪［des Nöettes（1），fig. 65］。

⑦ Van Nouhuys（2），p. 37；Moretti（1）；这种船属于卡利古拉（Caligula）皇帝在位时期（37—41年），这一点已经为放射性碳素测试所确认［Godwin & Wills（1）；Godwin，Walker & Willis（1）］。

平面成直角）。这样可以使锚倾向一侧，以确保锚臂咬住水底。另一个很大的优点是几乎不会被锚链缠住。这种锚的效能经常为欧洲航海方面的作者[①]所称道，并在19世纪进行了几次“再创新”，增加了用铰链接合的横杆［霍金斯（Hawkins），1821年；派珀（Piper），1822年；波特（Porter），1838年］。因此，某些最现代化的“无杆”锚，如丹福思锚（Danforth anchor）都是起源于中国锚，而不是希腊－罗马锚[②]，我们可以通过福建造船手稿（图1045）来研究中国锛形锚的历史，不仅可以追溯到17世纪的《武备志》[③]（图1046），而且可以追溯到1世纪的广东墓葬船模（图964，图版）。

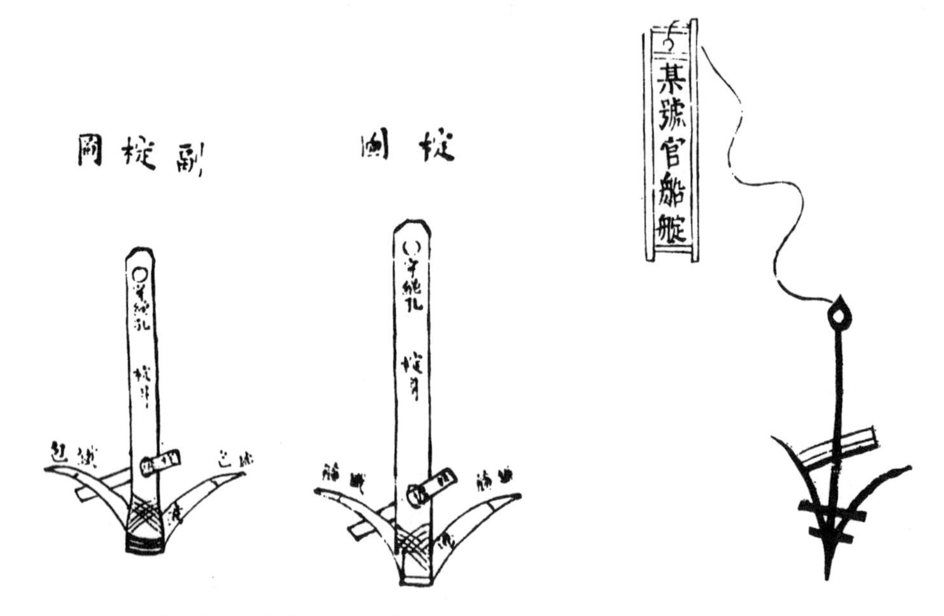

图1045　福建造船手稿中的两个锛形锚，大的叫“椗”，小的叫“副椗”。锚臂的末端用铁包箍。参见上文p.406。

图1046　《武备志》（1628年版）中的一个锛形锚。图中木牌上写着：“某号官船𦨖。”

超锚机（即立式卷筒）[④]在1124年的《高丽图经》中曾多次提及：徐兢把朝鲜“官船”上的起锚机称为[⑤]“矴轮”，而把运送使者随行人员的较大的中国“客舟”上的起锚称为[⑥]“车轮”。他说，绕在这些起锚机上的绳索像房屋的椽子一样粗，用藤拧成，有50丈长。稍后的起锚机图我们已在巴云船（图975，图版）上见到[⑦]。近代中国

① 例如，Charnock（1），vol.3，p.297（fig. opp. p.292）；F. E. Paris（1），p.74。

② 有关中国传统锚现有类型的细节，见Worcester（3），vol.1，pp.99 ff. 和Audmard（3），pp.52 ff.。有的锚在每个锚爪上各有一个环，以便于起锚。

③ 《武备志》卷一一七，第二十三页。

④ 这里强调立式与卧式安装的差别；参见本书第四卷第二分册中有关卷筒的部分。这里保留我们的定义；但船员很可能把起锚机看成是卧式卷筒。

⑤ 《宣和奉使高丽图经》卷三十三，第二页。

⑥ 《宣和奉使高丽图经》卷三十四，第四页。

⑦ 见上文p.461。

船员使用的起锚机的名称中可能会提及“猪笼绞”，这一定是起源于制造滑轮和鼓筒不加轮缘这一传统工艺①，轮辐的外端用很结实的绳子连接起来，因此，整个外形有点像圆形笼子。这种起锚卷筒可以从现今朝鲜船的图上看到②，起锚卷筒显得非常大而突出。但是最大的要算长江下游“木簰”（木排）上用的卧式卷筒。这种卷筒高达 14 英尺，结构类似四川自流井盐井上用的巨型转筒。它的作用是绞拉那些把木排保持在预定航向上的浮锚或海锚③。1124 年徐兢也提到过海锚④，他称之为“游矴”。虽然他知道只是在海上遇到风暴天气时才使用“游矴”，但都错误地把海锚说成同一般的锚一样。事实上这种锚一定和它们今天的样子一样，形同大竹篮，在使用这种锚方面谁也不及中国海员熟练⑤。 659

宋应星在谈到内河运粮船上的锚时曾写道⑥：

> 铁锚抛到水中是为了把船系住；一条粮船通常有五六只锚。最大的锚重约 500 斤，叫做“看家锚”。此外，船头和船尾各吊着两只小锚。当船在中流遇到强劲的逆风而不能前进又没有地方系泊时［或靠近岸边的河床不是淤沙而是礁石，而船又不能靠岸，此时必须深水抛锚］⑦，则把爪锚抛出去，使之（很快）沉到水底。锚缆（“系缂”）挽在甲板系缆桩（“将军柱”）上（并固牢）。锚爪一碰到水底泥沙就会插进去牢牢抓住 。只有十分危急时才使用看家锚，它的锚缆叫做“本身”，以显示其重要性。再者，当船结队航行并似乎快要和前面必须减速的船相撞时，则应迅速将船尾锚抛到水中来控制船速。风力一减弱，马上就用起锚机（“云车”）把锚绞起。
>
> 〈凡铁锚所以沉水系舟。一粮船计用五六锚，最雄者曰看家锚，重五百斤内外，其余头用两枝，梢用二枝。凡中流遇逆风不可去又不可泊，（或业已近岸，其下有石非沙，亦不可泊，唯打锚深处）则下锚沉水底，其所系缂缠绕将军柱上，锚爪一遇泥沙，扣底抓住。十分危急，则下看家锚。系此锚者曰“本身”，盖重言之也。或同行前舟阻滞，恐我舟顺势急去，有撞伤之祸，则急下梢锚提住，使不迅速流行。风息开舟，则以云车绞缆提锚使上。〉

比较小的内河帆船和舢舨通常使用的系泊方法很不相同；在一个或几个隔舱里设有一水密管道⑧，再用一根加重的杆子插入这根管道直至湖底或河底淤泥中。这种称为“水眼”的装置具有能连续地适应不断变化的水位的优点。在中国，这种插杆或“插泥锚”的历史至迟始于宋代，因为那个时期的绘画上反映过这种装置，但世界上许多地区，从新几内亚到 6 世纪的荷兰都有这种古老的装置。这一原理现代挖泥船上仍在应用。 660

---

① 这不仅盛行于航海领域，在其他领域也是如此，例如，在我们已经讨论过的纺织机械中（本书第四卷第二分册，图 404 和 p. 103）。

② Underwood (1), p. 16 及 figs. 14, 19, 20, 32. 见本册图 1031。

③ Worcester (3), vol. 2, p. 391。

④《宣和奉使高丽图经》卷三十四，第四页。

⑤ Worcester (3), vol. 1, p. 103。

⑥《天工开物》卷九，第四页，由作者译成英文，借助于 Ting & Donnelly (1); Sun & Sun (1)。

⑦ 宋应星自己的注释。

⑧ 见 Waters (5); Worcester (3), vol. 1, p. 98。可以想像，这种做法有助于舵杆管的发明。

如果要研究中国历史上的港口和码头的结构和布局，则需要一整章的篇幅。我们从未看到中国或西方的学者就这一专题发表过任何研究论文，这样就使这一任务变得更加艰巨①。但有一个在技术上显然令人感兴趣的问题可以提出来，即修造船所用的干船坞的发展。欧洲在这方面的情况不大清楚。达姆施泰特［Darmstädter (1)］认为，英国的第一个干船坞，也许他也把它看做西方第一个干船坞，是1495年在朴次茅斯（Portsmouth）为亨利七世（Henry Ⅶ）建造的；这个干船坞没有坞门，而是按需要把坞口打桩填塞。另一方面，施特劳布（Straub）则认为第一批干船坞修建于贝利多（de Belidor）时期（1710年前后）②。诺伊布格③和福布斯④等人都主张应归功于亚历山大文化时期，其时间提早到公元前3世纪，但是，古德柴尔德和福布斯［Goodchild & Forbes (1)］最近的考察却没有提供任何东西可以证实这一点。无论如何，沈括笔下的一篇翔实记载是我们所掌握的关于宋代发明干船坞的极好证据⑤：

> 宋代初年（约965年），两浙（今浙江省和江苏省南部）（给皇上）敬献了两艘龙船⑥，各长20余丈。上层建筑有好几层甲板，建有宫殿式的客舱和大厅，里面设有供皇帝游览和巡视用的宝座和卧榻。许多年后，船壳腐烂，需要修理，但因船在水上而无法施工。于是在熙宁年间（1068—1077年），宦官黄怀信提出了一个计划⑦：在金明池的北端挖一个大小可容纳龙船的大坑，设许多木桩为基柱，上面横向地架上多根大木梁。然后（打开一个缺口），水就很快灌满凹坑，再把船拖进去，架在大木梁上。再把缺口堵住，用水车⑧把水抽出，船就平稳地架空放置着。船修好以后，再把水放进去，船又重新浮起来（就可离开船坞）。最后，把大木梁和木桩拆走。整个凹坑用一个大顶棚罩起来，就形成一个棚库，船停泊在里面可以遮风避雨，并可避免风吹日晒引起的损坏⑨。
>
> 〈国初，两浙献龙船，长二十余丈，上为宫室层楼，设御榻以备游幸。岁久，腹败欲修治，而水中不可施工。熙宁中，宦官黄怀信献计于金明池北凿大澳，可容龙船，其下置柱，以大木梁其上，乃决水入澳，引船当梁上，即车出澳中水，船乃笐于空中；完补讫，复以水浮船，撤去梁柱，以大屋蒙之，遂为藏船之室，永无暴露之患。〉

显然，宋神宗也像亨利七世那样没有使用转动式闸门，但他确实比亨利七世要早4个世纪。

在讨论港口和锚地时，还可以说一下导航的“灯塔⑩”（虽然这个术语可能并不很古老）。灯塔在中国文献中也许不像在古代欧洲文献中那样引人注意，这可能是因为相 661

① 然而，刘铭恕（*4*）却收集了一些宋代港口工程的记载。

② Straub (1), p. 144。

③ Neuburger (1), p. 482。

④ Forbes (2), p. 68。

⑤ 《梦溪笔谈·补笔谈》卷二，第十九段，参见胡道静（*1*），下册，第954页，（*2*）第313页；由作者和罗荣邦译成英文。这段文字的重要性得到顾均正（*1*）的承认。

⑥ 参见上文 p. 436。

⑦ 上文 p. 336 有关疏浚技术部分已提到过。

⑧ 动力戽水车或龙骨车。

⑨ 参见乔维岳的闸门式船坞（上文 p. 351）。根据我们所看到的宋代闸门，这种干船坞很可能具有叠梁闸门。

⑩ 见 de Loture & Haffner (1), pp. 25, 55, 276; Allard (1); Hennig (9)。

比之下航海在西方更为重要。类书中所收集的有关烽火台（“烽燧”）的资料几乎总是指那些传递军事或其他官府信号而设在山上或要塞上面的灯火[1]。这和亚历山大里亚的法罗斯（Pharos）灯塔毫无相似之处，该灯塔是古希腊尼多斯的索斯特拉图斯（Sostratus of Cnidus）为古埃及托勒密·菲拉德尔粤斯（Ptolemy Philadelphus）国王于公元前270年建造的，高达150英尺左右，直到13世纪还有大部分仍在那里耸立[2]。虽然在中国海岸和湖边也必定小范围地设置灯塔，但文献中提到灯塔时一般都与外国相联系。地理学家贾耽在公元785年到公元805年之间为记载广州至波斯湾的航线而提到波斯湾口附近某一地方时说：“罗和异国人在海上设置了一些装饰漂亮的柱子（“华表”），夜间上面点起火炬，因此乘船航行的人不会迷失方向。”[3]（“罗和异国，国人于海中立华表，夜则置炬其上，使舶人夜行不迷。”）1个世纪以后，我们才看到马苏第[4]和麦格迪西[5]等阿拉伯作家的著作独自证实了波斯湾灯塔的存在。读一段1225年一位中国作家对亚历山大里亚法罗斯灯塔的介绍可能是饶有兴味的[6]：

遏根陀国（亚历山大里亚）隶属埃及（“勿斯里”）。据传，古代有一个神奇之人（“异人”）名叫徂葛尼[7]，在海边上建造了一座巨塔，在塔的下面挖出两室，既相互敞通，又很隐蔽。一间储存粮食，另一间存放武器。塔高200尺[8]。（经盘旋斜道）四匹马可以登上塔高的2/3。在塔下的中央有一口大井，由隧道同一条大河相通。为了保护塔不受外国军队侵占，全国上下进行守卫以抵御敌兵。塔上下能驻扎二万人，可随时进行防守或出击。塔顶有一面巨大镜子，如果外国军舰企图进攻，镜子里就能照见，驻军就可以作好反击的准备。但最后几年，来了一位外国人（到亚历山大），他要求在塔下守备室工作，并被雇佣做清扫工作。数年间，谁也没有对他有任何怀疑，但忽然有一天他找到一个机会把镜子偷了出来，然后扔进大海就逃之夭夭。

662

〈遏根陀国，勿斯里之属也。相传古有异人徂葛尼，于濒海建大塔，下凿地为两屋，砖结甚密，一窖粮食，一储器械。塔高二百丈，可通四马齐驱而上，至三分之二。塔心开大井，结渠透

① 例如，《太平御览》卷三三五，第五页起。但当要塞设在海滨或河边时，则对航行很有利，因为在和平时期要塞里都要点燃一盏长明灯。《太白阴经》（759年）中提到：“每当夜晚平安无事的时候，就点燃一盏灯。如果有警报，守夜人就点燃两盏灯。看到烟尘（等）滚滚说明敌人临近，则点燃三盏灯。当看到敌人时，就把燃料筐点着。如果在黎明或在夜间见不到和平灯，就说明守夜人已被敌人抓获“（第四十六篇，第二页）。1124年，类似的烽火台被用来报告中国使节到达朝鲜（《宣和奉使高丽图经》卷三十五，第二页）。到1562年，以广东西部到江苏北部沿海，至少设置了711个烽火台。（《筹海图编》卷三至卷六）。康治泰［Gandar（1），pp. 18 ff.］记载过建在人工堆起的土丘（“墩”）上的烽火台，19世纪后期在江苏北部仍用来传递海啸和海盗的报警。可惜我们手头关于海上灯塔或信号的中文资料都比不上罗萨尼［Rosani（1）］的专论。但俞昌会的《防海辑要》（1882年）卷十四对于水军编制、信号体系、防御阵地都有所记载。

② 见 Forster（1）；Neuburger（1），p. 245；Feldhaus（1），col. 624；de Camp（1）；等。

③ 《新唐书》卷四十三下，第十八页，译文见 Hirth & Rockhill（1），p. 13。其位置似乎在俾路支（Baluchistan；莫克兰，Mekran）沿海。

④ 译文见 da Meynard & de Courteille（1），vol，1，p. 230。

⑤ 译文见 Ranking & Azoo（1），p. 17。

⑥ 即赵汝适在《诸蕃志》（第三十一页）中所言，译文见 Hirth & Rockhill（1），p. 146，经作者修改。参见图985。

⑦ 肯定是 Dhū al-Qarnayn，即亚历山大大帝本人。

⑧ 由丈（10尺）换算为尺。

大江以防。他国兵侵，则举国据塔以拒敌。上下可容二万人，内居守而外出战。其顶上有镜极大，他国或有兵船侵犯，镜先照见，即预备守御之计。近年为外国人投塔下，执役扫洒数年，人不疑之，忽一日得便，盗镜抛沉海中而去。〉

以此为背景，颇有趣味的是中国最著名的灯塔之一是广州清真寺的尖塔。这就是怀圣寺的光塔。塔顶有一金鸡，我们在前面讨论降落伞时曾谈到过它①。19 世纪初期，仇池石对此建筑作过详尽的记载②，其中部分是以 1200 年前后方信孺写的《南海百咏》这一更早期的记载为依据的。塔拔地 165 尺，它之所以称为“光塔”，显然是由于塔顶始终点燃灯火，以助船舶航行。我们的权威人士说，该塔最初是由外国人建造于唐代③，塔中有一个螺旋形阶梯。每年 5、6 月份，外来的阿拉伯人都要来此聚会，并向入海口处瞭望，寻找他们的航海三桅帆船。然后，他们在五更天登塔祈祷神灵赐予顺风。1486 年，御史韩雍让人对该塔进行修缮，并对塔改装，以便能用灯火来传递官府信息。然而佛塔有时也用做灯塔。《杭州府志》说，钱塘江畔的六和塔从宋代初期开始就装了一盏长明灯，以指引船舶在夜间寻找锚地④。据此，中国至少有两种宗教曾作出过和英国领港公会（Trinity House）同样的贡献。

（2）拉　　纤

前面曾经常提到在中国河流上逆水拉纤行舟的情况⑤。凡在四川的大河巨川边上居住过的人，如在重庆的嘉陵江边居住过的人，都会对纤夫们的号子声和击节拍的鼓声难以忘怀。任何天险也难不倒中国船工，看一下图 880（图版）即可一目了然，图上有一条沿着长江三峡绵延的纤道⑥。最险要的地段可能要雇佣百人之多的纤夫。图 1047 所示为在四川河道上逆水拉纤而上的盐船。在马可·波罗的记载（上文 p. 466）以前，夏圭（1180—1230 年）的绘画经常被引用作为拉纤的证据。但我们还有比这更早的绘图史料，如在敦煌壁画上的拉纤者（本书第四卷第二分册 p. 311 对面的图 547）。在同一地方（上书的 p. 312），也已猜想纤夫用的拉纤布挽套同牲口用的挽套可能有渊源上的联系⑦。拉纤时，纤索系在船尾横梁上，从那里拉到桅杆上并穿过一个铸铁扣绳滑轮它可以用升降索升降；通常纤索悬吊在桅杆的 1/3 高度，但要超越他船时，则需升到桅顶⑧。

663

---

① 见本书第四卷第二分册，p. 594。

② 《羊城古钞》卷三，第三十六页、第三十七页，卷七，第十六页。

③ 其年代似更有可能在宋代。

④ 《杭州府志》卷三十五，第二十页。参见梁思成（*10*）。1964 年我访问杭州时得知，这种地方传说仍然非常流行。这座塔最早建于公元 970 年，有九层，1136 年改建成现在的七层式样，由于每层中间夹建有木结构阳台，从外面看去像是十三层。

⑤ 上文 pp. 354，415，466，626，照片见 Fessler（1），p. 51

⑥ 有一篇精心研究黄河三门峡纤道的论文已发表［Anon.（*33*）］。关于这一点见上文 p. 277。

⑦ 夏士德［Worcester（2），pp. 59 ff.］专门就中国水手的绳结写了很有趣的一章，其中纤夫所用的绳结非常引人注目。参见阿什利［Ashley（1）］的巨著。

⑧ 详见 Worcester（1），pp. 13 ff.，（3）. vol. 1，pp. 42，62 ff.，vol. 2，p. 296。在法国，河上人工拉纤一直延续到 1830 年。因此，在高卢罗马人的浅浮雕中见到这种情景就不足为奇了。但是他们也把纤绳缚在桅杆上却是有些出人意料［Benoit（2）；Bonnard（1），fig. 18，opp. p. 240；Pobé & Roubier（1），pl. 210］。

拉纤的竹编纤索曾在其他有关章节中提到过[1]；这种竹纤索突出的优点之一是浸水饱和之后，抗拉强度可增加20%左右，而麻绳浸水后却丧失强度的25%左右。富尔－梅耶所做的试验表明，直径为$1\frac{1}{2}$英寸的竹纤索，未浸水时能承受5吨左右负荷，而浸水后则可以承受6吨左右[2]。 664

图1047 拉纤逆流而上的盐船图，这是《四川盐法志》（卷六，第十五页，第十六页）中的一幅插画。图中的漩涡增加了画面的戏剧性。但四川的江河上确有漩涡。我曾于1943年乘坐舢板从嘉定（乐山）顺流而下到叙府（宜宾），故而知之。

(3) 捻缝、船壳护材与抽水机械

传统的中国造船工匠与水手所采用的保持船壳水密性的方法在本书前面几节中已多次叙述过[3]。一般说来，传统的捻船（“艌船”）材料是由桐油、石灰和麻絮混合而成的。而对于多年的旧船，还另外采取一种加固措施，即逐季度地钉上一层新的列

① 上文 pp. 191，328，597。
② 见 Worcester (1)，p. 15。
③ 上文 pp. 413，414，462，467。参见 Audemard (3)，p. 20。

板，以增加船壳的厚度。船用油灰基本上同四川盐井技术人员用于管道与其他容器的油灰相同，但是上等油灰的成分比较复杂，特别值得注意的是还要添加一定比例的豆油①。

抵御各种侵害的措施则与防水措施迥然不同。

防御凿船虫（*Teredo*）等②的侵害或藻类水生物繁殖的船壳护材，以及抵御战争中敌人对水面以上结构攻击的护材，二者很自然地合为一体。但是为前一种目的而使用金属板远早于为了后一种目的。莫尔［Moll (3)］曾撰写了一本有关船舶与建筑物木材保养方法史的著作。根据莫尔及其他人的资料③，我们得知罗马人曾用铅皮保护船底，如里乔湖（Lake Ricco）上的图拉真皇室排桨船（据阿尔贝蒂的记述）以及在内米湖上的神殿船④都是如此。然而这仅是个例外⑤，还没有听说过中世纪有关船壳保护的事例。约在1525年，欧洲曾再次试用过铅，但不久就将其摈弃，而改为加层木材护极（参见p.468），并常以马鬃做填料；以后，从1758年起才开始广泛使用薄铜板⑥。儒莲［Julien (4)］曾提请人们注意，4世纪初，中国著作中就提到过帆船船底包上铜皮的史实。如王嘉著的《拾遗记》在记叙传说中 的成王王朝时期一位来自燃丘王国的使节团时说⑦："使者们漂洋过海而来，船底附加了铜（或青铜）（板）⑧，因此鳄鱼与龙不能靠近。"这里，防御有机体生物这一点讲得很清楚，并且这段文字似乎至少可以证明在王嘉时代已存在这种想法。另一部晋代刘欣朝所著的《交州记》中说，在安定有一艘原为越王建造的铜或青铜船，长期埋在沙里，低潮时才能见到⑨。

665

现在已经证明，在中国早期的民俗传奇文学中，出现过大量金属船舶的故事⑩。这在中国南部与安南尤为普遍。在那里金属船往往成为汉代大将马援丰功伟绩的一部分，他曾于公元42—44年出征，再次迫使边远的南方归附中国。因此，当人们看到这些青铜或铜船舶的遗迹时，就联想起为标志国境南部疆界建立的青铜柱，作为陆标而铸造的

① 公元980年前后，僧人录赞宁所撰写的一部技术书籍《物类相感志》（第三十一页）对此有记载。最近为李长年［(*1*)，第76页，编号94］所引用。

② 见Lane (1)。

③ Neuburger (1)，p.482，其中参考了阿忒那奥斯（Athenaeus）的《欢宴的智者》（*Deipnosophists*，v，40）。

④ Moretti (1)；Ucelli di Nemi (1，2)。

⑤ 或许通常是这样认为的，但公元前3世纪在马赛（Marseille）附近海面沉没的希腊商船曾由潜水员下水勘查，发现船壳（显然还有部分甲板）由20吨铅板完全包覆，铅板并用包铅的（lead-coated）铜钉固定［Cousteau，(1)］。

⑥ Charnock (1)，vol.1，p.101；vol.3，p.201；de Loture & Haffner (1)，p.103；Clowes (2)，pp.85，104。这种做法在18世纪（如果不是更早的话）中国航海帆船上也很常见［见赵泉澄 (*1*)］。铜与铁钉的接触处总会发生电解这类麻烦。

⑦《拾遗记》卷二，第六页，由作者译成英文。《格致镜原》卷二十八（第十二页）曾引用。

⑧ 这里的"板"原用"薄"字，意谓"屏"，此字通"镈"字，意谓"锄"，二者都含有金属板的意思。另一写法为"欂"，意谓"栎"或"柱"，已为"薄"字取代。

⑨ 引自《后汉书》卷三十三，第十六页；也见于7世纪晚期的类书《初学记》卷七，第三页；《太平御览》卷七六九，第六页；《格致镜原》卷二十八，第十二页；《太平寰宇记》卷一七一，第四页。

⑩ 见R. A. Stein (1)，pp.147 ff.；Kaltenmark (3)，pp.20 ff.，22 ff.，30，32 ff.；Schafer (16)，pp.97 ff.。

青铜牛，以及为了缩短海上航程或提高航行安全而修建的运河①。所有文字史料的年代都在3世纪与9世纪之间，但唯有4世纪初的《拾遗记》特别提到过一艘船的船底。虽然可能和汉学家们的估计一样，建造船舶时使用金属的想法原来起于巫术和幻想，但无论如何，也可能是某些南方造船工匠当时得到了锻造工匠的帮助，把金属锻冶成薄板再钉到船壳上以保护木材。假若如此，则18世纪的铜底帆船系起源于本国固有传统，而不是来自遥远西方的内米湖。我们甚至听到过有关铁船的事。在宋代或宋代以前，有一部作者不详的著作《华山记》，谈到过一艘被遗弃在一个山湖边的铁船②。这无疑是同一传说或同一技术的进一步说明。但是铁甲战船则并非传说，我们将在后面（p.682）看到。

666

船浮在水上，船体内的积水要使用机械抽出，但对此很少有人研究。据说公元前225年叙拉古（Syracuse）僭主希罗（Hieron）建造的大船曾装有一台阿基米德螺旋泵（Archimedean screw，即 *cochlea*），由一人操作，抽除船内积水。但阿忒奥斯的记载则近乎荒诞无稽③。

16世纪末叶以后，中国人使用的活塞泵（“抽水器”）同欧洲人较早所使用的一样④。但是在当时比较落后的技术条件下，这种机械可能比链泵的效率低得多，并且我们确实发现，这段时期接触过中国航运事业的西方人都非常赞赏中国人所采用的方法。最早的记载出自一位葡属多米尼加人加斯帕·达克鲁斯之手，1556年他曾在中国逗留数月之久。他在说明中国人“多用窍门，少用力气”之后，接着说⑤：

> 尽管船很大，而且漏水很严重，但所制造的泵却非常灵巧，因而只需一个人在狭窄地方坐着，像走楼梯那样摆动双脚，就能将水抽出。这种泵是由许多部件组成的水轮式样，沿着船边放置在各肋材之间，每个部件都是半码左右的木板，其四分之一部分经过精细加工；木板中间有一块小方木约有一掌宽，使各木板之间连接得可以很灵活地折叠。这些接头非常严密，故泵可以运转自如。接头都保持在每小块木板的宽度范围之内，因为这些小木板大小相等。这种泵可以把两块小木板之间容纳的水全部汲出。

1585年，门多萨⑥也表示过同样的赞赏：

> 他们船上的泵与我们的很不相同，并且要好得多；他们用许多木板制作，用一个轮子来抽水，这个轮子安装在船边内侧，很容易排除船内的积水，只要有一

---

① 谈及青铜或铜船舶的文献有：《林邑记》，《水经注》卷三十七（第六页、第七页）引；《南越志》，《太平寰宇记》卷一七〇（第六页）引；《方舆记》，《太平御览》卷六十六（第七页）、《太平寰宇记》卷一六九（第四页）引；以及《元和郡县图志》（814年）卷三十八，第五页。

② 《格致镜原》卷二十八（第十二页）引。6世纪初的《述异记》中有一则讲到南方的荒诞不经的故事，描写沧州有一条河，河水密度极大，以致金属和石头都不能下沉，这与“弱水“恰恰相反（参见本书第三卷p.608），可以想像这是死海情况的反映［《述异记》卷二，第十二页；亦为《格致镜原》卷二十八（第十二页）引用］。因此，人们可用粗陶瓷与铁造船渡河。

③ *Deipnosophists*，v，43；参见 Torr（1），p.61。

④ 这需回忆本书第二十七章，其中谈到，除有趣的几个例外情况，液体活塞泵不属中国工程技术的传统。

⑤ Boxer（1），p.121。

⑥ de Mendoza（1），vol.1，p.150（Parke 译）。

人转动轮子，工作一刻钟，就能排干一条大船的水，虽然这条船漏水非常严重……

这种泵后来由伊萨克·福修斯[①]推广，直至19世纪初仍然被认为是值得注意的[②]。由于我们缺乏中文的翔实记载，故难以肯定所使用的链泵的类型。乍看起来，一种立型的罐式链泵（*sāqīyah*）似乎最适于船上使用，达克鲁斯的记载（如他的编辑所说）虽然相当缺乏条理，但他却正确无误地说明这是真正中国类型的倾斜方板链式泵（龙骨车；见本书第四卷第一分册，p. 339）。因此仅就这一点而言，16世纪中叶以前，中国人并未因没有活塞泵而停滞不前。

667　事实上，此时这两种机械在以相对的方向进行着传播，链泵为西方船舶所采用，而活塞泵则在中国受到重视。1600年前后，沃尔特·罗利爵士（Sir Walter Raleigh）在一份当时英国海军船舶改进项目的清单中提到过链泵［连同边缘帆（bonnet）、撑帆（studsail）和起锚绞盘一起］[③]。尤班克（Ewbank）根据后来的文件证实英国海军船舶在17世纪末叶才普遍使用链泵，并且直到18世纪还不曾被活塞泵所取代[④]。

泵在海上还有一个重要用途，即扑灭敌人火攻所引起的大火。这个问题曾多次顺便提及[⑤]，但这里还要再多写几笔。在前面（p. 576）讨论航海时，我们援引了1129年《宋会要稿》中一段文字，其中特别提到战船装配防火设备的问题。在别处也谈过防御火箭的湿皮遮篷[⑥]。但是，至少在一处我们似乎见到了喷水枪或水泵装置。1360年前后，苏天爵在《国朝文类》中记载1279年初宋、元两舰队之间的崖山之战时说道[⑦]：

（蒙古军统帅）（张）弘范命令总监乐某从岸上的炮台用他的抛石机攻打宋军战船，但舰船建造得十分坚固，因而未受损伤。……后来（张）弘范俘获了一批疍家舟民[⑧]的船只，在船上堆放稻草，再用油浇透，然后，当刮起顺风时，他命人

---

① 福修斯［Isaac Vossius (1), p. 139］说："他们（葡萄牙人）也在已经漏水但尚未沉没的中国船上观察到，一个男人在座位上踏着安装在船上肋骨处的抽水机，若是我们的船需要几天才能抽出的水，而他用一个多小时就能把水排干。"（Illud quoque (Lusitani) observandum in navibus Sinicis quod quamvis ruinosae fiant et multas admiserint aquas, non tamen mergantur; cum ab uno homine sedente, et tympanum costis navium appositum calcante, spatio unius horae plus aquae extruditur, quam in nostris navibus etiam complures integro exhauriant die）（1685年）。

② Davis (1) vol. 3, p. 82。

③ Charnock (1) vol. 1, p. 68。罗利写道："不久前，引人注目的顶桅（这为海上和港内的大帆船提供了巨大方便）才发明出来，还有抽水量为普通泵两倍的链泵；近来我们又添加了边缘帆与飘带帆［drabler］。……用绞盘起锚一事也很新颖。"

④ Ewbank (1), pp, 154 ff.。然而，1628年沉没于斯德哥尔摩港内的全装备瑞典帆船战舰"瓦萨"（Vasa）号就具有两台大型活塞抽水机。这是我们从最近完成的宏伟的打捞工程及其得到完整的修复之后才得知的［见Howander & Åkerblad (1)］。权威人士说，其中一台为双动式［Cederlund *et al.* (1), p. 2; Ohre lius (1), p. 111］；假如属实，则这一点在工程技术史上确实有重要意义［参见Needham (48)］。但事实上这里的术语有误，因为所谈的设备是一部双缸单作用真空泵。我很感谢瓦萨博物馆（"Vasa" Museum）馆员本特·哈尔瓦兹（Bengt Hallvards）海军上尉和汉密尔顿（E. Hamilton）先生帮助我们弄清了这一问题。

⑤ pp. 432, 476, 685。

⑥ 上文 p. 449。

⑦ 《国朝文类》卷四十一，第十九页，由作者和罗荣邦译成英文。

⑧ 参见下文 p. 672。

将这些小船向下风漂流去烧毁宋军船队。但是宋军船身上早就涂满了泥，此外还有无数的“水筒”悬吊（在舷侧）。因此，当燃烧着的稻草堆靠近时，就被（长）钩枪挑散，火也被泼灭。因而没有一条宋军战船受到损伤。

〈（张）弘范又命乐总管，自寨以炮击昺舰，舰坚不动，……弘范因取乌蜑，载草灌油，乘风纵火，欲焚昺舰，昺预以泥涂舰，悬水筒无数，火船至，钩而沃之，竟莫能毁。〉

虽然这种灭火装置的确切性能仍不清楚，但在甲板上必定有用泵供水的水柜，才能够为喷水器及水龙管供水。

668

(4) 潜水与采珠

前面已经有一二处提到潜水技艺，当然，这对任何文明来说都是一种晚期的成就。这里谈一下较早时期为了使人潜进水里，并尽可能长时间地停留在水下相当的深度而作的努力，却并非不合事宜。中国的潜水历史是同采集珍珠联系在一起的①。在《天工开物》（1637 年）② 最后的一卷中，宋应星记载了采珠场，当时，采珠场（且不谈南海的外国）都集中在广东南部的雷州和廉州一带，海南岛的北面与西北面。他告诉我们潜水人（“没人”）③ 属于蜑族，是一个古老的南方民族④；他们用自己特有的宽度很大的船只在特定的珠贝养殖场海面上作业。他们认为祭祀海神可以得到超常的水下视力⑤，并能避开鲨鱼和海龙（即其他危险的鱼类）⑥。他说：他们下沉 400—500 尺的深度⑦，腰间系一条长绳，另一端绑在绞车上。他们通过用锡环加强的弯管（“以锡造弯环空管”）来呼吸，弯管是用一副皮革面罩紧扣在脸上（图 1048）。万一出了事故，他们就拉绳做信号，于是很快就被拖上来。但也有很多人遭到不幸而“葬身鱼腹”，同时也有的潜水人员出水后而冻死。显然是为了解脱这种艰辛的劳动，一位宋代发明家李招讨发明了一种加有重锤的拖网，它具有像犁一样的铁叉，还有一个张口的麻袋，以捞取贝类，因此

---

① 但是，在中华文化圈的北部（即日本和朝鲜的岛屿），潜水作业也有悠久的传统，潜水人主要是海人族的妇女，他们潜水不是为了采珠，而是为了采集海产品，近来人们对她们的工作表现出极大的兴趣；见 Maraini (2) 和 Hong Sukki & Rahn (1)。

② 《天工开物》卷十八，第一页起，第八页起；译文见 Sun & Sun (1), pp. 295 ff.。

③ 更通常的写法是“叉人”。

④ 可能就是现在的疍家船民，他们大量分布在广州及其附近地区。参见 Kaltenmark (3), p. 93。

⑤ 参见前面（p. 462）对黑“奴”的记载，他们可能是马来人或泰米尔人。因为他们潜水时有良好的视力，所以早在 11 世纪就曾有人潜下水中，在水下修理中国船舶。

⑥ 鲨鱼的危害必定十分真实。许多中国文献都强调这一点，如《岭外代答》（1178 年）卷七［第六页，译文见 Schafer (10), p. 164］就记载得非常生动。但某些水母、海胆及海蛤也使亚洲潜水采珠人心惊胆战；参见 Bowen (5, 6)。

⑦ 这一深度如果不穿戴现代的潜水衣和头盔是完全不可能的，而当时很可能并没有穿戴。如果没有帮助呼吸的设备，潜水人虽然在极短的时间内可能深潜至 120 英尺，但可以工作的极限深度似乎只有 70 英尺；参见 Hornell (21)；Thomazi (1)；Diolé (1)；Frost (1)。自带氧气的潜水员能在 300 英尺深处作业，但是超过 100 英尺以后，则深水麻痹症十分可怕，会导致危险的判断混乱。连接着压气机的潜水人员很少能在 500 英尺以下作业。单根空气管用处很小，除非潜水深度不大。但是在清代初年，潜水人可能使用装有进出气阀门的一对空气管，并在船上加一台双作用活塞风箱。

图 1048　《天工开物》（卷十八，第八页、第九页）中的“没水采珠船”图。图中的文字说：“船上载有潜水人，他们下到海底去采集珍珠。”采用了呼吸管与某种面罩，但在明代版本的相应图中只见到面罩。

图 1049　李招讨的采集珠贝的拖斗或拖网（《天工开物》，卷十八，第九页、第十页）。右边标题是“扬帆采珠”，左边标题是“竹笆沉底”。

采珠渔民可以一边扬帆航行一边曳着拖网（图 1049）[①]。在宋应星的时代，这两种方法都使用过。他还补充说，封海期有时一次长达几十年，以利珍珠生长。 669

关于广东沿岸采珠的历史，在薛爱华［Schafer (10)］的一篇有趣的论文中有简要的阐述，从中我们可以收集到对各个不同时期使用的技术所作的说明。采珠业的中心在廉州地区，旧称合浦郡[②]。那里沿海各岛屿之间有许多“珠池”相当有名，以至整个地区都一度因“珠池”而闻名遐迩。这种财富的开发至少要追溯到公元前 111 年，当时汉武帝的军队兼并了这个古越国（参见 p. 441），而且《前汉书》也将其富饶的珍珠物产记录在册[③]。到公元前 1 世纪末，中国其他地区的人曾因组织潜水采珠而发财致富[④]。后来的地方长官继而发财，结果过量的捕捞造成珠产减少。因此，一位聪明的贤人大约在公元 150 年着手挽救这种局面。《后汉书》谈到合浦郡时写道[⑤]：

> 这个郡不产粮食和水果，但海中盛产珠宝。由于它和交趾接壤，故常有客商往返其间，经营五谷食粮。从前，历任太守多贪婪腐败，毫无节制地让老百姓为其采集搜寻（珍珠）。结果，珍珠（贝）渐渐迁移到交趾境内。因而商旅不再前来，百姓失去资源，穷人饿死街头。（孟）尝上任之后，从根本上改变了往日弊端，找到了恢复社会安宁的措施。不到一年，走失的珍珠（贝）再次返回，老百姓重操旧业，贸易再度畅通。这确实是个奇迹。 671
>
> 〈郡不产谷实，而海出珠宝，与交趾比境，常通商贩，贸籴粮食。先时宰守并多贪秽，诡人采求，不知纪极，珠逐渐徙于交趾郡界。于是行旅不至，人物无资，贫者死饿于道。尝到官，革易前敝，求民病利。曾未逾岁，去珠复还，百姓皆返其业，商货流通，称为神明。〉

于是，孟尝（也许比历史学家更能深刻理解珍珠消失的原因）颁布法令，暂禁采珠，成了当时自然资源和珠场保护的成功典范[⑥]。按中国特有的习俗，他后来成了采珠行业的守护神。很久以后，陶弼（1017—1080 年）为孟尝的庙宇写了如下碑文[⑦]：

> 昔日有贤明的孟太守，
> 在遥远海滨耿耿漫游。
> 他不夺取珠母胎衣肉，
> 水底深处布满回头珠。
>
> 〈昔时孟太守，

---

① 后来，对此进行改进的人中有 1410 年前后的吕洪因，对他们的了解现在更为详尽；见《图书集成·食货典》，卷三二四，“杂录”，第四页。

② 这里地理上的线索，薛爱华由此得到很多资料。但有关采珠的中文文学宝库似乎尚未有人研究，尤其是没有从技术上进行研究。《格致镜原》卷三十二（特别是第十一页起）所援引的文字可以作为研究的开始。

③ 《前汉书》卷二十八下，第十二页、第三十九页。参见《盐铁论》第二篇，第七页。

④ 公元前 30 年前后，有一个官吏叫王章，死后其妻室子女移居合浦。在一位地方副长官王商的协助下，经过短时间就采集了大量的珍珠［《前汉书》卷七十六，第三十一页；《太平御览》卷八〇二［第八、九页也曾引用，译文见 Pfizmaier (94)，p. 622］。

⑤ 《后汉书》卷一〇六，第十三页；《太平御览》（卷八〇二，第九页）中有从另一种后汉史书中摘引的一段类似的文字。译文见 Schafer (10)，经作者修改。

⑥ 早在公元 280 年前后的晋代，就有另一位高级官吏陶璜提倡过与之完全相同的政策；见《晋书》卷五十七，第六页，译文见 Schafer (10)，p. 159；Pfizmaier (94)，p. 627。这一段文字还见于《太平御览》卷八〇二，第十一页。

⑦ 该碑文收集在《舆地纪胜》卷一二〇，第六页起，译文见 Schafer (10)，经作者修改。

忠信行海隅。
不贼蚌蛤胎，
水底多还珠。〉

3 世纪汉末以后，采珠区归吴国统辖，潜水采珠的最早记载大约始于此时。万震在其《南州异物志》中写道[①]：

在合浦，百姓擅长游泳以采集珠贝。男孩到十余岁就学习潜水采珠。官吏禁止百姓采珠（除非是为官府采珠）。但某些技术娴熟的盗珠者却潜蹲海底，剖开贝壳，取出好珠，将其吞入，然后浮水而出。

〈合浦有民，善游采珠，儿年十余，便教入水求珠。官禁民采珠，巧盗者蹲水底，剖蚌得好珠，吞之而出。〉

随着官方的控制，出现了民间的走私。确实，从公元 228 年起整个采珠区一 度改名"珠官"（即管理采珠的长官）。这个官衔一直沿用了几个世纪，9 世纪的诗人陆龟蒙对这一种独特的地方色彩深有感触，他对南疆地区作了如下描写：

民众多采药做巫神，
官府有珠官发饷银。[②]

〈多药户行狂蠱，吏有珠官，出俸钱。〉

历代采珠业时常受到朝廷儒家"戒奢"思潮的干扰，挫伤了这类奢侈品的贸易。唐代曾几次中止采珠。但五代时期，南汉末代皇帝刘鋹却无视禁戒，在廉州附近派驻一个师团军队，并训练他们潜水采珠。据有关文献记载[③]，这些人身上绑一块石头，潜到 500 尺以下的深处（这一定是夸大其词），因此相继溺死或被鲨鱼吞噬。但是到 971 年宋军攻占广州后，这种动用军队采珠的做法即被废除。

672

认为蜑族人在采珠事业中所起作用最大的最早文献中，有一部是 1115 年蔡絛所著的《铁围山丛谈》。书中有一节长而有趣的文字[④]写道，采珠渔人把十多艘船（"海艇"）在采珠场的水面上围成一个圆圈，船舷两侧放下绑有石头的系泊缆绳，犹如海底下锚。此时蜑族潜水人先在腰部缚一 根细绳。

再深深地吸一口气就直接扎入 10—100 尺深的水中，然后他离开系泊缆绳并摸索前进去采集珠贝（"珠母"）。似乎只有片刻工夫他就急需空气，于是猛拉一下腰间的细绳，船上的水手一看到信号就绞起这根腰绳，潜水人也同时沿着系泊的缆绳（尽可能快地）攀上[⑤]。

〈别以小绳系诸蜑腰，蜑乃闭气，随大絙直下数十百丈，舍絙而摸取珠母。曾未移时，然气以迫，则亟撼小绳。绳动，舶人觉，乃绞取，人缘大絙上。〉

从这段文字来看，似乎当时已经采用了绞车，而腰绳可能通过一个光滑的松环和系泊缆

① 这段文字收集在《太平御览》卷八〇三，第十页；译文见 Schafer（10），经作者修改；参见 Pfizmaier（94），p. 653。

② 引自《唐甫里先生文集》卷九，第二十七页，译文见 Schafer（10），参见 Schafer（16），pp. 160 ff.。

③ 例如，《宋史》卷四八一，第二页；《文献通考》卷十八（第 179. 2 页），卷二十二（第 220. 2 页）；《岭外代答》卷七，第七页，等；详见 Schafer（10）。

④ 《铁围山丛谈》卷五，第二十二页起；由一段后来的引文所作的节略译文，见 Schafer（10），p. 164。

⑤ 由作者译成英文。

绳相连，所以一开始绞起腰绳，潜水人便能很快被带回到逃生之路。蔡絛接着生动地记述了潜水人由于意外而越出了安全范围所引起的痛苦的挣扎和解救他们的方法①。他说，社会上那些见到珍珠而赞不绝口的人们很少想到采集珍珠所付出的代价。60 年后，周去非在其《岭外代答》② 洋洋洒洒的文字中，也同样强调了这一点，并特别提到鲨鱼或其他凶恶的海兽的危害。然而，他对技术设施却无甚增补，只是谈到把筐子绑在长绳上和潜水人一起放到水里作为进一步的保护措施，因为这可以很容易绞起。这样，人们开始得到这样一种印象，即几个世纪当中，潜水技术改进缓慢，但却又从未间断，并成了后来明代发明的起因，我们就是从这里开始讨论的。 673

《天工开物》所记载的潜水技术是无可非议的。事实上，这些技术可能很古老。在方术秘法之中，《抱朴子》（约 320 年）里有这样一段文字③："取一段一尺多长的真犀牛角，刻上鱼的形状，将其一端衔在嘴里，潜入水中，周围的水就会被排挤到三尺以外，因而可以在水中呼吸。"（"通天犀角有白理如綖者，……得直角一尺以上，刻以为鱼，而衔以入水，水常为开，方三尺，可得气息水中。"）这种炼丹方士的隐晦说法，可能指的就是潜水管。总之，呼吸管和潜水钟这二者都已由亚里士多德④和韦格蒂乌斯（Vegetius）等其他古代作家间接提到过。1190 年（大约李招讨的时代），一首德国民谣也提到过潜水人用的呼吸管⑤。欧洲有关呼吸管的第一幅图画出现在 1430 年前后一位不知姓名的胡斯派（Hussite）工程师的著作中。耐人寻味的是，从这一时期起到宋应星时为止，其间达·芬奇曾在《大手稿》（*Codex Atlanticus*）中记载过一种像印度洋潜水采珠人所使用的那种呼吸管⑥；这种呼吸管除具有防止鱼群靠近的尖钉外，还有《天工开

① 若长时间在水下作业（现在使用供氧装备，可以办到），返回水面时又不作减压停留，最深只能达 40 英尺。而古时候没有潜水设备的采珠人竟能潜到三倍于此的深度，尽管时间较短，也会得"潜水病"和潜水麻痹症。在周围压力很大时，血液中溶解的惰性气体（尤其是氮）比正常情况要多得多。当压力减低时，这些惰性气体就在血液和神经系统中分离成为实际的气泡，会引起不堪设想的后果，根据中国人的观察与推断能力，你若发现清代初年某一文献就已认识到减压停留的必要性是不应该感到惊讶的。在有了送气管技术之后，这种必要性就可能会变得十分明显。

② 《岭外代答》卷七，第六页起，译文见 Schafer (10)。潜水人"经常会遇到一些奇异的生物，张着大口，一呼一吸……。"是否是巨蚌？最凶险者要算"虎鱼"或"刺鲈"，但现在已无法考证。

③ 《太平御览》卷八九〇，第二页，由作者译成英文。叶德辉重编《抱朴子》时误称这段文字，出于《淮南万毕术》。

④ *Problemata Physica*, XXXII, 5 (960*b* 21 ff.)。现在见到的《论问题》(*Problemata*) 一书并非亚里士多德所著，但它确实出自公元前 3 到前 2 世纪的逍遥学派（正如《墨子》的书系由其弟子，而非由墨翟本人所著一样，参见本书第二卷 p. 166)。潜水技术一节可能是更晚期的后人之作，但都找不到文体上或者其他语言文字上的充分依据。此外，在无疑是亚里士多德的真正原著的《论动物的结构》[*De Partibus Animalium*, Ⅱ, 16 (659a. 9 ff.)] 中也提到这类技术。谈及大象时，亚里士多德说："正如造物主为大象造就了长鼻孔，潜水人有时要有呼吸设备一样才能吸取水面上的空气而长时间在水下停留。"因此，至少在公元前 4 世纪的希腊就有了某种人造辅助设备。这不是"*Problemata*"中的"潜水钟"或"潜水盔"，但这种装置十分简单，似乎可以无须犹豫地认为这种装置是公元前 2 世纪的产物。感谢杰弗里·劳埃德（Geoffrey Lloyd）先生帮助我们弄清了这个问题。

⑤ 见 Feldhaus (1), col. 1119。即萨尔曼（Salman）和莫罗尔夫（Morolf）的民谣。这一段文字是"管子通到小船上，莫罗尔夫得以呼吸"（Eyn rore in daz schiffelin ging, da mit Morolf den atem ving）。

⑥ Folios 7 Ra, 333 Va 及 386Rb；复制图见 Feldhaus (1), col. 1120, (18). pp. 136 ff.。也可见 McCurdy (1), vol. 2, pp. 162, 215 ff.；Ucelli di Nemi (3), no. 78。达·芬奇本人（在另一份手稿中）提到印度洋。许多其他结构设计也产生于这个时期，如迪乔治（Francesco di Giorgio）设计的结构，复制图见 Brinton (1), fig. 27。

物》所提到的同样的金属加固环，以防止被压力挤瘪。但水对潜水人肺部的压力必然极大地限制他呼吸空气。因此，1000 年前后的一部关于水利工程学的阿拉伯著作中提到用风箱把空气压到管子里，这一点很有意义。宋代中国人是否也用过这种方法，同样也是个有趣的问题①。吸气和排气采用两根管子的办法在欧洲最先由博雷利（Borelli）的著作（1679 年）提及②，1716 年哈雷将这种双向管和潜水钟合并成一体。迄今我们尚未在中国文献中发现有关潜水钟的资料③，但这种想法在欧洲流行的时间要比一般的设想早得多。引人注目的潜水钟④（有的还具有呼吸管）的画图可在 14 和 15 世纪的《亚历山大故事》的手稿中找到⑤。据猜想，这位爱冒险的国王坐在玻璃桶里下沉到海底深处，尽管王后罗克萨娜（Roxana）谋反，把缆绳松开，但国王仍安全无恙地浮出水面。亚洲曾是亚历山大大帝渴望统治的大陆，那里的采珠场，尤其是印度和中国的采珠场，完全可以说是所有潜水技术的发源地，古代的潜水历史也必定从这一地区发现⑥。自古以来，潜水人为了糊口谋生，只得去夺取那些对人类来说并非天然要素的宝物⑦；事实上可以合情合理地认为，印度教徒、佛教徒和道教徒的深奥的坐禅与运气训练有明显的联系，而这种运气训练则又与潜水人的实践密切相关。无论如何，根据亚历山大后裔的传说⑧，佛教的“鱼类戒律”（*matsya-dharma*）曾引起亚历山大可怜的沮丧：

674

> 世上的王公贵族达官贵人
> 不幸的是其英姿已经消失，
> 凶残的大鱼将小鱼饵食殆尽。⑨

---

① 见 Krenkow（1）。

② 有关现代深水潜水装备的其他部分，如“潜水衣”，中国也走在前头。1665 年冬，闵明我沿大运河旅行时，身穿兽皮外套的人给他留下了深刻的印象，这种外套能使打鱼人长时间浸在深到颈部的冰水中撒网，这种“潜水服”也为桨手们所采用，不过手套装在桨柄上，见 Cummins（1），vol. 2，p. 227。

③ 这里不包括公元 370 年王嘉著的《拾遗记》这部志怪的书中所记载的神奇故事。我们在此书中发现了（卷四，第六页）如下内容：“秦始皇帝崇尚神仙和长生不老。（当时）有人从宛渠乘螺舟而来。船体呈螺壳形，在海底行走而不进水（‘沉行海底而水不浸入’），这种船又称‘浪下的航船’（‘沦波舟’）。”这一段文字也常见于汇编的书籍之中，如《类说》卷五，第十九页。我们尚不能认定这段文字是纯粹的传奇和“随意”遐想，还是有根有据的潜水钟实验。或许能从原文中得到进一步的证实。《辩论报》（*Journal des Débats*）和《文物评论》（*Antiquitäten Rundschau*）中早就有几篇文章注意到这段文字；我们对其了解全仰仗傅吾康向我们提供了已故颜复礼（Fritz Jäger）教授的笔记。

④ 潜水钟的历史概述见 D. W. Thomson（1）。

⑤ 复制图见 Feldhaus（2），pl, IX 和 figs. 295，296，297，以及 Cary（1）pl. Ⅶ. 关于《亚历山大故事》，见 Cary（1）；Thorndike（1），vol. 1，pp. 551 ff.，Tarn（1），p. 429。有关亚历山大大帝的传奇文集当然是古典时代之后很久问世的；它似乎是在 3 世纪或 4 世纪开始出现于亚历山大里亚，其早期的版本被误认为是伪卡利斯忒涅斯（pseudo-Callisthenes）的作品，因为其中有一部分的确就出自真名卡利斯忒涅斯（Callisthenes，卒于公元前 328 年）的历史学家之手，他曾跟随亚历山大出征亚洲。该文集不断增补并转译成许多地中海东岸各国与欧洲的语言。关于潜入海中的记载，见 Cary（1），pp. 237，341。罗斯（D. J. A. Ross）博士答应给我们一份关于亚历山大的深海潜水器的文字和绘图资料。参见上文 p. 56。

⑥ 关于波斯湾采珠业，见 Bowen（5，6）；Mokri（1）。

⑦ Diolé（1），p. 264。另见本书第二卷，pp. 143 ff。

⑧ P. Meyer（1）；12 世纪的《亚历山大之歌》（*Alexandriade*），引自 Frost（1）。

⑨ 参见本书第二卷，p. 102。

至此，我们所考虑的只是天然珍珠，即多少世纪以来广东潜水人需冒生命危险去采集的珍珠。但是，还有养殖珍珠或人造珍珠，前者是在双壳贝内植入刺激物而生成，后者则全由人工制成。在双壳贝内移植小粒外来体，而后珠贝的珍珠层将其裹住[①]，这种培植或诱生珍珠的方法看来基本是由中国人发明的[②]。1825 年，格雷（J. E. Gray）在不列颠博物馆研究软体贝类时曾看到有一些优质珍珠仍然附着在一种叫做 *Barbala plicata* 的贝壳上，很明显，这是把植入小粒珍珠作为内核而人工诱生的。这些珍珠都来自中国。后来格雷在报告中又提到用小段银线作为珍珠核芯培育珍珠的例子。30 年以后，黑格［Hague（1）］提出了一份湖州养珠业的见闻报告，说那里的人将包括微小的佛像在内的各种外来体放入淡水贻贝中[③]。当地人把这一发明归功于 13 世纪一位叫叶仁扬（音译，Yeh Jen-Yang）的人[④]。 675

在这位值得尊敬的发明家之前至少几个世纪，中国文献中的确有可能找到有关这一技术的清楚记载。1086 年庞元英所著的《文昌杂录》中就有记述。他说[⑤]：

> 礼部侍郎谢公言发现一种养珠法。当时的做法是（先）做许多“假珠”（用小料珍珠母等做成）。选择其中珠质最光滑、最圆润和色泽光亮者，待养殖在清洁海水中的大贝张开双壳的瞬间放入其中。不断换水以保持海水清洁，使贝能在夜间最有效地吸收月光[⑥]。两年后，真（珍）珠便完全长成。
>
> 〈礼部侍郎谢公言，有一养珠法。以今所作假珠，择光莹圆润者，取稍大蚌蛤，以清水浸之。伺其口开，急以珠投之，频换清水，夜置月中，蚌蛤采月华，玩此经两秋，即成真珠矣。〉

因此，有刺激性的小碎片的二氧化硅或碳酸钙的小颗粒便被用来为人类服务。我们尚不能肯定谢公言是否真的是第一位发明养珠法的人，因为比这更早的一些文献的某些章节已提供了某种养珠的背景。关于廉州的采珠业，刘恂在公元 895 年前后写成的《岭表录异》中有简要的记载，在谈到贡品珍珠是取自老而大的珍珠贝之后，他接着说[⑦]：

> 此外，（渔民）取出小珍珠贝的肉，用竹签穿起来晒干，称为“珠母”。容（县）与桂（林）[⑧]（在广西境内）一带的人喜欢烤贝肉，供酒宴（客人）之用。肉中有谷粒般的小珍珠，因而得知珍珠湖的珠贝胎衣中的珍珠随珠贝本身的大小而异。
>
> 〈取小蚌肉，贯之以篾晒干，谓之珠母。容、桂人率如脯烧之，以荐酒。肉中有细珠如粱粟，乃知珠池之蚌随其大小，悉胎中有珠矣。〉

很清楚，9 世纪人们对珍珠在瓣鳃类动物体内的生长情况已十分了解，这就暗示人们会 676

---

① 珍珠层（nacre）或珍珠母（mother-of-pearl）是一种结晶碳酸钙在蛋白质网状物上的沉淀物；参见 Grégoire（1）。

② 对这里所提供的材料的初步论述系由萨顿和李约瑟［Sarton & Needham（1）］发表。

③ 有关这方面的照片，见《不列颠百科全书》（*EB*），p. 422。

④ 我们尚无法知道此人姓名的汉字写法。参见 Mc Gowan（6）。

⑤ 原文见《说郛》卷三十一，第十二页，由作者译成英文。也见于《格致镜原》卷三十二，第十二页；《图书集成 · 食货典》卷三二四，第四页。

⑥ 关于月亮对海栖动物的影响，参见本书第一卷，p. 150；第四卷第一分册，pp. 31 ff.，90；以及本书后面的第三十章。

⑦ 原文见《说郛》卷三十四，第二十三页起；《格致镜原》卷三十二，第十一页；译文见 Schafer（16），经作者修改。谢弗的全段英译有所删节，因为他没有引用该文献的各种增补版本。

⑧ 因版本不同，我们对这些译名尚不能肯定。可能“容桂率”是第一个利用采珠副产品的人。

去接种诱生珠母内核。的确，这种方法可能在某些有限制的范围内实践过，因为我们曾读到一些有关特殊形状珍珠的更早期的介绍。例如，公元489年的《南齐书》[①] 中有记载说：“越州进贡（给朝廷）一颗白珍珠，天生地就像一尊沉思的佛像，有三寸高。”（“越州献白珠，自然作思惟佛像，长三寸。”）这颗珍珠被转交给禅灵寺妥善保存。尽管所记载的尺寸有所夸张，但此物的特征却使人想起现代湖州人的做法。最后，追溯到公元前2世纪，在《淮南子》（约公元前120年）一书中有一段值得注意而颇有见地的说明[②]：“虽然，这些亮晶晶的珍珠对我们有利，但它们对珍珠贝却是一种病。”（“明月之珠，蚍之病，而我之利。”）一旦认识到了这一点，就不难想到去接种一种刺激物以使珍珠贝染上这种疾病，不过，也许过了许多年才有人找到具体实现这一目标的办法。

在18世纪中叶以前，这种技艺不知怎么传到了欧洲，伟大的植物学家林奈（Linnaeus）利用了这种方法，并且承认其来源[③]。他年轻时，在拉普兰（Lappland）的吕勒奥湖（Lake Luleå）畔的普尔基尧尔（Purkijaur）看到过淡水贻贝养珠。20年后（1751年）他写道，他曾读到一种中国养殖或诱生珍珠的方法。又过了10年，他已用实践证明这种方法对瑞典淡水贻贝也适用，办法是一道植入小段银丝和石膏或石灰石小球。他最后竟因出售这一方法而得到了一笔巨款[④]。在日本，这项发明又有了新的发现并得到了进一步完善，成就了一项大型事业，雇佣的养珠人约有10万人，养殖的珍珠年产量不下36吨，出口贸易的价值约为650万英镑[⑤]。这项事业的创始人御木本幸吉（卒于1954年）在1905年成功地把这项技艺变成了一项实业，但所遇到的困难却也非同一般。

技术上的真正奥秘，可能就是把小块分泌真（珍）珠质的表皮外膜和无机核一起植入，使软体组织内生成一个封闭的胚囊。自然，庞元英并不理解这一点。否则，外层表皮细胞覆盖在珍珠壳内的异物只能生成“水泡珠”[⑥]，大部分佛像珍珠都属于这一类。当今的方法是用另一贻贝的表皮组织在核体周围形成一个胞囊，并将其移植到次表皮或其他组织里，之后将此寄生体培养长达7年之久[⑦]。

677

最后，为把这段题外的话说透，我们应当谈一谈纯人工或仿制珍珠的生产，这种珍珠根本不是在双壳贝类内生成的。有充足的理由认为，这一技艺也和真珍珠的培植或诱生一样要追溯到中国的古代。这需要将天生的小珍珠晶体分离出来，并将其附着于一个玻璃或其他材料的球体上以形成一层稳定的薄膜。在欧洲，从1680年起这种方法就已

---

① 《南齐书》卷十八，第十九页，译文见 Schafer (10)。

② 《淮南子》第十七篇，第十二页。这里用来表示珍珠贝的“蚍”字，后来解释为绦虫，但其意思并没有错。《康熙字典》对此字的解释说：珍珠曾在又长又细的“龙鱼”胃里发现，可以推测它吃了珍珠贝。

③ 至少，耶稣会士殷弘绪［d'Enirecolles (1)］1734年的一封北京来信中谈到过。

④ 详细说明见 Gourlie (1), pp. 87, 200, 243，其中列出了那些原始函件。

⑤ 所用的品种是 *Pinctada Martensii*。

⑥ 关于所生成的光滑平面，在3世纪的《南方草木状》中曾提及；见《太平御览》卷八〇三，第十页［译文见 Pfizmaier (94), p. 652］。

⑦ 参见 Jameson (1); Kawakami (1)，以及权威性的评论 Biedermann (1), pp. 720 ff.。日本就瓣鳃软体动物产生珍珠的生理学问题进行了大量的科学研究，并有专门研究机构致力于这一课题。

流行，当时，巴黎制作念珠的匠人雅坎（Jacquin）用一种鲤科硬骨鱼①（*Alburnus lucidus*）的银色鱼鳞制作一种（十分奇特地）称为“东方的精华”（essence d'orinet）的配制品。他先在小玻璃球的内壁上黏附一层很厚的晶体膜，再用白蜡把空腔填满而生产出人造珍珠。也只是上一个世纪，人们才知道这种晶体是鸟嘌呤（guanine）的结晶体②，今天仍然用作同样的目的。但杰昆的业绩毕竟给人以难忘的印象。在讨论古代中国玻璃时，难道我们没有读到同样性质的内容吗？从公元83年问世的王充《论衡》中，我们果然可以援引下列一段文字③：

> 同样，从贝类采得的珍珠很像禹的贡品碧玉；都是真品（天然产物）。但是，如控制适时（即掌握加温的开始和持续时间），可以把药石制成珍珠，就像真品一样光彩夺目。这是道家修炼的顶峰，也是其法术之大成④。
>
> 〈兼鱼蚌之珠，与《禹贡》璆琳，皆真玉珠也。然而随侯以药作珠，精耀如真；道士之教至，知巧之意加也。〉

应该记住，整个这一段文字讲的是玻璃镜子或透镜的制作，它不仅仿造玉石，而且仿造高度磨光的铜镜，这种铜镜曾被用来反射阳光取火点燃火种。因而，很可能古代道家也发现了从鱼皮中提取和游离鸟嘌呤晶体的方法，并使之附着在玻璃上而制出“假真（珍）珠”⑤。

虽然现代的来源主要是硬骨鱼或多刺鱼，但在流传很久的一些中国志怪小说集中把珍珠同鲨鱼联系在一起，这很值得注意。晋代《交州记》中说，鲨鱼（“鲛鱼”）的背部有“珍珠铠甲”⑥。《埤雅》（1096年）中说，贝类的珍珠长在肚子里，而鲛鱼的珍珠则露在外皮上⑦。大量文献都记载过“鲛人”，他们生活在海底，给采珠人提供住处，有时来到岸上漫步，并出售他们的织绢⑧。离别时，他们哭出泪珠（“泣珠”）付账，这些泪珠会变成珍珠。这也许是隐喻某些鱼类在道教炼丹术士手中的所为。 678

---

① 虹膜细胞（iridocyte）在鱼皮的银色部分特别多，充满了晶体，以至难以见到其细胞核。有关评论见 Fuchs (1), pp. 1410 ff.。

② 最初的发现应归功于巴雷斯维尔［Barreswil (1)］，其后里福伊特［Voit (1)］和贝特［Bethe (1)］。大矢［Oya (1)］向我们说明了关于带鱼（*Trichiurus haumela*）表皮光泽微粒的化学成分，这种鱼是日本采珠业中用来作为“珍珠箔华”的主要来源。

③ 本书第四卷第一分册，p. 112。

④ 《论衡》第八篇。由作者译成英文，借助于 Forke (4), vol. 1, pp. 377 ff.。关于“控制适时”（proper timing）的讨论，读者可参见该书的全文。把药石制成珍珠一语很重要并经常为人们引用，《太平御览》卷八〇三，第五页；参见第七页。

⑤ 有关玻璃部分，参见4世纪的《广志》（《玉函山房辑佚书》卷七十四，第三十八页；《太平御览》卷八〇三，第九页，卷八〇九，第三页）：“‘矿石珍珠’是熔炼矿石制成；有人称之为‘朝珠’。”（“石珠铸石为之，一名朝珠”）

⑥ 《交州记》卷一（第3页）。

⑦ 《埤雅》卷一（第17页）。

⑧ 《博物志》（约290年）卷二，第三页；《述异记》（6世纪初期）卷二，第二十页；《洞冥记》（5世纪或6世纪）中的有关吠勒国的记载；《太平御览》卷七九〇，第十页；卷八〇三，第七页、第八页，引自《博物志》和《搜神记》（348年）。

(5) 撞　　角

与海上的和平活动相对照，还有水军战术方面的问题需要谈一谈。前面有多处（pp. 442，625）我们曾触及古代和中世纪的中国战船是否采用过典型的希腊－罗马撞角技术这一问题。从推理上看似乎不大可能，因为中国战船的构造基本上是钝头、平底，没有龙骨可以延长为锐利的水下攻击性武器[①]。但在战船上附加一二个尖头突出器械用于在水线以下穿透敌船，则是完全可能的，而且事实上也的确有一定量的史料说明运用过这些器械[②]。只是这种技术看来不像古代地中海那样占据统治地位而已。

古代各种战船中，可能有一种称为"突冒"的。例如，《越绝书》[③] 中有一段提到过它，目前只有《渊鉴类函》[④] 等类书中还保存该书的这段文字。

> 阖闾（吴王，公元前 514 年—前 496 年在位）有一次召见伍子胥[⑤]，问他关于水军的准备情况。（子胥）回答说："战船（的类型）有：大翼，小翼，突冒[⑥]，楼船和桥船。目前训练水军，我们采用了陆军战术以求良效。因此，大翼战船相当于陆军的重型战车，小翼战船相当于轻型战车，突冒相当于冲车，楼船相当于行楼车，桥船则相当于轻骑兵。"
>
> 〈阖闾见子胥，"敢问船军之备如何？"对曰："船，名大翼、小翼、突冒、楼船、桥船。今船军之教，比陵军之法，乃可用之。大翼者，当陵军之重车；小翼者，当陵军之轻车；突冒者，当陵军之冲车；楼船者，当陵军之行楼车也；桥船者，当陵军之轻足剽定骑也。"〉

679　我们对其中的一种战船——满载士兵的楼船已很熟悉，至于它主要是用桨还是用帆行驶，则难以断定。两种"翼"船显然是帆船。"桥船"则很可能就是普通的小划艇，被征调来架设浮桥。至于"突冒"或"突冒"，除非是"装有撞角的船"，否则很难有其他解释。但这段文字的年代似乎不准。在《太平御览》中[⑦]，还有从同一部《越绝书》中节选的另一段内容，它是继可能已失传的《伍子胥水战法》一书之后，记载"大翼"战船的文字。这种船每艘长 120 尺，宽 16 尺，可载 26 名士兵及 50 名桨手，船首或船尾各有 3 名水手和舵工；船上装备有 4 杆长钩，4 支矛、4 把长柄斧，由 4 名下级军官指挥；连同 5 名军官兼主射手，船上人员总计 91 名[⑧]。与此类似的细节也见于另一部佚书《水战兵法内经》的引文中，其作者洪迈[⑨]在 12 世纪末期指出，周代的船必定很大。

---

① 若在其他地方，这一战术很可能会实施。关于二叉式船首部分的人种学研究，参见 Noteboom（1）。

② 感谢罗荣邦博士以通信方式详尽地同我们商讨过这一点。

③ 袁康著，年代约在公元 52 年前后，但现在这段文字的很多内容可能原著中没有。类书中所保存的是年代不能确定的片段，而且未必都见于所有现存的版本中。

④ 《渊鉴类函》卷三八六，第一页。此段也被引用于《太平御览》，卷七七〇，第一页，以及洪迈约于 1200 年所著的《容斋随笔》卷十一，第六页。由作者与罗荣邦译成英文。

⑤ 已经多次谈到此人，参见本书第四卷第一分册，p. 269，最好参见第三卷 p. 485。

⑥ 许多版本将其写做"突冒"，接见下文。

⑦ 《太平御览》卷三一五，第二页。《墨子》第五十八篇（第十七页）中也有类似的一段文字，但讹误甚多，不过我们无需假设其源于《墨子》。

⑧ 还装备有：32 张弩，3300 支方镞箭和 32 套盔甲。

⑨ 见前页脚注。

要接受他给公元前六世纪作出的这一结论。我们感到犹豫不决。我们趋向于认为，这些记载所反映的是汉、三国，甚至晋这些朝代的情况。但无论如何，中国某些船上出现过撞角，看来是确凿无疑的。然而，上面提到的“长钩”至少值得同样重视，这个问题不久即会把我们引到意想不到的方向去。

毋庸置疑，有一个古老的传说，讲到吴、越两国舰队交战中使用过冲撞战术。200年前后蒋济所著《万机论》至今遗存无几，但下述文字却留传至今[①]：

> 当吴、越两国在五湖（现今的太湖）交战时，他们都使用桨船，双方互相冲撞，好像以角相撞（“相触”）。勇猛冲击也罢，却步不前也罢，都会被撞翻；不论船首是钝的还是尖的，无一不倾覆（并沉没）。
>
> 〈吴越争于五湖，用舟楫而相触，怯勇共覆，钝利俱倾。〉

这里或许又一次提到撞角，不过这一段记载不大像是指水线以下的穿透。比较确凿的史实是《后汉书》中对公元33年长江水战的记载。后汉初年，公孙述企图在四川建立独立王国[②]。他命令手下大将任满、田戎和程汎率领二三万大军乘筏顺江南下，攻打岑彭率领的汉军。他们击败了岑彭的三名水军将领以后，占领了合适的阵地，并在上面修起浮桥，桥上筑有工事，浮桥由横江铁索及周围斜坡上的堡垒守护。岑彭军队屡攻不克，于是休战，而配备一支包括楼船、划桨攻击船（“露桡”）和冲撞船（“冒突”）的数千艘船舶的舰队，此后岑彭才成功地攻破了防线并将川军击溃。公元676年李贤的注释说，冒突的优点在于能猛烈的冲撞（“触”），即能用撞角撞击。 680

在此我们可以归纳出技术用语上发生的一种奇妙的演变。很明显，早期的“冒突”或“突冒”就是后来称为“蒙冲”的冲撞船的前身。早在公元100年，《释名》[③]一书就说：“外形狭长的（船）叫做‘艨冲’；（可以像撞角一样）冲撞敌船”（“以冲突敌船也”）。到18世纪末，王念孙在详细注释《广雅》（230年）书中的一份船名表时写道：“战船中有‘蒙冲’正如战车中有‘冲车’一样，因为‘蒙’与‘冒’同是一物，‘冲’与‘突’意思相同。”[④]（“船之有蒙冲，犹车之有冲车。蒙，冒也；冲，突也”）我们即将看到（p. 686），到公元759年“蒙”字用在“蒙冲”中则主要表示保护船员的“装甲”（用湿皮、木板或铁板）而不是指碰撞的猛烈动作。因此我们将把“蒙”与“冲”组合的词“蒙冲”译为“掩体冲撞船”。可以这样解释，古字“冒”有两种完全不同的念意，不仅表示“冲撞”，而且还表示“帽”和“遮盖物”。到公元208年，董袭在吴、魏两军水战中荣获胜利时，“蒙冲”船已很普遍[⑤]，但可以认为在这几个世纪中，当船舶建造重点已由“撞角”作用变为“装甲”结构时，此术语仍继续沿用下来，因为在造船工匠们看来，“冒”的意思一直是“帽”，而不是“冲”。我们很快就会看到这一演变与中国水军战术史上从肉搏战发展到投射战这一清晰的总趋势相适应。

---

① 《太平御览》卷七六九，第三页。马国翰在《玉函山房辑佚书》（卷七十三，第五十七页起）中，曾对此书进行过最大限度的辑编，但他显然忽略了此段。有关五湖上的水战，参见《国语》卷二十一，第二页。

② 《后汉书》卷四十七，第十七页、第十八页。参见上文 p. 621。

③ 《释名》卷二十五（第381页）（《释名疏正补》）。

④ 《广雅疏证》卷九下，第十七页。

⑤ 《三国志》卷五十五，第十页；参见上文 p. 449，及 Schafer (16)，p. 242。

这里又提出了一个问题，即早期有关撞角的争论是否会由“戈船”[①] 这个术语引起。我们常遇到汉代的这一名称（参见上文 p. 440），最明显的含意是指载有使用大戟（如公元前 112 年远征越国时所用的武器）的士兵的船。但 3 世纪的注释家张晏认为这些大戟固定在船体上，以防御越军游近和驱开危险的海上动物，而且 7 世纪初的注释家颜师古也赞同他的观点。但臣瓒（300 年前后）却根据伍子胥的说法，认为戈船上载有持盾和戟的士兵。宋代学者宋祁及刘攽同意此观点，刘攽说：“颜师古是未出过海的北方人，对行船一无所知。”[②]（“颜北人，不知行船。”）对这些学者作出评定远不是我们讨论的目的，但对古代冲撞战术的某些回顾，难道也不能为其争论提供些背景资料吗？

681

如前所述，显然中国船体的构造不适于将“戟”或其他尖头武器安装于水线之下[③]。然而，我们可以就此想到中国现存的一种式样极为奇特的小船，它具有二叉式船首和船尾。这是杭州附近使用的一种舢舨，其起源尚不得而知[④]。舢舨上具有撞角状的突出部分，同古代斯堪的纳维亚和传统的印度尼西亚－波利尼西亚的船只颇为相似，其间的密切关联是霍内尔的最奇妙发现之一[⑤]。这种舢舨或许是中国南方文化中受印度尼西亚影响的唯一遗迹，或许还可以作为表明中国古代使用过撞角的有关证据。

有一段文字，通常认为是战国时期撞角的最有力的证据，不过在我们看来，它所证明的却似乎是其他事件，并把我们引往另一条思路。这段文字见于《墨子》，说的是著名巧匠公输般[⑥]在公元前 445 年来到南方改编楚国水军的情况[⑦]。

> 从前楚国人同越国人在江上发生过一次水战[⑧]。楚军向前推进时顺流而下，但后退时则要逆流而上。可望胜利时，他们向前推进；但有失败危险时，则感到难以撤退。反之，越军前进时必须逆流而上，但却能够顺流而退。在有利的形势下，越军可以慢慢地向前推进，一旦战局逆转，他们可以迅速逃离，由于这种有利条件，越国人大败楚国人。
>
> 此时，公输大师从鲁国南下来到楚国，并着手制造“钩强”这种水战器械[⑨]。当（敌船）想要退却时，可以用钩（的部分）；当（敌船）进攻时，则用强（防御）（的部分）。楚国战船以该武器的长度为标准，全部船只统一格局，而越国则

682

① 关于这种武器，见本书第三十章（C）。

② 关于这次争论，可见《前汉书》卷六，第十九页。

③ 但在宋代的水战中可能找到采用冲撞战术的战例。事实上我们已遇到过。在本书第四卷第二分册 p. 420 中我们曾看到，1134 年杨么的义军所用的大明轮战船就装备有“撞竿”，击沉过多艘官船；见《宋史》卷三六五，第八页起，特别是第十页。在本册 p. 422 我们也谈到造船技师秦世辅于 1203 年建造了具有铁甲舷侧和锌尖（“铧嘴”）撞角的四明轮战船。在下文 p. 688 将更全面地讨论他的设计。由于这些船的速度可能有 4 节，而且其巨大重量所形成的冲击量可以对敌船进行有效的舷侧冲撞。迟至 16 世纪末，王鹤鸣在记述“福船”（福建的战船）时说：它们能用其“犁”将较小的敌船撞沉，据推测犁是装在船首的一种尖锐的攻击武器（《续文献通考》卷一三二，第 3972. 3 页）。

④ 参见上文 p. 389，及 Worcester (14)，p. 98。

⑤ Hornell (1)，pp. 202 ff.；参见上文 p. 389。

⑥ 参见本书第四卷第二分册有关部分。

⑦ 《墨子》第四十九篇，第九页（第 301 页起），由作者译成英文，借助于 Mei Yi-Pao (1)，pp. 254 ff.。

⑧ 参见上文 p. 440。

⑨ 《太平御览》卷三三四（第三页）援引这两句时，用的是“钩拒”而不是“钩强”，但意思相同。读者将看到我们认为此名称表示一物两用，而不像梅贻宝等人将它视为两件分开的东西，即钩和撞角。

不然。由于这方面占了优势，楚国人大败越国人。

公输大师对自己的聪明才智非常得意。他问墨子大师说："我的战船有'钩强'装置（一部分可做拉用，另一部分可做推用）。你的（哲学的）道德规范中有这种东西吗？"墨子大师回答说："我的（哲学的）道德规范中的'钩强'远比你的战船装置好得多。"①

〈昔者楚人与越人，舟战于江。楚人顺流而进，迎流而退。见利而进，见不利则其退难。越人迎流而进，顺流而退，见利而进，见不利则其退速。越人因此若执，亟败楚人。

公输子，自鲁南游楚焉，始为舟战之器，作钩强之备，退者钩之，进者强之，量其钩强之长，而制为之兵。楚之兵节，越之兵不节，楚人因此若执，亟败越人。

公输子善其巧，以语子墨子曰："我舟战有钩强，不知子之义亦有钩强乎？"子墨子曰："我义之钩强，贤于子舟战之钩强。……"〉

于是墨子便开始了"钩之以爱，揣之以恭"的（颇具说服力的）说教。显然整个故事是这一说教的隐喻。当然这并不是说，我们因此可以否认它是对公元前4世纪这场水战中发生的某些情况的真实写照。不过"钩强"并不完全是撞角；我们认为它是一件装在长杆头上（形状像戈一样的）T形铁器。这种兵器像吊杆一样支在桅杆底部的轴枢中，既可以重重地落在要逃走的敌船甲板上将它钩住在需要的距离内②，又可以将其放低到适当位置，把敌船拒之于大约同样的距离之外。这两种情况下的敌船被控制在石弓的最佳射程之内。这就直接引出了我们的下一个主题。

(6) 船壳板装甲和"钩铁"；投射战术对肉搏战

如果我们认为，中国在船体水下部分采用金属薄板保护船壳的历史至少与地中海地区同样悠久，如果我们还希望在这里（以及在第三十章中）说明，历代中国人最热衷的陆军和水军战术是投射交火和准确射击，而不是短兵相接的肉搏战③，那么就可以推想中国人很早就把城墙概念发展成了战船的舷墙，从而发展了战船水线以上部分的"船壳板装甲"④。我们发现的事实也正是如此。中世纪后期的船舶装甲，当然完全不同于19世纪世界对船舶装甲的理解。但自宋代以后，中国作战帆船的船体水线上部往往包上锻打的薄铁板，这完全可以顺理成章地看做是船舶装甲的前身⑤。由于投射武器较之冲撞武器一般要求更为有效的防御工事，因而装甲这一发展就是十分自然的⑥。使西方人更觉意外的是，还采用一种"钩竿"，其目的不是作为放舷梯供强登敌船之用，而是

683

① 关于墨家思想见本书第二卷，pp. 165 ff.。

② 由此不难将这种武器加长并磨尖，使之能刺穿敌船船体，并从上方穿洞，参见下文 p. 690。

③ 我们的这种结论与奇波拉［Cipolla (1)］的大相径庭，他根据的主要是后世外国游客的印象，而未使用中国的文献及考古资料。

④ 一位12世纪的作者也是这样推论的，我们可以回忆上文 p. 476 的内容。

⑤ 宋代或宋代以后的铁甲船是否用过铸铁板，这倒是一个微妙的问题。本书第三十章、第三十六章将说明，当时的制铁业已完全有能力提供这种铸铁板，而且在11世纪这种铁板曾广泛地被用来建造铁塔，其中有些铁塔至今还留存于世。同时可见 Needham (32), p. 20 及 figs. 34, 35。

⑥ 可以顺便看一看中国用铁板加固城墙水闸的做法。1487年，朝鲜旅行家崔溥在宁波看到8个以上这种水闸，对此留下了深刻的印象［参见 Meskill (1), pp, 68.69］。

像镐头一样用来戳穿敌船，或者相反像钳子一样把敌船船员置于一定距离之内，以便用平射火力加以杀伤。

本章前面有几处已提到中国战船上用于掩护桨手和水手并阻碍敌人登船的木制舷墙①。合乎逻辑的下一步，很自然地应该是遮蔽整个舱面顶部，仅留出一道缝隙供起落桅杆之用，然后再将顶部及四周用铁板或铜板装甲保护起来。日本丰臣秀吉征战朝鲜时（1592—1598 年），朝鲜伟大的水军将领李舜臣曾在其舰队中充分地发展了这种装甲②。李舜臣建造了大量“龟船”③，在济物浦（仁川）海面和釜山海湾④抗击入侵者的海战中，这种龟船发挥了卓越的作用。17 世纪的一幅屏风上描绘了一支龟船队以及其他一些朝鲜作战帆船⑤。

要想完全了解龟船是很困难的。尽管有关的资料价值不大⑥，安德伍德（Underwood）在朝鲜学者郑寅普等人的协助下，曾对这种船予以充分地关注⑦。他的结论是：一艘典型的龟船长度约 110 英尺，宽度为 28 英尺，船底上方 $7\frac{1}{2}$英尺处有一层主甲板（图 1050，图版）。桨手的位置都设在船内，即物料间及居位舱集中区的两侧，以便将主甲板空出来，炮手和枪手从那里通过 12 个炮孔和 22 个枪眼向外开火。炮手和枪手又有倾斜顶篷的掩护，顶篷上留出的缝隙也许在开战前才用滑动盖板封闭。顶篷上肯定布满了尖钉和尖刀，尽管未曾发现当时的资料证明顶篷上覆盖有金属板，但早在 17 世纪初期就已盛行的当地传统做法都可以证实这一点。不管怎样，有一点是符合事实的，即没有一艘龟船被日本的燃烧式武器所焚毁，而且当时的投射武器也很难（几乎没有可能）击穿其围壁。此外，每艘龟船肯定有一个动物形状的头，内装一根管子，从中可以施放有毒浓烟，这是隐蔽在船头里边的化学技师所为⑧。据一般推测，浓烟的成分包含硫磺和硝石，这是中国掌握已久的技术（1044 年的《武经总要》即有记载），对此，我们在后面还要探讨⑨。显然船两舷各有 10 支桨，每支桨由两人操作⑩，不过除作战或入港以外，通常都是用斜桁四角帆作为动力。

684

① pp. 407，447，621 等。还可补充一例：在 1130 年的黄天荡之战中，福建船员建议金鞑靼人在船上修建留有桨门的防护舷墙。其后，有一次当宋军战船因风停息而不能前进时，这些金人排桨船朝着宋船划去，并施放了火箭。这种战术很成功，但它也准确地预示了此后宋朝的明轮船会采取的甚至更为成功的做法。见《宋史》卷三六四，第七页、第八页，参见《文献通考》卷一五八（第 1381. 3 页）。参见本书第四卷第二分册，p. 416。

② 见 Underwood（1），pp. 71 ff.；Hulbert（1），vol. 1，pp. 349 ff.，375 ff.，399 ff.，vol. 2，pp. 15，29 ff.，33 ff.，39 ff.；48 ff.；Osgood（1），pp. 198 ff.。李舜臣与德雷克生于同年，1579 年德雷克如果不去菲律宾而去了朝鲜，李舜臣可能会见到他。同纳尔逊一样，李舜臣在一次获胜的战役的最后一次战斗中，战死于他所乘坐的旗舰上。

③ 严格地讲，应是“乌龟船”（Tortoise ship）。

④ 参见 Purvis（1），及对该文的讨论；另可参见 Underwood（1）。

⑤ 原系李氏亲王家室收藏品。见 Underwood（1）序文对页。

⑥ 甚至包括 1795 年编纂的《忠武公全集》；忠武公即李舜臣。

⑦ 见 Underwood（1），figs. 46—49。帕夫利科夫斯基－肖勒瓦［von Pawlikowski-Cholewa（1），p. 32］的那幅稀奇图片被使用了，却令人费解地未注明出处。参见李恩相（*1*）。

⑧ 这同携带希腊燃烧剂（Greek Fire）的拜占庭战船上的“弯管”十分相似。下面即将提到另一种同拜占庭的类似的器械，参见下文 p. 693。

⑨ 本书第三十章（K）。

⑩ 注意，这是 1124 年同等大小船舶所用数量的两倍。我们很想知道这是否都指摇橹。

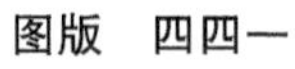

图 1050 这是一艘复原的装甲“龟船”模型，系 16 世纪末朝鲜水军将领李舜臣用来抵御日本人的战船。此模型收藏在北京中国历史博物馆（原照，摄于 1964 年）。参见 Underwood (1), figs. 46—49。据称，船上至少使用二根桅杆，但在战斗前可通过装甲顶部的中央纵缝（该模型上未示出），用令人惊奇的方法将桅杆放倒，详见 Worcester (3), vol. 1, p. 79。

在整个这一插曲中最令人感兴趣的特征或许是，李舜臣把中国海战使用投射战术来抵御冲撞战术的传统发展到了顶峰①。在他的龟船上，士兵可以完全不受箭、弹及燃烧武器的伤害，尤其能对付日本人喜用的强行登船的战术②。因为船身狭窄，所以船速快，能够控制距离，再加上施放烟幕的装置，所以在奇袭中功效显著。此外，李舜臣的武器装备似乎是日本火炮和火枪的 40 倍。因此所采取的战术不再是肉搏和强行登船，而是拉开距离，接连不断的用投射武器不停地攻击对方。战船成纵行编队，以便从舷侧向对方连续抛射，只有在敌舰失去战斗力之后才会采用冲撞战术。

大约在同一时间，同样的因素也导致欧洲有了类似的发展③。据鲁德洛夫［Rudlov (1)］记载，1585 年荷兰人围攻安特卫普时，他们的军舰“菲尼斯·贝利斯”（Finis Bellis）号曾部分地用铁板保护，但远不如李舜臣的龟船那样成功，因为它很快就搁浅了，并被西班牙人所俘获，而西班牙人却未采用装甲。鲁德洛夫还记述过这样一个传说：1530 年突尼斯被查理五世（Charles V）包围时，突尼斯人为了防御对方燃烧武器的袭击，在“圣安娜”（Santa Anna）号武装商船上加装了铅板，但此事看来不大可能。欧洲尽管有了火药，但装甲船受人重视却晚得出奇，因此，我们在这里来谈论 18 世纪浮动炮台上使用的装甲一事将会离题太远，因为现代装甲时期实际上是到“梅里麦克”（Merrimac）号与“莫尼特”（Monitor）号之间发生了那场著名的大海战之后才开始的。

迟至 1796 年在全罗道的丽水港至少还有过一艘具有两个烟雾喷嘴的朝鲜龟船。但这种龟船及其应该会采用的战术可追溯到李舜臣之前很久的时代，因此比欧洲类似的发展早得多。最先，朝鲜国王（李朝的太宗）在 1414 年视察了一种当时认为是新型的战船，称为龟船④。常见的 17 世纪和 18 世纪的中国史料（《武备志》⑤、《图书集成》⑥等）都收集有战船插图，图上的战船都在不同程度上加装了护板以保护船员及士兵。1044 年的《武经总要》⑦ 也同样如此。事实上，水战中选用投射战术以对付肉搏战术（以及与此有关的对护甲装备的使用），似有必要在中国历史上追根溯源，实际上可以追溯到秦、汉楼船上配备射手的时期⑧。

685

原为解释这类插图而撰写的最早的一篇文献载于公元 759 年李筌编纂的《太白阴经》⑨。似乎将其简要的描述译出则会很有价值，因为这些文字清楚地说明，早在 8 世纪，中国在水军建设方面就倾向于将某些种类战船的上甲板全部遮盖起来，以防止敌人登船，并使全部投射武器能够充分发挥作用。下面是李筌的记载⑩：

---

① 相当于希腊的撞角战术或罗马的强行登船战术。更为详细的说明，见本书第三十章（c）、（e）。

② 据桑瑟姆［Sansom (2), vol. 2, p. 309］的说法，德川将军的暴戾的前辈织田信长于 1580 年前后试验过铁甲船，但不及李舜臣那样成功。

③ 达·芬奇设计过一些有部分装甲的排桨船，至少可以保护桨手［Ucelli di Nemi (3), no. 5］。

④ Underwood (1), p. 74。

⑤ 《武备志》卷一一六至一一八。请注意，如卷一一七（第六页）中的“鹰船”。

⑥ 《图书集成·戎政典》卷九十七。

⑦ 《武经总要》（前集）卷十一。

⑧ 参见上文 pp. 441 ff. 。

⑨ 有关这一点，详见本书后面第三十章。

⑩ 《太白阴经》卷四十，第十页起，由作者译成英文。

楼船[1] (Tower-Ships)[2]：这种船有三层甲板（“楼三重”），装备舷墙（“女墙”）作防御工事之用，桅杆上飘扬着旌旗。舷墙上开有弩窗和矛孔［舷侧罩着毛毡、皮革（“氈革”）以防着火］[3]，（在顶层甲板适当位置）设置抛石用弩炮[4]（“置炮车擂石”）。还有熔化铁渣（装在容器内用弩炮抛出的设备）。（整个舷侧）看上去像座城墙（“城垒”）。晋龙骧将军王濬侵犯吴国时，建造了一艘200步（1000英尺）长的大船[5]，并在船上架起了高台滑道[6]以便驰车走马[7]。但若［骤然］[8]遇到暴风，（这种船则可能）难以人力控制，因此皆认为此船不便于［作战行动］[9]使用。但舰队不可不备此类船只以壮声威（“以成形势”）[10]。

蒙冲[11]：这是（用）犀牛皮[12]覆盖顶部的船（“以犀革蒙覆[13]其背”）。两舷均有桨口，船身前后左右都有弩窗和矛孔。敌方既无法登上（这些船）（“敌不得近”），又无法用箭或石头击伤船上的人员，大船不宜做蒙冲，因为它要求速度快，运转灵活，并能乘其不备突袭敌船。因此，这些（蒙冲）不是（一般意义上的）战船。 686

战舰[14]：战舰的两舷上方建有城墙和胸墙[15]，下有桨口。离（左右两舷）甲板边缘五尺处设置有带壁垒的甲板室，其上方也建有壁垒。这样，作战空间可增加一倍。（船的）上部无屋顶覆盖物。船上多处竖有旗杆，上面飘扬着牙旗，还备有锣鼓。故这类（战舰）是（一般含义上的真正）战船。

走舸：另一种战船。甲板上建有双排壁垒，船上水手（原意为桨手）较多，士兵较少，但这些士兵都是精选的勇士。这种船（在浪尖上）往返如飞，能出其不意地袭击敌船。它们最适于完成紧急任务[16]。

游艇：是用来搜集情报的小船。船体上方无壁垒。但左右两舷每隔四尺各有一

---

[1] 这里的第一段系融合了公元812年的《通典》［卷一六〇，第十六页（第848.3和849.1页），译文亦可见Krause (1), p.60］和9个世纪以后的《图书集成·戎政典》（卷九十七，第六页）中的类似文字拼接翻译而成，旨在说明各种版本的差异程度。此外还夹杂有《武经总要》的原文。

[2] 或译为“Castled battleships”。

[3] 仅见于《武经总要》和《图书集成》。

[4] 见本书第三十章（i）。

[5] 这一似乎难以置信的说法即将在p.694予以说明。《武经总要》删略了公元280年的历史事件，但提到100步的长度，看来是指所记述的这些船只。

[6] 仅见于《太白阴经》。

[7] 见《图书集成》，此处的节略很难理解。

[8] 仅见于《太白阴经》和《通典》。

[9] 仅见于《通典》和《太白阴经》。

[10] 仅见于《通典》和《太白阴经》、《武经总要》及《图书集成》中的措辞略有不同。

[11] 把“蒙冲”译成“Covered swooper”（掩体冲击船）要请读者谅解，因为有必要译出勇猛冲击动作的含义。译为“destroyer”（驱逐舰）似乎自然些，但这只不过是由于我们习惯于把它当做海军专用语，正如我们一般都认为“Submarine”（潜水艇）不表示“见习海军士兵”一样。

[12] 这是中国古代装甲中使用的一种著名材料，见本书第三十章（e）。

[13] 注意“覆”字读“fou”音时，包含母鸡孵蛋或士兵埋伏等意思。

[14] 《武经总要》（前集）卷十一（第十页）和《图书集成·戎政典》卷九十七（第八页）在此处做“斗舰”。

[15] 据推测这里指的是某种设有枪眼的舷墙。

[16] 尽管完全没有谈到桅杆和帆，但鉴于对中国船舶其他方面的了解，我们不愿设想此处指的是一种单纯靠划桨推进的排桨船。

个桨叉，桨叉总数视船的大小而异。不论是前进、后退、停船或变换队形，（这种船）均能疾速如飞。但这种船都是侦察船，而非战船。

海鹘[1]：这种船船首低而船尾高，（船体）前小后大[2]，（浮在水面）形状像鹘[3]。甲板下面的左右两舷均有浮板，形如鹘翼。这些浮板扶助船身，即使在狂风巨浪中，也不致横（飘），更不致倾覆[4]。船舷两侧的上部盖有生牛皮作为防护，犹如城墙一样[5]。船上竖牙旗，置锣鼓，一如战船。

687

〈楼船。船上建楼三重，列女墙战格，树旗帜，开弩窗矛穴，置抛车，擂石铁汁，状如城垒。晋龙骧将军王浚伐吴，造大船，长二百步，上置飞簷，阁道可奔车驰马。忽遇暴风，人力不能制，不便于事，然为水军，不可不设，以张形势。

蒙冲。以犀革蒙覆其背，两相开掣棹孔，前后左右开弩窗矛穴，敌不得近，矢石不能败。此不用大船，务于速进，以乘人之不备，非战船也。

战舰。船舷上设中墙半身墙，下开掣棹孔，舷五尺又建棚与女墙，齐棚上又建女墙，重列战格。人无覆背，前后左右，树牙旗幡帜金鼓，战船也。

走舸。亦如战船，舷上安重墙，棹夫多战卒少，皆选勇士精锐者充。往返如飞，乘人之不及，兼备非常救急之用。

游艇。小艇，以备探候，无女墙。舷上桨床，左右随艇大小长短，四尺一床，计会进止回军转阵。其疾如飞，虞侯居之，非战船也。

海鹘。头低尾高，前大后小，如鹘之状。舷下左右，置浮板形如鹘翅。其船虽风波涨天，无有倾侧。背上左右，张生牛皮为城。牙旗金鼓，如战船之制。〉[6]

这些文字似乎告诉我们，"装甲"船采用迅速逼近目标，发射舷侧炮以后再行撤离的这一海上投射战术的总原则，至少可以追溯到8世纪。蒙冲船无疑是李舜臣"龟船"的直系祖先，虽然严格地讲它不属于作战的船，而"战舰"才是战船的专有名称，但这可能是给习惯于陆地肉搏战的军事读者的解释，若因此而认为钩抓和强行登船一直是早期中国水战的典型战术，则显然是不明智的。实际上蒙冲作为一种水军战船，至少要追溯到2世纪[7]。而且将上甲板掩盖起来的趋势在上述第六类"海鹘"船上也出现过，其形状使人想起这里一种把宋代绘画中的麻秧子或内河帆船加以改装的货船[8]。在名为"楼船"的"战舰"上，大多数水手及士兵都明显地被掩蔽起来，也许只有顶甲板上的炮手例外。

有关装甲船的一般原则就说到这里。但要谈的内容还有一些，因为有几种记载船体

---

① 关于这种鸟；见 R258 和 314。

② 原文必定是颠倒了；我们在翻译时作了改正。

③ 这段话同（上文 p. 417）已经谈到的中国船舶的船体形状有关，其意义不可忽视。

④ 这是有关舷侧披水板的极其重要的一段文字（见上文 p. 678）。综合《太白阴经》、《武经总要》和《图书集成》的说法，可写成"助其船虽风涛怒涨而无有侧倾"。8世纪舷侧披水板的使用表明，中国在这项发明上遥遥领先。

⑤ 湿牛皮是有名的防投射火器的材料。参见上文 p. 449。

⑥ 原文采自守山阁丛书本《神机制敌太白阴经》卷四。英译文系作者融合《通典》、《图书集成》及《武经总要》的相关文字翻译而成，与传本《太白阴经》的差异，可参见上文原注。——译者。

⑦ 在本书第二十七章（9）（第四卷第二分册，p. 416）中，我们曾援引《宋书》（卷四十五，第七页）的一段文字，其中快速攻击船显然表示用脚踏明轮推进的船。其时间为418年。参见上文 p. 680。

⑧ 参见本册图933、图976、图1032（图版）。但要可能类似汕头三桅帆船，见 Anon.（17）pl. 10。亦另请见本册图939、图950、图1013（图版）及图1028。

装备铁甲的中国文献，都比李舜臣时代早得多。其中有记载元代末期战乱的一段文字。1366年明昇继承父位，自立为建于废墟的蜀国（四川）国君，朱元璋于1370年开始率军治长江峡谷而上攻打明昇。《明史》中写道[①]：

> 次年，廖永忠任征西军副帅，随汤和统帅水军攻打蜀国。汤和的大本营设在大溪口[②]。（廖）永忠做先锋进发，到了旧夔府[③]，击溃了（蜀国）将军邹兴等人统帅的守军，又继续挺进到瞿塘峡。这里岩陡水险，蜀兵架设"铁锁"（作为横江铁索），以及桥[④]，横堵峡口，使船舶无法通行。于是（廖）永忠秘密派遣几百名士兵，随身携带食粮和饮水，将小船偷运过封锁江段，而出现在其上游[⑤]。当时四川的群山森林茂密，他命令士兵身着绿衣和树叶编织的蓑衣，然后从树林和岩石丛中下山。到达约定地点后，精锐部队即奉命攻打墨叶渡口。夜里五更时分水陆总攻同时开始。水军战船均依铁甲包船首（"铁裹船头"）[⑥]，且备有各种火器。拂晓时蜀兵方才发现敌军已至。尽管蜀兵投入了全部精锐部队进行防卫，但却不能抵御。（廖）永忠攻下了对方所有六个据点后，汇集其将领，其中包括曾领兵偷越封锁江段的将领在内，继续进兵。一部分攻打（封锁江段的）上游，一部分攻打其下游，结果全歼蜀兵，邹兴丧命[⑦]，三座桥被烧毁，铁索全被砍断。
>
> 〈明年，以征西副将军从汤和帅舟师伐蜀。和驻大溪口，永忠先发。及旧夔府，破守将邹兴等兵。进至瞿塘关，山峻水急，蜀人设铁锁桥，横据关口，不得进舟。永忠密遣数百人持糗粮水筒，舁小舟逾山渡关，出其上流。蜀山多草木，令将士皆衣青蓑衣，鱼贯走崖石间。度已至，帅精锐出墨叶渡，夜五鼓，分两军攻其水陆寨。水军皆以铁裹船头，置火器而前，黎明，蜀人始觉，尽锐来拒。永忠已破其陆寨，会将士舁舟出江者，一时并发，上下夹攻，大破之，邹兴死。遂焚三桥，断横江铁索。〉

688

这样，廖永忠方能胜利地进入夔州。这一战役确很引人注目，甚至战败的蜀军也应因他们在防御上表现的才智和技巧而受到赞誉[⑧]，这种防御的组织似乎主要是蜀将莫仁寿和戴寿的功劳。但廖永忠使用的铁甲船也应予以重视，因为它比李舜臣的海上龟船早了两个世纪。

然而，在1370年，装甲船却远不是一件最新的发明，因为在1203年南宋水军快速

---

① 《明史》卷一二九，第十二页，由作者译成英文。

② 现在重庆下游约200英里处有一地方叫此名，但这里所指的地点应该是在宜昌和巴东之间的某处，即三峡下游。

③ 地处现今的巫山和奉节之间。

④ 这段文字的意思好像是指铁索吊桥（很可能如此），但据《明实录·太祖实录》卷六十三（第四页）记载，这种铁索是横江铁索，并借此架起了三座铁索吊桥。又写道："铁索固定在两岸的峭壁上，并铺有平木板以承载上面直立的'炮石木杆'和'铁铳'。两岸桥头上设有更多的弩炮以阻击我军。"在前一世纪（1225年），赵汝适记述了另一个使用铁索的例子。他在有关"巴林冯"（旧港，Palembang）的一节中曾记载过一种设施，然而这很可能是指柔佛海峡上用的铁索［《诸蕃志》卷上，第七页；参见 Hirth & Rockhill（1），p. 62；Steiger *et al.*（1），pp. 112 ff.］。按中国人的构思和做法，吊桥与拦江铁索是密切相关的［参见上文第二十章（e），pp. 202 ff.］。

⑤ 据第三种记载，即《平夏录》（黄标撰于1544年前后；第八页），似乎这支小船队伍是从敌人后方用手榴弹、火炮或火筒攻打这些防御阵地的。

⑥ 这一点为黄标的同样的记载所证实。

⑦ 据黄标记载，他是被一火箭或火攻弩箭所击中的。

⑧ 根据《明实录》中的记载。

发展时期，著名的造船技师秦世辅在池州船厂就建造了两艘原始的海鹘明轮战船，船的两舷（或许包括其平顶）均用铁板装甲。甲板全部用顶篷保护起来，除了常规的石弓、弩炮、火筒、抛弹机等之外，每只船上均装备铲形撞角①。载重 100 吨，并装有两台脚689 蹬明轮的小型船，需要 28 名船工蹬轮推进；载重 250 吨左右的大船，虽然船身并不比小型船长多少，但却配备有四个明轮，需要 42 名船工操作，并可载 108 名士兵②。这些明轮在水线以上部分围有护罩。

因此，保护推进装置及投射火器本身是发展装甲的极其自然而符合逻辑的一步，但是（在螺旋桨尚未发明的情况下），唯有明轮可以用装甲保护。但桅杆、帆篷和伸出舷外的橹桨却无法做到这一点。因此在中国文化中，盛行较早的明轮推进器和船舶装甲这两者之间的实际联系，比乍看起来要密切得多。有关明轮的历史我们在本书第二十七章（i）中已作过简要说明③，其中援引的某些文献也十分清楚地说明，这种动力装置能非常方便地适应快速装甲船所采用的快攻战术。当明轮蒸汽机战船于 19 世纪首次驶近中国海岸时，并没有带来任何新颖的战术，而事实上，只不过是热衷于投射战术的中国将领们一千多年来的梦想付诸实施而已。虽然秦世辅造的战舰被认为是“新型”的，但也没有特殊理由将其视为中国铁甲船的鼻祖，比其更早的亦不乏其例，但据推测，大概也不会早于 12 世纪初创建常备水军的时期④。

与“钩竿”联系起来，还可以进一步看清投射战术同登船肉搏战术的显著差异。如果从后来 8 世纪编纂水军掌故的《太白阴经》对战船的描述向下追索，我们便可发现 1044 年《武经总要》中插入了一些十分独特而更为古老的有趣史料。“游艇”（巡逻艇）条中还描述了“五牙舰”（挂有五面船旗的战船），而这种舰船理应列入“楼船”条。在对唐代版本有关游艇的记载稍加删节之后，该文又继续引用了《隋书》的文字，《隋书》的传记部分是公元 636 年完稿的。它讲的是著名技师杨素⑤为隋高祖建造船队的故事，还谈到决定陈国命运的那一场水战⑥。

---

① 参见上文 p. 300 及 Underwood（1），pp. 80ff.。关于这两艘大型快艇的实质性的文字评语是“新样铁壁铧嘴平面海鹘战船”。这一评语摘自《宋会要稿》第一四六册（“食货”五〇），第三十二页起，其中有详细的说明。见罗荣邦［Lo Jung-Pang（3），p. 199］的论文，此段引文是他发现的。

② 或许值得回忆一下，秦世辅造的那艘小战船尺寸是亨利王子的轻快帆船的两倍，大战船则和瓦斯科·达·伽马的旗舰大小大体相同。当然，宋代如此著称的中国明轮战船主要是在江河湖泊上航行，且效果良好。在铁壳船体和蒸汽机出现之前，这种推进装置不适于海上航行。

③ 本书第四卷第二分册，p. 413。

④ 参见 Lo Jung-Pang（1），及上文 p. 476。

⑤ 我们在本书第四卷第二分册 p. 400 中已谈到过此人。参见 Balazs（8），p. 88。

⑥ 这里我们将内容相似的三段原文翻译成英文，即《武经总要》（前集）卷十一，第六页（1510 年明版为卷十一，第五页）；《隋书》卷四十八，第二页、第三页；《玉海》（显然是杨素传记的另一版本）卷一四七，第十一页、第十二页。《隋书》的原文是其中最详细的，但未包括有关的全部记载。要全面地记述这次水战，并译成英文，应将该三文（及尚存的其他描述）融会贯通重新组织加以翻译，但这里无此必要。我们的翻译主要依据《武经总要》，并将《隋书》的内容补充在方括号内。由作者译成英文。参见《文献通考》卷一五八（第 1380. 3 页）。

690

［开皇四年（584年）］隋高祖任命杨素（为统帅）去灭陈。杨素便率军穿峡而下，到达信州，并［在永安］建造了名叫“五牙舰”[1]的大型战船（“大舰”）。上有五层甲板，高100多尺[2]。在船的左右前后安装了六根拍竿，各长50尺。每舰载800名士兵，舰上许多旗帜高高飘扬。

……当大舰靠上敌船舷侧时，他们把拍竿松开，落到敌船顶上（“发拍竿”），无论敌船是帆船还是驳船，均被打得粉碎[3]。

其次，还有一种黄龙船，每船载500名士兵[4]，其他人则登上各种小船（“舴舰”）。［于是（杨）素率舰穿峡而下］。当他们到达荆门时，陈国大将吕仲肃以［100多艘］战船［……及一条横江铁索］与（杨）素相抗，杨素便命令巴（四川）的蛮人（山地人）[5]乘坐四艘五牙舰，用拍竿[6]拍击对方。结果摧毁陈国十多艘大舰，强行打通了江上航道。

〈（开皇四年）高祖命杨素伐陈，自信州下峡，造大舰，名五牙。舰上起楼五层，高百余丈，左右前后，置六拍竿，并高五十尺，容战士八百人，旗帜加于上。

……每迎战，敌船若逼，则发拍竿，当者船舫皆碎。

次曰黄龙，置兵五百人，自余平乘舴舰等，各有差。军下至荆门，陈将吕仲肃，于州以舰拒素。素令巴蛮乘五牙四艘，逆战船近，以拍竿碎陈十余舰，夺江路。〉

“拍竿”究竟为何物？看来这显然是些又长又重的钩铁，杆臂的末端，像由索具牵引的吊杆一样，当与敌船大约成垂直的位置时突然下落，以击碎敌船的甲板和船体构材。拍竿肯定不是用做“钩抓”的，也即不是供强登敌船时做跳板使用。因此，取名“凿洞铁”（holing-irons）则最为适宜[7]。尽管图1051[8]画得很失真，但我们仍能看出这种拍竿很像细长的铁锤，处于非战备状态[9]。

① “牙”在这里无疑是指“牙旗”，即其有锯齿形的船旗或军旗。称为“五牙舰”的原因或许是旗杆顶部有齿状或爪状标记，也或许是旗帜的边缘呈锯齿状。图1051上确实可以看到船头的五面牙旗。

② 此处所说的高度是指从船底到甲板，还是指从水线到桅顶，不得而知。

③ 此句是仅见于《武经总要》的说明的一部分，且又出现在我们引文的开头之前，重复描述杨素的大船。在《图书集成·戎政典》卷九（第四页），此句又莫名其妙地被孤立引用。

④ 《隋书》中记载的是100名士兵。

⑤ 令人感兴趣的是《隋书》记载过蜑人，因此可猜想这里所指的是熟练水手。在前面几页谈到潜水采珠时，我们曾多次听到蜑人的情况，这里把他们看成四川的巴人也许是一个错误。

⑥ 《隋书》中此处写的是“柏樯”，这是一种撞杆或撞木，显然和拍竿类似，只是由于疏忽才改动了第一个字的偏旁。

⑦ 奥德马尔［Audemard（2），pp. 34ff.］称之为“毂竿”（flails），我们认为这一错误是由于对《图书集成》中孤立出现的此句迷惑不解所致；虽然这一器械的名称中也有包括“拍”字的，但其他术语则更为清楚。奥德马尔将“凿洞铁”与西方攻击城堡大门所采用的“破城槌”相等同，但没有把问题说得更清楚。

⑧ 《武经总要》的两种版本的插图有所不同，较近期再版的是1510年的明代版本，该版本据说直接源于1231年的宋版，其中的一幅插图显然是游艇，上有14名船工。《四库全书》的版本源于1782年清廷文渊阁的抄本，插图的标题虽仍为游艇，实际上却是五牙舰（如图所示）。奥德马尔［Audemard（2）］看出了这种混淆，他只知道清版《武经总要》和《图书集成》，却从未见过明版的《武经总要》。

⑨ 在前面航海部分（p. 575）谈及1129年的文献中，我们已经遇到过称做“铁撞”的拍竿。我们在第四卷第二分册p. 416中已经知道，由于552年梁朝的船队中就有“拍船”（装备拍竿的船），故此器械的出现至少可以追溯到6世纪初期。

691

图 1051 隋代“五牙舰”插图，《隋书》（636 年）有记述，《武经总要》（1044 年）有摹本，并同时收录了《太白阴经》（759 年）中关于战船的传说资料。《隋书》错误地将说明文字列在“游艇”条下，而不是归于“楼船”条下。结果在《武经总要》的清代版本中，该插图（即本图）亦被错误地加注了“游艇”标题。尽管此画出自一位富于想象力的建筑画家之手（参见上文 p. 106），但有一点很有价值——即它几乎是我们现有的能表现“拍竿”或称“凿船铁”，或称“挡铁”的唯一传统中国画——左舷有三根拍竿处于放倒的位置。虽然画得很不好，但可以想像长杆末端上有又重又长的铁钩，可以突然松落以凿穿或击沉敌船，或至少可以隔开敌船，以便用密集炮火扫射其甲板。关于这种装置与中世纪的中国水军将领所热衷的投射战术之间的联系，还需进一步讨论。另可参见图 949。

如果凿洞铁的柄杆有足够的长度，而敌船人员所配备的舷梯又达不到事先已知的长度，那么即使他们想要登船攻击，也会被控制在柄杆长度的距离之处，再由五牙舰投射武器发挥火力，予以重创。这种“不让敌人近身的钩铁”或许也可称做“挡铁”(fending-irons)，1190年前后陆游在其《老学庵笔记》中就提到过，书中记载了约60年前官军发动的一场以平定钟相和杨么领导的一次大规模旨在“等贵贱、均贫富”的农民起义的战争。我们在前面讨论多明轮战船时，曾提到此次战役的结局。在这次战争中多明轮战船曾发挥了显著作用①；这里，我们还需要谈一下多明轮战船的另外一个战术。陆游写道②： 692

> 鼎澧一带的钟相和杨么［在当地读做“幼”音］等叛军（在洞庭湖）有战船多种，如明轮船（“车船”）、桨船（摇橹船?）、帆船（原意为海鳅船）。其进攻武器有拏子［一般读做“铙子”］、鱼叉和木老鸦。拏子和鱼叉都有长20—30尺的竹竿做手柄，可以阻挡手持武器的（官）兵登船和进攻。程昌禹的士兵虽然都是蔡州人，但也能熟练地使用这类武器，因此他们连续取胜。木老鸦也称“不藉木”，是一根三尺多长的坚硬重木，两头削得很锋利，用于战船（的两舷?）颇为有效③。……
>
> 〈鼎澧群盗如钟相、杨么（乡语谓幼为么），战舡有车船，有桨船，有海鳅头。军器有拏子（其语谓拏为铙），有鱼叉，有木老鸦。拏子、鱼叉，以竹竿为柄，长二三丈，短兵所不能敌。程昌禹部曲虽蔡州人，亦习用拏子等，遂屡捷。木老鸦一名不藉木，取坚重木为之，长才三尺许，锐其两端，战船用之，尤为便习。〉

陆游接下去谈到撒放石灰的爆破弹及产生毒烟的其他方法④。然而他用了不少笔墨来说明拏子即一种捣棒或捣杵武器，大概是小型的凿洞铁，可以有效地把敌人阻隔在不利的位置。同时期的另一位作者也谈到叛军的船上安装过一种可以称为“凿洞杆”(holing-derricks)的武器。李龟年在其1140年前后所著的《记杨么本末》中写道⑤：

> 叛军的战船有二三层甲板，有些船可载一千多人。船上装有“凿洞杆”（“拍竿”），犹如大桅一般，高一百余尺。用滑轮将大块石头拉到杆顶，当官船靠近时，突然将杆顶的石头松开，猛砸敌船。……
>
> 〈皆两重或三重，载千余人。又设拍竿，其制如大桅，长十余丈，上置巨石，下作辘轳，贯其巅，遇官军船近，即倒拍竿击碎之。〉

虽然这里“凿洞杆”和隋代的“凿洞铁”在汉语原文里都是同一术语“拍竿”，但采用投射战术的想法又一次超越了采用冲撞武器的想法，即将重物从摇臂上抛下以击穿并击 693

---

① 本书第四卷第二分册，pp. 419ff.。

② 《老学庵笔记》卷一，第二页，由作者译成英文。方括号内是陆游自己的夹注。关于海鳅，参见上文p. 416。

③ 我们尚不能解释为什么用“不藉木”或“木老鸦”。但我们能体会其含义。

④ 此段后续部分的译文见本书第四卷第二分册p. 421。有关当时火药用于战争的详细情况，见本书第三十章(k)。

⑤ 此段引文被收录在熊克的《中兴小记》卷十三，第十五页；译文见Lo Jung-Pang (3)，经作者修改。在本书第四卷第二分册p. 420中我们曾更完整地引用过此文。

沉敌船①。

令人感兴趣的是，据记载在同时期或稍早一些时候，拜占庭海军中曾通用过一种与之极为相似的器械②。先是古希腊有过这种器械③，后来则是达·芬奇设计的一种④。但所有这些中国钩铁同罗马人的著名“登船吊桥”（*corvus*）之间究竟有何不同，这在瓦林加［Wallinga（1）］的著名专著中已有所阐述。公元前260年左右，罗马人在对迦太基人作战时，罗马军事家们觉得有必要采用正面冲撞战术，但冲撞战术一般只能撞毁不灵便的船只，而灵便的船只可得以逃脱。为了避免这一点，他们使用了一种器械，可将敌船与己船钩连在一起，让士兵蜂拥冲上迦太基人的甲板⑤，发挥其白刃战的优势。这种器械是船首处的一块长36英尺、宽4英尺的跳板，其舷外一端下方装着一块巨大的钩铁，用滑轮吊在24英尺高的柱子上。当跳板落下扣到敌船时，罗马士兵便可以两路同时登上敌船。他们采用的短刀与中国人采用的石弓、弩炮，反映了两种截然不同的海军战术思想。

这里还可以再补充一点中国战船的抛石机或射石炮的情况⑥。如前所引（p.685），《太白阴经》中所记载的“置炮车擂石”，则清楚地证实这种器械的应用是在8世纪，其后所有的概说之类的著作也都证实了这一点。当时以及编纂《武经总要》的11世纪，抛石机肯定是用人力发射的。但我们手头仅有的抛石机插图的时间比较晚，而且图上画出的抛石机都是平衡锤式的（图949）⑦。无疑这一类型的抛石机沿用了许多世纪。

694 从前面几页看来，还有一位人物需要具体研究，即龙骧将军王浚⑧。王浚在公元280年的业绩，十分精确地预示了杨素在公元585年水战中的伟大胜利，因为他们二人都是以一支强大的舰队东下长江，摧毁了敌人设置的全部水陆防御工事，从而实现了改换朝代的目的。隋军大将杨素瓦解了陈王朝，而晋军大将王浚则消灭了前三国时期的吴国。不用说，这300年当中造船业发生了很大的变化，虽然在3世纪我们未听说过有凿洞武器和明轮船，但我们却发现了其他令人注目的技术，特别是在多船体上建造的水上堡垒。许多学者为之迷惑不解，因为我们已经看到，在后来记载楼船的文献中，也有这

---

① 1130年黄天荡之战中，宋军将领韩世忠（参见本书第四卷第二分册，pp.418，421，432）运用了变相的“拍竿”战术，他的战船上装备了很长的拧编铁索或长扣铁链（“铁绠”），其末端装有一个或几个铁钩。当宋军通过金兵的舰船时，便运用弩炮或从桅顶上把这些铁绠甩到敌船上将其拖住，然后一边走，一边用石弓对它攻击［《宋史》卷三六四，第七页，参见《文献通考》卷一五八（第1381.3页），等］。从《武经总要》（前集）卷十三（第十四页）对肉搏战武器“铁鞭”的描述中，我们可能得到有关这种铁绠特点的某些线索。

② Casson（3），p.244。

③ Thucydides，Ⅶ，xli；其中记载了雅典人在公元前413年的大型围攻战中使用“钩船柱吊车”（dolphin bearing cranes）攻打叙拉古人（Syracussan）战船的故事。

④ 见Ucelli di Nemi（3），no.5。

⑤ 经典性的记述见Polybius，1，22，3—11。

⑥ 在本书第四卷第二分册p.335和图684中我们已见到过这种武器。中国人没有采用希腊化时代的扭力弩炮，而是采用像杠杆一样的长柄，一端由人力牵动绳子，或用一个平衡压重将其迅速拉下，另一端的弹弓就把投射物高高抛掷出去［见本书第三十章（i）］。

⑦ 采自明版《武经总要》（1510年）。清钦定版所绘的弩炮难以辨认，看起来好像是插在叉柱上的一根旗杆顶上挂着的一面旗子。《图书集成·戎政典》卷九十七（第五页）中“楼船”的上甲板上有三门平衡锤式抛石机，但画家多半是有意将它们画成了像中古时期的长炮。

⑧ 见上文p.685。

种外观异常庞大的水上堡垒[1]。但我们读一下公元635年编就的《晋书》中的王浚传，这一问题则可迅即理解。书中写道[2]：

(晋)武帝谋划征伐吴国，命令(王)浚建造战船(的舰队)。(王)浚还建造了一艘巨大的具有多船体的方型水上堡垒("大船连舫")，每舷长120步(600尺)，可载2000多人。在木围墙之中有高塔("楼橹")和四个出击舷门，战马可沿木墙来回走骑。船首装饰有奇禽异兽，以威慑江上神灵。船桨之多，驶船之巧都是前所未有的。

(王)浚在四川用柿树("杮")[3]木料建造战船和水上堡垒，其中有些(小的)木料漂流到(长)江下游。此事为吴国建平的太守吴彦发现，他令人把木料从江中收集起来献给孙皓(吴国末代皇帝)观看，说晋王显然在进行战争准备，并建议火速扩充防御军备。但他的进谏未被采纳。

〈武帝谋伐吴，诏浚修舟舰。浚乃作大船连舫，方百二十步，受二千余人。以木为城，起楼橹，开四出门，其上皆得驰马来往。又画鹢首怪兽于船首，以惧江神。舟楫之盛，自古未有。

浚造船于蜀，其木杮蔽江而下。吴建平太守吾彦取流杮以呈孙皓曰："晋必有攻吴之计，宜增建平兵。建平不下，终不敢渡。"皓不从。〉

故事的其余内容见《晋书》的以后几页[4]。晋国的水陆两军果然大举顺江而下。吴国守兵采用横江铁索，并在浅水区打下一丈多长的铁钎，以戳穿来犯的敌船[5]。但王濬也建造了几十只巨大的木筏，每只均为100步(500尺)以上见方，上面有身着假铠甲、手持假刀、假枪的假人；木筏由熟练的水手驾驶，在铁钎上面驶过，或将其压弯或将其折断。然后分几次将大量大麻籽油倒入水中，并用100多尺长的火炬将其点燃，使支撑横江铁索的小船燃烧，结果铁索遇火熔化，阻挡战船及水上堡垒的障碍得以全部扫除。这艘大型水上堡垒无疑也可叫做浮动炮台，因为上面几乎必定安装有抛石的弩炮[6]。遗憾的是未见翔实史料记载支承这种浮动炮台的组合船体，但我们可以推测它由16艘长150尺的船只拼合而成。这一办法很自然地起源于在中国古代应用十分广泛的浮桥原理[7]。尽管上述种种事实同中国曾经造出的最大船舶没有联系(有人曾一度认为有联系)，但它确实再次反映了投射战术占主导地位的思想。晋代的战术家们曾说过，如果我们在吴国边境未能设置坚固的要塞或炮台，就应该建造一座大型要塞船，并长驱直入地打进其国境之中。

695

① 《三才图会·器用》卷四(第三十八页)是又一适宜的例证，这是米尔斯先生对此文提出的一个疑问，后来这一问题也因而得以解决。

② 《晋书》卷四十二，第五页起，由作者译成英文。参见《文献通考》卷一五八(第1380.1页)。

③ R 188；Li Shun-Chhing (1), pp. 886 ff.；陈嵘(*1*)，第975页起。某些柿树属(*Dispyros* spp.)以本质坚硬、耐久而著称。

④ 完整的译文待定，参见 *TH*, pp. 869 ff.。

⑤ 中国沿海防御战术中往往采用后一种方法。937年南汉主刘龑同叛军首领吴权的海战中再次采用了这种战术[《五代史记》，卷六十五，第六页，译文见 Schafer (4) p. 357]。

⑥ 有关这方面的证据，见本书第三十章(i)。

⑦ 参见上文 pp. 160 ff.。

(j) 结　束　语

将中国船舶的特点及其许多世纪以来可能对西方实践的影响列成简表，也许是对航海技术这一章的最适当的结束语①。让我们还是从这样一种观点开始，即中国船舶结构的基本原理有很大可能起源于竹竿及其竹节。事实上，最早的东亚船只确实就是竹筏。这就直接导致

(A) 船的平面图为矩形。其必然结果为：

1) 没有船首柱、船尾柱和龙骨。

2) 有隔舱壁，船体具有很强的抗变形能力，并自然会导致

3) 水密隔舱系统的出现，该系统具有很多优点。几乎可以肯定在2世纪中国就采用了水密隔舱，而在西方直到18世纪末期方才采用，其渊源当时已得到承认。

4) 可以建造自由进水隔舱，这在江河急流与海上均很有实用价值。而在欧洲，则根本未采用过这种结构。

5) 具有能安装轴转舵的垂直构件，舵的安装采用“线接合”，而非“点接合”。见 (D) 1)。

其他对船舶设计非实质性的要素有：

6) 近似平的船底。在中国，这可以追溯到许多世纪以前。但在欧洲，19世纪以前无论大小船只均未采用。

696

7) 近似矩形的横断面。这在中国历史也很悠久，但在欧洲，直到研制出钢铁船体后才开始采用。

8) 最大横剖面放在船的后部。这在传统的中国船上至今还很普遍；其历史一定很悠久，但究竟有多久尚难以定论。唐代 (8世纪) 无疑已很流行，可能更早些。而在西方，直到19世纪末期人们才懂得这种构造对帆船的重要性。

在船舶推进方面，中国的航海技术要比欧洲领先一千多年。首先，

(B) 关于桨和短桨的使用。我们注意到：

1) 至迟1世纪中国就已发明了“橹”，或自顺“推进器”。尽管它在中国应用很普遍，但在西方却从未采用。

2) 如果不在5世纪，至迟也在8世纪，中国就发明了脚踏明轮小船。到了宋代 (12世纪)，战船上采用了多个明轮及弩炮，使脚踏明轮小船有了很大的发展。尽管4世纪的拜占庭提出过这一原理，并在14世纪和15世纪的西欧进行过讨论，但直到16世纪才在西班牙实际应用。

3) 在中国文明中根本不曾有过由奴隶或自由民作桨工的排桨船 (除了小巡逻快艇和只用于节日比赛的龙舟以外)。其部分原因可以说是由于创制了比较先进的

---

① 迪金森 [R. L. Dickinson (1)] 作过类似的尝试。在上文 pp. 560ff.，我们曾讨论过航海技术及其传播。阿伦·维利尔斯 [Alan Villers (3)] 写道：“我认为中国人是亚洲最伟大的航海家，他们的帆船是最妙不可言的船只。中国航海帆船几百年前业已发展的技术直到比较近代才为欧洲船只所认识和实施。例如，水密隔舱可以隔断船体受损部分从而保持船只不沉，平衡舵可以使操舵更为省力，而撑条可将帆篷撑开加大其受风面。”

(C) 帆及其索具。这里有几点很重要：

1) 至少3世纪以后，中华文化圈的船舶就装有多根桅杆。这可能是上述(A)(2)项的必然结果，因为隔舱壁提供了可以沿船的纵向中线安放若干夹桅板的条件。13世纪及其后的欧洲人对中国航海帆船之大、桅杆之多印象极深，到15世纪，欧洲人才采用三桅帆船，后来又发展成为全装备帆船。

2) 中国人还将桅杆向左右舷交错安装，以避免帆篷之间相互挡风。现代帆船设计师都对此表示赞许。但这种方法即使在帆船发达的时期也未被欧洲人采用过。而且，中国人按照扇骨的样子使桅杆向外倾斜成辐射状，这种做法也没有为世界其他地区所采纳。

3) 最早解决大帆船逆风航行问题的应该说是2世纪到3世纪的中国人，或是处于中印文化交往区的中国近邻——马来人和印度尼西亚人。这涉及纵帆的发展。中国的斜桁四角帆起源于印度尼西亚的斜横帆的可能性最大，因而是间接地起源于古埃及的横帆；正如文献史料所记载，也许它多少也同“双桅斜杠帆”（现在仅见于美拉尼西亚）有关，而这种帆又是由印度洋的“二叉桅斜杠帆”演变而来。中国的斜杠帆似乎同出一源。同一时期（2—3世纪），罗马与印度之间的往来在地中海产生了斜杠帆，但在该地区似已逐渐停止使用，到15世纪初才第二次又从亚洲传入。与此同时，在西方，富有阿拉伯文化特色的大三角帆大约从8世纪末叶以后就在地中海占压倒优势，并于15世纪后期传播到远洋全装备帆船上。此后的欧洲斜桁四角帆极可能是来源于中国的平衡四角帆。 697

4) 最早的绷得很紧的机翼形硬帆是汉代以后在中国发展起来的撑条席帆。其中包含控制复式缭绳等许多巧妙的辅助技术。在帆船发达时期西方也未曾采用过这种帆，其价值在现代的科学研究中才崭露出来。当今的赛艇已采用中国帆具的某些重要部分，其中包括绷紧帆篷的撑条和复式缭绳技术。

5) 作为上述(A) 6)的必然结果，并鉴于(C) 3)，中国的舷侧披水板和中插板可能来源于古代的帆筏，并且肯定在7世纪唐代初年就已出现。而在欧洲，一千年后，即16世纪末，这种装置才被采用。中国文化区域的船工们升降舷侧披水板和中插板的办法是采用滑轮（尤其在大舵充做披水板之用时）绕枢轴旋转或在凹槽内滑动。

在船舶操纵方面，操舵装置有了很大的发展，并集中反映在

(D) 舵的发明上。重温上述(A) 5)，我们注意到：

1) 轴转舵或中线舵这项十分重要的发明。到2世纪末（也许1世纪），这种装置在中国已得到全面的发展。在方型船尾安装舵的做法当时若尚未成功，至少在其后不久却已实现，到4世纪末肯定已经完成。但在欧洲，直到12世纪末才首次出现。操纵桨与船尾长桨在中国航海技术中虽然很早就退居次要地位，但始终没有废弃不用。这一方面是由于它们对急流中航行十分有用，另一方面，当船几乎停止不前进时，仍可用它们进行操船。基于同样的原因，船首长桨亦得以保存下来。

2) 平衡舵的发明。从流体力学的观点来看，它比非平衡舵效率更高。在中国，至少早在11世纪就很流行。而在欧洲，直到18世纪末，仍被视为一项新颖而重要

的装置。

3）有孔舵是又进一步的发明，也具有流体力学上的优点。在欧洲直到钢铁船的时代，才采用这种舵。

（E）各种辅助技术中，值得指出的有如下几项：

1）船体包板。早在11世纪，于船体上包覆新列板在中国就很普遍；而欧洲直到16世纪才开始普遍采用。早在4世纪，关于用铜板包覆船体问题，在中国即使尚未实行，也已有所议论；古希腊时期的欧洲曾采用过铅板。18世纪以前，无论在东方还是西方，铜的实际运用均不普遍。

2）装甲铁板。长期以来，中国水军将领竭力主张投射战术而不采用强行登陆的肉搏战术，促使12世纪末对船体和水线以上的上层建筑采用铁板装甲。其后，在16世纪又因朝鲜人的卓越贡献而继续有所发展。当时，欧洲在这方面虽然不很热心，但还是取得了类似的进展。

698 3）研制了不缠锚链的“无横杆锚”。

4）大概在16世纪，发明了多节拖带船。这在欧洲的船舶运输中并不常用，但在其他运输领域却大量采用。

5）巧妙的疏浚作业。

6）由采珠业产生的先进的潜水技术。

7）用链泵清除舱底污水的先进技术，16世纪的欧洲人对此赞不绝口。

有关中国造船工匠及海员们的聪明才智就说这些[①]。至于中国在船舶结构方面所受到的最古老的影响，我们已经能够考证出它与古埃及的造船术有一定的近缘关系。其中包括：①方形首尾的船体；②二叉桅；③龙舟上的防中拱构架；④船尾平台；⑤某些上翘船尾；⑥面部朝前的划桨方法。倘若我们对古代美索不达米亚的船舶技术有更进一步的了解，就可能发现上述的某些影响是从该处向两个方向传播出去的[②]。然而总的说来，古代埃及人比之肥沃新月地带的各民族，似乎是更加聪慧、更加勤奋的水上航海家，仅次于腓尼基人，而且他们则更加生机勃勃。在中国同东南亚的交往活动中，最重要的是①帆及索具；②多桨龙舟；③撑篙走道，这也许与舷外浮材有密切联系。

在过去的两千年中，几乎没有一个世纪不能找到一两项从亚洲传播到欧洲的航海技术。我们承认这一点并无害处，虽然我们是西欧诸岛的子孙后代，海上贸易由这里兴起并达到极度兴旺繁荣；西班牙征服者也是从这里出发到世界各个海峡和大洋去从事探险航行的。欧洲采用外域的造船技术的情况可简述如下：

2世纪　　斜杠帆（从印度传到古罗马时代的地中海）

① 后面即将看到，我们不能接受布热德［Poujade（1），p. 296］的论点。他认为在航海学方面既没有或很少向中华文化圈输出，也没有或很少从中华文化圈输入。我们对他的墨守成规的主张（pp. 170，175）也深感不安，因为他认为改变船体（p. 176）比较容易，但若没有外来的干预，船员是永远不会改变船上的帆具的。马尔代夫群岛的中国式帆驳斥了这种说法。但我们对鲍恩［Bowen（2），p. 87，（7），pp. 269，287］所阐明的与此相反的论点也不感兴趣，鲍恩认为帆容易受文化交流的影响，而船体则极难改变。欧洲船型、中国帆装的三桅帆船（*lorcha*）船也足以否定这种论点。这些结论看来均不成熟；我们还不得不进一步积累资料而暂不作定论。

② 用兽皮、柳条制成的柳条艇就是一个很好的例证。

8 世纪	大三角帆（从阿拉伯文化区传到拜占庭）
12 世纪后期	航海罗盘和轴转舵（通过阿拉伯与十字军的接触，或者由陆路通过新疆的西辽国传来）
7—15 世纪	先架设肋骨后装船壳列板，而不是先装船壳列板再嵌入肋骨。这大概起源于隔舱壁结构
15 世纪	多根桅杆（源于中国帆船），第二次传入的斜杠帆（可能起源于僧伽罗小船），以及大三角帆的采用，先是所有桅上都挂三角帆，而后只在后桅上挂三角帆，其他桅上则挂横帆
16 世纪	增加覆盖列板层以保护船体
16 世纪后期	舷侧披水板
18 世纪后期	水密隔舱，中插板，可能还有船体铜包板
19、20 世纪	平底，具有近似矩形横截面的船体、平衡舵、有孔舵、不缠锚链的无杆锚、空气动力学上效能高的帆、横向交错设置的桅杆、复式缭绳，以及把主肋骨放在船的中部偏后

699

当然，上述某些项目可能局部是欧洲独自创造的。即使我们有充分的理由相信上述技术是从外面传入的，但却很少了解传入的手段。像在科学技术的其他领域中的情况一样，考证这一问题的责任应该落在想要坚持独立创造的观点的人们身上，而且一种发明或发现相继在两个或两个以上的文化区域中出现，其间相距越久，一般说来考证的责任就越重。我们这里所谈到的航海技术，肯定后来欧洲人在采用后曾作过不少改进。但我们的分析所能说明的却是东亚和东南亚航海者对欧洲航海技术的发展所做的贡献，可能远比一般想像的要大得多。那种低估中国船长及其船员的人显然是不明智的。今天，对他们深有了解的人愿以一位英国海洋诗人的诗句奉献给中国的航海家们。这位诗人在对比了海洋的今昔之后，这样写道：

当年桨手三层奋力挥臂，棹叶三百翻卷银浪，
而今双螺旋桨即航行远方。
过去的航船和护航神已成烟云，
只有那铜筋铁骨的驾船人毫无异样！

将这一首诗作必要的改动后，不是同样可以用来描述炮手和炼金能手，描述矿工、熔铸工和药剂师，描述乡村的农艺专家和聪明而老练的医师吗？倘若如此，随着本书后续各卷册的叙述，本书将会证实这一点。

参考文献

缩略语表

中日文期刊缩略语表

A　1800 年以前的中文和日文书籍

B　1800 年以后的中文和日文书籍与论文

C　西文书籍与论文

说明

1. 参考文献 A，现以书名的汉语拼音为序排列。
2. 参考文献 B，现以作者姓名的汉语拼音为序排列。
3. A 和 B 收录的文献，均附有原著列出的英文译名。其中出现的汉字拼音，属本书作者所采用的拼音系统。其具体拼写方法，请参阅本书第一卷第二章（ pp. 23ff. ）和第五卷第一分册书末的拉丁拼音对照表。
4. 参考文献 C，系按原著排印。
5. 在 B 中，作者姓名后面的该作者论著序号，均为斜体阿拉伯数码；在 C 中，作者姓名后面的该作者论著序号，均为正体阿拉伯数码。由于本卷未引用有关作者的全部论著，因此，这些序号不一定从（*1*）或（1）开始，也不一定是连续的。
6. 在缩略语表中，对于用缩略语表示的中文书刊等，尽可能附列其中文原名，以供参阅。
7. 关于参考文献的详细说明，见于本书第一卷第二章（ pp. 20ff. ）。
8. 朝鲜文、越南文的书籍和论文列入参考文献 A 和 B。

缩略语表

另见第 xxiii – xxiv 页

AA	*Artibus Asiae*
AAA	*Archaeologia*
AAAA	*Archaeology*
AAL/RSM	*Atti d.r. Accad. dei Lincei (Rendiconti, Ser. Morali)*
AAN	*American Anthropologist*
AANTH	*Archiv. f. Anthropologie*
AAPSS	*Annals of the American Academy of Political and Social Sciences*
AART	*Archives of Asian Art*
AAS	*Arts Asiatiques* (continuation of *Revue des Arts Asiatiques*)
ABRN	*Abr-Nahrain* (*Annual of Semitic Studies*, Universities of Melbourne and Sydney)
ABSA	*Annual of the British School at Athens*
ACASA	*Archives of the Chinese Art Soc. of America*
ACLS	American Council of Learned Societies
AD	*Architectural Design*
ADAB	*Aden Dept. of Antiquities Bulletin*
ADVS	*Advancement of Science*
AEST	*Annales de l'Est* (Fac. des Lettres, Univ. Nancy)
AFFL	*American Forests and Forest Life*
AFLB	*Annales de la Faculté de Lettres de Bordeaux*
AFS	*Africa South*
AGNT	*Archiv f. d. Gesch. d. Naturwiss. u. d. Technik* (cont. as *AGMNT*)
AH	*Asian Horizon*
AHAW/PH	*Abhandlungen d. Heidelberger Akad. Wiss.* (Phil.-Hist. Klasse)
AHES	*Annales d'Hist. Econ. et Sociale*
AHES/AESC	*Annales; Economies, sociétés, civilisations*
AHES/AHS	*Annales d'Hist. Sociale*
AHES/MHS	*Mélanges d'Hist. Sociale*
AHOR	*Antiquarian Horology*
AHR	*American Historical Review*
AI/AO	*Ars Orientalis* (formerly *Ars Islamica*)
AIRS	*Acta Inst. Rom. Regni Sueciae*
AJA	*American Journ. Archaeology*
AJH	*American Journ. Hygiene*
AJP	*American Journ. Philology*
AJSC	*American Journ. Science and Arts* (Silliman's)
AJTM	*American Journ. Tropical Medicine*
AKML	*Abhandlungen f. d. Kunde des Morgenlandes*
AM	*Asia Major*
AMA	*American Antiquity*
AMBG	*Annals of the Missouri Botanic Garden*
AMNH/AP	*Anthropological Papers of the American Museum of Natural History* (New York)
AMSC	*American Scientist*
AMSR	*American Sociol. Review*
AN	*Anthropos*
ANEPT	*American Neptune*
ANI	*Ancient India*
ANP	*Annalen d. Physik*
ANTJ	*Antiquaries Journal*
AOAW/PH	*Anzeiger d. Österr. Akad. Wiss. (Wien)*, (Phil.-Hist. Klasse)
APAW/PH	*Abhandlungen d. preuss. Akad. Wiss. Berlin* (Phil.-Hist. Klasse)
AQ	*Antiquity*
AQSU	*Antiquity and Survival (Internat. Rev. of Trad. Art and Culture)*
AREV	*Architectural Review*
ARK	*Arkitektur* (Stockholm)
ARLC/DO	*Annual Reports of the Librarian of Congress* (Division of Orientalia)
ARO	*Archiv Orientalni* (Prague)
ARSI	*Annual Reports of the Smithsonian Institution*
ARUSNM	*Annual Reports of the U.S. National Museum*
AS/BIE	*Bulletin of the Institute of Ethnology, Academia Sinica* (Thaiwan)
ASEA	*Asiatische Studien; Études Asiatiques*
ASIA	*Asia*
ASIC	*Arts and Sciences in China* (London)
ASPN	*Archives des Sciences Physiques et Naturelles* (Geneva)
ASR	*Asiatic Review*
ASRAB	*Annales de la Soc. (Roy.) d'Archéol.* (Brussels)
ASURG	*Annals of Surgery*
AT	*Atlantis*
AX	*Ambix*
BAFAO	*Bulletin de l'Association Française des Amis de l'Orient*
BAMM	*Bulletin des Amis du Musée de la Marine* (Paris)
BAVH	*Bulletin des Amis du Vieux Hué* (Indo-China)
BBMMAG	*Bull. Belfast Municipal Museum and Art Gallery*
BBSHS	*Bulletin of the British Society for the History of Science*

BCGS	*Bulletin of the Chinese Geological Society*
BCHQ	*British Columbia Historical Quarterly*
BCIC	*Bollettino Civico Instituto Colombiano* (Genoa)
BE/AMG	*Bibliographie d'Études* (*Annales du Musée Guimet*)
BEFEO	*Bulletin de l'École Française de l'Extrême Orient* (Hanoi)
BEP	*Bulletin des Études Portugaises*
BGHD	*Bulletin de Géographie Histor. et Descr.*
BGTI	*Beiträge z. Gesch. d. Technik u. Industrie* (continued as *Technik Geschichte—see BGTI/TG*)
BGTI/TG	*Technik Geschichte*
BH	*Bulletin Hispanique*
BIBLOS	*Biblos* (Coimbra)
BIHM	*Bulletin of the* (*Johns Hopkins*) *Institute of the History of Medicine* (cont. as *Bulletin of the History of Medicine*)
BIIEH	*Bulletin de l'Inst. Indochinois pour l'Étude de l'Homme*
BIRSN	*Bulletin de l'Institut Royal des Sciences Naturelles de Belgique*
BJPC	*British Journal of Psychology*
BJSSF	*Bulletin of the Japanese Society of Scientific Fisheries*
BLSOAS	*Bulletin of the London School of Oriental and African Studies*
BM	*Bibliotheca Mathematica*
BMFEA	*Bulletin of the Museum of Far Eastern Antiquities* (Stockholm)
BMFJ	*Bulletin de la Maison Franco–Japonaise* (Tokyo)
BMQ	*British Museum Quarterly*
BN	*Bulletyn Nautologyczny* (Gdynia)
BNYAM	*Bulletin of the New York Academy of Medicine*
BQR	*Bodleian* (*Library*) *Quarterly Record* (Oxford)
BSG	*Bulletin de la Société de Géographie* (continued as *La Géographie*)
BSKIY	*British Ski Yearbook*
BTG	*Blätter f. Technikgeschichte* (Vienna)
BUA	*Bulletin de l'Université de l'Aurore* (Shanghai)
BUM	*Burlington Magazine*
CAMR	*Cambridge Review*
CAS/PC	*Cambridge Antiquarian Society, Proceedings and Communications*
CE	*Civil Engineering* (U.S.A.)
CENAR	*Central Asian Review* (London)
CET	*Ciel et Terre*
CEYHJ	*Ceylon Historical Journal*
CEYJHS	*Ceylon Journ. Histor. and Social Studies*
CFC	*Cahiers Franco-Chinois* (Paris)
CHI	*Cambridge History of India*
CHJ/T	*Chhing-Hua* (*T'sing-Hua*) *Journal of Chinese Studies* (New Series, publ. Thaiwan)
CINA	*Cina* (Ist. Ital. per il Medio ed Estremo Oriente, Rome)
CJ	*China Journal of Science and Arts*
CLR	*Classical Review*
CMB	*Canterbury Museum Bulletin* (New Zealand)
CMIS	*Chinese Miscellany*
COMP	*Comprendre* (Soc. Eu. de Culture, Venice)
CQ	*Classical Quarterly*
CR	*China Review* (Hongkong and Shanghai)
CR/BUAC	*China Review* (British United Aid to China)
CR/MSU	*Centennial Review of Arts and Science* (Michigan State University)
CRAS	*Comptes Rendus hebdomadaires de l'Acad. des Sciences* (Paris)
CREC	*China Reconstructs*
CTE	*China Trade and Engineering*
CUOIP	*Chicago Univ. Oriental Institute Pubs.*
CUP	Cambridge University Press
CURRA	*Current Anthropology*
D	*Discovery*
DHT	*Documents pour l'Histoire des Techniques* (Paris)
DSS	*Der Schweizer Soldat*
DVN	*Dan Viet Nam*
EA	*Eastern Art* (Philadelphia)
EAM	*East of Asia Magazine*
EB	*Encyclopaedia Britannica*
EHOR	*Eastern Horizon* (Hongkong)
EHR	*Economic History Review*
EM	*Ecological* [*Oecological*] *Monographs*
EN	*Engineer*
END	*Endeavour*
EPJ	*Edinburgh Philosophical Journal* (continued as *ENPJ*)
ESC	*Engineering Society of China, Papers*
ETH	*Ethnos*
EZ	*Epigraphica Zeylanica*
FEQ	*Far Eastern Quarterly* (continued as *Journal of Asian Studies*)
FLF	*Folk Life*
FLS	*Folklore Studies* (Peiping)
FLV	*Folk-Liv*
FMNHP/AS	*Field Museum of Natural History* (*Chicago*) *Publications*; Anthropological Series
FOODR	*Food Research*
FOODT	*Food Technology*

G — *Geography*
GAL — *Gallia*
GB — *Globus*
GE — *The Guilds Engineer* (London)
GGM — *Geographical Magazine*
GJ — *Geographical Journal*
GM — *Geological Magazine*
GR — *Geographical Review*
GRSCI — *Graphic Science*
GZ — *Geographische Zeitschrift*

HBML — *Harvard (University) Botanical Museum Leaflets*
HCHTC — *Hsin Chung-Hua Tsa Chih*
HH — *Han Hiue (Han Hsüeh); Bulletin du Centre d'Études Sinologiques de Pékin*
HJAS — *Harvard Journal of Asiatic Studies*
HMSO — Her Majesty's Stationery Office
HP — *Hespéris (Archives Berbères et Bulletin de l'Institut des Hautes Études Marocaines)*
HZ — *Horizon* (New York)

IAQ — *Indian Antiquary*
ICE/MP — *Institution of Civil Engineers; Minutes of Proceedings*
ILN — *Illustrated London News*
IM — *Imago Mundi; Yearbook of Early Cartography*
IQ — *Islamic Quarterly*
ISIS — *Isis*
ISRM — *Indian State Railways Magazine*

JA — *Journal Asiatique*
JAFRS — *Journ. African Society*
JAH — *Journ. African History*
JAHIST — *Journ. Asian History*
JAN — *Janus*
JAOS — *Journal of the American Oriental Society*
JAS — *Journal of Asian Studies* (continuation of *Far Eastern Quarterly*, *FEQ*)
JASA — *Journ. Assoc. Siamese Architects*
JBASA — *Journal of the British Astronomical Association*
JCUS — *Journ. Cuneiform Studies*
JDAI/AA — *Jahrb. d. deutsch. Archäologische Institut (Archäologische Anzeiger)*
JEA — *Journal of Egyptian Archaeology*
JEGP — *Journal of English and Germanic Philology*
JEH — *Journal of Economic History*
JF — *Journ. Forestry (U.S.A.)*
JGE — *Journ. Gen. Education*
JGIS — *Journal of the Greater India Society*
JGSC — *Journal of the Geogr. Soc. China*
JHI — *Journal of the History of Ideas*
JHMAS — *Journal of the History of Medicine and Allied Sciences*
JICE — *Journ. Instit. Civil Engineers* (U.K.) (continued from *PICE*)
JIN — *Journal of the Institute of Navigation* (U.K.)
JJIE — *Journ. Junior Instit. Engineers* (U.K.)
JMEOS — *Journ. Manchester Egyptian and Oriental Soc.*
JMGG — *Jahresbericht d. Münchener Geogr. Gesellsch.*
JOSHK — *Journal of Oriental Studies* (Hongkong Univ.)
JRAI — *Journal of the Royal Anthropological Institute*
JRAS — *Journal of the Royal Asiatic Society*
JRAS/B — *Journal of the (Royal) Asiatic Society of Bengal*
JRAS/KB — *Journal* (or *Transactions*) *of the Korea Branch of the Royal Asiatic Society*
JRAS/M — *Journal of the Malayan Branch of the Royal Asiatic Society*
JRAS/NCB — *Journal* (or *Transactions*) *of the North China Branch of the Royal Asiatic Society*
JRCAS — *Journal of the Royal Central Asian Society*
JRGS — *Journal of the Royal Geographical Society* (London)
JRIBA — *Journ. Royal Institute of British Architects*
JRS — *Journal of Roman Studies*
JRSA — *Journal of the Royal Society of Arts*
JSA — *Journal de la Société des Américanistes*
JSPC — *Journ. Social Psychol.*
JWCBRS — *Journal of the West China Border Research Society*
JWH — *Journal of World History* (UNESCO)

K — *Keystone (Association of Building Technicians Journal)*
KBGJ — *Jaarboek v. d. Koninklijke Bataviaasch Genootschap van Kunsten en Wetenschappen*
KDVS/AKM — *Kgl. Danske Videnskabernes Selskab* (Archaeol.-Kunsthist. Medd.)
KDVS/HFM — *Kgl. Danske Videnskabernes Selskab* (Hist.-Filol. Medd.)
KU/ARB — *Asiatic Research Bulletin* (Asiatic Research Centre, Korea Univ., Seoul)

LEC — *Lettres Édifiantes et Curieuses écrites des Missions Étrangères* (Paris, 1702 to 1776)
LI — *Listener* (B.B.C.)
LM — *Larousse Mensuel*
LN — *La Nature*
LP — *La Pensée*

MA	Man
MAAA	Memoirs American Anthropological Association
MAI/LTR	Mémoires de Litt. tirés des Registres de l'Acad. des Inscr. et Belles-Lettres (Paris)
MAPS	Memoirs of the American Philosophical Society
MAS/B	Memoirs of the Asiatic Society of Bengal
MC/TC	Techniques et Civilisations (formerly Métaux et Civilisations)
MCB	Mélanges Chinois et Bouddhiques
MCMG	Mechanics Magazine
MD	MD (Doctor of Medicine), cultural Journal for physicians (New York)
MDAI/ATH	Mitteilungen d. deutschen Archäol. Instituts (Athenische Abt.)
MDGNVO	Mitteilungen d. deutsch. Gesellsch. f. Natur. u. Volkskunde Ostasiens
MEJ	Middle East Journal
MFSKU/E	Memoirs of the Faculty of Science, Kyushu University, Ser. E (Biology)
MGGMU	Mitteilungen d. geographische Gesellschaft München
MGGW	Mitteilungen d. geographische Gesellschaft Wien
MGSC	Memoirs of the Chinese Geological Survey
MIE	Mémoires de l'Institut d'Egypte (Cairo)
MIFAN	Mémoires de l'Institut Français d'Afrique Noire (Dakar)
MIT	Massachusetts Institute of Technology
MJBK	Münchner Jahrb. f. bildenden Kunst
MJLS	Madras Journ. of Lit. and Sci.
MJPGA	Mitteilungen aus Justus Perthes Geogr. Anstalt (Petermann's)
MK	Meereskunde (Berlin)
MMI	Mariner's Mirror
MQ	Modern Quarterly
MRDTB	Memoirs of the Research Dept. of Tōyō Bunko (Tokyo)
MRMVK	Mededelingen van het Rijksmuseum Voor Volkenkunde
MS	Monumenta Serica
MS/M	Monumenta Serica Monogr.
MSAA	Mem. Soc. American Archaeology (supplements to AMA)
MSAF	Mémoires de la Société (Nat.) des Antiquaires de France
MSB	Morskoe Sbornik
MSOS	Mitteilungen d. Seminar f. orientalischen Sprachen (Berlin)
MSRGE	Mém. Soc. Roy. Geogr. d'Égypte
MUJ	Museum Journal (Philadelphia)
N	Nature
NADA	Annual of the Native Affairs Department, Southern Rhodesia
NAVC	Naval Chronicle
NAVSG	Nouvelles Annales des Voyages et des Sciences Géographiques
NC	Numismatic Chronicle (and Journ. Roy. Numismatic Soc.)
NCR	New China Review
NEPT	Neptunia
NGM	National Geographic Magazine
NH	Natural History
NION	Nederlandsch Indië Oud en Nieuw
NMM	National Maritime Museum (Greenwich)
NO	New Orient (Prague)
NQCJ	Notes and Queries on China and Japan
NS	New Scientist
NSEQ	Nankai [University] Social and Economic Quarterly (Tientsin)
NSN	New Statesman and Nation (London)
NU	The Nucleus
NV	The Navy
NVO	Novy Orient (Prague)
NZMW	Neue Zeitschrift f. Missionswissenschaft (Nouvelle Revue de Science Missionnaire)
OAV	Orientalistisches Archiv (Leipzig)
OAZ	Ostasiatische Zeitschrift
OE	Oriens Extremus (Hamburg)
OL	Old Lore; Miscellany of Orkney, Shetland, Caithness and Sutherland
OLL	Ostasiatischer Lloyd
ORA	Oriental Art
ORE	Oriens Extremus
OSIS	Osiris
OUP	Oxford University Press
PA	Pacific Affairs
PAAQS	Proceedings of the American Antiquarian Society
PAI	Paideuma
PARA	Parasitology
PASCE/JHD	Proc. American Soc. Civil Engineers; Journ. Hydraulics Division
PASCE/JID	Proc. American Soc. Civil Engineers; Journ. Irrigation and Drainage Division
PBA	Proceedings of the British Academy
PC	People's China
PCAS	Proc. California Academy of Sciences
PCC	Proceedings of the Charaka Club
PCPS	Proc. Cambridge Philological Society
PEFQ	Palestine Exploration Fund Quarterly

PGA — *Proc. Geologists' Assoc.* (*U.K.*)
PHY — *Physis* (Florence)
PICE — *Proc. Instit. Civil Engineers* (*U.K.*) (absorbed in *JICE*)
PKR — *Peking Review*
PLS — *Proc. Linnean Soc.* (London)
PMASAL — *Papers of the Michigan Academy of Sci., Arts and Letters*
PNHB — *Peking Natural History Bulletin*
PP — *Past and Present*
PR — *Princeton Review*
PRGS — *Proceedings of the Royal Geographical Society*
PROG — *Progress* (*Unilever Journal*)
PRPSG — *Proceedings of the Royal Philosophical Society of Glasgow*
PRSA — *Proceedings of the Royal Society* (Series A)
PRSB — *Proceedings of the Royal Society* (Series B)
PRSG — *Publicaciones de la Real Sociedad Geográfica* (Spain)
PTRS — *Philosophical Transactions of the Royal Society*

QJCA — *Quarterly Journal of Current Acquisitions* (Library of Congress, Washington)
QSGNM — *Quellen u. Studien z. Gesch. d. Naturwiss. u. d. Medizin* (continuation of *Archiv. f. Gesch. d. Math., d. Naturwiss. u. d. Technik, AGMNT*, formerly *Archiv. f. d. Gesch. d. Naturwiss. u. d. Technik, AGNT*)

RA — *Revue Archéologique*
RAA/AMG — *Revue des Arts Asiatiques* (*Annales du Musée Guimet*)
RAI/OP — *Occasional Papers of the Royal Anthropological Institute*
RBS — *Revue Bibliographique de Sinologie*
RDI — *Rivista d'Ingegneria*
REL — *Revue des Études Latines*
RFCC — *Revista da Faculdade de Ciências, Universidade de Coimbra*
RGHE — *Revue de Géographie Humaine et d'Ethnologie*
RGI — *Rivista Geografica Italiana*
RHES — *Revue d'Histoire Écon. et Soc.* (continuation of *Revue d'Histoire des Doctrines Écon. et Soc.*)
RHS — *Revue d'Histoire des Sciences* (Paris)
RHSID — *Revue d'Histoire de la Sidérurgie* (Nancy)
RI — *Revue Indochinoise*
RIIA — Royal Institute of International Affairs
RMA — *Revue Maritime*
RP — *Revue Philosophique*
RPARA — *Rendiconti della Pontif. Accad. Rom. di Archeologia*
RPLHA — *Revue de Philol., Litt. et Hist. Ancienne*
RSO — *Rivista di Studi Orientali*
RTDA — *Report and Trans. of the Devonshire Association for the Advancement of Science, Literature and Art*
RUNA — *Runa* (*Archivo para las Ciencias del Hombre*), Buenos Aires

S — *Sinologica* (Basel)
SA — *Sinica* (originally *Chinesische Blätter f. Wissenschaft u. Kunst*)
SAAB — *South African Archaeological Bulletin*
SACAJ — *Journal of the Sino-Austrian Cultural Association*
SAE — *Saeculum*
SAFJS — *South African Journal of Science*
SAM — *Scientific American*
SBE — *Sacred Books of the East* series
SC — *Science*
SCI — *Scientia*
SCISA — *Scientia Sinica* (Peking)
SGM — *Scottish Geographical Magazine*
SIS — *Sino-Indian Studies* (Santiniketan)
SM — *Scientific Monthly* (formerly *Popular Science Monthly*)
SMC — *Smithsonian* (*Institution*) *Miscellaneous Collections* (*Quarterly Issue*)
SMJ — *Sarawak Museum Journal*
SP — *Speculum*
SPAW — *Sitzungsberichte d. preuss. Akad. d. Wissenschaft*
SPR — *Science Progress*
SSE — *Studia Serica* (*West China Union University Literary and Historical Journal*)
STE — *Studia Etruschi*
STU — *Studia* (Lisbon)
SUM — *Sumer*
SWAW/PH — *Sitzungsberichte d. k. Akad. d. Wissenschaften Wien* (Vienna) (Phil.-Hist. Klasse)
SWJA — *Southwestern Journal of Anthropology*
SYR — *Syria*
SZ — *Spolia Zeylanica*

TAP — *Annals of Philosophy* (Thomson's)
TAPA — *Transactions* (*and Proceedings*) *of the American Philological Association*
TAPS — *Transactions of the American Philosophical Society* (cf. *MAPS*)
TAS/J — *Transactions of the Asiatic Society of Japan*

TASCE	*Transactions of the American Society of Civil Engineers*
TCULT	*Technology and Culture*
TEAC	*Transactions of the Engineering Association of Ceylon*
TG/K	*Tōhō Gakuhō, Kyōto (Kyoto Journal of Oriental Studies)*
TGUOS	*Transactions of the Glasgow University Oriental Society*
TH	*Thien Hsia Monthly* (Shanghai)
TIAU	*Transactions of the International Astronomical Union*
TIMEN	*Transactions of the Institute of Marine Engineers*
TINA	*Transactions of the Institution of Naval Architects*
TJSL	*Transactions (and Proceedings) of the Japan Society of London*
TMIE	*Travaux et Mémoires de l'Inst. d'Ethnologie* (Paris)
TNR	*Tanganyika Notes and Records*
TNS	*Transactions of the Newcomen Society*
TNZI	*Transact. New Zealand Inst.*
TOCS	*Transactions of the Oriental Ceramic Society*
TP	*T'oung Pao (Archives concernant l'Histoire, les Langues, la Géographie, l'Ethnographie et les Arts de l'Asie Orientale*, Leiden)
TRIBA	*Transactions, Royal Institute of British Architects*
TSE	*Trans. Society of Engineers* (London)
TSNAMEN	*Trans. Society of Naval Architects and Marine Engineers*
TYG	*Tōyō Gakuhō (Reports of the Oriental Society of Tokyo)*
UAJ	*Ural-Altaische Jahrbücher*
UC	*Ulster Commentary* (Govt. Information Service, Belfast)
UIB	*University of Illinois Bulletin*
UNESCO	United Nations Educational, Scientific and Cultural Organisation
VA	*Vistas in Astronomy*
VAG	*Vierteljahrsschrift d. astronomischen Gesellschaft*
VGEB	*Verhandl. d. Gesellsch. f. Erdkunde* (Berlin)
VKAWA/L	*Verhandelingen d. Koninklijke Akad. v. Wetenschappen te Amsterdam* (Afd. Letterkunde)
VMAWA	*Verslagen en Meded. d. Koninklijke Akad. v. Wetenschappen te Amsterdam*
VS	*Variétés Sinologiques*
WBKGA	*Wiener Beiträge z- Kunst- und Kultur-Gesch. Asiens*
WBKGL	*Wiener Beiträge z. Kulturgeschichte und Linguistik*
WJK	*Wiener Jahrb f. Kunstgesch.*
WP	*Water Power*
Y	*Yachting*
YJBM	*Yale Journal of Biology and Medicine*
YM	*Yachting Monthly*
YW	*Yachting World*
Z	*Zalmoxis; Revue des Études Religieuses*
ZBW	*Zeitschr. f. Bauwesen*
ZFE	*Zeitschr. f. Ethnol.*
ZGEB	*Zeitschr. d. Gesellsch. f. Erdkunde* (Berlin)
ZHWK	*Zeitschrift f. historische Wappenkunde* (continued as *Zeitschr. f. hist. Wappen- und Kostumkunde*)
ZPC	*Zeitschr. f. physiologischen Chemie*
ZWZ	*Zeitschr. f. wissenschaftlichen Zoologie*

中日文期刊缩略语表

ABA *Ars Buddhica* (Tokyo)
《仏教芸術》

AHRA *Agric. History Research Annual* (*Nung Shih Yen-Chiu Chi-Khan*, formerly Nung *Yeh I-Chhan Yen-Chiu Chi-Khan*)
《农史研究集刊》，原刊名《农业遗产研究集刊》

APS *Acta Pedologica Sinica*
《土壤学报》

AS/BIHP *Bulletin of the Institute of History and Philology* (*Academia Sinica*)
《中央研究院历史语言研究所集刊》

AS/CJA *Chinese Journal of Archaeology* (*Academia Sinica*)
《中国考古学报》(中央研究院，中国科学院)

BCGS *Bull. Chinese Geological Soc.*
《中国地质学会志》

BCS *Bulletin of Chinese Studies* (Chhêngtu)
《中国文化研究汇刊》(成都)

BK *Bunka* (*Culture*), (Sendai)
《文化》(仙台)

BSRCA *Bulletin of the Society for Research in* [*the History of*] *Chinese Architecture*
《中国营造学社汇刊》

CHJ/T *Chhing-Hua* (*Tśing-Hua*) *Journal of Chinese Studies* (New Series, publ. Thaiwan)
《清华学报》(台湾)

CIB *China Institute Bulletin* (*New York*)

CLTC *Chen Li Tsa Chih* (*Truth Miscel-lany*)
《真理杂志》

CZ *Chigaku Zasshi* (*Journ. Tokyo Geogr. Soc.*)
《地学雜誌》

FET *Far Eastern Trade* (London)

HCH *Hsin Chao-Hsien* (*New Korea*)
《新朝鲜》

HHJP *Hsin Hua Jih Pao* (Peking)
《新华日报》

HHYK *Hsin Hua Yüeh Khan* (*New China Magazine*)
《新华月报》

JAAC *Journ. Agric. Assoc. China*
《中华农学会报》

JGSC *Journal of the Geogr. Soc. China*
《地理学报》

JK *Jimbun Kenkyu* (Osaka)
《人文研究》(大阪)

JMHP *Jen Min Jih Pao* (*People's Daily*)
《人民日报》

KDK *Kodaigaku* (*Palaeologica*), (Osaka)
《古代学》(大阪)

KHS *Kho Hsüeh* (*Science*)
《科学》

KHSC *Kho-Hsüeh Shih Chi-Khan* (*Ch. Journ. Hist of Sci.*)
《科学史集刊》

KKTH *Khao Ku Thung Hsün* (*Archaeo-logical Correspondent*), (cont. as *Khao Ku*)
《考古通讯》(后改为《考古》)

LSYC *Li Shih Yen Chiu* (*Journal of Historical Research*), (Peking)
《历史研究》(北京)

MOULA *Memoirs of the Osaka University of Liberal Arts and Education*
《大阪学芸大学紀要》

NKKZ *Nihon Kagaku Koten Zensho* (Collection of works concerning the History of Science and Technology in Japan)
《日本科学古典全書》

NQJEP *Nankai University Quarterly Journ. Econ. and Pol. Sci.* (*Tientsin*)
《政治经济学报》(南开大学，天津)

OUSS *Ochanomizu University Studies*
《お茶の水女子大学人文科学紀要》

RDR *Ryūkoku Daikaku Ronshu* (*Journ. Ryūkoku Univ.*, Kyoto)
《龍谷大学論集》(京都)

RK *Rekishigaku Kenkyu* (*Journ. His-torical Studies*)
《歴史学研究》

SBK *Seikatsu Bunka Kenkyū* (*Journ. Econ. Cult.*)
《生活文化研究》

SGKK *Shigaku Kenkyū* (*Rev. Historical Studies*)
《史学研究》

SGZ *Shigaku Zasshi* (*Historical Journ. of Japan*)
《史学雜誌》

SHSS *Studies in the Humanities and Social Sciences* (College of General Education, Osaka Uni-versity)
《大阪大学教養部研究集録》(人文社会科学)

SKKK *Shukyō Kenkyū* (*Research on Religion*), (Sendai)
《宗教研究》

SL *Shui Li* (*Hydraulic Engineering*)
《水利》

SN *Shirin* (*Journal of History*), (*Kyoto*)
《史林》

SRSETU *Science Reports of the School of Engineering of the Imperial University of Tokyo*
《東京帝国大学工科大学学術報告》

SWYK *Shuo Wên Yüeh Khan* (*Philological Monthly*)
《说文月刊》

TBK *Tōyō Bunka Kenkyūjo Kiyō* (*Memoirs of the Institute of Oriental Culture, Univ. of Tokyo*)
《東洋文化研究所紀要》(東京大学)

TCKH *Ta Chung Kho-Hsüeh* (*Popular Science*), (Peking)
《大众科学》

TFTC *Tung Fang Tsa Chih* (*Eastern Miscellany*)
《东方杂志》

TG/K *Tōhō Gakuhō, Kyōto* (*Kyoto Journal of Oriental Studies*)
《東方学報》(京都)

TG/T *Tōhō Gakuhō, Tōkyō* (*Tokyo Journal of Oriental Studies*)
《東方学報》(東京)

THG *Tōhōgaku* (*Eastern Studies*), (Tokyo)

TK *Tōyōshi Kenkyū* (*Researches in Oriental History*)
《東洋史研究》

TS *Tōhō Shūkyō* (*Journal of East Asian Religions*)
《東方宗教》

TYG *Tōyō Gakuho* (*Reports of the Oriental Society of Tokyo*)
《東洋学報》(東京)

TYGK *Tōyōgaku* (Sendai)
《東洋学》

WSC *Wên Shih Chê* (*Literature, History and Philosophy*), (Shantung University)
《文史哲》(山东大学)

WUQJSS *Wuhan University Quart. Journ. Social Science and Philosophy*
《武汉大学社会科学季刊》

WWTK *Wên Wu Tshan Khao Tzu Liao* (*Reference Materials for History and Archaeology*), (cont. as Wên *Wu*)
《文物参考资料》(后改为《文物》)

YAHS *Yenching Shih Hsüeh Nien Pao* (*Yenching University Annual of Historical Studies*)
《燕京史学年报》

YCHP *Yenching Hsüeh Pao* (*Yenching University Journal of Chinese Studies*)
《燕京学报》

YK *Yü Kung* (*Chinese Journal of Historical Geography*)
《禹贡》

A 1800年以前的中文和日文书籍

《稗编》

Leaves of Grass [encyclopaedia]

明，1581年

唐顺之编

《褒城县志》

Gazetteer of Pao-chhêng (in Shensi; local topography and history)

清，1832年（汇集古代记事）

光朝魁修纂

《抱朴子》

Book of the Preservation-of-Solidarity Master

晋，4世纪初，可能在320年前后

译本：Ware (5)

部分译文：Feifel (1, 2); Wu&Davis (2); 等

葛洪

TT/1171－1173

《北齐书》

History of the Northern Chhi Dynasty [+550 to +577]

唐，640年

李德林及其子李百药

部分译文：Pfizmaier (60)

节译索引：Frankel (1)

《北史》

History of the Northern Dynasties [Nan Pei Chhao period, +386 to +581]

唐，670年

李延寿

节译索引：Frankel (1)

《北使记》

Notes on an Embassy to the North

金和元，1223年

乌古孙仲端

《北堂书钞》

Book Records of the Northern Hall [encyclopaedia]

唐，约630年

虞世南

《北行日录》

Diary of a journey to the North

宋，1169年

楼钥

《北学议》

Discussion on the Northern Learning [ie Chinese science and technology].

朝鲜，约1780年

朴齐家

《北周书》

见《周书》

《本草纲目》

The Great Pharmacopoeia

明，1596年

李时珍

节译和释义：Read及其合作者 (1－7); Read&Pak (1)，附索引

《本草品汇精要》

Systematic Compendium of Materia Medica (Imperially Commissioned)

明，1505年

刘文泰、王槃和高廷和编纂

《表异录》

Notices of Strange Things

明

王志坚

《兵钤》

Key of Martial Art [military encyclopaedia]

清，1675年

吕磻和卢承恩

抄本，博德利图书馆藏，Or. MS., Backhouse 578

《博古图录》

见《宣和博古图录》

《博物记》
Notes on the Investigation of Things
东汉，约 190 年
唐蒙
《博物志》
Record of the Investigation of Things
[参见《续博物志》]
晋，约 290 年（始撰于 270 年前后）
张华
《参天台五臺山記》
Record of a Pilgrimage to the Thien-Thai Temples on Wu-thai-shan (+1072 and +1073)
宋，1074 年
成寻（日本僧人）
《大日本佛教全书》第一一五卷（《游方传丛书》卷三，第四十六页）
《骖鸾录》
Guiding the Reins [narrative of a three months' journey from the capital to Kueilin]
宋，1172 年
参见《揽辔录》
《漕船志》
Records of Canal and River Shipping
明，1501 年，增补于 1544 年
席书和和朱家相
《漕运府库仓庾》
Tax-Grain Water Transport and Granaries
宋，约 1270 年
王应麟
《长安志》
History of the City of Eternal Peace [Chhang-an (Sian), ancient capital of China]
宋，约 1075 年
宋敏求
《长安志图》
Maps to illustrate the History of the City of Eternal Peace [Chhang-an, ancient capital of China]
元，约 1330 年
李好文
《长春真人西游记》
The Western Journey of the Taoist (Chhiu) Chhang-Chhun
元，1228 年
李志常
《长物志》
Notes on Life' s Staples
明，约 1595 年
文震亨
《朝野佥载》
Stories of Court Life and Rustic Life [or, Anecdotes from Court and Countryside]
唐，8 世纪，但大部分在宋代经过删并
张鷟
《诚斋集》
Collected Writings of (Yang) Chhêng-Chai (Yang Wan-Li)
宋，约 1200 年
杨万里
《乘船直指录》
Guide for Shipmasters
朝鲜，1416 年
编者不详
《赤雅》
Information about the Naked Ones [Miao and other tribespeople]
明，16 世纪或 17 世纪
邝露
《筹海图编》
Illustrated Seaboard Strategy
明，1562 年
郑若曾
或胡宗宪
《初学记》
Entry into Learning [encyclopaedia]
唐，700 年
徐坚
《楚辞》
Elegies of Chhu (State) [or, Songs of the South]
周，约公元前 300 年（附汉代作品）
屈原（及贾谊、严忌、宋玉、淮南小山等）
部分译文：Waley (23), Hawkes (1)

《楚辞补注》

Supplementary Annotations to the *Elegies of Chhu*

宋，约1140年

洪兴祖

《垂虹桥记》

A Record of the Chhui-Hung Bridge (at Wuchiang)

宋，约1060年

钱公辅

《垂虹桥记》

A Record of the Chhui-Hung Bridge (at Wuchiang)

元，约1330

袁桷

《春秋》

Spring and Autumn Annals [i. e. Records of Springs and Autumns]

周，公元前722年到前481年之间的鲁国编年史

作者不详

参见《左传》、《公羊传》、《穀梁传》

见 Wu Khang (1); Wu Shih-Chhang (1); van der Loon (1)

译本：Couvreur (1); Legge (11)

《春秋后传》

A History of the Ages since the Time of the *Spring-and-Autumn Annals*

宋

陈傅良

《春秋井田记》

Record of the 'Well-Field' Land System of the Spring and Autumn Period

东汉

作者不详

《刺世疾邪赋》

Ode to Cure Quickly the Evils of the Age

东汉，约178年

赵壹

《达州志》

Local History and Topography of Tachow (Suiting, Szechuan)

清，1747年

陈庆门

《大明会典》

History of the Administrative Statutes of the Ming Dynasty

明，初版1509年，再版1587年

申时行等编

《大清一统志》

Comprehensive Geography of the (Chinese) Empire (under the Chhing dynasty)

清，约1730

徐乾学编纂

《大宋诸山图》

Drawings of the Various (Halls in the) Mountain (Abbeys) of the Great Sung Dynasty

《五山十刹图》(参见该条) 的别名

《大唐五山诸堂图》

Drawings of the Various Halls in the Five Mountain (Abbeys) dating from the Great Thong Dynasty

《五山十刹图》(参见该条) 的别名

《大唐西域记》

Record of (a Pilgrimage to) the Western Countries in the time of the Thang

唐，646年

玄奘

辩机笔录

译本：Julien (1); Beal (2)

《大学衍义补》

Restoration and Extension of the Ideas of the *Great Learning* [contains many chapters of interest for the history of technology]

明，1480年

丘濬 (卒于1495年)

《大业杂记》

Records of the Reign of Sui Yang Ti [the Ta-Yeh reign-period, +605 to +616]

隋

杜宝

《大元仓库记》

Records of the Granaries (and Grain Transport System) of the Yuan Dynasty

［原为《元经世大典》的一部分］
元，1331 以前
编者不详
（清）文廷式辑

《大元海运记》
Records of Maritime Transportation of the Yuan Dynasty
［原为《元经世大典》的一部分］
元，1331 以前
编者不详
（清）胡敬辑

《岛夷杂志》
Miscellaneous Records of the Barbarian Islands
宋，12 世纪早期
作者不详
整理本见和田久德（*1*）

《岛夷志略》
Records of the Barbarian Islands (in the Pacific and Indian Oceans, including the coasts of East Africa)
元，1350 年，根据作者 1330 年至 1349 年旅行期间所作的笔记
汪大渊

《道藏》
The Taoist Patrology [containing 1464 Taoist works]
历代作品，但最初汇辑于唐，约在 730 年；后于 870 年重辑并于 1019 年编定。初刊于宋（1110－1117 年）。金（1186－1191 年）、元（1244 年）、明（1445 年、1598 年和 1607 年）也曾刊印
作者众多
索引：Wieger（6），见伯希和对其的评述；翁独健所编索引（《引得》第 25 号）

《道德经》
Canon of the Tao and its Virtue
周，公元前 300 年以前
传为李耳（老子）撰
译本：Waley（4）；Chhu Ta-Kao（2）；Lin Yü-Thang（1）；Wieger（7）；Duyvendak（18）；以及其他多种

《道园学古录》
Historical Essays of (Yu) Tao-Yuan
元，约 1340 年
虞集

《钓矶立谈》
Talks at Fisherman's Rock
五代（南唐）及宋，约 935 年始撰
史虚白

《蝶几谱》
Discourse on Butterfly Tables [furniture]
明，1617 年
戈汕

《鼎澧逸民》
Recollections of Tingchow
宋，约 1150 年
作者不详
参见朱希祖（2）

《定海厅志》
Local Gazetteer of the Sub-Prefecture of Ting-hai (on Choushan Island)
清，1715 年，修订于 1884 年和 1902 年
缪燧和陈于渭编
史致驯和汪洵修订

《东都赋》
Ode on the Eastern Capital (Loyang)
东汉，约公元 87 年
班固
译本：Hughes（9）

《东京赋》
Ode on the Eastern Capital (Loyang)
东汉，107 年
张衡
译本：von Zach（6）；Hughes（9）

《东京梦华录》
Dreams of the Glories of the Eastern Capital (Khaifêng)
南宋，1148 年（记述止于 1126 年北宋京城陷落及 1135 年迁至杭州的两个十年时期的事），初刊于 1187 年
孟元老

《东坡全集（七集）》
The Complete (or Seven) Collections of (Su)

Tung-Pho [i. e. Collected Works]
宋，迄至1101年，但后来汇集在一起
苏东坡

《东坡志林》
Journal and Miscellany of (Su) Tung-Pho [compiled while in exile in Hainan]
宋，1097至1101年
苏东坡

《东西洋考》
Studies on the Oceans East and West
明，1618年
张燮

《东轩笔录》
Jottings from the Eastern Side-Hall
宋，11世纪末
魏泰

《冬官纪事》
A Relation concerning the Ministry of Works [especially the upright career of his father, Ho Shêng-Jui, therein]
明，约1610年
贺仲轼

《東大寺造立供養記》
A Record of the Rebuilding of the Tbdaiji (temple, at Nara) [+1168 to +1185]
日本，1452年
作者不详

《洞冥记》
Light on Mysterious Things
传为汉代；可能为5或6世纪
旧题郭宪撰

《都城纪胜》
The Wonder of the Capital (Hangchow)
宋，1235年
赵氏 [灌圃耐得翁]

《读史方舆纪要》
Essentials of Historical Geography
清，1667
顾祖禹

《尔雅》
Literary Expositor [dictionary]
周代材料，成书于秦或西汉
编者不详
郭璞增补和注释（约300年）
《引得特刊》第18号

《法苑珠林》
Forest of Pearls in the Garden of the Law [Buddhist encyclopaedia]
唐，668年
道世（僧人）

《氾胜之书》
[=《种植书》]
The Book of Fan Shêng-Chih on Agriculture
西汉，公元前1世纪末（约公元前10年）
氾胜之
《玉函山房辑佚书》，卷六十九，第五十页起
译本：Shih Shêng-Han (2)

《方言》
Dictionary of Local Expressions
西汉，约公元前15年（但后世增补很多）
扬雄

《方舆记》
General Geography
晋，或最晚在宋以前
徐锴

《防海辑要》
见俞昌会 (*1*)

《防河奏议》
Water Conservancy Memorials to the Throne
清，1733年
嵇曾筠

《风土记》
Record of Airs and Places [local customs]
晋，3世纪
周处

《枫窗小牍》
Maple-Tree Window Memories
宋，12世纪末
袁褧
由后人于1202年后不久续成

《佛国记》
[=《法显传》或《法显行传》]
Records of Buddhist Countries [also called Travels of Fa-Hsien]

晋，416年
法显
译本：Rémusat（1）；Beal（1）；Legge（4）；H. A. Giles（3）；Li Yung-Hsi（1）
《福建通志》
History and Topography of Fukien Province
清，1684年
金鋐（主修）
《福建运司志》
Records of the Transportation Bureau of Fukien Province
明，1553年
江大鲲
《富嶽百景》
见葛飾北齋（*1*）
《甘泉赋》
Rhapsodic Ode on the（Palace-Templeat the）Sweetwater Springs
西汉，约公元前10年
扬雄
译本：von Zach（6）
《高丽图经》
见《宣和奉使高丽图经》
《高僧传》
Biographies of Outstanding（Buddhist）Monks [especially those noted for learning and philosophical eminence]
梁，519-554年间
慧皎
TW/2059
《格致镜原》
Mirror of Scientific and Technological Origins
清，1735年
陈元龙
《庚辛玉册》
Precious Secrets of the Realm of Kêng and Hsin（i. e. all things connected with metals and minerals, symbolised by these two cyclical characters）[专论炼丹术和制药学。"庚"、"辛"也是炼金术中"金"字的同义语]
明，1421年
朱权（宁献王，明王子）
《耕织图》
Pictures of Tilling and Weaving
宋，原图为手绘，1145年，或许当时已有了最早的木刻刊本；1210年刻石，其时可能仍用木刻版刊印
楼璹
福兰格[Franke（11）]发表的图是出于1462年和1739年刊本的；伯希和[Pelliot（24）]发表的一组图是基于1237年的一种版本的。原图今已不存，但和上面提到的那些配有楼璹诗句的刊本不会有太大的差别。清代的第一个刊本刊行于1696年
《工师雕斲正式鲁班木经匠家镜》
The Timberwork Manual and Artisans' Mirror of Lu Pan, Patron of all Carvers, Joiners and Wood-workers
年代不详，包含传说的并肯定有部分属于中古时期的内容
有1870年及若干其他年代的翻刻本
原题司正午荣汇编
章严和周言集校
《功过格》
Gradation of Merits and Faults
认为是唐代著作，8世纪，其实是明代著作，17世纪
传为吕洞宾撰，实际上作者为袁表
《攻媿集》
Bashfulness Overcome; Recollections of My Life and Times
宋，约1210年
楼钥
《宫室考》
A Study of Halls and Buildings
清，18世纪初
任启运
《沟洫疆理小记》
A Short Theoretical Study of Canal Con- struction
清，18世纪末
程瑶田
《古画品录》
Records of the Classification of Old Painters
南齐，约500年

谢赫
参见 Hirth (12); 王伯敏 (*1*)

《古今注》
Commentary on Things Old and New
晋，约 300 年
崔豹
参见 Rotours (1), p. xcviii

《古微书》
Old Mysterious Books [a collection of the apocryphal Chhan-Wei treatises]
年代未定，部分撰于西汉
(明) 孙毂编

《古文析义》
Collection of Essays in the Old Clear Style, Classified and Elucidated
清，1697 年以前，刊行于 1716 年
林云铭

《故宫遗录》
Description of the Palaces (of the Yuan Emperors)
明，1368 年
萧洵

《关尹子》
[=《文始真经》]
The Book of Master Kuan Yin
唐，742 年，可能为晚唐或五代。汉代曾有一同名著作，但已佚失
作者可能是田同秀

《关中创立戒坛图经》
Illustrated Treatise on the Method of Setting up (Buddhist) Ordination Altars used in Kuan-Chung
唐，667 年
道宣
TW/1892

《官箴》
Handbook for Magistrates
宋，约 1119 年
吕本中

《管氏地理指蒙》
Master Kuan' s Geomantic Instructor
传为三国时期著作，3 世纪；可能是唐代著作，8 世纪
托名于管辂

《管子》
The Book of Master Kuan
周和西汉，也许是稷下学派（公元前 4 世纪后期）所编，部分采自较早的材料
传为管仲撰
部分译文：Haloun (2, 5); Than Po-Fu (1) *et al*.

《广东新语》
New Talks about Kuangtung Province
屈大均

《广雅》
Enlargement of the *Erh Ya*; *Literary Expositor* [dictionary]
三国（魏），230 年
张揖

《广雅疏证》
Correct Text of the *Enlargement of the Erh Ya*, with Annotations and Amplifications
清，1796 年
王念孙

《广舆图》
Enlarged Terrestrial Atlas
元，1320 年
朱思本
明代（约 1555 年），罗洪先首刊并加上“广”字

《广韵》
Enlargement of the *Chhieh Yün*; *Dictionary of the Sounds of Characters*
宋
(由晚唐及宋代学者完成，现名定于 1011 年)
陆法言等

《广志》
Extensive Records of Remarkable Things
晋，4 世纪
郭义恭
《玉函山房辑佚书》卷七十四

《归田录》
On Returning Home

宋，1067 年
欧阳修
《癸辛杂识》
Miscellaneous Information from Kuei-Hsin Street (in Hangchow)
宋，13 世纪末，可能 1308 年前仍未完成
周密
见 des Rotours (1), p. cxii; H. Franke (1)
《癸辛杂识续集》
Miscellaneous Information from Kuei-Hsin Street (Hangchow, First Addendum)
宋或元，约 1298 年
周密
见 des Rotours (1), p. cxii
《桂海虞衡志》
Topography and Products of the Southern Provinces
宋，1175 年
范成大
《国朝文类》
Classified Documents of the Present Dynasty (Yuan)
元，约 1360 年
苏天爵
参见 H. Franke (14)
《国语》
Discourses on the (ancient feudal) States,
晚周、秦和西汉，包含采自古代记录的早期材料
作者不详
《海潮图论》
Illustrated Discourse on the Tides
宋，1026 年
燕肃
《海岛算经》
[原为《九章算术》的附录，唐以前称《重差》，《隋书·经籍志》也录有一部《九章重差图》]
Sea Island Mathematical Manual
三国，263 年
刘徽
《海岛逸志摘略》
Brief Selection of Lost Records of the Isles of the Sea [or, a Desultory Account of the Malayan Archipelago]
清，1783—1790 年间，序言撰于 1791 年
王大海
译本：Anon (37)
《海道经》
Manual of Sailing Directions
元，14 世纪
编者不详
《海道针经》
Seaways Compass Manual
元或明，14 世纪
作者不详
《海国图志》
见魏源和林则徐 (*1*)
《海国闻见录》
Record of Things Seen and Heard about the Coastal Regions
清，1744 年
陈伦炯
《海内十洲记》
Record of the Ten Sea Islands [or, of the Ten Continents in the World Ocean]
传为汉代著作，可能成于 4 或 5 世纪
旧题东方朔撰
《海塘录》
History of the (Chhien-Thang) Sea Wall (杭州附近)
清
翟均廉
《海塘说》
Discourse on Sea-Walls
明
黄光昇
《海药本草》
Drugs of the Southern Countries beyond the Seas [or Pharmaceutical Codex of Marine Products]
唐，约 775 (或 10 世纪初)
李珣撰 (据李时珍)
李玹撰 (据黄休复)

存于《本草纲目》等书中

《海运新考》

New Investigation of Sea Transport

明，1579 年

梁梦龙

《海中占》

Astrology (and Astronomy) of (the People in) the Midst of the Sea (or, of the Sailors)

汉

作者不详

现只以大量引文的形式存于《开元占经》中

《海鳝赋后序》

Postface to the Ode on the 'Sea-Eel' (Warships) [and their role at the Battle of Tshai-shih, + 1161]

宋，约 1170 年

杨万里

收录于《诚斋集》，卷四十四，第六页起

《汉艺文志考证》

Textual Criticism of the Bibliography in the *History of the Former Han Dynasty*

宋，约 1280 年

王应麟

《杭州府志》

Gazetteer [Historical Topography] of Hangchow

清，1686 年

马如龙

马益等（修撰）

《航海针经》

Sailors' Compass Manual

元或明，14 世纪

作者不详

《合璧事类》

The 'Borrowed Jade Returned' Encyclopaedia

宋，1257 年

谢维新

《和漢船用集》

Collected Studies on the Ships used by the Japanese and Chinese

日本，1766 年（作者序，1761 年）

金澤兼光

（《日本科学古典全書》第十二卷中重印）

《河防全书》[或称《河防一览榷》]

General View of Water Control

明，1590 年

潘季驯

《河防通议》

A General Discussion of the Protection Works along the Yellow River [a revision and enlargement of two older texts, the *Chhing-li Ho Fang Thung I* of Shen Li (c. + 1045) and the *Ho Shih Chi* of Chou Chün (+ 1128)]

元，1321 年

瞻思（沙克什）（波斯或阿拉伯人）

《河防摘要》

Select Principles of Water Control

清，约 1680 年，刊行于 1767 年

陈潢

《河防志》

River Protection Works

清，1725 年

张鹏翮

《河工简要》

见邱步洲 (*1*)

《河工器具图说》

见麟庆 (2)

《河渠书》

On the Rivers and Canals

司马迁撰著的专篇，载于《史记》

《河事集》

Collected Materials on River Control Works

宋，1128 年

周俊

《鸿雪因缘图记》

见麟庆 (*1*)

《后汉书》

History of the Later Han Dynasty [+ 25 to + 220]

刘宋，450 年

范晔

书中诸“志”为司马彪（卒于 305 年）撰写，并附有刘昭（约 510 年）的注释，后者首次将“志”并入该书

部分译文：Chavannes (6, 16); Pfizmaier

(52, 53)
《引得》第41号
《后山谈丛》
Hou-Shan Table Talk
宋，约1090年
陈师道
《湖南通志》
Historical Geography of Hunan (province)
见马慧裕 (*1*)
《华城城役仪轨》
Records and Machines of the Hwasŏng Construction Service [for the Emergency capital at Suwŏn]
朝鲜，1792年，呈献于1796年，印行于1801年
丁若镛
见Chevalier (1); Henderson (1)
《华山记》
Record of Mount Hua
宋或宋以前
作者不详
《华阳国志》
Records of the Country South of Mount Hua [historical geography of Szechuan down to +138]
晋，347年
常璩
《華夷通商考》
Studies on the Intercourse and Trade between Chinese and Barbarians
日本，1708年
西川如見
重印本：《日本経済叢書》，第五卷
《化书》
Book of the Transformations (in Nature)
后唐，约940年
谭峭
TT/1032
《画筌》
The Painting Basket
清
笪重光
《淮南（王）万毕术》
[或=《枕中鸿宝苑秘书》和各种异本]
The Ten Thousand Infallible Arts of (the Prince of) Huai-Nan [Taoist magical and technical recipes]
西汉，公元前2世纪
已无完本，仅在《太平御览》卷七三六及别处存有佚文
有叶德辉《观古堂所著书》和孙冯翼《问经堂丛书》辑佚本
传为刘安撰
见Kaltenmark (2), p. 32
"枕中"、"鸿宝"、"万毕"、"苑秘"可能原为《淮南王书》中的篇名，由它们构成了"中篇"（也可能是"外书"），而现存的《淮南子》（参见另条）则是其"内书"
《淮南鸿烈解》
见《淮南子》
《淮南子》
[=《淮南鸿烈解》]
The Book of (the prince of) Huai-Nan [compendium of natural philosophy]
西汉，约公元前120年
淮南王刘安聚集学者集体撰写
部分译文：Morgan (1); Erkes (1); Hughes (1); Chatley (1); Wieger (2)
《通检丛刊》之五
TT/1170
《黄帝素问内经》
见《黄帝内经素问》
《黄帝内经太素》
The Original Recension of the *Yellow Emperor's Manual of Corporeal Medicine*
周、秦和汉；今本在公元前1世纪已基本成形，隋代时（605－618年）加入注释
杨上善编注
书中若干篇和段落与王冰《素问》和《灵枢》校订本以及皇甫谧《针灸甲乙经》中相应的篇章相同（萧延平，1924年）
《黄帝内经灵枢》
The Yellow Emperor's Manual of Corporeal Medicine; The Spiritual Pivot (or Gate, or

Driving-Shaft, or Motive Power) [medical physiology and anatomy]
可能是西汉，约公元前 1 世纪
作者不详
王冰于 762 年编注
相关分析见 Huang Wên (1)
译本：Chamfrault 及 Ung Kang-Sam (1)

《黄帝内经素问》
The Yellow Emperor's Manual of Corporeal Medicine; The Plain Questions (and Answers) [medical physiology and anatomy]
[参见《补注黄帝内经素问》]
周，秦、汉时整理增益，公元前 2 世纪或前 1 世纪最终定型
作者不详
部分译文：Hubotter (1)，卷四、五、十、十一、二十一；Veith (1)；全文，Chamfrault & Ung Kang-Sam (1)
见 Wang & Wu (1), pp. 28 ff.; Huang Wên (1)

《黄帝内经素问集注》
The *Yellow Emperor's Manual of Corporeal Medicine; The Plain Questions (and Answers)*; with Commentaries [by Wang Ping (Thang) and Ma Shih (Ming) as well as the editor's own]
清，1670 年
张志聪
(重刊于《古今图书集成·艺术典》卷二十一至卷六十六)

《黄帝素问灵枢经》
见《黄帝内经灵枢》

《黄运两河图》
Maps and Diagrams of the Yellow River and the Grand Canal
清，约 1690 年
程兆彪

《回回药方》
Pharmaceutical Prescriptions of the Muslims [contains some text in Persian, as well as the chief part in Chinese]
宋末或元，译于元末，刊印于明初
作者不详，可能为一阿拉伯或波斯医生
今只存残本；手抄孤本现藏北京国家图书馆
参见宋大仁 (*1*)，第 85 页

《浑天赋》
Ode on the Celestial Sphere
唐，676 年
杨炯
《玉海》卷四，第二十七页

《集韵》
Complete Dictionary of the Sounds of Characters
[参见《切韵》和《广韵》]
宋，1037 年
丁度等编撰
可能由司马光于 1067 年完成

《记杨么本末》
The History of (the Rebellion of) Yang Yao from Beginning to End
宋，约 1140 年
李龟年
仅存部分残篇

《纪效新书》
A New Treatise on Military and Naval Efficiency
明，约 1575 年
戚继光

《霁山集》
Poetical Remains of the Old Gentleman of Chi Mountain
宋，13 世纪末
林景熙

《简平仪说》
Description of a Simple Planisphere
明，1611 年
熊三拔 (Sabbatino de Ursis)

《鉴诫录》
Cautionary Stories [of events of the Thang and Wu Tai periods]
宋，10 世纪
何光远

《江北运程》
见董恂 (*1*)

《江表传》
The Story of Chiang Piao
唐或唐以前

虞溥
《江赋》
The River Ode
晋，约 310 年
郭璞
《蒋子万机论》
见《万机论》
《交州记》
Record of Chiaochow (District)
晋
刘欣期
《戒庵老人漫笔》
An Abundance of Jottings by Old Mr (Li) Chieh-An
明，约 1585 年，刊行于 1606 年
李诩
《芥子园画传》
The Mustard-Seed Garden Guide to Painting
清，1679 年，后人有增益
李笠翁（序）和王概（正文及作画）
《金川琐记》
Fragmentary Notes on the Chin-chhuan Valley (on the Szechuan-Sikang border)
清
李心衡
《金陵古今图考》
Illustrated Study of the Historical Topography of Nanking
明
陈沂
《金楼子》
Book of the Golden Hall Master
梁，约 550 年
萧绎（梁元帝）
《金石萃编》
见王昶（*1*）
《金石索》
见冯云鹏和冯云鹓（*1*）
《金史》
History of the Chin (Jurchen) Dynasty [+1115 to +1234]
元，约 1345 年
脱脱和欧阳玄
《引得》第 35 号
《晋后略》
Brief Records set down after the (Western) Chin (dynasty)
晋，317 年以后
荀绰
《晋书》
History of the Chin Dynasty [+265 to +419]
唐，635 年
房玄龄
部分译文：Pfizmaier (54－57)；《天文志》
译文：Ho Ping-Yü (1)
节译索引：Frankel (1)
《晋中兴书》
The Renewal of the Chin Dynasty
晋
郗绍或何法盛
《经行记》
Record of My Travels
唐，约 763 年
杜环
现今只有佚文收录于《通典》卷一九三、《太平寰宇记》卷一八九、《新唐书》卷二二一下、《文献通考》卷三三九等书中
《荊川稗编》
见《稗编》
《景福殿赋》
Ode on the Ching-Fu Palace (at Hsüchhang)
三国（魏），约 240 年
何晏
译本：von Zach (6)
《九章算术》
Nine Chapters on the Mathematical Art
东汉，1 世纪（包括很多西汉和秦的资料）
作者不详
《九章算术音义》
Explanations of Meanings and Sounds of Words occurring in the *Nine Chapters on the Mathematical Art*
宋
李藉

《旧唐书》
Old History of the Thang Dynasty [+618 to +906]
五代，945 年
刘昫
参见 des Rotours (2), p. 64
节译索引：Frankel (1)

《卷施阁文甲乙集》
First and Second Literary Collections of the Chuan-Shih Studio
清，1800 年以前，但是在约 1889 年以前未印行
洪亮吉

《开河记》
Record of the Opening of the (Grand) Canal
隋
韩偓

《开元占经》
The Khai-Yuan reign-period Treatise on Astrology (and Astronomy)
唐，729 年
(某些部分，例如《九执历》早在 718 年已写成)
瞿昙悉达

《康熙字典》
Imperial Dictionary of the Khang-Hsi reign-period
清，1716 年
张玉书编

《考工记》
The Artificers' Record
(《周礼》中的一部分，另见该条)
周和汉，可能原为齐国的官书，约于公元前 140 年编入
编者不详
译本：E. Biot (1)
参见郭沫若 (*1*)；Yang Lien-Shêng (7)

《客座赘語》
My Boring Discourses to my Guests [memorabilia of Nanking]
明，约 1628 年
顾起元

《坤舆图说》
Explanation of the World Map
清，1672 年
南怀仁

《括地志》
Comprehensive Geography
唐，7 世纪
魏王泰
(有孙星衍 1797 年的辑本)

《来南录》
Record of a journey to the South
唐，809 年
李翱

《揽辔录》
Grasping the Reins [narrative of his embassy to the Chin Tartars]
宋，1170 年
范成大
参见《骖鸾录》

《老学庵笔记》
Notes from the Hall of Learned Old Age
宋，约 1190 年
陆游

《类说》
A Classified Commonplace-Book [a great florilegium of excerpts from Sung and pre-Sung books, many of czhich are otherwise lost]
宋，1136 年
曾慥

《离骚》
Elegy on Encountering Sorrow [ode]
周（楚），公元前 295 年
屈原
译本：Hawkes (1)

《礼记》
[=《小戴礼记》]
Record of Rites [compiled by Tai the Younger]
(参见《大戴礼记》)
传为西汉著作，约公元前 70 – 前 50 年，实是公元 80 – 105 年之间的东汉作品，尽管其中包含一些最早始于《论语》时代（约公元前465 – 前 450 年）的文章片断

传为戴圣编
实为曹褒编
译本：Legge (7)；Couvreur (3)；R. Wilhelm (6)
《引得》第27号

《李忠武公全集》
见《忠武公全集》

《历代名臣奏议》
Memorials to the Throne by Eminent Ministers in all Ages
明，1416年，只作为学宫藏书，通行本刊于1635年
(原编者) 黄淮和杨士奇
(通行本编者) 张溥

《历代通鉴辑览》
Essentials of the *Comprehensive Mirror of History*
清，1767年
傅恒
陆锡熊等

《丽江府志略》
Classified History and Topography of Li-chiang (YunNan)
清，1743年

《梁书》
History of the Liang Dynasty [+502 to +556]
唐，629年
姚察及其子姚思廉
节译索引：Frankel (1)

《梁四公记》
Tales of the Four Lords of Liang
唐，约695
张说

《梁溪漫志》
Bridge Pool Essays
宋，1192年
费衮

《两宫鼎建记》
《冬官记事》的别称，参见该条

《两京新记》
New Records of the Two Capitals
唐，8世纪初
韦述
现今只存一卷

《两浙海塘通志》
Comprehensive History and Geography of the Sea-Walls of the Two Chekiangs [two parts of Chekiang province]
清，1750年
方观承

《辽史》
History of the Liao (Chhi-tan) Dynasty [+916 to +1125]
元，约1350年
脱脱和欧阳玄
部分译文：Wittfogel，Fêng Chia-shêng *et al.*
《引得》第35号

《列仙传》
Lives of Famous Hsien (参见《神仙传》)
晋，3或4世纪，尽管书中有某些部分源自公元前35年前后和稍晚于公元167年
传为刘向撰
译本：Kaltenmark (2)

《列子》
[=《冲虚真经》]
The Book of Master Lieh
周和西汉，公元前5世纪-前1世纪。该书收录了取自各种来源的古代片断材料并杂有公元380年前后的许多新材料
传为列御寇撰
译本：Wilhelm (4)；L Giles (4)；Wieger (7)；Graham (6)
TT/663

《林邑（国）记》
Records of Lin-I (State) and Province
晋或最晚为隋以前
作者不详

《灵枢经》
见《黄帝内经灵枢》

《岭表录异》
Southern Ways of Men and Things [on the special characteristics and natural history of Kuangtung]
唐，约895年
刘恂

《岭外代答》
Information on What is Beyond the Passes (lit a book in lieu of individual replies to questions from friends)
宋，1178 年
周去非
《刘宾客文集》
Literary Collections of the Imperial Tutor Liu
唐，842 年以后
刘禹锡
《琉球国志略》
Account of the Liu-Chhiu Islands
清，1757 年
周煌
《龙江船厂志》
Records of the Shipbuilding Yards on the Dragon River (near Nanking)
明，1553 年
李昭祥
参见 W. Franke (3), no. 256; Pao Tsun-Phêng (1)
《鲁班经》
The Carpenter's Classic, or Manual of Lu Pan (Kungshu Phan)
年代不详
作者不详
《鲁班经》
见《工师雕斲正式鲁班木经匠家镜》
《鲁灵光殿赋》
Ode on the Ling-Kuang Palace in the land of Lu (near Chhu-fou in Shantung)
东汉，约 140 年
王延寿
译本：von Zach (6)
《录异记》
Strange Matters
宋，10 世纪
杜光庭
《麓堂诗话》
Foothill Hall Essays [literary criticism]
明，1513 年
李东阳
《吕氏春秋》
Master Lu's Spring and Autumn Annals [compendium of natural philosophy]
周（秦），公元前 239 年
吕不韦召集学者集体编撰
译本：R. Wilhelm (3)
《通检丛刊》之二
《律相感通传》
Miscellaneous Temple Traditions according with the Vinaya Regulations
唐，667 年
道宣
TW/1898
《论衡》
Discourses Weighed in the Balance
东汉，公元 82 年或 83 年
王充
译本：Forke (4)；参见 Leslie (3)
《通检丛刊》之一
《论语》
Conversations and Discourses (of Confucius) [perhaps Discussed Sayings, Normative Sayings, or Selected Sayings]; Analects
周（鲁），约公元前 465 年－前 450 年
孔子弟子编纂（第十六、十七、十八和二十篇是后来窜入的）
译本：Legge (2)；Lyall (2)；Waley (5)；Ku Hung-Ming (1)
《引得特刊》第 16 号
《蠃虫录》
Record of the Naked Creatures (ie the Barbarian Peoples)
元，约 1366 年
作者定为周致中
1400 年书名即改为《异域志》（参见该条）
《洛神赋》
Rhapsodic Ode on the Nymph of the Lo River
三国，3 世纪晚期
曹植
《洛阳伽蓝记》
（“伽蓝”为 *sanghārāma* 的音译）
Description of the Buddhist Temples and Monas-

teries at Loyang
北魏，约 547 年
杨衒之

《洛阳名园记》
Record of the Celebrated Gardens of Loyang
宋，约 1080 年
李格非

《蒙古襲來繪詞》
Illustrated Narrative of the Mongol Invasion (of Japan)
日本，1293 年，临摹编辑，久保田米垒 1916 年
原画家和文字作者不详

《孟子》
The Book of Master Mêng (Mencius)
周，约公元前 290 年
孟轲
译本：Legge (3)；Lyall (1)
《引得特刊》第 17 号

《梦粱录》
Dreaming of the Capital while the Rice is Cooking [description of Hangchow towards the end of the Sung]
宋，1275 年
吴自牧

《梦溪笔谈》
Dream Pool Essays
宋，1086 年；最后一次续补，1091 年
沈括
校本：胡道静 (*1*)；参见 Holzman (1)

《庙制图考》
Illustrated Study of (Imperial Ancestral) Temple Planning
清，约 1685 年
万斯同

《闽省水师各标镇协营战哨船只图说》
Illustrated Explanation of the (Construction of the Vessels of the) Coastal Defence Fleet (Units) of the Province of Fukien stationed at each of the Headquarters of the several Grades
清，18 世纪末
马尔堡图书馆 (Marburg Library) 藏有抄本

《闽杂记》
Miscellaneous Records of Fukien
清
施鸿保

《明宫史》
An Account of the Palaces and Public Buildings of the Ming Dynasty [at Peking]
明，约 1621
刘若愚

《明实录》
Veritable Records of the Ming Dynasty
明，17 世纪初编集
官方纂修

《明史》
History of the Ming Dynasty [+1368 to 1643]
清，1646 年开始编纂，1736 年完成，1739 年初刊
张廷玉等

《明史纪事本末》
Narrative of Events throughout the Ming Dynasty
清，约 1680
谷应泰

《墨经》
见《墨子》

《墨子》
The Book of Master Mo
周，公元前 4 世纪
墨翟（及其弟子）
译本：Mei Yi-Pao (1)；Forke (3)
《引得特刊》第 21 号
TT/1162

《默记》
Things Silently Recorded [affairs of the capital city]
宋，11 世纪
王铚

《木经》
见《工师雕斲正式鲁班木经匠家镜》

《牧庵集》
Literary Collections of (Yao) Mu-An
元，约 1310 年
姚燧

《南船记》

Record of Southern Ships

明，15 世纪或 16 世纪初

沈岱

《南村辍耕录》

见《辍耕录》

《南都赋》

Ode on the Southern City (Wan, Nanyang)

东汉，110 年

张衡

译本：von Zach (6)

《南方草木状》

An Account of the Plants and Trees of the Southern Regions

晋，3 世纪

嵇含

《南海百咏》

A Hundred Chants of the Southern Seas

宋，约 1200 年

方信孺

《南湖集》

Southern Lake Collection of Poems

宋，1210 年

张镃

《南华真经》

见《庄子》

《南齐书》

History of the Southern Chhi Dynasty [+479 to +501]

梁，520 年

萧子显

节译索引：Frankel (1)

《南史》

History of the Southern Dynasties [Nan Pei Chhao period, +420 to +589]

唐，约 670 年

李延寿

节译索引：Frankel (1)

《南越笔记》

Memoirs of the South

清，1780 年

李调元

《南越志》

Records of the South

晋

沈怀远

《南诏野史》

History of the Nan Chao Dynasty (Yun Nan)

明，1550 年（1775 年胡蔚增补）

杨慎

译本：Sainson (1)

《南州异物志》

Strange Things of the South

三国或晋，3 世纪或 4 世纪初

万震

《农书》

Treatise on Agriculture

元，1313 年

王祯

《农书》

Treatise on Agriculture

宋，1149 年；刊于 1154 年

陈旉（道士）

《农政全书》

Complete Treatise on Agriculture

明，1625 年至 1628 年编纂；1639 年刊行

徐光启

陈子龙编定

《佩文韵府》

Encyclopaedia of Phrases and Allusions arranged according to Rhyme

清，1711 年

张玉书等编纂

《埤雅》

New Edifications on (ie Additions to) *the Literary Expositor*

宋，1096 年

陆佃

《漂海錄》

A Record of Drifting across the Sea; or, A Maritime Odyssey

朝鲜，1488 年

崔溥

译本：Meskill (1)

《平夏录》
Record of the Pacification of Hsia (the con-quest of the empire by Chu Yuan-Chang)
明，约1544年
黄标

《萍州可谈》
Phingchow Table-Talk
宋，1119年（记述1086年以后的事）
朱彧

《七国考》
Investigations of the Seven (Warring) States
明
董说

《齐东野语》
Rustic Talks in Eastern Chhi
宋，约1290年
周密

《齐民要术》
Important Arts for the People's Welfare [lit Equality]
北魏（东魏或西魏），533年至544年之间
贾思勰
见 Rotours (1), p. c; Shih Shêng-Han (1)

《前汉纪》
Records of the Former Han Dynasty
东汉，约200年
荀悦

《前汉书》
History of the Former Han Dynasty [-206 to +4]
东汉（约公元65年开始编写），约100年
班固，死后（92年）由其妹班昭续撰
部分译文：Dubs (2), Pfizmaier (32-34, 37-51), Wylie (2, 3, 10), Swann (1)
《引得》第36号

《前闻记》
Traditions of Past Affairs
明，约1525年
祝允明
部分译文：Pelliot (2a), p. 305

《切韵》
Dictionary of the Sounds of Characters [rhyming dictionary]
隋，约601年
陆法言
见《广韵》

《钦定古今图书集成》
见《图书集成》

《钦定授时通考》
见《授时通考》

《钦定书经图说》
见《书经图说》

《钦定四库全书》
见《四库全书》

《秦云撷英小谱》
A Bundle of Records of Heroines of the Western Provinces
清，1778年
王昶撰、序

《清波杂志》
Green-Waves Memories
宋，1193年
周辉

《清异录》
Records of the Unworldly and the Strange
五代，约950年
陶穀

《庆历河防通议》
General Discussion of the Flood-Protection Works in the Chhing-Li reign-period
宋，1401年至1048年之间
沈立

《全唐文》
见董诰（*1*）

《群经宫室图》
Illustrated Treatise on the Plans, Technical Terms, and Uses of the Houses, Palaces, Temples and other Buildings described in the Classics
清，18世纪末，但1800后尚未印行
见焦循（*1*）

《日知录》
Daily Additions to Knowledge
清，1673年

顾炎武
《容斋随笔》
Miscellanies of Mr [Hung] Jung-Chai [collection of extracts from literature, with editorial commentaries]
宋，第一部分约刊行于1185年，第二部分为1192年，第三部分为1196年，第四部分在1202年以后
洪迈
《入明記》
(一名《入唐记》)
Diary of Travels in the Ming Empire
日本，约1555年
策彦
《入蜀记》
Journey into Szechuan
宋，1170年
陆游
《入唐求法巡礼行记》
Record of a Pilgrimage to China in Search of the (Buddhist) Law
唐，838年到847年
圆仁
《三宝太监下西洋记通俗演义》
Popular Instructive Story of the Voyages and Traffics of the Three-Jewel Eunuch (Admiral, Chêng Ho), in the Western Oceans [novel]
明，1597年
罗懋登
《三才图会》
Universal Encyclopaedia
明，1609年
王圻
《三朝北盟会编》
Collected Records of the Northern Alliance during Three Reigns
宋，1196年
徐萝莘
《三辅皇图》
Illustrated Description of the Three Cities of the Metropolitan Area [Chhang-an (mod. Sian), Fêng-i and Fu-fêng]
晋，3世纪晚期，或为东汉
苗昌言校刻
《三辅旧事》
Tales of the Three Cities of the Metropolitan Area [Chhang-an (mod. Sian), Fêng-i and Fu-fêng]
晋、唐之间，4世纪至6世纪
作者不详
《三国史记》
History of the Three Kingdoms (of Korea) [Silla (Hsin-Lo), Kokuryo (Kao-Chu-Li) and Pakche (Pai-Chhi), -57 to +936]
朝鲜，1145年（仁宗敕命）；1394年、1512年重刊
金富轼
《三国志》
History of the Three Kingdoms [+220 to +280]
晋，约290年
陈寿
《引得》第33号
节译索引：Frankel (1)
《三礼图》
Illustrations (Diagrams) of the Three Rituals
原作于东汉
郑玄和阮谌
六朝时代由梁正编撰
956年，聂崇义集注
1676年，，纳兰成德校
《三字经》
Trimetrical Primer
宋，1270年
王应麟
《山海经》
Classic of the Mountains and Rivers
周和西汉
作者不详
部分译文：de Rosny (1)
《通检丛刊》之九
《山西通志》
Provincial Historical Geography of Shansi
清，1733年
罗石麟等编

《尚书大传》
Great Commentary on the Shang, Shu chapters of the Historical Classic
西汉，公元前2世纪
伏胜
《神异经》
Book of the Spiritual and the Strange
传为汉代，但可能是4或5世纪的作品
旧题东方朔撰
《慎子》
The Book of Master Shen
年代不详，可能在2世纪到8世纪之间
传为慎到（周代思想家）撰
《渑水燕谈录》
Fleeting Gossip by the River Shêng [in Shantung]
宋，11世纪末
王辟之
《圣迹记》
Records of Holy Places (Buddhist Temples)
隋，约585年
灵裕
《圣济总录》
Imperial Medical Encyclopaedia [issued by authority]
宋，约1111年
12位医生编撰
《圣贤道统图赞》
Comments on Pictures of the Saints and Sages, Transmitters of the Tao
明，1629年
黄同樊
《诗经》
Book of Odes [ancient folksongs]
周，公元前9至前5世纪
作者与编者不详
译本：Legge (8)；Waley (1)；Karlgren (14)
《拾遗记》
Memoirs on Neglected Matters
晋，约370年
王嘉
参见 Eichhorn (5)
《史记》
Historical Records [or perhaps better: Memoirs of the Historiographer (-Royal); down to -99]
西汉，约公元前90年［初刊于1000年前后］
司马迁及其父司马谈
参见 Burton Watson (2)
部分译文：Chavannes (1)；Burton Watson (1)；Pfizmaier (13-36)；Hirth (2)；Wu Khang (1)；Swann (1)，等
《引得》第40号
《世说新语》
New Discourses on the Talk of the Times [notes of minor incidents from Han to Chin]
参见《续世说》
刘宋，5世纪
刘义庆
（梁）刘峻注
《事林广记》
Guide through the Forest of Affairs [encyclopaedia]
宋，1100至1250年之间；初刊于1325年
陈元靓
（剑桥大学图书馆藏有一部1478年的明版）
《事物纪原》
Records of the Origins of Affairs and Things
宋，约1085年
高承
《视学》
The Science of Seeing [on perspective]
清，1729年，1735年增订再版
年希尧
《释宫小记》
Brief Record of Buildings and Palace Halls
清，18世纪晚期，但到1800年后才刊行
程徵君
见程瑶田 (4)
《释名》
Explanation of Names [dictionary]
东汉，约100年
刘熙
《释名疏证补》
见王先谦 (3)

《释舟》
Nautical Nomenclature
清，约1790年
洪亮吉
收录于《卷施阁文甲乙集》

《授时通考》
Complete Investigation of the Works and Davs [Imneriallv Commissioned; a treatise on agriculture, horticulture an all related technologies]
清，1742年
鄂尔泰与张廷玉、蒋溥等编纂

《书经》
Historical Classic [or, Book of Documents]
今文29篇主要为周代作品（少量的片断可能是商代作品）；古文21篇是梅赜利用真的古代残篇造的“伪作”（约323年）。前者中有13篇被认为是公元前10世纪的，10篇为公元前8世纪的，6篇不早于公元前5世纪。一些学者只承认16或17篇为孔子之前的作品
作者不详
见 Wu Shih-Chhang (1)；Creel (4)
译本：Medhurst (1)：Legge (1, 10)；Karlgren (12)

《书经图说》
The *Historical Classic with* Illustrations [published by imperial order]
清，1905年
孙家鼐等编

《书叙指南》
The Literary South-Pointer [guide to style in letter-writing, and technical terms]
宋，1126年
任广

《殊域周咨录》
Record of Despatches concerning the Different Countries
明，1520年
严从简

《菽园杂记》
The Bean-Garden Miscellany
明，1475年
陆容

《蜀道驿程记》
Record of the Post Stages on the Szechuan Circuit
清，1672年
王士祯

《蜀都赋》
Ode on the Capital of Shu State (Szechuan)、(Chhêngtu)
晋，约270年
左思
译本：von Zach (6)

《蜀书》
见《三国志》

《述异记》
Records of Strange Things
梁，6世纪初
任昉
见 des Rotours (1), p. ci

《数书九章》
Mathematical Treatise in Nine Sections
宋，1247年
秦九韶

《水部式》
Ordinances of the Department of Waterways
唐，737年
作者不详
敦煌残卷，P/2507，巴黎国家图书馆
译本：Twitchett (2)

《水道提纲》
Complete Description of Waterways
清，1776年
齐召南

《水经》
The Waterways Classic [geographical account of rivers and canals]
旧题撰于西汉，但可能撰于三国
传为桑钦撰

《水经注》
Commentary on the *Waterways Classic* [geographical account greatly extended]
北魏，5世纪晚期或6世纪早期

郦道元
《水利书》
Treatise on Water Conservancy
宋，约1030年
范仲淹
《水利图经》
Illustrated Manual of Civil Engineering
宋
程师孟
《水利五论》
Five Essays on Water Conservancy
清，1655年
顾士琏
《水闸记》
[=《真州水闸记》]
Record of the Building of the Pound-Locks in the Chenchow District (mod. I-chêng) [on the Shan-yang Yün-Tao section of the Grand Canal. south of Huai-yin. c. +1023]
宋，1027年
胡宿
《水战议详论》
Advisory Discourse on Naval Warfare
明，16世纪晚期，1586年以前
王鹤鸣
《睡画二答》
Replies to Questions on Sleep and on Painting
明，1629年
毕方济（Francesco Sambiasi）
《顺风相送》
Fair Winds for Escort [pilot's handbook]
明，约1430年
作者不详
抄本，博德利图书馆藏，Laud Or. no. 145
收录于向达（5）
《说郛》
Florilegium of (Unofficial) Literature
元，约1368年
陶宗仪
见 Ching Phei-Yuan (1)
《说文》
见《说文解字》
《说文解字》
Analytical Dictionary of Characters
东汉，121年
许慎
《四朝闻见录》
Record of Things Seen and Heard at Four Imperial Courts
宋，13世纪早期
叶少翁
《四川通志》
General History and Topography of Szechuan Province
清，18世纪（1816年刊行）
常明、杨芳灿等编纂
《四川盐法志》
见罗文彬（*1*）等
《四库全书》
Complete Library of the Four Categories (of Literature)
清朝钦定的抄本丛书
一部由乾隆帝1772年勅令编纂的规模庞大的抄本丛书。雇用了以纪昀为总纂官的大约360位学者，历时十年，校定了3461种被认为是最著名和最有价值的著作，另有6793种不太重要的著作，只在存目中评述，而未收编在这部丛书中。完整抄录的每套丛书均超过36000本。7套抄本中尚有3套保存在中国，并有一套选本作为丛书刊行
见 Mayers (1)；Têng & Biggerstaff (11), pp. 27 ff.
《四库全书简明目录》
Abridged Analytical Catalogue of the *Complete Library of the Four Categories (of Literature)* (made by imperial order)
清，1782年
此书有两种版本：(a) 纪昀编，其中包括几乎所有《提要》中提到的书；(b) 于敏中编，只包括抄录入《四库全书》的书的条目
《四库全书总目提要》
Analytical Catalogue of the *Complete Library of the Four Categories (of Literature)* (made by imperial order)

清，1782 年
纪昀编
索引：杨家骆；Yü & Gillis
《引得》第 7 号
《四明它山水利备览》
Irrigation Canals of the Mount Tho District (near Ningpo)
宋，1242 年
魏岘
《四洲志》
见林则徐 (*1*)
《宋会要稿》
Drafts for the *History of the Administrative Statutes of the Sung Dynasty*
宋
徐松 (1809) 辑自《永乐大典》
《宋史》
History of the Syng Dynasty [+960 to +1279]
元，约 1345 年
脱脱和欧阳玄
《引得》第 34 号
《宋书》
History of the (Liu) Sung Dynasty [+420 to +478]
南齐，500 年
沈约
部分卷的译文：Pfizmaier (58)
节译索引：Frankel (1)
《搜神记》
Reports on Spiritual Manifestations
晋，约 348 年
干宝
部分译文：Bodde (9)
《苏子》
The Book of Master Su
秦或汉，公元前 3 世纪晚期
传为苏秦（卒于公元前 317 年）撰
实际上是另一作者所撰的半虚构的苏秦传记
今只有零散佚文录于《玉函山房辑佚书》
《绥定府志》
见《达州志》
《隋书》
History of the Sui Dynasty [+581 to +617]
唐，636 年（本纪和列传）；656 年（各志和经籍志）
魏徵等
部分译文：Pfizmaier (61 – 65)；Balazs (7, 8)；Ware (1)
节译索引：Frankel (1)
《孙绰子》
The Book of Master Sun Chho
晋，约 320 年
孙绰
《孙放别传》
Unofficial Biography of Sun Fang
晋，4 世纪晚期
作者不详
《笋谱》
Treatise on Bamboo Shoots
宋，约 970 年
赞宁（僧人）
《太白阴经》
Manual of the White (and Gloomy) Planet (of War; Venus) [treatise on military affairs]
唐，759 年
李筌
《太平寰宇记》
Thai-Phing reign-period General Description of the World [geographical record]
宋，976 年到 983 年
乐史
《太平御览》
Thai-Phing reign-period Imperial Encyclopedia (lit the Emperor’s, Daily Readings)
宋，983 年
李昉编纂
部分卷的译文：Pfizmaier (84 – 106)
《引得》第 23 号
《谭苑醍醐》
A Delicious Dish of Talk
明，约 1510 年
杨慎

《唐甫里先生文集》
Collected Literary Remains of Mr Fu-Li of the Thang (i. e. Lu Kuei-Mêng)
唐，881 年以前

《唐国史补》
Supplementary Information for the History of the present [Thang] Dynasty
唐，8 世纪
李肇

《唐会要》
History of the Administrative Statutes of the Thang Dynasty
宋，961 年
王溥
参见 des Rotours (2), p. 93

《唐六典》
Institutes of the Thang Dynasty (lit Administrative Regulations of the Six Ministries of the Thang)
唐，738 或 739 年
李林甫编
参见 des Rotours (2), p. 99

《唐书》
见《新唐书》和《旧唐书》

《唐土行程记》
日文译名为《漂海錄》(1769 年)，参见该条

《唐语林》
Miscellanea of the Thang Dynasty
宋，约 1107 年辑成
王谠
参见 des Rotours (2), p. 109

《天工开物》
The Exploitation of the Works of Nature
明，1637 年
宋应星

《天问》
Questions about Heaven ['ode', perhaps a ritual catechism].
周，通常定为 4 世纪后叶，但可能为公元前 5 世纪
传为屈原撰，但可能更早
译本：Erkes (8)；Hawkes (1)

《天问略》
Explicatio Sphaeris Coelestis
明，1615 年
阳玛诺 (Emanuel Diaz)

《铁桥志书》
Record of the (Building of the) Iron (-Chain) Suspension-Bridge [at Kuanling nr Phanhsien in Kueichow]
参见《万年桥志》
明，1629 年（初刊于 1665 年）
朱燮元

《铁围山丛谈》
Collected Conversations at Iron-Fence Mountain
宋，约 1115 年
蔡絛

《通典》
Comprehensive Institutes [reservoir of source material on political and social history]
唐，约 812 年（编成于 801 年）
杜佑

《通惠河志》
Record of the Canal of Communicating Grace (part of the Grand Canal, from Peking. to Thungchow, built by Kuo Shou-Ching, +1293)
明，1558 年
吴仲

《通鉴纲目》
Short View of the *Comprehensive Mirror* (*of History, for Aid in Government*) [《资治通鉴》的缩编本]
宋（1172 年开始编撰），1189 年
朱熹（及其门人）
后来有续编：《通鉴纲目续编》和《通鉴纲目三编》
附有各家评注等的定本约刊于 1630 年，陈仁锡编
部分译文：Wieger (1)

《通鉴纲目三编》
Continuation of the *Short View of the Comprehensive Mirror* (*of History, for Aid in Government*) [covering the Ming period]

清，1746 年
沈德潜和齐召南编
《通鉴纲目续编》
Continuation of the *Short View of the Comprehensive Mirror* (*of History, for Aid in Government*) [covering the Sung and Yuan periods]
明，1476 年，1500 年以后刊行
商辂编
《通天晓》
Book of General Information [including techniques, etc]
清，18 世纪末，1816 年、1837 年和 1856 年于广州刊行
王纕堂
《通志》
Historical Collections
宋，约 1150
郑樵
参见 des Rotours (2), p. 85
《通志略》
Compendium of Information
[《通志》的一部分，参见上条]
《图画见闻志》
Observations on Drawing and Painting (+841 to +1074)
宋，1074 年以后
郭若虚
Hirth (12), p. 109
《图书集成》
Imperial Encyclopaedia
清，1726 年
陈梦雷等编
索引：L. Giles (2)
《宛署杂记》
Records of the Seat of Government at Yuan (-phing) (Peking)
明，1593 年
沈榜
《万安桥记》
A Record of the Wan-An (megalithic beam) bridge (near Chhuanchow, Fukien)
宋，约 1060 年
蔡襄
《万毕书》
见《淮南（王）万毕术》
《万机论》
The Myriad Stratagems [naval and military]
三国（魏），约 225 年
蒋济
《万年桥志》
见谢甘棠 (*1*)
参见《铁桥志书》
《纬略》
Compendium of Non-Classical Matters
宋，12 世纪（末）
高似孙
《魏都赋》
Ode on the Capital of Wei State (Yeh, Hsiangchow)
晋，约 270 年
左思
译本：von Zach (6)
《魏略》
Memorable Things of the Wei Kingdom (San Kuo)
三国（魏）或晋，3 或 4 世纪
鱼豢
《魏书》
见《三国志》
《魏书》
History of the (Northern) Wei Dynasty [+386 to +550, including the Eastern Wei successor State]
北齐，554 年；修订于 572 年
魏收
见 Ware (3)
其中一卷的译文：Ware (1, 4)
节译索引：Frankel (1)
《文昌杂录》
Things Seen and Heard by an Official at Court (during service in the Department of Ministries)
宋，1086 年
庞元英

《文始真经》
True Classic of the Original Word (of Lao Chun, third person of the Taoist Trinity)
[=《关尹子》，参见该条]
《文献通考》
Comprehensive Study of (the History of) Civilisation [lit. Complete Study of the Documentary Evidence of Cultural Achievements (in Chinese Civilisation)]
宋和元，始撰年代可能早至1270年，并于1317年前完成，1322年刊行
马端临
参见 des Rotours (2), p. 87
部分卷的译文：Julien (2)；St Denys (1)
《文选》
General Anthology of Prose and Verse
梁，530年
（梁太子）萧统编
译本：von Zach (6)
《闻见近录》
New Records of Things Heard and Seen
宋，1085－1104年撰著，1163年刊行。记述954－1085年间的事件
[《清虚杂著》三种的第一种，参见该条]
王巩
《圬者王承福传》
What I learnt from the Mason Wang Chhêng-Fu [essay]
唐，约810年
韩愈
《吴船录》
Account of a journey by boat to Wu [from Chhêngtu in Szechuan to Chiangsu]
宋，1177年
范成大
《吴都赋》
Ode on the Capital of Wu Staie (Suchow)
晋，约270年
左思
译本：von Zach (6)
《吴时外国传》
Records of the Foreign Countries in the Time of the State of Wu
三国，约260年
康泰
仅有佚文存于《太平御览》
《吴书》
见《三国志》
《吴越备史》
Materials for the History of Wu and Yueh (in the Five Dynasties Period)
宋，约995年
钱俨
《吴越春秋》
Spring and Autumn Annals of the States of Wu and Yueh
东汉
赵晔
《吴中水利书》
The Water-Conservancy of the Wu District.
宋，1059年
单锷
《五代史记》
见《新五代史》
《五木经》
Manual of the Five (Throws of the) Wooden (Dice)
唐，约810年
李翱
《五山十刹图》
Drawings of the Five Mountain (Abbeys) and the Ten Priories [MS. preserved in Japan]
宋，约1259年
义介（Gikai；僧人）
横山秀哉（Yokoyama Hidetoshic）编，约1940年
见田边泰（*1*）
《五音集韵》
The Five Notes Complete Dictionary of the Sounds of the Characters [a compilation of the *Kuang Yün and the Chi Yün*, q. v.]
金，约1200年
韩道照

《武备秘书》
Confidential Treatise on Armament Technology [a compilation of selections from earlier works on the same subject]
清，17世纪晚期（1800年重印）
施永图

《武备志》
Treatise on Armament Technology
明，1628年
茅元仪

《武备制胜志》
The Best Designs in Armament Technology
明，约1628年
茅元仪
剑桥大学图书馆藏有1843年的抄本

《武经总要》
Collection of the most important Military Techniques [compiled by Imperial Order]
宋，1040（1044）年
曾公亮

《武林旧事》
Institutions and Customs of the Old Capital (Hangchow)
宋，约1270年（但只述及1165年以后发生的事情）
周密

《物类相感志》
On the Mutual Responses of Things according to their Categories
宋，约980年
传为苏东坡撰
实为（录）赞宁（僧人）撰

《物理小识》
Small Encyclopaedia of the Principles of Things
清，1664年
方以智
参见侯外庐（*3*，*4*）

《西都赋》
Ode on the Western Capital（长安）
东汉，公元87年
班固
译本：Hughes（9）

《西京赋》
Ode on the Western Capital（长安）
东汉，107年
张衡
译本：von Zach（6）；Hughes（9）

《西使记》
Notes on an Embassy to the West
元，1263年
常德
刘郁撰
存于《玉堂嘉话》，卷九十四（卷二，第四页起）；参见H. Franke（14）
译本：Bretschneider（2），vol. 1，pp. 122 ff.

《西洋朝贡典录》
Record of the Tributary Countries of the Western Oceans [relative to the voyages of Chêng Ho]
明，1520年
黄省曾
孙允伽和赵开美跋
译本：Mayers（3）

《西洋番国志》
Record of the Foreign Countries in the Western Oceans [relative to the voyages of Chêng Ho]
明，1434年
巩珍

《西洋记》
见《三宝太监下西洋通俗演义》

《西游记》
Story of a journey to the West (or, Pilgrimage to the West) [novel = *Monkey*]
明，约1560年
吴承恩
译本：Waley（17）

《西域番国志》
Records of the Strange Countries of the West
明，约1417年
陈诚

《西域行程记》
Diary of a Diplomatic Mission to the Western Countries (Samarqand, Herat, etc)
明，1414年

陈诚和李暹
《咸宾录》
Record of All the Guests
明，1590 年
罗日褧
《咸淳临安志》
Hsien-Shun reign-period Topographical Records of the Hangchow District
宋，1274 年
潜说友
《新唐书》
New History of the Thang Dynasty [+618 to +906]
宋，1061 年
欧阳修和宋祁
参见 des Rotours (2), p. 56
部分译文：des Rotours (1, 2)；Pfizmaier (66-74)。节译索引：Frankel (1)
《引得》第 16 号
《新五代史》
New History of the Five Dynasties [+907 to +959]
宋，约 1070 年
欧阳修
节译索引：Frankel (1)
《新元史》
见柯绍忞 (*1*)
《新制灵台仪象志》
Memoir on the (Theory, Use and Construction of the) Instruments of the New Imperial Observatory
清，1673 年
南怀仁 (Ferdinand Verbiest)
《星槎胜览》
Triumphant Visions of the Starry Raft [account of the voyages of Chêng Ho, whose ship, as carrying an ambassador, is thus styled]
明，1436 年
费信
《行水金鉴》
Golden Mirror of the Flowing Waters
[参见《续行水金鉴》]
清，1725 年
傅泽洪
《修防琐志》
Brief Memoir on Dyke Repairs
清，1778 年以前
李世禄
《修海塘议》
Discussions on Sea-Wall Repair and Maintenance
清
陈訏
《修渠记》
Record of the Repairs to the (Ling) Chhu [Magic Canal]
唐，868 年
鱼孟威
《徐霞客游记》
Diary of the Travels of Hsu Hsia-Kho
清，1776 年（撰于 1641 年）
徐霞客
《续汉书》
Supplement to the [Former] Han History
三国，3 世纪
谢承
《续后汉书》
Supplement to the History of the Later Han
宋，1265 年
郝经
《续画品录》
Continued Records of the Classification of Old Painters
梁，约 550 年
姚最
参见 Hirth (12)；王伯敏 (*1*)
《续事始》
Supplement to the Beginnings of All Affairs (参见《事始》)
东汉，约 960 年
马鉴
《续通鉴纲目》
见《通鉴纲目续编》和《通鉴纲目三编》

《续文献通考》
Continuation of the Comprehensive Study of (the History of) Civilisation (参见《文献通考》和《钦定续文献通考》)
明，1586 年完成，1603 年印行
王圻编
该书涵盖辽、金、元和明代，补充有 1224 年南宋末期后的一些新材料

《续资治通鉴长编》
Continuation of the Comprehensive Mirror (of History) for Aid in Government [+960 to +1126]
宋，1180 年
李焘

《宣和博古图录》
[=《博古图录》]
Hsüan-Ho reign-period Illustrated Record of Ancient Objects [Catalogue of the archaeological museum of the emperor Hui Tsung]
宋，1111－1125 年
王黼等

《宣和奉使高丽图经》
Illustrated Record of an Embassy to Korea in the Hsuan-Ho reign-period
宋，1124 年（1167 年）
徐兢

《宣和画谱》
Hsüan-Ho (reign-period) Catalogue of the Paintings (in the Imperial Collection) [of the emperor Hui Tsung]
宋，约 1120 年
作者不详

《沿途水驿》
Post Stations along the Roads and Streams [itinerary from Hangchow to Peking]
明，1535 年
作者不详

《盐铁录》
Discourses on Salt and Iron [record of the debate of -81 on State control of commerce and industry]
西汉，约公元前 80 至前 60 年
桓宽
部分译文：Gale (1)；Gale, Boodberg & Lin

《演繁露》
Extension of the *String of Pearls on the Spring and Autumn Annals* [on the meaning of many Thang and Sung expressions]
宋，1180 年
程大昌
见 des Rotours (1), p. cix

《燕丹子》
(Life of) Prince Tan of Yen (d. －226) [an embroidered version of the biography of Ching Kho (q. v.) in Shih Chi, ch. 86, but perhaps containing some authentic details not therein]
可能为东汉，公元 2 世纪末
作者不详
译本：Chêng Lin (1)；H. Franke (11)

《燕几图》
Diagrams of Peking Tables [furniture]
宋，约 1090 年
黄伯思

《羊城古钞》
见仇池石 (*1*)

《一切经音义》
Dictionary of Sounds and Meanings of Words in the *Vinaya* [part of the Buddhist Tripitaka]
唐，约 649 年，730 年前后增补
玄应
慧琳增补
N/1605；TW/2178

《医宗金鉴》
Golden Mirror of Medicine
清（御纂），1743 年
鄂尔泰编纂

《仪礼释宫》
Explanations Concerning the Buildings in the Personal Conduct Ritual
宋，1193 年
李如圭

《艺经》
Treatise on Arts and Games
三国（魏），3 世纪

邯郸淳
《异域图志》
Illustrated Record of Strange Countries
明，约1420年（写作于1392年至1430年之间）；1489年刊行
编者不详，可能为朱权
参见 Moule (4); Sarton (1), vol. 3, p. 1627
（剑桥大学图书馆藏有明刊本）
《异域志》
（初名《赢虫录》）
Record of Strange Countries
元和明，原撰于1366年前后，变更书名当在1400年前
作者定为周致中
变更书名并可能增补，当即其兄开济所为
《异苑》
Garden of Strange Things
刘宋，约460年
刘敬叔
《易林》
Forest of Symbols of the (Book of) Changes [for divination]
西汉，约公元前40年
焦赣
《营造法式》
Treatise on Architectural Methods.
宋，1097年；1103年刊行；1145年重刊
李诫
《营造正式》
Right Standards of Building Construction
明，但可能包括早期的材料
传为鲁般撰
见刘敦桢（*6*，*7*）
《瀛涯胜览》
Triumphant Visions of the Ocean Shores [relative to the voyages of Chêng Ho]
明，1451年（1416年始撰，约于1435年完成）
马欢
译本：Groeneveldt (1); Phillips (1); Duyvendak (10)
《瀛涯胜览集》
Abstract of the *Triumphant Visions of the Ocean Shores* [a refacimento of Ma Huan's book]
明，1522年
张昇
《古今图书集成·边裔典》卷五十八、七十三、七十八、八十五、八十六、九十六、九十七、九十八、九十九、一〇一、一〇三、一〇六有引用
译本：Rockhill (1)
《永乐大典》
Great Encyclopaedia of the Yung-Lo reign-period [only in manuscript]
计有22，877卷，分为11，095本，今仅存约370本
明，1407年
解缙编
见袁同礼（*1*）
《酉阳杂俎》
Miscellany of the Yu-yang Mountain (Cave) [in S. E. Szechuan]
唐，863年
段成式
见 des Rotours (1), p. civ
《舆地纪胜》
The Wonder of the World [geography]
宋，1221年
王象之
《舆地总图》
General World Atlas
明，1564年
史霍冀
《禹贡说断》
Discussions and Conclusions regarding the Geography of the *Tribute of Yü*
宋，约1160年
傅寅
《禹贡锥指》
A Few Points in the Vast Subject of the *Tribute of Yü* [the geographical chapter in the *Shu Ching*] (lit. 'pointing at the Earth with an Awl') (including the set of maps, *Yü Kung Thu*)

清，1697 年和 1705 年
胡渭
《玉海》
Ocean of jade [encyclopaedia]
宋，1267 年（初刊于元代，1351 年）
王应麟
参见 des Rotours (2), p. 96
《玉篇》
Jade Page Dictionary
梁，543 年
顾野王
唐代（674 年）孙强增字并编辑
《玉堂嘉话》
Refined Conversations in the Academy
元，1288 年
王恽
参见 H. Franke (14)
《寓简》
Allegorical Essays
宋
沈作喆
《御批历代通鉴辑览》
Imperially Commissioned Essentials of the *Comprehensive Mirror of History*
见《历代通鉴辑览》
《御纂本草品汇精要》
见《本草品汇精要》
《渊鉴类函》
Mirror of the Infinite; a Classified Treasure Chest [great encyclopaedia; the conflation of 4 Thang and 17 other encyclopaedias]
清，1701 年完稿进呈，1710 年刊印
张英等辑
《元海运志》
A Sketch of Maritime Transportation during the Yuan Period
元或明，14 世纪晚期
危素
《元和航海書》
Manual of Navigation of the Genna year-period
日本，1618 年
池田好運
（《日本科学古典全書》第十二卷内重印）
《元和郡县图志》
Yuan-Ho reign-period General Geography
唐，814 年
李吉甫
参见 des Rotours (2), p. 102
《元经世大典》
Institutions of the Yuan Dynasty
元，1329 至 1331 年
文廷式（1916 年）部分重编
参见 Hummel (2), p. 855
《元史》
History of the Yuan (Mongol) Dynasty [+1206 to +1367]
明，约 1370 年
宋濂等
《引得》第 35 号
《元文类》
Classified Collections of Yuan (Dynasty) Literature
元，约 1350 年
苏天爵
《园冶》
On the Making of Gardens
明，1634 年
计无否
《粤洋针路记》
Compass-Bearing Rutter for the Cantonese Seas
明或清
作者不详
见 Pelliot (3b), p. 308
《越绝书》
Lost Records of the State of Yueh
东汉，约公元 52 年
传为袁康撰
《云麓漫抄》
Random jottings at Yun-Lu
宋，1206 年（记述大约 1170 年后发生的事件）
赵彦卫
《云南通志》
General History and Topography of Yunnan Prov-

ince
清，1691 年
1894 年增补重刊
范承勋纂修
《韵石斋笔谈》
Jottings from the Sounding-Stone Studio
清，17 世纪早期
姜绍书
《造砖图说》
Illustrated Account of Brick-and Tile-Making
明，1525 至 1565 年之间
张问之
《战国策》
Records of the Warring States
秦
作者不详
《昭化县志》
Gazetteer of Chao-hua (in Szechuan)
清
张绍龄
修订于 1845 年、1864 年
《针位编》
Compass-Bearing Sailing Directions
明，15 世纪晚期或 16 世纪早期
作者不详
存否未定；见本书第三卷 p. 559
《真腊风土记》
Description of Cambodia
元，1297 年
周达观
《真州水闸记》
见《水闸记》
《证类本草》
[《重修政和经史证类备用本草》]
Reorganised Pharmacopoeia
北宋，1108 年，1116 年增补；金代重编，1204 年；元代定稿再刊，1249 年；以后曾多次重印，如明代，1468 年
原编撰者唐慎微
参见 Hummel (13)；龙伯坚 (*1*)
《指南正法》(包括“观星法”)
General Compass-Bearings (and Star Sights)
Rutter and Sailing Directions
明或清 (1675 年以前)
编者不详
吕磻和卢承恩《兵钤》书末所附的第七本，可参阅该书。
抄本，博德利图书馆藏，Or. MS., Backhouse 578。收录于向达 (5)
《至言》
Words to the Point [对汉文帝的谏言文集]
西汉，约公元前 178 年
贾山
《玉函山房辑佚书》中有辑本
《至正河防记》
Memoir on the Repair of the Yellow River Dykes in the Chih-Chêng reign-period [+1341 to +1367]
元，1350 年
欧阳玄
《治河策》
The Planning of River Control
宋
李渭
《治河防略》
Methods of River Control
清，1689 年，刊行于 1767 年
靳辅
《治河书》
A Treatise on River Control
清，约 1690 年
程兆彪
《治河图略》
Illustrated Account of Yellow River Floods and Measures against them
元或明，14 世纪
王喜
《中山传信录》
Travel Diary of an Embassy to the Liu-Chhiu Islands
清，约 1721 年
徐葆光
《中天竺舍卫国祇洹寺图经》
Illustrated Description of the Jetavana Monastery

insrāvastī in Central India
唐，667 年
道宣
TW/1899

《中吴纪闻》
Record of Things heard in Chiangsu
宋，约 1200 年
龚明之

《中兴小纪》
Brief Records of Chung-hsing (mod. Chiang-ling on the Yangtze in Hupei)
宋，约 1150 年
熊克

《忠武公全书》
Complete Writings of the Loyal and Martial Duke [the Korean Admiral Yi Sunsin, +1545 to +1598]
朝鲜，1795 年
李舜臣
尹行恁受敕命编纂

《种植书》
The Book of Crop-Raising
见《汜胜之书》

《重庆府志》
History and Topography of Chungking (四川)
清，1843 年，但是主要根据 18 世纪的资料
重印于 1926 年
有庆

《州县提纲》
Complete Description of City and County (Government)
宋，12 世纪晚期
陈襄

《周礼》
Record of the Institutions (lit Rites) of (the) Chou (Dynasty) [descriptions of all government official posts and their duties]
西汉，可能含有采自晚周的一些材料
编者不详
译本：E. Biot (1)

《诸蕃志》
Records of Foreign Peoples
宋，约 1225 年［此为伯希和（Pelliot）断定的年代；夏德和柔克义（Hirth & Rockhill）赞成在 1242 年到 1258 年之间］
赵汝适
译本：Hirth & Rockhill (1)

《诸仪象弁言》
Introductory Notes to Pictures of Scientific Instruments
清，1674 年
南怀仁（Ferdinand Verbiest）
参见《新制灵台仪象志》

《竹谱》
A Treatise on Bamboos (and their Economic Uses; in verse and prose)
[probably the first monograph on a specific class of plants]
刘宋，约 460 年
戴凯之
译本：Hagerty (2)

《竹书纪年》
The Bamboo Books [annals, fragments of a chronicle of the State of Wei, from high antiquity to −298]
周，公元前 295 年以前，这部分为真本［281 年发现于魏安釐王（公元前 276 年－前 245 年在位）墓］
作者不详
见 van der Loon (1)
译本：E. Biot (3)
朱右曾和王国维对真本部分作了辑校；见范祥雍（*1*）

《庄子》
[=《南华真经》]
The Book of Master Chuang
周，约公元前 290 年
庄周
译本：Legge (5); Fêng Yu-Lan (5); Lin Yü-Thang (1)
《引得特刊》第 20 号

《庄子补正》
The Text of *Chuang Tzu*, Annotated and Corrected

见刘文典（*1*）
《拙政园图》
Pictures [and Description] of the Garden of an Unsuccessful Official
（拙政园在苏州，王槐雨建）
明，1533 年
文徵明
《资治通鉴》
Comprehensive Mirror (of History) for Aid in Government [-403 to +959]
宋，1065 年始撰，1084 年完成
司马光
参见 Rotours (2), p. 74; Pulleyblank (7)
部分卷的译文：Fang Chih-Thung (1)
《子史精华》
Essence of the Philosophers and Historians [dictionary of quotations]
清，1727 年
允禄等
《左传》
Master Tsochhiu's Tradition (or Enlargement) of the Chhun Chhiu (Spring and Autumn Annals) [dealing with the period -722 to -453]
晚周，据公元前 430 至前 250 年间列国的古代记录和口头传说编成，但有秦汉儒家学者（特别是刘歆）的增益和窜改。系春秋三传中最重要者，另二传为《公羊传》和《穀梁传》，但与之不同的是，《左传》可能原即为独立的史书
传为左丘明撰
见 Karlgren (8); Maspero (1); Chhi Ssu-Ho (1); Wu Khang (1); Wu Shih-Chhang (1); van der Loon (1); Eberhard, Muller&Henseling
译本：Couvreur (1); Legge (11); Pfizmaier (1-12)
索引：Fraser&Lockhart (1)
《左传补注》
Commentary on *Master Tsochhiu's Enlargement of the Chhun Chhiu*
清，1718 年
惠栋

B 1800年以后的中文和日文书籍与论文

Anon. (*3*)
《明长陵修缮工程纪要》
Memoir on the Restoration of the Chhang Ling (Tomb of the Yung-Lo Emperor) [one of the (Thirteen)] Ming [Imperial Tombs (North of Peking)]
Ministry of the Interior Restoration
北平市政府工务局，北平，1935年

Anon. (*9*)
《長安と洛陽》
[(Thang) Maps (City-Plans) of] Chhang-an and Loyang
收入《唐代研究のしねり》
Aids to the Study of Thang History
人文科学研究所，第5、6和7
京都，1957年

Anon. (*10*)
《敦煌壁画集》
Album of Coloured Reproductions of the fresco-paintings at the Tunhuang cave-temples
北京，1957年

Anon. (*11*)
《长沙发掘报告》
Report on the Excavations (of Tombs of the Chhu State, of the Warring States period, and of the Han Dynasties) at Chhangsha
中国科学院考古研究所，科学出版社，北京，1957年

Anon. (*12*)
《地下宫殿——定陵》
A Palace Underground-the Ting Ling (Tomb of the Wan-Li emperor of the Ming)
文物出版社，北京，1958年

Anon. (*22*)
《四川汉画像砖选集》
A Selection of Bricks with Stamped Reliefs from Szechuan
文物出版社，北京，1957年

Anon. (*23*)
《郑州二里岗》
Report on the Erh-Li-Kang (Tombs) at Chêngchow
科学出版社，北京，1959年

Anon. (*24*)
《河南信阳楚墓出土文物图录》
Illustrated Report on the Cultural Objects excavated from (Princely) Chhu State Tombs at Hsinyang in Honan
河南省文化局文物工作队，河南人民出版社，郑州，1959年

Anon. (*25*)
《半坡遗迹介绍》
The Relics of the [Neolithic Village] of Pan-pho
半坡博物馆，西安，1958年

Anon. (*26*)
《中国1959》
China, a Pictorial Album (commemorating the Tenth Anniversary of the Foundation of the People' s Republic)
北京，1959年

Anon. (*28*)
《云南晋宁石寨山古墓群发掘报告》
Report on the Excavation of a Group of Tombs (of the Han period Tien Culture) at Shih-chai Shan near Chin-ning in Yunnan
2册
云南省博物馆
文物出版社，北京，1959年

Anon. (*31*)
广州市东郊东汉砖室墓清理纪略
Report on the Tomb Furniture of Brick Tombs of the Later Han period excavated in the Tung-Chiao district of Canton
《文物参考资料》，1955(6)，61；*RBS*,

1957, 1, no. 209

Anon. (*32*)
《中华美术图集》
Album of Chinese Painting and Calligraphy
2卷
《中华丛书》编审委员会
台北, 1955年

Anon. (*33*)
《三门峡漕运遗迹》
The Remains of the Canal [and the Trackers' Galleries] in the San Men Gorge (of the Yellow River)
科学出版社, 北京, 1959年
(中国科学院,《中国田野考古报告集》第8号)

Anon. (*36*)
《全国公路展览会特刊》
The Highroads of China; A Companion to the Highways Exhibition
重庆, 1944年

Anon. (*37*)
《中国建筑》
Chinese Architecture (and Bridge-building) [album]
中国科学院土木建筑研究所、清华大学建筑系
文物出版社, 北京, 1957年

Anon. (*38*)
《中国建筑彩画图案》
Painting and Decoration in Chinese Architecture [album]
北京文物整理委员会
人民美术出版社, 北京, 1955年

Anon. (*39*)
《栏杆拱券柱础墙面装饰》
The Ornamentation of Balustrades, Arches, Columns, Plinths and Walls (in Chinese Architecture)
中华人民共和国建筑工程部设计总局北京工业设计院
建筑工程出版社, 北京, 1955年

Anon. (*40*)
《美術考古學用語集 · 建築篇》
(Korean) Vocabularies in the Fields of Arts and Archaeology, Pt. 1 Architecture
乙酉文化社, 汉城, 1955年(为韩国国立博物馆研究部用)
《國立博物館叢書》, 甲第二

Anon. (*41*)
《内蒙古古建筑》
The Traditional Architecture of Inner Mongolia
文物出版社, 北京, 1959年

Anon. (*42*)
《广州出土汉代陶屋》
Pottery Models of Dwellings excavated from Cantonese Tombs (including Granaries, Wellheads and Stoves).
文物出版社, 北京, 1958年

Anon. (*43*)
《新中国的考古收获》
文物出版社, 北京, 1961年
论文集的22名作者姓名载于第135页
书评: Chêng Tê-Khun, AQ, 1964, 38, 179

Anon. (*47*)
《江苏之塔》
The Pagodas of Chiangsu Province
上海, 1960年

Anon. (编) (*49*)
《李仪祉先生纪念刊》
Volume Commemorating the Death of Li I-Chih [hydraulic engineer]
国立西北农林专科学校水利组
武功, 陕西, 1938年

Anon. (编) (*50*)
《李仪祉先生逝世周年纪念刊》
Volume to commemorate the First Anniversary of the death of Li I-Chih [hydraulic engineer]
国立西北农学院水利工程科
武功, 陕西, 1939年 [油印]

Anon. (编) (*51*)
《井田制度有无》
Was there a 'Well-field' System [in Antiquity] or Not? (collective work)

华通书局，上海，1930 年

Anon. (*52*)
《都江堰介绍》
The Traditions of the Kuanhsien Irrigation System (lit. of the Dam on the Capital River)
都江堰管理局，灌县和成都，1954 年

Anon. (*53*)
《灌溉管理工作经验》
Experience in the Administration of Irrigation Projects
水利出版社，北京，1958 年
(《农田水利丛书》，第 1 类)

Anon. (*54*)
《中国丛书综录》
Register of Books in extant Tshung-Shu Collections
3 册
中华书局，上海和北京，1961 年

Anon. (*55*)
《江苏徐州汉画象石》
Stone Reliefs and Engravings from the (Later) Han Period found at Hsüchow in Chiangsu
科学出版社，北京，1959 年
(中国科学院，《考古学专刊》，乙种，第 10 号)

Anon. (*62*)
《洛阳烧沟汉墓》
The Han Tombs of Shao-Kou [in the northeast suburbs of] Loyang
科学出版社，北京，1959 年
(《考古学专刊》，丁种，第 6 号)
摘要：*RBS*，1965，**5**，no. 379

Anon. (*63*)
《唐长安大明宫》
The Palace of Grand Resplendence at Sian [excavation]
科学出版社，北京，1959 年
(《考古学专刊》，丁种，第 11 号)
摘要：*RBS*，1965，**5**，no. 396

Anon. (*66*)
《晋祠风光》
Scenes and Objects at Chin Tzhu (Taoist Temple south of Thaiyuan in Shansi) [album of colour photographs]
晋祠文物保管所，太原，刊年缺 (约 1960 年)

Anon. (*67*)
《晋祠塑像》
The (Sung dynasty) Wood and Plaster Images at Chin Tzhu (Taoist Temple south of Thaiyuan in Shansi) [彩色摄影集]
山西人民出版社，太原，1959 年

Anon. (*68*)
清华大学 (1911 - 1961)
Chhing-Hua University, Peking [semi-centennial album of photographs]
《新清华》，北京，1961 年

Anon. (*69*)
《韓國海洋史》
A History of Korean Sea Power
海军本部战史编纂官室 (大韩军事援护文化社)
汉城，1955 年

Anon. (*72*)
《鸦片战争末期英军在长江下游的侵略罪行》
Naval Engagements on the Yangtze in the Later Phases of the British Aggression in the Opium War (1842)
上海人民出版社，上海，1964 年

安金槐 (*1*) 等
郑州南关外北宋砖室墓
A Brick-built Tomb of the Northern Sung period outside the South Gate of Chêngchow
《文物参考资料》，1958 (no. 5)，52

安藤更生 (Ands Kosei) (*1*)
《鑑真》
Life of Chien-Chen (+688 to +763)
[杰出的佛僧，传教于日本，擅长医学与建筑]
美術出版社，东京，1958 年；1963 年再版
摘要：*RBS*，1964，4，no. 889

敖成隆等 (*1*)
《望都二号汉墓》
The Han Tomb No. 2 at Wang-to (+182)

文物出版社，北京，1959年
敖成隆等（*2*）
河北定县北庄汉墓发掘报告
Report on the Excavation of a Han Tomb at Pei-chuang near Ting-hsien in Hopei（据信为中山王刘焉之墓，卒于公元88年或90年）[附有从汉墓174块带字石块上收集的碑文]
《考古学报》，1964，34（no. 2），127
奥山恒五郎、伊東忠大、土屋純一、小川一真（Okuyama Tsunegoro，Ito Chuta，Tsuchiya Jun-ichi& Ogawa Kazumasa）（*1*）
清國北京紫禁城殿門の建築
Architecture of the Buildings and Gates of the Purple Forbidden City in Peking
《東京帝国大学工科大学学術報告》，1903，no. 4；1906，no. 7
白寿彝（*1*）
《中国交通史》
History of Communications in China
商务印书馆，上海，1937年
坂部廣胖（Sakabe Kohan）（*1*）
《海路安心錄》
Safe journeys on the High Seas
日本，1816年
（《日本科学古典全書》第12卷中重印）
包遵彭（*1*）= Pao Tsun-Phêng（1）
《郑和下西洋之宝船考》
A Study of the 'Great Treasure Ships' used in Chêng Ho' s Voyages in, the Western Oceans
《中华丛书》，台北和香港，1961年
（《国立历史博物馆历史文物丛刊》第1辑，no. 6）
包遵彭（*2*）= Pao Tsun-Phêng（2）
《汉代楼船考》
A Study of the 'Castled Ships' of the Han Period
国立历史博物馆，台北，1967年
（《国立历史博物馆历史文物丛刊》第2辑）
鲍鼎、刘敦桢和梁思成（*1*）
汉代的建筑式样与装饰
The Architectural Style of the Han Dynasty
《中国营造学社汇刊》，1934，5（no. 2），1
鲍觉民（*1*）
成都平原之水利
The Irrigation System of the Chhêngtu Plain [Szechuan]
《政治经济学报》，1937，**5**，1
本木正榮（Motoki Masahide）（*1*）
《軍艦図說》
Illustrated Account of (European) Warships
日本，1808年
（《日本科学古典全書》第12卷中重印）
濱田耕作、原田淑人和梅原末治（Hamada Kosaku，Harada Yoshito & Umehara Sueji）（*1*）
《泉屋清賞解說》（Explanatory Notes for the Albums illustrating the Sumitomo Collection of Bronzes at Kyoto）
丛书中的两册（第6、7册），一册为日文版，另一册为英文版；见住友友純、瀧精一和內藤虎次郎（*1*）
大阪，1923年
薄树人（*1*）
中国古代恒星观测
Ancient Chinese Observations of Fixed Stars
《科学史集刊》，1960，**1**（no. 3），35
岑仲勉（*2*）
《黄河变迁史》
History of the Changes of Course of the Yellow River
人民出版社，北京，1957年
長廣敏雄（Nagahiro Toshio）（*2*）
閻立德と閻立本について
On Yen Li-Te and Yen Li-Pen [唐代的大建筑家和艺术家]
《東方学報》（東京），1959，**29**，1
長瀬守（Nagase Mamoru）（*1*）
北宋末にすける趙霖の水利政策について
On Chao Lin' s Policy for the Utilisation of Water at the end of the Northern Sung Dynasty
刊于《中國の社會と宗教》，山崎宏（Yamazaki Hiroshi）编
東京教育大学（不昧堂書店），1954年，第121页

常盤大定、関野貞（Tokiwa Daijo & Sekino Tadashi）(*1*)
《支那仏教史蹟》
Monuments of Buddhism in China
东京，1926－1929 年
常任侠（*1*）
《汉代绘画选集》
Selection of Reproductions of Han Drawings and Paintings (including Stone Reliefs, Moulded Bricks, Lacquer, etc.)
朝花艺术出版社，北京，1955 年
常书鸿（编）(*1*)
《敦煌莫高窟》
(The Cave-Temples at) Mo-kao-khu [Chhien-fo-tung] near Tunhuang
甘肃人民出版社，兰州，1957 年
常书鸿（编）(*2*)
《中国敦煌艺术展》
Catalogue of the Tokyo Exhibition of Tunhuang (Chhien-fo-tung Cave-Temples) Art
东京，1958 年
常书鸿（编）(*3*)
《敦煌壁画》
The Wall-Paintings of the Tunhuang (Cave-Temples) [album]
文物出版社，北京，1959 年
陈柏泉（*1*）
记江西分宜万年桥
On the Wan-Nien Bridge at Fen-i in Chiangsi province
《文物》，1961 (no. 2)，22
陈从周（*1*）
绍兴的宋桥
Sung Bridges at Shao-hsing
《文物参考资料》，1958 (no. 7)，59
陈经（*1*）
《求古精舍金石图》
Illustrations of Antiques in Bronze and Stone from the Spirit-of-Searching-Out-Antiquity Cottage
1818 年
陈靖（*1*）
汉南水利谈
On the Irrigation Systems of the South bank of the Han River
《水利》，1934，**6**，262
陈明达（*1*）
关于汉代建筑的几个重要发现
On Some Important Discoveries concerning the Architecture of the Han Period
《文物参考资料》，1954 (no. 9)，91
陈嵘（*1*）
《中国树木分类学》
Illustrated Manual of the Systematic Botany of Chinese Trees and Shrubs
Agricultural Association of China Series
南京，1937 年
陈述彭（*1*）
云南螳螂川流域之地文
Geomorphology of the Thang-Lang River Valley, Yunnan (Kunming and its lake)
《云南地理学会会报》，1948，**15** (nos. 2, 3, 4)，1
陈泽荣（*1*）
中国古代之灌溉成绩
The Development of Irrigation Works in Ancient China
《水利》，1931，**1**，237
陈仲篪（*1*）
宋永思陵平面及石藏子之初步研究
Preliminary Researches on the General Plan and the Stone Vault of the Yung-Ssu Ling, Imperial Tomb of the Sung Dynasty
《中国营造学社汇刊》，1936，**6** (no. 3)，121
陈仲篪（*2*）
《营造法式》初探
A Study of the Genesis of the Treatise on Architectural Methods
《文物》，1962 (no. 136)，12
陈遵妫（*3*）
《恒星图表》
Atlas of the Fixed Stars, with identifications of

Chinese and Western Names
商务印书馆，上海，1937 年，中央研究院书籍
程瑶田（*4*）
《释宫小记》
Brief Record of Buildings and Palace Halls
约 1825 年刊行
《皇清经解》(续编)，卷三五三收录
池内宏（Ikeuchi Hiroshi）（*1*）
《元寇の新研究》
New Studies on the Yuan Invasions（1274 年和 1281 年）
2 册
东京，1931 年
仇池石（*1*）
《羊城古钞》
A Documentary History of Canton
1806 年
村上嘉實（Murakami Yoshimi）（*1*）
六朝の庭園
(Houses and) Gardens in the Six Dynasties Period
《古代学》，1955，**4**，41
摘要：RBS，1957，**1**，no. 255
村上嘉實（Murakami Yoshimi）（*2*）
唐代貴族の庭園
(Houses and) Gardens of the Upper Classes in the Thang Period
《東方学報》(東京)，1955，**11**，71
摘要：*RBS*，1957，**1**，no. 256
村田治郎（Murata Jiro）（*1*）
《大東亞建築論文索引》
A Bibliography of East Asian Architecture
东京，1944 年
村田治郎、藤枝晃（Murata Jiro& Fujieda Akira）等（*1*）
《居庸関》
On Chu-yung-kuan [the gate of the Great Wall near Nan-khou, ornamented with Buddhist carvings and inscriptions, + 1343]
2 卷，京都大学工学部，1957 年
摘要：RBS，1962，**3**，no. 513
大島利一（Oshima Toshikazu）（*1*）
中國古代の城について
On the Walled Cities of Ancient China
《東方学報》(東京)，1959，**30**，39.
摘要：*RBS*，1965，**5**，no. 67
狄平子（*1*）
《汉画》(过去似未出版)
Collection of Drawings [Inscribed Bronzes and Stones, Moulded Bricks, etc.] of the Han period
上海（可能由古董商人刊印），无日期（约 1928 年?）
董诰等（编）（*1*）
《全唐文》
Collected Literature of the Thang Dynasty
1814 年
参见 des Rotours (2)，p. 97
董恂（*1*）
《江北运程》
Handbook on the Course of the Grand Canal North of the Yangtze
1867 年
杜仙州（*1*）
义县奉国寺大雄殿调查报告
Report of a Study of the Ta Hsiung Hall at the Fling-Kuo Temple at I-hsien (in Western Liaoning) [a J/Chin building of the early + 12th century].
《文物》，1961 (no. 2)，5
范文涛（*1*）
《郑和航海图考》
Study of the Maps connected with Chêng Ho's Voyages
商务印书馆，重庆，1943 年
飯田須賀斯（Iida Sugashi）（*1*）
支那建築の拱に關する一考察
Some Considerations on the (Origin and Development of the) Arch in Chinese Architecture
《東方学報》(东京)，1940，**11**，733
摘要：*MS*，1942，7，375
飯田須賀斯（Iida Sugashi）（*2*）
隋唐建築の日本に及ばせる影響

Echoes of Sui and Thang Architecture (and Planning) in Japan
《文化》, 1955, **19**, 24
摘要: *RBS*, 1955, **1**, no. 136

方楫 (*1*)
明代海运和造船工业
Maritime Transportation and the Ship-building Industry during the Ming Period
《文史哲》, 1957 (no. 5), 46

方楫 (*2*)
《我国古代的水利工程》
Hydraulic Engineering in Ancient and Mediaeval China
新知识出版公司, 上海, 1955 年
摘要: RBS, 1957, **1**, no. 459

豐田利忠 (Toyoda Toshitada) (1)
善光寺道名所圖會
Pictorial Description of Noted Places along the Route to the Zenkoji Temple (in Shinano Province)
美濃屋伊六, 名古屋, 1849 年

冯承钧 (*1*)
《中国南洋交通史》
History of the Contacts of China with the South Sea Regions
商务印书馆, 上海, 1937 年

冯汉骥 (*1*)
四川古代的船棺葬
Boat-Burial in Szechuan (in the States of Pa and Shu, in and before the -4th century)
《考古学报》, 1958 年 (no. 2), 77

冯云鹏、冯云鹓
《金石索》
Collection of Carvings, Reliefs and Inscriptions
(该书为近代发表的第一部汉代墓室砖石浮雕图谱)
1821 年

傅健 (*1*)
陕西郿县渠堰之调查
An Enquiry into the Canals and Dams of Mei-hsien (south of the Wei River) in Shensi Province
《水利》, 1934, 7, 239

高橋正 (Takahashi Tadashi) (*1*)
東漸せる中世イスラーム世界圖; 主として混一疆理歷代國都之圖について
The World of Islam; the Religion expanded to the East; a Commentary on the Hon-il Kangni Yoktae Kukto chi To [the Korean world-map of + 1402]
《龍谷大学論集》, 1963 (no. 374), 77

葛飾北齋 (Katsushika Hokusai) (*1*)
《富嶽百景》
A Hundred Views of Mt. Fuji
柳亭種彥等序
东京, 1834 – 1836 年
参见 Dickins (1)

宮崎市定 (Miyazaki Ichisada) (*1*)
《妙心寺麟祥院藏〈混一歷代國都疆理地圖〉について》
On a world-map in the Rinshoin (Library) of the Myoshinji (Temple) entitled 'Map of the Capitals and Territories of the One World in Successive Ages'
收录于《神田博士還曆記念書誌学論集》, p. 577, 京都, 1957 年
摘要: *RBS*, 1962, 3, no. 284

宮崎市定 (Miyazaki Ichisada) (*2*)
中國における村制の成立; 古代帝國崩壞の一面
The Development of the Village System in Ancient China; an Aspect of the Breakdown of Imperial Power
《東洋史研究》, 1960, **18**, 569
摘要: *RBS*, 1967, **6**, no. 39

龚廷万 (*1*)
四川涪陵石鱼题刻文字的调查
A Study of the Inscriptions on the 'Stone Fishes' Nilometer at Fou-ling in Szechuan
《文物》, 1963 (no. 7), 39

顾均正 (*1*)
中国在十一世纪就出现船坞
A Dry Dock in the Chinese Eleventh Century
《大众科学》, 1962 (no. 1), 5

関野貞、竹島卓一（Sekino Tadashi& Takeshima Takuichi）(*1*)
遼金時代の建築と其佛像
The Architecture and Buddhist Images of the Liao and J/Chin Periods
3册（正文1册，图版2册）
东方文化学院，东京，1934年，1935年，1944年

管劲承（*1*）
郑和下西洋的船
The Ships used by Chêng Ho in his Voyages to the Western Oceans
《东方杂志》，1947，**43**（no. 1），47

郭铿若（*1*）
福建莆田木兰陂
On the Mu-lan Dam at Phu-thien in Fukien Province
《水利》，1936，**11**，20

郭沫若（*1*）
《十批判书》
Ten Critical Essays
群益出版社，重庆，1945年

郭沫若（2）
《古代社会之研究》
Studies in Ancient Chinese Society.
上海，约1927年

郭沫若（*7*）
洛阳汉墓壁画试探
A Study of the Wall-Paintings in a Han Tomb (c. -50) at Loyang [excavated by Li Ching-Hua et al. (1)]
《考古学报》，1964，**34**（no. 2），1

郭义孚（*1*）
含元殿外观复原
A Reconstruction of the External Appearance of the Han-Yuan Hall (of the Ta-Ming Palace) (in Thang Chhang-an)
《考古》，1963（no. 10），567

海野一隆（Unno Kazutaka）(*1*)
天理図書館所藏大明國図について
On an Anonymous Map of Ming China [Korea and Japan] preserved in the Tenri Central Library [actually a copy dating from about +1550 of the Korean world map of 1402]
《大阪学芸大学紀要（人文科学)》，1958（no. 6），60

海野一隆（Unno Kazutaka）(*4*)
《東洋地理学史》
野間三郎、松田信和海野一隆（编），《地理学の歷史と方法》，第1部第1章第1-3节中收录
大明堂，东京，1959年

海野一隆（Unno Kazutaka）(*5*)
《〈廣興圖〉の資料となつた地圖學》
On the Original Sources of the *Kuang Yü Thu* World Atlas
《大阪大学教養部研究集録》（人文社会科学），1967，**15**，21

何北衡（编）(*1*)
《都江堰水利工程述要及其改善计划大纲》
The Tu Chiang Yen (Capital River Dam) [灌县，四川] with an account of its most important engineering features, and of the Plans for its Improvement（英文标题：A Note on the Tukiangyen Irrigation System）
四川省水利局，成都，1943年
（《四川水利工程丛书》，第1卷，no. 6）

和田久德（Wada Kyntoku）(*1*)
宋代南海史料としての《島夷雜誌》
The Tao I Tsa Chih; a New Chinese Source for the History of the Eastern Archipelago and the Coasts of the Indian Ocean during the Sung Dynasty [《事林广记》的一部分，参见该条]
《お茶の水女子大学人文科学紀要》，1954，**5**，*27*

洪焕椿（*1*）
十至十三世纪中国科学的主要成就
The Principal Scientific (and Technological) Achievements in China from the +10th to the +13th centuries (inclusive) [the Sung period]
《历史研究》，1959，**5**（no. 3），27

侯仁之（*1*）
靳辅治河始末
The Story of the Water Conservancy Work of

Chin Fu
《燕京史学年报》, 1936, **2**, 43; *CIB*, 1938, **2**, 115
侯仁之 (*2*)
陈潢——清代杰出的治河专家
Chhen Huang, a Distinguished Hydraulic Engineer of the Chhing Dynasty
《科学史集刊》, 1959, **1** (no. 2), 73
胡道静 (*1*)
《梦溪笔谈校证》
Complete Annotated and Collated Edition of the *Dream Pool Essays* (of Shen Kua, + 1086)
2卷
上海出版公司, 上海, 1956年
详细书评: Nguyen Tran-Huan, *RHS*, 1957, **10**, 182
胡道静 (*2*)
《新校正梦溪笔谈》
New Corrected Edition of the Dream Pool Essays (with additional annotations)
中华书局, 北京, 1957年
胡焕庸 (*1*)
《淮河》
The Huai River [Conservancy Works under Construction for the Huai Valley Authority]
开明书店, 北京, 1952年
胡焕庸、侯德封和张含英 (编) (*1*)
《黄河志》
History of the Yellow River, 3篇
第1篇, 气象 (胡焕庸编)
第2篇, 地质志略 (侯德封编)
第3篇, 水文工程 (张含英编)
商务印书馆, 上海, 1936年
黄盛璋 (*1*)
褒斜道石门石刻
Stone Inscriptions on the Pao-Yeh Road
《文物》, 1963 (no. 2), 29
黄绶芙、谭钟岳 (Huang Shou-Fu & Than Chung-Yo) (*1*)
《峨山图说 (志)》
An Illustrated Guide to O-mei Shan
成都, 1891年
1936年成都重印, 附有费尔朴 [D. L. Phelps (2)] 的英译文及摹本图释
焦循 (*1*)
《群经宫室图》
Illustrated Treatise on the Plans, Technical Terms, and Uses of the Houses, Palaces, Temples and other Buildings described in the Classics
约1825年, 再版于1876年
《焦氏遗书》及《皇清经解 (续编)》卷三五九、三六〇收录
今堀誠二 (Imabori Seiiji) (*1*)
清代以後にずける黄河の水運について
A Study of the Shipping on [the middle stretch of] the Yellow River [in Kansu and Shansi] since Chhing Times
《史学研究》, 1959 (no. 72), 23
摘要: *RBS*, 1965, **5**, no. 272
久村因 (Hisamura Yukari) (*1*)
秦漢時代の入蜀路について
On the Road to Szechuan in Chhin and Han Times
《東洋学報》, 1955, **38** (no. 2), 178, 324
摘要: *RBS*, 1956, **2**, no. 94
久村因 (Hisamura Yukari) (2)
古代四川に土着せる漢民族の来歴について
On the Colonisation of Szechuan by the Han People (in the -4th and -3rd centuries)
《歴史学研究》, 1957 (no. 204), 1
摘要: *RBS*, 1962, **3**, no. 131
康基田 (*1*)
《河渠纪闻》
Notes on Rivers and Canals
1804年
柯绍忞 (1)
《新元史》
New History of the Yuan Dynasty (issued as an official dynastic history by Presidential Order)
北平, 1922年
劳榦 (*2*)
论汉代之陆运与水运
Transportation by Land and Water during the

Han period
《中央研究院历史语言研究所集刊》，1947，**16**，69
劳榦（*3*）
北魏洛阳城图的复原
Reconstruction of the Plan of [the Capital] Loy-ang, as it was during the Northern Wei period [《洛阳伽兰记》]
《中央研究院历史语言研究所集刊》，1948，**20**，299
劳榦（*4*）
两汉户籍与地理之关系
Population and Geography in the Two Han Dynasties
《中央研究院历史语言研究所集刊》，1935，5（no. 2），179
译文：Sun & de Francis（1），p. 83
李长年（编）（*1*）
《中国农学遗产选集：豆类》
Chinese Agriculture Source-Book; Beans
中华书局，上海，1958年
李承范（*1*）
芬皇寺模碑塔
The Pagoda of Moulded Bricks at the Punhoang (Fragrant-Kingship) Temple (in Korea) [built under Queen Sondek of Silla in +634]
《新朝鲜》，1956（no. 11），39
李光麟（*1*）
《李朝水利史研究》
History of Irrigation during the (Korean) Yi Dynasty
韩国研究院，汉城，1961年
(《韓國研究叢書》，no. 8)
李济（编）（*1*）
《安阳发掘报告》
Reports of the Excavations at An-yang [one of the Shang (商) capitals]
《国立中央研究院历史语言研究所专刊》，4期，页码连续
第1、2期，北平，1929年；第3期，北平，1931年；第4期，上海，1931－1933年
李剑农（*1*）
彻助贡
On Cooperative Cultivation [Chhe], Joint Corvée Cultivation of the Lord's Land [Chu], and Feudal Dues or Land Tax [Kung]
《武汉大学社会科学季刊》，1948，**9**，25
李剑农（*2*）
《中国经济史稿》
Draft for an Economic History of China
汉口，约1948年
李京华等（*1*）
洛阳西汉壁画墓发掘报告
Report on the Excavation of a Western Han Tomb with Wall-Paintings (c. －50) at Loyang
《考古学报》，1964，**34**（no. 2），107
参见郭沫若（*7*）
李全庆（*1*）
赵州桥修复工程竣工
The Completion of the Engineering Operation of Restoring the (Great Segmental Arch) Bridge at Chaochow
《文物》，1959（no. 2），35
李书田等（*1*）
《中国水利问题》
The Problem of Water-Conservancy in China
2册
商务印书馆，上海，1937年
李思纯（*1*）
《江村十论》
River Village Essays
人民出版社，上海，1957年
摘要：*RBS*，1962，**3**，no. 56
李思相（*1*）
《李忠武公一代記》
Records of the Time of the Loyal and Martial Duke (i. e. Yi Sunsin)
汉城，1946年
李献璋（*1*）
媽祖傳說の原始形態
The Original Form of the Legend of the Goddess Ma-Tsu [protectress of seafarers and travellers, originating in the +11th century]

《東方宗教》, 1956 (no. 11), 61
摘要: *RBS*, 1959, **2**, no. 519
李献璋 (*3*)
三教搜神大全と天妃娘媽傳を中心とする媽祖傳說の考察
A Study of the Legend of the Goddess Ma-Tsu as it developed in the (Ming) books San Chiao Sou Shen Ta Chhuan and Thien-Fei Niang Ma Chuan [patroness of sailors]
《東洋学報》, 1956, **39**, 76
摘要: *RBS*, 1959, **2**, no. 519
李献璋 (*4*)
元明の地方志に現ゎれた媽祖傳說の演變
The Legends of the [Sailors'] Goddess Ma-Tsu in the Gazetteers of Yuan and Ming Times
《東方学報》, 1957, **13**, 29
摘要: *RBS*, 1962, **3**, no. 788
李献璋 (*5*)
琉球蔡姑婆傳說考證; 媽祖傳說の開展に關係して
On the [late Ming] Liu-Chhiu Island Cult of Tshai Ku-Pho (Matron Tshai) [a Sailor's Goddess]; and its Relation with the Earlier Development of the Ma-Tsu Cult
《東洋史研究》, 1957, **16**, 154
摘要: *RBS*, 1962, **3**, no. 789
李献璋 (*6*)
宋廷の封賜かろ見た媽祖信仰の發達
A Study of the Honorific Titles accorded to [the Sailors' Goddess] Ma-Tsu during the Sung Dynasty
《宗教研究》, 1959, **32**, 416
摘要: *RBS*, 1965, **5**, no. 786
李献璋 (*7*)
清代の媽祖傳說に對する批判的研究; 天妃顯聖錄とその流傳を透して
Critical Researches on the Legend and Hagiography of [the Sailors' Goddess] Ma-Tsu during the Chhing Period; especially after the appearance of a fictional biography in the *Thien Fei Hsien Shêng Lu*
《東方宗教》, 1958, **13 – 14**, 65; 1959, **15**, 53
摘要: *RBS*, 1964, **4**, no. 930; 1965, **5**, no. 787
李仪祉 (*1*)
陕西泾惠渠工程报告
Report on the Engineering Work of the Ching-Hui Canal in Shensi Province
《水利》, 1932, **3**, 3
李竹君等 (*1*)
临汝白云寺
(An Architectural Study of the Buildings of the) Pai-Yun Temple at Lin-ju (in Honan north of the Huai Valley) [including a J/Chin hall of the + 12th or early + 13th century]
《文物》, 1961 (no. 2), 17
梁思成 (*1*)
正定调查纪略 (隆兴寺)
The Ancient Architecture of Chêng-Ting [Hopei]; [On the Revolving Library at] the Lunghsing Temple
《中国营造学社汇刊》, 1933, **4** (no. 2), 1 (第14页起)
梁思成 (*2*)
赵县大石桥即安济桥 (附小石桥 [永通桥]、济美桥)
The Great Stone Bridge of Chao-hsien, also called the An-Chi Bridge; with an appendix on some of the smaller segmental arch bridges (of the same region), the (Yung-Thung Bridge and the) Chi-Mei Bridge
《中国营造学社汇刊》, 1934, **5** (no. 1), 1
梁思成 (*3*)
《我国伟大的建筑传统与遗产》
The Great Achievements of Traditional Chinese Building Methods, and Some of the Buildings which have come down to us in Wo-men Wei Ta ti Tsu Kuo Our Great Country
北京, 1951年
转载: 《新华半月刊》, 1951, **4** (no. 1), 190
梁思成 (*4*)
记五台山佛光寺建筑

On the Architecture of Fo-Kuang Ssu (the Buddha Light Temple) on Wu-thai Shan.
《中国营造学社汇刊》, 1945, 7 (no. 1), (no. 2) (油印本)

梁思成 (*5*)
一千三百多年前的石桥
A Stone Bridge built more than 1, 300 years ago [the great segmental arch bridge at Chaochow]
《人民画报》, 1958 (no. 8), (no. 98), 30

梁思成 (*6*)
我们所知道的唐代佛寺与宫殿
What we know of (the Architecture of) Buddhist Temples and Palace Halls in the Thang Period
《中国营造学社汇刊》, 1932, **3** (no. 1), 48

梁思成 (*7*)
伯希和先生关于敦煌建筑的一封信
A Letter from Professor Pelliot on an Architectural Matter at Tunhuang
《中国营造学社汇刊》, 1932, **3** (no. 4), 125; 英文摘要, 10

梁思成 (*8*)
正定调查纪略 (县文庙大成殿)
The Ancient Architecture of Chêng-ting [Hopei]; the main hall of the Confucian temple [probably late Thang in date]
《中国营造学社汇刊》, 1933, **4** (no. 2), 1 (第39页起)

梁思成 (*9*)
蓟县独乐寺观音阁山门考
The Kuan-Yin Pavilion and the Mountain Gate at the Tu-Lo Ssu Temple, Chi-hsien (Two Liao Dynasty Structures)
《中国营造学社汇刊》, 1932, **3** (no. 2), 1-92

梁思成 (*10*)
杭州六和塔复原状计划
Plans for the Restoration of the Liu-ho Pagoda at Hangchow
《中国营造学社汇刊》, 1935, **5** (no. 3), 1

梁思成 (*11*)
闲话文物建筑的重修与维护
Rambling Comments on the Restoration and Protection of Architectural Monuments
《文物》, 1963 (no. 7), 5

梁思成、刘致平 (*1*)
《建筑设计参考图集》
Portfolios of Photographs illustrating typical features of Chinese Building: (a) Terraces and Pedestals, (b) Balustrades, (c) Shop-Fronts, (d) Wooden Corbelling
中国营造学社, 北平, 1936年, 1937年
书评: Hummel (21)

林徽因、梁思成 (*1*)
晋汾古建筑预查纪略
Brief Report of a Preliminary Enquiry into the Ancient Architecture of the Upper Fen River Valley (in Shansi)
《中国营造学社汇刊》, 1935, **5** (no. 3), 12

林则徐 (*1*)
《四洲志》
Information on the Four Continents [especially on the West]
约1840年
魏源、林则徐 (*1*)《海国图志》的主要资料来源之一 (参见该条)

麟庆 (*1*)
《鸿雪因缘图记》
Illustrated Record of Memories of the Events which had to happen in My Life
1849年
参见 Hummel (2), p. 507

麟庆 (*2*)
《河工器具图说》
Illustrations and Explanations of the Techniques of Water Conservancy and civil Engineering
1836年
参见 Hummel (2), p. 507

凌纯声 (*1*) = Ling Shun-Shêng (1)
台湾的航海帆筏及其起源
The Formosan Sea-going Sailing Raft and its Origin in Ancient China
《中央研究院民族学研究所集刊》, 1956 (no. 1), 1

凌纯声 (*2*) = Ling Shun-Shêng (2)
北平的封禅文化
The Sacred Enclosures and Stepped Pyramidal Platforms [Altar of Heaven and Earth, etc.] at Peking [and the History of Chinese Cosmic Religion and its Temples]
《中央研究院民族学研究所集刊》, 1963 (no. 16), 1
参见刘子健 (1)

凌纯声 (*3*) = Ling Shun-Shêng (3)
中国古代社之源流
The Origin of the Shê [Holy Place] in Ancient China
《中央研究院民族学研究所集刊》, 1964 (no. 17), 1

凌纯声 (*4*) = Ling Shun-Shêng (4)
秦汉时代之畤
The Sacred Places of the Chhin and Han Periods
《中央研究院民族学研究所集刊》, 1964 (no. 18), 113

凌纯声 (*5*) = Ling Shun-Shêng (5)
中国的封禅与两河流域的昆仑文化
A Comparative Study of the Ancient Chinese Fêng and Shan [Sacrifices] and the Ziggurats of Mesopotamia
《中央研究院民族学研究所集刊》, 1965 (no. 19), 1

刘彩玉 (*1*)
《论肥水源与江淮运河》
On the Source of the Fei River in relation to the Canal (of Warring States times) linking the Yangtze and the R. Huai
《历史研究》, 1960, 7 (no. 3), 69

刘敦励 (*1*)
古代中国与中美马耶人的祈雨与雨神崇拜
On Rain-Making Ceremonies and the Worship of Rain Gods among the Ancient Chinese and the Mayas of Central America
《中央研究院民族学研究所集刊》, 1957 (no. 4), 31

刘敦桢 (*1*)
石轴柱桥述要 (西安灞浐丰三桥)
Notes on Stone Pier Bridges, with Special reference to Three Bridges at Sian
《中国营造学社汇刊》, 1934, **5** (no. 1), 32

刘敦桢 (*2*)
抚郡文昌桥志之介绍
A Bibliographical Chronicle of the Wen-chhang Bridge [at Fuchow (Lin-chhun) in Chiangsi]
《中国营造学社汇刊》, 1934, **5** (no. 1), 93

刘敦桢 (*3*)
万年桥志述略
Brief Account of the Wan-Nien Bridge [at Nan-chhêng in Chiangsi]
《中国营造学社汇刊》, 1933, **4** (no. 1), 22

刘敦桢 (*4*)
《中国住宅概说》
A Short Study of Chinese Domestic Architecture
以建筑科学研究院和南京工学院联合组成的中国建筑调查队所收集的资料为基础
建筑工程出版社, 北京, 1957 年
节译本 (无图): Liao Hung-Ying & R. T. F. Skinner, Collet, 伦敦, 1957 年

刘敦桢 (*5*)
苏州古建筑调查记
Record of an Investigation of the Ancient Architecture of Suchow
《中国营造学社汇刊》, 1936, **6** (no. 3), 17

刘敦桢 (*6*)
明鲁班《营造正式》钞本校读记
Notes on a MS. copy of a Ming edition of the 'Right Standards of Building Construction' attributed to Lu Pan
《中国营造学社汇刊》, 1937, **6** (no. 4), 162

刘敦桢 (*7*)
鲁班《营造正式》
On the 'Right Standards of Building Construction' attributed to Lu Pan
《文物》, 1962 (no. 136), 9

刘鹗 (*1*)
《老残游记》
The Travels of Lao-Tshan (Mr Derelict) [no-

vel]
上海，1904－1907年
译本：Shadick (1)
刘桂芳 (*1*)
山东梁山县发现的明初兵船
A Warship from the Beginning of the Ming Dynasty (+1377) Discovered and Excavated at Liang-shan Hsien in Shantung Province
《文物参考资料》，1958 (no. 2)，51
刘海粟 (*1*)
《名画大观》
Album of Celebrated Paintings
4册
中华书局，上海，1935年
刘铭恕 (*2*)
郑和航海事迹之再探
Further Investigations on the Sea Voyages of Chêng Ho
《中国文化研究会刊》，1943，**3**，131
书评：A. Rygalov, *HH*, 1949, **2**, 425
刘铭恕 (*4*)
宋代海上通商史杂考
Miscellaneous Studies on the Seafaring and Commerce of the Sung Period
《中国文化研究会刊》，1945，**5**，49
刘文典 (*1*)
《庄子补正》
Emended Text of The Book of Master Chuang
商务印书馆，上海，1947年
刘文淇 (*1*)
《扬州水道记》
A History of the Waterways in the Yangchow Region
1845年
刘仙州 (*9*)
我国独轮车的创始时期应上推到西汉晚年
The Time of the First Appearance of the Wheelbarrow in China Traced to the latter part of the Former Han Dynasty
《文物》，1964 (no. 6)，1
刘志远 (编) (*1*)
《四川省博物馆研究图录》
Illustrated Studies on the (Reliefs, Bricks, and other Objects in the) Szechuan Provincial Museum (Chungking and Chhêngtu)
古典艺术出版社，北京，1958年
刘致平 (*1*)
《中国建筑类型及结构》
Systematic Treatise on Chinese Architecture
建筑工程出版社，北京，1957年
刘致平、傅熹年 (*1*)
麟德殿复原的初步研究
Preliminary Researches on the Reconstruction of the Lin-Te Hall (of the Ta Ming Kung Palace at the Thang capital, Chhang-an)
《考古》，1963 (no. 7)，385
刘子健 (*1*)
封禅文化与宋代明堂祭天
Two Forms of the Worship of Heaven in the Sung Dynasty (the open-air Fêng Shan Sacrifice and the Rites of the Hall of Enlightenment or Ming Thang)
《中央研究院民族学研究所集刊》，1964 (no. 18)，45
参见凌纯声 (*2*)
龙非了 (*1*)
穴居杂考
A Study of Cave-Dwellings (in China)
《中国营造学社汇刊》，1934，5 (no. 1)，55
龙非了 (*2*)
开封之铁塔
The Iron (-Coloured) Pagoda at Khaifêng
《中国营造学社汇刊》，1932，3 (no. 4)，53
楼祖诒 (*1*)
《中国邮驿史料》
Materials on the History of the Chinese Post-Station System
人民邮电出版社，北京，1958年
路工 (编) (*1*)
《孟姜女万里寻夫记》
Collection of Material on the Ballad of Mêng Chiang Nü going to seek for her Husband at the Great Wall
上海出版社，上海，1955年

摘要：*RBS*, 1957, **1**, no. 308
罗荣邦（*1*）
中国之车轮船
(The History of) the Paddle-Wheel Boat in China
《清华学报》（台湾），1960（n. s.），**2**（no. 1），213
英译文：Lo Jung-Pang (3)
罗文彬等（*1*）
《四川盐法志》
Memorials of the Salt Industry of Szechuan and its control Compiled officially at the request of Ting
由四川总督丁宝桢发起，官方编纂，1882 年
罗香林（*1*）
《蒲寿庚研究》
Researches on Phu Shou-Kêng [Superintendent of Overseas Shipping at Chhüanchow in the late Sung period]
中国学社，香港，1959 年
摘要：*RBS*, 1965, **5**, no. 183
罗英（*1*）
《中国桥梁史料（初稿）》
A History of Bridge-Building in China (Preliminary Draft)
[北京，1964 年]
罗英（2）
《中国石桥》
Chinese Bridge-Construction in Masonry [and its History]
人民出版社，北京，1959 年
书评：*FET*, 1962, **17** (no. 2), 181
摘要：*RBS*, 1965, **5**, no. 831
罗哲文（*1*）= Lo Chê-Wên (1)
《云冈石窟》
The Cave-Temples of Yunkang
文物出版社，北京，1957 年
罗哲文（2）
临洮秦长城、敦煌玉门关、酒泉嘉（峪）关勘查简记
A Brief Report on Investigations of the Chhin Great Wall at Lin-thao (south of Lanchow), of the Yümên Gate near Tunhuang, and of the Chia-yü-kuan Gate near Chiu-chhuan (肃州)
《文物》，1964（no. 6），46
马国翰（编）（*1*）
《玉函山房辑佚书》
The Jade-Box Mountain Studio Collection of (Reconstituted) Lost Books
1853 年
马慧裕（编）（*1*）
《湖南通志》
Historical Geography of Hunan (province)
1820 年
李翰章 1885 年作了修订和增补
麦英豪等（*1*）
广州皇帝冈西汉木椁墓发掘简报
Preliminary Report on the Excavation of a Wooden-Coffin Tomb of the Early Han Period at Huang-Ti Ridge in Canton
《考古通讯》，1957（no. 4），22（第 26 页起）
摘要：*RBS*, 1967, **3**, no. 408
茅乃文（*1*）
《中国河渠水利工程书目》
Bibliography of Works on River Control, Hydraulic Engineering and Irrigation (titles, authors and dates only)
国立图书馆，北平，1935 年
茅乃文（2）
中国河渠书提要
Descriptive Bibliography of Works on River Control, Hydraulic Engineering and Irrigation
《水利》，1936，**11**，52，108，172，218，292；1937，**12**，2 处页码不详，还有 226，329，395，475；1938，**13**，94，162
茅以升（2）
重点文物保护单位中的桥——泸定桥、卢沟桥、安平桥、永通桥
(Ancient) Bridges Scheduled for Preservation as Cultural Monuments; the Lu-ting (suspension) bridge, the Lu-kou (multiple arch) bridge, the An-phing (megalithic beam) bridge, and the An-chi and Yung-thung (segmental arch) bridg-

es
《文物》, 1963 (no. 9), 33
缪启愉 (*1*)
吴越钱氏在太湖地区的圩田制度和水利系统
On the Methods used by Governor Chhien [in the Wu Tai Period] for the Draining of Polder Land in the Thai-Hu [Lake] District of Wu and Yüeh, and their Significance for the [History of] Irrigation Engineering
《农史研究集刊》, 1960, 2, 139
木宫泰彦 (Kimiya Yasuhiko) (*1*)
《日華文化交流史》
A History of Cultural Relations between Japan and China
富山房, 东京, 1955 年
摘要: *RBS*, 1959, **2**, no. 37
牧田諦亮 (Makita Tairyo) (*1*)
《策彦入明記の研究》
Researches on the Travel Diaries of Sakugen [Japanese monk in China in the +16th century; with comparative material on Chhoe Pu's Phyohae Rok]
2 册
法藏馆, 京都, 1955 年, 1959 年
摘要: RBS, 1962, **3**, no. 899; 1965, **5**, no. 792
慕寿祺 (*1*)
长城考
A Study on the [Origins of] the Great Wall
《说文月刊》, 1944, **4**, 631
内藤虎次郎 (Naito Torajiro) (*2*)
《星槎勝覽》前集校注
Commentary on the First Part of [Fei Hsin's] *Triumphant Visions of the Starry Raft* [+1436]
那波利貞 (Naba Toshisada) (*2*)
唐代の農田水利に關する規定に就きて
On the History of Irrigation and Water-Conservancy during the Thang dynasty [including materials from the Tunhuang documents]
《史学雜誌》, 1943, **54**, 18, 150, 249
内田吟風 (Uchida Gimpu) (*2*)
古代游牧民族に於ける土木建造技術
Civil Engineering [Fortification] Techniques of the Ancient [Asian] Nomads
《東洋史研究》, 1951, **11** (no. 2), 111
潘恩林 (编) (*1*) = Phan Ên-Lin (1)
《西南揽胜》
Scenic Beauties of Southwest China
中国旅行社, 上海, 1939 年
潘念慈 (*1*)
关于元代的驿传
On the Post-Station System of the Yuan Dynasty
《历史研究》, 1959, **5** (no. 2), 59
摘要: *RBS*, 1965, **5**, no. 190
短评: 陈得芝和施一揆, 《历史研究》, 1959 (no. 7), 57
齐思和 (*3*)
孟子井田说辨
Analysis of the Statements of Mencius about the 'Well-Field' (Land) System
《燕京学报》, 1948, **35**, 101
祈英涛 (*1*)
河北省新城县开善寺大佛
The Great Hall of the Khai-Shan Temple at Hsinchhêng Hsien in Hopei province [built under the Liao Dynasty between +1004 and +1123]
《文物参考资料》, 1957, no. 10 (no. 86), 23
钱镛 (*1*)
平江图碑
On the Stele of the City-map of Phing-chiang (苏州, 江苏)
《文物》, 1959 (no. 2), 49
青山定雄 (Aoyama Sadao) (*1*)
古地誌地圖等の調査
In Search of Old Geographical Works and Maps
《東方学報》 (東京), 1935, **5** (Suppl. Vol.), 123
青山定雄 (Aoyama Sadao) (*2*)
元代の地圖について
On Maps of the Yuan Dynasty
《東方学報》(東京), 1938, **8**, 103
青山定雄 (Aoyama Sadao) (*3*)
李朝に於ける二三の朝鮮全圖について

On Some General Maps of Korea made during the Yi Dynasty
《東方学報》(東京), 1939, **9**, 143
青山定雄 (Aoyama Sadao) (*6*)
唐宋汴河考
A Study of the Pien Canal in the Thang and Sung periods
《東方学報》(東京), 1931, **1** (no. 2), 1
青山定雄 (Aoyama Sadao) (*7*)
唐代の治水水利工事について
Flood Control and Irrigation Engineering under the Thang dynasty
《東方学報》(東京), 1944, **15**, 1, 205
邱步洲 (*1*)
《河工简要》
Essentials of River Conservancy and Hydraulic Engineering
1887 年
曲守约 (1)
中国古代的道路
The Roads of China in Ancient Times (Chou, Chhin and Han Periods)
《清华学报》(台湾), 1960, **2** (no. 1), 143
摘要: *RBS*, 1967, **6**, no. 82
全汉昇 (*1*)
《唐宋帝国与运河》
The Thang and Sung Empires and the Grand Canal
商务印书馆, 重庆, 1944 年
仁井田陞 (Niida Noboru) (*2*)
支那の土地台帳'魚鱗図'冊の史的研究
An Investigation of the History of the 'Fish-Scale Maps' (dissected cadastral survey charts) in China
《東方学報》(東京), 1936, **6**, 157
任美锷 (*1*)
我国最近对于黄河问题之新研究
Yellow River Project Studies-a Review
《地理学报》, 1948, **15** (no. 1), 31
日比野丈夫 (Hibino Takeo) (*1*)
漢の西方發展と兩關設の時期について
On the Period of Westward Expansion and the Dates of the Establishment of the Han Gate-Fortresses [Yü-mên Kuan and Yang Kuan at the Western end of the Great Wall]
《東方学報》(京都), 1957, 27, 31
摘要: *RBS*, 1962, **3**, no. 160
日比野丈夫 (Hibino Takeo) (*2*)
敦煌の五臺山につれて
The Panorama of Wu-thai Shan at Tun-huang (cave no. 61)
《仏教芸術》, 1958, **34**, 75
容庚 (*1*)
《汉武梁祠画像考释》
Investigations on the Carved Reliefs of the Wu Liang Tomb-shrines of the [Later] Han Dynasty
2 册
燕京大学考古学社, 北京, 1936 年
容庚 (*3*)
《金文编》
Bronze Forms of Characters
北京, 1925 年; 1959 年影印
森克巳 (Mori Katsumi) (*1*)
《遣唐使》
On (Japanese) Embassies to Thang China
至文堂, 东京, 1955 年
摘要: *RBS*, 1957, **1**, no. 133
森修、内藤寛 (Mori Osamu & Naito Hiroshi) (*1*)
《營城子; 前牧城驛附近の漢代壁畫甎墓》
Ying Chhêng Tzu; (Two) Han Brick Tombs with Fresco Paintings near Chhien-mu-chhêng-i (in South Man-churia)
序文, 日下辰太; 附记, 濱田耕作、水野清一
东亚考古学会, 东京和京都, 1934 年 (《東方考古学叢刊》第 4 册)
山本達郎 (Yamamoto Tatsuro) (*1*)
鄭和の西征
The Western Expeditions of Chêng Ho
《東洋学報》, 1934, **21** (no. 3), 90
杉村勇造 (Sugimura Yuzo) (*1*)
《中國の庭》
Chinese Gardens (and Dwellings)
求龍堂, 东京, 1966 年

商承祚（*1*）

《长沙出土楚漆器图录》

Album of Plates and Description of Lacquer Objects from the State of Chhu excavated at Chhangsha (Hunan)

上海，1955年

沈康身（*1*）

我国古代测量技术的成就

Ancient and Mediaeval Chinese Achievements in Surveying and Survey Instrumentation

《科学史集刊》，1965（no. 8），28

沈垚（*1*）

《落帆楼文集（或稿）》

Harbour View Essays

约1830年

石橋丑雄（Ishibashi Ushio）（*1*）

《天壇》

On the Altar of Heaven

山本書店，东京，1957年

摘要：*RBS*，1962，**3**，no. 512

石田茂作、和田軍一（Ishida Mosaku & Wada Gun-ichi）（编）（*1*）

正倉院

The Shosoin (an Eighth-Century Treasure-House containing all kinds of valuable objects imperially dedicated in +756 and at several later dates; attached to the Todaiji temple at Nara)

每日新闻社；东京、大阪、门司，1954年

史树青（*3*）

有关汉代独轮车的几个问题

Some Questions concerning the Wheelbarrow in the Han Period.

《文物》，1964（no. 6），6

史岩（*1*）

关于广元千佛崖造象的创始时代问题

On the Dating of the Buddhist images of the Thousand-Buddha Cliff Cave-Shrines at Kuangyuan (in northern Szechuan) [+6th to +8th century]

《文物》，1961（no. 2），24

守屋美都雄（Moriya Mitsuo）（*1*）

《中國古代の社會と文化；その地域别研究》

Ancient Chinese Society and Culture; Regional Differences among the States.

東京大学出版会，东京，1957年

摘要：*RBS*，1962，**3**，no. 117

寿鹏飞（*1*）

《历代长城考》

A Study of the History of the Great Wall

未注明出版地点和时间（著者系绍兴人），书末附大幅折叠地图，1961年

滝精一、内藤虎次郎、濱田青陵（Taki Seiichi, Naito Torajiro& Hamada Kosaku）（*1*）

《删订泉屋清賞》

(New and Revised Explanatory Notes for the Albums illustrating the Sumitomo Collection of Bronzes at Kyoto)

京都，1934年

水野清一（Mizuno Seiichi）（*2*）

《漢代の絵画》

Painting of the Han Dynasty

京都，1957年

水野清一、長廣敏雄（*1*）= Mizuno Seiichi & Nagahiro Toshio (1)

《雲岡石窟》

The Cave-Temples of Yunkang

全16卷31册

京都大学人文科学研究所，京都，1950－1956年

宋大仁（1）

中国和阿拉伯的医药交流

Mutual Influences in Medical and Pharmaceutical Science between China and the Arabic Nations

《历史研究》，1959（no. 1），79

宋希尚（*1*）

《中国河川志》

China's River-Systems

台北，1954年

宋希尚（*2*）

《历代治水文献》

Hydraulic Engineering [in China] and its History

台北，1954年

藪内清（编）（Yabuuchi Kiyoshi）(*11*)
《天工開物の研究》
A Study of the *Thien Kung Khai Wu* (Exploitation of the Works of Nature, +1637). A Japanese translation of the text, with annotative essays by several hands
东京，1953年
11篇论文的中文译本：《天工开物之研究》，苏芗雨等译，中华丛书委员会，台湾和香港，1956年；《天工开物研究论文集》，章熊、吴杰译，商务印书馆，北京，1961年

藪内清（Yabuuchi Kiyoshi）(*23*)
河防通議について
On the Ho Fang Thung I [and its applied mathematics]
《生活文化研究》，1965，**13**（Suppl），297

粟宗嵩、薛履坦、骆腾（*1*）
清顺康雍三朝乾隆嘉道两朝黄河决口考
Historical Researches on the Dyke Breakages of the Yellow River, 1644 to 1850
《水利》，1936，**10**，335，348，378

孙海波（2）
河南吉金图志賸稿
Further Notes, with Illustrations, on Bronzes found in Honan
《考古学社专刊》，no. 19
北平，1939年

唐寰澄（*1*）
《中国古代桥梁》
Ancient (and Medieval) Chinese Bridges
文物出版社，北京，1957年
摘要：*RBS*，1962，3，no. 514（存有严重误解）

唐金裕（*1*）
西安西郊汉代建筑遗址发掘报告
Report on the Excavation of Architectural Remains [a *pi yung*, College and Hall for Venerating Elders] in the Western Suburb of Sian [from the Chhien Han Period]
《考古学报》，1959（no. 2），45
摘要：*RBS*，1965，**5**，no. 376

藤田豐八（Fujita Toyohachi）(*1*)
胡床につきて
On (the History of) the 'Barbarian Bed' (the Chair) in China
《東洋学報》，1922，**12**，429；1924，**14**，131

天野元之助（Amano Motonosuke）(*2*)
周の封建制と井田制
On the Feudal System of the Chou and the 'Well-Field' System
《人文研究》，1956，7，836
摘要：*RBS*，1956，**2**，no. 76

天野元之助（Amano Motonosuke）(*3*)
中国にねける水利慣行
Customs of Irrigation (Water-Rights, etc.) in China
《史林》，1955（no. 6），123（559）

天沼俊一（Amanuma Shunichi）(*1*)
《日本建築史図録》
An Illustrated History of Japanese Architecture
6册
东京，1938年

田边泰（Tanabe Yasuaki）(1)
《大唐五山诸堂图》考
A Study of the 'Drawings of the Various Halls in the Five Mountain (Abbeys) dating from the Great Thang Dynasty'（日本存有1259年的抄本）
梁思成译
《中国营造学社汇刊》，1932，**3**（no. 3），71

田村專之助（Tamura Sennosuke）(*1*)
《東洋人の科学与技術》
(Essays on the History of) Science and Technology among East Asian Peoples [mainly astronomical and meteorological, with much on Korea as well as China and Japan]
淡路書房新社，东京，1958年
摘要：RBS，1964，**4**，no. 936

田汝康（*1*）
十七世纪至十九世纪中叶中国帆船在东南亚洲航运和商业上的地位
The Place of Chinese Sailing-Ships in the Maritime Trade of Southeast Asia from the 17th to the

19th Centuries
《历史研究》, 1956, **2** (no. 8), 1
单行本, 上海人民出版社, 上海, 1957 年
田汝康 (*2*)
再论十七至十九世纪中叶中国帆船业的发展
Further Studies on Chinese Sailing-Ships and the Development of Maritime Trade from the 17th to the 19th Centuries
《历史研究》, 1957, **3** (no. 12), 1
摘要: *RBS*, 1962, **3**, no. 330
田秀 (*1*)
一幅宋代绘画纺车图
A Sung Scroll-Painting of a Spinning-Wheel
《文物》, 1961 (no. 2), 44, 附图版
童世亨 (*1*)
《历代疆域形势一览图》
Historical Atlas of China
商务印书馆, 上海, 1922 年
童书业 (*1*)
重论郑和下西洋事件之贸易性质
A Further Discussion of the Commercial Nature of Chêng Ho' s Voyages to the Western Oceans
《禹贡》, 1937, 7 (no. 1), 239
万国鼎 (*3*)
区田法的研究
Researches on the Pit- or Basin-Method of Cultivation [and strip-planting, in alternate depressed water-collecting squares or troughs, to increase crop yields]
《农业遗产研究集刊》, 1958, **1**, 5
摘要: *RBS*, 1964, **4**, no. 951
汪胡桢 (*1*)
古代土工计价法
On Earthwork Valuation in Ancient Times.
《水利》, 1936, **11**, 439
王璧文 (*1*)
清官式石桥做法
Regulation Methods of Stone Bridge-Building in the Chhing Dynasty
《中国营造学社汇刊》, 1935, **5** (no. 4), 58
王璧文 (2)
清官式石闸及石涵洞做法
Official Regulations of the Chhing Dynasty for the Designing of Locks and Culverts
《中国营造学社汇刊》, 1935, **6** (no. 2), 49
王伯敏 (*1*)
《古画品录; 续画品录》
The *Records of the Classification of Old Painters* [谢赫撰, 约 500 年] and the *Continued Records of the Classification of Old Painters* [姚最撰, 约 550 年] [编辑、注释并译成现代语体文]
人民出版社, 北京, 1959 年
摘要: *RBS*, 1965, **5**, no. 433
王昶 (*1*)
《金石萃编》
Collection of Inscriptions on Bronze and Stone (from the earliest times down to + 1279)
1805 年
王国良 (*1*)
《中国长城沿革考》
A Study of the Development of the Great Wall
商务印书馆, 上海, 1931 年
王吉智 (*1*)
银川平原主要土壤的形成特征及其改良利用途径
Genesis and Properties of the Main Soil Types of the Plain of Yin-chhuan [Ning-hsia in the Upper Yellow River valley] and Means for their Reclamation and Utilisation
《土壤学报》, 1964, **12**, 23
王荣 (*1*)
元明火铳的装置复原
On the Restoration of the Carriage Mountings of the Yuan and Ming Bombards
《文物》, 1962 (no. 3), 41
王世仁 (*1*)
记后土祠庙貌碑
On the Stone Stele [of +1011] inscribed with a Perspective Plan of the Hou-Thu Tzhu Temple [在山西万荣 (荣河) 汾河与黄河会流处]
《考古》, 1963 (no. 5), 273
王世仁 (*2*)
汉长安城南郊礼制建筑 (大土门村遗址) 原

状的推测
Reconstruction of the Ceremonial Buildings [Ming Thang, etc.] of the Han Dynasty in the Southern Suburb of the Han City of Chhang-an (on the basis of the remains of the foundations still extant at Ta-thu-men village)
《考古》, 1963 (no. 9), 501

王先谦 (*3*)
《释名疏证补》
Revised and Annotated Edition of the [Han] Explanation of Names [dictionary]
北京, 1895 年

王庸 (*2*)
《中国地图史纲》
Brief History of Chinese Cartography
北京, 1958 年

王舆刚 (编) (*1*)
郑州南关 159 号汉墓的发掘
Excavation of a Han Tomb (No. 159) at Nan-Kuan, Chêngchow
《文物》, 1960 (nos. 8–9), 19

王振铎 (*5*)
司南指南针与罗经盘 (下)
Discovery and Application of Magnetic Phenomena in China, III (Origin and Development of the Chinese Compass Dial)
《中国考古学报》, 1951, **5** (n. s., 1), 101

卫聚贤 (*1*)
《中国考古学史》
History of Archaeology in China
商务印书馆, 上海, 1937 年

卫聚贤 (*3*)
《古史研究》
Studies in Ancient History [researches and discussions on the interpenetration of Indian and Chinese civilisations before the Chhin Dynasty]
上海, 1934 年

卫聚贤 (*4*)
《中国人发现澳洲》
The Chinese Discovery of Australia
卫星书局, 香港, 1960 年

魏源、林则徐 (*1*)
《海国图志》
Illustrated Record of the Maritime [Occidental] Nations
1844 年, 1847 年增补; 1852 年进一步扩充。有关作者问题见 Chhen Chhi-Thien (1)

文崇一 (*1*)
《九歌》中的水神与华南的龙舟赛神
The Water-Gods of the Nine Songs and the Spirits connected with the Dragon-Boat Races of South China
《中央研究院民族学研究所集刊》, 1961 (no. 11), 51, 121

吴承洛 (*2*)
《中国度量衡史》
History of Chinese Metrology [weights and measures]
商务印书馆, 上海, 1937 年; 再版, 上海, 1957 年

吴缉华 (*1*)
元朝与明初的海运
Maritime Grain Transport in the Yuan and early Ming Periods
《中央研究院历史语言研究所集刊》(台北), 1956, **28**, 363
摘要: *RBS*, 1962, **3**, no. 264

吴缉华 (*2*)
《明代海运及运河的研究》
A Study of Transportation by Sea and by the Grand Canal in the Ming Dynasty
中央研究院历史语言研究所, 台北, 1961 年 (专刊之 43)

吴其昌 (*4*)
秦以前中国田制史
On the History of the Chinese Land System before the Chhin Dynasty
《武汉大学社会科学季刊》, 1935, **5**, 543 and 833
节译: Sun & de Francis (1), p. 55

伍联德 (编) (*1*) = Wu Lien-Tê (1)
《锦绣中华》
Magnificent China (摄影集, 彩照多幅, 有文

字说明)
良友图书公司，香港，1966 年
夏鼐（*2*）
《考古学论文集》
Collected Papers on Archaeological Subjects
科学出版社，北京，1961 年
向达（*4*）
《郑和航海图》
The Charts of Chêng Ho' s Naval Expeditions (reproduction of ch. 24o of the Wu Pei Chih, with introduction, commentary, and geographical dictionary)
中华书局，北京，1961 年
向达（*5*）
《两种海道针经》
An Edition of Two Rutters
[《顺风相送》(Fair Winds for Escort)，大概撰于 1430 年左右，录自约 1575 年的抄本；《指南正法》(General Compass-Bearing Sailing Directions)，约 1660 年]
中华书局，北京，1961 年
小川琢治（Ogawa Takuji）（*1*）
近世西洋交通以前の支那地図に就て
(A Historical Sketch of) Cartography in China before the modern Intercourse with the Occident
《地学雜誌》，1910，22，407，512，599
重刊于小川琢治（2）
小岩井弘光（Koiwai Hiromitsu）（*1*）
宋代急脚遞鋪兵について
On the Express Couriers of the Government in Sung Times
《集刊東洋学》，1959，**1**，25
摘要：*RBS*，1965，**5**，no. 176
谢甘棠（*1*）
《万年桥志》
Record of the Bridge of Ten Thousand Years [at Nan-chhêng in Chiangsi; and the Repairs to it which Hsieh Kan-Thang supervised; with elaborate description of bridge
南城，1896 年 [参见刘敦桢（*3*）]
谢国桢（*1*）
《营造法式》版本源流考
Historical Study of the Different MSS Editions of the *Treatise on Architecture* (Sung)
《中国营造学社汇刊》，1933，**4** (no. 1)，1
辛树帜（*2*）
我国土木保持的历史研究（初稿）
Preliminary Studies on the History of Soil and Water Conservation in China
《科学史集刊》，1959，**1** (no. 2)，31
徐炳昶（*1*）
《中国古史的传说时代》
The Legendary Period in Ancient Chinese History
中国文化服务社，重庆，1943 年
以徐旭生为作者名做了增订
科学出版社，北京，1962 年
徐琚清（*1*）
北边长城考
A Study of the Northern Frontier Great Walls
《燕京史学年报》，1929，**1**
徐松（*2*）
《唐两京城坊考》
Studies on the Districts of the Two Thang Capitals
1810 年
徐旭生（*1*）
井田新解并论周朝前期士农不分的含意
A New Explanation of the 'Well-Field' System in Pre-Chou Times before the Differentiation of Soldiers and Husbandmen
《历史研究》，1961，7 (no. 4)，53
徐益棠（*1*）
南宋杭州都市的发展
The Development of Hangchow as a Metropolis during the Southern Sung Dynasty
《中国文化研究会刊》，1944，**4**，231
徐玉虎（*1*）
《郑和评传》
Critical Biography of (the Admiral) Chêng Ho
台北，1958 年
徐中舒（*3*）
古代灌溉工程源起考
On the Origin of Irrigation Engineering in Ancient China

《中央研究院历史语言研究所集刊》, 1935, **5**, 255

徐中舒 (*4*)

弋射与弩之溯原及关于此类名物之考释

A Study of the Origin of Archery (I She) and of the Crossbow (Nu), and the Etymology of the Names of their Related Objects

《中央研究院历史语言研究所集刊》, 1934, **4**, 417

徐中舒 (*6*)

井田制度探源

A Study of the Origin of the 'Well-Field' (Land) System

《中国文化研究会刊》, 1944, **4** (no. 1), 121

摘要译文: Sun & de Francis (1), p. 3

严敦杰 (*19*)

牵星术——我国明代航海天文知识一瞥

The 'Stretching-Out Art'; a Glance at the Knowledge of Astronomical Navigation in the Ming Period [on the set of tablets used for measuring stellar altitudes]

《科学史集刊》, 1966 (no. 9), 77

严可均 (编) (*1*)

《全上古三代秦汉三国六朝文》

Complete Collection of Prose Literature (including Fragments) from Remote Antiquity through the Chhin and Han Dynasties, the Three Kingdoms and the Six Dynasties

1836 年完成, 1887 - 1893 年出版

杨炳堃 (*1*)

汉中区南褒城洋等县水利调查报告书

Report of an Investigation of the Hydraulic Engineering Works at Pao-chhêng, Yang [-chou] and other hsien in the south of Han-chung district

《水利》, 1931, **1**, 459

杨春和 (*1*)

《西津桥堤岸记略》

An Account of the Renewals of the Abutments of the Hsi-chin Bridge (in the Western suburbs of Lanchow)

约 1810 年

杨鸿勋、王世仁 (*1*)

曲阜"衍圣公府"初查报告

Preliminary Report on the (Mansion and Gardens called) Yen Shêng Kung Fu at Chhu-fou (in Shantung) (dating from the early + 16th century)

《文物参考资料》, 1957, no. 10 (no. 86), 14

杨宽 (*10*)

《战国时代水利工程的成就》

Achievements of Hydraulic Engineering in the Warring States Period

收载于李光璧、钱君晔 (*1*), 第 99 页起

北京, 1955 年

杨陌公、解希恭 (编) (*1*)

山西平陆枣园村壁画汉墓

A Han Dynasty Tomb with Painted Walls at Tsao-yuan-tshun, near Phing-lu in Shansi

《考古》, 1959 (no. 9), 462 及图版 1

杨仁恺、董彦明 (编) (*1*)

《辽宁省博物馆藏画集》

Album of Pictures illustrating the Collection of Paintings in the Liaoning Provincial Museum

文物出版社, 北京, 1962 年

杨有润 (*1*)

成都羊子山土台遗址清理报告

Report on the Remains of Yang-tzu Shan near Chhêngtu (an artificial mound once a thai or ziggurat of retaining walls in three tiers, probably dating from the early years of the State of Shu, c. -660)

《考古学报》, 1957, no. 4 (no. 18), 17

摘要: *RBS*, 1962, **3**, no. 437

杨宗荣 (*1*)

《战国绘画资料》

Materials for the Study of the Graphic Art of the Warring States Period

古典艺术出版社, 北京, 1957 年

姚承祖、张至刚、刘敦桢 (*1*)

《营造法原》

The Characteristics of Chinese Architecture and

their Development
建筑工程出版社，北京，1959 年
附有有用的技术术语表
摘要：RBS，1965，5，no. 830

姚莹（1）
《康輶纪行》
Travel Diary of the Tibetan Border.
1845 年

叶浅予（1）
《敦煌壁画》
The Wall-Paintings at Tunhuang (the Chhien-fo-tung Cave-Temples)
朝花艺术出版社，北京，1957 年

叶小燕等（1）
河南陕县刘家渠汉墓
An Excavation of [46] Han Tombs at Shen-hsien in Honan
《考古学报》，1965，(no. 1)，107

伊藤清造（Ito Seizo）（1）
《支那の建築》
(A History of) Chinese Architecture
大阪屋号書店，东京，1929 年

余鸣谦（1）
越南古迹记游
An Archaeological Study Tour in Vietnam
《文物》，1959，no. 2 (no. 102)，53，59

余哲德（1）
赵州大石桥石栏的发现及修复的初步意见
Discoveries concerning the Balustrades of the Great Stone (Segmental Arch) Bridge at Chao-chow, and the Progress of its Restoration Works
《文物参考资料》，1956 (no. 3)，17，附 10 幅图版

俞昌会（1）
《防海辑要》
Essentials of Coast Defence
1822 年

羽田亨（Haneda Toru）（1）
《元朝驛傳雜考》
A Study of the Post-Station System in the Yuan Dynasty
《東洋文庫》，京都，1930 年

原田淑人、駒井和愛（Harada Yoshito & Komai Kazuchika）（1）
《支那古器図攷》
Chinese Antiquities (Pt. 1, Arms and Armour; Pt. 2, Vessels [Ships] and Vehicles)
東方文化学院，东京，1937 年

袁嘉谷（1）
《滇绎》
The Story of Yunnan
昆明，1923 年

曾昭燏、蒋宝庚、黎忠义（1）
《沂南古画象石墓发掘报告》
Report on the Excavation of an Ancient [Han] Tomb with Sculptured Reliefs at I-nan [in Shan-tung] (c. +193)
南京博物馆、山东省文物管理处
文化部文物管理局，北京，1956 年

张福延（1）
中国森林史略
Historical Sketch of Forestry in China
《中华农学会报》，1930 (no. 77)，4

张含英（1）
《历代治河方略述要》
Outline History of the Engineering Works or the Control of the Yellow River
商务印书馆，重庆，1945 年

张含英（2）
《中国古代水利事业的成就》
Achievements of Hydraulic Engineering in Ancient and Medieval China
科学出版社，北京，1954 年

张星烺（1）
《中西交通史料汇篇》
Materials for the Study of the Intercourse of China with Other Countries
6 册
(1) 上古、欧洲
(2) 欧洲
(3) 非洲、阿拉伯
(4) 亚美尼亚、犹太和波斯
(5) 土耳其和中亚
(6) 印度

辅仁大学图书馆，北平，1930 年
张仲一、曹见宾、傅高杰、杜修均（*1*）
《徽州明代住宅》
The Ming Dwelling-Houses in Huichow.
建筑工程出版社，北京，1957 年
章鸿钊（*5*）
杭州西湖成因一解
On the Origins and Development of the West Lake at Hangchow
《中国地质学会会刊》，1922，**3**（no. 1），21，英文提要，26
赵泉澄（*1*）
十八世纪吕宋——咾哥航船来华记
A Ship' s Voyage from the Ilocos District in Luzon (Philippines) to China in the Eighteenth Century
《禹贡》，1937，6（no. 11），1
译文：Sun & de Francis（1），p. 353
郑鹤声（*1*）
《郑和》
Biography of Chêng Ho [great eunuch admiral of the +15th century]
胜利出版社，重庆，1945 年
郑鹤声（2）
中国历代治河文献考略
Bibliography of Works on River Control and Hydraulic Engineering
《真理杂志》，**1**（no. 4），433
郑鹤声（*4*）
《郑和遗事汇编》
Relics of Chêng Ho' s Naval Expeditions
上海，1948 年
郑肇经（*1*）
《中国水利史》
History of River Conservancy, Transport Canals and Irrigation Engineering in China
商务印书馆，长沙，1939 年
郑振铎（编）（*3*）
《宋张择端清明上河图卷》
[Album of] Reproductions of the Painting 'Going up the River to the Capital at the Spring Festival' finished by Chang Tse-Tuan in + 1126, with Introduction
《文物精华》，1959（no. 1）；及单行本，文物出版社，北京，1959 年
郑振铎（*4*）
《北京近郊文物的发掘与保护》
The Excavation and Conservation of Cultural Antiquities in the Neighbour-hood of Peking
《新华日报》，1955 年（12 月 31 日）
郑振铎（编）（*5*）
《中国版垂选》
A Collection of Wood-block Illustrations from Old Books
北京，1956 年
周世德（*1*）
从宝船厂舵杆的鉴定推论郑和宝船
An Estimate of (the Size of) the Great Treasure Ships of Chêng Ho based on the Discovery of a Rudder-Post at the Site of a Ming Shipyard [Chung-pao on the San-chha River near Nanking]
《文物》，1962（no. 3），35
参见《文物参考资料》，1957（no. 12），80
周藤吉之（Sudo Yoshiyuki）（1）
宋代の圩田と莊園制；特に江南東路について
A Study of the Reclamation of Land from Lakes and Old River-Beds in the lower Yangtze valley during the (Southern Thang and) Sung
《東洋文化研究所紀要》，1956，**10**，229
摘要：*RBS*，1956，**2**，no. 185
周一良（2）
鉴真的东渡与中日文化交流
The Mission of Chien-Chen (Kanshin) to Japan (735 年到 748 年) and Cultural Exchanges between China and Japan.
《文物》，1963（no. 9），1
周钰森（*1*）
《郑和航路考》
A Study of the Sea-Routes and Navigation of Chêng Ho
海运出版社，台北，1959 年

朱骏声（*1*）
《说雅》
Ancient Meanings of Words (an appendix to the *Shuo Wen*)
约1840年
朱启钤（*1*）
《存素堂入藏图书河渠之部目录》
Catalogue of Works on Rivers and Canals collected by Mr. Chu Chhi-Chhien
《中国营造学社汇刊》，1934，**5**（no. 1），98
朱启钤（*2*）
《牌楼算例》
A Study of Triumphal Gates and their Accepted Measurements
北京，无刊行日期
朱启钤（*3*）
《匡几图》
Diagrams of Boxable Tables [furniture; pieces which can be dismounted and fitted into one another]
Society for Research in the History of
中国营造学社，北京，1931年
（参见《燕几图》与《蝶几谱》的合编本）
朱启钤，梁启雄（*1*–*6*）
《哲匠录》（1–6）
Biographies of [Chinese] Engineers, Architects, Technologists and Master-Craftsmen
《中国营造学社汇刊》，1932，**3**（no. 1），123；1932，**3**（no. 2），125；1932，**3**（no. 3），91；1933，**4**（no. 1），82；1933，**4**（no. 2），60；934，**4**（no. 3及4），219
朱启钤，梁启雄和刘儒林（*1*）
《哲匠录》（7）
Biographies of [Chinese] Engineers, Architects, Technologists and Master-Craftsmen (continued)
《中国营造学社汇刊》，1934，**5**（no. 2），74
朱启钤、刘敦桢（*1*，*2*）
《哲匠录》（8，9）
Biographies of [Chinese] Engineers, Architects, Technologists and Master-Craftsmen (continued)
《中国营造学社汇刊》，1935，**6**（no. 2），114；1936，**6**（no. 3），148
朱偰（*1*）
《中国运河史料选辑》
Selected Materials for the History of the Grand Canal
中华书局，北京，1962年
竺可桢（*4*）
北宋沈括对于地学之贡献与纪述
The Contributions to the Earth Sciences made by Shen Kua in the Northern Sung Period
《科学》，1926年
竺沙雅章（Chikusa Masa-aki）（*1*）
宋代福建の社會と寺院
The Role of Buddhist Temples in the Economic and Social Life of Fukien in the Sung Period
《東洋史研究》，1956，**15**，170
住友友純、瀧精一、內藤虎次郎（Sumitomo Tomozumi, Taki Seiichi & Naito Torajiro）（*1*）
《泉屋清賞》
(Albums illustrating the Sumitomo Collection of Bronzes at Kyoto)
7册（1–5册及续刊9和10册）
大阪，1918~1926年
见濱田耕作、原田淑人和梅原末治（*1*）
足立喜六（Adachi Kiroku）（*1*）
《長安史蹟の研究》
Researches on the History and Archaeology of Chhang-an (the Chhin and Han capital of China).
2册
《東洋文庫論叢》，东京，1933年

C 西文书籍与论文

ABEL, SIR WESTCOTT (1). *The Shipwright's Trade*. Cambridge, 1948.
ABERCROMBIE, T. J. (1). 'Behind the Veil of Troubled Yemen.' *NGM*, 1964, **125**, 403.
ABEYASEKERA, H. P. (1). *Muturajavela* [*Wela*] (the swamp land along the coast north of Colombo). Ceylon Govt. Press, Colombo, 1954.
ADAM, L. (1). 'Das Problem der asiatisch-altamerikanischen Kulturbeziehungen mit besonderer Berücksichtigung der Kunst.' *WBKGA*, 1931, **5**, 40.
ADAM, P. (1). 'Navigation Primitive et Navigation Astronomique.' Art. in Proc. 5th International Colloquium of Maritime History, Lisbon, 1960. Abstract distributed in mimeographed form.
ADAM, P. & DENOIX, L. (1). 'Essai sur les Raisons de l'Apparition du Gouvernail d'Etambot.' *RHES*, 1962, **40**, 90.
ADAMS, E. AMERY (1). 'The Old Heytor Granite Railway.' *RTDA*, 1946, **78**, 153.
ADAMS, R. McC. (1). *Land Behind Baghdad; a History of Settlement on the Diyala Plains*. Univ. Chicago Press, Chicago and London, 1965. Rev. S. N. Kramer, *TCULT*, 1966, **7**, 74.
ADAMS, R. McC. (2). 'Early Civilisations, Subsistence and Environment.' Art. in *City Invincible; a Symposium on Urbanisation and Cultural Development in the Ancient Near East*. Univ. of Chicago, Chicago, 1960.
ADAMS, R. McC. See also Jacobsen, T. & Adams, R. McC.
ADAMS, WILL. (1) (shipwright). *Memorials of the Empire of Japan in the +16th and +17th Centuries* (*The Kingdome of Japonia*); *Letters of W.A. +1611 to +1617*, with commentary by T. Rundall. Hakluyt Society Pubs. Series 1, no. 8, 1850, repr. 1965.
ADNAN ADIVAR (1). On the *Tanksuq-nāmah-ī Īlkhān dar Funūn-i 'Ulūm-i Khiṭāi.' ISIS*, 1940 (appeared 1947), **32**, 44.
ALBERTI, L. B. (1). *De Re Aedificatoria*. Rembolt & Hornken, Paris, 1512. Ital. tr. *I Dieci Libri di Architettura*. Venice, 1546. Fr. tr. Paris, 1553. Eng. tr. London, 1726. See Olschki (5).
ALDRED, C. (1). 'Furniture, to the End of the Roman Empire.' Art. in *A History of Technology*, ed. C. Singer *et al.* Oxford, 1956, vol. **2**, p. 220.
ALEX, W. (1). *Japanese Architecture*. Prentice-Hall, London; Braziller, New York, 1963.
ALLARD, E. (1). *Les Phares; Histoire; Construction; Éclairage*. Rothschild, Paris, 1889.
ALLEY, REWI (1). 'Notes on some Highways in China.' *CJ*, 1937, **26**, 240.
ALLEY, REWI (3) (tr.). *Peace through the Ages; translations from the Poets of China*. Pr. pub. Peking, 1954.
ALLEY, R. (5). 'Pagodas and Towers in China.' *EHOR*, 1962, **2** (no. 5), 20.
ALLEY, R. (6) (tr.). *Tu Fu, Selected Poems*. Foreign Languages Press, Peking, 1962.
ALLEY, REWI (7). *Man against Flood; a story of the 1954 Flood on the Yangtze, and of the Reconstruction that followed it*. New World Press, Peking, 1956.
ALLOM, T. & PELLÉ, C. (1). *China, its Scenery, Architecture, Social Habits, etc. described and illustrated*. Fisher, London & Paris, n.d. [about 1830].
ALLOM T. & WRIGHT, G. N. (1). *China, in a Series of Views, displaying the Scenery, Architecture and Social Habits of that Ancient Empire, drawn from original and authentic Sketches by T.A— Esq., with historical and descriptive Notices by Rev. G.N.W—*. 4 vols. Fisher, London & Paris, 1843.
ALMAGIÀ, R. (2). *Il Mappemonde di Fra Mauro*. Ist. Poligrafico dello Stato & Libreria dello Stato, Rome, 1954.
DE ALMEIDA, FORTUNATO (1). *História de Portugal*. 3 vols. Coimbra, 1925.
AMES, OAKES (1). *Economic Annuals and Human Cultures*. Botanical Museum, Harvard Univ., Cambridge, Mass., 1939, repr. 1953.
ANDERS, LESLIE (1). *The Ledo Road; General Joseph W. Stilwell's Highway to China*. Univ. Oklahoma Press, Norman, Okla, 1965.
ANDERSON, A. R. (1). *Alexander's Gate, Gog and Magog, and the Enclosed Nations*. Cambridge, Mass., 1932. (Pubs. Medieval Acad. of America, no. 12; Monograph Ser. no. 5.)
ANDERSON, G. F. (1). 'The Wonderful Canals of China.' *NGM*, 1905, **16**, 68.
ANDERSON, R. & ANDERSON, R. C. (1). *The Sailing Ship; Six Thousand Years of History*. Harrap, London, 1926.
ANDERSON, R. C. (1). 'Correspondence with H. H. Brindley on Mediaeval Rudders.' *MMI*, 1926, **12**; 1927, **13**, 181.
ANDRADE, E. N. DA C. (1). 'Robert Hooke' (Wilkins Lecture). *PRSA*, 1950, **201**, 439. (The quotation concerning fossils is taken from the advance notice, Dec. 1949.) Also *N*, 1953, **171**, 365.

ANDREOSSY, F. (1). *Histoire du Canal du Midi, ou Canal de Languedoc; considéré sous les Rapports d'Invention, d'Art, d'Administration, d'Irrigation, et dans ses Relations avec les Étangs de l'Intérieur des Terres qui l'avoisinent*... 2 vols. Crapelet, Paris, 1804.

ANON. (7). 'Cane Bridges of Asia.' *NGM*, 1948, **94**, 243.

ANON. (9). 'UNRRA Relief for the Chinese People; a Report by CLARA.' Information Dept. CLARA, Shanghai, 1947 [n.b. UNRRA = United Nations Relief and Rehabilitation Administration; CNRRA = Chinese National Relief and Rehabilitation Administration (Kuomintang); CLARA = Chinese Liberated Areas Relief Association (Kungchangtang)].

ANON. (10). 'The Persian "Qanāts" (lines of boreholes connected by a tunnel below) in the Saharan oasis of Adrar.' *NGM*, 1949, **95**, 226.

ANON. (16). *La Charpente Chinoise (Toitures, Collonnes, Poteaux, Fermes, Balustrades, Plafonds) et la Menuiserie Chinoise (suite à la Charpente, comprenant de plus, Portes, Lambries, Caissons, Ornements, Sculptures, Balustrades); documents extraits de cahiers des Maitres Charpentiers de la Dynastie du Sung (10e et 11e siècles)*. 2 vols. 260 plates. Peiping, 1931–33.

ANON. (17). *Illustrated Catalogue of the Maze Collection of Chinese Junk Models in the Science Museum, London*. Pr. pr. Shanghai; pr. pub. London, 1938.

ANON. (19). 'George III's Embassy under Chinese Convoy.' *ASIA*, 1920, **20**, 877.

ANON. (20). 'On Watertight Compartments in Ships.' *MCMG*, 1824, **2**, 224.

ANON. (21). *London as it is Today; Where to go and What to see during the Great Exhibition*. Clarke, London, 1851.

ANON. (22) [perhaps Capt. Kellett]. *Description of the Junk 'Keying', printed for the Author, and Sold on Board the Junk*. Such, London, 1848.

ANON. (24). 'Deux Études Nouvelles sur les Techniques Maritimes aux 14e et 15e siècles.' *MC/TC*, 1952, **2**, 90.

ANON. (28). 'Report on the past twenty-five years work in Japan on the History of Chinese and Japanese Astronomy (to the Commission for the History of Astronomy of the International Astronomical Union).' *TIAU*, 1954, **8**, 626.

ANON. (37) (tr.). 'The Chinaman Abroad; or, a Desultory Account of the Malayan Archipelago, particularly of Java, by Ong-Tae-Hae' (Wang Ta-Hai's *Hai Tao I Chih Chai Lüeh* of +1791). *CMIS*, 1849 (no. 2), 1.

ANON. (41). *An Outline History of China*. Foreign Languages Press, Peking, 1958.

ANON. (47). *Prince Henry the Navigator and Portuguese Maritime Enterprise; Catalogue of an Exhibition at the British Museum, Sept. to Oct. 1960*. BM, London, 1960.

ANON. (48). *Pre-Hispanic Art of Mexico*. Instituto Nacional de Antropologia e Historia, Mexico City, 1946.

ANON. (50) (ed.). *Livre des Merveilles (Marco Polo, Odoric de Pordenone, Mandeville, Hayton, etc.); Reproduction des 265 Miniatures du MS français 2810 de la Bibliothèque Nationale*. 2 vols. Berthaud, Paris, 1908.

ANON. (51). *Sailing Directions for the Circumnavigation of England* (late +15th century). Ed. J. Gairdner & E. D. Morgan. Hakluyt Soc. London, 1889. (Hakluyt Society Pubs. 1st ser., no. 79.)

ANON. (53) (ed.). *Henri le Navigateur*. Comissão Executiva das Comemorações do Quinto Centenário da Morte do Infante Dom Henrique, Lisbon, 1960.

ANON. (54). 'The First Trains in Szechuan.' *CREC*, 1952, **1** (no. 2), 32.

ANON. (55). 'The Chungking–Chhêngtu Railway Completed.' *CREC*, 1952, **1** (no. 5), 19.

ANON (56). 'New Railway for the Nation's Birthday.' *CREC*, 1952, **1** (no. 6), 11.

ANON. (57). *Travellers' Guide to the Lung-Hai Railway*. Lung-Hai Rly Admin. Chêngchow, 1935.

ANON. (58). *China's Railways; a Story of Heroic Reconstruction*. For. Lang. Press, Peking, n.d. (1950).

ANON. (59). *Labour and Struggle; Glimpses of Chinese History*. Museum of Chinese History, Peking. (Supplement to *CREC*, Apr. 1960.)

ANON. (60). 'A Canal through the Mountains' (the utilisation of the water of the Thao River in Southern Kansu). *PKR*, 1958 (no. 24), 17.

ANON. (66). *L'Art Japonais à travers les Siècles*. Paris, 1958. (Art et Style ser., no. 46.)

ANON. (67). 'Miracle on the Yangtze' (an account of the Ching River retention-basin north of the Tung-thing Lake, with its three long regulator-sluice dams). *CREC*, 1952, **1** (no. 5), 6.

ANON. (68). 'A New Dam and Canal irrigating North Chiangsu' (account of the Sanho regulator-sluice dam near the Hungtsê Lake, and the North Chiangsu Irrigation Canal from the Lake direct to the sea). *CREC*, 1954, **3** (no. 4), 40.

ANON. (69). 'The Taming of the Yungting River' (account of the Kuanthing dam and reservoir on the Yungting River in Northern Hopei). *CREC*, 1953, **2** (no. 6), 10.

ANON. (70). '*Pukhagŭi*' (*Pei Hsüeh I*; a treatise by Pak Chega, +1750/1809, on Chinese technology, recommending its adoption in Korea). *KU/ARB*, 1962, **5** (no. 5), 20.

ANON. (72). *Water-Conservancy in New China* (album of photographs with bilingual captions and text). For the Ministry of Water-Conservancy; People's Art Pub. Ho., Shanghai, 1956.

ANON. (73) (ed.). *Folk-Tales from China*. 5 vols. For. Lang. Press, Peking, 1957– .
ANON. (74). *Exposição Henriquina* (Catalogue). Comissão Executiva das Comemo rações do Quinto Centenario da Morte do Infante Dom Henrique. Lisbon, 1960.
ANON. (75) (ed.). *Modern Paintings in the Chinese Style*. For. Lang. Press, Peking, 1960. (Supplement to *CREC*, 1960, no. 9.)
ANON. (81). 'Hand-built Highway [the Burma and Ledo Roads].' *MD*, 1967, **11** (no. 1), 320.
ANON. (82). *History of Road Development in India*. Central Road Research Inst., New Delhi, 1964. Rev. S. K. Ghaswala, *TCULT*, 1965, **6**, 301.
ANSON, G. A. ADMIRAL (1). *A Voyage Round the World in the Years 1740–1744*. Ed. R. Walter. London, 1748.
ANSTED, A. (1). *A Dictionary of Sea Terms*. Gill, London, 1898; Brown & Ferguson, Glasgow, 1933.
ANTHIAUME, A. (1). *Le Navire, sa Construction en France, et principalement chez les Normands*. Dumont, Paris, 1924.
ANTHIAUME, A. (2). *Le Navire, sa Propulsion en France, et principalement chez les Normands*. Dumont, Paris, 1924.
APIANUS, PETRUS [Peter Bienewitz] & FRISIUS, GEMMA [van der Steen] (1). *Cosmographia...sive Descriptio Universi Orbis Petri Apiani et Gemmae Frisii, jam demum integritati suae restituta...* Birckmann, Köln, 1574; Arnold Bellerus, Antwerp, 1584. The 1st edition of Apianus' *Cosmographia* was pr. Weyssenburg, Landshut, 1524. From the 2nd edition onwards (Birckmann, Antwerp; and de Sabio, Venice, 1533), the *Libellus de Locorum Describendorum Ratione* was combined with it. E.g. Paris, 1551.
APICIUS. See Flower & Rosenbaum (1).
ARLINGTON, L. C. & LEWISOHN, W. (1). *In Search of Old Peking*. Vetch, Peiping, 1935.
ARMBRUSTER, G. (1). 'Das *Shigisan Engi Emaki*; ein japanisches Rollbild aus dem 12 Jahrhundert.' *MDGNVO*, 1959, **11**, 1–290.
ARMILLAS, P. (1). 'Teotihuacán, Tula y los Toltecas; las Culturas post-arcaicas y pre-Aztecas del Centro de Mexico — Excavaciones y Estudios 1922–1950.' *RUNA*, 1950, **3**, 37.
ARNAIZ, G. (1). 'Construcción de los Edificios en las Prefecturas de Čoan-čiu [Chhuanchow?] y Čian-čiu, Fû-Kien sur, China.' *AN*, 1910, **5**, 907.
ASHBY, T. (1). *The Aqueducts of Ancient Rome*. Ed. I. A. Richmond. Oxford, 1935. Rev. R. C. Carrington, *AQ*, 1936, **10**, 127.
ASHLEY, C. W. (1). *Book of Knots*. Faber & Faber, London, 1944.
ASTON, W. G. (1) (tr.). '*Nihongi*', *Chronicles of Japan from the Earliest Times to +697*. Kegan Paul, London, 1896; repr. Allen & Unwin, London, 1956.
ATKINSON, W. C. (1) (tr.). *Camoens' 'The Lusiads'*. Penguin, London, 1952.
ATTWOOD, E. L. (1). *The Modern Warship*. CUP, Cambridge, 1913.
AUBERTIN, J. J. (1) (tr.). *The Lusiads of Camoens, translated...* 2 vols. (with Portuguese text on facing pages). Kegan Paul, London, 1878.
AUBOYER, J. (1). 'L'Influence Chinoise sur le Paysage dans la Peinture de l'Orient et dans la Sculpture de l'Insulinde.' *RAA/AMG*, 1935, **9**, 228.
AUDEMARD, L. (1). 'Quelques Notes sur les Jonques Chinoises.' *BAMM*, 1939, **9** (no. 1), no. 33, 205.
AUDEMARD, L. (2) (with the assistance of Shih Chun-Shêng). *Les Jonques Chinoises; I. Histoire de la Jonque* (posthumously edited by C. Nooteboom). Museum voor Land- en Volken-Kunde & Maritiem Museum Prins Hendrik, Rotterdam, 1957.
AUDEMARD, L. (3). *Les Jonques Chinoises; II. Construction de la Jonque*. Museum voor Land- en Volken-Kunde & Maritiem Museum Prins Hendrik, Rotterdam, 1959.
AUDEMARD, L. (4). *Les Jonques Chinoises; III. Ornementation et Types*. Museum voor Land- en Volken-Kunde & Maritiem Museum Prins Hendrik, Rotterdam, 1960.
AUDEMARD, L. (5). *Les Jonques Chinoises; IV. Description des Jonques*. Museum voor Land- en Volken-Kunde & Maritiem Museum Prins Hendrik, Rotterdam, 1962.
AUDEMARD, L. (6). *Les Jonques Chinoises; V. Haut Yang-tse Kiang*. Museum voor Land- en Volken-Kunde & Maritiem Museum Prins Hendrik, Rotterdam, 1963.
AUDEMARD, L. (7). *Les Jonques Chinoises; VI. Bas Yang-Tse Chiang*. Museum voor Land- en Volken-Kunde and Maritiem Museum Prins Hendrik, Rotterdam, 1965.
AUROUSSEAU, L. (2). 'La Première Conquête Chinoise des Pays Annamites.' *BEFEO*, 1923, **23**, 137.
AUROUSSEAU, L. (3). 'Le Mot Sampan est-il Chinois?' *BEFEO*, 1920, **20**.
AYSCOUGH, F. (2). 'Notes on the Symbolism of the Purple Forbidden City.' *JRAS/NCB*, 1921, **52**, 51; repr. as ch. 4 of *A Chinese Mirror*. Boston, 1925.

BABER, E. C. (1). *Travels and Researches in the Interior of China*. London, 1886.
BACHHOFER, L. (1). 'Die Raumdarstellung in der chinesischen Malerei der ersten Jahrtausends n. Chr.' *MJBK*, 1931, **8**, 197.

BACKHOUSE, E. & BLAND, J. O. P. (1). *Annals and Memoirs of the Court of Peking*. Heinemann, London, 1914.

BACOT, J., THOMAS, F. W. & TOUSSAINT, C. (1). *Documents de Touen-houang relatifs à l'Histoire du Tibet*. Geuthner, Paris, 1940–46. *BE/AMG*, no. 51.

BADDELEY, J. F. (2). *Russia, Mongolia, China; being some Record of the Relations between them from the Beginning of the +17th century to the Death of the Tsar Alexei Mikhailovitch (+1602 to +1676), rendered mainly in the form of Narratives dictated or written by the Envoys sent by the Russian Tsars or their Voevodas in Siberia to the Kalmuk and Mongol Khans and Princes, and to the Emperors of China; with Introductions Historical and Geographical, also a series of Maps showing the Progress of Geographical Knowledge in regard to Northern Asia during the +16th, +17th and early +18th Centuries; the Texts taken more especially from Manuscripts in the Moscow Foreign Office Archives*. . . 2 vols. Macmillan, London, 1919.

BAGROW, L. (2). *Die Geschichte der Kartographie*. Safari, Berlin, 1951.

BAIÃO, A. (1) (ed.). *Afonso de Albuquerque Cartas para el-Rei D. Manuel I*. Sá da Costa, Lisbon, 1942.

BAKER, MATTHEW (1). 'Fragments of Ancient English Shipwrightry.' MS. (draughts and plans) collected by Samuel Pepys and preserved in the Pepysian Library, Magdalene College, Cambridge, 1586.

BALAZS, E. (= S.) (1). 'La Crise Sociale et la Philosophie Politique à la Fin des Han.' *TP*, 1949, **39**, 83.

DE BALBOA, MIGUEL CABELLO (1). *Obras*. Ed. J. Jijón y Caamaño. Quito, 1945.

BALD, R. C. (1). 'Sir William Chambers and the Chinese Garden.' *JHI*, 1950, **11**, 287.

BALLARD, G. A. (1). 'Egyptian Square Sails.' *MMI*, 1919, **5**, 6.

BALTRUŠAITIS, J. (1). *Le Moyen Age Fantastique; Antiquités et Exotismes dans l'Art Gothique*. Colin, Paris, 1955.

BALTRUŠAITIS, J. (2). *Aberrations; quatre Essais sur la Légende des Formes*. Perrin, Paris, 1957.

BALTRUŠAITIS, J (3). *Anamorphoses ou Perspectives Curieuses*. Perrin, Paris, 1955.

BALTZER, (ADOLF W.) FRANZ (1). *Das japanische Haus; eine bautechnische Studie*. Ernst, Berlin, 1903. (Reprinted from *ZBW*.)

BALTZER, (ADOLF W.) FRANZ (2). *Die Architektur d. Kultbauten Japans*. Ernst, Berlin, 1907.

BANNISTER, T. C. (1). 'The First Iron-Framed Buildings.' *AREV*, 1950, **107**, 231.

BARATIER, E. & REYNAUD, F. (1). *Histoire du Commerce de Marseille (1291–1480)*. 2 vols. Paris, 1951.

BARBOSA, A. (1). *Novos Subsidios para a Histórica da Ciencia Náutica Portuguesa da Epoca dos Descobrimentos*. Lisbon, 1938; Porto, 1948.

BARBOSA, DUARTE (1). *A Description of the Coasts of East Africa and Malabar in the Beginning of the +16th Century, by D.B., a Portuguese*. Eng. tr. from a Spanish MS., by E. H. J. Stanley (Lord Stanley of Alderley). Hakluyt Society, London, 1866 (Hakluyt Soc. Pubs., 1st ser., no. 35). Eng. tr. from the Portuguese, by Hakluyt Society, London, 1918 (Hakluyt Soc. Pubs., 2nd ser., no. 44).

BARBOUR, G. B. (1). (*a*) 'The Loess of China.' *CJ*, 1925, **3**, 454, 509; *ARSI*, 1926, 279. (*b*) 'The Loess Problem of China.' *GM*, 1930, **67**, 458.

BARBOUR, G. B. (2). 'Physiographic History of the Yangtze.' *GJ*, 1936, **87**, 17. (Based on a survey expedition with Teilhard de Chardin & C. C. Yang.)

BARBOUR, G. B. (3). 'Recent Observations on the Loess of North China.' *GJ*, 1935, **86**, 54.

BARNETT, R. D. (1). 'Early Shipping in the Near East.' *AQ*, 1958, **32**, 220.

BAROCELLI, P. (1). 'Appunti sugli scavi della Terramare parmense del Castellazzo di Fontanellato.' *RPARA*, 1943, **20**, 193.

BARRESWIL (1). 'Sur le Blanc d'Ablette qui sert à la Fabrication de Perles Fausses.' *CRAS*, 1861, **53**.

DE BARROS, JOAÕ (1). *Décadas da Asia*. Década I (+1420 to +1505), Galharde, Lisbon, 1552; Década II (+1506 to +1515), Galharde, Lisbon, 1553; Década III (+1516 to +1525), Galharde, Lisbon, 1563; all republished together, Lisbon, 1628. Década IV (+1526 to +1538), Lisbon, 1615; Madrid, 1615.

BARROW, JOHN (1). *Travels in China*. London, 1804. German tr. 1804; French tr. 1805; Dutch tr. 1809.

BARROWS, H. K. (1). *Floods; their Hydrology and Control*. McGraw-Hill, New York, 1948.

BARTOCCINI, R. (1). *Le Pitture Etrusche di Tarquinia*. Martello, Milan, 1955.

BASS, G. F. (1). *Underwater Excavations at Yassı Ada; a Byzantine Shipwreck [dated by coins between +610 and +641]*. *JDAI/AA*, 1962, 538. (The strake-morticing of the hull not reported here, but known by private communications to other scholars later.)

BATES, M. S. (1). 'Problems of Rivers and Canals under Han Wu Ti.' *JAOS*, 1935, **55**, 303.

BAUDIN, L. (1). 'L'Empire Socialiste des Inka [Incas].' *TMIE*, 1928, no. 5.

BAYLIN, J. (1) (tr.). *Extraits des Carnets de Lin K'ing [Wanyen Lin-Chhing]; Sites de Pékin et des Environs vus par un Lettré Chinois*. Lim. ed., Nachbaur, Peiping, 1929. Reproduction of 26 illustrations and descriptions from the *Hung Hsüeh Yin Yuan Thu Shuo*.

BEAL, S. (1) (tr.). *Travels of Fah-Hian [Fa-Hsien] and Sung-Yün, Buddhist Pilgrims from China to India (+400 and +518)*. Trübner, London, 1869.

BEAL, S. (2) (tr.). '*Si Yu Ki [Hsi Yü Chi]*', *Buddhist Records of the Western World, translated from the Chinese of Hiuen Tsiang [Hsüan-Chuang]*. 2 vols. Trübner, London, 1881, 1884; 2nd ed. 1906. Repr. in 4 vols. with new title, *Chinese Accounts of India*.... Susil Gupta, Calcutta, 1957–8.

BEAL, S. (3) (tr.). *The Life of Hiuen Tsiang [Hsüan-Chuang] by the Shaman [Śramana] Hwui Li [Hui-Li], with an Introduction containing an account of the Works of I-Tsing [I-Ching]*. Trübner, London, 1888; Kegan Paul, London, 1911.

BEASLEY, W. G. & PULLEYBLANK, E. G. (1) (ed.). *Historians of China and Japan*. Oxford Univ. Press, London, 1961. (Historical Writing on the Peoples of Asia, Far East Seminar; Study Conference of the London School of Oriental Studies, 1956.)

BEATON, C. (1). *Chinese Album* (photographs). Batsford, London, 1945.

BEAUDOUIN, F. (1). 'Recherches sur l'Origine de deux Embarcations Portuguaises.' *AHES/AESC*, 1965, **20**, 564.

BEAUFOY, [MARK] COL. (1). *Nautical and Hydraulic Experiments, with numerous Scientific Miscellanies, Vol. 1* [all published]. Pr. pr. London, 1834.

BEAUFOY, [MARK] COL. (2). 'On the Spiral Oar; Observations on the Spiral as a Motive Power to impel Ships through the Water, with Remarks when applied to measure the Velocity of Water and Wind.' *TAP*, 1818, **12**, 246.

BEAUJOUAN, G. (1). 'Science Livresque et Art Nautique au 15e Siècle.' Art. in Proc. 5th International Colloquium of Maritime History, Lisbon, 1960. Distributed in mimeographed form.

BEAUJOUAN, G. & POULLE, E. (1). 'Les Origines de la Navigation Astronomique aux 14e et 15e Siècles.' Art. in Proc. 1st International Colloquium of Maritime History, Paris, 1956. Ed. M. Mollat & O. de Prat, p. 103.

BEAZLEY, C. R. (1). *The Dawn of Modern Geography*. 3 vols. (vol. 1, +300 to +900; vol. 2, +900 to +1260; vol. 3, +1260 to +1420). Vols. 1 and 2, Murray, London, 1897 and 1901. Vol. 3, Oxford, 1906.

BEAZLEY, C. R. (2). *Prince Henry the Navigator*. Putnam, New York, 1895; London, 1923.

BEAZLEY, C. R. & PRESTAGE, E. (1) (tr.). *The Chronicle of the Discovery and Conquest of Guinea [Gomes Eanes de Zurara's 'Crónica do Descobrimento e Conquista da Guiné']*. 2 vols. London, 1896, 1899. (Hakluyt Society Pubs. nos. 95 and 100.) The chronicle of de Zurara ends at +1448, twelve years before the death of Prince Henry.

BEBA, K. (1). 'Tibet Revisited' (on the China–Tibet roads). *CREC*, 1957, **6** (no. 6), 9.

BECK, T. (1). *Beiträge z. Geschichte d. Maschinenbaues*. Springer, Berlin, 1900.

BECKETT, P. H. T. (1). 'Waters of Persia.' *GGM*, 1951, **24**, 230.

BECKETT, P. H. T. (2). 'Qanats around Kerman.' *JRCAS*, 1953, **40**, 47; *JIS*, 1952 (Jan.).

BECKFORD, W. (1). *Vathek*. London, 1786.

BEDINI, S. A. (5). 'The Scent of Time; a Study of the Use of Fire and Incense for Time Measurement in Oriental Countries.' *TAPS*, 1963 (n.s.), **53**, pt. 5, 1–51. Rev. G. J. Whitrow, *A/AIHS*, 1964, **17**, 184.

BEDINI, S. A. (6). 'Holy Smoke; Oriental Fire Clocks.' *NS*, 1964, **21** (no. 380), 537.

VAN BEEK, G. W. (1). 'Ancient South Arabian Voyages to India.' *JAOS*, 1958, **78**, 147. Criticism by G. F. Hourani, 1960, **80**, 135, with rejoinder by G. W. van Beek, 1960, **80**, 136.

BEER, A., HO PING-YÜ, LU GWEI-DJEN, NEEDHAM, JOSEPH, PULLEYBLANK, E. G. & THOMPSON, G. I. (1). 'An 8th-century Meridian Line; I-Hsing's Chain of Gnomons and the Pre-History of the Metric System.' *VA*, 1961, **4**, 3.

BEFU, HARUMI & EKHOLM, G. F. (1). 'The True Arch in pre-Columbian America?' *CURRA*, 1964, **5**, 328.

BELDEN, J. (1). *China Shakes the World*. London, 1950.

DE BÉLIDOR, B. F. (1). *Architecture Hydraulique; ou l'Art de Conduire, d'Elever et de Menager les Eaux, pour les différens Besoins de la Vie*. 4 vols. Jombert, Paris, 1737–53.

BELL OF ANTERMONY, JOHN (1). *Travels from St Petersburg in Russia to Diverse Parts of Asia*.
Vol. 1. *A Journey to Ispahan in Persia, 1715 to 1718; Part of a Journey to Pekin in China, through Siberia, 1719 to 1721*.
Vol. 2. *Continuation of the Journey between Mosco and Pekin; to which is added, a translation of the Journal of Mr de Lange, Resident of Russia at the Court of Pekin, 1721 and 1722, etc., etc.* Foulis, Glasgow, 1763.
Repr. as *A Journey from St Petersburg to Pekin*, ed. J. L. Stevenson. University Press, Edinburgh, 1965.

BELL, R. (1) (tr.). *The Holy Qu'rān*. Clark, Edinburgh, 1937.

BELOCH, J. (1). *Die Bevölkerung der griechisch-römischen Welt*. Leipzig, 1886.

BENGTSON, H., MILOJČIĆ, V. *et al.* (1). *Grosser Historischer Weltatlas*. Bayerischer Schulbuch Verlag, München, 1958.

BENNETT, W. C. (1) (ed.). 'A Reappraisal of Peruvian Archaeology' (symposium). *MSAA*, no. 4; suppl. to *AMA*, 1948, **13** (no. 4).

BENOIT, F. (2). 'Un Port Fluvial de Cabotage; Arles et l'ancienne Marine à Voile du Rhône.' *AHES/AHS*, 1940, **2**, 199.
BENOIT, F. (4). Nouvelles Épaves de Provence. *GAL*, 1958, **16**, 5.
BENOIT, F. (5). 'Fouilles Sous-Marines; l'Épave du Grand Congloué à Marseille.' *GAL*, 1961, Suppl. **14**, 1–211.
BENSAÚDE, J. (1). *Histoire de la Science Nautique Portugaise à l'Époque des Grandes Découvertes; Collection de Documents*... Kuhn, later Obernetter, Munich, 1914–16. Facsimile reproductions, with introductions.
Vol. 1, *Regimento do Estrolábio e do Quadrante* and *Tractado da Spera do Mundo*. Munich copy, *c*. +1509.
Vol. 2, *Tratado da Spera do Mundo* and *Regimento da Declinaçam do Sol*. Evora copy, +1518.
Vol. 3, *Almanach Perpetuum Celestium Motuum Astronomi Zacuti cuius Radix est 1473* (*Tabulae Astronomicae Raby Abraham Zacuti...in Latinum translatae per Magistrum Joseph Vizinum...*). Augsburg copy, Leiria, +1496.
Vol. 4, *Tratado del Esphera y del Arte del Marear*, by Francisco Faleiro, Seville, +1535.
Vol. 5, *Tratado da Sphera, com a Theorica do Sol a da Lua e ho Primeiro Livro da Geographia de Claudio Ptolemeo Alexandrino*...', by Pedro Nunes, Lisbon, +1537.
Vol. 7, *Reportorio dos Tempos*, by Valentim Fernandes, Lisbon, +1563.
BENSAÚDE, J. (2). *L'Astronomie Nautique au Portugal à l'Époque des Grandes Découvertes*. Drechsel, Berne, 1912.
BENTHAM, LADY M. S. (1). *Life of Sir Samuel Bentham, formerly Inspector-Genera lof Naval Works, lately a Commissioner...with the distinct duty of Civil Architect and Engineer of the Navy*. Longman Green, London, 1862.
BENTHAM, SIR SAMUEL (1). See Guppy.
BERGIER, N. (1). *Histoire des Grands Chemins de l'Empire Romain*... 2 vols. Paris, 1622; Rheims, 1637; Brussels, 1728, 1736. Eng. tr. *The History of the Highways in all Parts of the World, more particularly in Great Britain*... London, 1712.
BERNARD, W. D. (1). *Narrative of the Voyages and Services of the 'Nemesis' from 1840 to 1843, and of the combined Naval and Military Operations in China; comprising a complete account of the Colony of Hongkong, and Remarks on the Character of the Chinese, from the Notes of Cdr. W. H. Hall, R.N., with personal observations*. 2 vols. Colburn, London, 1844.
BERNARD-MAÎTRE, H. (9). 'Deux Chinois du 18e siècle à l'École des Physiocrates Français.' *BUA*, 1949 (3e sér.), **10**, 151.
BERRY-HILL, H. & BERRY-HILL, S. (1). *Artist of the China Coast* [*George Chinnery, 1774 to 1852*]. S. Lewis, Leigh-on-Sea, 1963 (lim. ed.).
BERTUCCIOLI, G. (1). 'A Note on Two Ming Manuscripts of the *Pên-Tshao Phin-Hui Ching-Yao*.' *JOSHK*, 1956, **3**, 63.
BETHE, A. (1). 'Ü. d. Silbersubstanz in d. Haut von *Alburnus lucidus*.' *ZPC*, 1895, **20**, 472.
BEVERIDGE, W. M. (1). (*a*) 'Racial Differences in Phenomenal Regression.' *BJPC*, 1935, **26**, 59; (*b*) 'Some Racial Differences in Perception.' *BJPC*, 1940, **30**, 57.
BIEDERMANN, W. (1). 'Physiologie d. Stütz- und Skelett-substanzen.' Art. in *Handbuch d. vergl. Physiol.* Ed. H. Winterstein. Vol. 3, sect. 1, pt. 1, pp. 319–1185. Fischer, Jena, 1914.
BIELENSTEIN, H. (2). 'The Restoration of the Han Dynasty.' *BMFEA*, 1954, **26**, 1–209 and sep. Göteborg, 1953.
BINYON, L. (1). *Chinese Paintings in English Collections*. Van Oest, Paris & Brussels, 1927. (Eng. tr. of the French text in Ars Asiatica series, no. 9.)
BINYON, L. (2). *The George Eumorphopoulos Collection; Catalogue of the Chinese, Korean and Siamese Paintings*. Benn, London, 1928.
BIOT, E. (1) (tr.). *Le Tcheou-Li ou Rites des Tcheou* [*Chou*]. 3 vols. Imp. Nat., Paris, 1851. (Photographically reproduced Wêntienko, Peiping, 1930.)
BIOT, E. (3) (tr.). *Chu Shu Chi Nien* (Bamboo Books). *JA*, 1841 (3e sér.), **12**, 537; 1842, **13**, 381.
BIOT, E. (21). 'Mémoire sur les Déplacements du Cours Inférieur du Fleuve Jaune.' *JA*, 1843 (4e sér.), **1**, 432; **2**, 84, 307.
BIRK, A. (1). *Die Strasse; ihre Verkehrs u. bautechnische Entwicklung im Rahmen der Menschheitsgeschichte*. Karlsbad-Drahowitz, 1934.
BIRK, A. (2). 'Die Strassen des Altertums.' *BGTI/TG*, 1934, **23**, 6.
BIRRELL, V. (1). *Transpacific Contacts and Peru*. Proc. 35th Internat. Congress of Americanists, Mexico City, 1962. Vol. 1, p. 31.
BIRT, D. H. C. (1). *Sailing Yacht Design*. Ross, Southampton, 1951.
BISHOP, C. W. (6). 'An Ancient Chinese Capital; Earthworks at Old Chhang-An.' *AQ*, 1938, **12**, 68.
BISHOP, C. W. (7). 'Long-houses and Dragon-boats.' *AQ*, 1938, **12**, 411.
BISHOP, C. W. (8). 'Two Chinese Bronze Vessels.' *MUJ*, 1918, **9**, 99.

DE BISSCHOP, E. (1). *Kaimiloa; d'Honolulu à Cannes par l'Australie et le Cap à bord d'une Double Pirogue Polynésienne.* Paris, 1939.

BISWAS, A. K. (1). 'Hydrological Engineering prior to −600.' *PASCE/JHD*, 1967, **93**, 115. Discussion by G. Garbrecht, G. J. Requardt & N. J. Schnitter, 1968, **94**, 612.

BISWAS, A. K. (2). 'Irrigation in India; Past and Present.' *PASCE/JID*, 1965, **91**, 179.

BITTNER, M. (1) (tr.). *Die Topographischen Kapitel d. Indischen Seespiegels 'Mohît'* ['*Muḥīṭ* (*The Ocean*) *of Sidi 'Ali Reïs*]; *mit einer Einleitung sowie mit 30 Tafeln versehen, von W. Tomaschek.* K. K. Geographischen Gesellschaft, Vienna, 1897. (Festschrift z. Erinnerung an die Eroffnung des Seeweges nach Ostindien durch Vasco da Gama, +1497.)

BLACK, A. (1). *The Story of Bridges.* McGraw-Hill, New York & London, 1936.

BLAGDEN, C. O. (1). 'Notes on Malay History.' *JRAS/M*, 1909, no. 53.

BLAIR, E. H. & ROBERTSON, J. A. (1). *The Philippine Islands, +1493 to +1898.* 4 vols. Cleveland, Ohio, 1903.

BLAKE, M. E. (1). *Ancient Roman Construction in Italy from the Prehistoric Period to Augustus.* Carnegie Institution, Washington, 1947 (Pub. No. 570).

BLAKISTON, T. W. (1). *Five Months on the Yang-tsze.* London, 1862.

DE LA BLANCHÈRE, M. R. (1). Art. 'Fossa' (Canals and Hydraulic Works). In Daremberg & Sagliò, II, 1321.

BLOCH, R. (1). *Etruscan Art.* New York Graphic Society, New York, 1959.

BLOCHET, E. (1). *Mussulman Painting, +12th to +17th Century.* Tr. C. M. Binyon, introd. E. D. Ross. Methuen, London, 1929.

BLÜMNER, H. (1). *Technologie und Terminologie der Gewerbe und Künste bei Griechern und Römern.* 4 vols. Teubner, Leipzig & Berlin, 1912.

BODDE, D. (15). *Statesman, Patriot and General in Ancient China.* Amer. Or. Soc., New Haven, Conn. 1940. (Biographies of Lü Pu-Wei, Ching Kho and Mêng Thien.)

BODDE, D. (21). 'Myths of Ancient China.' Art. in *Mythologies of the Ancient World*, ed. S. N. Kramer. Doubleday, New York, 1961.

BOEHLING, H. B. H. (1). 'Chinesische Stampfbauten' (making of pisé-de-terre walls). *S*, 1951, **3**, 16.

BOERSCHMANN, E. (1). *Chinesische Architektur.* 2 vols. Wassmuth, Berlin, 1925.

BOERSCHMANN, E. (2). *Baukunst und Religiöse Kultur der Chinesen.* 2 vols; vol. 1, P'u T'o Shan (the famous island with its many Buddhist temples off the coast of Chiangsu); vol. 2, Gedächtnistempel (memorial temples both Taoist and Confucian, esp. those of Chang Liang at Miaot'ai-tzu in Shensi, of Li Ping and Li Erh-Lang at Kuanhsien in Szechuan, of Confucius in Shantung, etc. etc.). Reinier, Berlin, 1911.

BOERSCHMANN, E. (3). *Baukunst und Landschaft in China.* Wassmuth, Berlin, n.d. (about 1912, 1919, 1925). Fr. edn. *La Chine Pittoresque.* Calavas, Paris, n.d. (about 1920). (Photographs taken from 1906 to 1909.)

BOERSCHMANN, E. (3a). *China; Architecture and Landscape—a Journey through Twelve Provinces.* Studio, London, n.d. (1928–1929). Eng. ed. of Boerschmann (3).

BOERSCHMANN, E. (4). [*Chinesische*] *Pagoden, Pao-Tha* (vol. 1; only one vol. published). de Gruyter, Berlin & Leipzig, 1931. (Die Baukunst und religiöse Kultur der Chinesen, vol. 3.)

BOERSCHMANN, E. (5). *Chinesische Baukeramik.* Lüdtke, Berlin, 1927.

BOERSCHMANN, E. (6). 'K'uei-sing [Khuei Hsing]-türme und Fêngshui-Säulen.' *AM*, 1925, **2**, 503.

BOERSCHMANN, E. (7). 'Pagoden d. Sui- u. frühen Thang-Zeit.' *OAZ*, 1924, **11**, 195.

BOERSCHMANN, E. (8). 'Chinese Architecture and its Relation to Chinese Culture.' *ARSI*, 1911, 539 (tr. from *ZFE*, 1910, **42**, 390).

BOERSCHMANN, E. (10). 'Beobachtungen über Wassernutzung in China.' *ZGEB*, 1913, 516.

BOGLE, G. See Markham, C.-R. (1).

BOLL, F. (1). *Sphaera.* Teubner, Leipzig, 1904.

BON, A. M. & BON, A. (1). 'Les Timbres Amphoriques de Thasos.' In *Études Thasiennes*, vol. 4. École Fr. d'Athènes, Paris, 1957.

BONATZ, P. & LEONHARDT, F. (1). *Brücken.* Langewiesche, Königstein i/Taunus 1951.

BONNARD, L. (1). *La Navigation Intérieure de la Gaule à l'Époque Gallo-Romane.* Picard, Paris, 1913.

BOOKER, P. J. (1). *A History of Engineering Drawing.* Chatto & Windus, London, 1963. Rev. D. Chilton, *TCULT*, 1965, **6**, 128.

BOREUX, C. (1). *Études de Nautique Égyptienne.* Instit. Français d'Archéol. Orient. Cairo, 1924.

BOSWELL, J. (1). *The Life of Samuel Johnson Ll.D.* 6th ed. 4 vols. Cadell & Davies, London, 1811.

BOUCHAYER, A. (1). *Marseille; ou la Mer qui Monte.* Paris, 1931.

BOUCHÉ-LECLERCQ, A. (1). *L'Astrologie Grecque.* Leroux, Paris, 1899.

BOUILLARD, G. (1). *Les Tombeaux Impériaux.* Peking, 1931.

BOUILLARD, G. & VAUDESCAL, C. (1). 'Les Sépultures Imperiales des Ming (Che-san Ling) [Shih San Ling].' *BEFEO*, 1920, **20**, no. 3.

DE BOURBOURG, E. C. BRASSEUR (1). '*Popol Vuh*', *ou Livre Sacré...des Quichés.* Durand, Paris, 1861.

BOURDON, C. (1). 'Anciens Canaux, Anciens Sites et Ports de Suez.' *MSRGE*, 1925, **7**, 1.
BOURDON, L. (1). 'Introduction à la Traduction du *Chronique de Guinée* (Gomes Eanes de Zurara) par L. Bourdon & R. Ricard.' *MIFAN*, 1960 (no. 60).
BOURNE, F. S. A. (1). *Report of a Journey in South-west China, presented to both Houses of Parliament.* HMSO, London, 1888.
BOURNE, WILLIAM (1). *A Regiment for the Sea, conteining very necessary Matters for all sorts of Seamen and Travellers, as Masters of Ships, Pilots, Mariners and Marchaunts, newly corrected and amended by the Author; whereunto is added a Hidrographicall Discourse to goe unto Cattay [Cathay], five severall Wayes...* East & Wight, London, 1580. Earlier editions, not including the Hydrographical Discourse, 1574, 1577. Reprinted 1584, 1587, revised 1592, repr. 1596, 1601, 1620, 1631. Dutch tr. 1594 repr. 1609. See Taylor (13).
BOVILL, E. W. (1). *Caravans of the Old Sahara.* Oxford, 1933.
BOVILL, E. W. (2). *The Golden Trade of the Moors.* Oxford, 1958.
BOWEN, R. LE B. (1). 'Arab Dhows of Eastern Arabia.' *ANEPT*, 1949, **9**, 87. Also separately, as pamphlet, enlarged, pr. pr. Rehoboth, Mass. U.S.A., 1949.
BOWEN, R. LE B. (2). 'Eastern Sail Affinities.' *ANEPT*, 1953, **13**, 81 and 185. Comment by R. C. Anderson, 1953, **13**, 213.
BOWEN, R. LE B. (3). 'The Dhow Sailor.' *ANEPT*, 1951, **11** (no. 3).
BOWEN, R. LE B. (4). 'Primitive Watercraft of Arabia.' *ANEPT*, 1952, **12** (no. 3).
BOWEN, R. LE B. (5). 'Pearl Fisheries of the Persian Gulf.' *MEJ*, 1951, April.
BOWEN, R. LE B. (6). 'Marine Industries of Eastern Arabia.' *GR*, 1951, July.
BOWEN, R. LE B. (7). 'Maritime Superstitions of the Arabs.' *ANEPT*, 1955, **15**, 5; 'Origin and Diffusion of Oculi.' *ANEPT*, 1957, **17**, 262; 'The Origin and Diffusion of Oculi.' *ANEPT*, 1958, **18**, 235.
BOWEN, R. LE B. (8). 'Boats of the Indus Civilisation.' *MMI*, 1956, **42**, 279.
BOWEN, R. LE B. (9). 'The Origins of Fore-and-Aft Rigs.' *ANEPT*, 1959, **19**, 155 and 274.
BOWEN, R. LE B. (10). 'Experimental Nautical Research; Third-Millennium B.C. Egyptian Sails.' *MMI*, 1959, **45**, 332. Crit. King-Webster (1).
BOWEN, R. LE B. (11). 'Egypt's Earliest Sailing-Ships.' *AQ*, 1960, **34**, 117.
BOWEN, R. LE B. (12) (with appendices by G. W. van Beek & A. Jamme). *Researches [on Ancient Irrigation] in South Arabia (the Yemen).* Reprint from R. le B. Bowen & F. P. A. Albright, *Archaeological Discoveries in South Arabia.* Johns Hopkins Press, Baltimore, 1958. Pr. pub. with grants from Mellon Trust and Scaife Foundation, 1958.
BOWEN, R. LE B. (13). 'Early Arab Ships and Rudders.' *MMI*, 1963, **49**, 303. A consideration of the al-Ḥarīrī picture.
BOWER, URSULA G. (1). *The Hidden Land.* Murray, London, 1953. (The Abor country near Karko in Northern Assam on the Tibetan border; suspension-bridges.)
BOWREY, T. (1). *A Geographical Account of the Countries round the Bay of Bengal, 1669–1675.* Hakluyt Society, London, 1905. (Hakluyt Society Pubs. 2nd series, no. 12.)
BOXER, C. R. (1) (ed.). *South China in the Sixteenth Century; being the Narratives of Galeote Pereira, Fr. Gaspar da Cruz, O.P., and Fr. Martin de Rada, O.E.S.A. (1550–1575).* Hakluyt Society, London, 1953. (Hakluyt Society Pubs. 2nd series, no. 106.)
BOXER, C. R. (3). 'S. R. Welch and the Portuguese in Africa.' *JAH*, 1960, **1**, 55.
BOXER, C. R. (4). *Fidalgos in the Far East.* Nijhoff, The Hague, 1948.
BOXER, C. R. & DE AZEVEDO, C. (1). *Fort Jesus and the Portuguese in Mombasa, +1593 to +1729.* Hollis & Carter, London, 1960.
[BOYD, ANDREW] (1). *Chinese Architecture* (Introduction to the Catalogue of the Exhibition prepared by the Architectural Society of China and shown at the Royal Institute of British Architects, 1959). R.I.B.A., London, 1959. Rev. R. Banham, *NSN*, 1959, 79.
BOYD, A. (2). *Chinese Architecture and Town Planning, −1500 to 1911.* Tiranti, London, 1962. For a biography of Andrew Boyd, see Hollamby (1).
VAN BRAAM HOUCKGEEST, A. E. (1). *An Authentic Account of the Embassy of the Dutch East-India Company to the Court of the Emperor of China in the years 1794 and 1795 (subsequent to that of the Earl of Macartney), containing a Description of Several Parts of the Chinese Empire unknown to Europeans; taken from the Journal of André Everard van Braam, Chief of the Direction of that Company, and Second in the Embassy.* Tr. L. E. Moreau de St Méry. 2 vols., map, but no index and no plates; Phillips, London, 1798. French ed. 2 vols, with map, index and several plates; Philadelphia, 1797. The two volumes of the English edition correspond to vol. 1 of the French edition only.
BRANGWYN, F. & SPARROW, W. S. (1). *A Book of Bridges.* Lane, London, 1915.
BRASIO, ANTONIO (1). *A Accão Missionária no Período Henriquino.* Comissão Executiva das Comemorações do Quinto Centenário da Morte do Infante Dom Henrique. Lisbon, 1958. (Colecção Henriquina, no. 9.)

BRAUDEL, F. (1). *La Mediterranée et le Monde mediterranéen à l'Epoque de Philippe II.* Colin, Paris, 1949.
BRAZIER, J. S. (1). 'Analysis of Brick from the Great Wall of China.' *JRAS/NCB*, 1886, **21**, 232.
BRETSCHNEIDER, E. (1). *Botanicon Sinicum; Notes on Chinese Botany from Native and Western Sources.* 3 vols. Trübner, London, 1882 (printed in Japan). (Repr. from *JRAS/NCB*, 1881, **16**.)
BRETSCHNEIDER, E. (2). *Mediaeval Researches from Eastern Asiatic Sources; Fragments towards the Knowledge of the Geography and History of Central and Western Asia from the +13th to the +17th Century.* 2 vols. Trübner, London, 1888.
BRETSCHNEIDER, E. (3). 'Chinese Intercourse with the Countries of Central and Western Asia during the 15th Century' [Introduction]. *CR*, 1875, **4**, 312. Reprinted in Bretschneider (2), vol. 2, p. 157.
BRETSCHNEIDER, E. (4). 'Chinese Intercourse with the Countries of Central and Western Asia during the 15th century. II. A Chinese Itinerary of the Ming Period from the Chinese Northwest Frontier to the Mediterranean Sea'. *CR*, 1876, **5**, 227. (Reprinted (abridged) in Bretschneider (2), vol. 2, p. 329.)
BRETSCHNEIDER, E. (5). *Recherches Archéologiques et Historiques sur Pékin et ses Environs.* Tr. V. Collin de Plancy, 1879.
BRETSCHNEIDER, E. (7). 'Chinese Intercourse with the Countries of Central and Western Asia during the 15th century: I, Accounts of Foreign Countries and especially those of Central and Western Asia, drawn from the *Ming Shih* and the *Ta Ming I Thung Chih.*' *CR*, 1875, **4**, 385; 1876, **5**, 13, 109, 165.
BRETSCHNEIDER, E. (8). *Notes on Chinese Mediaeval Travellers to the West.* American Presbyterian Mission Press, Shanghai, and Trübner, London, 1875 (with an appendix by A. Wylie). Reprinted from *CR*, 1874, **5**, 113, 173, 237, 305; 1875, **6**, 1, 81.
BRETSCHNEIDER, E. (11). 'Über das Land Fu-Sang.' *MDGNVO*, 1876, **2**, 1.
BREUSING, A. (1). *Die nautischen Instrumente bis zur Erfindung des Spiegelsextanten.* Bremen, 1890.
BRIGGS, M. S. (1). *Muhammadan Architecture in Egypt and Palestine.* Oxford, 1924.
BRIGGS, M. S. (2). *A Short History of the Building Crafts.* Oxford, 1925.
BRIGGS, M. S. (3). 'Building Construction [in the Mediterranean Civilisations and the Middle Ages].' Art. in *A History of Technology*, ed. C. Singer *et al.* Vol. 2, p. 397. Oxford, 1956.
BRIGHAM, W. T. (1). *Guatemala.* 1887.
BRINDLEY, H. H. (1). 'Primitive Craft; Evolution or Diffusion?' *MMI*, 1932, **18**, 303.
BRINDLEY, H. H. (2). 'The Evolution of the Sailing Ship.' *PRPSG*, 1926, **54**, 96.
BRINDLEY, H. H. (3). 'Some Notes on Mediaeval Ships.' *CAS/PC*, 1916, **21**, 83.
B[RINDLEY], H. H. (4). 'Early Sprit-Sails.' *MMI*, 1914, **4**, 221; 1920, **6**, 248.
BRINDLEY, H. H. (5). 'Mediaeval Rudders' [and the earliest sprit-sail rig]. *MMI*, 1926, **12**, 211, 232, 346; 1927, **13**, 85.
BRINDLEY, H. H. (6). 'Early Pictures of Lateen Sails.' *MMI*, 1926, **12**, 9.
BRINDLEY, H. H. (7). 'The Sailing Balsa of Lake Titicaca and other Reed-Bundle Craft.' *MMI*, 1931, **17**, 7.
BRINDLEY, H. H. (8). 'Notes on the Boats of Siberia.' *MMI*, 1920, **5**, 66, 101, 130, 184, **6**, 15.
BRINDLEY, H. H. (9). 'The "Keying"' [a Chinese junk which was sailed round the world in 1848]. *MMI*, 1922, **8**, 305.
BRINDLEY, H. H. (10). 'A Bronze-Age Anchor.' *MMI*, 1927, **13**, 5.
BRINDLEY, H. H. (11). 'Chinese Anchors.' *MMI*, 1924, **10**, 399.
BRINTON, S. (1). *Francisco di Giorgio Martini of Siena; painter, sculptor, engineer, civil and military architect.* 2 vols. Besant, London, 1934.
BRITTAIN, R. (1). *Rivers, Man and Myths.* Doubleday, New York, 1958; Longmans, London, 1958.
BROCHADO, COSTA (1). *O Piloto Árabe de Vasco da Gama.* Comissão Executiva das Comemorações do Quinto Centenário da Morte do Infante Dom Henrique. Lisbon, 1959.
BROCHADO, COSTA (2). *The Discovery of the Atlantic* (tr. of 'O Descobrimento do Atlántico'). Comissão Executiva das Comemorações do Quinto Centenário da Morte do Infante Dom Henrique. Lisbon, 1960. (Colecção Henriquina, no. 3.) French tr. in *Henri le Navigateur*, ed. Anon. (53), p. 57.
BROCHADO, COSTA (3). *Historiógrafos dos Descobrimentos.* Comissão Executiva das Comemorações do Quinto Centenário da Morte do Infante Dom Henrique. Lisbon, 1960. (Colecção Henriquina, no. 12.)
BROCHADO, COSTA (4). 'La Vie et l'Oeuvre du Prince Henri le Navigateur.' Art. in *Henri le Navigateur*, ed. Anon. (53), p. 9. Lisbon, 1960.
BRØGGER, A. W. & SCHETELIG, H. (1). *The Viking Ships.* Oslo, 1951.
BROHIER, R. L. (1). *Ancient Irrigation Works in Ceylon.* 3 vols. Ceylon Govt. Press, Colombo.
Vol. 1. *Tamankaduwa district, Polonnaruwa systems, Parākrama Samudra etc., Minipe-ela, Elahera-ela, Minneriya-wewa, Padawiya- and Wahalkada-wewas.* 1934. Repr. 1949.
Vol. 2. *Kala-wewa, Jaya-ganga and the Anurādhapura tanks, the Vanni and the Jaffna peninsula, Mannar, Pomparippu, the Giants' Tank and the Tabbowa-wewa projects.* 1935. Repr. 1950.
Vol. 3. *The Maya Ratta and Ruhunu Ratta, the Walawe Ganga catchment, and the works of the Eastern Seaboard.* 1935.

BROHIER, R. L. (2). 'Some Structural Features of the Ancient Works in Ceylon for Storing and Distributing Water.' *TEAC*, 1956, **50**, 29.
BROHIER, R. L. & ABEYWARDENA, D. F. (1). *The History of Irrigation and Agricultural Colonisation in Ceylon; the Tamankaduwa District and the Elahera-Minneriya Canal.* Ceylon Govt. Press, Colombo, 1941.
BROHIER, R. L. & PAULUSZ, J. H. O. (1). *Land Maps and Surveys; Descriptive Catalogue of Historical Maps in the Surveyor-General's Office, Colombo.* 2 vols. Ceylon Govt. Press, Colombo, 1950, 1951.
BROMEHEAD, C. E. N. (6). 'The Early History of Water Supply.' *GJ*, 1942, **99**, 142 and 183.
BRONEER, O. (1). 'The Corinthian Isthmus and the Isthmian Sanctuary.' *AQ*, 1958, **32**, 80.
BROOKS, C. W. (1). 'A Report on Japanese Vessels Wrecked in the North Pacific Ocean, from the Earliest Records to the Present Time.' *PCAS*, 1876 (1875), **6**, 50.
BROOKS, C. W. (2). 'Early Migrations—the Ancient Maritime Intercourse of Western Nations before the Christian Era, ethnologically considered and Chronologically arranged; illustrating Facilities for Migration among early types of the Human Race.' *PCAS*, 1876 (1875), **6**, 67.
BROOKS, C. W. (3). 'The Origin and Exclusive Development of the Chinese Race—an Inquiry into the Evidence of their American Origin, suggesting a great Antiquity of the Human Races on the American Continent.' *PCAS*, 1876 (1875), **6**, 95.
BROWN, A. C. (1). *Twin Ships.* Mariners' Museum, Newport News, 1939.
BROWN, C. B. (1). 'Sediment Transportation.' Art. in *Engineering Hydraulics* (Proc. 4th Hydraulics Conference, Iowa Inst. of Hydraulics Research, 1949). Ed. H. Rouse. P. 769. Wiley, New York; Chapman & Hall, London, 1950.
BROWN, LLOYD A. (1). *The Story of Maps.* Little Brown, Boston, 1949.
BROWN, R. H. (1). *The Fayum and Lake Moeris.* Stanford, London, 1892.
BRUHL, ODETTE & LÉVI, S. (1). *Indian Temples.* Oxford Univ. Press, Bombay, 1937; Calcutta, 1939.
BRUNET, P. & MIELI, A. (1). *L'Histoire des Sciences (Antiquité).* Payot, Paris, 1935.
DU BUAT, P. L. G. (1). *Principes d'Hydraulique.* Paris, 1779. Enlarged ed. 2 vols. 1786; enlarged posthumous ed. 3 vols. 1816.
BUCK, J. LOSSING (1). *Land Utilisation in China.*
BUCK, J. LOSSING (2). *Chinese Farm Economy.*
BUDGE, E. A. WALLIS (1). *Guide to the Egyptian Collections in the British Museum.* Brit. Mus. Trustees, London, 1909, and subsequent editions.
BUDKER, P. (1). 'Entretien avec Manfred Curry.' *NEPT*, 1949, no. 14, 8.
BUFFET, B. & EVRARD, R. (1). *L'Eau Potable à travers les Ages.* Solédi, Liége, 1950.
BULLING, A. (1). 'Descriptive Representations in the Art of the Chhin and Han Period.' Inaug. Diss., Cambridge, 1949.
BULLING, A. (2). 'Die Chinesische Architektur von der Han-Zeit bis zum Ende der Thang-Zeit.' Inaug. Diss., Berlin, 1936. Subsequently privately published (Imprimerie Franco-Suisse, Lyon), in two fascicules, the first of text, the second of illustrations, and for some time available at the International Chinese Library, Geneva.
BULLING, A. (3). 'Two Models of Chinese Homesteads.' *BUM*, 1937, **71**, 153.
BULLING, A. (5). 'Die Kunst der Totenspiele in der östlichen Han-zeit.' *ORE*, 1956, **3**, 28.
BULLING, A. (9). 'Buddhist Temples in the Thang Period.' *ORA*, 1955 (n.s.) **1**, 79 and 115.
BULLING, A. (11). 'A Landscape Representation of the Western Han Period (*c.* −60, in a tomb near Chêngchow).' *AA*, 1962, **25**, 293.
BULLING, A. (12). 'Hollow Tomb Tiles; Recent Excavations and their Dating.' *ORA*, 1965, **11**.
BULLING, A. (13). 'Three Popular Motifs in the Art of the Later Han Period; the Lifting of the Tripod, the Crossing of a Bridge, Divinities.' *AART*, 1967, **20**, 25.
BURFORD, A. M. (2). 'The Economics of Greek Temple Building.' *PCPS*, 1965 (no. 191), 21.
BURKILL, I. H. (1). *A Dictionary of the Economic Products of the Malay Peninsula* (with contributions by W. Birtwhistle, F. W. Foxworthy, J. B. Scrivenor & J. G. Watson). 2 vols. Crown Agents for the Colonies, London, 1935.
BURKILL, I. H. (2). 'James Hornell (1865 to 1949).' *PLS*, 1949, **161**, 244.
BURTON, SIR RICHARD F. (2) (tr.). *Os Lusiadas (The Lusiads), englished by R.F.B....* 2 vols. Ed. I. Burton. Quaritch, London, 1880.
BUSCHAN, G., BYHAN, A., VOLZ, W., HABERLANDT, A. & M., & HEINE-GELDERN, R. (1). *Illustrierte Völkerkunde.* 2 vols. in 3. Stuttgart, 1923.
BUSH, ROWENA E. & CULWICK, A. T. (1). *Illustration for Africans.* Technical Report to the Government of Tanganyika, undated (*c.* 1950), available for consultation in the United Africa Company Library, London.
BUSHELL, S. W. (3). 'The Early History of Tibet.' *JRAS*, 1880, n.s., **12**, 435, 538.
BUSHNELL, G. H. S. (1) 'Radio-carbon Dates and New World Chronology.' *AQ*, 1961, **35**, 286.

CAHEN, C. (3). 'Le Service de l'Irrigation en Iraq au Début du 11e Siècle.' *BEO/IFD*, 1950, **13**, 117.

CAHEN, G. (1). *Some Early Russo-Chinese Relations*. Tr. and ed. W. S. Ridge. National Review, Shanghai, 1914. Repr. Peking, 1940. Orig. ed. *Histoire des Relations de la Russie avec la Chine sous Pierre le Grand (+1689 à +1730)*. 1912.

CALDER, RITCHIE (1). *The Inheritors*. Heinemann, London, 1961.

CALDER, W. M. (1). 'The Royal Road in Herodotus.' *CLR*, 1925, **39**, 7.

CALLENDAR, G. (1). 'Punts and Shouts.' *MMI*, 1923, **9**, 117.

CALVERT, R. (1). *Inland Waterways of Europe*. Allen & Unwin, London, 1963.

CALZA, G. (1). *Ostia*. Libreria dello Stato, Rome, 1950. (Ministero della Pubblica Istruzione; Itinéraires des Musées et Monuments d'Italie.)

CAMMANN, S. VAN R. (6). 'Chinese Carvings in Hornbill Ivory.' *SMJ*, 1951, **5**, 293.

DE CAMOENS, LUIS (1). *Os Lusiados*. Lisbon, 1572 (facsimile Lisbon, 1943). Eng. tr. see Fanshawe, R. (1); Aubertin, J. J. (1) (with Portuguese); Burton, R. F. (2); Atkinson, W. C. (1) (prose); Mickle, W. J. (1) (Popian couplets, not recommended, and contains insertions and deletions, but with interesting notes).

ÇAMORANO, RODRIGO (1). *Compendio de la Arte de Navegar*. Seville, 1581; 2nd ed. 1588.

DE CAMP, L. SPRAGUE (1). 'Sailing Close-Hauled.' *ISIS*, 1959, **50**, 61.

DE CAMP, L. SPRAGUE (2). 'The "Darkhouse" of Alexandria.' *TCULT*, 1965, **6**, 423.

CAMPBELL, D. T. (1). 'Distinguishing Differences of Perception from Failures of Communication in Cross-Cultural Studies.' Art. in *Cross-Cultural Understanding; Epistemology in Anthropology* (a Wenner-Gren Foundation Symposium). Ed. F. S. C. Northrop & H. H. Livingston. Harper & Row, New York, 1964, p. 308.

DE CANDOLLE, ALPHONSE (1). *The Origin of Cultivated Plants*. Kegan Paul, London, 1884. Tr. from the French ed. Geneva, 1882.

CAPART, J. (1). *L'Art Égyptien*. Vromant, Brussels & Paris, 1922.

CAPOT-REY, R. (1). *Géographie de la Circulation sur les Continents*. Gallimard, Paris, 1946.

CAREY, H. F. (1). 'Transportation on the Yangtze Kiang.' *CJ*, 1929, **10**, 249.

CAREY, H. F. (2). 'Romance on the Great River' (the Yangtze). *CJ*, 1932, **17**, 276.

CARLES, W. R. (1). 'The Yangtze Kiang.' *GJ*, 1898, **12**, 225.

CARLES, W. R. (2). 'The Grand Canal of China.' *JRAS/NCB*, 1896, **31**, 102.

CARLINI, CAPT. (1). *Le Gouvernail dans l'Antiquité*. Communication to the Association Technique Maritime et Aéronautique, 1935. (Brochure without bibliographical identifications.)

CARMONA, A. L. B. ADM. (1). *Lorchas, Juncos e outros Barcos usados no Sul da China, a Pesca em Macau e Arredores*. Imprensa Nacional, Macao, 1954.

CARPEAUX, C. (1). *Le Bayon d'Angkor Thom; Bas-Reliefs publiés...d'après les documents receuillis par le Mission Henri Dufour*. Leroux, Paris, 1910.

CARPENTER, R. (1). 'On Greek ships.' *AJA*, 1948, **52**, 1.

CARTER, G. F. (1). 'Plants across the Pacific.' Art. in *MSAA*, no. 9; suppl. to *AMA*, 1953, **18** (no. 3), p. 62.

CARTER, T. F. (1). *The Invention of Printing in China and its Spread Westward*. Columbia Univ. Press, New York, 1925, revised ed. 1931. 2nd ed. revised by L. Carrington Goodrich. Ronald, New York, 1955.

CARTER, T. F. (2). 'The Westward Movement of the Art of Printing.' In *Yearbook of Oriental Art and Culture*, ed. A. Waley, vol. 1, p. 19. Benn, London, 1925. (Rev. B. Laufer, *JAOS*, 1927, **47**, 71; A. C. Moule, *JRAS*, 1926, 140.)

CARUS-WILSON, E. M. (2). 'The Woollen Industry [of Mediaeval Europe].' Art. in *Cambridge Economic History of Europe*, Ed. M. Postan & E. E. Rich, vol. 2, p. 355. Cambridge, 1952.

CARY, G. (1). *The Medieval Alexander*. Ed. D. J. A. Ross. Cambridge, 1956. (A study of the origins and versions of the Alexander-Romance; important for medieval ideas on flying-machine and diving-bell or bathyscaphe.)

CASO, ALFONSO (1). *The Religion of the Aztecs*. Editorial Fray B. de Sahagun, Mexico City, n.d. (1947) (Pasado e Presente ser.).

CASO, ALFONSO (2). *Relations between the Old and New World; a Note on Methodology*. Proc. 35th Internat. Congress of Americanists, Mexico City, 1962. Vol. 1, p. 55.

CASSON, L. (1). 'The "Isis" and her Voyage.' *TAPA*, 1950, **81**, 43. Crit. B. S. J. Isserlin, *TAPA*, 1955, **86**, 319; reply, 1956, **87**, 239.

CASSON, L. (2). 'Fore-and-Aft Sails in the Ancient World.' *MMI*, 1956, **42**, 3. With correction by R. le B. Bowen, p. 239, and discussion by G. la Roërie, p. 238, continued by J. Lyman, R. le B. Bowen, Sir Alan Moore and G. la Roërie, 1957, **43**, 63, 160, 241, 329. More popular presentation of the same material but with further comparative illustration, *AAAA*, 1954, **7**, 214.

CASSON, L. (3). *The Ancient Mariners; Sea-farers and Sea Fighters of the Mediterranean in Ancient Times*. Gollancz, London, 1959.

CASSON, L. (4). 'The Lateen Sail in the Ancient World.' *MMI*, 1966, **52**, 199. (Evidence from a graffito on a Hellenistic amphora handle from Thasos; see Bon & Bon (1), vol. 4, no. 2274; Thasos Museum, no. 1606.)
CASSON, L. (5). 'Ancient Shipbuilding; New Light on an Old Source [the tombstone of Longidienus, *c.* +200, showing him inserting a frame in a strake-morticed hull].' *TAPA*, 1963, **94**, 28.
CASSON, L. (6). 'Odysseus' Boat [a new interpretation of the Homeric description in terms of a strake-morticed hull].' *AJP*, 1964, **85**, 61.
CASSON, L. (7). 'New Light on Ancient Rigging and Boat-building.' *ANEPT*, 1964, **24**, 81. (Strake-morticing, sewn boats in the ancient Mediterranean (by literary evidence), the Etruscan two-master (cf. Moretti, 1), etc.)
DE CASTANHEDA, FERNÃO LOPES (1). *História do Descobrimento e Conquista da India pelos Portuguezes.* Lisbon, 1552, 1554, 1561; mod. edn. 1833.
VON CASTEL, GRAF (1). *Chinaflug* [unequalled air photographs]. Atlantis, Zürich.
CASTELLI, BENEDETTO (1). *Delli Misure dell'Acque correnti*... 1628; 2 vols. Parma, 1676.
CASTILLO, A. C. (1). *Archaeology in Mexico Today.* Petroleos Mexicanos (Pemex), Mexico City, n.d. (1947).
DE CASTRO, JOÃO (1). *Roteiro de Lisboã a Goa.* Annotated by Joaõ de Andrade Corro. Lisbon, 1882.
DE CASTRO, JOÃO (2). *Primo Roteiro da Costa da India desde Goa até Dio; narrando a viagem que fez o Vice-Rei D. Garcia de Noronha en socorro deste ultima Cidade, 1538–1539.* Köpke, Porto, 1843.
DE CASTRO, JOÃO (3). *Roteiro em que se contem a viagem que fizeran os Portuguezes no anno de 1541 partindo da nobre Cidade de Goa atee Soez que he no fim e stremidade do Mar Roxo*.... Paris, 1833.
CATON-THOMPSON, G. (1). *The Zimbabwe Culture; Ruins and Reactions.* Oxford, 1931.
CEDERLUND, C. O., HAMILTON, E., LUNDSTRÖM, P. & SOOP, H. (1). *The Warship* Wasa (*Catalogue of the* Vasa *Museum in Stockholm*). Tr. J. Herbert. Stockholm, 1963.
CESCINSKY, H. (1). *Chinese Furniture; a series of Examples from the Collections in France.* London, 1922.
CHAKRAVARTI, P. C. (1). *The Art of War in Ancient India.* Univ. of Dacca Press, Ramma, Dacca, 1941. (Univ. of Dacca Bulletin, no. 21.)
CHAMBERS, SIR WM. (1). *Designs of Chinese Buildings, Furniture, Dresses, Machines and Utensils; to which is annexed, A Description of their Temples, Houses, Gardens, etc.* London, 1757.
CHAMBERS, SIR WM. (2). *A Dissertation on Oriental Gardening*...; *To which is annexed, An Explanatory Discourse by Tan Chet-Qua, of Quang-chew-fu, Gent.* 2nd ed., with additions, Griffin, Davies, Dodsley, Wilson, Nicoll, Walter & Emsley, London, 1773.
CHANG CHI-HSIEN (ed.) (1). *The Chinese Yearbook, 1943.* Council of International Affairs, Chungking, 1943; Thacker, Bombay, 1943.
CHANG CHING-CHIH (1). 'Nothing stops the Railway Builders' (on the Pao-chhêng Line). *CREC*, 1956, **5** (no. 7), 6.
CHANG FO-KUEI (1). *Chinese Architecture of the Chhing Dynasty.* Peking, 1935.
CHANG HAN-YING (1). 'New View of Water Conservancy' (account of the Huai River Control Project, the North-western Hupei contour canal irrigation systems, and reforestation). *CREC*, 1959, **8** (no. 8), 2.
CHANG HSIN-CHÊNG (2). *Chinese Popular Literature from the 13th to the 19th Century* (in the press).
CHANG KUANG-CHIH (1). *The Archaeology of Ancient China.* Yale Univ. Press, New Haven, 1963. Rev. Chêng Tê-Khun, *AQ*, 1964, **38**, 179.
CHANG KUEI-SHÊNG (1). *Chinese Great Explorers.* Inaug. Diss. Univ. of Michigan, 1955.
CHANG KUEI-SHÊNG (2). 'A Re-Examination of the Earliest Chinese Map of Africa.' *PMASAL*, 1957 (1956), **42**, 151.
CHANG PO-CHUN (1). 'Our Shipping and Highways.' *CREC*, 1952, **1** (no. 3), 15.
CHANG PO-CHUN (2). 'The First Highways to Tibet.' *CREC*, 1955, **4** (no. 5), 2.
CHAO WEI-PANG (3). 'The Dragon-Boat Race in Wu-ling, Hunan.' *FLS*, 1943, **2**, 1.
CHAO YUNG-SHEN (1). 'The Ming Tombs Reservoir—after Three Years.' *CREC*, 1962, **11** (no. 1), 24.
CHAPMAN, F. R. (1). 'On the Working of Greenstone or Nephrite by the Maoris.' *TNZI*, 1892, **24**, 479.
CHAPOT, V. (1). 'Seleucie de Piérie.' *MSAF*, 1907 (7e sér.), **6** (**66**), 149–226.
CHARLESWORTH, M. P. (2). *Trade-Routes and Commerce of the Roman Empire.* Cambridge, 1924; 2nd ed. 1926. Fr. tr. *Les Routes et le Trafic Commercial de l'Empire Romain.* Paris, 1938.
CHARNOCK, J. (1). *An History of Marine Architecture.* 3 vols. Faulder *et al.* London, 1800–2.
CHASSIGNEUX, E. (1). 'Le Canal Cu'u-Yên.' Art. in *Etudes Asiatiques, publiées à l'occasion du 25e Anniversaire de l'Ecole Française d'Extrême-Orient* [*à Hanoi*]. 2 vols. van Oest, Paris & Brussels, 1925. (Pubs. Ec. Fr. d'Extr. Or. nos. 19, 20.) Vol. 1, p. 125.
CHATLEY, H. (24). 'The Hydrology of the Yangtze River.' *JICE*, 1939, 227 and 565 (Paper no. 5223).
CHATLEY, H. (25). 'The Yellow River as a Factor in the Development of China.' *ASR*, 1939, 1.
CHATLEY, H. (27). 'The Properties of Clay and Silt.' *ESC*, 1923, **22** (Paper no. 4).
CHATLEY, H. (28). 'The Stability of Dredged Cuts in Alluvium.' *JJIE*, 1927, **37**, 525.

CHATLEY, H. (29). 'Silt' [at the mouth of the Yangtze]. *PICE*, 1921, **212**, 400 (Paper no. 4380). 'Silt Equilibrium.' *PICE*, 1925 (Paper no. 4493).
CHATLEY, H. (30). 'The Physical Properties of Clay Mud.' *TSE*, 1922, 133.
CHATLEY, H. (31). 'Silt Subsidence and Saecular Change.' *CJ*, 1928, **8**, 150.
CHATLEY, H. (32). 'Some Problems on Silt.' *ESC*, 1919, **18** (Paper no. 5).
CHATLEY, H. (33). *Floods and Flood Prevention* (the Yangtze). Privately pr. Shanghai, n.d. (*c.* 1920).
CHATLEY, H. (34). 'Mud and similar Granular Mixtures.' *ESC*, 1929, **28** (Paper no. 4).
CHATLEY, H. (35). 'River Discharge Formulae in relation to the Dimensional Theory of Fluid Resistance.' *ESC*, 1930, **29** (Paper no. 3).
CHATLEY, H. (36). 'Far Eastern Engineering.' *TNS*, 1954, **29**, 151. With discussion by J. Needham, A. Stowers, A. W. Skempton, S. B. Hamilton *et al.*
CHATTERTON, E. K. (1). *The Ship under Sail.* Fisher Unwin, London, 1926.
CHATTERTON, E. K. (2). *Sailing Ships, the Story of their Development from the Earliest Times to the Present Day.* London, 1909. *Sailing Ships and their Story.* London, 1923.
CHATTERTON, E. K. (3). *Ship Models.* Studio, London, 1923.
CHATTERTON, E. K. (4). *Fore and Aft; the Story of the Fore-and-Aft Rig from the Earliest Times to the Present Day.* Seeley Service, London, 1912; 2nd ed. 1927.
CHAVANNES, E. (1). *Les Mémoires Historiques de Se-Ma Ts'ien* [*Ssuma Chhien*]. 5 vols. Leroux, Paris, 1895–1905. (Photographically reproduced, in China, without imprint and undated.)
1895 vol. 1 tr. *Shih Chi*, chs. 1, 2, 3, 4.
1897 vol. 2 tr. *Shih Chi*, chs. 5, 6, 7, 8, 9, 10, 11, 12.
1898 vol. 3 (i) tr. *Shih Chi*, chs. 13, 14, 15, 16, 17, 18, 19, 20, 21, 22.
vol. 3 (ii) tr. *Shih Chi*, chs. 23, 24, 25, 26, 27, 28, 29, 30.
1901 vol. 4 tr. *Shih Chi*, chs. 31, 32, 33 34, 35, 36, 37, 38, 39, 40, 41, 42.
1905 vol. 5 tr. *Shih Chi*, chs. 43, 44, 45, 46, 47.
CHAVANNES, E. (6) (tr.). 'Les Pays d'Occident d'après le Heou Han Chou.' *TP*, 1907, **8**, 149. (Ch. 118, on the Western Countries, from *Hou Han Shu*.)
CHAVANNES, E. (8). 'L'Instruction d'un Futur Empereur de Chine en l'an 1193' [on the astronomical, geographical, and historical charts inscribed on stone steles in the Confucian temple at Suchow, Chiangsu]. In *Mémoires concernant l'Asie Orientale* (publ. Acad. des Inscriptions et Belles Lettres), Leroux, Paris, 1913, vol. 1, p. 19.
CHAVANNES, E. (9). *Mission Archéologique dans la Chine Septentrionale.* 2 vols. and portfolios of plates. Leroux, Paris, 1909–15. (Publ. de l'École Franç. d'Extr. Orient. no. 13.)
CHAVANNES, E. (11). *La Sculpture sur Pierre en Chine aux Temps des deux dynasties Han.* Leroux, Paris, 1893.
CHAVANNES, E. (14). *Documents sur les Tou-Kiue (Turcs) [Thu-Chüeh] Occidentaux, receuillis et commentés par E.C....* Imp. Acad. Sci., St Petersburg, 1903.
CHAVANNES, E. (20). 'Documents historiques et géographiques relatifs à Lichiang.' *TP*, 1912, **13**, 565.
CHÊNG LIN (1) (tr.). *Prince Dan of Yann* [*Yen Tan Tzu*]. World Encyclopaedia Institute, Chungking, 1945.
CHÊNG TÊ-KHUN (5) (ed.). *Illustrated Catalogue of an Exhibition of Chinese Paintings from the Mu-Fei Collection* (held in connection with the 23rd International Congress of Orientalists). Fitzwilliam Museum, Cambridge, 1954.
CHÊNG TÊ-KHUN (9). *Archaeology in China.*
Vol. 1, *Prehistoric China.* Heffer, Cambridge, 1959.
Vol. 2, *Shang China.* Heffer, Cambridge, 1960.
Vol. 3, *Chou China.* Heffer, Cambridge, and Univ. Press, Toronto, 1963.
Vol. 4, *Han China* (in the press).
CHESNEY, LT. COL. (1). 'On the Bay of Antioch and the Ruins of Seleucia Pieria.' *JRGS*, 1838, **8**, 228. French tr. *NAVSG*, 1839 (4e sér.), **2**, 42.
CHEVALIER, H. (1). *Cérémonial de l'Achèvement des Travaux de Hoa-Syeng (Corée), 1800, traduction et résumé* (an illustrated Korean work on city fortifications described). *TP*, 1898, **9**, 394.
CHHEN CHHI-THIEN (1). *Lin Tsê-Hsü; Pioneer Promoter of the Adoption of Western Means of Maritime Defence in China.* Dept. of Economics, Yenching Univ., Vetch (French Bookstore), Peiping, 1934. ([Studies in] Modern Industrial Technique in China, no. 1.)
CHHEN CHHI-THIEN (2). *Tsêng Kuo-Fan; Pioneer Promoter of the Steamship in China.* Dept. of Economics, Yenching Univ., Vetch (French Bookstore), Peiping, 1935. ([Studies in] Modern Industrial Technique in China, no. 2.)
CHHEN CHHI-THIEN (3). *Tso Tsung-Thang; Pioneer Promoter of the Modern Dockyard and the Woollen Mill in China.* Dept. of Economics, Yenching Univ., Vetch (French Bookstore), Peiping, 1938. ([Studies in] Modern Industrial Technique in China, no. 3.)
CHHEN HAN-SÊNG (1). 'Chequerboard of Canals' (the drainage system of the North Huai valley catchment area in Anhui, part of the Huai River Control Project). *CREC*, 1959, **8** (no. 2), 22.

CHHEN HSÜEH-NUNG (1). 'Transforming a Poor Hill Village [check dams in loess ravines as well as terracing].' *PKR*, 1964 (no. 25), 28.
CHHEN SHIH-HSIANG (2) (tr.). 'Biography of Ku Khai-Chih' [*Chin Shu*, ch. 92]. Univ. Calif. Press, Berkeley, Calif. 1953. (Inst. East Asian Studies, Univ. of Calif. Chinese Dynastic History Translations, no. 2.)
CHHEN SHOU-YI (2). 'The Chinese Garden in 18th Century England.' *TH*, 1936, **2**, 321.
CHHEN TSU-LUNG (1). 'Table de Concordance des Numérotages des Grottes de Touen-Hoang [Tunhuang].' *JA*, 1962, **250**, 257.
CHHIU KHAI-MING [CHIU KAIMING] (1). 'Agriculture' (Chinese). In *China*, ed. H. F. McNair, p. 466. Univ. of Calif. Press, Berkeley, 1946.
CHI CHHAO-TING (1). *Key Economic Areas in Chinese History, as revealed in the Development of Public Works for Water-Control*. Allen & Unwin, London, 1936. See Lattimore, Boyd Orr *et al.* (1).
CHI YU-CHING (1). 'Rebuilding the Grand Canal.' *CREC*, 1963, **12** (no. 7), 5.
CHIANG KHANG-HU (1). *On Chinese Studies*. Com. Press, Shanghai, 1934.
CHIANG SHAO-YUAN (1). *Le Voyage dans la Chine Ancienne, considéré principalement sous son Aspect Magique et Religieux*. Commission Mixte des Oeuvres Franco-Chinoises (Office de Publications), Shanghai, 1937. Transl. from Chinese by Fan Jen.
CHIN SHOU-SHEN (1). 'The Great Wall of China.' *CREC*, 1962, **11** (no. 1), 20.
CHINA HANDBOOK. See Tong, Hollington, K.
CHINESE YEARBOOK. See Chang Chi-Hsien.
CHIPAULT, J. R. *et al.* (1). 'The Anti-oxidant Effects of Spices.' *FOODR*, 1952, **17**, 46; *FOODT*, 1956, **10**, 209.
CHIU. See Chhiu.
CHOISY, A. (1). *Histoire de l'Architecture*. 2 vols. Rouveyre, Paris, 1906.
CHOISY, A. (2). *L'Art de Bâtir chez les Egyptiens* (portfolio). Baranger, Paris, 1904.
CHOISY, A. (3). *L'Art de Bâtir chez les Romains*. Baranger, Paris, 1904 (?).
CHOISY, A. (4). *L'Art de Bâtir chez les Byzantins*. Baranger, Paris, 1904 (?).
CHRISTIAN, V. (1). 'Die Beziehungen der altmesopotamischen Kunst zum Osten.' *WBKGA*, 1926, **1**, 41.
CHRISTIE, A. (1). 'An Obscure Passage from the *Periplus*; κολανδιοφωντα τα μέγιδτα.' *BLSOAS*, 1957, **19**, 345.
CHRISTIE, A. (2). 'The Sea-Locked Lands; the Diverse Traditions of Southeast Asia.' Art. in *The Dawn of Civilisation; the First World Survey of Human Cultures in Early Times*, p. 277. Ed. S. Piggott. Thames & Hudson, London, 1961.
CHU CHHI-CHHIEN & YEH KUNG-CHAO (1). '[Chinese] Architecture; a brief Historical Account based on the Evolution of the City of Peiping.' In *Symposium on Chinese Culture*, p. 97. Ed. Sophia H. Chen Zen. Inst. Pacific Relations, Shanghai, 1931.
CHUMOVSKY, T. A. See Szumowski, T. A.
CIPOLLA, C. M. (1). *Guns and Sails in the Early Phase of European Expansion, +1400 to +1700*. Collins, London, 1965.
CLAËYS, J. Y. C. (1). 'L'Annamite et la Mer.' *BIIEH*, 1942; 'L'Annamite devant la Mer.' *INC*, 1943 (March).
CLAËYS, J. Y. C. (2), with CÔNG-VAN-TRUNG & PHAM-VAN-CHUNG. 'Les Radeaux de Pêche de Luongnhiêm (Thanh-hoa) en Bambous flottants.' *BIIEH*, 1942.
CLAËYS, J. Y. C. & HUET, M. (1). *Angkor* (album of photographs). Hoa-Qui, Paris, n.d. (1948).
CLAPP, F. G. (1). 'Along and across the Great Wall of China.' *GR*, 1920, **9**, 221.
CLAPP, F. G. (2). 'The Huang Ho.' *GR*, 1922, **12**, 1.
CLARK, GRAHAME (1). 'Water in Antiquity.' *AQ*, 1944, **18**, 1.
CLAUDEL, P. & HOPPENOT, H. (1). *Chine* (Album of photographs with introduction). Ed. d'Art Albert Skira, Paris, 1946.
CLISSOLD, P. (1). 'Early Ocean-going Craft in the Eastern Pacific.' *MMI*, 1959, **45**, 234.
CLOS-ARCEDUC, A. (1). 'La Génèse de la Projection de Mercator.' Art. in *Proc. 3rd International Colloquium of Maritime History*, p. 143. Ed. M. Mollat, L. Denoix, O. de Prat, P. Adam & M. Perrichet. Paris, 1958.
CLOWES, G. S. LAIRD (1). 'Ships of Early Explorers.' *GJ*, 1927, **69**, 216.
CLOWES, G. S. LAIRD (2). *Sailing Ships; their History and Development as illustrated by the Collection of Ship Models in the Science Museum*. Pt. I, *Historical Notes*. Science Museum, London, 1932 (reprinted 1951). [Pt. II is the Catalogue of Exhibits.]
CLOWES, G. S. LAIRD (3). 'Comment on the Kiel spritsail.' *MMI*, 1927, **13**, 89.
CLOWES, G. S. LAIRD & TREW, C. G. (1). *The Story of Sail*. Eyre & Spottiswoode, London, 1936.
COATES, WELLS (1). Design of a 'wingsail catamaran' with rigid sail (adopting certain Chinese principles). In *Designers in Britain*, I, p. 241. Wingate, London, 1947. 'A Wingsail Catamaran.' *YM*, 1946, **81**, 329.

CODRINGTON, H. W. (1). *A Short History of Ceylon* (with a chapter by A. M. Hocart). Macmillan, London, 1939.

COE, M. D. (1). 'Cultural Development in Southeastern Mesoamerica.' Art. in *Aboriginal Cultural Development in Latin America; an Interpretative Review*, ed. B. J. Meggers & C. Evans, p. 27.

COEDÈS, G. (5). *Les États Hindouisés d'Indochine et d'Indonésie*. Boccard, Paris, 1948. (*Histoire du Monde*, ed. E. Cavaignac, vol. 8, pt. 2.)

COIMBRA, C. (1). *O Infante e o Objectivo Geográfico dos Descobrimentos*. Communication to the Congresso Internacional do História dos Descobrimentos. Lisbon, 1960.

COLE, F. C. & LAUFER, B. (1). 'Chinese Pottery in the Philippines.' *FMNHP/AS*, 1912, no. 162.

COLIN, F. & PASTELLS, P. (1). *Labor Evangélica de los Obreros de la Compañia de Jesus en las Islas Filipinas*. 3 vols. Barcelona, 1902.

COLLINGRIDGE, G. (1). *The Discovery of Australia; a Critical, Documentary and Historic Investigation concerning the Priority of Discovery in Australasia by Europeans before the Arrival of Lt. James Cook in the 'Endeavour' in the year 1770*. Hayes, Sydney, 1895.

COLLIS, M. (1). *The Grand Peregrination; the Life and Adventures of Fernão Mendes Pinto*. Faber & Faber, London, 1949.

COLLIS, M. (2). *The Land of the Great Image; Experiences of Friar Manrique in Arakan*. Faber & Faber, London, 1953; 1st ed. 1943.

COMBAZ, G. (1). *L'Inde et l'Orient classique*. 2 vols. Geuthner, Paris, 1937.

COMBAZ, G. (2). 'Les Sépultures Impériales de la Chine.' *ASRAB*, 1907, **21**, 381. Pub. sep. Vromant, Brussels, 1907.

COMBAZ, G. (3). 'Les Palais Impériaux de la Chine.' *ASRAB*, 1908, **21**, 425. Pub. sep. Vromant, Brussels, 1909.

COMBAZ, G. (4). 'Les Temples Impériaux de la Chine.' *ASRAB*, 1912, **26**, 223. Pub. sep. Vromant, Brussels, 1912.

COMBAZ, G. (5). 'L'Evolution du Stūpa en Asie.' *MCB*, 1932, **2**, 163 (Étude d'Architecture Bouddhique); 1935, **3**, 93 (Contributions Nouvelles et Vue d'Ensemble); 1937, **4**, 1 (Les Symbolismes du Stūpa).

COMBAZ, G. (6). 'La Peinture Chinoise, vue par un Peintre Occidental; Introduction à l'Histoire de la Peinture Chinoise.' *MCB*, 1939, **6**, 11.

COMBAZ, G. (7). 'Masques et Dragons en Asie' (includes as App. II, 'Masques et Dragons dans l'Amérique pre-columbienne', pp. 262 ff.). *MCB*, 1945, **7**, 1.

COMBRIDGE, J. H., LU GWEI-DJEN, MADDISON, F. & NEEDHAM, J. (1). *The Hall of Heavenly Records; Stars, Clocks and Instruments in the Yi Dynasty of Chosŏn (Korea), +1400 to +1750*. In the Press.

CONGREVE, H. (1). 'A Brief Notice of some Contrivances practiced by the Native Mariners of the Coromandel Coast, in Navigating, Sailing and Repairing their Vessels.' *MJLS*, 1850, **16**, 101. Reprinted in Ferrand (7), pp. 25 ff.

CONTENAU, G. (1). *L'Épopée de Gilgamesh; Poème Babylonien*. l'Artisan du Louvre, Paris, 1929.

DE CONTI, NICOLÒ (1). In *The Most Noble and Famous Travels of Marco Polo, together with the Travels of Nicolò de Conti, edited from the Elizabethan translation of J. Frampton (1579), etc.*, by N. M. Pewzer. Argonaut, London, 1929. Bibliography by Cordier (5).

COOK, A. B. (1). *Zeus*. 3 vols. Cambridge, 1914, 1925, 1940.

COOK, A. B. (2). '[Ancient Greek] Ships.' In *A Companion to Greek Studies*, ed. L. Whibley, Cambridge, 1905.

COOMARASWAMY, A. K. (6). *History of Indian and Indonesian Art*. New York, 1927.

COOPER, J. M. (1). 'Northern Algonkian Scrying and Scapulimancy.' Art. in W. Schmidt, *Festschrift*. Ed. W. Koppers, p. 205. Vienna, 1928.

COOPER, J. M. (2). 'Scapulimancy.' Art. in *Essays in Anthropology* Kroeber Presentation Volume. Ed. R. H. Lowie, p. 29. Univ. Calif. Press, Berkeley, 1936.

LE CORBUSIER, . (1). *The Modulor, a Harmonious Measure to the Human Scale universally applicable to Architecture and Mechanics*. Tr. from the French by P. de Francia & A. Bostock. Faber & Faber London, 1954.

CORDIER, H. (1). *Histoire Générale de la Chine*. 4 vols. Geuthner, Paris, 1920.

CORDIER, H. (5). 'Deux Voyageurs dans l'Extrême-Orient au 15e et 16e Siècles.' *TP*, 1899, **10**, 380. (de Conti and Varthema; bibliographical only.)

CORDIER, H. (6). 'L'Extrême Orient dans l'Atlas Catalan de Charles V, Roi de France.' *BGHD*, 1895, 1.

CORTESÃO, A. (1). *Cartografia e Cartógrafos Portugueses dos Séculos...XVe e XVIe*. 2 vols. Seara Nova, Lisbon, 1935.

CORTESÃO, A. (2) (tr. and ed.). *The* Suma Oriental *of Tomé Pires, an Account of the East from the Red Sea to Japan...written in...1512 to 1515....* London, 1944. (Hakluyt Society Pubs., 2nd series, nos. 89, 90.)

Cortesão, A. (3). *Cartografia Portuguesa Antiga*. Comissão Executiva das Comemorações do Quinto Centenário da Morte do Infante Dom Henrique. Lisbon, 1960. (Colecção Henriquina, no. 8.)

Cortesão, A. & da Mota, A. Teixeira (1). *Portugaliae Monumenta Cartographica*. 4 vols. Lisbon, 1960. *Tabularum Geographicarum Lusitanorum Specimen*. Lisbon, 1960. (Coloured plates excerpted from the main work.)

Cortesão, J. (1). *A Política de Sigilo nos Descobrimentos nos Tempos do Infante Dom Henrique e de Dom João II*. Comissão Executiva das Comemorações do Quinto Centenário da Morte do Infante Dom Henrique. Lisbon, 1960. (Colecção Henriquina, no. 7.)

Corthell, E. L. (1). *The Tehuantepec Ship Railway*. Franklin Institute, Philadelphia, 1884.

da Costa, Fontoura (1). *La Science Nautique des Portugais à l'Époque des Decouvertes*. (Report to the International Congress of the History of Science, Coimbra, 1934.) Agéncia Geral das Colónias, Lisbon, 1941. Reprinted in *Henri le Navigateur*, Lisbon, 1960 (Anon. (53), p. 161). Portuguese tr., with illustrations, *A Ciencia Náutica dos Portugueses na Epoca dos Descobrimentos*. Comissão Executiva das Comemorações do Quinto Centenário da Morte do Infante Dom Henrique, Lisbon, 1958. (Colecção Henriquina, no. 4.)

da Costa, Fontoura (2). *A Marinharia dos Descobrimentos*. Armada, Lisbon, 1933. Crit. C. R. B[oxer], *MMI*, 1935, **21**, 214.

Couling, S. (1). *Encyclopaedia Sinica*. Kelly & Walsh, Shanghai; Oxford and London, 1917.

Coupland, R. (1). *East Africa and its Invaders, from the Earliest Times to the Death of Seyyid Said in 1856*. Oxford, 1938, 1956.

Course, A. G. (1). *A Dictionary of Nautical Terms*. Arco, London, 1962.

Cousteau, J. Y. (1). 'Fish-Men discover a 2200-year-old Greek Ship.' *NGM*, 1954, **105**, 1.

Coutinho, Adm. Gago (1). *A Náutica dos Descobrimentos; os Descobrimentos Maritimos vistos por um Navegador*. 2 vols. Lisbon, 1951–2.

Couvreur, F. S. (1) (tr.). '*Tch'ouen Ts'iou*' [*Chhun Chhin*] *et* '*Tso Tchouan*' [*Tso Chuan*]; *Texte Chinois avec Traduction Française*. 3 vols. Mission Press, Hochienfu, 1914.

Couvreur, F. S. (3) (tr.). '*Li Ki*' [*Li Chi*], *ou Mémoires sur les Bienséances et les Cérémonies*. 2 vols. Hochienfu, 1913.

Covarrubias, M. (1). *Mexico South; the Isthmus of Tehuantepec*. Knopf, New York, 1946, 1947.

Covarrubias, M. (2). *The Eagle, the Jaguar, and the Serpent; Indian Art of the Americas—North America (Alaska, Canada, the United States)*. Knopf, New York, 1954.

Covarrubias, M. (3). *Indian Art of Mexico and Central America*. Knopf, New York, 1957.

Cranmer-Byng, J. L. (2) (ed.). *An Embassy to China; being the Journal kept by Lord Macartney during his Embassy to the Emperor Chhien-Lung, +1793 and +1794*. Longmans, London, 1962. Includes Macartney's Voyage Notes and Journal (1), his Observations on China (2), and the Observations of Dr Gillan (1) on the state of Medicine, Surgery and Chemistry in China.

Crealock, W. E. W. (1). 'A Living Epitome of the Genesis of the Rudder.' *ISRM*, 1938, **11**, 515.

Creel, H. G. (1). *Studies in Early Chinese Culture* (1st series). Waverly, Baltimore, 1937.

Creel, H. G. (2). *The Birth of China*. Fr. tr. by M. C. Salles, Payot, Paris, 1937. (References are to page numbers of the French ed.)

Creel, H. G. (4). *Confucius; the Man and the Myth*. Day, New York, 1949; Kegan Paul, London, 1951. Rev. D. Bodde, *JAOS*, 1950, **70**, 199.

Cressey, G. B. (1). *China's Geographic Foundations; A Survey of the Land and its People*. McGraw-Hill, New York, 1934.

Cressey, P. F. (1). 'Chinese Traits in European Civilisation: a Study in Diffusion.' *AMSR*, 1945, **10**, 595.

Cresswell, K. A. C. (2). *Early Muslim Architecture*. 2 vols. London, 1932, 1940.

Cresswell, K. A. C. (3). *A Short Account of Early Muslim Architecture*. Pelican, London, 1958.

Crevenna, T. R. (1) (ed.). *Irrigation Civilisations; a Comparative Study. A Symposium on Method and Result in Cross-Cultural Regularities* [1953]. Pan-American Union, Washington, D.C., 1955, reprinted 1960 (Social Science Monographs, no. 1). Contributions on Mesopotamian, East Asian, and Amerindian civilisations by J. H. Steward, R. McC. Adams, D. Collier, A. Palerm, K. A. Wittfogel & R. L. Beals.

Crone, G. R. (1). *The Voyages of Cadamosto* [*Alvise Ca' da Mosto*]. London, 1937.

Cross, H. & Freeman, J. R. (1) (ed.). *River Control and the Yellow River of China; a Collection of the Opinions of China*. 2 vols. Brown Univ., Providence, R.I., 1918.

Cuff, E. (1). 'The Naval Inventions of Charles, Third Earl Stanhope (1753 to 1816).' *MMI*, 1947, **33**, 106.

Cummins, J. S. (1) (ed.). *The Travels and Controversies of Friar Domingo Navarrete, +1618 to +1686*. 2 vols., Cambridge, 1962. (Hakluyt Society Pubs., 2nd series, nos. 118, 119.)

Curry, Manfred (1). *Yacht Racing; the Aerodynamics of Sails, and Racing Tactics*. Tr. from the German. Bell, London, 1928 (later editions 1930 and 1948). Germ. title, *Die Aerodynamik des Segels und die Kunst des Regatta-Segelns*. Fr. tr. *l'Aerodynamique de la Voile et l'Art de Gagner les Régates*, tr. P. B[udker]. Chiron, Paris, 1930 (2nd ed. 1949).

CURRY, MANFRED (2). *Clouds, Wind and Water* [photographs]. Country Life, London, 1951.

CURRY, MANFRED (3). *Wind and Water* [photographs]. Country Life, London, 1930.

CURWEN, E. C. (6). *Plough and Pasture*. Cobbett, London, 1946. (Past and Present, Studies in the History of Civilisation, no. 4.) Re-issued in Curwen & Hatt (1).

DALY, R. W. (1). *How the 'Merrimac' Won*. Crowell, New York, 1958.

DANIELL, T. & DANIELL, W. (1). *Oriental Scenery*. London, 1814.

DARBY, H. C. (1). *The Draining of the Fens*, 2nd ed. London, 1955.

DAREMBERG, C. & SAGLIO, E. (1). *Dictionnaire des Antiquités Grecques et Romains*. Hachette, Paris, 1875.

DARLING, S. T. (1). 'Observations on the Geographical and Ethnological Distribution of Hookworms.' *PARA*, 1920, **12**, 217.

DARLING, S. T. (2). 'Comparative Helminthology as an aid in the solution of Ethnological Problems.' *AJTM*, 1925, **5**, 323.

DARMSTÄDTER, L. (1) (with the collaboration of R. du Bois-Reymond & C. Schäfer). *Handbuch der Geschichte d. Naturwissenschaften u. d. Technik*. Springer, Berlin, 1908.

DARRAG, AHMAD (1). *L'Egypte sous le Règne de Barsbay* (*+1422 à +1438*). Inst. Fr. de Damas, Damascus, 1961.

DART, R. A. (1). 'A Chinese Character as a Wall Motive in Rhodesia.' *SAFJS*, 1939, **36**, 474.

DAS, SARAT CHANDRA (1). *Journey to Lhasa and Central Tibet*, ed. W. W. Rockhill. Murray, London, 1902.

DAUMAS, M. (2) (ed.). *Histoire de la Science; des Origines au XXe Siècle*. Gallimard, Paris, 1957. (Encyclopédie de la Pléiade series.)

DAVEY, N. (1). *A History of Building Materials*. Phoenix, London, 1961.

DAVIDSON, BASIL (1). *Old Africa Rediscovered*. Gollancz, London, 1959.

DAVIDSON, D. S. (1). 'The Snowshoe in Japan and Korea.' *ETH*, 1953, **18** (no. 1/2), 45.

DAVIDSON, D. S. (2). 'Snowshoes.' *MAPS*, 1937, no. 6.

DAVIES, A. & ROBINSON, H. (1). 'The Evolution of the Ship in relation to its Geographical Background.' *G*, 1939, **24**, 95.

DAVIES, R. M. (1). *Yunnan, the Link between India and the Yangtze*. Cambridge, 1909.

DAVIS, H. C. (1). 'Records of Japanese Vessels driven upon the Northwest Coast of America.' *PAAQS*, 1872, **1**, 1.

DAVIS, J. F. (1). *The Chinese; a General Description of China and its Inhabitants*. 1st ed. 1836. 2 vols. Knight, London, 1844, 3 vols., 1847, 2 vols. French tr. by A. Pichard, Paris, 1837, 2 vols. Germ. trs. by M. Wesenfeld, Magdeburg, 1843, 2 vols. and M. Drugulin, Stuttgart, 1847, 4 vols.

DAVIS, TENNEY L. & NAKASEKO ROKURO (1). 'The Tomb of Jofuku [Hsü Fu] or Joshi [Hsü Shih]; the Earliest Alchemist of Historical Record.' *AX*, 1937, **1**, 109.

DAVIS, TENNEY L. & NAKASEKO ROKURO (2). 'The Jofuku [Hsü Fu] Shrine at Shingu, a Monument of Earliest Alchemy.' *NU*, 1937, **15** (no. 3).

DAVISON, C. ST C. (11). 'Bridges of Historical Importance.' *EN*, 1961, **211**, 196.

DAWSON, H. CHRISTOPHER (1). *Progress and Religion; an Historical Enquiry*. Sheed & Ward, London, 1929.

DAWSON, R. (1) (ed.). *The Legacy of China*. Oxford, 1964.

DEANE, C. D. (1). 'An Open-Air Museum of the Future' (the Ulster coastal nature preservation project). *UC*, 1967 (no. 258), 10.

DEANS, R. (1). *The Preservative Action of Spices; a Review of the Literature*. Food Research Reports of the British Food Manufacturers Research Association, 1945, no. 53 (confidential, supplied in principle to members only).

DEBENHAM, F. (1). *Discovery and Exploration; an Atlas-History of Man's Journeys into the Unknown*. With introduction by E. Shackleton. Belser, Stuttgart, 1960; Hamlyn, London, 1960.

DEFRÉMERY, C. & SANGUINETTI, B. R. (1) (tr.). *Voyages d'ibn Batoutah*. 5 vols. Soc. Asiat., Paris, 1853–9. (Many reprints.)

DELLON, C. (1). *Relation de l'Inquisition de Goa*. Leiden, 1687; Amsterdam, 1719, 1737; Köln, 1759 etc. Eng. tr. H. Wharton, London, 1688; repr. 1815.

DEMBER, H. & UIBE, M. (1). (*a*) 'Versuch einer physikalischen Lösung des Problems der sichtbaren Grössenänderung von Sonne und Mond in verschiedenen Höhen über dem Horizont.' *ANP*, 1920 (4th ser.), **61**, 353. (*b*) 'Über die Gestalt des sichtbaren Himmelsgewälbes.' *ANP*, 1920 (4th ser.), **61**, 313.

DEMIÉVILLE, P. (4). General account of the Chinese architectural literature; in a review of the 1920 edition of the *Ying Tsao Fa Shih*. *BEFEO*, 1925, **25**, 213–64.

DENNIS, G. (1). *Cities and Cemeteries of Etruria*. 2 vols. 3rd ed. Murray, London, 1883.

DESCHAMPS, H. (1). *Histoire de Madagascar*. Berger-Levrault, Paris, 1960.
DICK, T. L. (1). 'On a Spiral Oar.' *TAP*, 1818, **11**, 438.
DICKINS, F. V. (1). *Fugaku Hiyaku-Kei; or, A Hundred Views of [Mt.] Fuji(-yama), by Hokusai; Introduction and Explanatory Prefaces, with Translations from the Japanese, and Descriptions of the Plates*. Batsford, London, 1880. Bound in Japanese style to accompany the three volumes of the original printed in 1875. 4 vols. in all.
DICKINSON, R. L. (1). 'Sketching Boats on the China Coast.' *PCC*, 1931, **7**, 97.
DIEHL, C. (1). 'Byzantine Art.' Art. in *Byzantium*. Ed. N. H. Baynes & H. St L. B. Moss, p. 166. Oxford, 1949.
DIELS, H. (1). *Antike Technik*. Teubner, Leipzig & Berlin, 1914; enlarged 2nd ed., 1920 (rev. B. Laufer, *AAN*, 1917, **19**, 71).
VON DIEZ, H. F. (1) (tr.). Translation of *The Mirror of the Countries* in *Denkwürdigkeiten von Asien*, vol. 2, pp. 733 ff. French tr. by M. Morris; *Miroir des Pays, ou Relation des Voyages de Sidi Aly fils d'Housaïn nommé ordinairement Katibi-Roumy, amiral de Soliman II [Mir'at al-Mamālik]*. *JA*, 1826 (1e sér.), **9**, 2. Eng. tr. by Vambéry, see Vambéry (1).
DIMMOCK, L. (1). 'The Chinese "Yuloh".' *MMI*, 1954, **40**, 79.
DINSMOOR, W. B. (1). *The Architecture of Ancient Greece*. Batsford, London, 1950.
DIN TA-SAN & MUNIDO F. OLESA (1). *El Poder Naval Chino desde su Origine hasta Caida de la Dinastia Ming*. Barcelona, 1965.
DIOLÉ, P. (1). *Promenades d'Archéologie Sous-Marine*. Michel, Paris, 1952. Eng. tr. by G. Hopkins, *Four Thousand Years under the Sea*. Sidgwick & Jackson, London, 1954.
DIOLÉ, P. (2). *Under-water Exploration*. Tr. from the French by H. M. Burton. Elek, London, 1954.
DOE, D. B. (1). 'Pottery Sites near Aden.' *JRAS*, 1963, 150. Repr., without pagination but with some additional illustrations, together with Lane & Serjeant (1), in *ADAB*, 1965, no. 5.
DOLLEY, R. H. (1). 'The Rig of Early Mediaeval Warships.' *MMI*, 1949, **35**, 51. Crit. R. le B. Bowen, 1950, **36**, 88; reply by Dolley, p. 158; rejoinder by Bowen to Dolley (1) and (2), 1953, **39**, 224; further reply by Dolley, 1954, **40**, 76 and comment by R. C. Anderson, p. 77; long justification by Bowen, 1954, **40**, 315, comment by R. C. Anderson, 1955, **41**, 67; continuation of discussion by D. W. Waters, 1956, **42**, 147.
DOLLEY, R. H. (2). 'The "Nef" Ships of the Ravenna Mosaics [*c*. +1204].' *MMI*, 1952, **38**, 315.
DONNELLY, I. A. (1). *Chinese Junks and other Native Craft*. Kelly & Walsh, Shanghai, 1924. Critique and rev. H. H. B[rindley], *MMI*, 1923, **9**, 158, 318; 1925, **11**, 331.
DONNELLY, I. A. (2). 'Early Chinese Ships and Trade.' *CJ*, 1925, **3**, 190; *MMI*, 1925, **11**, 344.
DONNELLY, I. A. (3). *Chinese Junks, a Book of Drawings in Black and White*. Kelly & Walsh, Shanghai, 1924.
DONNELLY, I. A. (4). 'River Craft of the Yangtzekiang.' *MMI*, 1924, **10**, 4.
DONNELLY, I. A. (5). 'Fuchow Pole Junks.' *MMI*, 1923, **9**, 226.
DONNELLY, I. A. (6). 'Strange Craft of Chinese Inland Waters.' *MMI*, 1936, **22**, 410.
DOOLITTLE, J. (2). '[Glossary of Chinese] Shipping and Nautical Terms.' In Doolittle, J. (1), II, p. 557.
DOORMAN, G. (1). *Techniek en Octrooiwezen in hun Aanvang*. Nijhoff, The Hague, 1953.
DORAN, E. (1). 'The Origin of Leeboards.' *MMI*, 1967, **53**, 39. Discussion: Lord Riverdale, W. A. King-Webster, J. A. Clare, pp. 142, 170, 209.
DORÉ, H. (1). *Recherches sur les Superstitions en Chine*. 15 vols. T'u-Se-Wei Press, Shanghai, 1914–29.
Pt. I, vol. 1, pp. 1–146: 'Superstitious' practices, birth, marriage and death customs (*VS*, no. 32).
Pt. I, vol. 2, pp. 147–216: talismans, exorcisms and charms (*VS*, no. 33).
Pt. I, vol. 3, pp. 217–322: divination methods (*VS*, no. 34).
Pt. I, vol. 4, pp. 323–488: seasonal festivals and miscellaneous magic (*VS*, no. 35).
Pt. I, vol. 5, sep. pagination: analysis of Taoist talismans (*VS*, no. 36).
Pt. II, vol. 6, pp. 1–196: Pantheon (*VS*, no. 39).
Pt. II, vol. 7, pp. 197–298: Pantheon (*VS*, no. 41).
Pt. II, vol. 8, pp. 299–462: Pantheon (*VS*, no. 42).
Pt. II, vol. 9, pp. 463–680: Pantheon, Taoist (*VS*, no. 44).
Pt. II, vol. 10, pp. 681–859: Taoist celestial bureaucracy (*VS*, no. 45).
Pt. II, vol. 11, pp. 860–1052: city-gods, field-gods, trade-gods (*VS*, no. 46).
Pt. II, vol. 12, pp. 1053–1286: miscellaneous spirits, stellar deities (*VS*, no. 48).
Pt. III, vol. 13, pp. 1–263: popular Confucianism, sages of the Wên miao (*VS*, no. 49).
Pt. III, vol. 14, pp. 264–606: popular Confucianism historical figures (*VS*, no. 51).
Pt. III, vol. 15, sep. pagination: popular Buddhism, life of Gautama (*VS*, no. 57).
DOZY, R. & DE GOEJE, M. J. (1) (tr.). *Description de l'Afrique et de l'Espagne par Idrisi*. Leiden, 1866. Partial translation of Al-Idrīsī's *Nuzhat al-Mushtāq-fi Ikhtirāq al-Āfāq* (Recreation of those who long to know what is beyond the Horizons, +1154). Cf. Jaubert (1).
DRACHMANN, A. G. (7). 'Ancient Oil Mills and Presses.' *KDVS/AKM*, 1932, **1** (no. 1). Sep. publ. Levin & Munksgaard, Copenhagen, 1932.

DRACHMANN, A. G. (9). *The Mechanical Technology of Greek and Roman Antiquity; a Study of the Literary Sources.* Munksgaard, Copenhagen, 1963.

DRAPELLA, W. A. (1). *Ster; ze Studiów nad Kształtowaniem się Pojęć Morskich, Wiek* XV–XX. Zakład Imienia Ossolińskich we Wrocławiu, Gdańsk, 1955. (Towarzystwo Przyjaciół Nauki i Sztuki w Gdańsku — Komisja Morska — Podkomisja Językowa. Prace i Materiały z Zakresu Polskiego Słownictwa Morskiego, ed. L. Zabrocki, no. 3.)

DRAPELLA, W. A. (2). *Żegluga — Nawigacja — Nautika; ze Studiów nad Kształtowaniem się Pojęć Morskich, Wiek* XVI–XVIII. Zakład Imienia Ossolińskich we Wrocławiu, Gdańsk, 1955. (Towarzystwo Przyjaciół Nauki i Sztuki w Gdańsku — Komisja Morska — Podkomisja Językowa. Prace i Materiały z Zakresu Polskiego Słownictwa Morskiego, ed. L. Zabrocki, no. 5.)

DRESBECK, LEROY J. (1). 'The Ski; its History and Historiography.' *TCULT*, 1967, **8**, 467.

DROVER, C. B., SABINE, P. A., TYLER, C. & COOLE, P. G. (1). 'Sand-Glass "Sand"; Historical, Analytical and Practical.' *AHOR*, 1960.

DROWER, M. S. (1). 'Water-Supply, Irrigation and Agriculture [from Early Times to the End of the Ancient Empires].' Art. in *A History of Technology*, ed. C. Singer *et al.* vol. 1, p. 520. Oxford, 1954.

DRUMMOND, CAPT. (1). 'Drawings of Chinese Junks brought home by Capt. Drummond, in the East India Company's Service.' MS. Album of about 1800 preserved at the National Maritime Museum, Greenwich.

DRUMMOND, SIR JACK C. & WILBRAHAM, A. (1). *The Englishman's Food; Five Centuries of English Diet.* Cape, London, 1939.

DUBS, H. H. (2) (tr., with assistance of Phan lo-Chi and Jên Thai). *History of the Former Han Dynasty, by Pan Ku, a Critical Translation with Annotations.* 2 vols. Waverly, Baltimore, 1938.

DUBS, H. H. (3). 'The Victory of Han Confucianism.' *JAOS*, 1938, **58**, 435. (Reprinted in Dubs (2), pp. 341 ff.)

DUBS, H. H. (4). 'An Ancient Chinese Stock of Gold [Wang Mang's Treasury].' *JEH*, 1942, **2**, 36.

DUBS, H. H. (5). 'The Beginnings of Alchemy.' *Isis*, 1947, **38**, 62.

DUBS, H. H. (7). *Hsün Tzu; the Moulder of Ancient Confucianism.* Probsthain, London, 1927.

DUFF, R. (1). 'The Moa-Hunter Period of Maori Culture.' *CMB*, 1950 (no. 1).

DUKES, E. J. (1). *Everyday Life in China; or Scenes along River and Road in Fukien.* London, 1885. (Gives an account of Tshai Hsiang and the building of the Loyang or Wan-an megalithic beam bridge at Chhüanchow, pp. 144–50.)

DUMONTIER, G. (2). 'Les Cultes Annamites.' *RI*, 1905, 690. Sep. pub. Schneider, Hanoi, 1905.

DUMONTIER, G. (3). 'Essai sur les Tonkinois.' *RI*, 1907, 454.

DUNLOP, D. M. (1). *The History of the Jewish Khazars.* Princeton Univ. Press, Princeton, N.J., 1954.

DUNLOP, D. M. (3). 'Burtuḳāl.' Art. in *Encyclopaedia of Islam*, p. 1338.

DUNLOP, D. M. (4). 'The British Isles according to Mediaeval Arabic Authors.' *IQ*, 1957, **4**, 11.

DUPONT, M. (1). *Les Meubles de la Chine.* 2nd series. Paris n.d. (1950). See Roche.

DURAN-REYNALS, M. L. (1). *The Fever-Bark Tree.* Allen, London, 1947.

DUYVENDAK, J. J. L. (1). 'Sailing Directions of Chinese Voyages' (a Bodleian Library MS.). *TP*, 1938, **34**, 230.

DUYVENDAK, J. J. L. (3) (tr.). *The Book of the Lord Shang; A Classic of the Chinese School of Law.* Probsthain, London, 1928.

DUYVENDAK, J. J. L. (8). *China's Discovery of Africa.* Probsthain, London, 1949. (Lectures given at London University, Jan. 1947; rev. P. Paris, *TP*, 1951, **40**, 366.)

DUYVENDAK, J. J. L. (9). 'The True Dates of the Chinese Maritime Expeditions in the Early Fifteenth Century.' *TP*, 1939, **34**, 341.

DUYVENDAK, J. J. L. (10). 'Ma Huan Re-examined.' *VKAWA/L*, 1933 (n.s.), **32**, no. 3.

DUYVENDAK, J. J. L. (11). 'Voyages de Tchêng Houo [Chêng Ho] à la Côte Orientale d'Afrique, +1416 à +1433.' In Yusuf Kamal, *Monumenta Cartographica*, 1939, vol. 4, pt. 4, pp. 1411 ff.

DUYVENDAK, J. J. L. (19). 'Desultory Notes on the *Hsi Yang Chi* [Lo Mou-Têng's novel of +1597 based on the Voyages of Chêng Ho]' (concerns spectacles and bombards). *TP*, 1953, **42**, 1.

DYE, D. S. (1). *A Grammar of Chinese Lattice.* 2 vols. Harvard-Yenching Institute, Cambridge, Mass., 1937. (Harvard-Yenching Monograph Series, nos. 5, 6.)

DYE, D. S. (2). 'Some Elements of Chinese Architecture, with Notes on Szechuan Specialities.' *JWCBRS*, 1926, **3**, 162.

EASTWOOD, T. (1). 'Roofing Materials through the Ages.' *PGA*, 1951, **62**, 6.

EBERHARD, W. (2). *Lokalkulturen im alten China.* Pt. 1, Northern and Western, *TP* (Suppl.), 1943, **37**, 1–447; Pt. 2, Southern and Eastern, *MS*, Monograph no. 3, 1942. (Crit. H. Wilhelm, *MS*, 1944, **9**, 209.)

EBERHARD, W. (3). 'Early Chinese Cultures and their Development, a Working Hypothesis.' *ARSI*, 1937, 513. (Pub. no. 3476.)

EBERHARD, W. (5) (coll. and tr.). *Chinese Fairy Tales and Folk Tales*. Kegan Paul, London, 1937.
EBERHARD, W. (9). *A History of China from the Earliest Times to the Present Day*. Routledge & Kegan Paul, London, 1950. Tr. from the Germ. ed. (Swiss pub.) of 1948 by E. W. Dickes. Turkish ed. *Čin Tarihi*, Istanbul, 1946. (Crit. K. Wittfogel, *AA*, 1950, **13**, 103; J. J. L. Duyvendak, *TP*, 1949, **39**, 369; A. F. Wright, *FEQ*, 1951, **10**, 380.)
EBERHARD, W. (20). 'Chinesische Bauzauber.' *ZFE*, 1940, **71**, 87.
EBERHARD, W. (21). *Conquerors and Rulers; Social Forces in Mediaeval China* (theory of gentry society). Brill, Leiden, 1952. Crit. E. Balazs, *ASEA*, 1953, **7**, 162; E. G. Pulleyblank, *BLSOAS*, 1953, **15**, 588.
EBERHARD, W. (24). 'Zweiter Bericht über die Ausgrabungen bei Anyang.' *OAZ*, 1933, **19**, 208.
ECKE, G. V. (2). 'Wandlungen des Faltstuhls; Bernerkungen Z. Geschichte d. Eurasischen Stuhlform.' *MS*, 1944, **9**, 34.
ECKE, G. V. (3). 'Chiang Tung Chhiao; eine Brücke in Sud-Fukien aus der Zeit d. Nan Sung.' *OAZ*, 1929, **15**, 110.
ECKE, G. V. (4). 'The Institute for Research in Chinese Architecture; Summary of Field Work 1932–1937.' *MS*, 1937, **2**, 468.
ECKE, G. V. (5). 'Zaytonische Granitbrücker; ihr Schmuck u. ihre Heiligtümer.' *SA*, 1931, **6**, 270, 296.
ECKE, G. V. (6). *Chinese Domestic Furniture*. Peking, 1944.
ECKE, G. V. (7). 'Contributions to the study of Sculpture and Architecture; Shen-Thung Ssu and Ling-Yen Ssu [both in Shantung] once more.' *MS*, 1942, **7**, 295.
ECKE, G. V. & DEMIÉVILLE, P. (1). *The Twin Pagodas of Zayton; a Study of Later Buddhist Sculpture in China*. Harvard-Yenching Institute, Peking; Harvard University Press, Cambridge, Mass., 1935. (Harvard-Yenching Monograph Series, no. 2.) Rev. J. B[uhot], *RAA/AMG*, 1935, **9**, 237.
EDEN, C. H. (1). *Black Tournai Fonts in England*. Elliot Stock, London, 1909.
EDGAR, J. H. (2). 'From Ta-tsien-lu to Mu-phing via Yü-thung.' *CJ*, 1932, **17**, 282.
EDKINS, J. (12). 'Chinese Names for Boats and Boat Gear; with Remarks on the Chinese Use of the Mariner's Compass.' *JRAS/NCB*, 1877, **11**, 123. (Rev. *CR*, 1877, **6**, 128.)
EDKINS, J. (15). 'Chinese Architecture.' *JRAS/NCB*, 1890, **24**, 253.
EDKINS, J. & GREGORY, W. (1). 'Bridges in China.' *CR*, 1896, **22**, 738.
EDWARDS, MAJOR (1). 'Extracts from a Report on the Present Condition of the [Chhien-Thang] Sea Wall.' *JRAS/NCB*, 1865, **1**, 136.
EGGERS, G. (1). 'Wasserversorgungstechnik im Altertum.' *BGTI/TG*, 1936, **25**, 1.
D'EICHTHAL, G. (1). 'Des Origines Asiatico-Bouddhiques de la Civilisation Américaine.' *RA*, 1864, **10**, 187, 370; 1865, **11**, 42, 273, 486.
EIGNER, J., ALLEY, R. *et al.* (1). 'China's Inland Waterways [Photographs].' *CJ*, 1937, **26**, 250.
EKHOLM, G. F. (2). 'A Possible Focus of Asiatic Influence in the late Classic Cultures of Meso-america.' Art. in *MSAA*, no. 9; suppl. to *AMA*, 1953, **18** (no. 3), p. 72.
EKHOLM, G. F. (3). 'Is American Culture Asiatic?' *NH*, 1950, **59**, 344.
EKHOLM, G. F. (4). 'The Possible Chinese Origin of Teotihuacan Cylindrical Tripod Pottery and Certain Related Traits.' Proc. 35th Internat. Congress of Americanists. Mexico City, 1962. Vol. 1, p. 39.
ELGAR, F. (1). 'Japanese Shipping.' *TJSL*, 1895, **3**, 59.
ELGOOD, C. (1). *A Medical History of Persia and the Eastern Caliphate from the Earliest Times....* Cambridge, 1951.
D'ELIA, PASQUALE (1). 'Echi delle Scoperte Galileiane in Cina vivente ancora Galileo (1612–1640).' *AAL/RSM*, 1946 (8e ser.), **1**, 125. Republished in enlarged form as 'Galileo in Cina. Relazioni attraverso il Collegio Romano tra Galileo e i gesuiti scienzati missionari in Cina (1610–1640).' *Analecta Gregoriana*, **37** (Series Facultatis Missiologicae A (N/I)) Rome, 1947. Reviews: G. Loria, *A/AIHS*, 1949, **2**, 513; J. J. L. Duyvendak, *TP*, 1948, **38**, 321; G. Sarton, *ISIS*, 1950, **41**, 220.
D'ELIA, PASQUALE (2) (ed.). *Fonti Ricciane; Storia dell'Introduzione del Cristianesimo in Cina*. 3 vols. Libreria dello Stato, Rome, 1942–9. Cf. Trigault (1); Ricci (1).
ELIASSEN, S. (1). *Dragon Wang's River*. Methuen, London, 1957. Tr. by K. John from the Norwegian: *Gamle Drage Wangs Elv*. Gyldendal, Oslo, 1955.
ELIASSEN, S. & TODD, O. J. (1). 'The Wei River Project.' *CJ*, 1932, **17**, 170.
ELISSÉEV, S. (1) (tr.). 'La Révélation des Secrets de la Peinture [by Wang Wei, +699/+759].' *RAA/AMG*, 1927, **4**, 212.
ELLER, E. M. (1). 'Troubled Waters East of Suez.' *NGM*, 1954, **105**, 483 (colour photographs of qanats).
ELLIOTT, J. A. G. (1). 'A Visit to the Bajun Islands.' *JAFRS*, 1926, **25**, 10, 147, 245 (261), 338.
ELLIOTT-SMITH, SIR GRAFTON (2). 'Ships as Evidence of the Migrations of Early Culture.' *JMEOS*, 1916, 63 and sep. pub. Manchester Univ. Press, 1917.

ENGEL, H. (1), with introduction by W. GROPIUS. *The Japanese House; a Tradition for Contemporary Architecture*. Tuttle, Rutland, Vt. and Tokyo, 1964.

D'ENTRECOLLES, F. X. (1). *Lettre au Père Duhalde* (on alchemy and various Chinese discoveries in the arts and sciences, porcelain, artificial pearls and magnetic phenomena) 4 Nov. 1734. *LEC*, vol. 22, pp. 91 ff.

ENTWISTLE, C. (1). 'How to use the Modulor.' *AD*, 1953, **23**, 72.

VON ERDBERG, E. (1). *Chinese Influence on European Garden Structure*. Cambridge, Mass., 1936.

ERKES, E. (17). 'Chinesische-Amerikanische Mythenparallelen.' *TP*, 1925, **24**, 32.

VON ERLACH, J. B. FISCHER (1). *Historia Architectur*. 2nd ed. Leipzig, 1725. 1st ed. von Erlachen, J. B. Fischer: *Entwürff einer historischen Architectur. In Abbildung unt erschiedener beruhmten Gebaüde des Alterthums und fremder Völcker...In dem Ersten Büche, die von der Zeit vergrabene Bau- arten der Alten, Jüden Egÿptier, Syrer, Perser, und Griechen. In dem Andren, Alte unbekante Römische. In dem Drütten, einige fremde, in- und aüser-Europaische, als die Araber, und Turcken etc. auche neüe Persianische, Siamitische, Sinesische, und Japonesische Gebaüde. In dem Vierten, einige Gebaüde von des Autoris Erfindung und Zeichnung*. Fischer, Vienna, 1721. (A fifth volume, not mentioned in the title, depicted *Divers Vases Antiques...et Modernes*.)

VAN ERP, T. (1). 'Voorstellingen van vaartuigen op de Reliefs van den Boroboedoer.' *NION*, 1923, **8**, 227. (English summary in Krom & van Erp, II, p. 235.)

ESCHER, M. C. (1). *The Graphic Work of M. C. Escher* (album). Oldbourne, London, 1961.

ESPÉRANDIEU, E. (1). *Souvenir du Musée Lapidaire de Narbonne*. Commission Archéologique, Narbonne, n.d.

ESPÉRANDIEU, E. (2). *Receuil Général des Bas-Reliefs, Statues et Bustes de la Gaule Romaine*. Imp. Nat., Paris, 1908, 1913.

ESPINAS, G. (1). 'Comment on Faisait un Canal au XVIIIe Siècle; le Canal de Briare.' *AHES/AESC*, 1946, **1**, 347.

ESTERER, M. (1). *Chinas natürliche Ordnung und die Maschine*. Cotta, Stuttgart and Berlin, 1929. (Wege d. Technik Series.)

ESTRADA, E. & EVANS, C. (1). 'Cultural Development in Ecuador.' Art. in *Aboriginal Cultural Development in Latin America; an Interpretative Review*, p. 77. Ed. B. J. Meggers & C. Evans.

ESTRADA, E. & MEGGERS, B. J. (1). 'A Complex of Traits of Probable Trans-Pacific Origin on the Coast of Ecuador.' *AAN*, 1961, **63**, 913.

ESTRADA, E., MEGGERS, B. J. & EVANS, C. (1). 'Possible Trans-Pacific Contact on the Coast of Ecuador.' *S*, 1962, **135**, 371.

EWBANK, T. (1). *A Descriptive and Historical Account of Hydraulic and other Machines for Raising Water, Ancient and Modern*.... Scribner, New York, 1842. (Best ed. the 16th, 1870.)

FABRE, M. (1). *Pékin, ses Palais, ses Temples, et ses Environs*. Librairie Française, Tientsin, 1937.

FABRI, C. (1). *An Introduction to Indian Architecture*. Asia, London, 1963.

FAIRBANK, WILMA (1). 'A Structural Key to Han Mural Art.' *HJAS*, 1942, **7**, 52.

FANG HUA-YUNG (1). 'Soil Conservation on Loess Highlands.' *CREC*, 1962, **11** (no. 7), 15.

FANNING, A. E. CDR. (1). Note on the use of the compass-rose at Sagres. *JBASA*, 1959, **69**, 272.

FANSHAWE, RICHARD (1) (tr.). *The Lusiad, or Portugalls Historicall Poem*.... Moseley, London, 1655. Ed. and repr. J. D. M. Ford. Harvard Univ. Press, Cambridge, Mass., 1940.

FARRER, R. (1). *On the Eaves of the World*. 2 vols. Arnold, London, 1917.

FARRER, R. (2). *The Rainbow Bridge*. Arnold, London, 1926.

FARRÈRE, C. & FONQUERAY, C. [pseudonym for F. C. BARGONE]. *Jonques et Sampans*. Horizons de France, Paris, 1945.

FAULDER, H. C. (1). 'Chinese Model Junks.' *CJ*, 1938, **28**, **29**.

FAVIER, A. (1). *Pékin; Histoire et Description*. Peking, 1897. For Soc. de St Augustin, Desclée & de Brouwer, Lille, 1900.

FEBVRE, L. (3). Editorial on the problem of the invention of the stern-post rudder (cf. des Noëttes (2); la Roerie (1)]. *AHES*, 1935, **7**, 536.

FEBVRE, L. (4). 'Toujours le Gouvernail.' *AHES/MHS*, 1941, **2**, 60.

FELBER, R. (1). *Die Reformen des Shang Yang und das Problem der Sklaverei in China*. Contribution to the 2nd Conference of Ancient Historians, Stralsund, 1962.

FELDHAUS, F. M. (1). *Die Technik der Vorzeit, der Geschichtlichen Zeit, und der Naturvölker* [encyclopaedia]. Engelmann, Leipzig and Berlin, 1914. Photographic reprint; Liebing, Würzburg, 1965.

FELDHAUS, F. M. (2). *Die Technik d. Antike u. d. Mittelalter*. Athenaion, Potsdam, 1931. (Crit. H. T. Horwitz, *ZHWK*, 1933, **13** (N.F. **4**), 170.)

FELDHAUS, F. M. (5). *Zur Geschichte d. Drahtseilschwebebahnen*. Zillessen, Berlin-Friedenau, 1911. (Monogr. z. Gesch. d. Technik, no. 1; ed. Quellenforschungen z. Gesch. d. Technik und Wissenschaften; Schriftleitung F. M. Feldhaus & C. von Klinckowström.)

FELDHAUS, F. M. (18). *Leonardo der Techniker u. Erfinder.* Diederichs, Jena, 1913.
FELDHAUS, F. M. (24). *Geschichte des technischen Zeichnens.* 2nd ed., with E. Schruff. Kuhlmann, Wilhelmshafen, 1959. (Rev. R. S. Hartenberg, *TCULT*, 1961, **2**, 45; Eng. tr. in *GRSCI*, 1960.)
FÊNG, H. D. (1). *Bibliography on the Land Problems of China* (deals especially with the *ching thien* system). *NSEQ*, 1935, **8**, 325.
FÊNG YU-LAN (2). *The Spirit of Chinese Philosophy*, tr. E. R. Hughes. Kegan Paul, London, 1947.
FERGUSON, D. (1). 'Letters from Portuguese Captives in Canton.' *IAQ*, 1901, **30**, 421, 467; 1902, **31**, 10, 53.
FERGUSON, J. C. (6). 'Transportation in Early China.' *CJ*, 1929, **10**, 227.
FERGUSSON, J. (1). *History of Indian and Eastern Architecture.* 2 vols. Murray, London, 1910.
FERRAND, G. (1). *Relations de Voyages et Textes Géographiques Arabes, Persans et Turcs relatifs à l'Extrême Orient, du 8e au 18e Siècles, traduits, revus et annotés etc.* 2 vols. Leroux, Paris, 1913.
FERRAND, G. (2) (tr.). *Voyage du Marchand Sulaymān en Inde et en Chine redigé en +851; suivi de remarques par Abū Zayd Ḥasan (vers +916).* Bossard, Paris, 1922.
FERRAND, G. (3). 'Le K'ouen-Louen [Khun-Lun] et les Anciennes Navigations Interocéaniques dans les Mers du Sud.' *JA*, 1919 (11e ser.), **13**, 239, 431; **14**, 5, 201.
FERRAND, G. (4). 'Malaka, le Malāyu et Malāyur.' *JA*, 1918 (11e ser.), **11**, 391; **12**, 148.
FERRAND, G. (5). 'Les Relations de la Chine avec le Golfe Persique avant l'Hégire.' Art. in *Mélanges offerts à Gaudefroy-Demombynes par ses amis et anciens élèves, 1935–1945.* Maisonneuve, Paris, 1945.
FERRAND, G. (6). *Instructions Nautiques et Routiers Arabes et Portugais des 15e et 16e Siècles.* 2 vols. Geuthner, Paris, 1921–5. Vols. 1 and 2 *Le Pilote des Mers de l'Inde, de la Chine et de l'Indonesie;* facsimile texts of MSS. of Shihāb al-Dīn Aḥmad al-Mājid (*c.* +1475) and of Sulaimān al-Mahrī (*c.* +1511).
FERRAND, G. (7). *Instructions Nautiques et Routiers Arabes et Portugais des 15e et 16e Siècles.* Geuthner, Paris, 1928. Vol. 3 *Introduction à l'Astronomie Nautique Arabe.* Consists of reprints of Prinsep (2, 3); Congreve (1); de Saussure (35, 36), and excerpts from Reinaud & Guyard (1), etc., with biographies of Ibn Mājid and al-Mahrī by Ferrand.
FESSLER, L. *et al.* (1). *China.* Time-Life International, Amsterdam, 1968 (pr. Verona, Italy).
FIDLER, T. C. (1). *A Practical Treatise on Bridge Construction.* Griffin, London, 1887.
FILESI, T. (1). *I Viaggi dei Cinesi in Africa nel Medioevo.* Ist. Ital. per l'Africa, Rome, 1961.
FILESI, T. (2). *Le Relazioni della Cina con l'Africa nel Medio-Evo.* Giuffrè, Milan, 1962.
FILGUEIRAS, O. L. (1). *Rabões da Esquadra Negra* (the barcos rabelos of the Douro River). Porto, 1956.
FILLIOZAT, J. (2). 'Les Origines d'une Technique Mystique Indienne.' *RP*, 1946, **136**, 208.
FILLIOZAT, J. (3). 'Taoisme et Yoga.' *DVN*, 1949, **3**, 1.
FISCHER, E. S. (1). *The Sacred Wu-Thai Shan, in connection with Modern Travel from Thai-yuan Fu via Mount Wu-Thai to the Mongolian Border.* 1925.
FISCHER, J. (1). 'Fan Chung-Yen (+989/+1052); das Lebensbild eines chinesischen Staatsmannes. *OE*, 1955, **2**, 39, 142.
FISCHER, OTTO (2). *Chinesische Malerei der Han Dynastie.* Neff, Berlin, 1931.
FISHER, B. (1). 'The *Qanāts* of Persia.' *GR*, 1928, **18**, 302.
FISHER, W. E. (1). 'Wings over China.' *CJ*, 1937, **26**, 250.
FITCH, R. F. (1). 'Life Afloat in China' [populations living on boats in rivers and ports]. *NGM*, 1927, **51**, 665.
FITZGERALD, C. C. P. (CAPTAIN, R.N.) (1). *Boat Sailing and Racing.* Griffin, Portsmouth, 1888.
FITZGERALD, C. P. (1). *China; a Short Cultural History.* Cresset Press, London, 1935.
FITZGERALD, C. P. (6). 'Boats of the Erh Hai Lake, Yunnan.' *MMI*, 1943, **29**, 135.
FITZGERALD, C. P. (7*a*). 'A Chinese Discovery of Australia?' Art. in *Australia Writes*, p. 76. Ed. T. Inglis Moore. Cheshire, Melbourne, 1953.
FITZGERALD, C. P. (7*b*). 'Evidence of a Chinese Discovery of Australia before European Settlement.' Paper delivered to the 23rd International Congress of Orientalists, Cambridge, 1954 (27th Aug.). Followed by a correspondence in *The Times* to which contributions were made by A. Christie, Sir Percival David, F. H. Dampier Atkinson, J. Bastin and others (1st to 7th Sept.). Printed as abstract in *Proceedings of the 23rd Congress*, p. 293.
FITZGERALD, C. P. (9). *Son of Heaven; a Biography of Li Shih-Min, Founder of the Thang Dynasty.* Cambridge, 1933.
FITZGERALD, C. P. (10). *Barbarian Beds; the Origin of the Chair in China.* Cresset, London, 1965.
FLETCHER, B. (1). *A History of Architecture on the Comparative Method.* Batsford, London, 1948.
DE FLINES, E. W. V. O. (1). 'De Keramische Verzameling [d. Koninklijke Bataviaasch Genootschap van Kunsten en Wetenschappen].' *KBGJ*, 1936, **3**, 206; 1937, **4**, 173; 1938, **5**, 159.
FLORANGE, C. (1). *Études sur les Messageries et les Postes, d'après les Documents Métalliques et Imprimés précedée d'un Essai Numismatique sur les Ponts et Chaussées.* Florange, Paris, 1925.

FLOWER, B. & ROSENBAUM, E. (1) (tr.) (with contributions by V. Scholderer, J. Liversidge & K. Wilczynski). *The Roman Cookery Book; a critical translation of 'The Art of Cooking'* [Artis Magiricae] *by Apicius, for use in the Study and the Kitchen.* Harrap, London, 1958.

DA FONSECA, QUIRINO (1). *Os Navios do Infante Dom Henrique.* Comissão Executiva das Comemorações do Quinto Centenario da Morte do Infante Dom Henrique, Lisbon, 1958. (Colecção Henriquina, no. 5.)

FORBES, R. J. (2). *Man the Maker; a History of Technology and Engineering.* Schuman, New York, 1950. (Crit. rev. H. W. Dickinson & B. Gille, *A/AIHS*, 1951, **4**, 551.)

FORBES, R. J. (6). *Notes on the History of Ancient Roads and their Construction.* A. P. Stichting, Amsterdam, 1934; Brill, Leiden, 1934. [Archaeologische-Historische Bijdragen d. Allard Pierson Stichting, Amsterdam, no. 3.] Crit. revs. R. F. Jessup, *AQ*, 1935, **9**, 381; I. A. Richmond, *JRS*, 1935, **25**, 114.

FORBES, R. J. (10). *Studies in Ancient Technology.* Vol. 1, *Bitumen and Petroleum in Antiquity; The Origin of Alchemy; Water Supply.* Brill, Leiden, 1955. (Crit. Lynn White, *ISIS*, 1957, **48**, 77.)

FORBES, R. J. (11). *Studies in Ancient Technology.* Vol. 2, *Irrigation and Drainage; Power; Land Transport and Road-Building; The Coming of the Camel.* Brill, Leiden, 1955. (Crit. Lynn White, *ISIS*, 1957, **48**, 77.)

FORBES, R. J. (17). 'Hydraulic Engineering and Sanitation [in the Mediterranean Civilisations and the Middle Ages].' Art. in *A History of Technology*, ed. C. Singer *et al.*, vol. 2, p. 663. Oxford, 1956.

FORBES, R. J. (18). 'Food and Drink [from the Renaissance to the Industrial Revolution].' Art. in *A History of Technology*, ed. C. Singer *et al.*, vol. 3, p. 1. Oxford, 1957.

FORBES, R. J. (20). *Studies in Early Petroleum History.* Brill, Leiden, 1958.

FORBES, R. J. (22). 'Land Transport and Roadbuilding (+1000 to 1900).' *JAN*, 1957, **46**, 104. The first section of this paper is identical with Forbes (11), pp. 156–60.

FORBES, R. J. (25). Introductions to Chapters in Vol. 5 (Engineering) of the *Principal Works of Simon Stevin* including discussions of drainage-mills (wind-power), hydraulic engineering (sluices, locks, dredgers, double slipways), and Simon Stevin's patents.

FORKE, A. (3) (tr.). *Me Ti [Mo Ti] des Sozialethikers und seine Schüler philosophische Werke.* Berlin, 1922. (*MSOS*, Beibände, **23–25**.)

FORKE, A. (4) (tr.). *'Lung-Hêng', Philosophical Essays of Wang Chhung.* Vol. 1, 1907. Kelly & Walsh, Shanghai; Luzac, London; Harrassowitz, Leipzig. Vol. 2, 1911 (with the addition of Reimer, Berlin). Photolitho Re-issue, Paragon, New York, 1962. (*MSOS*, Beibände, **10** and **14**.) Crit. P. Pelliot, *JA*, 1912 (10e sér.), **20**, 156.

FORKE, A. (6). *The World-Conception of the Chinese; their astronomical cosmological and physico-philosophical Speculations* (Pt. 4 of this, on the Five Elements, is reprinted from Forke (4), vol. 2, App. I). Probsthain, London, 1925. German tr. *Gedankenwelt des Chinesischen Kulturkreis.* München, 1927. Chinese tr. *Chhi Na Tzu Jan Kho Hsueh Ssu Hsiang Shih.* Critique: B. Schindler, *AM*, 1925, **2**, 368.

FORKE, A. (13). *Geschichte d. alten chinesischen Philosophie* (i.e. from antiquity to the beginning of the Former Han). de Gruyter, Hamburg, 1927. (Hamburg. Univ. Abhdl. a. d. Geb. d. Auslandskunde, no. 25 (Ser. B, no. 14).)

FORMAN, W. & FORMAN, B. (1). *Das Drachenboot* (album of photographs of Chinese places, buildings, vessels, etc.). Artia, Prague, 1960.

FORREST, THOS. (CAPT. H. E. I. C.) (1). *A Voyage to New Guinea and the Moluccas, etc., performed in the 'Tartar' Galley belonging to the Honourable East India Company, during the Years 1774, 1775 and 1776.* Scott, London, 1780. Fr. tr. *Voyage aux Moluques et à la Nouvelle Guinée, fait sur la Galère 'La Tartare' en 1774, 1775 & 1776, par le Capitaine Forrest.* Thou, Paris, 1780.

FORREST, THOS. (CAPT. H. E. I. C.) (2). *A Voyage from Calcutta to the Mergui Archipelago.* Robson, London, 1792.

FORSTER, E. M. (1). *Alexandria; a History and a Guide.* Morris, Alexandria, 1922.

FOSTER, J. (1). 'Crosses from the Walls of Zaitun [Chhüanchow].' *JRAS*, 1954, 1.

FOX, C. (1). 'Sleds, Carts and Waggons.' *AQ*, 1931, **5**, 185.

FRANCK, H. A. (1). *Roving through Southern China.* Century, New York, 1925.

FRANCO, S. GARCIA (1). *Historia del Arte y Ciencia de Navegar.* 2 vols. Madrid, 1947.

FRANKE, O. (4). *Li Tschi [Li Chih], ein Beitrag z. Geschichte d. chinesisches Geisteskämpfe in 16-Jahrh. APAW/PH*, 1938, no. 10.

FRANKE, O. (11) (intr. & tr.). *Kêng Tschi T'u [Kêng Chih Thu]; Ackerbau und Seidegewinnung in China, ein Kaiserliches Lehr. u. Mahn-Buch.* Friederichsen, Hamburg, 1913. (Abhandl. d. Hamburgischen Kolonialinstituts, vol. 11; Ser. B, Völkerkunde, Kulturgesch. u. Sprachen, vol. 8.)

FRANKE, O. (12). *Beiträge z. Kenntnis der Türkvölker und Skythen Zentralasiens.* Berlin, 1904.

FRANKE, W. (3). *Preliminary Notes on Important Literary Sources for the History of the Ming Dynasty. Chhêngtu, 1948.* (SSE Monographs, Ser. A, no. 2.)

FRANKEL, H. H. (1). *Catalogue of Translations from the Chinese Dynastic Histories for the Period +220 to +960.* Univ. Calif. Press, Berkeley and Los Angeles, 1957. (Inst. Internat. Studies, Univ. of California, East Asia Studies, Chinese Dynastic Histories Translations, Suppl. no. 1.)
FRANKFORT, H. (1). 'Studies in Early Pottery of the Near East.' *RAI/OP*, 1924, no. 6.
FRANKFORT, H. (3). 'On Egyptian Art.' *JEA*, 1932, **18**, 33.
FRANKLIN, BENJAMIN (1). 'Maritime Observations' (a letter to Mr Alphonsus le Roy dated Aug. 1785). *TAPS*, 1786, **2**, 294 (p. 301); abstracted in *NAVC*, 1803, **9**, 32.
FRANKLIN, T. B. (1). *A History of Agriculture.* Bell, London, 1948.
FRASER, E. D. H. & LOCKHART, J. H. S. (1). *Index to the 'Tso Chuan'.* Oxford, 1930.
FRAZER, SIR J. G. (2). *Folk-lore in the Old Testament; Studies in Comparative Religion, Legend and Law.* Macmillan, London, 1923
FREEMAN, J. R. (1). 'Flood Problems in China.' *TASCE*, 1922, **85**, 1405.
FREEMAN-GRENVILLE, G. S. P. (1). 'East African Coin Finds and their Historical Significance.' *JAH*, 1960, **1**, 31.
FREEMAN-GRENVILLE, G. S. P. (2). 'Chinese Porcelain in Tanganyika.' *TNR*, 1955 (no. 41), 62.
FREEMAN-GRENVILLE, G. S. P. (3). 'Coinage in East Africa before Portuguese Times.' *NC*, 1957 (6th ser.), **17**, 151.
FREEMAN-GRENVILLE, G. S. P. (4). *The East African Coast; Select Documents from the +1st to the earlier 19th Centuries.* Oxford, 1962.
FREEMAN-GRENVILLE, G. S. P. (5). 'Coins from Mogadishiu; *c.* +1300 to *c.* +1700' [but including Chinese ones from the +10th to the 19th centuries]. *NC*, 1963 (7th ser.), **3**, 179.
FREEMAN-GRENVILLE, G. S. P. (6). 'Some Recent Archaeological Work on the East African Coast.' *MA*, 1958, **58**, 108.
FRÉMONT, C. (13). *Études Expérimentales de Technologie Industrielle, No. 64: le Marteau, le Choc, le Marteau Pneumatique.* Paris, 1923. (Hammers and vibrators.)
FREYRE, G. (1). *The Portuguese and the Tropics.* Tr. H. M. d'O. Matthew & F. de Mello Moser. Exec. Committee for the Commemoration of the Vth Centenary of the Death of Prince Henry the Navigator, Lisbon, 1961.
FRIEDLÄNDER, L. (1). *Roman Life and Manners under the Early Empire.* 4 vols. Routledge, London, n.d. (1909–13). Tr. from the German by L. A. Magnus & J. H. Freese.
VON FRIES, S. (1). 'The Tent-Theory of Chinese Architecture.' *JRAS/NCB*, 1890, **24**, 303.
FRIPP, C. E. (1). 'A Note on Mediaeval Chinese–African Trade.' *NADA*, 1940 (no. 17), 88.
FROST, HONOR (1). *Under the Mediterranean; Marine Antiquities.* Routledge & Kegan Paul, London, 1963.
FROST, HONOR (2). 'From Rope to Chain; on the Development of Anchors in the Mediterranean.' *MMI*, 1963, **49**, 1.
FRUMKIN, G. (2). 'Archaeology in Soviet Central Asia; v, The Deltas of the Oxus and Jaxartes; Khorezm and its Borderlands.' *CENAR*, 1965, **13**, 69.
FU TSO-YI (1). *Ending the Flood Menace* (an account of the Huai River Project, especially the Jun-ho-chi Control Installations). *CREC*, 1952 (no. 1), 4.
FUCHS, R. F. (1). 'Der Farbenwechsel u. d. chromatische Hautfunktion d. Tiere.' Art. in *Handbuch d. vergl. Physiol.* Ed. H. Winterstein. Vol. 3, sect. 1, pt. 2, pp. 1189–1652. Fischer, Jena, 1924.
FUCHS, W. (1). *The 'Mongol Atlas' of China by Chu Ssu-Pên and the Kuang Yü T'hu.* Fu-Jen Univ. Press, Peiping, 1946. (MS/M series, no. 8.) (Rev. J. J. L. Duyvendak, *TP*, 1949, **39**, 197.)
FUCHS, W. (4). 'Huei-Ch'ao's Pilgerreise durch Nordwest-Indien und Zentral-Asien um 726.' *SPAW/PH*, 1938, **30**, 426.
FUCHS, W. (6). 'Was South Africa already known in the +13th Century?' *IM*, 1953, **10**, 50.
FUCHS, W. (7). 'Ein Gesandschaft u. Fu-Lin in chinesischer Wiedergabe aus den Jahren +1314 bis +1320.' *OE*, 1959, **6**, 123.
FUGL-MEYER, H. (1). *Chinese Bridges.* Kelly & Walsh, Shanghai, 1937.
FULLER, M. L. & CLAPP, F. G. (1). 'Loess and Rock Dwellings of Shensi.' *GR*, 1924, **14**, 215.

GADBURY, JOHN (1). *Nauticum Astrologicum; or, the Astrological Seaman; directing Merchants, Mariners, Captains of Ships, Ensurers, etc. How (by God's Blessing) they may escape divers Dangers which commonly happen upon the Ocean; Unto which is added a Diary of the Weather for 21 Years together, Exactly Observed in London, with sundry Observations thereon...* Sawbridge, London, 1691, 1710.
GALE, E. M. (1) (tr.). *Discourses on Salt and Iron ('Yen Thieh Lun'), a Debate on State Control of Commerce and Industry in Ancient China, chapters 1–19.* Brill, Leiden, 1931. (Sinica Leidensia, no. 2.) Crit. P. Pelliot, *TP*, 1932, **29**, 127.
GALE, E. M., BOODBERG, P. A. & LIN, T. C. (1) (tr.). 'Discourses on Salt and Iron (*Yen Thieh Lun*), Chapters 20–28.' *JRAS/NCB*, 1934, **65**, 73.

GALLAGHER, L. J. (1) (tr.). *China in the 16th Century; the Journals of Matthew Ricci, 1583–1610.* Random House, New York, 1953. (A complete translation, preceded by inadequate bibliographical details, of Nicholas Trigault's *De Christiana Expeditione apud Sinas* (1615). Based on an earlier publication: *The China that Was; China as discovered by the Jesuits at the close of the 16th Century: from the Latin of Nicholas Trigault.* Milwaukee, 1942.) Identifications of Chinese names in Yang Lien-Shêng (4). (Crit. J. R. Ware, *ISIS*, 1954, **45**, 395.)

GANDAR, D. (1). *Le Canal Impérial; Étude Historique et Descriptive.* T'ou-Sé-Wé, Shanghai, 1894 (VS, no. 4).

GARNIER, M. l'ABBÉ (1). 'Galères et Galéasses à la Fin du Moyen Age.' Art. in *Proc. 2nd International Colloquium of Maritime History*, p. 37, ed. M. Mollat, L. Denoix & O. de Prat. Paris, 1957.

GARRISON, F. H. (1). 'History of Drainage, Irrigation, Sewage-Disposal, and Water-Supply.' *BNYAM*, 1929, **5**, 887.

GARRISON, F. H. (2). 'History of Heating, Ventilation and Lighting.' *BNYAM*, 1927, **3**, 57.

GAUBIL, A. (11). *Description de la Ville de Pékin.* Ed. de l'Isle and Pingré, Paris, 1763, 1765. Russ. tr. by Stritter; Germ. tr. by Pallas; Eng. tr. (abridged), *PTRS*, 1758, **50**, 704.

GAUTHEY, E. M. (1). *Traité de la Construction des Ponts.* 2 vols. Didot, Paris, 1809–13.

GEIL, W. E. (2). *The Eighteen Capitals of China.* Constable, London, 1911.

GEIL, W. E. (3). *The Great Wall of China.* Murray, London, 1909.

GEORGE, F. (1). 'Hariot's Meridional Parts.' *JIN*, 1956, **9**, 66.

GERINI, G. E. (1). *Researches on Ptolemy's Geography of Eastern Asia (Further India and Indo-Malay Peninsula).* Royal Asiatic Society and Royal Geographical Society, London, 1909. (Asiatic Society Monographs, no. 1.)

GERMAIN, G. (1). 'Qu'est-ce que le *Périple* d'Hannon; Document, Amplification ou Faux Intégral?' *HP*, 1957, **44**, 205.

GERNET, J. (1). *Les Aspects Economiques du Bouddhisme dans la Société Chinoise du 5e au 10e siècles.* Maisonneuve, Paris, 1956. (Publications de l'Ecole Française d'Extrême-Orient, Hanoi & Saigon.) (Revs. D. C. Twitchett, *BLSOAS*, 1957, **19**, 526; A. F. Wright, *JAS*, 1957, **16**, 408.)

GERNET, J. (2). *La Vie Quotidienne en Chine à la Veille de l'Invasion Mongole (+1250 à +1276).* Hachette, Paris, 1959.

GHIRSHMAN, R. (2). 'Essai de Recherche Historico-archéologique' [digest of the work of S. P. Tolstov]. *AA*, 1952, **16**, 209 and 292.

GHIRSHMAN, R. (4). *Iran; Parthes et Sassanides.* Gallimard, Paris, 1962.

GIBB, H. A. R. (3) (tr.). *The Travels of Ibn Baṭṭūṭah (+1325 to +1354); translated with Revisions and Notes from the Arabic Text edited by C. Defrémery & B. R. Sanguinetti.* 2 vols. Cambridge, 1958, 1962. (Hakluyt Society Pubs., 2nd Series, no. 110, 117.) Rev. G. F. Hourani, *JAOS*, 1960, **80**, 269.

GIBBON, EDWARD (1). *The History of the Decline and Fall of the Roman Empire.* 12 vols. Strahan, London, 1790 (1st ed. 1776–88).

GIBBS, C. D. I. (1). 'The River-Life of Canton.' *NV*, 1930, p. 73.

GIBSON, C. E. (1). 'The Ship and Society.' *MQ*, 1947 (n.s.), **2**, 163, with comments by G. Lee, p. 254.

GIBSON, C. E. (2). *The Story of the Ship.* Schuman, New York, 1948; Abelard-Schuman, New York, 1958.

GIBSON, H. E. (4). 'Communications in China during the Shang Period.' *CJ*, 1937, **26**, 228.

GIEDION, S. (2). *Space, Time and Architecture; the Growth of a New Tradition.* Oxford, 1954.

GIGLIOLI, G. Q. (1). *l'Arte Etrusca.* Treves, Milan, 1935.

GILES, H. A. (1). *A Chinese Biographical Dictionary.* 2 vols. Kelly & Walsh, Shanghai, 1898; Quaritch, London, 1898. Supplementary Index by J. V. Gillis & Yü Ping-Yüeh, Peiping, 1936. Account must by taken of the numerous emendations published by von Zach (4) and Pelliot (34), but many mistakes remain. Cf. Pelliot (35).

GILES, H. A. (3) (tr.). *The Travels of Fa-Hsien.* Cambridge, 1923.

GILES, H. A. (4) (tr.). *San Tzu Ching, translated and annotated.* Kelly & Walsh, Shanghai, 1900.

GILES, H. A. (10). 'Chinese Anchors.' *MMI*, 1924, **10**, 399; 1925, **11**, 328.

GILES, L. (4) (tr.). *Taoist Teachings from the Book of Lieh Tzu.* Murray, London, 1912; 2nd ed.1947.

GILES, L. (5). *Six Centuries of Tunhuang.* China Society, London, 1944.

GILES, L. (13). *Descriptive Catalogue of the Chinese Manuscripts from Tunhuang in the British Museum.* British Museum, London, 1957. (Rev. J. Průsek, *ARO*, 1959, **27**, 483.)

GILFILLAN, S. C. (1). *Inventing the Ship.* Follett, Chicago, 1935.

GILFILLAN, S. C. (2). *The Sociology of Invention.* Follett, Chicago, 1935.

GILL, W. (1). *The River of Golden Sand, being the narrative of a Journey through China and Eastern Tibet to Burmah*, ed. E. C. Baber & H. Yule. Murray, London, 1883.

GILLE, B. (3). 'Léonard de Vinci et son Temps.' *MC/TC*, 1952, **2**, 69.

GILLE, P. (1). 'Les Navires des Vikings.' *MC/TC*, 1954, **3**, 91.

GILLE, P. (2). 'Jauge et Tonnage des Navires.' Art. in *Proc. 1st International Colloquium of Maritime History*, Paris, 1956. Ed. M. Mollat & O. de Prat, p. 85.
GILLESPIE, R. ST J. (1). 'Cunningham's Self-Reefing Topsails.' *MMI*, 1945, **31**, 7. Note by G. F. Howard, 1946, **32**, 120.
GILLMER, T. C. (1). 'Present-Day Craft and Rigs of the Mediterranean.' *ANEPT*, 1941, **1**, 352; 1942, **2**, 56.
GIQUEL, P. (1). 'Mechanical and Nautical Terms in French, Chinese and English.' In Doolittle, J. (1), vol. 2, p. 634.
GLADWIN, H. S. (1). *Men out of Asia*. McGraw-Hill, New York, 1947. (Crit. rev. B. Lasker, *PA*, 1948, **21**, 439. Summary of the theory in Covarrubias (2), pp. 25 ff.)
GLOAG, J. & BRIDGWATER, D. (1). *A History of Cast Iron in Architecture*. Allen & Unwin, London, 1948.
GOAD, JOHN (1). *Astro-Meteorologica; or, Aphorisms and Discourses of the Bodies Coelestial, their Natures and Influences, Discovered from the Variety of the Alterations of the Air, Temperate or Intemperate, as to Heat or Cold, Frost, Snow, Hail, Fog, Rain, Wind, Storm, Lightening, Thunder, Blasting, Hurricane, Tuffon, Whirlwind, Iris, Chasme, Parelij, Comets their Original and Duration, Earthquakes, Vulcano's, Inundations, Sickness epidemical, Maculae Solis, and other Secrets of Nature*. Rawlins & Blagrave, London, 1686.
GOBLOT, H. (1). 'Dans l'ancien Iran; les Techniques de l'Eau et la Grande Histoire.' *AHES/AESC*, 1963, 499.
GOBLOT, H. (2). 'Sur Quelques Barrages Anciens, et la Genèse des Barrages-Voûtes.' *DHT*, 1967 (no. 6), 109. (Special number) *RHS*, 1967, **20** (no. 2), 109.
GODINHO, V. MAGALHÃES (1). *Les Grandes Découvertes*. Coimbra, 1953. Reprinted from *BEP*.
GODINHO, V. MAGALHÃES (2). *A Expansão Quatrocentista Portuguesa; Problemas das Origens e da Linha de Evolucão*. Testemunho Especial, Lisbon, 1945.
GODINHO, V. MAGALHÃES (3). *Documentos sobre a Expansão Portuguesa*. 3 vols. Vols. 1 and 2, Gleba, Lisbon; vol. 3, Cosmos, Lisbon, 1943 to 1956.
GODWIN, H., WALKER, D. & WILLIS, E. H. (1). 'Radiocarbon Dating and Post-Glacial Vegetational History; Scaleby Moss.' *PRSB*, 1957, **147**, 352.
GODWIN, H. & WILLIS, E. H. (1). 'Cambridge University Natural Radiocarbon Measurements, I.' *AJSC* (Radiocarbon Supplement), 1959, **1**, 63. 'Radiocarbon Dating of the Late-Glacial Period in Britain.' *PRSB*, 1959, **150**, 199.
DE GOEJE, E. (1). 'De Muur van Gog en Magog.' *VMAWA*, 1883, **3** (no. 5), 87.
DE GOEJE, M. J. (1) (ed.). *Bibliotheca Geographorum Arabicorum* (texts). 8 vols. Brill, Leiden, 1870–94.
GOLAB, L. WAWRZYN (1). 'A Study of Irrigation in East Turkestan.' *AN*, 1951, **46**, 187.
GOLOUBER, V. (1). 'L'Age du Bronze au Tonkin et dans le Nord Annam.' *BEFEO*, 1929, **29**, 1.
GOMBRICH, E. H. J. (1). *Art and Illusion; a Study in the Psychology of Pictorial Representation* (Mellon Lectures, 1956). Phaidon, London, 1960; 2nd ed. 1962. (Nat. Art Gallery, Washington, Mellon Lectures, ser. no. 5.)
GOODCHILD, R. G. & FORBES, R. J. (1). 'Roads and Land Travel [including Bridges, Cuttings, Tunnels, Harbours, Docks and Lighthouses] (in the Mediterranean Civilisations and the Middle Ages).' Art. in *A History of Technology*, ed. C. Singer *et al.* vol. 2, p. 493. Oxford, 1956.
GOODRICH, L. CARRINGTON (1). *Short History of the Chinese People*. Harper, New York, 1943.
GOODRICH, L. CARRINGTON (10). 'Query on the Connection between the Nautical Charts of the Arabs and those of the Chinese before the days of the Portuguese Navigators.' *ISIS*, 1953, **44**, 99.
GOODRICH, L. CARRINGTON (14). 'A Note on Professor Duyvendak's Lectures on China's Discovery of Africa.' *BLSOAS*, 1952, **14** (no. 2).
GOODRICH, L. CARRINGTON (15). 'Firearms among the Chinese; a supplementary note.' *ISIS*, 1948, **39**, 63.
GOODRICH, L. CARRINGTON (16). 'Suspension-Bridges in China.' *SIS*, 1957, **5** (nos. 3–4), 1.
GOODRICH, L. CARRINGTON & FÊNG CHIA-SHÊNG (1). 'The Early Development of Firearms in China.' *ISIS*, 1946, **36**, 114. With important addendum, *ISIS*, 1946, **36**, 250.
GOTHEIN, M. L. (1). 'Die Stadtanlage von Peking.' *WJK*, 19, **7**.
GOULD, R. T. (1). (*a*) *The Marine Chronometer; its History and Development*. Potter, London, 1923. (Rev. F. D[ ], *MMI*, 1923, **9**, 191.) (*b*) *The Restoration of John Harrison's Third Timekeeper*. Lecture to the British Horological Institute, 1931. Reprint or pamphlet, n.d.
GOULLART, P. (1). *Forgotten Kingdom* (the Lichiang districts of Yunnan). Murray, London, 1955.
GOURLIE, NORAH (1). *The Prince of Botanists* [Linnaeus]. London, 1953.
GRAHAM, A. C. (6) (tr.). *The Book of Lieh Tzu*. Murray, London, 1960.
GRAHAM, DOROTHY (1). *Chinese Gardens*. New York, 1938.
GRAHAM, G. S. (1). 'The Transition from Paddle-Wheel to Screw Propeller.' *MMI*, 1958, **44**, 35.
GRANDIDIER, A. & GRANDIDIER, G. (1). *L'Ethnographie de Madagascar*. Paris, 1908.
GRANET, M. (1). *Danses et Légendes de la Chine Ancienne*. 2 vols. Alcan, Paris, 1926.

GRANET, M. (2). *Fêtes et Chansons Anciennes de la Chine*. Alcan, Paris, 1926 ; 2nd ed. Leroux, Paris, 1929.
GRANET, M. (5). *La Pensée Chinoise*. Albin Michel Paris, 1934. (Evol. de l'Hum. series, no. 25 *bis*.)
GRANGER, F. (1) (ed. & tr.). *Vitruvius On Architecture*. 2 vols. Heinemann, London, 1934. (Loeb Classics edn.)
GRANTHAM, A. E. (1). *The Ming Tombs* (Shih San Ling). Wu Lai-Hsi, Peiping, 1926.
GRAS, N. S. B. (1). *A History of Agriculture in Europe and America*. 2nd ed. Crofts, New York, 1946.
GRAY, B. & VINCENT, J. B. (1). *Buddhist Cave-Paintings at Tunhuang*. Faber & Faber, London, 1959.
GRAY, J. (1). 'Historical Writing in Twentieth-Century China; Notes on its Background and Development.' Art. in *Historians of China and Japan*, ed. W. G. Beasley & E. G. Pulleyblank, p. 186. Oxford Univ. Press, London, 1961.
GRAY, J. E. (1). (*a*) 'On the Structure of Pearls and on the Chinese Mode of producing them of a Large Size and Regular Form.' *TAP*, 1825 (2nd ser.), **9**, 27; (*b*) 'On the Chinese Manner of forming Artificial Pearls.' *TAP*, 1826 (2nd ser.), **10**, 389.
GREENBERG, M. (1). *British Trade and the Opening of China, 1800–1842*. Cambridge, 1951.
GREENHILL, B. (1). 'A Boat of the Indus [the *quantel battella*].' *MMI*, 1963, **49**, 273. Punt build, yet with vertical rudder at the stern, used for cargo-carrying as well as in small sizes.
GRÉGOIRE, C. (1). 'Further Studies on the Structure of the Organic Components in Mother-of-Pearl, especially in Pelecypods.' *BIRSN*, 1960, **36**, no. 23.
GREGORY, J. W. (2). *The Story of the Road, from the Beginning to the Present Day*. 2nd ed. revised & enlarged by C. J. Gregory. Black, London, 1938.
GREGORY, RICHARD (1). 'How the Eyes Deceive.' *LI*, 1962, **68** (no. 1736), 15.
GRIERSON, P. (1). 'La Moneta Veneziana nell'Economia Mediterranea del Trecento e Quattrocento.' Art. in *La Cività Veneziana del Quattrocento*, p. 77. Sansoni, Florence, 1957.
GRIFFITH, W. M. (1). 'A Theory of Silt and Scour.' *PICE*, 1926, **223** (Paper no. 4545).
GROENEVELDT, W. P. (1). 'Notes on the Malay Archipelago and Malacca.' 1876. In *Miscellaneous Papers relating to Indo-China*. 2nd series, 1887, vol. 1, p. 126.
GROFF, G. W. & LAU, T. C. (1). 'Landscaped Kuangsi; China's Province of Pictorial Art.' *NGM*, 1937, **72**, 700.
GROOTAERS, W. A. (1). 'La Géographie Linguistique de la Chine, II.' *MS*, 1945, **10**, 389.
GROSLIER, G. (1). *Recherches sur les Cambodgïens*. Challamel, Paris, 1921.
GROSLIER, G. (2). 'La Batellerie Cambodgienne du 8e au 13e siècle de notre Ère.' *RA*, 1917 (5e ser.), **5**, 198.
GROTTANELLI, V. L. (1). *Pescatori dell'Oceano Indiano*. Cremonese, Rome, 1955.
GROUSSET, R. (1). *Histoire de l'Extrême-Orient*. 2 vols. Geuthner, Paris, 1929. (Also appeared in *BE/AMG*, nos. 39, 40.)
GRUSS, R. (1). *Petit Dictionnaire de Marine*. Challamel, Paris, 1945.
DE GUIGNES, [C. L. J.] (1). 'Idée générale du Commerce et des Liaisons que les Chinois ont eus avec les Nations Occidentales.' *MAI/LTR*, 1784 (1793), **46**, 534.
DE GUIGNES, [JOSEPH] (3). 'Réflexions générales sur les Liaisons et le Commerce des Romains avec les Tartares et les Chinois.' *MAI/LTR*, 1763 (1768), **32**, 355.
DE GUIGNES, [JOSEPH] (4). 'Recherches sur les Navigations des Chinois du Coté de l'Amérique, et sur quelques Peuples situés à l'extremité orientale de l'Asie.' *MAI/LTR*, 1761, **28**, 503.
GUILLÀN, F. (1). 'Les Châteaux-Forts Japonais.' *BMFJ*, 1942, **13**, 1–216.
GUPPY, T. R. (1). 'Description of the "Great Britain" Iron Steamship, with an Account of the Trial Voyages.' *ICE/MP*, 1845, **4**, 178. (Includes communication by J. Field of information provided by Lady Bentham concerning the use of watertight compartments in ship construction by Sir Samuel Bentham.)
GUTKIND, E. A. (1). *Revolution of Environment*. Kegan Paul, London, 1946.
GUTSCHE, F. (1). 'Die Entwicklung d. Schiffsschraube.' *BGTI/TG*, 1937, **26**, 37.

HACKIN, J. & HACKIN, J. R. (1). *Recherches archéologiques à Begram, 1937*. Mémoires de la Délégation Archéologique Française en Afghanistan, vol. 9. Paris, 1939.
HACKIN, J., HACKIN, J. R., CARL, J. & HAMELIN, P. (with the collaboration of J. Auboyer, V. Elisséeff, O. Kurz & P. Stern) (1). *Nouvelles Recherches archéologiques à Begram (ancienne Kāpiśi), 1939–1940*. Mémoires de la Délégation Archéologique Française en Afghanistan, vol. 11. Paris, 1954. (Rev. P. S. Rawson, *JRAS*, 1957, 139.)
HACKMAN H. (4). *Von Omi bis Bhamo*. Galle a/d Saale, 1905.
HADDAD, SAMI I. & KHAIRALLAH, AMIN A. (1). 'A Forgotten Chapter in the History of the Circulation of the Blood.' *ASURG*, 1936, **104**, 1.
HADDON, A. C. & HORNELL, J. (1). *Canoes of Oceania*. Bernice P. Bishop Museum, Honolulu, Hawaii, 1936, 3 vols.
vol. 1, Polynesia, Fiji and Micronesia.

vol. 2, Melanesia, Queensland and New Guinea.
vol. 3, Definition of Terms, General Survey and Conclusions.
(Bishop Museum Special Pubs. no. 27.)
HADFIELD, E. C. R. (1). 'Canals; Inland Waterways of the British Isles [in the Industrial Revolution].' Art. in *A History of Technology*, ed. C. Singer *et al.* vol. 4, p. 563. Oxford, 1958.
HADFIELD, E. C. R. (2). *Introducing Canals; a Guide to British Waterways Today*. Benn, London, 1955.
HADFIELD, E. C. R. (3). *British Canals; an Illustrated History*. Phoenix, London, 1950, 1959. 3rd ed. David and Charles, Newton Abbot, 1966.
HADFIELD, E. C. R. (4). *Canals of the World*. Blackwell, Oxford, 1964.
HADI HASAN (1). *A History of Persian Navigation*. Methuen, London, 1928.
VON HAGEN, V. W. (1). *The Aztec and Maya Paper-makers*, with an introduction by Dard Hunter and an appendix by Paul C. Standley. Augustin, New York, 1944. Enlarged Eng. tr. of *La Fabricacion del Papel entre los Aztecas y los Mayas*, with introductions by Alfonso Caso and Dard Hunter, Nuevo Mundo, Mexico City, 1935.
VON HAGEN, V. W. (2). 'America's Oldest Roads; the Highways of the Incas.' *SAM*, 1952, **187** (no. 1), 17.
VON HAGEN, V. W. (3). *Highway of the Sun*. Travel Book Club, London, n.d. (1953). Popular report of the Inca Highway Expedition. (American Geographical Society.) The full scientific report was apparently never published.
HAGERTY, M. J. (2) (tr. and annot.). 'Tai Khai-Chih's *Chu Phu*; a Fifth-Century Monograph on Bamboos written in Rhyme with a Commentary.' *HJAS*, 1948, **11**, 372.
HAGUE, D. B. (1). *The Conway Suspension Bridge*. Curwen Press, for the National Trust, London, n.d. (1968).
HAGUE, F. (1). 'On the Natural and Artificial Production of Pearls in China.' *JRAS*, 1856, **16**, 280.
HAHNLOSER, H. R. (1) (ed.). *The Album of Villard de Honnecourt*. Schroll, Vienna, 1935.
HÁJEK, L. & FORMAN, W. (1). *Chinese Art*. Artia, Prague; Spring Books, London, n.d. (1953).
HAKEWILL, GEO. (1). *An Apologie or Declaration of the Power and Providence of God in the Government of the World*. 3rd ed. Turner, Oxford, 1635.
DU HALDE, J. B. (1). *Description Géographique, Historique, Chronologique, Politique et Physique de l'Empire de la Chine et de la Tartane Chinoise*. 4 vols. Paris, 1735, 1739; The Hague, 1736. Eng. tr. R. Brookes, London, 1736, 1741. Germ. tr. Rostock, 1748.
HALLBERG, I. (1). *L'Extrême-Orient dans la Littérature et la Cartographie de l'Occident des 13e, 14e et 15e siècles; Etudes sur l'Histoire de la Géographie*. Inaug. Diss., Upsala, Zachrisson, Göteborg, 1907.
HALLDIN, G. & WEBE, G. (1). *Statens Sjöhistoriska Museum* (*Guide to the National Maritime Museum, Stockholm*). N.M.M., Stockholm, 1952.
HAMBRUCH, P. (1). 'Das Meer in seiner Bedeutung für die Völkerverbreitung.' *AANTH*, 1909, **35**, 75.
HAMILTON, E. J. (1). *American Treasure and the Price Revolution in Spain, +1501 to +1550*. Harvard University Press, Cambridge, Mass., 1934. (Harvard Econ. Studs. Monogr. ser. no. 43.)
HAMILTON, S. B. (1). 'Building and Civil Engineering Construction' [1750 to 1850]. Art. in *A History o Technology*, ed. C. Singer *et al.* Vol. 4, p. 422. Oxford, 1958.
HAMILTON, S. B. (3). 'The Use of Cast Iron in Buildings.' *TNS*, 1941, **21**, 139.
HAMILTON, S. B. (4). 'The Structural Use of Iron in Antiquity.' *TNS*, 1958, **31**, 29.
HAMILTON, S. B. (5). 'Building Materials and Techniques' [1850 to 1900]. Art. in *A History of Technology*, ed. C. Singer *et al.* Vol. 5, p. 466. Oxford, 1958.
VON HAMMER-PURGSTALL, J. (3). 'Extracts from the *Mohit* [*Muḥīṭ*] (The Ocean), a Turkish Work on Navigation in the Indian Seas' [by Sidi 'Ali Reïs, *c.* +1553]. *JRAS/B*, 1834, **3**, 545; 1836, **5**, 441; 1837, **6**, 805; 1838, **7**, 767; 1839, **8**, 823; with notes by J. Prinsep.
H[ANCE], H. F. W. 'The Use of Iron Cylinders in Bridge-Building.' *NQCJ*, 1868, **2**, 180.
HARADA, J. (1). *The Gardens of Japan*. London, 1928.
HARADA, YOSHITO & KOMAI, KAZUCHIKA (1). *Chinese Antiquities*. Pt. 1, *Arms and Armour*; Pt. 2, *Vessels [Ships] and Vehicles*. Academy of Oriental Culture, Tokyo Institute, Tokyo, 1937.
HARBY, S. F. (1). 'They Survived at Sea.' *NGM*, 1945, **87**, 617.
HARRIS, L. E. (1). *Vermuyden and the Fens; a study of Sir Cornelius Vermuyden and the Great Level*. Cleaver-Hume, London, 1953. Rev. H. C. Darby, *N*, 1954, **173**, 913.
HARRISON, K. P. & NANCE, R. M. (1). 'The King's College Chapel Window Ship.' *MMI*, 1948, **34**, 12.
HARRISSON T. (1). 'New Archaeological and Ethnological Results from the Niah Caves, Sarawak.' *MA*, 1959, **59**, 1.
HARRISSON, T. (2). 'Some Ceramics excavated in Borneo; with some asides to Siam and London' (Sung ware). *TOCS*, 1954, **28**, 11.
HARRISSON, T. (3). 'Some Ceramic Objects recently acquired for the Sarawak Museum' (Sung pieces). *SMJ*, 1951, **5**, 541.
HARRISSON, T. (4). 'Some Borneo Ceramic Objects' (Thang jars). *SMJ*, 1950, **5**, 270.

HARRISSON, T. (5). 'Ceramics penetrating Borneo.' *SMJ*, 1955, **6**, 549. (Thang and Sung pieces treasured among the Dusuns of North Borneo.)
HARRISSON, T. (6). 'Rhinoceros in Borneo, and traded to China.' *SMJ*, 1956, **7**, 263.
HARRISSON, T. (7). 'Japan and Borneo; some Ceramic Parallels.' *SMJ*, 1957, **8**, 100.
HARTGILL, G. (1). *Astronomical Tables showing the Declinations, Right Ascentions, and Aspects of 365 of the most principall fixed Stars, and the number of them in their Constellations after Aratus; as also, the true Oblique Ascentions and Descentions of all the said Stars, upon the Cusps of every one of the 12 Houses of Heaven according to their Latitude; first invented by George Hartgill, Minister of the Word of God, and now reduced to this our Age by John and Timothy Gadbury*. Company of Stationers, London, 1656.
HARTNER, W. (3). 'The Astronomical Instruments of Cha-Ma-Lu-Ting, their Identification, and their Relations to the Instruments of the Observatory of Maragha.' *ISIS*, 1950, **41**, 184.
HASLER, H. G. (1). 'Technically Interesting [an account of the sailing-boat *Jester*, which finished second in the 1960 single-handed transatlantic yacht race, rigged with a Chinese lug-sail].' *YW*, 1961, **113** (no. 2624), 14. See also 'Unusual Rig', *YW*, 1958, **110** (no. 2589), 13.
VAN HASSELT, A. L. (1). *Atlas Ethnographique d'une Partie de l'Ile de Sumatra*. Pr. pr. Batavia, 1886.
HASSLÖF, O. (1). 'Wrecks, Archives and Living Tradition; Topical Problems in Marine Historical Research.' *MMI*, 1963, **49**, 162.
HASSLÖF, O. (2). 'Sources of Maritime History and Methods of Research.' *MMI*, 1966, **52**, 127.
HASSLÖF, O. (3). 'Carvel Construction Technique; its Nature and Origin.' *FLV*, 1957–8, **21–22**, 49. (Strake-morticed hull construction, with inserted frames, persisting into the Middle Ages.)
HATT, G. (1). 'Asiatic Motifs in American [Amerindian] Folklore.' In Singer Presentation Volume, *Science, Medicine and History*, vol. 2, p. 389, ed. E. A. Underwood. Oxford, 1954.
HATT, G. (2). 'Asiatic Influences in American [Amerindian] Folklore.' *KDVS/HFM*, 1949, **31**, no. 6.
HATT, G. (3). 'The Corn Mother in [Amerindian] America and in Indonesia.' *AN*, 1951, **46**, 853.
HAVELL, E. B. (1). (*a*) *Indian Architecture*.... Murray, London, 1913. (*b*) *Ancient and Mediaeval Architecture of India*. Murray, London, 1915.
HAVERFIELD, F. (1). *Ancient Town Planning*. Oxford, 1913.
HAWKES, D. (1) (tr.). *'Chhu Tzhu'; the Songs of the South—an Ancient Chinese Anthology*. Oxford, 1959. (Rev. J. Needham, *NSN*, 18 July 1959.)
HAWKINS, G. & GIBSON-HILL, C. A. (1). *Malaya*. Govt. Printing Office, Singapore, 1952.
HAYES, L. N. (1). *The Great Wall of China*. Kelly & Walsh, Shanghai, 1929.
HAZARD, B. H., HOYT, J., KIM HA-TAI, SMITH, W. W. & MARCUS, R. (1). *Korean Studies Guide*. Univ. of Calif. Press, Berkeley and Los Angeles, 1954.
VAN HECKEN, J. L. (1). 'Les Réductions Catholiques du Pays des Alashan.' *NZMW*, 1958, **14**, 29.
VAN HECKEN, J. L. (2). 'Les Réductions Catholiques du Pays des Ordos; une Méthode d'Apostolat des Missionaires de Scheut.' *NZMW*, Schöneck-Beckenried, Switzerland, 1957. (Schriftenreihe d. Neuen Zeitschr. f. Missionswissenschaft (Cahiers de la Nouvelle Revue de Science Missionnaire), no. 15.)
VAN HECKEN, J. L. & GROOTAERS, W. A. (1). 'The "Half-Acre Garden (Pan Mou Yuan)", a Manchu Residence in Peking.' *MS*, 1959, **18**, 360.
HECKER, J. F. C. (1). *The Epidemics of the Middle Ages*, tr. from the German by B. G. Babington. Sydenham Society, London, 1844.
HEIBERG, J. L. (2) (ed.). *Claudii Ptolomaei Opera quae exstant Omnia*. 3 vols. Teubner, Leipzig, 1907.
VAN DER HEIDE, G. D. (1). 'Archaeological Investigations on New Land; II, The Excavation of Wrecked Ships in Zuyder Zee Territory.' *AQSU*, 1959, 31.
HEIDEL, A. (1). *The Gilgamesh Epic and Old Testament Parallels*. Chicago Univ. Press, Chicago, 1946.
VON HEIDENSTAM, H. (1). *Report on The Hydrology of the Hangchow Bay and the Chhien-Thang Estuary*. Whangpoo Conservancy Board, Shanghai Harbour Investigation, 1921 (series I, no. 5).
VON HEINE-GELDERN, R. (1). 'Prehistoric Research in the Netherlands East Indies' (cultural connections between Indonesia and S.E. Europe). In *Science and Scientists in the Netherlands Indies*. Ed. P. Honig & F. Verdoorn. Board for the Netherlands Indies, Surinam and Curaçao; New York, 1945. (*Natuurwetenschappelijk Tijdschrift voor Nederlandsch Indië*, Suppl. to **102**.)
VON HEINE-GELDERN, R. (3). 'L'Art pre-bouddhique de la Chine et de l'Asie du Sud-Est, et son influence en Océanie.' *RAA/AMG*, 1937, **11**, 177.
VON HEINE-GELDERN, R. (4). 'Die asiatische Herkunft d. südamerikanische Metalltechnik.' *PAI*, 1954, **5**, 347.
VON HEINE-GELDERN, R. (6). 'Das Tocharerproblem und die Pontische Wanderung.' *SAE*, 1951, **2**, 225.
VON HEINE-GELDERN, R. (7). 'Cultural Connections between Asia and Pre-Columbian America.' *AN*, 1950, **45**, 350. Account of a discussion at the International Congress of Americanists, New York, 1949.
VON HEINE-GELDERN, R. (8). 'Some Problems of Migration in the Pacific.' *WBKGL*, 1952, **9**, 313.
VON HEINE-GELDERN, R. (9). 'Kulturpflanzengeographie und das Problem vorkolumbische Kulturbeziehungen zwischen alter und neuer Welt.' *AN*, 1958, **53**, 361.

VON HEINE-GELDERN, R. (10). 'Theoretical Considerations concerning the Problem of pre-Columbian Contacts between the Old World and the New.' *Proc. (Selected Papers), Vth Internat. Congr. Anthropol. & Ethnol.*, p. 277. Philadelphia, 1956.

VON HEINE-GELDERN, R. (11). 'Das Problem vorkolumbischen Beziehungen zwischen alter und neuer Welt, und seine Bedeutung für die allgemeine Kulturgeschichte.' *AOAW/PH*, 1954, **91**, 343.

VON HEINE-GELDERN, R. (12). 'Weltbild und Bauform in Südostasien.' *WBKGA*, 1930, **4**, 28.

VON HEINE-GELDERN, R. (14). 'Heyerdahl's Hypothesis of Polynesian Origins; a Criticism.' *GJ*, 1950, **116**, 183.

VON HEINE-GELDERN, R. (15). 'Voyaging Distance and Voyaging Time in Pacific Migration.' *GJ*, 1951, **118**, 108.

VON HEINE-GELDERN, R. (16). 'Traces of Indian and Southeast Asian Hindu–Buddhist Influences in Meso-America.' *Proc. 35th Internat. Congress of Americanists, Mexico City, 1962*. Vol. 1, p. 47.

VON HEINE-GELDERN, R. & EKHOLM, G. F. (1). 'Significant Parallels in the Symbolic Arts of Southern Asia and Middle America.' *Proc. XXVIIth Internat. Congr. Americanists*, vol. 1, p. 299. New York, 1949 (1951).

HEJZLAR, J. (1). 'The Return of a Legendary Work of Art; the most famous Scroll in the Peking Palace Museum, "On the River during the Spring Festival" by Chang Tsê-Tuan (+1125).' *NO*, 1962, **3** (no. 1), 17.

HENNIG, R. (4). *Terrae Incognitae; eine Zusammenstellung und Kritische Bewertung der wichtigsten vorcolumbischen Entdeckungsreisen an Hand der darüber vorliegenden Originalberichte*. 2nd ed. 4 vols. Brill, Leiden, 1944. (Includes most of the Chinese voyages of exploration, Chang Chhien, Kan Ying, etc.)

HENNIG, R. (7). *Rätselhafte Lände*. Berlin, 1950.

HENNIG, R. (8). 'Zur Frühgeschichte des Seeverkehrs im indischen Ozean.' *MK*, 1919, no. 151.

HENNIG, R. (9). 'Beitrag z. ält. Gesch. d. Leuchttürme.' *BGTI*, 1915, **6**, 35.

HENTZE, C. (1). *Mythes et Symboles Lunaires (Chine Ancienne, Civilisations anciennes de l'Asie, Peuples limitrophes du Pacifique)*, with appendix by H. Kühn. de Sikkel, Antwerp, 1932. Crit. *OAZ*, 1933, **9** (**19**), 33.

HENTZE, C. (3). 'Le Culte de l'Ours ou du Tigre et le T'ao-T'ie.' *Z*, 1938, **1**, 50.

HENTZE, C. (5). *Objets Rituels, Croyances et Dieux de la Chine Antique et de l'Amérique*. Antwerp, 1936.

HENTZE, C. (6). *Das Haus als Weltort der Seele; ein Beitrag zur Seelensymbolik in China, Grossasien, und Altamerika*. Klett, Stuttgart, 1961.

DE HERRERA, ANTONIO (etc.) (1). *Novus Orbis, sive Descriptio Indiae Occidentalis...Metaphraste C. Barlaeo, accesserunt et aliorum Indiae Occidentalis Descriptiones et Navigationes nuperae Australis Jacobi Le Mire, uti et navigationum omnium per Fretum Magellanicum Succincta Narratio*. Colin, Amsterdam, 1622.

HERRESHOFF, H. C. (1). 'Hydrodynamics and Aerodynamics of the Sailing Yacht.' *TSNAMEN*, 1964, **72**, 445–92.

HERRESHOFF, H. C. & KERWIN, J. E. (1). 'Sailing Yacht Research.' *Y*, 1965, **118** (no. 1), 51.

HERRESHOFF, H. C. & NEWMAN, J. N. (1). 'The Study of Sailing Yachts.' *SAM*, 1966, **215** (no. 2), 60.

HERRMANN, A. (1). *Historical and Commercial Atlas of China*. Harvard-Yenching Institute, Cambridge, Mass., 1935.

HERRMANN, A. (4). 'Ein Alter Seeverkehr zw. Abessinien u. Süd-China bis zum Beginn unserer Zeitrechnung.' *ZGEB*, 1913, 553.

HERRMANN, A. (8). 'Die Westländer in d. chinesischen Kartographie.' In Sven Hedin's *Southern Tibet; Discoveries in Former Times compared with my own Researches in 1906–1908*, vol. 8, pp. 91–406. Swedish Army General Staff Lithographic Institute, Stockholm, 1922. (Add. P. Pelliot, *TP*, 1928, **25**, 98.)

HERRMANN, A. (12). 'Das geographische Bild Chinas im Altertum.' *SA* (Forke-Festschrift Sonderausgabe), 1937, p. 72.

HERTWIG, A. (1). 'Aus der Geschichte der Strassenbautechnik.' *BGTI/TG*, 1934, **23**, 1.

D'HERVEY ST DENYS, M. J. L. (1) (tr.). *Ethnographie des Peuples Étrangers à la Chine; ouvrage composé au 13e siècle de notre ère par Ma Touan-Lin...avec un commentaire perpétuel*. Georg & Mueller, Geneva, 1876–1883. 4 vols. [Translation of chs. 324–48 of the *Wên Hsien Thung Khao* of Ma Tuan-Lin.] Vol. 1. Eastern Peoples; Korea, Japan, Kamchatka, Thaiwan, Pacific Islands (chs. 324–7). Vol. 2. Southern Peoples; Hainan, Tongking, Siam, Cambodia, Burma, Sumatra, Borneo, Philippines, Moluccas, New Guinea (chs. 328–32). Vol. 3. Western Peoples (chs. 333–9). Vol. 4. Northern Peoples (chs. 340–8).

HERVOUET, Y. (1). *Un Poète de Cour sous les Han; Sseu-ma Siang-Jou [Ssuma Hsiang-Ju]*. Presses Univ. de France, Paris, 1964. (Biblioth. de l'Inst. des Htes. Études Chinoises, no. 19.) Rev. T. Pokora, *ARO*, 1967, **35**, 334.

HEWSON, J. B. (1). *A History of the Practice of Navigation*. Brown & Ferguson, Glasgow, 1951.

VAN DER HEYDEN, A. A. M. & SCULLARD, H. H. (1). *Atlas of the Classical World.* Nelson, London, 1959.
HEYERDAHL, T. (1). *The Kon-Tiki Expedition; by Raft across the South Seas.* Allen & Unwin, London, 1950. Eng. tr. of *Kon-Tiki Ekspedisjonen.* Gyldendal Norsk, Oslo, 1948.
HEYERDAHL, T. (2). *American Indians in the Pacific; the Theory behind the Kon-Tiki Expedition.* Allen & Unwin, London, 1952; Rand McNally, New York, 1953.
HEYERDAHL, T. (3). *Aku-Aku; the Secret of Easter Island.* Allen & Unwin, London, 1958.
HEYERDAHL, T. (4). 'The Voyage of the Raft *Kon-Tiki.*' *GJ*, 1950, **115**, 20.
HEYERDAHL, T. (5). 'Voyaging Distance and Voyaging Time in Pacific Migration.' *GJ*, 1951, **117**, 69.
HEYERDAHL, T. (6). 'Feasible Ocean Routes to and from the Americas in Pre-Columbian Times.' *AMA*, 1963, **28**, 482. Orig. in *Proc. 35th Internat. Congress of Americanists*, Mexico City, 1962. Vol. 1, p. 133.
HEYERDAHL, T. (7). 'Plant Evidence for Contacts with America before Columbus.' *AQ*, 1964, **38**, 120.
HEYERDAHL, T. & SKJÖLSVOLD, A. (1). 'Archaeological Evidence of pre-Spanish visits to the Galápagos Islands.' *MSAA*, no. 12; suppl. to *AMA*, 1956, **22** (no. 2).
HEYMANN, R. E. (1). *An Approach to Early Art from the Psychology of Technical Drawing.* Communication to the Xth Internat. Congress of the History of Science, Ithaca, N.Y., 1962.
HIGHET, G. (1). 'An Iconography of Heavenly Beings.' *HZ*, 1960, **3** (no. 2), 39.
HILDEBRAND, H. (1). *Der Tempel Ta-Chüeh-Sy [Ta-Chio Ssu, near Peking].* Asher, Berlin, 1897.
HIRTH, F. (1). *China and the Roman Orient.* Kelly & Walsh, Shanghai; G. Hirth, Leipzig and Munich, 1885. (Photographically reproduced in China with no imprint, 1939.)
HIRTH, F. (9). *Über fremde Einflüsse in der chinesischen Kunst.* G. Hirth, München and Leipzig, 1896.
HIRTH, F. (10). 'Biographisches nach eigenen Aufzeichnungen.' *AM*, 1922, **1**, 1. (Hirth Presentation Volume.) (With complete bibliography of the writings of F. Hirth appended.)
HIRTH, F. (12). 'Scraps from a Collector's Notebook.' *TP*, 1905, **6**, 373 (biographies of Chinese painters and archaeologists). Subsequently reprinted in book form, Stechert, New York, 1924.
HIRTH, F. (13). 'Early Chinese Notices of East African Territories.' *JAOS*, 1909, **30**, 46.
HIRTH, F. (14). 'Über den Seeverkehr Chinas im Altertum nach chinesischen Quellen.' *GZ*, 1896, **2**, 444.
HIRTH, F. (16). 'Über den Schiffsverkehr von Kinsay [Quinsay, Hangchow] zu Marco Polo's Zeit', also 'Der Ausdruck So-Fu' and 'Das Weisse Rhinoceros'. *TP*, 1894, **5**, 386.
HIRTH, F. (17). 'Bausteine zu eine Geschichte d. chinesischen Literatur, als Supplement zu Wylie's "Notes on Chinese Literature".' *TP*, 1895, **6**, 314, 416; 1896, **7**, 295, 481.
HIRTH, F. (18). 'The Word "Typhoon"; its History and Origin', *JRGS*, 1881, **50**, 260; 'Teifun', *OLL*, 1896, **10**, 1132.
HIRTH, F. (21). 'Contributions to the History of Oriental Trade during Antiquity', *CR*, 1889, **18**, 41; 'Zur Geschichte des antiken Orienthandels', *VGEB*, 1889, **16**, 46.
HIRTH, F. (22). 'Contributions to the History of Oriental Trade during the Middle Ages', *CR*, 1889, **18**, 307; 'Zur Geschichte des Orienthandels im Mittelalter', *GB*, 1890, **56** (nos. 14–15), 209, 236.
HIRTH, F. (23). 'Ü. den Seehandel Chinas im Altertum und Mittelalter.' *JMGG*, 1894–5, cxv.
HIRTH, F. & ROCKHILL, W. W. (1) (tr.). *Chau Ju-Kua; His work on the Chinese and Arab Trade in the 12th and 13th centuries, entitled 'Chu-Fan-Chi'.* Imp. Acad. Sci., St Petersburg, 1911. (Crit. G. Vacca, *RSO*, 1913, **6**, 209; P. Pelliot, *TP*, 1912, **13**, 446; E. Schaer, *AGNT*, 1913, **6**, 329; O. Franke, *OAZ*, 1913, **2**, 98; A. Vissière, *JA*, 1914 (11e sér.), **3**, 196.)
HITTI, P. K. (1). *History of the Arabs.* 4th ed. Macmillan, London, 1949; 6th ed. 1956.
HO PEI-HUNG (ed.) (1). *A Note on the Tukiangyien Irrigation System [the Tuchiangyen Works at Kuan-hsien, Szechuan].* Szechuan Provincial Water Conservancy Bureau, Chêngtu, 1943. [Szechuan Hydraulic Publication Series, **1**, no. 6.]
HO PING-TI (1). 'The Introduction of American Food Plants into China.' *AAN*, 1955, **57**, 191.
HO PING-TI (3). 'Loyang (+495 to +534); a Study of Physical and Socio-Economic Planning of a Metropolitan Area.' *HJAS*, 1966, **26**, 52.
HODGE, A. TREVOR (1). *The Woodwork of Greek Roofs.* Cambridge, 1960.
HODGE, A. TREVOR (2). 'A Roof at Delphi.' *ABSA*, 19, **49**, 202.
HODOUS, L. (1). *Folkways in China.* Probsthain, London, 1929.
HOLDICH, T. (1). *Tibet the Mysterious.* Rivers, London, n.d.
HOLLAMBY, T. (1) (ed.). 'Andrew Boyd; his Life and Work.' *K*, 1962, **36** (no. 3), 1 (memorial issue).
HOLMES, G. C. V. (1). *Ancient and Modern Ships.* Chapman & Hall, London, 1906. (Victoria & Albert Museum Science Handbook.)
HOLMES, T. R. (1). 'Could Ancient Ships Sail to Windward?' *CQ*, 1909, **3**, 26.
HOLZMAN, D. (1). 'Shen Kua and his *Mêng Chhi Pi Than.*' *TP*, 1958, **46**, 260.
HOLZMAN, D. (3). 'The *Lo-Yang Chhieh Lan Chi* and its Author [Yang Hsüan-Chih].' *Proc. 14th Conference of Junior Sinologists, Breukelen, 1962*

HOMMEL, R. P. (1). *China at Work; an illustrated Record of the Primitive Industries of China's Masses, whose Life is Toil, and thus an Account of Chinese Civilisation.* Bucks County Historical Society, Doylestown, Pa., 1937; John Day, New York, 1937.
HONG SUKKI & RAHN, H. (1). 'The Diving Women of Korea and Japan.' *SAM*, 1967, **216** (no. 5), 34.
HOOKER, J. D. (1). *Himalayan Journals; Notes of a Naturalist in Bengal, the Sikkim and Nepal Himalayas, the Khasia Mountains, etc.* Colosseum, Glasgow, n.d. (1869?).
HOOKHAM, H. (1). *Tamburlaine the Conqueror.* Hodder & Stoughton, London, 1962.
VAN DER HOOP, A. N. J. TH. À TH. (1). *Megalithic Remains in South Sumatra.* Zutphen, 1932.
HOPKINS, L. C. (5). 'Pictographic Reconnaissances, I.' *JRAS*, 1917, 773.
HOPKINS, L. C. (25). 'Metamorphic Stylisation and the Sabotage of Significance; a Study in Ancient and Modern Chinese Writing.' *JRAS*, 1925, 451.
VON HORNBOSTEL, E. M. (3). 'Über ein akustische Kriterium für Kultur-zusammenhänge.' *ZFE*, 1911, **43**, 601.
HORNELL, J. (1). *Water Transport; Origins and Early Evolution.* Cambridge, 1946. Rev. M. J. B. Davy, *N*, 1947, **159**, 419; P. Paris, *MRMVK*, 1948 (no. 3), 39.
HORNELL, J. (2). 'Balancing Devices in Canoes and Sailing Craft.' *ETH*, 1945, **1**, 1.
HORNELL, J. (3). 'A Tentative Classification of Arab Sea-Craft.' *MMI*, 1942, **28**, 11.
HORNELL, J. (4). 'The Frameless Boats of the Middle Nile.' *MMI*, 1939, **25**, 417; 1940, **26**, 125.
HORNELL, J. (5). 'The Boats of Lake Menzala, Egypt.' *MMI*, 1947, **33**, 94.
HORNELL, J. (6). 'Constructional Parallels in Scandinavian and Oceanic Boat Construction.' *MMI*, 1935, **21**, 411.
HORNELL, J. (7). 'The Origin of the Junk and Sampan.' *MMI*, 1934, **20**, 331.
HORNELL, J. (8). 'Origins of Plank-built Boats.' *AQ*, 1939, **13**, 35.
HORNELL, J. (9). 'Primitive Types of Water Transport in Asia; Distribution and Origins.' *JRAS*, 1946, 124.
HORNELL, J. (10). 'The Significance of the Dual Element in British Fishing-Boat Construction.' *FLV*, 1946, **10**, 113.
HORNELL, J. (11). *British Coracles and Irish Curraghs; with a Note on the Quffah of Iraq.* Society for Nautical Research, London, 1938.
HORNELL, J. (12). 'Evolution of the Clinker-built Fishing Lugger.' *AQ*, 1936, **10**, 341.
HORNELL, J. (13). 'The Tongue and Groove Seam of Gujerati Boatbuilders.' *MMI*, 1930, **16**, 309.
HORNELL, J. (14). 'Sea Trade in Early Times.' *AQ*, 1941, **15**, 233.
HORNELL, J. (15). 'Naval Activity in the Days of Solomon and Rameses III.' *AQ*, 1947, **21**, 66.
HORNELL, J. (16). 'The Rôle of Birds in Early Navigation.' *AQ*, 1946, **20**, 142.
HORNELL, J. (17). 'The Origins and Ethnological Significance of Indian Boat Designs.' *MAS/B*, 1920, **7**, 139.
HORNELL, J. (18). 'The Sailing Ship in Ancient Egypt.' *AQ*, 1943, **17**, 27.
HORNELL, J. (19). 'Indonesian Influence on East African Culture.' *JRAI*, 1934, **64**, 305.
HORNELL, J. (20). 'The Fishing and Coastal Craft of Ceylon.' *MMI*, 1943. 'The Pearling Fleets of South India and Ceylon.' *MMI*, 1945.
HORNELL, J. (21). *Fishing in Many Waters.* Cambridge, 1950.
HORNELL, J. (22). 'South American *balsas*; the problem of their Origin.' *MMI*, 1931, **17**, 347.
HORNELL, J. (23). 'Survivals of the Use of Oculi in Modern Boats.' *JRAI*, 1923, **53**, 298. 'Boat Oculi Survivals; Additional Records.' *JRAI*, 1938, **68**, 347.
HORNELL, J. (24). 'The Outrigger-Nuggar of the Blue Nile.' *AQ*, 1938, **12**, 354.
HORWITZ, H. T. (6). 'Beiträge z. aussereuropäischen u. vorgeschichtlichen Technik.' *BGTI*, 1916, **7**, 169.
HORWITZ, H. T. (12). 'Über Urtümliche Seil-, Ketten- und Seilbahn-Brücken.' *BGTI/TG*, 1934, **23**, 94.
HOSIE, A. (4). *Three Years in Western Szechuan; a Narrative of Three Journeys in Szechuan, Kweichow and Yunnan.* Philip, London, 1890.
HOUCKGEEST, A. E. VAN BRAAM. See van Braam Houckgeest.
HOURANI, G. F. (1). *Arab Seafaring in the Indian Ocean in Ancient and Early Mediaeval Times.* Princeton Univ. Press, Princeton, N.J., 1951. (Princeton Oriental Studies, no. 13.)
HOURANI, G. F. (2). 'Direct Sailing between the Persian Gulf and China in pre-Islamic Times.' *JRAS*, 1947, 157.
VAN HOUTEN, J. H. (1). 'Protection contre la Mer et Asséchements en Hollande.' *MC/TC*, 1953, **2**, 133.
HOUTOM-SCHINDLER, A. (1). 'Note on the Kur River in Fārs; its Sources and Dams and the District it irrigates.' *PRGS*, 1891, **13**, 287.
HÖVER, O. (1). 'Das Lateinsegel — *Velum Latinum — Velum Laterale*.' *AN*, 1957, **52**, 637.
HOWANDER, B. & ÅKELBLAD, H. (1). 'Wasavarvet i Stockholm (the *Vasa* Museum in Stockholm).' *ARK*, 1962, **62** (no. 9), 237.

HSIA NAI (1). 'New Archaeological Discoveries.' *CREC*, 1952, **1** (no. 4), 13.
HSIA NAI (2). 'Tracing the Thread of the Past.' *CREC*, 1959, **8** (no. 10), 45.
HSIA NAI (4). 'Opening an Imperial Tomb.' *CREC*, 1959, **8** (no. 3), 16.
HSIA NAI (5). 'Our Neolithic Ancestors.' *CREC*, 1956, **5** (no. 5), 24.
HSIANG TA (1). 'A Great Chinese Navigator.' *CREC*, 1956, **5** (no. 7), 11.
HSIANG TA & HUGHES, E. R. (1). 'Chinese Books in the Bodleian Library.' *BQR*, 1936, **8**, 227.
HSIANG WÊN-HUA (1). 'River Control Benefits Hopei Farmers' (the Hai River System near Tientsin). *CREC*, 1963, **12** (no. 2), 30.
HSIAO YÜ (1). 'Recherches sur Mong Kiang Niu [history of the *Mêng Chiang Nü* ballad].' *S*, 1948, **1**, 189.
HSIMÊN LU-SHA (1). 'Giant against Flood' (the Fu-tzu-ling dam on the Pi River, a tributary of the Huai River, part of the latter's Control Project). *CREC*, 1955, **4** (no. 2), 28.
HSÜ CHI-HÊNG (1). 'The Man who built the first Chinese Railway [Chan Thien-Yu].' *CREC*, 1955, **4** (no. 7), 26.
HSÜ CHING-CHIH (SU GIN-DJIH) (1). *Chinese Architecture; Past and Contemporary*. Sin Poh Amalgamated H.K. Ltd, Hongkong, 1964; Swindon Book Co., Kowloon, Hongkong, 1964.
HSÜ MING (1). 'The Excavation of the Thang capital (Chhang-an).' *EHOR*, 1963, **2** (no. 9), 12.
HSÜEH PEI-YUAN (1). 'Water Conservancy Two Thousand Years Ago' (the Kuanhsien Works, the Chêngkuo Canal, and the Chhin irrigation canal along the Yellow River in Ninghsia). *CREC*, 1957, **6** (no. 10), 9.
HSÜEH TU-PI (1). 'Water Conservancy.' Art. in *Chinese Yearbook, 1943*, ed. Chang Chi-Hsien, p. 530. Thacker, Bombay, 1943.
HU CHHANG-TU (1). 'The Yellow River Administration in the Chhing Dynasty.' *FEQ*, 1955, **14**, 505.
HU CHIA (1). *Peking Today and Yesterday*. Foreign Languages Press, Peking, 1956.
HU SHIH (5). 'A Note on Chhüan Tsu-Wang, Chao I-Chhing and Tai Chen; a Study of Independent Convergence in Research as illustrated in their works on the *Shui Ching Chu*.' In Hummel (2), p. 970.
HUA LO-KÊNG (1). 'Operational Research blossoms in China.' *CREC*, 1961, **10** (no. 8), 24.
HUANG, JEN-YÜ (1). 'The Grand Canal during the Ming Dynasty.' Inaug. Diss. Univ. of Michigan, Ann Arbor, Mich., 1964.
HUANG, RAY. See Huang Jen-Yü.
HUANG WÊN-HSI & CHIANG PHÊNG-NIEN (1). 'Research on Characteristics of Materials of Dams Constructed by Dumping Soils into Ponded Water.' *SCISA*, 1963, **12**, 1213.
HUANGFU WÊN (1). 'North China's Biggest Reservoir' (account of the Miyün dam and reservoir on the Chhao and Pai Rivers in Northern Hopei). *CREC*, 1960, **9** (no. 2), 6.
HUARD, P. & DURAND, M. (1). *Connaissance du Việt-Nam*. Ecole Française d'Extr. Orient, Hanoi, 1954; Imprimerie Nationale, Paris, 1954.
HUARD, P. & HUANG KUANG-MING (M. WONG) (5). 'Les Enquêtes Françaises sur la Science et la Technologie Chinoises au 18e Siècle.' *BEFEO*, 1966, **53**, 137–226.
HUART, C. & DELAPORTE, L. (1). *L'Iran Antique, Élam et Perse, et la Civilisation Iranienne*. Albin Michel, Paris, 1943. (Evol. de l'Hum. Series, Prehist. no. 24.)
HUC, R. E. (1). *Souvenirs d'un Voyage dans la Tartarie et le Thibet pendant les Années 1844, 1845 & 1846* [with J. Gabet], revised ed., 2 vols. Lazaristes, Peiping, 1924. Abridged ed., *Souvenirs d'un Voyage dans la Tartarie le Thibet et la Chine...*, ed. H. d'Ardenne de Tizac, 2 vols. Plon, Paris, 1925. Eng. tr., by W. Hazlitt, *Travels in Tartary, Thibet and China during the years 1844 to 1846*. Nat. Ill. Lib. London, n.d. (1851–2). Also ed. P. Pelliot, 2 vols. Kegan Paul, London, 1928.
HUC, R. E. (2). *The Chinese Empire; forming a Sequel to 'Recollections of a Journey through Tartary and Thibet'*. 2 vols. Longmans, London, 1855, 1859.
HUCKER, C. O. (1). 'The Tung-Lin Movement in the Late Ming Period.' Art. in *Chinese Thought and Institutions*, ed. J. K. Fairbank, p. 132. Univ. Chicago Press, Chicago, 1957.
HUDEMANN, E. E. (1). *Geschichte d. römischen Postwesens während die Kaiserzeit*. Berlin, 1878. (Calvary's Philol. & Archaeol. Bibliothek, nos. 32 and 43.)
HUDSON, G. F. (1). *Europe and China; A Survey of their Relations from the Earliest Times to 1800*. Arnold, London, 1931 (rev. E. H. Minns, *AQ*, 1933, **7**, 104).
HUES, ROBERT. See C. R. Markham (2).
HUGHES, E. R. (7) (tr.). *The Art of Letters, Lu Chi's 'Wên Fu', A.D. 302; a Translation and Comparative Study*. Pantheon, New York, 1951. (Bollingen Series, no. 29.)
HUGHES, E. R. (9). *Two Chinese Poets; Vignettes of Han Life and Thought*. Princeton Univ. Press, Princeton, N.J., 1960.
HULBERT, H. B. (1). *History of Korea*. Seoul, 1905. (Revised edition ed. C. N. Weems, 2 vols. Hilary House, New York, 1962.)

HULLS, L. G. (1). 'The Possible Influence of Early Eighteenth Century Scientific Literature on Jonathan Hulls, a Pioneer of Steam Navigation.' *BBSHS*, 1951, **1**, 105.
H[ULSEWÉ], A. F. P. (3). Chinese Coins found in Somaliland (East Africa). *TP*, 1959, **47**, 81.
HUMMEL, A. W. (2) (ed.). *Eminent Chinese of the Chhing Period.* 2 vols. Library of Congress, Washington, 1944.
HUMMEL, A. W. (14). 'Chinese and other Asiatic Books added to the Library of Congress, 1928–1929.' *ARLC/DO*, 1928/1929, 285.
HUMMEL, A. W. (16). 'The History of a Bridge' [the Wan Nien Chhiao at Nanchhêng]. *ARLC/DO*, 1940, 159.
HUMMEL, A. W. (17). History of the Kuangling Iron Suspension-Bridge [over the Northern Phan Chiang in Kweichow]. *QJCA*, 1948, **5**, 23.
HUMMEL, A. W. (18). 'Ocean Transport in the Sixteenth Century [in China].' *ARLC/DO*, 1938, 235. [On the *Hai Yün Hsin Khao* of Liang Mêng-Lung (+1579).]
HUMMEL, A. W. (19). 'River Control and Coast Defence.' *ARLC/DO*, 1937, 187. [On the *Huai Yin Shih Chi* and the *Hai Fang Thu I* of Chang Chao-Yuan (+1600).]
HUMMEL, A. W. (20). 'A Rare MS. on the Construction of Imperial Palaces.' *ARLC/DO*, 1927–1928, 279.
HUMMEL, A. W. (21). 'Chinese Architecture.' *ARLC/DO*, 1937, 177.
HUNG HSIA-TIEN (1). 'From Marsh to State Farm.' *CREC*, 1962, **11** (no. 10), 34.
HUNTER, G. (1). 'A Note on some Tombs at Kaole (near Bagamoyo, East Africa).' *TNR*, 1954 (no. 37), 134.
HURST, H. E. (1). *The Nile; a general account of the River and the Utilisation of its Waters.* Constable, London, 1952.
HURTADO, E. D. & LITTLEHALES, B. (1). 'Into the Well of Sacrifice; Return to the Sacred Cenote [at Chichén-Itzá]—a Treasure-Hunt in the Deep Past.' *NGM*, 1961, **120**, 540 and 550.
HUTCHINSON, J. B. (SIR JOSEPH) (1). 'The History and Relationships of the World's Cottons.' *END*, 1962, **21** (no. 81), 5.
HUTCHINSON, J. B., SILOW, R. A. & STEPHENS, S. G. (1). *The Evolution of* Gossypium *and the Differentiation of the Cultivated Cottons.* Oxford, 1947.
HUTSON, J. (1). 'The Shu Country [Szechuan].' *JRAS/NCB*, 1922, **53**, 37; 1923, **54**, 25.
HUTSON, J. (2). 'West Szechuan's Most Remarkable Work; the Artificial Irrigation of Kuanhsien.' *EAM*, 1905, **4**, 145.
HUTSON, J. (3). 'Bridges of West China.' *EAM*, 1905, **4**, 356.

ICHIDA, MIKINOSUKE (2). 'A Biographical Study of Giuseppe Castiglione (Lang Shih-Ning), a Jesuit Painter at the Court of Peking under the Chhing Dynasty.' *MRDTB*, 1960, **19**, 79.
IDELER, L. (2). *Untersuchungen ü. den Ursprung und die Bedeutung der Stern-namen; ein Beytrag z. Gesch. des gestirnten Himmels.* Weiss, Berlin, 1809.
IDES, E. YSBRANTS[ZOON] (1). *Three Years Travels from Moscow overland to China, thro' Great Ustiga, Siriania, Permia, Sibiria, Daour, Great Tartary, etc. to Peking, containing an exact and particular Description of the Extent and Limits of those Countries, and the Customs of their Barbarous Inhabitants; with reference to their Religion, Government, Marriages, daily Imployment, Habits, Habitations, Diet, Death, Funerals, etc., written by his Excellency E. Y... I..., Ambassador from the Czar of Muscovy to the Emperor of China; to which is annex'd an accurate Description of China, done Originally by a Chinese Author [Dionysius Kao, surgeon, who embraced the Christian faith and travelled thro' Siam and India (p. 210)]; With several Remarks by way of Commentary, alluding to what our European Authors have writ of that Country [By a Learned Pen].* Eng. tr. from the Dutch. Freeman, Walthoe, Newborough, Nicholson & Parker, London, 1706. (E.Y.I. set out 14 March 1692 and had audience of the emperor Khang-Hsi, 16 Nov. 1693.)
IMBERDIO, F. (1). 'Les Routes Médiévales; Mythes et Realités Historiques.' *AHES/AHS*, 1939, **1**, 411.
INN, HENRY & LEE SHAO-CHANG. See Juan Mien-Chhu & Li Shao-Chhang (1).
INNOCENT, C. F. (1). *Development of English Building Construction.* Cambridge, 1916.
IORGA, N. (1) (ed.). *Oeuvres Inédites de Nicolas Milescu.* Cult. Naț., Bucarest, 1929. (Acad. Roum. Etudes et Rech. no. 3.)
ISSAWI, C. (1). 'Arab Geographers and the Circumnavigation of Africa.' *OSIS*, 1952, **10**, 117.
ITO, CHUTA. *Architectural Decoration in China* (tr. by Jiro Harada from *Shina Kenchiku Shoshoku*; see Index). 5 vols. Tokyo, 1941–5.

JACKSON, T. G. (1). *Byzantine and Romanesque Architecture.* 2 vols. Cambridge, 1920.
JACKSON, T. G. (2). *Gothic Architecture in France, England and Italy.* 2 vols. Cambridge, 1915.
JACOBSEN, T. & ADAMS, R. McC. (1). 'Salt and Silt in Ancient Mesopotamian Agriculture; Progressive Changes in Soil Salinity and Sedimentation contributing to the Break-up of Past Civilisations.' *SC*, 1958, **128**, 1251.

JACOBSEN, T. & LLOYD, S. (1). 'Sennacherib's Aqueduct at Jerwan [-690].' *CUOIP*, 1935, **24**, 1-52. (The oldest instance of an irrigation contour canal.)

JACOT, A. (1). 'Perspective and Chinese Art.' *CJ*, 1927, **7**, 236.

JAL, A. (1). *Archéologie Navale.* 2 vols. Arthus Bertrand, Paris, 1840. (Crit. R. C. Anderson, *MMI*, 1920, **6**, 18; 1945, **31**, 160; A. B. Wood, 1919, **5**, 81.)

JAL, A. (2). *Glossaire Nautique; Repertoire Polyglotte de Termes de Marine Anciennes et Modernes.* Didot, Paris, 1848.

JAMESON, H. LYSTER (1). 'The Japanese Artificially Induced Pearl.' *N*, 1921, **107**, 396, 621; **108**, 528.

JANSE, O. R. T. (5). *Archaeological Research in Indo-China.* 2 vols. (Harvard-Yenching Monograph Series, nos. 7 and 10). Harvard Univ. Press, Cambridge, Mass., 1947 and 1951. (Also in *RAA/AMG*, 1935, **9**, 144, 209; 1936, **10**, 42.)

JAUBERT, P. A. (1) (tr.). *Géographie d'Edrisi, traduite de l'Arabe en Français.* 2 vols. Impr. Roy. Paris, 1836. (Receuil de Voyages et de Mémoires publiés par la Société de Géographie, nos. 5 and 6.) This, though defective, is the only complete translation of Al-Idrīsī's *Nuzhat al-Mushtāq-fi Ikhtirāq al-Āfāq* (+1154) (Recreation of those who long to know what is beyond the Horizons). Cf. Dozy & de Goeje (1).

JENKIN, F. (1). *Bridges; an Elementary Treatise on their Construction and History.* Black, Edinburgh, 1878 [reprint from *EB*].

JENSEN, L. B. (1). *Man's Foods.* Gerrard, Champaign, Ill., 1953.

JENSEN, L. B. (2). *The Microbiology of Meats.* 3rd ed. Gerrard, Champaign, Ill., 1954.

JENYNS, R. SOAME (1). *A Background to Chinese Painting.* Sidgwick & Jackson, London, 1935.

JENYNS, R. SOAME (2). 'The Chinese Rhinoceros and Chinese Carving in Rhinoceros Horn.' *TOCS*, 1954, **29**, 31.

JEWITT, L. & HOPE, W. H. ST J. (1). *The Corporation Plate and Insignia of Office of the Cities and Towns of England and Wales.* London, 1895.

DE JODE, G. (1). *Speculum Orbis Terrarum* [atlas]. +1578.

JOHNSON, H. R. & SKEMPTON, A. W. (1). 'William Strutt's Cotton Mills, 1793 to 1812.' *TNS*, 1956, **30**, 179.

JONES, J. F. CDR. (1). *Narrative of a Journey, undertaken in April 1848, by Cdr. J. F. Jones, I.N. for the purpose of determining the Tract of the Ancient Nahrawān Canal [on the left or north bank of the Tigris].* Selections from the Records of the Bombay Government, 1857. N.S. no. 43, 33-134.

JORDANUS CATALANUS (1), Bp. of Quilon. See Yule (3), and additional notes in Yule (2), vol. 3.

JOUSSE, MATHURIN (1). *Le Théatre de l'Art de Carpentier.* Griveau, La Flèche, 1627.

JUAN MIEN-CHHU & LI SHAO-CHHANG (1), with contributions by Chhen Shou-Yi, Thung Chün, Chhen Jung-Chieh *et al. Chinese Houses and Gardens.* Honolulu, Hawaii, 1940; 2nd ed. Hastings House, New York, 1950.

JULIEN, STANISLAS (4). 'Notes sur l'Emploi Militaire des Cerfs-Volants, et sur les Bateaux et Vaisseaux en Fer et en Cuivre, tirées des Livres Chinois.' *CRAS*, 1847, **24**, 1070.

JUMSAI NA AYUTYA, SUMET (1). 'Some Comparative Aspects of [the Hydraulic Engineering of] Angkor Thom and Ayutya [Ayut'ia].' *JASA*, 1966 (no. 2), unpaged.

JUMSAI NA AYUTYA, SUMET (2). *Water Towns; Forms and Societies—A Comparative Study of Water Towns and Cities as Revealed by their Physical and Sociological Forms.* Inaug. Diss. Cambridge, 1966.

JUMSAI NA AYUTYA, SUMET (3). 'Ayutya—Venice of South-east Asia; the Restoration of the Capital of Ancient Siam.' *UNESC*, 1966, **19** (no. 10), 4.

KAEYL, G. P. 'The Lateen Sail.' *MMI*, 1956, **42**, 154. Discussion by G. la Roërie, 1957, **43**, 76.

KAHLE, P. (4). 'A Lost Map of Columbus.' *GR*, 1933, **23**, 621. Reprinted in Kahle (3), p. 247.

KAHLE, P. (5). *Die verschollene Columbus-Karte von +1498 in einer türkischen Weltkarte von +1513.* Berlin & Leipzig, 1933.

KAHLE, P. (6). 'Nautische Instrumente der Araber im indischen Ozean.' Art. in *Oriental Studies in Honour of Dasturji Sahib Cursetji Pavry*, p. 176. Oxford, 1934. Reprinted in Kahle (3), p. 266.

KALTENBACH, J. (1). *Les Protestants sur les Galères et dans les Cachots de Marseille de 1545 à 1750.'* Église Reformée, Marseille, n.d. (1950?).

KALTENMARK, M. (2) (tr.). *Le 'Lie Sien Tchouan' [Lieh Hsien Chuan]; Biographies Légendaires des Immortels Taoistes de l'Antiquité.* Centre d'Etudes Sinologiques Franco-Chinois (Univ. Paris), Peking, 1953. (Crit. P. Demiéville, *TP*, 1954, **43**, 104.)

KALTENMARK, M. (3). 'Le Dompteur des Flots' (on the Han title Fu-Po Chiang-Chün). *HH*, 1948, **3** (nos. 1-2), 1-113.

KAMAL, YUSSUF (PRINCE) (1) (ed.). *Monumenta Cartographica Africae et Aegypti.* 14 vols. Privately published, 1935-9.

KAN CHI-CHAI (1). 'The Water came over the Mountains' (the building of a long irrigation contour canal with aqueducts from the Nieh River in the Tungliang Mts. in Kansu). *CREC*, 1958, **7** (no. 5), 24.

KAO FAN (1). 'Taming the Yellow River.' *CMR*, 1952, **122**, 341.

KAO FAN (2). 'The Huai River Project in its Second Year.' *CMR*, 1952, **122**, 437.

KARLGREN, B. (1). *Grammata Serica; Script and Phonetics in Chinese and Sino-Japanese. BMFEA*, 1940, **12**, 1. (Photographically reproduced as separate volume, Peiping, 1941.) Revised edition, *Grammata Serica Recensa*, Stockholm, 1957.

KARLGREN, B. (12) (tr.). 'The Book of Documents' [*Shu Ching*]. *BMFEA*, 1950, **22**, 1.

KARLGREN, B. (14) (tr.). *The Book of Odes; Chinese Text, Transcription and Translation.* Museum of Far Eastern Antiquities, Stockholm, 1950. (A reprint of the text and translation only from his papers in *BMFEA*, **16** and **17**; the glosses will be found in **14**, **16** and **18**.)

KATES, G. N. (1). *Chinese Household Furniture.* New York and London, 1948.

KAUFMAN, L. & ROCK, I. (1). 'The Moon Illusion.' *SAM*, 1962, **207** (no. 1), 120.

KAUTILYA. See Shamasastry.

KAWAKAMI, ITSUE K. (1). 'Studies on Pearl-Sac Formation; I, On the Regeneration and Transplantation of the Mantle Piece in the Pearl Oyster.' *MFSKU/E*, 1952, **1**, 83.

KEES, H. (1). *Ancient Egypt; a Cultural Topography*, ed. T. G. H. James. Faber & Faber, London, 1961. Tr. from the German: *Das alte Aegypten*, Klotz, Berlin, 1960.

KELLENBENTZ, M. (1). 'La Participation des Capitaux de l'Allemagne Meridionale aux Entreprises Portugaises de Découverte aux Environs de 1500.' Communication to the Ve Colloque International d'Histoire Maritime. Lisbon, 1960.

KELLEY, D. H. (1). *Parallelisms in astronomy and calendar science between Amerindian and Asian Civilisations.* Unpublished material personally discussed, 1956.

KELLEY, D. H. (2). 'Calendar Animals and Deities.' *SWJA*, 1960, **16**, 317.

KELLING, R. (1). *Das chinesische Wohnhaus; mit einem II Teil über das fruhchinesische Haus unter Verwendung von Ergebnissen aus Übungen von Conrady im Ostasiatischen Seminar der Universität Leipzig, von Rudolf Keller und Bruno Schindler.* Deutsche Gesellsch. für Nat. u. Völkerkunde Ostasiens, Tokyo, 1935. (*MDGNVO*, Supplementband XIII.) Crit. P. Pelliot, *TP*, 1936, **32**, 372.

KELLING, R. & SCHINDLER, B. (1). *Das fruhchinesische Haus....* See Kelling (1).

KELLY, M. N. (1). 'Russia before the Mongols.' *GGM*, 1952, **25**, 400. *Mirror to Russia.* Country Life, London, 1951.

KEMP, E. G. (1). *The Face of China.* Chatto & Windus, London, 1909.

KENDREW, W. G. (1). *Climate.* Oxford, 1930.

KENNEDY, ADMIRAL SIR WILLIAM (1). *Hurrah for the Life of a Sailor; Fifty Years in the Royal Navy.* Nash, London, 1910.

KERBY, K. & MO TSUNG-CHUNG (MO ZUNG CHUNG) (1). *An Old Chinese Garden; a Threefold Masterpiece of Poetry, Calligraphy and Painting* (description, reproductions and translations of the *Cho Chêng Yuan Thu* by Wên Chêng-Ming, +1533). Chung-Hua Book Co. Shanghai, n.d. (1922).

KEYNES, SIR GEOFFREY (2). *The Life of William Harvey.* Oxford Univ. Press, Oxford, 1966.

KIDDER, J. E. (1). *Japan before Buddhism.* Praeger, New York, 1959; Thames & Hudson, London, 1959.

KIMBLE, G. H. (2). 'The Laurentian World-Map (+1351) with special reference to its Portrayal of Africa.' *IM*, 1935, **1**, 29.

KING, F. H. (1). 'The Wonderful Canals of China.' *NGM*, 1912, **23**, 931.

KING, F. H. (2). *Irrigation in Humid Climates.* U.S. Dept. of Ag. Farmers' Bull. no. 46. Govt. Printg. Off. Washington, 1896.

KING, F. H. (3). *Farmers of Forty Centuries; or, Permanent Agriculture in China, Korea and Japan.* Cape, London, 1927.

KING, MRS LOUIS. See Rin-Chen Lha-Mo.

KING-WEBSTER, W. A. (1). 'Experimental Nautical Research; −3rd-Millennium Egyptian Sails.' *MMI*, 1960, **46**, 150.

KIPLING, RUDYARD (1). [*Collected*] *Verse* (definitive edition). Hodder & Stoughton, London, 1912.

KIRBY, J. F. (1). *From Castle to Teahouse; Japanese Architecture of the Momoyama* [*late +16th-century*] *Period.* Tuttle, Rutland, Vt. and Tokyo, 1962.

KIRCHER, ATHANASIUS (1). *China Monumentis qua Sacris qua Profanis Illustrata.* Amsterdam, 1667. (French tr. Amsterdam, 1670.)

KIRCHHOFF, P. (1). *The Diffusion of a Great Religious System from India to Mexico* [the calendrical animal cycle]. Proc. 35th Internat. Congress of Americanists Mexico City, 1962. Vol. 1, p. 73.

KIRKMAN, J. S. (1). 'Historical Archaeology in Kenya.' *ANTJ*, 1957, **37**, 16.

KIRKMAN, J. S. (2). 'The Excavations at Kilepwa; an Introduction to the Mediaeval Archaeology of the Kenya Coast.' *ANTJ*, 1952, **32**, 168.

KIRKMAN, J. S. (3). *The Arab City of Gedi* [*near Malindi*]; *Excavations at the Great Mosque.* Oxford, 1954.

KIRKMAN, J. S. (4). 'The Tomb of the Dated Inscription at Gedi.' *RAI/OP*, 1960, no. 14.
KIRKMAN, J. S. (5). 'The Great Pillars of Malindi and Mambrui.' *ORA*, 1958 (n.s.), **4**, 55.
KIRKMAN, J. S. (6). 'Excavations at Ras Mkumbuu on the Island of Pemba.' *TNR*, 1959, **51**, 161.
KIRKMAN, J. S. (7). 'The Culture of the Kenya Coast in the Later Middle Ages; some Conclusions from Excavations 1948 to 1956.' *SAAB*, 1956, **11**, 89.
KIRKMAN, J. S. (8). 'Azanici Centri.' Art. in *Enciclopedia Universale dell'Arte*. Ist per la Collab. Cult., Venice & Rome, 1958. Vol. 2, p. 286.
KIRKMAN, J. S. (9). 'Mnarani of Kilifi; the Mosques and Tombs.' *AI/AO*, 1959, **3**, 95.
KIRKMAN, J. S. (10). 'Kinuni, an Arab Manor on the Coast of Kenya.' *JRAS*, 1957, 145.
KLAPROTH, J. (3). 'Description de la Chine sous la Règne de la Dynastie Mongole, traduite du Persan et accompagnée de Notes.' *JA*, 1833 (2e sér.), **11**, 335, 447. (From the *Jāmi'al-Tawārīkh* of Rashīd al-Dīn al-Hamdānī, +1307; with criticisms of a previous translation by Hammer, *BSG*, 1831, **15**, 265.)
KLAPROTH, J. (4). *Recherches sur le Pays de Fousang*. Paris, 1831.
KLEBS, L. (1). 'Die Reliefs des alten Reiches (2980–2475 v. Chr.); Material zur ägyptischen Kulturgeschichte.' *AHAW/PH*, 1915, no. 3.
KLEBS, L. (2). 'Die Reliefs und Malereien des mittleren Reiches (7–17 Dynastie, *c.* 2475–1580 v. Chr.); Material zur ägyptischen Kulturgeschichte.' *AHAW/PH*, 1922, no. 6.
KLEMM, F. (1). *Technik; eine Geschichte ihrer Probleme*. Alber, Freiburg and München, 1954. (Orbis Academicus series, ed. F. Wagner & R. Brodführer.) Engl. tr. by Dorothea W. Singer, *A History of Western Technology*. Allen & Unwin, London, 1959.
KNAUSS, J. A. (1). 'The Cromwell Current.' *SAM*, 1961, **204** (no. 4), 105.
KOESTER, A. (1). *Das antike Seewesen*. Schoetz & Parrhysius, Berlin, 1923.
KOESTER, A. (2). *Studien z. Geschichte d. antiken Seewesens*. Dieterich, Leipzig, 1934. (Klio Beiheft no. 32 (NF no. 19).)
KOESTER, A. (3). *Schiffahrt und Handelsverkehr des östlichen Mittelmeeres im 3 und 2 Jahrtausend v. Chr.* Hinrichs, Leipzig, 1924. (Der Alte Orient, Beiheft no. 1.)
KOESTER, H. (1). 'Four thousand hours over China.' *NGM*, 1938, **73**, 571.
VAN KONIJNEUBURG, E. (1). *Shipbuilding from its Beginnings*. 3 vols. Exec. Cttee. of the Permanent International Association of Congresses of Navigation, Brussels, 1913.
KORRIGAN, P. (1). *Causerie sur la Pêche Fluviale en Chine*. T'ou-Sé-Wé, Shanghai, 1909.
KOVDA, V. A. (1). *Ocherki Prirody i Bochv Kitaya*. Acad. Sci. Moscow, 1959. Eng. tr. *Soils and the Natural Environment of China*. U.S. Joint Pubs. Research Service, Washington D.C., 1960. (Photocopied typescript.)
KRAMRISCH, S. (1). *The Art of India; Traditions of Indian Sculpture, Painting and Architecture*. Phaidon, London, 1955.
KRAUSE, F. (1). 'Fluss- und Seegefechte nach Chinesischen Quellen aus der Zeit der Chou- und Han-Dynastie und der Drei Reiche.' *MSOS*, 1915, **18**, 61.
KREICHGAUER, D. (1). 'Neue Beziehungen zwischen Amerika und der alten Welt.' Art. in *W. Schmidt Festschrift*, ed. W. Koppers, p. 366. Vienna, 1928.
KRENKOW, F. (1). 'The Construction of Subterranean Water Supplies during the Abbasid Caliphate.' *TGUOS*, 1951, **13**, 23.
KRETSCHMER, K. (3). 'Die Katalanische Weltkarte d. Bibliotheca Estense zu Modena.' *ZGEB*, 1897, **32**, 65, 191.
KRICKEBERG, W. (1). 'Beiträge zur Frage der alten Kulturgeschichtlichen Beziehungen zwischen Nord- und Süd-Amerika.' *ZFE*, 1934, **66**, 287.
KRICKEBERG, W. (2). 'Das mittelamerikanische Ballspiel und seine religiöse Symbolik.' *PAI*, 1949, **3**, 118.
KROEBER, A. L. (5). 'Structure, Function and Pattern in Biology and Anthropology.' *SM*, 1943, **56**, 105.
KROEBER, A. L. (6). 'The Concept of Culture in Science.' *JGE*, 1949, **3**, 182.
KROM, N. J. & VAN ERP, T. (1). *Barabudur; Archaeological and Architectural Description*. 3 large portfolios and 3 vols. text. Nijhoff, The Hague, 1927 and 1931.
KU CHIEH-KANG (1). *Autobiography of a Chinese Historian* (preface to *Ku Shih Pien*, q.v.), tr. A. W. Hummel. Leiden, 1931. (Sinica Leidensia series, no. 1.)
KU LEI (1). 'Tsaidam (Basin)' (and the new roads there). *CREC*, 1957, **6** (no. 4), 2.
KUWABARA, JITSUZO (1). 'On Phu Shou-Kêng, a man of the Western Regions, who was the Superintendent of the Trading Ships' Office in Chhüan-Chou towards the end of the Sung Dynasty, together with a general sketch of the Trade of the Arabs in China during the Thang and Sung eras.' *MRDTB*, 1928, **2**, 1; 1935, **7**, 1 (revs. P. Pelliot, *TP*, 1929, **26**, 364; S. E[lisséev], *HJAS*, 1936, **1**, 265). Chinese translation by Chhen Yü-Ching, Chunghua, Peking, 1954.

LAGERCRANTZ, S. (1). 'Inflated Skins and their Distribution.' *ETH*, 1944, **2**, 49.

LAMBTON, A. K. S. (1). *Landlord and Peasant in Persia*. Oxford, 1953.
LAMPREY, J. (Surgeon, 67th Regiment) (1). 'On Chinese Architecture.' *TRIBA*, 1866–7, 157.
LAN TIEN (1). 'Seventy Years Young' (autobiography of one of the railway engineers constructing the Pao-chhêng Railway). *CREC*, 1958, **7** (no. 4), 11.
LANCIOTTI, L. (2). 'L'Archeologia Cinese, Oggi.' *CINA*, 1958, **4**, 3.
LANCIOTTI, L. (3). 'Un Palazzo Imperiale Thang recentemente Scoperto.' *CINA*, 1961, **6**, 3.
DE LANDA, DIEGO (1). *Relation des Choses de Yucatan*. Spanish text of *Relacion de las Cosas de Yucatan* and French tr. by J. Genet, with annotations. 2 vols. Genet, Paris, 1928. (Collection de Textes relatifs aux anciennes Civilisations du Mexique et de l'Amérique Centrale, no. 1.) Eng. tr. by W. Gates, Baltimore, 1937.
LANDSTRÖM, BJÖRN (1). *The Ship; a Survey of the History of the Ship from the Primitive Raft to the Nuclear-Powered Submarine, with Reconstructions in Words and Pictures*. Tr. from *Skeppet*, by M. Phillips. Allen & Unwin, London, 1961.
LANE, A. & SERJEANT, R. B. (1). 'Pottery and Glass Fragments from the Aden Littoral, with Historical Notes.' *JRAS*, 1948, 108. Repr. without pagination, together with Doe (1) and some additional illustrations, in *ADAB*, 1965, no. 5.
LANE, C. E. (1). 'The *Teredo*.' *SAM*, 1961, **204** (no. 2), 132.
LANE, E. WILLARD (1). Description of the Kuanhsien Suspension Bridge. *CE*, 1931 (no. 1), 399.
LANE, F. C. (1). *Venetian Ships and Shipbuilders of the Renaissance*. Johns Hopkins Univ. Press, Baltimore, Md., 1934.
LANE, F. C. (2). 'Venetian Shipping during the Commercial Revolution.' *AHR*, 1933, **38**, 228.
LANE, F. C. (3). 'The Economic Meaning of the Invention of the Compass.' *AHR*, 1963, **68**, 605.
LANE, R. H. (1). 'Waggons and their Ancestors.' *AQ*, 1935, **9**, 140.
LANSER, O. (1). 'Zur Geschichte d. hydrometrischen Messwesens.' *BTG*, 1953, **15**, 25.
LAPICQUE, P. A. (1). 'Note sur le Canal de Hing-ngan [Hsing-an] en Kouang-si [Kuangsi].' *BEFEO*, 1911, **11**, 425.
LASKE, F. (1). *Der Ostasiatische Einfluss auf die Baukunst des Abendlandes, vornehmlich Deutschlands in 18 Jahrhundert*. Berlin, 1909.
LASSØE, J. (1). 'The Irrigation System at Ulḥu [−714].' *JCUS*, 1951, **5**, 21.
LATHAM, R. E. (1) (ed.). *The Travels of Marco Polo*. Penguin, London, 1958.
LATTIMORE, O. (1). *Inner Asian Frontiers of China*. Oxford Univ. Press, London and New York, 1940. (Amer. Geogr. Soc. Research Monograph Series, no. 21.)
LATTIMORE, O. (2). 'Origins of the Great Wall of China; a Frontier Concept in Theory and Practice.' *GR*, 1937, **27**, 529.
LATTIMORE, O., BOYD ORR, LORD, ROBINSON, JOAN, NEEDHAM, JOSEPH & KESWICK, J. (1). 'Chi Chhao-Ting—Scholar Revolutionary.' *ASIC*, 1964, **2** (no. 1), 9.
LAUFER, B. (1). *Sino-Iranica; Chinese Contributions to the History of Civilisation in Ancient Iran*. *FMNHP/AS*, 1919, **15**, no. 3 (Pub. no. 201) (rev. and crit. Chang Hung-Chao, *MGSC*, 1925 (ser. B), no. 5).
LAUFER, B. (3). *Chinese Pottery of the Han Dynasty*. (Pub. of the East Asiatic Cttee. of the Amer. Mus. Nat. Hist.) Brill, Leiden, 1909. (Photolitho re-issue, Tientsin, 1940.)
LAUFER, B. (8). 'Jade; a Study in Chinese Archaeology and Religion.' *FMNHP/AS*, 1912. Repub. in book form, Perkins, Westwood & Hawley, South Pasadena, 1946. Rev. P. Pelliot, *TP*, 1912, **13**, 434.
LAUFER, B. (9). 'Ethnographische Sagen der Chinesen.' In *Aufsätze z. Kultur u. Sprachgeschichte vornehmlich des Orients Ernst Kuhn gewidmet* (Kuhn Festschrift). Marcus, Breslau (München), 1916, p. 199.
LAUFER, B. (14). 'Optical Lenses' (in China and India). *TP*, 1915, **16**, 169, 562.
LAUFER, B. (15). 'Chinese Clay Figures, Pt. I; Prolegomena on the History of Defensive Armor.' *FMNHP/AS*, 1914, **13**, no. 2 (Pub. no. 177).
LAUFER, B. (28). 'Christian Art in China.' *MSOS*, 1910, **13**, 100.
LAUFER, B. (29). 'The Relations of the Chinese to the Philippine Islands.' *SMC*, 1907, **50**, 248.
LAUFER, B. (36). 'The Introduction of Maize into Eastern Asia.' Proc. XVth Internat. Congr. Americanists, Quebec, 1906 (1907), vol. 2, p. 223.
LAUFER, B. (37). 'The Introduction of the Ground-Nut into China.' Proc. XVth Internat. Congr. Americanists, Quebec, 1906 (1907), vol. 2, p. 259.
LAUFER, B. (38). 'Columbus and Cathay; the Meaning of America to the Orientalist.' *JAOS*, 1931, **51**, 87.
LAUFER, B. (39). 'The Reindeer and its Domestication.' *MAAA*, 1917, no. 4 (2), p. 91.
LAUGHTON, L. G. C. (1). 'The Bermuda Rig.' *MMI*, 1956, **42**, 333.
LAURAND, L. (1). 'Note sur le Gouvernail Antique.' *RPLHA*, 1937, **63**, 131.
LAWRENCE, A. W. (1). *Trade Castles and Forts of West Africa*. Cape, London, 1964.

LAWRENCE, D. H. (1). *Etruscan Places*. Secker, London, 1932.
LAYRISSE, M. & ARENDS, T. (1). 'The *Diego* Blood Factor in Chinese and Japanese.' *N*, 1956, **177**, 1083.
LAYTON, C. W. T. (1). *A Dictionary of Nautical Words and Terms*. Brown & Ferguson, Glasgow, 1955.
LEA, F. M. (1). *The Chemistry of Cement and Concrete*. Arnold, London, 1956.
LEACH, E. R. (1). 'Hydraulic Society in Ceylon.' *PP*, 1959 (no. 15), 2.
LECCHI, A. (1). *Trattato de Canali Navigabili*. Milan, 1776.
LECOMTE, LOUIS (1). *Nouveaux Mémoires sur l'État présent de la Chine*. Anisson, Paris, 1696. (Eng. tr. *Memoirs and Observations Topographical, Physical, Mathematical, Mechanical, Natural, Civil and Ecclesiastical, made in a late journey through the Empire of China, and published in several letters, particularly upon the Chinese Pottery and Varnishing, the Silk and other Manufactures, the Pearl Fishing, the History of Plants and Animals, etc. translated from the Paris edition, etc.* 2nd ed. London, 1698. Germ. tr. Frankfurt, 1699–1700. Dutch tr. 's Graavenhage, 1698.
LEE, See Li.
LEE, C. E. (1). 'Some Railway [History] Facts and Fallacies.' *TNS*, 1960, **33**, 1.
LEE, C. E. (2). 'The Haytor Granite Tramroad.' *TNS*, 1963, **35**, 237.
LEE, S. (1) (tr.). *The Travels of Ibn Baṭṭuṭah*. Oriental Translation Cttee, Royal Asiatic Soc., London, 1829.
LEE SHAO-CHANG. See Juan Mien-Chhu & Li Shao-Chhang (1).
LEGER, A. (1). *Les Travaux Publics, les Mines et la Metallurgie aux Temps des Romains, la Tradition Romaine jusqu'à nos Jours*. 2 vols. Paris, 1875.
LEGGE, J. (1) (tr.). *The Texts of Confucianism, translated:* Pt. 1. *The 'Shu Ching', the religious portions of the 'Shih Ching', the 'Hsiao Ching'*. Oxford, 1879. (*SBE*, no. 3; reprinted in various eds. Com. Press, Shanghai.) For the full version of the *Shu Ching* see Legge (10).
LEGGE, J. (2) (tr.). *The Chinese Classics, etc.:* Vol. 1. *Confucian Analects, The Great Learning, and the Doctrine of the Mean*. Legge, Hongkong, 1861; Trübner, London, 1861. Photolitho re-issue, Hongkong Univ. Press, Hongkong, 1960 with supplementary volume of concordance tables, etc.
LEGGE, J. (3) (tr.). *The Chinese Classics, etc.:* Vol. 2. *The Works of Mencius*. Legge, Hongkong, 1861; Trübner, London, 1861. Photolitho re-issue, Hongkong Univ. Press, Hongkong, 1960 with supplementary volume of concordance Tables, and notes by A. Waley.
LEGGE, J. (4) (tr.). *A Record of Buddhistic Kingdoms; being an account by the Chinese monk Fa-Hsien of his Travels in India and Ceylon (+399 to +414) in search of the Buddhist Books of Discipline*. Oxford, 1886.
LEGGE, J. (5) (tr.). *The Texts of Taoism*. (Contains (*a*) *Tao Tê Ching*, (*b*) *Chuang Tzu*, (*c*) *Thai Shang Kan Ying Phien*, (*d*) *Chhing Ching Ching*, (*e*) *Yin Fu Ching*, (*f*) *Jih Yung Ching*.) 2 vols. Oxford, 1891; photolitho reprint, 1927. (*SBE*, nos. 39 and 40.)
LEGGE, J. (7) (tr.). *The Texts of Confucianism:* Pt. III. *The 'Li Chi'*. 2 vols. Oxford, 1885; reprint, 1926. (*SBE* nos. 27 and 28.)
LEGGE, J. (8) (tr.). *The Chinese Classics, etc.:* Vol. 4, Pts. 1 and 2. *'Shih Ching'; The Book of Poetry*. 1. The First Part of the *Shih Ching*; or, the Lessons from the States; and the Prolegomena. 2. The Second, Third and Fourth Parts of the *Shih Ching*; or the Minor Odes of the Kingdom, the Greater Odes of the Kingdom, the Sacrificial Odes and Praise-Songs; and the Indexes. Lane Crawford, Hongkong, 1871; Trübner, London, 1871. Repr., without notes, Com. Press, Shanghai, n.d. Photolitho re-issue, Hongkong Univ. Press, Hongkong, 1960 with supplementary volume of concordance tables, etc.
LEGGE, J. (9) (tr.). *The Texts of Confucianism*. Pt. II. *The 'Yi King'* [*I Ching*]. Oxford, 1882, 1899. (*SBE*, no. 16.)
LEGGE, J. (10) (tr.). *The Chinese Classics, etc.* Vol. 3, Pts. 1 and 2. *The 'Shoo King'* (*Shu Ching*). Legge, Hongkong, 1865; Trübner, London, 1865. Photolitho re-issue, Hongkong Univ. Press, Hongkong, 1960 with supplementary volume of concordance tables, etc.
LEGGE, J. (11). *The Chinese Classics, etc.* Vol. 5, Pts. 1 and 2. *The 'Ch'un Ts'ew' with the 'Tso Chuen'* (*'Chhun Chhiu' and 'Tso Chuan'*). Lane Crawford, Hongkong, 1872; Trübner, London, 1872. Photolitho re-issue, Hongkong Univ. Press, Hongkong, 1960 with supplementary volume of concordance tables, etc.
LEHMANN-HARTLEBEN, K. (1). *Die antiken Hafenanlagen des Mittelmeeres; Beiträge zur Geschichte d. Städtebaues im Altertum*. Dieterich, Leipzig, 1923. (Klio Beiheft no. 14.)
LEITE, DUARTE (1). 'Lendas na Historia da Navegação Astronomica em Portugal.' *BIBLOS*, 1950, **26**, 413.
LEITE, DUARTE (2). *Historia dos Descobrimentos*, ed. V. Magalhães Godinho. Lisbon, 1958.
LELAND, C. G. (1). *Fusang; or, the Discovery of America by Chinese Buddhist Priests in the +5th Century*. Trübner, London, 1875.
LELIAVSKY BEY, S. (1). *An Introduction to Fluvial Hydraulics*. Constable, London, 1955. Rev. G. H. Lean. *N*, 1956, **178**, 711.

LELIAVSKY BEY, S. (2). *Irrigation and Hydraulic Design.* 3 vols. Chapman & Hall, London, 1955–60.
LELIAVSKY BEY, S. (3). 'Historic Development of the Theory of the Flow of Water in Canals and Rivers.' *EN*, 1951, **191**, 466, 498, 533, 565, 601.
LÉON-PORTILLA, M. (1). 'Philosophy in the Cultures of Ancient Mexico.' Art. in *Cross-Cultural Understanding; Epistemology in Anthropology* (a Wenner-Gren Foundation Symposium), ed. F. S. C. Northrop & H. H. Livingston. Harper & Row, New York, 1964, p. 35.
LETHABY, W. R. (1). *Architecture, Nature and Magic.* Duckworth, London, 1956.
LETHBRIDGE, T. C. (1). 'Shipbuilding [in the Mediterranean Civilisations and the Middle Ages].' Art. in *A History of Technology*, ed. C. Singer *et al.* Vol. 2, p. 563. Oxford, 1956.
LETTS, M. (1) (ed. & tr.). *Mandeville's 'Travels'; Texts and Translations.* 2 vols. Hakluyt Society, London, 1953. (Hakluyt Society Pubs., 2nd ser. nos. 101, 102.)
LEUPOLD, J. (1). *Theatrum Machinarum Generale.* Leipzig, 1724. *Theatrum Machinarum Molarium.* Deer, Leipzig, 1735.
LEVENSON, J. R. (4). 'Ill-Wind in the Well-Field; the Erosion of the Confucian Ground of Controversy.' Art. in *The Confucian Persuasion*, ed. A. F. Wright. Stanford Univ. Press, Palo Alto, Calif., 1960, p. 268.
LÉVI, S. (2). 'Ceylan et la Chine.' *JA*, 1900 (9e sér.), **15**, 411. Part of Lévi (1).
LÉVI, S. (5). 'Les Marchands de Mer et leur Rôle dans le Bouddhisme Primitif.' *BAFAO*, 1929, 19.
LÉVI, S. (6). *Le Nepal.* 3 vols. Paris, 1907.
LÉVI, S. (7). 'Pour l'Histoire du *Rāmāyaṇa*.' *JA*, 1918 (11e sér.), **11**, 5 (86).
LEWIS, M., AYUKAWA HIROKO, CHOWN, B. & LEVINE, P. (1). 'The Blood-Group Antigen *Diego* in North American Indians and in Japanese.' *N*, 1956, **177**, 1084.
LEWIS, NORMAN (1). *Dragon Apparent; Travels in Indo-China.* Cape, London, 1951.
LI CHI (2). *The Formation of the Chinese People; an Anthropological Enquiry.* Harvard Univ. Press, Cambridge, Mass., 1928.
LI FU-TU (1). 'The Yellow River will Run Clear' (brief account of the multiple-purpose project for control and utilisation). *CREC*, 1955, **4** (no. 11), 2.
LI HSI-FAN (1). 'Putting our Old Enemy to Work' (account of the drainage of the low-lying country in Eastern Hopei near Tientsin). *CREC*, 1958, **7** (no. 11), 8.
LI HSIEH (LI I-CHIH) (1). 'Die Geschichte des Wasserbanes in China.' *BGTI*, 1932, **21**, 59.
LI HUI (1). 'A Comparative Study of the "Jew's Harp" among the Aborigines of Formosa and East Asia.' *AS/BIE*, 1956, **1**, 137.
LI HUI-LIN (1). 'Mu-Lan-Phi; a Case for Pre-Columbian Transatlantic Travel by Arab Ships.' *HJAS*, 1961, **23**, 114.
LI I-CHIH. See Li Hsieh.
LI SHUN-CHHING (LEE SHUN-CHING) (1). *Forest Botany of China.* Com. Press, Shanghai, 1935.
LI, S. T. (1). *Shipping in China; its Early Days.* Mei-Hua (for China Merchants Steam Navigation Co.), Thaipei, 1962.
LI YUNG-HSI (1) (tr.). *A Record of the Buddhist Countries*, by Fa-Hsien. Chinese Buddhist Association, Peking, 1957.
LIANG SSU-CHHÊNG (1). 'China's Architectural Heritage and the Tasks of Today.' *PC*, 1952 (Nov.), 30.
LIANG SSU-CHHÊNG (2). 'China's Oldest Wooden Structure.' *ASIA*, 1941, **41**, 384.
LIEBENTHAL, W. (8). 'The Ancient Burma Road—a Legend?' *JGIS*, 1956, **16**, 1.
LILIUS, ALEKO E. (1). *I Sailed with Chinese Pirates.* Arrowsmith, London, 1930.
LIN CHAO (1). 'The Tsinling [Chhin-ling] and Tapashan [Ta-pa Shan] (Mountains) as a Barrier to Communications between Szechuan and the Northwestern Provinces.' *JGSC*, 1947, **14**, 5.
LIN YÜ-THANG (5). *The Gay Genius; Life and Times of Su Tung-Pho.* Heinemann, London, 1948.
LIN YÜ-THANG (7). *Imperial Peking; Seven Centuries of China* (with an essay on the Art of Peking, by P. C. Swann). Elek, London, 1961.
LING SHUN-SHÊNG (1) = (*1*). 'The Formosan Sea-going Raft and its Origin in Ancient China.' *AS/BIE*, 1956, **1**, 25.
LING SHUN-SHÊNG (2) = (*2*). 'The Sacred Enclosures and Stepped Pyramidal Platforms [Altars of Heaven and Earth, etc.] at Peking, [and the History of Chinese Cosmic Religion and its Temples].' *AS/BIE*, 1963, **16**, 83.
LING SHUN-SHÊNG (3) = (*3*). 'The Origin of the Shê [Holy Place] in Ancient China.' *AS/BIE*, 1964, **17**, 36.
LING SHUN-SHÊNG (4) = (*4*). 'The Sacred Places [Chih] of the Chhin and Han Periods.' *AS/BIE*, 1964, **18**, 136.
LING SHUN-SHÊNG (5) = (*5*). 'A Comparative Study of the Ancient Chinese Fêng and Shan [Sacrifices] and the Ziggurats of Mesopotamia.' *AS/BIE*, 1965, **19**, 39.
LINK, A. E. (1). 'Biography of Shih Tao-An (+312 to +385).' *TP*, 1958, **46**, 1.

van Linschoten, Jan Huyghen (1). *Itinerario, Voyage ofte Schipvaert van J. H. van L. naer oost ofte Portugaels Indien* (+1579 to +1592). Amsterdam, 1596, 1598; ed. H. Kern, 's Gravenhage, 1910. Repr. C. E. Warnsinck-Delprat, 5 vols. 's Gravenhage, 1955. Eng. tr. by W. Phillip, *John Huighen Van Linschoten his discours of voyages into ye Easte and West Indies.* Wolfe, London, 1598. (Hakluyt Society Pubs., 1st ser., nos. 70, 71. London, 1885.) Ed. A. C. Burnell & P. A. Tiele. (Information about the Chinese coast dating from *c.* +1550 to +1588 collected at Goa *c.* +1583 to +1589.)

Linsley, R. K., Kohler, M. A. & Paulhus, J. L. H. (1). *Applied Hydrology.* McGraw-Hill, New York, 1949.

Lips, J. E. (1). 'Foreigners in Chinese Plastic Art.' *ASIA*, 1941, **41**, 377.

van der Lith, P. A. & Devic, L. M. (1) (tr.). *Le Livre des Merveilles de l'Inde* (the *'Agā'ib al-Hind* by Buzurg ibn Shahriyār al-Rāmhurmuzī, +953). Brill, Leiden, 1883.

Little, Alicia Bewicke (Mrs Archibald Little) (1). *The Land of the Blue Gown.* Fisher Unwin, London, 1902.

Little, A. J. (1). *Mount Omi [Omei], and Beyond.* Heinemann, London, 1901.

Little, A. J. (2). 'The Irrigation of the Chêngtu Plateau.' *EAM*, 1904, **3**, 189.

Liu, James T. C. See Liu Tzu-Chien.

Liu Tun-Li (Lou Wing-Sou) (1). 'Rain[-God] Worship [and Rain-Making ceremonies] among the Ancient Chinese and the Nahua and Maya Indians.' *AS/BIE*, 1957 (no. 4), 31–108.

Liu Tzu-Chien (1). 'An Early Sung Reformer; Fan Chung-Yen.' Art. in *Chinese Thought and Institutions*, ed. J. K. Fairbank. Univ. Chicago Press, Chicago, 1957, p. 105.

Livingstone, David (1). *Missionary Travels and Researches in South Africa.* London, 1857.

Llewellyn, B. (1). 'A Chinese Cyclops; Down the Rapids in Chinese Tibet.' *CR/BUAC*, 1949, **2** (no. 3), 8. Reprinted as ch. 14 of *I left my Roots in China.* Allen & Unwin, London, 1953.

Lloyd, S. (1). 'Building in Brick and Stone [from Early Times to the Fall of the Ancient Empires].' Art. in 'A History of Technology', ed. C. Singer *et al.* Oxford, 1954. Vol. 1, p. 456.

Lloyd, S. & Safar, F. (1). 'Eridu; a preliminary Communication on the Second Season's Excavations.' *SUM*, 1948, **4**, 115.

Lo Chê-Wên (1) = (*1*). *The Yünkang Caves.* English supplement (tr.) issued at Yünkang. Cultural Objects Press, Peking, 1957.

Lo Hsiao-Chien (K. H. C. Lo) (1). 'The Poon Lim Epic.' *CR/BUAC*, 1949. Also in *Penguin New Writing*, 1945, no. 24, p. 63.

Lo Jung-Pang (1). 'The Emergence of China as a Sea-Power during the late Sung and early Yuan Periods.' *FEQ*, 1955, **14**, 489. Abstract, *RBS*, 1955, **1**, 66.

Lo Jung-Pang (2). 'The Decline of the Early Ming Navy.' *OE*, 1958, **5**, 149.

Lo Jung-Pang (3). 'China's Paddle-Wheel Boats; the Mechanised Craft used in the Opium War and their Historical Background.' *CHJ/T*, 1960 (n.s.), **2** (no. 1), 189. Abridged Chinese tr. Lo Jung-Pang (*1*).

Lo Jung-Pang (4). 'The Controversy over Grain Conveyance during the Reign of Khubilai Khan (+1260 to +1294).' *FEQ*, 1953, **13**, 262.

Lo Jung-Pang (5). *Ships and Shipbuilding in the Early Ming Period.* Unpub. MS.

Lo Jung-Pang (6). *Communications and Transport in the Chhin and Han Periods.* Unpub. MS. (In the press.)

Lo Jung-Pang (7). 'Chinese Explorations of the Indian Ocean before the Advent of the Portuguese.' Unpub. MS. (A paper read at the Pacific Coast Branch of the Amer. Histor. Assoc., Seattle, Sept. 1960.)

Lo Jung-Pang (8). 'The Han Stock of Gold and what happened to it; a Variation on a Theme by H. H. Dubs.' Unpub. MS. (A paper read at the Western Branch of the Amer. Oriental Soc., Seattle, Apr. 1959.)

Lo Jung-Pang (9). *The Sung Navy, +960 to +1279.* (In the press.)

Lo Jung-Pang (10). *The Art of War in the Chhin and Han Periods.* Unpub. MS. (In the press.)

Lo Jung-Pang (11). 'Chinese Shipping and East–West Trade from the +10th to the +14th Century.' Communication to the International Congress of Maritime History, Beirut, 1966.

Lo Kai-Fu (1). 'The Basic Geography of China.' *CREC*, 1956, **5** (no. 12), 18.

Lo, Kenneth H. C. See Lo Hsiao-Chien.

Lo Wu-Yi (1). 'The Art of Ming Dynasty Furniture.' *CREC*, 1962, **11** (no. 5), 39.

Locke, L. L. (1). *The Quipu.* Amer. Mus. Nat. Hist, New York, 1923.

Loewe, M. (2). 'The Orders of Aristocratic Rank in Han China.' *TP*, 1961, **48**, 97.

Löffler, L. G. (1). 'Das Zeremonielle Ballspiel im Raum Hinterindiens.' *PAI*, 1955, **6**, 86.

Long, G. W. (1). 'Indochina faces the Dragon.' *NGM*, 1952, **102**, 287 (302).

van der Loon, P. (1). 'The Ancient Chinese Chronicles and the Growth of Historical Ideals.' Art. in *Historians of China and Japan*, ed. W. G. Beasley & E. G. Pulleyblank, p. 24. Oxford Univ. Press, London, 1961.

LOPEZ, R. S. (2). 'L'Evoluzione dei Transporti Terrestri nel Medio Evo.' *BCIC*, 1953, **1**. Eng. tr. 'The Evolution of Land Transport in the Middle Ages.' *PP*, 1956 (no. 9), 17.
LOPEZ, R. S. (4). 'The Trade of Mediaeval Europe; the South.' Art. in *Cambridge Economic History of Europe*, ed. M. Postan & E. E. Rich, vol. 2, p. 257. Cambridge, 1952.
LOTHROP, S. K. (1). 'Aboriginal Navigation of the North-west Coast of South America.' *JRAI*, 1932, **62**, 237.
DE LOTURE, R. & HAFFNER, L. (1). *La Navigation à travers les Ages; Évolution de la Technique Nautique et de ses Applications*. Payot, Paris, 1952.
LOU WING-SOU, DENNIS. See Liu Tun-Li.
LOVEGROVE, H. (1). 'Junks of the Canton River and the West River System.' *MMI*, 1932, **18**, 241.
LOVEJOY, A. O. (3). 'The Chinese Origin of a Romanticism.' In *Essays in the History of Ideas*, p. 99. Johns Hopkins Univ. Press, 1948. Also *JEGP*, 1933, **32**, 1.
LOWDERMILK, W. G. (1). 'Relation of deforestation, slope-cultivation, erosion and overgrazing, to increased silting of Yellow River.' *AFFL*, 1925, **31** (July), no. 379.
LOWDERMILK, W. G. (2). 'The Kuanhsien Irrigation System.' *AFFL*, 1943 (Sept.).
LOWDERMILK, W. G. (3). 'Erosion and Floods in the Yellow River Watershed.' *JF*, 1924, **22** (no. 6), 11.
LOWDERMILK, W. G. (4). 'Forest Destruction and Slope Denudation in the Province of Shansi.' *CJ*, 1926, **4**, 127.
LOWDERMILK, W. G. (5). 'Measurements of Rainfall and Run-off in Temple Forests.' Proc. 3rd Pacific Science Congress. Tokyo, 1926, p. 2122.
LOWDERMILK, W. G. (6). 'The Changing Evaporation-Precipitation Cycle of North China.' *ESC*, 1926, **25**, Paper no. 5.
LOWDERMILK, W. G. (7). 'China Fights Erosion with U.S. Aid.' *NGM*, 1945, **87**, 641.
LOWDERMILK, W. G. & LI TÊ-I (1). 'Forestry in Denuded China.' *AAPSS*, 1930, **152**, 127.
LOWDERMILK, W. G., LI TÊ-I & REN, C. T. (1). *A Cover and Erosion Survey of the Huai River Catchment Area*. 1926, MS. deposited in the Office of the Soil Conservation Service, Washington DC, USA.
LOWDERMILK, W. G. & SMITH, J. R. (1). 'Notes on the Problem of Field Erosion.' *GR*, 1927, **17**, 227.
LOWDERMILK, W. G. & WICKES, D. R. (1). 'Ancient Irrigation in China brought up to date.' *SM*, 1942, **55**, 209.
LOWDERMILK, W. G. & WICKES, D. R. (2). 'China and America against Soil Erosion. I. The Fate of Conservation in Northern Shansi. II. Losses and Gains.' *SM*, 1943, **56**, 393 and 505.
LOWDERMILK, W. G. & WICKES, D. R. (3). 'History of Soil Use in the Wu-Thai Shan Area.' *JRAS/NCB*, Special Monograph, 1938.
LOWELL, P. (1). *Chosön, the Land of the Morning Calm; a Sketch of Korea*. Trübner, London, n.d. [1888].
LU GWEI-DJEN (1). 'China's Greatest Naturalist; a Brief Biography of Li Shih-Chen.' *PHY*, 1966, **8**, 383 Abridgement in *Proc. XIth. Internat. Congress of the History of Science*, Warsaw, 1965, vol. 5, p. 50.
LU KUEI-CHEN. See LU GWEI-DJEN.
LUCAS, F. L. (1). *Gilgamesh, King of Erech*. Golden Cockerel, London, 1948.
LUCKENBILL, D. D. (1) (tr.). 'The Annals of Sennacherib.' *CUOIP*, 1924, **2**, 1–196.
LUM, PETER (1). *The Purple Barrier; the Story of the Great Wall of China*. Hale, London, 1960.
LUTHER, C. J. (1). 'Hippopodes (Horse-footed Men), the World's Early Skiers; Prehistoric and Early Records of Ski-ing.' *BSKIY*, 1952, **15**, 57.
LYMAN, J. (1). 'Registered Tonnage and its Measurement.' *ANEPT*, 1945, **5**, 223, 311. 'Tonnage-Weight and Measurement.' *ANEPT*, 1948, **8**, 99.

MACARTNEY, GEORGE (LORD MACARTNEY) (1). *Journal kept during his Embassy to the Chhien-Lung Emperor (+1793 and +1794)*, ed. J. L. Cranmer-Byng (2). Longmans, London, 1962.
MACARTNEY, GEORGE (LORD MACARTNEY) (2). *Observations on China*, ed. J. L. Cranmer-Byng (2). Longmans, London, 1962.
MCCRINDLE, J. W. (7) (tr.). *The Christian Topography of Cosmas [Indicopleustes], an Egyptian monk* (written *c.* +547). London, 1897. (Hakluyt Society Pubs., 1st ser., no. 98.)
MCCURDY, G. G. (1). *Human Origins*. 2 vols. New York, 1924.
MCGOWAN, D. J. (6). *Pearls and Pearl-making in China*. 1854.
MCGREGOR, J. (1). 'On the Paddle-Wheel and Screw Propeller, from the Earliest Times.' *JRSA*, 1858, **6**, 335.
MCIVER, D. R. (1). *Mediaeval Rhodesia*. Macmillan, London, 1906.
MCKAY, E. (1). *Early Indus Civilisations*, ed. D. McKay. Luzac, London, 2nd ed. 1948.
MCROBERT, I. (1). 'The Chinese Yuloh [self-feathering propulsion oar].' *MMI*, 1940, **26**, 313.
MADDISON, F. (2). 'Hugo Helt and the Rojas Astrolabe Projection.' *RFCC*, 1966, **39**, 5. (Junta de Investigações do Ultramar, Agrupamento de Estudos de Cartografia Antiga, Secção de Coimbra, no. 12.)

MADEIRA, J. A. (1). 'Estudo Histórico-Cientifico, sob o aspecto gnomónico, da Figura Radiada de pedra tosca suposta coeva do Infante Dom Henrique, existente na sua antiga "Vila de Sagres".' In Resumo das Comunicações do Congresso Internacional de História dos Descobrimentos. Lisbon, 1960, p. 37. Actas, vol. 2, p. 451.

MAGAILLANS. See De Magalhaens.

DE MAGALHAENS, GABRIEL (1). *A New History of China, containing a Description of the Most Considerable Particulars of that Vast Empire.* Newborough, London, 1688. Tr. from *Nouvelle Relation de la Chine.* Barbin, Paris, 1688. The work was written in 1668.

MAJOR, R. H. (1). *The Life of Prince Henry of Portugal, surnamed the Navigator.* Asher, London, 1868.

MALINOWSKI, B. (1). *Argonauts of the Western Pacific.* London, 1922.

MALONE, C. B. (1). 'Current Regulations for Building and Furnishing Chinese Imperial Palaces, 1727–1750.' *JAOS*, 1929, **49**, 234.

MALONE, C. B. (2). *History of the Peking Summer Palaces under the Chhing Dynasty.* Urbana, Ill., 1934. (Sep. from *UIB*, 1934, **31** (no. 41), 1–247.) Rev. J. H. Shryock, *JAOS*, 1934, **54**, 443; photolitho re-issue, Paragon, New York, 1966.

MANDEVILLE, SIR JOHN (+1362). See Letts, M.

MANGELSDORF, P. C. (1). 'Reconstructing the Ancestor of Corn [i.e. Maize].' *ARSI*, 1959, 495 (Pub. no. 4408).

MANGELSDORF, P. C. (2). 'The Mystery of Corn.' *SAM*, 1950, **183** (no. 1), 20.

MANGELSDORF, P. C. & OLIVER, D. L. (1). 'Whence came Maize to Asia?' *HBML*, 1951, **14**, 263.

MANGELSDORF, P. C. & REEVES, R. G. (1). 'The Origin of Corn [Maize]; I, Pod Corn, the Ancestral Form.' *HBML*, 1959, **18**, 329.

MANGELSDORF, P. C. & REEVES, R. G. (2). 'The Origin of Corn [Maize]; III, Modern Races, the Product of Teosinte Introgression.' *HBML*, 1959, **18**, 389.

MANGELSDORF, P. C. & REEVES, R. G. (3). 'The Origin of Corn [Maize]; IV, The Place and Time of Origin.' *HBML*, 1959, **18**, 413.

MANNING, THOMAS. See Markham, C. R. (1).

MAO I-SHÊNG (1). 'The Stone Arch—Symbol of Chinese Bridges.' *CREC*, 1961, **10** (no. 11), 18.

MAO TSÊ-TUNG (2). 'Selected Works.' 5 vols. Lawrence & Wishart, London, 1954– .

MARAINI, F. (1). *Meeting with Japan.* Hutchinson, London, 1959.

MARAINI, FOSCO (2). *Hekura; the Diving Girls' Island*, tr. from the Italian by E. Mosbacher. Hamilton, London, 1962.

MARCH, B. (1). 'A Note on Perspective in Chinese Painting.' *CJ*, 1927, **7**, 69.

MARCH, B. (2). 'Linear Perspective in Chinese Painting.' *EA*, 1931, **3**, 113.

MARCH, B. (3). *Some Technical Terms of Chinese Painting.* Amer. Council of Learned Societies, Waverly, Baltimore, 1935. (ACLS Studies in Chinese and Related Civilisations, no. 2.)

MARCHAJ, C. A. (1). *Sailing Theory and Practice.* Dodd Mead, New York, 1964.

MARCHAL, HENRI (1). 'Rapprochements entre l'Art Khmer et les Civilisations polynésiennes et pre-colombiennes.' *JSA*, 1934, **26**, 213.

MARCHAL, HENRI (2). *Les Temples d'Angkor.* Guillot, Paris, 1955.

M[ARCUS], G. J. (2). 'A Note on the Beitiáss.' *MMI*, 1952, **38**, 139.

M[ARCUS], G. J. (3). 'Mast and Sail in the North.' *MMI*, 1952, **38**, 140.

DE MARÉ, E. S. (1). *The Canals of England.* Architectural Press, London, 1960.

MARGOULIÉS, G. (1). *Le Kou Wen [Ku Wên] Chinois; Receuil de Textes avec Introduction et Notes.* Geuthner, Paris, 1925. [Inaug. Diss. Paris.] (Rev. H. Maspero, *JA*, 1928, **212**, 174.)

MARGOULIÉS, G. (2). *Le 'Fou' [Fu] dans le Wen-Siuan [Wên Hsüan]; Etude et Textes.* Geuthner, Paris, 1925. [Supplementary Inaug. Diss. Paris.]

MARGOULIÉS, G. (3). *Anthologie Raisonnée de la Littérature Chinoise.* Payot, Paris, 1948.

MARGOULIÉS, G. (4). *Histoire de la Littérature Chinoise.* 2 vols. i (Prose), 1949; ii (Poésie), 1951. Payot, Paris.

MARGUET, F. (1). *Histoire Générale de la Navigation du 15e au 20e siècles.* Soc. d'Ed. Geogr. Maritimes et Colon. Paris, 1931.

DE MARICOURT, PIERRE. See Peregrinus, Petrus.

MARIOTTE, EDME (1). *Traité du Mouvement des Eaux.* Paris, 1686.

MARJAY, F. (ed.) (1). *Dom Henrique the Navigator.* Executive Committee for the Quincentenary Commemorations of the Death of the Infante Dom Henrique, Lisbon, 1960. Contributions by Costa Brochado, Vitorino Nemésio, Fr. Maurício, Joaquim Bensaúde, Damião Peres, Teixeira da Mota and F. Marjay.

MARKHAM, C. R. (1) (ed.). *Narratives of the Mission of George Bogle to Tibet, and of the Journey of Thomas Manning to Lhasa.* Trübner, London, 1876. Germ. tr. *Aus dem Lände der lebenden Buddhas; Erzählungen von der Mission George Bogle's nach Tibet und Manning's Reise nach Lhasa (1774 u. 1812)*, by M. von Brandt, 1909. (Bibl. denkw. Reisen, no. 3.)

MARKHAM, C. R. (2) (ed.). *Tractatus de Globis et eorum Usu [+1594]; a Treatise descriptive of the Globes constructed by Emery Molyneux and published [i.e. issued, at the end of], +1592; by Robert Hues.* Hakluyt Soc. London, 1889. (Hakluyt Society Pubs., 1st ser., no. 79.) The first English edition was London, 1639, repr. 1659.

MARQUART, J. (1). *Osteuropäische und Ostasiatische Streifzüge.* Leipzig, 1903. (Das Itinerar des Mis'ar ben al-Muhalhil nach der chinesischen Hauptstadt, pp. 74 ff.)

MARSDEN, P. R. V. & BONINO, M. (1). 'Roman Transom Sterns.' *MMI*, 1963, **49**, 143, 302.

MARTINI, M. (2). *Novus Atlas Sinensis.* 1655. See Schrameier (1) and Szczesniak (4).

MASIÁ, ANGELES (1). *Introducción a la Historia de España.* Apolo, Barcelona, 1943.

MASON, O. T. (1). 'Primitive Travel and Transportation.' *ARUSNM*, 1894, 237.

MASON, O. T. (2). *The Origins of Invention; a Study of Industry among Primitive Peoples.* Scott, London, 1895.

MASPERO, H. (4). 'Les Instruments Astronomiques des Chinois au temps des Han.' *MCB*, 1939, **6**, 183.

MASPERO, H. (8). 'Légendes Mythologiques dans le Chou King [*Shu Ching*].' *JA*, 1924, **204**, 1.

MASPERO, H. (10). 'Le Serment dans la Procédure Judiciaire de la Chine Antique.' *MCB*, 1925, **3**, 257.

MASPERO, H. (14). *Études Historiques; Mélanges Posthumes sur les Religions et l'Histoire de la Chine*, vol. 3, ed. P. Demiéville. Civilisations du Sud, Paris, 1950. (Publ. du Mus. Guimet, Biblioth. de Diffusion, no. 59.) Rev. J. J. L. Duyvendak, *TP*, 1951, **40**, 366.

MASPERO, H. (17). 'La Vie Privée en Chine à l'Époque des Han.' *RAA/AMG*, 1931, **7**, 185.

MASPERO, H. (18). 'Études d'Histoire d'Annam.' *BEFEO*, 1916, **16**, 1; 1918, **18** (no. 3), 1.

MASPERO, H. (28) (posthumous). 'Contribution à l'Etude de la Société Chinoise à la Fin des Chang [Shang-Yin] et au Début des Tcheou [Chou].' *BEFEO*, 1954, **46**, 335.

MASPERO, H. (30). 'Le Roman de Sou Ts'in [Su Chhin].' Art. in *Etudes Asiatiques, publiées à l'occasion du 25e Anniversaire de l'Ecole Française d'Extrême-Orient [à Hanoi]*. 2 vols. van Oest, Paris & Brussels, 1925. Vol. 2, p. 127. (Pubs. Ec. Fr. d'Extr. Or. nos. 19, 20.)

MASSA, J. M. (1). 'La Brouette.' *MC/TC*, 1952, **2**, 93.

AL-MAS'ŪDĪ. See de Meynard & de Courteille.

MATHEW, G. (1). 'The Culture of the East African Coast in the Seventeenth and Eighteenth Centuries, in the Light of recent Archaeological Discoveries.' *MA*, 1956, **56**, 65.

MATHEW, G. (2). 'The East Coast Cultures [of Africa].' *AFS*, 1958, **2** (no. 2), 59.

MATHEW, G. (3). 'Chinese Porcelain in East Africa and on the Coast of South Arabia.' *ORA*, 1956 (n.s.), **2**, 50.

MATHYS, F. K. (1). 'Der Militärskilauf und seine historische Entwicklung.' *DSS*, 1955, **30** (no. 12), 287.

MATSUMOTO, N., FUJITA, R., SHIMIZU, J., ESAKA, T. *et al.* (1). *Kamo; a Study of the Neolithic Site and a Neolithic Dugout Canoe discovered in Kamo, Chiba Prefecture, Japan.* Mita Shigakukai, Tokyo, 1952. (Pub. Hist. Dept., Fac. of Lit., Keio University, Archaeol. & Ethnol. Ser. no. 3.)

MAUNY, R. (1). *Les Navigations Mediévales sur les Côtes Sahariennes.* Lisbon, 1960.

MAYERS, W. F. (1). *Chinese Reader's Manual.* Presbyterian Press, Shanghai, 1874; reprinted, 1924.

MAYERS, W. F. (3). 'Chinese Explorations of the Indian Ocean during the +15th century.' (Partly a translation of the *Hsi-Yang Chhao Kung Tien Lu* of Huang Shêng-Tsêng, +1520.) *CR*, 1875, **3**, 219, 331; 1875, **4**, 61, 173.

MAYERS, W. F. (5). 'Chinese Junk Building.' *NQCJ*, 1867, **1**, 170.

MAYOR, R. J. G. (2). 'Slaves and Slavery [in Ancient Greece].' In *A Companion to Greek Studies*, ed. L. Whibley, pp. 416, 420. Cambridge, 1905.

MAZE, SIR FREDERICK (1). 'Notes concerning Chinese Junks.' *BBMMAG*, 1949, **1**, 17. 'Note on the Chinese Yuloh [self-feathering propulsion oar].' *MMI*, 1950, **36**, 55.

MEAD, C. W. (1). 'The Musical Instruments of the Incas.' *AMNH/AP*, 1924, **15**, no. 3.

MEARES, JOHN (1). *Voyages made in the Years 1788 and 1789, from China to the North-west Coast of America...Narrative of a Voyage performed in 1786 from Bengal in the ship* Nootka...*Observations on the probable Existence of a North-west Passage; and some Account of the Trade between the North-west Coast of America and China, and the latter country and Great Britain.* Walter, London, 1790.

MEDHURST, W. H. (1) (tr.). *The 'Shoo King' [Shu Ching], or Historical Classic* (Ch. and Eng.). Mission Press, Shanghai, 1846.

MEGGERS, B. J. & EVANS, C. (1) (ed.). 'Aboriginal Cultural Development in Latin America; an Interpretative Review.' *SMC*, 1963, **146**, no. 1, 1–148.

MEI YI-PAO (1) (tr.). *The Ethical and Political Works of Mo Tzu.* Probsthain, London, 1929.

DE MÉLY, F. (2). 'Le "De Monstris" Chinois et les Bestiaires Occidentaux.' *RA*, 1897 (3e ser.), **31**, 353.

DE MENDONÇA, LOPES (1). *Estudos sobre Navios Portugueses nos Séculos XV e XVI.* Lisbon, 1892.

DE MENDOZA, JUAN GONZALES (1). *Historia de las Cosas mas notables, Ritos y Costumbres del Gran Reyno de la China, sabidas assi por los libros de los mesmos Chinas, como por relacion de religiosos y oltras personas que an estado en el dicho Reyno.* Rome, 1585 (in Spanish). Eng. tr. Robert Parke, *The Historie of the Great & Mightie Kingdome of China and the Situation thereof; Togither with the Great*

Riches, Huge Citties, Politike Gouvernement and Rare Inventions in the same [undertaken 'at the earnest request and encouragement of my worshipfull friend Master Richard Hakluyt, late of Oxforde']. London, 1588 (1589). Reprinted in Spanish, Medina del Campo, 1595; Antwerp, 1596 and 1655; Ital. tr. Venice (3 editions), 1586; Fr. tr. Paris, 1588, 1589 and 1600; Germ. and Latin tr. Frankfurt, 1589. New ed. G. T. Staunton, London, 1853 (Hakluyt Society Pubs., 1st ser., nos. 14, 15). Spanish text again ed. P. F. García, Madrid, 1944. (España Misionera, no. 2.)

MERCATOR, GERARD (1). *Atlas*. 1613.

MERCER, H. C. (1). *Ancient Carpenter's Tools illustrated and explained, together with the Implements of the Lumberman, Joiner, and Cabinet-Maker, in use in the Eighteenth Century*. Bucks County Historical Society, Doylestown, Pennsylvania, 1929.

MERCKEL, C. (1). *Die Ingenieur-Technik im Altertum*. Springer, Berlin, 1899.

MERDINGER, C. J. (1). *Civil Engineering through the Ages*. Soc. Amer. Milit. Engineers, New York, 1963. (Rev. J. K. Finch, *TCULT*, 1964, **5**, 435.)

MERSENNE, MARIN (2). *Phaenomena Hydraulica et Pneumatica*. Paris, 1644.

MERTZ, HENRIETTE (1). *Pale Ink; Two Ancient Records of Chinese Exploration in America*. Orig. pub. Ralph Fletcher Seymour, Chicago, but imprint cancelled by label giving pr. pr. address, Box 207, Old Post Office Station, Chicago 90, Ill., n.d. (*c*. 1958).

MESKILL, J. (1) (tr. & ed.). *Chhoe Pu's Diary; a Record of Drifting across the Sea* [the *Phyohae-Rok*, written in +1488]. Univ. Arizona Press, Tucson, Ariz., 1965. (Monographs and Papers of the Association for Asian Studies, no. 17.)

MEYER P. (1). *Alexandre le Grand dans la Littérature Française du Moyen-Age*. 2 vols. Paris, 1886.

MEYERHOF, M. (1). 'Ibn al-Nafīs und seine Theorie d. Lungenkreislaufs.' *QSGNM*, 1935, **4**, 37.

MEYERHOF, M. (2). 'Ibn al-Nafīs (+13th century) and his Theory of the Lesser Circulation.' *ISIS*, 1935, **23**, 100.

DE MEYNARD, C. BARBIER (2). 'Le Livre des Routes et des Provinces par ibn Khordadbih [Ibn Khurdādhbih's *Kitāb al-Masālik w'al-Mamālik*, +846].' *JA*, 1865 (6e sér.), **5**, 5, 227, 446.

DE MEYNARD, C. BARBIER & DE COURTEILLE, P. (1) (tr.). *Les Prairies d'Or* (the *Murūj al-Dhabab* of al-Mas'ūdī, +947). 9 vols. Paris, 1861–77.

MICHEL, H. (3). *Traité de l'Astrolabe*. Gauthier-Villars, Paris, 1947. (Rev. F. Sherwood Taylor, *N*, 1948, **162**, 46.)

MICHEL, H. (14). 'Les Tubes Optiques avant le Télescope.' *CET*, 1954, **70** (nos. 5/6), 3.

MICKLE, W. J. (1) (tr.). *The Lusiad, or the Discovery of India; an Epic Poem [by Luis de Camoens], translated from the original Portuguese by W.J.M.* Jackson & Lister, Oxford, 1776; repr. 1778; 5th ed. London, 1877.

MIDDETON, . (1). *The Engraved Gems of Classical Times*.

MIELI, ALDO (1). *La Science Arabe, et son Rôle dans l'Evolution Scientifique Mondiale*. Brill, Leiden, 1938. (Repr. Mouton, the Hague, 1966 with a bibliography and analytic index by A. Mazaheri.)

MIELI, A. (2). *Panorama General de Historia de la Ciencia*. Vol. 1, *El Mundo Antiguo; griegos y romanos*; vol. 2, *El Mundo Islámico e el Occidente Medieval Cristiano*. Espasa-Calpe, Buenos Aires, 1945 and 1946; 2nd ed. 1952. (Nos. 1 and 5 respectively of Colección Historia y Filosofia de la Ciencia, ed. J. Rey Pastor.)

MIELI, A. (2) (*contd*.). *Panorama General de Historia de la Ciencia*. Vol. 3, *La Eclosión del Renacimiento*; vol. 4, *Leonardo da Vinci, Sabio*. Espasa-Calpe, Buenos Aires and Madrid, 1951 and 1950.

MIELI, A. (2) (*contd*.). *Panorama General de Historia de la Ciencia*. Vol. 5, *La Ciencia del Renacimiento; Matemáticay Ciencias Naturales*. Espasa-Calpe, Buenos Aires and Mexico City, 1952.

MIELI, A. (2) (with D. PAPP & JOSÉ BABINI). *Panorama General de Historia de la Ciencia*. Vol. 6, *La Ciencia del Renacimiento; Astronomía, Física y Biologia*; vol. 7, *La Ciencia del Renacimiento; Las Ciencias Exactas en el Siglo XVII*. Espasa-Calpe, Buenos Aires, 1952 and 1954.

MIELI, A. (2) (with D. PAPP & JOSÉ BABINI). *Panorama General de Historia de la Ciencia*. Vol. 8, *El Siglo del Illuminismo*; vol. 9, *Biologia y Medicina en los Siglos XVII y XVIII*; vol. 10, *Las Ciencias Exactas en el Siglo XIX*. Espasa-Calpe, Buenos Aires, 1955 and 1958.

MILESCU, NICOLAIE (SPĂTARUL) (1). *Descrierea Chinei* (in Rumanian, originally written in Russian, *c*. 1676), with preface by C. Bărbulescu. Ed. Stat pentru Lit. şi Artă, Bucarest, 1958. This work in 58 chs. is, with the exception of chs. 3, 4, 5, 10 and 20 essentially a Russian translation and adaptation of Martin Martini's text accompanying the maps in his *Atlas Sinensis* (Amsterdam, 1655). Milescu prepared it in the course of his diplomatic mission (1675 to 1677) as the Ambassador of the Tsar of Russia to the Emperor of China. See Baddeley (2).

MILESCU, NICOLAIE (SPĂTARUL) (2). *Jurnal de Călătorie în China* (in Rumanian, originally written in Russian, 1677, as the report to the Tsar from his Ambassador to the Chinese Emperor), with preface by C. Bărbulescu. Ed. Stat pentru Lit şi Artă, Bucarest, 1956; repr. with a new preface by C. Bărbulescu, Ed. pentru Lit. Bucarest, 1962. Eng. tr. Baddeley (2), vol. 2, pp. 242 ff.

MILLER, A. A. (1). *Climatology*. 8th ed. Methuen, London, 1953; Dutton, New York, 1953. 1st ed. 1931.

MILLS, J. V. (1). 'Malaya in the *Wu Pei Chih* Charts.' *JRAS/M*, 1937, **15** (no. 3), 1.
MILLS, J. V. (3). 'Notes on Early Chinese Voyages.' *JRAS*, 1951, 17.
MILLS, J. V. (4). Translation of ch. 9 of the *Tung Hsi Yang Khao*. (Studies on the Oceans East and West.) Unpub. MS.
MILLS, J. V. (5). Translation of *Shun Fêng Hsiang Sung* (Fair Winds for Escort). Bodleian Library, Land Orient. MS. no. 145. Unpub. MS.
MILLS, J. V. (6). Translation of part of ch. 13 of the *Chhou Hai Thu Pien* (on shipbuilding, etc.). Unpub. MS.
MILLS, J. V. (7). 'Three Chinese Maps. [Two Coastal Charts (*c*. 1840) and a copy of the Chhien-Lung map of China, +1775.]' *BMQ*, 1953, **18**, 65.
MILLS, J. V. (8). 'Chinese Coastal Maps.' *IM*, 1954, **11**, 151.
MILLS, J. V. (9). 'The Largest Chinese Junk and its Displacement.' *MMI*, 1960, **46**, 147.
MILLS, J. V. (10). 'The Voyage from Kuala Pasé [in Sumatra] to Beruwala [in Ceylon].' Unpub. MS.
MILNE, W. C. (1). 'Pagodas in China.' *JRAS (Trans.)/NCB*, 1855 (1st. ser.), **2** (no. 5), 17.
MINORSKY, V. F. (3) (tr.). *Ḥudūd al-'Ālam, 'The Regions of the World', a Persian geography* [+982], with introduction by W. Barthold. Luzac, London, 1937. (E. J. W. Gibb Memorial Series, no. 11.)
MIRAMS, D. G. (1). *A Brief History of Chinese Architecture*. Kelly & Walsh, Shanghai, 1940.
MIRSKY, JEANETTE (1). *The Great Chinese Travellers*. Allen & Unwin, London, 1965.
MIYAZAKI ICHISADA (1). 'Les Villes en Chine à l'Époque des Han.' *TP*, 1960, **48**, 376. Abstr. *RBS*, 1967, **6**, no. 38.
MIZUNO SEIICHI & NAGAHIRO TOSHIO (1) = (*1*). *Unkō Sekkutsu; The Yünkang Cave-Temples*. 16 vols. in 31 parts. Jimbun Kagaku Kenkyūsō, Kyoto, 1950–6.
MOCK, E. B. (1). *The Architecture of Bridges*. Mus. of Modern Art, New York, 1949.
MOKRI, M. (1). 'La Pêche des Perles dans le Golfe Persique.' *JA*, 1960, **248**, 381.
MOLES, ANTOINE (1). *Histoire des Charpentiers*. Gründ, Paris, 1949.
MOLL, F. (1). *Das Schiff in der bildenden Kunst vom Altertum bis zum Ausgang des Mittelalters*. Schroeder, Bonn, 1929.
MOLL, F. (2). 'History of the Anchor.' *MMI*, 1927, **13**, 293. 'Die Entwicklung des Schiffsankers bis zum Jahre 1500 n. Chr.' *BGTI*, 1919, **9**, 41.
MOLL, F. (3). 'Holtzschütz, seine Entwicklung v. d. Urzeit bis zum Umwandlung des Handwerkes in Fabrikbetrieb.' *BGTI*, 1920, **10**, 66.
MOLL, F. & LAUGHTON, L. G. CARR (1). 'The Navy of the Province of Fukien.' *MMI*, 1923, **9**, 364.
MOLLAT, M. (1). *Le Commerce Maritime Normand à la Fin du Moyen Age*. Paris, 1952.
MOLLAT, M. (2). 'Soleil et Navigation au Temps des Découvertes.' Art. in *Le Soleil à la Renaissance; Sciences et Mythes*, p. 89. Presses Univ. de Bruxelles, Brussels, 1965; Presses Univ. de France, Paris, 1965. (Travaux de l'Institut pour l'Etude de la Renaissance et de l'Humanisme, no. 2.)
MOLLAT, M., DENOIX, L. & DE PRAT, O. (1) (ed.). *Le Navire et l'Économie Maritime du Moyen-Age au XVIIIe Siècle, principalement en Méditerranée*. Proc. 2nd International Colloquium of Maritime History, Paris, 1957. Sevpen, Paris, 1958. (Bib. Gén. de l'École Prat. des Hautes Études, VIe Section.)
MOLLAT, M., DENOIX, L., DE PRAT, O., ADAM, P. & PERRICHET, M. (1). *Le Navire et l'Économie Maritime du Nord de l'Europe du Moyen Age au XVIIIe Siècle*. Proc. 3rd International Colloquium of Maritime History, Paris, 1958. Sevpen, Paris, 1960. (Bib. Gén. de l'École Prat. des Hautes Études, VIe Section.)
MOLLAT, M. & DE PRAT, O. (1) (ed.). *Le Navire et l'Économie Maritime du XVe au XVIIIe Siècles*. Proc. 1st International Colloquium of Maritime History, Paris, 1956. Sevpen, Paris, 1957. (Bib. Gén. de l'École Prat. des Hautes Études, VIe Section.)
MONARDES, NICHOLAS (1). *Joyfull Newes out of the Newe-Founde Worlde*... Allde & Norton, London, 1577, 1596. Eng. tr. by J. Frampton of *Historia Medicinal de todas las Cosas que se traen de nuestras Indias Occidentales que sirven al Uso de Medicina*. Trugillo, Seville, 1565, 1569, 1571, 1574, 1580, etc. Latin ed. Plantin, Antwerp, 1574, repr. 1582, 1605. Ed. S. Gaselee, 2 vols. Constable, London, 1925; Knopf, New York, 1925. (Tudor Translations series, nos. 9 and 10.)
MONGAIT, A. L. (1). *Archaeology in the U.S.S.R.* Penguin (Pelican), London, 1961.
MONNIER, M. (1). *La Tour d'Asie*. Paris, 1895. Extracts in *CFC*, 1961 (no. 12), 40.
DI MONTALBODDO, FRACANZANO (1). *Itinerarium Portugallesium e Lusitania in India et inde in occidentem et denum ad aquilonem*. Minuziano (?), Milan, 1508.
DI MONTALBODDO, FRACANZANO (2). *Poesi Novamente Retrovati*. Vicenza, 1507.
MOODY, CDR. A. B. (1). 'Early Units of Measurement and the Nautical Mile.' *JIN*, 1952, **5**, 262.
MOOKERJI. See Mukerji.
MOORE, SIR ALAN (1). 'Last Days of Mast and Sail; an Essay in Nautical Comparative Anatomy.' Oxford, 1925.
MOORE, SIR ALAN (2). 'Accounts and Inventions of John Starlyng [+1411].' *MMI*, 1914, **4**, 20.

M[OORE, SIR ALAN] & L[AUGHTON, G. CARR] (1). Discussion on the origin of lug-sails in Europe, in answer to a query by F. K. I[ ]. *MMI*, 1923, **9**, 190 and 252.
MOREL, P. (1). *Petite Histoire du Languedoc*. Arthaud, Grenoble and Paris, 1941.
MORELAND, W. H. (1). 'Ships of the Arabian Sea about 1500 A.D.' *JRAS*, 1939, 63 and 173.
MORETTI, G. (1). *Il Museo delle Nave Romane di Nemi*. Libreria dello Stato, Rome, 1940.
MORETTI, M. (1). *Tarquinia; la Tomba delle Nave*. Lerici, Milan, 1961.
MORGAN, E. (1) (tr.). *Tao the Great Luminant; Essays from 'Huai Nan Tzu', with introductory articles, notes and analyses*. Kelly & Walsh, Shanghai, n.d. (1933?).
DE MORGAN, JACQUES (1). *Recherches sur les Origines de l'Egypte*. 2 vols. Leroux, Paris, 1896.
MORGAN, M. H. (1). *Vitruvius; the Ten Books on Architecture*. Harvard Univ. Press, Cambridge, Mass., 1914.
MORLEY, S. G. (1). *The Ancient Maya*. Stanford Univ. Press, Palo Alto, Calif., 1946; 2nd ed. Oxford Univ. Press, Oxford, 1947.
MORRIS, E. P. (1). *The Fore-and-Aft Rig in America*. Yale University Press, New Haven, Conn., 1927.
MORRISON, J. S. (1). 'The Greek Trireme.' *MMI*, 1941, **27**, 14.
MORRISON, J. S. (2). 'Notes on certain Greek Nautical Terms and on Three Passages in I.G. ii^2 1632.' *CQ*, 1947, **41**, 121.
MORRISON, J. S. & WILLIAMS, R. T. (1). *Greek Oared Ships, −900 to −322*. Cambridge, 1968.
DA MOTA, A. TEIXEIRA (1). 'L'Art de Naviguer en Méditerranée du 13e au 17e Siècle et la Création de la Navigation Astronomique dans les Océans.' Art. in Proc. 2nd International Colloquium of Maritime History, Paris, 1957, p. 127. Ed. M. Mollat, L. Denoix & O. de Prat.
DA MOTA, A. TEIXEIRA (2). 'Méthodes de Navigation et Cartographie Nautique dans l'Océan Indien avant le 16e siècle.' *STU*, 1963 (no. 11), 49. Sep. pub. Junta de Investigações do Ultramar, Lisbon, 1963. (Agrupamento de Estudios de Cartografia Antiga, Secção de Lisboa, no. 5.)
MOTHERSOLE, J. (1). *Hadrian's Wall*. Lane, London, 1922.
MOTZO, B. R. (1) (ed.). *Il Compasso da Navigare; opera Italiana della Metà del Secolo XIII [+1253].'* Univ., Cagliari, 1947. (Annali d. Fac. di Lett. e Filosofia, Università di Cagliari, no. 8.)
MOULE, A. C. (3). 'The Bore on the Ch'ien-T'ang River in China.' *TP*, 1923, **22**, 135 (includes much material on tides and tidal theory).
MOULE, A. C. (5). 'The Wonder of the Capital' (the Sung books *Tu Chhêng Chi Shêng* and *Mêng Liang Lu* about Hangchow). *NCR*, 1921, **3**, 12, 356.
MOULE, A. C. (9). 'The Ten Thousand Bridges of Quinsay.' *NCR*, 1922, **4**, 32.
M[OULE], [A.] C. (11). 'The Fireproof Warehouses of Lin-An [+13th cent. Hangchow].' *NCR*, 1920, **2**, 207.
MOULE, A. C. (15). *Quinsai, with other Notes on Marco Polo*. Cambridge, 1957. An extension of a number of previous papers, notably 'Marco Polo's Description of Quinsai'. *TP*, 1937, **33**, 105.
MOULE, A. C. (16). 'Relics of the Monk Sakugen's Visits to China, +1539 to +1541 and +1547 to +1550.' *AM* (n.s.), **3**, 59.
MOULE, A. C. & PELLIOT, P. (1) (tr. and annot.). *Marco Polo (+1254 to +1325); The Description of the World*. 2 vols. Routledge, London, 1938. Further notes by P. Pelliot (posthumously pub.). 2 vols. Impr. Nat. Paris, 1960.
MOULE, A. C. & YETTS, W. P. (1). *The Rulers of China, −221 to 1949; Chronological Tables compiled by A. C. Moule, with an Introductory Section on the Earlier Rulers, c. −2100 to −249 by W. P. Yetts*. Routledge & Kegan Paul, London, 1957.
MO ZUNG-CHUNG. See Kerby & Mo Tsung-Chung (1).
MUKERJI, RADHAKAMUD (1). *Indian Shipping; a History of the Sea-Borne Trade and Maritime Activity of the Indians from the Earliest Times*. Longmans Green, Bombay and Calcutta, 1912.
MULDER, W. Z. (1). 'The *Wu Pei Chih* Charts.' *TP*, 1944, **37**, 1.
MULDER, W. Z. (2). 'Het Chineesche Drakenbootfest.' *CI*, 1944, **6**, 153.
MÜLLER, W. (1). 'Stufenpyramiden in Mexico und Kambodscha.' *PAI*, 1958, **6**, 473.
MULLIKIN, M. A. (1). 'Thai Shan, Sacred Mountain of the East.' *NGM*, 1945, **87**, 699.
AL-MUQADDASĪ. See Ranking & Azoo.
MURASAWA, FUMIO (1). *The Castle, the National Treasure*. Min. of Ed., Shokoku-sha, Tokyo, 1962.
MURATA, J. & FUJIEDA, A. (1) = (*1*). *Chü-yung-kuan, the Buddhist Arch of the +14th Century at the Pass of the Great Wall north of Peking*. 2 vols. Faculty of Engineering, Kyoto Univ., 1957.
MURPHY, H. K. (1). '[Chinese] Architecture.' In *China*, ed. H. F. McNair. Univ. Calif. Press, Berkeley & Los Angeles, 1946. Ch. 23, p. 363.
MYRDAL, J. & KESSLE, G. (1). *Report from a Chinese Village*. Heinemann, London, 1964.

NAISH, G. P. B. (1). 'The "dyoll" and the bearing dial.' *JIN*, 1954, **7**, 205. With comment by W. E. May.
N[ANCE], R. M. (1). 'Smack Sails in the Fifteenth Century.' *MMI*, 1920, **6**, 343.

NANCE, R. M. (2). 'Spritsails.' *MMI*, 1913, **3**, 155.
NANCE, R. M. (3). *Sailing-Ship Models; a Selection from European and American Collections*. Halton, London, 1924; 2nd ed. much enlarged. Halton & Truscott Smith, London, 1949.
DE NAVARRETE, DOMINGO (1). *Tratados Historicos, Politicos, Ethicos y Religiosos de la Monarchia de China*. Infançon, Madrid, 1676. See Cummins (1).
DE NAVARRETE, DOMINGO (2). *Controversias Antiguas y Modernas de la Mission de la Gran China*. Partially printed, Madrid, 1677. See Cummins (1).
DE NAVARRO, J. M. (1). 'The Amber Trade-Routes.' *GJ*, 1925, **66**, 481.
NEDULOHA, A. (1). 'Kulturgeschichte des technischen Zeichnens.' *BTG*, 1957, **19**; 1958, **20**; 1959, **21**. Sep. pub. Springer, Vienna, 1960. (Rev. L. R. Shelby, *TCULT*, 1963, **4**, 217.)
NEEDHAM, JOSEPH (2). *A History of Embryology*. Cambridge, 1934. Revised ed. Cambridge, 1959; Abelard-Schuman, New York, 1959.
NEEDHAM, JOSEPH (4). *Chinese Science*. Pilot Press, London, 1945.
NEEDHAM, JOSEPH (18). 'Science in Southwest China. I, the Physico-Chemical Sciences.' *N*, 1943, **152**, 9. Repr. in Needham & Needham (1).
NEEDHAM, JOSEPH (19). 'Science in Southwest China. II, the Biological and Social Sciences.' *N*, 1943, **152**, 36. Repr. in Needham & Needham (1).
NEEDHAM, JOSEPH (21). 'Science in Western Szechuan. I. Physico-Chemical Sciences and Technology.' *N*, 1943, **152**, 343. Repr. in Needham & Needham (1).
NEEDHAM, JOSEPH (22). 'Science in Western Szechuan. II. Biological and Social Sciences.' *N*, 1943, **152**, 372. Repr. in Needham & Needham (1).
NEEDHAM, JOSEPH (24). 'Science in Kweichow and Kuangsi.' *N*, 1945, **156**, 496. Repr. in Needham & Needham (1).
NEEDHAM, JOSEPH (27). 'Limiting Factors in the Advancement of Science as observed in the History of Embryology.' *YJBM*, 1935, **8**, 1. Carmalt Memorial Lecture of the Beaumont Medical Club of Yale University.
NEEDHAM, JOSEPH (31). 'Remarks on the History of Iron and Steel Technology in China' (with French translation; 'Remarques relatives à l'Histoire de la Sidérurgie Chinoise'). In *Actes du Colloque International 'Le Fer à travers les Ages'*, pp. 93, 103. Nancy, Oct. 1955. (*AEST*, 1956, Mémoire no. 16.)
NEEDHAM, JOSEPH (32). *The Development of Iron and Steel Technology in China*. Newcomen Soc., London, 1958. (Second Biennial Dickinson Memorial Lecture, Newcomen Society.) Précis in *TNS*, 1960, **30**, 141; rev. L. C. Goodrich, *ISIS*, 1960, **51**, 108. Repr. Heffer, Cambridge, 1964. French tr. (unrevised, with some illustrations omitted and others added by the editors). *RHSID*, 1961, **2**, 187, 235; 1962, **3**, 1, 62.
NEEDHAM, JOSEPH (33). 'The Peking Observatory in A.D. 1280 and the Development of the Equatorial Mounting.' Art. in *Vistas of Astronomy* (Stratton Presentation Volume), ed. A. Beer, vol. 1, p. 67. Pergamon, London, 1955.
NEEDHAM, JOSEPH (38). 'The Missing Link in Horological History; a Chinese Contribution.' *PRSA*, 1959, **250**, 147. (Wilkins Lecture, Royal Society.) Abstract, with illustrations, in *NS*, 1958, **4** (no. 108), 1481.
NEEDHAM, JOSEPH (39). 'The Chinese Contributions to the Development of the Mariner's Compass.' Abstract in *Resumo das Comunicações do Congresso Internacional de História dos Descobrimentos*, p. 273. Lisbon, 1960. *Actas*, Lisbon, 1961, vol. 2, p. 311. Also *SCI*, 1961, **96**, 225.
NEEDHAM, JOSEPH (40). 'The Chinese Contributions to Vessel Control.' Abstract in *Resumo das Comunicações do Congresso Internacional de História dos Descobrimentos*, p. 274. Lisbon, 1960. *Actas*, Lisbon, 1961, vol. 2, p. 325. Also *SCI*, 1961, **96**, 123, 163. Polish abridgement by W. A. Drapella, *BN*, 1963–4, **6–7**, 33. And (with illustrations), French tr. as art. in 'Les Aspects Internationaux de la Découverte Océanique aux 15e et 16e Siècles'. *Actes du Ve Colloque International d'Histoire Maritime*, Lisbon, 1960, Sevpen, Paris, 1966.
NEEDHAM, JOSEPH (43). 'The Past in China's Present.' *CR/MSU*, 1960, **4**, 145 and 281; repr. with some omissions, *PV*, 1963, **4**, 115. French tr.: *Du Passé Culturel, Social et Philosophique Chinois dans ses Rapports avec la Chine Contemporaine*, by G. M. Merkle-Hunziker. *COMP*, 1960, no. 21–2, 261; 1962, no. 23–4, 113; repr. in *CFC*, 1960, no. 8, 26; 1962, no. 15–16, 1.
NEEDHAM, JOSEPH (44). 'The Ways of Szechuan.' *AH*, 1948, **1** (no. 3), 62.
NEEDHAM, JOSEPH (45). 'Poverties and Triumphs of the Chinese Scientific Tradition.' Art. in *Scientific Change; Historical Studies in the Intellectual, Social and Technical Conditions for Scientific Discovery and Technical Invention from Antiquity to the Present*, ed. A. C. Crombie, p. 117. Heinemann, London, 1963. With discussion by W. Hartner, P. Huard, Huang Kuang-Ming, B. L. van der Waerden & S. E. Toulmin (Symposium on the History of Science, Oxford, 1961). Also, in modified form: 'Glories and Defects....' in 'Neue Beiträge z. Geschichte d. alten Welt.', vol. 1 'Alter Orient und Griechenland', ed. E. C. Welskopf, Akad. Verl. Berlin, 1964. French tr. (of paper only)

by M. Charlot, 'Grandeurs et Faiblesses de la Tradition Scientifique Chinoise'. *LP*, 1963, no. 111. Abridged version, 'Science and Society in China and the West', *SPR*, 1964, **52**, 50.

Needham, Joseph (46). 'An Archaeological Study-Tour in China, 1958.' *AQ*, 1959, **33**, 113.

Needham, Joseph (49). 'The Snowshoe and the Ski in Chinese Literature.' *BSKIY*, 1962, **20**, 15.

Needham, Joseph (55). 'Time and Knowledge in China and the West.' Art. in 'The Voices of Time; a Cooperative Survey of Man's Views of Time as expressed by the Sciences and the Humanities' ed. J. T. Frazer. Braziller, New York, 1966, p. 92.

Needham, Joseph (56). 'Time and Eastern Man.' *RAI/OP*, 1964. (Henry Myers Lecture.)

Needham, Joseph (57). 'China and the Invention of the Pound-Lock.' *TNS*, 1964, **36**, 85.

Needham, Joseph (59). 'The Roles of Europe and China in the Evolution of Oecumenical Science.' *JAHIST*, 1966, **1**, 1. As Presidential Address to Section X, British Association, Leeds, 1967, in *ADVS*, 1967, **24**, 83.

Needham, Joseph & Liao Hung-Ying (1) (tr.). 'The Ballad of Mêng Chiang Nü weeping at the Great Wall.' *S*, 1948, **1**, 194.

Needham, Joseph & Lu Gwei-Djen (1). 'Hygiene and Preventive Medicine in Ancient China.' *JHMAS*, 1962, **17**, 429. Abridgment in *HEJ*, 1959, **17**, 170.

Needham, Joseph & Lu Gwei-Djen (2). 'Efficient Equine Harness; the Chinese Inventions.' *PHY*, 1960, **2**, 121.

Needham, Joseph & Lu Gwei-Djen (4) 'A Further Note on Efficient Equine Harness; the Chinese Inventions.' *PHY*, 1965, **7**, 70.

Needham, Joseph & Needham, Dorothy M. (1) (ed.). *Science Outpost.* Pilot Press, London, 1948.

Needham, Joseph, Wang Ling & Price, D. J. de S. (1). *Heavenly Clockwork; the Great Astronomical Clocks of Mediaeval China.* Cambridge, 1960. (Antiquarian Horological Society Monographs, no. 1.) Prelim. pub. *AHOR*, 1956, **1**, 153.

Nemésio, V. (1). *Vida e Obra do Infante Dom Henrique.* Comissão Executiva das Comemorações do Quinto Centenario da Morte do Infante Dom Henrique, Lisbon, 1959. (Colecção Henriquina, no. 2.)

Nesteruk, F. Y. (1). 'Vodnoye Khozyaistvo Kitaia (The Waterways of China; Hydromechanical and Hydrotechnical Engineering in Chinese History)' (in Russian). Art. in *Iz Istorii Nauki i Tekhniki Kitaya* (Essays in the History of Science and Technology in China), pp. 3–109. Acad. Sci. Moscow, 1955.

Nesteruk, F. Y. (2). 'Razvitie Gydro-energetisheskogo Stroitelstva v Kitaiskoi Narodnoi Republike (The Growth of Hydro-electric Power in the Chinese People's Republic)' (in Russian). Art. in *Nauki i Tekhniki v Stranach Vostoka* (Science and Technology in the Lands of the East), vol. 2, p. 7. Acad. Sci. Moscow, 1961.

Neuburger, A. (1). *The Technical Arts and Sciences of the Ancients.* Methuen, London, 1930. Tr. by H. L. Brose from *Die Technik d. Altertums.* Voigtländer, Leipzig, 1919. (With a drastically abbreviated index and the total omission of the bibliographies appended to each chapter, the general bibliography, and the table of sources of the illustrations.)

Newberry, P. E. (1). *Beni Hasan [Excavations].* Archaeol. Survey, London, 1893, 1894.

Nieuhoff, J. (1). *L'Ambassade [1655–1657] de la Compagnie Orientale des Provinces Unies vers l'Empereur de la Chine, ou Grand Cam de Tartarie, faite par les Sieurs Pierre de Goyer & Jacob de Keyser; Illustrée d'une tres-exacte Description des Villes, Bourgs, Villages, Ports de Mers, et autres Lieux plus considerables de la Chine; Enrichie d'un grand nombre de Tailles douces, le tout receuilli par Mr Jean Nieuhoff*. . . (title of Pt. II: *Description Generale de l'Empire de la Chine, ou il est traité succinctement du Gouvernement, de la Religion, des Mœurs, des Sciences et Arts des Chinois, comme aussi des Animaux, des Poissons, des Arbres et Plantes, qui ornent leurs Campagnes et leurs Rivieres; y joint un court Recit des dernieres Guerres qu'ils ont eu contre les Tartares*). de Meurs, Leiden, 1665.

Nieuwhoff. See Nieuhoff.

Nishimura, Shinji (1). *A Study of Ancient Ships of Japan.* Soc. of Naval Architects, Waseda University, Tokyo, 1917–30.

Vol.	Pt.	Sect.	
	i		Floats.
	iii	1 & 2	Ancient Rafts of Japan.
VII	iv	3	Kagami-no-fune or Wicker Boats.
V	iv	1	Manashi-Katama or Meshless Basket Boats.
II	i	1	Hisago-buné or Calabash Boats [and Float-supported Rafts].

(The numbering of the different parts of this work, which appeared in several forms and editions, is confusing, especially as no library in the U.K. seems to contain the full set.)

Noakes, J. L. (1). 'Celadons of the Sarawak Coast.' *SMJ*, 1949, **5**, 25.

DES NOËTTES, R. J. E. C. LEFEBVRE (1). *L'Attelage et le Cheval de Selle à travers les Ages; Contribution à l'Histoire de l'Esclavage.* Picard, Paris, 1931. 2 vols. (1 vol. text, 1 vol. plates). (The definitive version of *La Force Animale à travers les Ages.* Berger-Levrault, Nancy, 1924.) Abstracts *LN*, 1927 (pt. 1).

DES NOËTTES, R. J. E. C. LEFEBVRE (2). *De la Marine Antique à la Marine Moderne; La Révolution du Gouvernail.* Masson, Paris, 1935. (Rev. A. Mieli, *A*, 1936, **18**, 270; H. de Saussure, *RA*, 1937 (6e ser.), **10**, 90.

DES NOËTTES, R. J. E. C. LEFEBVRE (4). 'Le Gouvernail; Contribution à l'Histoire de l'Esclavage.' *MSAF*, 1932 (8e ser.), **8** (**78**), 24.

DES NOËTTES, R. J. E. C. LEFEBVRE (8). Autour du Vaisseau de Borobodur; l'Invention du Gouvernail.' *LN*, 1932, i; 1934 (no. 2934, 1 Aug.), 97.

DES NOËTTES, R. J. E. C. LEFEBVRE (9). 'La Voie Romaine et la Route Moderne.' *RA*, 1925 (5e ser.), **22**, 105; *LM*, 1925, **6**, 771.

NOGUERA, E. (1). *Guide-Book to the National Museum of Archaeology, History and Ethnology [Mexico City].* Central News, Mexico City, 1938. (Popular Library of Mexican Culture, no. 2.)

NOOTEBOOM, C. (1). *Trois Problèmes d'Ethnologie Maritime.* (1) *l'Origine des Proues Bifides;* (2) *la Signification de la Proue Bifide;* (3) *Quelques types de Voiles de l'Asie Orientale; une Etude de Diffusion.* Museum voor Land- en Volken-Kunde & Maritiem Museum Prins Hendrik, Rotterdam, 1952.

NOOTEBOOM, C. (2) (with illustrations by G. R. G. Worcester). *Tentoonstelling van Chinese Scheepvaart* (in Dutch). Museum voor Land- en Volken-Kunde, Rotterdam, 1950.

NORDMANN, P. (1). 'Note sur le Gouvernail Antique.' *RPLHA*, 1938, **64**, 330.

NORTHROP, F. S. C. & LIVINGSTON, H. H. (1) (ed.). *Cross-Cultural Understanding; Epistemology in Anthropology* (a Wenner-Gren Foundation Symposium). Harper & Row, New York, 1964.

VAN NOUHUYS, J. W. (1). 'Chinese Anchors.' *MMI*, 1925, **11**, 96.

VAN NOUHUYS, J. W. (2). 'The Anchor.' *MMI*, 1951, **37**, 17, 238.

NOVOTNÝ, K., POCHE, E. & EHM, J. (1). *The Charles Bridge of Prague.* Poláček, Prague, 1947.

OBERHUMMER, E. (1). 'Alte Globen in Wien.' *AOAW/PH*, 1922, **59** (nos. 19–27), 87.

OBERHUMMER, E. (2). 'Schanghai.' *MGGW*, 1932, **74**, 1.

OGAWA, KAZUMASA (1). *Photographs of the Palace Buildings of Peking, compiled by the Imperial Museum of Tokyo.* Tokyo, 1906.

OHRELIUS, BENGT, CDR. (1). '*Vasa*', *the King's Ship.* Cassell, London, 1962; Rabén & Sjögren, Stockholm, 1962.

D'OHSSON, MOURADJA (1). *Histoire des Mongols depuis Tchinguiz Khan jusqu'à Timour Bey ou Tamerlan.* 4 vols. van Cleef, The Hague and Amsterdam, 1834–52.

OLBRICHT, P. (1). *Das Postwesen in China unter der Mongolenherrschaft im 13 und 14 Jahrhundert.* Harrassowitz, Wiesbaden, 1954. (Göttinger Asiatische Forschungen, no. 1.) Rev. J. Průsek, *ARO*, 1959, **27**, 478; E. Balazs, *TP*, 1956, **44**, 449.

O'MALLEY, C. D. (1). 'A Latin Translation (+1547) of Ibn al-Nafīs, related to the Problem of the Circulation of the Blood.' *JHMAS*, 1957, **12**, 248. Abstract in Actes du VIIIe Congrès International d'Histoire des Sciences, Florence, 1956, p. 716.

OMMANNEY, F. D. (1). *Eastern Windows.* Longmans Green, London, 1960.

OMMANNEY, F. D. (2). *Fragrant Harbour; a Private View of Hongkong.* Hutchinson, London, 1962.

ORANGE, J. (1). *The Chater Collection; Pictures relating to China, Hongkong, Macao, 1655 to 1860, with Historical and Descriptive Letterpress....* Butterworth, London, 1924.

DA ORTA, GARCIA (1). *Colloquies on the Simples and Drugs of India* (with the annotations of the Conde de Ficalho). Sotheran, London, 1913. Eng. tr. by Sir Clements Markham of *Coloquios dos Simples e Drogas he Cousas Mediçinais da India, compostos pello Doutor G. da O....* de Endem, Goa, 1563. Latin epitome by Charles de l'Escluze, Plantin, Antwerp, 1567, repr. 1574, and later standard edition, ed. Conde de Ficalho, Lisbon, 1895.

ORTELIUS, ABRAHAM (1). *Theatrum Orbis Terrarum* [Atlas]. Several editions +1570 to +1601. The China sheet is dated +1584 and attributed to Ludovicus Georgius, apparently a pen-name for Ortelius himself (see Bagrow, 1).

OSGOOD, C. (1). *The Koreans and their Culture.* Ronald, New York, 1951.

OSÓRIO, JERÓNIMO, Bp. of Silves (+1506 to +1580) (1). *Epistolae de Rebus Emmanuelis Lusitaniae Regis.* Colon. Agripp. (Cologne), 1574. (Repr. Typ. Acad. Reg., Coimbra, 1791.)

OSORIUS SILVENSIS (OSORIUS HIERONYMUS SILVENSIS). See Osório, Jerónimo (1).

VON DER OSTEN, H. H. (1). *Die Welt der Perser.* Stuttgart, 1956.

OTTE, E. (1). *Une Source Inédite pour l'Histoire de la Première Navigation Américaine; le Registre des Changes de la Casa de la Contratación (+1508 à +1510).* Communication to the Ve Colloque International d'Histoire Maritime, Lisbon, 1960.

OYA, F. (1). 'The Chemistry of the "Pearl-Essence" from the Hair-tail Fish.' *BJSSF*, 1954, **19**, 1061, 1065, 1123, 1127, 1130.

PAIK, L. G. (1) (tr.). 'From Koryu to Kyung by Soh Keung, Imperial Chinese Envoy to Korea in 1124 A.D.' (excerpts concerning boats and ships from Hsü Ching's *Kao-Li Thu Ching*). Printed as appendix to Underwood (1), *JRAS/KB*, 1933, **23**, 90.
PAINE, R. T. & SOPER, A. (1). *Art and Architecture of Japan*. Penguin (Pelican), London, 1955.
PALLOTTINO, M. (1). *La Necropoli di Cerveteri*. Libreria dello Stato, Rome, 1939.
PALLOTTINO, M. (2). *Etruscologia*. Hoepli, Milan, 1947.
PALMER, E. H. (1). 'The Desert of the Tih and the Country of Moab.' *PEFQ*, 1871 (n.s.), **1**, 28.
PANIKKAR, K. M. (1). *Asia and Western Dominance*. Allen & Unwin, London, 1953.
PANIKKAR, K. M. (2). *Malabar and the Portuguese, being a History of the Relations of the Portuguese with Malabar from +1500 to +1663*. Taraporevala, Bombay, 1929.
PANNELL, J. P. M. (1). *An Illustrated History of Civil Engineering*. Thames & Hudson, London, 1964. Rev. C. J. Merdinger, *TCULT*, 1965, **6**, 447.
PAO TSUN-PHÊNG (1) = (*1*). *On the Ships of Chêng Ho*. Chung-Hua Tshung-Shu, Thaipei and Hongkong, 1961. (Nat. Historical Museum Collected Papers on the History and Art of China, 1st ser., no. 6.)
PAO TSUN-PHÊNG (2) = (*2*). *A Study of the 'Castled Ships' of the Han Period*. Nat. Hist. Mus., Thaipei, Thaiwan, 1967. (Coll. Papers on the History and Art of China, no. 2.)
PAPINI, R. (1). *Francesco di Giorgio, Architetto*. 3 vols. Electa, Florence, 1946.
PAPP, D. & BABINI, JOSÉ. *Panorama General de Historia de la Ciencia*. Vols. 6 to 10. See Mieli (2).
PARAIN, C. (1). 'The Evolution of Agricultural Techniques.' Art. in *Cambridge Economic History of Europe*, vol. 1, ed. J. H. Clapham & E. Power, p. 118. Cambridge, 1941.
PARANAVITANA, S. (2). 'Some Regulations concerning Village Irrigation Works in Ancient Ceylon.' *CEYJHS*, 1958, **1**, 1.
PARANAVITANA, S. (3). 'The Tamil Inscription on the Galle Trilingual Slab.' *EZ*, 1933, **3**, 331.
PARIAS, L. H. (1) (ed.). *Histoire Universelle des Explorations*. 4 vols.
Vol. 1, *De la Préhistoire à la Fin du Moyen-Âge*, L. R. Nougier, J. Beaujeu & M. Mallat.
Vol. 2, *La Renaissance, +1415 à +1600*, J. Amsler.
Vol. 3, *Le Temps des Grands Voiliers*, P. J. Charliat.
Vol. 4, *Époque Contemporaine*, J. Rouch, P. E. Victor & H. Tazieff. Sant'Andrea, Paris, 1955. (Nouvelle Librairie de France.)
PARIS, F. E., ADMIRAL (1). *Essai sur la Construction Navale des Peuples Extra-Européens*. Arthus Bertrand, Paris, n.d. (1841–3).
PARIS, F. E., ADMIRAL (2). *Souvenirs de Marine; Collection de Plans ou Dessins de Navires et de Bateaux Anciens ou Modernes, Existants ou Disparus*. Gauthier-Villars, Paris.
I 1882 contains Japanese and Indo-Chinese material.
II 1884 contains some Chinese material.
III 1886
IV 1889 contains some Chinese material.
V 1892
VI 1908 contains some Japanese material.
PARIS, P. (1). 'Quelques Dates pour une Histoire de la Jonque Chinoise.' Paper at Congrès International d'Ethnographie Brussels, 1948. MS. copy kindly placed at our disposition by the author in 1950; subsequently pub. *BEFEO*, 1952, **46**, 267.
PARIS, P. (2). 'Les Bateaux des Bas-Reliefs Khmers.' *BEFEO*, 1941, **41**, 335.
PARIS, P. (3). 'Esquisse d'une Ethnographie Navale des Pays Annamites.' *BAVH*, 1942 (no. 4, Oct. and Dec.), 351. (The stocks of this periodical were all lost during the troubles in Indo-China, but a copy is available in the libraries of the Royal Anthropological Institute and the Science Museum.) Reprinted, Museum voor Land- en Volken-Kunde & Maritiem Museum Prins Hendrik, Rotterdam, 1955.
PARIS, P. (4). 'Voile Latine? Voile Arabe? Voile Mystérieuse.' *HP*, 1949, **36**, 69.
PARIS, P. (5). 'Note sur Deux Passages de Strabon et de Pline dont l'intérèt n'est pas seulement Nautique.' *JA*, 1951, **239**, 13.
PARKINSON, C. N. (1). *Trade in the Eastern Seas, 1793–1813*. Cambridge, 1937.
PARMENTIER, H. (1). 'Les Bas-Reliefs de Banteai-Chmar.' *BEFEO*, 1910, **10**, 205.
PARMENTIER, H. (2). 'Anciens Tambours de Bronze.' *BEFEO*, 1918, **18** (no. 1), 1.
PARRY, J. H. (1). *Europe and a Wider World, +1415 to +1715*. Hutchinson, London, 1949.
PARSONS, W. B. (2). *Engineers and Engineering in the Renaissance*. Williams & Wilkins, Baltimore, 1939.
PARTINGTON, J. R. (5). *A History of Greek Fire and Gunpowder*. Heffer, Cambridge, 1960.
VON PAWLIKOWSKI-CHOLEWA, A. (1). *Die Heere des Morgenlandes*. de Gruyter, Berlin, 1940.
PAYNE, ROBERT (1). *The Canal Builders*. Macmillan, London & New York, 1959.
PECK, GRAHAM (1). *Two Kinds of Time*. Boston, 1950.
PEDLER, F. J. (1). 'Characteristics of African Populations.' *PROG*, 1961, **48**, 223, 258.
PELL, H. P. (1). 'Naval Action on Lake Champlain, 1776.' *ANEPT*, 1948, **8**, 255.

PELLIOT, P. (2a). 'Les Grands Voyages Maritimes Chinois au Début du 15e Siècle' (review of Duyvendak, 10). *TP*, 1933, **30**, 237. Chinese translation by Fêng Chhêng-Chün, Shanghai, 1935, entitled *Chêng Ho Hsia Hsi-Yang Khao.*
PELLIOT, P. (2b). 'Notes additionelles sur Tcheng Houo [Chêng Ho] et sur ses Voyages.' *TP*, 1934, **31**, 274.
PELLIOT, P. (2c). 'Encore à Propos des Voyages de Tcheng Houo [Chêng Ho].' *TP*, 1936, **32**, 210.
PELLIOT, P. (9) (tr.). 'Mémoire sur les Coutumes de Cambodge' (a translation of Chou Ta-Kuan's *Chen-La Fêng Thu Chi*). *BEFEO*, 1902, **2**, 123. Revised version: Paris, 1951, see Pelliot (33).
PELLIOT, P. (16). 'Le Fou-Nan' [Cambodia]. *BEFEO*, 1903, **3**, 57.
PELLIOT, P. (17). 'Deux Itinéraires de Chine à l'Inde à la Fin du 8e Siècle.' *BEFEO*, 1904, **4**, 131.
PELLIOT, P. (25). *Les Grottes de Touen-Hoang [Tunhuang]; Peintures et Sculptures Bouddhiques des Époques des Wei, des T'ang et des Song [Sung].* Mission Pelliot en Asie Centrale, 6 portfolios of plates. Paris, 1920–4.
PELLIOT, P. (27). *Les Influences Européennes sur l'Art Chinois au 17e et au 18e siècle.* Imp. Nat., Paris, 1948. (Conférence faite au Musée Guimet, Feb. 1927.)
PELLIOT, P. (28). 'La Peinture et la Gravure Européennes en Chine au Temps de Matthieu Ricci.' *TP*, 1921, **20**, 1.
PELLIOT, P. (29). 'Quelques Textes Chinois concernant l'Indochine Hindouisée.' In *Études Asiatiques publiées à l'occasion du 25e Anniversaire de l'École Française d'Extrême-Orient.* van Oest, Paris, 1925, II, 243. (Pub. Éc. Fr. d'Extr. Or. nos. 19 and 20.)
PELLIOT, P. (30). Note on Han relations with South-East Asian countries, with tr. of a passage from *Chhien Han Shu*, ch. 28B, in review of Hirth & Rockhill. *TP*, 1912, **13**, 446 (457).
PELLIOT, P. (33) (tr.). *Mémoire sur les Coutumes de Cambodge de Tcheou Ta-Kouan [Chou Ta-Kuan]; Version Nouvelle, suivie d'un Commentaire inachevé.* Maisonneuve, Paris, 1951. (Oeuvres Posthumes, no. 3.)
PELLIOT, P. (47). *Notes on Marco Polo; Ouvrage Posthume.* 2 vols. Impr. Nat. Maisonneuve, Paris, 1959.
PENN, C. (1). 'Chinese Vernacular Architecture.' *JRIBA*, 1965, **72**, 502. A beautifully illustrated résumé of a paper by Wang Chi-Ming presented at the Peking International Scientific Symposium, 1964, entitled 'Dwelling-Houses of Chekiang Province'.
PENROSE, BOIES (1). *Goa—Rainha do Oriente; Goa—Queen of the East* (in Portuguese and English). Comissão Ultramarina, Lisbon, 1960. (Comemorações do Quinto Centenario da Morte do Infante Dom Henrique.)
PENZER, N. M. (1) (ed.). *The Most Noble and Famous Travels of Marco Polo, together with the Travels of Nicolò de Conti, edited from the Elizabethan translation of John Frampton (1579)...* Argonaut, London, 1929; 2nd ed. Black, London, 1937.
PEREGRINUS, PETRUS (PIERRE DE MARICOURT) (1). *Epistola de Magnete seu Rota Perpetua Motus.* 1269. First pr. by Achilles Gasser, Augsburg, 1558 (a MS. copy of this, with Engl. tr. by an unknown hand is in Gonv. and Caius Coll. MS. 174/95). Second pr. in Taisnier (1). See Thompson, S. P. (5); Hellmann, G. (6); Anon. (46); [Mertens, J. C.] (1); Chapman & Harradon (1).
PERELOMOV, L. S. (1). *Imperija Čin—pervoe Centralizovannoe Gosudarstvo v Kitae* (The Chhin Empire, the First Centralised State in China), in Russian. Izdatel'stvo Vostočnoj Lit., Moscow, 1962. Rev. T. Pokora, *ARO*, 1963, **31**, 165.
PERERA, E. W. (1). 'The Galle Trilingual Stone.' *SZ*, 1913, **8**, 122.
PERERA, S. G. (1) (tr.). *The Temporal and Spiritual Conquest of Ceylon* (tr. of Fernão de Queiroz' *Conquista...*). 3 vols. Richards (for the Govt. of Ceylon), Colombo, 1930.
PERES, DAMIÃO (1). *A History of the Portuguese Discoveries* (tr. of *Historia dos Descobrimentos Portugueses*, 1959). Comissão Executiva das Comemorações do Quinto Centenario da Morte do Infante Dom Henrique, Lisbon, 1960. (Colecção Henriquina, no. 1.)
PERI, N. (1). 'Essai sur les Relations du Japon et de l'Indochine au 16e et 17e siècles.' *BEFEO*, 1923, **23**, 1.
PERI, N. (2). 'A Propos du Mot "Sampan".' *BEFEO*, 1919, **19** (no. 5), 13.
PERKINS, J. B. WARD (1). 'Recording the Face of Ancient Etruria before Modern Agricultural Methods Destroy the Traces.' *ILN*, 1957, **230**, 774.
PEROWNE, STEWART (1). 'The Site of the Holy Sepulchre' (and the Madeba mosaic view of Hadrianic Jerusalem, a city lay-out of +135). *LI*, 1962, **68** (no. 1745), 351.
PERRAULT, CLAUDE (1) (tr.). *Les Dix Livres d'Architecture de Vitruve.* 2nd ed. Paris, 1684.
P[ERRIN], W. G. (1). 'The Balanced Rudder.' *MMI*, 1926, **12**, 232.
PERRONET, J. R. (1). *Description des Projets et de la Construction des Ponts de Neuilli, de Mantes, d'Orléans, etc.* Paris, 1788.
PERROT, G. & CHIPIEZ, C. (1). *Histoire de l'Art dans l'Antiquité.* Paris.
PETECH, L. (1). *Northern India according to the 'Shui Ching Chu'.* Ist. Ital. per il Medio ed Estremo Oriente, Rome, 1950. (Rome Oriental series, no. 2.)

PETERSEN, E. ALLEN (1). *In a Junk across the Pacific*. Elek, London, 1954.
PETRIE, W. M. FLINDERS (2). *Arts and Crafts of Ancient Egypt*. Edinburgh, 1910.
PFISTER, L. (1). *Notices Biographiques et Bibliographiques sur les Jésuites de l'Ancienne Mission de Chine (+1552 to +1773)*. 2 vols. Mission Press, Shanghai, 1932 (*VS*, no. 59).
PFIZMAIER, A. (19) (tr.). 'Keu-Tsien, König von Yue, und dessen Haus' (Kou Chien of Yueh and Fan Li). *SWAW/PH*, 1863, **44**, 197. (Tr. ch. 41, *Shih Chi*; cf. Chavannes (1), vol. 4.)
PFIZMAIER, A. (31) (tr.). 'Das Ende Mung Tien's' (Mêng Thien). *SWAW/PH*, 1860, **32**, 134. (Tr. ch. 88, *Shih Chi*; not in Chavannes (1).)
PFIZMAIER, A. (51) (tr.). 'Die Eroberung der beiden Yue [Yüeh] und des Landes Tschao Sien [Chao-Hsien, Korea] durch Han.' *SWAW/PH*, 1864, **46**, 481. (Tr. ch. 95, *Chhien Han Shu*.)
PFIZMAIER, A. (94) (tr.). 'Beiträge z. Geschichte d. Perlen.' *SWAW/PH*, 1867, **57**, 617, 629. Tr. *Thai-Phing Yü Lan*, chs. 802 (in part), 803.
PHAN KUANG-CHHIUNG (1). 'Communications and Transportation [in modern China].' In *Chinese Yearbook*, p. 572. 1943.
PHELPS, D. L. (2) (tr.). *A New Edition of the Omei Illustrated Guide Book ['O Shan Thu Shuo' or 'Chih'] by Huang Shou-Fu & Than Chung-Yo (1887 to 1891); with an English translation by D. L. P-----, with pictures redrawn from the original plates by Yü Tzu-Tan*. Jīh Hsin Yin-Shua Kung-Yeh Shê, Chhêngtu, 1936. (West China Union University, Harvard-Yenching Institute ser. no. 1.)
PHILLIPS, G. (1). 'The Seaports of India and Ceylon, described by Chinese Voyagers of the Fifteenth Century, together with an account of Chinese Navigation...' *JRAS/NCB*, 1885, **20**, 209; 1886, **21**, 30 (both with large folding maps).
PHILLIPS, G. (2). 'Précis translations of the *Ying Yai Shêng Lan*.' *JRAS*, 1895, 529; 1896, 341.
PHILLIPS, G. (3). 'Notable Fukien Bridges.' *TP*, 1894, **5**, 1.
PIÉTRI, J. B. (1). *Voiliers d'Indochine*. S.I.L.I. Saigon, 1943.
PIGANIOL, A. (1). 'Les Etrusques, Peuple d'Orient.' *JWH*, 1953, **1**, 328.
PIGANIOL, A. (2). *Histoire de Rome*. Presses Univ. de France, Paris, 1946. (Clio ser. no. 3.)
PIJOÁN, JOSÉ (1). *Summa Artis; Historia General del Arte*. 12 vols. Espasa-Calpe, Madrid, 1946, 1952.
PILKINGTON, R. (1). 'Canals; Inland Waterways outside Britain [in the Industrial Revolution].' Art. in *A History of Technology*, ed. C. Singer *et al.* Vol. 4, p. 548. Oxford, 1958.
PINSSEAU, M. (1). *Le Canal de Briare; 1604 à 1943*. Houzé, Orléans, 1943; Clavreuil, Paris, 1943. (Rev. Espinas, G. *AHES/AESC*, 1946, **1**, 347.)
PINTO, FERNAÕ MENDES (1). *Peregrinaçam de Fernam Mendez Pinto em que da conta de muytas e muyto estranhas cousas que vio e ouvio no reyno da China, no da Tartaria...* Crasbeec, Lisbon, 1614. Abridged Eng. tr. by H. Cogan: *The Voyages and Adventures of Ferdinand Mendez Pinto, a Portugal, During his Travels for the space of one and twenty years in the kingdoms of Ethiopia, China, Tartaria, etc.* Herringman, London, 1653, 1663, repr. 1692. Still further abridged edition, Unwin, London, 1891. Full French tr. by B. Figuier: *Les Voyages Advantureux de Fernand Mendez Pinto...* Cotinet & Roger, Paris, 1628, repr. 1645. Cf. M. Collis (1): *The Grand Peregrination* (paraphrase and interpretation), Faber & Faber, London, 1949.
PIPPARD, A. J. S. & BAKER, J. F. (1). *Analysis of Engineering Structures*. Arnold, London, 1936.
PIRENNE, H. (1). *Economic and Social History of Mediaeval Europe*. Kegan Paul, London, 1936.
PIRENNE, J. (1). 'Un Problème-Clef pour la Chronologie de l'Orient; la Date du *Périple de la Mer Érythrée*.' *JA*, 1961, **249**, 441.
PIRES, TOMÉ (1). *Suma Oriental*. See A. Cortesão (2).
PITT-RIVERS, A. H. LANE-FOX (2). 'On Early Modes of Navigation.' *JRAI*, 1874, **4**, 399. Reprinted in Pitt-Rivers (4).
PLAYFAIR, G. M. H. (1). 'The Grain Transport System of China; Notes and Statistics taken from the *Ta Chhing Hui Tien*.' *CR*, 1875, **3**, 354. [(1) The Personnel of the Transport Service; (2) The Itinerary of the Grand Canal; (3) Tribute; (4) White Rice Tribute; (5) The Building and Repairing of Junks; (6) Grain Fleets.]
PLAYFAIR, G. M. H. (2). 'Watertight Compartments in Chinese Vessels.' *JRAS/NCB*, 1886, **21**, 106. (Quotation of a letter of Benjamin Franklin.)
PLEDGE, H. T. (1). *Science since +1500*. HMSO, London, 1939.
v. PLESSEN, V. (1). 'The Dayaks of Central Borneo.' *GGM*, 1936, **4**, 17.
POBÉ, M. & ROUBIER, J. (1). *The Art of Roman Gaul; a Thousand Years of Celtic Art and Culture*. Galley, London, 1961.
POIDEBARD, A., LAUFFRAY, J. & MOUTERDE, R. (1). *Sidon*. Impr. Cath., Beirut, 1951–2.
POKORA, T. (1). 'The "Canon of Laws" by Li Khuei—a Double Falsification?' *ARO*, 1959, **27**, 96.
POKORA, T. (6). 'A Pioneer of New Trends of Thought at the End of the Ming Period; Marginalia on Chu Chhien-Chih's Book on Li Chih.' *ARO*, 1961, **29**, 469.
POKORA, T. (9). 'The Life of Huan Than.' *ARO*, 1963, **31**, 1.

POKORA, T. (13). 'La Vie du Philosophe Matérialiste Houan T'an [Huan Than].' Art. in *Mélanges de Sinologie offerts à Monsieur Paul Demiéville*. Presses Univ. de France, Paris, 1966. (Biblioth. de l'Inst. des Hautes Études Chinoises, no. 20.)

POLOVTSOV, A. (1). *The Land of Timur; Recollections of Russian Turkestan*. Methuen, London, 1932.

POPE, J. (1). 'Chinese Characters in Brunei and Sarawak Ceramics.' *SMJ*, 1958, **8**, 267.

POSTAN, M. (1). 'The Trade of Mediaeval Europe; the North.' Art. in *Cambridge Economic History of Europe*, ed. M. Postan & E. E. Rich, vol. 2, p. 119. Cambridge, 1952.

POTT, F. L. HAWKS (1). *A Sketch of Chinese History*. Kelly & Walsh, Shanghai, 1936.

POTTHAST, A. (1). *Bibliotheca Historica Medii Aevi; Wegweiser durch die Geschichtswerke des europäischen Mittelalters bis 1500*. 2 vols. Weber, Berlin, 1896.

POUDRA, N. G. (1). *Histoire de la Perspective ancienne et moderne*. Corréard, Paris, 1864.

POUJADE, J. (1). *La Route des Indes et Ses Navires*. Payot, Paris, 1946.

POUJADE, J. (2). *Les Jonques des Chinois du Siam* (in relation to the ship sculptured on the Bayon of the Angkor Vat). Publication du Centre de Recherche Culturelle de la Route des Indes, Gauthier-Villars, Paris, 1946. (Documents d'Ethnographie Navale, Fasc. 1.)

POUJADE, J. (3). *Trois Flotilles de la VIe Dynastie des Pharaons*. Publication du Centre de Recherche Culturelle de la Route des Indes, Gauthier-Villars, Paris, 1948; Centre I.F.A.N., Djibouti, 1948. (Documents d'Archéologie Navale, Fasc. 1.)

POWELL, FLORENCE L. (1). *In the Chinese Garden*. New York, 1943.

[POWELL, THOMAS] (1). *Humane Industry; or, a History of most Manual Arts, deducing the Original, Progress, and Improvement of them; furnished with variety of Instances and Examples, shewing forth the excellency of Humane Wit*. Herringman, London, 1661. Bibliography in John Ferguson (2).

PRESTAGE, E. (1). *The Portuguese Pioneers*. Black, London, 1933.

PRESTON, T. (1) (tr.). *Makamat [Maqāmāt], or Historical Anecdotes, of al-Ḥarīrī of Basra*. Madden & Parker, London, 1850; Deighton, Cambridge, 1850.

PRICE, D. J. DE S. (12). 'Two Mariner's Astrolabes [with check-list of specimens known].' *JIN*, 1956, **9**, 338.

PRICE, D. J. DE S. (15). 'The First Scientific Instrument of the Renaissance' (an astrolabe of +1462 in the National Maritime Museum, Greenwich, with a simplified 'Rojas' orthographic projection on the back). *PHY*, 1959, **1**, 26.

PRICE, WILLARD (1). 'Grand Canal Panorama.' *NGM*, 1937, **71**, 487.

PRIEST, A. (1). *Chhing Ming Shang Ho (Spring Festival on the River); a Scroll Painting (ex coll. A. W. Bahr) of the Ming Dynasty, after a Sung Dynasty subject, reproduced in its entirety and in its original size...with an Introduction and Notes*. Metropolitan Museum of Art, New York, 1948.

PRINSEP, J. (2). 'Note on the Nautical Instruments of the Arabs.' *JRAS/B*, 1836, **5**, 784. Reprinted in Ferrand (7), pp. 1 ff.

PRINSEP, J. (3). 'Notes [on von Hammer-Purgstall's translations from the *Mohit* (*Muḥīṭ*) (The Ocean) of Sidi 'Ali Reïs].' *JRAS/B*, 1836, **5**, 441; 1838, **7**, 774. Reprinted in Ferrand (7) (without very clear identification), pp. 12 ff.

PRIP-MØLLER, J. (1). *Chinese Buddhist Monasteries; their Plan and Function as a Setting for Buddhist Monastic Life*. Oxford, 1937. Repr. with biographical and bibliographical notes, Vetch, Hongkong, 1968.

PRITCHARD, L. A. (1). *The 'Ningpo' Junk* (voyage from Shanghai to San Pedro, Calif. 1912/1913). *MMI*, 1923, **9**, 89 and notes by H. Sz[ymanski], p. 312 and G. A. B[allard], p. 316.

PROUDFOOT, W. J. (1). *Biographical Memoir of James Dinwiddie, LL.D., Astronomer in the British Embassy to China (1792–4), afterwards Professor of Natural Philosophy in the College of Fort William, Bengal; embracing some account of his Travels in China and Residence in India, compiled from his Notes and Correspondence by his grandson....* Howell, Liverpool, 1868.

PRŮSEK, J. (2). 'Some Chinese Studies.' *ARO*, 1959, **27**, 476.

PUGSLEY, SIR ALFRED (1). *The Theory of Suspension Bridges*. Arnold, London, 1957.

PUINI, C. (1). 'I Muraglione della Cina.' *RGI*, 1915, **22**, 481.

PULLEYBLANK, E. G. (1). *The Background of the Rebellion of An Lu-Shan*. Oxford, 1954. (London Oriental Series, no. 4.)

PULLEYBLANK, E. G. (7). 'Chinese Historical Criticism; Liu Chih-Chi and Ssuma Kuang.' Art. in *Historians of China and Japan*, ed. W. G. Beasley & E. G. Pulleyblank, p. 135. Oxford Univ. Press, London, 1961.

PURCELL, V. (1). *The Chinese in South-East Asia*. Oxford, 1951 (for the Royal Institute of International Affairs and the Institute of Pacific Relations).

PURCELL, V. (2). *Gibbon and the Far East*. Unpublished monograph.

PURCELL, V. (3). *The Chinese in Malaya*. Roy. Inst. Internat. Affairs & Inst. of Pacific Relations, London, 1948. Repr. Kuala Lumpur, 1967.

PURCHAS, S. (1). *Hakluytus Posthumus, or Purchas his Pilgrimes, contayning a History of the World in Sea Voyages and Lande Travells.* 4 vols. London, 1625. 2nd ed. *Purchas his pilgrimage, Or Relations of the world and the religions observed in all ages and places discovered.* London, 1626.

PURVIS, F. P. (1). 'Ship Construction in Japan.' *TAS/J*, 1919, **47**, 1; 'Japanese Ships of the Past and Present.' *TJSL*, 1925, **23**, 51.

DE QUEIROZ, FERNÃO (1). *Conquista Temporal e Espiritual de Ceylão* (+1687). Cottle (for the Govt. of Ceylon), Colombo, 1916.

QUIGLEY, C. (1). 'Certain Considerations on the Origin and Diffusion of Oculi.' *ANEPT*, 1955, **15**, 191; 'The Origin and Diffusion of Oculi; a Rejoinder.' *ANEPT*, 1958, **18**, 25; 'The Origin and Diffusion of Oculi.' *ANEPT*, 1958, **18**, 245.

DA RADA, MARTÍN (1). *Narrative of his Mission to Fukien (June–Oct. 1575). Relation of the things of China, which is properly called Taybin [Ta Ming].* Tr. and ed. Boxer (1).

RAGLAN, LORD (1). *How came Civilisation?* Methuen, London, 1939.

RALEIGH, SIR WALTER (1). *Judicious and Select Essays eand Observations by that Renowned and Learned Knight, Sir W. R. upon The First Invention of Shipping; The Misery of Invasive Warre; The Navy Royall and Sea-Service; with his Apologie for his Voyage to Guiana.* Humphrey Mosele, London, 1650. Full title of the first essay: *A Discourse of the Invention of Ships, Anchors, Compasse, etc.; the First Naturall Warre, the severall use, defects, and supplies of Shipping, etc.;* Full title of the third: *Excellent Observations and Notes concerning the Royall Navy and Sea-Service.*

RAMSAY, A. M. (1). 'The Speed of the Roman Imperial Post.' *JRS*, 1925, **15**, 73.

RANDALL-MACIVER. See McIver, D. R. (1).

RANKE, H. (1). *Das Gilgameschepos.* Lerchenfeld Press, for Friederichsen, Hamburg, 1924.

RANKINE, W. J. McQ. (1). *A Manual of the Steam Engine and other Prime Movers.* Griffin & Bohn, London, 1861.

RANKING, G. S. A. & AZOO, R. F. (1) (tr.). Eng. translation of al-Muqaddasī's *Aḥsan al-Taqāsīm fī Ma'arifat al-Aqālīm* (The Best Divisions for the Knowledge of the Climates). Asiatic Society, Calcutta, 1897–1910. (Bib. Ind. N.S. nos. 899, 952, 1001, 1258.)

RAO, K. L. (1). *Earth Dams, Ancient and Modern, in Madras State.* Proc. IVth Internat. Congress of Large Dams, 1951, vol. 1, p. 285.

RAO, S. R. (1). 'New Light on the Indus Valley Civilisation; Seals, Drains and a Dockyard in New Excavations at Lothal in India.' *ILN*, 1961, **238**, 302, 387.

RASMUSSEN, S. E. (1). *Towns and Buildings.* Univ. Press, Liverpool, 1951. (Translated from the Danish of 1949 by Eve Wendt.) Original edition different in many ways.

RAU, VIRGINIA (1). 'Les Marchands-Banquiers Étrangers sous le Régne de Dom João III (+1521 à +1557).' Communication to the Ve Colloque International d'Histoire Maritime. Lisbon, 1960.

RAVENSTEIN, E. G. (1). *Martin Behaim; his Life and his [terrestrial] Globe.* London, 1908.

RAVENSTEIN, E. G. (2) (tr.). *A Journal of the First Voyage of Vasco da Gama, +1497 to +1499, [an anonymous Roteiro].* London, 1898. (Hakluyt Society Pub. no. 99.)

RAWLINSON, J. L. (1). *China's Struggle for Naval Development, 1839 to 1895.* Harvard Univ. Press, Cambridge, Mass., 1967. (Harvard East Asian ser. no. 25.)

READ, BERNARD E. (with LIU JU-CHHIANG) (1). *Chinese Medicinal Plants from the 'Pên Tshao Kang Mu' A.D. 1596...a Botanical, Chemical and Pharmacological Reference List.* (Publication of the Peking Nat. Hist. Bull.). French Bookstore, Peiping, 1936 (chs. 12–37 of *Pên Tshao Kang Mu*) (rev. W. T. Swingle, *ARLC/DO*, 1937, 191).

READ, BERNARD E. (2) (with LI YÜ-THIEN). *Chinese Materia Medica; Animal Drugs.*

		Serial nos.	Corresp. with chaps. of *Pên Tshao Kang Mu*
Pt. I	Domestic Animals	322–349	50
II	Wild Animals	350–387	51 *A* and *B*
III	Rodentia	388–399	51 *B*
IV	Monkeys and Supernatural Beings	400–407	51 *B*
V	Man as a Medicine	408–444	52

PNHB, 1931, **5** (no. 4), 37–80; **6** (no. 1), 1–102. (Sep. issued, French Bookstore, Peiping, 1931.)

READ, BERNARD E. (3) (with LI YÜ-THIEN). *Chinese Materia Medica; Avian Drugs.*

Pt. VI	Birds	245–321	47, 48, 49

	Serial nos.	Corresp. with chaps. of *Pên Tshao Kang Mu*
PNHB, 1932, **6** (no. 4), 1–101. (Sep. issued, French Bookstore, Peiping, 1932.)		
READ, BERNARD E. (4) (with LI YÜ-THIEN). *Chinese Materia Medica; Dragon and Snake Drugs.*		
Pt. VII Reptiles	102–127	43
PNHB, 1934, **8** (no. 4), 297–357. (Sep. issued, French Bookstore, Peiping, 1934.)		
READ, BERNARD E. (5) (with YU CHING-MEI). *Chinese Materia Medica; Turtle and Shellfish Drugs.*		
Pt. VIII Reptiles and Invertebrates	199–244	45, 46
PNHB (Suppl.), 1939, 1–136. (Sep. issued, French Bookstore, Peiping, 1937.)		
READ, BERNARD E. (6) (with YU CHING-MEI). *Chinese Materia Medica; Fish Drugs.*		
Pt. IX Fishes (incl. some amphibia, octopoda and crustacea)	128–198	44
PNHB (Suppl.), 1939. (Sep. issued, French Bookstore, Peiping, n.d. prob. 1939.)		
READ, BERNARD E. (7) (with YU CHING-MEI). *Chinese Materia Medica; Insect Drugs.*		
Pt. X Insects (incl. arachnidae etc.)	1–101	39, 40, 41, 42
PNHB (Suppl.), 1941. (Sep. issued, Lynn, Peiping, 1941.)		

READ, BERNARD E. (8). *Famine Foods listed in the 'Chiu Huang Pên Tshao'*. Lester Institute, Shanghai, 1946.

READ, BERNARD E. & PAK, C. (PAK KYEBYŎNG) (1). *A Compendium of Minerals and Stones used in Chinese Medicine, from the 'Pên Tshao Kang Mu'. PNHB*, 1928, **3** (no. 2), i–vii, 1–120. (Revised and enlarged, issued separately, French Bookstore, Peiping, 1936 (2nd ed.).) Serial nos. 1–135, corresp. with chs. of *Pên Tshao Kang Mu*, 8, 9, 10, 11.

RECINOS, ADRIÁN, GOETZ, D. & MORLEY, SYLVANUS G. (1) (tr.). *'Popol Vuh' (Book of the People); the Sacred Book of the Ancient Quiché Maya.* Univ. of Oklahoma Press, Norman, Oklahoma, 1949; Hodge, London, 1951.

REEVES, R. G. & MANGELSDORF, P. C. (1). 'The Origin of Corn [Maize]; II, Teosinte, a Hybrid of Corn and *Tripsacum*.' *HBML*, 1959, **18**, 357.

REEVES, R. G. & MANGELSDORF, P. C. (2). 'The Origin of Corn [Maize]; V, A Critique of Current Theories.' *HBML*, 1959, **18**, 428.

REICHWEIN, A. (1). *China and Europe; Intellectual and Artistic Contacts in the Eighteenth Century.* Kegan Paul, London, 1925. Tr. from the German edn. Berlin, 1923.

REINAUD, J. T. & GUYARD, S. (1) (tr.). *Taqwīm al-Buldān of Abū'l-Fidā.* Paris, vol. 1, 1848 (Reinaud); vol. 2, 1883 (Guyard). Partially reprinted in the form of excerpts in Ferrand (7), pp. 18 ff.

REINAUD, J. T. & MAURY, A. (1). 'Introduction Générale à la Géographie des Orientaux.' In Reinaud & Guyard's *Géographie d'Aboulfeda*, vol. 1, pp. CDXXXIX ff. Partially reprinted in Ferrand (7), pp. 18 ff.

REINHARDT, H. (1) (with contributions by D. SCHWARZ, J. DUFT & H. BESSLER). *Der St Gallen Klosterplan* (with full-size eight-colour lithographic facsimile of the Carolingian abbey plan, *c.* +820). Fehr, St Gallen, 1952. (Neujahrsblatt d. histor. Vereins St Gallen, no. 92.) Rev. K. J. Conant, *SP*, 1955, **30**, 676.

REISCHAUER, E. O. (1). 'Notes on Thang Dynasty Sea-Routes.' *HJAS*, 1940, **5**, 142.

REISCHAUER, E. O. (2) (tr.). *Ennin's Diary; the Record of a Pilgrimage to China in Search of the Law* (the *Nittō Guhō Junrei Gyōki*). Ronald Press, New York, 1955.

REISCHAUER, E. O. (3). *Ennin's Travels in Thang China.* Ronald Press, New York, 1955.

REISNER, G. A. (1). *Models of [Ancient Egyptian] Ships and Boats.* Cat. Gen. des Antiq. Eg. du Mus. du Caire, Inst. Fr. d'Archéol. Orient. du Caire. Cairo, 1913.

RÉMUSAT, J. P. A. (1) (tr.). *'Foe Koue Ki [Fo Kuo Chi]', on Relation des Royaumes Bouddhiques; Voyage dans la Tartarie, dans l'Afghanistan et dans l'Inde, executé, à la Fin du 4e siècle, par Chy Fa-Hian [Shih Fa-Hsien].* Impr. Roy. Paris, 1836. Eng. tr. *The Pilgrimage of Fa-Hian [Fa-Hsien]; from the French edition of the 'Foe Koue Ki' of Rémusat, Klaproth and Landresse, with additional notes and illustrations.* Calcutta, 1848. (Fa-Hsien's *Fo Kuo Chi.*)

RENAN, E. (1). *Mission de Phénicie dirigée par Mons. E.R.* 1 vol. text, 1 vol. plates (ed. M. Thobois). Imp. Impér. Paris, 1864.

RENOU, L. & FILLIOZAT, J. (1). *L'Inde Classique; Manuel des Études Indiennes*. Vol. 1, with the collaboration of P. Meile, A. M. Esnoul & L. Silburn. Payot, Paris, 1947. Vol. 2, with the collaboration of P. Demiéville, O. Lacombe & P. Meile. École Française d'Extrême Orient, Hanoi, 1953; Impr. Nationale, Paris, 1953.

DE REPARAZ, G. (3). 'Les Sciences géographiques et astronomiques au 14e Siècle dans le Nord-Est de la Péninsule Ibérique et leur Origine.' *A/AIHS*, 1948, **3**, 434.

DE REPARAZ, G. (4). 'L'Activité maritime et commerciale du Royaume d'Aragon au 13e Siècle et son influence sur le développement de l'École Cartographique de Majorque.' *BH*, 1947, **49**, 422 (*AFLB*, 1947, **49**, 422).

REVINGTON, T. M. (1). 'Some Notes on the Mafia Island Group.' *TNR*, 1936, **1** (no. 1), 33.

RHYS-DAVIDS, T. W. (4). 'Early Commerce between India and Babylonia [and the use of shore-sighting birds].' *JRAS*, 1899, **31**, 432.

RIBEIRO, JOÃO (1). *Fatalidade Historica da Ilha da Ceilão*. 1685; ed. Lisbon, 1836.

RICCIOLI, J. B. (1). *Geographia et Hydrographia Reformata*. Bologna, 1661.

RICHARDS, J. M. (1). 'Off the Floor and into the West' (on traditional Japanese domestic architecture and current changes in it). *LI*, 1962, **68** (no. 1741), 205.

RICHARDSON, H. L. (1). 'Szechuan during the War' (World War II). *GJ*, 1945, **106**, 1.

RICHTER, G. M. A. (1). *Ancient Furniture; a History of Greek, Etruscan and Roman Furniture*. Oxford, 1926.

RICHTER, G. M. A. (2). *The Furniture of the Greeks, Etruscans and Romans*. Phaidon, London, 1966.

VON RICHTHOFEN, F. (2). *China: Ergebnisse eigener Reisen und darauf gegründeter Studien*. 5 vols. and Atlas. Reimer, Berlin, 1877–1912. (Teggart bibliogr. says 5 vols.+2 Atlas vols.)

VON RICHTHOFEN, F. (3). 'Über den Seeverkehr nach und von China in Altherthum und Mittelalter.' *VGEB*, 1876, **3**, 86.

RICKARD, T. A. (1). 'The Use of Copper and Iron by the Indians of British Columbia.' *BCHQ*, 1939, **3**, 25.

RICKETT, W. A. (1) (tr.). *The 'Kuan Tzu' Book*. Hongkong Univ. Press, Hongkong, 1965. Rev. T. Pokora, *ARO*, 1967, **35**, 169.

RICO Y SINOBAS, M. (1). *'Libros del Saber de Astronomia' del Rey D. Alfonso X de Castilla*. 4 vols. Aguado, Madrid, 1863–66.

RIN-CHEN LHA-MO (MRS LOUIS KING) (1). *We Tibetans*. London, 1926.

RITTATORE, F. (1). 'Resti Etrusco-Romani nell'Aretino.' *STE*, 1938, **12**, 257.

RIVET, P. (1). *Los Origenes del Hombre Americano*. Mexico City, 1943.

RIVET, P. & ARSENDAUX, H. (1). 'La Métallurgie en Amérique pre-Columbienne.' *TMIE*, 1946, no. 39.

RIVIÈRE, C. (1). 'Destruction et Reconstruction de la Digne de Hua Yuan Kou sur le Hoang-Ho (Fleuve Jaune).' *RGHE*, 1948, **1**, 76.

RIVIUS, G. H. (2). *Vitruvius Teutsch, Nemlichen des aller namhaftigsten und hocherfarnesten Römischen Architecti und Kunstreichen Werck oder Baumeisters Marci Vitruvii Pollionis Zehen Bucher von der Architektur und Künstlichem Bauen....* Petreius, Nuremberg, 1548.

ROBERTSON, D. S. (1). *Handbook of Greek and Roman Architecture*. Cambridge, 1929.

ROBINS, F. W. (1). *The Story of Water Supply*. Oxford, 1946.

ROBINS, F. W. (2). *The Story of the Bridge*. Cornish, Birmingham, n.d. (1948).

ROCHE, O. (1). *Les Meubles de la Chine*. 1st series, Paris, n.d. See Dupont.

ROCHER, E. (1). *La Province Chinoise du Yunnan*. 2 vols. (incl. special chapter on metallurgy). Leroux, Paris, 1879, 1880.

ROCK, F. (1). 'Kalendarkreise und Kalendarschichten in alten Mexico und Mittelamerika.' Art. in W. Schmidt Festschrift, ed. W. Koppers, p. 610. Vienna, 1928.

ROCK, J. F. (1). *The Ancient Na-Khi Kingdom of Southwest China*. 2 vols. (with magnificent collotype illustrations). Harvard University Press, Cambridge, Mass., 1947. (Harvard-Yenching Monograph Series, no. 9.)

ROCKHILL, W. W. (1). 'Notes on the Relations and Trade of China with the Eastern Archipelago and the Coast of the Indian Ocean during the +15th Century.' *TP*, 1914, **15**, 419; 1915, **16**, 61, 236, 374, 435, 604.

ROCKHILL, W. W. (2). 'Notes on the Ethnology of Tibet.' *ARUSNM*, 1893, 669.

LA ROËRIE, G. (1). 'Les Transformations du Gouvernail.' *AHES*, 1935, **7**, 564.

LA ROËRIE, G. (2). 'l'Histoire du Gouvernail.' *RMA*, 1938 (no. 219), 309; (no. 220), 481. Also sep. Soc. d'Editions Géographiques Maritimes et Coloniales, Paris, 1938.

LA ROËRIE, G. & VIVIELLE, J. (1). *Navires et Marins, de la Rame à l'Hélice*. 2 vols. Duchartre & van Buggenhoudt, Paris, 1930.

ROLT, L. T. C. (3). *The Inland Waterways of England*. Allen & Unwin, London, 1950.

LA RONCIÈRE, C. DE B. (1). *Histoire de la Marine Française*. 6 vols. Perrin (later Plon), Paris, 1899–1932.

DE ROOS, H. (1). *The Thirsty Land; the story of the Central Valley Project*. Stanford Univ. Press, Palo Alto, Calif., 1948.

ROSANI, S. (1). *La Segnalazione Marittima attraverso i Secoli.* Tipografio Stato Maggiore Marina, Rome, 1949.
ROSE, A. (1). *When all Roads led to Rome.* London, 1934.
ROSE, A. (2). *Public Roads of the Past.* Washington, D.C., 1952.
ROSETTI, C. (1). *Corea a Coreani impressioni e Ricerche sull'Impero del Gran Han.* Bergamo, 1905.
ROSS, A. S. C. (1). 'Comparative Philology and the "Kon-Tiki" Theory.' *N*, 1953, **172**, 365.
DES ROTOURS, R. (1) (tr.). *Traité des Fonctionnaires et Traité de l'Armée, traduits de la Nouvelle Histoire des T'ang* (chs. 46–50). 2 vols. Brill, Leiden, 1948. (Bibl. de l'Inst. des Hautes Études Chinoises, no. 6) rev. P. Demiéville, *JA*, 1950, **238**, 395.
ROUSE, H. & INCE, S. (1). *History of Hydraulics.* Iowa Inst. of Hydraulics Research, Univ. of Iowa, Iowa City, 1957. Repr. Dover Paperbacks, New York, 1964.
ROUSSELLE, E. (4). *Zur Seelischen Führung im Taoismus.* Wissenschaftl. Buchgesellsch., Darmstadt, 1962. (A collection of three reprinted articles, including footnotes and superscript references to Chinese characters, but omitting the characters themselves.)
ROUSSELLE, E. (5). 'Ne Ging Tu [Nei Ching Thu], "Die Tafel des inneren Gewebes"; ein Taoistisches Meditationsbild mit Beschriftung.' *SA*, 1933, **8**, 207.
ROY, CLAUDE (1). *La Chine dans un Miroir.* Clairefontaine, Lausanne, 1953.
RUDLOV, J. (1). 'Die Einführung d. Panzerung im Kriegsschiffbau und die Entwicklung d. erster Panzerflotten.' *BGTI*, 1910, **2**, 1.
RUDOFSKY, B. (1). *Architecture without Architects; an Introduction to Non-Pedigreed Architecture.* Museum of Modern Art, Doubleday, New York, 1964.
RUDOLPH, R. C. & WÊN YU (1). *Han Tomb Art of West China; a Collection of First and Second Century Reliefs.* Univ. of Calif. Press, Berkeley and Los Angeles, 1951. (Rev. W. P. Yetts, *JRAS*, 1953, 72.)
RUFF, E. (1). *Jade of the Maori.* London, 1950.
RUNCIMAN, S. (1). *Byzantine Civilisation.* Arnold, London, 1933.
RUNCIMAN, S. (2). 'Byzantine Trade and Industry.' Art. in *Cambridge Economic History of Europe*, ed. M. Postan and E. E. Rich, vol. 2, p. 86. Cambridge, 1952.
RUPPERT, K. & DENISON, J. H. (1). *Archaeological Reconnaissance in Campeche, Quintana Roo and Peten.* Carnegie Inst. Wash. Pub. no. 543. Washington, D.C., 1943.
RUZ-LHUILLIER, ALBERTO (1). *La Civilización de los antiguos Mayas.* Santiago de Cuba, 1957.
RYKWERT, J. (1). *The Idea of a Town.* de Boer, Hilversum, n.d. (1965) and St George's Gallery, London, n.d. (1965). Originally in *Forum*, pub. G. van Saane, Lectura Architectonica, Hilversum.

DE SÀ, A. MOREIRA (1). *O Infante Dom Henrique e a Universidade.* Comissão Executiva das Comemorações do Quinto Centenario da Morte do Infante Dom Henrique, Lisbon, 1960. (Colecção Henriquina, no. 11.)
SACHAU, E. (2) (tr.). *The Chronology of Ancient Nations; an English Version of the Arabic Text of the 'Athār-ul-Bākiya' of al-Bīrūnī (or 'Vestiges of the Past'), collected and reduced to writing by the author in A.H. 390–1*, i.e. A.D. 1000. London, 1879.
SACHS, C. (2). *The History of Musical Instruments.* New York, 1940; Dent, London, 1942.
SACKUR, E. (1). *Sibyllinische Texte und Forschungen.* Halle, 1898. (Pp. 1–96 contain the best text of the *Revelationes* of Pseudo-Methodius.)
SADLER, A. L. (1). *A Short History of Japanese Architecture.* Angus & Robertson, Sydney, 1941; 2nd ed. Tuttle, Rutland, Vt. and Tokyo, 1965.
SÄFLUND, G. (1). 'Le Terramare della provincie di Modena, Reggio Emilia, Parma, Piacenza.' *AIRS*, 1939, **7**, 1–265; 'Bemerkungen zur Vorgeschichte Etruriens.' *STE*, 1938, **12**, 17.
DE SAHAGÚN, BERNADINO (1). *Historia General de las Cosas de Nueva España.* Ed. C. M. de Bustamente, 3 vols, Mexico City, 1829–30; Eng. tr. F. R. Bandelier. Nashville, Tenn., 1932. Best Spanish ed. Robledo, Mexico City, 1938.
SAINSON, C. (1) (tr.). *Histoire particulière du Nan Tchao; 'Nan Tchao Ye Che' [Nan Chao Yeh Shih]; Traduction d'une Histoire de l'Ancien Yun-nan; accompagnée d'une Carte et d'un Lexique Géographique et Historique.* Imp. Nat. Leroux, Paris, 1904. (Pub. Ec. Lang. Or. Viv. (5e sér.) no. 4.)
DE ST DENIS, E. (1). 'Le Gouvernail Antique, Technique et Vocabulaire.' *REL*, 1934, **12**, 390; *Le Vocabulaire des Manœuvres Nautiques en Latin.* Protat, Mâcon, 1935.
DE ST DENYS. See d'Hervey St Denys.
SALAMAN, R. A. (1). 'Tools of the Shipwright, 1650 to 1925.' *FLF*, 1967, **5**, 19.
SALZMAN, L. F. (1). *Building in England down to 1540.* Oxford, 1952. Repr. 1966.
SALZMAN, L. F. (2). *English Industries of the Middle Ages.* Oxford, 1923.
SAMPSON, T. (1). 'Buddhist Priests in America.' *NQCJ*, 1869, **3**, 79. (Note in answer to queries by Y.J.A. and F.P.S. on p. 58.)
SANCEAU, E. (1). *Henry the Navigator.* Hutchinson, London, n.d. (1946); New York, 1947.
SANCEAU, E. (3). *Portugal in Quest of Prester John.* Hutchinson, London, n.d. (1943).

SANDARS, N. K. (1) (tr.). *The Epic of Gilgamesh*. Penguin, London, 1960.
VON SANDRART, JOACHIM (1). *Teutsche Akademie d. Bau-, Bild- und Mahlerey-Künste*. Amsterdam, 1675, 1679; *Deutsches Akademie d. edlen Bau-, Bild- und MahlereyKünste*. Nuremberg, 1675, 1679.
SANDSTRÖM, G. E. (1). *The History of Tunnelling; Underground Workings through the Ages*. Barrie & Rockliff, London, 1963.
SANSOM, SIR GEORGE (1). *Japan: a Short Cultural History*. Cresset Press, London, 1931; 2nd ed. 1946.
SANSOM, SIR GEORGE (2). *A History of Japan*. 3 vols. Vol. 1, to +1334; vol. 2, +1334 to +1615; vol. 3, +1615 to 1854. Cresset Press, London, 1958.
DE SANTARÉM, M. VISCONDE (1). *Essai sur l'Histoire de la Cosmographie et de la Cartographie pendant le Moyen Age, et sur les Progrès de la Geographie après les Grandes Découvertes du XVe Siècle; pour servir d'introduction et d'explication à l'Atlas composé de Mappemondes et de Portulans et d'antres Monuments Geographiques depuis le VIe siécle de notre Ére jusqu'au XVIIe*. 3 vols. Maulde & Renou, Paris, 1849–52.
DE SANTARÉM, M. VISCONDE (2). *Atlas Composé de Mappemondes et de Cartes Hydrographiques et Historiques*. Maulde & Renou, Paris, 1845.
DE SANTARÉM, M. VISCONDE (3). *Memória sobre a Prioridade dos Descobrimentos Portugueses na Costa de África Ocidental*. 1841, repr. Comissão Executiva das Comemorações do Quinto Centenário da Morte do Infante Dom Henrique, Lisbon, 1958. (Colecção Henriquina, no. 6.)
SARTON, GEORGE (1). *Introduction to the History of Science*. Vol. 1, 1927; vol. 2, 1931 (2 parts); vol. 3, 1947 (2 parts). Williams & Wilkins, Baltimore. (Carnegie Institution Pub. no. 376.)
SARTON, GEORGE (9). *The Appreciation of Ancient and Mediaeval Science during the Renaissance (+1450 to +1600)*. Univ. of Pennsylvania Press, Philadelphia, 1955. (Rosenbach Fellowship in Bibliography Pubs. no. 14.)
SARTON, GEORGE & GOODRICH, L. CARRINGTON (1). 'A Chinese Gun of +1378?', Query and Notes on the easliest dated Chinese cannon. *ISIS*, 1944, **35**, 177 and 211.
SARTON, GEORGE & NEEDHAM, JOSEPH (1). 'Who was the Inventor of Pearl Culture?' *ISIS*, 1955, **46**, 50.
SATCHELL, T. (1) (tr.). ['*A Tour on*] *Shanks' Mare*', *being a Translation of the Tōkaidō Volumes* [*i.e. Chapters*] *of the* [*Dōchū*] *Hizakurige; Japan's Great Comic Novel of Travel and Ribaldry* [*by Jippensha Ikku*] [*1802 to 1822*]. Tuttle, Rutland, Vt. and Tokyo, 1965. With colour reproductions of a little-known version of the set of prints 'The Fifty-three stages of the Tōkaidō' by Ando Hiroshige.
SATTERTHWAITE, L. & RALPH, E. K. (1). 'New Radio-carbon Dates and the Maya Correlation Problem.' *AMA*, 1960, **26**, 165.
SAUER, C. (1). 'Cultivated Plants of South and Central America.' Art. in *Handbook of South American Indians*, vol. 6, p. 487. Washington, 1950.
SAUNIER, C. (1). *Die Geschichte d. Zeitmesskunst*. 2 vols. Hübner, Bautzen; Diebener, Leipzig, n.d. (1902–4). Tr. from the French by G. Speckhart.
DE SAUNIER, L. BAUDRY (1). *Histoire de la Locomotion Terrestre*. Paris, 1936. 2nd ed. de Saunier, L. Baudry, Dollfus, C. & Geoffroy, E. *Histoire de la Locomotion Terrestre; la Locomotion Naturelle, l'Attelage, la Voiture, le Cyclisme, la Locomotion Mécanique, l'Automobile*. Paris, 1942.
DE SAUSSURE, L. (35). 'L'Origine de la Rose des Vents et l'Invention de la Boussole.' *ASPN*, 1923 (5e sér.), **5** (nos. 3 and 4). Sep. pub. Luzac, London, 1923 and reprinted in Ferrand (7), pp. 31 ff. Emendations by P. Pelliot, *TP*, 1924, **23**, 51.
DE SAUSSURE, L. (36). 'Commentaire des Instructions Nautique de Ibn Mājid et Sulaimān al-Mahrī.' In Ferrand (7), pp. 128 ff.
SAUVAIRE, H. & DE REY PAILHADE, J. (1). 'Sur une "mère" d'Astrolabe Arabe du 13e Siècle (609 de l'Hégire) portant un Calendrier Perpétuel avec Correspondance Mussulmane et Chrétienne.' *JA*, 1893 (9e sér.), **1**, 5, 185.
SAVILLE, M. H. (1). 'The Ancient Maya Causeways of Yucatan.' *AQ*, 1935, **9**, 67.
SAYILI, AYDIN (3). *Uluğ Bey ve Semerkanddeki Ilim Faaliyeti Hakkinda Gryasüddin-i Kâşî' nin Mektubu* (*Ghiyāth al-Dīn al-Kāshī's Letter on Ulūgh Beg and the Scientific Activity at Samarqand*), in Turkish, English and Arabic. Türk Tarih Kurumu Basimevi, Ankara, 1960. (Türk Tarih Kunumu Yayinlarindan, 7th Ser. no. 39.) Abstract in Actes du IXe Congrès International d'Histoire des Sciences, Barcelona, 1959, p. 586.
[SCARTH, JOHN, CANON] (1). *Twelve Years in China; the People, the Rebels and the Mandarins, by a British Resident*. Edmonston & Douglas, Edinburgh, 1860.
SCHAEFFNER, A. (1). *Origine des Instruments de Musique*. Payot, Paris, 1936.
SCHAFER, E. H. (4). 'The History of the Empire of Southern Han according to chapter 65 of the *Wu Tai Shih* of Ouyang Hsiu.' Art. in Silver Jubilee Volume of the Zinbun Kagaku Kenkyuso, Kyoto University, Kyoto, 1954, p. 338. (*TG/K*, 1954, **25**, pt. 1.)
SCHAFER, E. H. (10). 'The Pearl Fisheries of Ho-Phu.' *JAOS*, 1952, **72**, 155.
SCHAFER, E. H. (12). 'The Conservation of Natural Resources in Mediaeval China.' Contrib. to Xth Internat. Congr. of the History of Science, Ithaca, 1962. Abstract vol. p. 67.

SCHAFER, E. H. (13). *The Golden Peaches of Samarkand; a Study of Thang Exotics*. Univ. of Calif. Press. Berkeley and Los Angeles, 1963.
SCHAFER, E. H. (14). 'The Last Years of Chhang-an.' *OE*, 1963, **10**, 133–79.
SCHAFER, E. H. (16). 'The Vermilion Bird; Thang Images of the South.' Univ. of Calif. Press, Berkeley and Los Angeles, 1967.
SCHÄFER, H. (1). *Von Aegyptischer Kunst*. 2 vols. Leipzig, 1919. Repr. 1930.
SCHLEGEL, G. (5). *Uranographie Chinoise, etc.* 2 vols. with star-maps in separate folder. Brill, Leiden, 1875. (Crit. J. Bertrand, *JS*, 1875, 557; S. Günther, *VAG*, 1877, **12**, 28. Reply by G. Schlegel, *BNI*, 1880 (4e volg.), **4**, 350.)
SCHLEGEL, G. (7). 'Problèmes Géographiques; les Peuples Étrangers chez les Historiens Chinois.'
(*a*) Fu-Sang Kuo (ident. Sakhalin and the Ainu). *TP*, 1892, **3**, 101.
(*b*) Wên-Shen Kuo (ident. Kuriles). *Ibid.* p. 490.
(*c*) Nü Kuo (ident. Kuriles). *Ibid.* p. 495.
(*d*) Hsiao-Jen Kuo (ident. Kuriles and the Ainu). *TP*, 1893, **4**, 323.
(*e*) Ta-Han Kuo (ident. Kamchatka and the Chukchi) and Liu-Kuei Kuo. *Ibid.* p. 334.
(*f*) Ta-Jen Kuo (ident. islands between Korea and Japan) and Chhang-Jen Kuo. *Ibid.* p. 343.
(*g*) Chün-Tzu Kuo (ident. Korea, Silla). *Ibid.* p. 348.
(*h*) Pai-Min Kuo (ident. Korean Ainu). *Ibid.* p. 355.
(*i*) Chhing-Chhiu Kuo (ident. Korea). *Ibid.* p. 402.
(*j*) Hei-Chih Kuo (ident. Amur Tungus). *Ibid.* p. 405.
(*k*) Hsüan-Ku Kuo (ident. Siberian Giliak). *Ibid.* p. 410.
(*l*) Lo-Min Kuo and Chiao-Min Kuo (ident. Okhotsk coast peoples). *Ibid.* p. 413.
(*m*) Ni-Li Kuo (ident. Kamchatka and the Chukchi). *TP*, 1894, **5**, 179.
(*n*) Pei-Ming Kuo (ident. Behring Straits Islands). *Ibid.* p. 201.
(*o*) Yu-I Kuo (ident. Kamchatka tribes). *Ibid.* p. 213.
(*p*) Han-Ming Kuo (ident. Kuriles). *Ibid.* p. 218.
(*q*) Wu-Ming Kuo (ident. Okhotsk coast peoples). *Ibid.* p. 224.
(*r*) San Hsien Shan (the magical islands in the Eastern Sea, perhaps partly Japan). *TP*, 1895, **6**, 1.
(*s*) Liu-Chu Kuo (the Liu-Chhiu islands, partly confused with Thaiwan, Formosa). *Ibid.* p. 165.
(*t*) Nü-Jen Kuo (legendary, also in Japanese fable). *Ibid.* p. 247.
A volume of these reprints, collected, but lacking the original pagination, is in the Library of the Royal Geographical Society. Rev. F. de Mély, *JS*, 1904 (n.s.), **2**, 472. Chinese transl. under name Hsi Lo-Ko, by Fêng Chhêng-Chün, Shanghai, 1928.
SCHLEGEL, G. (9). 'Geographical Notes.'
(*a*) The Nicobar and Andaman Islands. *TP*, 1898, **9**, 177.
(*b*) Lang-ga-siu (Lang-ya-hsiu), Lang-ga-su (Lang-ya-hsü) and Sih-lan-shan (Hsi-lan-shan) (ident. Ceylon). *Ibid.* p. 191.
(*c*) Ho-ling (ident. Kaling). *Ibid.* p. 273.
(*d*) Maliur and Malayu. *Ibid.* p. 288.
(*e*) Ting-ki-gi (Ting-chi-i), (ident. Ting-gü). *Ibid.* p. 292.
(*f*) Ma-it, Mai-t-tung, Ma-iëp-ung. *Ibid.* p. 365.
(*g*) Tun-sun, or Tian-sun (Tien-sun), (ident. Tenasserim or Tānah-sāri). *TP*, 1899, **10**, 33.
(*h*) Pa-hoang (Pho-huang Kuo), Pang-khang (Phêng-khêng Kuo), Pang-hang (Phêng-hêng Kuo), (ident. Pahang or Panggang). *Ibid.* p. 38.
(*i*) Dziu-hut (Jou-fo Kuo), (ident. Djohor, Johore). *Ibid.* p. 47.
(*j*) To-ho-lo, or Tok-ho-lo (Tu-ho-lo), (ident. Takōla or Takkōla). *Ibid.* p. 155.
(*k*) Ho-lo-tan (Kho-lo-tan) or Ki-lan-tan, (Chi-lan-tan), (ident. Kelantan). *Ibid.* p. 159.
(*l*) Shay-po (Shê-pho), (ident. Djavā, Java). *Ibid.* p. 247.
(*m*) Tan-tan, or Dan-dan (ident. Dondin?). *Ibid.* p. 459.
(*n*) Ko-la (Ko-lo) or Ko-la-pu-sa-lo (Ko-lo-fu-sha-lo), (ident. Kora-bēsar). *Ibid.* p. 464.
(*o*) Moan-la-ka (Man-la-chia), (ident. Malacca). *Ibid.* p. 470.
SCHMIDT, E. F. (1). *Flights over the Ancient Cities of Iran*. Chicago, 1940.
SCHMITTHENNER, H. (2). *Chinesische Landschaften und Städte*. Strecker & Schröder, Stuttgart, 1925.
SCHNITTER, N. J. (1). 'A Short History of Dam Engineering.' *WP*, 1967, **19** (no. 4), 142.
SCHOFF, W. H. (1). *Parthian Stations by Isidore of Charax; an account of the overland Trade Routes between the Levant and India in the 1st century B.C.* Philadelphia, 1914.
SCHOFF, W. H. (2). *Early Communication between China and the Mediterranean*. Philadelphia, 1921.
SCHOFF, W. H. (3). *'The Periplus of the Erythraean Sea'; Travel and Trade in the Indian Ocean by a Merchant of the First Century, translated from the Greek and annotated, etc.* Longmans Green, New York, 1912.
SCHOFF, W. H. (4). 'Navigation to the Far East under the Roman Empire.' *JAOS*, 1917, **37**, 240.

SCHOFF, W. H. (5). 'Some Aspects of the Overland Oriental Trade at the (Beginning of the) Christian Era.' *JAOS*, 1915, **35**, 31.
SCHRAMM, C. C. (1). *Brücken.* Leipzig, 1735.
SCHREIBER, H. (1). *The History of Roads.* Barrie & Rockliff, London, 1962.
SCHROEDER, A. H. (1). 'Ball Courts and Ball Games of Middle America and Arizona.' *AAAA*, 1955, **8**, 156.
SCHULTHESS, E. (1). *China* (album of photographs, with commentary). Collins, London, 1966.
SCHULTZ, ALWIN (1). *Das höfische Leben zur Zeit der Minnesinger [12th & 13th cents.].* 2 vols. 2nd edn. Hirzel, Leipzig, 1889.
SCHURHAMMER, G. (1). 'Fernão Mendez Pinto und seine *Peregrinaçam.*' *AM*, 1926, **3**, 71, 194.
SCHURMANN, H. F. (1) (tr.). *Economic Structure of the Yuan Dynasty; a translation of chs. 93 and 94 of the 'Yuan Shih'.* Harvard Univ. Press, Cambridge, Mass., 1956. (Harvard-Yenching Institute Studies, no. 16.) Rev. J. Průšek, *ARO*, 1959, **27**, 479; H. Franke, *RBS*, 1959, **2**, 84.
SCHWARTZ, J. (1). 'L'Empire Romain, l'Egypte, et le Commerce Oriental.' *AHES/AESC*, 1960, **15** (no. 1), 18.
SCHWARZ, E. H. L. (1). 'Chinese Connections with Africa.' *JRAS/B*, 1938 (3rd ser.), **4**, 175.
SEATON, A. E. (1). *The Screw Propeller, and other Competing Instruments for Marine Propulsion.* Griffin, London, 1909.
SEGALEN, V., DE VOISINS, G. & LARTIGUE, J. (1). *Mission Archéologique en Chine, 1914 à 1917.* 1 vol. with 2 portfolios plates. (The text volume is entitled *L'Art Funeraire à l'Époque des Han.*) Geuthner, Paris, 1923–5 (plates), 1935 (text).
SEYRIG, H. (1). 'Antiquités de Beth-Maré (ex-voto de bronze représentant un navire).' *SYR*, 1951, **28**, 101.
SHADICK, H. (1) (tr. & ed.). '*The Travels of Lao Tshan', by Liu Thieh-Yün (Liu Ê).* Cornell Univ. Press, Ithaca, N.Y., 1952.
SHAMASASTRY, R. (1) (tr.). *Kautilya's 'Arthaśāstra'.* With introd. by J. F. Fleet. Wesleyan Mission Press, Mysore, 1929.
SHANG KAI (1). 'Taming the Serpent River' (the Mêng River in Northern Honan; by a dam; tanks, reservoirs and cisterns in the loess highlands; terracing and reforestation). *CREC*, 1958, **7** (no. 4), 6.
SHEN SU-JU (1). 'At the Great Bend of the Yellow River' (on the present state of the Ninghsia irrigation systems). *CREC*, 1964, **13** (no. 7), 31.
SHIH SHÊNG-HAN (1). *A Preliminary Survey of the book 'Chhi Min Yao-Shu'; an Agricultural Encyclopaedia of the +6th Century.* Science Press, Peking, 1958.
SHIH SHÊNG-HAN (2). *On the 'Fan Shêng-Chih Shu', a Chinese Agricultural Book written by Fan Shêng-Chih in the −1st Century.* Science Press, Peking, 1959.
SHIH, VINCENT. See Shih Yu-Chung.
SHIH YU-CHUNG (1). 'Some Chinese Rebel Ideologies.' *TP*, 1956, **44**, 150.
SHIPPEE, R. (1). 'A Forgotten Valley of Peru [the Colca Valley].' *NGM*, 1934, **65**, 111 (131).
SHIPPEE, R. (2). 'The "Great Wall" of Peru, and other Aerial Photographic Studies by the Shippee-Johnson Peruvian Expedition.' *GR*, 1932, **22**, 1.
SHIRLEY-SMITH, H. (1). *The World's Great Bridges.* Phoenix, London, 1953; revised ed. 1964. Rev. R. H. Macmillan, *N*, 1954, **174**, 667.
SHRAVA, S. S. (1). *Irrigation in India prior to the +17th Century.* Govt. of India (Central Board of Irrign.), New Delhi, 1951.
SHULDHAM, M. (1). 'On Balanced Rudders.' *TINA*, 1864, **5**, 123.
SHUMOVSKY, T. A. See Szumowski, T. A.
SICKMAN, L., LOEHR, M., YANG LIEN-SHÊNG & SULLIVAN, M. (1). *Chinese Painting and Calligraphy from the Collection of John M. Crawford Jr. [Catalogue of an Exhibition with Introductions].* Arts Council of Gt. Britain, Victoria and Albert Museum, London, 1965.
SICKMAN, L. & SOPER, A. (1). *The Art and Architecture of China.* Penguin (Pelican), London, 1956. (Rev. A. Lippe, *JAS*, 1956, **11**, 137.) New ed. 1968.
SĪDĪ 'ALĪ REʾĪS. See Von Diez (1); Vambéry (1); von Hammer-Purgstall (3); Bittner (1).
SIGAUT, E. (1). 'A Northern Type of Chinese Junk [the low-decked Tsingtao freighter].' *MMI*, 1960, **46**, 161.
SIGAUT, E. (2). 'François Edmond Paris; French Admiral [1806 to 1893].' *MMI*, 1961, **47**, 255.
DA SILVA, J. G. (1). *L'Appel aux Capitaux Étrangers et le Processus de Formation du Capital Marchand au Portugal du 15ᵉ au 17ᵉ Siècle.* Communication to the Vᵉ Colloque International d'Histoire Maritime. Lisbon, 1960.
SILVERBERG, R. (1). *The Long Rampart; the Story of the Great Wall of China.* Chilton, Philadelphia, 1966.
SILVESTER, R. (1). 'Coastal Processes.' *N*, 1960, **188**, 467; 1962, **196**, 819.
SIMKHOVITCH, V. G. (1). 'Rome's Fall Reconsidered.' In *Toward the Understanding of Jesus, and other Historical Studies*, p. 111. New York, 1921.

SINGER, C. (2). *A Short History of Science, to the Nineteenth Century*. Oxford, 1941. Cf. Singer (11).
SINGER, C. (11). *A Short History of Scientific Ideas to 1900*. Oxford, 1959. A complete re-writing of Singer (2).
SINGER, C., HOLMYARD, E. J., HALL, A. R. & WILLIAMS, T. I. (1) (ed.). *A History of Technology*. 5 vols. Oxford, 1954–8. (Revs. M. I. Finley, *EHR*, 1959, **12**, 120; J. Needham, *CAMR*, 1957, **78**, 299; 1959, **80**, 227; E. J. Bickerman & G. Mattingly, *AJP*, 1956, **77**, 96; 1958, **79**, 317.)
SINOR, D. (6). 'On Water-Transport in Central Eurasia.' *UAJ*, 1961, **33**, 156.
SION, J. (1). *Asie des Moussons*. Vol. 9 of *Geographie Universelle*. Colin, Paris, 1928.
SIRÉN, O. (1). (*a*) *Histoire des Arts Anciens de la Chine*. 3 vols. van Oest, Brussels, 1930. (*b*) *A History of Early Chinese Art*. 4 vols. Benn, London, 1929. Vol. 1, Prehistoric and Pre-Han; Vol. 2, Han; Vol. 3, Sculpture; Vol. 4, Architecture.
SIRÉN, O. (2). *Chinese Sculpture from the +5th to the +14th Century*, 1 vol. text, 3 vols. plates. Benn, London, 1925. French tr. *La Sculpture Chinoise du 5e au 14e Siècle*. van Oest, Paris & Brussels, 1926.
SIRÉN, O. (3). *The Imperial Palaces of Peking*. 3 vols. van Oest, Paris & Brussels, 1927.
SIRÉN, O. (4). *The Walls and Gates of Peking*. London, 1924.
SIRÉN, O. (5). 'Chinese Architecture.' *EB*, v, p. 556.
SIRÉN, O. (6). *History of Early Chinese Painting*. 2 vols. Medici Society, London, 1933.
SIRÉN, O. (7). *Les Peintures Chinoises dans les Collections Americaines*. van Oest, Paris & Brussels, 1927.
SIRÉN, O. (8). *Gardens of China*. Ronald Press, New York, 1949.
SIRÉN, O. (10). *Chinese Painting; Leading Masters and Principles*. Lund Humphries, London, 1956; Ronald, New York, 1956. 6 vols. Pt. I, The First Millennium, 3 vols. incl. one of plates; pt. II, The Later Centuries, 4 vols., incl. one of plates.
SIRÉN, O. (11). 'The Chinese Garden; a Work of Art in the Forms of Nature.' *ORA*, 1948, **1**, 24.
SITTIG, O. (1). 'Über unfreiwillige Wanderungen im Grossen Ozean.' *MJPGA*, 1890, **36**, 161, 184; Eng. tr. 'Compulsory Migrations in the Pacific Ocean.' *ARSI*, 1895 (1896), 519.
SKACHKOV, K. A. (1). 'O Voenno-Morskom Depe i Kitaiskev' [on the warships of China; a MS. or printed book entitled *Shui Shih Chi Yao* (Essentials of Sea Affairs), N 18/162 in the Library of the Rumiantzov Museum] (in Russian). *MSB*, 1858, **37** (no. 10), 289. (Skachkov Bibliography, no. 5337, Cordier (2), col. 1562.)
SKACHKOV, P. E. (1). *Bibliographia Kitaia* (in Russian). Gosudarstvennoe Socialvno-Economicheskoe Isdatelstvo, Moscow, 1932.
SKELTON, R. A., MARSTON, T. E. & PAINTER, G. D. (1), with a foreword by A. O. VIETOR. *The Vinland Map and the Tartar Relation*. Yale Univ. Press, New Haven and London, 1965.
SKEMPTON, A. W. (1). 'The Boat Store, Sheerness (1858–60), and its Place in Structural History.' *TNS*, 1959, **32**, 57.
SKEMPTON, A. W. (2). 'The Origin of Iron Beams.' *Actes du VIIIe Congrès International d'Histoire des Sciences*, Florence, 1956, vol. 3, p. 1029.
SKEMPTON, A. W. (3). 'The Evolution of the Steel Frame Building.' *GE*, 1959, **10**, 37.
SKEMPTON, A. W. (4). 'Canals and River Navigations before +1750.' Art. in *A History of Technology*, ed. C. Singer *et al.*, vol. 3, p. 438. Oxford, 1957.
SKEMPTON, A. W. (5). 'The Engineers of the English River Navigations, +1620 to +1760.' *TNS*, 1954, **29**, 25.
SKEMPTON, A. W. (6). 'The History of Structural Iron, Steel and Concrete.' Three lectures given at Cambridge, May 1964.
SKEMPTON, A. W. & JOHNSON, H. R. (1). 'The First Iron Frames.' *AREV*, 1962.
SKINNER, R. T. F. (1). 'Peking, 1953.' *AREV*, 1953, Oct. 255.
SKINNER, R. T. F. (2). 'Chinese Domestic Architecture.' *JRIBA*, 1958 (3rd ser.), **65**, 430.
SLOCUM, CAPT. JOSHUA (1). *Sailing Alone Around the World [first pub. 1900]; and, the Voyage of the 'Liberdade' [first pub. 1894]*. Hart Davis, London, 1948; Reprint Society, London, 1949.
ŠMÍD, MIRKO (1). 'Prvni Plavci na Širém Moři; Plavidla a Objevné Plavby Foiničanů' (The First Sailors on the High Seas, an Account of the Phoenician Navigators and their Vessels). *NVO*, 1960, **15** (no. 6), 126.
SMILES, S. (1). *Lives of the Engineers*. Murray, London, 1st ed. 1857. Vol. 1, *Early Engineering; Vermuyden, Middleton, Perry, James Brindley*, 1874; vol. 2, *Harbours, Lighthouses, Bridges; Smeaton and Rennie*, 1874; vol. 3, *History of Roads; Metcalfe, Telford*, 1874; vol. 4, *The Steam-Engine; Boulton and Watt*, 1874; vol. 5, *The Locomotive; George and Robert Stephenson*, 1877.
SMITH, ADAM (1). *An Inquiry into the Nature and Causes of the Wealth of Nations*, ed. J. S. Nicholson. Nelson, London, 1901.
SMITH, ANTHONY (1). *Blind White Fish in Persia*. Allen & Unwin, London, 1953.
SMITH, C. A. MIDDLETON (1). 'Chinese Creative Genius.' *CTE*, 1946, **1**, 920, 1007.
SMITH, C. A. MIDDLETON (2). 'The Age-Long Engineering Works of China.' *EN*, 1919, **127**, 72.
SMITH, D. H. (1). 'Zayton's Five Centuries of Sino-Foreign Trade.' *JRAS*, 1958, 165.

SMITH, G. ELLIOTT. See Elliott-Smith, Sir Grafton.
SMITH, H. S. See Shirley-Smith, H.
SMITH, M. W. (1) (ed.). 'Asia and North America; Trans-Pacific Contacts' [Symposium]. *AMA*, 1953, **18**, no. 3, pt. 2. (Memoirs of the Society for American Archaeology, no. 9.)
SMITH, P. J. & NEEDHAM, JOSEPH (1). 'Magnetic Declination in Mediaeval China.' *N*, 1967, **214**, 1213.
SMITH, R. BAIRD (1). *Italian Irrigation; a Report on the Agricultural Canals of Piedmont and Lombardy, addressed to the Honourable the Court of Directors of the East India Company*. 2 vols. Allen, London, 1852.
SMITH, V. A. (1). *Oxford History of India, from the earliest times to 1911*. 2nd ed. ed. S. M. Edwardes. Oxford, 1923.
SMYTH, H. WARINGTON (1). *Mast and Sail in Europe and Asia*. Blackwood, Edinburgh, 1906; 2nd ed. 1929.
SMYTH, W. H. ADM. (1). *The Sailor's Word-Book*. Blackie, London, 1867.
SMYTHE, F. S. (1). 'Suspension bridges on the Nepal–Tibet border.' *GGM*, 1938, **7**, 189.
SNOW, EDGAR (1). *Red Star over China*. London and New York, 1938.
SOLIGNAC, M. (1). *Recherches sur les Installations Hydrauliques de Kairouan et des Steppes Tunisiennes du 7e au 11e Siècle*. Carbonel, Algiers, 1953. (Publications de l'Instit. d'Études Orient. de la Faculté de Lettres de l'Univ. d'Alger, no. 13.)
SØLVER, C. V. (1). 'Leidarsteinn; the Compass of the Vikings.' *OL*, 1946, **10**, 293.
SØLVER, C. V. (2). 'The Rebaek Rudder.' *MMI*, 1946, **32**, 115.
SØLVER, C. V. (3). 'The Discovery of an Early Norse Bearing-Dial.' *JIN*, 1953, **6**, 294. Discussion by E. G. R. Taylor, W. E. May, R. B. Motzo & T. C. Lethbridge, 'A Norse Bearing-Dial?', *JIN*, 1954, **7**, 78.
SOLVYNS, F. B. (1). *Les Hindous* [a collection of coloured plates with descriptions]. Nicolle, Paris, 1808.
SOOTHILL, W. E. (5) (posthumous). *The Hall of Light; a Study of Early Chinese Kingship*. Lutterworth, London, 1951. (On the Ming Thang, and contains discussion of the *Pu Thien Ko*.)
SOPER, A. C. (1). 'Hsiang-Kuo Ssu; an Imperial Temple of the Northern Sung [at Khaifêng].' *JAOS*, 1948, **68**, 19.
SOPER, A. C. (2). *The Evolution of Buddhist Architecture in Japan*. Princeton Univ. Press, Princeton, N.J., 1942. (Princeton Monographs in Art and Archaeology, no. 22.)
SOPER, F. L. (1). 'The Report of a nearly pure *Ancylostoma duodenale* Infestation in native South American Indians, and a Discussion of its Ethnological Significance.' *AJH*, 1927, **7**, 174.
SOTTAS, J. (1). 'An Early Lateen Sail in the Mediterranean.' *MMI*, 1939, **25**, 229. Discussion by L. G. C. Laughton, p. 441. Cf. Bowen (1), p. 93.
SOUSA, AHMED (1). *The Irrigation System of Sāmarrah during the Abbasid Caliphate*. 2 vols. (in Arabic). Alma'arif Press, Baghdad, 1948.
SOUSTELLE, J. (1). *La Pensée Cosmologique des anciens Mexicains; Representation du Monde et de l'Espace*. Hermann, Paris, 1940. (Actualités Scientifiques et Industrielles, no. 881.)
SOWERBY, A. DE C. (4). 'Junks and Sampans of the Inland Waterways of China.' *CJ*, 1929, **10**, 243.
SOYMIÉ, M. (2). 'Sources et Sourciers en Chine.' *BMFJ*, 1961 (n.s.), **7**, no. 1.
SPECKHART, G. See Saunier, C. (1).
SPEISER, W. (1). *Oriental Architecture in Colour*. Thames & Hudson, London, 1965. Tr. C. W. E. Kessler from *Baukunst des Ostens*. Burkhard, Essen, 1964.
SPENCER, H. R. (1). 'Sir Isaac Newton on Saumarez' Patent Log.' *ANEPT*, 1954, **14**, 214.
SPENCER, J. E. (1). 'The Houses of the Chinese.' *GR*, 1947, **37**, 254.
SPENCER, J. E. (2). 'The Junks of the Yangtze.' *ASIA*, 1938, **38**, 466.
SPIELMANN, P. E. & ELFORD, E. J. (1). *Road Making and Administration*. Arnold, London, 1948.
VAN SPILBERGEN, J. (1). *Miroir Oost- & West-Indical*. Jansz, Amsterdam, 1619, 1621.
SPINDEN, H. J. (1). *Ancient Civilisations of Mexico and Central America*, 3rd ed. Amer. Mus. Nat. History, New York, 1946. (Handbook series, no. 3.)
SPRATT, H. P. (1). 'The Pre-natal History of the Steamboat.' *TNS*, 1960, **30**, 13 (paper read Oct. 1955).
SPRATT, H. P. (2). *The Birth of the Steamboat*. Griffin, London, 1959 (revs. H. O. Hill, *MMI*, 1960, **46**, 159; A. W. Jones, *N*, 1959, **183**, 1626).
SPULER, B. (1). *Die Mongolen in Iran; Politik, Verwaltung und Kultur der Ilchanzeit, +1220 to +1350*. Hinrich, Leipzig, 1939; 2nd ed. Akademie Verlag, Berlin, 1955.
STANHOPE, G. & GOOCH, G. P. (1). *Life of Charles, Third Lord Stanhope*. Longmans Green, London, 1914.
STAUNTON, SIR GEORGE LEONARD (1). *An Authentic Account of an Embassy from the King of Great Britain to the Emperor of China...taken chiefly from the Papers of H.E. the Earl of Macartney, K.B. etc.....* 2 vols. Bulmer & Nicol, London, 1797; repr. 1798. Germ. tr., Berlin, 1798; French tr., Paris, 1804; Russian tr., St Petersburg, 1804. Abridged Eng. ed. 1 vol. Stockdale, London, 1797.

STAUNTON, SIR GEORGE THOMAS (2). *Notes on Proceedings and Occurrences during the British Embassy to Peking in 1816 [Lord Amherst's]*. London, 1824.

STAUNTON, SIR GEORGE THOMAS (3) (tr. & ed.). J. G. de Mendoza's *History of the Great and Mightie Kingdome of China*. See de Mendoza (1).

STEBBINS, G. L. (1). 'Origin and Migrations of Cotton.' *EM*, 1947, **17**, 149.

STEERS, J. A. (1) (ed.). *The Cambridge Region, 1965*. Collective work prepared for the British Association Cambridge Meeting. Brit. Ass., London, 1965.

STEFÁNSSON, V. & WILCOX, O. R. (1). *Great Adventures and Explorations, from the Earliest Times to the Present, as told by the Explorers themselves....* Hale, London, 1947.

STEIGER, G. N., BEYER, H. O. & BENITEZ, C. (1). *A History of the Orient*. Ginn, New York & Boston, 1926.

STEIN, SIR AUREL (1). *Ruins of Desert Cathay; Personal Narrative of Explorations in Central Asia and Westernmost China*. 2 vols. Macmillan, London, 1912.

STEIN, SIR AUREL (2). *Innermost Asia; Detailed Report of Explorations carried out in Central Asia, Kansu and Eastern Iran....* 2 vols. text, 1 vol. plates, 1 box maps. Oxford, 1928.

STEIN, SIR AUREL (3). *On Ancient Central Asian Tracks; Brief Narrative of Three Expeditions in Innermost Asia and North-western China*. Macmillan, London, 1933.

STEIN, SIR AUREL (4). *Serindia; Detailed Report of Explorations in Central Asia and Westernmost China....* Oxford, 1921.

STEIN, SIR AUREL (7). 'A Chinese Expedition across the Pamirs and Hindukush, A.D. 747.' *NCR*, 1922, **4**, 161. (Reprinted, with Stein (6), Chavannes (12) and Wright, H. K., in brochure form, Peiping, 1940.)

STEIN, SIR AUREL (8). 'The Indo-Iranian Borderlands: their Prehistory in the Light of Geography and of Recent Explorations.' *JRAI*, 1934, **64**, 188 (196).

STEIN, SIR AUREL (9). 'Explorations in Central Asia, 1906–8.' *SGM*, 1910, **26**, 225, 281.

STEIN, SIR AUREL (10). 'Explorations in the Lop Desert.' *GR*, 1920, **9**, 1.

STEIN, R. A. (1). 'Le Lin-Yi; sa localisation, sa contribution à la formation du Champa, et ses liens avec la Chine.' *HH*, 1947, **2** (nos. 1–3), 1–300.

STEIN, R. A. (2). 'Jardins en Miniature d'Extrême-Orient; le Monde en Petit.' *BEFEO*, 1943, **42**, 1–104.

STEIN, R. A. (3). 'L'Habitat, le Monde et le Corps Humain, en Extrême-Orient et en Haute Asie.' *JA*, 1957, **245**, 37. For the illustrations desirable in following this paper see Stein (4).

STEIN, R. A. (4). 'Architecture et Pensée réligieuse en Extrême-Orient.' *AAS*, 1957, **4**, 163.

STEINMAN, D. B. (1). *A Practical Treatise on Suspension Bridges*. Wiley, New York, 1929.

STEINMAN, D. B. (2). 'Bridges.' *SAM*, 1954, **191** (no. 5), 61. *AMSC*, 1954, **42**, 397 and 460.

STEINMAN, D. B. & WATSON, S. R. (1). *Bridges and their Builders*. Putnam, New York, 1941. Revised ed. Dover Paperbacks, New York, 1961.

STEVENSON, E. L. (1). *Terrestrial and Celestial Globes; their History and Construction....* 2 vols. Hispanic Soc. Amer. (Yale Univ. Press), New Haven, 1921.

STEVENSON, E. L. (2). *Portolan Charts; their Origin and Characteristics:....* Hispanic Soc. Amer., New York, 1911.

STEVENSON, P. H. (1). 'Description of the Kuanhsien Suspension Bridge.' *CJ*, 1927, **6**, 186.

STEVENSON, ROBERT (1). 'On the History and Construction of Suspension Bridges.' *EPJ*, 1821, **5**, 237.

STEWARD, JULIAN (1) (ed.). *Irrigation Systems*. Washington, D.C., 1956. (Pan-American Union, Social Science Monographs, no. 1.)

STOKES, F. M. C. (1). 'Zimbabwe.' *GGM*, 1935, **2**, 142.

STONE, L. H. (1). *The Chair in China*. Royal Ontario Museum of Archaeology, Toronto, 1952.

STONOR, C. R. & ANDERSON, E. (1). 'Maize among the Hill Peoples of Assam.' *AMBG*, 1949, **36** (no. 3), 355.

STRANDES, J. (1). *Die Portugiesenzeit von Deutsch- und Englisch-Ostafrika*. Berlin and Leipzig, 1899. Eng. tr. by J. Wallwork, annotated by J. S. Kirkman, *The Portuguese in East Africa*. Kenya History Society, Nairobi, 1961.

LE STRANGE, G. (4). *Description of the Province of Fārs (with a translation of al-Balkhī's account)*. London, 1912.

STRAUB, H. (1). *Die Geschichte d. Bauingenieurkunst; ein Überblick von der Antike bis in die Neuzeit*. Birkhäuser, Basel, 1949. 2nd ed. Liebing, Würzburg, 1964. Eng. tr. by E. Rockwell, *A History of Civil Engineering*. Leonard Hill, London, 1952.

STUART, G. A. See Wang Chi-Min (2). Biography no. 35.

STUART, G. A. (1). *Chinese Materia Medica; Vegetable Kingdom, extensively revised from Dr F. Porter Smith's work*. Amer. Presbyt. Mission Press, Shanghai, 1911. An expansion of *Contributions towards the Materia Medica and Natural History of China, for the use of Medical Missionaries and Native Medical Students*, by F. Porter Smith. Amer. Presbyt. Mission Press, Shanghai, 1871; Trübner, London, 1871.

SU GIN-DJIH. See Hsü Ching-Chih.
SU MING (1). 'A Victory on the Yangtze River' [in retention-basins near Hankow]. *PC*, 1952, no. 14, **28**.
SULLIVAN, M. (1). *An Introduction to Chinese Art*. Faber & Faber, London, 1961.
SULLIVAN, M. (2). 'The Heritage of Chinese Art.' Art. in *The Legacy of China*, ed. R. Dawson, p. 165. Oxford, 1964.
SULLIVAN, M. (3). 'Notes on Early Chinese Landscape Painting.' *HJAS*, 1955, **18**, 422.
SULLIVAN, M. (4). 'Sandrart on Chinese Painting' (cf. Joachim von Sandrart, 1). *ORA*, 1949, **1**, 159.
SULLIVAN, M. (5). 'Archaeology in the Philippines.' *AQ*, 1956, **30**, 68.
SULLIVAN, M. (6). 'Notes on Chinese Export Wares in Southeast Asia.' *TOCS*, 1962.
SULLIVAN, M. (7). 'Chinese Export Porcelain in Singapore.' *ORA*, 1957, **3**, 145.
SULLIVAN, M. (8). 'Kendi' (drinking vessels, Skr. *kundika*, with neck and side-spout). *ACASA*, 1957, **11**, 40.
SUN, E-TU ZEN. See Sun Jen I-Tu.
SUN JEN I-TU & DE FRANCIS, J. (1). *Chinese Social History; Translations of Selected Studies*. Amer. Council of Learned Societies, Washington, D.C., 1956. (ACLS Studies in Chinese and Related Civilisations, no. 7.)
SUN JEN I-TU & SUN HSÜEH-CHUAN (1) (tr.). '*Thien Kung Khai Wu*', *Chinese Technology in the Seventeenth Century, by Sung Ying-Hsing*. Pennsylvania State Univ. Press; University Park and London, Penn., 1966.
SUN LI *et al.* (1). *China's Big Leap in Water Conservancy* (mostly on the relatively smaller projects). Foreign Language Press, Peking, 1958.
SVERDRUP, H. V., JOHNSON, M. W. & FLEMING, R. H. (1). *The Oceans; their Physics, Chemistry and General Biology*. Prentice-Hall, New York, 1942.
SWANN, NANCY L. (1) (tr.). *Food and Money in Ancient China; the Earliest Economic History of China to* +25 (with tr. of [*Chhien*] *Han Shu*, ch. 24 and related texts [*Chhien*] *Han Shu*, ch. 91 and *Shih Chi*, ch. 129). Princeton Univ. Press, Princeton, N.J., 1950. (Rev. J. J. L. Duyvendak, *TP*, 1951, **40**, 210; C. M. Wilbur, *FEQ*, 1951, **10**, 320; Yang Lien-Shêng, *HJAS*, 1950, **13**, 524.)
SZUMOWSKI, T. A. (1). *Tres Roteiros Desconhecidos de Aḥmad ibn Mājid, o Piloto Árabe de Vasco da Gama*. Comissão Executiva das Comemorações do Quinto Centenário da Morte do Infante Dom Henrique, Lisbon, 1960. Portuguese translation by M. Malkiel-Jirmunsky of *Tri Neisvestnych Lotsı Aḥmada ibn Mājida Arabskogo Lotsmana Vasco da Gamvi* [Three Unpublished Nautical Rutters of A. ibn M., the Arab pilot of Vasco da Gama] (in Russian) facsimile and tr., Academy of Sciences, Moscow & Leningrad, 1957.
SZUMOWSKI, T. A. (2). 'An Arab Nautical Encyclopaedia of the +15th Century [*Book of Useful Chapters on the Basic Principles of Sea-faring*, by Aḥmad ibn Mājid, *c.* +1475].' In Resumo das Comunicações do Congresso Internacional de História dos Descobrimentos, Lisbon, 1960, p. 109. Actas, vol. 3, p. 43.

TAN AI-CHING (1). 'Socialist Labour Builds a Dam' (the Ming Tombs Reservoir). *CREC*, 1958, **7** (no. 8), 2.
TAN PEI-YING (1). *The Building of the Burma Road*. McGraw-Hill, New York and London, 1945.
TANGE KENZŌ & KAWAZOE NOBORU (1), with photographs by WATANABE YOSHIO and an introduction by J. BURCHARD. *Ise; Prototype of Japanese Architecture*. M.I.T. Press, Cambridge, Mass., 1965.
TARN, W. W. (1). *The Greeks in Bactria and India*. Cambridge, 1951.
TARN, W. W. (3). 'The Roman Navy.' In *A Companion to Latin Studies*, ed. J. E. Sandys, p. 489. Cambridge, 1913.
TARN, W. W. (4). *Hellenistic Military and Naval Developments*. Cambridge, 1930. (Lees-Knowles Lectures in Military History Cambridge.)
TAYLOR, E. G. R. (6). 'The South-Pointing Needle.' *IM*, 1951, **8**, 1.
TAYLOR, E. G. R. (7). *The Mathematical Practitioners of Tudor and Stuart England* (for Inst. of Navigation). Cambridge, 1954. (Rev. D. J. de S. Price, *JIN*, 1955, **8**, 12.)
TAYLOR, E. G. R. (8). *The Haven-Finding Art; a History of Navigation from Odysseus to Captain Cook*. Hollis & Carter, London, 1956. (Crit. rev. D. W. Waters, *MMI*, 1957, **43**, 256.)
TAYLOR, E. G. R. (9). 'The Oldest Mediterranean Pilot [*Il Compasso da Navigare*, *c.* +1253].' *JIN*, 1951, **4**, 81.
TAYLOR, E. G. R. (10). 'Mathematics and the Navigator in the +13th Century' (First Duke of Edinburgh Lecture). *JIN*, 1960, **13**, 1. Sep. Repr. for distribution at the International Congress in Commemoration of the Fifth Centenary of Prince Henry the Navigator, Lisbon, 1960, by the Royal Geographical Society, London.
TAYLOR, E. G. R. (11). 'John Dee and the Nautical Triangle, +1575.' *JIN*, 1955, **8**, 318.
TAYLOR, E. G. R. (12). 'The Navigating Manual of Columbus.' *JIN*, 1952, **5**, 42; *BCIC*, 1953, **1**, 32.

TAYLOR, E. G. R. (13) (ed.). *'A Regiment for the Sea', and other Writings on Navigation, by William Bourne of Gravesend, a Gunner* (*c.* +1535 to +1582). Cambridge, 1963. (Hakluyt Society Pubs., 2nd ser., no. 121.)
TAYLOR, E. G. R. & RICHEY, M. W. (1). *The Geometrical Seaman; a Book of Early Nautical Instruments.* Hollis & Carter (for Inst. of Navigation), London, 1962.
TAYLOR, E. G. R. & SADLER, D. H. (1). 'The *Doctrine of Nauticall Triangles Compendious* [+1594].' *JIN*, 1953, **6**, 131.
TAYLOR, F. R. FORBES (1). 'Heavy Goods Handling prior to the Nineteenth Century' [a history of cranes]. *TNS*, 1963, **35**, 179.
TEICHMAN, SIR ERIC (2). *Travels of a Consular Officer in Eastern Tibet.* Cambridge, 1922.
TEICHMAN, SIR ERIC (3). *Travels of a Consular Officer in Northwest China.* London, 1921.
TEMKIN, O. (2). 'Was Servetus influenced by Ibn al-Nafīs?' *BIHM*, 1940, **8**, 731.
TÊNG SHU-CHUN (1). 'The Early History of Forestry in China.' *JF*, 1927, **25**, 564.
TÊNG SSU-YÜ (1). 'China's Examination System and the West.' In *China*, ed. H. F. McNair, p. 441. Univ. of Calif. Press, Berkeley, 1946.
TÊNG SSU-YÜ & BIGGERSTAFF, K. (1). *An Annotated Bibliography of Selected Chinese Reference Works.* Harvard-Yenching Instit., Peiping, 1936. (Yenching Journ. Chin. Studies, monograph no. 12.)
TÊNG TSÊ-HUI (1). *Report on the Multiple-Purpose Plan for permanently controlling the Yellow River and exploiting its Water Resources.* Foreign Language Press, Peking, 1955.
TEW, D. H. (1). 'Canal Lifts and Inclines, with particular reference to those in the British Isles.' *TNS*, 1951, **28**, 35.
TEY, J. M. (1). *Hongkong-Barcelona en el Junco 'Rubio'.* Edit. Juventud, Barcelona, 1959.
THAN PO-FU, WÊN KUNG-WÊN, HSIAO KUNG-CHÜAN & MAVERICK, L. A. (tr.). *Economic Dialogues in Ancient China; Selections from the 'Kuan Tzu' (Book)*... Pr. pr. Carbondale, Illinois and Yale Univ. Hall of Graduate Studies, New Haven, Conn., 1954. (Rev. A. W. Burks, *JAOS*, 1956, **76**, 198.)
THANG LAN (1). 'Palace of Emperors; now Palace of Art (the Imperial Palace in Peking).' *CREC*, 1956, **4** (no. 11), 24.
THÉRY, R. (1). 'Jouffroy d'Abbans et les Origines de la Navigation à Vapeur.' *MC/TC*, 1952, **2**, 42.
THIEN, J. K. (1). 'Two Kuching Jars' (*c.* +1470, found in Sarawak). *SMJ*, 1949, **5**, 23.
THOMAS, F. W. (2). 'Political and Social Organisation of the Maurya Empire.' *CHI*, i, ch. 19.
THOMAS, R. D. (1). *A Trip on the West River [from Canton to Wuchow and Return].* Cover entitled *Pastures New; in a Stern-Wheeler up the Si Kiang [Hsi Chiang].* China Baptist Publication Society, Canton, 1903.
THOMAZI, A. (1). *Histoire de la Pêche.* Payot, Paris, 1947.
THOMPSON, D'ARCY W. (2). *Growth and Form.* Cambridge, 1917; 2nd ed. 1942.
THOMPSON, E. A. & FLOWER, B. *A Roman Reformer and Inventor; being a New Text of the Treatise 'De Rebus Bellicis', with a translation...introduction...and Latin index....* Oxford, 1952. This text is now generally conceded to have been written by a Latin of Illyria in the close neighbourhood of +370; see Schneider (3), Berthelot (7), Reinach (2), Neher (1) and Oliver (1).
THOMPSON, J. E. S. (1). *Maya Hieroglyphic Writing; an Introduction.* Washington, 1950. (Carnegie Institution Pubs. no. 589.)
THOMPSON, R. CAMPBELL (2). *A Dictionary of Assyrian Botany.* Brit. Acad. London, 1949.
THOMPSON, R. CAMPBELL (3). *The Epic of Gilgamesh; a New Translation from a Collection of Cuneiform Tablets in the British Museum, rendered literally into English Hexameters.* Luzac, London, 1928.
THOMPSON, R. CAMPBELL (4). *The Epic of Gilgamesh; Text, Transliteration and Notes.* Clarendon, Oxford, 1930.
THOMPSON, R. CAMPBELL & HUTCHINSON, R. W. (1). *A Century of Explorations at Nineveh.* Luzac, London, 1929.
THOMPSON, R. CAMPBELL & HUTCHINSON, R. W. (2). 'The Excavations on the Temple of Nabū at Nineveh.' *AAA*, 1929, **74**, 103.
THOMPSON, SYLVANUS P. (1). 'The Rose of the Winds; the Origin and Development of the Compass-Card.' *PBA*, 1913, **6**, 1.
THOMSON, D. W. (1). 'Two Thousand Years under the Sea; the Story of the Diving Bell.' *ANEPT*, 1947, **7**, 261.
THOMSON, JOHN (1). *Illustrations of China and its People; a Series of 200 Photographs with letterpress descriptive of the Places and the People represented.* 4 vols. Sampson Low, London, 1873–4. French tr. by A. Talandier & H. Vattemare, 1 vol. Hachette, Paris, 1877.
THORNDIKE, LYNN (1). *A History of Magic and Experimental Science.* 8 vols. Columbia Univ. Press, New York: vols. 1 and 2, 1923, repr. 1947; 3 and 4, 1934; 5 and 6, 1941; 7 and 8, 1958. (Rev. W. Pagel, *BIHM*, 1959, **33**, 84.)
THOULESS, R. H. (1). 'Phenomenal Regression to the Real Object.' *BJPC*, 1931, **21**, 239; 1932, **22**, 1.

THOULESS, R. H. (2). 'Individual Differences in Phenomenal Regression.' *BJPC*, 1932, **22**, 216. 'The Truth about Perspective.' *D*, 1930, **11**, 121.
THOULESS, R. H. (3). 'A Racial Difference in Perception.' *JSPC*, 1933, **4**, 330.
TIEN. See Thien.
TING WAN-CHÊNG (1). 'Building the Railway to Mongolia.' *CREC*, 1955, **4** (no. 6), 6.
TING WÊN-CHIANG & DONNELLY, I. A. (tr.). '"Things Produced by the Works of Nature", published 1639, translated by Dr V. K. Ting.' *MMI*, 1925, **11**, 234. (A translation, with notes, of that part of ch. 9 of *Thien Kung Khai Wu* (+1637) which deals with nautical technology.)
TISDALE, A. (1). 'Down the Yalu in a "Jumping Chicken" [boat].' *ASIA*, 1920, **20**, 902.
TODD, O. J. (1). 'Taming "Flood Dragons" along China's Huang Ho.' *NGM*, 1942, **81**, 205.
TODD, O. J. & ELIASSEN, S. (1). 'The Yellow River Problem.' *TASCE*, 1940, **105**, 346 (Paper no. 2064). (With discussion by many contributors, including H. Chatley.)
TOGAN, ZAKI VALIDI (2). *Ibn Fadlān's Reisebericht*. Brockhaus, Leipzig, 1939. (*AKML*, no. 24 (3).)
TOLSTOV, S. P. (1). *Drevniy Choresm* (Ancient Chorasmia) (in Russian). University Press, Moscow, 1948. Germ. tr. *Auf den Spuren d. altchoresmischen Kultur*, by O. Mehlitz. Kultur & Vorschritt, Berlin, 1953. (Rev. A. D. H. Bivar, *ORA*, 1955 (n.s.), **1**, 129.) See also Ghirshman (2). Mongait (1), pp. 235 ff.
TOLSTOV, S. P. (2). 'Les Résultats des Travaux de l'Expédition archéologique et ethnographique de l'Académie des Sciences de l'U.R.S.S. au Khorezm en 1951–1955.' *AAS*, 1957, **4**, 83 and 187.
TOLSTOV, S. P. (3). Lecture delivered at Cambridge 14 Mar. 1956 on the Soviet Expeditions in Chorasmia, dealing especially with irrigations and fortifications.
TONG, HOLLINGTON K. See Tung Hsien-Kuang.
TORR, C. (1). *Ancient Ships*. Cambridge, 1894. Repr. 1964, ed. and intr. A. J. Podlecki, with an appendix containing a series of articles on the Greek warship and the Greek trireme, by W. W. Tarn, A. B. Cook, C. Torr, W. Richardson & P. H. Newman; and many new illustrations (Argonaut, Chicago).
TORRANCE, T. (2). 'The Origin and History of the Irrigation Work of the Chêngtu Plain.' *JRAS/NCB*, 1924, **55**, 60. With addendum: 'The History of [the State of] Shu; a free translation of [part of] the *Shu Chih* [ch. 3 of *Hua Yang Kuo Chih*]'.
TORRICELLI, EVANGELISTA (1). *Del Moto di Gravi*. Florence, 1644.
TOSCANO, S. (1). *Derecho y Organización Social de los Aztecas*. Mexico City, 1937.
TOUDOUZE, G. G., DE LA RONCIÈRE, C., TRAMOND, J., RONDELEUX, C., DOLLFUS, C., LESTONNAT, R., SEBILLE, A. & LEFÉBURE, R. (1). *Histoire de la Marine*. l'Illustration, Paris, 1939.
TOUSSAINT, M. M. A. (1). *History of the Indian Ocean*, tr. from the French by J. Guicharnaud. Routledge & Kegan Paul, London, 1966.
TOUSSOUN, PRINCE OMAR (1). 'Mémoire sur les anciennes Branches du Nil.' *MIE*, 1922, no. 4.
TOUSSOUN, PRINCE OMAR (2). 'Mémoire sur l'Histoire du Nil.' *MIE*, 1925, nos. 8–10.
TOYNBEE, A. J. (1). *A Study of History*. *RIIA*, London, 1935–9. 6 vols.
TREND, J. B. (1). *Portugal*. Benn, London, 1957.
TRIAS, R. A. LAGUARDIA (1). *Comentarios sobre los Origenes de la Navegacion Astronomica*. Madrid, 1959.
TRIGAULT, NICHOLAS (1). *De Christiana Expeditione apud Sinas*. Vienna, 1615; Augsburg, 1615. Fr. tr.: *Histoire de l'Expédition Chrétienne au Royaume de la Chine, entrepris par les PP. de la Compagnie de Jésus, comprise en cinq livres...tirée des Commentaires du P. Matthieu Riccius, etc.* Lyon, 1616; Lille, 1617; Paris, 1618. Eng. tr. (partial): *A Discourse of the Kingdome of China, taken out of Ricius and Trigautius*. In *Purchas his Pilgrimes*. London, 1625, vol. 3, p. 380. Eng. tr. (full): see Gallagher (1). Trigault's book was based on Ricci's *I Commentarj della Cina* which it follows very closely, even verbally, by chapter and paragraph, introducing some changes and amplifications, however. Ricci's book remained unprinted until 1911, when it was edited by Venturi (1) with Ricci's letters; it has since been more elaborately and sumptuously edited alone by d'Elia (2).
TROUSDALE, W. (1). 'Architectural Landscapes attributed to Chao Po-Chü [*fl.* +1100/+1150].' *AI/AO*, 1961, **4**, 285.
TSUNG PAI-HUA (1). 'Space-Consciousness in Chinese Poetry and Painting' (a lecture given in Chinese and pub. in *HCHTC*, 1949, **12** (no. 10); Eng. tr. E. J. Schwarz). *SACAJ*, 1949, **1**, 25.
TUCCI, G. (3). *Tibetan Painted Scrolls*. 2 vols. and 1 vol. plates. Libreria dello Stato, Rome, 1949.
TUNG HSIEN-KUANG (1) (ed.). *China Handbook, 1937–1943*. Chinese Ministry of Information, New York, 1943; Macmillan, New York, 1943.
TWITCHETT, D. C. (2). 'The Fragment of the Thang "Ordinances of the Department of Waterways" [+737] discovered at Tunhuang.' *AM*, 1957, **6**, 23.
TWITCHETT, D. C. (4). *Financial Administration under the Thang Dynasty*. Cambridge, 1962. (Univ. of Cambridge Oriental Pubs. no. 7.) Rev. Yü Ying-Shih, *JAOS*, 1964, **84**, 71.
TWITCHETT, D. C. (6). 'Some Remarks on Irrigation under the Thang.' *TP*, 1960, **48**, 175.
TYLOR, E. B. (1). 'On the Game of *Patolli* in ancient Mexico and its probable Asiatic Origin.' *JRAI*, 1878, **8**, 116.
TYRRELL, H. G. (1). *History of Bridge Engineering*. Priv. pub., Chicago, 1911.

UCCELLI, A. (1) (ed.) (with the collaboration of G. SOMIGLI, G. STROBINO, E. CLAUSETTI, G. ALBENGA, I. GISMONDI, G. CANESTRINI, E. GIANNI & R. GIACOMELLI). *Storia della Tecnica dal Medio Evo ai nostri Giorni*. Hoeppli, Milan, 1945.

UCELLI DI NEMI, G. (1). 'Il Contributo Dato dalla Impresa di Nemi alla Conoscenza della Scienza e della Tecnica di Roma.' Art. in *Nuovi Orientamenti della Scienza*. XLI Reunione della Societá Italiana per il Progresso delle Scienze, Rome, 1942.

UCELLI DI NEMI, G. (2). *Le Nave di Nemi*. Libreria dello Stato, Rome, 1940.

[UCELLI DI NEMI, G.] (3) (ed.). *Le Gallerie di Leonardo da Vinci nel Museo Nazionale della Scienza e della Tecnica [Milano]*. Museo Naz. d. Sci. e. d. Tecn., Milan, 1956.

UHDEN, R. (2). 'The Oldest Portuguese Original Chart of the Indian Ocean, +1509.' *IM*, 1939, **3**, 7.

UNDERWOOD, H. H. (1). 'Korean Boats and Ships.' *JRAS/KB*, 1933, **23**, 1–100.

UNGNAD, A. & GRESSMANN, H. (1). *Das Gilgamesch-Epos*. Vandenhoeck & Ruprecht, Göttingen, 1911. (Forschungen z. Rel. u. Lit. des Alt. & Neuen Test., no. 14.)

UPCRAFT, W. M. (1). 'Curious Bridges in Interior China.' *EAM*, 1904, **3**, 241.

USHER, A. P. (1). *A History of Mechanical Inventions*. McGraw-Hill, New York, 1929. 2nd ed. revised. Harvard Univ. Press, Cambridge, Mass., 1954. (Rev. Lynn White, *ISIS*, 1955, **46**, 290.)

VAILLANT, G. C. (1). *Artists and Craftsmen in Ancient Central America*. Amer. Mus. Nat. Hist. New York, 1935. (Guide leaflet series, no. 88.) *The History of the Valley of Mexico* (illustrated chart). Amer. Mus. Nat. Hist. New York, 1936. (Guide Leaflet series, no. 103; suppl. to 88.)

VAILLANT, G. C. (2). *Aztecs of Mexico; the Origin, Rise and Fall of the Aztec Nation*. Doubleday, New York, 1947.

VALLICROSA, J. M. MILLÁS (1). 'Un Ejemplar de "azafea" Árabe de Azarquiel.' *AAND*, 1944, **9**, 111.

VAMBÉRY, A. (1) (tr.). *The Travels and Adventures of the Turkish Admiral Sidi 'Ali Reïs in India, Afghanistan, Central Asia and Persia, +1553/+1556 [Mir'at al-Mamālik]*. Luzac, London, 1899.

VASSILIEV, L. S. (1). *Agrarie Otnoshenia i Obshina v Drevniem Kitai (Agrarian Relations in Ancient China from the −11th to the −7th Centuries and the Primitive Community)* (in Russian). Izdatelstvo Voistonoi Literaturi, Moscow, 1961. (Rev. T. Pokora, *ARO*, 1963, **31**, 171.)

VAVILOV, N. I. (1). 'The Problem of the Origin of the World's Agriculture in the Light of the Latest Investigations.' In *Science at the Cross-Roads*. Papers read to the 2nd International Congress of the History of Science and Technology. Kniga, London, 1931.

VAVILOV, N. I. (2). *The Origin, Variation, Immunity and Breeding of Cultivated Plants; Selected Writings*. Chronica Botanica, Waltham, Mass., 1950. (Chronica Botanica International Collection, vol. 13.)

DE LA VEGA, EL INCA, GARCILASSO (1). *The Florida of the Inca; a History of the Adelantado Hernando de Soto, Governor and Captain-General of the Kingdom of Florida, and of other heroic Spanish and Indian Cavaliers, written by the Inca Garcilasso de la Vega [+1539 to +1616], an officer of His Majesty and a Native of the Great City of Cuzco, Capital of the Realms and Provinces of Peru*. Tr. J. G. Varner & J. J. Varner. Univ. Texas Press, Houston, 1951.

VENCE, J. (1). *Construction et Manoeuvre des Bateaux et Embarcations à Voile Latine*. Challamel, Paris, 1897.

VENTURI, P. T. (1) (ed.). *Opera Storiche del P. Matteo Ricci*. 2 vols. Giorgetti, Macerata, 1911.

VERANTIUS. See Veranzio.

VERANZIO, FAUSTO (1). *Machinae Novae Fausti Verantii Siceni, cum Declaratione Latina, Italica, Hispanica, Gallica et Germanica* (written *c.* 1595). Florence, 1615; Venice, 1617. Account in Beck (1), ch. 22. Thorndike (1), vol. 7, p. 615, thinks that the assumed date of writing due, to Libri, is too early, but Veranzio did not enter the clergy till +1594 after the death of his wife.

VERBIEST, F. (1). *Astronomia Europaea sub Imperatore Tartaro-Sinico Cám-Hy [Khang-Hsi] appellato, ex Umbra in Lucem Revocata; à R. P. Ferdinando Verbiest Flandro-Belgica e Societate Jesu, Academiae Astronomicae in Regia Pe Kinensi Praefecto....* Bencard, Dillingen, 1687. This is a quarto volume of 126 pp., edited by P. Couplet. A folio volume with approximately the same title (Verbiest, 2) had appeared in 1668, consisting of some 15 pp. Latin text with title-pages all block-printed in Chinese style and on Chinese paper from Verbiest's own handwriting, together with 18 plates, only one of which, the general view of the re-organised Peking Observatory, was re-engraved in small format for the 1687 edition. (Cf. Houzean (1), p. 44; Bosmans (2).)

VERBIEST, F. (2). *Liber Organicus Astronomiae Europaeae apud Sinas Restitutae, sub Imperatore Sino-Tartarico Cám-Hy [Khang-Hsi] appellato....* Peking, 1668. This is the folio volume with Latin text and engraved plates. It is rare, and I know only the copy in the library of the London School of Oriental Studies. This copy is bound up with another production of Verbiest's, the *Chu I Hsiang Pien Yen* (Introductory Notes to Pictures of Scientific Instruments) the 117 engraved plates of which are numbered from the 'back', i.e. the Chinese beginning, of the volume. These plates follow after the two pages of introductory remarks in Chinese, dated 1674, and are numbered in Chinese erratically, some numbers being absent, and others being identical on two or three successive plates. A seventeenth-century hand has endeavoured to re-number them in red ink. The first 6 plates are the same as those of Verbiest (2), and all of these appear again in the *Huang Chhao Li Chhi Thu Shuo* (q.v.). The rest are concerned with all branches of the physical sciences as well as astronomy, and include many pictures of the making and positioning of the astronomical instruments. Pfister (1), p. 358, says that there should be 125 plates, but his own copy had only 117; cf. his p. 354. Perhaps the present *Chu I Hsiang Pien Yen* is only the illustration section or *thu phu* of Verbiest's *Hsin Chih Ling-Thai I Hsiang Chih* (Memoir on the (Theory, Use and Construction of the) Instruments of the New Imperial Observatory), 1673, all the text being absent. From what we know of the date of the re-fitting of the observatory at Peking, it would seem that the publication of 1668 was a plan of campaign while the later ones were detailed accounts of what had been accomplished.

VERDELIS, N. M. (1). 'The Corinthian Diolkos.' *ILN*, 1957, **231**, 649.

VERDELIS, N. M. (2). 'Der Diolkos am Isthmus von Korinth.' *MDAI/ATH*, 1956, **71**, 51.

VERLINDEN, C. & HEERS, J. (1). 'Le Rôle des Capitaux Internationaux dans les Voyages de Découverte au 15e et 16e Siècles.' Communication to the Ve Colloque International d'Histoire Maritime, Lisbon, 1960.

VERNET, J. (1). 'Influencias Musulmanas en el Origen de la Cartografía Náutica.' *PRSG*, 1953, ser. B, no. 289.

VERNON-HARCOURT, L. F. (1). *Rivers and Canals; the Flow, Control and Development of Rivers, and the Design, Construction and Development of Canals, both for Navigation and Irrigation.* 2 vols. Oxford, 1896.

VERWEY, D. (1). 'An Early Median Rudder and Sprit-Sail?' *MMI*, 1934, **20**, 230. Comments by R. Anderson, p. 373; J. W. van Nouhuys, 1936, **22**, 476.

VERWEY, D. (2). 'Could Ancient Ships Work to Windward?' *MMI*, 1936, **22**, 117.

VETTER, H. (1). 'Zur Geschichte d. Zentralheizungen bis zum Übergang in die Neuzeit.' *BGTI*, 1911, **3**, 276.

DE VILLARD, U. MONNERET (1). *Note sulle Influence Asiatische nell'Africa Orientale.* 1938.

VILLIERS, A. (1). *Sons of Sindbad; an Account of Sailing with the Arabs in their Dhows, in the Red Sea, round the Coasts of Arabia and to Zanzibar and Tanganyika; Pearling in the Persian Gulf; and the Life of the Shipmasters and Mariners of Kuwait.* Hodder & Stoughton, London, 1940.

VILLIERS, A. (2). *The Indian Ocean.* Museum, London, 1952. *Monsoon Seas; the Story of the Indian Ocean.* McGraw-Hill, New York, 1952.

VILLIERS, A. (3). 'Ships through the Ages; a Saga of the Sea.' *NGM*, 1963, **123**, 494.

VILLIERS, A. (4). 'Sailing with Sindbad's Sons.' *NGM*, 1948, **94**, 675.

VINCENT, I. V. (1). *The Sacred Oasis; the Caves of the Thousand Buddhas at Tunhuang.* Univ. of Chicago Press, 1953.

VIROLLEAUD, C. (1) (ed.). *Ourartou, Neapolis des Scythes, Kharezm.* Maisonneuve, Paris, 1954. (Review articles on Soviet archaeological discoveries by B. B. Piotrovsky, P. N. Schultz & V. A. Golovkina, and S. P. Tolstov.)

VISSIÈRE, A. (2). *Études Sino-Mahometanes.* 2 vols. (the second with G. Cordier, C. Huart & A. C. Moule). Leroux, Paris, 1911, 1913, repr. from *Rev. du Monde Mussulman* 1909–11.

VITRUVIUS (MARCUS VITRUVIUS POLLIO). *De Architectura Libri Decem.* Ed. D. Barbari, Venice, 1567; ed. G. Philandri, Leiden, 1586, Amsterdam, 1649. For Eng. tr. see Morgan (1), Granger (1); French tr. Perrault (1); Germ. tr. Rivius (2).

VOGEL, J. P. (1). 'The Ship of Boro-Budur.' *JRAS*, 1917, 367.

VOGT, E. Z. & RUZ-LHUILLIER (1). *Desarrollo Cultural de los Mayas* (Wenner-Gren Foundation Symposium). Univ. Nac. Autonom. de Mexico, Mexico City, 1964.

DE VOISINS, G., LARTIGUE, J. & SEGALEN, V. (1). 'Account of the work of the French Archaeological Expedition in West China.' *JA*, 1915 (11th ser.), **5**, 467.

VOIT, C. (1). 'Ü. d. in den Schuppen und d. Schwimmblase von Fischen vorkommenden irisierenden Krystalle.' *ZWZ*, 1865, **15**, 515.

VOLPERT, P. A. (1). 'Die Ehrenpforten in China.' *OAV*, 1910, **1**, 140, 190.

VOLPICELLI, Z. (3). 'The Ancient Use of Wheels for the Propulsion of Vessels by the Chinese. *JRAS/NCB*, 1891, **26**, 127.

DE VORAGINE, JACOBUS (1). *The Golden Legend* (+1275, tr. from the French by W. Caxton *et al.* 1483) ed. F. S. Ellis. Dent, London (Temple Classics edition) 7 vols., 1900.

VOS, ISAAC (1). *Variarum Observationum Liber.* Scott, London, 1685. (Contains, *inter alia*, *De Artibus et Scientiis Sinarum*, p, 69; *De Origine et Progressu Pulveris Bellici apud Europaeos*, p. 86; *De Triremium et Liburnicarum Constructione*, p. 95.) Cf. Duyvendak (13).

VOSSIUS. See Vos, Isaac.

WADA S. [WADA, KIYOSHI] (1). 'The Philippine Islands as known to the Chinese before the Ming Dynasty.' *MRDTB*, 1929, **4**, 121. (Translated from *TYG*, 1922, **12**, 381.)

WADDELL, L. A. (1). *Lhasa and its Mysteries*; with a Record of the Expedition of 1903–1904. Murray, London, 1905.
WAILES, R. (3). *The English Windmill*. Routledge & Kegan Paul, London, 1954.
WAINWRIGHT, G. A. (2). 'Early Foreign Trade in East Africa.' *MA*, 1947, **47**, 143.
WALEY, A. (1) (tr.). *The Book of Songs*. Allen & Unwin, London, 1937.
WALEY, A. (10) (tr.). *The Travels of an Alchemist; the Journey of the Taoist [Chhiu] Chhang-Chhun from China to the Hindu-Kush at the summons of Chingiz Khan, recorded by his disciple Li Chih-Chhang*. Routledge, London, 1931. (Broadway Travellers Series.) Crit. P. Pelliot, *TP*, 1931, **28**, 413.
WALEY, A. (11). *The Temple, and other Poems*. Allen & Unwin, London, 1923.
WALEY, A. (13). *The Poetry and Career of Li Po (701 to 762 A.D.)*. Allen & Unwin, London, 1950.
WALEY, A. (18). *An Index of Chinese Artists, represented in the Sub-Department of Oriental Prints and Drawings in the British Museum*. BM, London, 1922.
WALEY, A. (19). *An Introduction to the Study of Chinese Painting*. Benn, London, 1923. Repr. 1958.
WALEY, A. (20). 'A Chinese Picture' (Chang Tsê-Tuan's 'Going up the River to Kaifêng at the Spring Festival' *c*. +1126). *BUM*, 1917, **30**, 3.
WALKER, R. L. (1). *The Multi-State System of Ancient China*. Shoestring Press, Hamden, Conn., U.S.A., 1953. (Yale Univ. Foreign Area Studies Monographs, no. 1.)
WALLACKER, B. E. (1) (tr.). *The 'Huai Nan Tzu' Book, [Ch.] 11; Behaviour, Culture and the Cosmos*. Amer. Oriental Soc., New Haven, Conn., 1962. (Amer. Oriental Series, no. 48.)
WALLINGA, H. T. (1). *The Boarding-Bridge of the Romans; its Construction and its Function in the Naval Tactics of the First Punic War*. Wolters, Groningen, 1956; Nijhoff, The Hague, 1956. Crit. J. S. Morrison, *AAAA*, 1958, **11** (no. 2), 142.
WALLIS, H. M. (1). 'The Influence of Father Ricci on Far Eastern Cartography.' *IM*, 1965, **19**, 38.
WALLIS, H. M. & GRINSTEAD, E. D. (1). 'A Chinese Terrestrial Globe, +1623.' *BMQ*, 1963, **25**, 83.
WAN NUNG (1). 'Fighting the Big Flood' (at Hankow on the Yellow River). *CREC*, 1954, **3** (no. 6), 9.
WANG CHI-MIN (2). *Lancet and Cross* (biographies of fifty Western physicians in 19th-century China). Council for Christian Medical Work, Shanghai, 1950.
WANG CHI-MING (1). 'The Style of Chekiang Houses.' *CREC*, 1963, **12** (no. 3), 12.
WANG CHIUNG-MING (1). 'The Bronze Culture of Ancient Yunnan.' *PKR*, 1960 (no. 2), 18. Reprinted in mimeographed form. Collet's Chinese Bookshop, London, 1960.
WANG CHUN-KAO (1). 'More Waterways for Huai-an.' *CREC*, 1962, **11** (no. 11), 3.
WANG GUNGWU. See Wang Kung-Wu.
WANG KUNG-WU (1). 'The Nanhai Trade; a Study of the Early History of Chinese Trade in the South China Sea [from later Han to Wu Tai +1st to +10th Centuries].' *JRAS/M*, 1958, **31** (pt. 2), 1–135.
WANG LING (1). 'On the Invention and Use of Gunpowder and Firearms in China.' *ISIS*, 1947, **37**, 160.
WANG WEI-HSIN (1). 'Tapping Sub-surface Water' (*qanāts* in Kansu and Inner Mongolia). *CREC*, 1962, **11** (no. 2), 17.
WANG YU-CHI (1). 'Railways Forge Ahead' (on the Pao-chhêng Line). *CREC*, 1953, **2** (no. 6), 28.
WARD, B. E. (1). 'A Hongkong Fishing Village.' *JOSHK*, 1954, **1**, 195.
WARD, B. E. (2). 'The Straight Chinese "Yuloh".' *MMI*, 1954, **40**, 321.
WARD, F. KINGDON (1). 'Tibet as a Grazing Land.' *GJ*, 1947, **110**, 60.
WARD, F. KINGDON (2). *From China to Hkamti Long*. Arnold, London, 1924.
WARD, F. KINGDON (3). *The Land of the Blue Poppy; Travels of a Naturalist in Eastern Tibet*. Cambridge, 1913.
WARD, F. KINGDON (4). 'Pflanzenbrücken im Himalaya.' *AT*, 1947, **19**, 83.
WARD, F. KINGDON (6). *Plant Hunting in the Wilds*. Figurehead, London, n.d. (1931).
WARD, F. KINGDON (7). *Burma's Icy Mountains*. Cape, London, 1949.
WARD, F. KINGDON (11). *Plant Hunting on the Edge of the World*. Gollancz, London, 1930.
WARD, F. KINGDON (12). *Return to the Irrawaddy*. Melrose, London, 1956.
WARD, F. KINGDON (13). *Plant Hunter's Paradise*. Cape, London, 1937.
WARD, F. KINGDON (14). *The Romance of Plant Hunting*. Arnold, London, 1924.
WARD, F. KINGDON (15). *Pilgrimage for Plants* (with introduction and bibliography by W. T. Stearn). Harrap, London, 1960.
WARD, F. KINGDON (16). *The Mystery Rivers of Tibet....* Seeley Service, London, 1923.
WARMINGTON, E. H. (1). *The Commerce between the Roman Empire and India*. Cambridge, 1928.
WATERS, D. W. (1). 'Chinese Junks; the Antung Trader.' *MMI*, 1938, **24**, 49.
WATERS, D. W. (2). 'Chinese Junks; the Pechili Trader.' *MMI*, 1939, **25**, 62.
WATERS, D. W. (3). 'Chinese Junks, an Exception; the Tongkung.' *MMI*, 1940, **26**, 79.
WATERS, D. W. (4). 'Chinese Junks; the Twaqo.' *MMI*, 1946, **32**, 155.
WATERS, D. W. (5). 'Chinese Junks; the Hangchow Bay Trader and Fisher.' *MMI*, 1947, **33**, 28.
WATERS, D. W. (6). 'The Chinese Yuloh' [self-feathering propulsion oar]. *MMI*, 1946, **32**, 189.

WATERS, D. W. (8). 'The Straight, and other, Chinese "Yulohs".' *MMI*, 1955, **41**, 60.
WATERS, D. W. (9). 'Some Coastal Sampans of North China: I. The Sampan of the Antung Trader.' MS. Notes on Models in the National Maritime Museum, Greenwich, the Science Museum, South Kensington, and the Mystic Seaport Museum, Mystic, Conn., U.S.A.
WATERS, D. W. (10). 'Some Coastal Sampans of North China: II. The "Duck", "Chicken" and "Open Bow" Sampans of Wei-Hai-Wei.' MS. Notes on Models in the National Maritime Museum, Greenwich, the Science Museum, South Kensington, and the Mystic Seaport Museum, Mystic, Conn., U.S.A.
WATERS, D. W. (11). 'Early Time and Distance Measurement at Sea.' *JIN*, 1955, **8**, 153.
WATERS, D. W. (12). 'The Development of the English and the Dutchman's Log.' *JIN*, 1956, **9**, 70. Discussion by E. G. R. Taylor, A. H. W. Robinson & D. W. Waters. *JIN*, 1956, **9**, 357.
WATERS, D. W. (13). 'The Sea Chart and the English Colonisation of America.' *ANEPT*, 1957, **17**, 28.
WATERS, D. W. (14). 'A Tenth Mariner's Astrolabe [preserved in Japan].' *JIN*, 1957, **10**, 411.
WATERS, D. W. (15). *The Art of Navigation in England in Elizabethan and Early Stuart Times.* Hollis & Carter, London, 1958.
WATERS, D. W. (16). 'Knots per Hour.' *MMI*, 1956, **42**, 148.
WATERS, D. W. (17) (ed.). *The Rutters of the Sea; Sailing Directions of Pierre Garcie.* Yale Univ. Press, New Haven, Conn., 1967.
WATERS, D. W. (18). 'The Sea- or Mariner's Astrolabe.' *RFCC*, 1966, **39**, 5. (Junta de Investigações do Ultramar; Agrupamento de Estudos de Cartografia Antiga (Seccaõ de Coimbra), pub. no. 15.)
WATSON, BURTON (1) (tr.). '*Records of the Grand Historian of China*', translated from the '*Shih Chi*' of Ssuma Chhien. 2 vols. Columbia Univ. Press, New York, 1961.
WATSON, BURTON (2). *Ssuma Chhien, Grand Historian of China.* Columbia Univ. Press, New York, 1958.
WATSON, W. (1). *Archaeology in China.* Parrish, London, 1960. (An account of an exhibition of archaeological discoveries organised by the Chinese People's Association for Cultural Relations with Foreign Countries and the Britain–China Friendship Association, 1958.) Cf. Watson & Willetts (1).
WATSON, W. (2). *China before the Han Dynasty.* Thames & Hudson, London, 1961. (Ancient Peoples and Places, no. 23.)
WATSON, W. (3). 'A Cycle of Cathay; China, the Civilisation of a Single People.' Art. in *The Dawn of Civilisation; the First World Survey of Human Cultures in Early Times*, ed. S. Piggott, p. 253. Thames & Hudson, London, 1961.
WATTERS, T. (2). *A Guide to the Tablets in the Temple of Confucius.* Presbyt. Miss. Press, Shanghai, 1879.
WATTERSON, J. (1). *Architecture, Five Thousand Years of Building.* Norton, New York, 1950.
WEBB, A. H. & TANNER, F. W. (1). 'The Effect of Spices and Flavouring Materials on the Growth of Yeasts.' *FOODR*, 1945, **10**, 273.
WELLS, F. H. (1). 'How much did Ancient Egypt influence the Design of the Chinese Junk?' *CJ*, 1933, **19**, 300.
WELLS, W. H. (1). *Perspective in Early Chinese Painting.* Goldston, London, 1935; repr. 1945. (Crit. J. B[uhot], *RAA/AMG*, 1935, **9**, 238.)
WELLS, W. H. (2). 'Some Remarks on Perspective in Early Chinese Painting.' *OAZ*, 1933, **9**, 214.
WELTFISH, G. (2). *The Origins of Art [in Amerindian basket-making, weaving and pottery].* Bobbs-Merrill, Indianopolis and New York, 1953.
WHEATLEY, P. (1). 'Geographical Notes on some Commodities involved in Sung Maritime Trade.' *JRAS/M*, 1959, **32** (pt. 2), 1–140.
WHEELER, SIR R. E. M. (1) (with GHOSH, A. & DEVA, K.). 'Arikamedu; an Indo-Roman Trading Station on the East Coast of India.' *ANI*, 1946 (no. 2), 17.
WHEELER, SIR R. E. M. (4). *Rome beyond the Imperial Frontiers.* Bell, London, 1954. (Crit. rev. J. E. van Lohuizen de Leeuw, *ORA*, 1955 (n.s.), **1**, 130.)
WHEELER, SIR R. E. M. (6). 'Archaeology in East Africa.' *TNR*, 1955 (no. 40), 43.
WHEELER, SIR R. E. M. (7). *Impact and Imprint; Greeks and Romans beyond the Himalayas.* King's College, Newcastle-on-Tyne, 1959. (39th Earl Grey Memorial Lecture.)
WHITE, E. W. (1). *British Fishing-Boats and Coastal Craft; Pt. I, Historical Survey.* Science Museum, London, 1950. (Pt. II is the Catalogue of Exhibits.)
WHITE, W. C. (2), Bp. of Honan. 'Chinese Home Life 1800 Years Ago; Model Houses [Farmsteads], in Pottery, from Chinese Tombs, ascribed to the +2nd century; possibly a pair from the graves of husband and wife, and said to be the first published examples.' *ILN*, 1934, **185**, 148. Subsequent investigation led to the conclusion that these models were more probably of Ming date, +15th century; see Bulling (3).
WHITE, W. C. (3), Bp. of Honan. *Bronze Culture of Ancient China; an archaeological study of Bronze Objects from Northern Honan dating from about −1400 to −771.* Univ. of Toronto Press, Toronto, 1956. (Royal Ontario Museum Studies, no. 5.)

WHITE, W. C. (4), Bp. of Honan. *Bone Culture of Ancient China; an archaeological study of Bone Material from Northern Honan dating from about the −12th century*. Univ. of Toronto Press, Toronto, 1945. (Royal Ontario Museum Studies, no. 4.)

WHITE, W. C. (5), Bp. of Honan. *Tomb-Tile Pictures of Ancient China; an Archaeological Study of Pottery Tiles from Tombs of Western Honan dating from about the −3rd century*. Univ. Toronto Press, Toronto, 1939. (Royal Ontario Museum Studies, no. 1.)

WHITEWAY, R. S. (1). *The Rise of Portuguese Power in India, +1497 to +1550*. Constable, London (Westminster), 1899.

WHITFIELD, RODERICK (1). *Chang Tsê-Tuan's 'Chhing Ming Shang Ho Thu'*. Inaug. Diss. Princeton, 1965.

WIEGER, L. (1). *Textes Historiques*. 2 vols. (Ch. and Fr.) Mission Press, Hsienhsien, 1929.

WIEGER, L. (2). *Textes Philosophiques*. (Ch. and Fr.) Mission Press, Hsienhsien, 1930.

WIEGER, L. (3). *La Chine à travers les Ages; Précis, Index Biographique et Index Bibliographique*. Mission Press, Hsienhsien, 1924. Eng. tr. E. T. C. Werner.

WIEGER, L. (4). *Historie des Croyances Religieuses et des Opinions Philosophiques en Chine depuis l'origine jusqu'à nos jours*. Mission Press, Hsienhsien, 1917.

WIEGER, L. (6). *Taoisme*. Vol. 1. *Bibliographie Générale*: (1) Le Canon (Patrologie); (2) Les Index Officiels et Privés. Mission Press, Hsienhsien, 1911. (Crit. by P. Pelliot, *JA*, 1912 (10 sér.), **20**, 141.)

WIEGER, L. (7). *Taoisme*. Vol. 2. *Les Pères du Système Taoiste* (tr. selections of Lao Tzu, Chuang Tzu, Lieh Tzu). Mission Press, Hsienhsien, 1913.

WIENS, H. J. (1). 'The "Shu Tao", or Road to Szechuan.' *GR*, 1949, **39**, 584.

WIENS, H. J. (2). *The 'Shu Tao' or, the Road to Szechuan; a Study of the Development and Significance of Shensi-Szechuan Road Communication in West China*. Ann Arbor, Mich., 1948. (Inaug. Diss. Univ. of Michigan.) Xerocopy Reprint, University Microfilms, Ann Arbor, Mich., 1966.

WIET, G. (1) (tr.). *Les Pays [Aḥmad ibn Wāḍiḥ al-Ya'qūbī's 'Kitāb al-Buldān' (Book of the Countries), +889]*. Cairo, 1937. (Pub. Inst. Fr. d'Archéol. Or.; Textes et Traductions d'Auteurs orientaux, no. 1.)

VON WIETHOF, B. (1). 'On the Structure of the [Chinese] Private Trade with Overseas [Countries] about +1550.' With chart. Proc. 14th Conference of Junior Sinologists, Breukelen, 1962 (unpaged mimeographed report).

VON WIETHOF, B. (2). *Die Chinesische Seeverbotspolitik und der private Überseehandel von 1368 bis 1567*. Wiesbaden, 1963.

WILHELM, HELLMUT (1). *Chinas Geschichte; zehn einführende Vorträge*. Vetch, Peiping, 1942.

WILHELM, RICHARD (2) (tr.). *'I Ging' [I Ching]; Das Buch der Wandlungen*. 2 vols. (3 books, pagination of 1 and 2 continuous in first volume). Diederichs, Jena, 1924. (Eng. tr. C. F. Baynes (2 vols). Bollingen-Pantheon, New York, 1950.) See Vol. 2, p. 308.

WILHELM, RICHARD (3) (tr.). *Frühling u. Herbst d. Lü Bu-We* (the *Lü Shih Chhun Chhin*). Diederichs, Jena, 1928.

WILHELM, RICHARD (4) (tr.). *Liä Dsi; Das Wahre Buch vom Quellenden Urgrund; Tschung Hü Dschen Ging; Die Lehren der Philosophen Liä Yü Kou und Yang Sschu*. Diederichs, Jena, 1921.

WILHELM, RICHARD (6) (tr.). *Li Gi, das Buch der Sitte des älteren und jungeren Dai* [i.e. both *Li Chi* and *Ta Tai Li Chi*]. Diederichs, Jena, 1930.

WILKINSON, J. G. (1). *A Popular Account of the Ancient Egyptians*. 2 vols. Murray, London, 1854.

WILLCOCKS, SIR WILLIAM (1). *The Irrigation of Mesopotamia*. Spon, London, 1911; 2nd ed. 1917.

WILLCOCKS, SIR WILLIAM (2). *The Restoration of the Ancient Irrigation Works on the Tigris; or, the Re-Creation of Chaldea*. Nat. Printing Dept., Cairo, 1903.

WILLCOCKS, SIR WILLIAM (3). *Lectures on the Ancient System of Irrigation in Bengal and its Application to Modern Problems*. Univ. of Calcutta, Calcutta, 1930.

WILLCOCKS, SIR WILLIAM (4). *Egyptian Irrigation*. London, 1889; 3rd edn., 2 vols. Spon, London, 1913 (with J. I. Craig).

WILLCOCKS, SIR WILLIAM (5). *From the Garden of Eden to the Crossing of the Jordan*. Spon, London, 1919.

WILLETTS, W. Y. (1). *Chinese Art*. 2 vols. Penguin, London, 1958. New and revised edition in greatly enlarged format: *Foundations of Chinese Art, from Neolithic Pottery to Modern Architecture*. Thames & Hudson, London, 1965.

WILLEY, G. R. (1). 'Historical Patterns and Evolution in Native New World Cultures.' Art. in *Evolution after Darwin*, ed. S. Tax, vol. 2, p. 111. Chicago Univ. Press, Chicago, Ill., 1960.

WILLIAMS, G. R. (1). 'Hydrology [and Meteorology].' Art. in *Engineering Hydraulics*, ed. H. Rouse, p. 235. (Proc. 4th Hydraulics Conference, Iowa Inst. of Hydraulics Research, 1949.) Wiley, New York, 1950; Chapman & Hall, London, 1950.

WILLIAMS, S. WELLS (1). *The Middle Kingdom; a Survey of the Geography, Government, Literature [or Education], Social Life, Arts, [Religion] and History, [etc.] of the Chinese Empire and its Inhabitants*. 2 vols. Wiley, New York, 1848; later eds. 1861, 1900; London, 1883.

WILLIAMS-ELLIS, C., EASTWICK-FIELD, J. & EASTWICK-FIELD, E. (1). *Building in Cob, Pisé and Stabilised Earth.* Country Life, London, 1947 (1st edn, 1919).
WILLIAMSON, H. R. (1). *Wang An-Shih; Chinese Statesman and Educationalist of the Sung Dynasty.* 2 vols. Probsthain, London, 1935, 1937.
WILSON, C. (1). 'Thomas Telford (+1757 to 1834).' *PROG*, 1957, **46** (no. 256), 61.
WILSON, C. E. (1). 'The Wall of Alexander against Gog and Magog; and the Expedition sent out to find it by the Caliph al-Wāthiq in +842.' *AM*, Introductory Volume (Hirth Anniversary Volume), n.d. (1923), 575.
WILSON, E. H. (1). *China, Mother of Gardens.* 1929.
WINLOCK, H. E. (2). *Models of Daily Life in Ancient Egypt, from the Tomb of Meket-Rē at Thebes (c. −2000).* Harvard Univ. Press, 1955. (Pubs. Metropolitan Museum of Art, no. 18.)
WINSLOW, E. M. (1). *A Libation to the Gods; the Story of the Roman Aqueducts.* Hodder & Stoughton, London, 1963.
WINTERBOTHAM, W. G. (1). 'The Chinese Junk.' *TIMEN*, 1901, **13**, paper no. XCVII.
WITH, K. (1). *Japanische Baukunst.* Leipzig, 1921. (Bibliothek d. Kunstgeschichte, no. 10.)
WITTFOGEL, K. A. FÊNG, CHIA-SHÊNG *et al.* (1). 'History of Chinese Society (Liao), 907–1125.' *TAPS*, 1948, **36**, 1–650. (Rev. P. Demiéville, *TP*, 1950, **39**, 347; E. Balasz, *PA*, 1950, **23**, 318.)
WOLF, A. (1) (with the co-operation of F. DANNEMANN & A. ARMITAGE). *A History of Science, Technology and Philosophy in the 16th and 17th Centuries.* Allen & Unwin, London, 1935; 2nd ed., revised by D. McKie, London, 1950.
WOLF, A. (2). *A History of Science, Technology and Philosophy in the 18th Century.* Allen & Unwin, London, 1938; 2nd ed., revised by D. McKie, London, 1952.
WOLFANGER, L. A. (1). 'Major World Soil Groups and some of their Geographic Implications.' *GR*, 1929, **19**, 106.
WOLFF, G. (2). *History of Perspective down to the Year 1600*, vol. 1, p. 39. Actes du 8e Congrès International d'Histoire des Sciences, Florence, 1956.
WOLKENHAUER, A. (1). 'Beiträge z. Geschichte d. Kartographie und Nautik des 15 bis 17 Jahrhunderts.' *MGGMU*, 1906, **1**, 161.
WONG. See Wang.
WOOLF, LEONARD (1). 'Diaries in Ceylon, 1908–1911; being the official diaries maintained by L.W. while Assistant Government Agent of the Hambantota District.' *CEYHJ*, 1960, **9**, 1–250. Sep. pub., with appendix *Three Short Stories on Ceylon.* Ceylon Histor. Soc. Colombo, 1960.
WOOLLEY, L. (2). *The Development of Sumerian Art.* Faber & Faber, London, 1935.
WORCESTER, G. R. G. (1). *Junks and Sampans of the Upper Yangtze.* Inspectorate-General of Customs, Shanghai, 1940. (China Maritime Customs Pub., ser. III, Miscellaneous, no. 51.)
WORCESTER, G. R. G. (2). *Notes on the Crooked-Bow and Crooked-Stem Junks of Szechuan.* Inspectorate-General of Customs, Shanghai, 1941. (China Maritime Customs Pub., ser. III, Miscellaneous, no. 52.)
WORCESTER, G. R. G. (3). *The Junks and Sampans of the Yangtze; a study in Chinese Nautical Research.* Vol. 1, *Introduction, and Craft of the Estuary and Shanghai Area.* Vol. 2, *The Craft of the Lower and Middle Yangtze and Tributaries.* Inspectorate-General of Customs, Shanghai, 1947, 1948. (China Maritime Customs Pub., ser. III, Miscellaneous, nos. 53, 54.) (Rev. D. W. Waters, *MMI*, 1948, **34**, 134.)
WORCESTER, G. R. G. (4). 'The Chinese War-Junk.' *MMI*, 1948, **34**, 16.
WORCESTER, G. R. G. (5). 'The Origin and Observance of the Dragon-Boat Festival in China.' *MMI*, 1956, **42**, 127.
WORCESTER, G. R. G. (6). 'The Coming of the Chinese Steamer.' *MMI*, 1952, **38**, 132.
WORCESTER, G. R. G. (7). 'The Amoy Fishing Boat.' *MMI*, 1954, **40**, 304.
WORCESTER, G. R. G. (8). 'Six Craft of Kuangtung.' *MMI*, 1959, **45**, 130.
WORCESTER, G. R. G. (9). 'Four Small Craft of Thaiwan.' *MMI*, 1956, **42**, 302.
WORCESTER, G. R. G. (10). Appreciation of the late Sir Frederick Maze, K.B.E., K.C.M.G. *MMI*, 1959, **45**, 90.
WORCESTER, G. R. G. (11). 'The First Naval Expedition on the Yangtze River 1842.' *MMI*, 1950, **36**, 2.
WORCESTER, G. R. G. (12). 'The Inflated Skin Rafts of the Huang Ho.' *MMI*, 1957, **43**, 73.
WORCESTER, G. R. G. (13). 'Some Brief Notes on Fishing in China.' *MMI*, 1958, **44**, 49.
WORCESTER, G. R. G. (14). *The Junkman Smiles.* Chatto & Windus, London, 1959.
WORCESTER, G. R. G. (15). *Sail and Sweep in China; the History and Development of the Chinese Junk as illustrated by the Collections of Models in the Science Museum* [*London*]. HMSO, London, 1966.
WORCESTER, G. R. G. (16). 'Four Junks of Chiangsi.' *MMI*, 1961, **47**, 187.
WORSLEY, P. M. (1). 'Early Asian Contacts with Australia.' *PP*, 1955 (no. 7), 1.
WREDEN, R. (1). 'Vorlaüfer u. Entstehen der Kammerschleuse; ihre Würdigung u. Weiterentwicklung.' *BGTI*, 1919, **9**, 130.

WRIGHT, A. F. (5). 'On Teleological Assumptions in the History of Science.' *AHR*, 1957, **62**, 918.
WRIGHT, A. F. (7). 'Sui Yang Ti; Personality and Stereotype.' Art. in *The Confucian Persuasion*, ed. A. F. Wright, p. 47. Stanford Univ. Press, Palo Alto, Calif., 1960.
WRIGHT, EDWARD (1). *Certaine Errors in Navigation*. London, 1610.
WU CHING-CHHAO (2). 'Economic Development' (of China). In *China*, ed. H. F. McNair, p. 455. Univ. of Calif. Press, Berkeley, 1946.
WU LIEN-TÊ (1) (ed.) (= *1*). *Magnificent China* (album of photographs, many in colour, with accompanying text). Liang Yu Book Co., Hongkong, 1966.
WU LUEN-TAK. See Wu Lien-Tê.
WU, NELSON I. See Wu No-Sun.
WU NO-SUN (1). *Chinese and Indian Architecture*. Prentice-Hall, London, 1963; Braziller, New York, 1963.
WU TA-KHUN (1). 'An Interpretation of Chinese Economic History.' *PP*, 1952 (no. 1), 1.
WULFF, H. E. (1). *The Industrial Arts [Crafts] of Persia; their Development, Technology and Influence on Eastern and Western Civilisation*. Inaug. Diss. Univ. of New South Wales, 1964. Pub. M.I.T. Press, Cambridge, Mass., 1966.
WULFF, H. E. (4). 'The *Qanāts* of Iran.' *SAM*, 1968, **218** (no. 4), 94.
WYLIE, A. (1). *Notes on Chinese Literature*. 1st ed. Shanghai, 1867. Ed. here used Vetch, Peiping, 1939 (photographed from the Shanghai 1922 ed.).
WYLIE, A. (5). *Chinese Researches*. Shanghai, 1897. (Photographically reproduced, Wêntienko, Peiping, 1936.)
WYLIE, A. (10) (tr.). 'Notes on the Western Regions, translated from the "Ts'een Han Shoo" [*Chhien Han Shu*] Bk. 96.' *JRAI*, 1881, **10**, 20; 1882, **11**, 83. (Chs. 96A and B, as also the biography of Chang Chhien in ch. 61, pp. 1–6, and the biography of Chhen Thang in ch. 70.)
WYMSATT, G. (1) (tr.). *The Lady of the Long Wall [Mêng Chiang Nü]*. Columbia Univ. Press, New York, n.d.

YANG CHÊNG-WU (1). 'The Fight for Lu-ting Bridge.' *CR*, 1957, **6**, 24.
YANG LIEN-SHÊNG (3). *Money and Credit in China; a Short History*. Harvard Univ. Press, Cambridge, Mass., 1952. (Harvard-Yenching Institute Monograph Series, no. 12.) (Rev. R. S. Lopez, *JAOS*, 1953, **73**, 177; L. Petech, *RSO*, 1954, **29**, 277.)
YANG LIEN-SHÊNG (7). 'Notes on N. L. Swann's "Food and Money in Ancient China".' *HJAS*, 1950, **13**, 524. Repr. in Yang Lien-Shêng (9), p. 85 with additions and corrections.
YANG LIEN-SHÊNG (11). *Les Aspects Économiques des Travaux Publics dans la Chine Impériale*. Collège de France, Paris, 1964.
YANG MIN (1). 'Reviving the Grand Canal.' *PR*, 1958 (no. 18), 14.
YANG MIN (2). 'Peasant Inventions for Irrigation.' *PKR*, 1958 (no. 15), 13.
YANG WEI-CHÊN (1). 'About the *Shih Shuo Hsin Yü*.' *JOSHK*, 1955, **2**, 309.
YANG WEI-CHUN (1). 'Kuangtung Fights the Floods.' *CREC*, 1959, **8** (no. 9), 16.
YAZDANI, G. & BINYON, L. (1). *Ajanta; Colour and Monochrome Reproductions of the Ajanta Frescoes based on photography, with explanatory text [by G. Y.] and introduction [by L. B.]*. 4 vols. Oxford, 1930–55.
YEN YAO-CHING *et al.* (1). *Builders of the Ming Tombs Reservoir*. For. Languages Press, Peking, 1958.
YETTS, W. P. (4). 'Taoist Tales, III; Chhin Shih Huang Ti's Expeditions to Japan.' *NCR*, 1920, **2**, 290.
YETTS, W. P. (6). 'Notes on Chinese Roof-Tiles.' *TOCS*, 1927, 13.
YETTS, W. P. (8). 'A Chinese Treatise on Architecture.' *BLSOAS*, 1927, **4**, 473.
YETTS, W. P. (9). 'A Note on the *Ying Tsao Fa Shih*.' *BLSOAS*, 1930, **5**, 855.
YETTS, W. P. (10). 'Writings on Chinese Architecture.' *BM*, 1927, **50**, 116.
YETTS, W. P. (11). 'Concerning Chinese Furniture.' *JRAS*, 1949, 125.
YETTS, W. P. (14). *An-yang; a Retrospect*. China Society, London, 1942. (Occasional Papers, no. 2.)
YETTS, W. P. (15). 'A Datable Shang-Yin Inscription' [the Yi Yu vessel, with an account of ancient fowling using arrows with cords attached to them]. *AM*, 1949 (n.s.), **1**, 75.
YETTS, W. P. (17). *'West' and 'East' and the Chou Dynasty* (with a Memoir of the Author and a List of his Published Work relating to Chinese Studies by S. H. Hansford). China Society, London, 1958. (China Society Occasional Papers, no. 11.)
YI KWANGNIN (1). *History of Irrigation in the Yi Dynasty [Korea, +1392 to 1910]*. Extensive English summary of Yi Kwangnin (*1*). Korean Research Centre, Seoul, Korea. (Korean Studies Series, no. 8.)
YOSHIDA, T. (1). *Das japanische Wohnhaus*, 2nd ed. Tübingen, 1954.
YSBRANTS IDES. See Ides, E. Ysbrants.
YU CHÊNG (1). 'Irrigation by "Water-Melons"' (small tanks and reservoirs fed by lateral irrigation contour canals from dams and weirs on the Tutsao River, a tributary of the Han River near Hsianyang). *CREC*, 1959, **8** (no. 5), 17.

YÜ YING-SHIH (1). *Trade and Expansion in Han China; a Study in the Structure of Sino-Barbarian Economic Relations*. Univ. Calif. Press, Berkeley and Los Angeles, 1967.
YULE, SIR HENRY (1) (ed.). *The Book of Ser Marco Polo the Venetian, concerning the Kingdoms and Marvels of the East, translated and edited, with Notes, by H. Y...*, 1st ed. 1871, repr. 1875. 2 vols. ed. H. Cordier. Murray, London, 1903 (reprinted 1921). 3rd ed. also issued, Scribners, New York, 1929. With a third volume, *Notes and Addenda to Sir Henry Yule's Edition of Ser Marco Polo*, by H. Cordier. Murray, London, 1920.
YULE, SIR HENRY (2). *Cathay and the Way Thither; being a Collection of Mediaeval Notices of China*. Hakluyt Society Pubs. (2nd ser.) London, 1913–15. (1st ed. 1866.) Revised by H. Cordier. 4 vols. Vol. 1 (no. 38), *Introduction; Preliminary Essay on the Intercourse between China and the Western Nations previous to the Discovery of the Cape Route*. Vol. 2 (no. 33), *Odoric of Pordenone*. Vol. 3 (no. 37), *John of Monte Corvino and others*. Vol. 4 (no. 41), *Ibn Baṭṭuṭah and Benedict of Goes*. (Photographic reprint, Peiping, 1942.)
YULE, SIR HENRY (3) (tr.). '*Mirabilia Descriptio*'; *the Wonders of the East*, [*writtein c. +1330 by Jordanus Catalanus, O.P., Bp. of Columbum, i.e. Quilon in India*]. London, 1863. (Hakluyt Society Pubs., 1st ser., no. 31.)
YULE, H. & BURNELL, A. C. (1). *Hobson-Jobson: being a Glossary of Anglo-Indian Colloquial Words and Phrases*.... Murray, London, 1886.
YULE & CORDIER. See Yule (1).

VON ZACH, E. (2) (tr.). 'Chang Hêng's poetische Beschreibung der westlichen Hauptstadt (*Hsi Ching Fu*) [Chheng-An].' In *Deutsche Wacht*. Batavia, 1953. (Cit. and partially reproduced in German; Bulling (2), p. 51; in English; Gutkind (1), p. 318.) (Repr. von Zach (6), vol. 1, p. 1.)
VON ZACH, E. (3). 'Das *Lu Ling Kuang Tien Fu* des Wang Wên-Ka'o' [Wang Yen-Shou]. *AM*, 1926, **3**, 467. (Repr. von Zach (6), vol. 1, p. 164.)
VON ZACH, E. (6). *Die Chinesische Anthologie; Übersetzungen aus dem 'Wên Hsüan'*. 2 vols. Ed. I. M. Fang. Harvard Univ. Press, Cambridge, Mass., 1958. (Harvard-Yenching Studies, no. 18.)
ZAKREWSKA, M. (1). *Catalogue of Globes in the Jagellonian University Museum*. Inst. Hist. Sci. & Tech. (Polish Acad. Sci.), Cracow, 1965.
DE ZURARA, GOMES EANES. See Beazley & Prestage.
ZÜRCHER, E. (1). *The Buddhist Conquest of China; the Spread and Adaptation of Buddhism in Early Mediaeval China*. 2 vols. Brill, Leiden, 1959. (Sinica Leidensia, no. 11.)
ZURLA, D. P. (1). *Il Mappamonde di Fra Mauro Camaldolese*. Venice, 1806.
DE ZYLVA, E. R. A. (1). *The Mechanisation of Fishing Craft and the Use of Improved Fishing Gear*. Fisheries Research Station, Colombo, 1958. (Bulletin no. 7.)

索　　引

说明

1. 本册原著索引系穆里尔·莫伊尔（Muriel Moyle）女士编制。本索引据原著索引译出，个别条目有所改动。
2. 本索引按汉语拼音字母顺序排列。第一字同音时，按四声顺序排列；同音同调时，按笔画多少和笔顺排列。
3. 各条目所列页码，均指原著页码。数字加*号者，表示这一条目见于该页脚注。
4. 在一些条目后面所列的加有括号的阿拉伯数码，系指参考文献；斜体阿拉伯数码，表示该文献属于参考文献B；正体阿拉伯数码，表示该文献属于参考文献C。
5. 除外国人名和有西文论著的中国人名外，一般未附原名或相应的英译名。

A

B

C

D

E

F

G

H

J

K

L

M

N

O

P

Q

R

S

T

W

X

Y

Z

本书所用中文古籍版本目录（暂定）

莱奥妮·卡拉汉（Léonie Callaghan）等　编

在本书开始时就曾设想，这几卷的读者中许多通晓汉语者自然会想去查阅原始资料。尤其当读到一段段的译文时，他们多半会希望能方便地找到原文，但是由于中国书籍往往有多种版本，因此最好能了解所使用的版本。这方面所作的诺言（参见第一卷，p. 20 关于参考文献 A 的（m）和（n）；第四卷第一分册，P. xxviii 和第四卷第二分册，P. xiviii），绝不能拖到第七卷末才予以实现，所以这里先列出由莱奥妮·卡拉汉女士（Léonie Callaghan）协助编辑的一份暂定目录。现须作如下几点说明。

1. 目录（A）的主要部分所列的书名，与以前各卷参考文献的编法相同，按字母顺序排列，只是将各卷文献加以合并。参考文献 A 的排序规则仍然适用，如 Chh-排在 Ch-之后，Hs-排在 H-之后等。

2. 目录（B）为丛书部分，每部丛书都列出了拉丁拼音的缩写，在目录（A）中用以指明所引用的具体书籍可在何种丛书中找到。这里不仅包括严格含义上的丛书，还包括一些独立作品的汇集，有时这些独立作品还是同一作者的著作。

3. 各卷参考文献中所列的书籍并非全都可以在本目录中查到，因为有些书籍我们只知其书名和作者，却从未见过其文本。应该提醒读者，现已完全失传的书籍一概不收入本书目之内，如果需要时，则只能在相应各卷的卷末索引中去查找。

4. 日本、朝鲜、越南等国出版的中文著作，在这里按其书名的中文发音排列，有别于前几卷按日文、朝鲜文、越南文的发音排列。

5. 如果我们查阅的版本在两种以上，则所用版本均被列出。

6. 有时只能见到某些文本的缩微胶片，对此则予以标明。

7. 由于重新装订等各种原因而遗失了封面和封底，因此我们手头的某些版本无法予以鉴定，但我们希望所提供的信息一般来说是充分的。

8. 本目录不包括参考文献 B 的内容，当然，参考文献 A 与 B 之间有些重迭，因为 1800 这个年代只是为了方便起见而采用的一种人为的区分线，如《皇清经解》这部丛书就跨越了这一年代。但是，参考文献 B 中提供的有关版本的信息，一般来说总比只说明成书年代和作者姓名的参考文献 A 更为精确。

9. 除少数例外，所列出的全部书名悉按剑桥大学图书馆或基斯学院（Caius College）中我们的工作图书馆的藏书书名。

李约瑟
1970 年 8 月

A. 书　　名

以汉语拼音为序；包括日本书籍和朝鲜书籍等。用大写字母表示的缩略语，见后面所列的丛书书目 B 或各卷册缩略语表。

《安天论》　*YHSF*
《聱隅子歔欷琐微论》　*CPTC*

《白虎通德论》
　1305 年本的平江重刊本，何永宫刊，及 *HWTS*
《白石道人诗集歌曲》　*SPTK*
《般若波罗密多经》　*SANT*
《保生心鉴》　有 1506 年序
《抱朴子》
　经纶元记校刊，1894 年，*SPTK*，*TT*
《本草纲目》
　1885 年本，及上海，1954 年，商务印书馆
《本草和名》
　东京，1926 年，长岛丰太郎（《日本古典全集》）
《本草品汇精要》
　上海，1956 年，商务印书馆
《本草衍义》　1877 年重刻元刻本，及上海，1936 年，大东书局
《本起经》　Wieger（2）
《北斗七星念诵仪轨》　*SANT*
《北户录》　*TTT*
《北梦琐言》　*BH*
《北齐书》　*ESSS*
《北史》　*ESSS*
《北堂书钞》
　南海孔氏三十有三万卷堂，1888 年，*SKCS*
《北溪字义》　*HYHTS*
《北行日录》　*CPTC*
《避暑录话》　*BH*
《辨惑编》　*SSKTS*
《辨疑志》　*SF*
《表异录》　*HYHTS*
《伯牙琴》　*CPTC*
《泊宅编》　*BH*
《博物记》　*YHSF*
《博物志》　有唐琳玉序，及 *BH*，*HWTS*
《卜筮正宗全书》　*TSCC*
《步里客谈》　*SSKTS*
《步天歌》　*TSCC*

《参同契》　（又见《周易参同契分章注解》）
　HCTY
《参同契发挥》　*TT*
《参同契分章注解》　*TTCY*
《参同契考异》　*SSKTS*
《骖鸾录》　*CPTC*，*SF*
《蚕书》　*CPTC*
《操缦古乐谱》　*YLCS*
《草木子》　*PLHS*，*SFH*
《册府元龟》
　建阳，福建，1642 年，及北京，1960 年，中华书局
《测量法义》　*TSHCC*
《测量异同》　*TSHCC*
《测圆海镜》　*SSSS*，*CPTC*，*KCSHTS*，*PFT*
《策算》　*SCSS*
《长安志图》　*SKCS*
《长春真人西游记》　*SPPY*
《长物志》　*TSHCC*
《朝野佥载》　*TTT*
《陈书》　*CPTC*
《成唯识论》　*SANT*
《诚斋集》　*SKCS*，*SPTK*
《诚斋杂记》　*SF*，*STPS*
《乘除通变算宝》　*TSHCC*
《池北偶谈》　1701 年，重刻本
《赤雅》　*CPTC*
《重修革象新书》

见《革象新书》
《筹海图编》 *SKCS*
《畴人传》 *KHCP*
《初学记》
古香斋鉴赏袖珍本
《楚辞》 *HYHTS*
《楚辞补注》 *HYHTS*
《吹剑录外集》 *CPTC*
《春秋》 (《左传》)
Couvreur (1) 所收文本，及三卷本，北京，1955 年
《春秋繁露》 *SPPY*
《春秋公羊传》 (何氏解诂) *SPPY*
《春秋谷梁传》 *SPPY*
《春秋后传》 *SKCS*
《春秋井田记》 *YHSF*
《春秋纬汉含孳》 *YHSF*，*SSKTS*
《春秋纬考异邮》 *YHSF*
《春秋纬说题辞》 *YHSF*，*SSKTS*
《春秋纬元命苞》 *YHSF*，*SSKTS*
《春渚纪闻》
涵芬楼本
《淳祐临安志》 *WL*
《辍耕录》
广文堂藏版
《刺世疾邪赋》 *CSHK*

《大宝积经》 *SANT*
《大戴礼记》 *HWTS*
《大方等大集经》 *SANT*
《大孔雀咒王经》 *SANT*
《大明会典》
北京，1587 年
《大明律》
大阪，约 1880 年
《大清会典》
北京，1818 年
《大清历朝实录》
新京，1937 年
《大清律例》
北京，1802 年
《大清一统志》 *SPTK*
《大唐西域记》 *SSKTS*
《大学》
Legge (2) 所收文本
《大学衍义补》 *SKCS*
《大业杂记》 *SF*，*LS*
《大元仓库记》 *KTHS*
《大元海运记》 *HHTK*
《大元毡罽工物记》 *HSTP*
《代醉编》 *SFH*
《丹铅总录》 *KYTS*，*PYT*
《丹方鉴源》 *TT*
《弹棋经》 *TSCC*
《岛夷志略》 *SKCS*
《道德经》
终南山古楼观说经台藏版，1877 年，上海，1931 年，商务印书馆，*BWCTS*，*HWTS*，及北平研究院（《考古专报》，1，2)，1936 年
《道园学古录》 *SKCS*，*SPTK*，*SPPY*
《登真隐诀》 *TT*
《邓析子》
H. Wilhelm (2) 所收文本及 *SF*
《地镜》 *YHSF*
《地镜图》 *YHSF*
《地理五诀》
永顺堂藏版
《地理琢玉斧》
青藜阁藏版
《帝京景物略》 *SKW*
《帝王世纪》 *TSHCC*
《钓矶立谈》 *CPTC*
《蝶几谱》 *SCHS*
《丁巨算法》 *CPTS*，*TSHCC*
《东都赋》 *WHS*
《东国舆地胜览》 汉城，1930 年
《东京赋》 *WHS*
《东京梦华录》
上海，1958 年
《东坡全集》 (七集) *SPPY*
《东坡志林》 *BH*，*BCSH*
《东西洋考》 *HYHTS*
《东轩笔录》 *BH*

《冬官纪事》 *TSHCC*
《洞冥记》 *HWTS*
《洞天清录（集）》 *SF*
《洞霄诗集》 *CPTC*
《洞霄图志》 *TSHCC*，*CPTC*
《洞玄灵宝诸天世界造化经》 *TT*
《洞玄子》 *SMCA*
《都城纪胜》
Moule（5）所收文本，及上海，1958 年
《独醒杂志》 *CPTC*
《独异志》 *BH*
《读史方舆纪要》
二林斋藏版，1901 年
《读通鉴论》 *SCIS*
《度人经》 *TT*
《杜阳杂编》 *BH*，*TTT*
《端溪砚谱》 *BCSH*，*HCTY*

《蛾术编》 *CP*，北京，1864 年
《噩梦》 *CSIS*
《尔雅》
申报馆，1884 年，及古逸丛书本，1884 年，及文莫室，1892 年
《二程粹言》 *TSHCC*，*SPPY*
《二十四山向诀》 *TSCC*

《发蒙记》 *YHSF*
《发微论》 *CPTC*
《法言》 （《扬子法言》）
1914 年，世德堂刊本
《法苑珠林》 *TTT*
《范文正公文集》 *TSHCC*
《范子计然》
见《计倪子》
《梵天火罗九曜》 *SANT*
《方广大庄严经》 *SANT*
《方言》 *HWTS*
《方言疏证》 *SPPY*
《方洲杂言》 *TSHCC*
《风俗通义》 *HWTS*，*SPTK*
《风土记》 *SF*
《枫窗小牍》 *BH*

《封神演义》 上海，锦章图书局
《封氏闻见记》 *SF*，*LS*
《佛国记》 *HWTS*
《佛说北斗七星延命经》 *SANT*
《佛祖统纪》 *SANT*
《伏侯古今注》 *YHSF*
《福建运司志》 *HSL*
《复性书》 *HLTCHT*
《傅子》 *HWTS*

《甘泉赋》 *WHS*
《感应经》 *SF*
《感应类从志》 *SF*
《高厚蒙求》
1809 年，云间徐氏藏版
《割圆连比例图解》 *KCSHTS*
《割圆密率捷法》 *KCSHTS*
《革象新书》 *SKCS*，*HCH*
《格古要论》 1593 年刊本及 *HYHTS*
《格物粗谈》 *TSHCC*
《格致镜原》 1735 年
《耕织图》
1696 年，1742 年（《授时通考》所收），译本载 O. Franke（11），Pelliot（24），以及 1883 年本
《耕织图诗》 *CPTC*
《工部厂库须知》 *HSLT*
《工师雕斫正式鲁班木经匠家镜》
见《鲁班经》
《公孙龙子》 *SSKTS*，*SF*
《公羊传》 见《春秋公羊传》
《功过格》
青浦，江苏，1758 年
《攻媿集》 *SKCS*，*SPTK*
《宫室考》 *SKCS*
《碧溪诗话》 *CPTC*，*SF*
《沟洫疆理小记》 *HCCC*
《古今律历考》 *TSHCC*
《古今伪书考》 *CPTC*
《古今姓氏书辨证》 *SSKTS*
《古今乐录》 *YHSF*
《古今注》 *BWCTS*，*HWTS*

《古刻丛抄》 *CPTC*
《古泉汇》 1864 年
《古算器考》
收于《艺海珠尘》 甲集，听彝堂原本
《古微书》 *SSKTS*
《古文析义》
1716 年，奎璧堂藏版
《古音表》 *YYH*
《古乐府》 *LS*
《谷梁传》
见《春秋谷梁传》
《故宫遗录》 *CPTC*
《怪石赞》 *MSTS*
《关尹子》 *SSKTS*，*SF*
《观石录》 *MSTS*
《官箴》 *BCSH*，*SF*，*SKC*，*HCTY*，*TSHCC*
《管氏地理指蒙》 *TSCC*
《管子》
上海，广益书局，约 1915 年，及 1876 年，浙江书局
《广川书跋》 *TSHCC*
《广东新语》 1700 年
《广弘明集》 *SPTK*，*SPPY*
《广雅》 *TSHCC*
《广雅疏证》 *SPPY*
《广阳杂记》
北京，1957 年，中华书局；*KSTTS*，*TSHCC*，*CPTC*
《广释名》 *CPTC*
《广舆图》 1799 年
《广韵》
上海，1951 年，商务印书馆
《广志》 *YHSF*
《归潜志》 *CPTC*
《归田录》 *LS*
《鬼谷子》 *SPTK*，*SF*，*TT*
《癸辛杂识》 *BH*，*CPTC*
《癸辛杂识续集》 *BH*
《桂海虞衡志》 *SF*，*CPTC*
《国朝文类》 *SPTK*
《国语（集解）》
上海，1930 年，中华书局
《海潮辑说》 *TSHCC*
《海潮赋》 *TSCC*
《海岛算经》 *SCSS*
《海岛算经细草图说》
上海，1896 年，文渊山房
《海岛逸志摘略》 *CMIS*
《海道经》 *TSHCC*
《海国图志》 上海，1852 年
《海国闻见录》 *IHCC*
《海涵万象录》 *PLHS*
《海内十洲记》 *HWTS*
《海塘录》 *SKCS*，*SKC*
《海塘说》 *HSF*
《海运新考》 *HSF*
《韩非子》 上海，1930 年
《韩诗外传》 *HWTS*
《汉武帝内传》 *HWTS*，*SSKTS*
《汉武故事》 *SF*，*LS*
《汉艺文志考证》 *YHAI*
《撼龙经》 1892 年
《和汉三才图会》
大阪，约 1800 年，东京，1906 年，及 de Mély（*I*）所收若干原文
《和名类聚抄》
京都，约 1617 年，及东京，1954 年
《何首乌传》 *TSCC*
《河防通议》 *SSKTS*，*TSHCC*
《河防志》 *CKSL*
《河工器具图说》
1836 年，南河节署藏版
《河南程氏外书》 *SPPY*
《河南程氏遗书》 *SPPY*
《河朔访古记》 *SSKTS*
《河图纬稽耀钩》 *SSKTS*
《河图纬括地象》 *SSKTS*
《河源记》 *TSHCC*
《鹖冠子》 *SPPY*
《鹤林玉露》 *TSHCC*
《弘明集》 *SPTK*，*SPPY*
《鸿雪因缘图记》
上海，1866 年，同文书局
《洪范五行传》

见《尚书纬五行传》
《后汉书》
四川，1871年，重刊，1938年
《后山谈丛》 *TSHCC*，*SF*
《候鲭录》 *BH*
《弧矢算术》 *LJIS*，*CPTC*
《弧矢算术细草》 *LJIS*，*CPTC*
《花营锦阵》 van Gulik（3）所收文本
《华严经》 *SANT*
《华阳国志》 *HWTS*
《化书》 *SSKTS*
《华山记》 *SF*
《画墁集》 *CPTC*
《画筌》 *TPTC*
《淮南天文训补注》
湖北，1823年，崇文书局
《淮南（王）万毕术》 问经堂丛书，1802年
观古堂所著书，1902年，及*TPYL*收录的许多片段
《淮南子》 （《淮南鸿烈解》 *SPPY*
《皇朝礼器图式》 1766年
《皇极经世书》 *TT*
《皇祐新乐图记》 *HCTY*，*TSHCC*
《黄道总星图》 见《仪象考成》
《黄帝内经灵枢》 *SPTK*，*ITCM*，及浙江，1877年
《黄帝内经素问》 *ITCM*
及浙江，1877年
及1954年，商务印书馆
《黄帝内经素问集注》 1890年
《黄帝内经太素》
北京，1955年，人民卫生出版社
《黄帝宅经》 *TSCC*
《黄书》 *CSIS*
《晦庵先生朱文公集》 *SPTK*
《浑盖通宪图说》 *SSKTS*，*TSHCC*
《浑天赋》 *YHAI*
《浑天象说（注）》 *CSHK*
《浑仪》 *YHSF*
《火攻挈要》 1847年，1643年本的重刊木，及*TSHCC*
《火龙经》 1644年
《机巧图汇》
山口隆二 （*1*）所收文本
《缉古算经》 *SSSS*，*SCSS*，*CPTC*
《汲冢周书》
见《逸周书》
《急就篇（章）》 *YHAI SPTK*
《集古今佛道论衡》 *SANT*
《集古录》 *SF*
《集古录跋尾》
收于《欧阳文忠公集》*KHCP*，及《欧阳文忠公全集》，淡雅书局，1893年
《集韵》 *LS*
《几何原本》 *KCSHTS*
《计倪子》（《范子计然》） *YHSF*
《记杨么本末》 《中兴小记》所收
《纪录汇编》 长沙，1938年，商务印书馆，及*TSHCC*
《纪效新书》
上海，1895年，醉经麼校印
《济生方》
北京，1956年，人民卫生出版社，录自《永乐大典》
《霁山集》 *CPTC*
《嘉祐杂志》（《江阾几杂志》） *BH*
《甲申杂记》 *CPTC*
《简平仪说》 *SSKTS*，*TSHCC*
《建炎以来系年要录》 上海，1937年，商务印书馆，*KYTS*，*TSHCC*
《鉴诫录》 *CPTC*，*SF*
《剑南诗稿》 *SPPY*
《江北运程》
北京，1867年
《江赋》 *WHS*
《羯鼓录》 *SSKTS*，*TTT*
《芥子园画传》 北京，1963年
《戒庵老人漫笔》 *TSH*，*CCH*
《金川琐记》 *TSHCC*
《金刚经》 *SANT*
《金光明最胜王经》 *SANT*
《金楼子》 *CPTC*
《金瓶梅》
1695年本的上海重刊本，1923年，上海书局

《金师子章》　*SANT*
《金石索》　*WYWK*
《金史》　*ESSS*
《锦囊启蒙》
　收于《永乐大典》，写本，剑桥大学图书馆藏，卷一六三四三至一六三四四
《近思录》　*KHCP*，集注
《晋后略》　*HHT*，*HSK*
《晋书》　*ESSS*
《晋中兴书》　*HHT*，*HSK*
《经书算学天文考》　1797 年
《荆楚岁时记》　*HWTS*
《景福殿赋》　*WHS*
《靖康缃素杂记》　*SSKTS*
《敬斋古今黈》　*TSHCC*，*WYTCC*
《九宫行棋立成》　敦煌写本 *S*/6164
《九谷考》　*HCCC*
《九家晋书辑本》　*TSHCC*
《九天玄女青囊海角经》　*TSCC*
《九章算术》　*SCSS*
《九章算术细草图说》
　上海，1896 年，文渊山房
《九章算术音义》　*SCSS*
《旧唐书》　*ESSS*
《旧五代史》　*ESSS*
《救荒本草》
　《农政全书》所收，及 1525 年本的影刻本
《就日录》(《古杭梦游录》)　*SF*
《橘录》
　宋本，可能为原刻本，有 1178 年的序，及 *BCSH* 和 *TSHCC*
《卷施阁文甲乙集》　*HPC*
《郡斋读书附志》　*SPTK*
《郡斋读书志》　*SPTK*

《开方说》　*LJIS*，*PFT*
《开河记》　*TTT*
《开元占经》　恒德堂藏版的缩微胶片
《堪舆漫兴》　*TSCC*
《康熙字典》
　上海，新镌铜版印，商务印书馆
《亢仓子》　*SSKTS*，*SF*
《考工记》
　《周礼》所收
《考工记图》　*HCCC* 及上海，1955 年
《考工析疑》　*KHTS*/*LCCS*
《客座赘语》　*CLTS*
《孔丛子》　*HWHTS*，*WYWK*
《孔子家语》
　冢田多门，1792 年，东都书肆
《暌车志》　*BH*
《愧郯录》　*CPTC*
《坤舆图说》　*TSHCC*
《困知记》　*HLTCHT*，*TSHCC*

《来鹤亭诗集》　*CPLTS*
《来南录》　*TTT*
《揽辔录》　*CPTC*，*SF*
《嫩真子》　*BH*，*SF*
《瑯环记》　*HCTY*，*SF*
《老学庵笔记》　*BH*，*SF*
《老子衍》　*CSIS*
《乐善录》　*BH*，*SF*
《雷公炮制》
　见《雷公炮制药性赋解》
《雷公炮制药性赋解》
　上海，1934 年，1941 年重印，商务印书馆
《类说》
　上海，1955 年，文学古籍刊行社
《楞伽阿跋多罗宝经》　*SANT*
《冷斋夜话》　*BH*
《离骚》　*HYHTS*
《离骚草木疏》　*CPTC*
《礼记》(小戴)
　1878 年，古经阁重订监本（遵依洪武正韵）
《礼记注疏》　*SPPY*
《礼纬斗威仪》　*YHSF*，*SSKTS*
《礼纬稽命征》　*YHSF*，*SSKTS*
《李朝实录》
　京都，1954—1959 年
《李氏药录》
　SF 正续合刊本中收有片段
《李虚中命书》　*SSKTS*
《理惑（论）》

《弘明集》　所收
《蠡海集》　*BH*
《历代名臣奏识》　*SKCS*，*CKSH*
《历代神仙通鉴》
见《神仙通鉴》
《历代通鉴辑览》
北京，1767 年
《历代钟鼎彝器款识法帖》
上海，1882 年
《历法西传》　*TSCC*
《历书》　*YLCS*
《历象考成》　*LLYY*
《立世阿毗昙论》　*SANT*
《隶释》　*SPTK*
《梁书》　*ESSS*
《梁四公记》　*SF*
《梁溪漫志》　*CPTC*
《两京新记》　*ITTS*
《两山墨谈》　*HYHTS*
《辽史》　*ESSS*
《列女传》　*LS*
《列仙传》　*SF*，*LS*
《列子》　*STTK*
《林邑（国）记》　*SF*
《麟角集》　*CPTC*
《灵棋经》（晋）　*TT*
《灵棋经》（宋）　*TT*
《灵宪 》　*YHSF*
《岭表录异》　*TTT*
《岭外代答》　*CPTC*
《刘宾客文集》　*SKCS*，*SPPY*
《刘子》　*TSHCC*
《留青日札》　*TSHCC*，*NLWH*
《琉球国志略》　1757 年
《六经天文编》　*YHAI*
《六经图》　1740 年
《六壬类集》　*TSCC*
《六壬立成大全钤》　*TSCC*
《六韬》　*LS*
《龙虎还丹诀》　*TT*
《龙江船厂志》　*HSLT*
《漏刻法》
《初学记》　收有片段
《漏刻赋》　*CSHK*
《庐山记》　*SSKTS*，*SF*，*LS*
《鲁班经》　1870 年，亦西斋藏版，及上海，锦章图书局石印
《鲁灵光殿赋》　*WHS*
《麓堂诗话》　*CPTC*
《路史》　*SPPY*
《吕和叔文集》　*SPTK*
《吕氏春秋》
广益书局，及 *SPPY*
《履斋示儿编》　*CPTC*
《律历融通》　*YLCS*
《律吕精义》　*YLCS*
《律吕新论》　*SSKTS*
《律吕新书》　*HLTCHT*
《律吕正义》　*LLYY*
《律书》　*YLCS*
《律学新说》　*YLCS*
《论衡》
1923 年，扫叶山房
《论天》　*CSHK*
《论语》　Leggt（2）所收
《罗浮山志》
1716 年，海幢寺藏版
《洛神赋》　*WHS*
《洛书纬甄曜度》　*SSKTS*
《洛阳伽蓝记》　*HWTS*

《麻姑山仙坛记》
收于《古今游记丛抄》，上海，1936 年
《蛮书》　*TSHCC*
《毛诗古音考》　*HCTY*，*YYH*
《毛诗注疏》　*SPPY*
《茅亭客话》　*LS*
《梅子新论》　*YHSF*
《美人赋》　*CSHK*
《蒙斋笔谈》　*BH*
《孟子》　Legge（3）所收
《孟子字义疏证》　*CH*
《梦粱录》　（《东京梦华录》）上海，1958 年
《梦溪笔谈伶痴簃刊》　1885 年，及胡道静编，

上海，1956 年，1959 年及 1963 年，中华书局
《梦占逸旨》　IHCC，TSHCC
《秘传花镜》　（=《花镜》）
金闾文业堂本，及皇都书林，京都，1829 年，及北京，1956 年
《棉花图》（《御题棉花图》）　1765 年
《妙法莲华经》　SANT
《庙制图考》
1944 年，约园刊本
《闵杂记》　HSF
《闽部疏》　TSHCC
《闽省水师各标镇协营战哨船只图说》
马尔堡图书馆所藏抄本（见正文）
《名医别录》　SHY
《明道杂志》　SF
《明宫史》　SKCS，HCTY
《明皇杂录》　SSKTS
《明儒学案》
紫筠斋藏版
《明实录》
台北，1966 年，中央研究院历史语言研究所
《明史》　ESSS
《明史纪事本末》　SKCS，TSHCC
《明堂大道录》　TSHCC，HCCC/HP
《明译天文书》　HFLPC
《摩登伽经》　SANT
《墨客挥犀》　BH
《墨子》
灵岩山馆本，1783 年，重刊，1876 年
《墨庄漫录》　BH
《默记》　CPTC
《牧庵集》　YSHS
《穆天子传》　HWTS

《南村辍耕录》　SPTK
《南都赋》　WHS
《南方草木状》　BCSH，HWTS，SF，及上海，1955 年，商务印书馆
《南海百咏》　TSHCC
《南濠诗话》　CPTC
《南湖集》　CPTC
《南齐书》　ESSS
《南史》　ESSS
《南越笔记》　TSHCC
《南越志》　YHSF/P
《南州异物志》　LSC
《难儞计湿嚩啰天说支轮经》　SANT
《能改斋漫录》　SSKTS
《农桑辑要》　SPPY，TSHCC
《农桑衣食撮要》　SSKTS，TSHCC
《农书》（宋，陈旉）
北京，1956 年，中华书局
《农书》（元，王祯）
武英殿聚珍版，1783 年，及 CPTC
《农书》（明，沈氏）
及 TSHCC 北京，1956 年，中华书局
《农政全书》
曙海楼藏版，1843 年，及北京，1942 年，辅华斋南纸印刷局

《佩文韵府》
上海，1937 年，商务印书馆
《蓬窗类纪》　HFLPC
《琵琶赋》　CSHK
《埤雅》　LLSK，TSHCC
《骈字类编》　1728 年
上海，1887 年，同文书局
《平夏录》　CLHP，SF，THSCC
《萍州可谈》　SSKTS
《蒲元别传》
CSHK 和 TPYL 所收片段
《普济方》　北京，1960 年
《普曜经》　SANT

《七国考》　SSKTS
《七纬》
见《古微书》
《七修类稿》
上海，1961 年，中华书局
《七曜攘灾决（诀）》　SANT
《七曜星辰别行法》　SANT
《七政推步》　SKCS
《齐东野语》　BH

《齐民要术》
　北京，1956 年，中华书局；*SPPY* 及 1936 年，商务印书馆
《奇器图说》　（《远西奇器图说录最》）
　来鹿堂藏版，1830 年，及 *SSKTS*
《棋经》　*SSKTS*
《契丹国志》
　《宋辽金元别史》所收，南沙席氏扫叶山房刊本，1795—1797 年
《千金（要）方》
　北京，1955 年，人民卫生出版社
《前汉纪》　*SPTK*，*TSHCC*
《前汉书》
　四川，1871 年，1938 年重刊
《乾象历术》　*HCCC*
　《五礼通考》所收
《潜夫论》　*HWTS*
《潜虚》　*CPTC*
《樵香小记》　*SSKTS*
《切韵》
　见《广韵》
《钦定书经图说》　1905 年
《钦定四库全书简明目录》
　见《四库全书简明目录》
《钦定四库全书总目提要》
　见《四库全书总目提要》
《钦定续文献通考》　*ST*
《秦云撷英小谱》　*SMCA*
《青囊奥旨》　*TSCC*
《青乌绪言》　*HHLP*
《青箱杂记》　*BH*
《清波别志》　*CPTC*
《清波杂志》　*BH*，*CPTC*
《清虚杂著》　*CPTC*
《清虚杂著补阙》　*CPTC*
《清异录》　*HYHTS*，*SF*
《请雨止雨书》　*YHSF*
《穹天论》　*YHSF*
《曲洧旧闻》　*CPTC*
《趋朝事类》　*SF*
《泉志》　*TSHCC*
《祛疑说纂》　*BH*，*BCSH*
《群经宫室图》　*HCCC/HP*

《人物志》　*HWTS*，*SSKTS*
《日本永代藏》
　岩波文库，东京，1958 年及 1928 年
《日闻录》　*SSKTS*，*TSHCC*
《日知录》　*KHCP*
《容斋随笔》　*SKCS*
《榕城诗话》　*CPTC*
《肉刑论》　*CSHK*
《如实论》　*SANT*
《儒林公议》　*BH*
《入蜀记》　*CPTC*
《入唐求法巡礼行记》
　东京，1926 年，东洋文库论丛

《三宝太监下西洋记通俗演义》　*SPK*
《三才图会》　1609 年
《三朝北盟会编》　*SKCS*
《三辅皇图》　*HWTS*
《三辅旧事》　*EYT*，*TSHCC*
《三国史记》
　京城，1928 年，朝鲜史学会
《三国志》　*ESSS*
《三国志演义》　1883 年
《三礼图》　*YHSF*
《三柳轩杂识》　*SF*
《三命通会》　*TSCC*
《三命消息赋》
　《珞琭子三命消息赋注》*SSKTS*
　徐氏（珞琭子）《三命消息赋注》，*SSKTS*
《三农纪》
　四川，藜照书屋，由 1760 年书版刷印
《三秦记》　*EYH*，*SF*
《三余赘笔》　*TSHCC*
《三字经》
　H. A. Cuiles（4）；及 St Julien（9）所收文本
《三字经训诂》
　王晋升注释，苏州，1666 年，绿荫堂藏版
《搔首问》　*CSIS*
《僧惠生使西域记》
　《洛阳伽蓝记》　所收

《山海经》
四川，宏道堂藏版，蜀北果城成或因绘图及立雪斋原本，1895 年
《山居新话》　*CPTC*
《商君书》
《子书二十三种》，1897 年，图书集成局
《上方大洞真元妙经图》　*TT*
《上林赋》　*WHS*
《上清洞真九宫紫房图》　*TT*
《上清握中诀》　*TT*
《尚书大传》　*SPTK*
《尚书纬考灵曜》　*YHSF*，*SSKTS*
《尚书纬璇玑钤》　*YHSF*，*SSKTS*
《尚书纬五行传》　*SSKTS*
《尚书释天》　*HCCC*
《舍头谏太子二十八宿经》　*SANT*
《申鉴》　*HWTS*，*SPPY*
《神灭论》　*TSCC*
《神农本草经》
日本，森立之编，1845 年照相影印本；群联，上海，1955 年；以及顾观光辑，1883 年，北京，1955 年
《神农本草经疏》
缪希雍撰，1625 年，绿君亭
《神通游戏经》　*SANT*
《慎子》　*SSKTS*
《生神经》　*TT*
《渑水燕谈录》　*BH*，*CPTC*
《圣济总录》
1300 年本，上海，文瑞楼，1919 年重刊
《圣门事业图》　*BCSH*
《圣寿万年历》　*YLCS*
《圣贤道统图赞》　1629 年
《尸子》　《子书二十三种》　所收
图书集成局，1897 年，及浙江书局据湖海楼本，1877 年
《师友谈记》　*SF*
《诗本音》　*HCCC*
《诗经》
Legge（8）所收文本
《诗纬汜历枢》　*YHSF*，*SSKTS*
《十驾斋养新录》　上海，1935 年，商务印书馆
《十二杖法》　*TSCC*
《十三经注疏》
北京，1747 年
《石湖词》　*CPTC*
《石林燕语》　*BH*
《石品》　*HWTS*
《石药尔雅》　*TT*
《时务论》　*YHSF*
《拾遗记》　*BH*，*HWTS*
《食疗本草》　敦煌写本，中尾万三（*1*）编
《史记》　*ESSS*，*KHCP*
《世本》　*HWTS*，*TSHCC*，及上海，1957 年，商务印书馆
《世说新语》　*HYHTS*
《事林广记》　1478 年本，剑桥大学图书馆藏
《事始》　*SF*，*LS*
《事物纪原》　*HYHTS*
《释名》　*HWTS*
《释名疏证补》　*WTWK*
《授时历议经》
《元史》所收
《授时通考》
1847 年，四川藩署藏版
《授受五岳圆法》　敦煌写本 *S*/3750
《书经》
Medhurst（1）和 Karlgren（12）所收文本，及《钦定书经图说》
《书经图说》　1905 年
《书肆说铃》　*SFH*
《书叙指南》　*HYHTS*，*SSKTS*
《叔苴子》（内篇外篇）*TSHCC*
《蜀道驿程记》　*HSF*
《蜀都赋》　*WHS*
《蜀锦谱》　*PYT*，*MHCH*
《鼠璞》　*BCSH*，*SF*
《述异记》　*BH*，*HWTS*，*SF*，*LS*
《庶物异名疏》　北京图书馆善本书缩微胶片，no. 140（有 1637 年序）
《殊域周咨录》
收于《东藩辑略》，道光抄本
《庶斋老学丛谈》　*CPTC*
《数理精蕴》　*LLYY*

《数书九章》 *KHCP*，*TSHCC*
《数术记遗》 *KCSHTS*，*SCSS*
《数学》 *SSKTS*
《水部式》
收于《鸣沙石室古佚书》，东京，1913 年
《水道提纲》
1898 年，孟夏新化三味书室
《水浒传》
上海，1934 年，商务印书馆
《水经》 *HWTS*
《水经注》 *SPPY*
《水利五论》 *LTT*
《顺风相送》 收于《两种海道针经》，北京，1961 年
《说苑》 *HWTS*，*SPPY*，*SPTK*，*LS*
《说文解字》
北京，1963 年
《说文通训定声》
临啸阁藏版，安徽，1870 年
《思玄赋》 *WHS*，*CSHK*
《思问录》 *CSIS*
《四库全书简明目录》 浙江，1795 年
《四库全书总目提要》
存古斋重印，1910 年，及同文书局，1884 年
《四民月令》 *BWCTS*
《四明它山水利备览》 *TSHCC*
《四元玉鉴》
《四元玉鉴细草》收有本文，并附《四元玉鉴释例》，罗士琳及易之瀚撰，1838 年
《四朝闻见录》 *CPTC*，*SF*
《俟解》 *CSIS*
《松窗百说》 *CPTC*
《宋高僧传》 *SANT*
《宋会要辑稿》
北京，1936 年，部分稿本的影印本
《宋论》 *CSIS*
《宋史》 *ESSS*
《宋史纪事本末》 *LCCS*
《宋书》 *ESSS*
《宋司星子韦书》 *YHSF*
《宋四子抄释》 *HYHTS*
《宋遗民录》 *CPTC*
《宋元学案》 *WYWK*，*HHKHTS*（节录）
《搜采异闻录》 *BH*
《搜神后记》 *HWTS*
《搜神记》 *BH*，*HWTS*，*SF*，*LS*
《苏沈良方》 *CPTC*，及北京，1956 年
《苏魏公文集》 上海，1925 年
《苏子》 *YHSF*
《素女经》 *SMCA*
《素女妙论》
von Gulik（3）所收文本
《素书》 *HWTS*，*SF*
《算法取用本末》
收于《杨辉算法》
《算法全能集》
收于《永乐大典》写本，剑桥大学图书馆藏，卷一六三四三至卷一六三四四
《算法通变本末》 *THSCC*
《算法统宗》
扫叶山房，1883 年
《算学启蒙》
1839 年本的江南机器制造局影写重刊本，1871 年，及 *KCSHTS*
《算学新说》 *YLCS*
《隋书》 *ESSS*
《随手杂录》 *CPTC*
《随隐漫录》 *BH*
《遂初堂书目》 *SF*
《孙绰子》 上海，1916 年，广益书局，及 *YHSF*
《孙子兵法》 *HWTS*；
上海，1916 年，广益书局；
四川，北温泉本，1945 年（中国辞典馆）；
北京，1962 年，1964 年（今译）
《孙子算经》 *SCSS*，*CPTC*，*KCSHTS*
《筍谱》 *BCSH*，*TSCC*

《胎息经》 *HCTY*
《太白阴经》 *SSKTS*
《太极说》 《性理精义》所收
《太极图解义》 《性理精义》及《宋四子抄释》所收
《太极图说》 《性理精义》、《宋四子抄释》、《宋元学案》、《今思录》所收

《太极图说解（注）》《性理精义》、《今思录》所收
《太极真人杂丹药方》　*TT*
《太平广记》　北京，1959 年
《太平寰宇记》　*TSHCC*
《太平圣惠方》
北京，1959 年，人民卫生出版社
《太平御览》
1818 年，鲍崇城本
《太清导引养生经》　*TT*
《太清神鉴》　*SSKTS*
《太清石壁记》　*TT*
《太上黄庭外景玉经》　*TT*
《太上三天正法经》　*TT*
《太上感应篇》　*TT*
《太玄经》　*TSCC*
《太一金华宗旨》　*TT*，*HPCC*
《太乙金镜式经》　*SKCS*
《泰西水法》
《农政全书》　所收
《谭苑醍醐》　*SKCS*
《坦斋通编》　*SSKTS*
《唐本草》
见《新修本草》
《唐国史补》　*CTPS*，*SKCS*，*HCTY*
《唐会要》
北京，1955 年，中华书局
《唐甫里先生文集》　*SPTK*
《唐阙史》　*CPTC*
《唐语林》　*SSKTS*，*HYHTS*
《唐六典》　*SKCS*
《唐韵正》
《音学五书》　所收
《棠阴比事》　*SPTK*
《天步真原》　*SSKTS*，*TSHCC*
《天地阴阳大乐赋》　*SMCA*
《天对》　*TSCC*
《天工开物》　天津，陶涉园本，1929 年，及薮内清（*11*）所收文本以及上海 1959 年，中华书局（1637 年初刻本的影印本），及 *KHCP*
《天镜》　*YHSF*
《天文大成管窥辑要》
三元堂藏版
《天文大象赋》
江阴六严校刊本，1856 年
《天文录》　《开元占经》所收
《天文志》　《晋书》所收
《天问》　*HYHTS*
《天问略》　*TSCC*，*TSHCC*
《天下郡国利病书》　*SPTK*
《天下山河两戒考》　*HLC*
《天隐子》　*SF*
《天元历理全书》　1425 年抄本，剑桥大学图书馆藏
《天元玉历祥异赋》　1425 年抄本，剑桥大学图书馆藏
《田亩比类乘除捷法》　*TSHCC*
《铁山必要记事》　*NKKZ*
《铁围山丛谈》　*CPTC*
《桯史》　*BH*
《通典》　*ST*
《通惠河志》　*HSL*
《通鉴纲目》
1864 年，渔古山房珍藏
《通鉴纲目三编》　*SKCS*
《通鉴纲目续编》
1864 年，渔古山房珍藏
《通鉴前编》
北京图书馆善本书缩微胶片，no. 71
《通俗文》　*YHSF*
《通雅》　1800 年
《通艺录》　1803 年
《通原算法》
收于《永乐大典》写本，剑桥大学图书馆藏，卷一六三四三至卷一六三四四
《通志》　*ST*
《通志略》　*SPPY*
《同文算指》　*TSHCC*
《同话录》　1803 年
《峒谿纤志》　*TSHCC*
《投壶变》　*YHST*
《投壶新格》　*SF*
《透簾细草》
收于《永乐大典》写本，剑桥大学图书馆

藏，卷一六三四三至卷一六三四四，及 *CPTC*

《图画见闻志》 *CTPS*，*HSPY*，*SPTK/SP*，*TSHCC*

《图经衍义本草》 *TT*

《推步法解》 *SSKTS*，*TSHCC*

《推篷寤语》 *SFH*

《万机论》 *YHSF*

《宛署杂记》 北京，1961 年

《王文成公全书》 *SPTK*

《王忠文公集》 *CHTS*，*TSHCC*

《忘怀录》s *SF*

《唯识二十论》 *SANT*

《纬略》 *SSKTS*

《魏都赋》 *WHS*

《魏略》 *YHSF/P*

《魏书》 *ESSS*

《文赋》 *WHS*

《文始真经》（《关尹子》） *SSKTS*，*SF*

《文士传》 *SF*

《文殊师利菩萨及诸仙所说吉凶时日善恶宿曜经》 *SANT*

《文献通考》 *ST*

《文心雕龙》 *HWTS*

《文子》 *SSKTS*

《闻见近录》 *CPTC*

《无能子》 *TT*，*TSHCC*

《吴船录》 *CPTC*，*TSHCC*

《吴都赋》 *WHS*

《吴郡志》 *SSKTS*

《吴礼部诗话》 *CPTC*

《吴录》 *SF*

《吴越春秋》 *HWTS*

《吴中水利书》 *SSKTS*

《五残杂变星书》 *YHSF*

《五曹算经》 *SCSS*，*CPTC*

《五经算术》 *SCSS*

《五礼通考》 1761 年本

《五木经》 *TTT*

《五星行度解》 *SSKTS*

《五行大义》 *ITTS*，*CPTC*

《五音集韵》 *SKCS*

《五杂俎》
国学珍本文库，1935 年
北京，1959 年，中华书局

《武备志》
京都，1644 年，及
广东，1843 年

《武备制胜志》
1843 年重刊

《武经总要》 *SKCS*，及明本的影印本，上海，1959 年

《武林旧事》 *CPTC*，及上海，1958 年

《勿庵历算书目》 *CPTC*

《物类相感志》 *TSHCC*

《物理论》 *TSHCC*

《物理小识》 1664 年本

《悟真篇》（《紫阳真人悟真篇注疏》） *TT* 及上海，约 1920 年，锦章图书局

《悟真篇直指祥说三乘秘要》 *TT*

《西步天歌》 *TSCC*

《西都赋》 *WHS*

《西湖志》
杭州，1734—1735 年

《西京赋》 *WHS*

《西京杂记》 *BH*，*HWTS*

《西铭》 《张子全书》卷一，及 *HYHTS* 所收

《西清古鉴》 *LS*

《西使记》 《玉堂嘉话》卷三，*SSKTS* 所收

《西溪丛语》 *BH*

《西夏纪事本末》 *LCCS*

《西域番国志》（附《西域行程记》）
据明抄本影印，国立北平图书馆

《西域闻见录》 1777 年，京都，1801 年，19 世纪初的抄本，及味经堂本，1814 年

《西域行程记》（附《西域番国志》）
据明抄本影印，国立北平图书馆

《西洋朝贡典录》 *CH*，*YYT*

《西洋番国志》 北京，1961 年

《西征记》 *SF*

《西征庚午元历》
《元史》所收

《歙州砚谱》 *BCSH*，*HCTY*
《洗冤录》
童濂辑，1843 年
文晟辑，1847 年
《暇日记》 *SF*
《夏侯阳算经》 *SCSS*，*KCSHTS*
《夏小正》 《大戴礼记》卷二所收，*HWTS* 及 *KHCP*
《闲窗括异志》 *BH*
《贤奕编》 *TSHCC*
《咸宾录》 *YCTS*
《咸淳临安志》 *SKCS*
《湘山野录》 *LS*，*SF*
《湘中记》 *SF*
《详解九章算法纂类》
收于《永乐大典》写本，剑桥大学图书馆藏，卷一六三四三至卷一六三四四
《详明算法》
收于《永乐大典》写本，剑桥大学图书馆藏，卷一六三四三至卷一六三四四
《象山全集》 *SPPY*
《象纬新篇》 *HLTCHT*
《小戴礼记》 见《礼记》
《小学绀珠》 *YHAI*
《晓庵新法》 *SSKTS*
《孝经》 *BWCTS*
《孝纬雌雄图》 *YHSF*
《孝纬援神契》 *YHSF*，*SSKTS*
《斜川集》 *SPPY*
《蟹略》 *SF*
《蟹谱》 *BCHS*
《心经》 *HSCC*
《昕天论》 *YHSF*
《新法表异》 *TSCC*
《新法算书》 1669 年
《新刻漏铭》 *WHS*，*YHAI*
《新论》 *HWTS*
《新书》 *HWTS*
《新唐书》 *ESSS*
《新五代史》 *ESSS*
《新修本草》 照相影印本
日本，1889 年，籑喜庐丛书
缩印重刊本，上海，1955 年，群联
《新仪象法要》 *SSKTS*
《新语》 *HWTS*
《新元史》 *ESWS*
《星槎胜览》 *HHLP*
《星经》 *HWTS*，*TSHCC*
《星命溯源》 *SKCS*
《星命总括》 *SKCS*
《星宗》 *TSCC*
《刑统》 国务院法制局，1918 年
《刑统赋》 收于《藕香零拾》，1896 年
《行水金鉴》 *KHCP*
《性理精义》 1853 年
《性理大全（书）》 Wieger（2）
《修防琐志》 *CKS*
《修真太极混元图》 *TT*
《袖中记》 *SF*
《宿曜仪轨》 *SANT*
《徐霞客游记》 上海，1928 年，商务印书馆
《续博物志》 *BH*，*LS*
《续高僧传》 *SANT*
《续古摘奇算法》 *CPTC*
《续汉书》
收于《七家后汉书》，1882 年，太平崔国榜等刊本
《续后汉书》 *SKC*，*TSHCC*
《续画品录》 *TTT*
《续神仙传》 *IMKT*，*TSHCC*，*SF*
《续世说》 *SSKTS*
《续事始》 *SF*
《续文献通考》 *ST*
《续幽怪录》 *TTT*
《续资治通鉴长编》 *SKCS*
《宣和博古图录》
台北，1969 年，亦正堂原刻本
《宣和奉使高丽图经》 *CPTC*，*WYWK*
《宣和画谱》 *SKCS*，*HSTY*，*THSCC*
《宣和石谱》 *SF*
《玄都律文》 *TT*
《玄女经》 *SMCA*
van Gulik（3）所收文本
《玄图》 *TPYL*（片段）

《玄中记》 *YHSF*
《悬解录》 *YCCC*
《学古编》 *HCTY*
《学斋佔毕》 *BCSH*
《询刍录》 *TSHCC*
《荀子》 *STTK*

《燕北杂记》 *SF*，*LS*
《燕丹子》
四川北温泉（重庆）本，1945 年（中国学辞典馆），及 H. Franke（11）所收文本
《燕几图》 *TSHCC*，*SF*
《沿途水驿》
抄本影印本
《盐铁论》 *HWTS*，*SPTK*，及王利器校注，上海，1958 年，及郭沫若读本，北京，1957 年
《颜氏家训》 *HWTS*，*CPTC*
《演繁露》 *SF*
《演连珠》 *WHS*
《演禽斗数三世相书》
影印本，东京，1933 年
《砚谱》 *BCSH*
《砚史》 *BCSH*，*HCTY*
《晏子春秋》 *SPPY*
《雁门公妙解录》 *TT*
《杨辉算法》 *ICT*，*TSHCC*
《野客丛书》 *BH*
《邺中记》 *HWTS*
《一切经音义》 *SANT*，*TSHCC*，*HSHK*
《猗觉寮杂记》 *CPTC*
《医心方》
北京，1955 年，人民卫生出版社
《医宗金鉴》 上海，1892 年
《仪礼》 *SPTK*，*SPPY*，*YKT*
《仪礼释宫》 *SSKTS*
《仪象考成》 1744 年，1757 年增订
《夷夏论》 *YHSF*
《艺经》 *YHSF*
《艺文类聚》 北京，1959 年，中华书局
《异物志》 *TSHCC*
《异域图志》
原刻本，1489 年，剑桥大学图书馆藏
《异域志》 *IMKT*，*TSHCC*
《异苑》 *CTPS*，*HCTY*
《易经》
1872 年，山东书局，张宗昌重刊，1925 年
《易林》 *SPPY*
《易数钩隐图》
《通志堂经解》，康熙本
《易洞林》 *YHSF*
《易图明辨》 *SSKTS*
《易通书》（《周子通书》） *HYHTS*，*SPPY*
《易纬河图数》 *SSKTS*
《易纬稽览图》 *SSKTS*
《易纬通卦验》 *SSKTS*
《易学启蒙》 *HLTCHT*
《易音》 *YYH*，*HCCC*
《易传》（京房） *HWTS*，*TSCC*
《易传》（关朗） *HWTS*，*TSCC*
《益古演段》 *SSSS*，*PFT*，*CPTC*，*KCSHTS*
《逸周书》（《汲冢周书》） *SPPY*
《意林》 *SPPY*
《阴符经》 *HWTS*，*SSKTS*，及楼观台本
《阴阳二宅全书》
1752 年，片山书楼藏版
《音论》 *YYH*，*HCCC*
《音学五书》 1667 年，及 *YYH*
《尹文子》 *SSKTS*
《应闲》 *CSHK*
《营造法式》
江苏，1919 年，朱氏石印本，
上海，1920 年，石印本，大型刊本
上海，1954 年，四卷重刊本
《瀛涯胜览》 *TSHCC*
《瀛涯胜览集》 *CLHP*
《幽怪录》 *TTT*，*SF*，*LS*
《游宦纪闻》 *BH*，*CPTC*，*TSHCC*
《酉阳杂俎》
小嫏嬛山馆藏版，*BH*，*TTT*
《渔樵问对》 *BCSH*
《渔阳公石谱》 *SF*
《舆地纪胜》
台北，1952 年，文海出版社
《羽猎赋》 *WHS*

《禹贡》
Medhurst (1), Karlgren (12) 所收文本，及《钦定书经图说》
《禹贡说断》 *SSKTS*
《禹贡锥指》 *HCCC*
《玉篇》 *SPPY*
《玉房秘诀》 *SMCA*
《玉房指要》
《医心方》及 van Gulik (3) 所收
《玉海》
1806 年，康基田本，仅存 80 册
《玉堂嘉话》 *SSKTS*
《玉音问答》 *CPTC*
《玉照定真经》 *SKCS*
《玉照神应真经》 *TSCC*
《郁离子》 *HCTY*, *JYTS*
《寓简》 *CPTC*
《渊颖集》 *CHTS*, *TSHCC*
《渊鉴类函》
上海，1887 年，同文书局
《元代画塑记》 *HSTP*
《元海运志》 *HHLP*, *TSHCC*
《元和郡县图志》 *TSHCC*
《元经》 *HWTS*
《元史》 *ESSS*
《元文类》
上海，1899 年
《元真子》 *CPTC*
《园冶》
北平，1932 年，京城印书局
《援鹑堂笔记》 1835 年
《原人论》 *SANT*
《远镜说》 *TSHCC*
《月令》
见《小戴礼记》及《吕氏春秋》，两书均收有此篇
《月令章句》 *YHSF*
《乐府杂录》 *SSKTS*, *TTT*
《乐记》（战国） *YHSF*
《乐记》（西汉） *YHSF*
《乐经》 *YHSF*
《乐律义》 *YHSF*
《乐书》（北魏） *YHSF*
《乐书》（宋）
北京图书馆善本书缩微胶片，no. A67—68
《乐书要录》 *ITTS*
《乐书注图法》
《乐书要录》
《乐学轨范》 1610 年本的影印本
《越绝书》 *HWTS*, *SPPY*，据明刻本
《粤剑编》 *HSLT*
《云笈七签》 *SPTK*
《云林石谱》 *CPTC*
《云麓漫抄》 *BH*
《云溪友议》 *TTT*, *BH*
《韵集》 *YHSF*
《韵石斋笔谈》 *CPTC*

《葬书》 *TSCC*
《增补文献备考》
东国文化社，汉城，1958 年
《战国策》 *HYHTS*，校注本
《湛渊静语》 *CPTC*
《张邱建算经》 *SCSS*, *CPTC*, *KCSHTS*
《张邱建算经细草》 *CPTC*
《张燕公集》
武英殿聚珍版 *TSHCC*
《张子全书》 *SPPY*
《掌故丛编》
1928 年，故宫博物院
《肇论》 *SANT*
《折狱龟鉴》 *SSKTS*
《真诰》 *SF*, *LS*
《真腊风土记》 *TSCC*, *SF*
《正蒙》 《张子全书》所收
《正蒙注》 *CSIS*
《正字通》
江西南康府，1670 年
《证类本草》
1468 年刊本，系 1249 年本的影刻本，及 *SPPY*
《政论》
（《崔氏政论》） *YHSF*
《职方外纪》 *SSKTS*
《至言》 *YHSF*

《至正河防记》 *TSHCC*，*CHS*
《志林新书》 *YHSF*
《志雅堂杂抄》 *SF*
《治河方略》
　　1767年，听泉斋藏版
《治河图略》 *TSHCC*
《治蝗全法》 1857年
《中观论疏》 *SANT*
《中华古今注》 *BCSH*，*HWTS*
《中论》 *HWTS*
《中山传信录》 *HSF*
《中吴记闻》 *CPTC*，*SSKTS*
《中西经星同异考》 *WYWK*
《中兴小记》 *KYWS*，*TSHCC*
《中庸》 Legge（2）所收文本
《中原音韵》
　　《东洋文库论丛》，东京，1925年
《钟律纬》 *YHSF*
《种树郭橐驼传》 *YIKW*，*TSCC*
《种艺必用》
　　《永乐大典》卷一三一九四的缩微胶片
《种植书》 收于《氾胜之书》，*YHSF*
《州县提纲》 *SKCS*，*TSHCC*
《周髀算经》 *KCSHTS*，*SCSS*
《周髀算经音义》 *KCSHTS*
《周礼》 上海，涵芬楼本，底本为明翻宋岳氏本，及文禄堂1934年影印本
《周礼疑义举要》 *SSKTS*
《周礼正义》 *SPPY*
《周书》 *ESSS*
《周易本义》
　　收于《易经》，浙江书局，1893年，及《易经》，扬郡二郎庙惜字局藏版
《周易参同契分章注解》
　　敦仁堂藏版，1876年，及上海，锦章图书局，约1920年
《周易集解》 *CTPS*，*HCTY*，*KCCHH*，*TSHCC*
《周易略例》 *HWTS*
《周易外传》 *CSIS*
《周官义疏》
　　紫阳书院藏版
《朱子全书》
　　内府本，1713—1714年
《朱子学的》 *CITCS*，*TSHCC*
《朱子文集》 *CITCS*，*TSHCC*
《诸病源侯总论》（巢氏）
　　湖北官书处，1886年
　　北京，1955年，人民卫生出版社
《诸蕃志》
　　1914年，东京，民友社
《诸器图说》
　　1830年，来鹿堂藏版，及*SSKTS*
《诸子辨》 *KHCP*，及北平，1928年，朴社
《竹谱》 *BCSH*，*HWTS*
《竹书纪年》 *HWTS*，及上海，1956年
《庄氏算学》 *SKCS*
《庄子》（《南华经解》）
　　上海，约1915年，广益书局
《庄子解》 *CSIS*
《资治通鉴》
　　北京，1956年，古籍出版社
《子华子》 *SSKTS*
《子史精华》
　　上海，1909年，朝记书庄
《梓人遗制》
　　摄自《永乐大典》的缩微胶片
《左传》
　　Couvreur（1）所收文本，及三卷本，北京，1955年
《左传补注》 *SSKTS*

B. 丛　书

（以拉丁字母为序）

BCSH 《百川学海》
　　上海，1921年，博古斋刊本
BH 《裨海》
　　康熙本

BWCTS 《北温泉丛书》
四川，1942 年

CCT 《常州先哲遗书》
武进，约 1890 年，盛宣怀刊本
CH 《指海》
上海，1935 年，大东书局
CHTS 《金华丛书》 1869 年
胡氏退补斋刊本
CHY 《陈修园先生医书七十二种》
1803 年，锦章图书局
CITCS 《正谊堂全书》
福州，1866 年，正谊书院藏版
CKKT 《中国古代版画丛刊》
上海，1958 年，古典文学出版社
CKS 《中国水利珍本丛书》
南京，1937 年，水利工程学会排印
CKSH 《中国史学丛书》
台湾，1964 年，学生书局
CKSL 《中国水利要籍丛编》上海出版社
CKW 《中国文学参考资料小丛书》
上海，1957 年，古典文学出版社
CKY 《郑开阳杂著》
1932 年，陶风楼
CLHP 《纪录汇编》
长沙，1938 年，商务印书馆
CLTS 《金陵丛刻》
1904 年，傅晦斋刊本
CPLTS 《枕碧楼丛书》
1913 年，沈氏刊本
CPTC 《知不足斋丛书》
1921 年，乾隆道光间（1787 年至约 1821 年）本的照相石印本
CSHK 《全上古三代秦汉三国六朝文》
1836 年，重刊，1893 年
CSIS 《船山遗书》
上海，1933 年，太平洋书店
CSYCC 《金声玉振集》
嘉靖中，嘉趣堂刊本
CTPS 《津逮秘书》
上海，1922 年，博古斋刊本

ESSS 《二十四史》
百纳本，上海，民国，商务印书馆
ESWS 《二十五史》
上海，1935 年，开明书店
EYT 《二酉堂丛书》
1821 年，二酉堂藏版

HCCC 《皇清经解》
广州，1829 年，学海堂刊本
HCCC/HP 《皇清经解续编》
1888 年，南菁书院刊本
HCH 《续金华丛书》
1924 年，胡氏梦选廔刊本
HCTY 《学津讨原》
1805 年，旷照阁刊本及
上海，1922 年，商务印书馆
HFLPC 《涵芬楼秘笈》
上海，1916 年，商务印书馆
HHKHTS 《学生国学丛书》
上海，1928 年，商务印书馆
HHLP 《学海类编》
上海，1920 年，涵芬楼
HHT 《汉学堂丛书》
后来的《黄氏逸考书》1925 年
HLC 《徐位山先生六种》
1876 年，本衙藏版
HLTCHT 《性理大全会通》
光裕聚锦堂藏版
HLTS 《槐庐丛书》
1887 年，春吴县朱氏
HLW 《海宁王静安先生遗书》
长沙，1940 年，商务印书馆
HPC 《洪北江全集》
1877 年，授经堂刊本
HSCC 《西山全集》 1737 年刊本
HSF 《小方壶舆地丛抄》
上海，1897 年，著易堂
HSHK 《海山仙馆丛书》
约 1845 年，潘氏刊本
HSL 《玄览堂丛书》
上海，1947 年，郑振铎影印本
HSLT 《玄览堂丛书续集》

北平，1947年，国立中央图书馆

HSTP 《学术丛编》
上海，1916年，仓圣明智大学

HTTK 《雪堂丛刻》
上海，1915年，罗氏排印本

HWTS 《汉魏丛书》
1895年，黄元寿本，及上海，1911年，大通书局，张謇本

HYHTS 《惜阴轩丛书》 1846年

ICT 《宜稼堂丛书》
上海，1840—1842年

IHCC 《艺海珠尘》
嘉庆中，听彝堂原本

IMKT 《夷门广牍》
长沙，1940年，商务印书馆

ITCM 《医统正脉全书》
北平，1923年

ITTS 《佚存丛书》
日本，1788年，宽正至文化间刊本，1882年重刊

JYTS 《榕园丛书》
广东，1874年，张氏刊

KCCHH 《古经解汇函》
1873年，粤东书局刊本

KCIS 《古今逸史》
上海，1937年，商务印书馆

KCSHTS 《古今算学丛书》
1898年，算学书局

KCW 《古今文艺丛书》
上海，1913年，广益书局

KHCP 《国学基本丛书》
上海，1935年

KHTS/LCCS 《抗希堂十六种全书》，1750年
康熙嘉庆间，抗希堂刊本

KSTTS 《功顺堂丛书》
光绪中，潘氏刊

KTHS 《广仓学窘丛书》
上海，1916年，仓圣明智大学排印本

KYTS 《广雅书局丛书》
光绪中，广雅书局刊

LCCS 《历朝纪事本末》
上海，1899年，慎记书庄石印本

LCKTS 《灵鹣阁丛书》
1897年，湖南使院刊本

LJIS 《李锐遗书》（《李氏算学遗书》）
上海，1890年，醉六堂

LLSK 《玲珑山馆丛书》
1889年，文选楼刊本

LLYY 《律历渊源》 1723年

LS 《类说》
上海，1955年，文学古籍刊行社

LSC 《麓山精舍丛书》
1900年，陈氏刊本

LTT 《娄东杂著》
1833年，太仓东陵氏刊本

MHCH 《墨海金壶》
上海，1921年

MSTS 《美术丛书》
上海，1911年及1937年，神州国光社

NKKZ 1946年，《日本科学古典全书》十三卷

NLWH 《中国内乱外祸历史丛书》
上海，1946年，神州国光社

OHLS 《藕香零拾》 1910年

PFT 《白芙堂算学丛书》
上海，1897年，文澜书局石印本

PLHS 《百陵学山》
上海，涵芬楼

PYT 《宝颜堂秘笈》
上海，1922年，文明书局石印本

SANT 《三藏》 《大正一切经》本

SCHS 《山居小玩》
1629年，汲古阁刊本

SCSS 《算经十书》
微波榭本及 *WYWK*

SCTC 《善成堂道书七种》

约 1841 年，善成堂梓

SF　《说郛》

上海，1927 年，据明抄本，涵芬楼藏版有张宗祥序，约 1920 年，见 Ching Phei-Yuan（1）

SFH　《说郛续》

1646 年，宛委山堂，台北，1964 年重刊

SKCS　《四库全书珍本初集》

上海，1935 年，商务印书馆

SMCA　《双梅景闇丛书》

长沙，1903 年，叶氏郎园刊行

SPK　《申报馆丛书余集》

光绪中，申报馆排印本

SPPY　《四部备要》

上海，1936 年，中华书局

SPTK　《四部丛刊》

上海，1919 年，商务印书馆

第二版，1937 年

SPTK/SP　《四部丛刊续编》

上海，1934 年，商务印书馆

SSKTS　《守山阁丛书》

上海，1889 年，鸿文书局；重刊，上海，1922 年，博古斋本

SSSS　《古今十三算书》

1873—1877 年，荷沱精舍

ST　《十通》

上海，1937 年，商务印书馆

STTK　《四德堂刊》　1914 年

SY　《适园丛书》

1913—1917 年，乌程张氏刊本

TCTS　《檀几丛书》

惠州，1695 年，霞举堂刊本

TPTK　《太平天国印书》

江苏人民出版社

TSCC　《图书集成》

上海，1887 年，中华书局影印

TSH　《藏说小萃》

1606 年，前书楼刊本

TSHCC　1935—1937 年，《丛书集成初编》

TSPC　《遵生八笺》

1810 年，金闾多文堂

TT　《道藏》

上海，1923—1926 年，商务印书馆

TTCY　《道藏辑要》

成都，1906 年

TTHPCC　《道藏续编初集》

上海，1889 年，医学书局

TTT　《唐代丛书》

上海，1806 年，锦章图书局

WHS　《文选》

上海，1809 年，会文堂

鄱阳胡氏本的影刻本

WL　《武林掌故丛编》

1883 年，嘉惠堂

WYTCC　《武英殿聚珍版书》

1773 —1783 年，1874 年重刊，江西书局刊本

1936 年，广雅书局刊本

WYWK　《万有文库》

上海，1930 年，商务印书馆

YCCC　《云笈七签》　*SKCS*，*SPTK*，*TT*

YCTS　《豫章丛书》

南昌，1917 年，豫章丛书编刻局刊本

YHAI　《玉海》

1687 年，1883 年重刊

YHSF　《玉函山房辑佚书》　1883 年

YHSF/P　《玉函山房辑佚书补编》

稿本

YIKW　《英译古文观止》

重庆，1942 年（选自 H. A. Giles（12），未经同意，但附有中文原文）

YKT　《景刊堂开成石经》

1926 年，二百忍堂

YLCS　《乐律全书》

1596 年，郑藩本

YSHS　《元诗选》

1694 年，秀野草堂刊本

YYH　《音韵学丛书》

成都，1937 年

YYT　《粤雅堂丛书》

1855 年，及台北，1965 年，华联出版社

译 后 记

本册的中译工作是1970年代中期开始的。原中国水利电力科学研究院、水利电力部、建设部，以及大连海运学院等单位的人员参与了这项工作。其中的桥梁部分的译稿，曾由茅以升委托原铁道部科学研究院铁道建筑研究所的金恒敦在70年代末作过审阅。1986年底“李约瑟《中国科学技术史》翻译出版委员会”成立后，翻译出版委员会办公室即安排对已有的初稿进行校订，校订完成后又委托相关专家对译稿作了审定。译稿的具体完成情况为：

第二十八章“土木工程”部分

翻译：汪受琪（水利电力科学研究院）
张景泰（水利电力部情报所）
肖季和（水利电力科学院结构所）
李　方（水利电力科学研究院机电所）
林平一（水利电力科学研究院机电所）
孙增蕃（建设部）
孙辅世（水利电力部）

校订：鲍国宝（水利电力部）
邱长清（水利电力部情报所）
卢　谦（清华大学）
王华彬（建设部）

审定：覃修典（水利电力科学研究院）
张驭寰（中国科学院自然科学史研究所）

第二十九章“航海技术”部分

翻译：曾志云　孙玉镁　翁万通　梁　兵　吴德懋
吴　岘　张淑霞　孔庆炎　陈　琏　李　东
蔡厘丽　张　昱　王佐任　于鸣镝

校订：孔庆炎　蒋　菁　卜绪宗　李万权　吕飞前
张柄中
（以上均为大连海运学院的人员）

审定：袁随善（中国船舶工业总公司）

“航海技术”部分译稿的古籍原文查核和译名统一等统稿工作是李万权完成的，他还编译了参考文献 A、B，以及航海技术部分译文所涉及的插图目录和索引条目等。

胡维佳承担了全稿的体例统一和译名审定工作，并解决译稿遗留问题，核对古籍原文，校订参考文献和编译索引，最后审读全书译稿和核校改定。

本册书末所附的“本书所用中文古籍版本目录（暂定）”由何绍庚编译。

刘钝、李天生在资料查核、译文校订，陆岭、郭晓奕、胡晓菁、吴敏、陈燕、鹿通在译名处理、译稿加工、录入等方面，对本册的翻译出版工作多有贡献，周魁一等先生对本册的译校工作亦多有帮助，谨此一并致谢！

李约瑟《中国科学技术史》
翻译出版委员会办公室
2008 年 9 月 25 日